辽宁科协资助
LIAONING KEXIE ZIZHU
辽宁省优秀自然科学著作·2020年

辽宁高粱

主　编　　邹剑秋

副主编　　朱　凯

　　　　　王艳秋

　　　　　张志鹏　卢　峰

U0306091

 中国农业科学技术出版社

图书在版编目（CIP）数据

辽宁高粱／邹剑秋主编 . —北京：中国农业科学技术出版社，2021.6
ISBN 978-7-5116-5355-0

Ⅰ.①辽… Ⅱ.①邹… Ⅲ.①高粱-栽培技术 Ⅳ.①S514

中国版本图书馆 CIP 数据核字（2021）第 121232 号

责任编辑　姚　欢
责任校对　马广洋
责任印制　姜义伟　王思文

出 版 者　中国农业科学技术出版社
　　　　　北京市中关村南大街 12 号　　邮编：100081
电　　话　（010）82106636（编辑室）　　（010）82106624（发行部）
　　　　　（010）82109709（读者服务部）
网　　址　https://castp.caas.cn
经 销 者　各地新华书店
印 刷 者　北京建宏印刷有限公司
开　　本　185 mm×260 mm　1/16
印　　张　45
字　　数　1 000 千字
版　　次　2021 年 6 月第 1 版　2021 年 6 月第 1 次印刷
定　　价　188.00 元

《辽宁高粱》
编著委员会

策　划　卢庆善

主　编　邹剑秋

副主编　朱　凯　王艳秋　张志鹏　卢　峰

编　者　段有厚　柯福来　张　飞　李志华

　　　　吴　晗　刘　志　刘志强　宋仁本

　　　　冯文平　孙　平　张东娟　赵家铭

　　　　徐忠诚　魏保权　张旷野　王佳旭

内容提要

　　《辽宁高粱》全面系统地介绍了辽宁高粱生产和科研发展的历程、成绩和成果。全书16章2个附录：叙述了高粱生产概况和种质资源，辽宁高粱遗传育种研究、栽培技术研究、病虫害研究、生物技术研究，高粱低温冷害及其防御、育种目标、引种与选择育种技术、杂交回交育种技术、杂种优势利用技术、群体改良技术、非常规育种技术，以及甜高粱、高粱产业、高粱国际交流与合作；附录介绍了辽宁省高粱研究获奖成果名录、辽宁省育成的各种主要高粱品种（系）简介。本书适合农业科技人员、农业大专院校师生、农业技术推广人员、种子繁育员以及广大农民阅读和参考。

敬祝全国高粱学术会议胜利召开並向
同志们致以衷心问候
高粱一身是宝耐旱又耐涝令后应的研
究方向是综合利用偶能组织跨学
科跨行业的大协作运用新的生
物工程技术定会取得更大的经济
效益和社会效益
徐冠仁 一九八六、六、廿五首
于北京

　　旅美学者徐冠仁先生向1986年召开的"全国高粱学术研讨会"发来的贺词。徐先生1956年回国时，将世界第一个高粱雄性不育系 Tx3197A 引进中国，开创了我国高粱杂种优势利用的研究。

前　　言

2016年的金秋9月，迎来了辽宁省农业科学院建院60周年的喜庆日子，卢庆善、邹剑秋撰写了《汗水洒处高粱红》的纪念文章，简要回顾并介绍了全院高粱人励精图治、艰苦奋斗、辛勤耕耘，在高粱研究上结出的丰硕果实。由于受到篇幅的限制，文章内容不能全面反映全院60年来高粱科研所获得的成果和业绩，因此有必要编撰一部《辽宁高粱》专著。在尽可能全面地收集全省、全院高粱科研单位研究资料的基础上，进行科学系统地梳理、归纳、提炼、汇总，用文字把科技人员用汗水浇灌结出的高粱成果记录下来。

松辽大地是中国开垦较晚的一块处女地。关内移民把高粱当作先驱作物带到这片土地上，生根发芽，长出果实，籽粒用作食粮和饲料，茎秆、穗柄、穗莛等加工编制出多种日用品，诸如炕席、苙子、草帽、笤帚、炊帚、斗笠，以及建房用的屋笆、蔬菜用的架材等。高粱浑身是宝，满足了人民的日常生活所需，从而形成了松辽大地"满山遍野的大豆高粱"的自然景观。由于长期的自然和人工选择，因而产生出丰富多彩的高粱品种资源。

新中国成立后，辽宁高粱研究发展很快。1951年，辽宁省开展了群众性的高粱良种搜集和评选，专业科技人员与农民一起，从地方品种中评选出适于各种生产和气候条件的优良品种就地推广，如盖县的打锣棒、锦州的关东青、兴城的八叶齐、北票的大青米、沈阳的大黄亮、辽阳的牛心红、法库的平顶香等。接着，开始了高粱的系统育种和杂交育种。到1957年，辽宁省熊岳农业科学研究所从小黄壳中选育出熊岳253，从黑壳棒子中选育出熊岳334，从早黑壳中选育出熊岳360；到1966年，锦州市农业科学研究所从歪脖张中选育出锦粱9-2，从黑壳棒子中选育出跃进4号。辽宁省农业科学院、沈阳农学院通过杂交育种选育出119和分枝大红穗。这批新品种单产提升到4 500 kg/hm²。

之后，全省开展了高粱杂种优势利用研究、种质资源鉴定利用研究、性状遗传规律研究、高产栽培技术研究、病虫害发生规律和防治技术研究、组织培养和转基因技术研究等，取得了多项获奖成果，为全省高粱生产的快速发展提供了科技支撑。

1984年，经农业部和辽宁省人民政府批准，成立了辽宁省农业科学院高粱研究所（简称辽宁省农科院高粱所）。1996年，国家决定在全国建立农作物改良中心和分中心，以加强各种作物的创新研究。高粱研究所卢庆善编写了《国家高粱改良中心建设项目建议书》。内容包括项目背景、项目主办单位基本情况、需求分析、建设方案、地址选择、组织机构与人员、环境保护、管理及实施方案、总投资及资金来源、效益及风险、结论等。1997年，农业部在武汉召开了作物改良中心组建会议。卢庆善出席会议，并提出了《关于国家高粱改良中心的组建和运作的论证报告》。2000年，农业部下达农计函〔2000〕213 号文件《关于辽宁省国家高粱改良中心项目可行性研究报告的批复》，正式成立国家高粱改良中心。

国家高粱改良中心的建立，大大加强了高粱科研的力度，使之成为全国科技创新的中心，高粱科技人才培养和积聚的中心，高粱种质资源收集和交换的中心，高粱学术信息交流与集散的中心，对高粱科技联络与合作的中心。国家高粱改良中心抓住机遇，知难而上，迎接挑战，根据国家的要求，全方位开展高粱研究和国内外科技交流与合作，走出了一条高粱创新之路。

改革开放以来，辽宁高粱研究走出国门，与世界上主要高粱科研、教学单位开展了广泛的科技交流和合作研究。辽宁省农业科学院先后派员出国考察 54 人次，出国培训学习 24 人次，参加国际会议 26 人次，外国专家来华访问讲学 106 人次，举办高粱国际会议 2 次，引进外国高粱种质资源、育种材料 3 262 份，大幅提升了辽宁高粱科研创新能力和水平，紧跟国际高粱科技前沿和发展方向，有力地促进了辽宁乃至全国高粱学科的发展和提升。

60 余年来，辽宁高粱研究承担了国家、部（委）、省各级各类课题（项目）69 项，选育并审（鉴）定的高粱常规品种 11 个，杂交种 110 个，其中粒用（食用、酿造用）品种、杂交种 81 个，甜高粱杂交种 18 个，糯高粱杂交种 13 个，草高粱杂交种 3 个。育成品种、杂交种累计种植面积 1.12 亿亩，增产粮食 33.6 亿 kg，增收 448 亿元。取得科研成果 93 项，获奖成果 69 项，其中省部级科技进步奖一等奖 3 项，二等奖 8 项，三等奖 23 项；厅（市、院）科技进步奖一、二、三等奖 35 项。

目前，全国高粱科研已由各单位独自进行，形成了由首席科学家、岗位科学家和综合试验站组成的现代高粱产业技术体系，全国一盘棋，团队攻关，共同完成国家的高粱研发任务。《辽宁高粱》在编撰中，本着全面、系统、科学、实用的原则，尽力反映辽宁高粱生产和科研的历程、成绩和成果，使其具有辽宁地方特色。希望本书的出版，能让辽宁省乃至全国从事高粱研究的学者从中得到启迪和收益，让我国高粱科研迈上新台阶，也作为新中国成立 70 周年的献礼。

因编撰者水平所限，不足之处在所难免，敬请读者赐教。

卢庆善

2019 年 9 月 1 日

于沈阳·东陵

目　　录

第一章　高粱生产概述

第一节　高粱生物学特性和经济学优势

高粱［*Sorghum bicolor*（L.）Moench］又称蜀黍，是中国最古老的禾谷类作物之一，主要分布在东北、华北、西北和黄淮流域的温带地区。高粱是我国重要的旱地粮食作物，又是重要的饲料作物和生物质能源作物。高粱产量高、抗逆力强、用途广泛，在农业生产中具有巨大的发展空间和产业优势。

一、生物学特性

（一）光合效率高

高粱是 C_4 作物，光能利用率和净同化率超过水稻和小麦。高粱每消耗一个单位的太阳能，可生产 16.7~20.9 J 的粮食和纤维，大约是 C_3 作物的 2 倍。高粱的光合作用强度为 35~38 mg/（dm² · h），而水稻、小麦等 C_3 作物为 15~40 mg/（dm² · h）。高粱籽粒产量的理论测定值可达 37 500 kg/hm²。目前有记载的高粱最高现实产量为 21 000 kg/hm²，也只有理论产量的 56%，表明高粱具有较高的光合产量潜势，是高产作物。

（二）抗逆性突出

高粱具有抗旱、耐涝、耐盐碱、耐瘠薄、耐高温、耐冷凉等多重抗逆性。高粱的蒸腾系数为 250~300，比水稻（400~800）、小麦（270~600）、玉米（250~450）均低。高粱的凋萎系数为 5.9，比玉米（6.5）和小麦（6.3）低。在水淹条件下，抽穗期的高粱可维持生存 6~7 d，其灌浆期可维持 8~10 d，而玉米只能维持 1~2 d。高粱的耐盐性高，可忍受 0.5%~0.9% 的盐浓度，而小麦只能忍受 0.3%~0.6%，玉米、水稻为 0.3%~0.7%。由此可见，高粱的抗逆性优于上述作物，是抗逆性强的作物。

（三）杂种优势强

不同类型的高粱基因型组配，表现出强大的杂种优势，也表现在籽粒产量上，而且具有实现强大杂种优势的技术保障体系。在粮食作物中，高粱是最早（1954 年）实现杂交种"三系"配套，并把杂交种用于大面积生产的作物之一。高粱的高光合效率和强大的杂种优势相结合把高粱籽粒产量提高了一大截，使高粱杂交种在高粱主产国家得到了快速推广。20 世纪 60—70 年代，我国种植的高产高粱杂交种，由于高产、稳产，对解决当时全国粮食短缺问题发挥了巨大作用。

二、高粱的用途

中国高粱曾以食用、酿造用为主，兼作饲用、糖用、帚用等，目前又发展了生物质能源等用途。

（一）食用

高粱籽粒自古就是人类的口粮之一。在中国北方的一部分农村，曾以高粱作主食；现今，由于现代饮食结构的改变，高粱作为粗粮受到城乡居民的青睐。东北地区通常将高粱籽粒加工成高粱米食用；黄河流域则习惯将籽粒磨成面粉，做成各种别具风味的面食；此外，人们还喜食用糯高粱面粉制作的各式黏性糕点。但是，高粱米（面）营养价值不如稻米和小麦面粉，原因在于高粱米（面）里易消化的碱溶蛋白质含量少，不易消化的醇溶蛋白质却多。此外，高粱籽粒蛋白质的氨基酸组成也不平衡，人体必需的赖氨酸和色氨酸的含量少，而亮氨酸和异亮氨酸的含量又过多，这是需要进一步改良的。

（二）酿造用

高粱籽粒可以加工酿制出多种产品，最常见的有高粱白酒、高粱醋等。高粱籽粒是酿制白酒的主要原料，闻名中外的中国白酒无一不是以高粱作主料酿制而成。高粱名酒以其色、香、味展现了我国酒文化的深厚底蕴，各具特色和风味。

中国北方优质食用醋大都以高粱为原料酿制，如山西老陈醋，黑龙江双城烤醋、熏醋等。中国食用醋具有质地浓稠、酸味醇厚、清香绵长的特点，是一种不可替代的调味品。它能增进食欲、有利消化，在医药上也有一定的用途。

（三）饲用

高粱籽粒用作家畜和家禽的饲料，其饲用价值与玉米相似。而且，由于高粱籽粒中含有单宁成分，如果在配方饲料中加入10%左右的高粱籽粒，可以有效预防幼畜、幼禽的肠道白痢病。近年来，甜高粱和饲草高粱（高粱与苏丹草的杂交种）生产的发展显示了巨大的饲用潜势，茎叶作青饲料，茎叶与籽粒一起作青贮饲料，或籽粒收获后茎叶作干草饲料均具有很高的饲用价值。

（四）生物质能源用

甜高粱茎秆中的糖分经微生物发酵后产生乙醇。乙醇单独或与汽油混合可作汽车燃料。研究表明，甜高粱作为生物质能源作物非常具有发展潜力和前景，其生产乙醇的投入和产出比为1∶5，单位面积生产效率比其他作物高，因此被称为"高能作物"。每公顷甜高粱可产鲜茎秆60 000~75 000 kg，籽粒4 500~6 000 kg。在德国，甜高粱最高鲜生物学产量可达169 000 kg/hm^2。它所合成的碳水化合物产量是玉米、甜菜的2~3倍。而且，糖浆型甜高粱富含葡萄糖，葡萄糖最易加工转化成乙醇。

（五）其他用途

甜高粱茎秆可制糖、糖浆或白酒；高粱壳提取的天然色素，无毒、无味，有广泛用途；高粱茎秆可造纸，制作板材，花纹天然、质朴，能制作各种家具；高粱髓可加工成食用纤维；高粱蜡粉可加工成蜡粉，具耐高温特性；帚用高粱的穗莛可用来制作扫帚和炊帚等。

三、高粱的产业优势

高粱浑身是宝，用处多样化，可以形成许多优势产业。

（一）高粱酿酒业

享誉海内外的中国高粱白酒在我国有悠久的酿制历史。我国八大高粱名酒各具特色和风味，绵而不烈、刺激而平缓，具甜、酸、苦、辣、香五味调和的绝妙；兼有浓（浓郁、浓厚）、醇（醇滑、绵柔）、甜（回甜、留甘）、净（纯净、无杂味）、长（回味悠长、香味持久）等特点。主要香型有酱香型、清香型、浓香型，酱香型的特点是酱香突出、优雅细腻、酒体醇厚、回味悠长，如茅台酒；清香型的特点是清香纯正、醇甜柔和、自然协调、余味爽净，如汾酒；浓香型的特点是窖香浓郁、绵软甘洌、香味协调、尾净余长，如泸州老窖特曲。

八大高粱名酒之首的茅台酒，最早的酒坊始建于1704年，产于贵州省仁怀市茅台镇。茅台酒以当地高粱为主料，用小麦作曲酿制而成，是国宴专用酒。四川省酿制的五粮液、泸州老窖特曲、剑南春分别有1 000年、400年和300余年的生产历史，其中泸州老窖特曲于1915年获巴拿马万国博览会金奖。北方山西省杏花村酿制的汾酒有1 500余年的历史，南北朝时就有"甘泉佳酿"之称。汾酒酒液无色，清香味美，口味醇厚，入口绵，落口甜，余味爽净。在八大高粱名酒中，产于江苏省的洋河大曲、安徽省的古井贡酒、贵州省的董酒也都有200～300年的历史。这些高粱名酒在长期的历史发展中，形成了不同的风味，成为当地的主导产业，为当地经济的发展起到了重大作用。

现今，在我国市场经济蓬勃发展的形势下，高粱酿酒业也得到了较大的发展。酿酒业是我国不少省份国民经济的支柱产业，是我国重要的出口创汇商品。以四川省为例，四川是全国名酒生产最多的一个省，白酒产量占全国总产量的20%。全国评选出的八大高粱名酒中，四川省的占了5个。酿酒业已成为四川省食品工业中的一大优势产业。据统计，四川省在近年国内白酒销售市场上一直处于领先地位。以"酒乡"著称的宜宾来说，酿酒业是该地国民经济的支柱产业，仅五粮液酒业集团每年生产白酒的销售利税就达百亿元之多。

据《经济日报》报道，进入21世纪后国内酿酒业发展势头不减，呈逐年上升趋势，除贵州、四川等地名牌白酒，如茅台酒、五粮液、泸州老窖特曲等市场持续走强外，一些新兴白酒产地，如山东、东北、内蒙古等地的地产白酒销售增加。有关部门的统计资料表明，国内大型酒厂有100余家，是高粱用量大户，年需要高粱在150万t左右；各地众多的中、小型酒厂，年需要高粱在100万t以上。酿酒业的发展带动了高粱生产的发展，使农民增收，企业增效，国家增税，出口创汇。

（二）高粱饲料业

1. 高粱籽粒

高粱籽粒是一种优良饲料，其茎叶又是优良的饲草。高粱籽粒作饲料的平均可消化率，粗蛋白质为62%，脂肪为85%，粗纤维为36%，无氮浸出物为81%，可消化养分总量为70.46%，总淀粉为69.82%，1 kg高粱籽粒的总热量为18.63×10^6 J。上述籽粒营养指标表明，高粱籽粒适于作畜禽的饲料，其饲用的效能高于大麦和燕麦，大致相当于玉米。

在世界的许多国家中，高粱是随着畜牧业的发展而兴起的作物。按平均量计算，高粱籽粒饲喂育肥猪，其有效价相当于玉米的90%，饲喂肉牛为95%，饲喂羊、奶牛和家禽为98%。高粱籽粒用作配制育肥猪饲料时，应该碾碎、碾压或粗糙粉碎。配制牛、羊家禽饲料时，可以整粒。试验表明，对肉牛来说，整粒饲料比碾压籽粒能更充分地被利用，提高效率6%~7%。采用高粱籽粒、高粱青饲料和棉籽粗粉混合饲料饲喂约200 kg 小牛 180 d，平均每天增重 1.03 kg。

高粱籽粒用作育肥猪的饲料，应补充一定数量的蛋白质，以克服高粱籽粒蛋白质中赖氨酸含量低的问题。每天用 2.8~3.2 kg 的高粱籽粒和约 0.5 kg 的辅料（大豆粗粉、紫花苜蓿、屠体下脚料及鱼粉各1/4）饲喂育肥猪，从初重 36 kg 到最后重 98 kg，平均每天增重 0.8 kg。研究表明，高粱籽粒可以提高猪的瘦肉比例。据英国农业科协报道，日粮中蛋白质含量的变化，瘦肉型猪比脂肪型猪反应敏感。日粮中蛋白质含量从12%提升到20%，瘦肉型猪的瘦肉率可从51%提高到58%，而脂肪型猪的瘦肉率只能从45%提高到47%。由于高粱籽粒中可消化蛋白质每千克54.7 g，比玉米每千克45.3 g 多9.4 g，粗脂肪含量比玉米低 0.25%，且玉米中含有较多的不饱和脂肪酸，而高粱中却很少，导致高粱作饲料可提高猪的瘦肉率。

高粱籽粒还可用作肉鸡、蛋鸡、火鸡的饲料，高粱在配方饲料中完全可以替代玉米。用高粱籽粒饲喂幼禽可降低其肠道疾病，提高成活率。雏鸡死亡率高，白痢病是主要原因，由于高粱中含有单宁，有收敛作用，可防治肠道疾病。试验表明，用高粱代替玉米饲喂雏鸡成活率高，增重快。例如，在日粮中各用75%的高粱和玉米饲喂雏鸡，饲喂高粱的成活率为84.1%，而玉米的为73.7%。

高粱籽粒经液氨处理可作非蛋白氮源饲料。美国南达科他州立大学研究表明，经液氨处理的高粱可有效地用作牛日粮的非蛋白氮源。用100头安格斯去势仔牛饲喂试验91 d，经液氨处理的高粱作日粮与未处理的大豆粉作日粮比较，仔牛平均增重非常接近。表明用液氨处理的高粱完全可以代替大豆粉作为牛日粮的粗蛋白源，而且能降低成本，增加效益。

2. 高粱饲草

近年来，饲草高粱在我国有较快的发展。饲草高粱大体分为 3 种类型：牧草，如哥伦布草、约翰逊草、苏丹草；青饲草和干草，如高粱与苏丹草的杂交种，国内称高丹草；青贮，如甜高粱。

哥伦布草和约翰逊草很早就作牧草使用。这两种牧草最低每公顷可承载 2~5 头不同类型的牲畜，可以连续生产几年。既可提供有效的氮，又可提供充足的磷，是很有价值的牧草。但是，这两种牧草在一些地区很有可能变成有害的农田杂草，很难根除。

苏丹草是一种有很强承载力的牧草，一般每公顷可达 5~6 头，最高可达 10~12 头。苏丹草要长到 45~60 cm 高时才可以放牧，这时茎叶中的蛋白质含量可达 10%~13%（占干重），但氢氰酸含量又低，不会产生中毒危害。利用栽培高粱与苏丹草杂交得到的杂交种饲草高粱，即所谓的高丹草，表现出强大的杂种优势，其生物学产量比栽培高粱或苏丹草增产 50%~100%。这种杂交种饲草高粱既可以作青饲、青贮，又可作干草。既可饲喂牛、羊、鹿，又可饲喂鱼、鸭、鹅，是非常有发展前景的饲草高粱，近年来发展势头较猛、速度较快。

杂交种饲草高粱抗逆力强，具抗旱、耐盐碱、耐高温、耐干热风和抗叶部病害的能力，适应面广。因此，杂交种饲草高粱适宜种植的区域十分广泛，在我国一些干旱、半干旱地区，低洼易涝、盐碱湿地、土壤瘠薄等地区种植，均能发挥其优势。由于杂交种饲草高粱再生能力强，在无霜期长的地区一年可以多次刈割，其产草量更高，更有利于长期饲喂畜禽。

20 世纪 90 年代以来，我国选育的杂交种饲草高粱皖草 2 号、晋草 1 号、辽草 1 号，以及从国外引进的健宝、苏波丹等饲草高粱均表现出较强的杂种优势和较高的生物学产量，一般每公顷产鲜草 10 万 kg 左右。试验表明，杂交种饲草高粱的鲜茎叶日产量为 894.15 kg/hm^2，比甜高粱杂交种（633.45 kg/hm^2）增产 41.2%，比粒用高粱杂交种（406.27 kg/hm^2）增产 120.1%。杂交种饲草高粱不仅产量高，而且具有较高的营养价值，其粗蛋白和粗纤维比苏丹草分别高 2.7% 和 0.26%；比草木犀、漠北黄耆、青饲玉米的蛋白质含量分别高 2.53%、5.22% 和 2.45%；其蛋白质含量与青饲黑麦、串叶松香草的相近，是仅次于苜蓿草的优良饲草。

甜高粱作饲料（籽粒加茎叶）营养丰富，各种营养成分含量优于玉米，含糖量比青饲（贮）玉米高 2 倍；无氮浸出物和粗灰分分别比玉米高出 64.2% 和 81.5%；粗纤维虽然比玉米多，但由于甜高粱干物质含量比玉米多 41.4%，因而甜高粱粗纤维占干物质的相对含量为 30.3%，低于玉米的 33.2%。甜高粱饲喂奶牛适口性好，不论是作青饲还是作青贮，奶牛均喜欢采食，其效果比玉米好，每头奶牛日增产鲜奶 0.6 kg。

目前，我国种植业结构的调整，已从二元结构转变为三元结构，即粮食、经济和饲料作物。高粱籽粒和茎叶的饲料价值和优势已明显地凸现出来。在我国饲料业强劲的发展中，如果在配合饲料中加进约 10% 的高粱籽粒，不仅会增加配合饲料的总产量，提高质量，还会降低生产成本，取得可观的经济效益；加快饲草高粱的发展，将会为我国畜牧业的发展提供强大的饲料支撑。

（三）高粱制糖业

甜高粱是高粱中的一种，因茎秆中富含糖分而得名。甜高粱很早就作为制糖业的原料得到开发。1859 年，美国从中国引种甜高粱品种琥珀，并生产糖浆。到 1880 年，美国利用甜高粱生产糖浆达 1.14 亿 L，第一次世界大战后最高年产为 1.8 亿 L。1969 年，美国科学家 Smith 成功研究从甜高粱汁液中除去淀粉和乌头酸的方法，从而生产出结晶糖。之后，墨西哥、印度、印度尼西亚等国家都以不同规模用甜高粱生产糖。

我国食糖生产的主要原料北靠甜菜，南靠甘蔗，年总产量 600 万 t 左右，年人均消费量 5.6 kg，占世界年人均消费量（20.8 kg）的 27%。随着我国食品工业和饮料工业的迅速发展，食糖消费量将会大幅增加。扩大食糖生产需要增加北方甜菜、南方甘蔗的种植面积。但是，这两种作物受地域生态条件的限制，扩增面积有一定难度。而在南方长江以北、北方黄河以南的广大地区，是糖料作物种植的空白区。这一地区的光、热、水条件正适合甜高粱生长发育，因此在该地区发展甜高粱生产无疑是最佳选择。

甜高粱茎秆汁液含糖量（锤度）在 17%~22%，江西省第二糖厂测定甜高粱品种雷伊的含糖锤度、转光度、蔗糖分与当地甘蔗不相上下。张掖市农业科学研究院测定了 1 900 个甜菜品种，平均汁液锤度为 15.5%，而测定的 2 000 个甜高粱品种，其平均汁液锤度为 16%~27%。表明用甜高粱制糖完全可与甜菜、甘蔗媲美。

甜高粱生育期短，在长江流域一年可以收获 2 次，而甘蔗只能 1 次，因此甜高粱适宜在上述地区种植。据轻工业部甘蔗糖业研究所权威人士透露，着手发展以糖用高粱为主的北缘蔗区糖业，要把甜高粱放在比甘蔗和甜菜更重要的位置上，现在应积极发展甜高粱制糖业。

（四）高粱生物能源业

研究表明，甜高粱是目前世界上生物量最高的作物之一，因此又称作"高能作物"。甜高粱每公顷可产茎秆 6.0 万~7.5 万 kg，籽粒 4 500~6 000 kg。在德国，甜高粱最高鲜生物学产量可达 16.9 万 kg/hm^2。它所合成的碳水化合物产量为玉米或甜菜的 2~3 倍。甜高粱分为糖晶型和糖浆型两种类型，糖晶型主要成分为蔗糖，可生产结晶糖；糖浆型主要成分为葡萄糖，可生产葡萄糖，并最易转化为乙醇。试验表明，每公顷甜高粱可加工转化乙醇 6 106 L，甘蔗为 5 680 L，木薯为 5 332 L，甘薯为 4 855 L，玉米为 2 986 L，水稻为 2 434 L。由此可见，用甜高粱转化生产乙醇比其他作物都有优势。

2002 年，联合国在南非召开的国际可持续发展大会上，对全球能源问题进行了认真研讨。按目前已探明的石油储量 1 000 亿~1 409 亿 t 计算，仅供开采 40 年左右。我国在已剩余的 27.4 亿 t 贮量中，可开采 17 年。因此，可再生能源的生产和发展已引起国际组织和各国政府的高度重视，许多国家已决定大力发展可再生的生物能源，例如采用乙醇汽油作汽车用燃料。美国政府已经决定，全国部分大中城市的所有汽车必须燃用添加 1/3 乙醇的乙醇汽油。

在我国，石油资源短缺，为满足国民经济的快速发展，每年都需要进口较大量的石油，为了减少对石油的依赖，国务院决定大力推广使用乙醇汽油。我国在可再生的生物质能源开发中，最受重视的有效途径之一是生产乙醇。最适合我国人口多的国情，又适合我国气候条件，既产粮食又能转化乙醇、产量又高的理想作物当数甜高粱。甜高粱籽粒可以当作粮食，茎秆可转化为乙醇，一举两得。单位面积甜高粱生产的乙醇是玉米的 2 倍多，比甘蔗还高 7.5%。因此，发展甜高粱生产及其乙醇能源产业，对于我国调整和优化农业生产结构、增加农民收入、改善生态环境、增加能源供应都有重要意义。我国沿海盐碱地、沿河涝洼地面积较大，而甜高粱抗逆性强、适应性广，在这样的边际性土地上种植甜高粱仍然可以获得较好的收成，因此发展甜高粱生产及其能源产业较其他作物更具优势。

（五）高粱其他产业

高粱除了在上述的酿酒业、饲料业、制糖业、生物能源业方面大有作为外，在造纸业、板材业、色素业等产业上也有一定发展潜力。

1. 造纸业

高粱茎秆含有 14%~18% 的纤维素，其产量每公顷可达 7.5~15 t，是造纸的好原料。高粱的纤维结构具有较高的密度和产生同质片状物，纤维细胞的长与宽之比优于芦苇、甘蔗渣，相当于稻、麦的茎秆，而仅次于龙须草，其造纸利用价值是相当高的。

欧洲发达国家已研究出一种特殊的工艺技术，可以大幅降低纸浆生产中的用水量，而且没有生物质流出物，因而能无污染地生产纸浆。用这种技术生产的高粱纸浆品质超过了木质纸浆。这种纸浆不需要漂白就可以生产出一定亮度的印刷纸，其强度也很高。如果需要生产更高亮度的纸，高粱纸浆的漂白只要几个过程就可完成，与木质纸浆相比需要较少的化学物质，故高粱纸浆生产成本低，又适于生产高质量纸浆。

在世界性纸浆短缺，纸价一再上涨的情况下，采用高粱茎秆作造纸原料，生产高质量低价位的纸张无疑是最佳选择。造纸业的发展不仅可带动农业生产的发展和增效，还能拉动报业和出版业的发展和繁荣，带来可观的社会经济效益。

2. 板材业

不同品种高粱的茎秆有各种花纹，利用高粱茎秆加工压制的板材，自然、古朴、美观。用这种板材打造各种家具，装修住房，使人有一种回归自然的感觉，深受人们的喜爱。由此兴起了高粱板材加工业。辽宁省沈阳市新民市与日本光洋产业株式会社合资组建了沈阳新洋高粱合板有限公司，生产各种型号的高粱板材。

高粱茎秆是高粱生产的副产品，资源非常丰富。以辽宁省为例，每年生产的高粱秆，可加工生产出长×宽×厚为 1 800 mm×900 mm×12 mm 的高粱板材 7 600 万张，数量相当可观，其产业潜力巨大。

开发高粱秆板材可节省大量木材，能有效地保护森林资源和生态环境。高粱板材质地轻，强度大，与常用的木质板材比较隔热性能好，用途广泛。高粱板材加工产业的发展可增加农民的收入，以每公顷种植 9 万株高粱计，收获后按成品 7.5 万棵计，每棵以0.1 元收购，则每公顷可增加收入 7 500 元。

3. 色素业

高粱籽粒、颖壳、茎秆等部位含有各种颜色的色素，可以提取利用。高粱壳是高粱生产的副产品，资源非常丰富，是提取色素的最佳原料。"八五"期间，辽宁省农业科学院高粱研究所从高粱壳里成功提取红色素。红色素成品是一种具有金属光泽的棕红色固体粉末，属异黄酮类物质，在此基础上，研究所与日本光洋产业株式会社组建了中日合资科光天然色素有限公司。该公司生产的高粱红色素为国家级产品，获国家发明专利，并取得认证的天然食品添加剂证书。

高粱红色素为纯天然色素，色调自然、柔和、无毒、无特殊气味。产品分为醇溶、水溶及肉食品专用 3 大系列 9 个品种，可广泛用于食品、肉制品、饮料、化妆品和药品等产业。高粱红色素属天然环保产品，作为着色剂在上述行业中应用有利于人类的健康，并能取得可观的社会经济效益。生产 1 t 高粱红色素国内价 28 万元，出口价 32 万元。

高粱红色素加工业的兴起和发展，不仅把高粱的副产品加工成有用的产品，增加社会经济效益，而且还使农民增加了收入。按最低估算，每公顷产生 2 250 kg 高粱壳，每千克按 0.5 元收购，则每公顷增加收益 1 125 元。

当人类进入 21 世纪的时候，国际社会面临着人口、环境、能源等诸多问题，可持续发展是各国必须直面和解决的重大难题。在我国，农业已进入现代化发展新阶段，调整生产结构，提高农业效益，增加农民收入，改善生态环境，已成为新阶段农业和农村经济发展的重要任务。

我国现代农业可持续发展的根本出路在于依靠科技进步，加快技术创新，促进传统农业向优质、高产、高效、环保的现代农业转变，即由单纯追求产量，向产量、质量与效益并重转变；在保证国家粮食安全的前提下，积极推进农业现代化发展，大力研发高商品率、高附加值、高利汇率的产业和产品。

高粱的生物学特点和经济学优势正好可以在发展现代农业和开创高效环保产业上发挥作用，尤其对拉动我国北方干旱、半干旱地区的农业结构调整、产业开发、农民致富、全面建成小康社会均有重大意义。

第二节　中国高粱生产

一、高粱生产种植分区

在我国，高粱种植分布广泛，20世纪60—70年代，几乎全国各地均有栽培。但是，高粱主产区却较集中在秦岭、黄河以北，尤其是东北、华北、西北地区。目前，由于酿酒业的发展，南方的四川、贵州等省也成为高粱的主产区。由于高粱种植区的气候、土壤、栽培制度的不同，栽培品种的多样性特点也不一样，故高粱的分布与生产带有明显的区域性。全国分为4个种植区：春播早熟区、春播晚熟区、春夏兼播区和南方区。

（一）春播早熟区

本区位于中国高粱种植区的最北部。东起黑龙江东界，西至新疆的伊宁，包括黑龙江、吉林、内蒙古等省（区）全部，河北承德、张家口坝下地区，山西北部、陕西北部、宁夏干旱区、甘肃中部与河西地区，新疆北部平原和盆地等。本区处于北纬34°30′~50°15′，海拔300~1 000 m，年平均气温2.5~7.0 ℃，日平均气温≥10 ℃有效积温为2 000~3 000 ℃，无霜期120~150 d，年降水量100~700 mm。

本区属于旱作农业区。由于无霜期天数少，栽培制度均为一年一熟制。一般在4月下旬或5月上旬播种，9月中下旬收获。东北地区的栽培形式为垄作清种，华北、西北地区为平作清种。生产品种以早熟和中早熟种为主，常受到春旱的影响，由于积温较少，高粱生产易受低温冷害的威胁。因此，应采取防低温、促早熟的技术措施。春播早熟区可再分为3个栽培区。

1. 北部寒温带湿润气候栽培区

本区包括黑龙江的哈尔滨、佳木斯、牡丹江，吉林的敦化、抚松、临江、通化，辽宁的桓仁、新宾、清原、本溪等，内蒙古的赤峰，河北的张家口、承德，山西晋北地区、晋西北地区等。本区位于北纬39°20′~50°15′，年平均气温2.5~5 ℃，北部有效积温（日平均气温≥10 ℃的积温）为2 000 ℃，南部为2 750 ℃。年降水量500~700 mm，其中60%集中于夏季，特别是7—8月。本区无霜期为115~140 d，一般采用早熟品种或杂交种。

2. 北部寒温带干旱（半干旱）气候栽培区

本区包括黑龙江的齐齐哈尔、安达、肇东、肇源等，吉林的白城、大安、洮南等，内蒙古的呼伦贝尔、通辽、呼和浩特、包头、鄂尔多斯等，陕西的榆林等，宁夏干旱区，甘肃陇中、河西地区，新疆乌鲁木齐、昌吉、伊宁等。本区位于北纬 34°30′～47°51′，年平均气温 2～7 ℃，日平均气温 ≥10 ℃ 的有效积温为 2 000～3 000 ℃。个别地区如准噶尔盆地南缘高达 3 200～3 600 ℃。干旱是本区的特征，年降水量 60～250 mm，属寒温带干旱气候。本区以种植早熟、抗旱、耐瘠的品种或杂交种为主。

3. 东北平原中部温带半湿润气候栽培区

本区包括吉林的东丰、四平、长春、吉林、榆树、梨树、怀德、双辽、农安、德惠等，内蒙古通辽部分地区，辽宁的辽北地区。本区位于北纬 42°～44°52′，年平均气温 4～6 ℃，日平均气温 ≥10 ℃ 的有效积温在 3 000 ℃ 左右，年降水量 600～700 mm，多集中在 7—8 月，属温带半湿润气候。本区无霜期为 140～150 d，多种植早熟或中早熟的品种、杂交种。

（二）春播晚熟区

本区是中国高粱种植面积最大的栽培区，东起辽宁，西到新疆，包括辽宁、河北、山西、陕西等的大部分地区，甘肃的东部和南部，新疆的南疆和东疆盆地等。本区位于北纬 32°～42°30′，全区海拔 3～2 000 m，年平均气温 8～14.2 ℃，日平均气温 ≥10 ℃ 的有效积温为 3 000～4 000 ℃，年降水量 16.2～900 mm，多集中于夏季，无霜期 160～250 d，适于种植高产的中晚熟品种或杂交种。耕作制度以一年一熟为主，也有二年三熟或一年二熟的种植形式。春播晚熟区可再分为 4 个栽培区。

1. 东北平原南部温带半湿润气候栽培区

本区包括辽宁沈阳以南至辽东半岛及锦州、朝阳，丹东、本溪的部分地区，位于北纬 38°40′～42°。本区年平均气温 8～10 ℃，日平均气温 ≥10 ℃ 的有效积温为 3 000～3 500 ℃，年降水量 600～1 000 mm，多集中于夏季。本区无霜期 160～210 d，多种植中晚熟高产、质优的品种或杂交种。

2. 华北平原北部温暖温带半湿润气候栽培区

本区包括天津，河北承德、张家口南部地区的一部分、唐山、廊坊、保定、石家庄地区，位于北纬 37°40′～41°。年平均气温 12～13 ℃，日平均气温 ≥10 ℃ 的有效积温为 4 000 ℃ 上下，年降水量 500～600 mm，多集中在 7—9 月，属暖温带半湿润气候。本区无霜期为 160～250 d，多种植中晚熟或晚熟的高产品种、杂交种。耕作制度基本上是一年一熟制或二年三熟制，个别地区有一年二熟制。

3. 黄土高原暖温带半干旱气候栽培区

本区包括山西晋南、晋东南、晋中、晋东、晋西的全部，晋北、晋西北的大部分地区，陕西渭北高原区、关中平原区、秦岭山区、汉中盆地，甘肃陇东黄土高原区、陇南山区的全部，宁夏银川黄灌区，位于北纬 32°～39°20′。本区年平均气温 7～15 ℃，日平均气温 ≥10 ℃ 的有效积温为 2 800～3 700 ℃，年降水量 200～500 mm，属暖温带半干旱气候。本区无霜期 160～220 d，多种植中高秆，粮秆兼用的高产中晚熟或晚熟的品种、杂交种。本区耕作制度为一年一熟制，在无霜期较长和精耕细作的地区，有二年三熟制或一年二熟制。

4. 新疆东南盆地暖温带干旱气候栽培区

本区包括新疆的哈密、吐鲁番，南部的阿克苏、喀什，以及塔里木盆地北部和东部的绿洲及内陆河冲积平原，位于北纬 39°32′~42°30′。本区年平均气温 11.6~14.2 ℃，有效积温（日平均气温≥10 ℃的积温）为 4 000~5 400 ℃，年降水量 16.2~68.2 mm，属暖温带干旱气候。本区无霜期 184~205 d，栽培制度为一年一熟制，种植的品种大多属于较耐干旱、穗大、籽粒大的类型。

（三）春夏兼播区

本区东起山东半岛，西至四川东部，包括山东、江苏、河南、安徽、湖北等的全部地区，四川的大部分地区，河北的沧州、衡水、邢台、邯郸部分地区，处于北纬 24°15′~38°15′。本区海拔高度 20~3 000 m，年平均气温 14~17 ℃，日平均气温≥10 ℃的有效积温为 4 000~5 000 ℃，由于受东南季风影响，降雨充沛，年降水量 600~1 300 mm，属暖温带湿润气候和亚热带半湿润气候。本区无霜期 200~280 d，栽培制度为一年二熟或二年三熟，高粱在本区既可春播，也可夏播，故称春夏兼播区，本区可再分为 2 个栽培区。

1. 华北平原中南部暖温带湿润气候栽培区

本区包括山东、河南的全部地区，安徽、江苏的大部分地区，河北的沧州、衡水、邢台、邯郸的一部分地区，位于北纬 31°25′~38°10′。本区年平均气温 13~16 ℃，日平均气温≥10 ℃的有效积温为 4 000~5 000 ℃，年降水量 600~1 000 mm，属暖温带湿润气候。本区无霜期 180~250 d，多种植中熟的粮秆兼用的品种或杂交种。

2. 长江流域亚热带湿润气候栽培区

本区包括长江流域全部地区，即湖北的全部，四川的大部分地区，安徽、江苏的一部分地区，处于北纬 26°~32°30′。本区年平均气温 14~17.3 ℃，日平均气温≥10 ℃的有效积温为 4 800~5 000 ℃，年降水量充沛，可达 1 000~1 400 mm，属亚热带湿润气候，无霜期 227~300 d，多种植适于酿酒用的高粱品种或杂交种，尤其是糯高粱品种。

（四）南方区

本区位于长江以南的湖南、广东、广西、海南、贵州、云南、江西、浙江、福建等省（区），位于北纬 18°10′~31°10′，海拔高度 400~1 500 m。本区年平均气温 16~22 ℃，日平均气温≥10 ℃的有效积温为 5 000~7 500 ℃，年降水量 1 000~2 000 mm，非常丰富。本区无霜期 240~365 d，采用的品种多是短日性较强、散穗的糯高粱类型，大部分具有分蘖性。本区种植高粱分布地域广，多为零星栽培，相对较为集中的有四川、贵州、湖南等，耕作制度为一年三熟，近年再生高粱生产有一定发展。

二、高粱产业优势带分布

为实现高粱区域化布局，专业化生产，现代化发展，以提高高粱产量、品质和降低生产成本为核心，以优化品种结构和提升高粱转化能力为重点，以提高高粱产业总体效益和农民收益为目的，把全国高粱产业划分为 4 个种植区域优势带：东北优质米、饲料、酿造高粱优势带，华北、西北酿造（粳型）、饲草高粱优势带，西南优质酿酒高粱（糯）优势带和黄河至长江流域甜高粱潜在优势带。

（一）东北优质米、饲料、酿造高粱优势带

1. 区域范围和特点

本优势区域南起辽宁，经吉林、内蒙古东北部，北到黑龙江，位于北纬 39°59′~50°20′，包括辽宁的锦州、葫芦岛、阜新、朝阳，内蒙古的赤峰、通辽，吉林的白城、松原、长春、四平、公主岭，黑龙江的第一、第二积温带的广大地区。这一区域历来是我国高粱主产区，历史上年种植面积最高达 267 万 hm^2，素有"满山遍野的大豆高粱"的自然景观。随着农业生产条件的改善和人们生活水平的提高，高粱种植面积逐渐减少，目前种植面积约有 40 万 hm^2。

这一优势带高粱生产的特点是高粱一季生产单位面积为我国产量最高，如辽宁全省平均高粱单产可达 5 625 kg/hm^2，小面积最高可达 15 000 kg/hm^2 以上。高粱产品的用途，历史上主要有 3 个方面，即食用、饲用和酿造用，目前主要是酿造用，其次是食用。

2. 发展目标和主攻方向

东北高粱优势带生产的高粱，除了满足本区酿酒用，一部分加工成优质高粱米销售外，大部分被我国大型白酒厂收购用作酿酒原料。

"十二五"期间，东北高粱优势带仍是我国高粱主产区，辽宁的锦州、葫芦岛、朝阳、阜新等地重点发展优质米高粱生产，其产品用来加工成优质高粱米内销和出口。中北部地区重点发展优质酿造高粱生产，其籽粒主要用于酿酒。黑龙江的肇东、肇源等地区重点发展帚用高粱生产，用于扫帚加工业的原料。此外，还要发展一些饲草高粱和甜高粱生产，以满足畜牧业和生物能源产业发展的需要。

(二) 华北、西北酿造 (粳型)、饲草高粱优势带

1. 区域范围和特点

本优势区域东起河北、西止新疆，包括河北、山西、陕西、宁夏、甘肃、内蒙古西部等地，即河北的秦皇岛、唐山、承德、衡水、沧州、张家口等，山西的忻州、晋中、大同、晋城、吕梁等，陕西的宝鸡、榆林、绥德、延安等，内蒙古的西部，宁夏的黄灌区，甘肃的陇南、陇东地区，新疆的南疆和东疆盆地等地区。

这一区域位于我国北方干旱、半干旱地区，历史上曾是我国高粱主产区之一，最高年种植面积达 167 万 hm^2，目前种植面积有 33 万 hm^2。由于这一地区处于我国北方最干旱的地域，是发展高粱生产的干旱优势带。其高粱产品主要作酿酒原料，如山西省著名的汾酒酒业集团每年酿酒需要高粱原料 6 万 t，内蒙古河套老窖酒业集团年需高粱原料约 15 万 t。另外，高粱还可作粮食用，以面食为主。

本优势带高粱生产的特点是由于受降水多少的影响，高粱单位面积产量不稳定，以山西省为例，单产高的年份可达 4 500 kg/hm^2，低的年份只有 1 500 kg/hm^2。

2. 发展目标和主攻方向

"十二五"期间，这一优势带仍将保持现有的高粱种植规模，争取达到 40 万 hm^2 以上。本优势区域以粒用高粱为主生产供酿酒用的高粱籽粒 (粳型)。此外，随着开发大西北步伐的加快和畜牧业的发展，应发展相当数量的饲用高粱生产，以提供充足的高粱饲料 (草)。

(三) 西南优质酿酒高粱 (糯) 优势带

1. 区域范围和特点

本优势区域位于我国西南部，包括湖南的湘西、黔阳、岳阳、零陵等，四川的泸

州、江津、宜宾、绵阳、西昌等，贵州的遵义、毕节、铜仁、黔南等，重庆的万州等地区。这一优势区域带是我国一个特殊高粱种植区，属湿润气候种植区。

本区域高粱生产的特点是种植比较分散，面积不是很大，约 14 万 hm²。该区由于无霜期长，高粱生产一年可收获 2~3 季，而且可以利用高粱的再生性进行第二、第三季生产，即再生高粱生产。生产采用的品种大多是糯高粱类型、散穗型，其高粱籽粒几乎全部用于酿制白酒。

2. 发展目标和主攻方向

因为这一区域是我国高粱名酒主要产地，如贵州的茅台酒，四川的五粮液、泸州老窖特曲等，所以这一区域是酿酒高粱生产优势带。"十二五"期间，为满足本区域酿酒集团对酿造高粱名酒的需求，应大力发展糯高粱生产，种植面积应扩大到 20 万 hm² 以上。主攻高产糯高粱杂交种选育和推广，以及高产栽培配套技术的研究和应用。采取企业加农户的模式，实行订单生产。

（四）黄河至长江流域甜高粱潜在优势带

1. 区域范围和特点

本优势区域处于黄河至长江之间，位于东经 107°12′~122°30′，北纬 28°31′~37°10′。包括山东的滨州、惠民、德州、菏泽、聊城、济宁、临沂等地，江苏的徐州、淮阴等地，安徽的淮北、宿州、阜阳等地，河南的商丘、开封、安阳、南阳等地，湖北的襄阳、枣阳等地，江西的上饶、宜春、九江等地。这一区域曾是我国高粱主产区之一，目前来看是我国甜高粱生产潜在的优势区域。

甜高粱既可作饲料、饲草、制糖，又可转化为能源乙醇，是非常有发展潜势的饲料（草）、糖料和生物质能源作物。我国糖料作物北有甜菜，南有甘蔗，而这一区域正是发展甜高粱生产的理想区域。因为黄河、长江流域的生态条件适合甜高粱生产。当甜高粱旺盛生长，急需水分的时候，恰逢这里高温、多雨季节，正好满足了甜高粱生长发育对热量和水分的要求。尤其是这一区域的盐碱地、滩涂地多，低产田面积大，更是发展甜高粱生产的优势地区。

2. 发展目标和主攻方向

甜高粱生育期短，在无霜期较长的地区一年可收获 2 季，而甘蔗只有 1 季。甘蔗用茎繁殖，每公顷用量 7 500~12 000 kg，不宜机械化栽培，而甜高粱用种子繁殖，每公顷用种 15 kg，而且宜采用机械播种，因此甜高粱生产成本远低于甘蔗。这一地区是甜高粱生产优势区域带，尤其山东、江苏等省沿海盐碱地面积大，甜高粱生产更有优势。"十二五"期间，本区域甜高粱生产力争达到 30 万 hm² 以上。科技工作应主攻高生物产量、高含糖量、高抗倒伏的甜高粱品种和杂交种的选育及其推广。

三、我国高粱生产及其在国际上的地位

（一）我国高粱生产发展

据史料记载，中国高粱栽培有悠久的历史。20 世纪初，高粱在中国已是普遍栽培的作物。据朱道夫（1980）统计的资料，1914 年全国高粱种植面积 740 万 hm²，栽培面积最大的省份是辽宁和山东，均在 200 万 hm² 以上；其次是河北、吉林，各在

150 万 hm²以上。

1949 年新中国成立以来，全国高粱生产得到恢复和发展，1952 年全国高粱播种面积 940 万 hm²，占全国农作物播种面积的 7.5%，总产量 1 110 万 t，平均单产 1 181 kg/hm²。随着农业生产条件的逐步改善和人们生活水平的不断提高，水稻、小麦、玉米面积迅速扩大，高粱种植面积逐渐减少。到 1960 年，全国高粱种植面积为 400 万 hm²。20 世纪 60—70 年代，由于高产的高粱杂交种得到推广应用，高粱单产有较大提升，使高粱生产面积又有所增加，达到 600 万 hm² 左右。全国高粱平均单产由 1970 年的 1 725 kg/hm²上升到 1975 年的 2 310 kg/hm²。

1980 年，全国高粱种植面积为 269 万 hm²，平均单产 2 520 kg/hm²，总产 678 万 t。在此之后，中国高粱生产发生了较大的转变：一是高粱种植区域由生产条件较好的平肥地向生产条件较差的干旱、半干旱、盐碱、瘠薄地区发展；二是高粱产品由大部分食用转向酿造用、饲用、食品加工用，以及茎秆的造纸、制板材、帚用，提取色素等综合利用；三是高粱生产的目的由单纯提高籽粒产量向高产、优质、专用方向发展。

20 世纪 80 年代以来，虽然高粱种植面积继续有所下降，但由于单位面积产量的大幅提升，总产量减少并不多。1999 年与 1980 年比较，高粱种植面积减少了 123 万 hm²，下降了 45.7%，而平均单产达到 4 005 kg/hm²，比 1980 年平均单产增加了 1 485 kg/hm²，提高了 59%。因而，增减相抵使总产量基本持平，仅下降了 13.2%。高粱作为我国北方主要的旱粮作物之一，在生产上仍占有重要地位。

进入 21 世纪，我国高粱生产发生了新的变化。为适应国家畜牧业快速发展对饲料、饲草的要求，高粱作为饲料（草）作物生产发展较快，尤其是草高粱杂交种（即栽培高粱与苏丹草的杂交种——高丹草）生产发展更快些。此外，为了满足我国市场经济快速发展对能源的需求，甜高粱作为可再生的生物质能源作物引起了广泛的重视。由于甜高粱生物学产量高、含糖量高、乙醇转化方便快捷，从而表现出巨大的发展优势和空间。可以预料，随着全球石油能源资源的逐渐枯竭，甜高粱作为生物质能源作物将会得到较大发展。

目前，我国高粱种植面积为 50 万~75 万 hm²，总产为 200 万~300 万 t，主要种植区在辽宁、吉林、黑龙江、山西和内蒙古等省（区）。在我国南方，高粱作为酿制高粱名酒主料进行生产，主要集中在四川、贵州、湖南等省。近 1~2 年的统计，由于国内高粱种植面积减少，每年生产的 200 余万 t 高粱籽粒不能满足酿制白酒的需求，需要进口 200 万 t 高粱以填补缺口，加之国产高粱单位价格高于进口价，因此应降低国内高粱生产成本，增加生产以满足内销。

（二）中国高粱生产在国际上所处位置

世界上有 48 个国家的热带干旱和半干旱地区种植高粱。高粱作为"生命之谷"，长期在这些干旱少雨、土壤瘠薄的区域种植，在人类的发展史上曾具有相当重要的作用。在印度和非洲大陆的许多国家，高粱至今仍是维系人们生存的重要粮食作物。

近年，全世界高粱生产面积略有减少，年种植面积为 4 481.6 万 hm²，总产为 6 581 万 t，平均单产 1 468 kg/hm²。印度是世界第一高粱生产大国，年种植面积为 1 120 万 hm²，占世界高粱种植总面积的 25.0%，总产 1 100 万 t。尼日利亚高粱种植面积 663.5 万 hm²，占 14.8%，居第二位，总产 710.3 万 t，平均单产 1 071 kg/hm²。其他依次是美国年种植面积为 343.9 万 hm²，总产 1 473.4 万 t，平均单产 4 284 kg/hm²。墨西哥年种植面积为 185 万 hm²，总产 629.7 万 t，单产 3 404 kg/hm²。中国年种植面积为 146.3 万 hm²，总产 585.7 万 t，平均单产 4 003 kg/hm²。中国高粱年种植面积和总产量排世界第五位，单产仅次于美国，居第二位。

在非洲和亚洲等国，高粱作为旱地农业的主要作物，绝大部分种在干旱和半干旱地区，由于生产条件差，降水少，造成产量不高不稳，一般每公顷产量在 1 000 kg 左右。美洲是世界上高粱高产地区，拉丁美洲是高粱生产最新发展地区，年种植面积约 350 万 hm²。澳大利亚也是高粱主产国，最多年出口达 100 万 t。

近年，中国高粱种植面积虽稍有减少，但由于单位面积产量提升，总产量在世界上仍保持较高的水平。而且，由于一些省份酿酒支柱产业的发展，对高粱生产原料的需求大，其种植面积在一些地区有所增加。

第三节　辽宁高粱生产

一、辽宁高粱栽培史及其考证

高粱是我国古老的栽培作物之一，有 5 000 多年的历史。辽宁是我国农业起步较晚的地区，因此高粱栽培也晚于中原地带。从目前已有史料和高粱古遗址发掘的结果分析表明，辽宁高粱栽培距今已有 3 000 多年的历史。

（一）辽宁高粱栽培历史的考证

1954 年，在辽宁省鞍山市陶官屯金代农家遗址烧灰中发现有麦粒和高粱秸秆。

1955 年，在辽宁省辽阳市辽阳县三道壕西汉村落遗址中发现一小堆炭化高粱，距今已有 2 000 年的历史。从仓储情况看来，当时高粱已成为人们的主要口粮。

1978 年，在辽宁省建平县水泉遗址第五层，发现三座直径为 2 m 的圆形窖穴，底部沉积有 0.8 m 厚的炭化谷粒，经专家鉴定主要是粟和稷。

1987 年，在辽宁省大连市金州开发区大咀子村落遗址中发现了陶罐炭化高粱。经专家用 C¹⁴ 同位素测定为距今 3 000 年左右，按惯例炭化谷粒可在测定数据的基础上再加 100 年，大约是在青铜器时代的商末周初时期。说明辽宁在公元前 11—公元前 10 世纪就出现了高粱栽培。

（二）其他省份高粱栽培历史的考证

1931 年，在山西省荆村新石器遗址中发现了高粱的炭化籽粒。1955 年，在河北省石家庄战国时期遗址中发现炭化高粱粒 2 堆。1959 年，在陕西省西部汉代建筑遗址中发现墙上有高粱秸秆扎成的排架遗迹；同年在新疆维吾尔自治区焉耆回族自治县萨尔墩古城的唐王城遗址窖穴内发现唐代高粱。1960 年，在江苏省新沂县三里墩古文化遗址中出土了炭化高粱秆和高粱叶。1961 年，在河南省洛阳老城西北郊西汉后期墓地遗址的 81 号墓中发现盛有高粱朽屑的陶仓。1972 年，在河南省郑州大河村原始社会遗址的陶罐中发现有大量炭化高粱。1977 年，在广东省的汉墓中发现了高粱。1979 年，在陕西省咸阳马泉遗址的西汉墓葬里发现有高粱。从上述的考古发现中证明我国高粱栽培已有 5 000 余年的历史。

（三）古籍中关于高粱称谓的考证

我国高粱栽培历史悠久，在不同的历史时期有不同的名称。据考证，高粱这一名称最早见于唐代陆德明（公元 550—630 年）《经典释文》中关于《尔雅》的释文。唐朝孟诜（公元 621—713 年）在《食疗本草》中曾论述了高粱的功效。如"青粱米以苦酒浸三日，百蒸百晒，藏之远行，一餐可度百日，若重餐之，四百九十日不饥。九月九日取粱根，名龙爪①，阴干，烧存性，治难产，横生"。

宋朝陆佃（公元 1042—1102 年）所撰《埤雅》载："芦穄，一名荻粱，一名芦粟，一名稻粟，一名蜀秫，一名高粱。因形稷黍，故有多名也"。元朝王祯（公元 1271—1368 年）在所著《王祯农书》中有："蜀黍，一名高粱，一名蜀秫。""高粱茎高丈余，穗大如帚，其粒黑如漆。"这应是我国最早关于栽培高粱的形态描述。明朝李时珍（公元 1518—1593 年）在所著《本草纲目》谷部第二十三卷蜀黍释名中标出："芦穄、芦粟、木稷、荻粱、高粱。"并记载：蜀黍"状似芦荻，而苗实叶亦似芦。穗大如帚。粒大如椒，红黑色。米性坚实，黄赤色。有二种，黏者可和糯秫酿酒作饵。不黏者可作糕煮粥。"

蜀黍这个名词最早见于西晋张华（公元 232—300 年）的《博物志》卷 4："庄子曰，地三年种蜀黍，其后七年多蛇。"在《博物志》另有一段描述："孝武建元四年，天雨粟。孝元竟宁元年，南阳阳郡雨谷，小者如黍粟而青黑，味苦；大者如大豆，赤黄，味如麦。下三日，生根叶，状如大豆初生时也。"文中描述的"雨粟"像是高粱，"黍粟"可能是高粱的另一种表述。唐五代末孙光宪（公元 901—968 年）撰《北梦琐言》有"忽见沟内蜀黍秆积为道"，说明唐朝高粱已有广泛栽培。元朝司农司撰《农桑辑要》卷 2 提到"蜀黍"："若种蜀黍，其梢叶与桑等；如此丛杂，桑亦不茂。"

明朝徐光启（公元 1562—1633 年）在《农政全书》中提到"蜀秫"，也是蜀黍的另一种表述。清朝在《授时通考》中记述了一段关于北魏贾思勰曾在《齐民要术》的记载："春月种，宜用下土，茎高丈余，穗大如帚，其粒黑如漆，如蛤眼，熟时收刈成束，攒而立之。其子作米可食，余及牛马，又可济荒；其茎可作洗帚，秸秆可以织箔编席，夹篱供爨，无有弃者。亦济世之一谷，农家不可阙也。"从描述看，蜀秫是高粱无疑。清朝的《授时通考》记载，在《谷谱》一书中有"蜀黍，一名高粱，一名蜀秫，一名芦粟，一名木稷，一名荻粱"的记载。

从上述古籍考证的情况看，蜀黍或蜀秫等名词的出现也只有 1 600 多年的历史，而考古遗存与古籍记载相差 3 000~4 000 年。高粱的大量出土遗存是不容置疑的。肯定地说，高粱是我国的古老作物，那么在公元 3 世纪之前是怎样称谓的，或者是包含在哪种作物名称之中，这一直是我国农学史研究中的热点问题。通观一些农史研究专家的说法和农书的记载，大致可分为以下几种观点。

---

① 这是高粱根独有的特征。

1. 稷是西晋以前高粱的代称

我国对谷物的记载比较早，如《诗经·豳风·七月》有"其始播百谷"。《周颂·载芟》有"俶载南亩，播厥百谷"。《周颂·噫嘻》中有"率时农夫，播厥百谷"等。《论语·微子》始称"五谷"，如"四体不勤，五谷不分"。《孟子》中有"夫貉①，五谷不生，惟黍生之。"古代学者对五谷的解释：《周礼·天官·冢宰》里的五谷，郑玄注为麻、黍、稷、麦、豆；《周礼·夏官·职方氏》里的五谷，郑玄注为稻、黍、稷、麦、菽；《礼记·月令》五谷指麻、黍、稷、麦、豆；《管子》中的五谷则为黍、秫、菽、麦、豆。

总之，在汉代以前的五谷中，谷子（古称粟、禾）和高粱均无专用名称。稻、麦、菽、麻中不会包含谷子和高粱。黍是专指有黏性的糜子，那么只有稷是包含谷子和高粱的总称。

古代学者认为，稷就是高粱的说法较多，如《周礼·天官·食医》有"凡会膳食之宜，豕宜稷"的记载。《周礼·正义》解释为"豭猪味酸，牝猪味苦，稷米味甘，甘苦相成""稷，北方之谷，与水相宜"。这与东北习惯以高粱喂猪和高粱耐涝的特性相一致。西汉戴德在《大戴礼记》中有"无禄者稷馈，稷馈者无尸"的记述，意思是富人以粟为主食，穷人以稷（高粱）为主食。宋朝朱熹（公元1130—1202年）在《朱熹集传》中认为西周时期我国就有高粱栽培。元朝学者吴瑞在《日用本草》中写道："稷苗似芦，粒亦大，南人呼为芦穄也。"他认为稷就是高粱。明朝宋应星（公元1587—1666年）撰《天工开物》记述："而芦粟一种，名曰高粱者，以其身高七尺如芦荻也。"清朝王念孙对《广雅·释草》中的"稷粮谓之稻"的疏证为"稷，今谓之高粱"。清朝程瑶田的《九谷考》是论述稷是高粱的权威性著作，近代学者多以此说为准。《奉天通志》记载，"奉省物产之最丰富者，首推谷类：如菽，俗称大豆；如稷，俗称高粱，各县产额以此为钜，夫人而知之矣。"可见，民国之前，辽宁乃至东北高粱已是最主要的粮食作物。

2. 木稷、大禾是高粱的专有名称

许多学者认为古籍中提到的"木稷"也是高粱。如三国魏张揖（公元3世纪）著《广雅》中说到的"藋粱，木稷也"。西晋《广志》中"大禾，高丈余，子如小豆，出粟特国。""杨禾似藋，粒细也……此中国巴禾，木稷也。"据专家考证，古代粟特国在西域。据《广雅》记载，"荻粱，木稷也。盖此黍稷之类，而高大如芦荻者，故俗有诸名。种始自蜀，故谓之蜀黍。"清代王念孙在《广雅疏证》记述："今之高粱，古之稷也。"秦汉以来误以粱为稷②，而高粱遂名木稷。清朝《授时通考》记载，"上海县物产：粟，高乡所种。有芦粟，似薏苡而高。"

古代对高粱的描述，常以形态性状居多。在玉米引入中国之前的粮食作物中，只有高粱比其他作物都高大、粗壮，而且像野生植物那样有很强的适应性。因此，在其名称的演化中产生了以"木""大""蜀""芦""荻""高"等字冠，位于"稷""黍"

---

① 指东北地区。

② 黍稷。

"粟""秫""穄""粱""禾"的前面以示区别。

3. 秫是高粱的一个特有种的代称

在古籍中，秫是几种作物的代称。如春秋初年，管仲所著《管子》中释五谷为"黍、秫、菽、麦、豆"。西汉戴圣编《礼记·月令》载："妇事舅姑，如事父母……稻、禾、黍、粱、秫，所欲。"西汉《氾胜之书》释五谷为"稻、禾、黍、秫、麦、麻、豆"。东汉郑玄（公元127—200年）在《周礼·注疏》中引郑司农云："三农，平地、山、泽也。九谷，黍、稷、秫、稻、麻、大小豆、大小麦。"南朝齐梁时期陶弘景（公元456—536年）撰《本草经集注》中载："荆郢州及江北皆种之，其苗如芦而异于粟，粒亦大，今人多呼秫粟为黍，非矣。北人作黍饭，方药酿黍米酒，皆用秫黍也。"陶弘景所说的秫黍，都指的是高粱。

《齐民要术》在《收种第二》中提到"粟、黍、穄、粱、秫，常岁岁别收，选好穗纯色者，剶刈高悬之。至春治取，别种，以拟明年种子"。《齐民要术》把粱、秫专设一篇，讲述其耕作和栽培技术，足见粱、秫并非是粟，而是与粟平列的粮食作物。明朝徐光启在《农政全书》中说"粱与秫，则稷之别种也，今人亦概称为谷"。胡锡文先生研究指出，"古之粱秫即今之高粱"。在古籍中，以"秫"字出现的作物名称很多，如蜀秫、蜀秫、秫黍、黍秫、秫稷、陶秫、红秫、秫子、秫秫等。据专家们考证，多数是指高粱。

4. 粱也是指高粱

古籍中的粱是否指高粱，国内学者争论较大。由于我国地域广阔，民族众多，方言土语千差万别，加之古代学者记述时不可避免地带有局限性和主观臆造性，因此命名作物名称的某些歧异也就在所难免。在古籍中，粱到底是指哪一种或哪几种作物，在不同历史时期可能出现差异。秦汉之前，粱被视为"好谷"或"好粟"是有依据的，秦汉之后出现的粱应是指的高粱。

根据李长年学者的考证，《春秋左传》记载晋国有个地名叫高粱，在今山西省临汾东北，可能因为那里盛产高粱而得名。《孟子》里提到"膏粱"，东汉赵岐（公元108—201年）在《孟子章句》里注为"膏粱，细粱如膏者也"。说明膏粱是指一种粮（高和膏同音通用可以理解为高粱）。《黄帝内经·素问》中的《生气通天论》《腹中论》《通评虚实论》等篇中均提到高粱。

根据唐朝王冰（公元710—805年）注释《黄帝内经·素问》中理解为"高，膏也；粱，粱也"。他把高粱解释为膏粱，与《孟子》中的膏粱相同，也是指一种粮食。李长年先生认为，以"粱"称高粱差不多一直到公元6世纪都是如此。特别是贾思勰在《齐民要术》中把粱、秫单独作一篇介绍，可能是为了区别黍、粟等作物。

（四）古籍中关于辽宁高粱栽培的考证

1. 以粱等为高粱的记载

王绵厚著《秦汉东北史》中提到，三国时代吴陆玑撰《毛诗草木鸟兽虫鱼疏》中记有："居就粮，梁水舫。"居就，位于今辽宁省辽阳市辽阳县西南；粮，特指辽东一带盛产的高粱。唐朝徐坚（公元660—729年）所撰《初学记》中引郭义恭《广志》记载："辽东赤粱，魏武帝①以为御粥。" 有些学者认为"赤粱"就是指辽宁及东北地区盛产的适于作粥的高粱。金代王寂撰《燕》一诗有"汝可低头听我告，稻粱多处足罗网。"《中国通史·辽史》记载有："稻、麦、粱、黍之外，契丹旧地又多种穄。"

2. 以稷为高粱的古籍记载

在《周礼·夏官·职方氏》记载："东北曰幽州，其山镇曰医无闾，其泽薮曰貕（同奚）养，其川河泲，其浸菑时，其利鱼盐，其民一男三女，其畜宜四扰，其谷宜三种。" 汉朝郑玄注、唐朝贾公彦疏"三种"为黍、稷、稻。

战国时期，在魏史官编撰的《竹书纪年》中记载肃慎盛产"五谷、牛、马、麻布"。《后汉书·东夷传》载："东夷之域，最为平敞，土宜五谷。"《三国志·魏书·夫余传》："夫余在长城以北，去玄菟千里，南与高句丽，东与挹娄，西与鲜卑接……多山陵、广泽，于东夷之域最平敞，土地宜五谷。"《契丹国志》卷23载："其地可植五谷，阿保机率汉人耕种。" 五谷是古代人对农作物的总称，而不是指五个品种。五谷中包含稷，因此辽宁乃至东北地区在秦汉代以前已有高粱栽培。

元朝时，由札马刺丁、虞应龙、孛兰肹、岳铉先后主编的《元一统志》中记述："在大宁路诸县皆产谷、麦、稷、黍、豆、麻；而利、惠、兴中、建、高诸州产谷、麦、黍、豆；利、惠、高三州产稷。"

明代郑晓编撰《皇明四夷考》记述建州农作物以稷、谷、稗、麦为主。同时代辽东都指挥司佥事毕恭于正统八年（1443年）撰写的《辽东志·地理志·物产》中记载的作物有黍、稷、稻、粱、糜、粟、稗、黄豆……

民国时期王树楠等纂《奉天通志》（1927年）卷109《物产志·物产一·植物上·谷篇》中记载更为明确，如稷就是高粱，又有蜀黍、蜀秫、芦穄、芦粟、木稷、荻粱诸名。西汉以来均误为粱。唐苏恭《本草》又误为穄。清代程瑶田《九谷考》云："稷，斋大名也。黏者为秫，北方谓之高粱，或谓之红粱。通谓之秫，秫盖穄之类，而高大似芦。"

二、辽宁高粱种植分区

（一）辽宁省自然概况

辽宁省位于北纬38°43′~43°29′，东经118°50′~125°46′，北部、东北部与吉林省接壤，西北部与内蒙古自治区毗邻，西南部与河北省相连，东部隔鸭绿江与朝鲜民主主义人民共和国相望，南部、东南部濒渤海和黄海。地势自北向南、自东、西两侧向中部倾斜。东、西部为山地和丘陵，中部为辽河平原。全省总面积为14.59万 km²，其中山地、丘陵占总面积的62%，平原占30%，水面约占8%。

北部、东北部属温带季风气候，南部、西南部属暖温带气候，东部和中部属半湿润气候，西部属半干旱气候。太阳年辐射量在120~140 kCal/cm²，年平均气温5~10 ℃，年日照2 270~2 990 h，日照百分率51%~67%，年降水量400~1 100 mm，自东向西逐渐减少。无霜期120~210 d，日平均气温≥10 ℃的有效积温在2 600~3 600 ℃。

---

① 曹操。

辽宁省地貌特点大体可分为 3 种类型。

1. 辽东山地丘陵区

该区基本上位于长大铁路线以东，为长白山脉西南延续部分。地势从东北向西南逐渐降低，构成辽河与鸭绿江水系的分水岭。本区北部为山地，是长白山支脉吉林哈达岭的延续部分，走向西南，山势一般不高。龙岗山脉海拔 1 000 m 左右，是本区山脉的骨干，其中老秃顶子山海拔 1 325 m，牛毛大山海拔 1 350 m，花脖子山海拔 1 336 m。南部为半岛丘陵区，以千山山脉为骨干，走向与半岛方向相同，北宽南窄，北高南低。除绵羊顶山、魏家岭、李云山等少数几个山峰海拔在 1 000 m 以上外，其余均在 500 m 以下，坡降平缓。

2. 辽西山地丘陵区

本区大致包括新立屯—北镇—辽东湾西岸以西广大区域。地势由北向东南呈阶梯式下降。到渤海沿岸形成狭长的滨海平原，即"辽西走廊"，依山面海，形势险要，是沟通山海关内外的重要通道。主要山脉有努鲁儿虎山、松岭、医巫闾山。努鲁儿虎山山势较高。主峰大青山、西大山等海拔都在 1 000 m 以上，是辽河、大凌河上游的分水岭。松岭山脉斜卧在北票—建昌一带，海拔一般为 300~500 m，西南端山势比较险峻，北坡缓而南坡陡。医巫闾山位于阜新—北镇—义县一带，海拔一般多是 200~500 m 的山地丘陵，主峰望海寺山海拔 866 m。

3. 辽河平原区

本区介于辽东、辽西山地丘陵之间，主要由辽河及其支流冲积而成，属松辽平原的南部。地势自北向南缓倾，依地势划分，彰武—铁岭一线以北为辽北低丘区，海拔一般在 50~200 m，丘陵盆地间错，坡度平缓。西北与内蒙古接壤，延续分布着沙丘。彰武—铁岭一线以南至辽东湾沿岸为辽南平原区，包括辽河、绕阳河、浑河、太子河、大凌河下游一带，地势平坦，海拔在 50 m 以下，沿海一带仅 2~10 m，因河流汇集，坡降小，河道极易变迁，形成大面积沼泽地和盐碱滩地。

(二) 高粱种植区划

1. 高粱生育对生态条件的要求

高粱属喜湿作物，种子发芽的最低温度为 6 ℃，适宜温度为 20~30 ℃。出苗到拔节期需要的适宜温度为 20~25 ℃。拔节到开花授粉期的适宜温度为 25~30 ℃。籽粒灌浆成熟期的适宜温度为 20~25 ℃，昼夜温差大，有利于籽粒养分的积累。

高粱对高温有较强的耐受力，对低温则较敏感。当温度超过 38 ℃或低于 16 ℃时，高粱生育就要受阻。温度低于 10 ℃时，高粱停止生长。籽粒灌浆期遇低温则会延迟成熟，严重时籽粒不能完全成熟，从而导致大幅度减产。出苗至成熟需≥10 ℃的活动积温，因品种的生育期不同，大致要 2 000~3 100 ℃。

高粱是比较耐旱的作物，全生育期需水量每公顷在 3 000~4 500 m³。高粱的蒸腾系数为 250~300，在干旱条件下，高粱能有效利用水分，生育期间如遇水分不足，植株即呈休眠状态，一旦重新获得水分，则可恢复生长。因此，及时提供适宜的水分是获得高产的重要条件。

高粱对土壤的要求不甚严格，而且有较强的耐瘠、耐盐碱能力，因而不论在砂土、黄黏土、酸性土、碱性土、高燥地或低洼地上都可种植，而以有机质丰富的壤土为最好。土壤 pH 值以 6.5~7.5 为适宜。

高粱起源于热带，属短日照作物。缩短日照时数，则可提早穗分化，提早成熟；延长日照时数，则延迟穗分化，延迟成熟。基于这一现象，可通过光照时数处理，改变不同熟期品种的抽穗期、开花期，以达到同期或不同期抽穗、开花的目的。另外，不同纬度间相互引种高粱应考虑长、短日照等因素，以避免引种失败。

2. 区划的依据

高粱种植区划要考虑到各地区的光、热资源，以及降水量、土壤、地势等因素作为区划的主要依据，辅助考虑高粱在当地种植的历史、现状和发展前景，以及栽培制度和技术措施等的相对一致性。在划分种植区时，要遵循两条原则：一是保持乡（镇）界的完整性，适当照顾县界的完整性；二是尽量与全国高粱区划相吻合。

（三）辽宁高粱种植分区

1. 辽西丘陵山区种植区

本区包括葫芦岛市的兴城、连山、绥中、建昌等县（市、区），锦州市的凌海西北部、北镇西半部、黑山县西半部，朝阳市的喀左、凌源、朝阳等县及建平县南半部，北票市南半部，阜新市的阜蒙县南半部。

本区东半部属于暖温带半湿润丘陵区，西半部属于暖温带半干旱山区。光热条件优越，年平均气温 8~9 ℃，全年日平均气温 ≥10 ℃的有效积温达 3 200~3 600 ℃，5—9月日平均气温 ≥10 ℃的有效积温达 3 100~3 400 ℃。在高粱生育期间的最热月份（7—8月）平均气温达 23~25 ℃。本区无霜期 140~170 d。

播种期间日平均气温稳定通过 10 ℃时的初日，北部地区在 4 月下旬，南部地区在 4 月中旬，高粱灌浆成熟期间，日平均气温 ≥15 ℃的终日，北部地区在 9 月中旬末，南部地区在 9 月下旬末。本区 5—9 月日照 1 200~1 300 h，日照率 56%~62%；降水量偏少，年降水量 450~550 mm，常年 7—8 月降水量 250~350 mm，基本上可满足高粱孕穗开花期对水分的需要。春、秋两季降水较少，旱象常发生。

本区地势较复杂，多为丘陵地和山地，水土流失较严重。土壤多为褐色土，土质较瘠薄，有机质含量 1.0%~1.5%，全氮含量 0.075%~0.100%，有效磷含量多数地区为 3~5 mg/kg，少数地区 5~10 mg/kg，有效钾含量 100~200 mg/kg。

由于高粱具有喜温、抗旱、耐瘠的特性，能够较好地利用本区的光、热、水和土壤资源，高粱曾是该区域主要粮食作物之一。例如 1982 年，这一区域高粱种植面积达 26万 hm²，占全省高粱种植面积的 44.0%，其中锦州、葫芦岛部分地区有 14 万 hm²，朝阳地区 9 万 hm²，阜新南半部 3 万 hm²，分别占各自地区粮食作物播种面积的 50.6%、28.9% 和 33.0%。总产量 70 万~75 万 t，占全省粮食总产量的 31%~33%。一般年份平均单产 3 000 kg/hm²，其中锦州、葫芦岛地区 3 750 kg/hm²，阜新地区 2 250 kg/hm²。

从本区高粱生产总体情况上看，降水量偏少、土壤肥力偏低，是高产的限制因素；而光、热资源丰富，又是高产的气象条件，因此本区在搞好水土保持的基础上，加强农田建设，培肥地力，是提高单产的关键措施。在高粱品种选择上，应以生育期 125 d 左右的中晚熟品种为主，适当搭配中熟种。

从种植制度上看，在土壤肥力较好的平地和梯田上，可与玉米、大豆、花生轮作，也可与豆科绿肥，如草木犀、漠北黄耆等套种；在肥力较差的坡地上可与谷子、小杂豆、芝麻、豆科绿肥等作物轮作。防旱保墒、抗旱播种保全苗是获得较高产量的一项关键措施，应广泛推广应用。

2. 中部平原种植区

本区包括锦州地区的黑山县、北镇市及凌海市东半部，沈阳市的新民市、辽中区、康平县、法库县，鞍山市的台安县，辽阳市的灯塔市、辽阳县大部分地区，铁岭市的昌图县，开原、铁岭县西半部。

本区属于半湿润的平原区，年平均气温 7~9 ℃，7—8 月最热日平均气温 23~25 ℃。播种期气温稳定通过 10 ℃ 的初日，北部地区在 4 月末至 5 月初，南部地区在 4 月中旬；高粱灌浆成熟期气温 ≥15 ℃ 的终日，北部地区在 9 月中旬，南部地区在 9 月末。全年日平均气温 ≥10 ℃ 的有效积温在 3 100~3 400 ℃，5—9 月日平均气温 ≥10 ℃ 的有效积温在 2 900~3 300 ℃。本区无霜期 140~160 d。5—9 月日照 1 200~1 300 h，日照率 53%~60%；年降水量 500~800 mm，7—8 月降水量 300~350 mm。

本区地势平坦，土质肥沃，土壤多为棕壤，个别区域为草甸土、盐碱土。土壤有机质含量 1%~2%，全氮含量 0.1%~0.15%，有效磷含量多数地区为 5~10 mg/kg，少数地区为 3~5 mg/kg，有效钾含量 100~150 mg/kg。

本区是辽宁省玉米、水稻的主产区。由于高粱具有耐涝、耐盐碱、耐瘠薄的特性，在本区的低洼易涝地、轻盐碱地、沙荒地上种植具有优势。1982 年，本区高粱种植面积 22.4 万 hm²，占全省高粱种植面积的 37.9%，总产 100 万 t，占全省高粱总产量的 44.4%，平均单产 4 464.3 kg/hm²。

本区种植的高粱品种多为喜肥、高产的中晚熟种，或者是比较耐涝、耐盐碱的中熟种。种植制度多与玉米、大豆轮作，有些地区与谷子、花生轮作。由于本区自然条件优越，单产相对比较高而稳产，但也有的年份因雨水过多，病虫害发生重或大风、冰雹等灾害影响产量。从种植业结构调整看，本区高粱种植面积会减少，以增加更高产、高效的作物。高粱应往低洼地、盐碱地、沙荒地等边际性土地上发展，采用的品种和配套栽培技术也必须与之相适应。

3. 辽南半岛丘陵种植区

本区包括鞍山市的海城市，营口市的大石桥市，盖州市以及大连市各县（市）。

本区属于暖温带半湿润气候区。年平均气温 9~10 ℃，7—8 月最热日平均气温 24~25 ℃，全年日平均气温 ≥10 ℃ 的有效积温为 3 500~3 800 ℃，无霜期 170~210 d。年降水量 500~600 mm。土壤多为褐色土，北部的海城、盖州、营口土质比较肥沃，南部各县土质较瘠薄，海风也较大。

本区北部的海城、大石桥、盖州曾是辽宁省高粱高产区。1982 年，本区高粱种植面积 5.8 万 hm²，占全省高粱种植面积的 10.0%。其中海城、盖州、大石桥种植面积分别为 1.9 万 hm²、1.7 万 hm²、0.9 万 hm²，分别占各自地区粮食播种面积的 44.2%、43.3% 和 20.2%。

本区光、热条件优越，栽培技术水平较高，因此高粱的单位面积产量居各种植区之首，1982年平均单产为4 815 kg/hm²。栽培的高粱品种大多为生育期130 d以上的晚熟种，通常与玉米、大豆、花生轮作。春旱时有发生，有的年份因发生伏旱或秋吊影响高粱产量的稳产性。

本区是辽宁省水果主产区，随着人们生活水平的不断提高和对水果需求量的逐年增加，水果栽培面积会逐渐扩大，而高粱面积会大幅缩减。

4. 辽西北种植区

本区包括建平北半部、北票北半部、阜蒙北半部、彰武全县、康平西北部、昌图西北部。

本区属于冷凉半干旱气候区。年平均气温7~8℃，全年日平均气温≥10℃的有效积温为2 300~3 000℃，5—9月日平均气温≥10℃的有效积温为2 700~2 800℃，无霜期120~140 d，年降水量400~500 mm。春季气温稳定通过10℃的初日在5月上旬，秋季气温≥15℃的终日在9月中旬。彰武县以西地区多为风沙土，以东地区多为褐色土。

本区在历史上曾是高粱种植面积较多的地区，1982年高粱种植面积7万hm²，占全省高粱种植面积的11%，占本区粮食播种面积的30%。由于本区热量条件差，降水量偏少，土壤较瘠薄，因此单产水平较低，全区平均单产不足1 500 kg/hm²。种植的高粱品种多为生育期110~120 d的早熟种。一般与玉米、谷子、大豆、草木犀等作物轮作。本区在栽培技术上应注意培肥地力，增施肥料，抗旱保墒、选用耐旱早熟品种等。

5. 辽东山区种植区

本区包括抚顺、本溪、丹东全市，铁岭的西丰县及其开原、铁岭、辽阳县东部山区。

本区属于冷凉湿润气候区。年平均气温5~8℃，全年日平均气温≥10℃的有效积温为2 500~2 800℃，5—9月日平均气温≥10℃的有效积温为2 300~2 700℃，无霜期120~150 d。5—9月日照1 000~1 200 h，日照率50%~60%。年降水量800~1 100 mm。

本区地势较高，多为山地。土壤多是草甸土，肥力较高，土壤有机质含量2%~4%，全氮含量0.075%~0.150%，有效磷含量5~10 mg/kg，有效钾含量70~100 mg/kg。

本区由于地势高，气候冷凉，降水偏多，不太适宜种植高粱，因此高粱面积不大，1982年全区种植面积为3.3万hm²，占全省高粱播种面积的5%。种植的品种多为早熟种。

三、辽宁高粱生产发展变化概况

高粱曾是辽宁省的主要粮食作物之一，新中国成立初期的1952年，全省高粱生产面积为153.5万hm²，占全省粮食作物总播种面积的42%，产量占粮食总产量的39.6%。之后，随着农业生产条件的改善，细粮作物和经济作物的播种面积逐年增加，高粱生产面积则逐年有所减少。从1952年到1955年的4年间，高粱种植面积在133.3万hm²左右。1956年和1958年，全省高粱生产面积曾两度大幅减少，而玉米播种面积大增：1956年高粱种植面积由1955年的136.7万hm²减少为106.3万hm²，玉米则由1955年的69.4万hm²上升到106.9万hm²。1957年高粱种植面积又恢复到

126.7 万 hm²，玉米播种面积为 69.7 万 hm²，恢复到 1955 年的水平。1958 年高粱种植面积再次锐减到 45.9 万 hm²，而玉米激增到 154.4 万 hm²。1959 年高粱种植面积恢复到 80.9 万 hm²，玉米生产面积降到 83.3 万 hm²。从 1960 年到 1977 年的 18 年间，高粱种植面积保持在 66.7 万~98.4 万 hm²，从 1978 年到 1982 年的 5 年间，全省高粱种植面积基本保持在 65 万 hm² 左右（表 1-1）。

表 1-1　辽宁省高粱生产情况（1949—1982 年）

年份	种植面积 （万 hm²）	占粮食作物 面积比例（%）	总产量 （万 t）	占粮食总 产量比例（%）	单产 （kg/hm²）
1949	154.1	40.1	150.2	41.5	975
1952	153.5	42.0	193.4	39.6	1 260
1957	126.7	35.2	167.2	32.5	1 320
1962	95.6	29.2	122.0	29.2	1 276
1965	98.4	30.0	163.8	24.4	1 665
1970	80.7	24.0	197.3	24.3	2 445
1975	80.4	23.1	291.1	27.1	3 621
1980	56.0	20.3	226.9	19.4	4 051
1982	59.1	23.7	208.3	20.3	3 525

（引自《辽宁省种植业区划》，1987 年）

　　全省高粱生产从分布区域看，主要集中在辽西、辽北一带。种植面积最大的是锦州市，以 1982 年为例，锦州市高粱种植面积为 17.2 万 hm²，占全省高粱总面积的29.1%；其次是阜新市，全市种植面积为 11.0 万 hm²，占全省的 18.6%；第三位是朝阳市，全市种植面积 8.8 万 hm²，占全省的 14.9%。种植面积最小的是本溪市，仅有0.3 万 hm²，占全省的 0.5%（表 1-2）。

　　高粱总产量最多的市依次是锦州市、朝阳市和鞍山市，1982 年分别达到 71 万 t，34.1 万 t 和 23.3 万 t，分别占全省高粱总产量的 34.1%、16.4% 和 11.2%。总产量最少的市是本溪市和丹东市，分别占全省总产量的 0.5% 和 0.7%。

　　高粱单位面积产量最高的市是鞍山市和铁岭市，分别达到 5 955 kg/hm² 和5 895 kg/hm²，分别是全省平均单产的 169% 和 168%。单产最低的市是阜新市，只有1 215 kg/hm²，是全省平均单产的 35%（表 1-2）。高粱的单位面积产量，自 1949 年以来，总的发展趋势是逐步在提高，1952 年全省平均单产为 1 260 kg/hm²，20 世纪 50—60 年代，提高得比较缓慢，基本徘徊在 1 500 kg/hm² 左右。从 70 年代开始，由于生产条件的改善和高粱杂交种的推广应用，促进了高粱单位面积产量快速提升，1970 年单产为 2 378 kg/hm²，1980 年上升到 4 058 kg/hm²。

表 1-2 辽宁省各市高粱生产情况 (1982 年)

地区	种植面积 (万 hm²)	占全省比例 (%)	总产量 (万 t)	占全省比例 (%)	单产 (kg/hm²)	占全省平均 单产比例 (%)
全省总计	58.8		207.9		3 525	
沈阳市	4.8	8.1	20.4	9.9	4 260	121
大连市	1.2	2.0	4.0	1.9	3 345	95
鞍山市	3.8	6.4	22.6	11.2	5 955	169
抚顺市	0.5	0.8	2.0	1.0	3 870	110
本溪市	0.3	0.5	1.0	0.5	3 255	92
丹东市	0.6	1.0	1.5	0.7	2 520	71
锦州市	17.2	29.1	71.0	34.1	4 125	117
营口市	2.3	4.0	10.2	5.0	4 440	126
盘锦市	0.5	0.8	2.7	1.4	5 370	152
辽阳市	4.9	8.3	6.8	3.3	1 395	40
铁岭市	2.9	5.0	17.1	8.3	5 895	167
朝阳市	8.8	14.9	34.2	16.4	3 885	110
阜新市	11.0	18.6	13.4	6.4	1 215	34

(引自《辽宁省种植业区划》,1987 年)

主要参考文献

卢庆善,丁国祥,邹剑秋,等,2009.试论我国高粱产业发展:二论高粱酿酒业的发展 [J]. 杂粮作物,29 (3):174-177.

卢庆善,卢峰,王艳秋,等,2010.试论我国高粱产业发展:六论高粱造纸业、板材业、色素业的发展 [J]. 杂粮作物,30 (2):147-150.

卢庆善,孙世贤,宋仁本,等,2004.高粱浑身是产业 [G]//中国杂粮研究.北京:中国农业出版社:105-111.

卢庆善,张志鹏,卢峰,等,2009.试论我国高粱产业发展:三论甜高粱能源业的发展 [J]. 杂粮作物,29 (4):246-250.

卢庆善,邹剑秋,石永顺,2009.试论我国高粱产业发展:四论高粱饲料业的发展 [J]. 杂粮作物,29 (5):313-317.

卢庆善,邹剑秋,朱凯,等,2009.试论我国高粱产业发展:一论全国高粱生产优势区 [J]. 杂粮作物,29 (2):78-80.

卢庆善,邹剑秋,朱凯,2010.试论我国高粱产业发展:五论高粱产业发展的科技

支撑 [J]. 杂粮作物, 30 (1)：55-58.

《马鸿图高粱文集》编辑委员会, 2012. 马鸿图高粱文集 [M]. 北京：中国农业出版社.

乔魁多, 1988. 中国高粱栽培学 [M]. 北京：中国农业出版社.

朱绍新, 1995. 东北地区高粱栽培历史考证 [J]. 杂粮作物 (5)：23-27.

第二章　高粱种质资源

第一节　世界高粱种质资源研究

一、高粱种质资源多样性

高粱种质资源又称高粱品种资源、高粱遗传资源，是长期经过自然驯化和人工选择形成的对当代人和未来人颇有价值的物种资源，具有遗传多样性。遗传资源的多样性是指某一物种遗传资源丰富的程度，进一步可以说成是该物种基因丰富的程序，故又称基因多样性。相当数量的高粱遗传资源就组成了高粱的遗传多样性。遗传资源的重要性在联合国粮农组织（FAO）框架内已被各国政府认同，作为人类的共同财富应当不受任何限制地进行有效保护和利用。

（一）高粱种质资源的数量

迄今为止，全球共收集到高粱种质资源168 500份，其中美国42 221份，占总数的25.1%；国际热带半干旱地区作物研究所（ICRISAT）36 774份，占21.8%；印度20 822份，占12.4%；中国12 836份，占7.6%；其他国家合计55 857份，占33.1%（图2-1）。

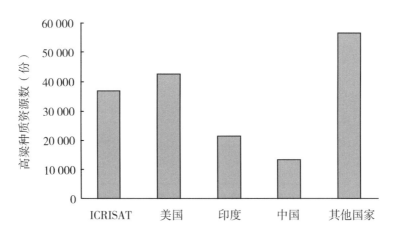

图2-1　全球高粱种质资源数量

ICRISAT从世界90个国家收集到的36 774份高粱种质资源，其中近90%的资源来自热带半干旱地区的发展中国家，代表了全球目前高粱约80%的遗传变异性。有60%的资源来自6个国家，埃塞俄比亚、苏丹、印度、喀麦隆、斯威士兰（恩格瓦尼）和也门。高粱种质资源中的约 63% 来自非洲，约 30% 来自亚洲。栽培种与野生种之比为 99∶1。在栽培种中，地方品种遗传资源约占总数的 84%。

（二）高粱种质资源分类的多样性

高粱种质资源从分类学上看也是很广泛的。保存在 ICRISAT 的高粱种质资源有全部的 5 个分类族，即双色族（The Bicolor Race）、几内亚族（The Guinea Race）、顶尖族（The Caudatum Race）、卡佛尔族（The Kafir Race）和都拉族（The Durra Race）以及一些中间族。在这些高粱种质资源中，都拉族的种质资源占 21.8%，顶尖族的占 20.9%，几内亚族的占 13.4%；在中间族中，都拉–顶尖族的占 12.1%，几内亚–顶尖族的占 9.5%，都拉–双色族的占 6.6%。

De wet 和 Harlan 报道了 2 个高粱野生种和主要栽培种的分类学分布，这种自然选择产生的高粱种质多样性经历了一系列的自然驯化、生境变迁，以及经常发生的人类农业实践的初级人工选择。

埃塞俄比亚是世界高粱种质资源多样性中心之一，从 20 世纪 50 年代开始就在全国各地搜集高粱种质资源，到 80 年代搜集了大约 5 000 份，迄今已搜集了 8 000 份高粱种质资源。这些资源的分类学类型有：都拉族；都拉–双色族；Zera–Zera（兹拉–兹拉）。Zera–Zera 高粱种质已作为优良食用高粱品种选育的亲本材料，分发高粱科研单位应用。

（三）高粱种质资源地理分布的多样性

高粱起源于非洲。在非洲大陆的各个地区，既有许多野生高粱，更有非常多的栽培高粱种类，而且那里是世界上种植高粱最古老的地区，因而形成了高粱种质资源多样性的地理分布。栽培高粱与野生高粱最大的变异地区是非洲东北部的扇形区域。Vavilov（1935）指出，现代的栽培高粱是在阿比西尼亚（埃塞俄比亚帝国，是 1270~1974 年非洲东部的一个国家，当代埃塞俄比亚联邦民主共和国和厄立特里亚的前身）栽培植物起源中心发展来的。埃塞俄比亚领地极适于产生高粱的多样性，有各种各样的生境条件，海拔高度从海平面到海拔 3 500 m 以上。至今，高粱仍生长在近海平面到海拔 2 700 m。因此，非洲是世界上高粱种质资源多样性分布最丰富的地区。

亚洲的印度和中国是高粱种质资源多样性的次生地理分布中心。栽培高粱在非洲起源之后很早就传到了印度和中国，并经历了几千年的栽培，由于这两个国家地域广阔，生境条件各异，加之长期的自然选择和人工选择，因而形成了高粱种质资源的多样性地理分布。

二、高粱种质资源的收集

作为高粱起源地和高粱主要产地的一些国家，很早就开始收集高粱种质资源。例如，非洲的苏丹从 20 世纪 50 年代开始收集当地高粱品种资源 781 份，并保存在 Tozi 研究站。其中有优势的高粱种质是顶尖族高粱。从 20 世纪 40—50 年代开始，由于高粱改良品种和高产杂交种的推广应用，代替了该国有着悠久栽培历史的地方品种，使这些当地高粱品种很快消失。如 Zera–Zera（兹拉–兹拉）和 Hegari（赫格瑞）高粱曾经是苏丹杰济拉省的地方品种，在新品种推广后已无栽培。

（一）国际有组织的种质资源收集

20 世纪 60 年代，在美国洛克菲勒基金会召集的世界高粱收集会议上，通过与会国家研究协商，确定由印度农业研究计划收集世界高粱种质资源。此后，印度开始从世界各国收集高粱种质资源，例如苏丹国将其收集的 781 份本国高粱种质资源交给由美国洛克菲勒基金会资助的印度"国际高粱种质资源收集项目"。印度先后从世界各国收集了总数为 16 138 份高粱种质资源，定名为印度高粱（Indian Sorghum），编号为 IS。这些高粱种质资源当时保存在印度拉金德拉纳加尔的全印高粱改良计划协调处（AICSIP）。

1972 年，ICRISAT 在印度海德拉巴成立。1974 年，由 AICSIP 转给 ICRISAT IS 编号高粱种质资源 8 961 份，总数 16 138 份中的其他 7 177 份在转交之前，由于缺乏适宜的贮存条件而丧失了发芽率。此后，ICRISAT 从美国普渡大学、国家种子贮存实验室、波多黎各和马亚圭斯等处补充收集了上述已丧失发芽率的 7 177 份中的 3 158 份。到此为止，贮存在 ICRISAT 高粱种质资源库的种质共有 12 119 份。

ICRISAT 根据国际植物遗传资源委员会（IBPGR）的建议，通过实地收集和发函征集等举措，又从世界许多地方收集了一些高粱种质资源。截至 1982 年年底，先后从 79 个国家收集到 22 466 份高粱种质资源，其中约 80% 的资源来自热带半干旱地区的发展中国家。收集最多的国家是埃塞俄比亚，4 242 份。

此后，ICRISAT 继续开展高粱种质资源的收集工作。到 1989 年年末，ICRISAT 又从一些国家和地区收集到 9 463 份高粱种质资源，加上原有的，共计从世界 86 个国家和地区收集到了 31 929 份高粱种质资源。到 1996 年 6 月末，ICRISAT 的高粱种质资源总数为 35 643 份，其中来自非洲 32 个国家 14 423 份，亚洲 24 个国家和地区 9 903 份，大洋洲 2 个国家 72 份，美洲 19 个国家 710 份，欧洲 9 个国家 111 份，国家不详 10 424 份（表 2-1）。

从高粱分类上看，这些高粱种质资源属双色高粱（*S. bicolor*）的 35 069 份，*S. sp.* 的 303 份，拟芦苇高粱（*S. arundinaceum*）的 78 份，其他高粱的 193 份（表 2-2）。

1978 年，按照 IBPGR 的意见，ICRISAT 将 IS 编号高粱改称作国际高粱。

表 2-1　ICRISAT 高粱种质资源及其来源（1996 年 6 月末）

来源地区	份数	来源地区	份数	来源地区	份数
世界	35 643	赞比亚	531	美洲	710
		津巴布韦	1 155	阿根廷	89
非洲	14 423			巴西	3
阿尔及利亚	6	亚洲	9 903	智利	1
贝宁	374	阿富汗	5	哥斯达黎加	2
博茨瓦纳	141	缅甸	20	古巴	1
布隆迪	119	中国	380	多米尼亚	3

（续表）

来源地区	份数	来源地区	份数	来源地区	份数
喀麦隆	63	中国台湾	6	萨尔瓦多	3
乍得	54	印度	6 090	危地马拉	13
埃及	11	印度尼西亚	33	墨西哥	55
埃塞俄比亚	6 612	伊朗	7	秘鲁	1
法属赤道非洲	5	伊拉克	3	波多黎各	1
冈比亚	132	日本	108	巴巴多斯	1
加纳	6	以色列	22	美国	471
肯尼亚	669	黎巴嫩	360	乌拉圭	1
利比亚	3	马尔代夫	10	委内瑞拉	6
马达加斯加	5	巴基斯坦	70	瓜多罗普岛（法）	3
马拉维	568	尼泊尔	8	圭亚那	1
马里	748	菲律宾	61	牙买加	53
多哥	462	沙特阿拉伯	22	尼加拉瓜	2
莫桑比克	23	斯里兰卡	25		
南非	457	叙利亚	4	欧洲	111
尼日尔	501	泰国	6	比利时	1
尼日利亚	161	土耳其	50	法国	10
卢旺达	49	也门	2 130	德国	4
塞内加尔	340	孟加拉国	9	匈牙利	6
塞拉利昂	1	韩国	78	葡萄牙	20
索马里	99	俄罗斯	396	罗马尼亚	1
苏丹	781			苏联	58
斯威士兰（恩格瓦尼）	6	大洋洲	72	西班牙	10
坦桑尼亚	77	澳大利亚	71	意大利	1
乌干达	230	新西兰	1	国家不详	10 424
扎伊尔	34				

（引自《高粱学》，1999）

表 2-2　ICRISAT 高粱种质资源分类及统计

种名	参考中译名	份数
合计		35 643
S. arundinaceum	拟芦苇高粱	78
S. australiense	澳大利亚高粱	1
S. bicolor	双色高粱	35 069
S. halepense	约翰逊草高粱	52
S. hybrid	杂种高粱	5
S. nitidum	光泽高粱	2
S. intrans		4
S. laxiflorum	疏花高粱	3
S. plumosum	羽状高粱	11
S. propinquum	拟高粱	2
S. sp.		303
S. stipoideum	针茅高粱	5
S. versicolor	变色高粱	4
S. almum	丰裕高粱	23
S. drummondii	裂秆高粱	81

（引自《高粱学》，1999 年）

　　高粱种质资源的收集已引起世界高粱学者及国内外高粱研究组织和单位的重视，加大高粱种质资源收集的力度，可以大大减少高粱种质的损失。根据各国高粱专家的意见，今后高粱种质资源优先收集的区域，包括已知有地方品种的地区，以及因推广良种或其他原因可能造成种质损失的地区。这些地区包括安哥拉、中非共和国、乍得、刚果、加纳、莫桑比克、摩洛哥、塞拉利昂、乌干达、也门、津巴布韦、印度、印度尼西亚和中国等。

　　（二）主要国家高粱种质资源的收集

　　美国是世界上收集高粱种质资源最多的国家，但最初并没有高粱栽培。1725 年，美国最先从欧洲引入了帚用型高粱。随着非洲奴隶的迁移，非洲原产的卡佛尔、迈罗等高粱品种也被引入美国，组成了美国最初的高粱种质资源。之后美国开始从世界各国和地区收集高粱种质资源，到 1957 年已引进了 13 764 份。截至 1989 年 2 月，美国已先后从世界 88 个国家和地区收集到高粱种质资源 31 929 份，其中非洲 32 个国家 14 423 份；亚洲 24 个国家和地区 4 952 份；美洲 19 个国家 708 份；欧洲 10 个国家 113 份；大洋洲 2 个国家 72 份；还有 11 661 份来源国家不详。在 88 个国家（地区）中，被收集最多的是埃塞俄比亚，6 612 份；其次是也门，3 715 份；再次是津巴布韦，1 155 份。

　　从分类学上看，在这些高粱种质资源中，属于双色高粱的有 31 355 份，其他族的高梁种质资源有 374 份。目前，美国已收集到的高粱种质资源共有 42 221 份。

中国从 20 世纪 50 年代开始在全国各省（区、市）内，先后 2 次较大规模地征集高粱种质资源，共整理出 12 836 份高粱种质资源。其中 10 414 份作为遗传资源登记，并保存在国家植物遗传资源库（北京，中国农业科学院）。这些高粱种质资源包括高粱地方品种、改良品种和品系，分别来自全国 28 个省、直辖市、自治区。如果按用途分，可分为食用型 9 895 份、饲用型 394 份、糖用型 125 份。

印度国家高粱研究中心（NRCS）已收集到高粱种质资源 20 812 份，包括 20 世纪 60 年代开始收集的 IS 编号高粱返回来的高粱种质资源 11 860 份，其他 IS 编号高粱种质资源 3 442 份，当地高粱种质资源 3 560 份，国外高粱种质的资源 494 份，以及重复的种质资源 1 456 份。

三、高粱种质资源评价

为了科学有效地利用高粱种质资源，必须了解和掌握种质的性状特征和在生态条件下的表现，因此应对种质资源进行全面系统地鉴定和评价。为鉴定种质资源对不同的纬度、海拔、湿度、光照、水分、土壤、病虫害等因素的反应和适应性，使它们的种性充分地表现出来，只在一个地点鉴定是不够的。因此，有的学者建议高粱种质资源鉴定至少应在 3 个有代表性的高粱主产地区进行。从世界范围看，应在非洲的埃塞俄比亚或苏丹，亚洲的印度，美洲的美国作为鉴定地点。因为这些地区是世界高粱主要种植地区。对那些光周期敏感的晚熟种质资源，则应在其原产地或原产地附近进行鉴定，以便全面了解种质资源的性状表现。

（一）美国高粱种质资源的鉴定评价

美国重视高粱种质资源的鉴定和评价，其总数的大约 50% 进行了 39 种性状的鉴定，主要有穗形、穗紧密度、穗长、株高、株色、倒伏性、分蘖性、茎秆质地、节数、叶脉色、芒性、生育期；抗炭疽病、紫斑病、霜霉病、大斑病、锈病；抗高粱蚜、草地夜蛾、玉米螟；光敏感性、耐铝毒性和锰毒性等。

目前，美国已建立起较完整的、分工合作的高粱种质资源评价体系。得克萨斯州主要进行配合力、抗霜霉病、抗炭疽病、抗黄条斑病毒、抗麦二叉蚜等资源的评价；佐治亚州主要是抗草地夜蛾、耐酸性土壤的评价；俄克拉何马州主要是抗甘蔗黄蚜；堪萨斯州主要是抗长椿象和麦二叉蚜；内布拉斯加州主要是早熟性、抗寒性资源的鉴定和评价。这样一个分工明确又相互配合的高粱种质资源鉴定、评价体系，能有效快速地筛选出各种高粱优质资源和抗性材料，并在高粱育种中加以利用。

根据国际植物遗传资源研究所（IPGRI）的安排，1970 年以来，在堪萨斯州已对大约 3 万份高粱种质资源进行了抗麦二叉蚜评价。1991 年，内布拉斯加州对俄罗斯的 110 份种质资源进行了抗麦二叉蚜评价，结果发现两个新的抗麦二叉蚜资源 PI550610 和 PI550607，特别是 PI550610 在提高麦二叉蚜抗性上很有价值。此外，还包括一些早熟和抗寒的资源。

1989—1993 年，美国高粱种质资源的引进和评价加大了力度。植物引种办公室（PIO）已经成为高粱种质资源对外交换的主要渠道。一些重要的高粱种质资源很快就进行了抗病虫性鉴定，并保存下来。1990—1993 年，引进自非洲和亚洲的 8 600 份高粱种质资源在通过检疫之后，分发到有关的高粱单位进行鉴定和评价（表 2-3）。

表 2-3　美国 1989—1993 年交换、引进的高粱种质资源数目　　单位：份

年份	进口数	出口数	引进资源数
1989	10	671	725
1990	1 105	503	1 027
1991	172	1 452	533
1992	10 631	1 089	2 036
1993	5 876	460	3 781
合计	17 794	4 175	8 102

（引自《高粱学》，1999 年）

美国高粱种质资源鉴定和评价的详细资料已登录在"美国种质资源信息网"（GRIN）上，而且还通过位于波多黎各的美国高粱管理者协会进行日常管理。

（二）印度高粱种质资源的鉴定评价

从进入 21 世纪的 2001 年开始，NRCS 对 3 012 份高粱种质资源进行了评价，除了一般的农艺性状外，重点鉴定和评价高粱茎秆中的蛋白质含量和氢氰酸含量。在 110 份高粱种质中发现，茎秆中的蛋白质含量为 1.69%～7.39%，含量低于 4% 的有 76 份，含量 4%～6% 的 28 份，含量高于 6% 的 6 份，即 IS1243、IS2132、IS3360、IS5253、IS5429 和 IS22114。在鉴定和评价的 514 份高粱种质资源中，氢氰酸含量为 10～1 790 mg/kg，其中有 172 份在安全含量 300 mg/kg 以下。

目前，NRCS 已完成全中心高粱改良协作计划的高粱种质资源基础材料 9 984 份，将已评价的高粱种质性状资料进行整理和登记，并储存在相应的信息资料系统中，可以很容易得到所需要种质的相关信息。高粱种质资源地理信息系统图（GIS）也已做好。

（三）ICRISAT 高粱种质资源的鉴定评价

根据气候条件，ICRISAT 在雨季和雨后季对 29 180 份高粱种质进行了 23 项重要农艺、抗性性状的鉴定和评价。主要农艺性状变异幅度列于表 2-4。

表 2-4　高粱种质资源农艺性状变异幅度

性状	最低值	最高值	性状	最低值	最高值
株高（cm）	55.0	655.0	籽粒大小（mm）	1.0	7.5
穗长（cm）	2.5	71.0	千粒重（g）	5.8	85.6
穗宽（cm）	1.0	29.0	分蘖数（个）	1	15
穗颈长（cm）	0	55.0	茎秆含糖量（%）	12.0	38.0
至 50% 开花日数（d）	36	199	胚乳结构	全角质	全粉质
粒色	白色	深棕色	光泽	有光泽	无光泽

（续表）

性状	最低值	最高值	性状	最低值	最高值
落粒性	自动脱粒	难脱粒	穗紧实度	很松散	紧
中脉色	白色	棕色	颖壳包被	无包被	全包被

（引自《高粱学》，1999 年）

这些高粱种质资源农艺性状的变异幅度很大。例如，从出苗至 50% 开花日数，最少 36 d，最多 199 d；株高最矮 55 cm，最高 655 cm；穗长最短 2.5 cm，最长 71 cm；千粒重最低 5.8 g，最高 85.6 g；茎秆含糖量最低 12%，最高 38%；分蘖数最少 1 个，最多 15 个。这些性状如此大的变异幅度为育种提供了可选择的种质资源。

种质资源中抗病、抗虫、抗杂草的评价结果列于表 2-5。抗主要高粱病害，如粒霉病、大斑病、炭疽病、锈病、霜霉病；抗主要虫害，如芒蝇、玉米螟、摇蚊等；抗杂草，如矮脚特金等的种质资源，有助选育出抗性强的新品种和杂交种应用于生产。

表 2-5　高粱种质资源抗病、抗虫、抗杂草鉴定结果

抗性性状	鉴定数目	有希望数目	所占比例（%）
粒霉病	16 209	515	3.2
大斑病	8 978	35	0.4
炭疽病	2 317	124	5.4
锈病	602	43	7.1
霜霉病	2 459	95	3.9
芒蝇	11 287	556	4.9
玉米螟	15 724	212	1.3
摇蚊	5 200	60	1.2
矮脚特金（杂草）	15 504	671	4.3
（striga）	—	—	—

（引自《杂交高粱遗传改良》，2005 年）

四、高粱种质资源的创新利用

高粱品种遗传改良成就的大小，很大程度上取决于掌握的高粱种质资源数量的多少，以及对其主要性状了解和创新利用的广度和深度。在国际高粱育种史上，高粱品种改良的突破性进展，往往都是由于找到并利用了具有关键基因的种质资源。美国在 20 世纪 50 年代找到了雄性不育迈罗（Milo）高粱细胞质，及保持其不育性的卡佛尔高粱细胞核，创造了世界上第一个核质互作型高粱雄性不育系及其保持系，完成"三系"配套，使高粱杂交种在生产上大面积应用，开创了杂交高粱生产新时代。

（一）雄性不育细胞质资源的创新利用

1. 不同细胞质雄性不育系的创造和特点

A_1 细胞质又称迈罗（Milo）细胞质。Stephens 等（1954）用双矮生快熟黄迈罗作母本与得克萨斯黑壳卡佛尔杂交，在后代中分离出雄性不育株，并用卡佛尔回交，育成了含有迈罗细胞质的雄性不育系 Tx3197A。这是迄今为止应用最为广泛的一种细胞质雄性不育系。

生产上的大面积应用，导致高粱杂交种细胞质的单一性，这种情况潜藏着引发某种严重病害的危险性。此外，单一细胞质雄性不育系在应用上受到一定限制，因为在只有迈罗不育细胞质的情况下，仅有一些系能够被培育成带有迈罗细胞质的完全雄性不育系，而很多系尽管具有许多优良性状，也不能转育成不育系当作杂交母本应用。还有，由于母本受到限制还限制了父本，这是因为只有那些与不育系母本杂交，能够得到高度恢复可育性的杂种一代的父本才能利用。于是，人们开始研究和创造新的有细胞质雄性不育系。Schertz（1994）利用 IS12662C 为母本、IS5322C 为父本杂交；在杂种 F_2 代里分离出雄性不育株，以 IS5322C 为轮回亲本，经连续 4 代成对回交，育成了世界第一个非迈罗细胞质雄性不育系 A_2Tx2753A，并在美国作为创新种质投入使用。A_2 细胞质（IS12662C）来源于顶尖族的顶尖-浅黑高粱群（*Caudetum-nigricans* group）；细胞核（IS5322C）来源于几内亚族的罗氏高粱群（*Roxburghii* group）。

此后，又创造和育成了 A_3、A_4、A_5、A_6 和 9E 等不同细胞质的雄性不育系（表 2-6）。其中 A_3 细胞质（IS1112C）来源于美国，A_4 细胞质（IS7920C）来源于印度，A_5 细胞质（IS12603）来源于尼日利亚，9E 来源于乍得。

表 2-6　高粱不同细胞质来源的雄性不育

细胞质名称	所属族	所属群	来源
A_1（Milo）	都拉族（*Dura* race）	近光秃-迈罗群（*Subglabrescens-milo* group）	南非
A_2（IS12662C）	顶尖族（*Caudatum* race）	顶尖-浅黑群（*Caudatum-nigricans* group）	埃塞俄比亚
A_3（IS1112C）	都拉-双色族（*Dura-bicolor* race）	都拉-近光秃群（*Dura-Subglabrescens* group）	美国
A_4（IS7920C）	几内亚族（*Guinea* race）	显著群（*Conspicunm* group）	印度
A_5（IS12603）	几内亚族（*Guinea* race）	显著群（*Conspicunm* group）	尼日利亚
A_6（IS6832）	卡佛尔-顶尖族（*Kafir-Caudatum* race）	卡佛尔群（*Kafir* group）	—
9E	—	—	乍得

（引自《杂交高粱遗传改良》，2005 年）

这 7 种不同细胞质的特点是育性反应各不相同，其败育程度 A_1 最彻底，其他依次为 A_5、A_6、A_2、9E、A_4、A_3。A_3 细胞质不育性表现最强，其次为 9E 和 A_4。最难表现

育性恢复的是 A_3，其他依次是 9E、A_4、A_2、A_5、A_6、A_1。Schertz（1994）研究了部分高粱品系对 7 种细胞质的育性反应（表 2-7）。对 $A_1$8 个品系杂交的 F_1 植株结实率，除 IS12685C 为 27%外，其他均为 100%，表明这 7 个品系是 A_1 细胞质雄性不育系的恢复系。对 A_3 来说，所有 8 个品系杂交的 F_1 植株结实率皆为 0，表明全都是 A_3 细胞质不育系的保持系。对其他细胞质不育性来说，其杂交 F_1 植株结实率有高有低，育性反应的结果是不一致的。

表 2-7　不同细胞质雄性不育系杂种一代（F_1）植株结实率　　　　单位:%

母本细胞质	父本							
	Milo	IS12685C	IS6729C	IS2526C	Tx7000	IS12680C	IS12565C	IS7007C
A_1	100	27	100	100	100	100	100	100
A_2	20	1	100	100	0	100	18	11
A_3	0	0	0	0	0	0	0	0
A_4	0	0	0	100	100	1	0	2
A_5	0	—	0	—	100	1	100	1
A_6	0	0	0	0	0	0	—	100
9E	0	0	0	100	0	1	0	1

（引自《杂交高粱遗传改良》，2005 年）

2. 不同细胞质雄性不育系的利用

A_1 细胞质不育系组配的杂交种已在高粱生产上得到广泛应用，促进了高粱单产的大幅提升。各国学者对其他细胞质不育系的应用开展了深入研究。美国先后选育出一批 A_2 细胞质不育系，如 A_2Tx624A、A_2Tx398A、A_2Tx2788A、A_2TAM428A 等，并投入使用。

印度对 A_2 细胞质雄性不育性也进行了应用研究。印度从美国引进了 A_2 细胞质雄性不育系以及 2 个稳定的雄性不育恢复系 RTx432 和 SC599，并进行两方面的研究工作。一是采取成对回交法，把 A_2 不育细胞质转育到 10 个优良的高粱基因型里去，结果有 4 个基因型，即 CS3541、MR750、MR840、296，变成了稳定的雄性不育系亲本。其中 296A_2 雄性不育系的种子已经分发给印度高粱改良协作计划的 16 个科研协作单位应用。二是应用 2 个早熟的高粱生产和茎秆含糖锤度，以提高其总糖产量。国家高粱改良中心选配的辽甜 9 号就是一个 A_3 细胞质不育系杂交种，并在生产上推广应用。

ICRISAT 利用评价出来的高粱种质资源，创新"三系"。在雄性不育系的选育上，已应用的不育基因源有 CK60、172、2219、3675、3667、2947。下列可作亲本进一步开发的种质源有 CS3541、BTx623、IS624B、IS2225、IS3443、IS12611、IS10927、IS12645、IS571、IS1037、IS19614、E12-5、ET2039、E35-1、Lulu5、M35-1、Safra。

在恢复系亲本和品种改良中，应用的基本种质有 IS84、IS3691、IS3687、IS3922、IS3924、IS6928、IS3541、ET2039、Safra、E12-5、E35-1、E36-1、IS1054、IS1055、

IS1122、IS1082、IS517、IS19652、Karper1593、IS10927、IS12645、IS12622。恢复基因型与 10 个 A_2 细胞质雄性不育系进行杂交，每个杂交组合的后代都得到了部分可育株或全部可育株。对可育植株从 F_1 代晋代到 F_4 代，并对晋代株系的株高、生育期、穗形、千粒重、籽粒颜色、恢复性等符合育种目标的植株进行选择，共得到 8 个 F_5 代株系。用 F_5 代的单株与 4 个 A_2 细胞质雄性不育系进行测交，即 296A_2、SB1085A_2、MR840A_2 和 MR750A_2，共得到了 120 个测交组合，进一步对产量和恢复性进行鉴定，以便选出优良的 A_2 不育系的恢复系。

其他细胞质雄性不育系的应用也在研究中，其中很难找到恢复系的 A_3 细胞质不育系在甜高粱杂交种选配中得到利用。由于能源甜高粱转化乙醇的主要原料是茎秆中的糖分，因此通过 A_3 型不育化杂交种可以提高单位面积的茎秆总 IS18961、GPR168 和 IS1151。Zera-Zera 高粱因为其产量和品质性状均优良，已成为选育新的优良杂交种而被广泛利用。

（二）优质资源的创新利用

1. 优良籽粒品质资源的创新利用

优质是高粱育种重要的目标之一。研究表明顶尖族的高粱籽粒品质优良，如 SC108、SC109、SC110、SC120、SC170、SC798、IS12608 等。分析美国和 ICRISAT 的优良籽粒品质材料系谱，大多是以上述资源为骨干系进行创新利用。

硬质胚乳高蛋白、高赖氨酸含量的资源是育种的好材料。美国普渡大学的 Axtell 教授深入研究了高粱高赖氨酸突变体，并进行了创新利用，先后选出了富含赖氨酸的品系 IS11167、IS11758、P721，将其主效基因转到各种育种材料中，得到了既高含赖氨酸又籽粒饱满的育种系。ICRISAT 将高粱高赖氨酸种质 IS11167 和 IS11758 在育种项目中已将高赖氨酸基因转到农艺性状优良系中，得到了高赖氨酸含量籽粒皱缩品系和丰满品系。

2. 茎秆高糖资源的创新利用

制糖或转化能源乙醇都需要含高糖的甜高粱茎秆，因此提高茎秆含糖量是甜高粱种质创新利用和新品种选育的主要目标。

在 ICRISAT 保存的甜高粱种质资源中，其茎秆含糖锤度为 12% ~ 38%。经评价，一些最有希望可以创新利用的高含糖量的甜高粱种质有 IS15428、IS3572、IS2266、IS9890、IS9639、IS14970、IS21100、IS8157、IS15448。通过杂交把高含糖性状转育到杂种后代中，现已选出高含糖量的甜高粱不育系有 ICSB68、ICSB71、ICSB435、ICSB592 等，其含糖锤度为 13% ~ 15%；选育的高糖恢复系有 ICSV574、ICSR93034、S35、ICSV700 等，其含糖锤度为 19% ~ 21.7%，其中 ICSV574 每公顷茎秆产量、糖汁产量和糖产量分别是 34.6 t、11 200 L 和 2.2 t，并进而组配成甜高粱杂交种应用。

3. 饲草高粱种质资源的创新利用

饲草高粱的主要经济指标：一是要有较高的绿色体产量；二是茎秆多刈性要强，可以多次刈割；三是茎叶氢氰酸含量要低，茎秆含糖量要高等。ICRISAT 通过饲草高粱种质的创新利用，选育出一批适于组配饲草高粱杂交种的雄性不育系和恢复系。在对 28 个保持系鉴定的结果显示，ICSB74、ICSB293、ICSB297、ICSB474、ICSB664、

SP20656B 等绿色体产量为每公顷 30 000~48 000 kg，茎秆含糖量为 14%~20%，刈割留茬再生株率为 36%~81%；ICSB472、ICSB401、ICSB405、ICSB731 的茎秆含糖量较高，分别是 17.9%、16.3%、16.1%、15.9%。

新选育的饲草高粱恢复系优于对照 SSG-59-3，其绿色体产量、茎秆含糖量、刈割后再生性，除个别项次外，均高于对照（表 2-8）。

表 2-8 饲用型恢复系与对照性状比较

恢复系	至 50%开花日数		含糖程度（%）		绿色体产量（t/hm²）		再生性等级*
	主季	再生季	主季	再生季	主季	再生季	
ICSR93024-1	87	70	17.8	12.0	29.2	21.2	2.5
GD65239	90	61	20.5	14.6	24.8	19.9	2.0
ICSR93025-1	87	73	18.1	15.8	22.7	18.1	1.5
GD65174-2	77	55	10.4	19.6	22.6	17.7	1.5
平均	85.3	64.8	16.7	15.5	24.8	19.2	1.9
对照（SSG59-3）	81	54	15.9	12.9	19.2	14.3	1.0
SE±%	2.17	3.83	1.49	2.44	3.39	2.93	0.55
CV（%）	3.86	9.58	12.72	24.92	26.24	38.09	32.43

*1 级，再生率 90%以上；2 级，75%~89%；3 级，50%~74%；4 级，1%~49%；5 级，0%。

在饲草高粱种质中，含低氢氰酸的种质有 IS1044、IS12308、IS13200、IS18577、IS18578、IS18580；低单宁含量的有 IS3247、PJ7R。

（三）抗性种质资源的创新利用

1. 抗病资源的创新利用

高粱病害较多，给生产造成较大损失，如霜霉病、黑穗病、炭疽病等。高粱主产国很重视抗病资源的创新和利用。美国通过高粱种质转换计划创新出霜霉病抗原 IS1355C、IS3646C、IS2483C、IS12526C 等，丝黑穗抗原 SC170-6-17、IS12664C 等，并在抗病育种上加以利用，选出一批抗病材料，如 Tx414、TAM428 等。

ICRISAT 创新出兼抗炭疽病和锈病的 ICSV1、ICSV120、ICSV138、IS2058、IS18758、SPV387；抗粒霉病、炭疽病、霜霉病和锈病的 IS3547；抗粒霉病、霜霉病和锈病的 IS14332；抗粒霉和炭疽病的 IS17141；抗粒霉和霜霉病的 IS2333、IS14387；抗粒霉和锈病的 IS3413、IS14390、IS21454。

2. 抗虫资源的创新利用

美国利用高粱种质转换计划的种质进行创新，选出高粱摇蚊抗原 SCO175，蚜虫抗原 SCO110-9、SCO120 等，并在高粱品种选育中加以利用，培育出抗虫品种 Tx428、Tx434 等。

ICRISAT 筛选出抗芒蝇和玉米螟的稳定高粱种质，如 IS1082、M35-1、BP53、

IS18577、IS2312、IS18511 等；抗蚜种质的有 IS103、IS1056、IS1461、IS9539 等；抗摇蚊的有 DJ6514、Wiley、E-501、IS3443、IS8571 等。ICRISAT 应用抗摇蚊种质，经遗传改良，创造出抗摇蚊的新品种 SPV694。

3. 抗杂草资源的创新利用

巫婆草（striga）是热带半干旱地区高粱上的一种寄生性杂草，一般普遍发生且使高粱产量受到损失。ICRISAT 筛选出的抗原有 IS18331、IS87441、IS2221、IS4202、IS5106、IS7471、IS9630、IS9951 等，并用于抗巫婆草育种中，创新的一些育种系，如 168、555、SPV1103、SPV221 已被证明抗巫婆草。ICRISAT 选育的抗巫婆草高粱品种 SAR1 由 555×168 杂交育成，已在巫婆草发生地区推广种植。

4. 抗旱资源的创新利用

ICRISAT 从 1 300 份高粱种质资源和 332 份育种系中筛选出最有希望的抗旱种质，如 E36－1、DKV3、DKV4、DKV17、IS12611、IS69628、DKV18、DKV1、DKV7、DJ1195、ICSV378、ICSV572、ICSV272、ICSV273、ICSV295 等，并用于抗干旱育种。对选育出的抗旱育种系需要在多点干旱条件下进行鉴定，以进一步筛选育种系的抗旱性和稳产性。

5. 高铁锌含量资源的创新利用

ICRISAT 在鉴定 86 份杂交种亲本时发现，籽粒中的铁含量为 $20.1 \sim 37.0$ mg/kg，锌含量为 $13.4 \sim 30.5$ mg/kg。在高粱改良计划中，对选育的 222 份保持系测定表明，籽粒铁含量为 $22.4 \sim 51.3$ mg/kg，锌为 $15.1 \sim 39.6$ mg/kg。20 多份的铁含量超过 45 mg/kg，13 份锌超过 32 mg/kg。2 份最有希望的 B 系 ICSB406 含铁 51 mg/kg、锌 40 mg/kg；ICS311 含铁 47 mg/kg、锌 36 mg/kg。可用来组配高含铁和锌的杂交种。

6. 耐盐资源的创新利用

ICRISAT 在 3 种不同含盐水平下进行 2 年试验，鉴定出耐盐品系有 IS164、IS237、IS707、IS1045、IS1049、IS1052、IS1069、IS1087、IS1178、IS1232、IS1243、IS1261、IS1263、IS1328、IS1366、IS1568、IS19604、IS297891 等。

（四）热带高粱种质资源的创新和利用

美国高粱育种的种质资源不丰富，由于较长期使用卡佛尔和迈罗高粱的遗传基础狭窄，很难适应高粱新品种选育的要求。于是，在 20 世纪 60 年代初从苏丹引进了赫格瑞和菲特瑞塔高粱，以后又从埃塞俄比亚引进了 Zera-Zera 高粱等。这些高粱具有品质好、抗粒霉病、抗茎腐病、抗干旱等特点。但是，这些引自热带地区的高粱种质资源植株高大，生育期长，光周期敏感，在温带的美国不能正常成熟，无法利用。

为解决这一问题，美国农业部和得克萨斯农业试验站于 20 世纪 60 年代中期开始了高粱种质转换计划。这一计划的目的是把从热带引进的高大植株、不开花、在温带不能正常成熟的热带高粱转换成矮株、中熟或早熟类型，使其能在世界温带地区正常成熟的高粱，从而得到应用。

截至 1974 年年底，有 183 个高粱种质资源系转换成功，发放到全国各地高粱科研单位研究利用。到 20 世纪 80 年代已有 1 433 份高粱种质资源进行了转换。其中 423 份转换系投入使用，来源于苏丹的资源占 16%，来自印度的占 24%，来自埃塞俄比亚的占 16%，来自尼日利亚的占 25%，来自乌干达的占 4%。这些转换系通过大量的鉴定和筛选工作，得到了抗蚜虫、抗摇蚊、抗高粱丝黑穗病、抗炭疽病、抗霜霉病以及抗干旱、抗耐酸碱等抗原材料，对高粱抗性育种发挥了很大作用。

除种质转换计划外，还采用基因渐渗法把某一特殊基因渗入当地优良高粱品种中去，使之具有这种特殊基因控制的性状。Johnson 和 Teetes（1979）报道了把杂草高粱中的抗青虫基因渗入栽培高粱中。Harris（1979）、Franzmann（1993）利用澳大利亚土生高粱（*S. australiensis*）的抗摇蚊基因和抗芒蝇基因进行基因渐渗，使这两种抗虫基因转到栽培高粱中。在高粱野生种和栽培种同时存在的地区，野生高粱是许多抗性性状和适应性性状特殊基因的库源，因此加快高粱野生种向栽培种的基因渐渗具有十分重要的意义，也是有效创新利用高粱种质资源的主要途径之一。

第二节　中国高粱种质资源研究

一、高粱种质资源研究概述

（一）古代高粱栽培纪实

中国高粱栽培历史悠久，在长期的栽培过程中，由于种植地域广阔，生态条件各异，加之自然和人工选择，使中国高粱形成了丰富多样的品种资源类型。

目前，根据中国不同历史时期的古籍纪实，最早记载高粱的史籍应是张华所撰的《博物志》，大约出现在公元 3 世纪。当时对文中的"蜀黍"是否就是今日之"高粱"，尚无确切的说法。自元朝以来中国才有"蜀黍"即"高粱"的明确记载。例如，王祯（1271—1368 年）在所著《王祯农书》中对高粱的形态特征作了描述，"茎高丈余，穗大如帚，其粒黑如漆"。明朝李时珍在所著《本草纲目》中记载，"蜀黍今之谓高粱。""状似芦荻，而苗实叶亦似芦，穗大如帚。粒大如椒，红黑色。米性坚实，黄赤色。有两种。黏者可和糯秫酿酒作饵。不黏者以作糕煮粥。"可见，明朝时中国学者不但对高粱的形态特征作了描述，而且还把品种分为"黏""粳"两种类型，并对用途作了描述。

到公元 17 世纪，清朝的学者关于高粱的描述就更多了。例如，高粱种类"色有黄、青、白、赤。且耐旱。""蜀黍一秆四穗"。19 世纪末期，清朝学者郭云陞在《救荒简易书》中记载，"黑子高粱又耐风雨，又耐水旱。""白子高粱，子可当谷，秆可熬糖。""红子高粱，性而碱，宜种碱地。""快高粱一名七叶糙高粱，其秆只生七叶，其高仅及五尺。"还有临冬播种的冻高粱，等等。这些史籍清楚地表明，中国古代农民在长期高粱栽培实践中不断创造出十分丰富的高粱品种类型。而且，中国古代学者对这些高粱品种进行了初步的描述和研究，可以认为这些简要的描述和分类，就是中国高粱品种资源研究的开端。

（二）1949 年之前高粱品种资源研究

在 1949 年中华人民共和国成立之前，古代劳动人民创造的多种多样的高粱品种资源基本上散存于农家，没有单位和人员进行研究。进入 20 世纪，全国仅有少数农业科研和教学单位开展高粱品种资源的搜集、整理、保存和研究。设在江苏省南京市的原中央农事试验场、吉林省公主岭农事试验场、甘肃省甘谷农业试验站，是当时从事高粱研究的主要农业单位。20 世纪 20—30 年代，当时金陵大学的北平、定州、太谷、济南、开封试验场和农业学校开展了高粱品种搜集和观察研究。例如，公主岭农事试验场于 1927 年搜集了东北地区高粱地方品种 228 份，对主要性状进行了观察记载，并登记保存下来。

原中央农事试验场对高粱品种开展过抗螟虫和开花习性的研究，并引进和种植了一些外国高粱品种。1940 年，当时晋察冀边区所属第一农场对高粱地方品种进行了征集和鉴定。结果表明，从非洲传入中国的多穗高粱表现产量高、适应性强、较耐旱，并于 1942 年在边区高粱生产中推广应用。

（三）1949 年之后高粱品种资源研究

1. 高粱地方品种评选

新中国成立后，高粱品种资源研究工作逐渐开展起来，并不断深入，卓有成效。1951 年，全国范围内开展了群众性的高粱良种评选工作。专业科技人员与农民群众相结合，从当地高粱品种中评选出一些适合当地生产条件的优良地方品种，就地推广应用。如辽宁省评选出的良种小黄壳（盖州）、打锣棒（盖州）、关东青（锦州）等；吉林省评选出的护脖香（四平）、红棒子（延吉）、黑壳棒子（怀德）等；黑龙江省的大八叶（牡丹江）、歪脖张（双城）、大红壳（望奎）；内蒙古自治区的八叶齐（鄂尔多斯）、大青叶（通辽）、短三尺（鄂尔多斯）；河北省的平顶冠（承德）、大蛇眼（滦南）、喜鹊白（平泉）；山西省的三尺三（汾阳）、离石黄（离石）、大红袍（大同）；山东省的竹叶青（邹平）、打锣锤（黄县）、白高粱（莱阳）；河南省的鹿邑歪头（鹿邑）、民权大青节（民权）、米谷朵（郑州）；江苏省的红粮（太仓）、黄罗伞（赣榆）、麦黄（铜山）；安徽省的十里香（萧县）、大粒黄（嘉山）、牛眼红（五河）；等等。

这些评选出来的优良高粱品种在当时当地推广应用后，在高粱生产中发挥了显著的增产作用。这些高粱品种资源还为后来的高粱新品种选育和杂种优势利用提供了优异的种质材料。例如，山西省评选的优良地方品种三尺三（汾阳）在高粱杂交种选育中作为恢复系父本与雄性不育系 Tx3197A 组配的晋杂 5 号，曾经是我国春播晚熟区高粱生产的主栽品种，增产幅度大，适应性强。因此可以说，这次高粱良种评选工作为我国高粱品种资源研究奠定了基础，使其走上了正轨。

2. 高粱品种资源遗传研究

此后，高粱学者陆续开展了对高粱主要性状的相关研究。张文毅（1973，1981）曾对中国高粱地方品种主要性状的广义遗传力做了分析研究。结果表明，生育期（广义遗传力为 99.12%，下同）、穗长（98.81%）、中轴长（97.19%）、茎高（96.15%）、秆高（95.20%）、节数（93.28%）、节间长（94.90%）、一级分枝数（94.33%）、穗柄长（92.14%）的广义遗传力相对较高；而茎叶产量（82.51%）、单株籽粒产量（79.22%）、单穗粒数（75.77%）、秆径（59.50%）、穗端级分枝数（45.06%）的广义遗传力相对较低；千粒重（88.19%）的广义遗传力为中等。冯广印

（1979）的研究结果与上述研究基本相符。

张文毅（1973）研究分析了高粱品种 14 个主要性状与单株产量的遗传相关和表型相关。结果表明，茎高、穗柄直径、穗径、穗粒数、千粒重、秆径、节间数与单株产量呈正相关；生育日数、穗端级分枝数与单株产量的正相关，年度间有程度不同的变化；穗柄长与单株籽粒产量呈负相关。张世苹（1992、1993）对东北区部分粒用高粱品种 6 个性状的表型相关性进行了分析。结果查明，生育期与株高、生育期与茎粗、生育期与穗粒重、茎粗与穗粒重、千粒重与穗粒重均呈显著正相关；穗长与千粒重、穗长与穗粒重均呈显著负相关。二者的研究结果因取材不同，其株高与产量间的相关变化较大。

张文毅（1980）对中国高粱品种的品质性状进行了遗传研究。结果显示，高粱籽粒中的蛋白质、赖氨酸、单宁和角质率含量在品种间有较大的遗传分化，其变异幅度分别为 6.50%~16.30%、0.07%~0.43%、0.03%~3.29% 和 0%~100%。性状变异如此之大的高粱种质资源为选育创造更优异的新品种提供了十分有利的条件。蛋白质、赖氨酸、单宁和角质率含量在数以百计的品种资源群体中均呈现连续具有数量遗传性质。计算表明除单宁含量的遗传力（94.12%）较高外，蛋白质（50.27%）、赖氨酸（59.43%）、角质率（69.30%）的遗传力均低于一般生长发育性状和产量性状。由此得出，根据表型选择品质性状较之产量性状难度更大。因为蛋白质、赖氨酸含量遗传力低，易受栽培条件、气候因素的影响而产生表型变异，为选择高蛋白质、高赖氨酸含量的新品种增加了困难。

3. 高粱品种资源品质性状研究

王志广和赵颖华（1982）对 629 份中国高粱品种资源籽粒品质性状进行了分析研究。结果表明，单宁含量变异系数最大，赖氨酸次之，蛋白质最小。其变异分布单宁在 50% 以上，赖氨酸在 15% 以上，蛋白质在 10% 以上。蛋白质和赖氨酸含量高的品种，在地理分布上，从东南往西北，随纬度增加，其含量有逐渐增加的趋势，而单宁含量则是相反的趋势。蛋白质、赖氨酸与干物含量呈显著正相关；角质率与蛋白质含量呈显著正相关，而与单宁含量之间呈显著负相关。刘铭三（1978）曾对高粱籽粒颜色与单宁含量之间的关系做过分析，认为籽粒中单宁含量有随着种皮颜色加深而逐渐增加的趋势。

王富德等（1981）对 400 份中国高粱品种资源的叶脉颜色、护颖质地、分蘖数等调查得出，中国高粱的叶脉以白色居多；下颖质地多是纸质，少为革质；上颖质地多为革质；分蘖类型较少。除糖用高粱外，其余中国高粱茎秆髓质多为干涸型。通过对颖壳质地的研究，把中国高粱的颖壳分为 4 种类型：①软壳型；②硬壳型；③双软壳型；④新疆型。

曾庆曦等（1995）结合高粱籽粒酿酒试验，对我国有代表性的高粱品种资源 500 余份的籽粒品质进行了测试，比较分析了四川省与北方不同类型高粱的品质差异。四川省 185 份品种资源总淀粉平均含量为 61.99%，变幅为 55.31%~66.57%，其中含量为 59.00%~64.00% 的占 82.2%。糯型品种总淀粉平均含量为 62.64%，变幅为 58.11%~66.57%；粳型品种总淀粉平均含量为 61.50%，变幅为 55.31%~64.87%；

半粳半糯型品种总淀粉平均含量为 62.06%，变幅为60.02%~63.59%。

北方红粒粳高粱的总淀粉平均含量为 63.18%，变幅为 53.45%~70.39%；红粒糯高粱的总淀粉平均含量为 62.44%，变幅为 59.34%~65.16%；红粒半粳半糯高粱的总淀粉平均含量为 62.27%，变幅为 58.97%~64.31%；白粒粳高粱的总淀粉平均含量为 62.80%，变幅为 54.51%~69.19%。说明白粒粳高粱品种比其他类型品种的总淀粉含量变异大。

上述 7 个高粱品种类型的总淀粉含量接近，差异不显著，但其直链淀粉、支链淀粉所占比例却有明显差异。北方红粒粳高粱直链淀粉含量占总淀粉的 24.2%，变幅为 15.9%~34.6%；支链淀粉平均含量为 75.8%，变幅为 65.4%~84.1%。红粒糯高粱直链淀粉平均含量仅 8.0%，而 92.0% 是支链淀粉。红粒半粳半糯高粱的直链淀粉平均含量为 18.1%，支链淀粉为 81.9%。白粒粳高粱直链淀粉含量更高些，平均值为 28.5%，变幅为 18.7%~35.3%；支链淀粉平均含量为 71.5%，变幅为 64.7%~81.3%。

四川高粱地方品种中，粳型直链淀粉平均含量为 21.0%，变幅为 15.2%~24.7%，比北方粳高粱低 5 个百分点；支链淀粉平均含量为 79.0%，变幅为 75.3%~84.8%，比北方粳高粱品种高 5 个百分点。半粳半糯品种直链淀粉平均含量为 12.0%，变幅为 10.2%~14.7%；支链淀粉平均含量为 88.0%，变幅为 85.3%~89.8%。糯型品种直链淀粉平均含量仅 5.6%，变幅为 1.1%~9.8%，而支链淀粉平均含量为 94.4%。这一结果表明，四川糯高粱、粳高粱及半粳半糯高粱的支链淀粉含量均比同类型的北方高粱品种高。

曹文伯（1984）对我国 384 份甜高粱品种资源的品质性状做了研究分析。结果表明，我国甜高粱品种资源的茎秆糖分含量普遍偏低，含糖锤度（Brix）为 5.0%~17.0%，最高的紫花芦稷为 22.0%。来自陕西的品种单秆重较高，一般在 0.5 kg 以上，最重的大甜高粱 253 达到 1.1 kg。来自东北的品种单秆重较低，多在 0.5 kg 以下，最低的甜高粱扫帚糜子为 0.1 kg。我国甜高粱品种茎秆出汁率通常在 50%~63%，属多汁类型。个别品种较高，如红甜高粱 207 的出汁率达 70%。

4. 高粱品种资源抗病虫性研究

高粱黑穗病（丝、墩、坚）是我国高粱产区的主要病害之一。马宜生（1963）对我国高粱品种抗黑穗病性能做了初步研究。结果显示，供试的我国高粱地方品种均无抗病或免疫的类型。白金铠等（1980）对 45 份高粱品种的丝黑穗病抗性鉴定结果表明，我国高粱地方品种多易感丝黑穗病。在人工接种条件下，29 份高粱地方品种发病率均在 23% 以上，最高的二青叶达 76.4%。

王志广（1982a）对我国关内 20 个省份的 616 份高粱地方品种资源的丝黑穗病抗性进行了鉴定。结果显示，94% 的我国高粱地方品种资源对丝黑穗病的感病率在 10% 以上；高抗和抗病的类型只占 6% 左右，只有莲塘矮（桂阳）、东山红（巴马）均不感病（表 2-9）。这说明在我国高粱品种资源中，有抗高粱丝黑穗病的基因，但存在的品种数量较少。

表 2-9　中国粒用高粱品种资源抗丝黑穗病鉴定结果

栽培区	样本数	免疫		抗、高抗		感染		说明
		个体数	%	个体数	%	个体数	%	
总计	616	2	0.3	37	6.0	577	93.7	发病率 0% 的为免疫；0.1%～10% 的为抗、高抗；10.1% 以上的为感染
春播栽培区	205			8	3.9	197	96.1	
春夏兼播区	315			23	7.3	292	92.7	
南方栽培区	96	2	2.1	6	23.0	8	91.6	

（引自王志广，1982 年）

　　王富德和何富刚（1993）对 9 088 份高粱种质资源进行了抗高粱丝黑穗病的鉴定，其中对高粱丝黑穗病免疫的种质 37 份，占鉴定总数的 0.4%；高抗种质 31 份，占 0.3%；抗性种质 92 份，占 1.0%；中感以上的种质 8 928 份，占 98.2%。可见，中国高粱种质资源中的绝大多数感染或高度感染高粱丝黑穗病，抗性品种资源极少。

　　高粱蚜是我国高粱产区的主要害虫。1980 年山西省农业科学院高粱研究所对 1 009 份中国高粱品种资源的抗蚜力作了田间调查。初步观察到，植株上蚜虫群落小（10～20 头），头数可数的，受害后叶片很少流油或无油痕的，属于抗的计有 21 份，占全部试材的 2.1%；植株上蚜虫群落较大，甚至布满整个叶片，部分叶片流油的，属于中抗的计有 143 份，占全部试材的 14.2%。83.7% 的品种资源为感虫类型，没有发现有高抗或免疫的种质（表 2-10）。其中抗蚜的品种有小黄壳（本溪）、大关东青（承德）、愣头青（青龙）、红窝白（滦平）、红壳牛尾（晋中）、骡子尾（邳州）、二柳子（蒙阳）、气死雾（长清）、矮高粱（铅山）等。

表 2-10　高粱品种资源抗蚜虫鉴定结果

样本数	0 级		1 级		2 级		3 级		4 级		5 级	
	个体数	%	个体数	%	个体数	%	个体数	%	个体数	%	个体数	%
1 009					21	2.1	143	14.2	845	93.7		

（引自山西省农业科学院，1980 年）

　　王富德和何富刚（1993）对 3 799 份中国高粱品种资源进行抗高粱蚜鉴定，对 3 579 份进行抗玉米螟鉴定。结果表明，在 3 799 份中国高粱种质资源中，高抗的 1 份，抗的 4 份，中感的 441 份，分别占鉴定总数的 0.03%、0.11% 和 11.61%；其余的 3 353 份为感和高感，占总数的 88.26%。对高粱蚜表现抗性的 4 份高粱种质分别是紧穗高粱（忻州）、红壳散码（鹿邑）、黏高粱（辉南）、大锣锤高粱（沾化）。

　　唯一的 1 份高抗高粱蚜种质是 5-27。在它的系谱里有高抗蚜虫的外国高粱种质 TAM428。檀文清（1985）的研究认为，TAM428 对高粱蚜的抗性由显性单基因控制。辽宁省农业科学院高粱研究所采用 5-27 作抗蚜亲本杂交，已选育出 3 个抗蚜品系。可以断定，5-27 拥有和 TAM428 相同的抗蚜基因。由于 5-27 不仅含有抗蚜基因，而且还带有 A_1 细胞质雄性不育恢复基因，所以它是一份宝贵的优质抗蚜种质材料。

对3 579份中国高粱品种资源抗玉米螟鉴定的结果显示，只有6份是抗级的，占鉴定总数的0.2%，它们是小高粱（孝义）、红壳高粱（昔阳）、薄地高（阜新）、白高粱（成武）、黑壳黄罗伞（宝丰）和斑鸠窝地点。其余3 573份资源均为中感以上。

5. 高粱品种资源抗逆性研究

我国东北和华北、西北的部分地区，在高粱生育期间经常发生低温冷害，造成高粱减产。因此，我国高粱学者研究了高粱品种资源对低温的反应。龚文娟等（1979）对400份黑龙江北部地区的高粱地方品种做了低温发芽试验研究。结果表明，凡能进入5 ℃下发芽处理的品种，发芽阶段都是比较抗寒的；如果在5 ℃下发芽较高，就定为抗寒的高粱种质。已查明在5~6 ℃条件下萌发率较高的品种有平顶香（双城）、白高粱（兰西）、喜鹊白（海林）、白鹤（肇东）、黑壳棒（呼兰），条苕糜子（五常）等（表2-11）。

表2-11　不同温度下发芽率达60%的高粱品种所占比例

处理温度（℃）	处理份数	发芽率达60%以上的份数	占试材的百分率（%）
9	404	211	52.2
7	272	39	14.3
6	149	15	10.1
5	87	3	3.4

（引自龚文娟，1979年）

马世均（1977）对72份高粱品种资源采取分期播种法，研究了不同播期湿度条件对品种产生的影响。结果表明我国高粱地方品种比外国品种幼苗生长速度快、长势强。低温对出苗的影响，品种间反应不同。低温下出苗快的品种有早红壳等，出苗慢的有熊岳253等。平顶香、119、黑壳小关东青等12个品种在不同播期里，从出苗至拔节日数相差达20~26 d之多，从抽穗至成熟日数相差达16~19 d之多。由此可以认为，上述品种在这两个生育阶段对温度的反应是敏感的。

吉林省农业科学院作物研究所于1977—1978年两年组织省内有关单位，采取异地播种法对高粱地方品种资源的耐低温性进行联合鉴定。试验结果是中国高粱中早熟、中熟品种因温度不同所产生的波动天数较小，一般在2~8 d；晚熟品种波动较大，通常在4~16 d。早熟品种在抽穗期波动日数较少，成熟期波动的日数也较少；而晚熟品种多数对后期温度的变化反应敏感，在低温下成熟期均推迟10~15 d；小部分成熟期推迟较少的晚熟品种，生育前对低温也不敏感。这种反应的特点与外国品种完全不同。中国高粱品种满堂红、矮高粱62、2731、白矬3、牛心黄、恢平原红、护22、护889、矮高粱69为对低温反应不太敏感品种。

杨立国等（1992）对1 292份中国高粱品种资源进行了苗期和灌浆期抗冷性鉴定。经过4年试验，苗期抗冷性在3.1~4.0级的品种数最多，共848份，占总数的65.6%；抗冷性强的2级品种7份，占总数的0.5%，可见在取材范围内，苗期高度抗冷的种质甚少。灌浆期抗冷性鉴定与苗期的比较，其重演性稍差，可能与年度间天气条件（尤其是温度条件）不同有关。灌浆期较为抗冷的 1.0～2.0 级的品种数较少，仅有 8 份，占总数的 0.6%。其中苗期和灌浆期均比较抗冷的品种有小黄壳（凌海）、红皮红高粱（高平）、大八棵权（朝阳）、小黄壳白（北票）、白二蛇眼（朝阳）等。

耐涝性强是高粱的特性之一。湖南省农业科学院于 1979 年鉴定了 485 份、辽宁省抚顺县农业科学研究所于 1980 年鉴定了 470 份中国高粱品种资源的耐涝性。鉴定方法采取 5～6 叶、9～10 叶和抽穗期 3 次灌深水（20～25 cm 以上），分别保持 12 h、68 h 和 72 h。之后，调查植株的黄叶率，以确定抗涝的程度。2 年鉴定的黄叶率在 5% 以下的认为是抗涝的，共有 16 份品种，即大庸高粱（张家界）、糯芦粟（余江）、李家高粱（修水）、红壳饭高粱（新平）、呈贡高粱（呈贡）、黏高粱（赣榆）、吊煞鸡（兴化）、黑铎头（沭阳）、黏高粱（涟水）、紫柳子（铜山）、黏高粱（广德）、扫帚高粱（歙县）、老鸹座（开封）、狼尾巴（封丘）、老鸹翻白眼（滑县）、大红袍（温县）。

高粱耐瘠薄的能力是较强的。山西省农业科学院高粱研究所于 1980 年对 988 份中国高粱品种资源进行了耐瘠性鉴定。鉴定方法是挖去表层土 50 cm，在生土上播种试材，观察品种生育和结实情况，结果有 30 份试材能够正常结实和成熟，占鉴定试材总数的 3%；124 份材料能够结实，但不能成熟；其余的均不能正常抽穗开花。在耐瘠薄的 30 份高粱品种资源中，更耐瘠的有八叶齐（青岗）、八叶齐（哲里木盟）、八叶齐（伊克昭盟）、八面城（怀德）、小蛇眼（梨树）、大八叶（牡丹江）、大蛇眼（绥化）、老鸹座（双城）、没壳棒子（党山）、油瓶（临江）、昭农 300、黄罗伞（榆树）、黄壳歪脖张（白城）、武大郎（宣化）、猪抬头（应县）、白高粱（晋中）等。

6. 高粱品种资源的育性研究

中国科学院遗传研究所（现中国科学院遗传与发育生物学研究所）、中国农业科学院原子能利用研究所（现中国农业科学院农产品加工研究所），黑龙江、吉林、辽宁、山西、山东、河南、陕西、内蒙古等省（区）农业科学院、锦州市农科所于 1972 年对 320 份中国高粱品种资源的育性进行了研究。育性表现分为不育、半育和可育 3 种类型，其标准是该品种与雄性不育系测交，其第一代自交结实率在 0%～5% 为不育，自交结实率在 5.1%～80% 为半育；80% 以上者为可育。鉴定的结果是，完全不育类型 30 份，占总数的 9.4%；完全可育类型 86 份，占 26.9%，其余的 63.7% 为半育类型。

此后，一些单位又做了补充鉴定，共计有 770 份高粱品种资源。并且制定了新的育性分级标准：与雄性不育系测交后代（F_1）的自交结实率为 0% 者为 1 级，0.1%～10% 为 2 级，10.1%～80% 为 3 级，80.1%～95% 为 4 级，95.1% 以上为 5 级。在 770 份品种资源中，属不育保持的品种 69 份，占总数的 8.96%；属育性恢复的品种 109 份，占14.16%；其余 76.88% 为半恢半保类型（表 2-12）。

表 2-12 中国粒用高粱品种的育性表现

栽培区	样本数	5 级		4 级		3 级		2 级		1 级	
		个体数	（%）	个体数	（%）	个体数	（%）	个体数	（%）	个体数	（%）
春播早熟区	178	36	20.22	16	8.99	71	39.89	29	16.29	26	14.61

（续表）

栽培区	样本数	5级		4级		3级		2级		1级	
		个体数	（%）	个体数	（%）	个体数	（%）	个体数	（%）	个体数	（%）
春播晚熟区	206	39	18.93	20	9.71	73	35.44	49	23.79	25	12.13
春夏兼播区	309	30	9.71	56	18.12	164	53.07	47	15.21	12	3.89
南方栽培区	77	4	5.19	9	11.69	41	53.25	17	22.08	6	7.79
总计	770	109	14.16	101	13.12	349	45.32	142	18.44	69	8.96

（引自《作物品种资源研究》，1984 年）

二、高粱品种资源的收集、整理和保存

（一）高粱品种资源的收集

1956 年，我国首次进行大规模有计划、有组织、有目的的高粱地方品种征集工作，在 15 个高粱主产省（区）共收集到 16 842 份高粱品种，其中东北各省6 306 份，华北、西北、华中各省 10 536 份。1978 年，又在湖南、浙江、福建、贵州、江西、云南、广东、广西 8 省（区）组织了短期的高粱品种资源的考察和征集，收集到 198 份高粱地方品种。1982—1986 年，又在全国范围内进行高粱品种资源的补充征集，共收到高粱品种 3 000 余份。此外，还在西藏、新疆、湖北神农架、长江三峡地区以及海南省农作物遗传资源考察中，收集到一些高粱地方品种。经过较大规模的全国性的高粱品种征集，证明除青海省外，全国其余 30 个省（区、市）均有高粱品种的发现和保存。全国范围内的高粱品种资源的征集，有效地避免了高粱品种资源的遗失，使分散在农家的大多数高粱品种资源基本上集中到各级农业科研单位。

（二）高粱品种资源的整理

在首次全国范围内高粱品种资源征集后，高粱主产区省份的农业科研单位先后开始了品种资源的整理工作。首先对征集到的品种去掉同种异名，分开同名异种，观察记载主要农艺性状，鉴定与新品种选育有关的特征特性等。1978 年，辽宁、吉林、黑龙江 3省率先整理出有代表性的高粱地方品种资源 384 份，编写出《中国高粱品种志·上册》（1980 年）。1981 年，又从华北、西北、华东、中南、西南区的 21 个省（区）的高粱品种资源中整理出 664 份品种，编写成《中国高粱品种志·下册》（1983 年）。

1983 年，根据并汇总了各省（区）农业科研单位在高粱品种资源鉴定中所积累的研究资料，将 1981 年之前全国 27 个省（区、市）搜集、整理、鉴定的高粱地方品种和部分育成品种（品系）共 7 597 份，编写出《中国高粱品种资源目录》（1984 年，中国农业出版社出版）。1985—1990 年，又将 1982 年之后第三次全国补充征集的高粱品种资源整理出 2 817 份，编写成《中国高粱品种资源目录续编》（1992 年，中国农业出版社出版）。至此，从 1956 年至 1989 年年末，全国征集整理的 10 414 份中国高粱品种资源已全部完成整理和登记工作。

在中国现已登记的 10 414 份高粱品种资源中，其中地方品种 9 652 份，育成品种（品系）762 份。这些品种资源来自中国 28 个省（区、市）。按用途划分，食用高粱品种 9 895 份，点总数 95.0%；饲用、工艺用高粱品种 394 份，占 3.8%；糖用高粱品种 125 份，占 1.2%。

从中国高粱品种资源分布上看，大多数来自华北、东北等高粱主产区的各省（区、市）（表 2-13）。多于 1 000 份的有山西省（1 261 份）、山东省（1 199 份）和河南省（1 068 份）；500~1 000 份的有辽宁省、内蒙古自治区、河北省、四川省和黑龙江省；300~500 份的有吉林省；200~300 份的有陕西省、湖北省、安徽省、江苏省；100~200 份的有湖南省、云南省、甘肃省和北京市；不足 100 份的有包括新疆维吾尔自治区在内的 11 个省（区）。

表 2-13　高粱品种资源主要省（区、市）分布数

省份	品种数	省份	品种数	省份	品种数
山西	1 261	山东	1 199	河北	803
辽宁	842	内蒙古	820	吉林	460
四川	695	黑龙江	615	安徽	270
陕西	283	湖北	277	云南	120
江苏	252	湖南	128	新疆	94
甘肃	113	北京	110		
其他	1 004	河南	1 068		

（引自《高粱学》，1999 年）

在已登记的 762 份育成品种（系）中，其中改良品种（系）199 份；成对的雄性不育系及其保持系 136 份，恢复系 297 份；其他 130 份。按省（区、市）分布的数目是黑龙江省 403 份，内蒙古自治区 88 份，吉林省 56 份，辽宁省 51 份，河北省 46 份，山东省 24 份，山西省 22 份，甘肃省 15 份，湖南省 13 份，其余各省（区）均不到 10 份（表 2-14）。

表 2-14　育成的品种资源各主要省、自治区的分布数目（个）

省份	合计	改良品种（系）	不育系和保持系	恢复系	其他
全国	762	199	136	297	130
黑龙江	403	67	70	158	108
内蒙古	88	8	50	30	0
吉林	56	31	8	9	8
辽宁	51	15	6	24	6
河北	46	3	8	27	8

（引自《高粱学》，1999 年）

在已登记的 10 414 份高粱品种资源中，编入《中国高粱品种志》上、下册的有 1 048 份；编入《中国高粱品种资源目录》的有 7 597 份，其中包括《中国高粱品种志》上、下册的 1 048 份和新登记的有 6 549 份；编入《中国高粱品种资源目录续编》的有 2 817 份（表 2-15）。

表 2-15 全国已登记高粱品种资源在高粱品种著作中的分布　　　　单位：份

| 登记处 | 总份数 | 地方品种 | 育成品种（系） | | | | 品种来自省数 |
			合计	改良品种	成对 A、B 系	恢复系	
《中国高粱品种志》	1 048	962	86	46	11	18	23
《中国高粱品种资源目录》	6 549	6 334	215	69	36	74	27
《中国高粱品种资源目录续编》	2 817	2 356	461	94	90	187	28
合计	10 414	9 652	762	209	137	279	78

（引自《高粱学》，1999 年）

从表 2-15 的数字可以看出一个事实，在全国高粱品种资源先后征集中，虽然每次征集的品种大多数是高粱地方品种，但每次征集的育成品种资源是一次比一次增加，从第一次的 86 份增加到第三次的 461 份，表明我国正在不断地通过育种途径创造新品种、新种质，扩大种质资源的多样性。这反映了中国高粱种质资源的征集逐渐转向育成品种。编入《中国高粱品种资源目录》中的糯高粱雄性不育系资源张 2A、永糯 2A、甜高粱不育系哲甜 1A、帚高粱不育系哲帚 A、四倍体高粱不育系 Tx622A 及其保持系 Tx622B、四倍体高粱恢复系 3B-15 等均是特殊用途的高粱遗传资源。

改革开放以来，我国加大了高粱品种收集的力度，尤其是对外国高粱种质资源的收集。1998 年，对 1990—1995 年收集到的国内外高粱种质资源，经整理、编辑出版了《全国高粱品种资源目录（1990—1995 年）》。其中，中国高粱品种资源 2 315 份，外国高粱品种资源 4 038 份。2000 年，又编辑出版了《全国高粱品种资源目录（1996—2000 年）》。其中，中国高粱品种资源 518 份，外国高粱种质资源 719 份。到 20 世纪末，全国共收集、整理、登记的高粱品种资源 18 004 份，其中中国高粱种质资源 13 247 份，外国高粱种质资源 4 757 份。

（三）高粱品种资源的保存

我国高粱种质资源实行中央和地方双轨保存制度。现已登记的全部高粱种质资源均存入中国农业科学院作物种质资源中心库长期保存（北京）。国家种质基因库采用低温密封式保存法。保存的种子纯度为 100%，净度 98% 以上，预计保存期可达 30 年。国家种质保存库设有数据库，对入库的种质资源实行电脑管理。

对地方保存的高粱种质资源来说，由各省（区、市）农业科研院（所）进行保存的高粱种质资源有两种方式。第一，各省（区、市）的高粱品种按原产地分别由具代表性生态条件的市（地）级农业科学研究所负责保存和定期繁育新种子。同时，省级农业科学院再保存一套本省（区、市）完整的品种资源。第二，全省（区、市）的高粱种质资源集中在省级或市（地）级农业科学院（所）保存和定期繁育。例如，山东、河南两省由省级农业科学院保存各自省的高粱种质资源；江苏省徐州市农业科学研究所保存江苏省的高粱种质资源；安徽省宿州市农业科学研究所保存安徽省的高粱种质资源。

在高粱种质资源保存中，由于各省（区、市）资源保存的设施和条件不同，有的好，有的差，因而每次种子更换繁育的时间需间隔3~10年不等。如果轮种更新的时间短、次数频繁，那么在繁育过程中，或因技术方法不当，或因遗传漂变，有可能使品种混杂或种质失纯，这是需要特别注意和避免的问题。我国已建立起双轨保存体系，以保证中国高粱种质资源不会受到损失。

三、高粱种质资源的鉴定和评价

（一）种质资源鉴定评价的必要性

随着我国市场经济的深入发展，高粱生产及其产品市场的需求已发生较大变化，高粱生产已不是单纯的籽粒生产，其用途也不是单纯的食用、饲用和酿造用，而是在上述基础上增加了饲草高粱、能源甜高粱、加工高粱茎秆板材和高粱壳色素等高粱生产和产业。而且，为了加快高粱产业的发展，高粱生产要求提供专用的新品种，如优质米专用品种，优质酿酒专用品种，优质饲草专用品种等。

这样一来，对高粱新品种选育来说，就提出了更高的要求，即新选育的品种或杂交种必须具有更大的产量潜势，以提高单位面积产量；更优异的产品品质，以满足商品生产的需要；更强的抗病虫草害的能力，以提高稳产性；更强的耐不良环境的能力，以增加适应性。要达到这些要求，势必增加了品种选育的压力。

高粱新品种选育必须要有种质资源作基础，因为新品种选育的压力会被转移到其种质的鉴定、评价、创新和利用上，只有创造出优良的种质材料来，才有可能选育出满足市场需求的品种来。这样就对高粱种质资源的研究提出了更高的要求：要有更多可供选择的种质资源及其变异性，以拓宽种质的遗传基础；对"三系"杂交种来说，要提供一般配合力高、特殊配合力遗传方差大、杂种优势强的亲本不育系和恢复系；提供生物量潜力大的丰产源，产品品质优异的优质源；抗（耐）主要病虫的抗原以及对不良环境有较强适应力的稳产源。

由此可见，对高粱种质的鉴定和评价就十分的重要了。目前，我国的高粱种质资源，包括中国和外国的两部分，由于中、外高粱种质资源是在不同的生境下产生形成的，因此具有各自明显不同的特点。例如，在中国高粱种质资源中尚未发现一种雄性不育细胞质，而在外国高粱种质中现已发现7种雄性不育细胞质。国外高粱种质中抗病虫的资源较为丰富，而中国种质中的就比较缺乏。例如，在抗高粱丝黑穗病鉴定中，9 088份中国高粱种质资源，免疫的37份，占总数的0.41%；而2 566份外国种质资源，免疫抗原871份，占总数33.94%。在抗高粱蚜鉴定中，3 799份中国高粱种质资源，高抗蚜虫的1份，占0.03%；而2 581份外国种质资源，高抗虫的11份，占0.43%。在抗玉米螟鉴定中3 579份中国高粱种质资源，高抗虫的为0份；而2 549份外国种质资源，高抗虫的 20 份，占 0.78%（表 2-16）。

表 2-16 中、外国高粱种质资源抗病虫数量比较

病虫害	中国			国外		
	鉴定数（份）	免疫抗原（份）	免疫抗原比例（%）	鉴定数（份）	免疫抗原（份）	免疫抗原比例（%）
丝黑穗病	9 088	37	0.41	2 566	871	33.94
高粱蚜	3 799	1	0.03	2 581	11	0.43
玉米螟	3 579	0	0	2 549	20	0.78

（引自《高粱学》，1999 年）

从高粱单株生产潜力上看，中国高粱种质的产量潜力优于外国的种质。从生育速度上看，中国高粱种质前期生长旺盛，而外国高粱种质后期籽粒灌浆速度快，抗早衰能力强。这样看来单纯的依赖中国高粱种质或外国种质都是有局限性的，因此有必要对中、外高粱种质资源进行全面的鉴定和遗传评价，取长补短，优势互补，才能更好地利用各自优良的种质，在新品种选育中发挥更大的作用。

（二）高粱种质资源的鉴定评价

目前，对高粱种质鉴定的性状，包括生育、农艺、产量、品质性状等；抗性性状，包括生物的（病、虫、草、鸟、鼠害等）和非生物的（干旱、渍涝、盐碱、酸土、高温、冷凉、高湿、大风等）的抗（耐）性。此外，还有蛋白质、同工酶、DNA 分子标记等。

高粱种质鉴定最先是由其使用者进行的，包括遗传、育种、昆虫、病理、农艺学等。对每份种质的鉴定、评价包括仔细调查记载其遗传的特殊性状，以及在各种环境条件下的一致性表现。许多性状对单个种质来说是作为鉴别性状登记的。这种鉴别性状可帮助基因库管理者记录种质和检查种质储存多年后的遗传完整性。种质资源利用的潜在价值在于对不同种质采用的鉴定技术的有效性和可靠性。

我国从"六五"计划开始，高粱种质资源的鉴定工作就在全国范围内有计划地展开，全面规划，统一方案和调查标准，在分工前提下密切合作，对已登记种质资源进行了农艺、品质和抗性性状的鉴定、评价。

1. 农艺性状

鉴定、评价的农艺性状包括芽鞘色、幼苗色、株高、茎粗、叶长、叶宽、主脉色、穗型、穗形、穗长、穗柄长、颖壳色、颖壳包被度、粒色、千粒重、生育期、分蘖性等。中国高粱品种资源属温带型高粱，植株普遍高大，平均株高 271.7 cm，最高的大黄壳（宿州）为 450 cm，最矮的黏高粱（辉南）仅 63 cm。平均茎粗 1.46 cm，最粗的六十日早黄高粱（南漳）3.7 cm。中国高粱品种资源茎秆粗大的原因是长期人工选择的结果，因为高粱茎秆可被作架材、建材和烧材。

中国高粱品种资源的穗型和穗形类型较多，其分布也颇有规律。北方的高粱品种多为紧穗型纺锤形或紧穗型圆筒形，从北向南逐渐变为中紧穗型、中散穗型、散穗型。穗

形有牛心形、棒形、伞形和帚形。在南方高粱区，散穗型帚形或散穗型伞形占大多数。紧穗型品种的穗长一般在 20~25 cm，几乎没有超过 35 cm 的；散穗型品种的穗子较长，通常在 30 cm 以上，多在 35~40 cm。工艺用的品种穗子更长，可达 80 cm，如绕子高粱（延寿）。

中国高粱品种的籽粒颜色有白色、黄色、红色、褐色等，以红色最多，共 3 541 份，占总数的 34%。从北方向南方，籽粒颜色深的品种数量越来越少。颖壳颜色有黑色、紫色、褐色、红色、黄色、白色等。最多是红色壳，有 3 000 余份，占总数的 29.5%；其次是黑色壳，有 2 988 份，占 28.7%。壳色的分布是春播早、晚熟区以黑色壳品种居多，南方区以紫色、褐色壳居多。中国高粱食用品种软壳型占 75% 以上，籽粒包被度较小，易脱粒。从北方向南方，硬壳型品种和籽粒包被度大的品种逐渐增多。

中国高粱品种的平均生育日数为 113 d，多数为中熟种。生育日数最长的新疆甜秆大弯头（吐鲁番）为 190 d，最短的棒洛三（大同）为 80 d。中国高粱地方品种对光照和温度多数为不敏感，短光照（10 h 以内）条件下生育日数缩短不多，属中间反应类型。总的来说，高纬度地区的早熟品种对光、温反应迟钝。在 10 h 光照条件下栽培，其生育日数仅缩短 5 d 左右，如武大郎（宣化）、棒锤红（天镇）等。低纬度地区的品种，对光、温反应稍敏感。这类品种在长光照和低温条件下栽培，其生育日数可延长 40 d 以上，如马尾高粱（镇雄）、饭白高粱（郴州）等。

中国高粱穗部性状也很突出，穗子大，平均单穗粒重 50.27 g。单穗籽粒产量在 110 g 以上品种有 53 份，最高的平杂 4 号（平凉）达 174 g，矮弯头（托克逊）和白高粱（哈密）达 160 g；穗粒重最低的黏高粱（璧山）仅达 6.1 g。单穗粒重的高低与穗粒数和粒重有密切关系。根据 800 份中国高粱品种资源统计的结果，其单穗粒数的幅度在 2 200~2 500 粒，多者在 4 000 粒以上。中国高粱品种资源平均千粒重为 24.03 g，千粒重超过 35 g 的品种有 130 份。最高的黄壳（勃利）为 56.2 g，牛尾巴高粱（翼城）为 53.6 g。一般来说，长江以南的高粱品种籽粒偏小，新疆、辽宁、山西等地的高粱品种籽粒偏大。

2. 籽粒品质性状

由于中国高粱品种长期作食用，因此食用品质、适口性均较优。在《中国高粱品种志》所编入的 1 048 份高粱品种中，籽粒食味优良的有 400 余份，占 38.2%。根据已测定的中国高粱品种籽粒营养成分结果来看，其籽粒平均蛋白质含量为 11.26%（8 404 份的平均数），赖氨酸含量占蛋白质的平均值为 2.39%（8 171 份的平均数），平均单宁含量为 0.8%（7 133 份的平均数）。蛋白质含量在 15% 以上的有 64 份品种。赖氨酸含量占蛋白质的超过 4% 的有 61 份，最高的忻粱 80（忻州）为 4.76%，大白脸（通辽）为 4.2%。这些赖氨酸含量特高的品种，其籽粒外部形态正常，适应中国的气候条件。从高赖氨酸含量品种改良的角度出发，中国高粱品种的籽粒形态优于原产于埃塞俄比亚的高赖氨酸含量品种 P721 和 IS11167 等。

3. 抗病虫性

王志广等（1983）对 1 016 份中国高粱品种资源进行了抗高粱丝黑穗病的鉴定。结果显示，0级不感病的品种4份，占总数的0.4%，如莲塘矮（桂阳）、东山红高粱（巴马）等；1级高抗品种31份，占3.0%，如白老鸦座（建昌）、大红壳（白城）等；2级抗病品种72份，占7.1%，如青壳白（朝阳）、大蛇眼（绥化）等；3级中感品种311份，占30.6%；4级感病品种276份，占27.2%；5级重感品种322份，占31.7%。

1986—1990年，又对已登记的9 000余份中国高粱品种进行人工接种的丝黑穗病抗性鉴定。结果表明，中国高粱品种绝大多数不抗丝黑穗病。在这些品种中，经鉴定不感丝黑穗病的有37份，占总数的0.4%。分析一下这些抗性品种大体分3类：第一类是经长期在中国栽培驯化的外国高粱品种，如九头鸟（西华）、多穗高粱（深州）、八棵权（阜新）等；第二类是新育成品种，如汾9（汾阳），吉公系10号、13号（公主岭）等；第三类是中国高粱地方品种，如白玉粒（安乡）等。

采用人工接种的方法，对5 000份中国高粱品种资源进行高粱蚜和玉米螟的抗性鉴定和评价。其中只有极个别的品种对高粱蚜有一定的抗性。经反复鉴定，证明5-27是抗蚜虫的。它是一份育成的高粱恢复系，其抗高粱蚜的特性与美国高粱种质TAM428的抗蚜性有关。在抗玉米螟的鉴定中，约有0.2%的品种具有一定抗性。如小高粱（孝义）、薄地高（阜新）、白高粱（成武）等。与此同时，还对3 500份中国高粱品种资源进行了抗丝黑穗病、高粱蚜和玉米螟的联合鉴定，没有发现抗一病二虫的品种，但发现黄罗伞（诸城）、散码高粱（梁山）对一病一虫为高抗。

4. 抗逆性状

在对中国高粱品种资源抗干旱、耐盐碱、耐瘠薄、耐冷凉的鉴定中，发现品种间是有差异的。采用反复干燥法测定高粱品种幼苗遭受干旱胁迫后的恢复能力时，从6 877份品种中筛选出229份表现出有较强恢复能力的。这些品种经3~4次干旱胁迫处理后，存活率仍在70%以上。属于这类品种的有二牛心（榆次）、大红蛇眼（鄂尔多斯）等。经全生育期干旱胁迫处理后调查，在1 000份品种资源中有约6%的抗旱系数高于0.5，单株产量因干旱降低不到50%。其中表现较好的有短三尺（鄂尔多斯），上亭穗（长治），黑龙不育系11A（哈尔滨）、黑龙不育系30A（哈尔滨）等。

在《中国高粱品种志》的1 048份中国高粱品种资源中，适于盐碱地种植的高粱地方品种有113份。1980年，利用内陆盐碱地（0~15 cm土层全盐量达0.5%，氯离子Cl^-含量为0.2%）对644份高粱品种资源进行抗盐性鉴定。凡出苗率在60%以上、苗期黄叶率在5%以下、死苗率在4%以下者为较高耐盐的品种，如吊煞鸡（兴化）、江山路粟（江山）、红窝白（承德）、青皮（赣榆）、饭高粱（丽江）、佩头帘（沁阳）、猴子毛（泗县）、烫头红（丰南）、寒秫秫（凤台）、蒲芦早（荔浦）、矮高粱（泰兴）、芦粟（余江）、疙瘩高粱（西和）、独角虎（新泰）、黄龙伞（滁州）和黄葶子（平邑）共16份。

1985—1990年，用2.5%氯化钠（NaCl）盐水发芽，以品种与对照的发芽百分率计算耐盐指数。根据耐盐指数划分品种耐盐级别。在6 500份品种资源芽期到耐盐鉴定中，耐盐指数为0%~20%的，属1级耐盐品种，共筛选出528份。在滨海盐碱地上于三叶一心期浇灌盐水，或者在盆栽内用1.8%的氯化钠+氯化钙（$CaCl_2$）（7∶3）的盐水于三叶一心期浇灌，对6 500份中国高粱品种资源进行苗期耐盐性鉴定，根据死叶率和死苗率划分抗性等级。结果表明，属 1 级抗性的 3 份，2 级抗性的 19 份，绝大多数品种资源都不耐盐。综合芽期和苗期鉴定的结果，表现较耐盐的品种有三滴水（清除）、秋高粱（莒县）、燕口高粱（昌邑）、小老茭子（屯留）、黄壳棒（锦州）、黄罗伞（康平）、蛇眼（建昌）、洋高粱（镇贵）、铁秆糙（柘城）等。

在土壤营养元素缺乏的条件下，高粱品种间的耐瘠薄能力差异较大。在土壤有机质含量 0.82%、水解氮 38.25 mg/kg、速效磷 2.30 mg/kg、速效钾 94.85 mg/kg 的瘠薄条件下，对 9 883 份中国高粱品种进行耐瘠性鉴定。凡开花期较正常开花期延长 1~7 d，但能正常成熟、穗粒重比正常的降低不到 50% 的品种为 1 级，有 592 份，占鉴定总数的 6.0%。这些耐瘠品种多属茎秆较低矮、较细，生育日数较少的早熟品种，多来自东北、西北和华北地区。在瘠薄条件下，穗粒重保持在 60 g 以上的品种有八月齐（朝阳）、牛心红（黑龙江）、黄壳饭高粱（凤城）、大狼尾（沁水）、小红帽茭（原平）、歪脖子（平遥）、洋大粒（榆次）、小白脸（通辽）、小米高粱（鄂尔多斯）、大红米梁（喀左）、红壳子（法库）等。

采用低温条件下发芽的方法，鉴定高粱品种的耐冷性，在 5~6 ℃ 低温下发芽率较高的品种有平顶香（巴彦）、白高粱（兰西）、黑壳棒（呼兰）等。利用早春田间自然低温和人工气候箱低温鉴定 9 000 份中国高粱品种的苗期耐冷性。根据相对出苗率、出苗指数比和幼苗干重比 3 项指标综合评定抗冷性等级。结果有 208 份品种苗期抗冷性为 1 级，占总数的 2.3%，如红皮红高粱（高平）、狼尾巴（定襄）、黄壳白高粱（平顺）、小黄壳（凌海）、大红壳（克山）、红壳（合江）等。

利用秋季田间自然低温对 1 000 份中国高粱品种进行灌浆期抗冷性鉴定，根据穗粒干重比、日干物质积累量和千粒重比综合评定抗冷等级。结果发现黑扫苗（普兰店）、83 天快高粱（黑山）、小黄壳白（北票）、长穗黄壳白（朝阳）、海洋矮黄壳高粱（铁岭）、大红壳（克山）、红壳子（合江）、绥不育 1 号保持系、哈恢 29、哈恢 76 等品种灌浆期抗冷性达 2 级以上。中国高粱品种资源有较多有抗冷材料和较强的抗冷性。这不仅为上述鉴定的结果所证实，而且为苏联及国际玉米小麦改良中心的专家所证明。苏联推广的高度抗冷的高粱杂交种根尼契 6 号，就是用中国抗冷高粱品种作亲本育成的。

四、优异高粱种质资源

（一）产量性状

1. 特高单穗产量品种资源

在中国高粱品种资源中，单穗粒重大于 100 g 的品种有 113 份，占总数的 1.09%。单穗粒重最大的是大弯头（鄯善），达 163.5 g；其次是白高粱（哈密），达 160.0 g（表 2-17）。表 2-17 所列可以看出，新疆地区高粱品种的穗粒重一般都高，11 份 140.0 g 以上的品种，新疆的 9 份，占 81.8%。

表 2-17　中国高粱品种资源中特大穗粒重品种

国家编号	品种名称	穗粒重（g）	原产地	保存单位
9942	大弯头	163.5	新疆鄯善	哈密农业科学研究所
7289	白高粱	160.0	新疆哈密	吐鲁番农业科学研究所
959	矮弯头	160.0	新疆托克逊	吐鲁番农业科学研究所
881	甜秆大弯头	155.0	新疆吐鲁番	吐鲁番农业科学研究所
9955	朋克	152.7	新疆伽师	哈密农业科学研究所
7288	白高粱 4	145.0	新疆疏附	吐鲁番农业科学研究所
9966	矮弯头	142.0	新疆鄯善	哈密农业科学研究所
3537	黑壳	141.0	辽宁大连	熊岳农业科学研究所
2069	红二关	140.0	山西临汾	山西农业大学农作物品种资源研究所
756	和克尔高粱	140.0	新疆疏附	新疆农业科学院
529	巴旦木	140.0	新疆鄯善	吐鲁番农业科学研究所

（引自《高粱学》，1999 年）

2. 特大粒重品种资源

在中国高粱品种资源中，千粒重大于 35 g 的品种有 146 份，占总数的 1.4%。粒重最大的黄壳（勃利），千粒重达到 56.2 g；其次是牛尾巴高粱（翼城），达 53.6 g（表 2-18）。

表 2-18　中国高粱品种资源中特大粒重品种

国家编号	品种名称	千粒重（g）	原产地	保存单位
4465	黄壳	56.2	黑龙江勃利	合江农业科学研究所
893	牛尾巴高粱	53.6	山西翼城	山西省农业科学院
9937	632 号	52.5	新疆哈密	哈密农业科学研究所
5559	柳子高粱	52.0	山东新泰	山东省农业科学院
4852	红柳子	51.7	安徽亳州	宿州市农业科学研究所
5081	大红袍	51.0	山东滋阳	山东省农业科学院
5087	大红袍	49.0	山东泗水	山东省农业科学院
584	白高粱	48.0	新疆疏勒	新疆农业科学院
7116	铁心高粱	46.6	重庆江津	永川农业科学研究所

国家编号	品种名称	千粒重（g）	原产地	保存单位
10323	铁沙链	44.6	山西武乡	山西省农业科学院

（引自《高粱学》，1999年）

（二）品质性状

1. 高蛋白质品种资源

中国高粱品种籽粒品质普遍较好。除适口性优良外，其蛋白质含量也较高。在1 044份中国高粱品种资源中，蛋白质含量超过13%的有105份，占总数10.1%。蛋白质含量最高的老爪登（巴彦）达17.10%，其次是黄黏高粱（秦皇岛），达16.64%（表2-19）。

表2-19 中国高粱品种资源中高蛋白质品种

国家编号	品种名称	蛋白质含量（%）	原产地	保存单位
4276	老爪登	17.10	黑龙江巴彦	黑龙江省农业科学院
1602	黄黏高粱	16.64	河北秦皇岛	唐山市农业科学研究所
1625	黑壳白	16.60	河北平泉	唐山市农业科学研究所
6750	黑老婆翻白眼	16.58	河南邓州	中国农业科学院作物科学资源研究所
4175	平顶香	16.40	黑龙江巴彦	黑龙江省农业科学院
7798	落高粱	16.33	河北徐水	唐山农业科学研究所
8221	小红高粱	16.33	内蒙古赤峰	赤峰市农业科学研究所
10338	长枝红壳笤帚糜子	16.30	吉林辉南	吉林省农业科学院
10404	散散高粱	16.30	陕西定边	宝鸡市农业科学研究所
1026	扫帚高粱	16.30	新疆乌苏	新疆农业科学院

（引自《高粱学》，1999年）

2. 高赖氨酸品种资源

在中国高粱品种资源中，赖氨酸占蛋白质含量达到或超过3.5%的品种有209份，占总数的2%。赖氨酸含量最高的是矮秆高粱（广丰）、湖商矮（攸县）、忻粱80（忻州），均为4.76%（表2-20）。

表2-20 中国高粱品种资源中高赖氨酸品种

国家编号	品种名称	赖氨酸含量（%）	原产地	保存单位
8900	矮秆高粱	4.76	江西广丰	九江市农业科学研究所
10209	湘南矮	4.76	湖南攸县	湖南省农业科学院

（续表）

国家编号	品种名称	赖氨酸含量（%）	原产地	保存单位
732	忻粱 80	4.76	山西忻州	山东省农业科学院
2581	大白脸	4.73	内蒙古奈曼	通辽农业科学研究所
10357	马壳高粱	4.71	江西横丰	九江市农业科学研究所
9080	食用高粱	4.65	湖北枣阳	湖北省农业科学院
10084	红黏高粱	4.58	天津宁河	天津市农业科学院
10157	红高粱	4.56	湖南双牌	湖南省农业科学院
2578	大白脸	4.54	内蒙古科尔沁	通辽农业科学研究所
8901	矮秆高粱	4.54	江西龙南	九江市农业科学研究所

（引自《高粱学》，1999 年）

（三）抗病虫性状

1. 抗高粱丝黑穗病品种资源

在中国高粱品种资源中，抗高粱丝黑穗的品种较少，只有 37 份品种不感染病害，约占 0.36%（表 2-21）。由此可见，在中国高粱种质资源中，缺少抗丝黑穗病的抗原材料，因此表 2-21 中的抗性材料是十分宝贵的。

表 2-21　中国高粱品种资源中抗高粱丝黑穗病品种

国家编号	品种名称	发病率（%）	原产地	保存单位
792	莲塘矮	0	湖南桂阳	辽宁省农业科学院
552	东山红高粱	0	广西巴马	辽宁省农业科学院
1504	多穗高粱	0	河北深州	唐山市农业科学研究所
3050	八棵权	0	辽宁阜新	锦州市农业科学研究所
6055	分枝高粱	0	河南鹿邑	河南省农业科学院
5981	九头鸟	0	河南西华	河南省农业科学院
3427	洋大粒	0	辽宁兴城	锦州市农业科学研究所
2148	汾 9	0	山西汾阳	中国农业科学院作物科学研究所
3775	吉公系 10	0	吉林公主岭	吉林省农业科学院
1094	京选 1 号	0	北京	中国农业科学院作物科学研究所

（引自《高粱学》，1999 年）

2. 抗蚜虫品种资源

我国高粱品种抗蚜虫的资源很少。对 5 000 份中国高粱品种的抗高粱蚜鉴定，只发现极少数品种对高粱蚜有一定的抗性。在人工接种高粱蚜的条件下，证明只有 1 份表现抗性，即 5-27。还有几份的抗性表现稍差一些（表 2-22）。

表 2-22　中国高粱品种资源中抗高粱蚜品种

国家编号	品种名称	抗蚜等级	原产地	保存单位
8432	5-27	1	辽宁沈阳	辽宁省农业科学院
8485	黏高粱	2	吉林辉南	吉林省农业科学院
8916	大锣锤高粱	2	山东沾化	山东省农业科学院
2269	紧穗高粱	2	山西忻州	山西省农业科学院
6192	红壳散码	2	河南鹿邑	河南省农业科学院

（引自《高粱学》，1999 年）

3. 抗玉米螟品种资源

在中国高粱品种资源中，抗玉米螟的品种很少。对 5 000 份中国高粱品种的抗玉米螟性进行鉴定，通过田间自然感虫、辅助人工接虫的方式鉴定发现，约有 0.2% 的品种对玉米螟有一定的抗性。属 1 级抗螟的品种仅有黑壳打锣锤（平原）和黑壳骡子尾（方城）2 份（表 2-23）。

表 2-23　中国高粱品种资源中抗玉米螟品种

国家编号	品种名称	抗性等级	原产地	保存单位
5858	黑壳打锣锤	1	山东平原	山东省农业科学院
6745	黑壳骡子尾	1	河南方城	河南省农业科学院
1750	二关东	2	山西榆次	山西省农业科学院
1878	小高粱	2	山西孝义	山西省农业科学院
2040	红壳高粱	2	山西昔阳	山西省农业科学院
3449	紧穗红粱	2	辽宁喀喇沁	辽宁省水土保持研究所
3565	黑壳棒子	2	辽宁黑山	锦州市农业科学研究所
3647	薄地高	2	辽宁阜新	锦州市农业科学研究所
6709	黑壳黄罗伞	2	河南宝丰	河南省农业科学院
7159	糯高粱	2	贵州岑巩	毕节农业科学研究所

（引自《高粱学》，1999 年）

（四）抗逆性状

1. 抗干旱品种资源

迄今，中国还没有完成对已登记的 10 414 份品种资源的抗旱性鉴定工作。1980—1983 年，牛天堂等采用人工干旱法对 1 009 份高粱地方品种全生育期抗旱性进行了鉴定。结果显示，抗旱指数在50%以上的为1级，有62个品种，占6.1%。中国农业科学院作物品种资源研究所用反复干旱法对3 500份品种的苗期进行抗旱性鉴定，其中56份品种经4次反复干旱后，仍有70%以上的存活率。表现抗旱的部分品种有平顶冠、短三尺等（表2-24）。

表2-24　中国高粱品种资源中抗旱品种

国家编号	品种名称	抗旱等级或存活株率（%）	原产地	保存单位
536	平顶冠	1级	河北青龙	唐山市农业科学研究所
931	短三尺	1级	内蒙古鄂尔多斯	内蒙古农业科学院
340	矮高粱	1级	辽宁开原	铁岭农业科学研究所
484	小拔高粱	1级	河北滦南	唐山市农业科学研究所
997	糯高粱	73.8	云南元江	辽宁省农业科学院
1368	白黏高粱	81.3	河北平泉	唐山市农业科学研究所
2599	大红蛇眼	85.7	内蒙古赤峰	伊克昭盟农业科学研究所
1089	灯笼红	93.5	北京延庆	中国农业科学院作物品种资源研究所
2918	黄窝小白高粱	100.0	内蒙古宁城	伊克昭盟农业科学研究所
7393	散码黏	100.0	河北承德	唐山市农业科学研究所

（引自《高粱学》，1999年）

2. 耐冷凉品种资源

龚文娟（1979）对中国高粱地方品种、马世均等（1981）对115份高粱品种分别在5~6 ℃和4 ℃、6 ℃和8 ℃低温下发芽，结果分别有20余份品种在低温下发芽。赵玉田（1985）对1 275份高粱品种、杨立国等（1992）对1 292份高粱品种进行苗期耐冷性鉴定。杨立国等还对其中的857份进行了灌浆期耐冷性鉴定。其中锦粱9-2，白高粱等表现出较强的抗冷性（表2-25）。

表2-25　中国高粱品种资源中抗冷品种

国家编号	品种名称	抗冷等级	原产地	保存单位
342	锦粱9-2	2	辽宁锦州	熊岳农业科学研究所
4179	白高粱	2	黑龙江兰西	绥化农业科学研究所
110	平顶香	2	黑龙江双城	黑龙江省农业科学院
7806	二牛心	2	山西寿阳	山西省农业科学院
7915	白软高粱	2	山西应县	山西省农业科学院
4533	黑壳棒	2	黑龙江呼兰	黑龙江省农业科学院
8435	双粒	2	辽宁阜新	辽宁省农业科学院
4175	平顶香	2	黑龙江巴彦	黑龙江省农业科学院

国家编号	品种名称	抗冷等级	原产地	保存单位
4091	大蛇眼	2	黑龙江呼兰	黑龙江省农业科学院
314	黑壳白	2	辽宁朝阳	辽宁省水土保持研究所

（引自《高粱学》，1999 年）

3. 耐盐品种资源

王志广等（1983）对 546 份高粱品种进行了耐盐性鉴定，其中 16 份品种达 1 级耐盐标准。中国农业科学院作物品种资源研究所于 1985—1986 年在盐碱土上鉴定了 3 692 份高粱品种的苗期耐盐性。张世苹于 1987—1989 年对 2 085 份高粱品种做了芽期和苗期耐盐性鉴定。其中红窝白、吊煞鸡等表现强耐盐性（表 2-26）。

表 2-26　中国高粱品种资源中耐盐品种

国家编号	品种名称	耐盐级别	原产地	保存单位
696	红窝白	1	河北承德	唐山市农业科学研究所
627	吊熬鸡	1	江苏兴化	徐州市农业科学研究所
877	粗脖粳	1	江苏邳县	徐州市农业科学研究所
942	寒秫秫	1	安徽凤台	徐州市农业科学研究所
783	独角虎	1	山东新泰	山东省农业科学院
651	江山路粟	1	浙江江山	辽宁省农业科学院
712	芦粟	1	江西余江	辽宁省农业科学院
757	佩头帘	1	河南沁阳	河南省农业科学院
970	矮子高粱	1	湖南衡阳	辽宁省农业科学院
761	疙瘩高粱	1	甘肃西和	甘肃省农业科学院

（引自《高粱学》，1999 年）

五、高粱种质资源的创新利用

资源的创新利用是非常重要的，要做到充分有效的利用，必须了解资源的来源、类型、特征特性和亲缘关系等。

（一）种质资源的类型

1. 按来源划分

按种质来源划分，可分为本地的、外地的、野生的和人工创造的 4 类。

（1）本地种质资源　本地种质资源包括历来栽培的地方品种，以及目前推广种植的改良品种。历来的地方品种是经长期自然选择和人工选择的品种。它不仅全面反映出当地的生态特点，对当地的生境条件具有高度的适应性，而且还反映了当地人们生产、生活的需求和特点，是改良现有品种的基础材料。

（2）外地种质资源　外地种质资源是从其他地区和国家引入的品种和种质。它们反映了各自原产地的生境条件和栽培特点，以及当地人们的需求，具有不同的生物学、遗传学和经济学性状，其中的某些性状是本地种质所没有的。特别是来自高粱起源中心的种质资源，充分地反映出其遗传的多样性，是改良本地品种的宝贵种质材料。

（3）野生种质资源　野生种质资源指高粱的野生近缘种，以及有特殊价值的野生种。它们是在特定的自然生境下，经长期自然选择形成的，通常具有一般栽培种所缺少的某些重要性状，如极强的生物的或非生物的抗逆性，极优的或独特的品质性状等，是改良品种重要的种质材料。

（4）人工创造的种质资源　人工创造的种质资源主要是指通过各种方法，如杂交、理化诱变、组织培养、基因转导等产生的各种遗传变异或中间材料，这些都是扩大种质遗传基础和遗传变异性的珍贵材料。

2. 按亲缘关系划分

Harlan 等（1971）按其亲缘关系将种质资源基因库分为初级、次级和三级。

（1）初级基因库（GP-1）　初级基因库是指这类种质资源材料间能互相杂交，杂种可育，染色体配对不存在障碍，分离与重组正常，其亲缘是属于同一种内的各种材料。

（2）次级基因库（GP-2）　次级基因库是指这类种质资源材料之间可以进行杂交，但必须克服因生殖隔离所引起的杂交不亲和性和杂种不实性等困难，其亲缘关系属种间及野生近缘种材料。

（3）三级基因库（GP-3）　三级基因库是指这类种质资源材料之间的亲缘关系更远，相互间的杂交不亲和性和杂种不实性十分严重。

3. 从品种改良角度划分

（1）地方品种资源　地方品种资源是指在某一区域内栽培的品种。它们几乎没有经过现代育种技术的改良。有些品种虽然带有明显的缺点，但通常有某些优点适应当地生态条件，如抗当地流行的病虫害，其产品适应当地人们的消费习惯等。地方品种资源还包括那些已退出栽培的品种，或极为零星分散的品种。这类种质资源常常因为推广优良品种而被淘汰了，因此要注意及时收集这类品种资源。

（2）主栽品种资源　这类品种资源是指经过现代育种手段改良过的，在某一地区推广成为主要栽培的品种。这类品种可能是当地育种单位选育的，也可能是从外地或外国引进的。主栽品种资源具有较好的丰产性和较强的适应性，是改良品种的基本种质资源。

（3）原始栽培类型资源　这类资源是指具有原始农业性状类型，大多数是现代栽培品种的原始种，是经长期发展产生的。由于各种原因，许多原始栽培类型已经灭绝。现今，通常要在人们活动不易到达的地区才能搜集到。

（4）育种材料资源　育种材料资源是指杂交的后代，诱变产生的突变体等，也称作中间材料。虽然这些育种过程中的材料，因存在某一重要缺点而不能成为新品种推广应用，但由于其具有某个或某些重要的优良性状，仍可以作为一种优异的亲本和种质利用。这类资源会因育种工作的不断深入和发展而日益增多，从而大幅增加种质资源的遗传多样性，所以对这类种质资源应该有选择性地加以保存和利用。

（5）野生近缘种资源　野生近缘种资源包括近缘的杂草，如苏丹草、哥伦布草等。杂草种类包括介于栽培类型和野生类型间的各种类别。这类资源具有栽培种所缺乏的某些抗逆性状（基因），通常可通过生物技术手段，利用其抗原。但是，由于人类的活动，这类种质所适应的生境不断受到破坏，导致许多野生近缘种已从开垦地消失。加之除草剂的广泛使用，使这些野生近缘种很快濒于灭绝。

（二）中国高粱种质资源的创新利用

1. 直接利用

1956 年，中国开始了高粱杂种优势利用的研究。首先就是利用高粱地方品种作恢复系组配杂交种。1958 年，中国科学院遗传研究所在鉴定高粱地方品种育性的基础上，用地方品种作恢复系，组成了一批高粱杂交种遗杂号。例如，用薄地租育成了遗杂 1 号（Tx3197A×薄地租），用大花娥育成了遗杂 2 号（Tx3197A×大花娥），用鹿邑歪头育成了遗杂 7 号（Tx3197A×鹿邑歪头）等。中国农业科学院原子能利用研究所用地方高粱品种矮子抗育成了原杂 2 号（Tx3197A×矮子抗）杂交种。此外，我国直接利用高粱地方品种作恢复系组配杂交种的还有曲沃 C、抗蚜 2 号、大八杈、矮高粱、北郊等。

这批高粱杂交种优势强，产量高，生育期在 110～120 d，株高在 200 cm 以上，最高达 295 cm。1965 年，辽宁省在营口、海城、辽阳、阜新等 10 个县和 11 个国营农场试种遗杂 2 号、6 号、7 号和 10 号 4 个杂交种，共 25 hm²。这些高粱杂交种比当地主栽品种一般增产 20%～30%，高的达 60%以上。遗杂 2 号在辽宁省昌图新兴农场平均每公顷产量 4 125 kg，比歪脖张品种增产 34.6%；在开原示范场平均每公顷产量 4 650 kg，比白大头品种增产 36.4%。遗杂 6 号在阜新县他本扎兰乡平均每公顷产量 3 105 kg，比锦粱 9-2 增产 63.4%；在开原示范场平均每公顷产量 4 312.5 kg，比白大头品种增产 24.9%；在营口官屯乡每公顷产量 5 475 kg，高产地块达 7 650 kg，分别比熊岳 253 增产 25.5%和 65.5%。遗杂 7 号在盘锦农垦局平均每公顷产量 6 270 kg，比水里站品种增产 36.1%；在金城良种场平均每公顷产量 6 069 kg，比熊岳 253 增产 58.8%，其中 1.52 hm²平均每公顷达 7 570.5 kg。

这批高粱杂交种由于植株太高，倒伏重、不稳产限制了其推广应用。针对这一问题，20 世纪 70 年代初我国开始了中矮秆高粱杂交种的选育。在这一杂交高粱遗传改良中，首先获得突破的是利用我国高粱地方品种资源三尺三作恢复系，与 Tx3197A 不育系组配成晋杂 5 号，实现了高产稳产的目标，一般每公顷产量可达 6 000 kg。由于晋杂 5 号高产、适应面广、生育期适中、耐旱、抗倒伏，因而很快推广到全国高粱主产区种植。在此之后，又利用矮秆品种资源怀来、盘陀早、忻粱号等品种资源组配成一批中矮秆、大穗型高粱杂交种晋杂号和忻杂号推广应用于生产，使我国高粱杂交种生产迈上一个新台阶。到 1975 年，全国高粱杂交种生产面积达 267 万 hm²，占全国高粱种植面积的 1/2，单位面积产量提升了 15%～20%。

在上述中国高粱品种资源育性鉴定的基础上，直接利用保持类型的地方品种转育雄性不育系。例如，黑龙江省农业科学院用地方品种红棒子经回交转育成黑龙 1A 不育系；吉林省农业科学院用地方品种资源护 2 号、矬巴子转育成护 2A、矬巴子 A 不育系；辽宁省锦州农业科学研究所利用黑壳棒子、八叶齐地方品种转育成黑壳棒子 A、八叶齐 A 不育系；辽宁省朝阳市农业科学研究所用地方品种平身白转育成平身白 A 不育系。

在高粱生产上直接利用地方品种既方便又有效，是高粱种质资源利用的重要途径之一。1989 年，四川省农业科学院水稻高粱研究所从地方品种中筛选出糯质高粱品种青壳洋用于生产，其产品种用来生产名优高粱白酒，在中国西南高粱产区推广 13.3 万 hm²。沈阳市农业科学院为解决大城市郊区菜农对高粱秆架材的需要，从地方品种中筛选出八叶齐直接应用于生产。河南省农业科学院粮食作物研究所从地方品种中评选出太康高粱应用于生产，较好地解决了籽粒用于酿酒、茎秆用于农村建材的问题。

但是，随着生产水平的逐渐提高和市场经济发展的需要，对品种的要求越来越高，因此直接利用品种资源受到一定限制。从高粱杂交种亲本直接利用来看，中国高粱地方品种对 A_1 细胞质雄性不育系的育性反应测定表明，使 A_1 恢复的约占 14%，使其保持的约占 9%；使 A_2 细胞质雄性不育系恢复的占 4%，使其保持的占 5%。如果综合考察育性和其他性状，如茎秆高矮、生育期长短、籽粒品质好坏、抗逆性强弱等，可直接用作杂交种亲本的地方品种就更少了。因此，直接利用不能完全发挥种质资源的遗传潜势。所以，采取间接利用就势在必行，也是主要的利用方式。

2. 间接利用

间接利用是采用遗传操作将种质资源的优异性状或基因进行重组，再经人工选择，培育成综合利用价值更高的新品种或杂交种。选用高粱地方品种作杂交亲本，进行有性杂交和后代选择是间接利用高粱品种资源的重要途径之一。但是，在中国利用地方品种资源作亲本进行杂交育种开始较晚，结束又早，很快转向高粱杂交种选育。1957 年，辽宁省农业科学院用中国地方品种双心红与外国高粱都拉杂交育成了高粱新品种 119。吉林省九站农业科学研究所用红棒子与打锣锤杂交育成了九粱 5 号。

我国在杂交种恢复系的选育上，20 世纪 70 年代中期以后开始中国地方品种资源的间接利用。主要采用中国高粱地方品种与外国高粱品种杂交选育恢复系，中国高粱与赫格瑞高粱，中国高粱与非洲南部地方高粱；中国高粱与卡佛尔高粱等。例如，用中国高粱品种护 4 号与赫格瑞高粱九头鸟杂交育成的恢复系吉恢 7384，与黑龙 11A 不育系组配的杂交种同杂 2 号，成为我国高粱春播早熟期当时的主栽品种。由非洲南部卡佛尔高粱选育的 Tx3197A 与中国高粱三尺三组配的晋杂 5 号；经辐射选育的晋辐 1 号恢复系，与 Tx3197A 组配的晋杂 1 号、与 Tx622A 组配的辽杂 1 号，都是我国高粱春播晚熟区推广种植面积大的杂交种之一。

据不完全统计，20 世纪 80 年代以前，在我国主要应用的 90 个高粱恢复系中，中国高粱地方品种有 63 个，占 70%；杂交育成的 22 个，占 24%；辐射育成的 3 个，占 4%；外国恢复系 2 个，占 2%。20 世纪 80 年代以后，在主要应用的 30 个恢复系中，中国高粱地方品种 1 个，占 3.3%；杂交育成的 22 个，占 73.4%；外引恢复系 7

个，占 23.3%。

从上面的数据可以看出，在中国高粱杂交种选育中，直接应用中国高粱地方品种作恢复系由 20 世纪 80 年代以前的 70% 下降到 80 年代以后的 3.3%；而利用杂交选育的恢复系却由 24% 上升到 73.4%。由此可见，在中国高粱杂种优势利用研究中，间接利用品种资源的比例越来越大（表 2-27），充分说明品种资源间接利用的重要性。

表 2-27　中国高粱地方品种在恢复系选育中应用的情况

时期	组合数	恢复系个数	恢复系类型及所占比例（%）		
			地方品种	杂交育成	辐射育成
20 世纪 80 年代以前	152	90	63	22	3
20 世纪 80 年代以后	35	30	1	22	0

（三）外国高粱种质资源在中国的创新利用

外国高粱种质资源的引进对中国高粱生产、育种起到了较大作用。20 世纪 50 年代后期，中国北方高粱产区广泛种植的八棵杈、白八杈、九头鸟、苏联白、库班红、多穗高粱等，表现分蘖力强、丰产性好、籽粒品质优、茎秆含糖量高、综合利用价值高，深受当时农民的欢迎。

龚畿道和张凤梧（1964 年）选育的分枝大红穗高粱品种，就是八棵杈高粱天然杂交后代的衍生系。分枝大红穗分蘖力强，一株可成熟 4~5 个分蘖穗；籽粒产量高，一般每公顷产量达 4 500~5 250 kg，高产地块可达 7 500 kg 以上；籽粒品质优；适应性广；抗病、抗旱、抗涝、抗倒伏；表现出较高的丰产性和稳产性。

中国高粱杂交种的选育、推广应用就是在美国第一个高粱雄性不育系 Tx3197A 引进的基础上发展起来的。据不完全统计，20 世纪 80 年代以前我国推广的 144 个杂交种，其母本不育系几乎都是 Tx3197A，只有少数的是其衍生系。Tx3197A 是我国春播晚熟区主要应用的不育系。原新 1A 是利用 Tx3197A 的细胞质与马丁迈罗转育的不育系，是春夏兼播区主要应用的不育系。黑龙 11A 也是利用 Tx3197A 的细胞质与库班红转育的不育系，是春播早熟区主要应用的不育系。由此可见，Tx3197A 不仅是我国直接利用的主要不育系，而且在很长的时期内还是我国高粱雄性不育细胞质的唯一来源。

1979 年，辽宁省农业科学院高粱研究所从美国引进了新选育的高粱不育系 Tx622A、Tx623A、Tx624A 等。这些不育系农艺性状优良、不育性稳定、配合力高，高抗高粱丝黑穗病菌 2 号生理小种。利用 Tx622A 很快组配出一批杂交种应用于生产，其中有代表性的辽杂 1 号成为春播晚熟区的主栽杂交种，累计种植面积 200 余万 hm^2。

20 世纪 80 年代初期，中国与国际半干旱热带地区作物研究所建立了科技合作与交流关系，先后引进一批高粱种质资源，拓宽了中国高粱种质的遗传基础。卢庆善（1985a）引进并鉴定了 1 025 份材料，其中大粒型种质千粒重在 40 g 以上的有 12 份，最高的 MR861 达 45 g；穗粒重高的类型，单穗粒重 100 g 以上的材料有 12 份，最高的 MR724 达 138.8 g；长穗类型，穗长达 30 cm 以上的有 14 份，最长的 E. No33 达 37.6 cm；紫穗多粒型，单穗粒数最多的 MR734 达 4 957粒；161 份高抗丝黑穗病种质无病害，如 MR709、MR712、A504、A8203 等。

在这批高粱种质中直接用于育种的是 421A（引进编号 SPL132A）不育系。卢庆善（1990）经过 8 个世代南繁北育的观察和鉴定，421A 不育性稳定、配合力高、农艺性状优，抗高粱丝黑穗病菌 1、2、3 号生理小种。用 421A 组配的高粱杂交种辽杂 4 号（421A×矮四）最高每公顷产量达 13 356 kg；辽杂 6 号（421A×5-27）最高每公顷产量达 13 698 kg。辽杂 7 号（421A×9198）、锦杂 94（421A×841）等杂交种先后通过品种审定推广应用，表现高产，增产潜力大，抗病、抗倒伏，稳产性好。

20 世纪 80 年代以后，中国引进了 A_2、A_3、A_4 3 种细胞质雄性不育系，并做了大量育性测定等研究工作。对 A_2 不育系的研究表明，它的育性反应与 A_1 的相似，而且稳定，可直接用于高粱杂交种组配。辽宁省农业科学院高粱研究所用选育的 $A_2$7050A 与恢复系 9198 组配的杂交种已审定推广应用。1992 年，山西省农业科学院高粱研究所韦耀明等利用 A_2V_4A 与恢复系 1383-2 为父本组配的杂交种也应用于生产。

卢庆善（1993）在《高粱杂种优势利用与国外高粱试材引进》一文中指出，中国高粱杂种优势的利用与外国高粱种质资源的引进密不可分，杂交种的选育基本上是中外高粱种质相结合的产物。外国高粱种质提供了细胞质雄性不育基因和抗性基因，中国高粱种质提供了强恢复性的可育基因和适应性基因，两者结合就使杂交种既有较高的籽粒产量优势，又有良好的适应性和稳产性。

第三节　辽宁高粱种质资源研究

一、辽宁高粱品种资源研究概述

辽宁省是我国高粱主产区，在长期生产过程中，由于自然选择和人工选择的双层作用，形成了丰富多彩的高粱品种资源。1954—1956 年，辽宁省在全省范围内进行了大规模的品种资源搜集工作，共得到高粱样本 3 245份，进行了鉴定和整理，去掉了异名同种，分开了同名异种。1956 年以后，在全国范围内开展了高粱地方品种资源的征集工作，在高粱主产区共收集到 16 842份高粱地方品种。在此基础上，开展了高粱种质资源的整理、保存、研究和利用工作。

1978 年，在辽宁省农业科学院乔魁多主持下，首先对东北 3 省征集的高粱地方品种，通过鉴定、观察、记载主要农艺性状，以及与育种有关的特征特性等，选出有代表性的高粱品种资源 384 份，编写并出版了《中国高粱品种志（上册）》。在 384 份高粱品种资源中，来自辽宁省的品种有 188 份，占总数的 49%。其中食用高粱品种 176 份，占 93.5%；糖用高粱 1 份，占 0.5%；工艺用 11 份，占 6.0%。1981 年，又从其他高粱产区的 21 个省（区、市）征集的高粱品种资源中选出有代表性的地方品种 664 份，编写出版了《中国高粱品种志（下册）》。1983 年，根据各省（区、市）多年在高粱地方品种资源鉴定中所积累的研究资料，将 1981 年以前中国 27 个省（区、市）搜集、整理、鉴定、保存的高粱地方种和部分育成品种（系）共 7 597 份，编写并出版《中国高粱品种资源目录》。《中国高粱品种志》《中国高粱品种资源目录》分别于 1983 年和 1987 年获农业部科技进步奖一等奖。1985—1990 年，将 1982 年以后第三次全国补充征集的高粱品种资源整理出 2 817 份，编写成《中国高粱品种资源目录续编》。至此，从 1956—1989 年征集、整理、保存、鉴定的 10 414 份中国高粱品种资源已全部完成注册工作，并保存在国家农作物种质资源基因库（北京）。

1982—1985 年，辽宁省农业科学院和辽宁省种子公司组织全省有关科研单位对全省农作物品种资源在广泛收集、整理的基础上，编写了《辽宁省农作物品种资源目录》。其中进入省编目的辽宁省高粱品种资源共 1 124 份，包括地方品种 842 份，育成品种 18 份，外国品种 264 份。编目品种的性状有：芽鞘色、幼苗色、株高、茎粗、叶脉色、穗型、穗形、穗长、穗柄长、穗粒重、千粒重、壳色、颖壳包被度、粒色、生育期、分蘖性、抗倒性、着壳率、角质率、粗蛋白、赖氨酸、单宁、丝黑穗病率 23 种性状。

辽宁省农业科学院对本省高粱品种资源中食用高粱品种的穗型、穗形、粒形、粒色、壳色的研究表明，辽宁高粱中紧穗型纺锤形和紧穗型圆筒形居多；籽粒颜色主要是褐色、红色、黄色、白色 4 种；粒形以椭圆形、卵圆形、圆形为多；壳色以黑色、紫色、红色、黄色、褐色为主。此外，辽宁高粱的叶脉色以白色居多；下颖质地多为纸质，少为革质；上颖质地多为革质。分蘖类型较少。

在对辽宁高粱品种资源蛋白质、赖氨酸、单宁含量检测后发现，蛋白质含量幅度在 7.38%～15.56%，还找到高蛋白质、高赖氨酸、低单宁源。比较蛋白质、赖氨酸、单宁样本的变异系数，发现单宁含量在品种间变异极大，变异系数高达 40.14%；相对蛋白质含量变异较小，变异系数为 13.39% 以下。在辽西北干旱地区食用白高粱或青高粱品种，单宁含量普遍极低。相关分析表明，角质与蛋白质、赖氨酸呈正相关；单宁与赖氨酸含量则无相关性。这些研究结果不仅反映了辽宁高粱品种资源的现状，而且为高粱品种选育提供了依据。

1974—1983 年，辽宁省农业科学院对引进的外国高粱种质资源进行了整理和鉴定。1974—1977 年，把"文革"期间造成混杂的 397 份国外高粱种质资源整理成 153 份，并编入高粱品种目录。1978—1983 年，先后引进外国高粱种质资源 1 156 份。经过整理后，确定 700 份外引材料，其中包括高粱雄性不育系、保持系 70 对，并进行 2 年农艺性状鉴定和筛选。

通过鉴定筛选出生育期 100 d 的极早熟品种 12 份，穗长超过 35 cm 的品种 7 份，千粒重在 35.1 g 以上的品种 19 份，穗粒重超过 85 g 的品种 9 份。鉴定出抗丝黑穗病的品种有 TAM428、Tx430、早熟赫格瑞、1S2508C；抗炭疽病的有 IS7173C、Tx430、IS3574C、IS1309C、TAM428、ATX623；抗霜霉病的有 IS2503C、Tx430、TAM428、CS3541；抗粒霉病的有 I57254C；抗玉米矮花叶病毒病的有 TAM2566；抗蚜虫的有 TAM428。

从 1979 年开始，对从美国引进的高粱雄性不育系 Tx622A、Tx623A 和 Tx624A 进行了主要农艺性状和配合力研究分析。结果表明，它们在单株产量和产量组分的表现上优于 Tx3197A。一般配合力分析证实，3 个不育系除千粒重外，其余性状的一般配合力效应多数优于、少数相当于 Tx3197A，在育种上直接利用 3 个不育系组配优势杂交种是可行的（以后的高粱杂交种选育和生产应用证明了这一点）。

从 1982 年开始，对引进的非迈罗细胞质雄性不育源 A_2 不育系进行了初步研究，认为非迈罗细胞质不育系 A_2TAM428、A_2Tx624、A_2Tx3197 及恢复源 SC0103 等农艺性状良好，无病虫害，育性稳定，可供育种单位选育利用。引进的 A_2 细胞质雄性不育系对丰富辽宁省乃至全国不育细胞质，扩大高粱种质资源的遗传基础和利用范围，增加选育新杂交种的概率会更高。

二、辽宁高粱品种资源的区域特点

辽宁省位于松辽平原南部，是我国高粱主要产区。由于全省自然条件比较复杂，高粱在长期的栽培中，形成了具有不同区域特点的高粱地方农家品种，分为 9 个农业区域。

（一）北部平原区

本区包括沈阳以北的 6 个县（市），地势较为平坦，土壤肥沃；年平均温度 6 ~ 8 ℃，年降水量 500 ~ 700 mm，无霜期 140 ~ 160 d，是高粱主产区。本区形成的高粱地方品种资源有白大头、海洋黄壳、护脖香、牛心红、沈阳大黄壳、黑壳棒子、薄地出、打锣棒、三半升、大叶白、大蛇眼、平顶香等。

品种资源的特点：白大头、海洋黄壳为中紧穗类型，喜肥，生育期 130 d。白大头适于平原肥地种植，海洋黄壳适于中上肥力土地种植，常年一般产量水平 2 750 kg/hm²；护脖香为中散穗类型，吸肥力中等，生育期 125 d，适于北部霜期较早的中等肥力土地种植，常年一般产量水平 2 000 kg/hm²；牛心红、打锣棒等品种，生育期 130 d 左右，穗较紧，适于部分肥沃土地种植，常年一般产量水平 2 250 ~ 2 275 kg/hm²；沈阳大黄壳、黑壳棒子为中紧穗类型，生育期为 125 d 左右，因耐旱性不同，沈阳大黄壳适于平原中等肥力土地、黑壳棒子适于丘陵和洼地种植，常年一般产量水平 1 750 kg/hm²。

（二）南部平原区

本区包括沈阳以南、沈大铁路沿线的 5 个县（市）。本区地势平坦，土壤肥沃，气候温暖，年平均温度 8~9 ℃，年降水量 600~800 mm，无霜期 155~175 d，曾是辽宁省高粱主产区。本区形成的高粱品种资源有熊岳 253、回头青、歪脖张、打锣棒、矮青壳、八叶齐、三黄壳、大白壳、大粒谷、大黑壳、牛心红、白高粱、回头青、金棒槌、喜鹤白黏、黑壳等。

品种资源的特点：紧穗型、高产、喜肥、生育期 135 d 的中熟或晚熟品种。熊岳 253 穗大、穗紧、株高适中，具有耐肥力强、产量高等特点，生育期 135 d 左右，适于肥沃的平原地区种植，一般产量水平 3 250 kg/hm²。回头青、歪脖张、打锣棒等品种均为紧穗、吸肥力较强的品种，生育期 130 d 左右，适于中上肥力的土壤种植，常年一般产量水平2 750 kg/hm²。矮青壳也是紧穗品种，吸肥力中等，生育期 125 d，由于该品种耐旱、耐湿性较强，且成熟较早，适于在中等肥力的丘陵地或低洼平地上种植，常年一般产量水平 2 500 kg/hm²。三黄壳吸肥力差，生育期 120 d，适于在土壤肥力较低的平原或丘陵薄地上种植，一般产量水平 2 000 kg/hm²。

（三）南部半岛丘陵区

本区包括熊岳镇以南的辽东半岛 5 个县（市），山地丘陵多，海风大，土壤较瘠薄，易发生春旱，年平均气温 9~10 ℃，无霜期 180~200 d，年降水量 500~700 mm。本区只有少量高粱种植，栽培的品种有旅大红壳、黑壳棒子、马尾黏、腰子高粱、长挺秆子、瞎半升、红壳黏、白黏高粱、小黏棒等。

品种资源的特点：耐湿、耐旱性较强，生育期 125 d 左右，吸肥力较差，适于丘陵地或低平瘠薄地种植，常年一般产量水平 1 500~2 000 kg/hm²。马尾黏、长挺秆子、腰子高粱等糯性品种，耐瘠薄、适应性强，生育期 100~120 d，适于零星地块种植。

（四）东部山区

本区包括千山山脉南部的 5 个县，山地多，雨水多，昼夜温差大，土壤肥力较低，地形复杂，山地、丘陵、山间平原兼有，年平均气温 6~8 ℃，无霜期 140~160 d，年降水量 800~1 200 mm，高粱栽培极少，品种资源有早黑壳、岫岩八大叶、红壳、黏高粱、瞎半升、扫帚糜子、小黄壳等。

品种资源的特点：早黑壳、红壳耐旱、耐湿性较强，吸肥力中等，对温度变化适应性较强，生育期 120 d 左右，在当地霜前即能成熟，适于山地或丘陵地种植；岫岩八大叶具有耐旱、耐湿特性，穗较紧密，生育期 130 d 左右，吸肥力较强，适于山间平原地块种植，产量较高；黏高粱、瞎半升、扫帚糜子等散穗糯性品种资源，适应性强，籽实可做糕饼，茎秆作工艺用，因而也有零星栽培。

（五）东北部山区

本区包括千山山脉北部的 5 个县（市），丘陵和山间平原较多，土质较为肥沃，气候冷凉，年平均气温 5~6 ℃，无霜期 140~150 d，年降水量 700~800 mm。高粱种植得多一些，形成的品种资源有桓仁大红壳、歪脖张、抚顺红壳、大八叶、黄壳早高粱、油瓶、米高粱、大黄壳等。

品种资源的特点：苗期耐冷凉、中后期耐湿，吸肥力强，生育期不超过 125 d 的中熟品种。桓仁大红壳、歪脖张品种耐肥力强，生育期 125 d 左右，适于本区山间平原地种植，常年一般产量水平 1 500~2 500 kg/hm²。抚顺红壳耐肥性强，吸肥力中等，苗期耐冷凉较强，生育期 120 d 左右，适于山地或丘陵地种植。大八叶苗期耐冷凉、中后期耐湿性较强，但吸肥力较差，生育期 120 d 左右，适于山间小气候冷凉的瘠薄地种植，常年一般产量水平 1 500~1 250 kg/hm²。

（六）辽西北风沙区

本区主要包括彰武、阜蒙 2 县及北票市、建平县、康平县的部分地区，地势平坦，土壤瘠薄，多为风沙土，春季风大，干旱频发，影响播种和保苗。年平均气温 7~8 ℃，无霜期 140~150 d，年降水量 400~500 mm。形成的主要品种资源有红壳、阜新八叶齐、小黄壳、小白脸、黄壳白、北票牛心红、二路黄壳、大青米、牛心黄、白高粱、老来白、红壳白、帽高粱、薄地租等。

品种资源的特点：抗风、耐旱性强，中紧穗、株高适中，对土壤肥力要求不高，生育期不超过130 d。红壳、阜新八叶齐、小黄壳等品种，抗风力较强，耐瘠薄，生育期120 d左右，红壳适于轻度的盐碱瘠薄地、阜新八叶齐适于干旱瘠薄地、小黄壳适于普通瘠薄地种植，常年一般产量水平 1 500 kg/hm²。小白脸、黄壳白、北票牛心红等品种，抗风、耐旱性均较强，小白脸穗型较紧，生育期130 d左右，适于部分肥沃土地种植，常年一般产量水平 2 000 kg/hm²。黄壳白、北票牛心红等品种，穗型中紧，生育期120 d，适于中上等肥力的地块种植。

（七）西部山区

本区包括辽宁西部的6个县，土壤较瘠薄，常发生春旱，不易保苗。气候较温暖，年平均气温 7~9 ℃，无霜期 140~160 d，年降水量 300~500 mm。高粱种植面积较大，形成了丰富的品种资源，有大关东青、小关东青、黄壳白、黑壳白、小白色、小红粮、黄罗伞、大蛇眼、八叶齐、歪脖张、散穗扫帚头、黑壳红蛇眼、黑壳小白高粱、棒子高粱、黄壳红黏高粱、假白高粱、红高粱、青壳白、红米粮、白老鸦座、平顶香、白大蛇眼、元粒棒子、大白粮等。

品种资源的特点：耐瘠、耐旱性强，特别是苗期耐旱性强，中紧穗或中散穗的早、中、晚熟品种，生育期不超过130 d。大关东青喜肥，耐旱性较强，生育期 125 d左右，适于肥力较高的地块种植，常年一般产量水平 2 250 kg/hm²。小关东青、黄白壳、黑白壳、小白色、小红粮等品种耐旱性强，生育期 110 d，但因品种间吸肥力不同，前3个品种适于中等肥力的平地或坡地种植，常年一般产量水平 2 000 kg/hm²；小红粮适于平坡的瘠薄地种植，常年一般产量水平 1 250 kg/hm²。其他的如黄罗伞、大蛇眼、八叶齐等品种生育期 105～130 d，适于山间洼地或平坡地种植，常年一般产量水平 1 500 kg/hm²。

（八）西部平原区

本区包括沈山铁路沿线的7个县，土地较为平坦，但春风较大，容易干旱，是高粱主产区。年平均气温 8~9 ℃，无霜期 160～180 d，年降水量 500~600 mm。形成的高粱品种资源有关东青、洋大粒、锦粱9-2、歪脖张、锦州黄壳、黑壳棒子、北镇小白脸、锦州八叶齐、土白高粱、大白高粱、小白高粱、小红壳、小蛇眼、平顶香、老母猪蹻脚、老鸹座、红壳、棒子、黑壳歪脖张等。

品种资源的特点：耐旱，抗风力较强，吸肥力中等，生育期不超过135 d，中熟或晚熟。关东青、洋大粒、锦粱9-2等品种，株高中等，穗较紧，耐旱性和抗风力较强，生育期130～135 d，适于肥沃的平地或坡地种植，常年一般产量水平 2 750 kg/hm²。歪脖张、北镇小白脸生育期125~130 d，适于中等或较肥地力的地块种植，常年一般产量水平 2 500 kg/hm²。黑壳棒子、锦州八叶齐苗期较耐低温，耐湿、耐旱性较强，生育期为125 d左右，适于中等肥力的低平地种植，常年一般产量水平 2 250 kg/hm²。

（九）辽河下游区

本区包括辽河下游4个县，地势低洼、土质较肥沃，并有盐碱地分布。年平均气温 8~9 ℃，无霜期 160~180 d，年降水量 600~700 mm，多集中在 7—8 月，因地下水位较高，排水不畅，易造成内涝。高粱品种资源有黑壳棒子、黑壳蛇眼、水里站、双心红、八叶齐、青壳、白壳跷脚高粱、黏高粱、红壳等。

品种资源的特点：耐涝、抗盐碱力强，生育期不超过 130 d，中晚熟。黑壳棒子、黑壳蛇眼等品种苗期较耐低温，生育期 125 d 左右，前者适于水涝或盐碱较轻的地块种植，后者适于低洼或盐分含量较高的中等肥力地块种植，常年一般产量水平 1 500~2 000 kg/hm²。水里站吸肥力中等，抗涝性较强，并耐轻度盐碱，生育期 130 d 左右，适于含盐量较少、肥力中等的涝洼地种植，常年一般产量水平 2 000 kg/hm²。双心红也具有耐盐碱耐水涝性能，但吸肥力较差，生育期 130 d 左右，适于地力较薄的低洼盐碱地种植，常年一般产量水平 2 000 kg/hm²。八叶齐吸肥力较强，具一定耐涝性，适于部分肥沃的湿洼地种植，一般产量水平 2 500 kg/hm²。青壳、白壳等品种苗期耐低温，茎秆柔韧，被水冲也不易倒折，抗涝和吸肥力较强，生育期 130 d 左右，适于沿河低洼易涝地种植，常年一般产量水平 2 000 kg/hm²。

三、辽宁高粱种质资源创新利用

20 世纪 50 年代初期，辽宁省农业科研单位在搜集全省高粱农家品种的基础上，开展了品种资源的整理和鉴定工作。从 60 年代开始，辽宁省农业科学院就承担国家下达的高粱品种的研究任务，对本省和全国的高粱品种资源进行了全面系统的、多性状的鉴定和研究，包括农艺性状、品质性状（蛋白质、赖氨酸、单宁含量）、抗性性状（抗丝黑穗病、抗蚜虫、抗玉米螟、耐冷性、耐水涝、耐干旱、耐盐碱等）等。对辽宁省自身的和引进的国内外高粱种质资源的鉴定研究、研究的数据为正确评价和利用品种资源提供了科学依据。可以说，辽宁省乃至中国高粱品种资源籽粒品质性状变异丰富、抗逆境能力和对温带气候的适应性是其突出优点，但十分缺乏抗主要病、虫害的抗性资源。因此，在利用创新国内外高粱种质资源时，既要充分发挥中国高粱品种资源的遗传潜力，又要科学合理利用国外高粱种质资源的抗原。

辽宁省锦州市农业科学研究所于 1970 年以恢复系 5 号为母本，当地高粱品种八叶齐为父本，杂交育成了恢复系锦恢 75。进而用高粱恢复系锦恢 75 与 Tx3197A 组配成杂交种锦杂 75，与不育系 Tx622A 组配成锦杂 83，经审定推广应用。沈阳市农业科学研究所于 1971 年以分枝大红穗为母本，晋粱 5 号为父本杂交，其后代再与 4003 杂交，培育成高粱恢复系 0-30，进而与不育系 Tx622A 组配出杂交种沈杂 5 号，成为辽宁省主栽高粱杂交种，表现品质优、产量高。

辽宁农业职业技术学院于 1980 年采用 4003、404、角质杜拉和白平等种质材料进行多元复合杂交，培育出高粱恢复系 4930。该恢复系配合力高、恢复性好、花粉量多、秆强抗倒伏、抗红条病毒病。利用恢复系 4930 组配成 5 个杂交种，其中熊杂 3 号、熊杂 4 号和熊杂 5 号通过审定推广，表现高产。1990—2000 年累计推广种植 62 万 hm²，增产粮食 7.82 亿 kg，增加社会经济效益 7 亿元。高粱优良恢复系 4930 选育与应用于 2002 年获辽宁省科技进步奖二等奖。

铁岭市农业科学研究所于1983年利用外引的高粱种质资源Tx622B、KS23B、京农2B作亲本，Tx622B/KS23B先行杂交，之后作母本再与京农2B作父本杂交，最终培育出TL169系列雄性不育系TL214A、TL232A和TL239A，表现产量高、配合力强、高抗丝黑穗病、花叶病毒病、抗倒伏、耐盐碱等特点。利用上述雄性不育系组配了20个高粱杂交种，其中6个通过各级农作物品种审定委员会审定命名推广应用，累计推广种植45万hm²，增产粮食4.9亿kg，增加社会经济效益3.9亿元。"高粱TL169系列雄性不育系选育及应用"于2000年获辽宁省科技进步奖二等奖。

辽宁省农业科学院高粱研究所于1986年以种质资源矮四作母本，5-26作父本杂交，培育出高粱恢复系LR9198，具有农艺性状优、配合力高、抗性强等优点。利用LR9198恢复系组配了8个杂交种，其中3个通过辽宁省品种审定委员会审定命名推广，即辽杂7号、辽杂10号和凌杂1号，累计种植面积20万hm²，增产粮食2.1亿kg，增加社会经济效益1.73亿元。

同年，辽宁省农业科学院高粱研究所以外引高粱种质资源421B作母本，TAM428作父本杂交培育成雄性不育系7050A。该不育系农艺性状好，配合力高，对高粱丝黑穗病菌2号、3号生理小种免疫，抗蚜虫、抗倒伏、耐旱、活秆成熟不早衰。利用A2雄性不育细胞质转育成的A2 7050A不育系，其组配的高粱杂交种辽杂10号、辽杂11号、辽杂12号等首次应用于生产，在全省高粱种质资源创新利用上取得了突破性成果。"高粱雄性不育系7050A的创造与应用"于2008年获辽宁省科技进步奖一等奖。

主要参考文献

曹文伯，1984. 我国甜高粱资源的初步研究 [J]. 作物品种资源（3）：12-15.

龚畿道，张凤梧，1964. 辽宁高粱新品种：分枝大红穗 [J]. 辽宁农业科学（6）：5-10.

龚文娟，1970. 高粱、玉米等作物品种原始材料抗寒性鉴定总结 [C]. 东北地区抗御低温冷害讨论会论文选编.

卢庆善，1985a. ICRISAT高粱试材的初步鉴定和应用前景 [J]. 辽宁农业科学（6）：4-8.

卢庆善，1985b. 高粱种质资源的收集、保存和利用 [J]. 世界农业（6）：28-30.

卢庆善，1990. 美国高粱种质资源的收集和利用 [J]. 世界农业（11）：25-26.

卢庆善，1993. 高粱杂种优势利用与国外试材的引进 [J]. 作物品种资源，增刊：91-94.

卢庆善，1999. 高粱学 [M]. 北京：中国农业出版社.

卢庆善，2011. 高粱种质资源的创新和利用 [J]. 园艺与种苗（5）：1-4.

卢庆善，2011. 高粱种质资源的多样性和评价 [J]. 园艺与种苗（4）：1-5.

卢庆善，孙毅，2005. 杂交高粱遗传改良 [M]. 北京：中国农业科学技术出版社.

卢庆善，邹剑秋，朱凯，等，2010. 高粱种质资源的多样性和利用 [J]. 植物遗传资源学报，11（6）：798-801.

马宜生，1983. 高粱品种资源抗丝黑穗病鉴定 [J]. 辽宁农业科学（5）：28-29.

乔魁多，1963. 辽宁高粱品种分布情况和因地制宜地选用高粱品种的经验 [J]. 中国农报（4）：21-26.

乔魁多，1983. 中国高粱品种志·下册 [M]. 北京：中国农业出版社.

乔魁多，1984. 中国高粱品种资源目录 [M]. 北京：中国农业出版社.

乔魁多，1992. 中国高粱品种资源目录 1982—1989（续编）[M]. 北京：中国农业出版社.

乔魁多，吕繁德，1985. 辽宁省农作物品种资源目录 [M]. 沈阳：新农业杂志社.

乔魁多，魏振山，1980. 中国高粱品种志·上册 [M]. 北京：中国农业出版社.

王富德，1992. 中国高粱品种资源研究概述：中国高粱品种资源目录 1982—1989 续编 [M]. 北京：中国农业出版社.

王富德，何富刚，1993. 中国高粱种质资源抗病虫鉴定研究 [J]. 辽宁农业科学（2）：1-4.

王志广，1982a. 中国高粱资源抗丝黑穗病鉴定简报 [J]. 辽宁农业科学（1）：26-29.

王志广，1982b. 中国高粱种质资源抗水涝鉴定初报 [J]. 高粱研究（1）：41-45.

王志广，魏守思，李光林，等，1983. 中国高粱品种资源抗性鉴定研究初报 [J]. 作物品种资源（3）：15-21.

王志广，赵颖华，1982. 中国高粱品种资源籽粒品质性状的分析研究 [J]. 辽宁农业科学（6）：13-16.

杨立国，李淑芬，王富德，1992. 高粱品种资源苗期和灌浆期的抗冷性研究Ⅰ：抗冷性指标及鉴定结果 [J]. 辽宁农业科学（2）：23-26.

杨立国，李淑芬，李景琳，等，1992. 高粱品种资源苗期和灌浆期的抗冷性研究Ⅱ：部分生化指标与抗冷性的关系 [J]. 辽宁农业科学（5）：5-8.

张世苹，1992. 高粱种质资源抗盐性鉴定 [J]. 辽宁农业科学（5）：49-50.

张世苹，1993. 试论外国高粱种质资源的引进与利用 [J]. 作物品种资源，增刊：94-97.

张文毅，1973. 高粱主要性状遗传力和相关的初步研究 [J]. 辽宁农业科技（2）：2-6.

张文毅，1981. 高粱品质性状的遗传研究 [J]. 高粱研究（2）：40-50.

曾庆曦，等，1995. 我所醉酒高粱研究十年回顾 [C]. 全国高粱学术研讨会论文选编：89-98.

AXTELL J D , KIRLEIS A W, HASSEN M M, et al, 1981. Digestibility of Sorghum preteins [J]. Proc. Natl. Acad. Sci. , USA, 78：1333-1335.

AXTELL J D, MOHAN D, CUMMINGS D GENETIC, 1974. Genetic improvement of biological efficience and protein quality in sorghum. In Proceedings, 29th annual corn and sorghum research conference, Chicago [C]. American Seed Trade Association, Washington D. C.：29-39.

AXTELL J D, EJETA G, 1990. Improving sorghum grain protein quality by breeding

［M］//EJETA G. (ed) Proceedings of the international conference on sorghum nutritional quality, Purdue University, West Lafayette: 117-125.

B V S REDDY, S RAMESH, A A KUMAR, et al, 2008. Sorghum Improvement in the New Millennium ［Z］. ICRISAT: 153-169.

BELUM V S REDDY, S RAMESH, H C SHARMA, 2006. Sorghum Hybrid Parents Research ［Z］. Strategies and Impact Hybrid Parents Research at ICRISAT: 75-165.

DALHBERG J A, SPINKS M S, 1995. Curront status of the US Sorghum Germplasm Gollection ［J］. International Sorghum and Millots Newsletter (36): 4-12.

DEWET J M J, et al., 1986. Wild sorghum and their significance in crop improvement ［Z］. ICRISAT.

LU Q S, DAHLBERG J A, 2001. Chinese Sorghum Genetic Resources ［J］. Ecom Bot. 55 (3): 401-425.

SCHERTZ K F, 1994. Mole-sterlity in sorghum: its characteristics and importance ［C］. Proceddings of the Internatioual Conference on Genetic Improvement of an Qverseas Development Administration (ODA) Plant Sciences Reseach Conference: 35-37.

STEPHENS J C, et al., 1954. Yield of ahand produced hybried sorghum ［J］. Agren. J., 44: 231.

第三章 辽宁高粱遗传育种研究

第一节 辽宁高粱遗传研究

一、遗传研究概述

20 世纪 60 年代初开始，辽宁省农业科学院张文毅等先后对高粱数量性状遗传、品质性状遗传、穗性状遗传、株型遗传、生育期遗传以及杂种优势规律等进行了系统深入的研究。上述研究成果属于开拓性的、创新性的，许多研究填补了高粱遗传研究的空白，对丰富高粱遗传规律和指导育种实践具有重要的学术价值。

1962—1965 年，张文毅应用数量遗传学原理，研究高粱 17 种性状的遗传变异系数、遗传力和遗传相关。研究结果厘定了基因型与环境互作（G×E）的关系，为系统育种的直接选择和间接选择、优化栽培技术提供了理论指导。

我国高粱杂交种选育初期，由于缺乏经验，理论指导不明晰，进展较慢。从 1963 年起，张文毅选用不同高粱栽培族和野生高粱组配了 140 个组合，测定了 19 种性状的杂种优势表现，分析了组合间和性状间的差异，比较了单一性状与复合性状、生长发育和产量、品质性状在不同亲缘情况下杂种优势表现的异同。研究所得结果和规律为粒用、草用高粱育种的组合选配提供了可靠的依据。

沈阳农学院马鸿图于 1970 年研究高粱杂种优势与类型亲缘之间的关系，表明类型间亲缘差异大，F_1 的杂种优势大，但杂种优势大并不等于配合力高。高的配合力是要在一定亲缘类型差异的基础上，还要有好的经济性状的搭配。目前采用南非高粱、西非高粱与中国高粱杂交选育雄性不育系，用赫格瑞高粱与中国高粱杂交选育恢复系。虽然雄性不育系与恢复系的杂交亲本都有中国高粱亲缘，但在杂交亲本组配中，应注意选择不同亲缘类型的材料，从而获得高产、优质的杂交种。

与此同时，张文毅针对 20 世纪 60—70 年代选育的高粱杂交种产量高、品质差的问题，及时研究了高粱着壳率、出米率、角质率、单宁含量、蛋白质和赖氨酸含量的品种变异性、遗传力、杂种优势和显性作用及其与产量的遗传相关。1976 年，在国家召开的全国杂交高粱品质育种攻关会上，张文毅根据上述研究结果拟定了品质育种攻关方案。该方案提出了高粱品质育种的具体性状指标和育种技术路线，农业部专文下达全国高粱育种单位执行。经过近十年的共同努力，全国高粱育种基本解决了杂交高粱的品质问题。

1981—1985 年，李振武等开展了高粱生育期研究，系统分析了 $F_1 \sim F_5$ 代的遗传力、杂种优势、遗传相关和回归数值的变化规律。所得结论可用于指导高粱熟期的杂交育种和杂种优势利用。

同期，张文毅、韩福光等开展了高粱穗结构遗传研究，测定不同组合类型的 10 个花序结构性状的杂种一代遗传表现，分离世代的遗传特征和回交效应。运用特殊配合力亲子回归和优势相关规律可获得理想穗型杂种。研究了高粱杂种优势的崩解规律和回交纯合进度，并进行了理论模式验证。研究结果厘定了高粱高产穗的允许结构值和最佳结构值。与之相应，张文毅对高粱植株区段的遗传表现及其对籽粒产量的研究，形成了高粱株型、穗型育种的完整体系。

1987—1992 年，张文毅、孔令旗等对高粱籽粒的蛋白质组分、淀粉组分和单宁的杂种优势、遗传表现和基因效应进行了深入研究。结果指出，高粱营养价值和消化吸收率的障碍因子是醇溶蛋白比率过高，杂种优势强又易受环境影响。为解决这一问题，须采用转基因等生物技术、筛选特定组合以及采取适宜的栽培技术措施。

1987—1990 年，卢庆善对高粱数量性状的遗传距离和杂种优势预测开展了研究、利用多元分析法测定高粱亲本遗传距离所得结果，与我国高粱主产区杂交种应用的实际基本相符。这一结果从遗传理论的角度为高粱育种实践提供说明和论证，反过来又指导高粱杂种优势利用研究、增强预见性和提高育种效率。

1991—1994 年，陈悦、孙贵荒等对高粱遗传距离与杂种优势、杂种产量关系开展了研究。结果表明遗传距离与杂种产量不显著相关，与超中亲优势极显著相关，与超高亲优势显著相关。

上述研究论文在《遗传学报》《作物学报》《中国农业科学》《辽宁农业科学》等刊物上发表，共 43 篇。并在全国遗传学会［1978 年南京召开（下同）、1979 年成都、1980 年沈阳、1987 年合肥、1992 年泰安、1996 年大连］、中国农学会（1962 年沈阳、1978 年武昌、1979 年武昌、1982 年沈阳、1985 年沈阳）、全国概率生物统计学会（1975 年苏州、1980 年沈阳）、高粱专业研讨会（1974 年忻州、1976 年北京、1977 年锦州、1981 年太原、1986 年沈阳、1995 年沈阳）和中美高粱学术研讨会（1986 年沈阳）等大型学术会议上报告交流。一些研究结果载入《中国遗传学研究》《当代世界农业》《中国高粱栽培学》《作物育种研究与进展》《农作物品质育种》《高粱学》《杂交高粱遗传改良》等专著中，也被全国高等学校统编教材《作物育种学》所引用。

辽宁省高粱遗传研究成果经中国科学院、中国农业科学院和高等农业院校知名专家鉴定，认为高粱遗传研究结果丰富了高粱学科理论，促进了高粱育种的发展，可提高新品种选育的效率和水平，成果达到国内领先水平，曾获 4 项省、部级科技奖。

二、高粱遗传力和遗传相关的研究

张文毅（1976）对高粱主要性状遗传力和遗传相关开展了研究。采用来自国内外的 30 个高粱品种为试材，测算了茎高、秆高、秆径、节数等 17 种性状的平均值、变幅和遗传变异系数（表 3-1）。表 3-1 的结果表明，17 种性状的平均遗传变异系数，第一年为 43.40%，第二年为 47.27%，两年结果近似。不同性状间的遗传变异系数有较大差异，例如第一年穗中轴长为 94.06%，而秆径为 8.29%，相差 10 倍以上，表明高粱不同性状的分化程度有很大差异。两年的结果还表明，穗中轴长、穗长、穗柄长、第一级分枝数、穗粒数、穗粒重等性状具有较高的遗传变异系数，说明这些性状在遗传上变异幅度大，而且其表型高、低值相差几倍到几十倍，因此容易通过杂交和选择达到选育目标。相反，秆径、生育期、穗柄径、节数等性状的遗传变异系数较低，说明其在遗传上的变异幅度小，杂交选择的余地不大。

表3-1　高粱品种的性状幅度和遗传变异系数

性状	小区间性状平均值		极高区值		极低区值		遗传变异系数（%）			
	第一年	第二年	第一年	第二年	第一年	第二年	第一年	位次	第二年	位次
茎高（cm）	238.03	251.35	300.00	308.0	137.0	114.0	35.00	8	34.21	11
秆高（cm）	276.18	295.75	351.0	357.0	178.0	153.0	28.99	12	30.01	12
秆径（mm）	15.70	16.98	18.3	21.1	14.5	13.6	8.92	17	12.37	17
节数（个）	13.18	13.60	15.8	16.0	9.6	8.0	23.44	14	27.35	14
节间长（cm）	19.69	20.28	25.0	29.0	11.6	9.0	33.37	9	38.41	8
穗柄长（cm）	38.13	44.40	53.0	134.0	24.0	16.0	48.05	6	114.28	1
穗柄径（mm）	10.72	10.21	12.8	13.3	8.7	8.7	20.61	15	13.52	15
穗长（cm）	26.36	25.96	52.5	54.0	16.0	13.0	90.90	2	92.72	3
穗径（cm）	5.14	8.62	7.0	13.6	3.5	5.6	29.57	10	36.54	9
穗粒重（g）	72.20	70.76	106.1	109.0	44.2	25.0	41.07	7	50.89	5
穗粒数（个）	2 907.55	2 690.00	3 871.0	3 940.0	2 166.0	1 050.0	88.60	3	48.56	6
千粒重（g）	24.80	26.48	30.6	41.0	17.3	18.0	28.71	13	29.61	13
穗中轴长（cm）	10.10	16.35	19.80	45.0	1.2	2.0	94.06	1	110.09	2
第一级分枝数（个）	62.25	75.80	101.0	141.0	36.0	36.0	63.60	4	76.12	4
端极分枝数（个）	879.25	957.80	1216.0	1640.0	620.0	470.0	62.91	5	35.48	10
茎叶重[a]（g）	125.10	351.90	159.0	610.0	71.0	200.0	29.55	11	40.55	7
生育期（d）	127.30	132.41	141.0	141.0	116.0	112.0	10.37	16	12.82	16
平均							43.40		47.27	

[a] 茎叶重，第一年为风干重，第二年为鲜重。

（张文毅，1973）

两年试验求得的遗传力均表现出很高的估值（表3-2）。第一年平均为84.54%，第二年平均为85.58%，可以认为在相对同样条件下，稳定品种间的表型差异主要是由遗传因素决定的，由环境引起的变异较小。但不同性状间的遗传力仍有较大差异，生育期表现出最高的遗传力，为99.12%（两年平均，下同），穗长为98.81%，穗中轴长为97.19%，茎高为96.15%，秆高为95.20%，节间长为94.90%，第一级分枝数为94.33%，节长为93.28%，穗柄长为92.14%，表明这些性状的遗传传递能力强，受环境影响小，因而根据性状的表现型进行直接选择容易收到成效（图3-1）。

表 3-2 高粱品种遗传力

性状	第一年		第二年		平均	
	数值（%）	位次	数值（%）	位次	数值（%）	位次
茎高（cm）	96.80	3	95.49	6	96.15	4
秆高（cm）	93.76	6	96.63	5	95.20	5
秆径（cm）	60.49	16	58.51	16	59.50	16
节长（cm）	92.28	8	94.28	8	93.28	8
节间长（cm）	94.32	5	95.47	7	94.90	6
穗柄长（cm）	93.06	7	91.21	10	92.14	9
穗柄径（cm）	85.92	10	58.54	15	72.23	15
穗长（cm）	98.93	2	98.69	1	98.81	2
穗径（cm）	74.36	14	90.51	11	82.44	12
穗粒重（g）	80.63	13	77.80	14	79.22	13
穗粒数（个）	71.90	15	79.63	13	75.77	14
千粒重（g）	83.79	12	92.59	9	88.19	10
穗中轴长（cm）	96.08	4	98.29	3	97.19	3
第一级分枝数（个）	90.50	9	98.15	4	94.33	7
端极分枝数（个）	40.51	17	49.60	17	45.06	17
茎叶重（g）	84.26	11	80.75	12	82.51	11
生育期（d）	99.59	1	98.65	2	99.12	1
平均	84.54		85.58		85.06	

（张文毅，1973）

相反，一些性状的遗传力较低，端极分枝数的遗传力最低，仅 45.06%，其次是秆径，为 59.50%，穗粒数为 75.77%，穗粒重为 79.22%，茎叶重为 82.51%，均在 85%以下，说明这些性状遗传传递能力低，根据其表现型进行直接选择，效果不会很好。第一级分枝数遗传力高为 94.33%，而端极分枝数仅有 45.06%，这表明在形成第一级分枝数时遗传因素起主导作用，环境影响小，而形成二、三级分枝时则受环境条件的影响较大，这些是粒数、产量遗传力较低的一个因素。

遗传力高的性状可以对其进行直接选择，而遗传力不高的籽粒、茎叶产量性状进行直接选择效果不好，需要根据遗传相关进行间接选择。茎高、穗柄径、穗径、穗粒数、千粒重、秆径、节间数等与籽粒产量呈显著正相关，特别是穗柄径、穗粒数与单株产量的相关系数均超过显著数值 1 倍以上。可以根据这些性状进行产量的间接选择（表 3-3）。

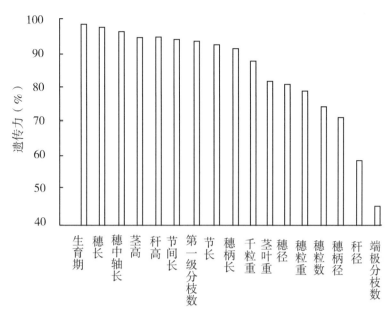

图 3-1　17 个性状的遗传力（两年平均）比较

（张文毅，1973）

表 3-3　主要性状与单株产量的相关[①]

性状	遗传相关		表型相关	
	第一年	第二年	第一年	第二年
茎高	0.640	0.464	0.521**	0.376**
秆高	0.523	0.083	0.506**	−0.029
秆径	0.395	0.658	0.351*	0.571**
穗柄长	−0.497	−0.522	−0.393*	−0.602**
穗柄径	0.218	0.624	1.049**	0.573**
节间数	0.357	0.768	0.323*	0.619**
节间长	0.374	−0.331	0.353*	−0.184
穗长	−0.419	−0.787	0.272	−0.678**
穗径	0.647	0.307	0.590**	0.292**
第一级分枝数	0.568	0.713	−0.096	0.010
端极分枝数	0.366	0.901	0.202	0.542**
穗粒数	0.766	0.887	0.763**	0.882**
千粒重	0.738	0.323	0.705**	0.315**

（续表）

性状	遗传相关		表型相关	
	第一年	第二年	第一年	第二年
生育日数	0.252	0.831	0.230	0.547*

①第一年自由度38，5%显著值0.316，1%显著值0.403；第二年自由度78，5%显著值0.217，1%显著值0.283。

（张文毅，1976）

孙贵荒、陈悦等（1997）对高粱数量性状相关遗传力进行研究，目的是分析高粱主要经济性状对产量的影响，以及各性状之间的相互关系，为高粱高产优质育种提供依据。研究数据列于表3-4中。比较各性状的遗传力，生育期>株高>开花期>穗长>千粒重>外柄长>穗粒重>穗柄长>产量。（生育期的遗传力最高，为97.8%；株高次之，为95.1%；产量最低，仅41.1%。）说明生育期、株高都是可以早代选择的性状。而对遗传力低的性状不宜早代选择。从表中的结果还可以看出：穗粒重、开花期、生育期、穗柄长、外柄长等性状与产量的相关遗传力均大于产量的遗传力。说明在这些性状中，当采取同样的选择强度时，间接选择的效果要比对产量直接选择的效果更好些。

表3-4 高粱部分性状的相关系数和相关遗传力

性状及参数		生育期	株高	开花期	穗长	千粒重	外柄长	穗粒重	穗柄长	产量
生育期		0.978 4	-0.081 5	-0.838 6	0.406 7	0.231 4	-0.334 1	0.416 9	-0.583 6	0.482 5
株高	G	-0.084 5	0.950 8	-0.015 3	0.432 6	-0.007 0	-0.217 9	0.455 7	0.241 2	0.168 7
	P	-0.076 2								
开花期	G	0.884 2	-0.016 4	0.919 3	0.446 4	0.106 3	-0.231 3	0.583 1	0.488 0	0.517 5
	P	0.855 3	0.004 0							
穗长	G	0.433 7	0.467 9	0.491 0	0.899 0	0.032 9	-0.334 7	0.539 7	0.113 3	0.314 9
	P	0.421 3	0.463 3	0.492 1						
千粒重	G	0.253 1	-0.007 8	0.119 9	0.037 6	0.854 8	-0.134	0.261 6	0.040 4	-0.291 7
	P	0.232 8	0.000 4	0.130 6	0.010 2					
外柄长	G	-0.501 5	-0.299 5	-0.320 5	-0.358 4	-0.181 3	0.851 3	0.364 4	0.851 3	-0.459 1
	P	-0.363 4	-0.222 2	-0.256 4	-0.342 0	-0.157 9				
穗粒重	G	0.467 1	0.518 3	0.467 1	0.631 2	-0.313 8	-0.623 5	0.813 3	-0.364 4	0.625 5
	P	0.416 4	0.440 9	0.416 4	0.524 4	-0.353 1	-0.500 8			
穗柄长	G	-0.695 7	0.291 7	0.600 1	0.140 9	0.051 5	0.934 2	0.476 4	0.719 3	-0.479 0
	P	-0.574 0	0.300 8	0.476 5	0.097 7	0.017 4	0.907 8	0.401 1		

（续表）

性状及参数		生育期	株高	开花期	穗长	千粒重	外柄长	穗粒重	穗柄长	产量
产量	G	0.760 6	0.269 5	0.840 1	0.528 1	0.392 5	-0.554 5	1.801 5	-0.875 5	0.411 3
	P	0.596 3	0.192 6	0.559 4	0.381 1	0.305 3	-0.464 9	0.635 9	-0.479 7	

注：①对角线上的值为各性状的遗传力，上三角部分为各性状的相关遗传力，下三角部分为各性状的相关系数，G 为遗传相关系数，P 为表型相关系数；②外柄长指露出旗叶叶鞘外的穗柄长度。

（孙贵荒等，1997）

8 个性状对产量的相关遗传力通径分析的结果列于表 3-5 中。其中穗粒重表型值对产量表型值的直接效应最强，相关遗传力也最大，说明对产量的表现起主导作用。生育期表型值对产量表型值的直接作用也较大，说明适当选育生育期长的品种有利于提高产量水平。开花期与产量的相关遗传力虽然较大，而且不论表型相关系数还是遗传相关系数均达到极显著水平，但它对产量表现型值的直接作用却是负向的。那么，它对产量的贡献主要是通过延长生育期而起的间接效应。穗长对产量表现型值的直接作用也是负向的，然而它与产量的相关遗传力也较大，这主要是由于通过穗粒重而起的间接作用。

表 3-5　8 个性状对产量的相关遗传力通径分析

性状	相关遗传力	直接作用	株高	穗长	间接作用				开花期	生育期
					穗柄长	外柄长	穗粒重	千粒重		
株高	0.168 7	-4.070 2		-1.622 6	0.938 3	-1.467 8	7.315 7	-0.004 1	0.268 2	-1.188 8
穗长	0.314 9	-3.372 1	-1.851 9		0.440 7	-1.707 9	8.663 2	0.019 0	-7.809 2	5.931 5
穗柄长	-0.479 0	2.797 7	-1.032 7	-0.425 0		3.982 2	-5.848 7	0.023 3	8.537 4	-8.513 2
外柄长	-0.459 1	4.017 7	0.919 4	1.018 9	2.463 4		-7.214 7	-0.077 3	4.297 6	5.588 41
穗粒重	0.625 5	13.054 4	-1.951 0	-2.024 5	-1.417 2	-2.826 1		-0.054 8	-10.233 0	6.077 9
千粒重	-0.291 7	0.493 4	0.030 1	-0.123 6	0.157 1	-0.842 5	-1.523 0		-1.859 5	3.376 3
开花期	0.517 5	-16.083 3	0.065 6	-1.674 3	-1.898 0	-1.544 5	9.358 7	0.061 4		12.231 9
生育期	0.482 5	12.271 6	0.348 9	-1.525 7	-2.270 0	-2.493 2	6.688 1	0.133 6	-12.670 8	

（孙贵荒等，1997）

相关遗传力对高粱部分数量性状的相关遗传变异的研究结果表明，在选择强度相同时，依某些性状间接选择的效率比对产量直接选择的效率要高。相关遗传力较好地表达了性状的基因型与表现型的联系。利用相关遗传力矩阵进行的通径分析显示，在与产量相关的诸因子中，穗粒重的直接作用最大。生育期选择对产量的直接作用也是较大的，但生育期通过开花期对产量有较强的间接负效应。从育种选择的角度看，相关遗传力通径分析表达的性状间的通路比较完整，使原因性状的表型值与结果性状的表型值之间的因果关系更加明晰，这就有可能给性状选择提供参考依据。

三、高粱品质性状遗传研究

(一) 蛋白质、赖氨酸、单宁遗传

高粱的品质性状主要包括籽粒蛋白质、赖氨酸、单宁和角质率等。张文毅 (1980) 对上述性状开展了遗传研究。结果表明，高粱籽粒的蛋白质、赖氨酸、单宁含量在品种间有较大的遗传分化和差异，其变异幅度分别为 6.50%~16.30%、0.07%~0.43%、0.03%~3.29%，角质率则几乎为 0%~100%。性状变异如此大的幅度，为选育符合要求的优良类型提供了十分有利的基础材料。

蛋白质、赖氨酸、单宁和角质率在数以百计的品种中均呈连续的近似正态的分布，可见上述品质性状不是由 1~2 对基因所能控制的。其遗传特性具有数量遗传性质的。为此进行的计算表明，除单宁含量的遗传力较高 (94.12%) 外，蛋白质含量、赖氨酸含量、角质率的遗传力分别为 50.27%、59.43% 和 69.30% (表 3-6)，均低于生长发育性状和产量性状 (表 3-7)。由此可见，根据表现选择品质性状较之产量性状更为困难。

表 3-6　高粱品质性状的遗传参数

性状	幅度 (%)	均值 (%)	G.C.V. 遗传变异系数	遗传力 he^2 品	遗传力 he^2 区
单宁含量	0.02~0.83	0.18	182.60	97.97	94.12
赖氨酸含量	0.16~0.28	0.21	22.05	81.47	59.43
蛋白质含量	7.47~12.64	9.24	12.44	75.20	50.27
角质率	10.00~85.00	58.97	53.60	87.13	69.30

(张文毅, 1980)

表 3-7　高粱生长发育性状、产量性状、品质性状的遗传力比较　　　　单位:%

项目	生长发育性状		产量性状			品质性状			
	生育期	茎高	穗粒数	千粒重	穗粒重	单宁含量	蛋白质含量	赖氨酸含量	角质率
数值	99.12	96.15	75.77	88.19	79.22	94.12	50.27	59.43	69.30
比率	100	97	76	89	80	95	51	60	70

(张文毅, 1980)

蛋白质含量、赖氨酸含量遗传力低，易受气候、栽培等环境条件的影响产生表现型变异。因此，为提高单位面积的蛋白质、赖氨酸含量，除选择其含量高的品种外，应采取适当的栽培技术措施。角质率与蛋白质含量、赖氨酸含量、出米率、千粒重呈显著正相关，而与单宁含量呈显著负相关 (图 3-2)。因此，在高粱育种上应善于利用角质率这个性状进行选择，除可提高角质率自身水平外，还可以提高蛋白质含量、赖氨酸含量、出米率，降低单宁含量，可谓一举数得。尤其应当指出的是，角质率在品质性状中

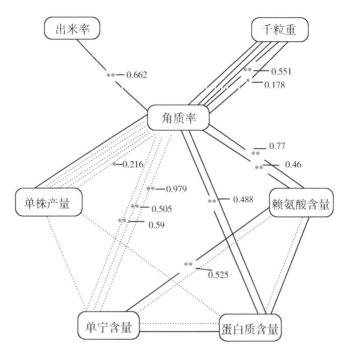

图 3-2 高粱品质性状相关图

实线表示 r 为正值，虚线表示 r 为负值，数字为 r 值，＊表示
显著相关，＊＊表示极显著相关。

（张文毅，1980）

是最易观察到的性状，这对提高育种材料的选择效率，无疑是十分有效的。

从品质性状杂种优势分析看出，蛋白质含量、赖氨酸含量、单宁含量、角质率出现负的杂种优势，其平均结果分别是 -9.3%、-19.2%、-20.7%、-11.2%（表3-8）。但也有较低的概率出现正优势。因此，在高粱品种选育中应进一步研究品质性状的特殊配合力效应。鉴于杂种一代（F_1）的蛋白质和角质率比双亲均值至少降低 10%，赖氨酸至少降低 20%，因此对高粱杂交种亲本系应规定更高的选育标准。F_1 杂种的单宁含量大体居于高、低亲之间，因而必须选择单宁含量更低的双亲，才能获得低单宁含量的杂交种。

表 3-8 高粱性状的杂种优势表现

性状	P					F_1	H（%）				
	♀	♂	MP	HP	SP		MP	HP	SP	♀	♂
蛋白质含量[1]	10.99	9.30	10.15	11.09	9.21	9.21	-9.3	-17.0	0	-16.2	-1.0
赖氨酸含量[2]	0.27	0.24	0.26	0.30	0.22	0.21	-19.2	-30.0	-4.5	-22.2	-12.5

（续表）

性状	P					F_1	H（%）				
	♀	♂	MP	HP	SP		MP	HP	SP	♀	♂
单宁含量①	0.10	0.47	0.29	0.47	0.10	0.23	−20.7	−51.1	130.0	130.0	−51.3
角质率②			49.0			43.5	−11.2				

①1976 年 16 个组合的均值；②1973 年 25 个组合的均值。

（张文毅，1980）

孔令旗、张文毅等（1988、1992、1994）对高粱籽粒蛋白质、赖氨酸、单宁遗传开展了研究。结果显示，蛋白质、赖氨酸、单宁在 3 种不同的环境条件下的遗传表现各不同，其中以单宁含量的遗传变异系数最高（表 3-9），蛋白质和赖氨酸含量的变异系数接近，均远低于单宁的变异系数。这表明，单宁的遗传变异系数最大，有较大的遗传改良空间；相反，蛋白质和赖氨酸的遗传改良空间就较小。

表 3-9　品质性状在 3 个试点的变异性　　　　　　　　单位：%

项目	地点	蛋白质	单宁	赖氨酸
表型均值	沈阳	10.21	0.384 1	0.258 6
	熊岳	9.77	0.273 9	0.268 1
	朝阳	8.64	0.304 1	0.246 4
	平均	9.56	0.308 7	0.257 7
变异幅度	沈阳	8.95~12.13	0.507 0~1.065 8	0.19~0.31
	熊岳	8.47~11.40	0.030 3~1.016 9	0.19~0.32
	朝阳	7.77~10.26	0.039 4~1.149 9	0.21~0.27
	平均	7.77~12.13	0.030 3~1.149 9	0.19~0.32
G. C. V. %	沈阳	7.94	117.57	9.18
	熊岳	7.78	121.03	10.04
	朝阳	6.19	129.13	—
	平均	7.31	122.58	9.61

（孔令旗等，1988）

在对上述 3 个性状遗传力的分析发现，单宁含量的遗传力最高，为 98.70%，其表型值几乎全由基因型决定的，受环境影响极小；赖氨酸含量的遗传力为 65.55%，说明其表型值在较大程度上受环境条件的影响；而蛋白质含量的遗传力为 80.31%，介于二者之间，说明其表型值受基因型和环境的双重作用（表 3-10）。

表 3-10　品质性状的遗传力（广义）　　　　　单位:%

性状	沈阳		熊岳		朝阳		平均	
	h^2B（品）	h^2B（小区）	h^2B（品）	h^2B（小区）	h^2B（品）	h^2B（小区）	h^2B（品）	h^2B（小区）
蛋白质	92.27	79.82	93.62	83.02	91.44	78.08	92.44	80.31
单宁	99.53	98.58	99.69	99.09	99.46	98.42	99.56	98.70
赖氨酸	88.75	72.45	80.96	58.54	—	—	84.86	65.55

（孔令旗等，1988）

将 3 个品质性状遗传型与环境互作分析的结果列于表 3-11 中。蛋白质、单宁含量的遗传型变量达到极显著水平，赖氨酸达到显著水平。蛋白质含量的遗传型×环境互作变量达到了显著水平，而赖氨酸和单宁含量的遗传型×环境互作变量均不显著。这表明，蛋白质含量对环境条件变化比较敏感，在不同的条件下其表型值波动性大；而单宁和赖氨酸含量对环境条件的变化反应较迟钝，在不同环境中其表型值相对稳定。

表 3-11　品质性状的差异显著性分析　　　　　单位:%

性状	变异来源	变量	F 值	$F_{0.05}$	$F_{0.01}$
蛋白质	遗传型	3.740	9.582**	2.28	3.24
	遗传型×环境	0.390	2.086*	1.73	2.18
	环境	25.057	133.995**	3.14	4.95
单宁	遗传型	1.201	171.571**	2.28	3.24
	遗传型×环境	0.007	1.400	1.73	2.18
	环境	0.039	7.800	3.14	4.95
赖氨酸	遗传型	$4.10×10^{-3}$	4.515*	4.28	8.47
	遗传型×环境	$9.08×10^{-1}$	2.121	2.51	3.67
	环境	$9.52×10^{-4}$	2.224	4.26	7.82

＊表示差异显著水平，＊＊表示差异极显著水平。

（孔令旗等，1992）

孔令旗等（1988）进一步对高粱籽粒总蛋白质及其 4 种组分含量进行了遗传效应分析。结果表明，总蛋白、清蛋白、谷蛋白和醇溶谷蛋白含量 2 年试验结果均符合加性-显性模型，球蛋白在 1989 年符合加性-显性模型。加性效应和显性效应对各性状均有重要影响，但也存在一定的差别。总蛋白和清蛋白含量为加性效应＞显性效应，呈部分显性；球蛋白含量的加性效应与显性效应相当，呈完全显性；谷蛋白和醇溶谷蛋白含量两年的结果不一致，谷蛋白含量 1989 年、醇溶谷蛋白含量 1990 年为加性效应＞显性效应，呈部分显性，但二者分别在 1990 年和 1989 年又为显性效应＞加性效应，呈超显性。除醇溶谷蛋白含量显性方向指向增效外，其余 4 个蛋白的显性方向均指向减效。清蛋白和球蛋白含量正负基因频率分布在 2 年均呈对称性，而总蛋白、谷蛋白和醇溶谷蛋白含量的正负基因频率分布在 1989 年和 1990 年分别表现对称性和不对称性，各蛋白含量的显性控制基因组均为 1 组，狭义遗传力也均较低（表 3-12）。在高粱 4 种组分蛋白中，清蛋白和球蛋白含量因比率低，其改良潜力较小；而谷蛋白和醇溶谷蛋白含量的比率较高，改良的潜力大。提高谷蛋白含量比率，同时降低醇溶谷蛋白含量比率是蛋白质品质育种的重要目标。

表 3-12　高粱 5 种蛋白遗传参数

参数	年份	总蛋白（%）	清蛋白（%）	球蛋白（%）	谷蛋白（%）	醇溶谷蛋白（%）
D	1989	1.64*	0.66*	0.08*	0.36*	0.40*
	1990	2.63*	0.45*	0.14*	1.34*	0.80*
H_1	1989	1.08*	0.37*	0.08*	0.57*	0.31*
	1990	1.00	0.33*	0.14*	1.07*	1.28*
H_2	1989	1.06*	0.37*	0.07*	0.58*	0.33*
	1990	0.80*	0.32*	0.13*	0.79*	1.11*
$D-H_1$	1989	0.56	0.29	0.00	-0.21	0.09
	1990	1.63	0.12	0.00	0.27	-0.48
$(H_2/D)^{1/2}$	1989	0.81	0.75	0.97	1.25	0.88
	1990	0.62	0.85	1.02	0.92	1.20
$H_2/4H_1$	1989	0.24	0.25	0.24	0.25	0.25
	1990	0.20	0.24	0.24	0.18	0.22
K	1989	0.73	0.99	0.54	0.94	1.16
	1990	1.05	1.15	0.60	1.37	0.95
d/r	1989	1.19	1.24	1.09	1.14	0.82
	1990	2.31	1.22	0.87	2.82	1.99
h_N^2（%）	1989	64.97	72.54	53.94	42.27	65.45
	1990	74.18	68.41	69.04	52.57	31.99

*达 5%显著水平。

D—加性效应方差，H_1—显性效应方差，$(H_1/D)^{1/2}$—显性度，d/r—显隐性基因比率，h_N^2—狭义遗传力。

（孔令旗等，1994）

肖海军等（1989）研究高粱籽粒蛋白及其组分的遗传变异性。结果表明，高粱籽粒蛋白质总量及其清蛋白、球蛋白、醇溶蛋白、谷蛋白均有较大的变异性，其中醇溶蛋白为最大。蛋白质组分与其他性状的相关性，施肥与蛋白质总量，以及与4种组分均存在正向的相关性，而以施肥与醇溶蛋白相关性最高。

孔令旗等（1992）采用格里芬双列杂交模式Ⅱ设计，研究分析了高粱籽粒蛋白质含量及其4种组分以及赖氨酸、色氨酸含量等7个品质性状的配合力和杂种优势。结果表明，蛋白质含量、清蛋白、球蛋白、谷蛋白、醇溶谷蛋白、赖氨酸含量6个品质性状的一般配合力和特殊配合力方差均达到极显著差异水平，只有赖氨酸特殊配合力方差达显著水平，受加性和非加性基因效应的共同作用，其中加性基因效应占主导；色氨酸含量一般配合力方差达极显著水平，特殊配合力方差不显著，表明仅与加性基因效应有关（表3-13）。

表3-13 7个蛋白质性状方差分析结果

性状	一般配合力 GCA	特殊配合力 SCA	$\sigma_{sca}^2/\sigma_{gca}^2$（%）
粗蛋白质	5.328 40**	0.533 69**	10.02
清蛋白	1.119 99**	0.082 02**	7.32
球蛋白	0.219 25**	0.033 40**	15.23
谷蛋白	0.986 66**	0.221 74**	22.47
醇溶谷蛋白	1.018 53**	0.142 95**	14.03
赖氨酸	0.003 35**	0.000 54**	16.12
色氨酸	0.000 51**	0.000 05	

＊5%显著水平，＊＊1%显著水平。

（孔令旗等，1992）

7个性状的杂种一代（F_1）优势表现是，蛋白质含量、清蛋白、球蛋白、谷蛋白、色氨酸5个品质性状 F_1 代超高亲和超中亲优势均为负值，超低亲优势均为正值（表3-14）。这表明上述5个性状 F_1 代的杂优平均表现均介于中亲值与低亲值之间，即居于父、母本之间偏向低值亲本。醇溶谷蛋白超高亲优势值为负值，超中亲和超低亲优势均为正值，表现其 F_1 代杂种优势居于双亲之间偏向高值亲本。赖氨酸含量的3种杂种优势值均为负值，表明赖氨酸含量在 F_1 表现超低亲优势遗传。

表3-14 7个蛋白性状超亲优势表现 单位:%

性状	超高亲优势			超中亲优势			超低亲优势		
	平均	变幅	极差	平均	变幅	极差	平均	变幅	极差
粗蛋白质	-11.42	-14.89~ -0.23	14.66	-4.54	-13.18~ 5.65	18.83	3.89	-11.82~ 12.26	24.08
清蛋白	-34.93	-57.68~ -5.34	52.34	-20.41	-36.45~ 6.21	42.66	14.84	-8.80~ 38.75	47.55

（续表）

性状	超高亲优势			超中亲优势			超低亲优势		
	平均	变幅	极差	平均	变幅	极差	平均	变幅	极差
球蛋白	-22.62	-61.82~52.4	114.32	-10.00	-47.29~56.41	103.70	21.68	-15.00~68.42	83.42
谷蛋白	-15.13	-27.04~0.74	26.30	-8.85	-25.36~0.77	24.59	0.80	-24.12~13.22	37.34
醇溶谷蛋白	-3.07	-25.36~10.76	36.12	3.99	-13.59~14.85	28.44	11.91	2.61~26.85	24.24
赖氨酸	-8.35	-21.65~10.61	32.26	-7.18	-15.33~10.94	26.27	-0.94	-11.81~11.28	23.09
色氨酸	-3.82	-25.83~90.32	116.15	-0.60	-12.16~51.69	63.85	14.74	-11.02~126.92	137.94

（孔令旗等，1992）

本研究阐明了高粱籽粒 4 种蛋白组分及赖氨酸、色氨酸含量均具有数量遗传特征，以加性基因效应为主，非加性基因效应甚微。这说明，试图利用蛋白质含量及品质显性效应的做法是很难奏效的，而利用加性基因效应是可行的，即通过对蛋白质含量、清蛋白、球蛋白、谷蛋白、赖氨酸和色氨酸含量进行连续正向选择，对醇溶谷蛋白含量进行连续负向选择，累积有利的微效基因，减少不利基因，从而获得蛋白质含量和组分俱佳的亲本品系，进一步组配出蛋白质含量高、蛋白和氨基酸组成合理的杂交种。

（二）淀粉遗传

孔令旗、张文毅等（1992，1995）对高粱籽粒淀粉、直链淀粉和支链淀粉含量的基因效应、配合力及杂种优势进行了研究。从基因的加性效应方差（D）和显性效应方差（H_1）估算值看，直链淀粉含量在 2 年试验中均达显著水平，表明基因的加性效应与显性效应对直链淀粉含量均存在重要作用。但就两种基因效应的重要性来说（D-H_1），2 年的结果一致大于 0（16.10 和 36.24），基因的加性效应大于显性效应，即加性基因效应对直链淀粉含量的影响比显性基因效应更重要。支链淀粉含量的 D 和 H_1 值在 2 年的试验中也达显著水平，D-H_1 值亦一致大于 0（7.91 和 22.65），表明支链淀粉含量与直链淀粉含量的遗传表现相似。

一般认为，平均显性度大于 1 为超显性，小于 1 为部分显性，等于 1 为完全显性。本研究对直链、支链淀粉含量平均显性度 2 年的结果一致，均小于 1，说明直链淀粉、支链淀粉含量均为部分显性（表 3-15）。

表 3-15　淀粉含量的遗传参数

性状	年份	D	H_1	D-H_1	$(H_1/D)^{1/2}$	d/r	h_N^2（%）
直链淀粉含量（%）	1990	21.04*	4.94*	16.10	0.48	0.31	94.13
	1991	44.80*	8.56*	36.24	0.44	0.32	95.27

（续表）

性状	年份	D	H_1	$D-H_1$	$(H_1/D)^{1/2}$	d/r	h_N^2（%）
支链淀粉含量（%）	1990	20.64 *	12.73 *	7.91	0.79	0.46	86.94
	1991	26.09 *	3.44 *	22.65	0.36	0.32	95.08

* 达5%显著水平；

D-加性效应方差，H_1-显性效应方差，$(H_1/D)^{1/2}$-显性度，d/r-显隐性基因比率，h_N^2-狭义遗传力。

（孔令旗等，1995）

从显隐性基因频率的估算值看，直链淀粉、支链淀粉含量2年的结果一致小于1，说明参试亲本中的隐性基因频率高于显性基因频率。两性状狭义遗传力（h_N^2）的估算结果，直链淀粉含量平均为94.70%，支链淀粉的为91.01%，表明直链淀粉、支链淀粉含量受环境影响较小，表型变异中的绝大部分为加性基因效应方差，因而根据表型进行选择有较高的可靠性。

在对淀粉含量配合力分析表明，总淀粉、直链淀粉、支链淀粉含量的一般配合力和特殊配合力方差均达极显著水平，说明加性基因效应和非加性基因效应对3个性状的表型值均有重要作用。比较各性状的两个配合力方差可以看出，直链淀粉含量和支链淀粉含量以加性基因效应为主，非加性基因效应的比率较低，只占前者的2.9%和6.7%。总淀粉含量以受非加性基因效应的作用为主，但加性基因效应也有一定的作用。因此，在高粱淀粉品质育种上，针对不同的淀粉遗传改良目标，应根据其微效基因的控制特点，制订相应的改良技术方案。

12个杂交组合中的总淀粉含量、支链淀粉和直链淀粉含量分别表现出超高亲、超中亲和超低亲杂种优势（表3-16）。一方面，超高亲优势值大多数为负值；超低亲优势值在支链淀粉含量上绝大多数组合、在总淀粉和直链淀粉含量上约半数组合为正值；超中亲优势值的正值和负值组合数各占1/2。另一方面，总淀粉含量有3个组合（$P_1 \times P_2$、$P_1 \times P_3$、$P_3 \times P_1$）、支链淀粉含量有4个组合（$P_1 \times P_2$、$P_1 \times P_3$、$P_2 \times P_3$、$P_3 \times P_1$）的超高亲优势为正值。

表3-16 12个组合 F_1 的淀粉杂种优势 单位：%

组合	总淀粉含量			直链淀粉含量			支链淀粉含量		
	超高亲优势	超中亲优势	超低亲优势	超高亲优势	超中亲优势	超低亲优势	超高亲优势	超中亲优势	超低亲优势
$P_1 \times P_2$	0.014	4.535	9.502	-6.104	5.737	-5.366	0.860	3.364	6.012
$P_1 \times P_3$	0.141	5.917	10.324	-13.152	-9.170	-4.805	1.903	4.253	6.733
$P_1 \times P_4$	-1.1057	3.051	7.514	-26.842	0.887	62.468	-4.974	0.639	6.956
$P_2 \times P_1$	-1.078	3.394	8.306	-1.688	-1.304	-0.916	-0.797	1.666	4.271
$P_2 \times P_3$	-0.986	-0.679	-0.369	-18.128	-14.055	-9.555	0.940	1.117	1.295

（续表）

组合	总淀粉含量			直链淀粉含量			支链淀粉含量		
	超高亲优势	超中亲优势	超低亲优势	超高亲优势	超中亲优势	超低亲优势	超高亲优势	超中亲优势	超低亲优势
$P_2 \times P_4$	−1.007	−0.640	−0.257	−4.094	32.579	114.660	−14.882	−7.753	0.697
$P_3 \times P_1$	0.409	5.259	10.619	−9.716	−5.576	−1.039	1.759	4.106	0.582
$P \times P_2$	−3.298	−2.714	−2.411	−13.626	−9.328	−4.581	−1.912	−1.740	−1.567
$P_3 \times P_4$	−1.733	−1.064	−0.371	−15.906	12.608	70.380	−10.889	−3.581	5.052
$P_4 \times P_1$	−0.186	3.958	8.461	−16.433	15.242	85.584	−6.934	−1.437	4.750
$P_4 \times P$	−0.865	−0.498	−0.114	−27.076	0.808	63.220	−8.493	−0.829	8.256
$P_4 \times P_3$	−4.270	−3.618	−2.943	−8.304	22.788	85.782	−16.437	−9.585	−1.489

（孔令旗等，1995）

总淀粉含量和直链淀粉含量各有 6 个组合的超低亲优势为负值，表明 3 个性状淀粉含量在 F_1 代多居于双亲之间，有的偏向高值亲本，有的偏向低值亲本；正超亲和负超亲优势的存在，提示高粱育种者在进行淀粉遗传改良时，一要重视高值双亲材料的选择，二要兼顾对正超亲和负超亲优势的合理利用。

四、高粱数量性状遗传研究

（一）生育期遗传

李振武（1986，1988）对高粱生育期遗传进行研究。生育日数的广义遗传力结果是，高粱出苗至抽穗日数广义遗传力为 50.51% ~ 86.82%，13 个组合的平均遗传力为 71.83%；出苗至开花日数的广义遗传力为 39.01% ~ 87.13%，其平均遗传力为 69.88%（表 3-17）。在表 3-17 中的 6 个性状，抽穗日数、开花日数遗传力明显高于穗柄、茎粗和穗长遗传力，而与株高的接近。由于出苗至抽穗日数、开花日数遗传力较高，所以在高粱育种上，生育期适于在早代进行直接选择。

表 3-17　高粱生育日数等性状广义遗传力　　　　　　单位:%

组合	抽穗日数	开花日数	株高	穗柄	茎粗	穗长
回头青×熊岳 253	79.62	81.20	62.74	37.43	57.14	53.72
回头青×甘南双心红	86.02	78.17	53.72	3.35	33.33	32.78
熊岳 360×甘南双心红	82.62	74.17	62.71	32.59	44.44	49.00
熊岳 360×马跷脚	58.63	39.38	84.81	48.67	33.33	48.51
马跷脚×熊岳 360	55.19	64.58	88.03	52.90	—	29.38
熊岳 360×NK120	76.19	84.61	93.91	74.86	26.67	60.01

（续表）

组合	抽穗日数	开花日数	株高	穗柄	茎粗	穗长
甘南双心红×NK120	70.62	75.89	90.89	64.63	51.11	65.83
甘南双心红×马蹺脚	78.32	70.12	55.11	44.26	32.67	—
回头青×熊岳360	61.64	64.10	31.13	52.94	46.67	40.15
KS30×三尺三	86.82	87.13	81.83	22.78	58.33	71.95
早红壳×大八叶	50.51	39.01	45.55	11.99	—	29.23
早红壳×S. Verticilliflorum	79.23	80.10	82.68	—	33.33	61.47
KN120×甘南双心红	68.34	69.98	79.20	28.92	43.33	—
平均	71.83	69.88	70.18	39.61	41.85	49.28

（李振武，1988）

从 11 个组合 F_1 代生育日数杂种优势分析看，有 72.7% 的组合介于双亲均值，其中 54.5% 的组合偏向早亲，表明早亲对 F_1 代生育日数的影响比晚亲的更大。基于上述研究结论，在高粱品种改良中，采用早代对熟期直接选择的方法，选育出超早亲的新品种。

对杂交后代 F_2~F_5 抽穗、开花日数变异程度分析表明，F_3、F_4 和 F_5 3 个世代的抽穗日数、开花日数变异程度明显低于 F_2（表 3-18）。F_5 的又明显低于 F_3（开花日数 $t=4.201$，$P<0.01$），F_4（$t=5.967$，$P<0.01$）2 个世代，说明随着晋代，生育日数的稳定程度越来越高。

表 3-18　高粱不同世代开花日数变异程度　　　　　　　　　　　单位:%

组合	1982 年		1983 年		1984 年		1985 年	
	F_2	亲本	F_3	亲本	F_4	亲本	F_5	亲本
回头青×熊岳253	3.17	1.42	1.95	1.51	1.69	1.72	1.48	1.42
回头青×甘南双心红	4.37	1.56	2.87	2.23	3.49	2.51	2.07	1.87
熊岳360×甘南双心红	3.71	1.69	3.27	2.22	3.32	2.16	1.86	2.00
熊岳360×马蹺脚	2.47	1.61	1.94	1.83	2.53	2.43	1.77	1.28
马蹺脚×熊岳360	2.82	1.81	2.51	1.54	2.70	2.14	2.08	1.24
熊岳360×NK120	5.53	2.29	4.19	3.54	3.91	2.79	3.15	2.26
甘南双心红×NK120	5.83	2.26	5.68	4.21	4.26	3.50	3.27	2.27
甘南双心红×马蹺脚	3.87	2.16	2.99	2.10	3.02	2.78	1.95	1.49
回头青×熊岳360	3.15	1.49	2.29	1.55	2.19	1.79	1.49	1.80
KS30×三尺三	10.07	3.88	6.63	4.35	7.14	3.35	5.58	3.67

（续表）

组合	1982年		1983年		1984年		1985年	
	F_2	亲本	F_3	亲本	F_4	亲本	F_5	亲本
早红壳×大八叶	4.29	2.42	3.54	3.49	3.70	3.64	2.15	2.07
早红壳×*S. Verticilliflorum*	10.34	3.57	8.50	6.30	7.38	5.12	4.56	3.23
与亲本差异（t值）	5.061**		4.640**		2.990*		3.077*	

*表示差异显著水平，**表示差异极显著水平。

（李振武，1988）

对 F_3~F_5 3个世代亲子关系分析结果表明，各世代抽穗、开花日数分别与亲代个体呈极显著正相关，相关系数分别为0.949~0.951，0.950~0.954。按组合分析也存在同样趋势，多数组合表现为显著或极显著正相关（表3-19）。同样，各世代抽穗日数、开花日数也表现出极显著回归于亲代个体，其回归值 b=0.819~0.916，0.820~0.881。若按组合分析，多数组合相应世代的回归关系也是显著或极显著（表3-20）。

表3-19 后代与亲代个体生育日数的相关性（*r*值）

组合	F_5 和 F_4 个体相关性		F_4 和 F_3 个体相关性		F_3 与 F_2 个体相关性	
	抽穗日数	开花日数	抽穗日数	开花日数	抽穗日数	开花日数
回头青×熊岳253	0.983	0.967	0.999*	0.999*	0.614	0.539
回头青×甘南双心红	0.960**	0.986**	0.983**	0.959**	0.964**	0.965**
熊岳360×甘南双心红	0.979**	0.986**	0.935**	0.924**	0.936**	0.908**
熊岳360×马跷脚	0.998*	0.976	0.878	0.753	0.841*	0.889**
马跷脚×熊岳360	0.994	0.988	0.963*	0.962*	0.916	0.829
熊岳360×NK120	0.980**	0.966**	0.903*	0.901*	0.955**	0.976**
甘南双心红×NK120	0.965**	0.969**	0.962**	0.966**	0.873**	0.825**
甘南双心红×马跷脚	0.948*	0.918*	0.933*	0.949*	0.974**	0.932**
回头青×熊岳360	0.972	0.986	0.865	0.824	0.910*	0.843*
KS30×三尺三	0.984**	0.983**	0.943**	0.946**	0.897**	0.876**
早红壳×大八叶	0.969**	0.942**	0.893*	0.845*	0.855	0.879*
早红壳×*S. Verticilliflorum*	0.968**	0.965**	0.961**	0.964**	0.971**	0.966**

*表示差异显著水平，**表示差异极显著水平。

（李振武，1988）

表 3-20 后代生育日数对亲代个体的回归（b 值）

组合	F₅和 F₄个体相关性		F₄和 F₃个体相关性		F₃与 F₂个体相关性	
	抽穗日数	开花日数	抽穗日数	开花日数	抽穗日数	开花日数
回头青×熊岳 253	0.581	0.454	0.426**	0.346**	0.151	0.133
回头青×甘南双心红	0.608**	0.712**	0.505**	0.546**	0.847**	0.736**
熊岳 360×甘南双心红	0.732**	0.743**	0.697**	0.760**	0.885**	0.757**
熊岳 360×马蹺脚	0.492*	0.228	0.646	0.576	0.338*	0.304**
马蹺脚×熊岳 360	0.868	0.775	0.429*	0.515*	0.628	0.538
熊岳 360×NK120	0.643**	0.638**	0.791*	0.849*	1.036**	0.852**
甘南双心红×NK120	0.905**	1.018**	0.744**	0.718**	1.079**	1.118**
甘南双心红×马蹺脚	0.623*	0.619*	0.920*	0.946*	0.732**	0.587**
回头青×熊岳 360	0.556	0.520	0.501	0.391	0.532*	0.467*
KS30×三尺三	0.965**	0.945**	0.472**	0.775**	0.991**	0.935**
早红壳×大八叶	0.617**	0.438**	0.733**	0.696*	0.763	0.744*
早红壳×S. Verticilliflorum	0.721**	0.696**	0.873**	0.886**	0.962**	0.953**

＊表示差异显著水平，＊＊表示差异极显著水平。

（李振武，1988）

该项研究从 F₂代开始进行早熟性选择，获得了明显的效果，在 12 个组合中有 11 个的 F₅早熟系来自 F₂和其后各世代中最初 1~2 个抽穗、开花的株系后代。这一结果充分证明，从杂交组合早代起，对早熟性进行定向的直接选择是有效的、成功的。

（二）穗结构遗传

高粱穗结构与单穗粒数密切相关，而粒数和粒重又决定了单穗的籽粒产量，因此研究穗结构遗传对高粱理想、高产穗型的选育十分重要。张文毅（1985，1986，1987）开展了高粱穗结构的遗传研究。采用中、外国高粱共 33 份试材，组配了 62 个杂交组合，调查记载了穗长、穗径、穗中轴长、第一分枝数等 11 种性状，分析了穗部性状的显性表现、杂种优势、亲子回归、性状相关、分离世代的遗传特点和回交效应等。

研究结果显示，穗部性状的显性表现是，长穗型与短穗型杂交，F₁表现为长穗型；宽穗型与窄穗型杂交，F₁表现为宽穗型；长轴型与短轴型或帚型杂交，F₁表现为长轴型；散穗型与紧穗型杂交，F₁表现为散穗型；紧穗型与紧穗型杂交，F₁多为紧穗型；散穗型与散穗型杂交，F₁多为散穗型。此外，短轴型（半帚型）与帚型杂交，F₁倾向于帚型。

穗部性状杂种优势研究表明，10 个性状的平均优势值均为正值，总平均为131.54%，即为+31.54%。其中穗粒重的优势为+102.14%，穗粒数为+81.06%，表现了高杂种优势。穗径为+33.03%，穗中轴长为+28.83%，表现出中等优势。第一级分枝数为+16.74%，千粒重为+10.08%，表现了低优势（表 3-21）。

表 3-21　穗结构形状杂种优势表现

性状	F₁/MP	SD	CV	组合次数分布（%）			
				F₁<LP	LP<F₁<MP	MP<F₁<HP	HP<F₁
穗长	117.72	9.02	7.66	0.00	2.13	31.91	65.96
穗径	133.03	49.61	37.29	6.38	10.64	40.43	42.55
穗中轴长	128.83	36.27	28.15	4.26	4.26	42.55	48.93
第一级分枝数	116.74	15.03	12.87	2.13	4.26	53.19	40.42
上部分枝长	110.02	28.71	26.10	0.00	38.30	23.40	38.30
中部分枝长	108.84	14.42	13.25	4.26	21.28	48.93	25.53
下部分枝长	106.92	14.79	13.83	0.00	34.04	40.43	25.53
穗粒重	202.14	55.06	27.24	0.00	2.13	2.13	95.74
千粒重	110.08	16.29	14.80	4.26	19.15	40.42	36.17
穗粒数	181.06	52.99	29.27	0.00	2.13	6.38	91.49
总和	1315.38	292.19	210.46	21.29	138.32	329.77	51.06
平均	131.54	29.22	21.05	2.13	13.83	32.98	51.06

（张文毅，1985）

　　从单穗产量的直接组分看，穗粒数优势为+81.06%，千粒重为+10.08%，由此可见单穗产量的优势主要决定于粒数优势，这为选配高产的杂交组合提供了依据。穗粒重和穗粒数的超高亲组合数最多，分别为 95.74% 和 91.49%，易获得最大的杂种优势育种效应；而分枝长和千粒重的超高亲比率较低，只有 1/4 或 1/3，不会产生更大的杂种优势育种效应。

　　在测算了穗长、穗径、中轴长、第一级分枝数、中部分枝长、穗粒数、千粒重和穗粒重等性状 F₁ 的表型值与亲本的相关、回归值后发现，上述 8 个性状均存在显著的亲子回归关系（表 3-22）。其中，穗长、穗径、第一级分枝数、分枝长、穗粒数、千粒重、穗粒重倾向回归中亲，而中轴长倾向回归高亲。这表明在杂交种选育中，不宜只着眼于 F₁ 优势的相对数值，应兼顾其亲本性状的绝对值，即对不育系、恢复系重要产量性状的选育，规定更高的量化标准，以达到更好的组配效果。

表 3-22　穗结构性状亲子相关

性状	HP-F₁	MP-F₁	LP-F₁	(HP-LP) - (F₁/MP)
穗长	0.673 **	0.834 **	0.613 **	0.052
	0.642	1.058	0.615	0.092

（续表）

性状	HP-F$_1$	MP-F$_1$	LP-F$_1$	（HP-LP）-（F$_1$/MP）
穗径	0.477**	0.467**	0.257	-0.066
	0.628	0.963	0.724	-0.907
中轴长	0.692**	0.535**	0.300*	0.559**
	0.686	0.517	0.219	4.040
第一级分枝数	0.734**	0.856**	0.837**	-0.271
	0.826	1.129	1.086	-0.371
中部分枝长	0.766**	0.867**	0.563**	-0.274
	0.476	0.910	0.754	-0.643
穗粒数	0.543**	0.567**	0.372*	-0.056
	0.591	0.812	0.471	-0.005
千粒重	0.524**	0.751**	0.694**	-0.412**
	0.379	0.810	0.720	-0.735
穗粒重	0.620**	0.697**	0.591**	0.092
	1.164	1.366	0.918	0.387

上行为 r 值，下行为 b 值；

f = 45，0.05r = 0.288，0.01r = 0.372。

（张文毅，1985）

通过计算遗传力分析穗部性状的遗传稳定性表明，亲本的穗长、中轴长、第一级分枝数等性状表现出较高的遗传稳定性，其遗传力在 96% 以上；而穗粒重和穗粒数则表现出较低的遗传稳定性，其遗传力分别为 74.35% 和 87.14%。F$_1$ 代在基因型上是相同的，因此应与亲本有大体一样的遗传稳定性（表 3-23）。然而，由于 F$_2$ 代基因型产生了分离，因此其遗传稳定性小于亲本和 F$_1$ 代，穗粒重的遗传力最小，仅 29.66%，中轴长的遗传力最大，为 75.72%。

表 3-23 不同世代穗部性状的遗传力及其与穗产量的相关

世代		穗柄长	穗柄径	穗长	穗径	第一级分枝数	中轴长	穗粒数	千粒重	穗粒重
P	h^2	92.18	78.46	96.88	37.16	98.21	98.08	87.14	96.13	74.35
	r^2	0.037	0.850**	0.161	0.200	0.507**	0.580**	0.704**	0.233	1.000
F$_1$	h^2	86.19	81.43	95.95	74.18	99.05	97.70	59.21	91.66	77.53
	r^2	-0.082	0.200	-1.257**	-1.412**	0.742**	0.885**	0.824**	0.863	1.000

（续表）

世代		穗柄长	穗柄径	穗长	穗径	第一级分枝数	中轴长	穗粒数	千粒重	穗粒重
F_2	h^2	54.72	33.36	31.36	61.29	30.16	75.72	59.91	52.38	29.66
	r^2	-0.225	0.195	-0.708**	-0.376	0.352	-0.569**	0.616**	0.767**	1.000
P+ F_1+F_2	h^2	90.64	33.14	96.65	85.65	98.63	98.23	89.37	95.14	90.69
	r^2	0.170	0.602**	0.233	0.175	0.393**	0.245*	0.375	0.345*	1.000

（张文毅等，1986）

研究结果还表现出明显的回交效应。所研究的 11 个穗部性状 F_1 与母本回交即倾向母本，与父本回交即向父本过渡，表明穗部性状主要是细胞核基因控制的。不同性状的回交效应不尽相同。穗长、穗径、中轴长、各级分枝数、一级分枝长、千粒重等多数性状回交效应较大。这些性状可能是由少数主效基因控制的，而穗粒数、穗粒重的回交效应相对较小，可能是由多微效基因所致（表3-24）。

表3-24　穗部性状的回交世代差异

世代	穗柄长 (cm)	穗柄径 (cm)	穗长 (cm)	穗径 (cm)	一级分枝数	二级分枝数	中轴长 (cm)	一级分枝长 (cm)	穗粒数	千粒重 (g)	穗粒重 (g)
H_p	49.2	1.01	29.4	13.5	66.0	373	18.0	17.9	1 496	29.3	33.4
	91.1	103.1	102.4	128.9	118.7	92.6	105.9	119.3	72.6	111.0	62.5
$(F_1 \cdot H_p)\ H_p$	53.1	0.97	28.7	12.2	61.4	370	17.7	16.2	1 539	27.2	34.8
	98.3	99.0	100.0	111.9	111.4	91.8	104.1	108.0	74.6	103.2	65.2
$F_1 \cdot H_p$	51.9	1.00	29.0	11.7	59.0	398	18.0	15.8	1 732	25.8	41.0
	96.1	102.0	101.0	107.3	106.1	98.8	105.9	104.7	84.0	97.7	76.8
F_1	54.0	0.98	28.7	10.9	55.6	403	17.0	15.0	2062	26.4	53.4
	100.0	100.0	100.0	100.0	100.0	100.0	100.0	100.0	100.0	100.0	100.0
$F_1 \cdot L_p$	48.4	0.91	26.0	8.7	46.0	320	13.6	12.9	1 425	24.4	35.9
	89.6	92.9	90.6	79.8	82.7	79.4	80.0	86.0	68.1	92.4	67.2
$(F_1 \cdot L_p)\ L_p$	41.5	0.93	24.2	7.4	39.5	317	11.2	11.4	861	23.4	23.7
	76.9	94.9	84.3	67.9	71.0	78.7	65.9	76.0	41.8	88.6	44.4
L_p	38.6	0.84	20.9	6.3	37.0	234	9.5	9.6	586	22.0	15.6
	71.5	85.7	72.8	57.8	66.5	58.1	55.9	64.0	28.4	83.3	29.2

注：（1）5 个组合，除 $(F_1 \cdot H_p)\ H_p$ 和 $(F_1 \cdot L_p)\ L_p$ 为 1986 年数值外，其余均为 1985—1986 年平均值；

　　（2）上行为绝对值，下行为与 F_1 比较的相对值。

（张文毅等，1987）

　　回交过程也是杂种优势衰减的过程，由于穗部不同性状杂种优势的表现不同，在特定组合中，分枝长、千粒重等性状未出现超亲优势，因此其与高亲的回交过程中发现其表型值较 F_1 增加，这种现象似乎掩盖了杂种优势的衰减过程。穗粒数、穗粒重等性状具有明显的超高亲优势，在其回交过程中，杂种优势的衰减一般也相应明显。

　　穗结构涉及穗中轴长、各级分枝数、一级分枝长、小穗着生密度等多种性状，它们的不同配置即可构成千差万别的穗型。当回交育种目的仅为改良 1~2 个性状（如育性、抗性、优质性等），而无须改变基本穗结构时，则须注意利用回交对穗结构的综合整体效应，通过连续回交和定向选择，在保持理想穗型的基础上，改良某一性状是可以做得到的。

　　高粱单位面积产量是由单株产量与其数量决定的，单株产量又是由单株粒数和粒重决定的。单株粒数包含复杂的遗传因素，涉及穗中轴长、各级分枝数、一级分枝长以及小穗的着生密度等。本项目通过穗结构遗传研究，在汇总已获得的研究数据的基础上，得出了高产穗结构的量化指标：①高产穗（穗粒重 100~147 g）的允许结构值，穗粒数 2 857~5 273；中轴长 3.5~27.0 cm；一级分枝数 27~115 个；一级分枝长 7.5~30.0 cm；穗长 21~40 cm；穗径 8~21 cm；柄长 28~63 cm；柄径 1~1.49 cm；千粒重 22.0~35.4 g。②高产穗的最佳结构值，穗粒数 3 683±550 粒或 3 769±482 粒；中轴长（18.78±4.5）cm 或（19.32±5.7）cm；一级分枝数 70±20 或 72±18；一级分枝长（13.4±4.5）cm 或（13.5±5.4）cm；穗长（30.4±4.3）cm 或（31.5±3.4）cm；穗径（13.3±3.3）cm 或（13.4±3.1）cm；柄长（44±8）cm 或（49±6）cm；柄径（1.1±0.1）cm 或（1.2±0.1）cm；千粒重（29.8±2.9）g 或（30.9±3.5）g。

　　上述数值为高粱育种目标和选择指标提供了依据。然而，在性状选择时应考虑材料的性质，具体性状的遗传纯度、遗传力等，还要考虑其与单株产量的相关性。例如，穗粒重的遗传力最低，不宜在早期世代按表型值直接选择，应在较晚代通过分枝数，穗粒数等性状进行间接选择方能收到理想效果。中轴长、千粒重等性状可在较早世代选择；而对穗柄长、穗长、分枝长、分枝数等性状则宜通盘考虑穗总体结构予以选择。总之，要在上述确定的保证高产数值范围内，在杂交分离世代通过选择获得遗传稳定的理想高产穗型。

　　孙贵荒（1995）研究了高粱穗柄长的细胞质效应。结果显示，穗柄长的一般配合力效应值以 Tx398A$_1$ 为最高，即 3.025，相对效应值为 1.575，极显著高于 Tx398A$_2$、Tx398A$_3$；与 Tx398A$_4$ 比较差异不显著。其次为 Tx398A$_4$，其相对效应值为 0.515，一般配合力效应值为 0.989，显著高于 Tx398A$_3$。而 Tx398A$_2$、Tx398A$_3$ 均为负向效应，其一般配合力效应值和相对效应值分别为 -1.508 和 0.785、-2.506 和 1.305（表 3-25、表 3-26）。表明 A$_1$（M；10）、A$_4$（IS7920C）在穗柄长性状上有较强的细胞质效应，该亲本组合的穗柄长存在明显优势。

表 3-25　被测系一般配合力效应值$\hat{g}'$、相对效应值$\hat{g}$、效应值差异

被测系 Pf	$\hat{g}'$	$\hat{g}$	效应值差异（dif.）		
Tx398A$_1$	3.025	1.575			
Tx398A$_4$	0.989	0.515	1.06		
Tx398A$_2$	−1.508	0.785	2.36**	1.30	
Tx398A$_3$	−2.506	1.305	2.88**	1.82*	0.52

S. E. ＝0.819（孙贵荒，1987）

表 3-26　检验系一般配合力效应值$\hat{g}'$、相对效应值$\hat{g}$、效应值差异

被测系 Pm	$\hat{g}'$	$\hat{g}$	效应值差异（dif.）			
4003	6.357	3.310				
M-20453	5.445	2.835	0.475			
晋粱5	2.708	1.410	1.900*	1.425		
0-30	−1.805	−0.940	4.250**	3.775**	2.350*	
矮四	−12.705	−6.615	9.925**	9.450**	8.025**	5.6675**

S. E. ＝0.916（孙贵荒，1987）

　　该研究还表明，穗柄长在参试材料中加性效应是主要的，在总遗传方差比率中占主要地位；而非加性效应却较小。因此，在高粱育种中，选择短穗柄，又有较高单株生产潜力的基因型作亲本，以得到穗柄短、单株产量又高的杂交种可能性较大。

　　孙守钧等（1988）研究了旗叶鞘长及穗柄长遗传。结果表明，旗叶鞘长和穗柄长2个性状，虽然在形态上相似很近，但在遗传上则很不一致。旗叶鞘长的遗传符合加性—显性模型，为部分显性；而穗柄长则不符合加性—显性模型。说明在该性状的非加性效应中，除显性效应外，还存在非等位基因间的互作。

　　旗叶鞘长和穗柄长在9个亲本的一般配合力（GCA）变化趋势上颇不一致，不存在性状相关。但特殊配合力（SCA）变化有相同趋势，体现了相互作用的一致性。杂种优势（指超高亲优势，下同）分析结果（表3-27）表明，穗柄长比旗叶鞘长有更高的杂种优势性，而旗叶鞘长的优势变幅大于穗柄长。F$_1$代与中亲值的相关性仅旗叶鞘长达到极显著水平。穗柄长由于非加性基因的效应较大，因而有较高的杂种优势。旗叶鞘长与穗柄长在遗传和表型上均无显著相关性。二者在栽培高粱×苏丹草 F$_2$ 中有细胞质效应。

表 3-27 遗传方差的组成分量及杂种优势

性能	GCA		SCA		群体GCA方差（%）	群体SCA方差（%）	h_B^2（%）	h_N^2（%）	杂种优势	优势变异系数	亲子相关
	高	低	高	低							
旗叶鞘长	5	9	4×6	4×7	92.8	7.2	54.37	50.46	-7.37	155.8	0.77**
穗柄长	9	8	4×6	4×5	64.3	35.7	38.59	74.81	15.19	84.5	0.39

（孙守钧等，1988）

（三）含糖锤度遗传

李振武等（1983，1986，1988）选用 17 个甜高粱基因型进行了 21 种性状的遗传变异系数、遗传力、遗传相关研究。研究结果表明，来自美国、ICRISAT 和中国的甜高粱材料在绿色体、籽粒产量、茎秆含糖锤度（Brix，下同）性状上存在较高的遗传潜势、遗传力和选择响应。茎秆含糖锤度，包括主茎秆锤度和各节段锤度的遗传变异程度均比较高，遗传变异系数为 31.94%～45.70%；各节段锤度的遗传变异程度自穗柄向下表现出逐渐增加趋势，至第 7 节段达最高值，居 21 种性状之首（表 3-28）。

表 3-28 甜高粱主要性状变异系数

性状	变幅	$\bar{X}\pm SD$	表型变异系数PCV（%）	遗传变异系数GCV（%）
株高（cm）	116.5～362.5	296.14±55.45	18.76	19.02
茎粗（cm）	1.14～1.51	1.32±0.09	6.93	6.08
柄长（cm）	24.4～55.3	39.41±8.02	20.35	19.06
柄粗（cm）	0.51～1.03	0.74±0.11	14.94	14.12
单株鲜重（500 g）	0.63～2.96	1.64±0.46	28.15	23.97
主茎秆鲜重（500 g）	0.22～1.12	0.74±0.25	33.13	32.72
穗长（cm）	11.5～38.5	22.01±6.57	29.87	30.24
穗一级分枝数（个）	13.0～99.5	51±13.93	26.93	26.55
穗粒重（g）	8.7～55.3	25.18±11.6	46.27	42.48
千粒重（g）	11.0～37.3	17.52±6.33	36.12	35.89
穗柄锤度（%）	2.30～14.3	9.16±3.09	33.69	31.94
1 节段锤度（%）	2.00～15.60	10.15±3.73	36.78	34.19
2 节段锤度（%）	2.00～16.50	10.51±4.29	40.80	37.84
3 节段锤度（%）	1.55～17.85	10.70±4.71	44.01	40.65
4 节段锤度（%）	1.35～17.85	10.52±4.85	46.10	42.46
5 节段锤度（%）	1.05～17.75	10.46±4.86	46.49	42.87
6 节段锤度（%）	1.05～17.75	10.18±4.88	47.70	44.11

（续表）

性状	变幅	$\overline{X}\pm SD$	表型变异系数 PCV（%）	遗传变异系数 GCV（%）
7节段锤度（%）	1.05~17.05	9.74±4.79	49.14	45.70
抽穗日数（d）	73.0~99.5	85.80±7.90	9.21	9.28
开花日数（d）	77.5~103.0	88.72±8.03	9.06	9.13
主茎秆锤度（%）	1.55~16.28	9.65±4.20	43.58	40.52

（李振武等，1992）

遗传力估算的结果表明，株高、抽穗日数等7个性状的遗传力较高，均在90%以上，这些性状受环境的影响较小，可以从早代直接选择。穗柄、1~7节段及主茎秆锤度遗传力居中等，受环境的影响中等。其中穗柄锤度、1~7节段锤度及主茎秆锤度遗传力在73.12%~79.62%，属中等偏高，且互相接近，主茎秆锤度遗传力相当于穗柄及1~7节段锤度遗传力的均值（表3-29）。

表3-29　甜高粱主要性状遗传力和遗传进度　　　　　　　　　单位:%

性状	遗传力	遗传进度	
		入选率	
		10%	5%
株高	98.08	32.97	38.81
茎粗	62.51	8.42	9.91
柄长	77.91	29.44	34.65
柄粗	79.19	21.99	25.89
单株鲜重	57.01	31.67	37.28
主茎秆鲜重	91.18	54.68	64.37
穗长	97.63	52.27	61.53
穗一级分枝数	90.73	44.25	52.09
穗粒重	73.86	63.90	75.21
千粒重	92.62	60.44	71.15
穗柄锤度	79.62	49.87	58.71
1节段锤度	75.78	52.08	61.31
2节段锤度	74.97	57.33	67.49
3节段锤度	74.08	61.23	72.08
4节段锤度	73.17	63.56	74.82
5节段锤度	73.50	64.31	75.70

（续表）

性状	遗传力	遗传进度 入选率	
		10%	5%
6 节段锤度	73.12	66.00	77.69
7 节段锤度	75.51	69.49	81.80
抽穗日数	97.68	16.05	18.89
开花日数	97.15	15.75	18.54
主茎秆锤度	75.64	61.67	72.60

（李振武等，1992）

　　从表 3-29 遗传进度的数字可以看出，茎秆锤度，包括穗柄锤度、1~7 节段锤度及主茎秆锤度的遗传进度普遍较高，其中 5 月、6 月、7 月 3 个节段锤度的遗传进度更高，在 5% 入选率下，遗传进度达 75.70%~81.80%，表明茎秆锤度具有更高的遗传增益，在育种上可取得更显著的选择效果。

　　性状间遗传相关系数显示，各性状间的表型相关和遗传相关系数大小相近，方向相同（仅一组方向相反，但不显著），表明环境对这些性状之间的关系没有明显影响。各节段及主茎秆锤度与穗粒重为显著或极显著正相关；而各节段锤度之间及其主茎秆之间皆为极显著正相关。再进一步通过简单相关、偏相关和通径分析研究了穗柄及 1~7 节段锤度与主茎秆锤度的关系及其对主茎秆锤度的效应。结果表明，穗柄及 1~7 节段锤度间的所有各组相关皆为极显著正相关，r 值为 0.929 1~0.998 1；上述各节段锤度与主茎秆锤度亦为极显著正相关，r 值为 0.946 0~0.998 5（表 3-30）。

表 3-30　各锤度表型值间的简单相关系数

性状	X_1	X_2	X_3	X_4	X_5	X_6	X_7	X_8	主茎秆锤度 Y
穗柄锤度 X_1		0.973 2	0.968 5	0.957 8	0.945 5	0.942 7	0.937 5	0.929 1	0.946 0
1 节段锤度 X_2	0.955 5		0.997 5	0.990 2	0.982 7	0.973 4	0.965 0	0.957 0	0.967 2
2 节段锤度 X_3	0.885 3	0.979 5		0.995 6	0.988 3	0.979 5	0.970 7	0.962 2	0.972 5
3 节段锤度 X_4	0.864 7	0.963 0	0.992 5		0.995 8	0.989 0	0.979 4	0.971 4	0.977 6
4 节段锤度 X_5	0.871 5	0.977 5	0.981 2	0.994 4		0.996 5	0.988 1	0.984 3	0.987 5
5 节段锤度 X_6	0.786 5	0.867 3	0.915 0	0.937 6	0.947 6		0.995 9	0.993 2	0.995 3
6 节段锤度 X_7	0.851 8	0.939 5	0.965 5	0.980 3	0.991 3	0.944 5		0.998 1	0.995 8
7 节段锤度 X_8	0.80 8	0.898 2	0.925 3	0.944 5	0.959 2	0.916 8	0.979 3		0.995 3
主茎秆锤度 Y	0.864 0	0.948 8	0.973 5	0.988 3	0.903 8	0.941 1	0.994 6	0.971 3	

　　右上角为 1988 年分析结果，左下角为 1987 年分析结果，各组相关皆为极显著正相关。
　　（李振武等，1990）

对上述各节段锤度及主茎秆锤度进行偏相关分析结果列于表 3-31 中。通过比较简单相关和偏相关系数可以看出，无论是各节段锤度间或是节段锤度与主茎秆锤度间的偏相关系数与相应的简单相关系数比较，均有较大变化。各节段锤度间仅有 6 组偏相关为极显著正相关，节段锤度与主茎秆锤度间仅有 4 组为显著正相关。多数组在简单相关中为极显正相关，而在偏相关中则相关不显著，有的组还为显著负相关。这一结果表明，上述各锤度表型值间的相关关系是错综复杂的。简单相关不能够真实反映各锤度间的纯相关关系，在多数情况下夸大了相关程度，造成高度相关的假象，或颠倒了相关性质。因此，在这一分析中，应以偏相关系数衡量以上各锤度间的相关程度才是合理的。

表 3-31 各锤度表型值间的偏相关系数

性状	X_1	X_2	X_3	X_4	X_5	X_6	X_7	X_8	主茎秆锤度 Y
穗柄锤度 X_1	—	0.473 9**	-0.139 3	0.057 5	-0.229 9	0.092 3	0.050 4	0.211 1	0.302 1
1 节段锤度 X_2		—	0.778 5**	-0.112 6	0.102 5	-0.075 0	-0.181 7	0.306 3*	0.203 5*
2 节段锤度 X_3			—	0.505 8**	-0.020 0	-0.092 0	0.215 8	-0.338 4*	0.303 5*
3 节段锤度 X_4				—	0.464 2**	0.131 4	-0.062 0	0.072 2	-0.227 6
4 节段锤度 X_5					—	0.566 6**	-0.020 4	-0.070 2	0.015 2
5 节段锤度 X_6						—	0.290 3	0.038 8	0.304 1*
6 节段锤度 X_7							—	-0.689 8**	-0.006 8
7 节段锤度 X_8								—	0.473 5*

（李振武等，1990）

对各节段锤度（原因性状）与主茎秆锤度（结果性状）的关系进行了通径分析（图 3-3）。各节段锤度对主茎秆锤度的直接效应有较大差异，按其大小的排列与偏相关系数的顺序具有一致性（表 3-32）。其中第 5 节段对主茎秆锤度表现出最大的正直接

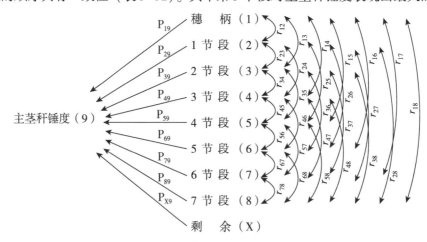

图 3-3 各节段锤度影响主茎秆锤度的通径图

（李振武等，1990）

效应，第 2 节段也有较高的正直接效应，表明这 2 个节段锤度对主茎秆锤度都有较大贡献。第 4 节段、第 6 节段、第 7 节段和穗柄锤度对主茎秆锤度有较小的正直接效应。但是这 4 个节段通过第 2 节段和第 5 节段却产生较大的正间接效应。较大的正间接效应夸大了直接效应，因而相关系数表现出较高的正值。

表 3-32 节段锤度与主茎秆锤度的相关系数及效应值[*]

效应划分	相关系数			
	p19：0.946 0	p29：0.967 2	p39：0.972 5	p49：0.977 6
直接效应	p19：0.121 7	p20：-0.398 0	P39：1.030 6	p49：-1.155 9
间接效应	r12. p29：-0.387 4	r12. p19：-0.118 5	r13. p19：-0.117 9	r14. p19：0.116 6
	r13. p39：0.998 1	r23. p39：1.028 0	r23. p29：-0.397 0	r24. p29：-0.394 2
	r14. p49：-1.107 1	r24. p49：-1.144 6	r34. p49：-1.150 8	r34. p39：1.026 1
	r15. p59：0.043 2	r25. p59：0.044 9	r35. p59：0.045 2	r45. p59：0.045 5
	r16. p69：1.082 5	r26. p69：1.117 7	r36. p69：1.124 8	r46. p69：1.135 6
	r17. p79：0.093 7	r27. p79：0.096 5	r37. p79：0.097 0	r47. p79：0.097 9
	r16. p89：0.101 3	r26. p89：0.104 3	r38. p89：0.104 9	r48. p89：1.105 9

* 各 r 值皆为极显著水平。

（李振武等，1990）

第 3 和第 1 节段对主茎秆锤度均有较高的负直接效应，但这 2 个节段通过第 5 和第 2 节段对主茎秆锤度亦有较高的正间接效应。较高的正间接效应掩盖了负直接效应，因而相关系数也表现出较高的正值。剩余因子的通径系数 $P_{x9} = 0.037\ 4$，决定系数 $d_{x9} = 0.001\ 4$。这表明在主茎秆锤度均值的总变异中，未知因子约占 0.14%，表明变异主要是由所分析节段锤度决定的（表 3-33）。

表 3-33 节段与主茎秆锤度的相关系数及效应值

效应划分	相关系数			
	p59：0.045 7	p69：1.148 3	p79：0.100 0	p89：0.109 0
直接效应	r15. p19：0.115 1	r16. p19：0.114 8	r17. p19：0.114 1	r18. p19：0.113 1
间接效应	r25. p29：-0.391 2	r26. p29：-0.387 4	r27. p29：-0.384 1	r28. p29：-0.380 9
	r35. p39：1.018 6	r36. p39：1.009 5	r37. p39：1.000 5	r38. p39：0.991 7
	r45. p49：-1.151 1	r46. p49：-1.143 2	r47. p49：-1.132 1	r48. p49：-1.122 9
	r56. p69：1.144 2	r56. p59：0.045 6	r57. p59：0.045 2	r58. p59：0.045 0
	r57. p79：0.098 8	r67. p79：0.099 6	r67. p69：1.143 6	r68. p69：1.140 5
	r58. p89：0.107 3	r68. p89：0.108 2	r89. p89：0.108 8	r78. p79：0.099 8

（李振武等，1990）

主茎秆锤度实质是各节段锤度合成的，研究地上部节段锤度对主茎秆锤度的效应，有助于探讨主茎秆锤度形成的规律及其改良的途径，并为甜高粱茎秆高含糖量育种和栽培提供一些信息。

谢凤周（1989）研究了甜高粱茎秆糖分积累的规律。结果表明，从高粱抽穗期开始到完熟期止，茎秆锤度呈逐渐提高趋势，抽穗期、末花期、乳熟期、蜡熟期和完熟期的平均锤度分别为6.48%、11.69%、12.58%、14.61%和15.79%。经均数差异显著性测验，末花期与乳熟期之间的差异显著，其他任何两期之间的差异均为极显著。完熟期时茎秆锤度达高峰。这表明甜高粱茎秆糖分的积累主要是光合产物的大量合成及其在茎秆中的积累的结果。

高粱各生育期茎秆锤度检测结果表明，茎秆各节段自上而下，穗柄为0位，第1、第2、第3、第4……第13节段之间锤度差异均达极显著水平，其节段锤度分布自上而下呈现低—高—低不匀称的波形变化。经均数差异测验比较，各生育阶段按锤度高低茎秆节段可分为3类：即高锤度节段（最高锤度节段及与之在锤度上无显著差异的节段）、低锤度节段（最低锤度节段及与之在锤度上无显著差异的节段）和中锤度节段（介于高、低锤度之间的节段）。各生育阶段的高锤度节段均在茎秆的中部或中上部，最高节段通常是第4或第5节段；最低锤度节段一般是顶部或基部节段。

五、杂种优势遗传研究

张文毅（1983）研究了高粱杂种优势的性状相关、亲子回归等遗传问题。性状相关是遗传的一种表现，而性状优势的相关则有其更复杂的遗传机制，是研究杂种优势规律的主要内容。该研究表明，穗粒数、千粒重、秆径、穗柄径、穗径等性状的优势与单株产量优势为显著正相关。株高优势与单株产量优势虽为正相关，但未达显著水平，表明选择矮秆高产的杂交种，并不一定会受到株高优势的影响（表3-34）。

表3-34　主要性状与单穗粒重的优势相关

年度	组合数	株高	秆径	节间数	穗柄长	穗柄径	穗长	穗径	穗粒数	千粒数	生育日数	出穗日数
1965	30	0.053	0.484**	0.226	0.014	0.475**	0.329	0.847**	0.915**	0.381*	0.078	—
1973	27	0.320	0.566**	0.014	-0.035	0.489**	0.291	—	0.932**	0.078	0.072	0.049
1974	18	0.202	-0.166	0.149	0.249	-0.268	-0.413	—	0.858**	0.537*	0.001	0.241

（张文毅，1983）

植株高度、生育期、穗粒重、千粒重、穗粒数5个主要性状的亲子相关和回归系数列于表3-35中。结果显示，植株高度显著回归于高亲（HP）；生育期显著回归于中亲（MP），倾向低亲（LP）；穗粒重倾向回归高亲；千粒重和穗粒数均显著回归中亲。

表3-35　主要性状的亲子相关和回归值

性状	1965年			1973年			1974年		
	HP	LP	MP	HP	LP	MP	HP	LP	MP
植株高度	0.703**	0.115	0.397*	0.639**	0.296	0.544**	0.779**	0.359	0.786**
	0.779	0.069	0.380	0.715	0.206	0.594	0.794	1.557	1.458

（续表）

性状	1965 年			1973 年			1974 年		
	HP	LP	MP	HP	LP	MP	HP	LP	MP
生育期	0.655**	0.770**	0.864**	0.107	0.434*	0.292	0.415	0.170	0.308
	0.594	0.753	0.969	0.126	0.542	0.390	0.378	0.140	0.287
穗粒重	0.397*	−0.074	0.198	0.448*	0.120	0.343	0.452	0.442	0.486*
	0.453	−0.096	0.273	0.880	0.211	0.846	0.692	1.239	1.042
千粒重	0.526**	0.474**	0.685**	0.422*	0.599**	0.558**	0.368	0.177	0.349
	0.463	0.449	0.804	0.432	0.567	0.599	0.509	0.258	0.629
穗粒数	0.448**	0.218	0.396*	0.067	0.000	0.050	0.460	0.555*	0.527
	0.503	0.247	0.516	0.097	0.001	0.109	0.812	1.304	1.117

注：（1）上行为 r 值，下行为 b 值；

（2）1965 年 $n=30$；1973 年株高、生育期 $n=29$，穗粒重，穗粒数 $n=27$，千粒重 $n=28$；1974 年 $n=18$。

（张文毅，1983）

马鸿图（2012）研究了高粱杂种优势与类型亲缘之间的关系。赫格瑞高粱与中国高粱杂交，如早熟赫格瑞、印 71、康 60、八棵权等与中国高粱盘陀早、三尺三、忻粱 31、珍珠白等杂交。不论正交还是反交，杂种一代（F_1）均有极显著的杂种优势，植株高大，一般比高亲本超 60% 以上，最高者超 130% 以上，如八棵权×平罗娃娃头，双亲株高都不超过 170 cm，而其 F_1 竟高达 350 cm。

西非高粱与中国高粱杂交，如快熟迈罗、马丁迈罗、西地迈罗等与中国高粱盘陀早、珍珠白、三尺三、平身白等杂交，F_1 代均表现出一定的杂种优势，植株不甚高大，还有的表现出矮壮、穗大、高产，例如原杂 11（马丁迈罗 A×平罗娃娃头）就表现出这种特点。

南非高粱与中国高粱类型间杂交，其杂种一代优势明显，并表现在产量性状的穗大、粒多、粒重高产上，如生产上推广应用的遗杂号、晋杂号、忻杂号等杂交种多属这一类杂交。其杂种二代（F_2）在一系列性状上虽也有明显分离，但没有像赫格瑞×中国高粱的 F_2 分离得那么广泛。

南非高粱与赫格瑞高粱杂交，F_1 代具有较高的杂种优势，通常表现为株高、分蘖性强，秆软易倒伏。如反修 10 号（Tx3197A×康 60），主茎、分蘖的成熟期很不一致，分蘖秆高；Tx3197A×八棵权、Tx3197A×哈白分枝均表现秆高、分蘖性强，秆软易倒伏。

杂种优势大，反映了亲本基因型间遗传差异大，如赫格瑞高粱与中国高粱杂交，其 F_1 代优势最大，F_2 代分离也最广泛。说明赫格瑞高粱与中国高粱的亲缘差异远比中国高粱和西非高粱、南非高粱与中国高粱的亲缘来得大。

卢庆善（1990）对高粱数量性状的遗传距离和杂种优势预测开展了研究，对 50 份国内外主要应用的保持系、恢复系、群体材料的 9 种性状进行了方差、协方差、遗传相关、主成分和遗传距离分析。结果表明，在 9 个性状中，第一主成分是穗粒重因子，第二主成分是穗粒数因子，第三主成分是穗长因子，第四主成分是生育期因子。从几个主要保持系、恢复系主成分分布看，保持系与恢复系之间（二、三）主成分分布间差异不大，在（一、二）和（四、一）主成分间差异较大。而（三、四）主成分间的差异居中。这说明保持系和恢复系的差异主要来自穗粒重因子，即恢复系的穗粒重要大于保持系，而保持系的生育期要长于恢复系；第二位的差异来自穗粒数因子。

在 50 个试材的 1 225 个遗传距离（D^2 值）分析结果表明，D^2 值在 61~71 的有 5 个，占 0.4%；51~60 的 2 个，占 0.16%；41~50 的 7 个，占 0.57%；31~40 的 18 个，占 1.47%；21~30 的 72 个，占 5.9%；其余 1121 个，占 91.5%。从遗传距离 D^2 值和杂种优势的分析中，可以看出遗传距离的大小与杂种优势的一致性。例如，凡生产实践已证实杂种优势强的杂交种，其亲本间的遗传距离 D^2 值也较大（表 3-36）。表 3-36 中的第一组的 4 个杂交种是 20 世纪 70 年代我国高粱春播晚熟区主要推广应用的杂交种，从晋杂五号到晋杂一号，其相应亲本间的遗传距离 D^2 值从 12.663 增加到 31.189，而杂交种的实际产量水平也是逐次增加的。第二组的 3 个杂交种，是 80 年代我国春播晚熟区应用的部分杂交种，其中辽杂一号种植面积最大，累积 100 万 hm^2。杂交种的产量水平与其亲本间遗传距离也表现出与第一组的同样趋势。说明亲本间的遗传距离与其相应的杂种优势的一致性。

表 3-36　已应用杂交亲本间的遗传距离 D^2 值

| 组别 | 杂交种名称 | 亲本间遗传距离 | | | 平均亩产（kg） |
		保持系	恢复系	D^2 值	
第一组	晋杂五号	3197B	三尺三	12.663	397.3
	铁杂六号	3197B	铁恢 6 号	17.146	441.9
	晋杂四号	3197B	晋粱 5 号	23.021	445.3
	晋杂一号	3197B	晋辐一号	31.189	464.7
第二组	622A×晋粱 5 号	622B	晋粱 5 号	2.271	453.1
	622A×447	622B	447	2.964	467.2
	辽杂一号	622B	晋辐一号	5.464	501.6

＊不育系与其保持系为同核异质相似体。

（卢庆善，1990）

进一步分析保持系和恢复系之间的遗传距离及其与系谱的关系可以看出某些内在的联系（表 3-37）。如表 3-37 中保持系黑龙 11B 是苏联高库班红的天然杂种后代，Tx3197B 是卡佛尔高粱，Tx622B 是 Zera-Zera 高粱，基本上是外国高粱亲缘。第一组的 3 个恢复系护 22 号是吉林省地方品种，中国高粱；吉恢 13 是圆锥菲特瑞他与西藏白的杂种后代，为中外高粱亲缘；7384 是护 4 号与九头鸟的杂种后代，为中国与赫格瑞高粱亲缘。这 3 个恢复系与 3 个保持系间的遗传距离 D^2 值较大，其组配的杂交种在生产上表现出很强的优势。如同杂 2 号（黑龙 11A×7384）曾是我国春播早熟区种植面积很大的高粱杂交种。

表 3-37　生产上应用的主要保持系与恢复系的 D^2 值

恢复系		保持系			均值	
		黑龙 11B	Tx3197B	Tx622B	X_1	X_2
第一组	护 22 号	31.649	24.722	3.287	19.866	
	吉恢 13	19.338	14.058	0.465	11.287	23.081
	7384	55.565	46.219	12.427	38.070	
第二组	三尺三	17.668	12.663	0.279	10.203	
	晋粱 5 号	29.674	23.021	2.271	18.322	17.911
	晋辐 1 号	38.974	31.189	5.464	25.209	
第三组	关东青	31.733	24.829	3.410	19.991	
	铁恢 6 号	22.991	17.146	0.829	13.655	13.796
	4003	13.679	9.349	0.200	7.742	

（卢庆善，1990）

　　第二组的 3 个恢复系均是山西省应用的恢复系。三尺三是山西省地方品种；晋粱 5 号是忻粱 7 号与鹿邑歪头的杂种后代，而忻粱 7 号是九头鸟与盘陀早的杂种后代，所以晋粱 5 号为中国与赫格瑞高粱亲缘；晋辐 1 号是晋杂 5 号经辐射后选育的，实际上是中国高粱（三尺三）与卡佛尔高粱亲缘。第三组的 3 个恢复是辽宁省应用的，关东青是辽宁省地方品种；4003 是晋辐 1 号与辽阳猪跷脚的杂种后代；铁恢 6 号是晋辐 1 号与熊岳 191 的杂种后代，均是中国与卡佛尔高粱亲缘。上述 6 个恢复系为我国春播晚熟区推广应用的主要恢复系，所组配的杂交种晋杂 5 号（3197A×三尺三）、晋杂 4 号（3197A×晋粱 5 号）、铁杂 6 号（3197A×铁恢 6 号）、辽杂 1 号（622A×晋辐 1 号）等杂种优势很强，均为春播晚熟区主要种植的杂交种。

　　从恢复系亲缘关系与其遗传距离关系而言，具有中国与赫格瑞高粱亲缘的恢复系与 3 个保持系的遗传距离 D^2 值最大，平均为 28.196；其次是纯中国高粱亲缘的恢复系，其平均 D^2 值为 16.693；第三位的是中国与卡佛尔高粱亲缘的，D^2 值为 15.535；第四位的是中国与菲特瑞他高粱亲缘的，D^2 值为 11.287。由此可见，在应用外国高粱亲缘不育系为主的我国高粱杂种优势利用中，恢复系的选育应考量亲本的亲缘关系，以使其与不育系间具有较大的遗传距离，进而获得较强杂种优势的杂交种。

　　研究表明，生产上已经应用的杂交种亲本间的平均遗传距离 D^2 值为 17.763，而研究中 D^2 值超过 20 的就有 104 个，超过生产上应用的同杂 2 号双亲（黑龙 11A 与 7384）最高遗传距离 D^2 值 55.464 的有 6 个，说明育成比现有杂交种优势更强的杂交组合是可能的。

　　总之，采用多元分析法测定高粱亲本间有关数量性状遗传距离所得结果，与我国高粱主产区杂种优势利用的实践基本相符，即高粱有关数量性状的遗传距离可以作为衡量双亲间遗传差异的参数之一，进而去选择组配杂交种的亲本。这一结果从遗传理论的角度给高粱育种实践以说明和论证，反过来又指导高粱杂种优势的利用研究，增强预见性，提高育种效率。

陈悦等（1998）采用来自美国、印度、中国的不育系、恢复系和品种（系）为试材，对 9 个主要数量性状进行聚类分析，计算遗传距离（D^2 值），同时选取部分不育系和恢复系组配 2 组不完全双列杂交试验，研究遗传距离与杂种优势（H）、杂种产量（F_1）及配合力的关系，以及遗传距离在高粱育种中应用的意义。主成分分析结果表明，第一主成分为穗粒重、产量因子；第二主成分是穗长、开花期因子；第三主成分是穗柄长因子；第四主成分是生育期、千粒重因子；第五主成分是株高因子。这 5 个主成分概括了本研究 86% 以上的信息量，基本上代表了试材的主要性状，客观地反映了性状间的相互关系。因此可以说，主成分能较好地概括所研究性状的遗传信息。

聚类分析结果表明，类平均法较适用于本试验的聚类分析，该法能较好地反映试材间的遗传差异。来自不同地方的材料归在一类，而来自同一地方的材料却聚在了不同类。例如，Tx622B 的亲本是 Tx3197B×SC170-6，但 Tx622B 与 Tx3197B 却聚到了不同类里；同时矮四×5-26 组合（包括 LR9198）却分在了不同类里（表3-38）。这可能是本身遗传差异和人工定向选择造成的遗传差异所致。也有一些亲缘关系较近的材料聚到了同一类，表明试材遗传距离（D^2）与地理来源之间没有必然的联系。

表3-38　参试材料聚类结果

类别	类平均法	最短距离法
第一类	Tx622B、21B	晋粱五、晋5/晋1
第二类	654、LR9119、矮四/Tx430、LR9198	Tx622B、21B
第三类	58B、5-26×晋粱五、LR9102、ICS47、矮四/5-26	剩余全部试材
第四类	A861、TAM428、5-26/怀4	LR9198
第五类	二四、晋辐一、270B、晋粱五、晋5/晋1	LR116
第六类	Dorado、矮四/5-27、5-26×M20453、ADN55、矮四、143B、214B、矮四×LR9124、5-26×LR9124	Tx3197B
第七类	72B、259B、195B、66B、199B、194B、5-26/矮四	LR113
第八类	Tx3197B、89B	154B
第九类	157、LR116	80C2241
第十类	三尺三/5-26、ICS36、0-30、ICS117、5-27、MR709、5-27×晋5/晋1、LR115、矮四/晋辐一、CS3541、5-26×SPV35-1	矮四/LR9124
第十一类	154B、421B、80C2241	89B
第十二类	LR113	157B
第十三类	SPV35-1	SPV35-1

（陈悦等，1998）

遗传距离与杂种产量及其杂种优势的关系是一个较复杂的问题。除了影响遗传距离的因素外，还涉及杂种优势的机制及基因数目、互作、表达等。214A×LR9198、214A×

654 虽然单产较高，但其双亲间遗传距离 D^2 值分别为 0.1681 和 0.3367；而 154A×5-27、214A×晋辐 1 号等，尽管亲本间遗传距离均超过了 1，但杂种产量却表现一般，可见遗传距离与杂种产量相关性明显。然而，遗传距离与超中亲优势相关极显著，与超高亲优势相关显著。

利用遗传距离进行聚类分析，对于指导组配高粱高产杂交种有实际意义。生产上表现优良的杂交种，如 Tx622A×晋辐 1 号、Tx622A×O-30、Tx622A×654、Tx622A×115、421A×矮四、421A×5-27、214A×LR9198、421A×LR9198 等，这些杂交种的双亲均不在一类里。因此，凡是优良的杂交种，其亲本间的遗传距离均较大。相反，亲本间遗传距离小，聚在同一类的亲本间杂交，其杂种产量较低。

第二节 高粱育种研究

1949—1983 年，辽宁省共选育出高粱新品种（系）29 个，其中通过地方品种整理鉴定利用的品种 6 个，引种利用的品种 5 个，杂交选育的品种 1 个，系统选育的品种 7 个，育成的杂交种 5 个，雄性不育系和恢复系 5 个。有 1 项获农牧渔业部科技改进奖，7 项获辽宁省重大科技成果奖。

1983—2005 年，辽宁省按照高产、优质、多抗的育种目标，选育高粱新品种，先后共选育审（鉴）定高粱新品种 62 个，其中辽宁省审定的 52 个，国家鉴定的 10 个；选育雄性不育系 6 个，雄性不育恢复系 9 个。其中获奖的杂交种 12 个，雄性不育系 3 个，恢复系 1 个。

2006—2015 年，辽宁省按照高产、优质、多抗、专用的育种目标，共选育出粒用高粱杂交种 18 个，糯高粱杂交种 7 个，甜高粱杂交种 15 个，草高粱杂交种 2 个，共计 42 个。各种类型的高粱雄性不育系 28 个，恢复系 23 个。

一、高粱常规品种选育

（一）高粱农家品种评选

从 1951 年开始，辽宁省在全省范围内开展了群众性的高粱良种评选，在农家品种中评选出一批适于当地栽培的高粱优良品种，例如盖州的打锣棒、小黄壳，海城的回头青，辽阳的牛心红，锦州的关东青，沈阳的矮青壳，义县的洋大粒，鞍山的歪脖张，铁岭的海洋黄等。这些品种株高中等，茎叶繁茂，秆粗壮，韧性强，抗风不倒伏；穗型为紧穗或中紧穗，籽粒大，米质好；耐肥，生育期较长。在低洼、盐碱种植区评选出来高粱良种，诸如海城的小白壳，锦州的大蛇眼，凌海的海里站，台安的黑壳蛇眼等。这些良种株高较高，茎秆柔韧，抗风不倒伏，穗型为中紧或中散穗，粒大，米质好，耐涝性和耐轻度盐碱性能均较强。

这批评选出来的高粱良种在当地推广应用之后，发挥了增产作用，促进了高粱生产的发展。随着良种种植时间增加，品种出现了退化现象，一些科研单位开展了提纯复壮工作。例如，锦州市农业科学研究所对关东青进行提纯培育，连续 3 年对典型株系进行了选择，经品种比较试验，产量、品质和抗逆性均有提高，比当地 5 个地方品种平均增产 10%，穗形圆柱形，着粒丰满，米质好，出米率高，生育期 140 d，株高 240 cm，适于平原肥地栽培。

（二）系统选育品种

在农家品种评选的基础上，辽宁省农业科研单位和农业院校开展了高粱系统选育品种，先后选育出一批高产、优质、适应性强的新品种。例如，由辽宁省熊岳农业科学研究所乔魁多等选育的熊岳 253、熊岳 334、熊岳 360。熊岳 253 是从盖州农家品种小黄壳系统中，经单株选育而成。熊岳 253 在选育过程中，田间编号为"Ⅰ-51-253"，1957年经辽宁省农业厅决定推广，并命名为熊岳 253。熊岳 334 是从盖州农家品种黑壳棒子经混合选择育成的。1963 年经辽宁省作物品种审定委员会命名为熊岳 334 推广应用。熊岳 360 是从辽阳县农家品种早黑壳中经混合选择育成的。1963 年经辽宁省作物品种审定委员会命名为熊岳 360 推广应用。

熊岳 253 为紧穗食用高粱品种，生育期 129 d，株高 277 cm，穗长 18.6 cm，千粒重 26.4 g，米质好，适应性强，高产、稳产，适于辽宁省鞍山、营口、大连等市县推广种植。之后，被甘肃、宁夏、江苏、安徽等省引种鉴定推广，在省内外累计推广种植 20 万 hm²。

锦州市农业科学研究所宁汝济等选育的锦粱 9-2，是 1955 年以锦州地方品种歪脖张为材料，采取 2 次单株选择育成的。1962 年经辽宁省作物品种审定委员会审定，命名为锦粱 9-2 推广应用。该品种株高 251 cm，紧穗、圆筒形，穗长 16.1 cm，单穗粒重 70 g，千粒重 27.3 g，生育期 137 d，耐湿、抗风抗倒伏，一般单产 4 500 kg/hm²。锦粱 9-2 适于锦州、阜新、朝阳等地区种植。

辽宁省农业科学院、锦州市农业科学研究所魏振山等选育的跃进 4 号，是 1957 年以盖州地方品种黑壳棒子为材料，采取 1 次单株选择育成的。1962 年经辽宁省作物品种审定委员会审定命名推广。主要适于鞍山、辽阳、沈阳以及昌图、本溪等地半山、丘陵和平原地区；朝阳、阜新及辽宁南部地区种植。该品种株高 263 cm，紧穗，圆筒形，穗长 17.2 cm，株高 263 cm，紧穗，圆筒形，穗长 17.2 cm，单穗粒重 82 g，千粒重 30.5 g，生育期 115~126 d，耐肥，不早衰，在肥沃地上栽培易获得高产。

辽宁省朝阳市农业科学研究所刘雨时等于 1958—1965 年从建昌县地方品种锻白粱中经多次混合选择育成的品种朝粱 288；1963—1967 年从朝阳地方品种大肚白中经系统选择育成了朝粱 83 高粱品种。朝粱 288 株高 265 cm，中紧穗，筒形，单穗粒重 80~100 g，千粒重 27.2~29.4 g；3 年品种比较试验，平均单产 5 488.5 kg/hm²。朝粱 83 株高 250~260 cm，单穗粒重 100 g，千粒重 30~32 g，3 年品种比较试验，平均单产 6 018.5 kg/hm²。这 2 个品种适于在朝阳、阜新、承德等市种植。

（三）杂交选育品种

辽宁省杂交选育高粱新品种时间短，结束早。辽宁省农业科学院作物研究所徐天锡等于 1961—1964 年，以中国高粱双心红为母本，外国高粱都拉为父本杂交，在杂种分离世代中选择优良单株，育成了早熟中秆新品种 119。该品种紧穗，圆筒形，红壳大粒，米质好，不早衰，适应性强，高产、稳产、适于密植，一般单产 3 000~3 750 kg/hm²。适于在无霜期短的地区阜新、朝阳、铁岭等地区种植，最多时年种植面积达 7 万 hm²。后被黑龙江省引进种植。

沈阳农学院、中国农业科学院辽宁分院龚畿道等于 1955—1960 年选育的分枝大红穗高粱新品种，其实质也是杂交育成的，因为它是从八棵权高粱天然杂交后代大红穗中选择的。该品种高产稳产，从 1961 年试种以来，一般产量 4 500~5 250 kg/hm²，高产地块可达 7 500 kg/hm²；由于分蘖力强，秆强抗倒，适于密植，最高可达 15 万穗/hm²，产量稳定。分枝大红穗抗高粱叶部病害和三种黑穗病；还具有抗旱、抗涝的特性，由于其根系发达，抗干旱能力强；在水涝 8~9 d 后，仍能恢复生长发育，产量不受影响。该品种米质优，适口性好，角质含量高，达 43%，出米率达 83%。分枝大红穗分蘖力强，每株可有 4~5 个分蘖穗，由于分蘖穗生长旺盛，其拔节、抽穗、开花、成熟，一般与主茎穗只晚 2~3 d，因此可以同期收获。

分枝大红穗在辽宁省的康平、建昌、凌源、朝阳、绥中、锦西、西丰等地推广，都获得较高产量。1965 年，仅在辽宁省西部地区推广种植 5.3 万/hm²。山东、河北等外省也引种试种，效果很好。

二、高粱杂交种选育

从 20 世纪 60 年代开始，辽宁省农业科学院等省内农业科研单位开展了高粱杂种优势利用研究。最初的研究工作是对已有的高粱品种资源进行育性鉴定和筛选，确定其中的保持和恢复类型。例如，辽宁省高粱品种资源黑山跷脚高粱、兴城八叶齐、抚顺歪脖张、喜鹊白、打锣棒等为全不育材料；关东青、分枝大红穗、红壳、熊岳 360、红棒子等为全恢复材料。在育性鉴定的基础上，开展了雄性不育系、雄性不育恢复系的选育和杂交种组配。

（一）雄性不育系选育

辽宁省熊岳农业科学研究所王云铎等于 1978 年以原新 1 号 A 为母本，以 Tx3197B×9-1B 为父本杂交后回交转育，育成了雄性不育系 2817A。该不育系育性稳定，不育质量好，一般配合力高于 Tx3197A；株高 136 cm，穗中紧，长纺锤形，穗长 30 cm，平均穗粒重 94 g，千粒重 25 g，生育期 128 d，抗丝黑穗病、叶斑病，抗旱性强。该不育系与恢复系 YS7501 组配的熊杂 1 号通过辽宁省审定，命名推广。

辽宁省熊岳农业高等专科学校王云铎等于 1982 年以（Tx622B×2817B）×（3197B×NK222B）×黑 9B 为母本，以 Tx622B 为父本杂交，在 F_3 代群体中选择优良单株与 Tx622A 测交，后连续回交 5 代，经多系比较鉴定，最后确定 B82-16-2-1-1-1-1-1 选系为熊岳 21A 雄性不育系。该不育系株高 150.5 cm，穗中紧，长纺锤形，穗长 39.4 cm，平均单穗粒重 114.7 g，千粒重 31 g，生育期 124 d；不育性稳定，不育质量好，无败育，柱头亲和力强，制种产量高，一般配合力高于 Tx622A。该不育系与恢复系 654 组配的杂交种熊杂 2 号经辽宁省审定，命名推广。

铁岭市农业科学研究所杨旭东等于 1983 年以 Tx622B×KS23B 为母本，以京农 2 号为父本杂交，经多代回交转育，最终育成了 TL169A 系列雄性不育系。根据不同生育期、不同粒色等性状，分成 214A、232A 和 239A 3 个雄性不育系。

TL169A 系列雄性不育系生育期 126~131 d，株高 126~140 cm，穗长 35~38 cm，

千粒重 30~35 g，叶片数 22~25 片；214A 为散穗长纺锤形，232A、239A 为紧穗长纺锤形；214A、232A 为黑壳、白色籽粒，239A 为紫壳、橘红色籽粒；抗丝黑穗病、矮花叶病毒病、疤斑病；不育性稳定，一般配合力高于 Tx3197A、Tx622A 不育系。

TL169A 系列雄性不育系是我国春播晚熟区应用较早的不育系，共组配成 20 个杂交种，其中 6 个通过审定命名推广。"高粱 TL169A 系列雄性不育系选育及利用"于 2000 年获辽宁省科技进步奖二等奖。

锦州市农业科学研究所何绍成等于 1984 年用 625B/（232EB×622B）·232EB 杂交，于 1986 年 F_3 代经单株选择与 625A 成对杂交，回交 7 次，于 1991 年转育定型，定名 901A 雄性不育系。该不育系株高 120 cm，穗中紧，纺锤形，穗长 23 cm，壳黑色，籽粒白色，平均穗粒重 60 g，千粒重 33 g，生育期 133 d，高抗叶斑病；不育性稳定，不育率 100%。901A 与恢复系 LR9198 组配成杂交种凌杂 1 号经辽宁省审定，命名推广。

辽宁省农业科学院高粱研究所石玉学等于 1986 年以 421B（原编号 SPL132B，引自 ICRISAT）为母本，以 TAM428（引自美国）为父本杂交，经多代回交转育而成雄性不育系 7050A。其中，用 A_1 细胞质 Tx622A 转育成 $A_1$7050A；用 A_2 细胞质 A_2TAM428A 转育成 $A_2$7050A。

7050A 株高 155 cm，中紧穗，长纺锤形，穗长 40 cm，平均穗粒重 50 g，千粒重 32 g，生育期 124~130 d，对丝黑穗病菌 2、3 号生理小种免疫，抗叶斑病；不育性稳定，不育率 100%，无小花败育；一般配合力高，自身产量高。

7050A 适应性广，组配的高粱杂交种类型齐全，包括食用型（辽杂 10 号、辽杂 12 号、辽杂 24 号、辽杂 25 号、锦杂 100），酿酒型（辽杂 11 号），能源型（辽甜 3 号），饲草型（辽草 1 号）等。这些高粱杂交种在产量和抗性上表现出很强的杂种优势，深受农民欢迎，推广速度快，面积大，增产潜力大，最高单产达到 15 345 kg/hm²。截至 2006 年，用 7050A 组配的 8 个审定推广的杂交种累计种植面积达 80 万 hm²，增产粮食 12 亿 kg，增加社会经济效益 13.2 亿元。"高粱雄性不育系 7050A 创造与应用"项目于 2008 年获辽宁省科技进步奖一等奖。

（二）雄性不育恢复系选育

锦州市农业科学研究所魏振山等于 1970 年以恢复系 5 号为母本，以八叶齐为父本杂交选育成了恢复系锦恢 75。该恢复系株高 230 cm，中紧穗，筒形，穗长 23 cm；平均穗粒重 95.6 g，壳黄色，籽粒橙黄色，千粒重 30.4 g；生育期 128 d；恢复性好，恢复率达 100%。采用锦恢 75 分别与 Tx3197A 和 Tx622A 组配的高粱杂交种锦杂 75 和锦杂 83，分别于 1980 年和 1983 年通过辽宁省审定，命名推广。

该所程开泽等于 1985 年以大晋四为母本，以白平为父本杂交选择育成了高粱恢复系 841。该恢复系株高 165 cm；紧穗，纺锤形，穗长 21 cm；平均穗粒重 62 g，壳黄色，籽粒白色，千粒重 30 g；抗丝黑穗病、叶斑病，抗倒伏；配合力较高；恢复性好。恢复系 841 与雄性不育系 421A 组配的杂交种锦杂 94，于 1995 年通过辽宁省审定，命名推广。

沈阳农学院马鸿图等于 1972 年以晋辐 1 号为母本，以三尺三为父本杂交选育而成了高粱恢复系 447（又名辽恢 3）。447 株高 150 cm；紧穗，纺锤形，穗长 21 cm；平均穗粒重 75 g，壳黑色，籽粒黄白色，千粒重 30 g；生育期 120 d；抗叶斑病，抗倒伏；恢复性好。在正常气候条件下，恢复率 100%；配合力较高。447 与 Tx3197A 组配的高粱杂交种沈农 447 于 1981 年经辽宁省审定，命名推广。

沈阳市农业科学研究所刘家裕等于 1971 年以晋辐 1 号作母本，以辽阳猪跷脚作父本杂交，在分离世代中经单株选择育成了高粱恢复系 4003。同年，以分枝大红穗作母本，晋粱 5 号作父本杂交，其杂交后代于 1974 年再与 4003 杂交，即（分枝大红穗×晋粱 5 号）×4003，在杂交后代中经连续选择育成高粱恢复系 0-30（也称大晋田）。

4003 株高 165 cm；中紧穗，长纺锤形，穗长 27 cm；壳淡红色，籽粒橙黄色；平均穗粒重 85 g，千粒重 30 g；生育期 135 d；抗叶斑病、丝黑穗病；恢复性好，单性花发达，花粉量充足，单穗散粉时间长；配合力高。4003 与不育系 Tx3197A、Tx622A 和 Tx624A 组配的杂交种沈杂 3 号、沈杂 4 号和冀承杂 1 号分别经辽宁省和河北省审定，命名推广。

0-30 株高 155 cm；紧穗，纺锤形，穗长 23 cm；壳紫红色，籽粒橙黄色；平均穗粒重 75 g，千粒重 30 g；生育期 130 d；高抗丝黑穗病，较抗倒伏；恢复性好，单性花发达，花粉量大，单株散粉时间长；一般配合力较高。0-30 与 Tx622A 组配的沈杂 5 号，1988 年经辽宁省审定，命名推广。

该所柏德华等于 1979 年以 IS2914 为母本，以 7511 为父本杂交；1980 年再以 4003 为母本，以 IS2914×7511 为父本杂交，即 4003×（IS2914×7511），从其杂交后代中经连续单株选择育成了高粱恢复系 5-27。5-27 株高 130 cm，紧穗、长纺锤形，穗长 26 cm；壳红色，籽粒白色；平均穗粒重 80 g，千粒重 29 g；生育期 130 d；抗蚜虫、丝黑穗病，抗倒伏；单性花发达，花粉量大，单株散粉时间长；一般配合力高。5-27 分别与不育系 Tx622A、232EA、421A 组配的沈杂 6 号、锦杂 93、辽杂 6 号先后经辽宁省农作物品种审定委员会审定，命名推广。

铁岭市农业科学研究所任文千等于 1971 年以 191-10 为母本，晋辐 1 号为父本杂交，在分离后代中经连续单株选择，于 1974 年育成了高粱恢复系铁恢 6 号。该恢复系株高 155 cm；紧穗，纺锤形，穗长 27 cm；壳黑色，籽粒橙黄色；平均穗粒重 74 g，千粒重 28.8 g；生育期 135 d；恢复性好，单性花发达，花粉量充足；一般配合力高于三尺三和晋辐 1 号。铁恢 6 号与 Tx3197A 组配的铁杂 6 号，1979 年经辽宁省农作物审定委员会审定，命名推广。

该所杨旭东等于 1978 年以 6060 作母本，以（铁紧穗×晋辐 1 号）×（永 81×忻 7）作父本杂交，在分离的世代中经连续选择育成了高粱恢复系铁恢 208。同样，于 1979 年以水科 001 为母本，以（角杜×晋辐 1 号）作父本杂交，经连续选择育成恢复系铁恢 157。

铁恢 208 株高 135 cm；中紧穗，纺锤形，穗长 30 cm；壳紫色，籽粒浅红色；平均穗粒重 75 g，千粒重 28 g；生育期 110 d；恢复性好，一般配合力高于三尺三和铁恢 6 号。与 Tx622A 组配的铁杂 7 号，1983 年经辽宁省农作物品种审定委员会审定，命名推广。铁恢 157 株高 148.4 cm；紧穗，圆纺锤形，穗长 19.1 cm；壳紫色，籽粒白色；平均穗粒重 75 g，千粒重 30.5 g；生育期 130~135 d；高抗丝黑穗病，抗旱，抗倒；恢复性好，一般恢复率达 100%，花粉量充足，单性花开放，散粉时间长；一般配合力高。铁恢 157 分别与 Tx622A、214A、239A 组配的铁杂 8 号、铁杂 9 号和铁杂 10 号，先后通过辽宁省农作物品种审定委员会审定，命名推广。

辽宁省农业科学院高粱研究所张文毅等于 1974 年以自选系 298 为母本，以 4003 为父本杂交，经多代选择育成了高粱恢复系二四。该所潘景芳于 1975 年以晋粱 5 号作母本，以晋辐 1 号作父本杂交，经多代连续选择育成了高粱恢复系晋 5/晋 1。1981 年用晋粱 5 号作母本，铁恢 6 号作父本杂交，在分离世代中选择单株，后经 6 个世代的连续选择，育成了高粱恢复系 115。梅吉人等于 1978 年以矮 202 作母本，以 4003 作父本杂交，经分离世代选择单株后，再连续选择 9 个世代育成了恢复系矮四。同样，该所刘河山等于 1986 年用矮四作母本，5-26 作父本杂交，经南繁北育 8 个世代的连续选择育成了高粱恢复系 LR9198。

二四株高 128 cm；紧穗，纺锤形，穗长 22 cm；壳红色，籽粒浅黄色；平均穗粒重 40.3 g，千粒重 30.8 g；恢复性好，恢复率 95%以上，花粉量多；配合力高。二四与不育系 Tx622A 组配成辽杂 2 号，1983 年经辽宁省农作物品种审定委员会审定，命名推广。晋 5/晋 1 株高 160 cm；紧穗，纺锤形，穗长 28 cm；壳黑色，籽粒橙红色；平均穗粒重 80 g，千粒重 28 g；生育期 130 d；抗倒性强，较抗丝黑穗病和叶斑病；恢复性强，而且稳定，配合力高。晋 5/晋 1 与不育系 Tx622A 组配的杂交种辽杂 3 号经辽宁省农作物品种审定委员会审定，命名推广。

矮四株高 144 cm；穗中散，长纺锤形，穗长 31 cm；壳红黄色，籽粒浅橙色；平均穗粒重 67 g，千粒重 29.9 g；生育期 125 d；恢复性好，花粉量大，单性花发达，散粉时间长；配合力较高。该恢复系与不育系 421A 组配的辽杂 4 号杂交种，1989 年经辽宁省农作物品种审定委员会审定，命名推广。115 株高 160 cm；中紧穗，纺锤形，穗长 25 cm；壳黑色，籽粒红色；平均穗粒重 80 g，千粒重 30 g；生育期 125 d；抗倒性强，较抗丝黑穗病和叶斑病；恢复性好。115 与不育系 Tx622A 组配成杂交种辽杂 5 号，1994 年经辽宁省农作物品种审定委员会审定，命名推广。

LR9198 株高 180 cm；穗中紧，纺锤形，穗长 28 cm；壳浅橙色，籽粒白色；平均穗粒重 65 g，千粒重 33 g；生育期 130 d；高抗丝黑穗病菌 2 号生理小种，较抗叶斑病，高抗蚜虫；恢复性较高，恢复率 99%多，单性花不开，花粉量偏少。LR9198 与不育系 421A、7050A 和 901A 分别组配成辽杂 7 号、辽杂 10 号和凌杂 1 号，先后通过辽宁省农作物品种审定委员会审定，命名推广。

辽宁省大石桥市农业科学研究所崔宝华等于 1975 年以 4003 为母本，以白平春为父本杂交，在其分离世代中经连续选择育成了高粱恢复系 654。该恢复系株高 195 cm；紧穗，纺锤形，穗长 25 cm；壳黑色，籽粒白色；平均穗粒重 75 g，千粒重 30 g；生育期 130 d；高抗丝黑穗病、茎秆韧性强，抗倒伏；育性全恢型，配合力高。654 与不育系 Tx622A、21A 组配的杂交种桥杂 2 号和熊杂 2 号，经辽宁省农作物品种审定委员会审定，命名推广。

辽宁省熊岳农业高等专科学校胡广群等于 1979 年以 4003/4004 为母本，以角质杜拉/白平为父本杂交，在分离世代经连续选择于 1989 年育成高粱恢复系 4930。该恢复系株高 165 cm；紧穗，纺锤形，穗长 22 cm；壳黑色，籽粒白色；平均穗粒重 80 g，千粒重 30 g；生育期 128 d；秆强抗倒伏，高抗叶斑病，抗丝黑穗病；不早衰，活秆成熟；自交结实率 98%，恢复性好，花粉量多，单性花发达；配合力高于晋辐 1 号。4930 与不育系 Tx622A、214A 组配的杂交种熊杂 4 号和熊杂 5 号先后经辽宁省农作物品种审定委员会审定，命名推广。"高粱优良恢复系 4930 选育与应用"项目于 2002 年获辽宁省科技进步奖二等奖。

（三）杂交种选育

辽宁省高粱杂交种选育起步于 20 世纪 70 年代初。初期，主要应用外国引进的雄性不育系组配杂交种，如用 Tx3197A 不育系选育的铁杂 2 号、沈农 447、沈杂 3 号、锦杂 75 等。70 年代末至 80 年代，利用从美国引进的雄性不育系 Tx622A、232EA，和从 IC-RISAT 引进的 421A（原编号 SPL132A），组配了一批杂交种，满足了辽宁省高粱生产的需要。随着高粱杂种优势研究的深入，辽宁省农业科研单位先后选育出一批优良的雄性不育系，如铁岭市农业科学研究所育成的 TL169A 系列雄性不育系；辽宁省熊岳农业科学研究所选育的 2817A、21A 雄性不育系；辽宁省农业科学院高粱研究所选育的 7050A 不育系，辽宁省营口市农业科学研究所育成的营 4A 等不育系。利用这些自选的雄性不育系，先后组配成一系列高粱杂交种应用于生产。

1. Tx3197A 系统杂交种选育

铁岭市农业科学研究所杨旭东等于 1970 年以不育系 Tx3197A 为母本，以铁恢 2 号为父本组配成铁杂 2 号杂交种，1974 年经辽宁省品种审定，命名推广，定为省内先进水平。该杂交种株高 220 cm；紧穗，长纺锤形，穗长 27~30 cm；平均穗粒重 95 g，千粒重 32.1 g；生育期 130 d，属中晚熟种。1972—1973 年全省区域试验，平均比对照晋杂 5 号增产 7.6%；1973 年全省生产试验，平均比对照增产 20.0%。适于沈阳、阜新、朝阳及锦西的西北部地区种植。

该所任文千等于 1973 年以不育系 Tx3197A 为母本，以铁恢 6 号为父本组配成杂交种铁杂 6 号。1979 年经辽宁省品种审定，命名推广，定为国内先进水平。该杂交种平均株高 180 cm；紧穗，筒形，穗长 25~28 cm，平均穗粒重 100 g，千粒重 34 g；生育期 130 d；属中晚熟种；1977—1979 年全国区试，平均每公顷产量 7 489.5 kg，比晋杂 5 号增产 10.5%。适于铁岭以南、盖州以北及锦州地区种植。1979 年获辽宁省科技成果奖三等奖。

辽宁省锦州市农业科学研究所魏振山等于 1972 年以不育系 Tx3197A 为母本，以锦恢 75 为父本组配育成了杂交种锦杂 75，1980 年经辽宁省品种审定，命名推广，定为省内先进水平。该杂交种株高 240 cm；穗中紧，杯形，穗长 22 cm，平均穗粒重 76.7 g，千粒重 32 g；生育期 125~130 d，属中晚熟种。1975—1977 年，大、小区产量比较试验，平均单产 7 050 kg/hm²，增产 7.7%。该杂交种适于锦州、葫芦岛等地区种植。1981 年获辽宁省科技进步奖三等奖。

沈阳市农业科学研究所刘家裕等于 1974 年以不育系 Tx3197A 为母本，以 4003 为父本组配育成了杂交种沈杂 3 号，1979 年经辽宁省品种审定，命名推广，定为国内先进水平。该杂交种株高 180 cm；穗中散，纺锤形，穗长 29 cm，平均穗粒重 85 g，千粒重

33 g；生育期 130 d，属中晚熟种；1975 年，在沈阳市进行试验，11 个点共 27 hm²，平均每公顷产量 7 530 kg，比晋杂 5 号增产 11.4%。适于沈阳、营口、海城等市、县栽培。1977 年获沈阳市科学大会奖。

沈阳农学院马鸿图等于 1975 年以不育系 Tx3197A 为母本，以恢复系 447 为父本，组配育成了杂交种沈农 447，1981 年经辽宁省品种审定，命名推广，定为国内先进水平。该杂交种株高 180 cm；紧穗，纺锤形，穗长 28 cm，平均穗粒重 80 g，千粒重 34 g；生育期 120 d，属中早熟种。1978—1979 年 2 年省区试，平均 7 684.5 kg/hm²，比对照减产 1.6%。该杂交种出米率为 80%~85%，单宁含量仅 0.07%，角质率 70%~80%，米质好，饭白，适口性好，被称为"二大米"。1979—1983 年，沈农 447 在辽北、辽西北地区，吉林省南部、中部和西部，内蒙古通辽、鄂尔多斯，河北省承德地区推广种植 13.3 万 hm²。1982 年获辽宁省科技进步奖三等奖；1985 年获农业科技进步奖三等奖。

2. Tx622A 系统杂交种选育

1979 年，辽宁省农业科学院从美国得克萨斯农业和机械大学米勒（F. Miller）教授引进高粱雄性不育系 Tx622A、Tx623A 和 Tx624A。经初步鉴定，证明新引不育系比 Tx3197A 具有配合力高，抗丝黑穗病，籽粒品质好等多种优点，有可能代替 Tx3197A。于是由辽宁省农业科学院分发全省（全国）应用。为此，省农科院、省种子管理站统一组织了全省 6A 系统高粱杂交种协作攻关组，开展 6A 杂交种选育和栽培研究。利用 Tx622A 不育系与生产上常用的优良恢复系配制出第一批 6A 系统高粱杂交种进行试种鉴定，并于 1984 年 1 月审定推广了辽杂 1 号、辽杂 2 号、铁杂 7 号、锦杂 83、沈杂 4 号 5 个杂交种，当年种植面积达 25.2 万 hm²。6A 系统高粱杂交种选育在全省范围内迅速开展起来，先后又选育出辽杂 3 号、辽杂 5 号、铁杂 8 号、沈杂 5 号、沈杂 6 号、沈农 2 号、熊杂 3 号、桥杂 1 号、桥杂 2 号等高粱杂交种。

辽宁省农业科学院高粱研究所梅吉人等于 1979 年以不育系 Tx622A 为母本，以晋辐 1 号为父本组配育成了杂交种辽杂 1 号，1984 年经辽宁省品种审定，命名推广，定为国内先进水平。该杂交种株高 207 cm；穗中散，长纺锤形，穗长 29 cm，平均穗粒重 110 g，千粒重 31 g；生育期 125 d，属中早熟种。1982—1983 年全省区域试验，平均单产 7 444.5 kg/hm²，比对照晋杂 5 号增产 14.8%；同期全省生产试验，平均单产 7 002 kg/hm²，比对照增产 10.9%。

辽杂 1 号高产稳产，自推广种植以来，大多数地块产量都在 7 500~8 500 kg/hm²，高产地块在 9 000 kg/hm² 以上。由于其成熟期适中，米质优，适口性好，因此在春播晚熟区推广后成为该区的主栽品种；同时还可在春夏兼播区作为夏播杂交种应用。自推广种植以来，累计生产面积达 200 万 hm²，获得了巨大的社会经济效益。辽杂 1 号 1985 年获农业部科技进步奖三等奖。

该所潘景芳等于 1981 年以不育系 Tx622A 为母本，以 115 为父本组成杂交种辽杂 5 号，1994 年经辽宁省品种审定，命名推广，定为省内领先水平。该杂交种株高 180 cm；穗中紧，纺锤形，穗长 30 cm，平均穗粒重 90 g，千粒重 30 g；生育期 120 d，属中早熟种；1987—1988 年省区域试验，平均产量 7 534.5 kg/hm²，比对照辽杂 1 号增产 8.3%；1988—1989 年省生产试验，平均产量 7 368 kg/hm²，比对照增产 11.1%。辽宁省多点试种，一般产量 7 500~9 000 kg/hm²，最高产量 12 294 kg/hm²。辽杂 5 号适于辽宁西北部、吉林西南部、内蒙古东南部以及河北、山东、甘肃、宁夏、新疆等省（区）种植。1996 年获辽宁省科技进步奖三等奖。

铁岭市农业科学研究所杨旭东等于 1981 年以不育系 Tx622A 为母本，以恢复系 157 为父本杂交育成杂交种铁杂 8 号，1988 年经辽宁省品种审定，命名推广，定为省内先进水平。该杂交种株高 202 cm；紧穗、纺锤形，穗长 28 cm，平均穗粒重 100 g，千粒重 30 g；生育期 130 d，属中晚熟种；1985—1986 年，2 年全省区域试验，平均产量 7 521 kg/hm²，比对照辽杂 1 号增产 9.5%；1986—1987 年，2 年全省生产试验，平均产量 6 870 kg/hm²，比对照增产 9.8%；大面积试种一般产量 7 500~9 000 kg/hm²。铁杂 8 号适于辽宁省锦州、阜新、铁岭、辽阳、海城等地区种植。

锦州市农业科学研究所魏振山等于 1980 年以不育系 Tx622A 为母本，以锦恢 75 为父本组配成高粱杂交种锦杂 83，1983 年经辽宁省品种审定，命名推广，定为省内先进水平。该杂交种株高 230 cm；紧穗、长纺锤形，穗长 27 cm，平均穗粒重 81.2 g，千粒重 36.7 g；生育期 120~125 d，属中熟种；3 年产量比较试验，平均产量 6 277.5 kg/hm²，比对照增产 11.0%；大面积试种，平均产量 8 025 kg/hm²，比晋杂 4 号增产 14.8%。锦杂 83 适于辽宁省锦州、葫芦岛、阜新等地种植。1986 年获锦州市科技进步奖三等奖。

沈阳市农业科学研究所王文斗等于 1980 年以不育系 Tx622A 为母本，以恢复系 0-30 为父本组配成高粱杂交种沈杂 5 号，1988 年经辽宁省品种审定，命名推广，定为省内先进水平。沈杂 5 号株高 200 cm；穗中紧，长纺锤形，穗长 30.3 cm，平均穗粒重 93.1 g，千粒重 30.5 g；生育期 118 d，属中熟种；1984—1985 年 2 年全省区域试验，平均产量 7 008 kg/hm²，比对照辽杂 1 号增产 4.7%；1985—1986 年 2 年全省生产试验，平均产量 6 867 kg/hm²，比对照增产 7.4%。

沈杂 5 号适于在辽宁省沈阳、营口、阜新、朝阳、锦州、葫芦岛、海城等，以及河北省承德、唐山地区种植。由于沈杂 5 号米质优良，米饭适口性好，深受群众欢迎，推广种植后成为春播晚熟区主栽品种，累积生产面积达 133 万 hm²，社会经济效益显著。1987 年获沈阳市科技进步奖三等奖；1991 年获辽宁省农业厅科技进步奖二等奖，同年获辽宁省科技进步奖三等奖。

辽宁省熊岳农业高等专科学校胡广群等于 1989 年以不育系 Tx622A 为母本，以自选恢复系 4930 为父本组配成高粱杂交种熊杂 3 号，1994 年经辽宁省品种审定，命名推广，定为省内先进水平。熊杂 3 号株高 250 cm；穗中紧，长纺锤形，穗长 29 cm，平均穗粒重 100 g，千粒重 34 g；生育期 122 d，属中熟种；1991—1992 年 2 年省区域试验，平均产量 7 690.5 kg/hm²，比对照辽杂 1 号增产 17.8%；1992—1993 年 2 年省生产试验，平均产量 7 897.5 kg/hm²，比对照辽杂 1 号增产 18.6%。熊杂 3 号适于辽宁省大部分高粱产区，吉林省南部、河北省承德地区种植。

辽宁省营口市农业科学研究所崔宝华等于 1980 年以不育系 Tx622A 为母本，以自选恢复系 654 为父本组配成杂交种桥杂 2 号，1988 年经辽宁省品种审定，命名推广，定为省内先进水平。桥杂 2 号株高 220 cm；穗中紧，长纺锤形，穗长 32 cm，平均穗粒重

99 g，千粒重 31.3 g；生育期 121 d，属中晚熟种；单宁含量 0.05%，米质优良，适口性好，被誉为"二大米"。1984—1985 年 2 年省区域试验，平均产量 8 038.5 kg/hm²，比对照辽杂 1 号增产 17.7%；1985—1986 年 2 年省生产试验，平均产量 7 158 kg/hm²，比对照增产 9.3%。桥杂 2 号适于辽宁省南部、西部，以及朝阳、沈阳、铁岭等地种植。1990 年获营口市政府科技进步奖二等奖。

3. 421A 系统杂交种选育

1981 年，辽宁省农业科学院高粱研究所卢庆善从 ICRISAT 引进一批群体改良高代不育系，其中 SPL132A 表现农艺性状优良，不育性稳定。通过进一步选择、鉴定，最终选育出定型的雄性不育系 421A。该不育系农艺性状好，配合力高，对高粱丝黑穗病菌 1、2、3 号生理小种免疫。用其组配的杂交种增产潜力大，抗病，不早衰，活秆成熟，通过审定推广的杂交种有辽杂 4 号、辽杂 6 号、辽杂 7 号、锦杂 94、锦杂 99 等。

该所卢庆善等于 1983 年以不育系 421A 为母本，以自选恢复系矮四为父本组配成高粱杂交种辽杂 4 号，1989 年经辽宁省品种审定，命名推广，评定为国内先进水平。

辽杂 4 号株高 195 cm；穗中散，长纺锤形，穗长 31 cm，平均单穗粒重 89 g，千粒重 29 g；生育期 133 d，属晚熟种；2 年省区域试验，平均产量 8 022 kg/hm²，比对照辽杂 1 号增产 12.7%；2 年省生产试验，平均产量 7 630.5 kg/hm²，比对照增产 31.3%。大面积示范表现产量高，稳产性好，绥中县网户乡程家村 2.8 hm²，平均每公顷产量 9 438 kg；海城市西柳镇 0.5 hm²，平均每公顷产量 12 226.5 kg；1991 年，朝阳县台子乡农户纪凤友 0.3 hm²，平均每公顷产量 13 356 kg，获辽宁省 1991 年高粱小面积创纪录奖第一名。该杂交种适于辽宁省沈阳以南、以西地区以及朝阳、阜新、铁岭部分地区，河北省秦皇岛、唐山地区栽培。1993 年获辽宁省农业厅科技进步奖二等奖，同年获省政府科技进步奖三等奖。

该所卢庆善等于 1985 年以不育系 421A 为母本，以恢复系 5-27 为父本组配成高粱杂交种辽杂 6 号，1995 年经辽宁省品种审定，命名推广，定为省内领先水平。辽杂 6 号株高 193 cm；穗中紧，纺锤形，穗长 28 cm，平均单穗粒重 87 g，千粒重 31 g；生育期 130 d，属中晚熟种；2 年省区域试验，平均产量 7 635 kg/hm²，比对照增产 17%；2 年省生产试验，平均产量 8 070 kg/hm²，比对照增产 23.4%。大面积试种、示范表现增产潜力大，综合抗性强，稳产性好。1991 年，朝阳县六家子镇魏营子村示范 6.7 hm²，平均产量 9 681 kg/hm²，比辽杂 1 号增产 27%；1995 年，朝阳县台子乡六家子林场试种 0.6 hm²，平均产量 13 684.5 kg/hm²，创造了当时辽宁省高粱最高单产纪录。

锦州市农业科学研究所程开泽等于 1985 年以不育系 421A 为母本，以自选恢复系 841 为父本组配成高粱杂交种锦杂 94，1995 年经辽宁省品种审定，命名推广，定为省内先进水平。锦杂 94 株高 219.3 cm；紧穗，纺锤形，穗长 21 cm，平均穗粒重 105 g，千粒重 28.1 g；生育期 135~140 d，属晚熟种；1990—1991 年 2 年省区域试验，平均产量 6 927 kg/hm² 和 8 349 kg/hm²，比对照辽杂 1 号增产 8.8% 和 21.1%；1992—1993 年 2 年省生产试验，平均产量 7 233 kg/hm² 和 7 582.5 kg/hm²，比辽杂 1 号增产 8.7% 和 23.1%。该杂交种适于辽宁省锦州、葫芦岛、阜新、朝阳、昌图、营口、海城以及河北秦皇岛地区种植。

4. 232EA 系统杂交种选育

锦州市农业科学研究所程开泽、何绍成等于 1981 年以外引不育系 232EA 为母本，以恢复系白平为父本组配成高粱杂交种锦杂 87，1989 年经辽宁省品种审定，命名推广，定为省内先进水平。1985 年以不育系 232EA 为母本，恢复系 5-27 为父本组配成高粱杂交种锦杂 93，1993 年经辽宁省品种审定，命名推广，定为省内先进水平。

锦杂 87 株高 243 cm；紧穗，筒形，穗长 22.7 cm，平均穗粒重 80 g，千粒重 30.8 g；生育期 135 d，属晚熟种；1983—1984 年 2 年省区域试验，平均产量 7 599 kg/hm²，比对照辽杂 1 号增产 6.6%；1985—1986 年 2 年省生产试验，平均产量 7 021.5 kg/hm²，比对照增产 21.9%。适于锦州、葫芦岛、朝阳、海城、新民等地栽培。

锦杂 93 株高 181 cm；紧穗，筒形，穗长 26.9 cm，平均穗粒重 86.6 g，千粒重 34.8~41.0 g；生育期 127 d，属中晚熟种。1988—1989 年 2 年省区域试验，平均产量 7 162.5 kg/hm²，比对照辽杂 1 号增产 10.2%；1990—1991 年 2 年省生产试验，平均产量 8 185.5 kg/hm²，比对照增产 15.4%。适于辽宁省锦州、葫芦岛、阜新、朝阳、昌图等地，以及河北秦皇岛，山东夏津、枣庄，安徽宿县种植。1996 年获锦州市政府科技进步奖一等奖。

5. TL169A 系统杂交种选育

铁岭市农业科学研究所杨旭东等育成的 TL169 系列雄性不育系分成 3 个不育系，即 214A、232A 和 239A。该所和其他科研单位利用这 3 个不育系共组配了 16 个 TL169A 系统高粱杂交种。例如，该所于 1987 年以 214A 为母本，以恢复系 TR157 为父本组配高粱杂交种铁杂 9 号，1992 年经辽宁省品种审定，命名推广，定为国内先进水平。1987 年以 239A 不育系作母本，以恢复系 TR157 作父本组配成高粱杂交种铁杂 10 号，1994 年经辽宁省品种审定，命名推广，定为省内领先水平。

铁杂 9 号株高 200 cm；紧穗，纺锤形，穗长 28 cm，平均穗粒重 100 g，千粒重 30 g；生育期 135 d，属晚熟种；1989—1990 年 2 年省区域试验，平均产量 7 585.5 kg/hm²，比对照辽杂 1 号增产 15.6%；1990—1991 年 2 年省生产试验，平均产量 7 969.5 kg/hm²，比对照增产 11.6%。大面积试种示范，表现高产、稳产。建昌县药王庙试种 2 hm²，平均每公顷产量 9 225 kg；1991 年，铁岭县示范 200 hm²，平均产量 10 125 kg/hm²；康平县张强镇示范 16.7 hm²，平均每公顷产量 9 825 kg。该杂交种适于辽宁省铁岭以南，以及锦州、葫芦岛市，朝阳大凌河以南平原肥地种植。

铁杂 10 号株高 130 cm；紧穗，纺锤形，穗长 30 cm，平均穗粒重 115 g，千粒重 30 g；1991—1992 年 2 年省区域试验，平均产量 7 725 kg/hm²，比对照辽杂 1 号增产 18.4%；1992—1993 年 2 年省生产试验，平均产量 7 885.5 kg/hm²，比对照增产 18.1%；大面积生产示范表现增产潜力大。1992 年开原市古城堡乡贾屯村连片种植 333 hm²，平均每公顷产量 10 500 kg；义县种植 67 hm²，平均产量 9 750 kg/hm²。该杂交种适于开原市、铁岭县，昌图县南部，义县、北镇市、黑山县，沈阳以南，朝阳大凌河以南等地区种植。1997 年获铁岭市科技进步奖一等奖。

辽宁省熊岳农业高等专科学校胡广群等于 1989 年以不育系 214A 为母本，以自选恢复系 4930 为父本组配成高粱杂交种熊杂 4 号，1997 年经辽宁省品种审定，命名推广，定位省内领先水平。熊杂 4 号株高 236 cm；穗中紧，长纺锤形，穗长 29 cm，平均单穗粒重 102.4 g，千粒重 32 g；生育期 129 d，属中晚熟种；1993—1994 年 2 年省区域试验，平均产量 7 936.5 kg/hm²，比对照辽杂 1 号增产 22.3%；1995—1996 年 2 年省生产试验，平均产量 8 409 kg/hm²，比对照锦杂 93 增产 9.3%。熊杂 4 号适于辽宁省锦州、葫芦岛、沈阳、辽阳、鞍山、营口及阜新、铁岭南部地区种植。

6. 7050A 系统高粱杂交种

辽宁省农业科学院高粱研究所选育的 A_1 和 A_2 细胞质雄性不育系 7050A，表现不育性稳定，一般配合力高，对高粱丝黑穗病菌 2 号、3 号生理小种免疫，抗叶病，适应性广。以不育系 7050A 为母本，育成一批高产、多抗、专用的高粱杂交种经审（鉴）定在生产上广泛推广应用，如食用型的辽杂 10 号、辽杂 12 号、辽杂 24 号、辽杂 25 号、锦杂 100；酿酒专用的辽杂 11 号、沈杂 8 号；能源用的辽甜 3 号；饲草用的辽草 1 号等，为辽宁省乃至全国高粱品种的更新换代和高粱生产的发展做出了巨大贡献。"高粱雄性不育系 7050A 创造与应用"项目于 2008 年获辽宁省科技进步奖一等奖。

该所石玉学等于 1990 年以不育系 7050A 为母本，以自选恢复系 LR9198 为父本，组配成高粱杂交种辽杂 10 号，1997 年经辽宁省品种审定，命名推广，定为国内领先水平。辽杂 10 号株高 190～200 cm；穗中紧，纺锤形，穗长 30～35 cm，平均穗粒重 115 g，千粒重 30 g；生育期 130 d，属中晚熟种；1994—1995 年 2 年省区域试验，平均单产 8 254.5 kg/hm²，比对照增产 10.4%；1995—1996 年 2 年省生产试验，平均单产 9 063 kg/hm²，比对照增产 9.4%；大面积试种、示范表现增产潜力大，一般单产 9 000 kg/hm² 以上；1995 年，辽杂 10 号在辽宁省阜新蒙古族自治县建设镇创造了当时高粱单产最高纪录，达 15 345 kg/hm²。辽杂 10 号适于辽宁省沈阳、辽阳、鞍山、营口、盘锦、锦州、葫芦岛等市，朝阳、阜新南部平肥地，河北、山西、甘肃、陕西、新疆等省（区）种植。

该所杨晓光等于 1991 年以不育系 7050A 为母本，以恢复系 148 为父本组配成高粱杂交种辽杂 11 号，1999 年经辽宁省品种审定，命名推广。辽杂 11 号株高 187 cm；穗中散，长纺锤形，穗长 28.6 cm；平均穗粒重 89.6 g，千粒重 33.9 g；生育期 110～115 d，属中早熟种；总淀粉含量 68.8%，单宁含量 1.49%，属于酿酒专用品种；1995—1996 年 2 年省区域试验，平均单产 7 606.5 kg/hm²，比对照锦杂 93 增产 4.9%；1997—1998 年 2 年省生产试验，平均单产 6 268 kg/hm²，比对照增产 4.3%。1997 年在北票市东官乡辽杂 11 号高产地块，单产达 10 839 kg/hm²。辽杂 11 号适于辽宁省朝阳、阜新、黑山、康平、法库、昌图等市、县以及内蒙古赤峰、河北北部、吉林南部等地区种植。

该所邹剑秋等于 1990 年以不育系 7050A 为母本，以恢复系 654 为父本组配成高粱杂交种辽杂 12 号，2001 年经辽宁省品种审定，命名推广。辽杂 12 号株高 192 cm；穗中紧，长纺锤形，穗长 30.8 cm，平均穗粒重 100 g，千粒重 30 g；生育期 126～136 d，属中晚熟种；籽粒蛋白质含量 11.8%，赖氨酸含量 0.23%，单宁含量 0.031%，为食用型专用品种；1996—1997 年 2 年省区域试验，平均单产 6 832.5 kg/hm²，比对照锦杂

93 增产 3.8%；1998—1999 年 2 年省生产试验，平均单产 8 748 kg/hm²，比对照锦杂 93 增产 21.2%；1997 年辽杂 12 号在辽宁省朝阳县高产地块，单产达到 10 803 kg/hm²。

该所邹剑秋等于 2003 年以不育系 7050A 为母本，以自选甜高粱恢复系 LTR108 为父本组配成甜高粱杂交种辽甜 3 号，2008 年通过国家高粱品种鉴定委员会鉴定，命名推广。辽甜 3 号株高 336.4 cm，茎粗 2.04 cm；穗中紧，纺锤形；生育期 140 d，属晚熟种；茎秆多汁，其含糖锤度 19.7%；粗蛋白质 4.89%，粗纤维 30.5%，粗脂肪 7.6%，粗灰分 6.5%，可溶性总糖 34.4%，无氮浸出物 47.1%；在株高 120 cm 时，叶中氢氰酸含量 9.4 mg/kg，茎中的含量 19.3 mg/kg，可作为饲用或能源用高粱杂交种。2006—2007 年 2 年国家区域试验，平均鲜重产量 77 311.5 kg/hm²，比对照增产 30.2%；籽粒产量 5 460 kg/hm²，比对照增产 4.0%。

辽甜 3 号适于在黑龙江省第一积温带，吉林省中部，辽宁省中部和西部，北京、山西中南部、甘肃、新疆北部、安徽、湖南、广东等省适宜地区作能源高粱种植。河南、湖北、江西、山东、宁夏等省（区）可试种。

该所朱翠云等于 2000 年以不育系 7050A 为母本，以苏丹草为父本组配成饲草用高粱杂交种，2004 年经国家高粱品种鉴定委员会鉴定，命名推广。辽草 1 号株高 320～340 cm，分蘖可达 3～4 个，生长繁茂，一般每年可刈割 2～3 次；茎叶粗蛋白含量 4.7%，粗脂肪 2.0%，粗灰分 8.3%，粗纤维 40.2%，无氮浸出物 44.8%，茎和叶氢氰酸含量分别为 4.43 mg/kg 和 6.83 mg/kg。2002—2003 年 2 年国家高粱饲用组区域试验，平均鲜茎叶单产 103 920 kg/hm²，超过国家鉴定 90 000 kg/hm² 的标准。辽草 1 号适于在辽宁、内蒙古、北京、湖北、河南等省（区）种植。

锦州市农业科学院冯文平等于 1995 年以不育系 7050A 为母本，以恢复系 9544 为父本组配的高粱杂交种锦杂 100，2001 年经辽宁省品种审定，命名推广。锦杂 100 株高 180 cm；紧穗，纺锤形，穗长 31.2 cm，平均穗粒重 84.2 g，千粒重 28.2 g；生育期 128 d，属中晚熟种；高抗丝黑穗病菌 3 号生理小种，2001—2002 年接种鉴定，发病率 0.7%，自然发病率为 0%，无叶部病害，较抗蚜虫；1998—1999 年 2 年省区域试验，平均产量 8 425.5 kg/hm²，比对照锦杂 93 增产 14.9%；1999—2000 年 2 年省生产试验，平均单产 7 854 kg/hm²，比对照增产 13.5%。该杂交种适于辽宁锦州、葫芦岛、朝阳、阜新等地，以及沈阳以南地区种植。

沈阳市农业科学院徐忠成等于 1996 年以不育系 7050A 为母本，以自选恢复系 8010 为父本组配成高粱杂交种沈杂 8 号，2002 年经辽宁省品种审定，命名推广。沈杂 8 号株高 176 cm；紧穗，纺锤形，穗长 30.6 cm，平均穗粒重 91.5 g，千粒重 31.7 g；生育期 125 d，属中熟种；高抗丝黑穗病菌 3 号生理小种，接种发病率 5.3%，自然发病率为 0%，无叶部病害，较抗蚜虫；1999—2000 年 2 年省区域试验，平均产量 7 918.5 kg/hm²，比对照锦杂 93 增产 15.3%；2001 年省生产试验，平均产量 8 176.5 kg/hm²，比对照增产 14.0%。该杂交种适于辽宁沈阳、辽阳、鞍山、营口、锦州、葫芦岛、朝阳、阜新等地区种植。

7. 其他不育系高粱杂交种

辽宁省熊岳农业科学研究所王云铎等于 1978 年以自选不育系 2817A 为母本，以恢复系 YS7501 为父本组配成高粱杂交种熊杂 1 号，1983 年经辽宁省品种审定，命名推广，定为省内先进水平。熊杂 1 号株高 206 cm；穗中紧，杯形，穗长 27.8 cm，平均穗粒重 93.7 g，千粒重 24.5 g；生育期 117 d，属中早熟种；籽粒蛋白质含量 11.1%，赖氨酸含量占蛋白质 1.9%，单宁含量 0.05%；1981—1983 年省区域试验、生产试验，平均产量 8 025 kg/hm²，比对照沈杂 3 号增产 11.4%。熊杂 1 号适于辽宁省南部和西部种植。

辽宁省熊岳农业高等专科学校王云铎等于 1988 年以自选不育系 21A 为母本，以恢复系 654 为父本组配成高粱杂交种熊杂 2 号，1993 年经辽宁省品种审定，命名推广，定为省内先进水平。熊杂 2 号株高 224 cm；穗中紧，长纺锤形，穗长 35.5 cm，平均穗粒重 115 g，千粒重 33 g；生育期 126 d，属中熟种；抗丝黑穗病、叶斑病，抗旱性强；米质优，适口性好；1990—1991 年，2 年省区域试验，平均产量 7 656 kg/hm²，比对照辽杂 1 号增产 1.4%；1991—1992 年，2 年省生产试验，平均产量 7 692 kg/hm²，比对照辽杂 1 号增产 10.3%。熊杂 2 号适于辽宁、山西、陕西、河北、河南、山东等省种植。1996 年获辽宁省科技进步奖二等奖。

辽宁省营口市农业科学研究所程相颖等于 1978 年以自选不育系营 4A 为母本，以恢复系白平为父本组配成高粱杂交种营杂 1 号，1985 年经辽宁省品种审定，命名推广，定为省内先进水平。营杂 1 号株高 230 cm；紧穗，长纺锤形，穗长 24.8 cm，平均穗粒重 91.2 g，千粒重 29.5 g；生育期 121 d，属中熟种；抗叶斑病，抗倒伏，抗旱耐涝；1982—1983 年，2 年省区域试验，平均产量 8 001 kg/hm²，比对照增产 20.1%；1983—1984 年，2 年省生产试验，平均产量 8 061 kg/hm²，比对照增产 7.1%。营杂 1 号适于辽阳以南，锦州南部及兴城、绥中等地种植。1986 年获营口市政府科技进步奖二等奖。

三、甜高粱杂交种选育

甜高粱在辽宁省早有栽培，但大多种在房前屋后，主要作甜秆食用。由于自然和人工选择的结果，形成了许多适于当地生态条件的甜高粱地方品种，如甜秆、八棵权、甜秆大弯头、甜秫秆等。这些甜高粱品种大都散落于农家，一般植株较矮，生物产量也不高。

改革开放以来，随着市场经济的发展，甜高粱的用途也逐渐扩大，不仅作食用、饲用、糖用，还可作为能源作物。辽宁省农业科学院高粱研究所最先开展了甜高粱杂交种选育工作。"高产优质甜高粱品种选育"从"七五"开始列为农业部重点研究课题，"八五"列为国家攻关课题。1989 年，高粱研究所选育出为我国第一个甜高粱杂交种辽饲杂 1 号，由全国牧草品种审定委员会审定命名推广。

(一) 育种目标

1. 茎秆产量

甜高粱茎秆是制糖、产酒、转化能源乙醇的原料，因此作为以上用途的甜高粱育种目标应确定为去掉叶片、叶鞘和穗的茎秆产量，即净甜秆产量。

Crispim 等（1984）种植巴西甜高粱品种 BR503，亩产净秆 3 467 kg。1980—1981 年，巴西进行 17 个甜高粱品种比较试验，最高产的 BR505，亩产净秆 6 187 kg。Clegg

等（1986）在美国种植甜高粱品种雷伊，亩产净秆5 544 kg；1983 年在美国进行甜高粱品种比较试验，Mer82 - 9 每亩产净秆 6 722 kg，82 - 22 为 6 738 kg，78 - 10 为 6 985 kg，格拉斯（MN1500）为 7 068 kg。

我国基本上以净甜秆产量作为甜高粱品种选育的目标之一。黎大爵（1989）于 1984 年在中国科学院植物研究所进行甜高粱品种比较试验，其中 M - 81E 亩产净秆 5 963 kg，泰斯为 6 320 kg。1985 年，北京、天津、山东、湖南、江苏等地种植甜高粱品种 M-81E，平均亩产净秆 5 271 kg。1986 年，甘肃张掖地区农业科学研究所种植甜高粱品种 BJK-19 和 BJK-38，亩产净秆分别为 5 171 kg 和 4 979 kg。1989 年，甘肃武威种植甜高粱品种凯勒，亩产净秆 6 603 kg。综合国内外甜高粱品种净甜秆产量的试验结果，确定我国甜高粱品种净甜秆产量的育种目标为 5 800~6 000 kg。

2. 茎秆含糖量及其成分

甜高粱品种选育不仅要求茎秆产量高，而且还要求茎秆含糖量高。因品种用途不同，对茎秆含糖量及其组成成分的要求有一定差异，但总体上还是要求选育甜高粱品种的茎秆产量及其糖分含量均高。

Bapat 等（1987）报道印度的甜高粱品种 SSV7073，其汁液锤度 22.2%，视纯度 77.6%。测定的 87 个甜高粱品种，总的固溶物幅度为 17.0% ~ 25.55%。Seetharama（1987）对 96 个甜高粱品系进行测定，其中 2 个来自肯尼亚的种质 IS20963 和 IS20984 的茎秆含糖锤度达 32.0%，来自苏丹的 IS9901 的含糖量为 42.7%。

1983 年，美国在甜高粱品种比较试验中，测定雷伊的锤度为 20.2%，视纯度为 76.2%，凯勒分别为 21.1% 和 78.1%，丽欧为 21.1% 和 79.2%。ICRISAT 对 70 个甜高粱品种进行测定，茎秆总含糖幅度为 17.8%~40.3%。

中国科学院植物研究所（1992）测定甜高粱品种凯勒汁液锤度平均为 20.7%。四川省简阳糖厂测定凯勒的汁液锤度为 21.1%。后来从凯勒品种里选出的 BJK-37，其汁液锤度达 24%。甘肃省张掖地区农业科学研究所种植的 BJK-37，测定汁液锤度最高达 27%。根据国内外甜高粱品种汁液含糖锤度的实测数据，综合来看，确定我国选育甜高粱品种茎秆汁液锤度最低要达到 16%。

茎秆含糖量组成成分的要求也有不同，例如，为了制糖的需要，其茎秆含糖成分应以蔗糖含量高为好；如果以转化乙醇为目的，则含糖成分应以葡萄糖和果糖含量高为好，因为葡萄糖和果糖为六碳糖，可直接转化为乙醇。

3. 籽粒产量

甜高粱的第一个光合物质储藏库是茎秆，第二个储藏库是穗部的籽粒。一般来说，含糖量高、茎秆产量高的甜高粱品种，其籽粒产量较低。但也有甜高粱品种例外，如 M-81E 的茎秆和籽粒产量均高。而甜高粱杂交种的籽粒产量就更高，例如 1986 年美国种植的甜高粱杂交种 N39×雷伊，亩产籽粒 442 kg。Nimbkar 等（1987）报道，1981—1982 年印度种植的甜高粱杂交种，其亩产籽粒甚至达 1 000 kg。

我国甜高粱籽粒产量各地表现不一致。1975—1978 年，河南省开封地区农科所栽种的甜高粱品种丽欧，亩产籽粒 200~400 kg。黎大爵（1989）报道，中国科学院植物研究所甜高粱品种比较试验结果显示，泰斯亩产籽粒 444.9 kg，M-81E 为

414.2 kg。1989 年，湖北省公安县栽种的杂交种 M-81E×Rio，2 季亩产鲜生物量 10 500 kg，籽粒产量 1 000 kg。

我国从 1985 年开始，甜高粱品种选育已正式列为国家农业部研究项目。当时根据国内外甜高粱品种产量的数据，结合我国的实际，确定我国甜高粱品种选育籽粒产量指标为每亩 350~450 kg。

4. 抗逆性

甜高粱由于茎秆含有糖分，既可作为糖料作物，又可作为具有发展潜力的乙醇能源作物。2006 年，我国召开了生物质能源工作会议，提出了生物质能源的发展方针是非粮替代，即发展能源作物生产要做到不与粮争地，不与民争粮，合理利用劣质土地。这一方针就决定了我国发展甜高粱生产要在边际性土地上进行，即在干旱地、盐碱地、低洼易涝地上种植甜高粱。因此，这就决定了甜高粱品种选育的抗逆性目标，要使新选育的品种具有较强的抗干旱、耐涝、耐盐碱、耐热等特性。

甜高粱品种除了应具有抗非生物性胁迫条件外，还应具有抗生物性灾害的能力，如抗病性、抗虫性、抗鸟害、抗杂草危害等。总之，甜高粱品种要具有较强的抗逆性。

（二）杂交种选育

甜高粱作为生物质能源作物，有不可比拟的优势。一是生物产量高，甜高粱为 C_4 作物，光合速率高，一般每亩可产茎秆 4~6 t，籽粒 200~400 kg，被称为"高能作物"。二是茎秆含糖量高，易于转化，甜高粱茎秆含糖锤度一般可达 18% 以上，最高者达 32%；糖分主要为葡萄糖和果糖，易于转化为乙醇。三是综合加工利用价值高，茎秆汁液可作生产乙醇的原料，废渣可作饲料或制造纸和纤维板。因此，甜高粱杂交种选育受到国家的重视。

高粱研究所于 20 世纪 90 年代开始选育甜高粱杂交种。1999 年，以自选雄性不育系 L0201A 为母本，以自选甜高粱恢复系 LTR102 为父本杂交组配成辽甜 1 号，2005 年经国家品种鉴定委员会鉴定，命名推广。辽甜 1 号产量高，亩产茎秆 5 000~6 000 kg，籽粒 300~400 kg；茎秆出汁率 65%，含糖锤度 17%~20%；茎叶粗蛋白质 4.92%，粗脂肪 1.06%，粗纤维 31.6%，粗灰分 1.92%，可溶性总糖 31.5%，无氮浸出物 47.7%。

为加快甜高粱杂交种选育的速度和提高杂交种的水平，高粱研究所采用杂交、转育技术选育甜高粱雄性不育系和恢复系，先后选育出不育系 L0202A、L0203A、L0204A、L0205A、L0206A、305A、307A、309A_3、311A_3 等 11 个，恢复系 LTR106、LTR108、LTR110、LTR112、LTR114、LTR115、LTR116、304、306、310 共 10 个。其中雄性不育系 309A_3 和 311A_3 是 A_3 细胞质的不育系，目前尚未找到恢复基因，因此用其组配的杂交种不结籽粒，这样可以提高甜高粱的茎秆产量和增加茎秆的含糖量。现已用其组配成杂交种辽甜 10 号（309A_3×310）和辽甜 14 号（311A_3×LTR108）。恢复系 LTR108 农艺性状优良，配合力高，恢复性好，用其组配成辽甜 3 号、辽甜 12 号等 4 个甜高粱杂交种，表现高产、稳产、优势强，深受农民欢迎。用恢复系 LTR108 与不育系 307A 组配的辽甜 12 号，经国家高粱品种鉴定委员会鉴定命名推广后，在黑龙江省引种试种也表现优良，因此在黑龙江省认定推广种植。"生物质能源甜高粱品种选育技术创新与应用"项目于 2011 年获省政府科技进步奖二等奖。

20 世纪 90 年代，沈阳农学院马鸿图教授也开始选育甜高粱杂交种，并先后选育出沈农甜杂 1 号（Tx623A×6993）和沈农甜杂 2 号（Tx623A×1375）2 个甜高粱杂交种。其中沈农甜杂 2 号亩产鲜茎秆 5 000 kg，籽粒 400 kg，茎秆出汁率 70% 以上，含糖锤度 16%；并具有抗叶病、抗旱、耐盐碱、易栽培、长势旺等特征。

甜高粱茎秆含糖锤度的多少是衡量品种优良与否的主要指标之一。马鸿图等（1996）研究了甜高粱品种沈农甜杂 2 号等茎秆含糖的分布和变化趋势。试验结果表明，甜高粱随着生育的进程，茎秆含糖锤度逐渐上升，从乳熟期到蜡熟期含糖量增加较快，至完熟期，茎秆含糖锤度达到峰值，高含糖锤度的节间数也随着增多。

甜高粱茎秆中含糖锤度的分布，不仅节间之间存在明显差异，而且同一节间内锤度分布也不均匀。节间含糖锤度变化规律是，开花时茎秆锤度在 3%~4%，籽粒灌浆后锤度开始上升，进入蜡熟期是锤度快速增加时期（表 3-39）。开花授粉、受精、形成籽粒初期，茎秆含糖锤度上升较缓慢，开花至蜡熟经历 25 d，茎秆中的锤度由 5% 上升到 10%，而从蜡熟到成熟经历 15 d，茎秆锤度由 10% 上升到 17% 以上。很显然，甜高粱茎秆汁液中糖分积累过程是与籽粒形成及灌浆过程并行的。也就是说，开花后甜高粱的光合产物分别同时进入不同的储藏库里，一部分以淀粉形式进入籽粒，另一部分以糖的形式进入茎秆。

由于甜高粱茎秆各节段的含糖锤度是不一致的，因此甜高粱茎秆的平均锤度不能以某一节间的锤度作代表，而应取其各节段的平均值作为该品种的含糖锤度数值，或测其混合汁液的锤度。

表 3-39　甜高粱茎秆汁液糖锤度上升过程　　　　　　　　　　单位:%

糖锤度试材	出苗后天数								
	80 d	83 d	86 d	89 d	92 d	95 d	98 d	101 d	104 d
沈农甜杂 2 号	4	4	4.5（开花）	5	5.5	6	6.5（灌浆）	7	8
623A×S49	3.5	4（开花）	4.5	5	5	5.5（灌浆）	6	6.5	7
M81-E									

糖锤度试材	出苗后天数								
	107 d	110 d	113 d	116 d	119 d	122 d	125 d	130 d	145 d
沈农甜杂 2 号	9	10.5（蜡熟）	12	14	15.5	17	18（成熟）		
623A×S49	8	10（蜡熟）	12	13	14	15	17（成熟）		
M81-E		3.5	4	4（开花）	4.5	5	6.2（灌浆）	10.2（蜡熟）	19.2（成熟）

（马鸿图等，1996）

马鸿图等（1996）组配了 29 个甜高粱杂交种研究生育期、茎叶鲜重、穗粒重等 7 个性状的杂种优势表现，并与粒用高粱杂交种做了比较（表 3-40）。结果表明，甜高粱的生育期、株高、茎秆鲜重、千粒重的杂种优势均明显高于粒用高粱；穗粒重、穗粒数的杂种优势则明显低于粒用高粱；而穗长杂种优势基本一样。

表3-40　甜高粱与粒用高粱杂种优势（平均优势）比较

高粱类别	生育期	株高	茎叶鲜重	穗粒重	穗粒数	千粒重	穗长
粒用高粱	-0.6	23.5	29.6	75.3	55.9	12.6	12.9
甜高粱	0.91	57.9	43.1	40.6	29.3	19.6	13.0
增减（%）	251.7	146.4	45.6	-46.1	-47.6	55.6	0.8

（马鸿图等，1996）

从甜高粱生育期（出苗至开花日数）和株高的杂种优势分布看，生育期有正、负杂种优势之分（图3-4），大多数的优势围绕双亲的平均值，但也有表现特别日数多的杂交种。而株高的杂种优势均为正值，而且大多数杂交种的优势比中亲值高（图3-5）1 m以上，表明甜高粱株高的杂种优势很强。

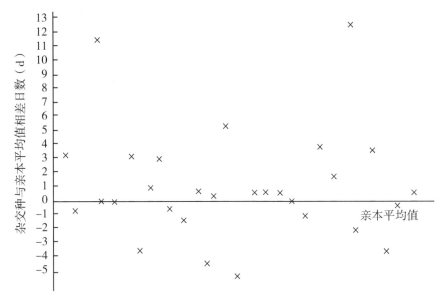

图3-4　甜高粱生育期（出苗至开花日数）杂种优势分布（马鸿图等，1996）

四、糯高粱杂交种选育

为适应酿酒业对糯高粱原料的需求，以及调节人们饮食的需要，辽宁省农业科学院高粱研究所从2000年开始，开展了糯高粱杂交种选育。首先通过杂交选育出糯高粱雄性不育系辽粘A-1、辽粘A-2、LA-25等，以及恢复系辽粘R-1、辽粘R-2、辽粘R-3、3540R等，并组配出辽粘1号至辽粘6号、辽糯7号、辽糯8号8个糯高粱杂交种。其中辽粘3号通过国家鉴定命名推广。该杂交种产量高，国家区试2年平均亩产446.2 kg，比对照青壳洋增产47.5%，籽粒适宜酿制优质白酒。

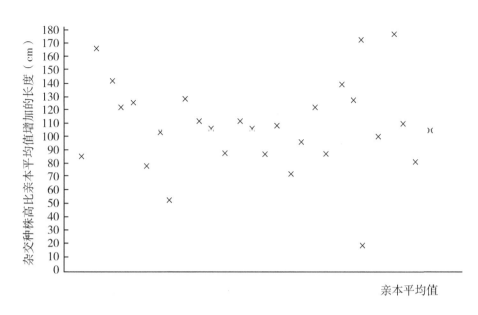

图 3-5　甜高粱株高杂种优势分布（马鸿图等，1995）

五、饲用高粱杂交种选育

高粱是较好的饲料作物，籽粒可作精饲料，茎叶可作干草、青饲和青贮饲料。随着我国畜牧业的发展和对饲料（草）的需求增加，高粱研究所 1988 年育成了饲料高粱杂交种辽饲杂 1 号（623A×wey69-5），1989 年经全国牧草品种审定委员会审定，命名推广。

辽饲杂 1 号可粮饲兼用，每亩产籽粒 300~400 kg，茎叶 3 000~4 000 kg。辽饲杂 1 号作青贮饲料，含初水 78.9%，粗蛋白质 5.85%，粗脂肪 3.21%，粗纤维 32.85%，灰分 9.29%。用来饲喂奶牛，比饲喂青贮玉米每头日增加产奶 0.55 kg，乳脂率提高 0.12%，成本下降 25%。

为了使饲料高粱杂交种主要性状满足青饲、青贮的需要，高粱研究所通过杂交选育出饲用高粱雄性不育系 LS3A、ICS24A 和 L0201A 等，用其组配出辽饲杂 2 号、辽饲杂 3 号和辽饲杂 4 号，并通过国家审（鉴）定，命名推广。

采用粒用高粱与苏丹草杂交组配的草高粱（也称高丹草）杂交种，利用茎叶产草量高，在无霜期较长地区一年可多次刈割，满足畜禽对饲草需求的特点，高粱研究所从 20 世纪 90 年代开始选育草高粱杂交种，先后育成了辽草 1 草（7050A×苏丹草）、辽草 2 号（24A×苏丹草）和辽草 3 号（12A×苏丹草），经国家鉴定后命名推广应用。其中辽草 1 号株高 220 cm，茎粗 1.2 cm，分蘖数 1.9 个，含糖锤度 15%，一年刈割 2 次时，可亩产青饲草 7 000 kg 以上。

主要参考文献

陈悦，孙贵荒，曹佳颖，等，1994. 高粱遗传距离与杂种优势、杂种产量关系的研

究 [C]//第三届全国青年作物遗传育种学术会文集.

陈悦, 孙贵荒, 丛秀艳, 等, 1997. A$_3$型高粱雄性不育细胞质在选育优良不育系中的应用 [J]. 辽宁农业科学 (6): 3-6.

陈悦, 孙贵荒, 石玉学, 等, 1995. 部分高粱转换系与不同高粱细胞质的育性反应 [J]. 作物学报, 21 (3): 281-288.

陈悦, 孙贵荒, 石玉学, 等, 1994. 高粱转换系与三种不用高粱细胞质育性反应初报 [J]. 辽宁农业科学 (5): 33-36.

龚畿道, 张凤桐, 1964. 辽宁高粱新品种: 分枝大红穗 [J]. 辽宁农业科学 (6): 5-10.

胡广群, 王文华, 孙克威, 等, 1995. 高粱恢复系主要性状配合力研究 [J]. 辽宁农业科学 (2): 19-22.

孔令旗, 1991. 高粱籽粒营养品质性状数量遗传研究概述 [J]. 辽宁农业科学 (2): 51-54.

孔令旗, 张文毅, 李振武, 1992. 高粱籽粒蛋白质及其组分的配合力与杂种优势分析 [J]. 作物学报, 18 (5): 352-358.

孔令旗, 张文毅, 李振武, 1992. 高粱籽粒淀粉含量的配合力与杂种优势分析 [J]. 辽宁农业科学 (1): 18-20.

孔令旗, 张文毅, 李振武, 1992. 高粱籽粒赖氨酸含量基因效应的研究 [J]. 辽宁农业科学 (3): 26-29.

孔令旗, 张文毅, 李振武, 1994. 高粱籽粒总蛋白及其 4 种组合含量的遗传效应分析 [J]. 中国农业科学, 27 (2): 50-56.

孔令旗, 张文毅, 李振武, 1995. 高粱籽粒直链淀粉和支链淀粉含量的基因效应分析 [J]. 作物学报, 21 (3).

孔令旗, 张文毅, 1988. 高粱籽粒蛋白质赖氨酸和单宁含量在不同环境中的遗传表现 [J]. 辽宁农业科学 (3): 18-32.

黎大爵, 等, 1992. 甜高粱及其利用 [M]. 北京: 科学出版社.

李振武, 1986. 高粱 F$_3$ 生育期遗传表现 [J]. 辽宁农业科学 (3): 1-3.

李振武, 1983. 高粱生育期遗传的初步研究 [J]. 辽宁农业科学 (4): 1-5.

李振武, 1988. 高粱生育期遗传研究 [J]. 辽宁农业科学 (3): 6-11.

辽宁省科学技术志编纂委员会, 2013. 辽宁省科学技志 (1986—2005) [M]. 沈阳: 辽宁科学技术出版社.

卢峰, 吕香玲, 宋波, 等, 2008. 辽杂号高粱杂交种性状分析与总结 [M]. 北京: 中国农业科学技术出版社: 92-95.

卢庆善, 1986. 高粱杂交种产量的稳定性测定 [J]. 辽宁农业科学 (5): 1-5.

卢庆善, 1984. 高粱杂交种主要性状的分析研究 [J]. 辽宁农业科学 (3): 6-10.

卢庆善, 1987. 辽宁省高粱更替品种的性状研究 [J]. 辽宁农业科学 (1): 4-8.

卢庆善, 1990. 高粱数量性状的遗传距离和杂种优势预测的研究 [J]. 辽宁农业科学 (5): 1-6.

卢庆善，1992. 我国高粱杂种优势利用回顾与展望 [J]. 辽宁农业科学（3）：40-44.

卢庆善，1999. 高粱学 [M]. 北京：中国农业出版社.

卢庆善，2004. 甜高粱研究进展. 中国甜高粱研究与利用 [J]. 北京：中国杂粮作物，24（3）：147-148.

卢庆善，2008. 甜高粱 [M]. 北京：中国农业科学技术出版社.

卢庆善，卢峰，王艳秋，等，2010. 高粱核质互作型雄性不育体系研究的最新进展 Ⅱ：雄性不育的应用 [J]. 杂粮作物（6）：410-413.

卢庆善，宋仁本，1988. 新引进高粱雄性不育系421A及其杂交种研究初报 [J]. 辽宁农业科学（1）：17-22.

卢庆善，宋仁本，1990. 高粱杂交种辽杂4号选育报告 [J]. 辽宁农业科学（4）：18-20.

卢庆善，宋仁本，郑春阳，等，1995. LSRP：高粱恢复系随机支配群体组成的研究 [J]. 辽宁农业科学（3）：3-8.

卢庆善，宋仁本，郑春阳，1997. 高粱不同分类组杂种优势和配合力的研究 [J]. 辽宁农业科学（2）：3-13.

卢庆善，孙毅，2005. 杂交高粱遗传改良 [M]. 北京：中国农业科学技术出版社.

卢庆善，邹剑秋，朱凯，等，2010. 高粱核质互作型雄性不育体系研究的最新进展 Ⅰ：雄性不育系的育性反应 [J]. 杂粮作物（5）：328-332.

马鸿图，1987. 高粱杂交种及其亲本生产能力和光合生产率研究 [J]. 辽宁农业科学（5）：9-14.

马鸿图，2012. 高粱文集 [M]. 北京：中国农业出版社.

马鸿图，王秉昆，罗玉春，等，1993. 不同类型粒用高粱生产力及光合能力的比较研究 [J]. 作物学报，19（5）：412-419.

马鸿图，吴耀民，华秀英，等，1996. 甜高粱高产生物学研究 [J]. 全国高粱学术研讨会论文选编，113-118.

潘景芳，孙贵荒，石玉学，1995. 高粱杂交种辽杂5号选育报告 [J]. 辽宁农业科学（5）：55-56.

潘世全，谢凤周，1990. 辽饲杂1号选育报告 [J]. 辽宁农业科学（3）：24-26.

潘世全，谢凤周，朱翠云，1990. 新选饲用高粱雄性不育系配合力分析 [J]. 辽宁农业科学（5）：7-10.

乔魁多，1963. 辽宁高粱品种分布情况和因地制宜地选用高粱品种的经验 [J]. 中国农报（4）.

乔魁多，1983. 中国高粱品种志（下册）[M]. 北京：中国农业出版社.

乔魁多，魏振山，1980. 中国高粱品种志（上册）[M]. 北京：中国农业出版社.

宋仁本，卢峰，孙国民，等，2003. 高粱杂交种辽杂14号（373A/312）选育报告 [J]. 辽宁农业科学（4）：46-47.

宋仁本，卢庆善，孙国民，等，2002. 我国高粱品种改良的育种方法 [J]. 杂粮作物，22（3）：138-140.

宋仁本，卢庆善，郑春阳，等，1996. 高粱杂交种辽杂 6 号选育报告 [J]. 辽宁农业科学（5）：54-56.

孙贵荒，1991. 高粱杂交种产量的稳定性分析 [J]. 辽宁农业科学（4）：1-5.

孙贵荒，等，1997. 高粱数量性状相关遗传力研究 [J]. 辽宁农业科学（5）：3-6.

孙贵荒，等，1995. 高粱产量、株高和穗长的遗传研究. 辽宁农业科学（3）：16-20.

王富德，卢庆善，1985. 我国主要高粱杂交种的系谱分析 [J]. 作物学报（1）：9-14.

王富德，张世苹，杨立国，1988. 高粱 A_2 雄性不育系的鉴定 I：育性反应 [J]. 作物学报，14（3）：247-254.

王富德，张世苹，杨立国，1990. 高粱 A_2 雄性不育系的鉴定 II：主要农艺性状的配合力分析 [J]. 作物学报，16（3）：242-251.

王富德，张世苹，杨立国，1989. 高粱异细胞质对主要农艺性状的影响 [J]. 辽宁农业科学（4）：21-23.

王富德，张世苹，1983. 新引进高粱雄性不育系的配合力分析 [J]. 作物学报（1）：1-6.

王艳秋，邹剑秋，黄瑞冬，等，2008. 饲草高粱杂交种产量稳定性分析 [J]. 华北农学报（S），156-161.

肖海军，张文毅，1989. 高粱籽粒蛋白质及其遗传变异性 [J]. 辽宁农业科学（2）：4-7.

徐忠诚，2000. 高粱几个亲本的配合力分析 [J]. 杂粮作物（4）：17-19.

谢凤周，1989. 糖高粱茎秆糖分积累规律初步研究，辽宁农业科学（5）：50-51.

杨立国，张宝金，石大渊，等，2002. 高粱杂交种辽杂 13 号选育报告 [J]. 辽宁农业科学（5）：43-44.

杨晓光，杨镇，石玉学，1995. 高粱 F_3 代抗丝黑穗病 3 号生理小种的遗传分析 [J]. 辽宁农业科学（4）：13-16.

杨晓光，杨镇，邹剑秋，1998. 高粱杂交种辽杂 10 号选育报告 [J]. 辽宁农业科学（1）：55-56.

杨晓光，杨镇，邹剑秋，2000. 高产、多抗、早熟高粱杂交种辽杂 11 号 [J]. 杂粮作物（4）：封 4.

杨旭东，李涛，栾化泉，等，1996. 高粱三系育种的回顾与展望 [C]. 全国高粱学术研讨会论文选编：40-43.

杨镇，1996. 粒用高粱亲本系选育早代鉴定研究概述 [J]. 杂粮作物（4）：9-12.

张世苹，1980. 东北地区食用高粱品种部分主要性状分析 [J]. 辽宁农业科学（6）：8-12.

张文毅，1976. 高粱主要性状遗传力和相关的初步研究 [J]. 遗传学报，3（4）：303-308.

张文毅，1980. 高粱品质性状的遗传研究 ［J］. 辽宁农业科学（2）：37-43.

张文毅，1983. 高粱杂种优势分析 ［J］. 辽宁农业科学（2）：1-8.

张文毅，韩福光，孟广艳，1987. 高粱穗结构的遗传研究Ⅲ：回交效应 ［J］. 辽宁农业科学（3）：7-10.

张志鹏，黄瑞冬，邹剑秋，2008. A₃、A₄细胞质对甜高粱产量及其重要性的影响 ［J］. 杂粮作物，28（3）：137-140.

张文毅，李振武，孟广艳，1985. 高粱穗结构的遗传研究Ⅰ：杂种一代的遗传表现 ［J］. 辽宁农业科学（2）.

张文毅，孟广艳，韩福光，等，1986. 高粱穗结构的遗传研究Ⅱ：分离世代的遗传特点 ［J］. 辽宁农业科学（4）：3-7.

张志鹏，杨镇，邹剑秋，等，2008. 能源作物甜高粱品种辽甜1号产业化前景展望 ［G］//中国甜高粱研究与利用. 北京：中国农业科学技术出版社.

张志鹏，朱翠云，宋仁本，等，2004. 饲用高粱杂交种辽饲杂3号选育报告 ［J］. 杂粮作物，24（4）：206-207.

张志鹏，朱翠云，王艳秋，2005. 饲用高粱杂交种辽饲杂4号选育报告 ［J］. 杂粮作物，25（3）：145-146.

张志鹏，邹剑秋，朱凯，等，2007. 能源用甜高粱辽甜1号选育报告 ［J］. 杂粮作物，27（6）：399-400.

张志鹏，邹剑秋，朱凯，等，2010. 能源甜高粱杂交种辽甜4号选育报告 ［J］. 杂粮作物，30（4）：269-270.

朱翠云，潘世全，1996. 辽饲杂2号选育研究 ［J］. 杂粮作物（4）：15-16.

朱凯，王艳秋，邹剑秋，等，2011. 糯高粱杂交种辽粘4号选育及栽培技术 ［J］. 辽宁农业科学（4）：87.

邹剑秋，王艳秋，2007. 我国甜高粱育种方向及高效育种技术 ［J］. 杂粮作物，27（6）：403-404.

邹剑秋，杨晓光，杨镇，等，1995. A₃型胞质雄性不育系在高粱育种中的应用 ［J］. 杂粮作物（4）：19-21.

邹剑秋，杨晓光，杨镇，等，2002. 高粱杂交种辽杂11号选育报告 ［J］. 杂粮作物，22（1）：14-16.

邹剑秋，朱凯，王艳秋，等，2010. 高粱雄性不育系7050A的选育与应用 ［J］. 作物杂志（2）：40-44.

邹剑秋，朱凯，杨晓光，等，2004. 高产、早熟、酿酒用高粱杂交种辽杂18号选育报告 ［J］. 杂粮作物，24（3）：149-150.

邹剑秋，朱凯，杨镇，等，2007. 高产、优质、多抗食用型高粱杂交种辽杂25号选育报告 ［J］. 辽宁农业科学（1）：55-56.

BAPAT D R, JADHAV H D, et al., 1987. Sweet sorghum cultivars for production of qualitv syrup and jaggery in Mabarashtra ［C］//Technology and applications for alternative uses of sorghum. Proceedings of the National Seminar. Parbhani, Maharasbtra,

India: 203-206.

NIMBKAR N, CHANEKAR A R, et al., 1987. Development of improved cultivars and mangement practices in sweet sorghum as a source for ethanol [C]//Technology and application for aternative uses of sorghum. Proceedings of the Narional Seminar. Parbhani, Maharashtra, India: 180-188.

第四章 辽宁高粱栽培技术研究

为不断提高高粱单位面积产量，辽宁省农业科学院在选育高产品种的基础上，对高粱高产栽培技术开展了较全面、深入的研究和探索，如结合高粱品种进行的良种良法配套技术研究，高粱籽粒产量与氮磷钾施用量的研究，高粱样板田综合增产技术研究，6A 系统高粱杂交种高产防倒栽培技术研究，高粱高产栽培模式研究，高粱施肥技术研究等。这些研究的成果从理论和实践结合上为高粱高产栽培技术的实施提供了依据和指导。

第一节 良种良法配套技术研究

一、分枝大红穗良种配套技术

分枝大红穗是 20 世纪 60 年代辽宁省种植面积较大的高粱良种。该品种与当时主栽品种熊岳 253 的主要区别在于株高矮，仅 210 cm；分蘖多，4~6 个。龚畿道等（1964）针对分枝大红穗的这一生物学特性研究了相应的栽培技术，即稀植密穗，每公顷种植 20 000~27 780 垛，使每垛的营养面积和生育空间保持在 0.5~0.36 m²，每垛留 2~3 株，每株留 1 个分蘖，这样来保证每垛 3 个主穗和 3 个分蘖穗，以使每公顷达到 105 000~120 000 穗。为此，采取的相应种植形式有：行、株距均 50 cm，空 1 行种 1 行；或行、株距分别为 50 cm 和 80~90 cm，每株留 1~2 个分蘖。

（一）品种生物学特性

1. 植物学形态特征

分枝大红穗株高 200~230 cm，平均 215 cm，主茎与分蘖差异不大。节间短，有 15~19 个节，叶片狭长形，浅绿色，表面光滑，成熟时显绿色。穗中紧，顶部略散，穗颈较短而直立，穗长 20~25 cm，平均 22.5 cm，红壳，黄白粒，粒大，千粒重 28~32 g，籽粒角质率高。根系发达，一般根扎深 1 m，根数与分蘖数成正比，通常每增加 1 个分蘖，根数增加 30~40 条，超过 5 个分蘖后增加的根数渐减。

2. 分蘖特性

分枝大红穗分蘖力较强，一般栽培条件下有 4~6 个分蘖。在高肥单株营养面积大时，可有 10~15 个分蘖或更多。当幼苗长到 6 片叶后就开始分蘖。沈阳地区分蘖期通常在 5 月 20 日到 6 月 20 日，此时地温已达到 20 ℃上下，每个分蘖产生的时间和次序见图 4-1。每个分蘖所需时间不同，开始时 3~4 d；之后速度加快，2~3 d 分 1 个；最后平均 1 d 1 个。分蘖的增长过程见图 4-2。

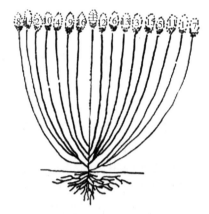

图 4-1　沈阳地区分枝大红穗分蘖示意图

分蘖出现日期说明：①5 月 20 日；②5 月 25 日；③5 月 30 日；④6 月 2 日；⑤6 月 4 日；⑥6 月 7 日；⑦6 月 8 日；⑧6 月 9 日；⑨6 月 9 日；⑩6 月 10 日；⑪6 月 11 日；⑫6 月 14 日；⑬⑭ 6 月 16 日；⑮6 月 17 日；⑯6 月 18 日。

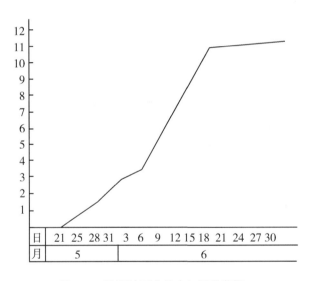

图 4-2　沈阳地区分枝大红穗分蘖期

（二）生长发育与环境条件

1. 生长发育与温度

分枝大红穗是较喜温的品种，其生育期的波动因温度的高低而不同，一般在排水良好的平地或坡地上，5 月上旬播种，9 月上中旬即可成熟，生育期 130 d 左右。如在洼地上，5 月上旬播种，10 月上旬才能成熟，生育期长达 150 d。分枝大红穗生育期所需积温见表 4-1。1959 年生育期所需积温为 2 668.9 ℃，1960 年为 2 952.7 ℃，2 年平均为 2 810.8 ℃。由此可见，分枝大红穗所需积温因年份不同而有所差异，一般在 2 600~

3 000 ℃。至于各生育阶段对温度的要求，播种期地温一般在 10 ℃以上，出苗期地温在 15 ℃以上，分蘖期在 18 ℃以上，拔节期在 20 ℃以上，抽穗期在 22 ℃以上，成熟期的温度已稍微下降，而昼夜温差大有利于干物质积累。从以上分析看，辽宁省大多数地区的温度条件都能满足分枝大红穗生长发育的需要。

表 4-1　分枝大红穗生育期所需积温

发育时期	1959 年					1960 年				
	日期（月/日）	日数（d）	积温（℃）	累积积温（℃）	生育平均温度（℃）	日期（月/日）	日数（d）	积温（℃）	累积积温（℃）	生育平均温度（℃）
播种期	5/6	6	127.5	127.5	21.3（地温）	5/13	7	110.1	110.1	15.7
出苗期	5/13	16	315.8	443.3	19.7	5/21	13	225.8	335.9	18.8
分蘖期	5/28	33	663.9	1 107.2	20.1	6/2	31	652.2	988.1	21
拔节期	6/30	33	756.6	1 863.8	22.9	7/3	42	1 043.7	2 031.8	24.9
抽穗期	8/2	37	805.1	2 668.9	21.8	8/14	46	920.9	2 952.7	20.6
成熟期	9/8					9/29				

（龚畿道等，1964）

2. 生长发育与光照

分枝大红穗与其他高粱品种一样，属短日照作物。如果缩短光照时间，则生育日数减少。1963 年试验，每日按 9 h 日照时间处理分枝大红穗，成熟期提早 25 d。

虽然分枝大红穗是一个短日照品种，但也是非常喜光的品种。如果光照不足，其生长就会受到较大影响，例如在品种区域试验时，由于邻区是高秆品种，苗期生长快，拔节早；而分枝大红穗由于苗期生长缓慢，较长时间处于分蘖期，因而受到邻区高秆品种的遮光影响，光强度不足，其生长发育受到影响，最终产量降低。

3. 生长发育与土壤

分枝大红穗对地块有严格要求，土壤肥沃、排水良好的地块适于种植。相反，低洼冷浆地块由于地温低，幼苗生长慢，分蘖少，发育受到影响，使成熟期延迟。因此，最好选择在河淤土高平地或二高地、排水好的春发苗的，土层较厚的山坡地或水平梯田地上种植。

4. 生长发育与营养

分枝大红穗根系发达，分蘖力强，生长繁茂，因此其一生需要较多的养分。该品种单株要求有较大的营养面积。如果种密了，单株营养面积小，通风透光不好，其结果是穗小产量低。而单株营养面积大时，改善了通风透光条件，有效分蘖增多，穗头大，产量高。根据几年的试验总结，单株营养面积最好为 2 500~5 000 cm²，即每公顷 22 500~45 000 株。如果以穗计算，每公顷保持 135 000 穗左右为宜，这样以单穗营养面积 741 cm² 为好。

（三）高产栽培技术

根据分枝大红穗的生物学特性，确定其高产栽培技术，应抓住保证全苗、增施肥料、稀株密穗和精细管理等几项关键技术。

1. 保证全苗

保证全苗是分枝大红穗获得高产的基础。因为该品种芽鞘短、芽软、拱土力弱、幼苗生长较弱，覆土稍深或稍浅，或墒情不好，都会影响其出苗。要保证全苗，须贯彻以下4项技术措施。

（1）细致整地，保证土墒　在头年秋季进行整地，翻耙耢及时适时，保好底墒。春季早起垄、早施肥、及时镇压。

（2）适时播种　分枝大红穗喜温性强，生育期又稍长，根据沈阳和朝阳2年的播期试验结果看，从4月25日至5月10日播种最为合适。但不同地区应稍有不同，如无霜期短、气温低的建昌岭上地区，4月25日至4月30日播种为适期，其产量最高（表4-2）。

表4-2　分枝大红穗播期试验结果

播期 （月/日）	出苗期 （月/日）	平均有效分 蘗数（个）	成熟期 （月/日）	穗粒重 （g）	产量 （kg/hm²）
4/26	5/12	4.4	9/29	55	5 370
4/30	5/14	4.6	9/29	54	5 460
5/5	5/16	4.5	9/29	55	5 048
5/10	5/19	4.2	10/4	50	4 665

（朝阳建昌碱厂农技站，1964）

在沈阳地区，播期试验以4月25日至5月10日播种最适期（表4-3）。根据该品种的生物学特性，一般在土温上升到12℃以上才能出苗。查阅辽宁省大部分地区4月下旬5 cm地温大都在10~12℃，而5月上旬地温是12~16℃。因此，从4月25日开始播种，最迟应在5月10日前播完。播种过早，也不能早出苗，不论是沈阳还是建昌，早播依然要到5月上旬或中旬出苗。关于最迟播期，根据沈阳的试验，如果土壤肥沃，追肥及时，5月中旬播种，10月1日前可以成熟。而一般地块则不能正常成熟。

表4-3　分枝大红穗播期试验结果

播期 （月/日）	出苗期 （月/日）	抽穗期 （月/日）	成熟期 （月/日）	平均有效分 蘗数（个）	产量 （kg/hm²）
4/20	5/6	8/5	9/8	4.7	7 333.5
4/30	5/10	8/2	9/6	5.0	6 624.8
5/10	5/16	8/5	9/7	5.1	6 914.5
5/15	5/20	8/5	9/9	4.6	6 083.3
5/20	5/25	8/6	9/22	4.6	5 375.3

（沈阳农学院，1963）

（3）播种方法　好的播种方法是保证全苗的关键，最好的播种方法是用播种机进行，这可保证覆土一致且能保证全苗。由于分枝大红穗分蘖多，可减少播种按数多留分蘖。一般每公顷种 2 万按到 2.8 万按，所以可开沟坐水点播，既省工、省水、省种，又可保证全苗、壮苗。

如果土壤墒情好，整地细碎，也可耕种或开沟点播或条播。播种时若施用化肥做口肥，应特别注意种、肥分开，避免烧种；如果化肥能拌土 3~4 倍做口肥，则能有效避开种、肥接触。在地下害虫发生严重的地区，播种前后须施用毒谷，以防地下害虫为害。

（4）补种移栽　出苗后发现缺苗断条，应及时进行补种，如土壤墒情不好，应坐水补种。一般地区在 5 月中旬前补种都能正常成熟。如果补种期晚了，可室内催芽补种；如果补种已来不及，可采取移苗补救，以移栽 3~4 片叶的成活率高，移栽时不能埋得深，分蘖节离地表 1 cm 左右为好，否则会影响分蘖。

2. 增施肥料

增施肥料是分枝大红穗高产的物质基础。因为分枝大红穗喜肥水、分蘖多，需要较多的营养、肥料，才能获得高产。该品种的最大特点就是肥料越多产量越高，所以农民称它是"大肚子汉，没个饱"。根据建昌县的生产实践，单产要达到每公顷 7 500 kg 以上，要上农肥 37 500 kg，追施硫酸铵 [$(NH_4)_2SO_4$] 375 kg。如果化肥少，多施农家肥也能高产，建昌县做的施肥试验，基肥土粪 6 万 kg/hm²、4.5 万 kg/hm²、3 万 kg/hm²，追肥硫酸铵均为 150 kg，结果产量分别为 5 970 kg/hm²、5 137.5 kg/hm²、4 905 kg/hm²。可见基肥越多，产量越高。

3. 稀株密穗

根据分枝大红穗分蘖性强、喜温光的习性，栽培上株间不能密，只能稀。根据试验和生产上总结的结果，通常 1 按的营养面积以 3 600~5 000 cm² 为宜，这样一来单位面积按数应为 2.0 万~2.8 万按。按数太多，穗密度太大，结果通风透光不好，容易发生倒伏；若按数太少，虽分蘖增多，但基本株数少，影响了穗数，产量也不能提高。

根据建昌县几年来多地种植分枝大红穗的实践看，每公顷留穗 13.5 万穗，单穗粒重的可达 50 g。从密度和产量之间的关系看，即密度每公顷密度 7.5 万~9.0 万穗时，产量可达 3 750~4 500 kg；密度为 10.5 万~12.0 万穗时，产量为 5 250~6 000 kg/hm²；个别高产地块，密度达 13.5 万~15.0 万穗时，单产可达 7 500 kg/hm²。在土壤肥沃，施肥较多的地块，密度越大，产量越高。但密度也有一个限度，一般每公顷以 15 万穗为限，如果超过 18 万穗，则最易发生倒伏减产。

总结一般地块的高产种植密度，每公顷达 22 500 按，每按留双株，每株留 2 个分蘖，这样每按 6 穗，每公顷 13.5 万穗，就能保证秆粗穗大，生长发育整齐一致，高产早熟。

4. 精细管理

加强田间精细管理是分枝大红穗获得高产的重要技术措施。

（1）促进分蘖和抑制分蘖　分蘖是分枝大红穗保证穗数、获得高产的核心。如何促进苗期多分蘖以达到密穗的目标，加强苗期田间精细管理极为重要。当地温上升到 17~18 ℃ 以后，该品种才开始分蘖。为此，应采取提高早春地温的技术措施，如扒土晒根、早铲、早趟，提高地温，促进分蘖。

如果幼苗分蘖数过多，平均分蘖数远远超过规定的数目时，就应及时打掉多余的小分蘖。若不抑制多余的分蘖，特别是无效分蘖，不仅消耗了养分，而且影响了通风透光，造成茎秆细弱穗子小，产量下降。一般采取趟地培土抑制新分蘖的发生。沈阳地区常年 5 月下旬开始分蘖，6 月 7—8 日就能有 3~4 个蘖，6 月 13—14 日就能达到 6~7 个蘖。这时必须培土控制分蘖。

（2）早铲、多铲，适时多趟　分枝大红穗喜温性强，地温高有利于幼苗生长，又能促进分蘖，因此早春采取早铲、多铲，既能提高地温，又能防旱保墒，对促进分蘖和提早成熟都有好处。

（3）防虫治虫　分枝大红穗易遭受黏虫、玉米螟的为害。高粱蚜虫也常发生为害，在早期用乐果乳剂防治。玉米螟一般为害穗基部，受害植株达 10%~20%，或者更高。可以颗粒剂灌心，杀虫效果较好。有的年份黏虫发生时，应在幼虫 3 龄前用甲胺硫磷防治。

二、辽杂 4 号高产配套技术

高粱杂交种辽杂 4 号（421A×矮四）表现产量高，增产潜力大，抗叶病、丝黑穗病等突出特点。据此，卢庆善（1991）研究出其高产配套技术。

（一）留蘖栽培增产抗倒技术

辽杂 4 号分蘖性较强，其分蘖可与主茎穗一样能正常成熟。根据这一特性，采用留蘖栽培技术，以获得高产。研究分①株距 50 cm，留 2 个蘖；②株距 40 cm，留 2 个蘖；③株距 33 cm，留 1 个蘖；④株距 27 cm，留 1 个蘖；⑤对照株距 17 cm，不留蘖。用株高、茎粗和穗长作为生长发育主要指标进行比较（表 4-4）。从表 4-4 可以看出规律性的结果，留蘖数相同的处理，如株距 50 cm 对 40 cm，33 cm 和 27 cm，不论是主茎还是分蘖茎的株高，均是宽株距的矮于窄株距的，而茎粗和穗长则是宽株距的高于窄株距的。50 cm 和 33 cm 处理的主茎平均株高比 40 cm 和 27 cm 处理的低 7.2 cm，茎粗多 0.1 cm，穗长多 1.85 cm。分蘖茎也有同样趋势。

表 4-4　各处理生长发育状况比较

株距 （cm）	主茎（cm）			分蘖茎（cm）		
	株高	茎粗	穗长	株高	茎粗	穗长
50	186.5	2.01	30.3	209.7	1.55	26.7
40	194.2	1.86	28.5	214.8	1.43	23.1
33	188.9	1.93	30.7	210.9	1.54	24.6
27	195.6	1.88	28.8	215.7	1.44	23.5
平均	191.3	1.92	29.6	212.8	1.49	24.5
对照（17）	193.3	1.82	29.3			
差数	-2.0	+0.1	+0.3	* +19.5 ** +21.5	* -0.33 ** -0.43	* -4.8 ** -5.1

*分蘖株与对照比较；**分蘖株与本株主茎比较。

此外，各处理留蘖的主茎与不留蘖（对照）主茎比较，留蘖主茎的平均株高矮于对照的 2 cm，茎粗多于对照的 0.1 cm，穗长多于对照的 0.3 cm，这有利于防止倒伏。分蘖茎的表现与主茎相反，其株高比本株主茎和对照的分别高 21.5 cm 和 19.5 cm；而茎粗和穗长又分别少 0.43 cm 和 0.33 cm，5.1 cm 和 4.8 cm。

留蘖栽培的分蘖数、分蘖成穗率及产量的结果列于表 4-5 中。株距 40 cm 留 2 蘖的产量最高，为 9 262.5 kg/hm²，比对照增产 4.8%；其次是株距 27 cm 留 1 个蘖的，为 9 225 kg/hm²，比对照增产 4.4%，另外 2 个处理比对照减产，减产幅度分别为 2.3% 和 4.7%。增产的主要原因是株距 40 cm 和 27 cm 的单位面积实收穗数多，包括主茎和分蘖穗。从表 4-5 中还可以看出，各处理实际分蘖数都未达到应留分蘖数，但各处理间差异较大。而分蘖成穗率处理间无太大差异，只有 0.7%~1%，这就造成各处理间实收穗数的较大差异，因而产量也就表现出差异。

表 4-5 各处理分蘖数、成穗数和产量

株距 （cm）	每公顷 苗数	应留 分蘖数	实际分蘖数				实收穗数	每公顷产量	
			分蘖数	占应留 （%）	成穗率 （%）	成穗数		产量 （kg）	增减 （%）
50	36 375	72 750	65 985	90.7	100.00	65 985	102 360	8 634	-2.3
40	45 465	90 930	88 650	97.5	99.0	87 765	133 230	9 262.5	+4.8
33	54 615	54 615	46 425	85.0	99.3	46 095	100 710	8 421	-4.7
27	68 280	68 280	63 720	93.2	99.0	53 090	131 370	9 225	+4.4
对照（17）	109 245	0	0	0	0	0	109 245	8 838	0

（卢庆善，1991）

留蘖栽培植株开花后进入乳熟期，8 月 12 日下了小雨，降雨后刮了大风，但未有倒伏。8 月 13 日又下了一场 25.4 mm 的雨，降雨中后期刮了大风。留蘖栽培的有 70% 植株倾斜，无倒伏，倾斜度较大的是 40 cm 和 27 cm 两个处理。而不留蘖的对照区倒伏率 65%，同一地块的高粱生产田倒伏率为 50%。由此可见，留蘖栽培的抗倒伏效应是十分显著的。总之，辽杂 4 号留蘖栽培（一般 1~2 个蘖）的主茎株高变矮、茎粗变粗、穗长变长，有一定的增产效应。

（二）适宜播期和密植技术

针对辽杂 4 号生育期较长，单株生产力高的生物学特性，为保证其安全成熟、充分发挥个体和群体的增产潜力，试验提出了高产的播期和种植密度。4 个播期和 4 个密度的试验结果列于表 4-6 中。从株高和茎粗的生育指标看，株高随播期的延后和密度的增加而增高，播期越晚，密度越大，则株高越高。相反，茎粗却随着播期的延后和密度的增加而变细，播期越晚，密度越大，则茎粗越细。

表4-6 辽杂4号不同播期、密度生育和产量结果

密度（万株/hm²）	株高（cm）					茎粗（cm）					产量（kg/hm²）				
	播期一	播期二	播期三	播期四	平均	播期一	播期二	播期三	播期四	平均	播期一	播期二	播期三	播期四	平均
9万	204	208	215	221	212.0	1.83	1.79	1.75	1.72	1.77	7 270.5	6 904.5	6 987.0	6 904.5	7 016.6
10.5万	209	215	219	223	216.5	1.76	1.71	1.65	1.60	1.68	7 254.0	8 622.0	7 671.0	5 736.0	7 320.8
11.25万	210	218	223	227	219.5	1.71	1.64	1.58	1.50	1.61	5 653.5	6 987.0	6 471.0	5 952.0	6 265.9
12万	212	221	224	231	222.0	1.64	1.56	1.51	1.46	1.55	7 270.5	7 102.5	8 287.5	8 254.5	7 728.8
平均	208.8	215.5	220.3	255.5	217.5	1.74	1.68	1.62	1.57	1.65	6 862.1	7 404.0	7 354.1	6 711.8	7 083.0

播期一，4月30日；播期二，5月5日；播期三，5月10日；播期四，5月15日。

（卢庆善，1991）

从播期，密度与产量的关系看，第二播期（5月5日）产量最高，其次是第三播期（5月10日），分别是7 404.0 kg/hm² 和 7 354.1 kg/hm²。从密度看，每公顷12万株最高，其次是10.5万株，分别为每公顷7 728.8 kg和7 320.8 kg。由此可以确定，辽杂4号高产播期为5月5日，高产密度为10.5万～12.0万株/hm²。

（三）适时收获技术

辽杂4号不同收获期与产量关系密切（表4-7）。在3个不同收获期中，蜡熟末期（全区70%以上植株下半穗籽粒内含物已凝成蜡状）产量最高，单产达9 391.5 kg/hm²，千粒重29.0 g，单穗粒重84.6 g，出米率79.2%，米质适口性好。蜡熟末期收获的籽粒产量高于完熟期（全区100%植株的整个穗籽粒变干硬，呈现出品种籽粒固有的特征）4.1%，高于蜡熟中期（全区70%以上植株上半穗籽粒内含物凝成蜡状）12.9%；单穗粒重高于完熟期3.6 g，高于蜡熟中期12.4 g；千粒重分别高于1 g；出米率分别高于1.4%和6.9%。由此可见，辽杂4号的最适收获期为蜡熟末期。

表4-7 辽杂4号不同收获期与产量等性状的关系

收获期	生育期（d）	产量（kg/hm²）	千粒重（g）	单穗粒重（g）	出米率（%）	适口性
蜡熟中期	126	8 319.0	28.0	72.2	72.3	好
蜡熟末期	133	9 391.5	29.0	84.6	79.2	好
完熟期	141	9 024.0	28.0	81.0	77.8	较差

（卢庆善，1991）

三、杂交高粱高产配套技术

杂交高粱的推广应用使高粱单产增加15%以上。随着生产面积的增加和种植时间的延长，其单产增加缓慢，有的地块还有所下降。究其原因，除了杂交种混杂退化造成种性不纯外，与栽培技术有关的有适宜播期、施肥种类、数量和方法，高粱病害和有的年份低温冷害等。卢庆善（1979）开展了杂交高粱高产栽培技术研究。试验采取正交试验设计。1976年用正交表L16（4×2¹²），即播期为4水平（4月30日、5月6日、5月12日和5月18日）；施磷肥为2水平（不施或施过磷酸钙375 kg/hm²）；追肥（硫酸铵525 kg/hm²）为2水平（前期187.5 kg、后期337.5 kg和前后期相反）；并考虑磷肥与追硫酸铵的交互作用。1977年采用正交表L16（4²×2⁹），只施磷肥为4水平（即每公顷为0 kg、150 kg、300 kg和450 kg），其他因素和水平不变。

（一）适宜播期技术

试验表明，杂交高粱适宜播期的确定，在非春旱地区要以土壤温度作为主要确定因素。认为5～10 cm的土层温度稳定通过13～14 ℃时为其适宜播期；在春旱地区，要兼顾土壤温度、湿度，以湿度为主，抢墒播种。

研究表明，高粱种子萌发的下限温度是 7.8 ℃，当 5~10 cm 土温稳定通过 8 ℃时即可播种高粱。然而，高粱种子发芽的快慢和出苗的早晚取决于土壤温度、湿度和通透性。一般在早春不干旱地区，出苗快慢主要由土温决定。1976 年的研究表明，出苗天数（从播种到出苗）与土温极为密切。土温低，出苗天数多；土温高，出苗天数少（表 4-8）。计算出苗天数与土温的相关系数，$r = -0.978$，$P < 0.01$，差异极显著；其回归方程 $y = 32.125 - 1.121x$，即土温每升降 1 ℃ 时，出苗天数可增或减 1 d 多。

表 4-8　地温与高粱出苗天数的关系

5~10 cm 土温播种至出苗天数（d）				
9.36 ℃	16.12 ℃	20.47 ℃	22.78 ℃	25.48 ℃
23	12	9	6	5

（卢庆善，1979）

从 1976—1977 年的产量结果发现，1976 年产量最高的播期是 5 月 12 日，1977 年是 5 月 6 日最高，分别为 7 056.8 kg/hm² 和 6 774.8 kg/hm²（表 4-9）。分析 2 年不同播期土壤相对含水量在 16%~18%，可以满足种子发芽对水分的需求；2 年最高产量的播期虽然只相差几天，但土壤温度是相近的，1976 年 5 月 12 日是 14.2 ℃，1977 年 5 月 6 日是 13.1 ℃。可见在土壤水分满足种子发芽的前提下，5~10 cm 土温在 13~14 ℃ 时为最适播期。

表 4-9　杂交高粱不同播期产量结果

年份	项目	不同播期			
		4 月 30 日	5 月 6 日	5 月 12 日	5 月 18 日
1976	产量（kg/hm²）	6 984.0	6 881.3	7 056.8*	6 654.8
	比最高减（%）	1.0	2.5	0	5.7
1977	产量（kg/hm²）	6 458.3	6 774.8*	5 727.8	5 984.3
	比最高减（%）	4.7	0	15.2	11.7

*为最高产播期。

（二）增施磷肥技术

增施磷肥是高粱高产栽培中的一项重要的、行之有效的技术措施。在土壤速效磷含量低于 10 mg/kg 的地块种植杂交高粱，每公顷施过磷酸钙 375 kg，可提高产量 13.6%~22.6%，并能减轻低温冷害的影响，促进高粱早熟，提早抽穗 6~8 d，提早成熟 5~7 d。

由于辽宁省大部分高粱产区中土壤磷元素（P_2O_5）不足（一般辽西石灰性淤土和辽南平原淤土速效磷含量在 5~10 mg/kg）成为短板，而不能更好地发挥氮肥的作用，因而影响了高粱产量的提高。试验表明，1976—1977 年的 2 年试验结果磷肥的增产作用都占第一位。根据公式 $R' = \sqrt{m} \times C \times R$ 折算各因素的极差值 R'。磷肥的极差值是 233.6（1976 年）和 205.8（1977 年），平均为 219.7（表 4-10）。

1977 年 4 水平磷肥试验结果表明，每公顷施 150 kg，增产 14.1%；施 300 kg，增产 21.5%；施 450 kg，增产 32.2%。磷肥与产量的相关系数 $r = +0.992$，$P < 0.01$，差异极显著。施磷量与产量的回归方程 $y = 9.740 + 3.692x$，即每施 1 kg 磷肥，约增产 3.7 kg 高粱籽粒。可见，目前增施磷肥是提高高粱单产的重要技术措施。

表 4-10　影响高粱产量的各因素极差值 R′

年份	因素			
	磷肥（B）	播期（A）	追肥（C）	B×C
1976	233.6	48.2	141.2	22.4
1977	205.8	125.4	19.6	31.6
平均	219.7	86.8	80.4	27.0

（卢庆善，1979）

磷肥的另一个效应是促进高粱早熟。1976 年是严重低温冷害年份，每公顷施 375 kg 过磷酸钙，能促进高粱幼苗生长。到 9 叶期时，其株高比不施磷肥的地块高 8 cm，抽穗早 6~8 d，早熟 5~7 d，避免了低温早霜的危害（表 4-11）。因此，增施磷肥，氮、磷配合施用是高粱高产栽培有效的技术措施。

表 4-11　高粱施磷肥促进早熟效果

播期（月/日）	抽穗期			成熟期		
	未施磷（月/日）	施磷（月/日）	提早日数（d）	未施磷（月/日）	施磷（月/日）	提早日数（d）
4/30	7/28	7/2	8	9/18	9/11	7
5/6	8/4	7/28	7	9/22	9/16	6
5/12	8/6	7/31	6	9/25	9/21	4
5/18	8/1	8/4	6	10/2	9/26	6
平均			6.75			5.75

（卢庆善，1979）

（三）追肥技术

高粱拔节到挑旗是吸肥的高峰期，因此可根据基肥、口肥数量及高粱长相确定追肥适期。本研究认为拔节期为追肥适期，追肥量不足每公顷 450 kg 的，可于拔节期一次追施；超过 450 kg 的，可于拔节期和挑旗期 2 次追施，拔节期占总追肥量的 2/3。试验显示，拔节期重追肥可提高产量 7.1%~8.7%；深追肥（7~10 cm）可减少养分损失，提高肥效，比土表追肥增产 7.5%~8.4%。

研究表明，高粱从拔节开始进入幼穗分化阶段，此时是营养生长和生殖生长并进时期。应用 P^{32} 示踪标记的施肥试验表明，高粱苗期吸收的肥量占总吸肥量的 21.1%，拔节到挑旗占 71.6%，开花灌浆期占 7.3%。可见，拔节到挑旗是高粱吸肥的高峰期。从拔节开始重施肥，可满足高粱营养生长和生殖生长对肥料的需求，促进幼穗分化，增加枝梗数和小穗数，为穗大粒多打下基础，即高产的先决条件。

（四）降低丝黑穗病发病率栽培技术

高粱丝黑穗病的发生对单产的提高是一个很大的威胁，一般发病率在 10% 左右，严重地块在 25% 以上，减产 1~3 成。栽培上的原因有，重茬高粱使病原孢子基数增加；过早播种和过厚覆土，使种子幼芽在土壤中的存留时间拉长，增加了病原菌侵染的机会。

试验表明，播期与发病率有显著的相关性（表4-12）。出苗天数与发病率的相关系数，$r=+0.902$，$P<0.05$，差异显著；其回归方程 $y=0.037+0.373x$，即出苗天数每延迟 1 d，发病率约增加 0.37%。因此，确定适宜播期，提高播种质量，减少幼芽在土壤中存留的时间，对降低高粱丝黑穗病发病率是有效的。

表 4-12　高粱不同播期与丝黑穗病发病率的关系

项目	不同播期				
	4月5日	4月20日	5月5日	5月20日	6月5日
出苗天数（d）	23	12	9	6	5
发病率（%）	7.8	5.9	4.8	1.6	0.6

（卢庆善，1979）

（五）高粱抗倒伏栽培技术

倒伏是高粱生产中普遍存在的问题，也是高产稳产的主要限制因素。高粱倒伏的原因比较复杂，除品种本身抗倒性差之外，茎腐病、叶斑病的发生以及螟虫为害等都能造成倒伏。

卢庆善等（1993）研究了高粱茎秆倒伏及其防御技术。结果表明，株高、平均节间长度、气生根条数、秆粗、茎基粗、茎秆拉弯（断）力、髓部含水量、韧皮厚度等与倒伏率均存在相关性，其中株高、茎秆拉弯（断）力与倒伏率达差异显著和极显著水平。植株越高，倒伏率越高 [$r=0.53$，$P<0.05$；茎秆拉弯（断）力与倒伏率呈负相关（$r=-0.84$，$P<0.01$）]。说明茎秆抗拉弯（断）力是茎秆强度的主要指标，对抗倒伏的效应最大，因此提高茎秆强度是增强抗倒性的根本所在（表4-13）。

扒根有降低倒伏率、增加气生根系数和增加产量的效应，如扒根的平均倒伏率 10.3%，不扒根的为 12.7%；扒根处理比不扒根的增加气生根条数 1.39 条；扒根的杂交种平均产量为 8 364.0 kg/hm²，不扒根的 8 235.0 kg/hm²，增产 1.6%。以上结果均未达到差异显著水平。

表4-13 高粱茎秆性状与倒伏率关系（1992年）

处理	杂交种	株高(cm)	平均节间长度(cm)	气生根条数(条)	秆粗(cm)	茎基粗(cm)	茎秆抗拉弯（断）力（牛顿）		髓部含水量(%)	韧皮厚度(mm)	倒伏率(%)	产量(kg/亩)
							拉弯15°	拉弯30°				
扒根 喷健壮素	辽杂1号	200.0	15.7	3.85	1.417	1.726	6.0	8.4	78.9	0.98	0	509.1
	辽杂4号	176.3	10.7	9.35	1.510	1.859	4.9	6.8	77.4	0.94	0	593.5
	214A×157	179.4	8.6	32.00	1.687	1.892	6.9	9.0	87.0	1.07	0	576.6
	232EA×5-27	164.3	9.6	7.70	1.491	1.938	5.7	7.9	80.7	1.00	0	574.4
	平均	180.0	11.2	13.23	1.526	1.854	5.9	8.0	81.0	1.00	0	563.4
扒根 不喷健壮素	辽杂1号	207.4	14.4	4.50	1.651	1.793	4.9	6.9	81.6	1.03	4.4	500.5
	辽杂4号	210.3	12.2	2.00	1.641	1.766	2.4	4.5	76.7	0.97	38.3	573.1
	214A×157	214.9	14.9	11.15	1.668	1.956	5.0	7.3	83.2	1.04	18.9	617.1
	232EA×5-27	179.9	11.6	1.85	1.337	1.846	4.3	5.8	69.3	1.00	21.1	516.3
	平均	203.1	13.3	4.88	1.574	1.840	4.2	6.1	77.7	1.01	20.7	551.8
不扒根 喷健壮素	辽杂1号	188.9	14.5	5.80	1.461	1.792	6.0	8.2	80.1	1.10	0	507.5
	辽杂4号	175.1	10.4	6.00	1.506	1.978	5.3	7.3	76.6	0.98	3.3	609.4
	214A×157	182.5	10.9	29.2	1.636	1.803	6.1	8.7	83.4	1.06	2.8	592.5
	232EA×5-27	176.5	7.6	2.58	1.426	1.743	5.3	7.3	83.4	1.04	2.2	523.2
	平均	180.8	10.9	10.96	1.507	1.826	5.7	7.9	80.9	1.05	2.1	558.2
不扒根 不喷健壮素	辽杂1号	209.7	13.9	6.50	1.521	1.728	5.0	7.4	83.0	1.10	5.0	477.7
	辽杂4号	200.9	12.3	2.50	1.748	2.014	2.9	4.8	84.1	1.18	47.8	467.7
	214A×157	217.6	13.3	15.85	1.472	1.889	2.9	4.8	85.6	0.92	17.8	607.3
	232EA×5-27	180.7	9.3	4.50	1.411	1.884	4.2	5.9	83.1	1.06	22.8	506.7
	平均	202.2	12.2	7.34	1.538	1.879	3.8	5.7	84.0	1.07	23.4	514.9
与倒伏相关性（r）		0.53*	0.10	-0.43	0.33	0.34	-0.85**	-0.84**	-0.06	0.24	—	—

（卢庆善，1993）

喷矮壮素对抗茎秆倒伏、提高产量均有显著效应。喷矮壮素处理各杂交种的平均倒伏率为1.0%（幅度0%～3.3%），未喷的倒伏率为22.0%（幅度4.4%～47.8%），达到差异显著水平。喷矮壮素的效应机制，一是喷的比不喷的株高降低22.3 cm，达差异显著水平；二是喷的可增加茎秆强度，其平均抗拉弯（断）力为5.8 N（拉弯15°）和8.0 N（拉弯30°），分别比不喷的多1.8 N和3.1 N，且达到极显著差异（$F=82.43$，$F_{0.01}=21.20$）；三是喷矮壮素可增加气生根，平均气生根12.1条和6.1条、增加了6条，达到了抗倒伏的目的。喷矮壮素在籽粒产量上也表现出较大增产效应。产量方差分析结果表明，喷矮壮素的产量达差异极显著水平（$F=149.5$，$F_{0.01}=41.3$）。

四、高粱高产模式栽培技术

随着计算机技术在农业研究上的应用，为作物栽培学开展多因素、多水平的综合性、模式化研究提供了手段和方法，即应用回归设计理论，运用计算机技术，对高粱栽培进行多项农艺措施研究，获得农艺措施与产量形成的函数模型。按照模型进行解析和寻优，达到栽培技术模式化。卢庆善等（1994）开展了这一研究。

（一）研究设计

针对影响高粱产量的主要因子播期、密度、氮肥（N）、磷肥（P_2O_5）、钾肥（K_2O）5项农艺措施进行研究设计。采用二次回归通用旋转组合设计，探讨高粱产量与这5项农艺措施的关系，确定高粱生产最佳农艺措施组合方案，为高粱生产模式化栽培提供理论依据。

试验采用5因子、5水平（1/2实施）二次回归通用旋转组合设计，其中$m_c=16$，$m_r=10$，$m_o=6$，$r=2$，共计设置32个试验小区。5因子分别是播期（X_1）、密度（X_2）、氮肥（X_3）、磷肥（X_4）、钾肥（X_5）。按编码值制定试验方案（表4-14）。按照回归设计的要求，增强试验的准确性，m_o在田间实行等间距排列，m_r和m_c则随机排列。

表4-14　5因子变量水平编码

变量名称	单位	变化间距	变量设计水平				
			-2	-1	0	1	2
播期（X_1）	d	5	4.20	4.25	4.30	5.5	5.10
密度（X_2）	株/亩	800株	5 000	5 800	6 600	7 400	8 200
氮肥（X_3）	kg/亩	5 kg	0	5	10	15	20
磷肥（X_4）	kg/亩	6 kg	0	3	6	9	12
钾肥（X_5）	kg/亩	4 kg	0	4	8	12	16

（二）产量模型的建立

运用计算机对试验数据进行处理和统计分析，获得产量对5项农艺措施的产量模型：

$$\hat{Y} = 603.1 + 3.3X_1 - 0.9X_2 + 13.8X_3 + 18.4X_4 + 21.7X_5$$
$$+ 5.3X_1X_2 - 4.9X_1X_3 + 1.2X_1X_4 + 0.9X_1X_5$$
$$- 1.2X_2X_3 + 5.6X_2X_4 + 1.7X_2X_5$$
$$- 2.9X_3X_4 + 5.5X_3X_5 - 0.4X_4X_5$$
$$- 4.4X^2 - 1.9X_2^2 - 6.1X_3^2 - 2.4X_4^2 - 1.6X_5^2$$

通过对模型方差分析表明，$F = 4.93$，复相关系数 $R = 0.944$，失拟 $= 3.9$，说明上述模型达差异极显著，即 5 项农艺措施与产量之间存在显著的函数关系，并且与实测值拟合良好。

（三）模型的解析与寻优

在 $-2.0 \leqslant X_i \leqslant 2.0$ 的约束区域内。经微机寻优求解，在本试验条件下可获得最高产量 $\hat{Y}_{max} = 688.9$ kg/亩，最高产量农艺措施组合方案为 $X_1 = 0$，$X_2 = 1$，$X_3 = 2$，$X_4 = 2$，$X_5 = 2$。在大面积生产上，所求的最高产量并不能代表实际的最优措施。各项农艺措施控制在什么范围内才能取得较高的产量水平，对生产来说才是有真正的指导意义。

解决这一问题，可采用频数分析法进行深入解析。在 $-2.0 < X_i \leqslant 2.0$ 约束区域内经微机计算得到试验 $5^5 = 3125$ 套全部组合方案，其中有高于亩产 600 kg 以上的组合方案 932 套（表 4-15）。从表可知，亩产超过 600 kg，X_1、X_2 编码值在 0 和 1 水平的频率值最大。X_3、X_4、X_5 编码值在 0 和 1 水平的频率值最大。因此，在高粱生产上，X_1、X_2 宜取中等水平，X_3、X_4、X_5 宜取高水平。取值范围分别为 $X_1 = -0.0099 \sim 0.1622$，$X_2 = 0.0116 \sim 0.1901$，$X_3 = 0.5733 \sim 0.7228$，$X_4 = 0.6275 \sim 0.7867$，$X_5 = 1.0728 \sim 1.1789$。即在本试验条件下，最优产量（目标值）$X_1$ 取值范围是：播期 4 月 30 日至 5 月 2 日，密度 6 610 ~ 6 752 株/亩，施入尿素量 23.6 ~ 29.6 kg/亩，三料磷用量 16.8 ~ 17.8 kg/亩，硫酸钾用量 23.6 ~ 24.5 kg/亩。采取此方案，亩产可达 600 kg 以上。

表 4-15　X_i 取值分布表（亩产量 Y≥600 kg）　　　　　　单位:%

变量		X_1		X_2		X_3		X_4		X_5	
		次数	频率	次数	频率	次数	频率	次数	频率	次数	频率
自变量编码水平	-2	134	15.3	156	16.7	43	4.6	57	6.1	4	0.4
	-1	190	20.4.	180	19.3	147	12.6	117	12.6	36	3.9
	0	220	23.6	202	21.7	231	24.8	185	19.8	189	20.3
	1	211	22.6	202	21.7	275	29.5	256	27.5	308	33.0
	2	168	18.1	192	20.6	266	28.5	317	34.0	395	42.4
合计		932	100	932	100	932	100	932	100	932	100
编码值平均数（$\bar{X}$）		0.08		0.10		0.65		0.71		1.13	
标准差（$S_{\bar{X}}$）		0.043		0.045		0.038		0.040		0.029	
取值范围		-0.0099 ~ 0.1622		0.0116 ~ 0.1901		0.5733 ~ 0.7228		0.6275 ~ 0.7867		1.0728 ~ 1.1789	

（续表）

变量	X_1		X_2		X_3		X_4		X_5	
	次数	频率	次数	频率	次数	频率	次数	频率	次数	频率
间隔	4.30×10^{-2}		4.46×10^{-2}		3.74×10^{-2}		3.98×10^{-2}		2.91×10^{-2}	
农艺措施	4月30日至5月2日		6 610~6 752（株/亩）		10.87~13.61（kg/亩）		7.88~8.36（kg/亩）		12.29~12.76（kg/亩）	

（卢庆善等，1994）

（四）主因子效应分析

由于试验设计中的各因子处理是经过无量纲性编码的偏回归系数（b_i）已经标准化，因此数值大小直接反映变量对产量影响效应的大小次序。本试验一次项系数为 $b_5>b_4>b_3>b_1>b_2$，说明肥料对高粱产量影响最大，播期和密度次之。

本试验中钾肥对产量的影响大于磷肥和氮肥。这是由于近年农家肥施用量越来越少，连年依靠施用尿素和磷酸二铵来主攻产量，造成土壤中缺钾。而高粱对钾素的需求量比玉米、小麦等作物又高，因此钾素成为限制高粱产量提高的限制因子。本试验施肥最佳氮、磷、钾配比方案是 $N:P_2O_5:K_2O=1:0.7:1$。

总之，采用回归设计理论、分析方法及计算机技术，研究高粱高产栽培，是揭示各措施因子影响产量的新方法，表现综合性好，系统性强，信息量大。试验规模小，用来指导生产，效果显著。这一研究方法能在2~3年，基本摸清各农艺措施对产量的影响效应。并能说明各农艺措施的主效应及其大小、方向，为科学栽培提供理论依据和实施方案。

第二节 高粱样板田综合增产技术研究

1964—1965年，在国务院的领导（谭震林副总理）和指导下，在辽南平原高粱产区的辽阳、海城、营口、盖州4个县的12个乡镇（当时称人民公社）开展了大面积高粱样板田生产活动，总面积16.5万亩。样板田在各级党、政指挥下，采取领导、群众、科技人员三结合的工作方法，自上而下，有计划地进行。科技人员由作物栽培、育种、土壤肥料、植物保护、农田水利、农业机械、农业经济等多专业专家组成，长年蹲点，开展试验、研究，指导生产，总结经验。样板田平均亩产261.5 kg，比周围高粱田增产10%以上，起到了良好的样板示范作用，并归纳总结出综合增产技术。

一、精耕细作，确保全苗技术

（一）深耕垄作，增厚土层

高粱是深根作物、由浅耕10~14 cm改深耕23~27 cm，可增产10%~20%。据海城调查，1963年是较旱年份，1 123亩机耕地（深耕）比畜耕地（浅耕）增产21.9%；1964年是涝年，136个地块，深耕比浅耕增产7.0%。锦州地区调查，机耕比畜耕增产

12.5%~30.9%。深耕增产的原因：一是加深耕层，疏松土壤；二是改善了耕层土壤的水、肥、气、热条件；三是消灭了杂草和害虫卵；四是有利于高粱根系发育，使根系吸收更多的水分、养分。对土壤耕层较浅的地块，可采用垄作种植高粱，增加土壤厚度，同样也能收到增产的效果。

但是，土壤耕深不是越深越好，超过限度也会导致减产，其原因一是耕过深，打乱耕层，不保苗；二是过干过湿地块，或带茬地块深耕时，土垡大，整地困难而跑墒；三是干旱年份深耕跑墒，相反过涝年份深翻地含浆水多，造成贪青晚熟。欲要通过深耕技术起到增产效果，必须因地制宜，根据地块旱、涝，土层厚、薄，土质砂、黏的特点，确定深耕的时间、深度，以及综合深耕后的耙、压等田间作业，才能起到很好的增产作用。

（二）顶浆作垄，顶凌耙压

旧式垄作是耕与种相结合，即随作垄随播种。采用扣种或硬垄耕种，保墒不好，缺苗多。这是一种粗放的垄作方式。高粱样板田把粗放的垄作改革为精细的垄作，把晚打垄改为早春顶浆作垄；把一犁挤垄、硬地扣垄改为先挑茬后掏墒两犁作垄。它的优点是土层厚，生格子少；垄心实，垄外暄，保墒好。据测定，两犁作垄比一犁挤垄耕层土壤水分多3%左右。一般来说，返浆期作垄保墒，撤浆期作垄跑墒，撤浆后作垄缺墒，因此要狠抓"早"字。因为在返浆期土壤冻层没化通，上面融化的水分都渗进耕层里，再沿着土壤毛细管上升到垄心里，所以保墒好。

欲要达到作垄细、保墒好的效果，必须狠抓整地环节。通常做法是顶凌耙压。在干旱地区，通过秋翻秋挑的"青墒秋保"的做法，每亩地1 m深土层内可多贮水4~11 m³。同时，还要进行"春墒早保"，其效果也很好。具体做法是，提早耙压耕翻地，早压早合旧犁秋翻地，早创早压生茬地；春趟沟，趟前趟后镇压；冬春擦（耢）压2~3次。上述这些做法的好处是，串碎垄表硬皮，防止水分蒸发，压实垄心，加强土壤毛细管输水的能力，达到返润接墒。

总之，通过顶浆两犁作垄达到"闷墒"，顶凌耙压做到"保墒"，及时加多镇压次数达到"接墒"。这就把垄作不易保墒的不利因素通过作垄、整地措施转变为保墒的有利一面。另外，顶浆作垄、顶凌耙压要根据地块的地形、土质、墒情好坏、土坷垃大小，安排好作业先后顺序，提高整地质量，使地块的土壤达到碎、细、平、净的播种土壤指标。

（三）适宜茬口，轮作倒茬

根据高粱样板田81个典型地块调查发现，高粱重茬地比不重茬地减产。从表4-16的结果可以看出，高粱重茬产量最低，仅有207.8 kg/亩，棉花茬、玉米豆茬的高粱产量分别比高粱茬增产21.1%和26.8%；而蔬菜茬由于前茬施肥水平高、土壤肥力条件好，则增产效果更为显著，达57.6%。

表 4-16 不同前茬对高粱产量的影响

项目	前茬			
	高粱	棉花	玉米豆	蔬菜
地块数	28	15	30	8
产量（kg/亩）	207.8	251.7	263.5	327.5
增产（%）	0	21.1	26.8	57.6

（杨有志，1965）

从玉米豆茬与高粱茬的养分动态平衡来看，前者比后者地上部分带走的营养少；而根茬遗留的养分多。从二者地上部分带走的养分比较，玉米豆茬比高粱茬全氮量、全磷量分别减少 41.2% 和 57.1%，相反前者遗留在土壤里的全氮量约多 2 倍（表 4-17）。从养分带走与遗留比值可以看出，玉米豆茬比高粱茬比值小。高粱茬带走养分多是因为高粱种植密度大，地上部分产量高。要解决高粱重茬减产的问题，应实行轮作倒茬，可与玉米、大豆、棉花等作物实行换茬。

表 4-17 高粱茬与玉米豆茬养分比较   单位：kg/亩

茬口	地上部分带去的养分						遗留土壤中（0~30 cm）根茬的养分		带走与遗留之比（地上部：地下部）	
	N		P_2O_5		总计					
	茎秆	籽实	茎秆	籽实	N	P_2O_5	N	P_2O_5	N	P_2O_5
高粱	10.6	4.7	1.5	1.3	15.3	2.8	1.6	0.4	9.6:1	7:1
玉米豆（混种）	4.6	4.4	0.5	0.7	9.0	1.2	5.5	0.5	1.6:1	2.4:1

（杨有志，1965）

（四）一次播种，一次全苗

全苗、壮苗是高粱增产的基础。但是，样板田实施之前，由于播种质量差，地下害虫为害重，造成缺苗断条，一般缺苗率 1~2 成，甚至更高。为达到一次播种，一次全苗的目标，需落实以下 4 项技术措施。

1. 精选种子，提高种子质量

播种用的种子要经过 3.5 mm 孔径的筛子筛选或者粒选，其种子千粒重和发芽率显著提高。据辽阳县兰家和盖州太阳升的试验结果表明，粒选或筛选的种子，不仅千粒重和发芽率提高，而且由于籽粒饱满，播后出苗势强，壮苗率由未经粒选的61.9% 上升到 85.3%，筛选的比风选的由 62.0% 上升到 82.0%（表 4-18），三类苗也明显减少。筛选与粒选的效果虽然稍有差别，但筛选省工、效率高，是一项切实可行的增产措施。

表 4-18 粒选或筛选种子的效果比较

试验地点	选种方法	千粒重（g）	发芽率（%）	壮苗率（%）	出苗后 20 d 百株苗干重（g）
辽阳县兰家	筛选	32.7	98.0	82.0	—
	风选	28.0	89.0	62.0	—
盖州太阳升	粒选	34.3	99.0	85.3	41.6
	未选	28.6	94.0	61.9	30.3

（辽宁省高粱样板田工作组，1965）

2. 把握墒情，细致整地作垄

高粱样板田地区每年都发生不同程度的春旱。春旱时采取顶浆打垄是保墒的主要措施。整地保墒重点抓一个"早"字，例如 4 月 14 日作垄，0~5 cm 土壤含水量为 13.6%，干土层厚 1 cm；4 月 20 日作垄，0~5 cm 土壤含水量只有 7.0%，干土层厚 3 cm。早打垄，多镇压，保住墒情效果好，例如在同块地上调查，作垄后镇压 2 次，0~5 cm 土层含水量 5.8%，干土层 3 cm 厚；镇压 1 次，0~5 cm 土层含水量 2.3%，干土层 5 cm 厚；未镇压的，0~5 cm 土层含水量 0.9%，干土层 10 cm 厚。

相反，在遇到春季多雨、土湿、地温低的情况下，作垄要灵活采用晾墒与保墒相结合的措施，也是保证作垄质量的关键。一般采取趟老沟的措施，即在早春地化冻 6~10 cm 时，用犁趟原垄的垄沟，其作用是晾墒，加速水分散失，有利作垄播种；早春趟沟后可加速解冻，提高地温，有利种子发芽；趟老沟可暄土，加深垄心耕层 6 cm 左右，有利于根系发育和下扎。

3. 精细播种，促进苗全苗壮

适期播种是保证苗全、苗壮的重要措施，一般在 5 cm 地温稳定通过 12 ℃以上时为播种适期，高温干旱年份，播期可适当提早；低温多湿年份需晾墒提温，播期适当延后。播种顺序是先播坡地、砂土地，后播平地，再播洼地、黏土地。根据土壤墒情，认真实施播种技术是保全苗的关键。

在低湿地采用晾墒播种的顺序是，浅开沟晾墒，播种后轻踩格子，外带拉子均匀覆土，验墒压磙子。对漏风地采取既晾墒又保墒的播种措施是，深开沟，播种后严实踩格子，人工打土坷垃，外带拉子深覆土，再用人工搂去垄背上的土坷垃使覆土厚薄均匀，最后再压磙子。在多湿情况下，掌握播种时的土壤墒情最重要，要在土壤"人不沾脚，马不沾蹄"时播种最适宜。

壮苗、无三类苗是苗期主要的丰产长相。在培育壮苗方面，选优良品种和种子，增施口肥，早疏苗、早定苗、早铲地、早趟地，加强田间管理，防治病虫害等措施都是十分重要的。

4. 播撒毒谷，防治地下害虫

地下害虫常造成高粱缺苗断条，最终使产量减产。高粱样板田地区地下害虫有蛴螬、地老虎、金针虫，每年都有发生，为害严重。采用 666 毒谷播撒防治，成本低，效果显著（表 4-19）。防治的比未防治的保苗数明显多。

表 4-19　不同饵料的 6%666 毒谷防治地下害虫效果

地点 熊岳镇	试验面积 （亩）	处理	配方比例	用量 （kg/亩）	保苗数 （株/m）	点数 （个）
温泉	0.54	6%666 毒谷	1∶20	1.5	16.5	16
周房店	0.54	未防治（CK）	—		7.1	16
望儿山	0.20	6%666 毒谷	1∶10	1.8	45.6	11
小南洼	0.20	未防治（CK）	—		24.0	9

（辽宁省高粱样板田工作组，1965）

二、合理密植，巧施肥料技术

（一）因地制宜，合理密植

合理密植是高粱样板田增产的核心技术。以前该地的高粱种植密度为 3 000~4 000 株/亩，样板田均在此密度上适当增加了种植密度，最高达到 6 500 株/亩。据 4 个县 12 个样板田乡（镇）488 个地块的调查，每亩株数从 3 500~4 000 株增加到 6 000~6 500 株，高粱产量有随着密度的增加而上升的趋势（表 4-20）。

表 4-20　高粱种植密度与其产量的关系

密度（株/亩）	辽阳县			海城县（现海城市）			营口县（现大石桥市）			盖县（现盖州市）		
	地块数	产量		地块数	产量		地块数	产量		地块数	产量	
		（kg/亩）	（%）		（kg/亩）	（%）		（kg/亩）	（%）		（kg/亩）	（%）
3 500~4 000	—			58	229.5	88.1	12	223.5	76.4	—		
4 000~4 500	2	273.5	95.6	85	244.0	93.7	52	260.0	88.8	30	260.0	98.0
4 500~5 000	7	286.5	100.0	58	260.5	100.0	41	292.5	100.0	38	265.0	100.0
5 000~5 500	18	309.5	108.1	24	275.5	105.8	4	281.5	96.2	29	292.5	110.3
5 500~6 000	13	327.0	114.2	—			5	276.0	94.3	—		
6 000~6 500	12	321.5	112.3	—			—			—		

（辽宁省高粱样板田工作组，1965）

表 4-20 以每亩 4 500~5 000 株为对照标准，当亩株数每减少 500 株时，则减产 2.0%~14.2%；当亩株数从 4 500~5 000 株增加到 5 000~5 500 株时，辽阳、海城、盖县（现盖州市）3 个县（市）增产 5.8%~10.3%，唯营口县（现大石桥市）略有减产。从总趋势来看，高粱在这一密度范围内，随着密度增加，增产效果是很显著的。

高粱种植密度与当地气候、地势、土质、施肥、品种及栽培技术水平均有密切关系。地势、土质条件不同，对肥力和小气候有不同反应，例如砂土地积蓄养分、水分的能力差，发小苗不发大苗；黏土含有较多的养分和水分，不发小苗，但有后劲，因此砂土地的高粱种植密度宜稀些，黏土地的宜密些。

坡地土层薄，肥力低；平地土层较厚，肥力较高；洼地土层较厚，但含水过多，通气不良，故坡地、洼地的种植密度较平地要稀些。通过142块平地和54块坡地的调查，品种熊岳253的密度与产量的关系，表明平地以每亩5 000~5 500株产量最高，坡地则以每亩4 000~4 500株的产量为最高（表4-21）。

表4-21　平地、坡地高粱密度与产量的关系

密度（株/亩）	平地			坡地		
	地块数	产量（kg/亩）	增产（%）	地块数	产量（kg/亩）	增产（%）
4 000~4 500	59	257.5	100.0	23	275.0	100.0
4 500~5 000	53	290.0	112.5	28	266.5	96.6
5 000~5 500	30	297.5	115.5	3	264.5	96.0

（辽宁省高粱样板田工作组，1965）

种植密度增加后能否增产与施肥水平有密切关系。样板田每亩平均施用农家肥2 000 kg，追施化肥硫酸铵12.5 kg，是保证密植增产的前提条件。据海城县（现海城市）八里乡、辽阳县兰家乡的81个典型地块调查表明，施肥量、密度与增产关系密切（表4-22）。每亩密度在3 500~6 000株，增施肥料都有增产趋势，但以每亩3 500~4 000株的增肥增产效果更为显著。每亩密度在3 500~4 500株，肥料增加的增产效果为9.6%~21.5%，密度增加的增产效果为17.0%~20.4%，所以增肥、增密的增产效果都很大。当亩密度在5 000~6 000株，密度增加的增产效果为2.7%~6.6%，而肥料增加的增产效果为4.4%~15.0%，说明这时增产的主要因子是肥料，因此必须增肥才能保证密植增产。

表4-22　不同施肥水平密度与产量的关系

施氮肥量（kg/亩）	海城八里地块密度（株/亩）					辽阳兰家地块密度（株/亩）				
	3 500~4 000		4 000~4 500		后者比前者增（%）	5 000~5 500		5 500~6 000		后者比前者增（%）
	产量（kg/亩）	增量（%）	产量（kg/亩）	增产（%）		产量（kg/亩）	增产（%）	产量（kg/亩）	增产（%）	
6.5~7.5	—	—	—	—	—	280.0	88.0	287.5	85.0	2.7
8.0~10.0	208.5	100.0	244.0	100.0	17.0	316.0	100.0	337.0	100.0	6.6
10.5~12。5	228.5	109.6	275.0	112.3	20.4	330.0	104.4	—	—	—
13.0~15.0	245.5	117.7	285.5	117.0	18.3	—	—	—	—	—
15.5~17.5	253.5	120.1	296.5	121.5	17.0	—	—	—	—	—

（辽宁省高粱样板田工作组，1965）

（二）增施底粪，巧用追肥

增施底粪，巧用追肥是高粱样板田重要的技术措施之一，同时还要注意合理施肥，

经济用肥。

1. 全面均衡增施底粪

通过12个样板田乡镇477个典型地块的调查表明，亩施用优质农家肥2 000 kg作底粪，后期亩追施硫酸铵12.5~15 kg，亩保苗密度4 000~5 500株，可获得亩产250 kg或更高。从表4-23数据可以看出，随着底粪施用量的增加，单产也随着上升。当底粪施用量超过3 000 kg/亩时，增产效果相对减缓，这种趋势在平地上更为明显。

表4-23 高粱底粪数量与产量的关系（品种：熊岳253）

底粪施用量（kg/亩）	平地			坡地		
	地块数	产量（kg/亩）	增产（%）	地块数	产量（kg/亩）	增产（%）
2 000	110	242.4	100.0	9	235.3	100.0
2 500	147	262.5	108.3	36	253.5	106.4
3 000	103	277.4	114.4	27	267.5	112.3
3 500	39	286.3	118.1	6	280.3	117.6

（辽宁省高粱样板田工作组，1965）

从样板田12个乡镇399个平地典型地块的平均单产看，底粪由2 000 kg增加到2 500 kg时，亩产量增加20.1 kg；底粪由2 500 kg增到3 000 kg时，亩产量仅增加14.9 kg；底粪由3 000 kg增加到3 500 kg时，亩产量只增加8.9 kg。

在样板田中下等肥力的地上，或在底粪质量差、数量少或不发小苗的地上，施用3~5 kg硫酸铵作口肥，有良好的增产效应，原因是口肥能及时供应幼苗养分，促进幼苗生育健壮（表4-24）。最终增产8.9%。

表4-24 硫酸铵口肥的增产作用（品种：熊岳253）

处理	6月6日调查				产量（kg/亩）	增产（%）
	株高（cm）	叶数	叶色	百苗鲜重（g）		
无口肥	24.0	4.5	黄绿	1 050	280.0	100.0
硫酸铵4 kg/亩	29.6	5.0	绿	1 420	305.0	108.9

（辽宁省高粱样板田工作组，1965）

在高粱样板田里还开展了使用过磷酸石灰作底肥或口肥的试验。结果表明，每亩用过磷酸石灰15 kg与农家肥及氮素化肥结合作底肥或作口肥使用时，均有壮苗和增产作用，增产5%~19%。

2. 巧用追肥

高粱样板田追肥量，一般每亩硫酸铵10~15 kg。根据4个县147个典型地块的调查和对比试验结果表明，硫酸铵的增产效果，在平地上随着用量的增加，其增产率有逐渐下降的趋势；在坡地上其增产效果稳定且较显著（表4-25）。

表 4-25 追肥数量与产量的关系（品种：熊岳 253）

追肥量硫酸铵（kg/亩）	地块	产量（kg/亩）	追肥量硫酸铵（kg/亩）	地块	产量（kg/亩）	追肥量硫酸铵（kg/亩）	地块	产量（kg/亩）
7.5~10.0		213.0	15 以下		232.1	15 以下		240.7
10.5~15.0	平地	223.0	15~20	平地	253.8	15~20	坡地	272.5
13.0~15.0		231.3	20~25		266.5	20~25		312.1

（辽宁省高粱样板田工作组，1965）

追肥增产与追肥技术有密切关系。高粱样板田基本上是在幼穗分化期追肥；也有部分地块追肥 2 次，分别于拔节和打苞时追施，目的是攻穗和攻粒。从 118 个典型地块及对比试验的调查结果表明，追肥 1 次的，以幼穗分化期追施的增产效果最高；化肥较多时，分 2 次追肥的效果优于 1 次追肥（表 4-26）。

表 4-26 追肥期与产量的关系（品种：熊岳 253）

追肥时期	营口博洛堡 产量（kg/亩）	增产（%）	盖州太阳升 产量（kg/亩）	增产（%）	盖州熊岳 产量（kg/亩）	增产（%）
苗期	222.3	85.9	—	—	—	—
拔节期	239.6	92.6	240.0	85.3	—	—
穗分化期	258.8	100.0	—	—	212.5	100.0
孕穗期	239.5	92.5	281.5	100.0	—	—
挑旗期	219.5	84.9	252.0	89.5	175.0	82.4

（辽宁省高粱样板田工作组，1965）

综上所述，要实现高粱样板田亩产 250 kg 以上的产量指标，一是在合理密植的同时，必须保证每亩施农家肥 2 000 kg 以上作底肥，10~15 kg 硫酸铵作追肥；随着产量指标的上升，施肥的数量也要相应增加。二是要普遍上粪，全面追肥，消灭白茬地，以达到均衡增产的目的。三是追肥期要因地制宜，如果是 1 次追肥，可选定幼穗分化期追施为好；如果是 2 次追肥，第一次选定幼穗分化期，第二次选择挑旗期。这样既可以获得大穗，又可以增加粒重。

三、精准测报，防治病虫技术

高粱样板田的病虫害防治措施坚持防治并举，在准确测报的前提下，及时采取打歼灭战的办法，高粱蚜、玉米螟虫害得以基本控制，高粱黑穗病由于采取各种预防措施，除丝黑穗病外，坚黑穗病、散黑穗病极少发生。

（一）高粱蚜防治

高粱样板田乡镇普遍建立防虫测报组，从 6 月下旬开始测报员深入田间调查蚜情，采取消灭中心蚜株和"窝子蜜"的办法，将部分早期蚜虫较重的地块消灭在点片发生阶段，有效地控制了蚜虫的蔓延和扩展。人工药剂防治，采用乐果1 000倍液快速喷雾，杀虫率在98%以上。乐果涂茎，用药量较大，成本高。

此外，在辽阳、海城、盖州的6个乡镇高粱样板田实施了无人机喷雾乐果乳剂灭蚜虫的防治措施，共飞行147架次，防治面积达6万余亩。用无人机喷药灭蚜虫，防治及时，效率高，成本低，杀虫率达98%以上，深受群众欢迎。

（二）玉米螟防治

一般来说，玉米螟对高粱的为害是以第一代玉米螟为主，第二代的较轻。据海城、营口调查，第一代玉米螟对高粱心叶为害率达20%～70%。防治试验表明，用DDT颗粒剂防治玉米螟有良好效果。用砂粒或黏土颗粒作载体的防治效果较好（表4-27）。

表4-27 药剂防治玉米螟试验结果

试验地点	药剂处理	施药期（月.日）	蛀茎率（%）	蛀穗茎率（%）
营口市汤池镇二道河	6%六六六可湿性粉剂+砂粒[1:（50～60）]	7.12	4.5	9.0
	5%可湿性DDT+砂粒（1:20）	7.12	7.5	14.5
	对照（未施药）	—	24.5	16.5
海城市验军乡三里	6%六六六可湿性粉剂+黏土粒（1:60）	7.9	1.0	0.06
	6%六六六可湿性粉剂+黏土粒（1:60）	7.9	1.4	0.10
	25%DDT+黏土粒（1:20）	7.9	1.6	0.06
	25%DDT+砂粒（1:20）	7.9	1.2	0.00
	6%六六六可湿性粉剂灌心叶（400倍液）	7.9	2.2	0.06
	对照（未施药）	—	2.4	0.14

（辽宁省高粱样板田工作组，1965）

施药时期是决定防治效果的关键。据营口市汤池镇调查，施药期以7月上旬最好，玉米螟虫蛀率为3%～4%，7月中旬施药则效果显著降低，7月20日以后施药，虫蛀率高达32%多。由于玉米螟成虫卵与物候条件关系密切，因此具体用药时间应根据虫情测报来定。

（三）黑穗病防治

高粱黑穗病有3种，即丝黑穗病、坚黑穗病和散黑穗病。黑穗病防治全面采用了富力散拌种，并采用了减少重茬地、适时播种、看墒覆土等技术措施。据各县高粱样板田对比试验结果表明，富力散拌种对防治坚黑穗病、散黑穗病的效果较好，但对防治丝黑穗病的效果不明显。用0.1%～0.2%五氯硝基苯（70%）药土盖种，对丝黑穗病的防治效果虽然优于富力散拌种（表4-28），但因此法费工费时，也不够理想。

表 4-28 药剂防治黑穗病试验结果

药剂处理	海城验军三里			营口博洛堡望马台			盖州熊岳大铁		
	发病率（%）			发病率（%）			发病率（%）		
	丝黑穗病	散黑穗病	坚黑穗病	丝黑穗病	散黑穗病	坚黑穗病	丝黑穗病	散黑穗病	坚黑穗病
0.3%富力散拌种	4.1	0	0	9.5	0	0	0.4	0	2.0
0.1%~0.2%五氯硝基苯药土盖种	2.1	0	0	6.4	0	0	—	—	—
对照（未施药）	5.2	0.17	0	11.1	0	0	0.3	0	5.7

（辽宁省高粱样板田工作组，1965）

辽南高粱样板田高粱丝黑穗病发病率在 5% 以上，实行 3 年以上轮作可以减少发病率。以消灭菌源为防治措施的拔除病株及合理轮作倒茬对防治丝黑穗病有一定效果。采用抗病的高粱品种恐怕是从根本上解决问题的技术措施。

第三节　6A 系统高粱杂交种高产防倒栽培技术研究

1979 年，辽宁省农业科学院从美国得克萨斯农业和机械大学引进高粱雄性不育系 Tx622A、Tx623A 和 Tx624A。经过几年的鉴定，组配杂交种和试验，到 1983 年已经组配出一批杂交种，并得到了初步的试验结果。6A 系统高粱杂交种（指用不育系 Tx622A 组配的杂交种）的产量显著高于当时生产上应用的 3A 系统高粱杂交种（指用 Tx3197A 不育系组配的杂交种），而且具有籽粒品质好、高抗丝黑穗病、制种产量高等突出优点，但有茎秆较软弱、容易倒伏、玉米螟为害重、产量不稳定等缺点。

为了解决存在的问题，1982—1984 年，辽宁省组成全省 6A 系统高粱杂交种高产防倒栽培技术攻关协作组，开展了多点联合试验，积累了 11 个项目 164 项次试验总结，边试验、边示范、边推广，取得了大面积生产示范效果，并总结出一套 6A 系统高粱杂交种高产防倒栽培技术。

一、因地制宜，选择抗倒品种

通过辽宁省各地大量试验结果表明，抗倒性较强的杂交种有锦杂 83、辽杂 1 号、辽杂 2 号。沈杂 4 号和铁杂 7 号抗倒性较差，容易倒伏。通过鉴定明确了同样是 6A 不育系作母本，选择不同的恢复系作父本，组配的杂交种抗倒性表现也不一样。因此，为了提高 6A 系统杂交种的抗倒性，选择抗倒性强的恢复系是十分必要的。

各地根据本地 6A 杂交种试验的结果和表现，综合考察杂交种的平均产量、标准差（S）、变异系数（CV%）及产量位次、倒伏情况等，因地制宜选择适宜本地栽培的 6A 杂交种。朝阳、阜新地区以辽杂 1 号和 6A×晋 5/晋 1 为宜；锦州地区以辽杂 1 号、锦杂 83、沈杂 6 号为宜；铁岭地区以辽杂 1 号、铁杂 7 号为宜；辽阳、海城地区以沈杂 5 号、铁杂 8 号、沈杂 6 号为宜；营口、盖州地区以辽杂 1 号、桥杂 2 号、沈杂 6 号为宜。

二、合理密植，改小垄为大垄

合理密植既是 6A 杂交种增产的措施，也是防止倒伏、提高稳产性的措施。不同杂交种的茎秆软弱程度和抗倒性是不一致的。为此，对 6A 杂交种进行了抗倒性田间鉴定。试验结果表明，杂交种的田间倒伏率是随着种植密度的增加而上升，不同杂交种的倒伏率有显著差别，辽杂 1 号最轻，倒伏率平均为 0.86%，其次为辽杂 2 号，平均为 1.36%；倒伏严重的是 6A/怀 4，倒伏率为 13.36%（表 4-29）。对抗倒性差的 6A 杂交种，在种植密度上必须严加控制。

表 4-29　不同杂交种和密度的倒伏株率

| 品种 | 密度（株/亩） | 倒伏率（%） | | | 平均 | 变异参数 | |
		I	II	III		标准差（S）	变异系数（CV,%）
辽杂 1 号	4 500	1.61	0	1.56	1.06	0.75	83.36
	5 500	1.32	0	0.63	0.65	0.66	101.57
	6 500	2.45	0	0.59	1.01	1.04	126.60
	7 500	2.17	0	0	0.72	1.02	174.00
总平均					0.86	0.21	23.85
辽杂 2 号	4 500	0.83	1.54	0	0.79	0.77	97.57
	5 500	1.32	0.69	1.30	1.10	0.36	32.55
	6 500	2.87	0	1.79	1.55	1.45	73.35
	7 500	0.52	3.37	2.15	2.01	1.43	71.14
总平均					1.36	0.53	39.16
6A/怀 4	4 500	0	0.79	0	0.26	0.46	175.43
	5 500	4.90	2.67	29.87	12.48	15.10	121.00
	6 500	8.93	11.90	11.64	10.82	1.64	15.18
	7 500	3.98	37.42	48.42	29.88	23.12	18.36
总平均					13.36	12.27	91.85

（辽宁省 6A 高粱攻关协作组，1984）

汇总多点的试验结果，辽杂 1 号的合理密植范围以每亩保苗 5 700~6 400 株为宜。这样可以保证亩收获穗数在 6 000 穗左右，既可以发挥最大的增产潜力，又能有效地防止倒伏。锦杂 83 的适宜种植密度为 6 500 株/亩，辽杂 2 号的适宜密度为 5 500~6 000 株/亩，沈杂 4 号和铁杂 7 号较易倒伏，种植密度应控制应 5 000~5 500 株/亩（表 4-30）。

表 4-30 密度对 6A 杂交种产量的影响　　　　　单位：kg/亩

供试杂交种	试验地点	不同密度			
		4 500 株/亩	5 500 株/亩	6 500 株/亩	7 500 株/亩
辽杂 1 号	康平县胜利乡	505.8	601.2**	530.8*	524.4
	铁岭县镇西堡乡	645.9	641.7	583.4**	575.0**
	铁岭县催陈堡乡	504.9	573.5*	540.7	514.8
	铁岭县阿吉乡	534.2	581.7*	549.7	544.9
	辽宁省农业科学院高粱研究所	484.5	493.8	568.5**	558.7**
	海城市耿庄乡	491.3	528.3**	606.9**	591.4*
	凌海市温滴楼乡	515.5	536.2	597.3**	511.8
	凌海市高桥乡	490.2	538.7*	560.0**	544.0*
	总平均	521.6	561.3*	567.2**	545.6
沈杂 4 号	海城市王石乡	641.9	673.8*	649.3	639.5
	海城市耿庄乡	607.8	625.0*	619.1	570.7
	总平均	624.9	649.3*	634.2	605.1
辽杂 2 号	辽宁省农业科学院高粱研究所	503.4	534.7	606.3**	572.6*
6A/怀 4	辽宁省农业科学院高粱研究所	453.9	517.1**	511.3*	454.3
6A/铁恢 6 号	铁岭县阿吉乡	542.7	564.2*	574.2**	539.5

注：1. 产量为 3 次重复平均数。

　　2. 经变量分析，以 4 500 株/亩为对照，* 为差异显著，** 为差异极显著。

（辽宁省 6A 高粱攻关协作组，1984）

从表 4-30 的试验结果可以看出，辽杂 1 号通过 8 个试验点的产量方差分析结果表明，以 6 500 株/亩的密度产量最高，与对照区 4 500 株/亩比较差异极显著，其次是 5 500 株/亩，其产量差异也达到了显著水平。

沈杂 4 号通过海城市 2 个试验点产量方差分析结果表明，均以 5 500 株/亩的产量为最高，达到差异显著水平。辽杂 2 号、6A/怀 4、6A/铁恢 6 号，仅有 1 点试验结果，经产量方差分析表明，辽杂 2 号适宜密度为 6 000~6 500 株/亩，6A/怀 4 为 5 000~5 500 株/亩，6A/铁恢 6 号为 5 500~6 000 株/亩。

高粱种植密度与叶面积指数有密切关系。6A 杂交种的单株叶面积指数在抽穗前急剧上升，至抽穗期达最高峰，以后随籽粒形成逐渐下降。在 4 500~6 500 株/亩密度下，叶面积指数变幅为 4.5~5.5，以密度对产量影响的结果分析表明，6A 杂交种叶面积高峰期的最适叶面积指数为 4~5。

在 4 500~6 500 株/亩密度范围内，单株生物产量也有较明显的变化，表现在茎叶干重与籽粒干重方面，都是随着种植密度的增加而逐渐减少。

6A 高粱杂交种植株生长繁茂，单株增产潜力大，在栽培形式上可改小垄为大垄。据多点试验结果，在合理密植下，采用 60 cm 垄距种的 6A 杂交种倒伏轻、产量高，能充分发挥 6A 杂交种单株和群体的增产潜力。但目前有些高粱产区仍采用 50 cm 小垄种植 6A 杂交种，通风透光条件差，不利于发挥单株增产潜力；根浅培土少，容易发生倒伏。采取机耕作业的地区，用 70 cm 大垄种植 6A 高粱杂交种，对防止倒伏有作用，而且只要能保证合理密度，也会增产。因此，有机耕作业的高粱产区，可用 70 cm 大垄种植 6A 杂交高粱。

三、增施肥料，改进施肥技术

6A 高粱杂交种对肥力较敏感，除选择较肥沃的地块种植外，应每亩施农肥 2 500~4 000 kg。播种时，增施磷、氮口肥对壮苗、强秆、攻粒、增产有极显著的作用。海城市耿庄乡农科站以磷酸二铵为口肥作不同施用量对比试验，杂交种是沈杂 4 号，以不施磷肥作对照。结果表明，每亩施磷酸二铵 10 kg，可比不施磷肥区增产 16.9%；每亩施磷酸二铵 12.5 kg，增产 21.4%；每亩施磷酸二铵 15 kg，增产 22.8%。综上，以每亩施磷酸二铵 10~12.5 kg，其增产效果最好（表 4-31）。

如果用过磷酸钙作口肥，每亩用量以 50 kg 左右为宜。过磷酸钙在施用前，将氨水或硫酸铵（5~7.5 kg）与过磷酸钙混拌制成氨化过磷酸钙，对壮苗、增产作用显著。

表 4-31　增施磷肥对 6A 杂交种的增产效果

试验处理	3 次重复平均产量（kg）	变异系数（CV%）	折合亩产（kg/亩）	增产（%）	每千克磷肥增产数（kg）
氮肥 50 kg/亩+磷肥 0 kg	41.46±0.98	2.37	483.8	0	0
氮肥 50 kg/亩+磷肥 10 kg/亩	48.46±0.45	0.09	577.2	16.9	8.35
氮肥 50 kg/亩+磷肥 12.5 kg/亩	50.34±0.59	1.17	599.6	21.4	8.47
氮肥 50 kg+磷肥 15 kg/亩	50.92±0.45	0.03	606.5	22.8	7.32

氮肥为硫酸铵，磷肥为磷酸二铵，小区面积 56 m^2。

（辽宁省 6A 高粱攻关协作组，1984）

追施氮肥的增产效果也很明显，在亩施磷酸二铵 12.5 kg 的基础上，设每亩增追硫酸铵 40 kg、50 kg、60 kg 和 70 kg 4 个处理，3 次重复的对比试验。经方差分析表明，以亩追 60 kg 硫酸铵的产量最高，折合达到亩产 600 kg，比每亩追 40 kg 的增产5.74%（表 4-32）。然而，从每千克硫酸铵的增产经济效益来分析，在试验追施 40~70 kg 硫酸铵的范围内，追肥量越多，每千克硫酸铵所能获取的高粱数量就越少，从14.19 kg 下降到 8.37 kg。因此，从追施硫酸铵经济效益来看，以每亩追施 40 kg为宜。

表 4-32 追施氮肥对 6A 杂交种的增产效果

试验处理	3 次重复平均产量 （kg）	变异系数 （CV%）	折合亩产 （kg/亩）	增产 （%）	每千克氮肥增 产量（kg）
氮肥 40 kg/亩+ 磷肥 12.5 kg/亩	47.64±0.63	1.33	567.5	0	14.19
氮肥 50 kg/亩+ 磷肥 12.5 kg/亩	18.82±1.00	2.20	581.5	2.48	11.63
氮肥 60 kg/亩+ 磷肥 12.5 kg/亩	503.60±0.54	1.07	600.0	5.74	10.00
氮肥 70 kg/亩+ 磷肥 12.5 kg/亩	492.00±1.72	3.49	586.0	3.27	8.37

氮肥为硫铵，磷肥为磷酸二铵，小区面积 56 m^2。

（辽宁省 6A 高粱攻关协作组，1984）

为了使肥料的增产效果达到最大化，改进施肥技术也是十分重要的。通过不同地区、不同土质和不同肥力条件下施肥对 6A 杂交高粱防倒增产的试验结果表明，在土壤肥力和施肥水平属中等的地区，采取播前一次深施化肥，防倒增产效果较好；在肥力和施肥水平较高的地区，采取一次追施"大头肥"更为适宜。

用微肥硫酸锌、硫酸锰浸种，是一项增产措施，增产率不超过 10%。微肥对防倒没有显著效果。用 2%过磷酸钙浸出液，或用 0.5%磷酸二氢钾溶液加 2%尿素溶液在高粱拔节期和孕穗期分 2 次喷施，每亩用量 50~70 kg 作叶面追肥。多点试验表明，喷洒过磷酸钙浸出液或磷酸二氢钾溶液，可使高粱提早成熟 2~3 d，是一项促进早熟措施，对防倒不起作用。喷尿素对促进早熟无效，对防倒和增产作用不显著。

四、加强管理，做到促控结合

（一）农业措施

6A 高粱杂交种幼芽拱土能力较强，苗期长势明显优于 3A 杂交种。由于 6A 高粱苗期长势旺，分蘖早且多，因此在苗期管理上，既要采取增施氮、磷口肥促进幼苗和根系生长，又要采取早间苗、早定苗、及时除蘖等措施，控制幼苗旺长，促进幼苗生长健壮。因此，要求在 3 叶期前间完苗，5 叶期前定好苗。高粱定苗后要继续控制幼苗徒长，铲头遍地要深铲、细铲，深铲结合扒土晒根，是有效的蹲苗措施，有利于根系向深层生长；细铲要求将护脖草彻底铲净，为清除田间杂草打基础。

第二遍铲趟时间要抓紧，铲趟对疏松土壤、增温保墒、去除杂草、促进根系发育有显著效应。铲趟时要特别注意保苗，做到不伤苗。在第三遍铲趟前，要追施肥料，即所谓的促穗肥，促进幼穗的分化，增加穗的分枝数、小穗数，形成大穗，为高产打下基础。追肥后采取高培垄措施，能防止肥料挥发，以充分发挥肥效，对防止茎秆倒伏也有一定作用。

（二）喷洒矮壮素

试验表明，喷洒矮壮素可降低 6A 高粱杂交种株高 20~30 cm，对防止倒伏有一定效果。喷药时期在高粱拔节期和孕穗期分 2 次喷药效果最好。矮壮素浓度为 50%水剂，兑成 200 倍液喷洒，无药害，降秆效果最好。喷洒矮壮素仅能降低株高、增强抗倒能力，对增产无效。

五、准时测报，及时防治虫害

蚜虫和玉米螟是高粱的主要害虫，6A 高粱杂交种茎秆含糖量较高，生育又较繁茂，因此虫害严重。虫害会造成高粱倒伏和穗部折断。阜新县通过大量调查表明，在田间 6A 高粱产生倒伏和折穗的株数中，有 79.2% 的植株是受玉米螟为害所致。因此，防治玉米螟对防倒的关系极大。据阜新他本扎兰乡农业站调查，防治玉米螟试验区的玉米螟为害株率为 36%，不防治区的为害株率为 48%。调查为害株的平均穗鲜重为 142.5 g，未为害株的为 162 g。因此防治玉米螟为害对防倒和增产作用很大。蚜虫为害同样对产量造成影响。

防治蚜虫可在垄间撒施乐果粉剂，或用超低量喷雾器喷洒乐果乳剂原液，每亩用原液 100~150 g，兑水 0.75~1.00 kg，有较好的防治效果。防治玉米螟可在高粱挑旗喇叭口期投放 30% 克百威颗粒剂，或乙基 1605 炉渣颗粒剂，均有较好的防治效果。

第四节　高粱施肥技术研究

一、高粱吸肥特性

研究高粱吸肥特性的目的是根据高粱吸肥的需求，满足高粱生长、发育对营养的要求，从施肥技术上保证高粱的高产、稳产。郭有和汪仁（1980）采用筒栽和盆栽 2 种方式研究了杂交高粱晋杂 5 号和普通高粱熊岳 253 的吸肥特性。

（一）高粱不同生育阶段吸收养分特性

高粱一生通常分为 3 个生育阶段，即出苗至拔节初期为营养生长阶段，拔节至抽穗期为生殖生长和营养生长并进阶段，开花至成熟期为生殖生长阶段。不同生育阶段对养分的吸收比例是不同的（表 4-33）。从该表中可以看出，在氮、磷、钾全肥基础上，高粱在拔节之前吸收养分比例较小，特别是磷素比例仅有 5% 左右；拔节至抽穗期吸收比例剧增，氮素和钾素的吸收数量占一生总量的 50% 以上，出现第一次吸肥高峰；开花至成熟期吸收养分比例仍然很大，尤其是磷素的吸收达到一生总量的 59.4%~66.1%。杂交高粱与普通高粱比较，杂交高粱在拔节至抽穗期吸肥比例高于普通高粱，而在另 2 个生育阶段则低于普通高粱。

表 4-33　高粱不同生育阶段吸收养分比例　　　　　　　单位：%

肥料种类	生育阶段	熊岳 253			晋杂 5 号		
		1978 年	1979 年	平均	1978 年	1979 年	平均
氮素	出苗至拔节初期	10.0	5.8	9.6	11.4	5.7	8.6
	拔节至抽穗期	51.8	52.7	52.2	49.9	63.5	56.7
	开花至成熟期	37.6	38.7	38.2	38.7	30.8	34.7

（续表）

肥料种类	生育阶段	熊岳 253			晋杂 5 号		
		1978 年	1979 年	平均	1978 年	1979 年	平均
磷素	出苗至拔节初期	3.2	5.9	4.6	3.1	2.9	3.0
	拔节至抽穗期	30.7	28.6	29.6	36.5	37.7	37.1
	开花至成熟期	66.1	65.5	65.8	60.4	59.4	59.9
钾素	出苗至拔节初期	9.0	13.0	11.0	9.4	6.7	8.1
	拔节至抽穗期	50.2	50.9	50.5	58.8	52.5	55.6
	开花至成熟期	40.8	36.1	38.5	31.8	40.8	36.3

（郭有等，1980）

观察高粱单株日吸收养分数量可以看出（图 4-3），氮和钾以拔节至抽穗期为最高，晋杂 5 号分别为 15.0 mg 和 21.7 mg，熊岳 253 为 7.7 mg 和 11.2 mg；磷则以开花至成熟期为最高，晋杂 5 号和熊岳 253 分别为 13.3 mg 和 4.1 mg。这与不同生育阶段养分吸收比例的规律相一致。2 个高粱品种反应相同，只是晋杂 5 号单株日吸收养分数量在拔节之后明显地高于熊岳 253。

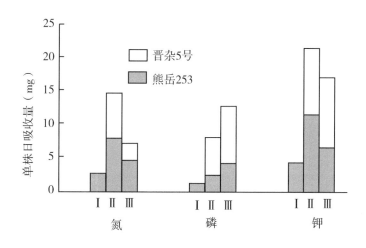

Ⅰ. 出苗至拔节初期；Ⅱ. 拔节至抽穗期；Ⅲ. 开花至成熟期。

图 4-3　高粱不同生育阶段单株日吸收养分数量比较（1979 年）

每生产 100 kg 年高粱籽粒，地上部吸收养分的数量，2 个品种有明显差异。晋杂 5 号吸收氮和钾的数量低于熊岳 253，而吸收磷的数量则高于熊岳 253；吸收氮、磷、钾的比例，晋杂 5 号为 1∶1∶1.7，熊岳 253 为 1∶0.7∶1.5（表 4-34）。

表 4-34　每生产 100 kg 高粱籽粒地上部吸收养分

养分	熊岳 253			晋杂 5 号		
	1978 年	1979 年	平均	1978 年	1979 年	平均
氮（kg）	1.83	3.00	2.42	1.73	2.53	2.13
磷（kg）	1.73	1.67	1.70	1.58	2.64	2.11
钾（kg）	3.14	4.30	3.72	2.81	4.37	3.59

（郭有和汪仁，1980）

（二）高粱植株各部位养分的分布

吸入植株体内的养分绝大部分集中在地上部，而分布于根部的氮、磷营养比例，从苗期至成熟期逐渐降低，磷素尤为明显，五叶期为 30.4%，成熟期降至 8.2%。根部的钾素比例变化不大，各个生育阶段大致保持在 15% 左右。分布地上各部位的营养，生育前期集中在叶里，拔节期后茎秆里逐渐增加，到成熟期时集中到种子里，而钾素却主要集中在茎秆里（表 4-35）。不同品种植株各部位氮素和钾素养分分布相差变化不大，只是磷素有明显的差别。在抽穗期之前，晋杂 5 号分布于根中的磷素比例高于熊岳 253，分布于地上部的低于熊岳 253；成熟期磷素分布比例则相反。

表 4-35　高粱植株各部位养分分布比例　　　　　　　　　　单位:%

时期	部位	氮素			磷素			钾素		
		熊岳 253	晋杂 5 号	平均	熊岳 253	晋杂 5 号	平均	熊岳 253	晋杂 5 号	平均
五叶期	叶	81.2	79.5	80.3	73.2	66.0	69.6	80.9	81.1	81.0
	根	18.8	20.5	19.7	26.8	34.0	30.4	19.1	18.9	19.0
拔节初期	叶	82.6	82.3	82.4	79.6	73.0	76.3	84.4	82.7	83.5
	根	17.4	17.7	17.6	20.4	27.0	23.7	15.6	17.3	16.5
抽穗期	叶	56.1	55.5	55.8	49.2	56.0	52.8	41.0	44.0	42.5
	茎	29.7	30.4	30.0	36.2	27.7	32.0	39.3	44.4	41.8
	根	14.2	14.1	14.2	14.6	16.3	15.4	19.7	11.6	15.7
成熟期	叶	17.1	15.7	16.4	10.6	12.0	11.8	15.3	10.7	13.0
	茎	20.9	20.2	20.5	18.6	20.2	19.4	46.7	55.7	51.2
	种子	49.6	53.0	51.3	60.1	61.1	60.6	21.9	19.3	20.6
	根	12.4	11.1	11.8	10.7	5.8	8.2	16.1	14.3	15.2

注：表内数值为 1978 年及 1979 年平均值。

（郭有和汪仁，1980）

高粱籽粒成熟期间，各部位的养分比例有一些变化。种子里的氮素有相当数量是由茎、叶里转移来的，约占种子中含量的50%以上。磷素也有少量转移。钾素没有转移，成熟期茎、叶中钾素的比例还在增加，2个高粱品种表现一致（表4-36）。

表4-36 高粱生育后期茎、叶中养分转移情况 （mg/株）

生育时期	氮素		磷素		钾素	
	熊岳253	晋杂5号	熊岳253	晋杂5号	熊岳253	晋杂5号
开花期	568.2	646.3	257.0	309.3	845.6	938.1
成熟期	309.7	294.9	231.7	285.9	984.3	1062.3
增量	-258.5	-351.4	-25.3	-23.4	138.7	124.2
占种子含量的（%）	51.9	52.9	5.1	4.2	—	—

注：表内数值为1978年的值。

（郭有等，1978）

（三）施肥对高粱生育和产量的影响

试验表明，施氮肥对高粱生育影响最大，其次是磷肥。从不同生育阶段不供给某种肥料对生育和产量影响的结果（表4-37）看出，从拔节初期至挑旗期不供应氮肥（中 N_0 处理），其籽粒产量和体内氮素积累量最低，仅为全肥处理的1/2左右，说明此阶段是高粱氮素营养的临界期；高粱苗期不供应氮肥（前 N_0 处理），以后追施氮肥，虽然仍能获得相当高的产量，但却大幅降低了千粒重，并延迟成熟10 d，这表明高粱苗期供给氮肥对促进成熟和增加粒重有特殊作用。

表4-37 不同施肥处理对高粱生育和产量的影响（1979年）

品种	试验处理	籽粒产量（%）	养分积累量（%）	茎叶产量（%）	根重（g/盆）	千粒重（g）	生育天数（d）
晋杂5号	前 N_0	87±0	105	102	48	15.5	117
	中 N_0	48±9	54	57	28	27.5	108
	后 N_0	87±4	102	75	32	21.0	105
	前 P_0	77±4	83	62	26	26.0	102
	中 P_0	103±3	97	87	38	22.5	105
	后 P_0	90±6	102	90	38	25.0	105
	前 K_0	94±9	68	95	36	28.0	102
	中 K_0	90±11	63	95	42	23.5	105
	后 K_0	87±10	86	92	38	23.0	105
	全肥	100±4	100	100	44	24.0	105

（续表）

品种	试验处理	籽粒产量（%）	养分积累量（%）	茎叶产量（%）	根重（g/盆）	千粒重（g）	生育天数（d）
熊岳253	前 N_0	98±0	92	109	26	10.5	117
	中 N_0	43±11	62	91	26	16.5	108
	后 N_0	106±9	81	103	26	14.5	108
	前 P_0	49±12	70	94	20	16.5	113
	中 P_0	107±7	101	109	22	13.5	113
	后 P_0	86±13	101	94	30	12.5	117
	前 K_0	107±10	83	116	32	17.5	108
	中 K_0	95±16	66	97	22	16.5	108
	后 K_0	86±10	74	119	16	12.0	117
	全肥	100±4	100	100	22	16.0	113

注：N_0 处理为氮量，P_0 处理为磷量，K_0 处理为钾量，数值来自砂培条件下试验。
（郭有和汪仁，1980）

表4-38 的数据与上述结果表现一致，播前施氮肥和拔节初期施氮肥增产效果相似，而播前施氮肥比拔节初期施氮肥提早成熟 16 d，粒重也有所增加。

表4-38 不同施肥期对高粱产量的影响（1979年）

试验处理	籽粒产量		千粒重（g）	生育天数（d）
	（g/盆）	（%）		
施PK，无N	30.0	—	18.5	122
施PK，播前施N	59.5	98.3	20.5	101
施PK，拔节初追N	60.0	100.0	18.0	117
施PK，挑旗追N	41.0	37.7	22.0	114
施NK，无P	42.6	—	19.5	117
施NK，播前施P	59.5	39.7	20.5	101
施NK，拔节初追P	47.0	10.3	21.5	108
施NK，挑旗追P	51.0	19.7	20.5	114
施NP，无K	55.3	—	21.5	101
施NP，播前施K	54.5	-1.4	20.5	101
施NP，拔节初追K	53.0	-5.0	22.0	98

试验处理	籽粒产量		千粒重（g）	生育天数（d）
	（g/盆）	（%）		
施 NP，挑旗追 K	57.0	3.1	20.5	98

注：土培，晋杂 5 号，土壤含水解氮 75 mg/kg，速效磷 19 mg/kg，速效钾 102 mg/kg。
（郭有和汪仁，1980）

从施磷肥看，苗期不供应磷肥（前 P_0 处理），虽然以后供应充足磷肥，但籽粒产量和体内磷素积累量仍为最低（表 4-37），说明此期为高粱磷素营养临界期。从表 4-38 的结果可以看出，高粱苗期磷素供应的多少，对高粱生育影响最大，不仅影响籽粒产量，而且影响成熟的早晚，早施磷肥能促进早成熟。

高粱后期施用钾肥对促进成熟和提高籽粒产量均有较好作用。

二、高粱生育和籽粒产量与氮、磷、钾营养的研究

（一）高粱幼苗期营养

郭有（1979）研究了高粱幼苗期营养状况。一般认为，种子发芽和初期生长是靠种子里储藏的营养物，直至长出 3 片真叶和次生根时，才开始吸收土壤和空气中的养分生长。试验表明，在砂培条件下长出 2 片真叶后移至蒸馏水中继续培养，种子中储藏的物质可供晋杂 5 号长出 3 叶 1 心，熊岳 253 长出 3 片真叶，以及 1~3 条次生根。

在砂培条件下，3 叶期以前熊岳 253 种子干物质被用去 55%，晋杂 5 号被用去 77.4%；4 叶期时 2 个品种的种子干物质相应被用去 72.5% 和 85.2%。从幼苗干物重积累看，熊岳 253 增重比晋杂 5 号多 13.5%，而其根重却比晋杂 5 号低 12.3%；4 叶期时，晋杂 5 号的叶重则超过熊岳 253 的 5.4%（表 4-39）。

表 4-39 高粱幼苗干物重增加情况

品种	百粒种子重（g）	3 叶期幼苗干物质重					4 叶期叶重（g/100 株）
		根（g/100 株）	叶（g/100 株）	胚乳（g/100 株）	计（g/100 株）	比种子增重（g/100 株）	
熊岳 253	3.41	1.35	1.76	1.31	4.42	1.01	3.55
晋杂 5 号	3.53	1.54	1.55	0.69	3.78	0.25	3.74

注：数值来自砂培条件下试验。
（郭有，1979）

土培条件下与砂培就不同了，3 叶期植株养分积累增加量已超过种子中含量的 107.4%~172.7%，晋杂 5 号植株氮素积累增加量比熊岳 253 低，而钾素积累增加量比熊岳 253 高（表 4-40）。

表 4-40　高粱 3 叶期植株氮素、钾素积累情况

品种	氮素			钾素		
	种子 （mg/100 粒）	植株 （mg/100 粒）	增加（％）	种子 （mg/100 粒）	植株 （mg/100 粒）	增加（％）
熊岳 253	29.7	81.0	172.7	24.3	50.4	107.4
晋杂 5 号	31.7	78.0	146.1	22.2	58.8	164.9

注：数值来自土培条件下试验。

（郭有，1979）

　　总之，上述试验说明在环境中养分很少时（砂培），高粱幼苗生长主要靠种子里的养分；当环境中有养分时（土培），3 叶期高粱就可从环境中大量吸收养分。晋杂 5 号幼苗生长比熊岳 253 能较多地利用种子中的养分，并先用于生长根系，土培下晋杂 5 号幼苗钾素积累增加量明显高于熊岳 253，这可为其以后的生长发育和籽粒高产打下基础。

　　（二）高粱氮、磷、钾积累与分配

　　李淮滨等（1991）研究了高粱氮、磷、钾在体内的积累、分配、转移及其需求量和比例等。

　　1. 氮、磷、钾在高粱各部位的含量及变化

　　高粱各部位氮、磷、钾含量变化总趋势相似、前期较高，随生育进程和碳代谢日趋增强而不断下降。但三者在各部位的表现却不相同（表 4-41）。

　　（1）氮含量变化　氮在叶片、叶鞘和茎中的含量从出苗到成熟不断减少，开花后下降最快，灌浆至成熟趋于稳定，穗中的氮含量在灌浆期降至最低，成熟时略有上升。成熟期测定，各部位中氮含量是叶>穗>鞘>茎。叶片中的氮含量与籽粒产量密切相关，成熟时叶片的含氮量（x）与产量（y）呈紧密的正相关关系，其线性方程为：$y = 461.2 + 847.1x$，$y = 0.965$，$P < 0.01$。因此，叶片的含氮水平是高粱营养诊断的指标。

　　（2）磷含量变化　高粱各部位磷含量的变化均是前期高后期低，但叶片、叶鞘、茎都产生较大波动，呈现 2 个高峰。叶片的 2 个高峰出现在挑旗期和灌浆期，前峰高，后峰低；穗的含磷量变化与含氮量相似，但变幅较小，也是灌浆期含量最低。从各生育阶段看，拔节时茎的含磷量最高，叶片次之，至抽穗开花时，穗的磷含量最高，叶片位于第二；抽穗开花后穗的磷含量有所下降，灌浆后转而上升，成熟时居各部位之首。成熟期测定，各部位磷含量的顺序是穗>叶>鞘>茎。

　　（3）钾含量变化　叶片、叶鞘中钾含量在拔节后快速降低，而茎却不同，呈现前低后高趋势，挑旗后迅速上升，在灌浆期达到最高，为其他部位的 3~4 倍，以后虽有所下降，但仍大大高于其他部位。穗的钾含量与氮、磷都不同，除在挑旗期较高外，以后各生育阶段都远低于其他部位。成熟期测定，各部位钾含量顺序是茎>叶片>叶鞘>穗。

　　2. 氮、磷、钾的积累

　　（1）氮、磷、钾的积累过程　高粱各部位氮、磷、钾的积累是随着植株生长发育和

表 4-41 高粱不同生育时期各部位氮、磷、钾含量

单位:%（干重）

取样日期	叶片			叶鞘			茎			穗		
	N	P_2O_5	K_2O	N	P_2O_5	K_2O	N	P_2O_5	K_2O	N	P_2O_5	K_2O
6 月 16 日（拔节期）	4.584	1.005	2.387	3.222	0.743	3.008	5.168	1.377				
7 月 16 日（挑旗期）	3.192	1.404	1.782	1.692	0.491	1.918	1.826	0.445	2.365	2.672	0.990	2.189
7 月 23 日（抽穗开花期）	2.823	0.743	1.439	1.541	0.646	1.588	1.898	0.654	2.867	1.791	0.831	1.221
8 月 15 日（灌浆期）	2.316	0.918	1.264	1.145	0.648	1.210	1.145	0.384	4.072	1.445	0.717	0.803
9 月 8 日（成熟期）	2.179	0.700	1.102	1.086	0.391	0.864	1.069	0.109	3.052	1.573	0.880	0.440
平均	3.019	0.954	1.593	1.737	0.584	1.718	2.221	0.594	3.089	1.873	0.855	1.163

（李准滨等，1991）

干物质的增加而不断积累。氮和磷一般自苗期开始持续积累到成熟，钾的积累在灌浆期达到最大值后不再增加，且有一定下降。从各部位氮、磷、钾积累过程看，叶片在挑旗期，茎和叶鞘在抽穗开花期氮素积累达到最大值，之后因向穗输出而减少；穗部氮素积累从挑旗期开始直线增长，一直延续到成熟期。各部位磷素积累与氮素基本相似，不同的是茎在抽穗开花期后磷素下降速度较快，成熟时茎中磷含量降至最低。叶片和叶鞘在挑旗期时钾素积累达到最大值，以后逐渐下降，而茎和穗在挑旗期后不断上升，灌浆期达到最高，以后有所下降（表4-42）。

在植株的氮素积累中，抽穗开花期全株氮积累量占总氮量的74.94%，即有3/4的氮是在抽穗开花前积累的，成熟期叶片、叶鞘、茎积累的氮共占全株总氮量的43.53%。抽穗开花期全株磷积累占总磷量的59.37%，其比例低于氮，说明开花后仍有较多的磷吸收。成熟期叶片、叶鞘、茎的磷积累量占全株总磷量的25.41%。抽穗开花期全株钾积累量占总钾量的72.87%，低于氮而高于磷；成熟期叶片、叶鞘、茎的钾积累量占全株钾总积累量的66.21%（表4-42）。

表4-42 高粱不同生育阶段各部位氮、磷、钾积累比例（1981年）　　　单位:%

养分	器官	拔节期 出苗后30 d	挑旗期 出苗后60 d	抽穗开花期 出苗后67 d	灌浆期 出苗后90 d	成熟期 出苗后114 d
氮	叶	9.84	39.46	32.41	23.01	21.15
	鞘	1.89	9.84	10.26	6.93	6.63
	茎	0.67	15.47	21.68	14.08	15.75
	穗	0	3.94	10.59	39.56	56.47
	全株	12.40	62.71	74.94	83.58	100.00
磷	叶	5.09	34.68	20.12	21.49	16.00
	鞘	1.05	6.73	10.12	9.27	5.62
	茎	0.39	8.88	17.57	11.10	3.79
	穗	0	3.46	11.56	46.24	74.59
	全株	6.53	53.75	59.37	88.10	100.00
钾	叶	5.58	20.31	17.96	13.95	11.63
	鞘	1.93	12.15	11.48	7.96	5.73
	茎	0	21.76	35.59	54.49	48.85
	穗	0	3.50	7.84	23.90	17.21
	全株	7.51	57.72	72.87	100.00	83.42

（李淮滨等，1991）

（2）氮、磷、钾积累速度　高粱不同生育阶段对氮、磷、钾的积累速度不一样。全株氮素积累速度最快时期为拔节至开花期，平均是 0.31~0.32 kg/(d·亩)，抽穗开花以后，叶片、叶鞘、茎氮的积累速度下降，穗粒快速上升，灌浆期全株积累速度又趋上升、约为 0.13 kg/（d·亩）。全株磷的积累速度有 2 个高峰，分别出现在拔节至挑旗期和开花至灌浆期，其峰值为 0.12 kg/（d·亩）和 0.10 kg/（d·亩），前者处于营养生长盛期，后者处于籽粒灌浆期。全株钾积累速度为单峰，峰值出现在挑旗至开花期，数值为 0.36 kg/（d·亩），灌浆以后不再吸收。

3. 氮、磷、钾的分配与转移

（1）氮、磷、钾的分配　氮、磷、钾在植株各部位的分配因不同生育阶段而变化。叶片和叶鞘在拔节前为氮、磷、钾的分配中心；拔节到开花期，茎是氮、磷的分配中心，而拔节后茎始终是钾的分配中心，一直持续到成熟期。抽穗后，穗成为氮、磷的分配中心。抽穗开花后，叶片和叶鞘中的氮、磷、钾开始向穗部转移，茎中的氮、磷在灌浆期大量向穗部转移，而茎中的钾在灌浆期仍未减少。由于氮、磷、钾在各部位的分配各不一样，故成熟时各部位氮、磷、钾积累量有明显差异，氮和磷是穗>叶片>茎>叶鞘，钾则是茎>穗>叶片>叶鞘，表明氮、磷主要分配于穗，钾则分配于茎。

（2）氮、磷、钾的转移　植株体内营养物质转移通常用公式：$R = \dfrac{W_m - W_d}{W_m} \times 100$，称公式Ⅰ。式Ⅰ中：$R$ 为转移率（%），W_m 为某部位中某元素积累的最高量，W_d 为该部位成熟时该元素积累量。这一公式的缺点是无法确切知晓转移发出的时间，特别对积累曲线不是单峰的，或后期有回升的就无法准确地反映转移量。故改用公式Ⅱ计算：$D = \dfrac{W_1 - W_2}{V_1 - V_2} \times 100$，式Ⅱ中 D 为转移率（%），表示某一阶段某个部位养分向营养中心转移量占营养中心增加量的百分率。W_1 和 W_2 分别为某部位转移前、后的养分量，V_1 和 V_2 分别为营养中心接受转移前、后的养分量。表 4-43 为高粱各部位氮素转移率。结果显示，叶片、叶鞘、茎向穗部转移的氮素比例较高。开花至灌浆期（出苗后 67~90 d），是氮素从营养器官向穗部转移的主要时期，转移量占穗粒增加量的 74.44%，说明抽穗开花后穗部氮素急剧增加的主要来源是营养器官。灌浆至成熟期（出苗后 91~114 d），营养器官向穗部转移的氮素占穗部增加量的 24.57%，这表明后期穗部氮素的增加主要靠根系吸收转运至穗部，显示了后期土壤氮素水平对籽粒产量形成的重要作用。

表 4-43　高粱各部位氮素转移率

出苗后日数（d）	穗氮素增加量（kg/亩）	叶片		叶鞘		茎		营养器官减少氮量（kg/亩）	转移率（%）
		减少氮量（kg/亩）	占转移率（%）	减少氮量（kg/亩）	占转移率（%）	减少氮量（kg/亩）	占转移率（%）		
67~90（开花至灌浆期）	5.24	1.86	47.69	0.61	15.64	1.43	36.67	3.90	74.44
91~114（灌浆至成熟期）	2.32	0.50	87.72	0.07	12.28	—	—	0.57	24.57
合计	7.56	2.36	52.80	0.68	15.21	1.43	31.99	4.47	59.12

（李淮滨等，1991）

在营养器官中，叶片对穗粒的氮素供给是突出的，开花至灌浆期和灌浆至成熟期2个阶段，供应的氮素分别占总转移率的47.69%和87.72%；叶鞘最少，只有15.64%和12.28%；茎居中，为36.67%（表4-43）。

4. 氮、磷、钾需求量及其比例

关于高粱生产100 kg籽粒需要的氮、磷、钾数量国内外学者都做了许多研究和测定，但是由于不同地区的生态条件、施肥水平、品种及测定方法的不同，其结果出入较大。本书汇总了部分国内外学者的结果列于表4-44中。其平均数据是氮（N）（3.25±1.37）kg，磷（P_2O_5）（1.68±0.48）kg，钾（K_2O）（4.45±1.14）kg，其比例是1:0.52:1.37。

表4-44　高粱生产100 kg籽粒所需氮、磷、钾数量及其比例

品种	试验类型	处理及年份	生产100 kg籽粒需要养分（kg/亩）			籽粒产量（kg/亩）	氮：磷：钾	资料来源
			氮	磷	钾			
CSH-I	田间	N_0P_0	2.35	1.98	7.23	151.35	1:0.84:3.08	Roy 等
		N_0P_{26}	2.39	1.94	5.54	235.35	1:0.81:2.32	Roy 等
		$N_{60}P_0$	2.94	1.99	5.58	244.65	1:0.68:1.90	Roy 等
		$N_{60}P_{26}$	2.34	1.97	4.31	230.00	1:0.84:1.84	Roy 等
		$N_{120}P_0$	3.05	2.08	5.68	327.35	1:0.68:1.86	Roy 等
		$N_{120}P_{26}$	2.70	2.22	4.55	366.65	1:0.82:1.69	Roy 等
晋杂4号	田间	1981年	3.37	1.48	3.32	514.15	1:0.44:0.99	李淮滨等
八棵杈	田间	1958年	3.91	0.88	3.35	602.50	1:0.23:0.86	徐天锡等
张杂1号	田间	1979年	2.33			806.25		张彩凤等
		1980年	2.00			777.10		
熊岳253	盆栽	1978年	1.83	1.73	3.14		1:0.96:1.73	郭有等
	盆栽	1979年	3.00	1.67	4.30		1:0.56:1.43	郭有等
晋杂5号	盆栽	1978年	1.73	1.58	2.81		1:0.91:1.63	郭有等
	盆栽	1979年	2.53	2.64	4.37		1:1.04:1.73	
跃进4号	盆栽	对照	5.36	1.11	3.75		1:0.21:0.70	金安世等
	盆栽	穗磷	5.95	1.31	4.73		1:0.22:0.79	金安世等
	盆栽	茎磷	4.90	1.23	4.52		1:0.25:0.92	金安世等
	盆栽	种磷	5.84	1.02	4.08		1:0.17:0.70	金安世等
平均			3.25±1.37	1.68±0.48	4.45±1.14		1:0.52:1.37	

（李淮滨等，1991）

（三）高粱氮、磷、钾施用量与籽粒产量

李景琳等（1994）采用三因素二次回归最优设计（表4-45），研究了高粱氮、磷、

钾施用量与籽粒产量的关系。研究表明，高粱籽粒产量随施氮量的增加而增加，从每亩施纯 N 为 0~15.4 kg 时，籽粒产量增加到 39.9%，达到最高值。亩施纯 N 2.6 kg 时，籽粒产量增加 13.6%，施 N 量增加到 9 kg 时，籽粒产量增加到 21.3%。

表 4-45 氮磷钾三因素二次回归最优设计编码及施肥量

序号	氮肥（X_1）			磷肥（X_2）			钾肥（X_3）		
	编码	N（kg/亩）	折尿素量（kg/亩）	编码	P_2O_5（kg/亩）	折三料磷肥量（kg/亩）	编码	K_2O（kg/亩）	折硫酸钾肥料（kg/亩）
1	0	9.0	19.6	0	5.0	10.9	2	10.0	20.0
2	0	9.0	19.6	0	5.0	10.9	−2	0	0
3	−1.414	2.6	5.7	−1.414	1.5	3.3	1	7.5	15.0
4	1.414	15.4	33.5	−1.414	1.5	3.3	1	7.5	15.0
5	−1.414	2.6	5.7	1.414	8.5	18.5	1	7.5	15.0
6	1.414	15.4	33.5	1.414	8.5	18.5	1	7.5	15.0
7	2	18.0	39.1	0	5.0	10.9	−1	2.5	5.0
8	−2	0	0	0	5.0	10.9	−1	2.5	5.0
9	0	9.0	19.6	2	10.0	21.7	−1	2.5	5.0
10	0	9.0	19.6	−2	0	0	−1	2.5	5.0
11	0	9.0	19.6	0	5	10.9	0	5.0	10.0

注：施纯 N 量下限为 0，上限为 18 kg/亩；施 P_2O_5 量下限为 0，上限为 10 kg/亩；施 K_2O 量下限为 0，上限为 10 kg/亩。磷、钾作基肥；氮肥 20% 作口肥，80% 于拔节期作追肥。

（李景琳等，1994）

高粱籽粒产量总体趋势是随肥料数量增加而上升，但也可以看出单一肥料元素的增产效果。例如处理 10 和 3，总纯肥量相当，每亩合计分别为 11.5 kg 和 11.6 kg，由于处理 10 的 P 肥施用量为 0，而处理 3 的 N、P、K 肥均有，因此其籽粒产量比处理 10 高 6.5%；处理 3 与处理 2 也有同样结果，处理 2 总肥量比处理 3 高 20.7%，但因处理 2 钾肥为 0，因此其产量比处理 3 低 4.3%。说明 N、P、K 肥配合施用具有更好的增产效应（表 4-46）。试验表明，在 P、K 肥不能满足需要的情况下，大量增施 N 肥就不能起到充分的增产作用，P、K 肥会成为增产的短板。这从处理 1、4、7 可以看到，处理 4 的施 N 量为处理 1 的 1.7 倍，但由于 P 肥只有 1.5 kg，与 N 肥的配比不太合理（10∶1），因此其产量比处理 1 低 6.2%；处理 7 的施 N 量是处理 1 的 2 倍，而 K 肥只有 2.5 kg，与 N 肥的配比也是不合理为 7.2∶1，因而产量比处理 1 低 10.87%。上述结果表明 N、P、K 肥的合理配比对高粱籽粒增产有重要效应。

表4-46　高粱籽粒产量与施氮、磷、钾肥量的关系（两年平均）

| 处理 | 施肥量（kg/亩） | | | | | 折合肥料 | | | 产量（kg） | |
	N	P_2O_5	K_2O	合计	尿素	三料磷	硫酸钾	合计	小区	折亩产
8	0	5.0	2.5	7.5	0	10.9	5.0	15.9	7.30	426.9
10	9.0	0	2.5	11.5	19.6	0	5.0	24.6	7.66	448.0
3	2.6	1.5	7.5	11.6	5.7	3.3	15.0	24.0	8.16	477.2
2	9.0	5.0	0	14.0	19.6	10.9	0	30.5	7.81	456.7
5	2.6	8.5	7.5	18.6	5.7	18.5	15.0	39.2	8.43	493.0
11	9.0	5.0	5.0	19.0	19.6	10.9	10.0	40.5	9.92	580.1
9	9.0	10.0	2.5	21.5	19.6	21.7	5.0	46.3	8.78	513.5
1	9.0	5.0	10.0	24.0	19.6	10.9	20.0	50.5	10.12	591.8
4	15.4	1.5	7.5	24.4	33.5	3.3	15.0	51.8	9.49	555.0
7	18.0	2.5	2.5	25.5	39.1	10.9	5.0	55.0	9.02	527.5
6	15.4	8.5	7.5	31.4	33.5	18.5	15.0	67.0	10.93	639.2

（李景琳等，1994）

三、高粱施磷、钾肥技术研究

（一）高粱磷肥施用技术研究

1. 施磷对籽粒产量和植株形态的影响

金安世等（1963）研究了高粱磷肥施用时期与其肥效的关系。试验表明，磷肥施用时期不同，高粱籽粒产量也不同，以播种时施用磷肥增产幅度最大；施用时期越晚，增产效果越低（表4-47）。方差分析表明，施磷肥处理间差异极显著，因而增产效果是可靠的。播种时施用磷肥与对照比，其平均产量多41.5 g，增产效果达极显著水平，拔节期施磷肥与对照区比较，其产量多21.5 g，增产极显著；而孕穗期施磷肥与对照区比较，其平均产量多6.0 g，增产不显著。种磷与茎磷比较，二者差异也达极显著，说明磷肥以早施为好，晚于孕穗期以后，则其效果不佳。

表4-47　磷肥施用时期对高粱籽实产量的影响

| 施肥处理 | 每筒平均单株籽实产量 | | | | 平均产量（g/株） | 增产（%） |
	Ⅰ	Ⅱ	Ⅲ	Ⅳ		
对照 *	81	86	75	70	78.5	100
穗磷	81	85	82	90	84.5	107.5
茎磷	99	102	89	110	100.0	127.5
种磷	109	144	132	125	120.0	152.5

＊对照为不施磷肥，穗磷为孕穗初期施用过磷酸钙；茎磷为拔节初期施用磷肥；种磷为播种时施用磷肥。

（金安世等，1963）

磷肥从植株初期对生长就显现促进作用，播种同时施用磷肥的植株，在刚进入4叶期时，在形态上就与未施磷的植株有所差异，表现株高生长加快，叶片生长速度也加快，叶片鲜绿而宽大，相反未施磷肥的植株则较小较弱。

从出苗到拔节的44 d里，施种磷的株高显著高于未施磷的。当拔节期和孕穗期追施磷肥后，从拔节到开花的33 d里，由于追施了磷肥，其株高生长加快了。施种磷的株高增长速度稍为降低，但茎粗度却明显增加。开花期测定，施种磷的茎粗达2.4 cm，茎磷和穗磷的茎粗为2.1~2.2 cm，未施磷的仅1.9 cm。

不同施磷在生育进展上也有较大差异。种磷的植株已进入开花期时，茎磷处理的植株为抽穗期，而穗磷和未施磷的植株仅处于孕穗阶段。开花期以后，株高生长趋于缓慢，绝对生长量相对减少。从开花到成熟的38 d里，未施磷植株仍在缓慢升高，而施种磷的植株已基本稳定，拔节期和孕穗期施磷的株高还有增加，但不如未施磷的株高升得那么高。这表明，施磷愈早，植株前期生育愈旺盛；反之，则植株生育迟缓。

2. 施磷对干物质积累的影响

高粱植株内干物质积累的动态与上述形态的变化相一致。从出苗到拔节，植株生长主要表现在叶片和叶鞘上，因而干物质的积累也主要在叶部位。生育前期种磷处理的植株干物质是未施磷的5倍多，可见施磷对促进苗期生长极为有效。拔节以后，植株茎节迅速生长，因而干物质积累也由叶部转向以茎部为主。到抽穗开花期后，茎内干物质积累进一步增加，而叶部干物质积累则有减少趋势，穗部干物质积累却在显著增加，而且施磷肥时期越早者，其积累数量也相应加大，说明这个时期植株体内有机物质的合成主要在穗部，而穗部干物质的增加，标志着其有机物质合成的速率加大。这表明施磷对形成大穗，尤其对增加穗重提供了物质保证，所以施磷时期的早晚，直接影响穗的生育，也是促进增产的一个重要因素（表4-48）。

表4-48 植株体中干物质积累状况

生育期	施肥处理	不同生育时期干物质积累量（g/株）				
		根*	茎	叶及鞘	穗	全株
生育初期（18/Ⅵ）	对照	0.06	—	0.25	—	0.31
	穗磷	—	—	—	—	—
	茎磷	—	—	—	—	—
	种磷	0.17	—	1.43	—	1.60
拔节期（5/Ⅶ）	对照	1.1	0.4	6.2	—	7.7
	穗磷	—	—	—	—	—
	茎磷	1.1	0.4	8.1	—	9.6
	种磷	5.5	5.9	18.9	—	30.3

（续表）

生育期	施肥处理	不同生育时期干物质积累量（g/株）				
		根*	茎	叶及鞘	穗	全株
抽穗开花期（7/Ⅷ）	对照	17	50	45	8	120
	穗磷	28	73	50	11	162
	茎磷	26	80	53	16	175
	种磷	38	116	57	29	241
成熟期（14/Ⅸ）	对照	22	76	39	81	218
	穗磷	32	89	46	91	237
	茎磷	29	88	41	119	227
	种磷	18	102	39	132	291

* 20 cm³根际土壤中的根量（金安世等，1963）

3. 对主要营养元素吸收积累的影响

由于施磷肥时期不同，植株对氮、磷、钾元素的吸收也有一定影响。施磷时期越早，植株整个生育期中氮、磷、钾的吸收积累数量也越高（表4-49）。这是植株高产的基础。早期施用磷肥，对植株吸收主要营养元素有显著的促进作用；施磷越晚，营养元素的吸收也越为迟缓，这与籽粒成熟的早晚有密切关系。

从出苗到拔节期，种磷植株平均吸收的氮素为不施磷植株的2倍，为磷或钾的5倍。生育后期情况正相反，这时不施磷的植株仍在继续吸收营养元素，说明吸收速度缓慢。从各生育阶段中氮、磷、钾吸收量占整个生育期全吸收量的百分比，可明显地看出由于施磷肥作种肥，加速了生育前期植株对营养元素的吸收，其所占的百分率显著地大于未施磷的所占百分率。

表4-49 不同施磷时期对植株吸收主要营养元素的影响

处理	生育时期	N		P_2O_5		K_2O	
		单株吸收克数（g）	占全生育期（%）	单株吸收克数（g）	占全生育期（%）	单株吸收克数（g）	占全生育期（%）
对照（不施磷）	出苗至拔节	0.22	5.3	0.03	3.8	0.18	0.3
	拔节至开花	2.21	52.5	0.45	51.3	1.51	51.3
	开花至成熟	1.78	42.2	0.39	44.9	1.25	42.4
	总计	4.21	100	0.87	100	2.94	100
孕穗期施磷肥（穗磷）	出苗至拔节	0.22	4.4	0.03	3.0	0.18	4.6
	拔节至开花	4.47	88.9	0.78	70.4	2.46	61.5
	开花至成熟	0.34	6.7	0.30	26.6	1.36	33.9
	总计	5.03	100	1.11	100	4.00	100

（续表）

处理	生育时期	N		P$_2$O$_5$		K$_2$O	
		单株吸收克数（g）	占全生育期（%）	单株吸收克数（g）	占全生育期（%）	单株吸收克数（g）	占全生育期（%）
拔节期施磷（茎磷）	出苗至拔节	0.37	7.5	0.05	4.1	0.34	7.4
	拔节至开花	3.51	71.8	0.79	64.2	2.36	52.3
	开花至成熟	1.02	20.7	0.39	31.7	1.82	40.3
	总计	4.90	100	1.23	100	4.52	100
播种时施磷（种磷）	出苗至拔节	0.47	13.9	0.15	12.0	0.99	20.0
	拔节至开花	4.45	63.5	1.05	86.5	3.62	73.9
	开花至成熟	1.59	22.6	0.02	1.5	0.30	6.1
	总计	7.01	100	1.22	100	4.9	100

（金安世等，1963）

拔节到开花期吸收的量最大，种磷处理的植株到开花期对磷、钾的吸收已基本稳定；茎磷和穗磷处理的植株有30%～40%的营养元素是在生育后期吸收的；不施磷对照，则有42%以上的营养元素是在生育后期吸收的。对氮元素的吸收也相似。

（二）低温年份磷肥促进高粱早熟增产的研究

卢庆善（1978）采用播期（4水平）、磷肥（2水平）、追肥（2水平）的3因素正交试验设计，研究低温冷害年份磷肥促进高粱早熟、增产的效应。

1. 促进早熟的效果分析

由于因素间水平不一般，需折算极差值 R'。其中播期极差值 $R'_A = \sqrt{4} \times 0.45 \times 1.0 = 0.9$，施磷极差值 $R'_B = \sqrt{8} \times 0.71 \times 5.125 \approx 10.29$。追肥极差值 $R'_C = \sqrt{8} \times 0.71 \times 0.875 \approx 1.76$，磷肥与追肥互作极差值 $R'_{B \times C} = \sqrt{8} \times 0.71 \times 0.125 \approx 0.25$。根据折算后的极差值 R' 的大小，确定促进高粱早熟因素的主次关系是，磷肥>追肥>播期>磷肥×追肥。

磷肥在低温年份促进高粱早熟的效果是很明显的，施磷的极差值 R'_B 最高，为10.29。同期播种的，施磷肥的比不施磷肥的提早抽穗6～8 d，提早成熟4～7 d（表4-50）。

表4-50　高粱施磷比不施磷提早成熟日数

播期（月/日）	抽穗期（月/日）		施磷比不施磷提早抽穗日数（d）	成熟期（月/日）		施磷比不施磷提早成熟日数（d）
	未施磷	施磷		未施磷	施磷	
4/30	7/28	7/20	8	9/18	9/11	7
5/6	8/4	7/28	7	9/22	9/16	6
5/12	8/6	7/31	6	9/25	9/21	4

（续表）

播期（月/日）	抽穗期（月/日）		施磷比不施磷提早抽穗日数（d）	成熟期（月/日）		施磷比不施磷提早成熟日数（d）
	未施磷	施磷		未施磷	施磷	
5/18	8/1	8/4	6	10/2	9/26	6
平均			6.75			5.75

（卢庆善，1978）

2. 促进增产的效果分析

同样，需要折算各因素的极差值 R''，其中播期的极差值 $R''_A = \sqrt{4} \times 0.45 \times 53.6 \approx 48.2$，磷肥的极差值 $R''_B = \sqrt{8} \times 0.71 \times 116.8 \approx 234.6$，追肥的极差值 $R''_C = \sqrt{8} \times 0.71 \times 70.6 \approx 141.8$，磷肥与追肥互作的极差值 $R''_{B \times C} = \sqrt{8} \times 0.71 \times 11.2 \approx 22.5$。根据各因素极差值 R'' 的大小，确定影响产量因素的主次关系是，磷肥>追肥>播期>磷肥×追肥。由此可见，在低温冷害年份，施磷肥是高粱增产的最大因素。不同播期施磷的增产效果（表4-51）。不论哪一期播种的，施磷肥的都比不施磷肥的产量高，最低增产7.5%，最高20.9%，平均13.5%；晚播时，磷肥的增产效果更显著，播期从4月30日至5月18日，施磷比不施磷肥的增产幅度，从7.5%～20.9%，呈规律性变化，说明高粱晚播对磷肥更重要。

表4-51　高粱不同播期施磷与不施磷产量比较

播期（月/日）	每亩产量（斤*）		施磷比不施磷增产（%）
	未施磷	亩施磷 25 kg	
4/30	897.6	964.8	7.5
5/6	873.2	961.8	10.1
5/12	874.0	1 007.8	15.3
5/18	798.4	976.2	20.9
平均	860.8	977.7	13.5

* 1 斤 = 500 g。

（卢庆善，1978）

（三）高粱需钾特性及施钾效果研究

1. 高粱吸钾肥特性

在施氮、磷肥的前提下，施钾肥能明显提高植株钾素含量。苗期只施氮、磷处理的植株钾素含量为1.933%，而施钾肥处理的为2.639%，比不施钾肥的增加36.5%。在其他生育阶段，施钾肥的高粱根、茎和叶中钾素含量均比不施钾肥的高。从高粱植株不同部位来看，在施氮、磷肥的基础上，不论是施钾肥的或不施钾肥处理的，茎秆中的钾含量均高于根系和叶片（表4-52）。随着高粱生育的进展，地上部和根系中钾素含量明显下降，例如，施钾肥处理的高粱拔节期根、茎和叶中的钾素含量分别为1.568 9%、

2.427 4%和2.195 9%，而到成熟期，则分别下降到 0.732 5%、1.367 5%和0.583 5%，相对分别下降了 53.3%，43.7%和73.4%。这是因为植株体内的钾素向籽粒转移的结果，尤其到成熟期叶片中钾素含量明显下降，这是因为植株中老的组织向新生组织运转所致。在高粱籽粒中，施钾肥处理的钾素含量为 0.4153%，而不施钾肥的为 0.3761%。这说明施钾肥能明显增加籽粒中钾素含量，进而有利于改善籽粒品质和提高产量。

表 4-52　高粱不同生育阶段植株钾素含量（1997 年）

处理代号	施肥量（kg/hm²）			苗期（全株）（%）	拔节期			成熟期			
	氮肥	磷肥	钾肥		根（%）	茎（%）	叶（%）	根（%）	茎（%）	叶（%）	籽粒（%）
2	180	180	0	1.963 1	1.115 2	1.601 7	1.655 0	0.571 2	1.137 5	0.520 5	0.376 1
3	180	180	120	2.635 9	1.568 9	2.427 4	2.195 9	0.732 5	1.367 5	0.583 5	0.415 3

（安景文，1998）

从高粱不同生育阶段植株体内钾素含量变化看，高粱在生殖生长期之前需钾量高，茎秆里保持较高的钾素含量。这说明高粱生育前期需较多的钾肥，后期需钾量较少，即高粱的需钾特性。据此，高粱施钾肥应以基施或种肥为主，以满足高粱生育前期对钾素的需要。

2. 高粱施钾增产效果

试验表明，施钾肥对高粱有显著的增产效果，增产幅度 8.5%～10.6%（表 4-53）。但在氮、磷水平相同条件下，高粱产量并非随钾肥施用量的增加而增加。在本试验中，当钾肥（K_2O）超过 112.5 kg/hm²时，增产幅度下降。增产效果最好的是处理代号 4，产量达 8 964.0 kg/hm²，增产 10.6%，即每千克 K_2O 增产 7.7 kg/hm²（表 4-53），其 $N : P_2O_5 : K_2O$ 的比例为 1 : 0.5 : 0.75。

表 4-53　高粱施钾肥的增产效果（1993—1994 年 4 个地点平均值）

处理代号	施肥量（kg/hm²）			平均产量（hg/hm²）	增产		每千克 K_2O 增产（kg）
	N	P_2O_5	K_2O		（hg/hm²）	（%）	
1	150	75	0	8 103.0	—	—	—
2	50	75	37.5	8 889.0	786.0	9.7	21.0
3	50	75	75.0	8 842.5	739.5	9.1	9.9
4	150.0	75	112.5	8 964.0	861.0	10.6	7.7
5	150	75	150.0	8 794.5	691.5	8.5	4.6

（安景文，1998）

3. 施钾肥降低高粱籽粒单宁含量

试验表明，施钾肥对高粱籽粒蛋白质含量影响不大，对赖氨酸含量略有增加趋势，却能较明显地降低籽粒中单宁的含量。如施 K_2O 112.5 kg/hm²处理的，其籽粒单宁含量为 0.036%，而不施钾的为 0.050%，相对降低 28%。

主要参考文献

安景文，赵凯，邱卫文，等，1998.高粱需钾特性及施钾效果研究 [J]. 国外农学：杂粮作物 (3)：33-35.

陈立人，1987.6A 高粱杂交种高产栽培技术 [J]. 农业科技通讯 (3)：15-16.

龚畿道，张凤桐，1964.分枝大红穗的生物学特性和栽培特点 [J]. 辽宁农业科学 (6)：11-16+10.

郭有，1979.关于高粱氮磷钾营养的初步研究 [J]. 辽宁农业科学 (5)：20-22.

郭有，汪仁，1980.高粱吸肥特性的研究 [J]. 中国农业科学 (3)：16-22.

金安世，包复生，张惠珍，1963.高粱磷肥施用时期与其肥效的关系 [J]. 辽宁农业科学 (3)：10-14.

李景琳，苗桂珍，李淑芬，1994.高粱籽粒产量和氮磷钾施用量的研究 [J]. 国外农学：杂粮作物 (5)：37-40.

李庆文，1966.辽南平原区高粱亩产 500 斤以上的基本措施调查研究 [J]. 中国农业科学 (3)：13-15.

李淑芬，苗桂珍，李景琳，等，高粱生物量积累与不同肥力水平关系的研究 [J]. 辽宁农业科学，1994，(6)：10-15.

辽宁省 6A 高粱攻关协作组，1984.622A 高粱杂交种防倒栽培技术研究初报 [J]. 辽宁农业科学 (3)：1-6.

辽宁省高粱样板田工作组，1965.一九六四年辽南高粱样板田综合增产技术经验总结 [J]. 作物学报，4 (1)：83-93.

辽宁省农业厅，中国农业科学院辽宁分院，辽阳县农业局，1966.徐宝岩高粱丰产经验 [J]. 辽宁农业科学 (1)：18-24.

刘河山，毕文博，1993.高粱高产综合配套技术开发研究 [J]. 农业经济，增刊：52-53.

卢庆善，1979.杂交高粱栽培中几个问题的研究 [J]. 辽宁农业科学 (1)：27-30.

卢庆善，1991.辽杂 4 号高粱高产栽培中几个问题的研究 [J]. 辽宁农业科学 (5)：23-25.

卢庆善，毕文博，刘河山，等，1994.高粱高产模式栽培研究 [J]. 辽宁农业科学 (1)：24-28.

卢庆善，刘河山，毕文博，等，1993.高粱茎秆倒伏及其防御技术的研究 [J]. 辽宁农业科学 (2)：8-11.

马世均，卢庆善，曲力长，1980.温度与磷肥对杂交高粱生育和产量影响的研究 [J]. 辽宁农业科学 (3)：5-12.

齐魁多，1988.中国高粱栽培学 [M]. 北京：中国农业出版社.

徐天锡，1960.1959 年高粱丰产试验总结 [J]. 辽宁农业科学 (4)：266-274.

徐天锡，1962.1959—1961 年高粱丰产栽培试验总结 [J]. 沈阳农学院学报 (3)：

31-38.

杨有志，1965.辽南高粱样板田中的高粱丰产与土壤环境条件［J］.土壤通报
　　（5）：27-30.

杨有志，1966.高粱保苗的耕作播种技术经验［J］.辽宁农业科学（1）：65-66.

第五章 辽宁高粱病虫害研究

第一节 高粱丝黑穗病

高粱丝黑穗病，又称"乌米"。在我国各高粱产区均有发生，东北地区发病较重。辽宁省从 1961 年开始就对高粱丝黑穗病开展了研究，最初研究了丝黑穗病的为害、防治措施。后来研究了高粱品种对丝黑穗病的抗性、病菌种群动态变化，确定了 1 号、2号、3 号生理小种，以及基因型抗丝黑穗病的遗传和高粱抗病性育种等，取得了多项科研成果。"应用抗病品种预防高粱丝黑穗病"于 1986 年获省科技进步奖三等奖，"高粱丝黑穗病菌生理分化及抗病资源鉴选和利用研究"于 1998 年获省科技进步奖二等奖，"高粱病菌种群动态及防治策略研究"于 2001 年获省科技进步奖二等奖。

一、高粱丝黑穗病基础研究

（一）丝黑穗病发生与为害

高粱丝黑穗病由于直接损坏了高粱穗，导致其没有了产量，因而对高粱生产造成严重为害。1949 年以来，高粱丝黑穗病有过 3 次大流行。第一次是 1953 年东北地区丝黑穗病大流行，平均发病率在 10%~20%。辽宁省西部 6 个县平均发病率为 9.2%，辽南高发地区发病率为 60%。后来，由于引进抗病的美国高粱雄性不育系 Tx3197A，并组配种植了抗病的高粱杂交种，加之采用药剂等综合防治措施，丝黑穗病发病率明显降低，许多高粱产区几乎找不到丝黑穗病病株。

在高粱生产上，由于大面积连年种植单一的 Tx3197A 组配的杂交种，仅过了 7~8年的时间就产生了病原菌分化——2 号生理小种，导致 3A 系统高粱杂交种由抗病变为感病，丝黑穗病发病率明显回升，造成 1979 年第二次发病高峰。主要高粱产区的发病率为 5%~20%，严重地块高达 70%。例如，辽宁海城高粱丝黑穗病发病率为 4.5%，第二年上升到 15%，第三年上升到 20%多。

1979 年，辽宁省农业科学院从美国得克萨斯农业和机械大学引进了新的高粱雄性不育系 Tx622A、Tx623A 和 Tx624A。经鉴定，Tx662A 表现高抗高粱丝黑穗病菌 2 号生理小种。用其组配的高粱杂交种在生产上种植也表现高抗丝黑穗病，再次控制了高粱丝黑穗病的发生。又过了 5~6 年，由于丝黑穗病菌生理小种的变化，抗病的 6A 系统高粱杂交变种又开始感病了。1989 年，在最先种植以 Tx622A 为母本的高粱杂交种的营口，在母本 Tx622A 繁种田和其杂交种生产田里均发生高粱丝黑穗病病株。营口大石桥乡的发病率在 1%左右，严重地块为 9%。1990 年，该乡 1 200 亩高粱平均发病率为 30%，高者为 80%。营口永安乡 1.3 万亩高粱平均发病率为 35%。盖州几个乡的高粱丝黑穗病发病率在 3%~10%。给高粱生产造成严重损失。

20 世纪 90 年代初，高粱丝黑穗病菌 3 号生理小种被发现，查明 Tx622A 及其杂交种抗病性丧失，其原因是产生了新的毒力 3 号小种所致。从高粱丝黑穗病几次大流行可以看出，造成发生病害、生产损失的主要原因是连年大面积种植单一抗病的杂交种，诱发病菌较快变异产生新的生理小种，致使品种的抗病性丧失。还有就是综合防治措施没有跟上。

（二）丝黑穗病发生因素分析

徐秀德等（1992）研究分析了高粱丝黑穗病发生的原因。

1. 病原菌变异产生新小种导致抗病性丧失

高粱生产实践和丝黑穗病病理研究表明，病菌生理小种的分化是导致品种抗性丧失，造成生产损失的主要原因。20 世纪 50—60 年代，为害高粱生产的丝黑穗病菌是 1 号生理小种。20 世纪 70 年代初开始，采用抗 1 号生理小种的 Tx3197A 不育系及其杂交种之后，高粱丝黑穗病在生产上得到控制。

到 20 世纪 70 年代后期，以 Tx3197A 为抗原的高粱杂交种由抗病变为感病。发病的原因是病菌发生了变异，产生了新的 2 号生理小种，能够使 Tx3197A 及其杂交种感病，造成全国高粱产区出现第二次丝黑穗病发病高峰。1979 年，山西省晋中地区发病率为 10%~20%，严重地块发病率达 70%。1981 年，该地区发病率上升到 20%~40%，严重地块发病率 70%~80%。1976 年以后，辽宁省高粱产区高粱丝黑穗病发病率逐年上升。到 1979 年辽宁省 5 个高粱主要产区，营口、辽阳、鞍山、锦州、朝阳的丝黑穗病发病率分别达 11.5%、14.1%、12.0%、7.0% 和 5.0%，为害相当严重。

20 世纪 70 年代末，由于新引进的 Tx622A、Tx623A、Tx624A 对高粱丝黑穗病菌 1 号、2 号生理小种免疫，由其组配的高粱杂交种在生产上推广种植后不发生病害，再次控制了高粱丝黑穗病的流行。但到 1989 年，在 Tx622A 杂交种生产田里又发现了丝黑穗病病株，而且逐年增多。1990—1991 年，经研究查明，造成 Tx622A 及其杂交种抗病性丧失的原因是高粱丝黑穗病病原菌发生了分化，产生了新的毒力小种，定名为 3 号生理小种。3 号生理小种与原来的 1 号和 2 号不同，新小种能侵染 1 号和 2 号小种不能侵染的鉴别寄主 Tx622A、Tx623A 和 Tx624A，并有较强的致病力。

2. 连年种植单一细胞质和抗原的品种

20 世纪 70 年代以后种植的是 Tx3197A 为抗原的高粱杂交种，高粱丝黑穗病基本得到控制。当时高粱主产区种植的晋杂 1 号、晋杂 4 号、晋杂 5 号、忻杂 52 号、铁杂 6 号、锦杂 75 号等，都是以 Tx3197A 为细胞质的杂交种，造成抗病性遗传基础的狭窄，诱导了病菌的生理分化，仅 7~8 年时间就产生了新的 2 号生理小种，致使 Tx3197A 及其杂交种由抗病变为感病，造成高粱生产上丝黑穗病大发生。

20 世纪 80 年代初开始，应用对丝黑穗病菌 1 号和 2 号生理小种免疫的 Tx622A 不育系及其杂交种，再次控制了生产上丝黑穗病的发生。由于高粱产区几乎全部推广种植以 Tx622A 为母本的杂交种，单一抗原的杂交种导致新小种在 7~8 年之后又产生了病害，杂交种由抗病变成感病，造成丝黑穗病又一次大发生。

3. 综合防治措施贯彻不力

由于过分依赖抗病品种抵御丝黑穗病的发生，忽略了综合防治措施的应用，尤其是在新小种产生后造成病害大发生时，更显得手足无措。用杀菌剂处理高粱种子是防治高粱丝黑穗病的有效措施；要切忌在同一产区长期种植亲缘单一的品种或杂交种，合理安排品种的搭配和布局，尤其要针对病原菌小种的专化性选择具有多抗性或水平抗性的品种，延迟新的毒力小种的产生；采取以合理应用抗病品种为主，其他防治措施为辅的综合防治方法；以及及时拔除田间病株集中处理，施用不带病菌农肥，适期播种，合理轮作等，千方百计防止病原菌扩散，控制病害发生。

（三）丝黑穗病菌生理分化研究

国内外许多研究表明，高粱丝黑穗病菌［*Sphacelotheca reiliana*（Kühn）Clinton］有明显的生理分化现象，存在不同的生理小种。据美国 Frederiksen（1975，1978）和 Frowd（1980）报道，美国高粱丝黑穗病菌有 1 号、2 号、3 号、4 号 4 个生理小种，其鉴别寄主分别是 Tx7078、SA281、Tx414 和 TAM2571。我国吴新兰等（1982）报道，中国高粱丝黑穗病菌有 2 个致病力不同的生理小种，1 个对 Tx3197A 几乎不侵染，称 1 号生理小种，分布于中国高粱和中国类型杂交高粱种植区；另 1 个对 Tx3197A 致病力强，称 2 号生理小种，分布在种植以 Tx3197A 为母本的杂交高粱区。

徐秀德等（1994）研究了中国高粱丝黑穗病菌 3 号生理小种的分化。1989 年，在辽宁省营口最先种植对 1 号、2 号小种表现免疫的 Tx622A 及其杂交种的田块里，发现了高粱丝黑穗病病株。为了研究我国高粱丝黑穗病菌是否产生了新的生理分化，出现了新的生理小种，采用 1 号小种（吉林菌种）、2 号小种（辽宁新民）和新菌种（辽宁营口），并选用鉴别作用显著的高粱品种作鉴别寄主，人工接种菌土进行田间试验。试验以高度感病的矮四和三尺三不接菌土作对照。待植株发病后调查小区总株数、感病株数、计算发病率（表5-1）。

表 5-1　不同菌种对鉴别寄主致病力比较　　　　　　　　　单位:%

鉴别寄主	病菌来源、试验年份及发病率					
	吉林		辽宁新民		辽宁营口	
	1990 年	1991 年	1990 年	1991 年	1990 年	1991 年
晋 5/恢 7	0	0	0	0	0	0
八棵杈	0	0	0	0	0	0
莲塘矮	0	0	0	0	0	0
516	0	0	0	0	0	0
护四号	43.6	35.1	20.8	17.3	27.6	20.9
三尺三	59.5	20.0	42.3	19.8	43.8	13.2
Tx414	35.5	63.2	31.0	68.0	13.3	20.3
早熟苏马克（Early Sumac）	17.5	30.2	22.5	23.2	16.2	24.0

（续表）

鉴别寄主	病菌来源、试验年份及发病率					
	吉林		辽宁新民		辽宁营口	
	1990 年	1991 年	1990 年	1991 年	1990 年	1991 年
ATx3197	11.9	18.0	31.0	30.9	37.6	28.0
BTx3197	10.2	16.6	30.4	42.2	34.8	51.0
ATx622	0	0	0	0	52.9	39.6
BTx622	0	0	0	0	42.5	47.4
ATx623	0	0	0	0	58.6	35.6
BTx623	0	0	0	0	56.6	39.4
ATx624	—	0	—	0	—	53.6
BTx624	—	0	—	0	—	42.6
CK$_1$（矮四）	0	0	0	0	0	0
CK$_2$（三尺三）	0	—	0	—	0	—

（徐秀德等，1994）

不同菌种对鉴别寄主的致病力有显著差别。3 个不同菌种对晋 5/恢 7、八棵杈、莲塘矮和 516 均不侵染。1 号小种（吉林菌种）对中国高粱三尺三、护四号和美国高粱 Tx414 致病力强，对早熟苏马克（Early Sumac）致病力中等，对 Tx3197A、Tx3197B 致病力较弱。2 号小种（辽宁新民）对 Tx3197A、Tx3197B 和 Tx414 致病力较强，对护四号和三尺三的致病力较 1 号小种稍弱，对早熟苏马克致病力中等。1 号和 2 号小种对 Tx622A、Tx622B 和 Tx623A、Tx623B 均不侵染。而新发现的辽宁营口菌种，对 1 号、2 号小种均不能侵染的 Tx622A、Tx622B 和 Tx623A、Tx623B 却具有较强的致病力，对 Tx414 致病力稍弱。辽宁新民和辽宁营口菌种对 Tx3197A、Tx3197B，护四号和三尺三的致病力比较相似，为中等稍强，吉林菌种对 Tx3197A、Tx3197B 的致病力则较弱。3 个不同来源的菌种早熟苏马克的致病力无显著差异。

两年试验结果表明，在辽宁营口地区发生的高粱丝黑穗病，其病菌是一个新的生理小种，定名为 3 号小种。不接种丝黑穗病菌的对照矮四和三尺三均未发病，这 2 个品种经多年接种鉴定，对 1 号和 2 号生理小种表现为高度感病。

（四）中国高粱丝黑穗病菌小种对美国小种鉴别寄主致病力研究

徐秀德等（1994）采用人工土壤接种高粱丝黑穗病菌方法，用中国高粱丝黑穗病菌不同生理小种对美国高粱丝黑穗病菌小种鉴别寄主进行了致病力测定，结果列于表 5-2 和表 5-3 中。

表 5-2 不同小种在鉴别寄主上测定结果   单位:%

鉴别寄主	病菌小种，试验年份，发病率					
	1 号小种		2 号小种		3 号小种	
	1991 年	1992 年	1991 年	1992 年	1991 年	1992 年
莲塘矮	0	0	0	0	0	0
八棵杈	0	0	0	0	0	0
SA281	0	0	0	0	0	0
Lahoma sudan		0		0		0
Tx7078	0	0	0	0	3.3	4.6
Tx622A	0	0	0	0	39.6	44.4
Tx622B	0	0	0	0	47.4	41.1
Tx623A	0	0	0	0	35.6	57.5
Tx623B	0	0	0	0	39.4	60.0
Tx624A	0	0	0	0	53.6	47.1
Tx624B	0	0	0	0	42.6	46.7
TAM2571	6.7	3.5	4.4	4.2	41.6	39.4
Tx3197A	18.0	11.5	31.0	30.9	38.6	41.1
Tx3198B	16.6	15.1	42.2	36.6	51.0	31.1
Tx414	63.2	66.2	38.0	44.2	20.3	20.2
护四号	35.1	72.9	17.3	32.6	20.9	20.0
CK（矮四）	0	0	0	0	0	0

（徐秀德等，1994）

表 5-3 中、美两国丝黑穗病菌小种对鉴别寄主致病力比较

鉴别寄主	美国生理小种				中国生理小种		
	1 号	2 号	3 号	4 号	1 号	2 号	3 号
Tx7078	S	S	S	S	R	R	S
SA281	R	S	S	S	R	R	R
Tx414	R	R	S	S	S	S	S
TAM2571	R	R	R	S	S	S	S

（徐秀德等，1994）

3 个生理小种对寄主致病力差异显著，而年度间发病差异不显著。3 个中国小种对高粱品种莲塘矮、八棵权、SA281、Lahoma sudan 均无致病作用。1 号小种对护四号、Tx414 致病力强，对 Tx3197A、Tx3197B 致病力稍弱。2 号小种对 Tx414、Tx3197A、Tx3197B 致病力强，对 TAM2571 致病力弱。3 号小种对 TAM2571、Tx3197A、Tx3197B，Tx622A、Tx622B，Tx623A、Tx623B，Tx624A、Tx624B 致病力强，对 Tx414、护四号致病力中等，而对 Tx7078 致病力弱。

1 号和 2 号小种对 Tx622A、Tx622B，Tx623A、Tx623B，Tx624A、Tx624B 及 Lahoma Sudan 均无致病作用，对 TAM2571 致病力弱。对照品种矮四因未接种，2 年均未发病，证明试验地符合试验要求。

中国和美国高粱丝黑穗病菌生理小种对寄主致病力见表 5-3。结果显示，中国和美国高粱丝黑穗病菌小种对寄主的致病力有明显差异。中国 1 号、2 号、3 号小种对 SA281 均无致病作用，而美国小种 1 号不侵染 SA281，2 号、3 号、4 号小种均对 SA281 有致病力。中国 1 号、2 号、3 号小种均侵染 TAM2571，而美国 1 号、2 号、3 号小种不侵染 TAM2571，4 号小种能侵染 ATM2571。

中国 1 号、2 号、3 号小种对 Tx414 有致病作用，而美国 1 号、2 号小种不侵染 Tx414，美国 3 号、4 号小种能侵染 Tx414。中国 1 号、2 号小种不侵染 Tx7078，中国 3 号小种侵染 Tx7078，而美国的 1 号、2 号、3 号、4 号小种均能侵染 Tx7078。通过以上分析可以证明，中国高粱丝黑穗病菌的 3 个生理小种与美国的 4 个生理小种对寄主的致病力完全不同，即中国和美国的小种不属于同一小种类群。中国的 3 个生理小种是国际上尚未报道的 3 个高粱丝黑穗病菌小种。

国内外学者普遍认为，高粱丝黑穗病是土传病害，病菌生理小种的分布有明显的区域性。高粱品种抗病性的丧失与病菌小种的产生关系极为紧密。多年来，我国一直种植的是具有中国高粱亲缘的品种，也使丝黑穗病菌形成了独立的种群。从 20 世纪 70 年代以来，我国高粱产区开始种植了具有外来亲缘的高粱品种，使高粱丝黑穗病菌在原有种群上产生了新的分化，形成了新的小种种群。因此，应按我国高粱品种种植区域来确定生理小种的鉴别寄主。

（五）高粱丝黑穗病菌多态性分析

徐秀德等（2003）采用随机引物对来自不同高粱产区、不同寄主和经寄主致病力测定的高粱丝黑穗病菌 2 号、3 号生理小种的 10 个菌株的 DNA 进行分析，所产生的 RAPD 结果表明，高粱丝黑穗病菌具有丰富的种内遗传多样性，存在明显的分化现象。经聚类分析，可将供试的 10 个菌株大致分成 2 组，辽宁清原（H2）和黑龙江绥化（H9）的菌株为一组。辽宁沈阳（H3）、阜新（H1）、营口（H10）、山西榆次（H4）、吉林四平（H5）、黑龙江哈尔滨（H6）、河北张家口（H8）等高粱丝黑穗病菌株以及辽宁沈阳的玉米丝黑穗病菌株（H7）为另一组（图 5-1）。并且同一组内的 DNA 多态性也有差异。高粱丝黑穗病菌 2 号小种（辽宁清原）和 3 号小种（辽宁沈阳）在 DNA 水平上差异显著，相似系数仅为 0.49（表 5-4），说明通过 RAPD 图谱能容易地将这 2 个生理小种区分开，同时也说明 DNA 的差异是病菌小种毒力差异的基础。

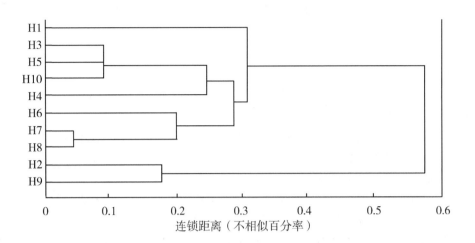

连锁距离（不相似百分率）

图 5-1 供试菌株在 DNA 水平上的聚类分析

（徐秀德等，2003）

表 5-4 供试菌株在 DNA 水平上的相似系数

菌株	H1	H2	H3	H4	H5	H6	H7	H8	H9	H10
H1	1.00									
H2	0.40	1.00								
H3	0.68	0.49	1.00							
H4	0.62	0.38	0.80	1.00						
H5	0.69	0.44	0.91	0.76	1.00					
H6	0.64	0.31	0.73	0.62	0.73	1.00				
H7	0.73	0.36	0.78	0.58	0.73	0.82	1.00			
H8	0.69	0.36	0.73	0.58	0.69	0.78	0.96	1.00		
H9	0.44	0.82	0.49	0.47	0.49	0.36	0.44	0.40	1.00	
H10	0.69	0.44	0.91	0.71	0.91	0.78	0.82	0.78	0.49	1.00

（徐秀德等，2003）

从各地区菌株的 RAPD 分析还发现，黑龙江绥化菌株（H9）和辽宁清原（H2）的
2 号小种有较近的亲缘关系，而来源于其他地区的菌株有较近的亲缘关系。来源于辽宁沈
阳的玉米丝黑穗病的病株（H7）与 3 号生理小种（H3）等多个高粱菌株的 DNA 图谱
较相近，相似系数高，同源性强，说明玉米菌株与高粱菌株（3 号小种）亲缘关系近。
但玉米的菌株（H7）与 2 号小种（H2）间在 DNA 水平上存在明显差异，可初步认定
为不同小种。

选用 4 个引物对供试菌株进 RAPD 扩增，共扩增出 45 个 RAPD 标记，多态性标记
44 个，菌株间存在明显差异（图 5-2）。各菌株的扩增图谱均存在多态性片段，表明供

试菌株在一定相似性的基础上，个体存在一定差异，表现出一定的多样性。2号小种辽宁清原菌株（H2）与黑龙江绥化菌株（H9）的扩增图谱具较高的相似性，但这两个菌株的扩增图谱却与3号小种的辽宁沈阳菌株（H3）等其他菌株扩增的图谱有明显的差异，表明前2个地区的菌株与其他地区比较，存在着生理分化现象。证明了高粱丝黑穗病菌2号小种与3号小种在DNA水平上存在显著差异，属于不同生理小种。

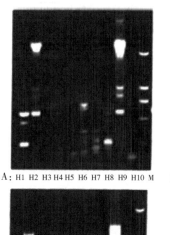
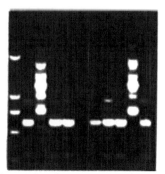
A：H1 H2 H3 H4 H5 H6 H7 H8 H9 H10 M　　　　B：M H10 H9 H8 H7 H6 H5 H4 H3 H2 H1

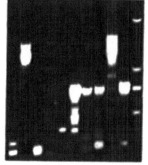
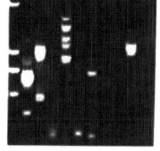
C：H1 H2 H3 H4 H5 H6 H7 H8 H9 H10 M　　　　D：M H10 H9 H8 H7 H6 H5 H4 H3 H2 H1

图5-2 A、B、C、D分别为A_1、A_2、A_3、A_4引物对丝黑穗病菌株RAPD图谱

（徐秀德等，2003）

长期以来，对高粱丝黑穗病菌生理小种的认定和划分，主要通过对鉴别寄主人工接菌后，根据发病程度加以确定。这种方法不仅费时、费力，而且易受环境影响和人为干扰，鉴定结果难免失准。RAPD标记作为近年迅速发展的分子标记技术，具有简便、准确等许多优点，它可以利用病菌自身的特征进行种内分化的研究，不易受环境和人为因素的作用，结果更准确可靠。

二、高粱种质资源抗丝黑穗病鉴定

（一）抗性鉴定评价技术

1. 土壤接种技术

马宜生（1984）采用0.2%、0.4%和0.6%菌土接种方法，以及用菌粉饱和拌种处理，从1979年开始连续3年试验，共397个次高粱品种（有重复），比正常高粱播期提早1周左右，每穴菌土50g左右，小区保菌100株，结果列于表5-5中。表5-5的结果是免疫品种不论接种量多少，发病率均为0%，而感病品种有的用菌粉饱和拌种处理表现免疫，用0.2%菌土接种则表现感病，如铁杂6号；有的当接种量增加到0.4%时才表现感病，如巴拿斯都拉；当接种量达到0.4%或0.6%时，多数感病品种的发病率明显增加，如晋杂4号、锦杂75号等，其发病率与辽宁省个别田块的田间自然发病率60%左右近似一致，特别是0.6%菌土接种的尤为显著。

表5-5　接种菌量与代表品种的发病关系

品种名称	菌粉饱和拌种发病率（%）	0.2%菌土接种发病率（%）	0.4%菌土接种发病率（%）	0.6%菌土接种发病率（%）
菲特瑞塔	0	0	0	0
矮生菲特瑞塔	0	0	0	0
白色菲特瑞塔	0	0	0	0
白加利	0	0	0	0
早熟亨加利	0	0	0	0
息麦地	0	0	0	0
已拿斯都拉	0	0	1.8	0
铁杂6号	0	18.2	—	62.5
马丁迈罗	2.2	6.3	7.8	32.8
晋杂5号	5.3	27.6	50.0	69.7
锦杂75号	5.9	20.9	—	80.0
晋杂4号	7.9	31.3	46.6	74.3

（马宜生，1984）

除免疫品种外，随着接种量的提升，多数感病品种的平均和最高发病率也逐渐增加，其中0.4%和0.6%接种量的最高发病率分别是93.5%和95.1%，平均发病率分别为36.6%和63.9%，接近或超过辽宁省个别地块田间自然发病率，尤其是0.6%菌土接种量的平均发病率更为相近（表5-6）。因此，本研究确定，按0.6%接种量，每穴50g菌土为最适接菌量。

表5-6　供试品种不同接菌量的最低、最高、平均发病率

接菌量	供试品种数（个）	最低发病率（%）	最高发病率（%）	平均发病率（%）
菌粉饱和拌种	31	0	13.7	6.7
0.2%菌土接种	31	0	24.0	20.9
0.4%菌土接种	173	0	93.5	36.6
0.6%菌土接种	193	0	95.1	63.9

（马宜生，1984）

2. 皮下组织注射接种技术

徐秀德等（2000）研究了高粱丝黑穗病皮下组织接种技术。在田间经土壤接种发病高粱植株上产生的高粱丝黑穗病菌冬孢子堆，在其外膜尚未全开裂前采下，装入纸袋放冰箱保存。接种前，取储存于冰箱的冬孢子堆，在无菌条件下切除包被外膜，将孢子堆压碎，筛出冬孢子。取冬孢子 0.5 g，加入装有 15 mL 无菌水的离心管中摇成孢子悬浮液。

在离心机上，500 r/min 离心 10 s 使孢子沉淀，倒掉上清液，再用无菌水制成孢子悬浮液。取孢子悬浮液 1 mL 放入装有 100 mL 蔗糖琼脂液体培养基（蔗糖 3%，琼脂 0.2%）的 250 mL 三角瓶中，置 100 r/min 摇床上，在 25~26 ℃下培养，48 h 后镜检孢子萌发率可达 60%以上，培养 5~7 d 后可供接种用。

当高粱幼苗长到 40~45 d，植株有 4~5 片叶子，株高 10~20 cm 时接种。用 20 mL 注射器使接种用的孢子液将针头从生长点上部 1 cm 左右处平行地面插入植株中部，切勿穿透。推动注射器将孢子液从植株心叶处可见到液珠溢出为止。待植株病症显现后调查其发病率。

（二）高粱种质资源抗丝黑穗病鉴定

1. 中国高粱种质资源的抗性鉴定

马宜生等（1963）采用土壤接种法对 111 个高粱品种进行了 2 年的抗丝黑穗病鉴定，得出下述结论。①不同高粱品种对丝黑穗病的抗性不同，抗性程度有显著差异。有免疫的，如赫格瑞、矮棵八棵权、苏丹草、早熟赫格瑞；有高抗的，如法农 1 号、大红穗9-5、高棵八棵权、黑壳苏丹草；比较抗病的，如散穗甜、吉林甜高粱等；严重感病的，如米高粱、早半月、150、跃进 4 号、锦粱9-2 等。②凡是免疫的品种都是外引品种，或是外引品种的衍生系，均来自非洲，如矮棵八棵权是从赫格瑞系统选育的品种。③除苏丹草外，免疫品种都是圆粒型，如赫格瑞。④在食用、糖用、饲用和帚用等不同高粱类型中，以饲用高粱苏丹草最抗病，糖用甜高粱其次，再次为帚用高粱，而食用高粱感病最重。在食用高粱中，以糯高粱品种抗性较强，不论在任何高粱类型中，以茎秆多汁且甜的高粱较抗病。

王志广（1982）对全国 23 个省（市、区）的中国高粱品种 1 016 份进行了抗丝黑穗鉴定研究（表 5-7）。其中免疫品种 4 份，占总数的 0.04%，即辽宁的金棒锤（辽阳）、辽宁的黑壳小关东青（朝阳）、湖南的莲塘矮（桂阳）和广西的东山红高粱（巴马）。

1 级高抗的品种 31 份，占总数的 3.0%。其中辽宁省 13 份，吉林省 4 份，黑龙江省 4 份，内蒙古自治区 5 份，河北省 2 份，江苏省 1 份，安徽省 1 份，广西壮族自治区 1 份。

2 级抗病品种 72 份，占总数 7.0%。其中辽宁省 34 份，吉林省 6 份，黑龙江省 5 份，内蒙古自治区 9 份，河北省 3 份，山西省 3 份，江苏省 4 份，安徽省 1 份，山东省 4 份，湖北省 1 份，湖南省 1 份，广西壮族自治区 1 份。以上抗病类型品种，包括免疫、高抗和抗病品种共计 107 份，占鉴定品种总数的 10.5%。

表 5-7 地区间品种抗丝黑穗病的差异

地区	省区	品种数	变幅（%）	0级（不发病）*		1级（高抗）*		2级（抗病）*		3级（中抗）*		4级（感病）*		5级（重感）*	
				品种数	%	品种数	%	品种数	%	品种数	%	品种数	%	品种数	%
	辽宁	192	0~41.5	2	1.04	13	6.7	34	17.7	87	45.3	52	27.0	4	2.1
东北区	吉林	70	2.8~37.1	0		4	5.7	6	8.6	32	45.7	28	40.0	0	
	黑龙江	53	1.3~43.3	0		4	7.6	5	9.4	24	45.3	19	35.8	1	1.9
	河北	72	3.7~84.4	0		2	2.8	3	4.1	22	30.5	13	18.1	32	44.4
华北区	内蒙古	74	1.6~51.2	0		5	6.7	9	12.2	31	41.9	25	33.7	4	5.4
	山西	95	7.8~96.2	0		0		3	3.2	13	13.6	19	20.0	60	63.2
	江苏	68	4.8~73.7	0		1	1.5	4	5.8	21	30.8	19	28.0	23	33.8
	安徽	58	1.1~66.7	0		1	1.7	1	1.7	13	22.4	20	34.5	23	39.7
华东区	山东	94	5.1~85.3	0		0		4	4.2	15	16.0	23	24.5	52	55.3
	浙江	5	17.2~64.8	0		0		0		1	20.0	0		4	80.0
	福建	5	23.0~48.9	0		0		0		0		4	80.0	1	20.0
	江西	10	14.8~60.0	0		0		0		5	50.0	3	30.0	2	20.0

（续表）

地区	省区	品种数	变幅（%）	0级（不发病）[*] 品种数	%	1级（高抗）[*] 品种数	%	2级（抗病）[*] 品种数	%	3级（中抗）[*] 品种数	%	4级（感病）[*] 品种数	%	5级（重感）[*] 品种数	%
中南区	河南	88	10.3~78.8	0		0		0		19	21.6	13	14.7	56	63.6
	湖北	8	7.9~61.0	0		0		1	12.5	2	25.0	0		5	62.5
	湖南	19	0~88.9	1	5.2	0		1	5.3	6	31.5	6	31.5	5	26.3
	广东	5	10.7~52.6	0		0		0		1	20.0	2	40.0	2	40.0
	广西	12	0~75.0	1	8.3	1	8.3	1	8.3	3	25.0	0		6	50.0
西南区	云南	23	11.8~64.0	0		0		0		5	21.7	9	39.1	9	39.1
	贵州	17	10.8~78.4	0		0		0		3	17.6	5	29.4	9	53.0
	四川	10	20.0~78.4	0		0		0		1	10.0	4	40.0	5	50.0
西北区	甘肃	22	10.7~69.4	0		0		0		6	27.3	7	31.8	9	40.9
	宁夏	7	20.0~53.8	0		0		0		1	14.3	4	57.1	2	28.5
	陕西	9	26.6~73.2	0		0		0		0		1	11.1	8	88.9
合计		1 016	0~88.9	4	0.04	31	3.0	72	7.0	311	30.6	276	27.2	322	31.7

* 发病为0%，0.1%~5.0%为高抗，5.1%~10.0%为抗病，10.1%~40%为感病，40.1%以上为重感。

（王志广，1982）

3 级中抗品种 311 份，占总数 30.6%；4 级感病品种 276 份，占总数 27.2%；5 级高感品种 322 份，占总数 31.7%。从 3 级中抗到 5 级高感品种共计 909 份，占鉴定品种总数 89.5%。

总之，我国幅员辽阔、生态区域多样，高粱种质资源中蕴藏着不发病和抗病的种质，抗病种质在高粱主栽的北方省（区）多一些，在南方省（区）亦存在。但从总体来看，中国高粱品种对丝黑穗病具有感病特性，本研究的平均发病率为 33.8%，有的甚至高达 98.0%。

王富德等（1993）对 9 088 份中国高粱种质资源进行了抗高粱丝黑穗病的鉴定，其中免疫的种质 37 份，占鉴定总数 0.4%；高抗种质 31 份，占总数 0.3%；抗性种质 92 份，占总数 1.0%；中感、感病、高感的 8 928 份，占总数的 98.3%。可见，中国高粱种质资源的绝大多数感染和高度感染丝黑穗病，抗性种质极少。

37 份高粱丝黑穗病免疫种质，就其来源大致分为 3 类。第一类是 9 份长期在中国种植的外国高粱品种：多穗高粱（深州）、八棵杈（阜新）、相大粒（兴城）、九头鸟（西华）、分枝高粱、多头大白粒、白多穗高粱（深州）、多穗高粱（疏附）、多穗高粱（静海），皆属赫格瑞高粱。

第二类是 20 份育成品种，汾 9、吉公系 10 号、吉公系 13 号、克不育 13 号保持系、克不省 18 号保持系、哈日分枝、吐-83、三代高粱、小皮清、恢 9127、黄瞎子、5-26、营恢 2 号、唐 801 不育保持系、角杜/晋辐 57-1、营不育 3 号保持系、营不育 4 号、营不育 4 号保持系、哈恢 198、台中 2 号，全是中外高粱杂交的后代。

第三类除白高粱（喀什）、莲木沁小高粱（吐鲁番）、柯坪高粱、板桥高粱外，小白粮（丰宁）、矮弯头（鄯善）、澎湖红、白玉粒（安乡）的主脉皆为蜡脉，表明它们含有外国高粱亲缘。

20 余份育成品种对高粱丝黑穗病免疫或高抗，这说明利用外国高粱丝黑穗病抗性源转移抗病基因有效，这类育成品种在中国已成为次生抗原材料。它们具有更多的适应中国环境条件的特性，因此在高粱抗丝黑穗病遗传改良中应用次生抗原会更加有效。

2. 外国高粱种质资源的抗性鉴定

马宜生（1983）对 117 份外国高粱种质资源进行了 2 年抗丝黑穗病鉴定，表现免疫的有 20 份，即 Otomi、ContaS. I. Tropical、High lysine Opaque、954206、Antrax resistance、IS4526、Sugary line、Feterita182、Dwarf Feterita、White Feterita755、Shallu、Kete、Premo873、Club Sorghum、Tx610、M66771、M62772、M62499、M62473、M67767；高抗的有 5 份，即 Banas Durra、RTAM428、Corneous Feterita、M62466 和 NK222；抗病的有 2 份，即 Hybrid Sorghum S32 和 CSV-5。

不育系、保持系经 2 年或 2 年以上中高菌量鉴定，表现免疫的有 4 个，即 Tx622A、Tx623A、Tx624A、麦卡 A；高抗的有 1 个，即 4225A；仅 1 年中菌量鉴定表现免疫的有 1 份，即麦地 BX 卡普罗克；2 年高菌量鉴定表现免疫的有 2 份，即（117AXTx399/晋 7）A、麦地 A，1 年低菌量鉴定表现抗病的有 1 份，即马丁 A。

徐秀德等（1992）采用人工接种丝黑穗病菌的方法，对新引进的外国高粱种质资源 129 份进行抗丝黑穗病鉴定，其中抗性为一级的 74 份，占鉴定总数的 57.4%，如

TVTIE18、TNS30、SPL-13R、SPL-23R、SPL-58R、SPL-59R、MR-801、MR-803、MR-819、M-55601、M-55605、M-55800、M-55802，ICS82A、ICS82B 等。二级抗性的 6 份，占 4.7%，即 ICS51A、ICS51B、ICS53A、ICS57A、IC577A、IC577B。三级抗病材料 2 份，即 ICS81A、ICS75B。四级中抗的 9 份，占 7.0%，即 MR-875、M-55825、M-55843、ICS52A、ICS53B、M-55805、ICS58A、ICS58B、ICS81B。五级感病材料 13 份，占 10.1%。六级高感病的 25 份，占 19.4%。

这批材料对高粱丝黑穗病抗性以免疫的居多，其次是感病和高感病的类型，高抗的和抗病的中间材料偏少。从抗病类型上看，这批材料属于质量性状遗传，因此在抗高粱丝黑穗病育种中应选用免疫材料。

何富刚等（1996）对 2 566 份外国高粱种质资源进行抗丝黑穗病鉴定。鉴定采取人工接种方法进行，初鉴时用 0.5% 菌土接种，复鉴时再用 0.5% 菌土；对初、复鉴表现免疫的材料，用 0.8% 菌土再次复鉴，以最终发病率确定抗性等级。抗性等级分成 6 等，0 级为免疫，发病率为 0%；一级为高抗，发病率为 0.1%~5.0%；三级为抗，发病率为 5.1%~10.0%；五级为中抗，发病率为 10.1%~20.0%；七级为感，发病率为 20.1%~40.0%；九级为高感，发病率 40.1% 以上。

在鉴定的 2 566 份外国高粱种质资源中，免疫种质 871 份，占鉴定总数的 33.94%；有高抗的 361 份，占 14.07%；抗的种质 303 份，占 11.81%，表明国外高粱种质资源抗高粱丝黑穗病资源特别丰富，抗病基因多。因此，在我国高粱抗丝黑穗病遗传改良中，应不断引进和应用国外新抗原，拓宽我国高粱种质资源的遗传基础，以避免高粱生产品种抗性基因单一化，推迟和延缓新生理小种的产生，延长推广优良品种的使用寿命。

三、高粱丝黑穗病抗性遗传

（一）高粱不育系、恢复系抗丝黑穗病遗传

马宜生（1984）研究了高粱杂交种亲本不育系和恢复系的遗传。选用 Tx622A、Tx623A、Tx624A 和麦卡 A 4 个免疫不育系，营 4A 1 个高抗不育系、Tx3197A 1 个感病不育系；晋 5/恢 7 和多穗高粱 2 个免疫恢复系，二·四、怀 4、怀来/渤粱 1、三尺三/白平、铁恢 6 号、白平、4003、锦恢 75、忻粱 52、三尺三、0-30、523、654、627、307、5-26、121、晋辐 1 号 18 个感病恢复系，并组配了 42 个杂交组合。

每年将上述不育系、恢复系及其杂交组合按顺序排列种植，用 0.6% 丝黑穗病菌菌土接种进行抗丝黑穗病鉴定。结果显示，用 Tx622A、Tx623A、Tx624A 不育系与发展程度不同的恢复系组配的 26 个杂交组合，除 Tx622A×白平发病率为 10%、Tx622A×0-30 为 2.4% 外，其他杂交组合均表现免疫，其抗病性多数倾向免疫亲本，而且都显著或极显著优于用 Tx3197A 与相同恢复系组配的杂交组合。用免疫不育系麦卡 A、高抗不育系营 4A 与感病恢复系组配的 6 个杂交组合，其发病率为 32.1%~91.5%，均表现感病，其发病程度同 Tx3197A 与相同恢复系组配的杂交组合大致一样，杂交组合的抗病性均倾向感病亲本。

这一结果表明，高粱亲本系抗丝黑穗病的遗传，由于亲本材料不同，其杂交组合的抗病表现亦不同。有的杂交组合只要父、母本之一抗病，其杂交组合即抗病；有的杂交

组合仅父、母本之一抗病，其杂交组合不一定抗病，必须双亲都抗病，其杂交组合才抗病。例如，Tx622A×4003 对丝黑穗病的抗性偏向抗病性；麦卡 A×怀 4、营 4A×白平则偏向感病。

进一步可以预测，利用免疫的不育系 Tx622A、Tx623A 和 Tx624A 作母本，与抗、感病的恢复系杂交，选育出抗丝黑穗病杂交种是可能的。而利用免疫不育系麦卡 A、高抗不育系营 4A 作母本，与感病恢复系组配，选育出抗病的杂交种是比较困难的。它们只有与免疫或高抗恢复系组配，才有可能选出抗病的杂交种。

（二）高粱抗丝黑穗病遗传效应

杨晓光等（1992）利用 Tx622B、Tx623B、421B、TAM428B 和麦卡 B 5 个免疫保持系，以及 Tx624 天变 B、E.SB 和 Tx3197B 3 个高感保持系组配出 22 个正、反交杂组合；以天变 B 为母本与 Tx631B、Tx627B 组配成 2 个感×免杂交组合；以 421B 为母本与 Tx398B、T293B、296B、860573B、Tx3197B 组配出 5 个免×感组合（表 5-8）。

表 5-8　供试亲本

亲本名称	抗性表现 *	供试亲本来源
Tx623B	免疫	美国得克萨斯农业和机械大学
Tx622B	免疫	美国得克萨斯农业和机械大学
TAM428B	免疫	美国得克萨斯农业和机械大学
Tx627B	免疫	美国得克萨斯农业和机械大学
Tx631B	免疫	美国得克萨斯农业和机械大学
421B（SPL132B）	免疫	印度国际半干旱研究所
麦卡 B	免疫	辽宁省农业科学院高粱所
Tx624 天变 B	高感	辽宁省农业科学院高粱所
E.SB	高感	辽宁省农业科学院高粱所
T293B **	高感	辽宁省铁岭市农业科学研究所
Tx3197B	高感	
Tx398B	高感	美国得克萨斯农工大学
86073B	高感	美国得克萨斯农工大学
India 296B	高感	印度国际半干旱研究所

* 抗性表现指对 2 号小种的表现。

** T293B 为铁岭市农科所选育。

*** 860573B 为由印度国际半干旱所引入。

（杨晓光等，1992）

用 0.6% 菌土接种的方法对上述杂交组合进行抗丝黑穗病鉴定。结果表明，免疫×免疫的 F_1 代仍然表现免疫，例如 TAM428×421B、421B×TAM428B、421B×Tx627B 等杂交组合（表 5-9）。在免疫×感病或感病×免疫的 29 个杂交组合中有 19 个是表现免疫的，其他 10 个组合表现不同程度感病，发病率变幅为 8.3%～50.0%，发病等级为中感、感和高感。但也发现在这些感病的杂交组合中，多为 421B 和麦卡 B 与感病的保持系所组配的杂交组合，这说明 Tx622B、Tx623B、TAM428B、Tx631B、Tx627B 与 421B、麦卡 B 的抗性遗传机制可能不同，前组的抗性遗传可能由纯合显性基因控制，后组可能由非纯合显性基因控制。由纯合显性基因控制的抗丝黑穗病基因型，不论与抗的还是与感的基因型组配，F_1 代均抗病。而双亲之一抗病，其 F_1 代并不一定都抗病。欲要选育抗病的杂交种，还是以双亲都抗病的为好。

表 5-9 亲本抗病性与 F_1 代感病株率

父本	父本抗病性表现	母本							
		Tx624 天变 B	Tx623B	TAM428B	421B	麦卡 B	E. SB	Tx622B	Tx3197B
		母本抗病性表现							
		感	免	免	免	免	感	免	感
天变 B	感		0	0	14.3	0			
Tx623B	免	0			0				
TAM428B	免	0					8.3		
421B	免	19.0		0			8.3		50.0
麦卡 B	免	0					25.0		
E. SB	感			0		10.0		0	
Tx622B	免					37.5			
Tx3197	感				26.2				
Tx631B	免	0							
Tx627B	免	0							
Tx398B	感								
India 296B	感				0				
T293B	感				0				
86053B	感				0				
					16.7				

（杨晓光等，1992）

29 个杂交组合中的 16 个，表现免疫株约占 15/16，感病株约占 1/16；5 个组合表现为免疫株约占 3/16，感病株约占 13/16；1 个组合免疫株约占 9/16，感病株约占 7/16；其余 6 个组合表现大部分株免疫，少数株感病，这 6 个组合发病率幅度为 1.7%～11.3%。经卡方测验，它们均符合各自的性状遗传分离理论比率（表 5-10）。

表 5-10　F_2 代丝黑穗病调查和统计结果

组合名称	F_2 代株数	免疫株数	发病株数	理论数 免疫	理论数 发病	遗传比例	χ^2值	$n=1$ $\chi^2 0.05$	平均发病率（%）	标准差
Tx624 天变 B×Tx623B	100	87	13	81.25	18.75	13:3	2.17	3.84	13.0	4.416
Tx623B×Tx624 天变 B	142	118	24	115.38	26.63	13:3	0.32	3.84	17.0	9.456
Tx624 天变 B×TAM428B	163	149	14	152.81	10.19	15:1	2.32	3.84	8.6.	7.579
TAM428B×Tx624 天变 B	194	181	13	181.88	12.13	15:1	0.07	3.84	6.7	3.660
421B×Tx624 天变 B	190	178	12	178.13	11.88	15:1	0.001	3.84	6.3	5.545
Tx624 天变 B×421B	213	184	29	173.06	39.94	13:3	2.99	3.84	13.6	9.092
Tx624 天变 B×麦卡 B	194	176	8	181.88	12.12	15:1	3.04	3.84	4.12	6.382
麦卡 B×Tx624 天变 B	177	168	9	165.94	11.06	15:1	0.41	3.84	5.1	3.176
421B×E. SB	148	137	11	138.75	9.25	15:1	2.99	3.84	7.24	3.852
E. SB×421B	117	112	5	109.69	7.31	15:1	0.73	3.84	4.27	2.936
421B×TAM428B	113	111	2						1.7	1.964
TAM428B×421B	171	168	3						1.7	0.278
E. SB×Tx622B	128	114	14						10.93	6.662
Tx622B×E. SB	115	107	8	107.81	7.19	15:1	0.09	3.84	6.9	5.865
TAM428B×E. SB	141	134	7	132.19	8.81	15:1	0.39	3.84	4.9	5.139
E. SB×TAM428B	86	78	8	80.63	5.37	15:1	1.28	3.84	9.3	8.479
Tx622B×Tx3197B	181	163	18						9.94	7.125
Tx3197B×Tx622B	179	166	13	167.81	11.19	15:1	0.31	3.84	7.3	7.243
E. SB×麦卡 B	177	157	20						11.3	5.727
麦卡 B×E. SB	155	138	17						10.9	4.337
Tx3197B×麦卡 B	186	166	20						10.7	8.503
麦卡 B×Tx3197B	193	179	14	180.94	12.06	15:1	0.33	3.84	7.3	5.433
天变 B×Tx631B	193	116	77	108.56	84.44	9:7	1.16	3.84	39.8	6.253
天变 B×Tx627B	155	130	25	125.94	29.06	13:3	0.69	3.84	16.1	7.494
421B×Tx398B	211	198	13	197.81	13.19	15:1	0.003	3.84	6.2	3.989
421B×India 296B	162	150	12	151.88	10.13	15:1	0.37	3.84	7.4	22.211
421B×T293B	208	193	15	195.0	13.0	15:1	0.33	3.84	7.2	4.941
421B×860573B	140	119	21	113.75	26.25	13:3	1.29	3.84	15.0	11.12
421B×Tx3198B	161	147	14	150.94	10.06	15:1	1.64	3.84	8.6	7.377

（杨晓光等，1992）

根据对 F_1 的分析和 F_2 所表现的遗传比例表明，免疫与感病可能是由 2 对非等位基因共同控制的，且基因间存在互作，互作方式复杂，并非单一形式。就本试验有限试验数据看，可能存在重叠效应（15：1）和抑制效应（13：3）。而 E. SB×麦卡 B、麦卡 B×E. SB 和 Tx3197B×麦卡 B 3 个杂交组合虽不符合上述比例，但也可能存在一定的互作方式。这些组合都含有麦卡 B 亲本，也进一步说明麦卡 B 抗性遗传的复杂性，这对于正确选用抗病亲本有指导作用。

对 421B×TAM428 及其反交组合，大多数株免疫，少数株感病且较轻，发病率仅1.7%，低于其他杂交组合，这可能与 2 个亲本都是免疫的有关。此外，从 F_1 和 F_2 代的正、反交组合的遗传表现说明，抗丝黑穗病遗传主要由细胞核基因控制。

1990 年前后，由于高粱丝黑穗病菌的生理分化，产生了新的生理小种——3 号小种，导致原来抗病的 Tx622A 及其杂交种变成感病的。为了摸清高粱抗感基因型对 3 号生理小种抗性遗传表现，杨晓光等（1992）通过分析亲、子代的发病率，探讨高粱试材对丝黑穗病 3 号小种的抗性遗传规律。

试材选用对 3 号小种免疫的八棵杈、516B、莲塘矮和晋 5/恢 7；高感材料有Tx622B 和 Tx3197B。并组成抗×感正、反交杂交组合 14 个。对其 F_1 和 F_2 代用 0.6% 的丝黑穗病菌菌土接种，鉴定其抗性，调查发病率（表 5-11）。结果表明，免疫×感病或感病×免疫的 9 个杂交组合中，只要亲本之一免疫，F_1 代也表现免疫，例如 Tx3197B×八棵杈、八棵杈×Tx622B、Tx622B×莲塘矮及其反交、Tx622B×516B 及其反交、晋 5/恢 7×Tx622B、Tx3197B×晋 5/恢 7、莲塘矮×Tx3197B 等杂交组合，这说明抗性基因为显性，从正、反交的遗传表现看，基因型的抗感表现主要由细胞核基因控制。感病×感病组合的正、反 F_1 也是感病，如 Tx622B×Tx3197B 及其反交。例外的是 Tx622B×晋 5/恢 7 组合中 28 株中只有 1 株感病。

表 5-11 遗传试材 F_1 代丝黑穗病菌 3 号小种接种鉴定结果

组合名称	总株数	健株数	病株数	发病率（%）
Tx3197B×八棵杈	5	5	0	0
八棵杈×Tx622B	7	7	0	0
Tx622B×莲塘矮	28	28	0	0
莲塘矮×Tx622B	19	19	0	0
莲塘矮×Tx3197B	22	22	0	0
Tx622B×516B	8	8	0	0
516B×Tx622B	6	6	0	0
Tx622B×晋 5/恢 7	28	27	1	3.75
晋 5/恢 7×Tx622B	16	16	0	0
Tx622B×Tx3197B	31	29	2	6.45
Tx3197B×Tx622B	15	13	2	13.3
Tx3197B×晋 5/恢 7	20	30	0	0

（杨晓光等，1992）

从 F_2 代的遗传效应看，对丝黑穗病菌 3 号小种的抗性遗传至少有 2 种方式。14 个组合中有 3 个表现是免疫和抗病株约占 15/16，感病株约占 1/16。其杂交组合是八棵杈×Tx3197B、八棵杈×Tx622B 和 Tx622B×晋 5/恢 7，抗、感分离比例为 15∶1。1 个组合 Tx622B×莲塘矮的免疫株约占 3/4，感病株约占 1/4，分离比例为 3∶1。5 个组合免疫株和抗病株约占 63/64，感病株约占 1/64。其组合有 Tx3197B×莲塘矮及其反交、莲塘矮×Tx622B、516B×Tx3197B 及其反交，分离比例为 63∶1。卡方测验表明这些杂交组合的分离数据均符合各自的理论数字（表5-12）。深入考察其余 5 个杂交组合不符合上述遗传比例，但也肯定存在一定的遗传互作效应，或存在修饰基因。

表 5-12　试材 F_2 代丝黑穗病菌 3 号小种接种鉴定结果

组合名称	总株数	健株数	病株数	发病率（%）	理论株数		遗传比例	χ^2 值	$n=1$ $\chi^2 0.05$
					免疫	发病			
八棵杈×Tx3197B	613	575	38	6.19	574.69	38.31	15∶1	0.00271	3.84
Tx3197B×八棵杈	452	435	18	3.76	423/75	28.25	15∶1	5.1	3.84
八棵杈×Tx622B	358	344	14	3.91	335.63	22.38	15∶1	3.33	3.84
Tx622B×八棵杈	275	266	9	3.27	257.85	17.18	15∶1	4.15	3.84
Tx622B×莲塘矮	445	345	100	22.47	333.75	111.25	3∶1	1.52	3.84
莲塘矮×Tx622B	453	447	5	1.10	445.41	7.07	63∶1	0.62	3.84
莲塘矮×Tx3197B	303	301	2	0.66	299.99	4.73	63∶1	1.579	3.84
Tx3197B×莲塘矮	303	300	3	0.99	299.99	4.73	63∶1	0.63	3.84
Tx622B×516B	364	353	11	3.02	341.25	22.75	15∶1	6.64	3.84
516B×Tx622B	601	592	19	3.16					3.84
Tx622B×晋 5/恢 7	627	591	36	5.72	581.81	39.19	15∶1	0.28	3.84
晋 5/恢 7×Tx622B	458	440	18	3.93	429.38	28.63	15∶1	4.20	3.84
516B×Tx622B	374	369	6	1.60	368.55	5.85	63∶1	0.012	3.84
Tx3197B×516B	333	326	7	2.10	372.60	5.20	63∶1	0.631	3.84

（杨晓光等，1992）

比较抗丝黑穗病 2 号、3 号生理小种抗性遗传表现，对 2 号小种的抗性是 2 对非等位基因控制，其遗传模式一是重叠效应，F_2 代抗、感分离比例为 15∶1；二是抑制效应，F_2 代分离比例为 13∶3。而对丝黑穗病菌 3 号小种抗性的遗传模式与 2 号小种的有相似之处，也有不同之处。2 号小种接菌 Tx3197B×Tx622B 的正、反交均表现免疫；而其接种 3 号小种则均感病，发病率为 6.45%～13.3%，可见高粱对 3 号生理小种抗性遗传的复杂性。

总之，高粱对丝黑穗病3号小种抗性遗传属于质量性状遗传，F_1代抗性基因为显性，不论免疫×感病，还是感病×免疫，其F_1代均表现免疫或抗病。对3号小种的抗性遗传可能是由2~3对非等位主效基因共同控制，且基因之间存在一定的互作效应，还可能有修饰基因效应。

徐秀德等（2000）用不同抗感3号小种的2个雄性不育系和4个恢复系组配了8个杂交组合，在人工接种条件下进行了高粱对丝黑穗病病菌3号小种的抗性遗传研究。亲本及其F_1代杂种抗病性鉴定结果列于表5-13中。亲本SA281、莲塘矮为免疫亲本，三尺三接种发病率为8.9%，为抗性亲本，TAM2571、Tx622B、ICS12A的发病率为34.0%~45.5%，是感病或高感亲本。感病亲本Tx622A与免疫亲本SA281、莲塘矮组配的F_1代杂种均表现免疫；而感病亲本ICS12A与免疫亲本SA281、莲塘矮组配的F_1杂种则表现免疫或高抗；感病亲本Tx622A与抗性亲本三尺三组配的F_1杂种发病率低于20%，为抗性；感病亲本Tx622A、ICS12A与感病亲本TAM2751组配的2个F_1杂种发病率分别为46.9%和47.9%，均为高感。由此可见，要在育种上选出免疫或高抗杂交种，亲本之一必须选用免疫的。

表5-13 亲本及其F_1抗病鉴定结果（发病率%）

P_2	P_1			
	SA281 （0）	莲塘矮 （0）	三尺三 （8.9）	TAM2571 （38.5）
Tx622A（41.8）	0	0	17.0	46.9
Tx622B（45.5）				
ICS12A（34.0）	7.9	0	12.5	47.9
ICS12B（34.4）				

（徐秀德等，2000）

Tx622A（高感）×SA281（免疫）、Tx622A（高感）×莲塘矮（免疫）以及ICS12A（感病）×莲塘矮（免疫）组配的3个F_1杂种均是免疫的。表明在多数情况下，高粱对丝黑穗病的抗性为完全显性，而感病性为隐性。这一结论启示人们在选育高粱抗病品种时，通常亲本之一要选用免疫的。但也有例外，如本研究中ICS12A（感病）×SA281（免疫）的杂种F_1却有7.9%的发病率，属高抗型，可能是基因型中的抗病基因表现除主效效应外，还有其他遗传效应。

Tx622A（高感）×三尺三（高抗）、ICS12A（感病）×三尺三（高抗）2个组合的F_1杂种感病率分别为17.0%和12.5%，为双亲的中间值，比较最好亲本，均为中抗型，表明对一些基因型来说其抗性呈数量性状遗传，即基因的加性效应较强。又如，Tx622A（高感）×TAM2571（高感）、ICS12A（感病）×TAM2571（高感）2个组合的F_1代发病率分别为46.9%和47.9%，均为超高感亲本，属高感型。说明细胞核的主效基因与基因的加性效应的制约关系。对于这类材料欲通过多次回交法来稳定和强化其抗性是可行的，但却费时费工。

F_2 代对丝黑穗病菌 3 号小种抗性鉴定结果列表 5-14 中，鉴定的 8 个组合对 3 号小种的抗性有 3 种抗感分离比例，即 15∶1、3∶1 和 9∶7。其感病亲本与免疫亲本组配的 4 个组合 Tx622A×SA281、Tx622A×莲塘矮、ICS12A×SA281 和 ICS12A×莲塘矮均为 15∶1 的抗感比例。双感病亲本配制的 2 个组合 Tx622A×TAM257、ICS12A×TAM2571 均为 9∶7 的抗感比例。高感亲本与高抗亲本组配的 2 个组合 Tx622A×三尺三、ICS12A×三尺三表现出 2 种抗感分离比例，3∶1 和 15∶1。经卡方测验上述组合的 F_2 代抗感分离比例均符合各自的理论数据。表明控制高粱丝黑穗病菌 3 号小种的抗性存在 1 对或 2 对不同位点的等位基因。

表 5-14　杂交组合（F_2）丝黑穗病发病率

组合名称	编号	总株数	免疫株数	发病株数	理论株数		遗传比例	χ^2值	$n=1$ $A=0.05$
					免疫	发病			
Tx622A×SA281	1	383	364	19	359.06	23.94	15∶1	1.087	3.84
	2	157	145	12	147.19	9.81	15∶1	0.521	3.84
Tx622A×莲塘矮	1	326	310	16	305.63	20.375	15∶1	1.00	3.84
	2	181	175	6	169.69	11.31	15∶1	2.66	3.84
Tx622A×三尺三	1	204	146	58	153.0	51.0	3∶1	1.281	3.84
	2	95	74	21	71.25	23.75	3∶1	0.425	3.84
Tx622A×TAM2571	1	208	113	95	117	91	9∶7	0.312	3.84
	2	134	69	65	75.38	58.63	9∶7	1.232	3.84
ICS12A×SA281	1	254	238	16	238.13	15.88	15∶1	0.001	3.84
	2	173	159	14	162.19	10.81	15∶1	1.000	3.84
ICS12A×莲塘矮	1	178	165	13	166.88	11.13	15∶1	0.335	3.84
	2	97	89	8	90.93	6.06	15∶1	0.662	3.84
ICS12A×三尺三	1	304	282	22	285.00	19.00	15∶1	0.505	3.84
	2	129	122	7	120.93	8.06	15∶1	0.148	3.84
ICS12A×TAM2571	1	143	78	65	80.4	62.56	9∶7	0.167	3.84
	2	144	79	65	81.0	63.0	9∶7	0.113	3.84

（徐秀德等，2000）

凡是 F_1 代对丝黑穗病为高感的，如 Tx622A×TAM2571、ICS12A×TAM2571，它们的 F_2 代均出现 9∶7 的抗感比例，这表明高粱对丝黑穗病的抗性还存在基因互作效应。多数高粱对丝黑穗病 3 号小种的抗性属质量性状遗传，只要亲本之一为免疫，F_1 代表现免疫或高抗。高粱对丝黑穗病菌 3 号小种的抗性遗传至少有 2 对非等位主效基因共同控制，还有微效基因对主效基因的表现起修饰效应。

四、高粱抗丝黑穗病育种

（一）高粱抗丝黑穗病育种概述

对高粱丝黑穗病来说，采用寄主抗性是解决病害发生的经济有效的方法。马宜生（1982，1983）对 354 个高粱基因型进行了抗丝黑穗病鉴选，其中国内品种 37 个，国外品种 150 个，不育系、保持系 59 对，恢复系 108 个。经过连续 3 年（1979—1981年）的鉴定，从中鉴选出 25 个无病害基因型，其中 1 个国内品种，10 个国外品种，10个不育系（保持系），4 个恢复系。例如，晋 5/恢 7、Tx622A、Tx623A、Tx624A、八棵权、赫格瑞、早熟赫格瑞等。为了更好地在抗病育种中应用抗病的不育系，对当时在生产上应用的感病不育系 Tx3197A 与鉴选出的抗病不育系进行了农艺性状鉴定（表 5-15）。Tx622A 等不育系除抗病外，还具有生育期相近，植株稍高，穗子较长，穗粒重和千粒重都较重，小花败育极轻，不育性稳定，幼芽顶土力较强，出苗稍快，幼苗长势旺，杂交亲和力强，灌浆速度快，制种产量高等特点。其中 Tx622A 与 Tx623A、Tx624A 比较则更优些，因此用 Tx622A 不育系代替 Tx3197A 不育系组配杂交种应用于生产。

表 5-15　Tx622A 等不育系与 Tx3197A 主要性状比较

| 不育系名称 | 幼苗出土能力 | 幼苗生长势 | 株高（cm） | 穗长（cm） | 整齐度 | 败育 | | 不育度（%） | 灌浆速度 | 生育期（d） | 穗粒重（g） | 千粒重（g） |
						株率（%）	程度（%）					
Tx622A	强	较强	152.3	30.5	整齐	0	0	100	快	125	55.6	24.7
Tx623A	强	较强	148.5	28.9	不整	0	0	100	较快	124	54.9	18.6
Tx624A	强	弱	144.8	28.4	整齐	0	0	100	快	125	66.8	22.5
Tx3197A	较强	较强	124.3	22.2	不整	70~100	30~90	100	慢	124	37.4	21.4

（马宜生，1982）

1979—1980 年，先后用 Tx622A、Tx623A、Tx624A、Tx3197A 与二四、怀 4、怀来/渤梁 1、三尺三/白平、晋 5/恢 7 等恢复系组配了相应的杂交种，同时用 Tx3197A 与（298/4003）二四 298/4003、怀 4（怀来/4003）、晋 5/恢 7、三尺三/白平、怀来/渤梁1 等组配了相应的杂交种。1981 年对上述杂交种进行了抗丝黑穗病鉴定（表 5-16）。用 Tx622A 等 3 个不育系与不同程度感病恢复系组配的杂交种均不感病，其抗病性显著优于用 Tx3197A 与相同恢复系组配的杂交种。此外，用感病的 Tx3197A 与抗病的恢复系晋 5/恢 7 组配的杂交种，其抗病性接近用抗病不育系 Tx622A 等组配的杂交种的抗病性，并显著优于用 Tx3197A 与感病恢复系三尺三/白平等组配的杂交种。由此可见，Tx622A 系统不育系、晋 5/恢 7 的抗病性均为显性，即杂交种的亲本之一为抗病，其杂种一代亦抗病。因此，在高粱抗丝黑穗病育种中，选育抗病的不育系和抗病的恢复系同样重要，具有相同的育种效果。

表 5-16　Tx622A 系统与 Tx3197A 及其杂交种抗病性比较

不育系		恢复系				
		二四 298/4003	怀来/4003	怀来/渤粱1	三尺三/白平	晋5/恢7
品种	发病率（%）	发病率 91.8%	发病率 88.7%	发病率 65.5%	发病率 56.4%	发病率 0%
Tx622A	0	0	0	0	0	0
Tx623A	0	0	—	0	0	0
Tx624A	0	0	—	0	0	0
Tx3197A	60.3	79.4	71.2	80.3	68.3	1.7

（马宜生，1982）

进一步考察抗病杂交种的主要经济性状和产量表现（表 5-17 和表 5-18）。Tx622A 等 3 个不育系与 5 个恢复系组配的杂交种，以及 Tx3197A（3A）与 5 个相同恢复系组配的杂交种作比较，前者株高 200 cm 以上（后者 180 cm），穗长 22~31 cm（后者 20~28 cm），穗粒重 75~105 g（后者是 75~80 g）等。

表 5-17　Tx622A 系统与 Tx3197A 杂交种主要性状比较

组合名称	生育期（d）	株高（cm）	穗长（cm）	倒伏程度（%）	穗粒重（g）	千粒重（g）	角质率（%）
Tx622A×怀来/4003	115	218.4	31.7	—	84.4	30.0	78
3A×怀来/4003	113	181.9	28.6	—	77.1	34.0	88
Tx622A×298/4003	120	202.9	29.2	11	75	30.3	90
Tx623A×298/4003	120	205.1	30.4	9	80	25.8	80
Tx624A×298/4003	120	203.1	27.7	9	90	31.6	90
3A×298/4003	119	163.4	26.2	0	75	26.2	60
Tx622A×晋5/恢7	120	208.3	28.7	0	105	31.4	80
Tx623A×晋5/恢7	120	213.9	28.8	0	85	24.8	80
Tx624A×晋5/恢7	123	225.2	30.0	2	90	26.2	95
3A×晋5/恢7	119	206.4	27.0	5	75	32.0	80
Tx622A×三尺三/白平	115	246.0	25.0	22	100	29.0	85
Tx623A×三尺三/白平	119	245.6	23.7	16	85	28.0	80
Tx624A×三尺三/白平	120	220.3	26.3	11	95	30.4	90
3A×三尺三/白平	119	206.8	21.9	2	80	28.4	80

（续表）

组合名称	生育期（d）	株高（cm）	穗长（cm）	倒伏程度（%）	穗粒重（g）	千粒重（g）	角质率（%）
Tx622A×怀来/渤粱1	120	223.9	27.7	13	85	36.8	85
Tx623A×怀来/渤粱1	123	198.9	22.9	2	85	27.0	80
Tx624A×怀来/渤粱1	120	220.2	23.9	6	85	34.0	80
3A×怀来/渤粱1	118	193.0	20.7	0	75	34.0	80

（马宜生，1982）

从产量结果看，Tx622A等不育系与5个恢复系所组配的杂交种的产量性状均优于Tx3197A（3A）与相同恢复系组配的杂交种，经方差分析均达到差异显著水平（表5-18）。综合主要经济性状看，Tx622A×怀来/4003、Tx622A×298/4003、Tx622A×晋5/恢7等是很有希望的杂交种。

表5-18　Tx622A系统杂交种的增产效果

组合名称	小区产量（kg）	折合亩产（kg）	比Tx3197A相同组合增产（%）
Tx622A×怀来/4003	8.1	598.1	32.4
3A×怀来/4003	6.0	451.9	—
Tx622A×298/4003	7.7	531.7	24.3
Tx623A×298/4003	7.6	528.2	23.6
Tx624A×298/4003	7.5	517.8	21.1
3A×298/4003	6.2	427.5	—
Tx622A×晋5/恢7	7.1	489.9	15.6
Tx623A×晋5/恢7	6.6	458.7	8.2
Tx624A×晋5/恢7	7.4	514.3	21.3
3A×晋5/恢7	6.1	424.0	—
Tx622A×三尺三/白平	7.7	531.7	34.2
Tx623A×三尺三/白平	7.5	521.3	31.6
Tx624A×三尺三/白平	7.3	503.9	27.2
3A×三尺三/白平	5.7	396.2	—
Tx622A×怀来/渤粱1	7.1	493.5	27.9

（续表）

组合名称	小区产量（kg）	折合亩产（kg）	比Tx3197A相同组合增产（%）
Tx623A×怀来/渤粱1	6.5	448.3	16.2
Tx624A×怀来/渤粱1	6.9	476.1	23.4
3A×怀来/渤粱1	5.6	385.8	—

（马宜生，1982）

用抗病不育系 Tx622A 等组配的杂交种在生产上的抗病效果列于表 5-19 中，经济性状及产量结果列于表 5-20 中。Tx622A×怀来/4003、Tx624A×怀来/4003 2 个杂交种除在营口发生一株丝黑穗病外，在其他 3 个县 10 个乡均未发病，表明它们对丝黑穗病的抗病效果是显著的。

表 5-19　Tx622A 系统杂交种与其他感病杂交种抗病效果　　　　单位：%

试种地点	发病率						
	Tx622A×怀来/4003	Tx624A×怀来/4003	晋杂1（CK）	锦杂75（CK）	铁杂8（CK）	唐革9（CK）	沈杂3（CK）
锦县	0	0	3.7	7.1	2.3	0.9	—
辽阳	0	0	—	5.0	3.4	3.2	3.6
营口	0.1	—	—	—	—	5.2	—
黑山	0	0	—	—	—	—	—

（马宜生，1982）

从主要性状比较看，Tx622A×怀来/4003、Tx624A×怀来/4003 的生育期比唐革 9、铁杂 6、晋杂 1 号早 1~11 d，比锦杂 75 晚 5 d；株高低于唐革 9、锦杂 75，而高于沈杂 3、铁杂 6；穗长比所有对照杂交种都长；穗粒重也重。籽粒产量在锦县、辽阳、营口均比所有对照杂交种增产，幅度为 4.3%~22.3%；但在黑山因倒伏较重减产 19.9%~21.3%。

总之，Tx622A×怀来/4003、Tx624A×怀来/4003 杂交种产量显著高于当时生产上推广应用的杂交种，且高抗丝黑穗病，生育期适宜，为中熟种，茎秆高 200 cm 左右，可粮秆兼用，穗大、粒重，籽粒品质好；缺点是较易倒伏。

（二）Tx622A 系统不育系抗性鉴定及其配合力测定

1. 丝黑穗病抗性鉴定

对 Tx622A 系统雄性不育系及生产应用不育系 Tx3197A 进行连续 3 年的抗病鉴定。采用菌土接种方法，1980 年菌土浓度为 0.4%，1981—1982 年为 0.6%，鉴定结果是 3 个 Tx 系统不育系发病率均为 0%，而 Tx3197A 发病率为 60.1%~82.7%（表 5-21）。表明 Tx622A 系统不育系对高粱丝黑穗病为免疫。

表5-20 Tx622A系统杂交种与其他杂交种性状产量比较

试种地点	杂交种名称	生育期(d)	株高(cm)	倒伏率(%)	穗长(cm)	穗粒重(g)	千粒重(g)	亩产量(kg)	比铁杂6增产(%)	比锦杂75增产(%)	比晋杂1增产(%)	比沈杂3增产(%)	比唐革9增产(%)
锦县	Tx622A×怀来/4003	127	218	39	28.6	85.7	31.6	500.2	12.6	14.5	18.1		
	Tx624A×怀来/4003	127	215	44	29.6	86.5	29.9	494.5	11.4	13.2	16.7		
	铁杂6（CK）	129	177	4.8	24.9	76.2	31.8	443.9					
	锦杂75（CK）	121	221	0.6	23.1	74.4	35.5	436.8					
	晋杂1（CK）	131	176	0.4	24.9	70.5	34.4	423.6					
辽阳	Tx622A×怀来/4003	130	233	0	30.0	—	34.6	485.0	22.3			11.5	
	Tx624A×怀来/4003	130	230	0	30.0	—	35.9	453.5	14.4			4.3	
	沈杂3（CK）	136	200	0	28.0	—	30.5	435.0					
	铁杂6（CK）	133	201	0	28.3	—	33.1	396.5					
营口	Tx622A×怀来/4003	120	221	0	36.5	119.5	33.5	534.3					18.9
	唐革9（CK）	126	238	0	28.8	109.0	28.0	449.3					
黑山	Tx622A×怀来/4003	126	234	20	—	—	—	354.3			−21.3		
	Tx624A×怀来/4003	123	224	15	—	—	—	360.7			−19.9		
	晋杂1（CK）	—	—	—	—	—	—	450.0					

（马宜生，1982）

表 5-21　Tx 系统不育系与 Tx3197A 抗丝黑穗病比较　　　　　　单位:%

品种	年份			
	1980	1981	1982	平均
Tx622A	0	0	0	0
Tx623A	0	0	0	0
Tx624A	0	0	0	0
Tx3197A	63.1	60.1	82.7	68.6

（辽宁省农业科学院高粱研究室，1984）

2. Tx622A 系统不育系配合力测定

Tx622A 系统不育系配合力 3 年测定的结果列于表 5-22 中。Tx622A 系统的一般配合力高于 Tx3197A，达差异显著水平。如果以 Tx3197A 的一般配合力效应值为 100%，则 Tx622A 3 年的一般配合力分别是 160.9%、148.5%、159.8%，3 年平均比 Tx3197A 高 56.4%（表 5-23）。Tx622A、Tx623A 和 Tx624A 之间配合力差异不显著。

表 5-22　Tx622A 系统不育系与 Tx3197A 的配合力比较

年份	不育系	一般配合力效应差异				标准误	差异标准值（t）	
							5%	10%
1980	Tx622A	0.26				0.073	0.305	0.414
	Tx623A	0.06	0.2					
	Tx624A	0.1	0.16	-0.04				
	Tx3197A	-0.41	0.67**	0.47**	0.51**			
1981	Tx622A	0.97				0.33	0.94	1.27
	Tx623A	0.32	0.65					
	Tx624A	0.72	0.25	-0.40				
	Tx3197A	-2.0	2.97**	2.32**	272**			
1982	Tx622A	0.91				0.36	1.04	1.41
	Tx623A	-0.42	1.33**					
	Tx624A	1.03	-0.12	-1.45**				
	Tx3197A	1.52	2.43**	1.10*	2.55**			

*差异显著水平，**差异极显著水平。

（辽宁省农业科学院高粱研究室，1984 年）

表 5-23　不育系间配合力比较

年份	不育系	铁恢6	白平/298	怀来/渤粱1	$\overline{x_i}$	一般配合力(%) 效应值	一般配合力(%) 与3A比	三年平均 与3A比
1980	Tx622A	2.57	2.13	2.50	2.40	11.62	160.9	
	Tx623A	2.53	1.93	2.20	2.22	3.25	117.1	
	Tx624A	2.33	2.03	2.43	2.26	5.11	126.8	
	Tx3197A	1.90	1.50	1.83	1.74	-19.06	100	
	$\overline{x_j}$	2.33	1.89	2.24	2.15			

年份	不育系	二/四	三/白	五/七	怀/渤	$\overline{x_i}$	一般配合力(%) 效应值	一般配合力(%) 与3A比	三年平均 与3A比
1981	Tx622A	15.3	15.3	14.1	14.2	14.72	7.05	148.5	
	Tx623A	15.2	15.0	13.2	12.9	14.07	2.32	114.7	
	Tx624A	14.9	14.5	14.8	13.7	14.47	5.23	135.9	
	Tx3197A	12.3	11.5	12.2	11.1	11.75	-14.54	100	
	$\overline{x_j}$	14.42	14.05	13.57	12.97	13.75			

年份	不育系	怀/四	二/四	五/七	三/白	$\overline{x_i}$	一般配合力(%) 效应值	一般配合力(%) 与3A比	三年平均 与3A比
1982	Tx622A	13.7	15.0	17.5	15.3	15.38	6.28	159.8	156.4
	Tx623A	13.9	15.3	13.1	13.9	14.05	-2.90	127.6	119.8
	Tx624A	14.4	17.0	15.0	15.6	15.50	7.71	167.7	143.4
	Tx3197A	12.8	12.9	12.5	13.6	12.95	-10.5	100	100
	$\overline{x_j}$	13.70	15.05	14.53	14.60	14.47			

（辽宁省农业科学院高粱研究室，1984）

3. Tx622A 系统不育系与 Tx3197A 的其他性状比较

Tx622A 柱头生活力较强、授粉结实率较高（表 5-24）。通过 Tx622A、Tx3197A 的柱头生活力和授粉结实率比较，Tx622A 开花后 12 d 的授粉结实率仍有 2.3%，而 Tx3197A 只有 0.5%。授粉时间相同，Tx622A 的结实率显著高于 Tx3197A（表 5-24）。

表 5-24　Tx622A 与 Tx3197A 柱头生活力比较　　　　　　　　单位：%

不育系	授粉结实率				
	开花 2 d 后	开花 4 d 后	开花 6 d 后	开花 8 d 后	开花 12 d 后
Tx622A	87.4	83.2	70.0	60.6	2.3
Tx397A	71.5	65.9	56.1	36.3	0.5
相差	15.9	17.3	13.9	24.3	1.8

（辽宁省农业科学院高粱研究室，1984）

经 3 年多的鉴定，Tx622A 系统不育系的育性稳定，如经 1980—1982 年严格套袋自交的不育株，其结实率全部为 0%，不育率为 100%。即使在高温的 1981 年，开花后出现个别黄色花药，经镜检这些花药为空药无粉，或有粉无生活力。Tx622A 小花败育极轻，大约在 2%~5%，多数地方无败育现象。而 Tx3197A 败育现象十分严重，败育株率达 100%。

Tx622A 系统不育系的主要产量性状优于 Tx3197A。例如，Tx622A 穗长 32.0 cm，比 Tx3197A 的长 10.4 cm；穗粒重为 51.5 g，比 Tx3197A 的多 18.6 g；千粒重 24.8 g，比 Tx3197A 的高 1.4 g（表 5-25）。此外，Tx622A 的一级分枝数 57 个、二级分枝数 453 个、三级分枝数 1 593 个，分别比 Tx3197A 多 9 个、34 个和 312 个。

表 5-25　Tx622A 系统不育系与 Tx3197A 产量性状比较

不育系	穗长（cm）				穗粒重（g）				千粒重（g）			
	1980 年	1981 年	1982 年	平均	1980 年	1981 年	1982 年	平均	1980 年	1981 年	1982 年	平均
Tx622A	30.5	32.4	33.2	32.0	56.6	47.8	50.2	51.5	24.7	27.5	22.2	24.8
Tx623A	28.9	29.8	34.6	31.1	54.9	68.3	54.5	59.2	22.2	29.9	20.8	24.3
Tx624A	28.4	26.7	33.8	29.6	66.8	51.8	57.5	58.7	22.5	29.0	22.5	24.8
Tx3197A	22.2	20.1	22.6	21.6	37.4	26.6	34.8	32.9	21.4	26.7	22.0	23.4

（辽宁省农业科学院高粱研究室，1984）

4. 抗病杂交种选育

在鉴选出抗丝黑穗病的 Tx622A 系统不育系后，开始以 Tx622A 为主要不育系组配出一系列杂交种，如辽杂 1 号（Tx622A×晋辐 1 号）、辽杂 2 号（Tx622A×二四）、铁杂 7 号（Tx622A×铁恢 208）、锦杂 83（Tx622A×锦恢 75）、沈杂 4 号（Tx622A×4003）、桥杂 1 号（Tx622A×白平）等。经抗病鉴定，其 Tx622A 系统不育系所组配的杂交种，全部表现不感病，发病率为 0%（表 5-26）。而 Tx3197A 与相同恢复系组配的杂交种却感病严重，发病率幅度为 62.50%~94.12%。

表 5-26　Tx622A 系统不育系与 Tx3197A 组配的杂交种抗病比较

不育系	恢复系										
	三尺三	晋辐 1	铁恢 6	锦恢75	晋粱 5	4003	白平	怀/渤	三/白	怀/四	二/四
	52.46	50.00	39.39	84.62	85.71	78.91	87.10	65.49	56.42	88.70	91.80
Tx622A×	0	0	0	0	0	0	0	0	0	0	0
Tx623A×	0	0	0	0	0	0	0	0	0	0	0
Tx624A×	0	0	0	0	0	0	0	0	0	0	0
Tx3197A×	69.70	83.10	62.50	80.00	74.32	94.12	82.54	80.20	68.29	71.21	79.41

（辽宁省农业科学院高粱研究室，1984）

之后，又先后选育出一批抗病的高粱杂交种，连同上述杂交种经省级审定后生产上推广应用。例如，辽杂 3 号（Tx622A×晋 5/晋 1）、辽杂 5 号（Tx622A×115）、铁杂 8 号（Tx622A×157）、沈杂 5 号（Tx622A×0-30）、沈杂 6 号（Tx622A×5-27）、熊杂 3 号（Tx622A×4930）、桥杂 2 号（Tx622A×654）等。这些杂交种在辽宁省和全国部分晚熟高粱产区种植面积较大，成为主栽高粱杂交种，对高粱生产和粮食增产发挥了较大作用。

（三）抗病雄性不育系的引进与应用

辽宁省农业科学院高粱研究所卢庆善（1988）于 1983 年从 ICRISAT 引进了高代雄性不育系 SPL132A。当年冬季在海南岛繁育、选择、测配，其海南区号为 421，故得名421A。421A 不育系经 7 个世代的南繁北育，最终决选了农艺性状好、不育性稳定、配合力高的单系。

1. 421A 抗病性状及其主要性状

421A 不育系高抗高粱丝黑穗病。从 1984 年起，连续 3 年用 0.6%丝黑穗病菌 3 号小种菌土接种，均未发现有病株，为免疫类型。

421A 不育系不育性稳定。雌蕊羽毛状柱头，呈黄色，外露好，亲合力高；雄蕊花药尖角形，干瘪，淡黄色，干枯后呈铁锈色；雌蕊受精后，子房迅速膨大，当穗下部小穗开花时，穗上部籽粒已明显灌浆鼓起。籽粒灌浆速度快、成熟快是该不育系的显著特点。

421A 不育系芽鞘绿色，幼苗绿色，叶脉蜡质，株高 130 cm；穗长纺锤形，紧穗，穗长 25 cm；单穗粒重 50 g，籽粒白色，近圆形，千粒重 27 g；护颖有短芒，白色；生育期 128 d，从出苗到 50%开花一般需 85 d，从 50%开花到成熟需 40~45 d。该不育系分蘖力强，苗期可从基部分出 2~3 个蘖，且能正常抽穗、开花、授粉、结实，在无霜期长的地区可以正常成熟，在无霜期短的地区应及时去掉分蘖，以保证主穗的正常生长发育，按期成熟。

2. 421A 不育系配合力表现

1984 年采用 421A、401A、409A、425A 和 622A（对照）等不育系作被测种，组成A 组；晋辐 1 号、0-30、154、7932、晋 5/晋 1 等恢复系作测验种，组成 R 组，采取不完全双列杂交，共得到 25 个杂交组合。1985 年采用 421A、35A、KS56A、KS57A 和622A（对照）作被测种，组成 A 组；矮四、5-27、晋粱 5 号、HM65、晋辐 1 号、0-30、4003、白平、怀/渤、157 等恢复系作测验种，组成 R 组，采取不完全双列杂交，共组成 50 个杂交组合，分两组进行配合力测定试验。

（1）一般配合力分析 7 个数量性状的方差分析结果表明，1985 年除千粒重外，其他 6 个性状的方差全部达到差异极显著水平；1986 年试验一和试验二的 7 个性状方差也达到差异显著或极显著水平，说明组合间主要性状存在着真实的遗传差异，因为组合方差是由双亲的一般配合力方差和组合的特殊配合力方差组成的，因此应进一步分析亲本的配合力方差。

亲本的配合力方差分析仅讨论不育系的配合力方差。1985 年除穗粒重和千粒重外，其他 5 个性状均达到差异显著或极显著水平；1986 年的试验一和试验二 7 个性状全部达到了差异显著或极显著水平，说明被测不育系间的配合力存在着明显的差异。

不育系一般配合力效应值和相对效应值的结果（表 5-27）表明，1985 年小区产量

表5-27 不育系一般配合力效应值和相对效应值

年份	不育系		小区产量 $\hat{g}$	$\hat{g}'$	生育期 $\hat{g}$	$\hat{g}'$	株高 $\hat{g}$	$\hat{g}'$	穗长 $\hat{g}$	$\hat{g}'$	穗粒重 $\hat{g}$	$\hat{g}'$	千粒重 $\hat{g}$	$\hat{g}'$	穗粒数 $\hat{g}$	$\hat{g}'$
1985	401A		-0.923	-9.5	1.240*	0.9	24.077**	-13.5	-0.763*	-2.8	-10.233**	-13.5	0.768	2.8	-201.334	-7.0
	409A		0.311*	3.2	0.907	0.7	0.123	0.07	1.277**	4.6	7.427*	9.8	-1.025	-3.8	315.6	11.0
	421A		0.564*	5.8	0.507	0.4	2.643	1.5	-1.029**	-3.7	-2.580	-3.4	-1.559	-5.7	20.2	0.7
	425A		-0.463	-4.8	-1.627**	-1.2	-4.704	-2.6	-0.376	-1.4	-3.147	-1.4	-1.659	-6.1	-16.6	-0.6
	622A		0.501*	5.3	-1.027*	-0.8	26.016**	14.5	0.891*	3.2	8.533*	3.2	3.475	12.8	-117.867	-4.1
1986	622A	一	0.15	8.20	-0.08	-0.06	28.78	15.60	3.81	9.40	2.79	3.45	2.17	7.66	-96.89	-3.40
		二	0.09	5.02	0.07	0.05	31.42	16.15	3.28	7.80	8.86	11.14	1.63	6.05	145.76	4.92
	35A	一	0.05	2.68	0.82	0.58	16.04**	8.70	3.86	9.25	5.07	6.27	0.28**	1.00	101.36*	3.55
		二	0.02	1.34	0.27	0.19	14.34**	7.37	3.26	7.77	4.57	5.74	-0.01**	-0.04	171.76	5.80
	421A	一	0.07	3.85	1.67**	1.18	5.64**	3.06	1.72	4.25	2.40	2.96	-0.22*	-0.78	114.61*	4.02
		二	0.11	6.59	0.60	0.42	3.51**	1.80	0.68*	1.61	-0.84	-1.06	-0.84**	-3.11	80.03	2.70
	KS56A	一	-0.14**	-7.70	-2.13**	-1.51	-30.13**	16.33	-4.07**	-10.03	-6.61**	-8.16	-0.69**	-2.44	-111.29	-3.90
		二	-0.11**	-5.79	-1.26	-0.83	-26.00**	-13.37	-1.58**	-3.75	-6.25**	-7.85	-0.29**	-1.08	-207.37**	-7.00
	KS57A	一	-0.13**	-7.20	-0.28	-0.20	-20.35**	-11.03	-5.33**	-13.14	-3.66**	4.52	1.54**	5.44	-7.79	-0.27
		二	-0.12	-7.16	0.33	0.23	23.25**	-11.95	-5.64**	13.43	-6.34**	-7.97	-0.49**	-1.82	-190.17*	-6.42

* 差异显著水平，** 差异极显著水平。

（卢庆善等，1988）

一般配合力效应值以 421A 最高，其次是 622A，再次是 409A，它们与 401A、425A 比较达到了差异显著水平，而它们之间比较未达到差异显著水平，说明这 3 个不育系的配合力效应在同一水平上。1986 年小区产量的一般配合力效应值，最高 622A，2 个试验均值为 0.12；其次是 421A 为 0.09；再次 35A 为 0.035，它们与 KS56A、KS57A 比达到了差异极显著水平，而它们之间比较也未达到差异显著水平。

综合 2 年配合力测定的结果说明，421A 产量的一般配合力效应与 622A 相当，但株高一般配合力效应值显著低于 622A，说明用 421A 作母本杂交，在降低杂交种株高、增强抗倒能力上，比 622A 要好得多。此外，421A 穗粒数效应值高于 622A，且达到差异显著水平，表明采用同一恢复系与 421A 杂交的杂交种比 622A 的能获得更多的穗粒数。

然而，421A 生育期一般配合力效应值显著高于 622A，说明 421A 的杂交种生育期要比 622A 杂交种的更长些；其他如穗粒重、穗长、千粒重的一般配合力效应值，622A 均高于 421A，其中穗长、千粒重达到差异显著水平，说明采用同一恢复系与杂交，622A 杂交获得长穗和大粒型的后代比 421A 更容易些。从另一角度考虑，在选择恢复系与 421A 组配杂交种上，似应注重长穗、大粒型的恢复系。

（2）特殊配合力分析　各杂交组合产量的特殊配合力效应值列于表 5-28 中。1985 年 25 个杂交组合的小区产量特殊配合力效应值均未达到差异显著水平；1986 年 2 个试验的 50 个杂交组合，其小区产量的特殊配合力效应值也未达到差异显著水平，说明这些杂交组合产量性状的特殊配合力无明显差异，表明在此试验恢复系取材范围内，产量性状特殊配合力效应达到差异显著水平的杂交组合没有出现，因此应扩大恢复系的取材范围，以便选出更优的杂交组合应用于生产。

若以辽杂 1 号（622A×晋辐 1 号）作对照进行比较，在 1985 年的试验中，421A 的 5 个杂交组合的小区产量均高于辽杂 1 号，增产幅度 1.1%~20.2%，其中 421A×154、421A×7932、421A×晋粱 5 号 3 个组合达差异显著水平。1986 年的 50 个杂交组合，比辽杂 1 号增产的有 4 个组合，其中 421A 的杂交组合占 3 个，即 421A×5-27、421A×HM65、421A×157，增产幅度 2.01%~4.25%，均未达到差异显著水平。

表 5-28　杂交组合小区产量特殊配合力效应值

年份	亲本	晋一	0-30	154	7932	晋粱 5 号
	401A	-0.111	0.303	0.023	0.443	-0.657
	409A	0.489	-0.777	-0.777	-0.424	0.943
1985	421A	-0.264	-0.117	-0.264	-0.044	0.689
	425A	0.263	-0.357	0.729	-0.417	-0.217
	622A	-0.377	0.203	0.289	0.443	-0.757

（续表）

年份	亲本	晋一	0-30	矮四	5-27	晋粱 5 号
	622A	0.15	-0.07	-0.05	-0.02	-0.01
	32A	-0.10	0.29	-0.05	-0.05	-0.08
	421A	-0.19	0.03	-0.09	0.33	0.03
	KS56A	0.12	-0.10	0.11	-0.09	-0.03
	KS57A	0.03	-0.04	0.08	0.08	0.09
1986	亲本	HM65	4003	白平	怀/渤	157
	622A	-0.05	-0.05	0.14	-0.03	-0.01
	32A	0.03	-0.20	-0.06	-0.15	0.09
	421A	0.05	0.06	-0.17	-0.03	0.10
	KS56A	0.05	0.08	-0.14	0.12	-0.12
	KS57A	-0.08	0.10	0.23	-0.20	-0.06

（卢庆善等，1998）

3. 421A 杂交种选配

1985 年用 421A 与 5-27、5-23、703、160、736、矮四等恢复系组配了 6 个杂交组合。产量鉴定表明，421A×5-27 产量最高，小区折亩产 656.8 kg，比对照辽杂 1 号增产 47.4%；其次是 421A×矮四，小区折亩产 632.2 kg，比对照增产 41.9%。421A×736、421A×703、421A×523、421A×160 折亩产分别为 607.5 kg、558.0 kg、543.3 kg、491.4 kg，比对照分别增产 36.4%、25.3%、22.0%和 10.3%。6 个 421A 杂交组合平均亩产 581.5 kg，比对照增产 27.7%。

421A×矮四 2 年产量比较试验，平均亩产 553.0 kg，比对照辽杂 1 号增产 23.3%；2 年全省区域试验，平均亩产 534.8 kg，比对照辽杂 1 号增产 12.7%；2 年全省生产试验，平均亩产 508.7 kg，比对照增产 31.3%。1989 年经辽宁省农作物品种审定委员会审定，命名为辽杂 4 号推广。之后，利用 421A 不育系配制了多个杂交种，通过辽宁省审定推广的杂交种有辽宁省农业科学院高粱研究所选育的辽杂 6 号（421A×5-27）和辽杂 7 号（421A×LR9198），分别于 1995 年和 1996 年审定；锦州市农业科学院选育的锦杂 94（421A×841）和锦杂 99（421A×9544），分别于 1995 年和 2000 年审定。

（四）抗病雄性不育系选育与应用

1. 7050A 雄性不育系选育经过

辽宁省农业科学院高粱研究所于 1986 年以 421B 为母本，以 TAM428B 为父本，通过人工去雄有性杂交选育而成。育种的主要目标是抗高粱丝黑穗病菌 3 号生理小种的病害。为此，有针对性地选择了杂交亲本。母本 421A 对丝黑穗病菌 3 号小种免疫，其不育系育性稳定，且穗大、粒多，但生育期长些、籽粒小；TAM428B 由美国引入，是通过热带种质转换计划育成的，抗高粱丝黑穗病，早熟，配合力高，抗蚜虫。

杂交后代经过5代的选择自交，其主要性状已稳定，并以1989年在沈阳的田间区号7050定名。然后，分别以A_1细胞质$A_1Tx622A$、A_2细胞质$A_2TAM428A$为母本与新选育的保持系7050B回交转育5代，最终育成了具有A_1和A_2细胞质的雄性不育系$A_1$7050A和$A_2$7050A（图5-3）。

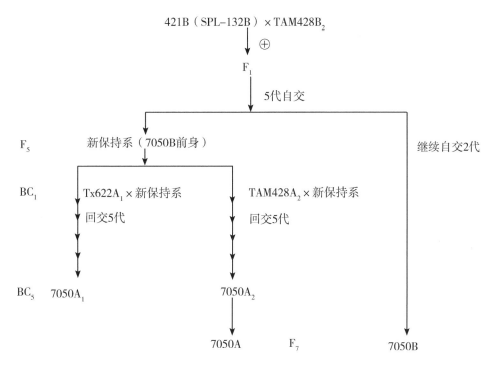

图5-3　雄性不育系7050A选育系谱

2. 7050A特征特性

（1）对高粱丝黑穗病菌3号小种免疫　赵淑坤等（1997）采用3号小种菌土0.6%浓度土壤接种的方法，鉴定了包括7050A、7050B在内的21对不育系和保持系的抗病性。结果表明7050A、7050B，421A、421B，Tx378A、Tx378B等11对不育系和保持系为免疫（表5-29）。

表5-29　高粱主要不育系抗病鉴定结果

序号	品种名称	发病率（%）	抗性等级	序号	品种名称	发病率（%）	抗性等级
1	421A	0	免疫	3	Tx378A	0	免疫
	421B	0	免疫		Tx378B	0	免疫
2	7050A	0	免疫	4	232EA	0	免疫
	7050B	0	免疫		232EB	0	免疫

（续表）

序号	品种名称	发病率（%）	抗性等级	序号	品种名称	发病率（%）	抗性等级
5	ICS49A	0	免疫	14	232A	8.3	抗
	ICS49B	0	免疫		232B	9.8	抗
6	ICS52A	0	免疫	15	Tx2729A	8.7	抗
	ICS52B	0	免疫		Tx2729B	69.4	抗
7	ICS53A	0	免疫	16	TAM428A	10.1	中抗
	ICS53B	0	免疫		TAM428B	11.4	中抗
8	ICS54A	0	免疫	17	296A	11.1	中抗
	ICS54B	0	免疫		296B	7.6	抗
9	Tx430A$_3$	0	免疫	18	Tx398A	12.5	中抗
	Tx430B	0	免疫		Tx398B	10.8	中抗
10	Tx700A$_3$	0	免疫	19	Tx3197A	29.8	感
	Tx700B	0	免疫		Tx3197B	31.4	感
11	2077A	0	免疫	20	Tx622A	51.8	高感
	2077B	0	免疫		Tx622B	56.6	高感
12	239A	6.5	抗	21	Tx623A	66.1	高感
	239B	8.3	抗		Tx623B	59.3	高感
13	214A	6.8	抗				
	214B	7.8	抗				

（赵淑坤等，1997）

（2）不育性稳定，花期长 7050A 不育性稳定，不育率 100%，无小花败育；开花期雄蕊干瘪，三角形呈铁锈色，完全不育；雌蕊柱头呈羽毛状，乳黄色，外露好，花期长，接受异交授粉时间可达 10 d。

（3）配合力高 徐忠诚（2000）采用不完全双列杂交方法，对雄性不育系 7050A、承 16A、214A、A5-1 及恢复系 0-30、5-27、0-09、0-01 进行了配合力分析。结果表明，不育系 7050A 产量性状的一般配合力效应值最大，为 0.526，其次是 A5-1，为 0.134。产量最高的杂交组合是 7050A×0-09。

3. 7050A 组配的杂交种

自不育系 7050A 选育应用的 13 年间（1994—2006 年），以其作母本共育成并经国家、省级审定命名推广的杂交种 8 个，即辽杂 10、辽杂 11、辽杂 12、辽杂 24、辽杂 25、沈杂 8 号、锦杂 100、辽草 1 号（表 5-30）。其他参加辽宁省区域试验的杂交组合有 5 个，即辽宁省农业技术学院选育的 7050A×4930、7050A×306、7050A×546；铁岭农业科学院的 7050A×9618 和辽宁省农业科学院高粱研究所的 7050A×9402。此外，锦州市农业科学院选育的 7050A×SH609 参加国家高粱晚熟组区域试验。

表 5-30 以 7050A 为母本育成的杂交种情况

杂交种	组合	审定年份	审定级别	区试产量（kg/亩）	比 CK1 ±%	比 CK2 ±%	生产产量（kg/亩）	比 CK1 ±%	比 CK2 ±%	丝黑穗病发病率
辽杂 10	7050A/9198	1997	省审	550.3	26.5	10.35	604.2	18.4	9.3	1.1
辽杂 11	7050A/148	2001	省审	507.1	4.9	2.3	417.2	4.3	-6.9	0
辽杂 12	7050A/654	2001	省审	455.5	3.8	4.3	583.2	21.2	3.4	4.0
		2004	国审							1.1
辽杂 24	7050A/011	2005	国审	515.7	9.6	-1.7	510.4	11.7	-4.4	0
辽杂 25	7050A/304	2005	省审	618.6	14.8	7.4	580.3	8.5	3.4	3.4
锦杂 100	7050A/9544	2001	省审	561.7	14.9	3.3	523.6	13.5	-6.9	5.0
		2004	国审							0.7
沈杂 8 号	7050A/8010	2002	省审	527.9	15.3	3.5	545.1	14.0	-3.6	2.1
辽草 1 号	7050A/苏丹草	2004	国审	6928	-1.3					0.5

（邹剑秋等，2008）

这些已审定和正在试验的高粱杂交种，均表现高抗高粱丝黑穗病，高产、稳产。例如，辽杂 10 曾创下亩产 1 023 kg 的辽宁省最高高粱单产纪录。辽杂 25 是近些年来在国家和辽宁省区域试验和生产试验中唯一产量超过辽杂 10 的杂交种，其 2 年区试平均比辽杂 10 增产 7.4%，生产试验平均比辽杂 10 增产 3.4%。

第二节 高粱新病害研究

20 世纪 90 年代以来，辽宁省农业科学院高粱研究所徐秀德等先后首次报道了 2 种高粱新病害，靶斑病和顶腐病，在我国发现了 3 种高粱新纪录病害，黑束病、煤纹病和红条病毒病，并系统研究了上述病害的病原学、流行性，丰富了其病理学资料。

一、高粱靶斑病

（一）发生与为害

高粱靶斑病最早于 1939 年在美国佐治亚州一种苏丹草上首次报道发生。其后在塞浦路斯、巴基斯坦、印度、苏丹、津巴布韦、菲律宾等高粱上先后报道。首次报道高粱靶斑病在我国高粱上发生为害。目前，高粱靶斑病在我国高粱种植区普遍发生，已经成为高粱产区的主要叶部病害之一，严重地块可造成高粱减产 50% 左右。

高粱靶斑病是由高粱生双极蠕孢菌 [*Bipolaris sorghicola* (Lefebvre & Sherwin) Alcom] 引起的一种叶斑病。发病初期，叶面上产生淡紫红色或黄褐色小斑点，外围黄色晕圈，后变成椭圆形、卵圆形至不规则圆形病斑，常受叶脉限制呈长椭圆形或近似矩形。病斑颜色因高粱品种不同而异，或紫红色、紫色，或紫褐色、黄褐色。条件适宜时，病斑迅速扩展，中央变褐色或黄褐色，具有明显的浅褐色和紫红色相间的同心环带，似不规则的"靶环状"，故称靶斑病。高粱抽穗前开始显现症状；籽粒灌浆前后，感病品种植株叶片和叶鞘自下而上被病斑覆盖，多个病斑合并导致叶片大部分组织坏死，产生椭圆形褐色病斑。

（二）发病规律

靶斑病病菌以菌丝体和分生孢子在土壤表面残落的和高粱秸秆垛中的病株残体上越冬，或在野生寄主（如约翰逊草）上越冬，成为翌年的初侵染菌源。在适宜的温、湿度条件下，分生孢子萌发，形成附着孢，从叶表皮侵入寄主。人工接种，叶片上初见红褐色小斑点，3~4 d后形成典型病斑，上生灰色霉状物，即病菌的分生孢子梗和分生孢子，分生孢子再借助风力和雨水传播，反复侵染发病。

徐秀德等（2000）研究表明，靶斑病病菌菌丝生长的适宜温度为25~30 ℃，分生孢子萌发的适宜温度为20~30 ℃，证明高粱靶斑病在7—8月高温、雨季易发生流行的原因。分生孢子萌发的适宜pH值为3~6，偏酸性，这与高粱上其他病害稍有差异。多数糖类均可作为该病菌的碳素营养，如木糖、半乳糖、乳糖、菊糖等，而山梨糖对菌丝生长不太适宜。试验显示，玉米粉培养基最适于病菌生长，其次是燕麦片和白高粱粒煎汁培养基；在常用的PDA培养基上，菌丝生长慢，菌落颜色较深，产孢量较大。

病菌越冬生活力测定结果表明，田间土地表面残落的和堆积在房前屋后的高粱秸秆的病残叶片上的病菌，可以安全越冬，成为第2年田间发病的主要初侵染源。而且，在较暖和的条件下，病菌至少可以存活3年。

（三）高粱抗靶斑病种质资源鉴选

徐秀德等（2000）对620份高粱种质资源的靶斑病抗性进行鉴定和选择，表明不同基因型间的抗病性存在明显差异，其中抗病等级为0级（免疫）的材料3份，占总鉴定数0.48%；表现1级（高抗）的材料23份，占总数3.7%；2级（抗病）材料68份，占总数的11.0%；3级（中抗）82份，占总数13.2%；4级（感病）的113份，占总数18.2%；5级（高感）的331份，占总数53.4%。

0级免疫的材料有GW4634、GW4747、GW4751；1级高抗材料有GW4149、GW4262、GW4263、GW4412、GW4414、GW4454、GW4549、GW4550、GW4552、GW4653、GW4661、GW4748、GW4750、GW4775、GW4883、GW4851、GW4855、12772、12773、12774、13004、12820、12825。这些宝贵的抗性资源，在高粱抗靶斑病育种中将会得到广泛应用。

董怀玉等（2001）在"高粱种质资源抗高粱靶斑病鉴定与评价"一文中指出，对1476份种质材料进行鉴定筛选，其中表现0级（免疫）的材料4份，占鉴定材料总数的0.3%；表现1级（高抗）的材料69份，占总数4.7%（表5-31）；表现2级（抗病）的材料346份，占鉴定总数23.4%；表现3级（中抗）257份，占总数的17.4%；表现4级（感病）和5级（高感）的材料分别有162份和638份，占被鉴定材料总数的11.0%和43.2%。

表 5-31　免疫和高抗高粱靶斑病的资源

国家编号	抗性等级	国家编号	抗性等级	国家编号	抗性等级	国家编号	抗性等级
GW4643	0	GW4851	1	13179	1	GW4833	1
GW4741	0	GW4855	1	13180	1	GW0350	1
GW4747	0	GW1091	1	13181	1	GW1058	1
GW4751	0	GW1093	1	13186	1	GW1505	1
GW4149	1	12758	1	13189	1	GW4038	1
GW4262	1	12772	1	13190	1	1820	1
GW4263	1	12773	1	13192	1	1982	1
GW4363	1	12774	1	13193	1	13161	1
GW4412	1	12785	1	13206	1	13154	1
GW4414	1	12786	1	13225	1	GW502	1
GW4418	1	12820	1	13248	1	GW594	1
GW4454	1	12825	1	13252	1	GW1650	1
GW4549	1	13004	1	13255	1	GW0352	1
GW4550	1	13021	1	10492	1	GW3964	1
GW4552	1	13026	1	10502	1	GW1655	1
GW4653	1	13055	1	10512	1	1092	1
GW4661	1	13085	1	12372	1	6706	1
GW4750	1	13142	1	12373	1	6750	1
GW4775	1						

（董怀玉等，2001）

经过对 40 个高粱杂交种及杂交组合的抗性鉴定，筛选出 1 级（高抗）的杂交种（组合）9 个，占被鉴定材料总数的 22.5%，如 421A/852、421A/9544、7055A/9544、7050A/546 等；2 级（抗病）的杂交种 7 个，占总数的 17.5%，如辽杂 4 号、辽杂 10 号、锦杂 93、辽杂 12 等；3 级（中抗）的杂交种有 11 个，占总数的 27.5%；表现 4 级（感病）的有 10 个，5 级（高感）的有 3 个，分别占总数的 25.0% 和 7.5%（表 5-32）。这些高抗靶斑病的杂交种在高粱生产上推广应用，对防止该病的流行，减少对高粱生产造成损失起到了很大作用，同时减少了农药的使用，保护了农业生态环境，取得了较好的生态效益、经济效益和社会效益。

表5-32　高粱杂交种抗高粱靶斑病鉴定结果

品种或组合	抗性等级	品种或组合	抗性等级	品种或组合	抗性等级	品种或组合	抗性等级
421A/852	1	7050A/8010	2	044A/101	3	角杜571	4
421A/9544	1	辽杂10	2	232A/9634	3	058A/114	4
A5-1/5-27	1	辽杂4	2	239A/180	3	21A/9701	4
375A/9198	1	锦杂93	2	594A/77	3	21A/542	4
181A/9544	1	373A/312	2	801A/5-27	3	A₁/9801	4
7050A/306	1	475A/295	2	901A/546	3	A₂/9801	4
7050A/9618	1	熊杂98108	3	1577/9801	3	A402/4003	4
7050A/9544	1	08A/118	3	辽杂5	4	营5A/654	5
7050A/546	1	21A/LR9701	3	沈杂5	4	16A/0-01	5
7050A/654	2	21A/LR9701	3	熊杂2	4	21A/301-2	5

（董怀玉等，2001）

（四）靶斑病防控技术

1. 选用抗（耐）病品种

种植抗（耐）病品种是控制高粱靶斑病发生和流行的根本措施。上述鉴定出来的许多高粱杂交种对靶斑病具有较强的抗性，可以因地制宜选择种植。在推广应用抗病杂交种时，注意品种搭配，有计划地进行抗病基因轮换，以保持品种抗病性的相对稳定。

2. 农业防治措施

合理密植，防止密度过大；高粱与矮秆作物间作套种，增加通风透光；加强肥水管理，提高植株抗病力；在施足基肥、种肥的基础上，适当追肥，尤其在拔节期或抽穗期应及时追肥，以保证植株健壮生长；及时处理病残茎秆和叶片，减少次生田间初侵染的菌源。

3. 药剂防治

在田间发病时，用50%多菌灵可湿性粉剂、75%百菌清可湿性粉剂或50%异菌脲可湿性粉剂等喷雾防治，间隔7~10 d喷洒1次，连续喷洒2~3次。

二、高粱顶腐病

（一）发生与为害

高粱顶腐病最早于1896年在印度尼西亚的甘蔗上被发现，以印度尼西亚语"Pokaah boeng"命名，意为植株顶部扭曲变畸形。后来，Bolle（1927）在印度尼西亚发现该病菌还能侵染高粱。此后，世界上许多国家，如美国路易斯安那州和夏威夷、古巴、印度和澳大利亚等先后有高粱顶腐病的报道。在我国，辽宁省农业科学院高粱研究所徐秀德等于1993年首次发现并报道了高粱顶腐病。这是我国高粱上的一种新病害，在高粱产区均有不同程度发生，发病率一般在3%~10%，重病区发病率在40%以上。近年来，该病有上升的趋势，在高粱生产上值得引起重视。

（二）发病症状

高粱顶腐病是由亚黏团镰孢菌（*Fusarium* subglutinans Wr. &Reink）引起的病害。该病可为害高粱叶片、叶鞘、茎秆、花序和穗，其典型症状是植株近顶端叶片变畸形、折叠和变褐色，枯死。在植株喇叭口期，顶部叶片沿主叶脉或两侧出现畸形，皱缩，不能展开。发病严重者，病菌侵染叶片、叶鞘和茎秆，造成植株顶部4~5片病叶皱卷、腐烂。更重者叶片短小，甚至仅残存叶耳处部分组织。轻病植株表现类似由玉米矮花叶病毒引起的黄叶斑症状，或由细菌引起的黄色叶斑病症状。其区别是顶腐病叶片基部皱缩，边缘有许多小的横向刀切状缺刻，切口处褪绿呈黄白色。随着病株的生长和叶片伸展，顶端呈撕裂状，断裂处组织变黄褐色，叶片局部有规则孔洞产生。病株根系不发达，根冠及基部茎节处呈黑褐色。有的病株矮缩，分蘖增多。

（三）发病规律

病菌主要在土壤中、病残株体上及种子内越冬，成为翌年的初侵染菌源。高粱植株地上部位均能被病菌侵染发病，天气长时间潮湿有利于发病。在病部表面有时可产生粉白色孢子层，病菌分生孢子借助雨水传播可再进行侵染发病。病菌借助机械伤害、虫害，或其他原因造成的伤口侵入，地下害虫、线虫为害重的地块有利于顶腐病的发生。种子带菌是顶腐病远距离传播的主要途径，种子带菌率高，则田间发病重。

不同地块发病程度差异明显，低洼地、园田地发病重，山坡地、高岗地发病轻。土壤养分高氮低钾，导致植株抗性弱、发病重。高粱不同品种或基因型间发病轻重差异明显，一些高粱品系如 ICS33A、Tx622A、Tx624A、ICSV690、PW17445 等表现感染顶腐病。

病菌小型分生孢子萌发的适宜温度为 25~28 ℃，适宜的 pH 值为 6~7。在 Bilai 培养基上 pH 值在 4~11 范围里易产生大型分生孢子。病菌菌丝在温度 5~35 ℃范围内均能生长，以 28 ℃为最适，菌丝生长的适宜 pH 值为 6~8。病菌能利用多种糖类作为碳源营养。而氮源不及碳源好，在氮源培养基上表现菌落稀薄、气生菌丝稀少。

（四）顶腐病防控技术

1. 选育应用抗病品种

选育和应用抗顶腐病的高粱品种或杂交种是防控顶腐病的主要技术措施，各高粱产区可因地制宜选择种植。

2. 农业防治措施

合理轮作，减少菌源；建立无病繁种田和制种田，防止种子带菌；对玉米等其他禾谷类作物上发生顶腐病也要兼治。

3. 拌种和药剂防治

用0.2%增产菌拌种或叶面喷雾，对该病有一定的防控作用；用哈氏木霉（*Trichoderma hamatum*）或绿色木霉（*T. viride*）等生防菌拌种或穴施，具有一定的防治效果。播前用25%三唑酮可湿性粉剂或10%腈菌唑可湿性粉剂拌种，均有很好的防病效果。

三、高粱黑束病

(一) 发生与为害

高粱黑束病最早于 1971 年在埃及首次报道，之后在美国、阿根廷、委内瑞拉、墨西哥、洪都拉斯和苏丹等国先后报道有黑束病发生。黑束病严重发生时可造成 50%的减产。在我国，辽宁省农业科学院高粱研究所徐秀德等于 1991 年在辽宁省高粱上首次发现该病，其后在吉林、黑龙江、山西、河北、山东等省的高粱产区均有不同程度的流行为害，而且逐年加重，个别高粱品种的发病率高达 90%。

(二) 发生症状与规律

高粱黑束病是由点枝顶孢霉菌（*Acremonium strictum* W. Games）引起的一种病害。该病在高粱整个生育期内均能表现症状，苗期造成死苗，成株期症状多样化。发病初期底部叶片叶脉黄褐色或红褐色（因品种不同而异），之后沿中脉出现相同颜色条斑，逐渐发展纵贯整个叶片，最后叶脉呈紫褐色或褐色。病斑从叶尖、叶缘向基部及叶鞘扩展，导致叶片失水干枯。一般病株上部叶片和新梢先出现枯死。病株根系发育不良，剖开茎秆可见维管束变红褐色或黑褐色，故得名黑束病。发病严重时，整株从顶部叶片开始，自上而下迅速干枯，后期死亡。有的病株上部茎秆变粗、矮缩、分蘖增多，不能正常抽穗、结实。潮湿环境下，病株叶基部、叶鞘上产生灰白色霉状物，即分生孢子梗和分生孢子。

高粱黑束病是土壤和种子带菌传播的系统侵染病害。病菌以菌丝体在病株残体或种子上越冬，成为翌年的初侵染菌源。在田间，病菌先定殖于高粱根部的幼芽中，然后逐渐向上扩展蔓延到维管束组织；病菌也可从叶片侵染发生为害。

病菌菌丝生长的适宜温度为 25~30 ℃，适宜的 pH 值为 5~8；分生孢子萌发的适宜温度为 23~28 ℃，以 25 ℃为最适，适宜的 pH 值为 5~7；菌丝生长和分生孢子萌发均以 pH 值为 6 时最适。在病菌测定的培养基中，玉米粉、燕麦片、PSA 培养基适于病菌生长，红高粱粒煎汁虽为病菌寄主材料，但不利于病菌生长；大多数糖类，如果糖、葡萄糖、半乳糖、木糖、甘露糖、麦芽糖、蔗糖、淀粉、菊糖等，均可作为病菌生长的优质碳源，而山梨糖不利于病菌生长。单纯氮素均不适于病菌生长，因此不宜单独利用。该病菌在人工接种条件下还能侵染苏丹草、玉米、谷子、珍珠粟等作物。

(三) 黑束病防控技术

1. 选用抗病品种

高粱基因型间对黑束病的抗性差异明显，选育和种植抗病品种是经济有效的防治措施。经鉴定以 Tx622A、Tx623A 不育系为母本的杂交种表现高度感病，而以 421A、Tx378A 不育系为母本的杂交种表现抗病，可因地制宜选择种植。Natural 等（1982）报道，一些高粱品种，如 SC35-6、SC630-11E、GPR-148 表现抗病，而 Tx623B、Tx7078、SC173-12 表现感病。

2. 农业防治措施

田间发现病株及时拔除销毁；增施钾肥，提高植株抗病力；与非禾谷类作物轮作倒茬，减少病菌侵染；并应加强与其他发生黑束病的禾谷类作物同步防治。

3. 药剂防治

播种前，用25%三唑酮可湿性粉剂或10%腈菌唑可湿性粉剂处理种子，具有一定防病效果。

四、高粱煤纹病

（一）发生与为害

高粱煤纹病最早于1903年在美国首次报道。其后，该病在世界各地高粱产区广泛发生，是高粱上常见且为害严重的叶部病害。该病在印度、美国和非洲的一些国家和地区发生严重，是高粱生产最重要的叶部病害之一。在非洲的马里共和国，煤纹病曾导致高粱减产46%；在美国，该病导致高粱减产31%。在我国高粱种植史上曾有严重发生为害的记载，但对该病的发生规律及其有效防控措施等缺乏研究资料。近年，在辽宁、黑龙江等省局部高粱产区发生煤纹病，并造成不同程度为害，有加重流行趋势。

（二）发生症状和规律

高粱煤纹病是由高粱座枝孢菌 [*Ramulispora Sorghi*（Olive & Everhat）S. Olive & Lefebvre] 引起的一种病害。该病从高粱苗期到成株期均可受侵染发病，主要为害叶片和叶鞘。发病初期，在叶片上产生小的圆形病斑，淡红褐色或黄褐色，边缘具明显的黄色晕圈，后逐渐扩大，呈长椭圆形、长梭形，中央淡褐色，边缘紫红色，病斑大小（50~140）mm ×（10~20）mm。发病严重时病斑连成不规则形，或发展成长条状大病斑，导致叶片枯死。

病菌以菌核在病株残体、种子或野生高粱上越冬，多年生的阿拉伯高粱也是病菌的越冬场所。翌年在适宜的环境条件下，越冬菌核产生分生孢子，成为初侵染的菌源。分生孢子萌发产生芽管，经气孔侵入组织，以后形成病斑。如遇温暖和潮湿天气，病斑上产生的分生孢子可借风力和雨水传播，进行多次侵染发病。病害的传播流行受综合因素的制约，其中天气条件最为重要。高温、多雨和田间湿度大的环境一般发病重，氮肥多的地块病情重，黏重土壤有利于发病。

病菌在培养基上生长缓慢，培养的最适温度为28 ℃，最适 pH 值为4.0；产生分生孢子的适宜温度为20~24 ℃，pH 值为4.5。在康乃馨煎汁琼脂、高粱叶煎汁琼脂和蒲公英煎汁琼脂培养基上易产生孢子。

（三）高粱煤纹病防控技术

1. 选育和种植抗病品种

不同高粱品种对煤纹病的抗性有一定的差异，因此选育和种植抗病品种是防治该病的经济有效措施。一般来说，西非高粱品种多表现抗病。一些高粱基因型表现抗病，如MR114、RI9007、RI8903、Sureno、90M11、B35、SC326 - 6、RI9112、MB104 - 11、Tx2767、Tx2783 等，可作为抗该病育种的原始材料。

2. 农业防治措施

收获后及时清理田间遗留的病残植株，并销毁；入冻前，深翻耕地，促进病残株体腐烂；田间发病初期，摘除病株底部病叶，减少侵染菌源；施足底肥，增施磷钾肥，提高植株抗病性；与其他作物间、套作，合理密植，改善田间通风透光条件，降低田间湿度，控制病菌侵染。

3. 药剂防治

发病初期可采用药剂防治，用 75% 百菌清可湿性粉剂、50% 多菌灵可湿性粉剂或 70% 甲基硫菌灵可湿性粉剂，在抽穗期连续喷药 2~3 次，每隔 7~10 d 喷 1 次。

五、高粱红条病毒病

（一）发生与为害

高粱红条病毒病是世界性主要的高粱病害之一，在美国、南美和欧洲一些国家、澳大利亚等高粱产区发病严重。在高粱 3 叶期之前感病毒的植株受害严重，可造成 50% 以上的减产。该病在我国高粱产区发生普遍，局部地区为害严重。

1996 年，高粱红条病毒病在辽宁省高粱产区暴发流行，严重地块发病率高达 80%~90%，甚至造成毁种。调查发现，辽宁高粱主产区葫芦岛市的建昌县、绥中县，锦州市的黑山县、义县，沈阳市的新民市，铁岭市及营口市的大石桥市等地高粱红条病毒病发生普遍，对 10 余个高粱品种调查，其平均发病率为 10%；高粱品种间抗性差异较大，以 Tx622A 不育系为母本的杂交种发病严重；而锦杂 93、辽杂 4 号、铁杂 10 号等发病较轻。

（二）发病症状与规律

高粱红条病毒病是由玉米矮花叶病毒（MDMV）引发的一种病害。该病在高粱整个生育期均能发生，为害叶片、叶鞘、茎秆、穗及穗柄。发病初期病株心叶基部产生褪绿小点，断续排列呈典型的条点花叶状，之后扩展到全叶，叶色浓淡不均，叶肉逐渐失绿，变黄色或红色，呈紫红色梭条状枯斑，病斑易受叶脉限制，最后呈红条状。严重发病时，红色症状扩展相互汇合变成坏死斑，多在叶尖向叶基部扩展。重病叶全部变红褐色，组织脆硬易折，最后病部变紫红色或灰褐色干枯。在植株近成熟时，多数品种叶片上症状不明显，但茎秆上常产生红褐色或黑褐色长条形斑。

受害植株常表现矮化，其矮化程度取决于病毒侵染时植株的生育阶段，病毒株系及品种（杂交种）的感病性。病株分蘖数、穗数、穗长、穗粒数、千粒重等均有所减少。

约翰逊草是病毒的越冬寄主，病毒主要生存于约翰逊草的肉质根茎里，次年从带毒根茎上长出新芽，然后通过蚜虫取食带毒新芽进行传播。高粱种子和高粱柄锈菌的夏孢子也能传播带病毒引起发病，形成病毒中心株。玉米田带病毒蚜虫迁移到高粱田里引起发病。蚜虫是田间病毒传播的主要媒介，传毒蚜虫有 20 余种，主要有麦二叉蚜（*Schizaphis graminum* Rondani）、高粱蚜（*Melanaphis sacchari* Zehntner）、粟缢管蚜（*Rhopalosiphum padi* L.）、玉米蚜（*R. maidis* Fitch）、桃蚜（*Myzus persicae* Sulzer）等以非持久性方式传播。蚜虫在病芽上吸食 15 s 至 1 min 即能获得病毒。蚜虫可短距离迁飞，也可借风力飞到 100 km 以外。汁液摩擦也可传毒。

温暖和干旱季节有利于蚜虫的繁殖和迁飞，传播病毒速度快，发病重。在生长季里，成蚜发生早，蚜量较大的地区发病严重。品种间对红条病毒病表现出不同的抗性。此外，田间耕作与栽培管理对病害的发生影响较大，平肥地高粱植株生长健壮、发病轻；山坡、路边植株长势弱、发病重。

玉米矮花叶病毒有6个株系，即A、B、D、E、F和O株系。在田间仅见A和B株系这两个株系主要以寄主范围、血清学比较和介体昆虫专一性来区分，A株系能侵染约翰逊草，而B株系不侵染约翰逊草。该病毒对许多一年生和多年生植物，如玉米、谷子、帚用高粱、苏丹草和约翰逊草等均能侵染发病。

（三）高粱红条病毒病防控技术

防治高粱红条病毒病应采取以选育、种植抗病品种、加强栽培管理、提高植株抗病力等农艺措施为主，以治蚜防病、清除毒源等措施为辅的综合防治措施。

1. 种植抗病品种

选育和种植抗病品种是防治高粱红条病毒病的主要措施，如辽杂4号、铁杂10号、锦杂93等都是抗病品种，各高粱产区可因地制宜选择种植。

2. 农艺防治措施

加强中耕除草，减少侵染源；加强肥水管理，提高植株抗病力。

3. 治蚜防病

及时防治蚜虫是预防高粱红条病毒病发生和流行的重要措施。治蚜必须及时、彻底、干净消灭初次侵染蚜源。治蚜可选用40%乐果乳油稀释100倍液涂茎，也可用2.5%溴氰菊酯或20%氰戊菊酯喷雾。

第三节　高粱害虫研究

一、高粱蚜

高粱蚜（*Melanaphis Sacchari* Zehntner），又名甘蔗蚜、甘蔗黄蚜。高粱蚜分布广泛，遍及我国各高粱栽培区。

（一）发生与为害

高粱蚜是辽宁省高粱生产上最主要的一种害虫，每年都有不同程度的发生。1974年，全省高粱蚜发生面积1 260万亩，占高粱种植面积的80%以上，虽喷洒农药3万余吨防治，仍减产高粱10%左右。

高粱蚜虫在辽宁省原系间歇性发生，每隔5年左右大发生1次，如1952年、1957年、1962年都是发生年。但是，自从1961年全面推广内吸磷、666等化学农药防治高粱蚜以来，以及高粱品种的更新换代、栽培形式的改变等因素的干扰，高粱蚜大发生的频率迅速提升。其中1963年、1965年、1969年、1971年、1972年、1974年都是大发生年，基本上1~2年就有1次大发生。

（二）为害症状

高粱蚜在高粱整个生育期间均能为害，以成蚜、若蚜集聚在高粱叶片背面刺吸植株汁液。初发生期多在下部叶片为害，逐渐向上部叶片扩散。叶背布满虫体，并分泌大量蜜露，滴落在叶面和茎秆上，油亮发光，故称"起油株"。蜜露覆盖叶面影响植株光合作用，而且还易引发霉菌寄生，使受害植株长势衰弱，生育不良。蚜虫为害后，叶片变红、枯黄，小花经败育，穗小粒少，产量减少，品质下降。此外，高粱蚜还可传播高粱矮花叶病毒，对产量影响更大。

在田间，高粱蚜主要在高粱叶片背面，由下向上扩展为害，而玉米蚜主要在心叶或穗部刺吸为害。高粱蚜除为害高粱外，还能为害玉米、谷子、小麦及其他禾谷类作物。

（三）高粱蚜防治技术

1. 选育和种植抗蚜虫高粱品种

王富德等（1993）采取自然发虫和人工接蚜法对3 799份中国高粱种质资源进行抗蚜性鉴定，结果高抗蚜虫的1份，即沈阳市农业科学院育成的高粱恢复系5-27，其遗传背景中含有与TAM428相同的抗蚜基因。由于5-27不仅含有抗蚜基因，而且还携有细胞质雄性不育恢复基因，因此可选用作为培育抗蚜虫高粱杂交种的亲本。抗蚜的4份，即紧穗高粱（忻州市）、红壳散码（鹿邑）、黏高粱（辉南）、大锣锤高粱（沾化）。其余3 794份为中感和感蚜虫，占总数的99.9%。

何富刚等（1996）对2 580份国外高粱种质资源进行抗高粱蚜虫鉴定，结果有10份为高抗，占0.39%，即A7178、A6235、LCSB43、LCSB23、LCS393、LS5604、LS18704、SC110-4、TAM428B、TXR2356。抗性种质20份，占总数的0.78%，即A16010、LSB17、LCSB88017、LCSV393、LCSV691、LS1034、LS4668、LS18947、SC170、SC110-4/Tx340、ES230、SC110-9/SC20-6、SC110-9/SC120-6、SC170-4、RTAM428、MR4486、MR4488、Jonna. Shantug等。这些高抗和抗性高粱种质资源多来源于美国、印度和墨西哥等国，特别是印度的抗高粱蚜基因型比其他国家更为丰富。

董怀玉等（2000）采取田间自然感虫和人工接虫相结合的方法，对1 266份高粱种质资源进行抗高粱蚜虫鉴定，其中1级高抗的有9份（表5-33），占鉴定材料总数的0.71%；表现3级抗性材料有23份，占总数的1.82%，即IS7528C、GR108-90M24、LR220、LR287-1、LR287-2、Purdue9-8-19等（表5-34）。

表5-33 高抗高粱蚜的种质资源

国家编号	品种名称	单叶蚜量（头）	抗性等级	来源
GW4438	CE151-262-A$_1$	0	HR	美国
GW4697	Purdue9-15-30	7	HR	美国
GW4698	Purdue9-16-27	8	HR	美国
13098	本地大高粱	16	HR	贵州
13165	高粱	13	HR	贵州
13172	高粱	24	HR	贵州
GW4604	L-407A	33	HR	辽宁
GW4605	L-407B	29	HR	辽宁
GW4612	LR213	20	HR	辽宁

（董怀玉等，2000）

表 5-34　高粱抗蚜的种质资源

国家编号	品种名称	单叶蚜量（头）	抗级	来源
GW4176	IS-7528C	75	R	山西
GW4448	GR108-90M24	43	R	美国
GW4619	LR220	125	R	辽宁
GW4625	LR287-1	101	R	辽宁
GW44626	LR287-2	105	R	辽宁
GW4687	Purdue9-8-19	56	R	美国
GW4699	Purdue9-17-30	51	R	美国
GW4732	SC109	75	R	美国
GW4749	Tx2737	157	R	美国
GW4820	91NF20B	75	R	美国
GW4831	92NF4B	200	R	美国
GW4850	94M3184	132	R	美国
GW1120		100	R	山东
11817		164	R	新疆
12151		127	R	新疆
12743	忻4-7	136	R	山西
12771	HC356/5346	189	R	山西
12797	SR30	46	R	山西
1292	克恢135	191	R	黑龙江
12932	克恢146	195	R	黑龙江
12944	克恢158	53	R	黑龙江
13065		73	R	广西
13078		145	R	广西

（董怀玉等，2000）

　　表现高抗蚜虫的 9 份材料中，有 3 份是来自美国，3 份是来自中国贵州省，3 份是辽宁省农业科学院高粱研究所用国外材料组配选育的 L407A、B 和 LR213。在表现抗性的 23 份材料中，有辽宁省农业科学院高粱所从美国引进的 8 份，组配选育的 3 份恢复系；山西省农业科学院的 4 份，黑龙江省农业科学院的 3 份，广西壮族自治区农业科学院的 2 份、新疆农业科学院的 2 份、山东省农业科学院的 1 份材料。

　　抗高粱蚜虫资源 TAM428 的抗性是由显性单基因控制的，辽宁省农业科学院高粱研究所利用 TAM428 选育的雄性不育系 7050A，对高粱蚜具抗性，利用 7050A 组配的杂交种辽杂 10 号、辽杂 11 号、辽杂 12 号等也表现抗高粱蚜；沈阳市农业科学院利用 TAM428 选育出了抗蚜恢复系 5-27，并组配了抗蚜杂交种沈杂 6 号；锦州市农业科学院利用 5-27 与不育系 232EA 组配出抗蚜杂交种锦杂 93；辽宁省农业科学院高粱研究所利用 5-27 与不育系 421A 组配了抗蚜杂交种辽杂 6 号；吉林省四平农科所利用抗蚜源 TAM428 转育出抗蚜恢复系 101，并组配出抗蚜杂交种四杂 4 号，在吉林省大面积种植。

利用抗蚜源 TAM428 选育的雄性不育系 7050A、恢复系 5-27、101 及组配的抗蚜杂交种在高粱生产上大面积推广应用后，表现抗蚜性稳定。这充分说明，利用国外高粱种质抗蚜源转移抗性基因有效。在此基础上，着手创造兼有中外高粱优异农艺性状的中间材料，之后通过这些中间材料形成抗蚜亲本，再组配出抗蚜的杂交种应用于生产，这便是我国高粱抗蚜品种选育和遗传改良的必由之路。

2. 农业防治措施

采取高粱与大豆间作，改善田间小气候，增加湿度，控制高粱蚜繁殖为害。1965年海城县耿庄乡 1 620 亩高粱采取 6：2 间种大豆。该年蚜虫大发生，因当年缺药都未用药剂防治，结果间种高粱显示出防蚜虫的优点，比清种高粱增产 67.5%，究其原因有以下几点：一是间种高粱通风好，能降低田间温度，蚜虫繁殖速度相对减缓；二是间种的大豆能为高粱繁育天敌，大豆上蚜虫发生较早，天敌发生也较早，当高粱发生蚜虫时，天敌势必迁移到高粱上，减轻对高粱的为害；三是高粱与大豆间作，由于合理配置使高粱生育的小气候条件得到改善，因而促进了高粱的生长发育，增强了对蚜虫的抵抗性，从而减轻了受害程度。

3. 化学药剂防治措施

20 世纪 60 年代初，姜堤等（1964、1965）研究用乐果乳油防治高粱蚜，选用 20% 乐果乳油与滑石粉制成不同浓度的乐果粉剂，进行药剂防效测定，试验结果列于表 5-35。以滑石粉配制的 0.6% 粉剂，用喷粉器喷撒每亩用量 1.2~2.0 kg，用双层纱布袋用药量以每亩 2.0~2.8 kg 为宜，防治效果好。乐果粉剂具有一定的内吸作用，可以提高防治效率。

表 5-35　田间不同粉量的试验结果

处理日期	施药工具	粉量（g/株）	折用乳油（kg/亩）	调查株数	处理前蚜量（头）	杀虫率（%）		
						24 h	48 h	72 h
7 月 31 日	喉头喷粉器	0.3	0.036	15	48 837	97.03	98.19	98.94
		0.5	0.060	15	56 436	94.93	99.09	99.49
		0.7	0.084	15	70 765	99.62	99.98	100.00
		1.0	0.120	15	41 265	99.17	99.93	100.00
		对照	—	25	100 559	+46.44	+15.27	+14.34
7 月 18 日	双层纱布袋	0.3	0.036	30	44 288	77.83	97.05	96.01
		0.5	0.060	30	62 824	86.94	98.03	98.71
		0.7	0.084	30	72 650	88.95	99.33	99.87
		1.0	0.120	30	57 223	89.04	98.62	98.60
		对照	—	20	63 860	29.47	26.89	+19.05

（姜堤等，1965）

采用飞机喷撒乐果粉剂也有很好的防治蚜虫效果。试验认定用 20% 乐果乳油折合每亩 0.06 kg 为最低用药量，有效喷幅为 55~60 m 比较适宜（表 5-36）。防蚜平均效果高于对照 22.64%～36.92%。

表 5-36 飞机喷撒乐果粉剂用药量试验

浓度（%）	粉量（L/亩）	折用乳油（kg/亩）	调查点数	调查株数	处理前蚜量（头）	灭虫率（%）		风速（m/s）
						24 h	48 h	
0.6	2.50	0.038	39	116	124 568	65.99	89.80	1～2
0.8	2.58	0.054	39	117	217 025	47.52	92.54	4
1.0	2.57	0.065	39	117	186 402	85.27	87.09	2
1.4	2.50	0.088	30	90	168 064	91.64	98.23	2.4
2.0	2.17	0.108	39	117	307 461	87.92	98.74	1.5
对照				23	18 215	+36.92	+22.64	—

高壮飞等（1984）研究应用甲拌磷颗粒剂熏蒸防治高粱蚜虫。采用 5%甲拌磷小区试验，每亩施用 100 g 和 200 g 药量，结果施药后第 6 天，100 g 药量的减虫率为 84%～89%，200 g 的减虫率为 93%～95%，所以采用 5%甲拌磷颗粒剂每亩 200 g 熏蒸即可收到较好的防治效果。

1981 年在辽阳县小北河乡、盖县芦屯乡、沈阳新城子进行大面积田间防治试验，均取得了较好的防治效果（表 5-37）。施药后辽阳小北河第 12 天减虫率为 99.2%；盖县芦屯第 2 天减虫率为 87.9%，第 4 天 97.8%，第 6 天为 100%；沈阳新城子第 6 天减虫率达 100%。而用乐果毒砂施药的地块，辽阳小北河第 11 天减虫率 89.2%，沈阳新城子第 6 天减虫率 83.9%，药效均不如同一天甲拌磷熏蒸的结果。1982 年，在辽阳小北河、安平乡采用甲拌磷防治高粱蚜 2 150 亩，在 9 个地块调查，药效 90.7%～100%。

表 5-37 5%甲拌磷颗粒剂防治高粱蚜大面积药效试验结果

处理	施药量（g/亩）	施药面积（亩）	虫基数（头/百株）	减虫率（%）				
				1 d	3 d	4 d	6 d	11 d
5%甲拌磷颗粒剂	10	150	63 200					99.24
40%乐果乳油	20	*	88 300					89.2
5%甲拌磷颗粒剂	10	12	54 700	87.9		97.8	100	
对照			55 000	55 000		50 000	40 000	
5%甲拌磷颗粒剂	10	40	17 100		100		100	
40%乐果乳油	20	4	1 300		86.92		83.85	
对照			2 000		20 000		2 000	

（高壮飞等，1984）

1983 年，在辽阳县、灯塔县、辽阳郊区、辽中县、海城县等 26 个乡（镇）进行甲拌磷熏蒸高粱蚜防治，面积 127 631 亩，防治效果列于表 5-38 中，每隔 12 垄施 4 垄药，

表 5-38 5%甲拌磷颗粒剂大面积防效统计表

处理	调查社数	地块数	代表面积（亩）	药前平均百株蚜量（头）	药后1 d		2 d		3 d		5 d		7 d		9 d		备注
					活虫数（头）	防效（%）	活虫数（头）	防效（%）	活虫数（头）	防效（%）	活虫数（头）	防效（%）	活虫数（头）	防效（%）	活虫数（头）	防效（%）	
5%甲拌磷颗粒剂	6	21	56 521	36 095	2 400	93.4	791	97.8	309	99.1	139	99.6	68	99.8	129	99.6	
乐果粉	4	5	4 000	22 568	1 807	92.0	1 366	96.2							1 512	30.2	
乐果毒砂	3	3	6 000	30 334	4 067	86.6	733	97.6							5		
乐果喷雾	4	4	2 000	13 575	1 527	88.7	905	93.3							8 145	40	

（高壮飞等，1984）

每亩 200 g 药，平均防效达 93.4%~99.8%。与施用乐果喷雾、乐果粉、乐果毒砂比较，施用 5%甲拌磷颗粒剂杀虫快、持效期长、药效好。用甲拌磷颗粒剂防治高粱蚜与当时应用乐果的几种方法比较，具有用药量少、施药方法简便、防治成本低、籽粒无残留、使用比较安全（甲拌磷制成颗粒剂浓度低，毒性也降低，但需按高毒农药规程严格操作）等特点。

辽宁省农业科学院植物保护研究所于 1972 年开展了用异丙磷熏蒸高粱蚜的研究。室内试验将装有 50%异丙磷乳油 2 g 的烧杯，放在长有 4 株高粱的盆钵里，每株高粱有约 500 头蚜虫，扣上 0.5 m³ 的尼龙罩，以不施药为对照。1 d 后，施药盆内的高粱蚜全部死亡，对照活动正常，证明异丙磷对高粱蚜具有熏蒸杀伤作用。

在此基础上，试验表明每亩用异丙磷 50 g 拌土 10 kg 制成 0.5%毒土，每隔 12 垄撒 1 垄，12 d 后绝大部分高粱蚜被杀死。采取距施药点 3.5 m、4.0 m、4.5 m、5.0 m、5.5 m、6.0 m 的施药效果试验表明，距施药点 5.0 m 的点，3 d 后防治效果 97.5%，因此确定有效防控范围在 4.5~5.0 m。异丙磷熏蒸防治高粱蚜效率高、省工、成本低。

二、亚洲玉米螟

（一）发生与为害

亚洲玉米螟又称钻心虫、箭秆虫等，是世界性害虫。我国玉米螟优势种类为亚洲玉米螟，在玉米、高粱种植地区均有发生；其次为欧洲玉米螟，主要分布于新疆伊宁地区。而在宁夏、内蒙古呼和浩特、河北等地区为亚洲玉米螟和欧洲玉米螟混合发生，但以亚洲玉米螟为主。

在辽宁省，亚洲玉米螟是为害高粱的主要害虫之一，玉米主要以幼虫蛀茎为害，被害植株组织遭到破坏后，影响养分和水分的输送，造成穗部发育不全，籽粒灌浆不满，或茎秆折断，造成减产。每年因玉米螟为害减产在 10%左右，严重发生减产在 20%~30%。

（二）为害症状及与产量损失的关系

玉米螟以幼虫蛀茎为害，一般 3 龄以下幼虫为"潜藏"为害，4~5 龄幼虫为钻蛀为害。初孵幼虫潜入心叶丛，蛀食心叶造成针孔或"花叶"。3 龄后幼虫蛀食叶片，叶片展开后出现排状孔。高粱玉米进入孕穗期，幼虫取食幼穗。当穗逐渐散开后，幼虫开始向下转移蛀入穗柄，或转移蛀入茎秆。

受害植株因营养和水分输导受阻，长势衰弱，茎秆或穗柄易折断，穗发育不良，籽粒灌浆差，干瘪，青枯早衰。如遭遇大风天气，受害的茎秆和穗柄倒伏或折断，其损失更大。此外，玉米螟为害后，常引发高粱穗、粒腐病，导致严重的籽粒损失和品质下降。亚洲玉米螟为害的植物有数十种，主要为害玉米、高粱、谷子、棉花、麻类和豆类等。

段有厚等（2008）研究了亚洲玉米螟在高粱上蛀孔分布及其与产量损失的关系。研究表明，在辽宁省玉米螟2代发生地区，1代和2代幼虫为害高粱蛀孔主要分布在穗柄及其以下的1~4个茎节上，而穗柄处受害最重。调查品种BTx623植株，2代玉米螟幼虫为害的蛀孔平均数相似，而品种ICS520植株1代幼虫蛀孔略少。2个品种产量的损失率，2代幼虫为害较重，分别比1代幼虫为害高2.85%和4.41%（表5-39）。蛀孔部位对产量损失也有明显差异，在穗柄处所造成的产量损失更为严重。

表5-39 亚洲玉米螟为害蛀孔数对高粱产量的影响

高粱品种	接虫处理	蛀孔数（个/株）		2代幼虫量（头/株）	穗长（cm）	千粒重（g）	产量（g/株）	减产率（%）
		1代	2代					
ICS520	仅1代为害	1.6	0	0	23.5	23.6	78.6	6.76
	仅2代为害	0	2.3	2.5	22.8	22.5	76.2	9.61
	无为害对照	0	0	0	23.8	24.1	84.3	—
BTx623	仅1代为害	2.0	0	0	25.9	24.3	77.4	5.15
	仅2代为害	0	2.1	2.4	26.2	23.8	73.8	9.56
	无为害对照	0	0	0	26.8	25.7	81.7	—

（段有厚等，2008）

在2代幼虫为害的情况下，单株蛀孔数在1~6个范围内，蛀孔数与产量呈极显著负相关。用直线回归法计算得出，品种ICS520和BTx623单株每增加1个蛀孔，其粮食损失率分别为6.62%和5.53%（表5-40）。

表5-40 亚洲玉米螟2代幼虫为害蛀孔数及其部位对高粱产量的影响

蛀茎部位	ICS520			蛀茎部位	BTx623		
	蛀孔数（个/株）	产量（g/株）	蛀孔株数		蛀孔数（个/株）	产量（g/株）	蛀孔株数
下1	1	83.8	15	下1	1	80.6	16
穗柄	2	80.5	12	穗柄	2	78.2	14
穗柄	3	76.1	5	穗柄	3	75.1	10
下1	4	71.1	8	下1	4	71.3	9
下2	5	62.5	3	下2	5	64.6	6

（续表）

蛀茎部位	ICS520			蛀茎部位	BTx623		
	蛀孔数（个/株）	产量（g/株）	蛀孔株数		蛀孔数（个/株）	产量（g/株）	蛀孔株数
穗柄	6	52.7	2	穗柄	6	55.5	3

$r=-0.98$
直线回归方程 $Y=92.57-6.13x$

$r=-0.97$
直线回归方程 $Y=87.89-4.86x$

注：两品种显示差异不显著，显著标准 $r=1.625$ （$P=0.05$）。

（段有厚等，2008）

总之，玉米螟幼虫蛀孔数及其在植株上分布的部位对高粱产量均有影响。在2代幼虫蛀孔数接近时，第2代幼虫为害对穗长、千粒重、产量的影响，均比第1代幼虫为害重。2代幼虫为害对产量的影响产生的差异，与幼虫蛀茎（或穗柄）时期和蛀孔的分布有关。因为不同时期和受害部位破坏养分、水分运输的程度轻重不同，影响高粱穗的发育和籽粒形成、灌浆不同，最终受害也就不同。

由于亚洲玉米螟是一种多化性滞育害虫，在其发生2代地区，通常认为第2代幼虫为害损失率大于第1代。但该研究发现，如果第1代幼虫发生量少，则第2代幼虫为害大于第1代。如果第1代发生较重时，在1代和2代侵染卵量相同条件下，由于第1代幼虫存活率高。除大量蛀心为害外，还能直接取食穗尖、穗柄和籽粒，会造成更严重的产量损失。因此，在辽宁省要采取"两代并防"的措施。

（三）玉米螟防控技术

1. 选育和种植抗虫品种

选育和利用抗螟强的品种或杂交种是防控玉米螟的经济有效技术，既可减少或不施农药，改善农业生态环境，又能保证高粱生产可持续发展。王富德等（1993）对3 579份中国高粱种质资源进行了抗玉米螟鉴定。结果显示，没有高抗的种质，只有6份抗性材料，即小高粱（孝义）、红壳高粱（昔阳）、薄地高（阜新）、白高粱（成武）、黑壳黄罗伞（宝丰）和斑鸠窝。

何富刚等（1996）对2 549份国外高粱种质资源进行抗玉米螟鉴定，表现高抗螟虫的种质有20份，占鉴定总数的0.78%，其中只有615保持系、KAPIRE、MN4328、SACCLINE 4份在沈阳能正常成熟，其余大多数植株高大、不能抽穗，极个别能抽穗，但不能成熟。抗性种质22份，大多数在沈阳不能抽穗，只有IS20913、MINNESOTA、MN2715、MN3056、SACCALINE能正常抽穗结实。总体来看，来自美国的抗玉米螟种质多些。

董怀玉等（2003）对1 282份高粱种质资源进行抗玉米螟鉴定，其中高抗资源11份，占鉴定总数0.86%，如12149、GW4812、GW4811、GW1091、GW4265等；抗性资源6份，占总数的0.47%，如5423、GW4750、12968等。

在高粱种质资源抗玉米螟鉴定和筛选的基础上，开展了抗玉米螟育种研究。段有厚等（2003）将抗螟品种与农艺性状优良品种进行杂交，使抗螟基因导入 F_1 代中，在 F_2

代中选择兼有抗螟和优良农艺性状的植株，进行抗螟鉴定，从以后的世代中进行同样的选择和鉴定，直到选育出既抗螟虫、农艺性状又符合育种目标的新品种来。

石太渊等（2001）、肖军等（2004）采用高粱幼穗诱导的愈伤组织与农杆菌共培养，实现了农杆菌介导的高粱遗传转化，成功地将杀螟晶体蛋白基因 *crylAb* 基因转入到高粱中，获得了转基因植株，并筛选得到了转基因再生植株。

2. 生物防治

王丽娟等（2009）提出生物防治玉米螟技术，一是白僵菌防治：在辽宁地区越冬幼虫开始复苏化蛹前，对残存的玉米秸秆，用孢子白僵菌粉 100 g/m³，采取手摇喷粉器喷撒，或分层撒布菌土进行封垛。在高湿度地区，高粱心叶期可施用白僵菌颗粒剂，用含量50亿/g白僵菌粉与煤渣或细砂按1:10的比例混匀制成白僵菌颗粒剂，于高粱心叶期施入心叶内，用量每亩 5~15 kg。二是赤眼蜂防治：在高粱生长季放蜂2~3次。玉米螟虫一年发生2代或以上的地区，可在螟虫产卵初期、盛期和末期各放赤眼蜂1次。一般情况下放蜂2次，玉米螟产卵初期，当田间百株高粱上玉米螟虫卵块有2~3块时进行第1次放蜂。第1次放蜂后5~7 d进行第2次放蜂。放蜂方法每亩分5~6点发放，放蜂量根据虫情确定，通常每次2万头。应用赤眼蜂防治玉米螟，实行大面积统防可收到更好的防治效果。有条件的地方可用性诱剂诱杀雄蛾。

3. 物理防治

利用玉米螟成虫趋光性，在村屯及其附近设置高压汞灯进行大量诱杀，将成虫消灭在产卵之前。设灯时间为6月末至7月末，灯设在较开阔场所，灯距100~150 m，灯下建一直径1.2 m、深12 cm的圆形捕虫水池，水中加50 g洗衣粉。

4. 化学防治

在高粱心叶大喇叭口期，用1.5%辛硫磷颗粒剂500 g，兑细砂5 000 g，每株撒1 g防治。在心叶期投施3%克百威颗粒剂或0.1%高效氯氟氰菊酯颗粒剂，使用前拌10倍煤渣或细砂颗粒，每株1.5 g。

第四节　兼抗病虫害高粱种质资源鉴定与创新

一、兼抗病虫害高粱种质资源鉴定

董怀玉等（2003）于1996—2000年在田间用人工接菌法对高粱丝黑穗病、靶斑病进行鉴定，利用田间自然发生的害虫种群与人工辅助接虫相结合的方法进行高粱蚜、亚洲玉米螟的抗虫鉴定，先后对1282份种质资源进行了系统鉴定。其中，筛选出兼抗2种或2种以上病虫害的资源材料102份。抗高粱丝黑穗病，又兼抗高粱靶斑病和高粱蚜的三抗资源4份；抗高粱丝黑穗病，又兼抗高粱靶斑病和玉米螟的三抗材料5份（表5-41）。兼抗2种病虫害的双抗资源材料93份（表5-42），其中兼抗高粱丝黑穗病和高粱靶斑病的抗性材料有69份，兼抗高粱丝黑穗病和高粱蚜的抗性资源7份，兼抗高粱靶斑病和高粱蚜的抗性资源14份，兼抗高粱靶斑病和玉米螟的抗性资源3份。

表 5-41　兼抗 3 种高粱病虫害的抗性资源

材料	高粱丝黑穗病 抗性等级	高粱靶斑病 抗性等级	高粱蚜抗性等级	玉米螟抗性等级
GW4438	0	2	1	—
12797	0	2	3	—
13065	0	3	3	—
GW4850	3	3	3	—
5423	3	2	—	3
12149	0	3	—	1
GW4812	0	3	—	1
GW4811	3	3	—	1
GW4750	3	1	—	3

注："—"抗病或抗虫性达到感或高度感病虫程度的等级数值未列入表中。

（董怀玉等，2003）

表 5-42　兼抗 2 种高粱病虫害的双抗性资源

材料	A	B	C	D	材料	A	B	C	D	材料	A	B	C	D
CW4741	0	0	—	—	10513	0	2	—	—	10490	3	2	—	—
CW4634	0	1	—	—	10515	0	2	—	—	10510	3	2	—	—
CW4263	0	1	—	—	11788	0	2	—	—	11787	3	2	—	—
CW4149	0	1	—	—	12204	0	2	—	—	12391	3	2	—	—
CW4454	0	1	—	—	12281	0	2	—	—	12781	3	2	—	—
CW4833	0	1	—	—	12284	0	2	—	—	12356	3	2	—	—
CW4851	0	1	—	—	12330	0	2	—	—	12359	3	2	—	—
12786	0	1	—	—	12393	0	2	—	—	GW4698	0	—	1	—
10492	0	1	—	—	12784	0	2	—	—	GW4697	0	—	1	—
10512	0	1	—	—	12789	0	2	—	—	GW4749	0	—	3	—
CW4262	1	1	—	—	12826	0	2	—	—	GW1120	1	—	3	—
12785	1	1	—	—	12734	1	2	—	—	12151	0	—	3	—
CW4213	0	2	—	—	13032	1	2	—	—	11817	0	—	3	—
CW4269	0	2	—	—	13139	1	2	—	—	12932	3	—	3	—
CW4276	0	2	—	—	13021	3	1	—	—	GW4604	—	2	1	—
CW4278	0	2	—	—	GW1093	3	1	—	—	GW4605	—	2	1	—
CW4338	0	2	—	—	GW4775	3	1	—	—	GW4619	—	2	3	—
CW4342	0	2	—	—	11814	3	2	—	—	GW4625	—	2	3	—
CW4399	0	2	—	—	GW4367	3	2	—	—	GW4626	—	2	3	—

（续表）

材料	A	B	C	D	材料	A	B	C	D	材料	A	B	C	D
CW4404	0	2	—	—	GW4343	3	2	—	—	GW4612	—	3	1	—
CW4413	0	2	—	—	GW4303	3	2	—	—	13098	—	2	1	—
CW4441	0	2	—	—	GW4774	3	2	—	—	13165	—	2	1	—
CW4444	0	2	—	—	GW4823	3	2	—	—	13172	—	2	1	—
CW4453	0	2	—	—	GW4607	3	2	—	—	13196	—	2	3	—
CW4696	0	2	—	—	4789	3	2	—	—	12743	—	2	3	—
CW4791	0	2	—	—	12821	3	2	—	—	12771	—	2	3	—
CW4801	0	2	—	—	12989	3	2	—	—	12921	—	2	3	—
CW4803	0	2	—	—	13027	3	2	—	—	13078	—	2	3	—
CW4806	0	2	—	—	13030	3	2	—	—	GW1091	—	1	—	1
CW4842	0	2	—	—	13196	3	2	—	—	GW4265	—	3	—	1
12173	0	2	—	—	13231	3	2	—	—	12968	—	2	—	3

注：1. A 高粱丝黑穗病抗性等级，B 高粱靶斑病抗性等级，C 高粱蚜抗性等级，D 玉米螟抗性
　　等级；

　　2. "—" 抗病或抗虫性达到感或高度感病虫程度的等级数值未列入表中。

（董怀玉等，2003）

这批兼抗几种病虫害的抗性资源的获得，对于我国高粱抗病虫育种及其抗性品种选育具有重要的利用价值。同时，为采用生物工程技术进行抗性基因分子标记和转基因利用提供了基础材料。

二、兼抗病虫害高粱种质资源创新利用

徐秀德等（2004）利用已经鉴定筛选出的抗病虫害种质资源，通过有性杂交和人工接种（虫）鉴定，有目的地进行抗性基因转导和优良性状聚合，从而获得了具有多抗性和农艺性状优良的新种质资源。

（一）基础材料

创新利用的基础材料有八棵权、莲塘矮、TAM428/TNS30、ICS12B；具有优良农艺性状的材料有 Tx622B、晋粱 5/晋辅 1、晋粱 5、晋辐 1 等（表 5-43）。

表 5-43　试验材料及优良性状

品种名称	来源	性状
八棵权	中国	高粱丝黑穗病免疫，兼抗高粱靶斑病
莲塘矮	中国	高粱丝黑穗病免疫，农艺性状优良
TAM428/TNS30	中国	高抗高粱蚜虫、靶斑病，农艺性状优良
ICS12B	印度	抗高粱靶斑病，高感蚜虫，高配合力
Tx622B	美国	高感丝黑穗病，农艺性状优良

（续表）

品种名称	来源	性状
晋粱 5/晋辐 1	中国	高感丝黑穗病，农艺性状优良
晋辐 1	中国	高感丝黑穗病，农艺性状优良
晋粱 5	中国	高感丝黑穗病，农艺性状优良
Tx622A	美国	高感丝黑穗病、靶斑病、蚜虫，农艺性状优良
熊 21A	中国	高感丝黑穗病、靶斑病、蚜虫，农艺性状优良
LR115	中国	高感丝黑穗病、蚜虫、感靶斑病，农艺性状优良

（徐秀德等，2004）

（二）恢复系创新

1992 年，以对丝黑穗病免疫的中国高粱品种莲塘矮为母本，以对丝黑穗病免疫、兼抗高粱靶斑病的品种八棵杈为父本进行人工去雄有性杂交，并经抗病鉴定选育出莲塘矮/八棵杈新品系；1994 年，分别以晋粱 5/晋辐 1、晋粱 5、晋辐 1 为母本，以莲塘矮/八棵杈、莲塘矮为父本进行人工有性杂交，组成晋粱 5/晋辐 1×莲塘矮/八棵杈、晋粱 5×莲塘矮、晋辐 1×莲塘矮/八棵杈等杂种。在杂种 F_3 开始进行抗病性鉴定和优良单株选择，连续鉴定和选择 5 代，最终选育出 LR625（晋粱 5/晋辐 1×莲塘敌/八棵杈）、LR622（晋粱 5×莲塘矮）和 2381（晋辐 1×莲塘矮/八棵杈）3 个恢复系。

（三）不育系创新

1992 年，以 Tx622B、ICS12B 为母本，以八棵杈、TAM428/TN30 为父本进行人工去雄有性杂交，组成了 Tx622B×八棵杈、ICS12B×TAM428/TN30 杂种，在杂种 2 代（F_2）选择优良单株，之后继续进行抗病虫性鉴定和优株选择，并与不育系 Tx622A、ICS12A 测交转育，连续回交 5 代，不育系及其保持系基本稳定并趋于一致，最终育成不育系 L405A 和 L407A。

（四）创新选系的鉴定

1. 抗性鉴定

新选育的 3 个恢复系的 2 个不育系抗性鉴定结果表明，LR625、LR622、2381 对高粱丝黑穗病菌 2 号、3 号小种均不感染，表现出近乎免疫性，同时兼抗高粱靶斑病和高粱蚜虫。而这 3 个恢复系的母本晋粱 5/晋辐 1、晋粱 5、晋辐 1 对 2、3 号生理小种为高度感染，说明新创的恢复系抗丝黑穗病的抗性基因来源于高粱品种莲塘矮和莲塘矮/八棵杈，而抗高粱靶斑病和高粱蚜基因可能来自莲塘矮和八棵杈。

新创雄性不育系 L405A 对高粱丝黑穗病菌 2 号、3 号小种表现免疫，其抗性基因来源于亲本八棵杈；不育系 L407A 对高粱蚜虫和高粱靶斑病均表现高抗，其亲本 ICS12B 高感高粱蚜，说明 L407A 抗高粱靶斑病和高粱蚜基因来源于亲本 TAM428/TN30 品种（表 5-44）。可见，通过杂交，可以将抗性种质资源中的抗病、虫基因转移到非抗性材料中，使之获得抗性。

表5-44　3个恢复系和2个不育系的鉴选结果

选系名称		系谱	高粱丝黑穗病	高粱蚜	高粱靶斑病
恢复系	LR625	晋粱5/晋辐1×莲塘矮/八棵权	0级（1M）	3级（R）	3级（R）
	LR622	晋粱5×莲塘矮	0级（1M）	3级（R）	3级（R）
	2381	晋辐1×莲塘矮/八棵权	0级（1M）	3级（R）	5级（MR）
不育系	L405A	Tx622B/八棵权	0级（1M）	7级（S）	5级（MR）
	L407A	ICS12B/TAM428/TNS30	7级（S）	1级（HR）	1级（HR）

（徐秀德等，2004）

2. 农艺性状鉴定

新创的3个恢复系均属中熟或中晚熟、矮秆或中矮秆、抗倒性强、农艺性状优良的恢复系（表5-45）。育成的2个不育系，L405A为中晚熟不育系，L407A为矮秆、早熟不育系。

表5-45　育成的不育系和恢复系的主要农艺性状

育成系名称		生育期（d）	株高（cm）	千粒重（g）	穗长（cm）	穗粒重（g）	穗型	粒色
恢复系	LR625	125	135	32.5	33.5	90.0	紧	红
	LR622	123	140	31.0	35.0	88.4	中紧	红
	2381	123	135	32.0	32.5	89.4	紧	红
不育系	L405A	125	132	27.0	31.0	87.4	紧	白
	L407A	120	110	26.5	32.5	70.0	中紧	白

（徐秀德等，2004）

（五）创新选系组配的杂交种及其鉴定

1. 杂交种的抗性鉴定

用新育的不育系、恢复系及生产上已采用的不育系、恢复系组配了9个杂交种，以沈杂5号（Tx622A×0-30）和辽杂5号（Tx622A×LR115）为对照，进行了抗性鉴定。结果显示，用对丝黑穗病免疫的新恢复系组配的杂交种，均对丝黑穗病免疫，对照杂交种沈杂5号和辽杂5号对丝黑穗病表现高感。用对高粱丝黑穗病免疫的L405A作母本组配的杂交种也均表现免疫。用高抗高粱蚜和高粱靶斑病的新不育系L407A作母本组配的杂交种对高粱蚜和高粱靶斑病也均为高抗（表5-46）。由此可见，经杂交转移到新选系里的抗病虫基因性状在 F_1 杂种中稳定遗传。

表 5-46　杂交组合抗性鉴定结果

杂交组合	高粱丝黑穗病	高粱蚜	高粱靶斑病
Tx622A/LR625	0*	5	7
Tx622A/LR622	0	5	7
熊 21A/LR625	0	7	9
熊 21A/LR622	0	7	7
L407A/LR115	5	1	1
L407A/LR625	0	1	1
L407A/LR622	0	1	1
L405A/LR625	0	5	5
L405A/LR622	0	5	7
沈杂 5 号（Tx622A/0-30）	9	7	9
辽杂 5 号（Tx622A/115）	9	7	9

* 表中数字为杂交组合对病虫抗性级别。

（徐秀德等，2004）

2. 杂交种的农艺性状鉴定

新组配的 9 个杂交种均为中熟或中晚熟杂交种，生育期 120~124 d，株高为 160~179 cm，穗纺锤形或长纺锤形，中紧，较大，单穗粒重 93~118 g，千粒重 28~34 g，抗倒性强（表 5-47）。

表 5-47　杂交组合主要农艺性状鉴定结果

组合名称	生育期（d）	株高（cm）	穗长（cm）	穗型	穗形	穗粒重（g）	千粒重（g）	粒色
Tx622A/LR625	123	168	35	中紧	长纺	117	34	橙黄
Tx622A/LR622	122	179	29	中紧	长纺	115	31	橙红
熊 21A/LR625	123	165	34	中紧	长纺	95	33	橙红
熊 21A/LR622	124	175	33	中紧	长纺	93	33	橙红
L407A/LR115	120	172	32	中紧	长纺	118	29	橙红
L407A/LR625	120	160	30	中紧	长纺	97	28	橙红
L407A/LR622	120	170	28	中紧	纺锤	118	32	橙红
L405A/LR625	123	160	29	中紧	长纺	116	32	橙红
L405A/LR622	124	176	27	中紧	长纺	102	31	橙红
沈杂 5 号（CK）	121	175	31	中紧	纺锤	104	32	红

（徐秀德等，2004）

3. 杂交种产量鉴定

新组配9个杂交种的平均产量均高于对照杂交种（表5-48）。其中，以Tx622A、熊21A及新创不育系L405A、L407A为母本，以新创恢复系LR625为父本组配的4个杂交种，其产量幅度为9 547.5~10 550.0 kg/hm²，比对照增产7.3%~18.6%。以新创恢复系LR622为父本组配的4个杂交种3年平均产量9 195.0~9 906.0 kg/hm²，比对照增产3.34%~11.30%。以新创不育系L407A为母本，LR115为父本组配的杂交种产量为10 188 kg/hm²，比对照增产14.5%。试验证明，新创的不育系和恢复系具有较高的籽粒产量潜力，是选育高产杂交种的优良亲本。

表5-48 杂交组合产量测定结果

杂交组合	产量（2003）（kg/hm²）	产量（2002）（kg/hm²）	产量（2001）（kg/hm²）	平均值（kg/hm²）	差异显著性 a=0.05	增产百分比（%）
Tx622A/LR625	10 570.0	9 000.0	12 075.0	10 550.0	a	18.60
L407A/LR625	10 651.5	9 270.0	10 980.0	10 300.5	ab	15.80
L407A/LR115	9 729.0	10 260.0	10 575.0	10 188.0	ab	14.50
L405A/LR625	10 440.0	9 180.0	10 890.0	10 170.0	ab	14.30
Tx622A/LR622	10 458.0	8 640.0	10 620.0	9 906.0	abc	11.30
熊21A/LR625	10 080.0	8 550.0	10 012.5	9 547.5	bc	7.30
L407A/LR622	8 730.0	9 450.0	10 080.0	9 420.0	bc	5.87
熊21A/LR622	9 225.0	8 419.5	10 026.0	9 223.5	bc	3.66
L405A/LR622	9 180.0	8 685.0	9 720.0	9 195.0	bc	3.34
沈杂5号（CK）	9 360.0	7 659.0	9 675.0	8 898.0	c	

（徐秀德等，2004）

总之，利用杂交基因转导和感合技术，可以把具单一抗病虫材料创新出具有兼抗病、虫和优良的农艺性状的新种质，之后育成对丝黑穗病菌2号、3号小种免疫的恢复系LR625、LR622和2381，农艺性状优良、配合力高、恢复性好，是组配高产、优质、多抗高粱杂交种的优良恢复系。同时，还育成了对丝黑穗病2号、3号小种免疫的不育系L405A，高抗高粱蚜虫、高粱靶斑病的不育系L407A，农艺性状优良、不育性稳定、配合力高，是优良的雄性不育系。

利用新创新的优良抗病虫不育系和恢复系组成了9个杂交种，其中Tx622A/LR625、Tx622A/LR622、L407A/LR625、L405A/LR625、L405A/LR622和21A/IR625 6个杂交种，具有对高粱丝黑穗病免疫、高产等特点；L407A/LR625、L405A/LR622和L407A/LR115 3个杂交种具有中早熟、高产、高抗蚜虫和高粱靶斑病等特点。综上所述，利用抗病、虫资源进行抗性基因转导，创造具有多抗性、农艺性状优良的新资源是有效的、可行的。

主要参考文献

董怀玉，姜钰，徐秀德，2003. 高粱抗病虫优异种质资源鉴定与筛选研究 [J]. 杂粮作物，23（2）：80-82.

董怀玉，徐秀德，刘彦军，等，2000. 高粱种质资源抗高粱蚜鉴定与评价研究 [J]. 杂粮作物，20（2）：43-45.

董怀玉，徐秀德，刘彦军，等，2001. 高粱种质资源抗靶斑病鉴定与评价 [J]. 杂粮作物，21（5）：42-43.

段有厚，孙广志，邹剑秋，等，2008. 亚洲玉米螟在高粱上蛀孔分布及其与产量损失的关系 [J]. 辽宁农业科学（4）：16-18.

段有厚，邹剑秋，朱凯，等，2006. 高粱抗螟育种研究的进展 [J]. 杂粮作物，26（1）：11-12.

高壮飞，刘铁民，侯振双，1984. 应用甲拌磷颗粒剂熏蒸防治高粱蚜虫 [J]. 农药（4）：50-51.

海城县农业局，1978. 海城县高粱黑穗病发生情况及防治意见 [J]. 辽宁农业科学（3）：36-37.

何富刚，徐秀德，1996. 国外高粱种质资源抗高粱蚜、玉米螟、黑穗病鉴定与评价研究 [J]. 国外农学：杂粮作物（1）：47-53.

黑山县农林局，1984. 异丙磷防治高粱蚜效果好 [J]. 辽宁农业科学（2）：44-46.

姜堤，高壮飞，王蕴实，1964. 飞机喷洒"乐果"，防治高粱蚜研究简报 [J]. 辽宁农业科学（3）：12.

姜堤，王蕴实，高壮飞，等，1965. 乐果粉剂防治高粱蚜的试验简报 [J]. 辽宁农业科学（3）：53-54.

姜钰，徐秀德，王丽娟，等，2010. 高粱土种传病害的发生与防治 [J]. 农业科技通讯（3）：141-143.

锦州市农科所，1971. 应用异丙磷防治高粱蚜虫 [J]. 辽宁农业科技（6）：15.

锦州市农科所植保研究室，1980. 高粱丝黑穗病药剂防治试验初报 [J]. 锦州农业科技（5）：6-7.

锦州市农业局，1973. 异丙磷毒土熏蒸法防治高粱蚜 [J]. 辽宁农业科技（4）：49.

辽宁省锦州农业试验站，1957. 高粱丝黑穗病调查研究总结 [J]. 农业科学通讯（5）：255-257.

辽宁省农业科学院金家基点，1971. 高粱黑穗病防治试验及调查情况初报 [J]. 辽宁农业科技（4）：17-22.

辽宁省农业科学院植物保护研究所，1974. 异丙磷熏蒸高粱蚜虫的研究 [J]. 辽宁农业科学（2）：39-44.

辽宁省农业科学院植物保护研究所，1976. 乐果毒砂（土）扬撒防治高粱蚜办法好 [J]. 农药工业（4）：61.

辽宁省农业科学院作物育种研究所高粱研究室，1982. 高粱抗丝黑穗病育种初报

［J］. 辽宁农业科学（4）：33-37.

辽宁省农业科学院作物育种研究所高粱研究室，1982. 高粱品种对于丝黑穗病抵抗性的研究［J］. 高粱研究（1）：46-51.

辽宁省农业科学院昌图县金家基点铁岭地区高粱黑穗病研究协作组，1972. 用五氯硝基苯拌种防治高粱黑穗病［J］. 辽宁农业科学（3）：24.

辽宁省农业科学院高粱研究室，1984. 高粱雄性不育系 Tx622A 引种鉴定报告［P］. 新农业杂志编辑部：4-10.

辽宁省农业科学院高粱研究室，1984. 辽杂 1 号选育报告［J］. 新农业：11-15.

辽宁省农业科学院高粱研究室，1984. 辽杂 2 号选育报告［J］. 新农业：16-21.

辽宁省农业科学院植保所，1976. 从几年来对高粱蚜虫的防治实践谈对综合防治研究的几点体会［J］. 辽宁农业科学（2）：5-7.

卢庆善，1999. 高粱学［M］. 北京：中国农业出版社.

卢庆善，宗仁本，1988. 新引进高粱雄性不育系 421A 及其杂交种研究初报［J］. 辽宁农业科学（1）：17-22.

马宜生，1963. 高粱品种对于黑穗病（丝、散、坚）的抗病性研究初报［J］. 辽宁农业科学（3）：51.

马宜生，1982. 高粱抗丝黑穗病育种初报［J］. 辽宁农业科学（4）：33-37.

马宜生，1982. 高粱品种对于丝黑穗病抵抗性的研究［J］. 高粱研究（1）：46-51.

马宜生，1983. 高粱品种资源抗丝黑穗病鉴定［J］. 辽宁农业科学（5）：28-29.

马宜生，1984. 高粱丝黑穗病防治研究（二）：高粱优良不育系［J］. 恢复系的抗丝黑穗病遗传辽宁农业科学（5）：50.

马宜生，1984. 高粱丝黑穗病接种菌量与发病关系试验简报［J］. 植物保护学报，11（3）：182-187.

马宜生，1984. 利用抗病品种防治高粱丝黑穗病［*Sphacelotheca reiliana*（Kühn）Clinton］的研究［J］. 植物保护学报，11（3）：182-187.

石太渊，高连军，王颖，等，2001. PYH157 广谱抗病基因导入高粱及转基因植株的筛选与研究［J］. 杂粮作物，21（1）：12-14.

王富德，何富刚，1993. 中国高粱种质资源抗病虫鉴定研究［J］. 辽宁农业科学（2）：1-4.

王富德，李淑芬，1989. 同核异质高粱品系对高粱丝黑穗病的反应［J］. 辽宁农业科学（2）：52-53.

王丽娟，徐秀德，姜钰，等，2009. 高粱主要虫害防治技术［J］. 农业科技通讯（12）：159-160.

王志广，1982. 中国高粱资源抗丝黑穗病鉴定简报［J］. 辽宁农业科学（1）：26-30.

肖军，石太渊，郑秀春，等，2004. 根癌农杆菌介导的高粱遗传转化体系的建立［J］. 杂粮作物，24（4）：200-203.

徐秀德，2002. 玉米高粱病虫害防治［M］. 北京：科学普及出版社.

徐秀德，董怀玉，姜钰，等，2003. 高粱丝黑穗病菌种内分化的 RAPD 分析 [J]. 菌物系统，22（1）：56-61.

徐秀德，董怀玉，姜钰，等，2004. 高粱抗病虫资源创新与利用研究 [J]. 植物遗传资源学报，5（4）：12.

徐秀德，董怀玉，卢桂英，等，1997. 高粱种质资源抗丝黑穗病菌新小种鉴定 [J]. 辽宁农业科学（2）：26-29.

徐秀德，董怀玉，卢桂英，2000. 高粱抗丝黑穗病抗性评价技术及抗原鉴选研究 [J]. 辽宁农业科学（2）：14-16.

徐秀德，董怀玉，杨晓光，等，1996. 辽宁省高粱红条病毒病发生与鉴定简报 [J]. 辽宁农业科学（5）：47-48.

徐秀德，董怀玉，杨晓光，等，2000. 高粱抗丝黑穗病菌 3 号小种遗传效应研究 [J]. 杂粮作物，20（1）：9-12.

徐秀德，刘志恒，1995. 高粱靶斑病在我国的发现与研究初报 [J]. 辽宁农业科学（2）：45-47.

徐秀德，刘志恒，2012. 高粱病虫害原色图鉴 [M]. 北京：中国农业科学技术出版社.

徐秀德，刘志恒，董怀玉，等，2000. 高粱新病害：靶斑病的初步研究 [J]. 沈阳农业大学学报，31（3）：249-253.

徐秀德，卢庆善，潘景芳，1994. 中国高粱丝黑穗病菌小种对美国小种鉴别寄主致病力测定 [J]. 辽宁农业科学（1）：8-10.

徐秀德，卢庆善，赵廷昌，等，1994. 高粱丝黑穗病菌生理分化研究 [J]. 植物病理学报，24（1）：58-61.

徐秀德，潘景芳，1992. 我国北方高粱丝黑穗病发生因素分析 [J]. 病虫测报，12（3）：12-13.

徐秀德，潘景芳，曹嘉颖，1992. 新引高粱资源抗丝黑穗病和叶斑病鉴定 [J]. 辽宁农业科学（3）：36-39.

徐秀德，潘景芳，卢桂英，1995. 高粱丝黑穗病菌不同生理小种对高粱同核异质品系的致病性 [J]. 辽宁农业科学（3）：43-45.

徐秀德，赵淑坤，刘志恒，1995. 高粱新病害顶腐病的初步研究 [J]. 植物病理学报，25（4）：315-320.

徐秀德，赵廷昌，1991. 高粱丝黑穗病生理小种鉴定初报 [J]. 辽宁农业科学（1）：46-48.

徐秀德，赵廷昌，刘志恒，1995. 我国高粱上一种新病害：黑束病的初步研究 [J]. 植物保护学报，22（2）：123-128.

杨晓光，杨镇，石玉学，1992. 高粱对丝黑穗病菌 3 号小种抗性遗传初探 [J]. 辽宁农业科学（4）：19-22.

杨晓光，杨镇，石玉学，1992. 高粱抗丝黑穗病遗传效应初步研究 [J]. 辽宁农业科学（3）：15-19.

赵淑坤，1997. 抗高粱丝黑穗病 3 号小种的品系鉴选与利用研究［J］. 杂粮作物
（2）：38-43.

FREDERIKSEN O，CHRISTOPHER R A，1978. Taxonomy and biostratigraphy of Late
Cretaceous and Paleogene triatrite pollen from South Carolina［J］. Palynology，2
（1）：113-145.

FREDERIKSEN O，LEYSSAC P P，SKINNER S L，1975. Sensitive osmometer function
of juxtaglomerular cells in vitro［J］. The Journal of Physiology，252（3）：669-679.

NATURAL M P，1982. Acremonium Wilt of Sorghum［M］. Plant Disease：863-865.

第六章 辽宁高粱生物技术研究

植物生物技术是近些年来发展较快的一项高新技术，是根据细胞生物学、分子遗传学等现代科学理论而形成的一门包括组织培养、细胞融合、DNA 转导、分子标记等一系列技术的应用学科，是在植物细胞、亚细胞，尤其是在分子水平上对植物原有遗传性状进行修饰和改良的一项接近定向培养的分子育种技术。

高粱同样在生物技术领域进行了大量探索研究。例如，组织培养、基因工程、分子标记技术对高粱遗传改良的作用表现出很大的潜力。当这些新技术在育种框架内应用时，能够提供新的变异性，提高遗传力，加快优良性状的产生，以及新品系的形成。近年，由高粱组织培养产生的新品系已经注册，它具有抗虫性和耐酸性土壤的性状。分子标记技术已经用于高粱以进行抗高粱蚜虫、抗高粱丝黑穗病基因的分子标记，以有助于鉴定抗虫、抗病基因的转导和选择。

一方面，从高粱品种遗传改良的发展看，常规育种方法已有很长历史，并且取得了很多成果，这方面技术在可预见的将来还要继续做下去；另一方面，生物技术随着理论的发展和遗传操作的日臻完善，一定会促进常规育种技术的变革。从目前的情况看，可以有一个基本的设想，即生物技术不能代替常规育种技术。高粱育种者面临的主要问题是，缺乏足够的、优良的遗传变异性，较低的遗传力，以及需要更多时间来产生改良的亲本材料和新品系。笔者的目标在于建立这样的观点，即生物技术会有较大的潜在作用，改进和解决有关的难题。

第一节 高粱细胞组织培养

植物组织培养最早见于 1902 年德国植物学家 Haberlamdt 发表的一篇有关研究论文。之后，经过 1 个多世纪的探索、研究，至今通过组织培养已获得 600 多种植物的再生植株。高粱与其他植物相比，通过组织培养获得再生植株相对困难一些。最早开展高粱组织培养研究的是 1968 年的 Strogonol，利用根和分蘖节在加入 2,4-D 1 mg/L、KT 1 mg/L 的 MS 培养基上培养，诱导出愈伤组织，从此揭开了高粱组织培养的历史。2 年后，Mastellet 等（1970）用芽原基培养，诱导出愈伤组织，并获得再生组织。许多植物通过组织培养产生的再生植株，都观察到各种性状变异，这种现象称作体细胞克隆变异。虽然许多变异性状不符合育种目标，但遗传的完整性还是必然的，而且一些变异具有遗传改良的潜力。

一、高粱细胞组织培养基础研究

(一) 高粱体细胞离体再生体系

张明洲、杨立国 (2004) 采用来自国内外 16 个高粱恢复系和保持系及 2 个杂交种的 4 种外植体为材料，用正交试验设计，对诱导愈伤组织和再生苗的各种培养基和培养条件讲行研究和筛选，讲一步完善了高粱的离体培养技术，建立起一种适于农杆菌介导转化的高频再生体系。

试验材料包括 KS034、鲁 1B、忻粱 7 号、6006、314B、12B、Tx622B、21B、7050B、8001、115、0-30、ICS21、5-27、9198、R011 和杂交种抗四、熊杂 2 号。外植体采用高粱茎尖、种子胚、未成熟胚和幼穗。

1. 高粱茎尖直接再生体系的建立

通过激素配比、培养基成分、基因型等影响因素的研究，建立起高粱茎尖直接再生植株的培养体系。激素配比是影响茎尖再生的重要因素，KT 和 BAP 的浓度对茎尖诱导再生芽影响大 (表 6-1、图 6-1)。其最佳浓度可促进茎尖再生率的提高，而当浓度不适合时会产生抑制作用。将 KT、BAP 和 IAA 配合使用可得到良好效果，以 KT 0.25 mg/L、BAP 0.5 mg/L 和 IAA 0.25 mg/L 的配比效果较好。

表 6-1　不同激素组合对高粱茎尖再生的影响

培养基	外植体数	变褐 (死亡) 数	未形成茎叶数	再生数	褐化 (死亡) 率 (%)	再生率 (%)
SAO-1	176	115	31	30	65.3	17.1
SAO-2	228	130	42	56	57.0	24.5
SAO-3	201	118	38	45	58.7	22.4
SAO-4	153	78	27	48	51.0	31.8
SAO-5	146	87	28	31	59.6	21.2
SAO-6	158	81	43	24	51.3	21.5
SAO-7	147	86	32	29	58.5	19.7
SAO-8	156	79	46	31	50.6	19.9
SAO-9	152	81	30	41	53.3	27.0

(张明洲等，2004)

培养基附加成分添加抗氧化剂，如抗坏血酸 10 mg/L、PVP (聚乙烯吡咯烷酮) 100 mg/L，可以减轻培养中茎尖的褐化，有利于提升茎尖的再生率。此外，采用 B5 有机物和添加 L-Asn (天门冬氨酸) 200 mg/L 也能促进茎尖的再生。在 14 个高粱恢复系和保持系中，由茎尖培养直接获得再生植株能力的表现明显不同，再生率高低相差近 3 倍。本研究以茎尖为转化受体不需要经过再分化过程，可缩短获得转基因植株的周期，减少无性系变异。因此，通过茎尖培养可以较好地建立高粱的再生体系。

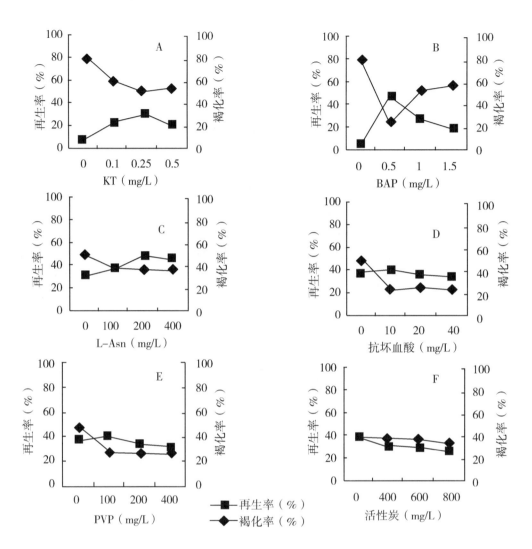

图 6-1 KT、BAP、L-Asn、抗坏血酸、PVP 和活性炭对茎尖再生率与褐化率的影响

2. 影响高粱愈伤组织诱导和继代培养的主要因素

在高粱组织培养中，培养基成分、植物激素、不同基因型和外植体等对愈伤组织的诱愈率和继代存活率都有较大影响。2,4-D 是高粱愈伤组织诱导和断代培养的主要因素之一，缺 2,4-D 诱导不出愈伤组织，或断代培养的存活率很低。除 2,4-D 外，培养基中添加适量的激动素，如 KT、玉米素等，常能提高高粱愈伤组织的诱愈率，同时有改善其器官发生状况的作用，对胚性愈伤组织的继代培养也有重要作用。

培养基附加成分，如氨基酸、抗氧化剂、氮磷盐和有机物等对高粱愈伤组织的诱导和维持具有重要作用。在 MS 培养基中添加高浓度的天门冬氨酸（L-Asn）和脯氨酸（L-Pro），能促进从高粱幼胚、成熟胚和幼穗中诱导产生胚性愈伤组织，诱愈率可达90%；而继代培养在添加这 2 种氨基酸的培养基上能获得长期的胚性细胞系。

在高粱组织培养中，常有酚类色素大量产生而使外植体或愈伤组织褐化死亡，在培养基中添加适量的抗坏血酸和 PVP 等，可减轻或防止褐化发生，有利于愈伤组织的诱导和生长。另外，适当提高培养基中 $(NH_4)_2NO_3$ 与 KH_2PO_4 的浓度和添加一定量的水解酪蛋白等有机物也能促进高粱愈伤组织的诱愈率和继代存活率。

该项研究以影响高粱愈伤组织诱导和继代培养的主要因素，如植物激素和附加成分，组成了不同培养基配比进行试验，筛选出最适培养条件。其中，种子（胚）愈伤组织最佳诱导培养基和继代培养基分别是，MS（C）无机盐＋MS 有机物＋2,4-D 3 mg/L＋KT 0.05 mg/L＋L-Pro 50 mg/L＋水解酪蛋白 500 mg/L＋PVP 8 mg/L＋蔗糖 30 g/L＋琼脂 8 g/L，pH 值 5.8；MS（C）无机盐＋MS 有机物＋2,4-D 3 mg/L＋KT 0.5 mg/L＋L-Asn 200 mg/L＋L-Pro 50 mg/L＋PVP 100 mg/L＋抗坏血酸 10 mg/L＋水解酪蛋白 500 mg/L＋蔗糖 30 g/L＋琼脂 8 g/L，pH 值 5.8（表 6-2、表 6-3）。

表 6-2　不同营养基组合对种子（胚）愈伤组织诱愈率的影响

培养基	接种数	愈伤数	诱愈率（%）	培养基	接种数	愈伤数	诱愈率（%）
ME1	58	0	0	ME10	73	0	0
ME2	233	210	90.1	ME11	216	152	70.4
ME3	119	67	53.3	ME12	196	181	92.3
ME4	67	0	0	ME13	56	0	0
ME5	224	206	92.0	ME14	197	147	74.6
ME6	202	116	57.4	ME15	180	147	81.7
ME7	71	0	0	ME16	59	0	0
ME8	165	156	94.5	ME17	227	220	96.9
ME9	252	188	74.6	ME18	160	127	79.4

（张明洲等，2004）

表 6-3　不同培养基组合对种子（胚）愈伤组织继代培养的影响

培养基	愈伤数	存活数	褐化（死亡）数	存活率（%）	褐化（死亡）率（%）
ME-S1	108	23	85	21.3	78.7
ME-S2	101	47	54	46.5	53.5
ME-S3	111	53	58	47.7	52.3
ME-S4	105	36	70	34.2	65.8
ME-S5	105	40	65	38.1	61.9
ME-S6	103	49	54	47.6	52.4
ME-S7	116	56	60	48.3	51.7
ME-S8	108	52	56	48.1	51.9
ME-S9	101	65	36	64.4	35.6

（续表）

培养基	愈伤数	存活数	褐化（死亡）数	存活率（%）	褐化（死亡）率（%）
ME-S10	106	67	39	63.2	36.8
ME-S11	115	67	48	58.3	41.7
ME-S12	107	72	35	67.3	32.7
ME-S13	120	86	34	71.6	28.4
ME-S14	98	52	46	53.1	46.9
ME-S15	112	57	55	50.9	49.1
ME-S16	106	83	23	78.3	21.7

（张明洲等，2004）

未成熟胚最佳诱导愈伤组织和继代培养的培养基及其配组分别是，MS 无机盐+MS 有机物+2,4-D 2 mg/L+KT 0.05 mg/L+玉米素 0.05 mg/L+L-Pro 700 mg/L+L-Asn 150 mg/L+水解酪蛋白 1 g/L+PVP 8 mg/L+抗坏血酸 10 mg/L+（NH_4）$_2NO_3$ 3.5 g/L+KH_2PO_4 0.5 g/L+蔗糖 20 g/L+琼脂 8 g/L，pH 值5.8；诱导培养基+KT 0.5 mg/L+玉米素 0.5 mg/L，不添加 L-Pro（表6-4）。幼穗愈伤组织诱导最佳培养基为 Y14 和 Y15 培养基；最佳继代培养基为 Y14 添加 KT 0.175 mg/L（表6-5）。

表6-4 不同培养基组合对高粱未成熟胚愈伤组织诱导的影响

培养基	接种数	愈伤数（只）	长芽率	褐化（死亡）数	诱愈率（%）	褐化（死亡）率（%）
IE1	58	0	17	41	0	70.7
IE2	61	0	23	38	0	62.3
IE3	57	0	19	38	0	66.7
IE4	118	101	3	14	85.6	11.9
IE5	107	96	2	9	89.7	8.4
IE6	112	89	4	19	79.5	17.0
IE7	117	76	9	32	65.0	27.4
IE8	106	58	13	35	54.7	33.0
IE9	113	56	11	46	49.6	40.7
IE10	73	0	21	52	0	71.2
IE11	59	0	18	41	0	69.5
IE12	71	0	34	37	0	52.1
IE13	119	103	2	14	86.6	11.8
IE14	126	115	2	9	91.3	7.1

（续表）

培养基	接种数	愈伤数（只）	长芽率	褐化（死亡）数	诱愈率（%）	褐化（死亡）率（%）
IE15	127	102	6	19	80.3	15.0
IE16	109	63	11	35	57.8	32.1
IE17	105	72	8	25	68.6	23.8
IE18	111	58	16	37	52.3	33.3

（张明洲等，2004）

表 6-5 培养基对幼穗愈伤组织诱导和继代培养的影响

基因型	诱导培养基	继代培养基[a]	幼穗接种数	愈伤数	愈伤存活数	诱愈率（%）	褐化（死亡）率[b]（%）	存活率（%）	褐化（死亡）[c]率（%）
	YI1	0.175	122	36	7	54.1	45.9	19.4	80.6
		0.5		30	11			36.7	63.6
314B	YI4	0.175	114	56	47	93	7	83.9	26.1
		0.5		50	36			72.0	28.0
	YI5	0.175	108	52	41	9404	5.6	78.8	21.1
		0.5		50	32			64.0	36.0
	YI1	0.175	174	54	18	48.3	51.7	33.3	66.7
		0.5		30	7			23.3	76.7
115	YI4	0.175	189	114	106	89.4	10.6	92.9	7.1
		0.5		50	43			86.0	14.0
	YI5	0.175	92	54	51	91.3	8.7	94.4	5.6
		0.5		30	28			93.3	6.7
	YI1	0.175	105	35	16	33.3	66.7	45.7	54.3
		0.5							
622B	YI4	0.175	138	50	42	72.5	27.5	84.0	16.0
		0.5		50	37			74.0	26.0
	YI5	0.175	120	60	52	91.7	8.3	86.7	13.3
		0.5		50	41			82.0	18.0
	YI1	0.175	123	53	17	43.1	56.9	32.1	67.9
抗四		0.5							
	YI2	0.175	177	83	49	75.1	24.9	59.0	41.0

（续表）

基因型	诱导培养基	继代培养基[a]	幼穗接种数	愈伤数	愈伤存活数	诱愈率（%）	褐化（死亡）率[b]（%）	存活率（%）	褐化（死亡）率[c]（%）
		0.5		50	28			56.0	44.0
	YI3	0.175	119	56	43	80.7	19.3	76.8	23.2
		0.5		40	29			72.5	27.5
	YI4	0.175	107	53	47	86.9	13.1	88.7	11.3
抗四		0.5		40	37			92.5	7.5
	YI5	0.175	112	54	45	92.9	7.1	83.3	16.7
		0.5		50	41			82.0	18.0
	YI6	0.175	132	42	13	62.1	37.9	31.0	69.0
		0.5		40	17			42.5	57.5

注：[a]继代培养基是在相应的诱导培养基中添加 KT 0.175 mg/L 或 0.5 mg/L；

[b]褐化死亡的幼穗数占幼穗接种总数的百分率；

[c]转接后，褐化死亡的愈伤组织数占愈伤组织转接总数的百分率。

（张明洲等，2004）

高粱基因型对离体培养的影响，多数学者认为不同基因型对愈伤组织的诱导和继代培养反应的差异很显著，这可能与基因型的生理状况有关，同一基因型不同外植体愈伤组织诱导和继代培养也有差异。一些学者以种子、成熟胚、茎尖、花药、幼穗、幼苗、未成熟胚等为外植体进行愈伤组织培养比较试验发现，幼穗的愈伤组织诱愈率最高，达90%以上；未成熟胚、种子、成熟胚、茎尖也都能获得较高的愈伤组织诱愈率；而花药和幼苗等很难诱导产生愈伤组织。

不同外植体愈伤组织诱愈率除受一些共同因素，如培养基种类、基因型、光温因素等影响外，还受各自的大小和发育状况的影响。种子发芽率或胚萌动率是影响种子和成熟胚的主要因素。种子发芽率高，种子愈伤组织诱愈率也高；未成熟胚愈伤组织诱愈率主要受胚龄的影响，通常胚龄小于1周的很难诱导成功，胚龄过大也不易诱导出胚性愈伤组织，9~14 d 的未成熟胚是最适宜诱导的胚龄。影响幼穗出愈率最主要因素之一是幼穗的长度，一般认定 0.5 cm 以下的幼穗很难诱导出愈伤组织，大于 9 cm 的幼穗也难于诱导成功，最适宜的长度应该是 1~3 cm 的幼穗。

3. 胚性愈伤组织及再生力

胚性愈伤组织和非胚性的是用以定性表达其再生植株的分化潜力的。胚性愈伤组织是指那些在适宜的培养条件下能分化出再生植株的愈伤组织，其表现特征是黄色带绿点、质硬、结构紧密、生长较慢、有节状或瘤状突起。非胚性愈伤组织则是不具备分化出再生植株潜力的培养物，一般表现是白色或黄褐色、结构疏松、无节瘤状突起物、生长速度快、呈海绵状。

该研究的种子（胚）、未成熟胚和幼穗等不同外植体诱导的愈伤组织胚性差异较大，其再生植株分化率差异也非常显著（表 6-6）。其中，高粱幼穗的愈伤组织多为胚性良好的愈伤组织，所有的供试品种均易获得再生苗，分化率高，平均为 77.2%，最高者达 92.6%；未成熟胚胚性愈伤组织的诱导不如幼穗的好，分化率也比幼穗的低，平均为 21.7%。种子（胚）愈伤组织胚性最差，分化率平均仅有 0.9%。此外，不同基因型间愈伤组织胚性状况和再生能力差异也较大（表 6-6）。

表 6-6　不同外植体来源和基因型对愈伤组织分化率的影响

基因型	外植体	愈伤数	分化数[a]	褐化（死亡）数	分化率[b]（%）	褐化（死亡）率（%）
KS034	种子（胚）	121	0	121	0	100
	未成熟胚	75	27	48	36.0	54.0
	幼穗	30	17	13	56.7	43.3
抗四	种子（胚）	112	7	106	6.2	93.8
	未成熟胚	46	12	34	26.1	73.9
	幼穗	50	37	13	74.0	26.0
622B	种子（胚）	106	0	106	0	100
	未成熟胚	53	8	45	15.1	84.9
	幼穗	50	38	12	76.0	24.0
7050B	种子（胚）	117	0	117	0	100
	未成熟胚	43	7	36	16.3	83.7
	幼穗	30	26	4	86.7	13.3
0-30	种子（胚）	112	0	112	0	100
	未成熟胚	48	8	40	16.7	83.3
	幼穗	50	42	8	84.0	16.0
115	种子（胚）	118	0	118	0	100
	未成熟胚	57	11	46	19.3	80.7
	幼穗	78	72	6	92.3	7.7
21B	种子（胚）	109	0	109	0	100
	未成熟胚	37	5	32	13.5	86.5
	幼穗	84	51	33	60.7	39.3
5-27	幼穗	90	65	25	72.2	27.8
ICS21	幼穗	48	43	5	89.6	10.4
9198	幼穗	48	29	19	60.4	39.6
RO11	幼穗	668	63	5	92.6	7.4

（续表）

基因型	外植体	愈伤数	分化数[a]	褐化（死亡）数	分化率[b]（%）	褐化（死亡）率（%）
总和平均标准差	种子（胚）	796	7	789	0.9±2.3	99.1±2.3
	未成熟胚	359	78	281	21.7±8.0	78.3±8.0
	幼穗	626	483	143	77.2±13.3	22.8±13.3

注：[a]能分化出苗的愈伤组织块数；

[b]分化出苗的愈伤组织的占转接到分化培养基上的愈伤组织总数的百分率。

（张明洲等，2004）

本研究供试的18种高粱基因型的种子（胚）、未成熟胚和幼穗在条件适宜时，都能获得较高的愈伤组织诱愈率，但不同基因型、不同外植体来源的愈伤组织的胚性状况和再生力差异较大，其中以幼穗最好，未成熟胚次之，种子（胚）最差。所以，从建立高粱体细胞无性再生体系的方面评估其实用性，幼穗和未成熟胚是比较理想的2种外植体。

（二）高粱不同外植体愈伤组织诱导

韩福光等（1993）采用国内外高粱品种、保持系、恢复系、杂交种、杂交组合等不同基因型，对花药、幼叶、幼穗、幼胚、成熟胚等不同外植体在MS培养基上进行愈伤组织诱导培养。研究表明不同高粱基因型间愈伤组织诱愈率有差异，耐性（耐旱）基因型形成愈伤组织能力较强；不同外植体间愈伤组织诱愈率差异较大，幼穗诱愈率最高，88.0%，花药最低，1.0%左右。

1. 花药培养

1991年取4份试材的花药，其中2份分别接种在MS和C17培养基上，另2份只接种在MS培养基上。只有89-6396（中国高粱）在MS培养基上得到愈伤组织，诱愈率为0.63%，最终获得3株绿苗，但未成株。其他3份试材都未产生愈伤组织。可见，花药愈伤组织的诱导不仅基因型间存在差异，在不同培养基上也存在差异。1992年的结果，89-6396在MS培养基上的诱愈率为0.67%，与1991年的结果相似。8539的诱愈率为1.33%（表6-7）。其他2份试材未产生愈伤组织。

表6-7　花药愈伤组织诱愈率

试材	1991年诱愈率（%）		1992年诱愈率（%）
	MS培养基	C17培养基	MS培养基
89-6396	0.63	0	0.67
8539	0	0	1.33
R473-5	0	—	
辽杂1号	0	—	
合不育5B	—	—	0
齐不育14B	—	—	0

（韩福光等，1993）

2. 幼叶培养

在添加 1%钠盐（NaCl）和不添加的培养基上，不同外植体愈伤组织诱愈率差异明显。未添加钠盐的诱愈率都比较高，其中矮四幼叶诱愈率无盐的为 100%，有盐的为20%，相差 80%；在含盐培养基上，品种间诱愈率差异也较大，214B 和 232B 及其杂交组合的诱愈率都比较高（表 6-8）。

表 6-8　不同外植体在 MS 培养基上的诱愈率

试材	幼穗有盐	幼叶		幼胚		成熟胚无盐
	MS	有盐 MS	无盐 MS	有盐 MS	无盐 MS	MS
辽杂 4 号	75.0	20.0	66.7	25.0	63.9	63.9
421B	80.0	25.0	0	86.2	—	52.5
辽杂 1 号	50.0	20.0	—	50.0	85.0	62.3
622B	100.0	10.0	—	29.2	—	70.0
214A×矮四×5-27	100.0	100.0	—	87.5	57.5	78.3
232A×8505	100.0	50.0	—	60.7	50.0	71.7
232B	—	80.0	—	55.5	80.8	50.0
143A×矮四×5-26	80.0	—	—	63.0	—	58.3
矮四	100.0	20.0	100.0	—	—	30.0
143B	—	—	—	25.0	62.5	95.2
401-1	80.0	10.0	87.5	87.0	—	—
5-27	80.0	—	—	—	88.1	—
214B	—	60.0	—	76.8	—	—
R473-5	100.0	—	—	—	46.4	60.8
IS22380	100.0	—	—	—	77.8	—
IS1347	100.0	—	—	—	77.8	—
SC$_2$（Durra）	100.0	—	—	44.4	75.0	—
SN69（Kafir）	75.0	—	—	78.6	78.8	—
平均值 $\overline{X}$	88.0	39.50	84.73	55.68	70.20	63.00
变异系数 CV	0.771 5	0.797 1	0.432 6	0.196 0	0.265 2	

（韩福光等，1993）

3. 幼穗、幼胚、成熟胚培养

本研究在取材的高粱外植体中，幼穗愈伤组织诱愈率平均值最高，为 88%，其中有8份试材的幼穗诱愈率为100%（表6-8），当然基因型间也有差异，但其变异系数最小。加入1%钠盐（NaCl）浓度的培养基对幼穗产生愈伤组织影响不大。幼胚诱愈率平均值在无盐培养基上比有盐的高出14.52%，而变异系数比有盐的高0.069 2；在有盐培养基上，幼叶诱愈率变异系数较大，为0.432 6，说明基因型间幼叶培养对1%钠盐浓度的反应差别较大。与其他外植体比较，成熟胚诱愈率一般，为63.0%。

4. 影响诱愈率的主要因素

外植体取材时期和大小是诱导愈伤组织的关键因素之一。幼穗的适宜时期为发育到1~3 cm长时，少于0.5 cm或多于5 cm的其愈伤组织产生得少而且长得不好。幼胚取材的适宜时期为授粉后12~15 d，胚太小不宜接种，太大时芽萌发太快。

2,4-D浓度亦是愈伤组织诱导的关键因素之一。在幼胚诱导培养时，当2,4-D浓度低于1 mg/L时，大多数幼胚只长芽不产生愈伤组织；当2,4-D浓度高于4 mg/L时，愈伤组织诱愈率也明显降低。在愈伤组织继代培养时，2,4-D浓度要低些为好。421B成熟胚继代4次的愈伤组织表6-9中3种2,4-D浓度下继代培养，20 d后调查发现，在0.5 mg/L和1.0 mg/L的培养基上愈伤组织的成活率显著高于2 mg/L的培养基。

表6-9　421B成熟胚愈伤组织在不同2,4-D浓度下继代培养的成活率

培养基	2,4-D浓度（mg/L）	成活率（%）
MS$_1$	0.5	88.7
MS$_2$	1.0	63.6
MS$_3$	2.0	11.3

（韩福光等，1993）

诱愈率的高低与成苗率无相关性。与其他外植体相比，成熟胚诱愈率不是很高，但有一定的成苗率。如在表6-10中2,4-D浓度为2 mg/L时，辽杂1号的诱愈率居中，为62.3%，但成苗率最高，71.4%。表中的保持系分别是相应杂交种的亲本，不同保持系间有差异，143B的诱愈率和成苗率均最高。

表6-10　高粱成熟胚在不同浓度的MS培养基的诱愈率、成苗率、生根率及土培成活数

试材	诱愈率（%）				成苗率（%）				生根率（%）	土培成活数（个）
	2,4-D 2 mg/L	2,4-D 3 mg/L	2,4-D 4 mg/L	2,4-D 5 mg/L	MS$_1$	MS$_2$	MS$_3$	MS$_4$		
421B	52.5	40.0	65.0	65.0	30.8	25.0	0	0	0	—
辽杂4号	63.9	71.8	73.7	60.0	16.7	0	0	0	0	—
622B	70.0	52.5	73.0	58.3	14.3	20.0	0	0	0	—
辽杂1号	62.3	68.3	55.0	62.9	71.4	27.8	0	0	87.0	5
143B	95.2	85.2	98.0	90.7	50.0	33.3	0	0	30.6	0

（续表）

试材	诱愈率（%）				成苗率（%）				生根率（%）	土培成活数（个）
	2,4-D 2 mg/L	2,4-D 3 mg/L	2,4-D 4 mg/L	2,4-D 5 mg/L	MS$_1$	MS$_2$	MS$_3$	MS$_4$		
143A×矮四×5-26	58.3	70.0	71.9	69.4	0	0	0	0	—	—
232B	50.0	污染	污染	污染	0	—	—	—	—	—
232A×8505	71.7	96.7	77.0	80.0	25.0	0	0	0	0	—
平均值 $\bar{X}$	65.49	69.21	72.23	69.47	34.70	26.53	—	—	—	—
变异系数 CV	0.217	0.273	0.149	0.170	0.635	0.209	—	—	—	—

MS$_1$、MS$_2$、MS$_3$和MS$_4$分化由2,4-D浓度分别为2 mg/L、3 mg/L、4 mg/L和5 mg/L的MS诱导的愈伤组织。

（韩福光等，1993）

从2,4-D浓度上看，浓度从低升高，杂交种诱愈率有上升趋势，而亲本有下降趋势，143B尤为显著。尽管在后2种培养基上有的亲本和杂交种的诱愈率较高，但其愈伤组织的质量和数量却远不及前2种培养基。

从苗分化上看，多数试材在前2种培养基上都有苗分化出来，再生苗的大小对生根来说很重要，本研究发现2~4 cm的再生苗生根较易。影响再生苗土培成活的因素较多，如土质、水分、光照、温度等，而数量多、活力强的再生根系是首要的。

总之，高粱不同基因型、不同外植体愈伤组织的诱愈率均存在差异，耐旱品种诱愈率高。幼穗诱愈率最高，愈伤组织质地分散，适宜作分离原生质体的试材；花药诱愈率最低，继代和幼苗分化都较难。培养基中盐含量对愈伤组织诱导影响较大，幼叶诱愈率对盐反应最敏感，品种间差异较大。有些愈伤组织不是胚性愈伤组织，没有再生分化能力，得不到再生苗或植株。

（三）高粱野生种和栽培种组织培养的反应性

韩福光（1994）用3个高粱野生种、12个栽培种及其4种外植体，在以MS为主的培养基上进行离体培养，比较分析基因型间及外植体间组织培养反应性（TCR）差异。

1. 成熟胚培养

出愈日数、诱愈率和愈伤组织生长速率基因型间表现不同，栽培种先于野生种出现愈伤组织，诱愈率栽培种高于野生种，平均分别为80.85%和78.33%，但栽培种间变幅较大，50%~100%；野生种间变幅较小，70%~90%（表6-11）。IS18945、IS32265、IS4807、IS33911和MAMH的愈伤组织诱愈率达90%以上，栽培种愈伤组织比野生种长得快，栽培种IS4807、IS33911、MAMH、IS32266和CSH-12R的愈伤组织在10 d后直径达6 mm及以上，而3个野生种IS18945、IS18954和IS14262 10 d后只有3.0~4.5 mm。胚大小与愈伤组织生长速率呈显著或极显著正相关，$r=0.591$或$r=0.660$，野生种胚较小也许是其愈伤组织生长较慢的因素之一。出愈日数与诱愈率为负相关，但不显著。一般反应快的基因型出愈率也较高，诱愈率与种子大小无关。从成熟胚培养的几项指标看，栽培种的组织培养反应性比野生种敏感，栽培种基因型间差异较大，但IS18945 野生种比个别栽培种，如 IS33910 反应敏感。

表 6-11　成熟胚、芽尖培养的 TCR 各项指标

类型	基因型	百粒重（mg）	百粒胚重（mg）	接种		出愈日数		出愈率		胚出愈10 d后愈直径（mm）	芽尖愈生长率（mm/d）
				胚数	芽尖	成熟胚	芽尖	成熟胚	芽尖		
野生种	IS18945	1 025	230	10	10	6	12	90	33.3	4.0	0.157
	IS18954	289	70	20		7		70		4.5	
	IS14262	413	140	10	5	7	10	75	60.0	3.0	0.079
	平均	575.7	146.7	13.3	7.5	6.67	11	78.33	46.65	3.83	0.118
栽培种	IS2416	3 575	420	10	10	6	10	80	80.0	5.0	0.264
	IS4807	2 375	500	9	3	5	7	100	70.0	6.0	0.334
	IS5487	1 850	320	20	20	5	9	77.8	40.0	4.0	0.229
	IS33910	1 750	300	10	10	7	7	80	60.0	3.0	0.286
	IS33911	2 275	480	20	8	5	6	90	50.0	8.0	0.319
	IS32265	2 275	370	10	9	5	8	100	37.5	5.0	0.131
	IS32266	3 600	418	10	10	4	10	75	40.0	7.0	0.071
	MAMH	2 400	420	20	24	5	9	100	80.0	7.0	0.300
	232B	3 525	500	10	9	6	10	87.5	88.9	5.0	0.200
	Tx622B	2 125	350	10	18	7	7	80	77.8	5.0	0.221
	M35-1	2 225	540	20		5		50		5.0	—
	CSH-12R	3 325	490	10	15	6	10	50	50.0	8.0	0.214
	平均	2 608.3	425.7	13.3	12.4	5.5	8.5	80.85	60.38	5.6	0.234

（韩福光，1994）

2. 芽尖培养

芽尖培养出愈日数变幅在 6 d（IS33911）和 12 d（IS18945）之间（表 6-11）。栽培种比野生种反应快，前者芽尖培养出愈日数平均需 8 d 左右，后者则需 11 d。芽尖培养总出愈率变幅为 33.3% ~ 88.9%，栽培种平均出愈率 60.38%，高于野生种（46.65%）。出愈日数与出愈率的相关为负相关，但不显著。

各基因型的平均每天增长量与出愈日数呈显著负相关，$r=-0.581$，$P<0.05$，与百粒重或百粒胚重无相关，说明出愈前与出愈后反应是一致的，是由基因型内在因素决定的，与胚外形大小无关。愈伤组织生长速率调查是在出现愈伤组织 3 d 后开始的（表6-12）。愈伤组织在调查的前 4 d 生长较快，亦即出愈后 7 d 里长得较快，以后逐渐缓慢。与栽培种相比，野生种愈伤组织生长较慢，说明野生种 TCR 比栽培种反应迟缓。

表6-12 芽尖出愈 3 d 后的愈伤组织生长量　　　　单位：mm

类型	不同观察日数生长量							每日生长量
	1 d	2 d	3 d	4 d	5 d	6 d	7 d	
野生种	1.95	2.1	2.36	2.61	2.61	2.69	2.78	0.119
栽培种	2.61	3.00	3.34	3.62	3.88	4.19	4.26	0.235

（韩福光，1994）

3. 幼穗培养

幼穗培养接种是 N_6 培养基上的幼穗分泌一种褐色物质，使培养基接种点周围变褐色，几乎所有基因型都没有启动，只有 M35-1 在接种 21 d 后出现愈伤组织，但不久也变褐色死掉，说明幼穗培养对 N_6 培养基反应敏感。

在 MS 培养基上，野生种出愈日数平均比栽培种少 1 d（表6-13）。但栽培种基因型间差别较大，变幅在 13~24 d。栽培种平均诱愈率 86.73%，高于野生种（74.43%），相反胚性诱愈率低于野生种，53.97% 对 60.77%，而且栽培种胚性诱愈率的变幅较大，22.2%~80.0%，说明栽培种 TCR 较强，反应敏感；野生种 TCR 较弱，表现较稳定。从再生株数上看，野生种和栽培种间差异较大，野生种平均 7.3 株，栽培种则是 21.7 株，相差 3 倍，其中 CSH-12R 最多，为 66 株。

4. 幼胚培养

选用 N_6、MS、LS 3 种培养基作对比试验。栽培种出愈日数总平均为 6.1 d，野生种 11.4 d，培养基 N_6、MS、LS 之间差异不大（表6-13）。诱愈率栽培种 3 种培养基总平均 74.65%，高于野生种（58.59%），但野生种的变幅较大，为 20%~90%，故也有栽培种低于野生种的。3 种培养基比较，N_6 的诱愈率及胚性愈伤组织均最低。

所有外植体在 MS 培养基上各指标的总平均数比较，野生种出愈日数比栽培种多 2.39 d，诱愈率低约 10%（表6-14）。说明栽培种 TCR 强于野生种。但不同外植体表现有差异。从出愈日数看，幼穗晚于其他 3 种外植体；此外，野生种出愈日数早于栽培种，而其他外植体都是野生种晚于栽培种。从诱愈率看，幼穗的平均值高于其他外植体。由此可见，幼穗是高粱组织培养比较理想的外植体。

表 6-13 　幼穗、幼胚培养 TCR 指标

类型	基因型	接种数 幼穗-N6	幼穗-MS	幼胚-N6	幼胚-MS	幼胚-LS	出愈日数 幼穗	幼胚-N6	幼胚-MS	幼胚-LS	诱愈率(%) 幼穗-N6	幼穗-MS	幼胚-N6	幼胚-MS	幼胚-LS	胚性诱愈率(%) 幼穗-N6	幼穗-MS	幼胚-N6	幼胚-MS	幼胚-LS	再生株 幼穗-N6	幼穗-MS	幼胚-N6	幼胚-MS	色素级别* 幼胚-N6	幼胚-MS	幼胚-LS
野生种	IS18945	29	22	8	10	10	14	10	8	10	37.5	51.9	60	20		0	45.6	0	0	0	1	6	1	1	1	1	2
	IS18954	23	11	10	23	21	18	16	12	12	30	90.9	65.2	57.1		0	69.2	0	0	0	0	8	0	0	1	1	1
	IS14262	10	15	10	21	11	14	8	18	9	90	73.3	85.7	81.8		10	67.5	10	42.9	27.3	0	8	0	0	0	0	0
	平均	20.3	16	9.3	18	14	15.3	11.3	12.7	10.3	52.5	72.0	70.3	74.43	52.97	3.33	60.77	3.33	14.3	9.1	0.33	7.3	0.33	0.33	0.67	0.67	1.33
栽培种	IS2416	14	14	14	16	14	16	6	5	5	0	100	76.6	100	100	0	80	0	6.3	0	2	32	2	1	0	0	0
	IS4807	23	18	13	19	12	24	6	6	5	0	88.9	53.8	89.5	100	7.7	22.2	7.7	0	8.3	1	19	1	0	0	1	0
	IS5487	8	20	11	10	9	15	10	7	7	0	75	18.2	60	88.9	0	40	0	0	0	2	9	2	1	0	1	0
	IS33910	19	18	11	13	16	18	7	6	6	0	88.9	27.3	69.2	68.8	0	60	0	15.4	0	2	31	2	1	0	1	1
	IS33911	20	50	10	12	14	14	10	6	6	0	80	30	58.3	100	0	64	0	0	0	1	11	1	0	0	1	0
	IS32265	5	17	12	25	14	16	6	5	5	0	92.6	83.2	100	100	8.3	49.8	8.3	28.0	21.4	1	5	1	0	0	0	0
	IS32266	23	15	12	14	14	20	5	5	5	0	86.7	66.7	100	85.7	16.7	60	16.7	0	0	1	26	1	1	0	1	0
	MAMH	19	25	19	13	12	14	7	6	6	0	84	33.3	69.2	58.3	0	42	0	0	0	1	19	2	1	0	0	1
	Tx622B	30	9	13	18	14	15	7	6	6	0	88.9	69.2	88.9	100	0	44.8	0	5.6	0	0	4	0	0	0	0	0
	M35-1	20	20	10	13	14	14	6	6	6	5.0	88.5	70	53.8	78.6	0	54.6	0	15.4	7.1	0	17	0	0	0	0	0
	CSH-12R	9	32	13	21	12	13	6	6	6	0	93.8	84.6	90.5	91.7	0	76.3	0	19.0	8.3	0	66	0	0	0	0	0
	平均	17.3	21.6	11.6	15.8	13.2	16.3	6.9	5.8	5.7	0.45	86.7	55.7	79.9	88.36	2.97	53.97	2.97	8.15	4.1	0.86	21.7	1.0	0.43	0.45	0.45	0.18

*依色素轻重人为分成三级：0、1、2。

（韩福光，1994）

表 6-14 野生种和栽培种外植体（MS 培养基上）的出愈日数和诱愈率平均值

项目	类型	成熟胚	芽尖	幼穗	幼胚	平均
出愈日数 （d）	野生种	6.67	11.0	15.3	12.7	11.42
	栽培种	5.5	8.5	16.3	5.8	9.03
	平均	6.09	9.75	15.8	9.25	10.23
诱愈率（%）	野生种	78.33	46.65	74.43	70.3	67.43
	栽培种	80.85	60.38	86.73	79.9	76.97
	平均	79.59	53.52	80.58	75.1	72.2

（韩福光，1994）

（四）组织培养遗传操作中的常见问题和解决办法

郑文静等（2004）总结出组织培养操作中的常见问题及解决途径。

1. 培养基配制中的问题

（1）配制大量元素母液残留不溶物 这是由于某些离子 Ca^{2+}、SO_4^{2-}、HPO_4^{2-} 等发生反应，生成不溶性化合物 $CaSO_4$、$CaHPO_4$ 等沉淀。解决办法遵循各种化合物必须充分溶解后再混合，混合时注意先后顺序，尤其要将 Ca^{2+} 与 SO_4^{2-}、HPO_4^{2-} 错开，混合时速度宜慢，边搅拌边混合。

（2）激素不易溶解 这是由于许多植物激素都不易溶解于水。解决办法是 IAA、玉米素、IBA、GA_3、多效唑等激素应先溶于少量 95% 乙醇中，再慢慢加水定容。如果加水后有结晶析出时，则可以先用 1/10 体积的 95% 乙醇溶解后再定容；2,4-D 易溶于碱性水溶液，可用少量 1 mol/L 的 NaOH 溶液溶解再慢慢加水定容；KT 和 6-BA 应先用少量 1 mol/L HCl 溶液溶解，再加水定容。

（3）新配制的铁盐溶液放入冰箱后产生结晶 这是由于 $FeSO_4$ 与 Na_2-EDTA 混合后以整合物形式存在。在配制铁盐溶液时，如果搅拌的时间过短会造成 $FeSO_4$ 与 Na_2-EDTA 没有整合彻底，此时若将其放入冰箱中，由于温度降低，$FeSO_4$ 就会结晶析出。解决途径是将 $FeSO_4$ 和 Na_2-EDTA 分别溶解后混合，置于加热搅拌器上不断搅拌至溶液呈金黄色，约需 30 min；室温放置过夜后再移入冰箱中保存。

（4）培养基灭菌前凝固，灭菌后不凝固 这是由于蔗糖和有些激素，如吲哚乙酸在高温灭菌时容易酸化，导致培养基的 pH 值在灭菌后下降，而琼脂在酸性强的条件下不容易凝固。解决办法是在灭菌前调整好培养基的 pH 值，在琼脂用量为 6.5~7.0 g/L 情况下，pH 值最好不低于 5.8，如需酸性较强的培养基，可适当增加琼脂用量。

2. 培养基污染的问题

（1）培养基接种前后出现污染 接种前根据菌落断定其产生原因，若菌落只存在于培养基表面，且多为真菌时，可能是由于瓶塞不严或放置培养基的空气环境中孢子过多；若菌落存在于培养基内则可能是由于各种贮存母液的污染引起的；培养瓶不洁净或灭菌不彻底也会导致培养基在未接种前即发生污染。接种后产生污染多因为接种室孢子过多或超净台的滤布不干净。解决办法是用甲醛熏蒸接种室，将 50 mL 甲醛倒入 10 g

的高锰酸钾中，使甲醛蒸气散发出来，封密接种室 24 h；更换或清洗滤布。

（2）接种前后在培养基表面产生皱褶的白色菌落　这种菌落一般由芽孢杆菌长成，它们在不适于生长时会形成一种休眠体即芽孢。由于芽孢耐热力很强，因而高温灭菌 30 min 不能杀死它们，一般情况下这种休眠体存在于培养瓶壁或各种母液中。解决办法要确保各种母液均未污染，若培养瓶许久未用或积尘较多，应先在蒸汽锅中在 121～123 ℃下灭菌 1 h。

（3）接种后外植体周围发生真菌、细菌污染　主要原因为外植体消毒不彻底、镊子带菌或操作台及操作人员的手没消毒干净。解决办法是对表面凹凸不平甚至有茸毛的外植体采用消毒液中添加吐温-80 的方法增加渗透性以提高杀菌效果。对特别不干净的外植体可在流水下冲洗 30 min 后再行消毒。选择适宜的消毒剂，一般耐受力强的外植体，采用 0.1%～0.2%的氯化汞效果比较理想。严格操作，当超净台开启 15 min 后，用75%乙醇擦洗台面，再用镊子蘸取乙醇后烧红，做到彻底消毒。接种时，镊子使用 1 次后即要消毒 1 次。操作中要经常用 75%乙醇擦洗手。

3. 组织培养中的问题

（1）培养物不易分化出芽或生根　其原因是外植体的选择及激素的种类和浓度与芽、根的分化关系很大，其中激素影响最大。生长素和细胞激动素的比率是控制芽、根形成的重要因素之一，较高浓度的生长素有利于根的形成，而抑制芽的分化。相反，较高浓度的激动素则促进芽的分化而抑制根的形成。

在组织培养中常用调节器官分化或胚状体形成的生长素和细胞激动素有以下几种。

生长素：吲哚乙酸（IAA）、萘乙酸（NAA）、2,4-D、吲哚-3-丁酸（IBA）等。

细胞激动素：激动素（KT）、6-苄基嘌呤（6-BA）、异戊基腺嘌呤（Zip）、玉米素（ZT）等。

总之，根据不同外植体的特点和上述规律，确定最适宜出芽或生根的培养基配方，必要时可通过正交试验来确定生长素、激素的种类和浓度。

（2）分化出的绿芽多为丛芽或叶状芽，芽伸长困难，不易成苗　其原因是离体培养时无外源生长素补充，解决办法在分化培养时，在培养基中添加 GA_3，浓度控制在0.5～2.0 mg/L。

（3）分化产生的植株纤细弱小，叶色淡绿，不易成活　其原因是分化培养时日照时间短或光照强度弱。解决途径是适当调整光照时间，提高光照强度至 3 000～4 000 lx。如果问题仍得不到解决，采用在培养基中添加 MET（多效唑）来促进植株矮化粗壮，MET 的浓度宜在 1.0～2.5 mg/L。

（4）试管苗移栽成活率低　由于试管苗从培养瓶取出移栽后，其周围的温度、湿度和基质等条件都发生了一些变化，如果其适应性差极易引起死亡。另外，试管苗基部的根区有培养基残留，会使细菌富集造成试管苗死亡。解决办法是移栽前打开瓶口炼苗 1 d，移栽时用水冲净根部的培养基，最好不要直接移栽土中，而采用灭菌蛭石等松软易于生根的基质过渡一下。但要注意不可向营养钵中加入无机盐或有机成分等营养物质，以避免杂菌污染。移栽后注意保温、保湿，最好用烧杯罩住试管苗 2～3 d。

二、高粱组织培养

（一）花药（粉）培养

花药培养是取雄性生殖器官的一部分花药进行培养。但是，实际上其产生的再生植株多数是由花药内处于一定分化阶段的花粉发育来的。小孢子经过减数分裂产生的花粉，可当作处于某一分化阶段的雄性生殖细胞，因此从广义角度说，花药培养又可称花粉培养，或孤雄生殖。但是，花粉培养的准确定义，应是将处于某一发育阶段的花粉从花药中分离出来，再进行离体培养。

辽宁省高粱花药培养再生植株成功的报道见于锦州市农业科学研究所赵文斌（1978）。试材采用八叶齐×红卡佛尔、H辐-034等24个组合，用醋酸洋红压片镜检确定花粉发育阶段，接种花粉的分化发育时期为四分体期、单核早期、单核晚期和双核期。以自制丁培养基培养花药，在18~30 ℃变温条件下培养。

愈伤组织的诱导，均在无光条件下进行；再分化培养，每日用日光灯间歇照明11~13 h。诱导花药或花粉发育成再生植株的主要过程是，第一步诱导花药（粉）形成愈伤组织；第二步使愈伤组织分化出芽和根。为了诱导出愈伤组织，在培养基中添加了2,4-D和Kinetin；为了分化出芽和根，在培养基中去掉2,4-D，而添加IAA和Kinetin。花药（粉）培养的结果是，从7 479枚花药（粉）中诱导产生了41块愈伤组织，诱愈率为0.55%。之后从这41块愈伤组织中诱导分化出36株绿苗，出苗率87.8%，并生长发育成高粱花粉植株。

（二）胚培养

胚培养是将种子胚取下来进行培养，分为未成熟胚培养（也叫幼胚培养）和成熟胚培养。

1. 未成熟胚培养

马鸿图等（1985）采用Tx2762、401-1等20个来自美国和中国的高粱基因型，取授粉后9~12 d的幼胚接种在MS培养基上培养。结果从401-1品种的5个授粉后9~12 d幼胚的愈伤组织中分化出158株再生植株，分化再生苗幼胚率，达51.9%。这些再生植株大部分生长发育正常，但有15.2%的变异株，表现为白化苗、植株形态异常、生长发育迟缓、结实率降低，以及混倍体等。

由这些变异株自交产生的 R_1 植株均恢复了正常。然而，R_0 表现为正常株的后代 R_1 里出现了植株矮小和不结实2种突变体。到1991年已完成了9个世代。矮株突变体的株高为0.5~1.2 m，正常401-1的株高为2.8 m。突变体植株的茎秆直径只有正常401-1的1/2；叶片也变窄短，宽5 cm，长30 cm；花序变小，籽粒千粒重只有15 g，正常401-1的千粒重为32 g；突变体的细胞变小，其饱满花粉粒的体积只有正常401-1的1/2。据此认为，这种矮株突变体是由于控制细胞体积的基因突变所致。这种突变体植株发育进程正常，花粉和结实也正常。

此外，还产生了结实率突变，在一个 R_1 穗行里出现了占总株数25%的不结实株。9个世代的晋代结果，认为这是一个隐性基因控制的突变。

外植体（AA） —突变→ R$_0$（Aa） —→ R$_1$（AA∶Aa∶aa）

正常结实　　　　　　正常结实　　　　1　∶　2∶　1

正常结实　　不结实

aa 为不结实纯合突变体。杂合体 Aa 自交后产生的穗行又出现 25% 的不结实株。不结实株自身不能繁殖，杂合体（Aa）可在自交后代中，不断产生不结实的突变体 aa。不结实突变体植株形态正常，小穗和花器形态正常，雌蕊大小、雄蕊大小、羽毛状柱头、花药大小、花药颜色、花粉粒大小和饱满度正常，开花过程正常。然而，不结实突变体植株穗无论是套袋自交，还是人工授粉或自然开放授粉均不结实，有时偶尔结几粒或几十粒种子，而正常结实穗结种子 2 500 粒左右。初步断定可能是基因型 aa 植株产生了某种抑制受精机制或雌性不孕引起不结实。

2. 基因型胚龄与诱愈率的关系

基因型 401-1 以授粉后 9~12 d 的幼胚接种，F2194 以 11~12 d 幼胚接种，获得的再生苗胚率最高（表 6-15）。胚龄对组织培养诱愈率的影响，可以从愈伤组织诱导、生长发育和分化过程中看出来（表 6-16）。401-1 品种 9~12 d 的幼胚，色泽半透明，接种到诱发培养基上后，小盾片一直保持活力，迅速膨大形成愈伤组织。接种后 10~15 d，其直径达 3~4 mm，并出现凹凸不平的愈伤组织。接种后 30~35 d，小盾片愈伤组织直径可达 10 mm，并且伴随叶绿素的形成出现突起，然后发育出具有小叶的幼芽。

表 6-15　幼胚龄与分化再生幼苗的关系

品种	接种胚数量	授粉天数（d）	分化再生苗胚数量	分化再生苗胚率（%）
401-1	27	9~12	14	51.9
	184	15~18	6	3.3
F2194	15	11~12	1	6.7
	103	14~15	2	1.9

（马鸿图等，1985）

表 6-16　幼胚龄与发育的关系

胚龄（d）	胚大小（cm）	胚色泽	小盾片命运	生长类型	愈伤组织来源	愈伤组织发育
9~12	0.7~1.0	半透明	形成愈伤组织	胚芽长 0.5 cm	小盾片	形成叶绿素，幼芽和根
15~18	1.5~2.0	白色	死亡	胚芽长 1~2 cm，胚根长 0.5 cm	胚根，胚芽	形成叶绿素和根，但很少形成幼芽

（马鸿图等，1985）

当愈伤组织产生幼芽时，把其分割成若干小块进行再培养，每隔 4~5 周转换新培养基。这样保存的愈伤组织，至 16 个月仍具分化能力。当把有幼芽的愈伤组织转到分化培养基上，幼芽很快生长并伸出叶片，同时长出根。在分化培养基上 40~50 d，幼苗可长到 10 cm 高，并长出许多条根。然后把幼苗从分化培养基瓶内移至土壤中，这一操作的成活率，关键在于幼苗根系的发育。先后转移了 170 个再生幼苗，长成 158 棵再生植株，成活率 92.9%。

3. 基因型与诱愈率的关系

20 个高粱基因型对幼胚培养的反应是不同的，600-7、191 和 2759A 都没有从幼胚愈伤组织分化出幼苗。F2194 有 3 个幼胚分化出再生植株，当以 F2194 为母本与 401-1 杂交，则杂种幼胚表现了较强的诱导分化能力，而且再生幼苗长势比 401-1 愈伤组织分化的幼苗还要强壮些。F2194×625、600-7×401-1 的杂种幼胚愈伤组织都分化出幼苗（表 6-17）。

表 6-17　基因型与分化再生幼苗的关系

基因型	接种胚数量	授粉天数（d）	形成愈伤组织数	愈伤组织形成率（%）	分化出幼苗的胚数	分化幼苗胚率（%）
401-1	301	9~18	138	45.8	22	7.3
625	5	9	5	100	2	40
F2194	273	11~15	127	46.5	3	1.1
600-7	128	11~15	34	26.5	0	0
191	55	11~13	40	72.2	0	0
2759A	22	11~13	15	68	0	0
F2194×401-1	24	12~14	12	50	4	16.7
600-7×401-1	42	12~17	19	45.2	13	31
F2194×625	9	11~15	9	100	2	22.2
2759A×600-7	19	11~14	19	100	1	5.2
F2194×600-7	33	9~15	30	90	0	0
F2194×191	28	9~14	20	71	0	0
191×F2194	25	9~13	20	80	0	0
433-1	28	10	15	53.6	0	0
2776	12	11~13	3	25	0	0
2772	22	11~12	5	22.7	0	0
627	33	9~18	33	100	1	4.3
2767	7	9~11	6	85	0	0
2771	12	9~11	12	100	0	0
IRSR$_1$	12	10~12	16	88.8	1	5.5

（马鸿图等，1985）

由于所用父本较母本具有明显的显性性状，从杂种幼胚愈伤组织分化的幼苗所长的成株，表现其父本的显性性状，这证明是杂种。值得关注的是，2759A×600-7杂种的双亲都没有从幼胚愈伤组织分化出苗来，而杂种却从幼胚愈伤组织中分化出幼苗。对401-1品种不同植株的幼胚，在相同组织培养条件下的诱导分化能力进行了测定，发现株间是有明显差异的，12株中6株诱发分化出幼苗，另6株没有。

4. 小盾片愈伤组织再生植株的变异

在401-1的158株再生植株中有15.2%表现出变异，其变异类型如下。

（1）白化苗 7株完全白化，移栽后很快死亡。

（2）形态变异，共6株 3株在幼苗期叶片卷成筒形，像葱叶一样，但到生育后期，叶片生长、结实正常；2株在圆锥花序的末端又延伸出细长的枝梗；1株嵌合体，从基部叶鞘开始直到穗子都有缺乏叶绿素的白带，穗上的许多籽粒在发育过程中果皮无叶绿素。

（3）生长发育迟缓，结实率降低，共10株 开花比正常株延迟10~15 d，株高比正常株矮30~50 cm，结实率30%~50%，但花粉母细胞减数分裂正常。

（4）细胞学变异 1株为混倍体，植株矮小，只及同样生育条件下正常植株高度的60%，开花比正常株延迟15 d，仅结10粒种子，结实率8.3%。

401-1幼胚分化出48株再生植株（R_0），种成48个R_1穗行，株高与对照比较，经 t 测验达差异显著水平，这是由于其中6行出现了明显的矮株变异。出现矮株变异的R_1穗行，其正常株与矮株数之比符合3：1（表6-18）。6个R_1穗行里出现不育株，其分别来自3个幼胚，而亲本R_0植株生长发育和育性均正常。其中2个穗行由于开花前对每个穗都套了袋，对可育株和不育株数展开了调查。如第114穗行，其中33株可育，14株完全不育；第104穗行，26株可育，9株完全不育。

表6-18 变异的 R_1 穗行内正常株与矮株的数目和高度

项目	正常株数	矮秆株数	每行总株数
R_1-15	21	11	32
R_1-26	20	7	27
R_1-28	19	6	25
R_1-31	27	8	35
R_1-32	21	7	28
R_1-42	22	9	31
合计	130	48	178
平均株高（cm）	172.3±1.32	136.3±12	162.6±2.2
株高 t 测验		20.18**	
按3：1 χ^2测定		0.37	

** 差异极显著水平。

（马鸿图等，1985）

5. 幼胚小盾片培养

郭建华（1989）利用10个高粱品系和10个杂交种作试材，对高粱幼胚小盾片愈伤组织进行诱导，并对再生植株性状变异进行了分析研究。结果表明，高粱最适宜接种的幼胚是授粉后12~13 d，幼胚长约1 mm。不同高粱基因型在同一种培养基上对诱导的反应能力不同，经同工酶和品质分析发现，1836和1836×熊岳191再生植株的生育期、株高、穗型、穗长、粒色、粒重和育性等性状都发生了一些变异株，株高明显变矮。1836×熊岳191再生植株5个株系的平均株高92.28 cm，较父本矮14.57 cm，较母本矮17.27 cm，分别达显著或极显著水平。5个株系平均比亲本早抽穗3~4 d，其中1个株系早抽穗10 d。

1836再生植株（F_2）平均穗长20.33 cm，比双亲平均（19.12 cm）多1.21 cm；半不育株占1.49%，全不育株占0.54%；蛋白质含量显著高于原亲本，单宁含量显著低于原亲本；赖氨酸含量平均为0.358%，变幅0.26%~0.44%。

（1）愈伤组织的诱导及分化　高粱授粉后12~13 d，幼胚长到1 mm呈半透明状，将小盾片朝上接种到培养基上，3 d后看到胚膨大，1周左右出现凹凸不平的愈伤组织，30 d后愈伤组织可长到6~7 mm，同时伴随大量叶绿素出现。这时将一部分继代培养，另一部分转入分化培养基。将经过1~2次继代培养的小盾片愈伤组织转入分化培养基，3周后观察其分化能力。在10个品系和10个杂交种中，只有较疏松的、表面有绿色芽点的愈伤组织具有分化能力，30 d后芽点长出第一片新叶，而致密、较硬、表面分布白色颗粒的愈伤组织却很少分化。待苗长到3~4 cm时转入生根培养基，10 d后开始生根，3种生根培养基均能诱导生根，生根率达100%。但不同生根培养基的效果不同，加入NAA的培养基，苗长出许多丛生根，根系粗壮，移栽易成活；加入IAA或IBA的培养基，苗长出的根少而纤细，移栽易形成枯苗，不易成活。

（2）再生植株移栽及其性状表现　1986年8月接种的高粱幼胚小盾片愈伤组织分化获得完整植株，同年12月去海南岛移栽，1836有24株，1836×熊岳191有1 000株。收获时1836有5株结粒，1836×熊岳191有2株结粒。结实的种子继续进代，观察F_2代性状的表现。

①生育期的变化。1836再生植株出苗到拔节与对照无明显差异。从抽穗到开花，5个株系平均比对照早抽穗3~4 d，其中1株系早抽穗10 d。1836×熊191再生株，出苗期与对照相同，从拔节、抽穗、开花各株间参差不齐，开花期与母本接近，早于父本（表6-19）。

表6-19　再生植株（F_2）生长发育产量性状及其与对照关系

品种	株高（cm）		穗长（cm）		千粒重（g）	
	$X \pm SD$	CV%	$X \pm SD$	CV%	$X \pm SD$	CV%
1836	92.28±3.067**	3.32	20.33±1.692	8.33	21.06±1.288	6.11
CK♀	106.85±4.392	4.11	19.80±2.067	10.44	19.6±0.80	4.08

（续表）

品种	株高（cm）		穗长（cm）		千粒重（g）	
	$X \pm SD$	CV%	$X \pm SD$	CV%	$X \pm SD$	CV%
CK ♂	263.55±11.33	4.31	18.55±1.538	8.29	24.57±0.666	2.71
	*与♂ **与♀				21.30±5.758	
1836×熊岳191	203.93±62.51	30.65	20.09±2.013	10.02	**与♂ **与♀	27.03

*达1%显著水平，**达0.1%极显著水平。

（郭建华，1989）

②株高的变化。1836 再生植株（F_2）5 个株系的平均株高为 92.28 cm，对照 106.65 cm，t 测验达极显著差异水平。1836×熊岳191 株高变化呈过渡型。高株 251 cm 以上占 28.33%，中株 151~250 cm 占 49.4%，矮株 101~150 cm 占 16%，特矮株 100 cm 以下占 6.2%。t 测验表明，后代株高与父本达差异显著水平，与母本达差异极显著水平（表6-19）。

③穗长、穗形的变化。1836 再生植株（F_2）穗长 20.33 cm，对照 19.80 cm，1836×熊岳191 再生植株（F_2）穗长平均 20.09 cm，对照父、母本穗长分别为 18.55 cm 和 19.80 cm，以上 t 测验均不显著。

④品质性状的表现。1836 再生植株（F_2）籽粒蛋白质、赖氨酸含量趋于增高，单宁含量趋于下降（表6-20），并分别达差异显著和极显著水平。1836×熊岳191 再生植株（F_2）蛋白质、赖氨酸的平均含量与对照比较均未达显著水平，单宁含量与母本达显著水平，与父本达极显著水平。

（3）再生植株品质性状的遗传分析　从变异系数看，1836 蛋白质变异系数远低于赖氨酸和单宁的变异系数（表6-21）。1836×熊岳191 再生株单宁变异系数高于蛋白质和赖氨酸的变异系数。对其遗传力分析表明，1836 蛋白质的遗传力较高，而赖氨酸和单宁遗传力较低；1836×熊岳191 再生株蛋白质和单宁遗传力较高，赖氨酸较低。相关

表6-20　再生植株（F_2）品质性状及其与对照的关系

品种	表现型	蛋白质（%）	赖氨酸（%）	单宁（%）
1836	1	13.30	0.26	0.11
	2	13.75	0.41	0.07
	3	13.76	0.38	0.10
	4	13.91	0.30	0.096
	5	13.63	0.44	0.10
	$\overline{X} \pm SD$	13.67±0.23*	0.385±0.08	0.095 2±0.015**
	CV%	16.7	21.13	15.76

（续表）

品种	表现型	蛋白质（%）	赖氨酸（%）	单宁（%）
	HL	10.50	0.42	0.49
	HLR	11.30	0.20	0.18
	HW	10.44	0.19	0.07
	MR	12.03	0.28	0.30
1836×熊岳191	MLR	12.50	0.41	0.25
	MW	11.26	0.25	0.10
	SR	16.35	0.42	0.47
	SLR	15.01	0.40	0.29
	SW	14.88	0.45	0.16
	$\overline{X} \pm SD$	12.70±2.179	0.347±0.091	0.257±0.149 ** 与♂ * 与♀
	CV%	17.16	26.33	57.98
CK♀	$\overline{X} \pm SD$	13.20±0.363	0.33±0.014	0.1311±0.008
CK♂	$\overline{X} \pm SD$	13.60±0.078	0.38±0.014	0.61±0.008

注：H—高秆，M—中秆，S—矮秆，LR—浅红色，R—红色，W—白色，HL—高秆浅色。

* 达1%极显著水平。

** 达0.1%极显著水平。

（郭建华，1989）

分析表明，1836再生株蛋白质与赖氨酸之间成正相关，蛋白质与单宁之间成负相关，但均未达显著水平。1836×熊岳191蛋白质与赖氨酸、蛋白质与单宁、赖氨酸与单宁之间均成正相关，但也均未达显著水平。

表6-21 品质性状的遗传参数

性状	1836					1836×熊岳191				
	变幅	均值	标准差	CV%	h_B^2%	变幅	均值	标准差	CV%	h_B^2%
蛋白质	13.3~13.91	13.67	0.2295	1.68	76.52	10.44~16.35	12.70	2.1792	17.16	99.76
赖氨酸	0.26~0.44	0.358	0.0756	21.13	50.62	0.25~0.45	0.347	0.0914	26.36	78.82
单宁	0.07~0.11	0.095	0.0150	15.76	54.31	0.07~0.49	0.257	0.1490	58.04	99.55

（郭建华，1989）

6. 成熟胚培养

韩福光等（1993）报道了成熟胚在MS培养基上进行愈伤组织诱导培养，成熟的诱愈率为63%，并最终获得8棵再生植株。石太渊等（1995）报道了成熟胚愈伤组织诱导和分化研究，成熟胚的诱愈率为 59%～100%，分化再生率为 25%。与其他外植体比较，以成熟胚或成熟胚上切下的芽端为外植体培养，取材容易，不受时间制约。但是，存在一定的局限性，即分化率相对较低，消毒困难。

（三）幼穗培养

石太渊等（1995）对高粱幼穗进行离体培养，研究不同基因型和培养基对愈伤组织诱导和分化的影响。研究采用 8 个基因型，其中保持系 2 个：Tx622B、7050B；恢复系 3 个：9198、0-30、115；杂交种 3 个：Tx622A×0-30、7050×9198、Tx662A×115。取 3 cm 长幼穗在 5 种培养基上培养。

1. 基因型对愈伤组织诱导的响应

接种 1 周后幼穗可以看到穗轴基部或小花顶部产生愈伤组织，20 d 后愈伤组织可长到 5～6 mm。8 个基因型的 3 200 个幼穗外植体，有 2 976 个诱导出愈伤组织，诱愈率达 93%，幅度 80%～100%（表 6-22）。结果是基因型间愈伤组织诱愈率差异明显，卡方测验为 213.5，达差异极显著平准（$\chi^2_{0.01}$ = 18.2）。说明愈伤组织诱愈率高低与基因型有紧密关系，即基因型是决定愈伤组织诱愈率的一个重要因素。

表 6-22　基因型对愈伤组诱导的反应结果

基因型	接种数	愈伤组织数	诱愈率（%）
9198	400	320	80
0-30	400	400	100
115	400	356	89
Tx622B	400	376	94
7505B	400	350	87.5
Tx622A×6-30	400	380	95
7050A×9198	400	396	99
Tx622A×115	400	398	99.5

注：培养基为 MS+2,4-D 2 mg/L+玉米素 2.2 mg/L。

（石太渊等，1995）

2. 不同培养基对愈伤组织诱导效果的差异

在高粱幼穗培养中，5 种培养基愈伤组织诱愈率在 85%～96%；MS 培养基优于 N_6 培养基，诱愈率分别为 96% 和 91%。2,4-D 与其他激素，如玉米素混合使用比单独使用的效果好，诱愈率可提高 4%。在 MS 培养基上添加 500 mg/L 水解酪蛋白，或 1 g/L NaCl 的培养基，其诱愈率分别为 96% 和 85%。以 MS 培养基作对照（A 培养基），在添加 2 种成分后可使诱愈率分别提高 2% 和降低 9%（表 6-23）。说明不同成分培养基对高粱幼穗培养的诱愈率作用很大。

表6-23　培养基对愈伤组织诱导的效果

培养基	接种数	愈伤组织数	诱愈率（%）
A	400	376	94
B	250	215	85
C	100	96	96
D	100	90	90
E	100	91	91

注：供试品种为Tx622B。

（石太渊等，1995）

3. 不同基因型再生能力

高粱外植体诱导愈伤组织主要有2种类型，一种是白色、质地松软、生长速度快；另一种是鲜黄色带绿色、质地致密、生长速度慢。通常认为前者无再生能力，后者有再生能力。但在愈伤组织继续生长过程中，常常观察到前一种愈伤组织又长出后者的现象。所以，不应过早地断言某种愈伤组织不具再生能力。因此，在继代培养2次之后，转移出部分愈伤组织，测定不同基因型的再生能力，结果见表6-24。

表6-24　不同基因型愈伤组织分化

基因型	愈伤组织（个）	分化植株数	分化率（%）
9198	50	31	62
0-30	50	49	98
115	50	41	88
Tx622B	50	10	80
7505B	50	46	92
Tx622A×0-30	50	38	76
7050A×9198	50	38	76
Tx622A×115	50	48	96

（石太渊等，1995）

结果表明8个基因型都具有不同程度的再生能力，没有发现无再生植株的基因型。幼穗愈伤组织分化率变化幅度在62%~98%，平均为83.5%。基因型间分化率经卡方测验，其值为38.9%，达差异极显著平准（$\chi^2_{0.01} = 18.175$）。说明基因型对愈伤组织分化率有极其重要影响。

（四）茎尖培养

石永顺等（2004）研究抗生素对高粱茎尖再生的影响及茎尖再生的各种影响因素。高粱试材6份，其中恢复系有115、0-30；保持系有121B、124B；杂交种有124A×8001、7050A×011。农杆菌菌株为EHA_105，内含PKUB质粒，该质粒包含npt Ⅱ hph、

Gus、*Bt* 基因。培养基成分列于表 6-25 中。

表 6-25　培养基成分

编号	培养基成分
1	MS 无机盐＋B_3 有机物 5 mL/L＋甘氨酸 7.7 mg/L＋Fe－EDTA 74.6 mg/L＋硫胺素 0.2 mg/L＋抗坏血酸 10 mg/L＋L-Asn 200 mg/L＋PVP100 mg/L＋BAP 0.5 mg/L＋IAA 0.25 mg/L＋激动素 0.25 mg/L
2	MS 无机盐＋肌醇 100 mg/L＋维生素 B_1 40 mg/L＋KT 0.1 mg/L
3	N_5 无机盐＋N_6 有机物＋KT 0.1 mg/L＋PVP 100 mg/L
4	T_3 无机盐＋T_5 有机物＋KT 0.1 mg/L＋PVP 100 mg/L
5	LS 无机盐＋LS 有机物＋KT 0.1 mg/L＋PVP 100 mg/L

（石永顺等，2004）

1. 培养基对茎尖再生的效果

5 种培养基对高粱茎尖培养再生率为 24.1%~57.3%，所有培养基都能培养再生出高粱茎尖植株。在高粱茎尖培养中，MS 培养基及其改良培养基优于其他培养基。激动素与其他激素 BAP、IAA 混合使用比单独使用激动素效果好，再生率可提高 15% 以上。在 MS 培养基中添加甘氨酸、Fe-EDTA、抗坏血酸、L-Asn 等有机物有利于茎尖分生组织的分化与生长。说明培养基对高粱茎尖组织的分化和再生起重要作用（表 6-26）。

表 6-26　不同培养基对高粱茎尖再生的影响[*]

培养基	接种数	再生数	再生率（%）
1	150	86	57.3
2	147	73	49.6
3	143	72	50.3
4	153	53	34.6
5	145	35	24.1

＊高粱材料：115。

（石永顺等，2004）

2. 基因型茎尖培养的再生能力

高粱茎尖分生组织具有较高的分化能力和再生能力，基因型间差异明显，其中 7050A×011 茎尖再生率最高，可达 64.5%，而 124B 再生率最低，仅 41.8%，杂交种的再生率略高于其他保持系和恢复系（表 6-27）。本研究没发现不能再生的基因型。高粱茎尖培再生率平均为 52.6%，而且表明所有基因型都能通过茎尖培养进化遗传转化。

表 6-27　不同基因型对高粱茎尖再生影响[*]

试材	接种数	再生数	再生率（%）
57.7	145	69	47.6

（续表）

试材	接种数	再生数	再生率（%）
654	152	77	50.7
115	147	73	49.6
0.30	148	78	52.7
124B	134	56	41.8
7050B	163	71	43.6
121B	145	65	44.8
622B	146	75	51.4
124A/8001	137	82	59.9
622A/0.30	123	76	61.8
21A/654	119	75	63.0
7050A/011	138	89	64.5

* 接种用的培养基为2号培养基。

（石永顺等，2004）

3. 抗生素对茎尖培养再生的影响

在作物遗传转化中，羧苄青霉素、头孢霉素、潮霉素、卡那霉素等抗生素常用于筛选抗性标记基因和杀菌。了解这些抗生素对高粱茎尖培养的影响是十分需要的。结果表明这4种抗生素对高粱茎尖生长影响的差异很明显。羧苄青霉素对高粱茎尖生长的影响最不敏感，浓度达到200 mg/L时，茎尖再生率只有38.4%；头孢霉素低浓度时对高粱茎尖生长影响不敏感，但浓度达到50 mg/L以上时，茎尖再生率明显下降；潮霉素和卡那霉素对高粱茎尖生长最敏感，浓度达50 mg/L以下时，高粱茎尖生长完全被抑制（表6-28）。

表6-28 抗生素对高粱茎尖再生影响

抗生素	0（CK）		50 mg/L		100 mg/L		150 mg/L		200 mg/L	
	外植体数	再生率（%）	外植体数	再生率（%）	外植体数	再生率（%）	外植体数	再生率（%）	外植体数	再生率（%）
羧苄青霉素	147	49.6	167	49.1	134	48.8	145	48.5	176	38.4
头孢霉素	147	49.6	173	37.6	154	12.3	187	8.4	153	0
潮霉素	147	49.6	176	0						
卡那霉素	147	49.6	169	0						

（石永顺等，2004）

4. 抗生素对农杆菌的抑制效应

农杆菌培养基中，不同浓度的羧苄青霉素和头孢霉素，能明显抑制农杆菌繁殖，但效应不一样。头孢霉素对农杆菌的敏感性最强，羧苄青霉素对农杆菌的抑制效应也很好，但不如前者。将与农杆菌共培养过的高粱茎尖转移到含有不同浓度的抗生素的培养基中，观察培养 5 d 后的农杆菌的复发率，随着抗生素使用浓度的提高，农杆菌复发率明显降低。头孢霉素 100 mg/L 就可以完全抑制农杆菌，羧苄青霉素 250 mg/L 也能完全抑制农杆菌，说明这 2 种抗生素对农杆菌的抑菌作用是有效的。

三、高粱组织培养与耐盐性筛选

（一）高粱幼叶培养的衍生系及耐盐性筛选

韩福光等（1995）在 MS 培养基上添加 1.0%钠盐（NaCl）培养高粱幼叶组织，获得 232B 衍生系 R_3 代。经田间和实验室鉴定，R_3 代形态性状、生育期及籽粒品质等都有明显变化。其盐害指数下降、耐盐等级提升。在 1.0%钠盐（NaCl）水平上，R_{3-11} 和 R_{3-8} 盐害指数分别比原亲本 R_0 下降 28.1%和 13.1%，耐盐等级分别提高 2 个和 1 个等级。

1. 幼叶愈伤组织诱导与再生植株

愈伤组织诱愈率因基因型不同而异，而且杂交种未比其亲本表现出优势，但二者存在一定的相关关系，如辽杂 4 号诱愈率为 20.0%，其母本 421B 为 25.0%，父本矮四为 20.0%，都相对较低。由于培养基中加入了 1.0%钠盐（NaCl），可能影响了基因型诱愈率的高低，但不影响亲本与其亲本的相关关系（表 6-29）。

表 6-29　在添加 1% NaCl 的 MS 培养基上的幼叶诱愈率

试材	诱愈率（%）	再生植株数
421A×矮四	20.0	0
421B	25.0	0
622A×晋辐 1	20.0	0
622B	10.0	0
214A×矮四×5-27	100.0	0
214B	60.0	0
矮四	20.0	0
232A×85085	50.0	0
232B	80.0	2

（韩福光等，1995）

2. 衍生系的性状变异

田间观察发现，232B R_1 和 R_2 开花期提早 3~5 d，形态性状也有变异（表 6-30）。与 232B 亲代 R_0 比较，R_1 和 R_3 株高降低，最矮 R_{3-10} 为 72.85 cm，比 $R_0$127.1 cm 降低了 42.7%。经 t 测验 R_1、R_{3-2}、R_{3-10}、R_{3-11} 与 R_0 差异达显著和极显著水平。穗长变短，最短 R_{3-10} 为 19.6 cm，比 R_0 31.85 cm 减少 38.5%；R_{3-3}、R_{3-4}、R_{3-11}、R_{3-10} 与 R_0 比，

差异达显著和极显著水平。茎粗变粗，最粗 R_{3-2} 为 2.270 cm，比 R_0 1.865 cm 增粗 21.7%。R_{3-2} 与 R_0 达差异显著水平。

表 6-30　232B（R_0）及其组培后代系性状平均值（1994）

材料	株高（cm）	穗长（cm）	茎粗（cm）	绿叶数	倒 2 叶		叶病[a]	百粒重（g）
					长	宽		
R_{3-1}	110.4	29.75	2.125	9.6	58.45	4.52	3	2.8
R_{3-2}	99.7	26.3	2.270	8.0	63.3	5.83	3	2.7
R_{3-3}	76.1	22.5	1.855	6.15	56.45	4.35	3	2.2
R_{3-4}	92.35	23.8	1.875	7.15	61.0	5.52	3	3.1
R_{3-5}	109.2	28.3	2.070	9.3	61.25	5.53	4	2.85
R_{3-6}	101.0	28.25	2.020	8.3	59.2	5.22	3	3.10
R_{3-7}	107.6	29.6	1.995	8.5	58.9	5.305	4	3.0
R_{3-8}	104.8	29.1	1.885	8.5	63.0	5.425	4	3.0
R_{3-9}	100.1	27.15	2.120	8.75	60.4	5.46	4	3.0
R_{3-10}	72.85	19.6	2.145	7.15	54.25	5.39	4	3.1
R_{3-11}	82.2	23.25	2.025	6.94	51.0	5.0	4	2.7
R_{3i}[b]	96.03	26.15	2.035	8.03	58.84	5.23	3.55	2.87
R_1	97.0	25.5	1.920	6.6	61.6	4.35	2	2.86
R_0	127.1	31.85	1.865	7.7	56.98	5.88	1	3.2

注：[a] 叶斑病分成 4 级，1 级最重，4 级最轻；

　　[b] R_{3i} 为 R_{3-1}～R_{3-11}（$i=1, 2, 3, \cdots, 11$）。

（韩福光等，1995）

从性状变化幅度看，株高变异最大，其次为穗长，再次为茎粗。R_3 绿叶数平均值高于 R_0，表明其活秆成熟指标有所改善。植株倒 2 叶变长变窄，其光合面积略有下降。叶斑病（*Exserehilum turcicum* L. & S.）R_3 比 R_0 显著减轻，其中 6 个 R_3 系达 4 级（表 6-30）。百粒重 R_1 和 R_3 比 R_0 下降，最多者 R_{3-3} 品系下降 31.3%。农艺性状的变异有些符合育种目标，有的不符合，在性状选择应综合考虑。

232B R_0 为遗传纯合保持系，其表型变异视为环境条件所影响，R_1 和 R_3 品系内（UR_{3i}）和品系间（VR_{3i}）的表型变异系数几乎都超过 R_0，说明体细胞无性系内和系间存在遗传变异，有选择潜力，为遗传改良提供了性状选择的基础。系内比系间表型变异大说明 R_3 系内尚未稳定。R_{3i} 系间变异系数（VR_{3i}）小于 R_1 群体变异系数（VR_1），表明高代比低代趋于遗传稳定。从形态性状看，株高遗传变异系数最大，为 0.1513。从育种角度说，植株太高不利于通风透光，易倒伏。如果用体细胞诱变改良高粱株高是行之有效的，但可能影响穗长，因为本研究株高与穗长成显著正相关（$r=0.9619$，$P<0.05$），株高与茎粗为负相关，但不显著。茎粗受环境影响较大（$VR_0=0.1559$），选择

意义不大（表6-31）。

表6-31 232B及其组培系各性状表型变异系数

类型	株高（cm）	穗长（cm）	茎粗（cm）	倒2叶	
				长	宽
VR_0	0.041 5	0.087 6	0.155 9	0.102 8	0.105 8
VR_1	0.158 6	0.171 9	0.145 0	0.139 8	0.252 0
VR_{3i}	0.192 8	0.182 9	0.159 2	0.145 3	0.215 5
U_{3i}	0.139 1	0.129 0	0.063 4	0.063 3	0.085 2

注：VR_{3i}为系内变异系数。

（韩福光等，1995）

3. 耐盐性

高粱芽期耐盐性鉴定表明，当盐（NaCl）浓度达2.5%时，供试种子都未萌动。当盐浓度为1.0%、1.5%和2.0%时，R_{3i}系耐盐性比R_0有所提高。在1.0%水平上，R_{3i}系发芽率平均比R_0高2%，R_{3-1}、R_{3-4}分别比R_0高9%和6%（表6-32）；R_{3i}系盐害指数平均比R_0下降8.3%，R_{3-11}（53.6%）和R_{3-8}（69.6%）分别比R_0（81.7%）下降了28.1%和12.1%；R_{3i}（除R_{3-2}）系耐盐性一般比R_0提高1个等级，R_{3-11}提高2个等级。

表6-32 232B及其衍生系在不同盐（NaCl）浓度下的发芽率

试材	0% 发芽率(%) GP	1.0% 发芽率(%) GP	1.0% 盐害指数(%) HI	1.0% 耐盐等级 RD	1.5% 发芽率(%) GP	1.5% 盐害指数(%) HI	1.5% 耐盐等级 RD	2.0% 发芽率(%) GP	2.0% 盐害指数(%) HI	2.0% 耐盐等级 RD	2.5% 发芽率(%)
R_{3-1}	92.6	24	74.1	4	6	93.5	5	4	95.0	5	0
R_{3-2}	69.7	13	81.2	5	2	97.1	5	1	98.6	5	0
R_{3-3}	76.0	17	77.6	4	0	100.0	5	0	100.0	5	0
R_{3-4}	97.3	21	78.4	4	2	97.9	5	1	99.0	5	0
R_{3-5}	66.0	16	75.8	4	1	98.5	5	0	100.0	5	0
R_{3-6}	49.3	13	74.1	4	8	83.7	5	0	100.0	5	0
R_{3-7}	88.0	20	77.3	4	6	93.2	5	5	94.3	5	0
R_{3-8}	52.7	16	69.6	4	2	96.2	5	2	96.2	5	0
R_{3-9}	62.0	17	72.6	4	8	87.1	5	0	100.0	5	0
R_{3-11}	28.0	13	53.6	3	0	100.0	5	1	96.4	5	0
R_{3i}	68.12	17	73.43	4	3.5	94.86	5	1.4	97.94	5	0
R_0	82.0	15	81.7	5	2	97.5	5	0	100.0	5	0

注：R_{3-10}种子量不足未做。

（韩福光等，1995）

在盐浓度1.5%和2.0%水平上，尽管R_{3i}系耐盐等级没有变化，但盐害指数比R_0有所下降，并且 R_{3i} 系发芽率系间差异较大。在 1.5% 水平上，R_{3-6} 和 R_{3-9} 盐害指数低，分别为 83.7% 和 87.1%，发芽率最高，均为 8%，而在 2.0% 水平时，其发芽率皆为 0%，包括 R_0 也未萌芽，但有些却有 1%~5% 的发芽率。例如，R_{3-1} 和 R_{3-7} 在 2.0% 水平上发芽率分别为 4% 和 5%，其在 1.0% 和 1.5% 水平上盐害指数和发芽率居中，说明这 2 个系耐高浓度盐特性更加突出（表6-32）。可见，有些系耐低盐浓度而不耐高盐浓度，如 R_{3-11} 和 R_{3-9}；有些系在低盐浓度下表现平平，但在高盐浓度下表现突出，如 R_{3-1} 和 R_{3-7}。

体细胞无性系变异也表现在籽粒性状上，虽然 R_{3i} 系 4 项指标平均值与 R_0 差异不显著，但 R_{3i} 系间差异较大，经 t 测验差异达显著标准（表6-33）。R_{3-5} 脂肪含量 2.21%，与 R_0（3.09%）差异显著；R_{3-1}、R_{3i} 等系淀粉含量与 R_0 差异显著，4 项指标的趋势是含量降低，但也有的系分项指标含量比 R_0 提高。如 R_{3-11} 蛋白质含量、R_{3-3} 脂肪含量和赖氨酸含量、R_{3-7} 淀粉含量均较 R_0 提高。没有 1 个系的 4 项指标均提高或均减少。说明性状间存在连锁关系，相关分析表明，R_{3i} 系蛋白质和赖氨酸含量成显著负相关（$r = -0.6693$），因此想得到这 2 个性状含量都较高的变异体或品系是困难的。

表 6-33　232B 及其衍生系籽粒蛋白质、脂肪、赖氨酸、淀粉的百分含量

试材	蛋白质		脂肪		赖氨酸		淀粉	
	含量（%）	SD	含量（%）	SD	含量（%）	SD	含量（%）	SD
R_{3-1}	12.54	abc	3.00	a	0.237	bc	66.94	bc
R_{3-2}	12.68	abc	2.82	ab	0.239	bc	66.58	bc
R_{3-3}	12.98	abc	3.47	a	0.256	a	67.54	abc
R_{3-4}	13.01	ab	3.08	a	0.238	bc	68.38	abc
R_{3-5}	13.30	ab	2.21	b	0.243	abc	68.39	ab
R_{3-6}	11.54	c	2.91	ab	0.262	a	68.02	abc
R_{3-7}	13.08	a	2.85	ab	0.246	abc	69.60	a
R_{3-8}	11.98	bc	3.02	a	0.254	abc	66.28	bc
R_{3-9}	13.00	ab	3.14	a	0.244	abc	66.88	bc
R_{3-10}	13.71	a	3.11	a	0.235	c	65.89	c
R_{3i}	12.792	abc	2.961	a	0.2454	abc	67.45	abc
R_0	12.84	abc	3.09	a	0.245	abc	69.00	a

注：经 t 检验的差异显著性。

（韩福光等，1995）

（二）高粱抗盐无性系 M011 选育

石太渊等（2004）利用抗盐梯度筛选法于含 3% 钠盐（NaCl）培养基中筛选出高粱体细胞变异系，并获得一批再生植株。其芽期和苗期抗盐鉴定表明，体细胞抗盐变异系 M011 具有较强的抗盐能力。

1. 体细胞抗盐系筛选

采用高粱幼穗培养筛选抗盐变异系程序如图6-2所示。实践证明，只有逐步提高诱导培养基的盐浓度，才能在含3% NaCl 培养基中保留部分存活的愈伤组织。反之，没有经过低盐浓度锻炼过的愈伤组织，在含3% NaCl 培养基中根本不能存活。经低浓度盐锻炼过的愈伤组织，在含3% NaCl 培养基中开始生长缓慢，转化几次后便迅速生长，并长出新的愈伤组织，说明愈伤组织发生了突变。这些细胞系在不含盐培养基中培养几代后仍保持其抗盐性。

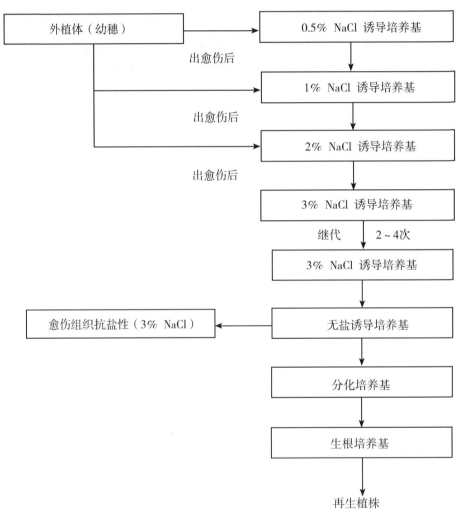

图6-2 高粱抗盐突变体的筛选程序

（石太渊等，2004）

2. 再生植株抗盐性鉴定

随着盐浓度提高，各系发芽率普遍下降（表6-34）。当盐浓度达1.5%时，除R_{011}

外，其他发芽率均降至10%以下。采用接近盐碱土的盐成分NaCl、CaCl$_2$混合液浇灌幼苗，鉴定抗盐性是适宜的。R$_1$体细胞变异系苗期抗盐性鉴定结果列于表6-35。当土壤可溶性盐分达到一定程度时，高粱的生长在短时间内受到了严重影响，表现叶片萎蔫变黄、根系生长缓慢、植株细弱、矮小、个别株死亡。而经抗盐诱导培养的变异系，其抗盐性都比亲代0-30有较大提高。综合表6-34和表6-35所列的结果，抗盐体细胞变异系R$_{011}$在芽期和苗期抗盐鉴定中均表现突出，具有较强的抗盐能力。

表6-34　盐浓度对R$_1$部分变异系发芽率的影响　　　　　　单位:%

品系	盐浓度（%）				
	0	0.5	1.0	1.5	2.0
R$_{03}$	92.3	91.7	51.3	7.3	1.7
R$_{04}$	94.0	92.0	49.3	8.7	2.3
R$_{07}$	93.7	90.3	38.7	5.7	1.3
R$_{010}$	93.0	91.3	48.3	6.7	1.3
R$_{011}$	94.0	93.3	57.3	11.3	3.7
0-30（CK）	91.0	84.3	36.7	4.0	0

（石太渊等，2004）

表6-35　盐对R$_1$部分变异系苗期生长的影响

品系	总株数	正常株（%）	3片绿叶株（%）	2片绿叶株（%）	1片绿叶株（%）	死亡株（%）
R$_{03}$	45	6.7	15.6	55.6	17.7	4.4
R$_{04}$	45	8.9	17.7	46.7	24.4	2.2
R$_{07}$	45	6.7	8.9	57.8	20.0	6.7
R$_{010}$	45	8.9	13.3	53.5	22.2	2.2
R$_{011}$	45	11.1	28.9	33.3	26.7	0
0-30（CK）	45	0	13.3	33.3	40.0	13.3

（石太渊等，2004）

3. 利用抗盐变异系组配杂交种

对抗盐变异系R$_{011}$和R$_2$和R$_3$代进行性状鉴定，与亲代0-30比较，其穗长、熟期和粒色3个性状有较大变异（表6-36）。在R$_4$代，以R$_{011}$为父本进行杂交测配，并将R$_{011}$命名为M$_{011}$。在诸多测配组合中，7050A×M$_{011}$产量最高，且品质好、抗旱、抗倒伏、高抗叶病。该杂交种于2002—2003年参加国家高粱区域试验，2年平均亩产515 kg，比对照锦杂93增产9.6%，接种丝黑穗病菌的发病率为0%。

表 6-36 抗盐变异体 R_{011} 农艺性状表现

品名	株高 （cm）	穗长 （cm）	千粒重 （g）	穗粒重 （g）	半花期 （月/日）	生育期 （d）	粒色
R_{011}	147	41	29.1	141.5	8/3	135	乳白
0-30（CK）	161	26	28.5	130.7	7/26	128	橙红

（石太渊等，2004）

第二节 高粱外源 DNA 导入及选育技术

一、高粱 DNA 导入技术基础研究

（一）快速提取高粱 DNA 方法

石太渊（1992）采用氯仿—异戊醇—核糖核酸酶改良法提取 DNA，获得较纯净、大量大分子双链 DNA。取材高粱幼苗、孕穗期幼穗、嫩茎、嫩叶等。冲洗干净后用吸水纸吸干，剪碎后置于冰箱内冷冻 1~3 h，加入等量研磨缓冲剂（含 0.45 mol/L 氯化钠、0.04 mol/L 柠檬酸钠盐、0.1 mol/L 乙二胺四乙酸二钠、1%十二烷基磺酸钠，pH 值为 7.0）剧烈研磨，使材料成糊状物。

将糊状物倒入三角瓶内，加入氯仿-异戊醇混合液（24∶1），剧烈摇晃 30 s，以脱去组蛋白，之后将此混合物在室温下离心（4 000 r/min）5 min，仔细收集上层核酸水溶液，弃去中层细胞碎片、变性蛋白及下层氯仿。将收集的核酸水溶液倒入 72 ℃水浴中预热的三角瓶里，继续在 72 ℃水浴下保温 3~4 min，以灭活组织内的 DNA 酶，然后迅速冷却至室温。在已冷却的核酸水溶液内加入 1/4 体积的 5 mol/L 高氯酸钠溶液（最好新配），再加入等体积的氯仿-异戊醇（24∶1）混合液，迅速剧烈摇晃 30 s，使其成乳浊状。将乳浊液在 4 000 r/min 转数下离心 5 min 后，收集上层核酸水溶液，弃去中下层。

将核酸水溶液置于烧杯内，缓缓加入已预冷的 95%乙醇，直至出现白色沉淀（2~3 倍体积的冷乙醇），然后室温下离心（4 000 r/min）5 min，小心弃去上层乙醇溶液，将沉淀物溶解于 10~20 mL 0.1 ssc 液中（含 0.15 mol/L 氯化钠、0.001 5 mol/L 柠檬酸三钠盐，pH 值为 7.0），待完全溶解后加入 1/10 体积的 10×ssc，使其最终浓度为 1ssc。在溶于 1ssc 的核酸溶液内加入预先处理过的 RNA 酶液（RNA 酶在 0.15 mol/L NaCl 中溶解，pH 值为 5.0，80 ℃水浴中保温 10 min，冷却后低温下保存备用），使 RNA 酶最终浓度为 50~75 μg/mL，37 ℃水浴下保温 30 min，以除去 RNA，然后加入等体积氯仿-异戊醇（24∶1）混合液，摇晃 30 s，4 000 r/min 转速下离心 5 min，把上层核酸水溶液收集起来。将得到的 DNA 液置于冰箱内保存。

取小量 DNA 液，稀释后测其在 230 mm、260 mm、280 mm 波长外的光吸收值。如果 A260/230≥2，A260/280≥1.8，表明提取的 DNA 为纯 DNA。若 A260/230 太小，说明有酚或色素杂质；若 A260/280 太小，说明蛋白质未除干净。采用此法提取的 DNA 与

刘文轩等提取的 DNA 作了比较，结果如下（表 6-37、表 6-38）。

表 6-37　该法对不同作物 DNA 提取结果

作物名称	取材部位	DNA 纯度		DNA 浓度（μg/mL）	DNA 提纯率（μg/g 材料鲜重）
		A260/230	A260/280		
高粱	幼穗、茎	2.09	1.80	1 960	519
玉米	幼穗、茎	2.11	1.81	1 327	387
小麦	幼穗、茎	2.07	1.80	1 670	413

（石太渊，1992）

表 6-38　刘文轩等的方法对不同作物 DNA 提取结果

作物名称	取材部位	DNA 纯度		DNA 浓度（μg/mL）	DNA 提纯率（μg/g 材料鲜重）
		A260/230	A260/280		
高粱	幼穗、茎	2.13	1.98	317	90.7
玉米	幼穗、茎	2.09	1.89	1 079	310
小麦	幼穗、茎	2.14	2.03	1 614	407

（石太渊，1992）

$$\text{DNA 浓度（μg/mL）} = \frac{OD_{260}}{0.020 \times L} \times 稀释倍数 = OD_{260} \times 50 \text{ μg/mL} \times 稀释倍数 \quad (6.1)$$

其中，L 为比色杯厚度，一般为 1；0.020 为每毫升溶液内含 1 μg DNA 钠盐时的光密度；OD_{260} 为 260 mm 波长处光密度读值。

（二）基因枪轰击技术

基因枪轰击技术，也称粒子轰击（particle bombardment, microprojectile bombardment, biolistics），是一种将载有外源 DNA 的钨（或金）等颗粒加速后射入细胞的物理方法。加速的动力或是通过火药爆炸（gunpowder），或是高压气体（high pressure gas），或是高压放电加在粒子上的瞬间冲量。最早由美国康奈尔（Cornel）大学研制出火药引爆的基因枪（Sanferd 等，1987）。

石太渊等（2003）利用基因枪轰击高粱幼穗愈伤组织，把 *Bt* 蛋白基因转移到体细胞中，在 20 mg/L 潮霉素选择培养基上筛选到抗性愈伤组织，并分化出 10 株再生植株。对经过潮霉素抗性筛选再生的绿色植株取叶片进行 GUS 活性分析。在 10 株再生植株中，GUS 阳性反应的 7 株，另 3 株无 GUS 表达。对 GUS 活性表达阳性的 7 株植株中，利用 PCR 和 Southern 杂交分析，6 株扩增出 0.6 kb 左右的 DNA 杂交信号带，说明 *Bt* 基因已整合到高粱基因组中。

在以基因枪法将 *Bt* 基因转移到高粱愈伤组织过程中，高效的组织培养和再生体系的建立是转基因成功的关键技术之一。在遗传转化过程中，应尽可能避免转基因的嵌合体现象，通过抗生素的浓度及培养时间，可以降低转基因的嵌合体频率。

卢庆善等（1999）总结了基因枪轰击技术的特点。一是无宿主限制，基因枪轰击技术没有物种限制，对单、双子叶植物都可应用，对动物、微生物等也适用；二是受体类型广泛，基因枪轰击技术可选用易于再生的受体，避免原生质体再生的困难。迄今为止，不仅原生质体、叶圆片，而且悬浮培养细胞，茎根的切段，以及种子胚、分生组织、幼穗、愈伤组织、花粉细胞、子房等几乎所有具有潜在分生能力的组织和细胞，均可用基因枪轰击技术进行遗传转化；三是可控度高，基因枪轰击技术可根据实际需要，采取高压气体或高压放电等有效控制，将带有 DNA 的金属颗粒摄入指定的细胞层，即感受态细胞或再生区细胞，这是提高转化效率的关键因素；四是操作方法简便，快捷。

（三）根癌农杆菌介导的高粱遗传转化体系

肖军等（2004）采用高粱幼穗培养诱导的愈伤组织与农杆菌共培养，实现了农杆菌介导的高粱遗传转化，并筛选得到了转基因再生植株。通过 PCR 和 Southern 杂交，均证实外源基因已导入和整合到植株体中。得到的部分转基因植株，通过抗虫鉴定证明具有很强的抗虫性。高粱遗传转化最佳预培养时间是 3~5 d，最适菌液浓度为 OD_{600} 为 0.5~0.7，共培养的培养基最佳 pH 值为 5.2~5.6，最适温度为 22~25 ℃，最佳共培养时间为 3 d。100 μmol/L 乙醇丁香酮对提高高粱愈伤组织遗传转化有显著效果。

1. 试材和方法

高粱保持系 622B，恢复系 0-30、115。取 1~3 cm 长的雄穗诱导愈伤组织。根癌农杆菌菌株 EHA105（含 pKUB 质粒），超双元载体 pKUB 含有新霉素磷酸转移酶（npt Ⅱ）基因、潮霉素磷酸转移酶（hph）基因及杀虫晶体蛋白基因 cry IAb 基因。

农杆菌介导 EHA105（pKUB）在 YEP 溶液培养基中 28 ℃振荡培养至 OD_{600} 为 0.5~0.7，4 ℃，4 000 r/min 离心收集菌体，再用 LS-inf 培养液洗涤收集菌体，最后将农杆菌悬浮于 LS-inf 中至 OD_{600} 为 0.5 左右。将新鲜的愈伤组织用 LS-inf 洗涤 1 次，然后浸入制备好的菌液中，振荡 30 s，放置 5 min。取出愈伤组织，用灭菌滤纸吸干表面菌液，置于培养基上，在 28 ℃黑暗条件下共培养 3 d，并设对照。

将共培养 3 d 的愈伤组织或转基因植株的叶片放到 X-GLUC 溶液中，37 ℃保温过夜，并观察愈伤组织和叶片的染色情况。之后将其移至 25 mg/L 潮霉素的 MS 继代培养基上培养 2 周，然后再经过 2~3 次 50 mg/L 潮霉素选择（每次 2~3 周）。选择培养基均加入 250 mg/L 羧苄青霉素，用于抑制农杆菌的生长。将选择的抗性愈伤组织转移到无潮霉素的 MS 培养基上恢复 2 周，再将愈伤组织移到分化培养基上，每天用 3 000 lx 的光强光照 16 h，待不定芽成苗，苗高 3~4 cm 时，将其转移到生根培养基上，诱发生根。

转基因植株检测时，采用 CTAB 法提取高粱叶片的 DNA，Southern 分子杂交时以未转化植株作负对照，质粒 DNA 作正对照，以 cry IAb 基因片段用同位素标记作为探针，Southern 杂交按《分子克隆》中的方法进行。

2. 农杆菌介导高粱遗传转化技术要点

用高粱幼穗诱导的愈伤组织与农杆菌共培养，成功地实现了农杆菌介导的高粱遗传转化，并筛选得到了转基因再生植株。在遗传转化中，建立高效的组织培养和再生体系是遗传转化成功的关键因素之一。在农杆菌介导的高粱遗传转化过程中，要经过农杆菌感染和抗生素持续筛选，这会大大降低愈伤组织的再生能力，因而建立高效的组织培养和再生体系，能为高效遗传转化提供保障。

农杆菌感染受体类型的选择是高粱遗传转化中又一重要因素之一。本研究利用幼穗愈伤组织获得了高频率的转基因植株，说明高粱幼穗愈伤组织是农杆菌的理想受体。高粱幼穗愈伤组织质地好，植株再生率高，研究发现越是旺盛分裂的遗传转化率越高。因此可以说，生命力旺盛的细胞是农杆菌感染转化的感受态细胞。愈伤组织脱水处理可提高转化率，在感染初期，由于植株细胞脱水而便于农杆菌侵入胞间，使农杆菌容易与感受细胞接触，促进细胞的信号感受。

单子叶植物，如高粱难于被农杆菌感染的主要原因是细胞内不能积累足够的酚类物质，从而很难激活农杆菌的侵染活力。乙酰丁香酮（AS）是遗传转化中常用的酚类化合物，是能激活农杆菌的诱导因子。本研究发现 100 μmol/L 乙酰丁香酮对提高高粱愈伤组织遗传转化率有非常显著的效果。

高粱遗传转化中最适预培养时间是 3~5 d，最适菌液浓度为 $OD_{600} = 0.5~0.7$，最佳共培养时间是 3 d，最佳 pH 值是 5.2~5.6，最佳温度为 22~25 ℃，这些都是高粱遗传转化的关键因素，有利于愈伤组织的生长和植株的再生。该研究得到的部分转基因植株，经抗虫鉴定证明具有很强的抗虫性。

二、高粱外源 DNA 导入选育技术

（一）转导外源 DNA 创造高粱新种质

杨立国等（2004）介绍了高粱转导含目的性状种质总 DNA 创造新种质的技术。1988 年，以高粱 ICS-12B 为受体，以具矮秆和早熟性的高粱品种 IS7518C 和具抗蚜性的 TAM428B 总 DNA 为供体，通过花粉管通道法进行转化处理，D_5 得到含有不同目的性状的稳定系 23 个。1992 年，为提高高粱籽粒的蛋白质和赖氨酸含量，以大豆辽豆 10 号为外源 DNA 供体，转导处理高粱 115、0-30、654 3 个恢复系，从 D_2 开始选择籽粒蛋白质和赖氨酸含量均高于对照（转导前受体）的个体组成下一代，2 个恢复系 D_4 的蛋白质和赖氨酸含量均高于对照，115 分别增加 7.82% 和 3.61%，0-30 分别增加 20.27% 和 8.34%。

1. 部分农艺性状和抗蚜性提高

鉴定 ICS-12B 转导后代的农艺性状和抗蚜性于 D_2 在田间进行，连续进行 3 次。转导后代的株高和熟期在 D_3 出现分离，于 D_4 趋向一致。到 D_5 时已得到带有不同目的性状的选系 23 个。部分带有 1~3 个目的性状的选系列于表 6-39。结果表明绝大多数转导系的株高都比对照降低 30 cm 以上，绝大部分选系比对照早熟，多数早 4~8 d，最早成熟的系较对照早 12 d。转导系抗蚜性十分显著，除 2 个选系为高感型（5 级）以外，其余都为高抗型（1 级），与抗性供体亲本 TAM428B 一样。

表 6-39 部分高粱 ICS-12B 转导后代目的性状两年表现均值（1992—1993）

选系号	世代	株高（cm）	半花期（d）	生育期（d）	抗蚜性[*]
3010	D_5	113	74	119	1
3011	D_5	110	76	121	1

选系号	世代	株高（cm）	半花期（d）	生育期（d）	抗蚜性*
3013	D_5	108	85	130	1
3016	D_5	109	80	125	1
3018	D_5	110	82	127	1
3019	D_5	109	84	129	1
3004	D_5	114	87	132	5
CK		143	86	131	5

*抗蚜性分为5个等级，1级为高抗，5级为高感。

（杨立国等，2004）

2. 籽粒品质改进

2项品质指标转导的后代，在D_2中115和0-30后代的蛋白质和赖氨酸含量均值都高于各自的对照（转导前受体），而654后代的这2项指标都低于对照（表6-40）。每个恢复系衍生的后代中蛋白质和赖氨酸含量的2个最高值均比各自的对照高。

表6-40　高粱转导后代籽粒蛋白质和赖氨酸含量

年份	世代	品系名称	蛋白质（%）			赖氨酸（%）			各世代中的最高值			
			群体均值	CK均值	比CK±（%）	群体均值	CK均值	比CK±（%）	蛋白质（%）	比CK±（%）	赖氨酸（%）	比CK±（%）
1993	D_2	115	11.45	10.61	7.92	0.26	0.23	10.17	11.97	12.82	0.27	14.41
		0-30	8.96	8.83	1.47	0.23	0.21	9.52	9.21	4.30	0.24	14.29
		654	10.73	11.35	-5.46	0.25	0.26	-3.85	11.41	0.53	0.27	3.85
1994	D_3	115	10.92	10.53	3.70	0.217	0.199	9.05	12.11	15.00	0.272	36.68
		0-30	7.52	7.28	3.30	0.261	0.282	-7.44	9.48	30.20	0.296	4.96
1995	D_4	115	11.28	10.46	7.82	0.255	0.246	3.61	14.07	34.51	0.366	36.59
		0-30	10.80	8.98	20.27	0.327	0.302	8.34	11.92	32.74	0.358	18.54

注：蛋白质和赖氨酸含量均为占籽粒干重的百分率，CK为未转导受体。

（杨立国等，2004）

1994年，从检测115和0-30的D_2中，选出蛋白质和赖氨酸含量均高的4个和1个单穗，晋代到D_3。结果115后代的蛋白质和赖氨酸平均含量都高于相应的对照，而0-30后代除蛋白质平均含量高于对照外，赖氨酸平均含量则低于对照。115后代中蛋白质和赖氨酸含量最高的单株比相应的对照分别增加15.0%和36.68%。0-30后代中蛋白质和赖氨酸含量最高的单株较相应对照分别增加30.2%和4.96%。

1995年，从115和0-30的D_3中分别选出5个和2个2项品质指标较高的单穗，晋代D_4。经过2代选择，115 D_4群体的蛋白质和赖氨酸含量均值分别比对照增加7.82%

和 3.61%，其中蛋白质和赖氨酸含量最高的单穗比各自对照分别增加 34.51% 和 36.59%。而 0-30 D_4 后代的蛋白质和赖氨酸含量均值比对照分别增加 20.27% 和 8.43%，其中 2 项品质指标最高的单穗比相应对照增加 32.74% 和 18.54%。从 2 个恢复系 D_4 单株样本蛋白质和赖氨酸含量的变异看，2 个品质性状的趋向一致，但还未完全稳定。而值得关注的是，115 和 0-30 D_4 中的几个 2 项指标同步增加的优良单株（穗），其蛋白质和赖氨酸比各自对照分别增加 24%~34% 和 9%~36%。

总之，研究表明外源总 DNA 转入法可以作为高粱种质资源创新的一项技术。其优点一是操作简便，易掌握；二是外源 DNA 既可用含目的基因的总 DNA，也可用分离的目的基因；三是缩短育种年限，一般农艺性状于 D_2 或 D_3，最迟于 D_4 便可选出带有目的性状的植株，并稳定遗传；四是可免去组织培养或选择载体等麻烦；五是改良由多基因控制的农艺性状较易成功；六是此法可产生大量的等基因系或近等基因系，为进一步识别和分离目的性状基因打下良好基础。该技术的缺点是转导后的 D_2 和 D_3 须有较大的群体以供选择，对外源总 DNA 的标记和监测比较困难。

（二）外源 DNA 导入选育高粱优良品系

石太渊等（1996）利用保持系 ICS12B 为受体，IS7518C（4-dwarf，生育期 115 d），BTAM428（抗高粱蚜和麦二叉蚜）和马丁 B（红色，大粒）为供体。采用胰蛋白酶法提取供体材料总 DNA，通过花粉管途径导入外源 DNA。将处理得到的种子种于大田，开花前按单株套袋自交，翌年混种于试验地，观察后代材料的表现，并选抗性好、农艺性状优的第三代、第四代后代材料继续观察，最终选出稳定的优良品系。

1989 年转导外源 DNA 的高粱 ICSB-12 得到了 209 粒种子，播种后得到第一代 165 棵植株，收后混合脱粒。1990 年第一代种子种成 30 行，出苗 713 株。在第二代中选出 2 棵抗蚜植株和 3 棵不抗蚜植株；第二代植株中没发现熟期差异。1991 年，在第三代植株中出现了熟期和株高分离，从中选出了 5 株抗蚜、株高比原亲本矮 20~30 cm、熟期提前 4~5 d 的植株；1 株不抗蚜、株高比原亲本矮 30 cm、熟期早 5 d 的植株。

1992 年，第四代株系比较整齐，个别株系熟期有分离，从中选出农艺性状好、不同熟期的 9 个株系。1993 年第五代材料已整齐、稳定，并得到 9 个优良品系（表 6-41）。选出的新品系比亲本早熟 5~16 d，株高降低 20~38 cm，其中 8 个品系抗蚜虫。其中最优选系经多次回交，现已转育成稳定的雄性不育系。

表 6-41　高粱转基因早熟品系的经济性状（1994）

品种	抗蚜性	株高（cm）	穗长（cm）	半开花期（月/日）	成熟期（月/日）
ICSB-12（对照）	不抗	140	33	8/1	9/7
ICSB-12-1	不抗	110	31	7/26	9/2
ICSB-12-2	抗	110	29	7/21	8/27
ICSB-12-3	抗	105	29	7/19	8/24

（续表）

品种	抗蚜性	株高 （cm）	穗长 （cm）	半开花期 （月/日）	成熟期 （月/日）
ICSB-12-4	抗	120	32	7/26	9/2
ICSB-12-5	抗	110	28	7/22	8/28
ICSB-12-6	抗	110	35	7/22	8/28
ICSB-12-7	抗	110	35	7/21	8/27
ICSB-12-8	抗	120	30	7/23	8/29
ICSB-12-9	抗	102	30	7/22	8/28

（石太渊等，1996）

总之，通过外源 DNA 转导技术结合定向选择，可以在 3~5 年内获得基本保持原品种性状的新品系。这种方法保持了原品种绝大多数性状，仅改良 1~2 个目标性状，如早熟性或降低株高等。在诸多变异性状中，熟期和株高变异的频率较高，较容易获得符合育种指标的类型，且后代的稳定性也好。因此，此技术可作为高粱常规育种的一种补充。

三、广谱抗病基因 *PYH*157 转导

石太渊等（2001）采用花粉管通道法，将广谱无毒抗病基因 *PYH* 转入高粱，获得了转基因植株。应用卡那霉素和高粱丝黑穗病菌鉴定及聚丙烯酰胺等电聚凝胶电泳蛋白质分析表明，广谱无毒抗病基因 *PYH*157 已整合到高粱基因组中，并能表达。高粱丝黑穗病菌田间接种筛选出 4 个中抗高粱丝黑穗病的转基因植株。

（一）转导操作

1. 外源基因导入

供试高粱品种 Tx622B，在开花授粉 2~3 h 内剪去柱头，向花柱截面滴注载有广谱无毒基因 *PYH*157 的重组质粒溶液。成熟后收获种子。

2. 转基因植株抗卡那霉素筛选

向 50 mL 三角瓶里加入 50 mL 卡那霉素溶液（100 μg/mL）和 50 粒转基因高粱种子，将三角瓶置于 28 ℃下培养，4 d 后每隔 2 d 加入 2 mL 卡那霉素，对照加水。到第 10 天检查高粱发芽、生长情况。

3. 转化植株高粱丝黑穗病鉴定

比正常播期提前 7 d 播种。穴播时，先在穴内播 6~7 粒种子，其上覆盖 100 g 0.8% 的菌土，要求覆盖严密，随后覆土，镇压。秋收前调查发病株数、总株数，计算发病率。

4. 转化植株聚丙烯酰胺等电聚凝胶电泳蛋白质检测

聚丙烯酰胺等电聚凝胶溶液配方：T = 7.5%，C = 3.0%，pH 值 3.5~9.5。电泳条件：上限电压 2 000V，上限电流 50 mA，功率 25W，时间 60 min，染色考玛斯亮蓝 R250。

（二）转化植株检测

1. 抗卡那霉素植株筛选

卡那霉素溶液对高粱种子发芽影响较小，当高粱芽长到 3 cm 左右时，已转化和未转化的高粱芽在形态上无差异，3 d 后未转化的高粱芽在卡那霉素溶液里停止生长，即抑制叶分化和根生长，相反转基因植株在卡那霉素里继续生长，并分化出叶，说明 *PYH*157 基因已转导到高粱里。根据这一现象，从 290 个株系中筛选出 20 个抗卡那霉素株系，其转化率为 6.8%。

2. 转基因植株抗丝黑穗病鉴定

经卡那霉素筛选出来的高粱株系在田间进行抗丝黑穗病鉴定，选出 4 个较抗丝黑穗病的株系，即 C_1、C_2、C_3 和 C_4，其丝黑穗病感病率明显低于对照亲本 Tx622B（表6-42）。

表6-42 转 *PYH*157 基因植株的高粱丝黑穗病试验

项目	对照品种 Tx662B	转基因植株			
		C_1	C_2	C_3	C_4
感病率（%）	50	23.8	22.2	26.7	20.8

（石太渊等，2001）

3. 转基因植株凝胶电泳蛋白质检测

对上述 4 个抗病的转基因植株，采用聚丙烯酰胺等电聚凝胶电泳检测蛋白质，其结果亲本对照与 4 个转基因植株间蛋白质带差异明显，而且 4 个转基因植株间蛋白质带也不一样。说明 *PYH*157 广谱无毒抗病基因已整合到高粱基因组里。

总之，利用花粉管通道法将广谱无毒抗病基因 *PYH*157 直接导入高粱体内，并得到了转基因植株。标记基因抗卡那霉素基因和目的基因抗病基因是连锁在一起的，是一个启动子。高粱对卡那霉素较敏感，其转化植株抗卡那霉素，说明转入的基因已表达。*PYH*157 抗病基因对包括高粱丝黑穗病菌在内的许多真菌都具抑制效应，新筛选出的转基因植株表现比亲本对照抗丝黑穗病。

四、抗虫 *Bt* 基因导入高粱

张明洲等（2002）以高粱幼穗愈伤组织为受体，在世界上第一次通过农杆菌介导法将杀虫晶体蛋白基因 *cry IAb* 导入高粱保持系 ICS21B，恢复系 115 和 5-27，共获得 21 个独立转基因细胞系，52 个转基因植株，平均转化率为 1.9%。经 GUS 活性、PCR、Southern 杂交分析表明，该基因已整合到高粱基因组中。Bt 蛋白测定表明，*cry IAb* 基因能在转基因植株中表达，但不同转基因植株及不同组织间表达量有所不同。室内接虫试验表明，转基因高粱对螟虫有一定的抗性。

（一）试材

1. 受体材料

研究选用能高频再生的高粱品种 5-27、115、9198、R_{011}、21B、ICS21B 作受体材料，以其幼穗诱导产生的愈伤组织作为农杆菌介导转化的起始材料。

2. 农杆菌菌株及质粒

农杆菌菌株为EHA105，内含pKUB质粒。该质粒含有npt Ⅱ、hph、gus和密码子优化的cry1Ab基因。pKUB双元载体T-DNA区结构与cry 1Ab基因编码区部分限制酶酶切位点如图6-3所示。

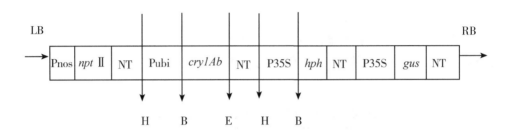

图6-3　用于高粱转化的农杆菌中 pKUB 双元载体 T-DNA 区结构

Pnos：胭脂碱合成酶启动子；Pubi：ubiquitin启动子；P35S：CaMV35S启动子；
npt Ⅱ：新酶素磷酸转移酶基因；hph：潮霉素磷酸转移酶基因；LB：左边界；
RB：右边界；H：Hin dⅢ；B：Bam HI；E：EcoRI。

（张明洲等，2002）

（二）转化技术优化和转 cry 1Ab 基因高粱植株的获得

通过对共培养后转化受体的筛选条件和抗性愈伤组织分化培养基进行优化，从而为最终获得cry 1Ab基因高粱植株建立起最佳转化体系。

1. 筛选策略对转化效率的影响

结果见表6-43。比较不同的筛选策略表明，恢复培养2 d和光进行1周的低压筛选（策略Ⅰ、Ⅲ与Ⅱ比较）有利于抗潮霉素愈伤组织的获得和稳定转化率的提高，约1倍；缩短筛选培养的继代时间（策略Ⅲ与Ⅰ、Ⅱ比较），也可大幅提高稳定转化率。从最终获得转基因植株看，策略Ⅲ的稳定转化率分别是策略Ⅰ和策略Ⅱ的2倍和4倍，可能是由于缩短继代时间可维持一个相对稳定的选择压和为抗性愈伤组织的生长提供充足的营养，同时可减轻愈伤组织产生的酚类色素的毒害。

表6-43　抗性愈伤组织的筛选策略对高粱品种115转化效率的影响

筛选策略	愈伤组织总数	抗潮霉素愈伤组织数[a]	抗潮霉素愈伤组织数[b]	转基因细胞系数	转基因植株数[d]	稳定转化率（%）		
						A[e]	B[f]	C[g]
Ⅰ	102	60	39	4	9	58.8	38.2	3.9
Ⅱ	75	28	11	1	1	37.3	14.7	1.3
Ⅲ	80	54	47	8	30	67.5	58.8	10.0

（续表）

筛选策略	愈伤组织总数	抗潮霉素愈伤组织数[a]	抗潮霉素愈伤组织数[b]	转基因细胞系数	转基因植株数[d]	稳定转化率（%）		
						A[e]	B[f]	C[g]
总数	257	142	97	13	40	55.3	37.7	5.1

注：[a]经2轮（6周）筛选后获得的抗潮霉素愈伤组织数；

[b]经第3轮（2周）筛选后获得的抗潮霉素愈伤组织数；

[c]指能再生出转基因植株的愈伤组织数；

[d]经 GUS 组织化学染色或 PCR 检测为阳性的再生植株；

[e]经2轮（6周）筛选后抗潮霉素愈伤组织数占愈伤组织总数的百分率；

[f]第3轮（2周）筛选后抗潮霉素愈伤组织数占愈伤组织总数的百分率；

[g]转基因细胞系数占愈伤组织总数的百分率。

（张明洲等，2002）

2. 分化培养基对抗性愈伤组织再生出苗的影响

对羧苄青霉素用于农杆菌介导转化的抑菌抗生素时，常表现出植物生长激素类似物的效应，对植物组织的生长尤其是分化产生一定的反向作用，因此对分化培养基中植物激素和羧苄青霉素作适当调整。本研究将抗性愈伤组织转接到添加 250 mg/L 羧苄青霉素和 0.175 mg/L KT 的分化培养基上进行培养后，观察到抗性愈伤组织长根但不出苗。同时考虑到抗性愈伤组织经过长期筛选培养，绝大多数农杆菌已被杀灭，因而可适当降低羧苄青霉素的浓度而提高激动素的浓度。从表6-44 的结果看，随着培养基中 KT 浓度的提高和羧苄青霉素的降低，分化出苗率逐渐上升，当 KT 浓度为 0.35 mg/L、羧苄青霉素为 125 mg/L 时，分化出苗率达最高。之后，KT 浓度的提高并不能使分化出苗率升高，反而有一定抑制作用。

表6-44 羧苄青霉素和 KT 对抗潮霉素愈伤组织分化率的影响

基因型	KT 浓度（mg/L）	羧苄青霉素浓度（mg/L）					
		125			250		
		抗潮霉素愈伤组织数	分化出苗愈伤组织数	分化出苗率[a]（%）	抗潮霉素愈伤组织数	分化出苗愈伤组织数	分化出苗率[a]（%）
5-27	0.175	20	1	5	7	0	0
	0.35	22	7	31.8	15	1	6.7
	0.7	18	4	22.2	11	2	18.2
115	0.175	16	2	12.5	11	1	9.1
	0.35	17	6	35.3	15	2	13.3
	0.7	20	7	35.0	18	4	22.2
ICS21B	0.175	9	1	11.1	6	0	0
	0.35	9	3	33.3	—	—	—
	0.7	6	1	16.7	—	—	—

注：[a]能分化出苗的愈伤组织数占抗潮霉素愈伤组织数的百分率；

—表示该项未做。

（张明洲等，2002）

3. 转 *cry 1Ab* 基因高粱植株

取良好生长的高粱恢复系 115、5-27、R$_{011}$ 和保持系 ICS21B、21B 的幼穗诱导愈伤组织，转接至预培养基上预培养 3 d，大部分愈伤组织在共培养期中生长旺盛，颜色鲜嫩，而且看不到农杆菌过度繁殖。有部分愈伤组织生长缓慢，颜色暗淡，表面农杆菌较多，有的变褐枯死。取部分与农杆菌共培养后的愈伤组织进行 *gus* 基因瞬时表达分析，发现不同基因型间略有差异，115 的 *gus* 基因瞬时表达率最高，为 64.9%；9198 最低，为 43.6%；恢复系与保持系差异不大，保持系平均为 57.1%（表 6-45）。

表 6-45　农杆菌介导转化高粱的转化效率

类型	基因型	*gus* 基因瞬时表达率（%）			稳定转化率（%）					
		愈伤组织数	GUS+愈伤组织数[a]	瞬时表达率（%）	愈伤组织总数	抗潮霉素愈伤组织数[c]	转基因细胞系数	转基因植株数[d]	稳定转化率 A[e]（%）	稳定转化率 B[f]（%）
恢复系	5-27	34	21	61.8	492	93	9	5	18.9	0.6
	115	37	24	64.9	257	97	13	40	37.7	5.1
	9198	23	10	43.6	98	13	0	0	13.3	0
	R$_{011}$	33	20	60.7	72	11	0	0	15.3	0
	总和	127	75	59.1	919	214	16	45	23.3	1.7
保持系	ICS21B	25	15	59.9	135	30	5	7	22.2	3.7
	21B	24	13	54.2	78	9	0	0	11.5	0
	总和	49	28	57.1	213	39	5	7	18.3	2.3
	总数	176	103	58.5	1132	253	21	52	22.3	1.9

注：[a] 农杆菌共培养 3 d 后经 GUS 组织化学染色呈蓝色的愈伤组织数；

[b] GUS+愈伤组织数占愈伤组织总数的百分率；

[c] 经 3 轮筛选后获得的抗潮霉素愈伤组织数；

[d] 经 GUS 组织化学染色或 PCR 检测为阳性的再生植株；

[e] 抗潮霉素愈伤组织数占总数的百分率；

[f] 转基因细胞系数（能再生出转基因植株的抗潮霉素愈伤组织数）占愈伤组织总数的百分率。

（张明洲等，2004）

共培养 3 d 后的愈伤组织转入筛选培养，按策略Ⅲ进行选择培养，经 3 轮筛选后统计抗潮霉素愈伤组织数，结果表明不同基因型间差异明显，其中 21B 只有 11.5% 可产生抗性愈伤组织，而恢复系 115 有 37.7% 可产生抗性愈伤组织（见表 6-45 稳定转化率 A）。

将筛选获得的抗性愈伤组织转入分化培养基再生幼苗，并统计最后的转化率，其中有 5-27、115 和 ICS21B 可以分化获得转基因植株，最高转化率为 5.1%（见表 6-45 稳定转化率 B）。本研究不同基因型幼穗培养诱导愈伤组织的转化率有明显差异，这可能与不同基因型转化受体自身的生长和生理状态不同有关。本研究共获得 21 个独立的转基因细胞系，52 棵转基因植株。

本研究获得的 R_0 代转基因高粱植株经 GUS 活性分析、PCR 分析和 Southern 杂交检测表明，外源基因已整合到转基因植株的基因组 DNA 里。但是，在对转基因植株 GUS 活性和总 DNA PCR 分析时，发现某些植株检测不到 *cry 1Ab* 基因的整合，而另一些转基因植株可以检测到 *cry 1Ab* 基因的整合，但没有 GUS 活性表达。这说明处于 T-DNA 上的 *gus* 基因、*cry 1Ab* 基因在某些转基因株系中并非同时整合，可能发生了 T-DNA 的不完全整合，重排，或可能发生 *gus* 基因沉默。

转基因植株中 *cry 1Ab* 基因表达产物——Bt 蛋白含量的测定结果进一步证明，外源基因 *cry 1Ab* 基因已整合入某些转基因高粱植株，且能正常表达，但在表达强度上存在一定差异；同时还发现某些转基因植株虽可检测到 GUS 活性表达，和 *cry 1Ab* 基因的整合，但 Bt 蛋白表达量较低，或检测不到 Bt 蛋白的表达，这可能与基因的沉默现象有关。在高粱转基因研究中，Casas 等（1993，1997）和 Emani 等（2002）报道了 *gus A* 基因沉默现象的发生，Zhu 等（1998）看到了几丁质酶基因在转基因植株当代的不通过发育时期及某些转基因后代发生基因沉默的现象。本研究转基因植株室内离体抗虫性生物测定结果表明，部分转基因植株对大螟有一定的抗性，与 Bt 蛋白表达测定结果是一致的（表 6-46）。

4. 总结

本研究以高粱幼穗诱导产生的愈伤组织为转化起始材料，通过与农杆菌共培养，将 Bt 抗虫基因 *cry 1Ab* 导入高粱恢复系 115、5-27 和保持系 ICS21B 中，从 21 个独立转基因细胞系筛选获得了 52 株转基因株。稳定转化率平均约 1.9%，稍低于 Zhao（2000）报道的 2.1%，高于 Casas 等（1993，1997）报道的 1.7%、Zhu 等（1998）报道的 1.4%。

在农杆菌介导的遗传转化中，组织培养技术和高频再生体系是转化成功与否的关键因素。在对高粱幼穗愈伤组织的再生体系及农杆菌介导转化条件研究中，已得出了高频再生体系和最佳转化条件。由于农杆菌是一种植物病原菌，植株受体与农杆菌共培养后受到某种程度的伤害，因而影响了其生长和再生；而且共培养后，植株受体要置于一定浓度抗生素的培养基上进行筛选和分化培养，这也在一定程度上降低了其再生能力。因此，有必要对与农杆菌共培养后的高粱幼穗愈伤组织的筛选策略和分化培养基进行优化，以弥补由于农杆菌侵染和一定选择压引起的转化受体再生能力的下降。

共培养后，何时引入选择压，一般要依据不同转化方法，不同外植体种类等确定。共培养后即刻引入高选择压的筛选培养，转化了的植株细胞往往来不及恢复生长状态，同时抗性基因未来得及充分表达，容易被选择试剂抑制或杀死；而过迟引入选择压，未转化的细胞则有可能未经选择试剂筛选而"逃逸"，容易造成嵌合体现象或"假两性"。本研究在比较了不同策略（表 6-43）后，认为共培养后进行 2 d 的恢复培养和为期 1 周的低压选择（潮霉素浓度为 25 mg/L），然后进入 2~3 轮的高压筛选，稳定转化率最高。

表6-46 转基因高粱植株对大螟（Sesamia inferens）抗性的生物离体测定

株系	GUS	PCR	Bt	平均累计食叶面积（mm²/幼虫）					幼虫平均死亡率（%）				
				2 d	4 d	6 d	8 d	10 d	2 d	4 d	6 d	8 d	10 d
115（CK）	—	—	—	17.2	58.4	80.7	130.7	205	0	0	0	0	0
SR4	+	+	+	11.8	26.9	44.7	79.4	121.7（40.6）[a]	0	0	0	0	0
SR5	+	+	+	18.7	33.0	51.3	81.5	135.3（34.0）	0	0	0	0	0
SR6	+	+	—	15.2	35.2	45.6	90	160.5（21.7）	0	0		0	0
SR7	+	+	+	16.2	41.3	72	107.7	168.8（17.7）	0	0	0	0	0
SR16	+	+	+	7.5	19.7	42	64.7	108.3（47.2）	0	0	0	20	20
SR17	+	+	+	15.3	14.9	60.2	88.1	122（40.5）	0	0	0	0	0
SR18	+	+	+	14.1	32.2	61.3	81.6	101（50.7）	0	0	0	0	0
SR19	+	+	+	9.5	33.3	60.5	77.8	100.7（50.9）	0	0	0	0	0
SR20	+	+	+	7.5	19.5	45.2	56.7	70.4（65.7）	0	0	16.7	16.7	16.7
SR21	+	+	+	13.8	30.0	58.8	80	103.6（49.5）	0	0	0	0	0
SR22	+	+	+	7.9	25.0	40.5	49.8	82（60）	0	0	20	20	40
SR24	+	+	+	15.7	39.2	69.7	96.4	122.5（40.7）	0	0	0	0	0
SR25	+	+	+	13.0	29.3	41.5	63.2	88.8（56.7）	0	16.7	33.3	33.3	33.3
SR26	—	+	+	8.8	17.4	31	46.1	81.2（60.4）	0	16.7	16.7	16.7	16.7

GUS：表示GUS活性染色结果；PCR：表示cry 1Ab基因PCR扩增结果；Bt：表示Bt蛋白测定结果。

[a]第10天时平均累计食叶面积下降率（%）。

（张明洲等，2002）

第三节　分子标记辅助选择技术

一、分子标记基础研究

分子标记，也称 DNA 标记，是遗传标记的一种，即表示在分子水平上的遗传标记。近些年来，分子标记在植物遗传研究和育种中的应用十分广泛，尤其对解决农作物许多重要经济性状，多基因控制的数量性状的遗传改良有望发挥重大作用，即所谓分子标记辅助育种技术。

（一）高粱 DNA 提取纯化方法及 RAPD 反应条件

李玥莹等（2001）以高粱叶片为试材，采取 4 种方法提取 DNA，比较后选择高粱 DNA 提取纯化的最佳方法，并对高粱 RAPD 反应条件开展研究，建立起适合高粱 RAPD 分析的最佳反应系统。

1. 提取方法

（1）CTAB-I 法　在 5 mL 离心管中加入预热的 1×CTAB 提取缓冲液 3.5 mL，在 65 ℃水浴中保温 30~40 min，其间摇动 2 次。取出后加入等体积氯仿：异戊醇（24：1）抽取 1 次，在室温下以 10 000~12 000 r/min 分相。取上清液加 2 倍的无水乙醇，1/10 体积的醋酸钠，在-20 ℃冰箱沉淀 30~60 min，在 12 000~15 000 r/min 离心 10 min，沉淀用 75%乙醇洗 2~3 次，吹干后加 TE 溶解。

（2）CTAB-II 法　采用 2×CTAB 提取缓冲液提取在 65 ℃水浴中保温 30~40 min，之后加入等体积氯仿：异戊醇（24：1）抽提 2 次，取上清液加入 2/3 倍体积的预冷异丙醇，混匀，室温下放置 15~30 min，12 000 r/min 离心 10 min，沉淀用 75%乙醇洗 2~3 次，吹干后加 TE 溶解。

（3）SDS-I 法　在离心管里加入 SDS 提取缓冲液，于 65 ℃保温 15~30 min，加入 1/10 体积的酚，加入等体积氯仿，轻摇，离心（10 000~12 000 r/min），取上清液加等体积氯仿，轻摇，离心，可重复几次直至界面清晰为止。加 2/3 体积预冷异丙醇沉淀 DNA。在 12 000~15 000 r/min 离心后，沉淀用 75%乙醇冲洗 2~3 次，吹干溶于 TE 中。

（4）SDS-II 法　用 SDS 提取缓冲液提取之后，加入等体积氯仿抽提，之后上清液用等体积的苯酚：氯仿：异戊醇（25：24：1）抽提 1 次，用无水乙醇沉淀，沉淀用 70%乙醇冲洗 2~3 次，干燥，溶于 TE 中。

向上述各法提取的 DNA 中加入 RNAase 贮液 5 mL，37 ℃下保温 30 min，加入 1/10 体积 3 mol/L 醋酸钠，2 倍体积的无水乙醇-20 ℃沉淀 30~60 min 或过夜，12 000~15 000 r/min 离心 10 min，沉淀用 75%乙醇冲洗，干燥后用 TE 溶解，-20 ℃保存。

2. 不同提取方法的 DNA 纯度和性质比较

用上述 4 种方法提取的 DNA 琼脂糖凝胶电泳结果表明，2 个试材 4 种方法的提取物均是一条清晰的条带，基本无降解现象。用 CTAB-II 法和 SDS-I 法提取高粱叶片的 DNA 均是质量较高的 DNA，纯度合格。CTAB-I 法和 SDS-II 法提取的回收率明显低于上述 2 种方法，且其纯度较前 2 种方法的差（表 6-47）。

表 6-47　4 种方法提取 DNA 的效果比较

材料	方法	A_{230}	A_{260}	A_{280}	A_{260}/A_{230}	A_{260}/A_{280}	DNA 回收率 （μg/g）
BTAM428	CTAB-Ⅰ	0.865	1.479	0.817	1.71	1.81	739.5
	CTAB-Ⅱ	0.717	1.312	0.596	1.83	2.20	820.0
	SDS-Ⅰ	0.916	1.703	0.725	1.86	2.35	851.5
	SDS-Ⅱ	0.815	1.361	0.778	1.67	1.75	680.5
ICS-12B	CTAB-Ⅰ	0.694	1.215	0.633	1.75	1.92	607.5
	CTAB-Ⅱ	0.829	1.567	0.578	1.89	2.71	783.5
	SDS-Ⅰ	0.761	1.484	0.642	1.95	2.31	742.0
	SDS-Ⅱ	0.778	1.362	0.769	1.75	1.77	681.0

（李玥莹等，2001）

（二）高粱 RAPD 反应体系的建立

PCR 扩增涉及的反应因子多，对反应条件敏感，任何一种反应因子设量不当都会影响整个扩增反应过程，或者改变带型。因此，对不同研究对象，不同反应仪器，须系统探索其最佳反应条件，优化反应体系。本研究确定的高粱叶片 DNARAPD 最佳反应条件是，在反应总体积为 25 μL 中，含 1 倍扩增缓冲液，1.5 U Taq 酶、50ng 的模板 DNA，100 μmol/L 的 dNTPs，0.4 μmol/L 引物，上覆矿物油。反应循环参数为：94 ℃预变性 3 min→（94 ℃ 20 s→38 ℃ 30 min→72 ℃ 1 min）35 个循环→72 ℃ 10 min。仅反应在 PE 9600 型 DNA 扩增仪上进行。

（三）RAPD 标记在高粱基因组分析中应用

Saiki 等（1988）提出的聚合酶链式反应（PCR），又称无细胞分子克隆法，发展成为检测 DNA 多态性的新方法。在此基础上建立的分子标记被 Williams（1990）定义为随机扩增的 DNA 多态性（RAPD）。RAPD 分子标记是以随机的脱氧核苷酸作为 PCR 反应引物，对基因组 DNA 进行扩增产生能显示多态性的 DNA 指纹图谱。这个过程操作简便、快速，只需少量 DNA 即能完成。

林凤等（1999）研究了 RAPD 标记在高粱基因组分析中的可行性。结果显示，Mg^{2+}、酶和引物浓度是优化 PCR 反应的重要参数。经 22 个引物对高粱基因型 IS3620C 和 BTx623 及其杂交 F_8 的 120 株后代个体的 DNA 进行 PCR 扩增，在获得的 55 个 RAPD 标记中，有 42 个标记定位于已存在的 RFLP 高粱遗传图谱中。表明 RAPD 标记可以稳定遗传。

1. 最佳扩增条件

研究确定的 RAPD 最佳扩增条件是：每 15 μL PCR 反应液中含 10 倍扩增缓冲液 1.5 μL，$MgCl_2$ 2.5 mmol/L，dATP、dTTP、dGTP 各 0.1 mmol/L，dCTP 16.7 mmol/L，[32]PdCTP 10.6 μmol/L，引物 1.5 μmol/L，Taq 酶 0.375 μmol/L 及 10ng 模板 DNA，0.1%Triton-100。

2. 基因组分析及 RAPD 标记的稳定性

本研究所用的 22 个引物序列及扩增 DNA 片段的数量为 1~5 条。120 份 F$_8$ DNA 样品共扩增产生了 55 个 RAPD 多态性标记。统计时对 120 份材料在相同位置上的 DNA 片段进行鉴别，出现标记带的记为 1，无标记带的记为 0，使用 Mapmark 程序，将其中 42 个 RAPD 标记定位于高粱 RFLP 遗传连锁图上，这些标记分布于高粱 RFLP 连锁图的 9 个连锁群里（表 6-48）。

表 6-48　22 种随机引物序列及其在亲本和 F$_8$ 代扩增产生的最大多态带数

引物名称	引物序列	最大多态带数
OPA-13	CAGCACCCAC	2
OPA-20	GTTGOGATCC	3
OPB-07	GGTGACGCAG	2
OPB-10	CTGCTGGGAC	2
OPC-09	CTCACCGGTG	1
OPC-20	ACTTCGCCAC	2
OPD-03	TCTGGTGAGG	4
OPD-07	TTGGCACGGG	3
OPD-14	CTTCCCCAAG	3
OPF-08	AGGGCGTAAG	2
OPG-10	GAGAGCCAAC	2
OPP-16	CCAAGCTGCC	3
OPS-20	TCTGGACGGA	3
OPV-03	CTATGCCGAC	3
OPV-16	CTGCGCTGGA	3
OPW-06	AGGCCCGATG	2
OPW-08	GACTGCCTCT	3
OPW-09	GTGACCGAGT	4
OPW-11	CTGATGOGTG	2
OPX-01	CTGGGCACGA	2
OPX-15	CAGACAAGCC	2
OPAW20	不详	2

（林凤等，1999）

分别取基因型 BTx623 和 IS3620C 的 2 个幼苗基因组 DNA 为模板 DNA，采用 10 个引物进行 PCR 扩增。结果表明亲本扩增出的 DNA 谱带总能分别在 F$_8$ 代中找到（表 6-48）。说明 RAPD 标记可以稳定遗传。

二、高粱抗病虫分子标记

(一) 高粱抗丝黑穗病基因分子标记

邹剑秋等 (2010) 采用 SSR 技术, 应用分离群体分组分析法, 对恢复系分离群体 (2381R/矮四) 和保持系群体 (Tx622B/7050B) 筛选抗丝黑穗病菌 3 号生理小种基因的分子标记。结果表明, 高粱对丝黑穗病菌 3 号生理小种的抗性为质量性状遗传, 抗性为显性, 只要亲本之一为抗性, F_1 代即表现抗病。

研究发现了 2 个在抗病品系中稳定出现、可作为高粱抗丝黑穗病菌 3 号生理小种基因标记应用的 SSR 标记: Xtxp13 和 Xtxp145。Xtxp13 位于 B 染色体上, Xtxp145 位于 I 染色体上, 与抗病基因的重组率分别为 9.6% 和 10.4%, 距抗病基因的遗传图距分别约为 9.6 cM 和 10.4 cM。

1. 高粱抗丝黑穗病菌 3 号生理小种抗性基因分子标记

用 109 对 SSR 引物对 2 组 F_2 群体进行 SSR 分析, 其中 94 对引物扩增出产物, 15 对未扩增出产物, 多数引物扩增出 5 条以上谱带, 最多的扩增出 10 多条谱带 (图 6-4、图 6-5)。

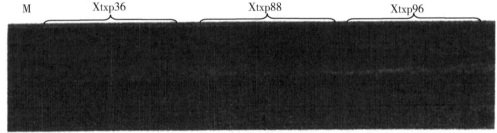

抗亲 1 (2, 18), 感亲 1 (3, 19), 抗亲 2 (4, 20), 感亲 2 (5, 21), 抗池 1 (6, 22), 感池 1 (7, 23), 抗池 2 (8, 24), 感池 2 (9, 25); M: Marker 100 bp ladder (1) (最大片段为 1 500 bp)。

图 6-4　引物 Xtxp36、Xtxp88、Xtxp96 的 SSR 图谱

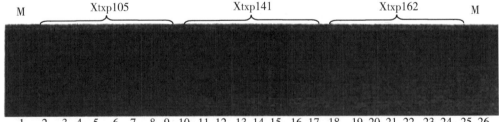

抗亲 1 (2, 10, 18), 感亲 1 (3, 11, 19), 抗亲 2 (4, 12, 20), 感亲 2 (5, 13, 21), 抗池 1 (6, 14, 22), 感池 1 (7, 15, 23), 抗池 2 (8, 16, 24), 感池 2 (9, 17, 25): Marker 100 bp ladder (1, 26) (最大片段为 1 500 bp)。

图 6-5　引物 Xtxp105、Xtxp141、Xtxp162 的 SSR 图谱

(邹剑秋等, 2010)

在图6-4中，引物Xtxp88未显示出扩增产物；引物Xtxp36和Xtxp96的谱带明显不同，Xtxp96扩增出的抗亲2与感亲2谱带有几处差异，但抗池2与感池2无差异。在图6-5中，3对引物扩增的产物各不相同，Xtxp105与Xtxp162的扩增产物无DNA片段多态性；引物Xtxp141抗亲1和感亲1扩增产物有差异，抗亲2与感亲2扩增产物也有差异，且与抗亲1、感亲1的差异相似，2个群体的抗池与感池之间均无片段多态性。

2. 高粱抗丝黑穗病基因SSR多态性标记

多态性标记结果表明，在109对引物中，只有引物Xtxp3、Xtxp13和Xtxp145在亲本间和基因池间具有多态性，扩增结果见图6-6。引物Xtxp3扩增显示，抗亲2在230 bp处有带，在200 bp处无带，而感亲2在200 bp处有带，在230 bp处无带。抗池2在230 bp处有带，在200 bp处有弱带，感池2在200 bp处有带，在230 bp处无带。引物Xtxp13对群体2的扩增结果显示，抗亲2在130 bp处有带，在120 bp处有弱带，感亲2在120 bp处有带，在130 bp处无带。抗池2在130 bp处有带，有120 bp处有弱带，感池2在120 bp处有带，在130 bp处无带。因此，认为Xtxp3和Xtxp13引物在群体2中可能存在DNA扩增片段的多态性。

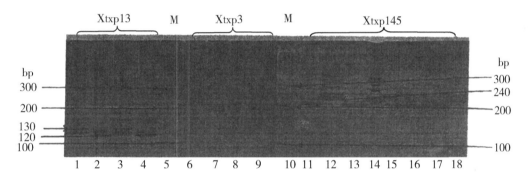

Xtxp13：抗亲2（1），感亲2（2），抗池2（3），感池2（4）；Xtxp3：抗亲2（6），感亲2（7），抗池2（8），感池2（9）；Xtxp145：抗亲1（11），感亲1（12），抗亲2（13），感亲2（14），抗池1（15），感池1（16），抗池2（17），Marker 100 bp ladder（5，10）（最大片段为1 500 bp）。

图6-6　引物Xtxp13、Xtxp3、Xtxp145 SSR图谱

（邹剑秋等，2010）

引物Xtxp145扩增出的群体1的抗亲1与感亲1之间、及群体2的抗亲2与感亲2之间均具有扩增片段多态性。抗亲1和抗亲2在220 bp处有带，感亲1和感亲2在220 bp处无带，但在240 bp处有带。抗池1与感池1之间无差异。抗池2在220 bp处有带，感池2在220 bp处无带，但在240 bp处有带，抗池2与感池2之间的差异与抗亲2与感亲2之间的差异一致。据此可初步确定引物Xtxp145在群体2中存在DNA扩增片段的多态性。

高粱抗丝黑穗病基因SSR多态性标记的连锁性分析，用引物Xtxp3、Xtxp13和Xtxp145对群体2的F_2个体DNA进行扩增。引物Xtxp3对群体2的F_2个体中75个抗病植株和33个感病植株验证结果见表6-49。引物Xtxp3扩增产物的重组率较高，为

20.6%，表明该DNA片段与抗病基因遗传距离较远。而且，该多态性谱带较弱，不易识别，因此不宜作为抗病基因的分子标记。

表6-49 Xtxp3扩增片段多态性在F_2代中的共分离分析

F_2	株数	多态片段			重组率（%）
		有	无	不清晰	
抗丝黑穗病	75	59	15	2	20.6
感丝黑穗病	33	6	23	3	

（邹剑秋等，2010）

引物Xtxp13对群体2的F_2个体中的75个抗病植株和33个感病植株验证结果列于表6-50中。结果表明引物Xtxp13扩增产物与抗病基因的重组率为9.6%，表明该DNA片段与抗病基因遗传距离较近，连锁紧密，因此可作为高粱抗病基因分子标记。

表6-50 Xtxp13扩增片段多态性在F_2代中的共分离分析

F_2	株数	多态片段			重组率（%）
		有	无	不清晰	
抗丝黑穗病	75	67	6	2	9.6
感丝黑穗病	33	4	27	2	

（邹剑秋等，2010）

引物Xtxp145对群体2的F_2个体中的75个抗病植株和33个感病植株验证结果列于表6-51中。表明引物Xtxp145扩增产物多态性谱带清晰，重组率为10.4%，说明该DNA片段与抗病基因也较近，也可以作为高粱抗丝黑穗病菌3号生理小种基因的分子标记。

表6-51 Xtxp145扩增片段多态性在F_2代中的共分离分析

F_2	株数	多态片段			重组率（%）
		有	无	不清晰	
抗丝黑穗病	75	67	7	1	10.4
感丝黑穗病	33	4	28	1	

（邹剑秋等，2010）

总之，本研究得到的具有扩增片段多态性引物Xtxp13和Xtxp145，其扩增片段多态性均出现在保持系群体（群体2）中，在恢复系群体（群体1）中尚未发现扩增片段多态性。说明高粱抗丝黑穗病基因的分子标记较易在保持系群体中找到，在恢复系群体中不易找到，表明恢复系与保持系在抗病性机制上可能存在差异。

（二）高粱抗蚜基因分子标记

李玥莹等（2003）采用BSA法，应用RAPD技术筛选500个随机引物，共扩增出

1 614条 DNA 谱带，其中有 OPA－01、OPP－09、OPP－14、OPH－19、OPN－08、OPN-07、OPN-20、OPY-14、OPS-20、OPJ-06 10 个引物在抗感池间扩增出多态性谱带。分析表明，在 132 株后代中，$OPN－07_{727}$ 有 4 株重组，$OPN－08_{373}$ 有 8 株重组，$OPY14_{600}$ 有 12 株重组，其重组率分别为 3.0%、6.1% 和 9.1%。换算成图距单位分别为 3.2 cM、6.5 cM 和 11.7 cM。其中 $OPN－08_{373}$、$OPN－07_{727}$ 与抗蚜基因紧密连锁。

将这 2 个引物扩增出的 RAPD 片段回放、纯化、克隆、测序。结果表明 2 个片段长分别为 727 bp 和 373 bp。将这 2 个标记命名为 $OPN－07_{727}$ 和 $OPN－08_{373}$。根据测序结果设计 2 对特异性引物，进行特异性扩增，将 RAPD 标记成功地转化为 SCAR 标记。同时构建了抗蚜基因连锁群。

1. 高粱抗蚜基因的 RAPD 多态性标记

以 F_2 抗、感分离群体的近等基因池及抗亲、感亲的 DNA 为模板进行 RAPD 分析，经多次重复筛选出具稳定多态性的引物 $OPA－01_{400}$、$OPH－19_{1\,500}$、$OPJ－06_{800}$、$OPN－07_{727}$、$OPN－08_{373}$、$OPN－20_{800}$、$OPS－20_{800}$、$OPP－09_{1\,800}$、$OPP－14_{500}$、$OPY－14_{600}$ 共 10 个引物（表6-52）。

表 6-52　具有稳定多态性的 RAPD 引物及多态性片段的大小

引物	多态性片段（bp）	引物	多态性片段（bp）
OPA－01	400	OPN－07	727
OPJ－06	800	OPN－08	373
OPH－19	1 500	OPN－20	800
OPP－09	1 800	OPS－20	800
OPY－14	600	OPP－14	500

（李玥莹等，2003）

多态性片段扩增见图 6-7、图 6-8。图 6-7 是 OPN-07 和 OPN-08 2 个引物的多态性扩增图谱，1~4 是以 OPN-07 为引物，分别以抗亲、感亲、感池、抗池的 DNA 库为模板扩增的产物情况，其中抗亲（1）、抗池（4）比感亲（2）、感池（3）多扩增出 1 条谱带。根据 Marker 指示，在 700 bp 左右。5~8 号带是以 OPN-08 为引物扩增的产物

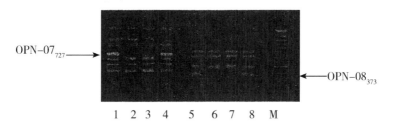

图 6-7　OPN-07、OPN-08 对抗蚜基因的多态性扩增片段

BTAM428（1，5），ICS-12B（2，6），抗池（4，8），感池（3，7），

M（100 bp DNA ladder plus markers）

情况，其中抗亲（5）、抗池（8）比感亲（6）、感池（7）多扩增出一条谱带，在300 bp左右。

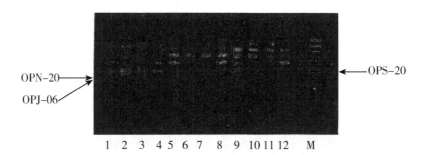

图6-8 OPN-20、OPJ-06、OPS-20 对抗蚜基因的多态性扩增片段

BTAM428（1，5，9），ICS-12B（2，6，10），抗池（4，8，12），感池（3，7，11），M（100 bp DNA ladder Plus markers）

（李玥莹等，2003）

图6-8是OPN-20、OPJ-06、OPS-20 3个引物的多态性扩增图谱。L1~4号带为OPN-20引物扩增的产物情况，其中抗亲（1）、抗池（4）比感亲（2）、感池（3）多扩增出一条谱带。根据Marker指示，在800 bp左右。5~8号带为OPJ-06引物扩增的产物，其中抗亲（5），抗池（8）比感亲（6），感池（7）多扩增出一条带，也在800 bp左右。而9~12号是OPS-20引物扩增的产物，其中抗亲（9），抗池（12）比感亲（10）、感池（12）也多扩增出一条带，在800 bp左右的一条多态性片段。

2. 与抗蚜基因连锁的RAPD多态性标记

将可重复的扩增稳定的10个引物，分别用10株F_2代抗、感单株进行RAPD连锁分析，只有引物OPN-07、OPN-08、OPY-14的扩增产物出现具有连锁性的多态性片段，对这3个引物进一步连锁分析，共F_2代分离群体132株，其中98株抗蚜，34株感蚜（表6-53~表6-55）。从3个表中数据可见，OPN-07$_{727}$、OPN-08$_{373}$和OPY-14$_{600}$的重组率分别是3.0%、6.1%和9.1%。换算成图距单位分别为3.2 cM、6.5 cM和11.7 cM。将OPN-07$_{727}$和OPN-08$_{373}$ 2条多态性片段回收，进一步进行研究。

表6-53　OPN-07$_{727}$在F_2代中的共分离分析

F_2	株数	多态性片段 有	多态性片段 无	重组率（%）
抗蚜	98	96	2	3.0
感蚜	34	2	32	

（李玥莹等，2003）

表 6-54 OPN-08$_{373}$ 在 F$_2$ 代中的共分离分析

F$_2$	株数	多态性片段		重组率（%）
		有	无	
抗蚜	98	93	5	6.1
感蚜	34	3	31	

（李玥莹等，2003）

表 6-55 OPY-14$_{600}$ 在 F$_2$ 代中的共分离分析

F$_2$	株数	株数多态性片段		重组率（%）
		有	无	
抗蚜	98	93	5	9.1
感蚜	34	7	27	

（李玥莹等，2003）

3. 与抗蚜基因连锁的 RAPD 多态性标记的回收、克隆和测序

将引物 OPN-07、OPN-08 扩增的多态性片段 OPN-07$_{727}$、OPN-08$_{373}$ 回收纯化，电泳检查结果，表明回收片段大小与 OPN-07$_{737}$、OPN-08$_{373}$ 完全一致（图 6-9）。

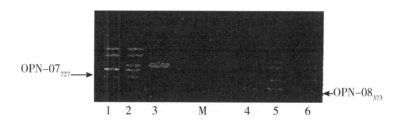

图 6-9 OPN-07$_{727}$、OPN-08$_{373}$ 回收片段

抗池（2，5），感池（1，6），回收片段（3，4），Marker（100 bp DNA ladder plus marker）

（李玥莹等，2003）

将回收纯化的片段，连接到 pMD18-T Vector 载体上，转化大肠杆菌 DH$_5$，利用蓝白斑筛选重组子，从白色菌落中提取质粒，对重组质粒进行 PCR 扩增，通过电泳显示 PCR 扩增结果与回收片段大小一致（图 6-10）。由此说明 OPN-07$_{727}$、OPN-08$_{373}$ 已与质粒载体重组并克隆了。

对用 pMD18-T Vector 质粒载体克隆的 2 个重组质粒顺序，结果证明 OPN-08 扩增的多态性片段为 373 bp，而 OPN-07 扩增的多态性片段为 727 bp，故将其命名为 OPN-07$_{727}$ 和 OPN-08$_{373}$。测定出的碱基序列于图 6-11、图 6-12，图中黑体画线碱基为随机引物序列。

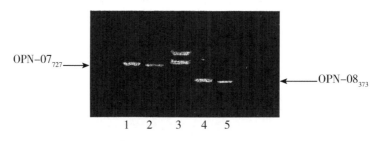

图 6-10   OPN-07₇₂₇及 OPN-08₃₇₃克隆片段

回收片段（2，5），克隆片段（1，4），Marker（PBR₃₂₂/BstN I）（3）

（李玥莹等，2003）

1	AAACGACGGC	CAGTGCCAAG	CTTGCATGCC	TGCAGGTCGA	CGATT CAGCC
51	CAGAGGAGAC	ATGTTTCCAC	CTATTCTTTG	AATGTATCTT	CAGCCAAGCC
101	TGCTGGAATC	TACTAAGCAT	TAACTGGGAC	AAATCCCTCC	AACCTTTTGG
151	TATGCTGATC	AAAGTTAGAA	CAGATTTTGG	AATGCAVATC	TTTAGAGAAA
201	TTTTCATCTC	GGCTTGCTGG	TCAATCTGGA	AAGTCAGAAA	TAGAATTATC
251	TTTGACAATA	AGGCACTCTC	CTTAGTTGAA	TGGAAATTGG	TCCAAAAAGA
301	GGATCTTAGA	CTGGTTGCA	TTAGGGCTAA	GAGCAAAATT	GCAGAACCCT
351	TAAAATTTTG	GTGTGAGAAT	AGACTTAGT	ATCTTCCAGA	GTTTTTATT
401	TTGGCCGTGA	GGGCCTTGTA	CCCCCTATTC	TAACGGAGCA	TCTAATTAAG
451	TACATGATAA	ATACATCCTT	TATATCTTCA	CTGGATCAAA	GCTAGAACAC
501	TGGTTCATGA	TAAATACATC	CTTTATATCT	TCAATGAACA	AAGATGATGG
551	TATGACACAA	CTAGTACATG	CGCTTATTGG	CCAGAACCCT	GTCTTTCATG·
601	AGCATATATA	GCAGTCATAT	TAATCGACCT	GGTTTGGTAC	CATTTCATCC
651	GCGATGCTTT	GGAGAATGGA	AGCATTCTA	CCTATTTTGT	CGGCACAAAA
701	GGCTAACTCA	CAGACATTGT	AAGTTTGTAA	CGAATGCATT	AGTGCAAATT
751	TGTTTCCATG	AA CTCTGGGC	TGAATCTCTA	GAGGATCCCC	GGGTACCGAG

图 6-11   多态性片段 OPN-07₇₂₇的测序结果

（李玥莹等，2003）

4. 建立抗蚜基因连锁群

收集经电泳检测的多态性扩增产物收据。根据多态性条带的有、无分别赋值"1"或"0"，模糊不清或收据缺失赋值为"-"。应用 Mapmaker 3.0 软件包进行综合分析。结果表明，OPN-07₇₂₇、OPN-08₃₇₃和 OPY-14₆₀₀与抗蚜基因的图距单位分别为 3.2 cM、6.5 cM 和 11.7 cM。3 个分子标记与抗蚜基因的连锁顺序为 OPN-08₃₇₃—抗蚜基因—OPN-07₇₂₇—OPY-14₆₀₀。绘制成连锁图（图6-13）。

从连锁图中可见，连锁距离最近的 2 个标记 OPN-07₇₂₇、OPN-08₃₇₃位于抗蚜基因两侧，可在此基础上筛选更近的分子标记，以丰富抗蚜基因连锁群，进而利用染色体登陆法克隆该基因。

1	CCATGATTAC	GAATTCGAGC	TCGGTACCCG	GGGATCCTCT	AGAGATT ACC
51	TCAGCTCGAA	AAGAAATAGT	GGAGTCATAA	GAGTACCTAA	AAAGATGCTT
101	TATAAACTCT	AGTTTATTCT	AGCTGAAAAT	TAAAAAAAAA	CTTATAAATT
151	AGAACGGAGA	GTATGCTGTC	TCTTTGCCGT	GCATACCTTA	TTTGATAATT
201	TTGAGATTGA	ACCATATATA	AATTGCTGCT	GAGATATTCA	GATATATTTA
251	TTGAACAAAA	TATTCAGGCC	TTTGGATACT	TGGTCGTGCT	GGCCGCCATC
301	CAGCATATIT	CTATTACTCG	TGCTTGATTA	TAGTATTAGC	CATCTTGTTG
351	CAGCATATTT	CTATTACTFF	TGCTTGATTA	TAGTATTAGC	CATCTTGTTG
401	TTTATTATTG	GAGCTGAGGT	AATCGTCGAC	CTGCAGGCAT	GCAAGGCTTGG

图 6-12　多态性片段 OPN-08₃₇₃ 的测序结果

（李玥莹等，2003）

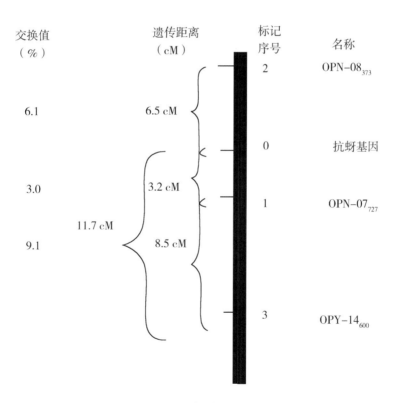

图 6-13　抗蚜基因连锁图

（李玥莹等，2003）

三、高粱分子遗传图谱构建

赵姝华等（2005）以感、抗螟虫高粱基因型 IC-SV745 和 PB15881-3 杂交获得的

252 份 F_5 重组系为试材,采用 SSR 分子标记,构建了包含 10 个连锁群、104 个 SSR 分子标记组成的高粱连锁图谱。该图谱覆盖基因组长度 1 656 cM,平均图距 15.9 cM。连锁群上有 22.1%偏分离,偏分离标记在连锁群上聚集出现。

(一)多态性引物筛选

用 210 对 SSR 引物分别对亲本材料进行多态性筛选,其中 108 对引物表现出多态性,占总数 51.4%,用于作图群体分析。采用 108 对多态性引物分别对 252 个 RIL 个体进行扩增,PAGE 胶电泳检测。对标记数据进行卡平方检测,23 个标记发生偏分离,占 22.1%。图 6-14 显示 Xtxp47 引物扩增片段在群体中的分离情况。

图 6-14　Xtxp47 引物扩增片段(300 bp/295 bp)在群体中的分离
(赵姝华等,2005)

(二)遗传图谱构建

利用 Joinmap 3.0 软件包将 108 个标记中的 104 个标记位点定位在 10 个高粱连锁群上,覆盖长度为 1 656 cM,平均标记数为 10.4 个,2 个标记间平均图距为 15.9 cM,另有 4 个标记未与这 10 个连锁群连锁。标记数最多的连锁群是 LGB 连锁群,包含 20 个标记,标记数最少的连锁群是 LGF 连锁群,只有 4 个标记。

遗传距离最长的连锁群是 LGA 连锁群,为 276 cM,遗传距离最短的连锁群是 LGF,间距为 67 cM。平均图距最大的连锁群为 LGI,间距为 29.3 cM,平均图距最小的连锁群 LGB,平均间距为 9.6 cM。偏分离位点比较集中,主要分布在 LGA、LGG、LGB 连锁群上,LGG 连锁群偏分离标记最多,8 个标记位点有 7 个是偏分离标记。表 6-56 和图 6-15 显示 SSR 标记在各连锁群中的分布情况。

表 6-56　SSR 分子标记在各连锁群中的分布情况

连锁群	长度(cM)	标记数	平均距离(cM)	偏分离标记数
LC A	276	16	17.2	5
LC B	192	20	9.6	6
LC C	217	18	12	2
LC D	214	10	21.4	2
LC E	142	5	28.4	0
LC F	67	4	16.8	0
LC G	120	8	15	7

（续表）

连锁群	长度（cM）	标记数	平均距离（cM）	偏分离标记数
LC H	99	9	11	0
LC I	205	7	29.3	0
LC J	124	7	17.7	1
总计	1 656	104	15.9	23

（赵姝华等，2005）

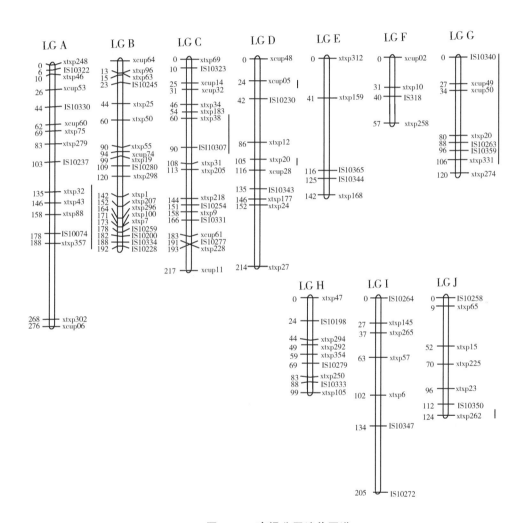

图 6-15　高粱分子遗传图谱

（赵姝华等，2005）

本研究中偏分离标记数较多，有待进一步对群体进行调整。遗传图谱中偏分离现象普遍存在，一般认为由于遗传搭车效应，与影响偏分离的遗传因子紧密连锁的分子标记则表现出较多的偏分离。

林凤等（2004）利用 RAPD 标记进行高粱连锁图谱的构建。随机选取 300 种 Operon 公司产的 10-mer 引物进行 RAPD 分析，其中 28 种引物扩增出有差异的多态性位点（表6-57）。这 28 种引物均能扩增出 1~5 条或更多的 DNA 片段，经聚丙烯酰胺凝胶电泳分离，RAPD 标记总数为 72 条，其中 42 条扩增的多态性位点落户于 RFLP 高粱遗传图谱所需添补的空间，分布于 RFLP 高粱遗传图谱 10 条连锁群中的 9 条上（图6-16）。

表 6-57　28 种随机引物在构建高粱（Btx623×Is3620c）重组自交系遗传图谱上的有效性

引物	RAPD 标记数	引物	RAPD 标记数
OPA-13	2	OPL-15	3
OPA-20	3	OPL-17	3
OPB-07	2	OPP-16	3
OPB-10	2	POS-20	3
OPC-09	1	OPU-03	3
OPC-20	2	OPU-16	3
OPD-03	4	OPW-06	2
OPD-07	3	OPW-08	3
OPD-14	3	OPW-09	4
OPF-08	2	OPW-11	2
OPG-10	2	OPX-01	2
OPI-20	1	OPX-07	2
OPK-09	5	OPX-15	2
OPK-16	3	OPW-20	2

（林凤等，2004）

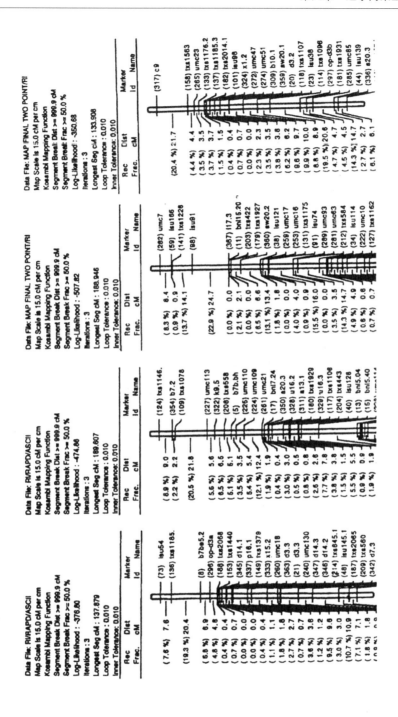

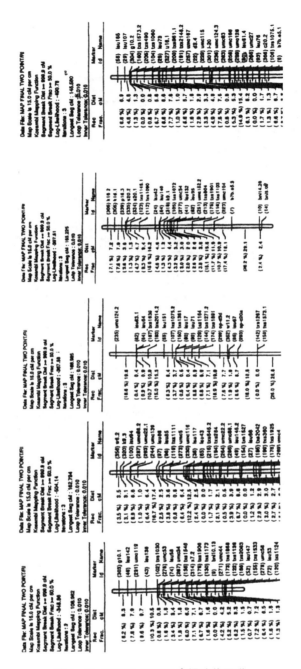

图 6-16　RFLP+RAPD 高粱遗传图谱

图中 300 号以上为 RAPD 标记，原 RFLP 高粱遗传图谱有 10 条连锁群，本图只列 9 条附有 RAPD 标记的连锁。

Rec Frac.—重组率；Dist—距离，cM；Marker ID—标记代码，Marker Name—标记名。

（林凤等，2004）

主要参考文献

郭建华，1989. 高粱幼胚小盾片愈伤组织的愈导及其再生植株性状的变异分析 [J].
辽宁农业科学（3）：7-13.

韩福光，1992. 高粱外植体培养 [J]. 辽宁农业科学（6）：48-50.

韩福光，张颖，1993. 高粱不同外植体愈伤组织诱导的研究 [J]. 辽宁农业科学
（1）：45-48.

韩福光，赵海岩，林凤，等，1995. 高粱幼叶离体培养的衍生系耐盐筛选与性状分
析 [C]//辽宁省第二届青年学术年会论文集. 沈阳：辽宁省科学技术协会.

韩福光，1994. 高粱野生种和栽培种组织培养反应性的比较 [J]. 辽宁农业科学
（6）：18-24.

李玥莹，徐兰兰，邹剑秋，2006. 高粱抗蚜的分子标记 RAPD 初步分析 [J]. 杂粮
作物，26（6）：388-391.

李玥莹，赵姝华，刘世强，2001. 高粱 DNA 提取纯化方法的比较及 RAPD 反应条件
的建立与优化 [J]. 杂粮作物（2）：12-15.

李玥莹，赵姝华，杨立国，等，2004. 高粱抗蚜基因分子标记的建立 [J]. 作物学
报（4）：534-540.

李玥莹，赵姝华，杨立国，等，2003. 高粱抗蚜基因分子标记的建立 [J]. 作物学
报，29（4）：534-540.

李玥莹，邹剑秋，徐秀明，2007. 高粱 SSR 分子标记反应体系的建立和优化 [J].
杂粮作物，27（5）：331-335.

林凤，杨立国，张显，1997. 高粱遗传图谱初探 [J]. 国外农学：杂粮作物（1）：
11-14.

林凤，杨立国，John Muller，2004. RAPD 分子标记在高粱遗传和育种上的应用
[M]//作物高效育种技术. 哈尔滨：黑龙江人民出版社：219-225.

林凤，杨立国，1999. RAPD 标记在高粱基因组分析中的应用 [J]. 辽宁农业科学
（1）：11-14.

卢峰，吕香玲，2008. 高粱基因组学研究进展 [J]. 华北农学报（2）：149-152.

卢庆善，1993. RFLP 技术与植物育种 [J]. 国外农学：杂粮作物（3）：38-42.

卢庆善，1999. 高粱学 [M]. 北京：中国农业出版社.

卢庆善，宋仁本，卢峰，等，1998. 高粱组织培养研究进展 [J]. 国外农学：杂粮
作物（2）：30-34.

马鸿图，Liang G H，1985. 高粱幼胚培养及再生植株变异的研究 [J]. 遗传学报，
12（5）：350-357.

马鸿图，1992. 从高粱幼胚培养获得再生植株后代出现的突变体 [C]//全国植物组
织和细胞培养及其应用专题会议论文摘要汇编. 中国植物生理学会，中国细胞生
物学学会：131.

石太渊，杨立国，林凤，1996. 利用外源 DNA 导入技术选育高粱优良品系 [J]. 国

外农学：杂粮作物（4）：29-30.

石太渊，杨立国，王颖，2004. 高粱抗盐变异体 M_{011} 恢复系的选育及利用［M］//作物高效育种技术. 哈尔滨：黑龙江人民出版社.

石太渊，杨立国，王颖，等，2001. PYH157 广谱抗病基因导入高粱及转基因植株的筛选与研究［J］. 国外农学：杂粮作物（2）：12-15.

石太渊，杨立国，张华，等，1995. 高粱体细胞培养中不同基因型和外植体的反应［J］. 国外农学：杂粮作物（6）：26-28.

石太渊，杨立国，郑春阳，等，1999. 高粱体细胞优良品系的选育［J］. 国外农学：杂粮作物（1）：8-9.

石太渊，杨立国，1995. 基因型和培养基对高粱幼穗离体培养的影响［J］. 国外农学：杂粮作物（4）：27-29.

石太渊，张华，冯立军，1995. PCR、RAPD 技术在植物研究中的应用［J］. 国外农学：杂粮作物（5）：16-18.

石太渊，等，2001. PYH15 广谱抗病基因导入高粱及转基因植株的筛选与研究［J］. 杂粮作物（1）：12-14.

石太渊，2003. 高粱组织培养研究进展［J］. 杂粮作物（6）：340-342.

石太渊，1992. 快速提取高粱 DNA 的改良方法［J］. 生物学杂志（1）：26-27.

石太渊，1994. 同工酶技术在作物育种中的应用［J］. 辽宁农业科学（2）：39-40.

石永顺，石太渊，王艳秋，等，2004. 抗生素对高粱茎尖再生的影响及再生体系的建立［J］. 国外农学：杂粮作物（2）：78-79.

石永顺，王艳秋，葛立平，等，2004. 利用植物体细胞无性系变异技术选育高粱优良品种［J］. 杂粮作物（3）：151-152.

石永顺，王艳秋，2003. 利用外源 DNA 导入技术选育高粱早熟品系［J］. 杂粮作物（5）：304-305.

肖军，石太渊，王金艳，2003. 高粱遗传转化研究进展［J］. 辽宁农业科学（5）：38-40.

肖军，石太渊，郑秀春，2004. 根癌农杆菌介导的高粱遗传转化体系的建立［J］. 杂粮作物，24（4）：200-203.

杨立国，石太渊，韩福光，2004. 现代生物技术在高粱育种上的尝试［M］//作物高效育种技术. 哈尔滨：黑龙江人民出版社.

杨立国，石太渊，2004. 应用花粉管运载法选育高粱不育系 124A 及其杂交种辽杂17 号［M］//作物高效育种技术. 哈尔滨：黑龙江人民出版社，127-128.

杨立国，石太渊，1996. 应用外源总 DNA 直接导入法改良高粱农艺和抗性性状［J］. 国外农学：杂粮作物（1）：34-36.

杨立国，石太渊，2004. 转导外源 DNA 创造高粱新种质［M］//作物高效育种技术. 哈尔滨：黑龙江人民出版社：129-131.

张明洲，杨立国，2004. 高粱体细胞离体再生体系的建立［M］//作物高效育种技术. 哈尔滨：黑龙江人民出版社：26-46.

张明洲，杨立国，2004. 高粱细胞和组织培养研究进展 [M]//作物高效育种技术. 哈尔滨：黑龙江人民出版社：20-25.

张文毅，1995. 植物生物技术研究的现状与前瞻 [J]. 辽宁农业科学 (5)：42-47.

赵姝华，李玥莹，邹剑秋，2001. 高粱分子遗传图谱的构建 [J]. 杂粮作物，25 (1)：11-14.

赵文斌，1978. 高粱花粉培养研究初报 [J]. 遗传学报，5 (4)：337-338.

邹剑秋，李玥莹，朱凯，等，2010. 高粱丝黑穗病菌 3 号生理小种抗性遗传研究及抗病基因分子标记研究 [J]. 中国农业科学，43 (4)：713-720.

CASAS AM, KONONOWICZ A K, HAAN T G, et al., 1997. Transgenic sorghum plants obtained after microprojectile bombardment of immature inflorescences [J]. In vitro Cell. Dev. Biol, 33：92-100.

CASAS A M, KONONOWICZ A K, ZEHR U B, et al., 1993. Transgenic sorghum plants via microprojectile bombardment [J]. Proc. Natl. Acad. Sci, 90 (23)：11212-11216.

KAI Z, ZHI-PENG Z, XIAN-WEI H, 2002. Status and prospects of research on sorghum deep processing at home and abroad [J]. Rain Fed Crops, 22 (5)：296-298.

MASTELLET, V J, et al., 1970. The growth of and organ formation from callus tissue of sorghum [J]. Plant Physiol, 45：362-364.

WILLIAMS J H, PEACOCK J M, 1990. Light Use, Water Uptake and Performance of Individual Components of a Sorghum/Groundnut Intercrop [J]. Explor. Agric, 26：413-427.

第七章 高粱低温冷害及其防御

第一节 辽宁低温冷害概述

一、低温冷害概念和类型

(一) 低温冷害概念

低温冷害是由于遭受了低于作物生育下限温度的短期的或连续的低温的胁迫，导致作物生育延迟，甚至发生生理障碍造成减产。低温冷害与霜、冻害不同，霜、冻害是指作物在生长季里，土壤表面或作物的茎、叶部位的温度短时间地下降到 0 ℃以下，使作物遭受伤害或死亡，在农业气象学上称为霜害或冻害。冷害是指作物在生育期间遭受异常低温直接或间接受害，其低温是在 0 ℃以上。低温冷害通常不易引起人们的注意，直至秋收减产才恍然大悟，因此有"哑巴灾"之称。

因作物各个生育时期的生育下限温度是不一样的，因此作物各生育时期造成冷害的温度指标也是不同的。例如，高粱种子发芽的下限温度一般在 7 ℃左右，低于 7 ℃时，种子发芽就要受害，发芽少或不发芽。一般来说，作物在苗期和成熟期对低温的耐受力较强。当生殖器官分化、抽穗、开花、授粉受精、灌浆初期时，要求的生育适温和下限温度都相当高，所以当出现虽然是较高的温度，但是不适于生理要求的相对低温时，其低温强度越大，持续时间越长，就越加延缓农作物的一系列生理活动速度，甚至破坏其生理机制，产生畸形，花器官发育异常，特别是雄性器官更易受害，花粉失效或不能正常授粉，影响受精，造成不育或部分不育，导致减产。或者由于低温，减弱生理活动，生长发育迟滞，幼苗生长缓慢，抽穗、开花延迟，以致灌浆速度慢，不能及时成熟，大幅减产。

(二) 低温冷害类型

低温是异常的气象条件，冷害是由于低温造成的对作物的生理伤害。因此，低温和冷害是因果关系，由此低温冷害就包括两方面因素，低温的气象学指标和作物的受害类型。低温冷害年的气象学指标有两种。一是按作物生育积温（一般为 5—9 月）或大于 10 ℃的活动积温与历年平均值的差数来确定。通常把作物生育期的总积温比历年平均值少 100 ℃，定为一般低温冷害年，低于 200 ℃，定为严重低温冷害年。这种划分低温冷害年的气象指标能反映总体冷害情况，与作物减产的关系比较紧密。二是按作物生育关键期温度指标来确定。辽宁省每年 6 月和 8 月是作物生育的关键期，如果这两个月的月平均温度低于历年平均值 1.5~2.0 ℃，即为低温冷害年。然而，各种作物低温冷害的关键时段不一样，各地有差异，因此可根据当地气象数据和作物受害情况来确定。马世均等（1986）根据辽宁省 1949 年以来农业生产统计资料和同期气象数据的分析结果，确定了辽宁省低温冷害的类型。

1. 作物受害情况分为三种类型

（1）延迟型冷害　延迟型冷害主要指作物在营养生长期发生的冷害，造成生育延迟。有时也包括生殖生长期的冷害。延迟型冷害的特点是在较长时间内遭受低温的伤害，使植株生长、抽穗、开花延迟，虽能正常授粉、受精，但不能充分灌浆、成熟、粒重下降而减产。也有的生育前期气温正常，抽穗并未延迟，而是由于抽穗后的异常低温延迟开花、授粉、受精、灌浆、成熟，造成伤害。延迟型冷害的实质是作物生理活性减慢，甚至迟滞，其结果是延迟抽穗和成熟。作物遭受延迟型冷害不但减产，而且籽粒品质下降。辽宁省高粱生产常遭受延迟型冷害。

（2）障碍型冷害　障碍型冷害是指作物在生殖生长期，主要是生殖器官分化期到抽穗开花期，遭受短时间异常低温，使生殖器官的生理机制受到破坏，造成不育或部分不育而减产，称障碍型冷害。障碍型冷害的特点是时间短，受害强度大，大体可分为孕穗期冷害和抽穗、开花期冷害两种。一般来说，大陆性气候以后者为主，海洋性气候前、后者兼有。辽宁省东部山区、半山区高粱有障碍型冷害发生，中部、北部地区个别年份偶有发生。在海南岛冬季繁育种时，由于高粱的孕穗、抽穗、开花期处于一年中最低温度时段，有的年份出现日最低气温 5 ℃的低温，造成高粱结实率下降，也属障碍型冷害。

（3）混合型冷害　延迟型冷害和障碍型冷害同一年发生，称为混合型冷害。在作物生育前期遭受延迟型冷害；孕穗、抽穗、开花期又遭受障碍型冷害，造成大量空秕粒，使产量大减。

2. 气象条件低温冷害类型

在农业生产中，低温冷害常常与其他气象灾害伴随发生，因而有不同的冷害气象类型。

（1）低温多雨型（湿冷型）　低温与多雨湿涝相结合，如辽宁省 1957 年的冷害。这种冷害对涝洼地多的中部地区和在洼地种植的高粱危害最大。低温和多雨结合，气温、地温低、湿度大，严重延迟生育和成熟，造成贪青减产。

（2）低温寡照型（阴冷型）　低温与寡照相结合，如辽宁省 1954 年的冷害。这种冷害对日照偏少的东部山区种植的作物危害最大。

（3）低温干旱型（干冷型）　低温与干旱相结合，如辽宁省 1972 年的冷害。这种冷害对雨水偏少的西部地区种植的作物危害最大。

（4）低温早霜型（霜冷型）　低温与特早霜相结合，如辽宁省 1969 年的冷害。这种冷害能使容易贪青晚熟的高粱遭受大幅减产。

二、辽宁低温冷害发生频率和危害程度

马世均等（1986）根据辽宁省农业生产和相应的气象资料，对 1950—1984 年的低温冷害年进行了分析。结果表明，在全省 35 年农业生产中，14 年为丰产年，占 40.0%；13 年为平产年，占 37.14%；8 年为欠产年，占 22.86%。在 8 年欠产年中，因

低温冷害造成减产的有 6 年，占 75%；占总年份的 17.14%。由此可见，低温冷害对辽宁省农业生产影响很大。4 次较严重的低温冷害年发生在 1957 年、1969 年、1972 年和 1976 年，平均每隔 5 年发生 1 次。

低温冷害对粮食作物生产危害严重。统计 1969 年、1972 年和 1976 年 3 个低温冷害年，全省共减产粮食 20 亿 kg，平均每次减产 6.7 亿 kg，其中 1969 年比上一年减产 5 亿 kg，减产率为 7.1%；1972 年比上一年减产 12.3 亿 kg，减产率高达 15.5%；1976 年比上一年减产 2.7 亿 kg，减产率为 2.5%。在低温冷害年，辽宁省主要粮食作物减产幅度大小不一，以水稻减产幅度最大，平均达到 33.4%；高粱次之，平均减产率为 13.5%；玉米再次之，平均减产率达 8.6%。

此外，马世均等（1986）还分析了低温冷害与早霜对辽宁省农业生产的危害程度。低温冷害与早霜冻害虽然是两种不同性质的气象灾害，但是，由于辽宁省主要是延迟型冷害，它与早霜冻有互相加重灾害程度的相关性。在分析具有地区代表性的 11 个县的 17~20 年发生低温冷害、早霜冻害与粮食减产的关系。在 11 个县的 238 个年次中，低温有 35 个年次，占 14.71%；早霜有 27 个年次，占 11.34%；低温早霜同年发生的 9 个年次，占 3.78%。造成严重灾害性减产的，35 个低温年次中有 14 个年次，占 40%；27 个早霜年次中有 7 个年次，占 25.9%，9 个低温早霜年次则全部严重减产，为 100%。

三、辽宁低温冷害区划研究

辽宁省位于东经 118°53′~120°46′，北纬 38°43′~43°26′。东西长 574 km，南北宽 530 km，总面积 15.1 万 km²，东西两侧为丘陵山地，中部为辽河平原，南有狭长的辽东半岛。辽宁省地处北温带，属暖温带湿润、半湿润、半干旱的季风气候，大陆性较明显，冬冷夏热，雨热同季。年平均气温 5~10 ℃，日照总时数 2 300~2 900 h，降水量 400~800 mm，适于多种农作物生长。

在辽宁省气象灾害中，低温冷害是一种危害重而不易为人们所觉察的灾害，农民通常称为"哑巴灾"，其特点是发生频率大、持续时间长、灾害面广、减产量大。从 1950—1976 年的 27 年里，辽宁省共发生 7 次低温冷害，平均 3~5 年 1 次，其中 3 次在 10 年内发生的，即 1969 年、1972 年和 1976 年，这 3 次严重低温冷害共造成全省粮豆减产 20 亿 kg。

马世均等（1986）从 1977 年开始对辽宁省低温冷害作了较全面系统的研究分析，初步查明辽宁省不同地区低温冷害发生的频率、危害程度、特点和地理分布，以便有针对性地采取有效防御措施，保证全省农业生产丰产稳产。

（一）研究方法

1. 资料选择

选用 1959—1978 年的气温资料和粮食单产资料，气温使用辽宁省气象局《地面观测累年簿》资料，粮食单产使用辽宁省统计局 1979 年出版的《辽宁省农业统计资料汇编》的数据。

2. 站点的确定

以产粮基地为主，并具有地区气候特点的 26 个站点。

3. 温度指标的确定

统一使用春季稳定通过 10 ℃初日到秋季枯霜日（最低气温等于或低于 0 ℃的初日）期间≥10 ℃的活动积温，这种活动积温包括作物从播种到成熟各个生育阶段的积温。各地田间试验证明，温度对不同生育阶段的影响是不同的，所以采用生长季积温分段加权法确定低温指标。作物生育阶段分成：①营养生长期；②营养生长与生殖生长并进期；③灌浆成熟期。综合辽宁省作物生产情况，播种至 6 月为营养生长期，7 月为营养、生殖生长并进期，8—9 月为灌浆成熟期。其温度指标表示式是：

$$J = a_1 \left(j_1 i / \overline{T}_1 \right) + a_2 \left(j_2 i / \overline{T}_2 \right) + a_3 \left(j_3 i / \overline{T}_3 \right) \tag{7.1}$$

由于全省各地生长季温度的差异较大，不同阶段温度每升降 1 ℃对产量影响不同，所以采用各时段历年平均温度作为衡量尺度，以温比来反映升降状况，把这称为温度指标，用 J 表示。当 $J \le 97\%$ 时，作为低温年的指标。公式中的 $\overline{T}_1$ 为营养生长期的历年平均值，$\overline{T}_2$ 为营养与生殖生长并进期的历年平均值，$\overline{T}_3$ 为灌浆成熟期的历年平均值。公式（1）中的 $j_1 i$、$j_2 i$、$j_3 i$ 分别为当年 3 个时期的温度值。a_1、a_2、a_3 是由温度与产量关系中求得的偏回归系数，计算结果 $a_1 = 0.47$，$a_2 = -0.19$，$a_3 = 0.36$，方程（1）复相关系数 $R = 0.35$。F 测验结果方程达显著水平（$F = 13$）。

计算的结果与各地田间试验结果一致，即前期温度对产量影响大，其次是后期，中期最小。其原因是辽宁省春季温度年际间变化较大，其中营养生长期积温变异系数最小是凌海，为 5.4；最大清原 16.4（表 7-1）。

低温年份造成冷害主要是由于营养生长期积温不足引起的，这一时期积温少延长了营养生长期使后期作物生长发育积温不够造成减产。所以 a_1 值最大，中期的积温在正常年份里已能满足作物生育的需要，这时期温度过高反而对作物发育不利，所以是负相关。同时，此期温度比较稳定，全省各点的变异系数幅度在 2.1~3.8，影响较小。后期温度偏低对作物籽实灌浆不利，延迟作物成熟，遇早霜则大减产。

表 7-1　辽宁省主要站点不同生育阶段积温变异系数

站名	I 营养生长期 （CV，%）	II 营养与生殖生长并进期 （CV，%）	III 灌浆成熟期 （CV，%）
瓦房店	5.8	3.1	7.1
本溪	12.2	3.6	9.4
绥中	5.6	2.9	6.1
建昌	8.1	3.7	7.0
凌海	5.4	2.8	6.3
盘锦	5.8	2.1	6.5
凤城	12.0	2.9	7.5

（续表）

站名	I 营养生长期 （CV，%）	II 营养与生殖生长并进期 （CV，%）	III 灌浆成熟期 （CV，%）
铁岭	12.0	2.4	8.3
营口	7.8	3.0	6.2
康平	9.9	2.7	6.6
辽中	7.5	2.5	6.6
北镇	6.4	2.6	6.4
凌源	8.7	3.8	8.9
辽阳	8.3	2.7	6.7
彰武	8.1	2.6	7.5
朝阳	7.5	3.2	9.3
海城	8.1	3.2	6.2
沈阳	11.5	2.5	6.5
西丰	13.8	2.9	11.8
建平	10.3	3.7	11.5
庄河	6.8	3.1	9.5
大连	7.0	2.9	6.5
东港	8.1	2.6	9.6
昌图	14.2	3.8	9.3
清原	16.4	2.9	8.7
桓仁	12.2	2.6	7.8

（马世均等，1986）

（二）低温冷害指标

1. 低温年指标及频率

运用公式（1）求全省 26 个站点 20 年内的 I 值，结果显示当 I＝97% 时产量就有所下降，所以把 I≤97% 的年份定为低温年，其发生频率由西南向东北山区逐渐加重，其中高值中心的本溪为 44%，低值中心的沿海复县（现瓦房店市）为 16%。

2. 低温指数

分析全省 1959—1978 年的低温冷害年粮食单产，下降最多年是 32.5 kg/亩，最少是 11 kg/亩，其规律只是高值中心延至清原。为确切反映全省低温冷害发生的强度，改用低温年频率乘当地低温年平均减产量作为低温危害程度的综合指标，称低温指数。这一指数既表明了低温对当地作物产量存在的可能危害，也反映了当前生产技术水平下的抗御低温能力。从该指标看出，辽宁省低温冷害的程度由西南部向东部山区加重，复县的低温指数为 350，凌海 460，本溪 2 450。

（三）辽宁省冷害区划

1. 重冷害区

凡低温指数大于或等于 1 500，低温与减产相关极显著的地区为重冷害区。重冷害区包括北票、阜蒙等县（市）的北部，开原、铁岭等县的东部、西丰、清源、新宾、本溪、桓仁等县，及宽甸县的北部，热量资源 ≥10 ℃积温在 2 700~3 400 ℃，营养生长期积温 1 000~1 300 ℃，营养与生殖生长并进期积温 900~1 050 ℃，灌浆成熟期积温 800~1 050 ℃。本区除东南部外，苗期温度最低，比次重冷害区低 200 ℃，比轻冷害区低 250 ℃。灌浆成熟期积温也少，比次重冷害区少 200 ℃，比轻冷害区少 100 ℃。作物生育特点是苗期发苗慢、灌浆期短、千粒重低。

2. 次重冷害区

低温指数在 1 000~1 500，低温与减产相关显著的地区为次重冷害区。该区包括凌源、彰武、法库、昌图、康平等县（市），北票、建平县南部，朝阳、新民北部，沈阳市郊区、灯塔、辽阳东部，本溪东南部，凤城、东沟、岫岩等县（市）和覆盖面较大的庄河、普兰店、金州及大连市郊区。热量资源，≥10 ℃积温在 3 080~3 700 ℃，营养生长期积温 1 200~1 400 ℃，营养与生殖生长并进期积温 900~1 000 ℃，灌浆成熟期积温 950~1 300 ℃，热量资源丰富，作物长势好，灌浆期较长。除复县外的大连市积温均在 3 700 ℃以上，复种面积较大，后茬常发生冷害。

3. 轻冷害区

除重冷害区和次重冷害区以外，辽宁省西部、南部冷害指数在 1 000 以下，低温与减产相关不显著，减产受干旱影响大于受低温影响的地区为轻冷害区。热量资源好，营养生长期积温 1 300~1 450 ℃，平均比次重冷害区（除大连市外）还高 50 ℃。因受春旱影响，苗期幼苗长势不如次重冷害区。营养与生殖生长并进期积温与次重冷害区基本相同。本区西北部灌浆成熟积温 1 000~1 130 ℃，平均比次重冷害区少 100 ℃，秋季降温也较快，但日照条件好，对促熟增加粒重有利。

四、低温冷害减产原因

作物生长发育离不开环境条件，环境条件包括气象条件（温、光、降水等）和栽培条件。温度（热量）能直接影响到植株的基本生理机能，温度低会延缓作物的生育速度，严重时作物就会受害减产。

（一）气象条件与冷害

1. 冷害的温度指标

冷害发生的主要因素是低温。据统计，年平均气温下降 1 ℃，无霜期将减少 10~14 d；同时由于温度低，作物的成熟期将延迟 7~11 d，即有效生长季将缩短 17~25 d。1976 年，中央气象局气象科学研究所统计分析了低温对东北地区粮食产量的影响，即 ≥10 ℃的年活动积温少于历年平均值 100 ℃以内的年份，不会造成太大的粮食减产；年积温比历年平均值少 101~200 ℃时，会造成产量损失；年积温比历年平均值低于 200 ℃时，减产幅度更大（表 7-2）。

表7-2 高粱等旱田作物产量与积温的关系

积温距平（℃）	出现次数			分数	分数/总次数	出现次数			分数	分数/总次数	总次数	增减率比率
	+1	+2	+3			-1	-2	-3				
-50~-1	14	20	38	264	2.08	17	20	18	-167	-1.51	—	0.77
-100~-51	16	35	31	276	1.84	11	31	26	-234	—	—	—
-150~-101	12	26	25	216	1.61	14	31	25	-252	-1.79	—	—
-200~-151	2	9	18	119	1.78	6	16	16	-134	-2.00	67	—
-250~-201	2	13	12	101	1.19	9	18	31	-218	-2.90	—	—
-300~-251	2	5	6	47	0.74	5	13	32	-201	-3.21	—	—
<-300	3	2	6	39	0.31	6	34	71	-478	—	—	0.41
0~50	13	36	36	300	2.22	10	18	22	-174	—	135	0.03
51~100	9	29	32	256	2.23	8	22	15	-149	-1.30	115	0.03
101~150	4	36	28	252	3.04	5	7	8	-41	-0.49	83	2.55
151~200	12	32	35	283	2.83	6	10	5	-61	-0.61	100	2.22
201~250	7	19	16	144	2.82	3	5	1	-23	-0.45	51	2.37
251~300	6	18	24	180	3.16	2	5	2	-27	-0.47	57	2.69
>300	14	20	31	229	2.52	2	10	14	-102	-1.11	91	1.40

（中央气象局气象科学研究所，1976年）

1969 年和 1972 年是东北地区严重的低温冷害年。从分析这 2 年各月积温距平看，6 月和 8 月的积温比历年平均值低得多，低于 -20 ℃的负距平，6 月占 67%，8 月占 69%，9 月占 52%。说明 1969 年和 1972 年的温度比其他低温年的温度还要低（表 7-3）。1969 年全年连续低温，尤以前期 5 月、6 月特殊偏低，其积温负距平辽宁省低于 -20 ℃，吉林、黑龙江 2 省均低于 -30 ℃。前期低温不利幼苗生长，加上后期温度一直偏低，所以 1969 年作物的整个生育期间均处在低温条件下，故使作物贪青徒长，籽粒不饱满，造成严重减产。

表 7-3　1969 年、1972 年 6—9 月东北地区各月积温距平次数

积温距平（℃）	6 月		7 月		8 月		9 月	
	次数	%	次数	%	次数	%	次数	%
>+10	14	14	61	59	7	7	9	9
+10~-10	7	7	12	12	16	15	20	19
-11~-20	13	13	17	16	10	10	20	19
-20~-30	21	20	7	7	12	12	14	13
<-30	49	47	7	7	59	57	41	39

（中央气象局气象科学研究所，1976）

1972 年 6 月、7 月温度虽然偏高，但 8 月、9 月气温特别低，辽宁、吉林 2 省 8 月积温低于历年平均值 40 ℃以上，黑龙江则低于 50 ℃以上，9 月又连续低温，负距平低平 -20 ℃。1972 年 8 月温度是东北地区 1949 年以来同期气温最低的一年。8 月正是作物开花灌浆时期，也是作物整个生育期内对温度要求最严格的时期，此时遇低温，则影响作物正常生长发育。从上述分析可以看出，6 月和 8 月是作物生育期中较关键的时段，认定东北地区 6 月和 8 月月平均温度低于历年平均值 1.5~2.0 ℃时，即发生严重冷害，会造成作物大幅减产。

辽宁省农业科学院统计分析了 1951—1977 年沈阳中心气象台的温度资料，全年 ≥10 ℃的活动积温变化幅度在 3 029.1~3 752.9 ℃，平均为 3 408.9 ℃。低于历年平均值 100 ℃的有 5 年，低于 101~200 ℃、201~300 ℃和 300 ℃以上的各有 2 年。11 年中有 6 年减产，占 55%；而低于 200 ℃以上的 4 年中有 3 年减产，减产的幅度很大。因此，把全年 ≥10 ℃的活动积温比历年平均值低 200 ℃作为冷害年的临界积温指标。

根据这一温度指标，辽宁省抗御低温冷害协作组统计了各种作物减产的幅度。当作物生育的 4—9 月 ≥10 ℃的活动积温比历年平均值减少 100 ℃时，高粱减产 5.7%~7.3%，玉米减产 3.8%~6.3%，大豆减产 5.0%~9.5%，水稻减产 5.3%~10.3%，棉花减产 9.5%。

2. 冷害的温度过程

在低温年份，虽然日照、降水的多少和早霜的早晚及强度也能使冷害程度加重或减轻，但造成冷害最根本的因素就是温度低。冷害的轻重与低温的强度、持续时间

长短有关。从作物生育的5—9月平均气温看，东北地区夏季低温在时间和空间尺度上都是一种很大尺度现象，低温范围可达40个纬距、100个经距，低温一般可持续几个月，长者可达十几个月。温度随纬度和海拔的升高而减少，即海拔每升高100 m，5—9月平均气温减少0.64 ℃，而纬度向北推移1个纬距，5—9月平均气温降低0.4 ℃。

分析辽宁省低温冷害年气温过程见图7-1。低温年份常出现平均气温比历年平均值低1.0 ℃以上的低温月份，有的月份甚至低2.5 ℃以上。有的年份只有1个低温月，有的连续2~3个低温月，甚至整个生长季节都是低温。低温月份多的年份冷害重，如1976年。如果只有1个月低1.0 ℃以上时，其余各月略低，正常或偏高时；或者有一段低温，后来又有一段高温，有一定的补偿作用，都不至于形成冷害，如1956年、1966年和1974年。如果2个月低于1.0 ℃以上时，其余月份偏低或正常，就要产生冷

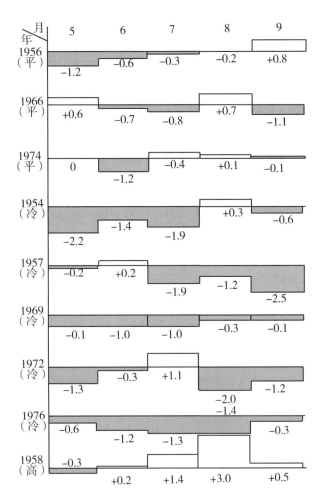

图7-1　各年气温变化过程（℃）

（辽宁省农业科学院，1979）

害年，如 1969 年。3 个月平均气温低于历年平均值 1.0 ℃以上，其余 2 个月偏低或正常，定是冷害年，如 1954 年、1957 年和 1972 年。如果前 3 个月低温，即使后期气温稍高，一般来说，补偿的可能性也不太大。反之，前期温度虽不太低，但后期低温期较长也要造成冷害。也就是说，不管作物生育哪一个阶段，都有发生低温冷害的可能，而且不管哪个阶段发生低温，只要延续 2~3 个月，均是低温冷害年。

（二）栽培条件与冷害

低温冷害年造成作物减产，除了不利的低温条件外，栽培技术不当也是重要原因。主要表现在盲目引进不适宜当地种植的品种，以及晚熟品种种植比例过大。晚熟品种的生育期已经超过了当地无霜期和生产水平，从而造成低温年大幅度减产。

1. 晚熟品种比例大

低温冷害发生的频率增加，危害程度加重，除与异常低温的出现有关。与盲目种植晚熟品种有很大关系。20 世纪 50 年代，辽宁省种植的高粱品种小红壳、大蛇眼、歪脖张等生育期 120~134 d，最长 134 d；到 60 年代种植的跃进 4 号、熊岳 253、熊岳 191 生育期达到 135~140 d；到 70 年代种植的晋杂 5 号、晋杂 4 号、晋杂 1 号、沈杂 3 号等，生育期 130~145 d，最长 145 d，生育期越来越长。玉米品种也有同样的趋势（表 7-4）。

表 7-4　辽宁省玉米、高粱主要栽培品种与生育日数

年代	玉米		高粱	
	品种	生育日数（d）	品种	生育日数（d）
20 世纪 50 年代	英粒子	120~125	小红壳	120~125
	白头箱	100~125	大蛇眼	120
	珍珠白	120	歪脖张	134
20 世纪 60 年代	辽农 1 号、2 号	140~145	跃进 4 号	135
	凤杂 1 号	138	熊岳 253	140
	凤杂 5 号	132	熊岳 191	136
	凤双 6428	125-130		
20 世纪 70 年代	丹玉 6 号	120~125	晋杂 5 号	130
	沈单 3 号	135	晋杂 4 号	135~140
	旅丰 1 号	135~140	晋杂 1 号	140
			沈杂 3 号	145

（辽宁省农业科学院，1979）

从沈阳稻区水稻品种更替也可以说明这个问题。20 世纪 50 年代，主栽品种农林 1 号生育期 135~140 d；60 年代改种宁丰、农垦 20 号，生育期 140~145 d；70 年代引种京引 35 号，生育期 155~165 d。主栽品种的生育期越来越长，因此当 1972 年低温冷害

发生时，造成沈阳稻区水稻大幅减产（表7-5）。1972年与1954年比较，辽宁省各主要稻区水稻品种需要的生育期增长15 d左右。由于品种生育期增长，对提高水稻产量发挥了一定的作用，但这些品种在非保温育苗的情况下，常温年有的可以正常成熟，有的则不能正常成熟；有的在常温年用保温育苗，早播早插，虽可以成熟，但在低温年也成熟不了。这是1972年水稻遭受低温冷害严重减产的主要原因。

表 7-5　辽宁省各稻区 1954 年和 1972 年主要栽培品种和生育日数

地区	1954 年		1972 年	
	主要品种	生育日数（d）	主栽品种	生育日数（d）
丹东、东沟	小粒平北	150 d 左右	白金	160～170
	陆羽 132 号	140～145		
大洼、盘山	陆羽 132 号	140～145	京引 35 号	155～165
	信友早生	130～135		
沈阳、抚顺	农林 1 号	135～140	京引 35 号	155～165
			京引 47 号	145 左右
辽宁北、东部山区	元子 2 号	130～135	农垦 19 号	145 左右
	兴亚	120	京引 47 号	145 左右
	青森	120	公交 13 号	130 左右

（辽宁省农业科学院，1979）

同样是低温的1954年，由于种植的品种生育期合适就没有减产，反而有所增产。同是1954低温年，吉林省延边地区有些乡、村由于大面积种植了晚熟品种，结果大幅度减产。试验表明，低温冷害年品种越晚熟，减产幅度越大。由此可见，晚熟品种比例大是低温冷害年大幅度减产的重要原因之一。

2. 栽培技术不当

（1）播种和田间管理不合理　旱田作物播种晚，或因故毁种使苗期后延，造成生育延迟；播种质量不高，出苗不齐，产生三类苗；出苗后不及时间苗定苗，影响幼苗生长，降低了幼苗的抗寒力；田间管理不及时，违误农时，旱、涝胁迫的发生都能造成作物生长发育延迟而使冷害加重。

（2）水稻育苗插秧晚，插秧后缺水　插秧晚、水不足是造成水稻低温冷害年减产的又一重要原因。例如，1969年采用的水稻品种并不太晚熟，且普遍采取保湿育苗，但大多数乡、村插秧到6月末才结束，有的甚至插到7月10日。秧插晚了，水稻生育期延后，再加上低温的影响，抽穗很晚，大大超过了安全出穗期。插秧期与产量成正相关。插秧越晚，减产幅度就越大（表7-6）。

表 7-6 插秧期与产量的关系

京引 35 号		农垦 21 号	
插秧期	产量（%）	插秧期	产量（%）
5 月 19 日	100.0	6 月 11 日	100.0
5 月 26 日	85.9	6 月 18 日	77.3
6 月 3 日	78.7	6 月 29 日	70.1
6 月 13 日	74.7	—	—

（辽宁省盐碱地研究所，1972）

（3）土壤缺少有机质和磷素，追肥晚，追氮肥过量　稻田连年不施农家肥，只用化肥，有机质减少，肥力下降；土壤中磷素减少，造成氮、磷失调。这种土壤不发苗，作物生长迟缓，易受低温的危害。氮肥施用过量、施用期过晚，造成水稻贪青晚熟，也是低温年减产的一个重要因素。

（4）病虫害防治不及时　低温年病虫害有严重发生的趋势，如水稻苗期立枯病和绵腐病，因绵腐病菌在不适宜水稻生长的 15 ℃条件下，仍能旺盛繁殖，造成绵腐病大发生，使秧苗细弱，插苗晚，缓苗慢，耐冷力差，生育期后延。其他如水稻的稻瘟病、白叶枯病、稻飞虱、稻螟虫等；旱田作物的大斑病、小斑病、黏虫、蚜虫和螟虫等都要及时防治，以减轻低温对作物造成的危害。以水稻为例，低温冷害在栽培技术方面可能造成减产的因素见图 7-2。

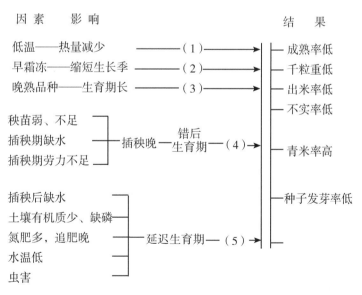

图 7-2　低温冷害年水稻减产的栽培因素分析

（辽宁省农业科学院，1979 年）

（三）低温冷害对产量组分的影响

构成作物单位面积产量的组分是穗数、每穗粒数和粒重。影响产量组分与低温冷害类型有关。延迟型冷害主要影响苗期、幼穗分化期和灌浆成熟期。苗期遭受低温冷害，使种子出苗率低，或出苗后生长弱而死亡，例如，水稻死秧烂秧，高粱、玉米缺苗断条；水稻还会减少分蘖数，尤其是有效分蘖数。幼穗分化期是作物决定穗子大小，粒数多少的关键期，此期遭受低温冷害，不仅延迟作物生长发育、抽穗，而且使幼穗分化不良，造成穗小粒少，减少单穗粒数。抽穗期遭遇低温造成护脖，下部穗码抽不出来而不能结实，使穗粒数减少。籽粒灌浆期遭受低温，使籽粒灌浆减弱、减慢，不能正常成熟，造成高粱、玉米籽粒含水多，水稻空秕粒多、青米多，粒重降低而减产。

水稻的延迟型冷害是由于从插秧到孕穗期连续或某一时段受低温的影响，缓苗慢，苗期生育不良，分蘖少，延迟生育，抽穗也延迟。在一般情况下，虽然抽穗、开花、授粉受精不受影响，但由于在成熟期遭受低温冷害而减产。如果抽穗、开花期气温正常或稍偏高，开花授粉能正常进行；灌浆成熟期气象条件若再好，有利灌浆，粒重则能增加，可少减产，或不减产。

障碍型冷害主要影响生殖生长时间。如果营养生长期正常，植株生长良好；幼穗分化期也无低温，则穗子大，粒数也多，也能正常抽穗。但在抽穗期遇低温使抽穗不完全，形成护脖，造成穗基部穗码包裹在剑叶鞘内，不能结实；抽出来的小穗由于低温的影响，或几天不开花，或器官受到障碍，不能正常授粉和受精，不结实率增加。北方的8月初西北风，南方的寒露风是造成水稻障碍型冷害的主要原因，使其空秕率大幅增加。

五、作物低温冷害的生理机制

各种作物及其品种在植株生长发育过程中，都要求一定的温度条件，其生育适温在不同生育阶段是不一样的，如果低于其生育温度的下限温度，植株的生长发育就要受到一定的影响，引起植株体内的一系列生理变化。

（一）低温对作物生理活动的影响

1. 削弱光合作用

低温对作物光合效率的影响，不同品种虽有一定差异，但基本都是减弱趋势。例如，在24.4℃气温条件下，光合作用强度为100%，那么在14.2℃温度下则为74%～79%，光合作用强度减少了20%多，光合作用率降低幅度与光照强度有一定关系。在相同光照条件下，温度越低，其光合作用率降低幅度就越大。

2. 降低呼吸强度

水稻在生长发育过程中，气温从适温每下降10℃，其呼吸强度要降低1.6～2.0倍。呼吸作用是维持根系吸收能力和加快植株生长速度不可缺少的条件。玉米减数分裂期经低温胁迫8 d，呼吸强度较对照下降1/2。玉米在低温条件下，植株体内氮素增加，碳氮比减小，使营养生长期拉长，表现贪青晚熟。

3. 影响矿质营养的吸收

试验表明，根系吸收矿质营养所需的能量来自呼吸作用，某些元素的吸收与呼吸作用的关系更为紧密。因低温使根的呼吸作用减弱，从而也使根对矿质营养的吸收减弱。例如，水稻在16℃下处理48 h，以30℃条件下作对照（吸收的各种元素分别为100），其试验结果如下：

$$P < H_2O < H_4N < SO_4 < K < Mg < Cl < Ca$$
$$(56)\ (67)\ (68)\ \ (71)(79)(88)(112)(116)$$

测定在 14 ℃ 和 30 ℃ 两种温度下 16 h 的吸收率试验结果如下：

$$P < H_4N < H_2O < Mg < Ca$$
$$(50)\ (70)\ (76)(100)(100)$$

试验结果显示，低温对作物吸收 N、P、K 的影响最严重，对吸收 Ca、Mg、Cl 的影响很小或者没有影响。低温对吸收矿质的影响因生育期而异，插秧初期影响最大，以后随生育的进展而逐渐减轻。气温回升作物吸收矿质的能力可以恢复，这是由于呼吸率提高而吸收 N、P、K 等养分急剧增加。其中吸收最旺盛的是 N，使作物以 N 代谢为主。因此，植株养分的平衡一旦打破，含 N 量过高，茎叶徒长软弱，抗寒力和抗病力均下降。

4. 影响养分运转

低温不仅降低光合强度，影响根系对矿质营养的吸收，而且还能妨碍光合产物和营养元素向生长器官运输，降低运转速度。石冢等（1962）研究温度与养分运转的关系，在水稻分蘖、幼穗分化始期和乳熟期 3 个时期，将 $^{14}CO_2$ 供给主要功能叶片，然后将植株放置在 13 ℃ 低温和自然温度（平均 23 ℃）条件下 48 h，测定植株各部位 ^{14}C 含量，比较在 2 种温度下的含量。结果表明，低温下的 3 个生育时期生长着的器官中的 ^{14}C 含量，都比正常温度下低（表 7-7）。

表 7-7　低温对水稻 3 个生育时期主要功能叶片内所同化的 ^{14}C 向不同器官转运的影响
（以每毫克干物质每分钟计数）

温度	分蘖期（6/15—6/17）			
	新叶	老叶	根	供 ^{14}C 的叶
正常温	288	69	304	923
低温	72	61	171	1366
低/正	0.25	0.87	0.56	1.46
	幼穗分化期（7/12—7/14）			
	幼穗原基	旗叶	秆	供 ^{14}C 的叶
正常温	243	26	188	265
低温	91	6.6	120	392
低/正	0.37	0.25	0.64	1.48
	乳熟期（8/1—8/8）			
	穗	秆	供 ^{14}C 的叶	
正常温	53	93	111	
低温	8.1	27	259	
低/正	0.15	0.29	2.33	

（石冢，1962）（农作物低温冷害及其防御，1983）

将2棵稻株水培，供给^{32}P和^{45}Ca 1h，然后移到完全没有放射性物质的培养液中，温度分别保持13℃和自然温度（平均23℃），经30 h后，测定不同植株器官的放射性同位素。结果表明，低温使这两种元素到幼穗原基的运转受阻，尤其是磷元素，受影响更大（表7-8）。

表7-8　幼穗分化始期低温对磷和钙从根部向地上运转的影响
（以每毫克干物质每分钟计数）

温度	^{32}P			^{45}Ca		
	幼穗原基	叶和秆	根	幼穗原基	叶和秆	根
低温	0.49	1.76	61.5	0.64	2.10	4.63
正常温度	3.28	3.24	41.4	1.87	2.75	3.41
低/正	0.15	0.54	1.48	0.34	0.76	1.36

（农作物低温冷害及其防御，1983）

上述的研究表明，在水稻的任何生育阶段，叶片的光合产物向生长部位的运转比向茎的组织运转要更活跃；光合产物从叶片向外运转与根吸收的营养元素运向生长器官一样，都会受低温的影响。生长中的器官因养分不足和呼吸减弱而变得瘦小、退化和死亡。如果在分蘖期发生低温冷害，由于低温减少了营养的吸收和运转，分蘖数明显下降或刚刚开始的分蘖停止、退化。如果在幼穗分化期发生低温，茎叶向穗分化部位输送养分受阻。低温持续，花器组织向花粉粒输送碳水化合物不正常，会使花粉不饱满，花药不能正常开裂、散粉。灌浆成熟期，低温不仅降低光合生产率，特别在含氮量过高时，碳水化合物的合成减少，并且阻止了光合产物向穗部的输送。

（二）低温引起作物生理失调

低温对植株体内各种生理过程的影响交互起作用，使生理活动在连续低温的作用下发生复杂变化。

1. 根吸收的营养分配失调

低温时，根部吸收的矿质养分减少，由于低温阻止了营养向叶片转运，因此根部养分（除磷）增加，相反叶片养分减少（表7-9）。

表7-9　分蘖期低温（13℃）处理6 d对不同器官养分含量的影响　（干物重，%）

器官	N		P_2O_5		K_2O		CaO	
	常温	低温	常温	低温	常温	低温	常温	低温
叶片	4.71	4.00	0.73	0.53	3.19	1.89	0.38	0.35
叶鞘	2.26	2.31	0.60	0.51	3.90	2.84	0.11	0.13
根	1.50	1.80	0.83	0.63	1.43	1.76	0.21	0.27

（农作物低温冷害及其防御，1983）

2. 叶片光合产物分配失调

稻株在13℃下处理6 d，光合生产率降低，而植株及叶片、叶鞘的碳水化合物含量增加。相反，根和茎，尤其是幼穗原基的碳水化合物含量则减少，这是因为低温使光合作用率降低，而呼吸作用率下降更低，低温使碳水化合物从叶片向生长中的器官和根部运转降低，使这些部位的碳水化合物含量下降。

在成熟过程中对旗叶下一叶供给$^{14}CO_2$，然后使此叶片处于高温（33~35 ℃）和低温（16~24 ℃）两种温度下，植株其他部位处于正常温度（21~33 ℃）下。试验表明，几乎没有^{14}C从第二叶向除稻穗以外的任何其他器官转运。从供给^{14}C后 4 d 期间，以CO_2形式放出的^{14}C和留在第二叶及在稻穗中^{14}C的量可以看出，^{14}C从叶片向穗部转运的量在高温下比在低温下的多，以CO_2形式放出及留在叶中的^{14}C的量，温度低的量大（表 7-10）。说明正在进行光合作用的叶片，如处在低温条件下，光合产物留在叶片时间较长，并被呼吸作用消耗，从而使营养物质向植株其他部分运转量减少，造成光合产物的分配失调。

表 7-10　低温（16~24 ℃）对碳的运转的影响
（以释放和留在穗部及第二叶中^{14}C总量为 100%）

对第二叶处理	器官	占^{14}C总供给量的（%）		
		释放	存留	合计
低温	穗部	2.6	16.5	19.1
	第二叶	23.6	57.3	80.9
	合计	26.2	73.8	100.0
高温	穗部	12.9	60.9	73.8
	第二叶	14.2	12.0	26.2
	合计	27.1	72.9	100.0

（农作物低温冷害及其防御，1983）

（三）低温对植株营养生长的影响

植株营养生长期遭受低温，主要影响根、茎、叶和分蘖的生长发育，是造成延迟型冷害的主要原因。

1. 低温对根系的影响

旱田作物根系的生长主要受地温的影响。早播，地温低，有利于生根，根数多，根重也高（表 7-11）。水稻根系的生长发育受水温的影响比气温大，水温降到 16 ℃时，根长和根数都明显降低（表 7-12）。

表 7-11　高粱 3 叶期处于不同温度条件下根重与根数的比较

播期（月/日）	出苗（月/日）	日平均温度（℃）	根数	单株根鲜重（g）	单株根干重（g）
4/5	5/12	17.3	5.0	0.175	0.025
5/5	5/16	18.4	3.6	0.130	0.022
6/5	6/10	21.8	3.8	0.112	0.018

（辽宁省农业科学院，1979 年）

表 7-12　水温与气温对水稻根数和根长的影响

发根期温度（℃）		新发根数	最长根的长度（cm）	发根期温度（℃）		新发根数	最长根的长度（cm）
气温	水温			气温	水温		
16	16	4	7	31	16	6	11
	21	17	4		21	15	12
	31	29	12		31	21	16
	36	35	14		36	29	13
21	16	5	13	36	16	5	9
	21	13	12		21	13	13
	31	20	17		31	12	13
	36	17	11		36	26	14

（星野，1969 年）

2. 低温对株高和出叶速度的影响

温度高低决定出叶速度的快慢。温度低，长出 1 片叶需要时间长。星野（1969）将水稻秧苗自 2.5 片叶至 7.5 片叶时置于不同气温和水温条件下，试验表明长叶时间受水温影响大于气温影响。水温越低，长叶时间越长（图 7-3）。当处在低温条件下的植株移到正常温度下，长叶时间缩短，叶片发育较快，叶长较一直处在正常温度下的短。说明低温条件下叶原基的分化还在继续进行，只是低温使已开始分化的叶原基发育受阻。

低温对旱田作物株高和出叶速度的影响与水稻相似。根据高粱分期播种试验表明，株高和出叶速度与温度紧密相关。温度高，植株生长量大，株高高，出叶速度快；温度低，株高生长和出叶速度均减慢。日平均气温在 24.1 ℃时，高粱株高每天长高 4.2

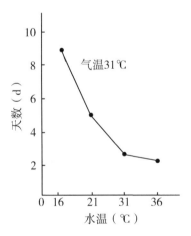

图 7-3　温度对水稻出叶进程的影响

（星野，1969）

cm；当气温降到 19.7 ℃ 时，每天只长高 2 cm。气温 23.9 ℃，2.6 d 长出 1 片叶；当气温降到 20.9 ℃ 时，3.4 d 长出 1 片叶（表 7-13，图 7-4）。

表 7-13 高粱植株日增长量和出叶速度与温度的关系

播期（月/日）	株高				出叶速度（按全叶计）				
	日平均气温（℃）	高度（cm）	日数（d）	日生长量（cm）	日平均气温（℃）	叶数	日数（d）	叶/d	d/叶
4/5	19.7	124.3	62	2.0	20.9	20.0	67.0	0.298	3.4
4/20	20.5	124.8	52	2.4	21.1	19.6	65.0	0.302	3.4
5/5	20.7	122.2	47	2.6	21.7	19.0	60.5	0.314	3.2
5/20	22.0	94.2	35	2.7	22.9	18.0	54.5	0.330	3.0
6/5	24.1	81.3	20	4.2	23.9	18.2	48.0	0.379	2.6
平均	21.4	109.4	43.2	2.8	22.1	19.0	59.0	0.325	3.1

（卢庆善，1979）

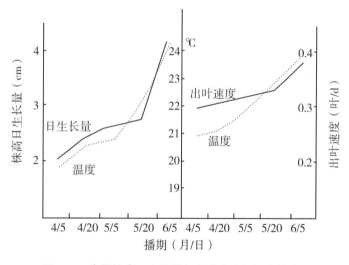

图 7-4 高粱株高日生长量和出叶速度与温度的关系
（卢庆善，1979）

低温下生长的叶面积小，叶片内含水量减少。但在低温下生长的叶片，其单位叶面积的干物重高（DW/cm²）（表 7-14）。这一试验表明，高粱在日平均气温 23.3 ℃ 条件下，六叶期单株叶面积为 104.40 cm²；而当气温降到 15.9 ℃ 时，单株叶面积只有 47.99 cm²。相反，单株叶面积（cm²）的干物重却由 9.5 mg/cm² 增至 21.9 mg/cm²。到九叶期也有相似的趋势。

表7-14　高粱不同播种期单株叶面积和单位叶面积干重

(1978年，晋杂4号)

播期（月/日）	六叶期			九叶期		
	日平均气温（℃）	单株叶面积（cm²）	DW（mg/cm²）	日平均气温（℃）	单株叶面积（cm²）	DW（mg/cm²）
4/5	15.9	47.99	21.9	16.9	410.9	—
4/20	16.8	64.75	15.6	17.4	430.5	18.8
5/5	17.5	83.23	11.2	19.0	441.5	15.9
5/20	20.0	79.78	8.9	20.7	556.0	11.9
6/5	23.3	104.40	9.5	24.1	561.9	8.3

（卢庆善，1979）

3. 低温对水稻分蘖的影响

水稻通常在气温和水温20℃左右时才开始分蘖，18℃时分蘖速度很慢，在临界温度16℃以下则不分蘖。例如，1974年6月平均气温比常年低1.2℃，结果水稻分蘖数比常年少4~5个，株高矮7~9 cm，生育期比常年晚7~10 d。据辽宁省农业科学院稻作研究所1977年井灌试验水温资料分析，在分蘖期灌22 d井水，日平均地温比对照低1.6℃，分蘖期积温少38℃，结果分蘖延迟、减少，出穗期晚4 d。

（四）低温对植株生殖生长的影响

作物生殖生长指从幼穗分化开始，到抽穗、开花、授粉、受精时期。此期是作物对低温最敏感的时期，也是障碍型冷害发生的关键期。此期低温不仅使生殖生长延迟，更为严重的是使生殖器官发生异常，造成不育、不孕、败育，影响结实率，使产量大减。

一般认为，减数分裂期（开花期10~11 d）对低温最敏感，颖花分化期（开花前24 d）和开花期对低温的敏感性次之，而幼穗原基发育的其他时期对低温不太敏感，不育率不受太大影响。

1. 减数分裂期和小孢子形成初期低温受害的生理机制

减数分裂期及小孢子形成初期受低温危害造成不育的主要原因是雄蕊受害，花粉不能正常成熟。到开花期花药不能正常开裂，其原因是小孢子形成初期受到低温的影响，造成花药里毡绒层细胞畸形所引起的。毡绒层细胞具有输送供应花粉营养的作用。在低温下，毡绒层和细胞层异常肥大，造成功能削弱甚至紊乱，致使花药不能供给花粉足够的养分，因此花粉的发育延迟、受阻，甚至退化，以致在开花期花粉不能成熟，不能完成授粉、受精过程，造成不育。当低温影响较轻时，花粉的成熟度较差，虽能完成授粉和受精过程，但易形成秕粒。这种情况在减数分裂期遭受低温时较多见。

总之，在作物孕穗期受到低温影响产生空秕粒的原因是多方面的。年度间、品种间都会造成差异，一般耐冷性强的品种产生空秕粒的临界温度是15~17℃，耐冷性弱的品种为17~19℃。由于低温程度及其持续时间的不同，产生空秕粒率的大小也有差异，即温度越低，持续时间越长，空秕粒率越高。在生产实践中，气温有昼高夜低变化，因此有必要把气温的影响分为昼、夜温来研究空秕粒率的产生（表 7-15）。结果显示，虽然夜温很低（21 ℃、16 ℃），但白天适温几乎不发生不受精现象，说明昼间温度的高低对产生空秕粒率的影响是十分重要的。

表 7-15 不同的昼、夜温与受精率的关系 *
（松岛）

处理区 昼温-夜温（℃）	不受精率（%）
31-21	4.0
21-21	20.5
31-16	8.0
21-16	50.5
16-16	65.0
CK（自然）	4.5

* 注：处理时间，昼 9.5 h，夜 14.5 h；处理日数 10~15 d，品种为农林 25 号。

2. 抽穗开花期低温危害的生理机制

作物抽穗开花期是最终完成花粉及其生殖器官发育成熟的时期，同时要完成颖壳开裂授粉、受精和子房体膨大等几个过程。所以在抽穗开花期遭受低温危害，会影响到以上发育过程的正常进行而造成空秕粒。抽穗开花期遭受低温，主要危害的是花粉粒不能正常成熟，花粉无效而不能参与受精。一般低温对雌蕊影响较小，或不影响。低温还使颖壳的开裂角度小，甚至不开裂，致使不能正常散粉和授粉、受精，增加空秕粒率。低温会影响子房体伸长受阻，使空秕粒率增加。如果在花粉完成受精之后遭受低温，因子房体不能伸长仍可形成空秕粒。而低温对子房体已经伸长的，其影响大大减轻。

抽穗开花期低温冷害是我国北方主要发生障碍型冷害的时期。我国东北地区 8 月西北风发生的频率较高，辽宁省北部 8 月西北风发生的频率为 84%，8 月西北风伴随降温对水稻的生育影响大。①减少开花数。黎明 A 在 22.2 ℃ 时，每天开花 200，当气温降到 20.4 ℃（最低 17.1 ℃）时，每天只开 49，减少 75.5%。②空秕粒率增加。黎明 A×C57，8 月 2 日齐穗，空秕粒率为 11.9%；8 月 12 日齐穗，盛花期遇西北风，空秕粒率增加到 19.6%。

试验显示，水稻开花期低温冷害的临界温度是 20 ℃，低于 20 ℃时，温度越低受害越重。开花期冷害的敏感期是开花前到盛花期，以盛花期最为敏感，而且冷害的严重程度与低温的强度和持续时间相关。一般来说，有 2 d 低于临界温度则发生轻微冷害；如果在 3 d 以上，冷害就会严重发生。

第二节　高粱低温冷害

高粱起源于热带地区，是一种喜温作物。在东北地区，由于低温的影响，常导致高梁生产造成减产。例如，1976 年在东北 3 省发生的低温冷害，吉林和黑龙江 2 省高粱减产 3.15 亿 kg，比 1975 年减产 24.2%；辽宁省高粱减产 0.5 亿 kg，减产 10.8%。为了实现高粱生产高产稳产，必须了解高粱低温冷害发生的特点，以利采取有效的防御措施。

一、高粱的冷害类型和危害关键期

（一）高粱冷害类型

高粱是延迟型冷害为主是毋庸置疑的，但是否存在障碍型冷害看法不一。高粱盆栽试验发现，在孕穗期遇到日最低气温 8.7 ℃（日平均温度 14.7 ℃）时，高粱结实率下降到 60.1%；抽穗期遇到日最低气温 6 ℃（日平均温度 11.3 ℃）时，其结实率仅 57.5%。在垂直带试验中发现，在高粱抽穗到开花期遇到日最低温度低于 10 ℃ 的低温，高粱结实率为 47.9%~64.5%；灌浆初期遇到最低日温度 5.5~7.5 ℃ 的低温，空粒、小粒率达到 60.0%~74.9%。

另一垂直带试验发现，在高粱抽穗时遇到平均温度为 14.8 ℃ 的低温延续 5 d，其中 1 d 最低温度为 14 ℃。温度回升后开花，雄蕊遭受冷害，表现灰白色，无花粉粒，雌蕊正常但没完成授粉、受精过程，雌蕊柱头伸展颖外达 1 周之久，以后枯萎，没能结实，有可能遭受障碍型冷害。

（二）低温危害的关键期

为寻找防御低温冷害的措施，必须了解和掌握低温危害的关键期。高粱与其他作物一样，需要从生态学和生理学上分别加以探讨和分析。一般来说，减数分裂期和小孢子发生初期是对低温最敏感的时期。但由于温度的季节性变化，在高粱各生育阶段所遇到的是不同的温度，所以把高粱生长发育与当地气温条件结合起来研究高粱气候生态学的低温冷害关键期则更有实际意义。

中国农业科学院农业气象研究室（1978 年）采用电子计算机技术，以正交多项式的方法，将 1950—1975 年 4 月 21 日至 9 月 30 日的逐日温度资料，按 3 d、5 d、10 d 这 3 个时段，统计分析高粱生育期内任何时段温度每升降 1 ℃ 对产量的平均效果。运算结果证明以 3 d 为 1 时段五次多项式效果为佳，公式如下：

$$\hat{Y} = -1\,116 + 1.3T_0 + 0.04T_1 - 0.004T_2 - 0.000\,2T_3 - 0.000\,02T_4 + 0.000\,001T_5$$

以 8 月上中旬，即高粱抽穗，开花和灌浆初期的效应最为明显。这时每 3 d 平均气温升、降 1 ℃（积温 3 ℃）可使高粱平均单产每亩增、减 1.3 kg（图 7-5）。在 7 月，正是高粱包括减数分裂期、小孢子期在内的孕穗期。从植株生长发育规律来看，这一时期是最忌低温的关键时期。但从东北地区气温分布看，7 月份是气温较高的时段，8 月份气温开始下降，而 8 月上中旬正是高粱抽穗、开花、授粉、受精、灌浆初期。多年统计结果，一般 8 月平均气温要比 7 月的低 1.4 ℃，年度间波动大，如果再遭遇低温，则势必造成冷害，表明高粱受低温冷害的关键期是抽穗、开花、灌浆初期的 8 月。

二、低温对高粱生育的影响

温度是高粱生长发育的重要气象因子。每当温度及持续时间适宜时，高粱的生育便

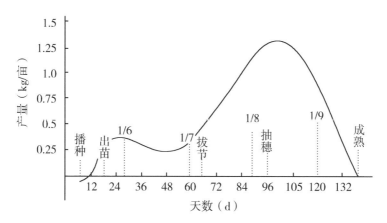

图7-5 温度每升降1 ℃对高粱产量的平均效应（kg/亩）

（农作物低温冷害及其防御，1983）

正常，可获得高产稳产。相反，当温度低，持续时间较长时，高粱就生育不良，延迟，最终导致减产。高粱由于品种和其生长发育条件不同，生育期长短的差异很大，早熟品种从出苗到成熟仅95~100 d，而最晚熟品种则需135~145 d。高粱生长发育一般分为从播种至出苗、出苗至抽穗、抽穗至成熟3个主要阶段。不同阶段的株高、叶数、干物重等在各个阶段的表现见图7-6。下面分阶段叙述低温对高粱生育的影响。

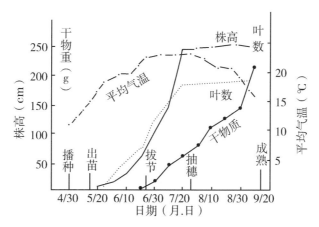

图7-6 高粱生育概况

（农作物低温冷害及其防御，1983）

（一）播种至出苗

高粱种子播种后需要一定的温度（水分、氧气）才能萌发、出苗。据不同试验数据的统计，高粱发芽所需的最低温度为4.8 ℃，最适温度为37~44 ℃，最高温度为50 ℃；东北地区高粱品种发芽的最低温度6 ℃，最适温度为32~33 ℃，最高温度为50 ℃。

马世均等（1986）选用国内外不同生态类型品种115个，分别置于4 ℃、6 ℃和

8 ℃温度条件下的自控温箱中，观察其萌发情况。种子萌发以种子露白为标准，处理 7 d 后开始调查，之后每 3 d 调查 1 次，至 19 d 为止，分别计算萌发势和萌发百分率。结果表明，115 份高粱品种在 4 ℃、6 ℃和 8 ℃温度下的种子萌发百分率差异明显（表 7-16）。在 4 ℃温度下，有 14 份品种萌发率达到 60.1%以上，占总数的 12.11%；在 6 ℃温度下，有 35 份品种萌发率达到 60.1%以上，占总数的 30.4%；在 8 ℃温度下，有 64 份品种萌发率达 60.1%以上，占总数的 55.65%。上述结果说明，低温是影响高粱种子萌发的重要因素。

表 7-16　高粱种子不同温度下萌发率比较

萌发变幅（%）	4 ℃		6 ℃		8 ℃	
	份数	%	份数	%	份数	%
0.0~20	56	48.56	28	24.3	11	9.56
20.1~40	25	21.73	20	17.4	13	11.31
40.1~60	20	17.4	32	27.84	27	23.48
60.1~80	13	11.31	20	17.4	41	35.65
80.1~100	1	0.8	15	13.0	23	20.0

（马世均等，1986）

高粱播种至出苗的天数，随着温度的下降而延长。马世均等（1980）采取分期播种法研究不同地温对高粱种子发芽和出苗的影响。结果表明，在土壤湿度基本满足种子萌发需要的前提下，其出苗的天数和出苗率与地温呈线性关系。当平均地温在 10.6~24.7 ℃范围内，地温每升高 1 ℃，出苗提早 1.5 d，出苗率增加 3.6%。地温与出苗天数、出苗率为极显著相关，r 分别为-0.928 和-0.913。利用最小二乘法求算高粱种子发芽的下限温度为 8.6 ℃（1978 年）和 9.3 ℃（1979 年），通过出苗阶段的生物学有效积温为 86.9 ℃（1978 年）和 83.1 ℃（1979 年）。因此，低温是影响高粱出苗天数和出苗率的主要因子（表 7-17，图 7-7）。

表 7-17　高粱出苗天数、出苗率与地温的关系

播期（月/日）	1978 年		1979 年		1978—1979 年		1978—1979 年	
	出苗天数	5 cm 地温（℃）	出苗天数	5 cm 地温（℃）	出苗天数	5 cm 地温（℃）	10 cm 湿度（%）	出苗率（%）
4/5	23	11.9	37	9.3	30.0	10.6	17.8	19.4
4/20	19	12.0	22	13.3	20.5	12.7	160.9	29.5
5/5	9	20.5	11	17.5	10.0	19.0	15.1	41.2
5/20	6	20.9	6	22.5	6.0	21.7	15.6	61.3
6/5	5	25.5	5	24.0	5.0	24.7	19.5	73.5
平均	12.4	18.2	16.2	17.3	14.3	17.7	17.0	45.0

（马世均等，1980）

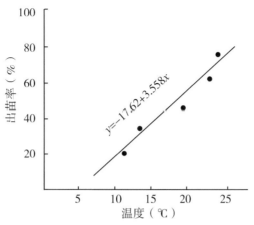

图 7-7 不同温度下的出苗率

（马世均等，1980）

（二）出苗至抽穗

高粱与玉米均是喜温作物，但高粱对热量要求更高。在 10 ℃ 低温条件下，高粱和玉米的光合作用均随着低温期的延续而降低，但高粱的光合作用比玉米显著低（图 7-8）。比较起来，高粱比玉米更不耐低温。当在冷处理后，提升 25 ℃ 高温观察其恢复能力，1.5 d 处理的恢复能力较强；2.5 d 处理的恢复能力，高粱比玉米显著低（图 7-9）。这说明高粱受冷害后再给予常温，其恢复能力也比玉米弱。

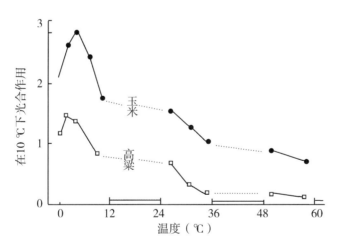

图 7-8 在 10 ℃ 条件下处理 3 d 幼龄叶的光合作用（相对比例）

（光源 170Wm⁻²，黑幕，黑暗阶段）

（农作物低温冷害及其防御，1983）

高粱出苗至抽穗天数与温度有密切关系，高粱在拔节前处在营养生长阶段，其生长速度随温度升高而显著加快。从出苗到拔节，平均气温与通过日数的相关系数 $r = -0.989$（$P<0.01$）。拔节到抽穗是高粱营养生长与生殖生长并进阶段。此阶段处在相

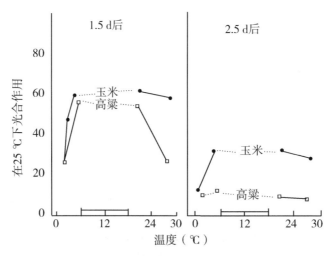

图7-9　在10 ℃低温处理后在25 ℃恢复下的光合作用（光源170Wm⁻²）

（农作物低温冷害及其防御，1983）

对高温时段（6月下旬至7月），温度对其生育期长短的影响不像苗期差异大，总的也是随温度升高而加速。但此期正值高粱幼穗分化，要求较高的生物学下限温度，为20.4 ℃（1978年），19.5 ℃（1979年）。因此，该阶段或遇低温，能使幼穗分化受阻，延迟高粱生育，影响正常抽穗。此期是高粱一生中对低温最敏感时期，因此应把此期作为防御低温冷害的重点时期。

16个期次的分期播种试验结果表明，高粱出苗至抽穗天数与温度有密切关系，呈直线回归关系，关系式 $y = 221.52 - 7.16x$（图7-10）。这一时期平均气温23.6 ℃时，52 d出穗，需积温1 227.2 ℃；平均气温为21.3 ℃时，68 d出穗，需积温1 448.4 ℃；

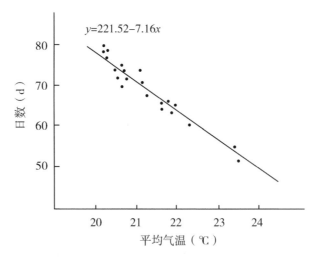

图7-10　高粱出苗至抽穗与平均气温的关系

（农作物低温冷害及其防御，1983）

平均气温 20.5 ℃时，74 d 抽穗，需积温 1 517 ℃。出苗至抽穗随着气温的下降而延长日数。

人工气候室试验结果表明，3 个高粱品种平均，播种至开花的日数，在日温 32 ℃时需 52.8 d；27 ℃时，需 68.3 d；温度下降 5 ℃，播种至开花延长 15.5 d。播种至颖花分化的日数，32 ℃时为 23.5 d；27 ℃时为 33.6 d；温度下降 5 ℃，播种至颖花分化的日数延长 10.1 d（表 7-18）。3 个高粱品种平均，在夜温 21 ℃时，从播种至颖花分化的日数为 33.6 d，夜温 16 ℃时则为 36.7 d；夜温降低 5 ℃，播种至颖花分化的日数延长 3.1 d（表 7-19）。

表 7-18　不同日温对高粱生育的影响　　　　　　　　　　　　　单位：d

品种	播种至开花的日数		播种至颖花分化的日数	
	27 ℃	32 ℃	27 ℃	32 ℃
麦地	62.0	46.2	28.1	19.3
八十天迈罗	67.0	51.5	32.8	22.2
早熟赫格瑞	75.8	60.7	39.8	28.9
平均	68.3	52.8	33.6	23.5

注：日照长度均为 12 h，夜温均为 21 ℃。
（农作物低温冷害及其防御，1983）

表 7-19　不同夜温对高粱生育的影响　　　　　　　　　　　　　单位：d

品种	播种至开花的日数	
	16 ℃	21 ℃
麦地	52.3	39.8
八十天迈罗	34.5	32.8
早熟赫格瑞	23.2	28.1
平均	36.7	33.6

注：日照长度均为 12 h，日温均为 27 ℃。
（农作物低温冷害及其防御，1983）

出苗至抽穗可分为出苗至拔节和拔节至抽穗两段。高粱出苗到拔节最适温度为 20~25 ℃。温度过低，生长缓慢而幼苗瘦小。出苗至拔节天数与平均气温也呈直线回归关系，关系式 $y = 94.05 - 3.01x$（图 7-11），相关系数 $r = -0.949$（$P < 0.01$）。

拔节至抽穗是高粱生长发育的旺盛时期。这时要求较高的温度，以 25~30 ℃为最适温。东北地区一般达不到这样的温度。温度较高的年份对高粱生育有利，温度低于 20 ℃则会延迟高粱生育，造成减产。

（三）抽穗至成熟

抽穗至成熟期，低温会明显延迟高粱的成熟期，从而导致霜害减产。抽穗至成熟的

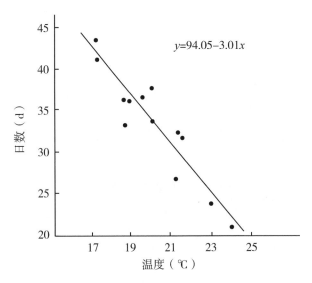

图7-11 高粱出苗至拔节天数与温度的关系

（农作物低温冷害及其防御，1983）

日数也受温度的影响，试验表明抽穗至成熟的天数与温度呈直线回归关系，关系式 $y=76.9-1.69x$，达极显著水平。平均气温 22 ℃ 时 40 d 成熟，19 ℃ 时 45 d 成熟（图7-12）。高粱抽穗后 3~5 d 开始开花，开花是生殖器官生理活动最旺盛时期，也是整个生育期中要求温度最高的时期，在 26~30 ℃ 的温度下对高粱开花最有利。温度高时开花集中，持续时间短；温度低时开花不集中，持续时间长。平均气温 23 ℃ 时开花持续 7 d，20.1 ℃ 时持续 9 d，14.8 ℃ 时则持续长达 16 d（表7-20）。

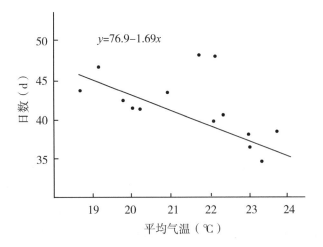

图7-12 高粱抽穗至成熟日数与温度的关系

（农作物低温冷害及其防御，1983）

表 7-20　高粱开花与温度的关系

抽穗期（月/日）	开花期		
	始期（月/日）	持续天数（d）	平均气温（℃）
7/23	7/25	7	23.0
7/26	7/29	8	22.1
8/13	8/16	9	20.1
8/18	8/21	9	19.7
8/22	8/27	10	17.6
8/29	9/4	13	15.7
9/3	9/7	16	14.8
9/20	9/28	—	—

（农作物低温冷害及其防御，1983）

马世均等（1980）高粱分期播种试验表明，抽穗到成熟是授粉、灌浆、形成籽粒的时期，早播的 3 个播期（4 月 5 日、4 月 20 日、5 月 5 日）高粱进入此阶段时，正值高温时段，从而加快了成熟的进程。平均气温为 23.8~24.0 ℃，37~41 d 完成成熟。后 2 个播期（5 月 20 日、6 月 5 日）由于温度下降到 20.3~22.7 ℃，则需要42.5~50.0 d 才能完成成熟。与前几个生育阶段比较，此期需要的积温总量最多，各个播期的需要量也相对稳定，积温在 885.5~1 000 ℃。可见，此期积温的多少对完全成熟非常关键。

高粱各生育阶段通过的日数与平均温度为负相关，分别达到显著或极显著水平（表 7-21）。

表 7-21　高粱各生育阶段的日数与平均气温（℃）的关系

播期（月/日）	项目	播种至出苗	出苗至拔节	拔节至抽穗	抽穗至成熟
	日数（d）	30	36	40	37
4/5	日均温（℃）	10.6	18.9	23.4	24.0
	积温（℃）	309.0	660.4	931.9	885.5
	日数（d）	20.5	35	37.5	41
4/20	日均温（℃）	12.7	18.9	23.5	24.0
	积温（℃）	242.5	653.0	879.0	978.6

（续表）

播期（月/日）	项目	播种至出苗	出苗至拔节	拔节至抽穗	抽穗至成熟
5/5	日数（d）	10	33	33.5	41
	日均温（℃）	19.0	20.5	23.9	23.8
	积温（℃）	188.1	675.0	799.7	960.9
5/20	日数（d）	6	29	30.5	42.5
	日均温（℃）	21.7	21.7	24.4	22.7
	积温（℃）	130.1	626.9	740.5	965.3
6/5	日数（d）	5	24.5	29.5	50
	日均温（℃）	24.7	23.4	24.6	20.3
	积温（℃）	123.8	570.8	727.7	1 000.0
	相关（r）	-0.965, $P<0.01$	-0.989, $P<0.01$	-0.965, $P<0.01$	-0.945, $P<0.05$
	回归	$Y=45.1-1.734X$	$Y=81.9-2.439X$	$Y=232.3-8.269X$	$Y=36.2-0.314X$

（马世均等，1980）

从高粱各生育阶段通过日数和积温的标准差、变异系数也可以看出，受温度影响最大的是播种到出苗，变异系数为77.1%（生育日数）和39.0%（生育积温）；其次是出苗到拔节，分别是18.4%和11.9%；而抽穗到成熟温度的影响变化最小，变异系数只有11.9%和5.3%。如果把出苗到抽穗与抽穗到成熟相比较，也得出同样的结果。抽穗之前由于温度的高低造成生育日数的变幅远比抽穗到成熟的大。因此，防御低温冷害的重点应放在抽穗之前（表7-22）。

表7-22　高粱各生育阶段的标准差和变异系数（1978—1979年）　　　　单位：%

项目	年份	播种到出苗			出苗到拔节			拔节到抽穗		
		均数	标准差	CV	均数	标准差	CV	均数	标准差	CV
生育日数	1978	11.0	8.3	75.1	35.0	9.1	26.0	30.1	3.1	9.9
	1979	12.7	10.0	79.0	26.8	2.9	10.7	36.5	5.9	16.0
	平均	11.9	9.1	77.1	30.9	6.0	18.4	33.8	4.5	13.0
生育积温	1978	171.4	61.0	33.7	683.9	97.3	14.2	768.2	63.1	8.2
	1979	202.0	89.5	44.3	577.7	55.5	9.6	845.6	76.5	9.0
	平均	186.7	75.3	39.0	630.8	76.4	11.9	806.9	69.8	8.6

（续表）

项目	年份	抽穗到成熟			出苗到抽穗			出苗到成熟		
		均数	标准差	CV	均数	标准差	CV	均数	标准差	CV
生育日数	1978	40.2	4.6	11.5	66.0	12.1	18.4	106.2	7.8	7.4
	1979	44.0	5.4	12.2	63.3	6.9	10.8	110.0	4.5	4.1
	平均	42.1	5.0	11.9	64.6	9.5	14.6	108.1	6.2	5.8
生育积温	1978	946.4	52.5	5.5	1 452.1	159.3	11.0	2 398.4	119.1	4.9
	1978	969.7	50.8	5.2	1 423.2	103.1	7.2	2 437.1	94.0	3.8
	平均	958.1	51.7	5.3	1 437.6	131.2	9.1	2 417.7	106.7	4.4

（马世均等，1980）

高粱从出苗到成熟的整个生育阶段所需天数与总积温量成正相关。$r=0.906$（$P<0.01$）。晋杂 4 号完成一生需要的生物学有效积温为 843.9 ℃，生物学下限温度为 14.5 ℃，$y=843.9+14.5x$。

高粱灌浆速度与温度的关系密切。据营口市农业气象试验站统计，平均气温与灌浆速度的相关系数，乳熟期为 $r=0.537$，蜡熟期 $r=0.606$。当籽粒含水率在 29%~30% 时，平均气温高于 19 ℃时，粒重的日增长率为 2%~5%；低于 19 ℃时，粒重的日增长率降低 0.5%~2.0%。

灌浆期间，日平均气温与千粒重有密切关系。在不遭霜害的情况下，灌浆时间长，千粒重就大。辽宁省气象科学研究所研究指出，平均气温 21.5 ℃，间日 38 d，千粒重 28 g；平均气温 20 ℃，间日 43 d，千粒重 30 g；平均气温 16.3 ℃，间日 60 d，千粒重 32 g。由此可见，在温度高时，由于灌浆速度快，灌浆期短，热量不能充分利用，千粒重较低；而在温度较低时，由于灌浆速度较慢，灌浆时间长，千粒重就高。

（四）低温对高粱生长速度的影响

高粱的生长速度主要包含茎叶生长量、出叶速度，株高等，其与温度关系密切，呈规律性变化。日平均气温为 24.1 ℃，植株每日长高 4.2 cm；当气温降到 19.7 ℃时，每日只长高 2 cm。出叶速度也有同样趋势（表 7-23、图 7-13）。

表 7-23　高粱株高日增长量和出叶速度与温度的关系（1978—1979 年）

播期（月/日）	株高			日平均气温（℃）	出叶速度				日平均气温（℃）
	高度（cm）	日数（d）	日生长量		叶数	日数（d）	叶/d	d/叶	
4/5	124.3	62	2.0	19.7	20.0	67.0	0.298	3.4	20.9
4/20	124.8	52	2.4	20.5	19.6	65.0	0.302	3.4	21.1
5/5	122.2	47	2.6	20.7	19.0	60.5	0.314	3.2	21.7
5/20	94.2	35	2.7	22.0	18.0	54.5	0.330	3.0	22.9
6/5	81.3	20	4.2	24.1	18.2	48.0	0.379	2.6	23.9
平均	109.4	43.2	2.8	21.4	19.0	59.0	0.325	3.1	22.1

（马世均等，1980）

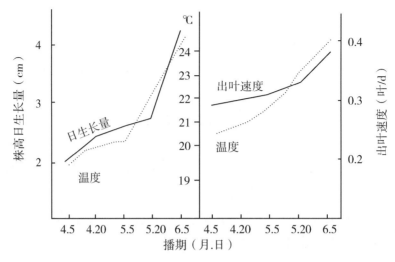

图7-13　高粱株高日生长量和出叶速度与温度的关系

（马世均等，1980）

高粱在苗期其地上各器官鲜重、干物重及叶面积是随播期延后而逐渐增加的，到挑旗期则相反，因总叶数减少。但不论是前期还是挑旗期，其干物重与鲜重之比值均是以早播的为高。早播使幼苗处在早期低温条件下，虽然生长量不如晚播的高，但体内干物质的比例大，说明苗期在相对低温条件下有利于干物质积累。早播由于叶数多，叶面积系数比晚播的大，也有利于光合产物的形成和积累（表7-24）。

表7-24　高粱不同生育阶段地上部分鲜重、干物重及叶面积和系数

播期（月/日）	九叶期						挑旗期				
	鲜重（g）	干物重（g）	干/鲜（%）	单株叶面积	系数	日均气温（℃）	鲜重（g）	干物重（g）	干/鲜（%）	叶面积（cm²）	系数
4/5	46.8	5.9	12.6	410.9	0.43	18.9	428.0	75.4	17.6	4 474.2	4.07
4/20	68.9	9.1	13.2	424.3	0.45	18.9	374.5	61.1	16.3	3 979.2	3.62
5/5	78.8	8.9	11.3	522.7	0.55	20.5	393.5	77.0	19.5	4 239.0	3.85
5/20	109.3	11.8	10.8	674.2	0.71	21.7	366.3	59.1	16.1	4 048.3	3.67
6/5	141.5	15.0	10.6	772.6	0.81	23.4	313.4	49.3	15.7	3 409.8	3.10

（马世均等，1980）

三、低温对高粱产量及其组分的影响

低温对高粱产量影响很大。低温年份高粱生长不良、发育延迟，使开花、授粉、受精、灌浆处于低温不利气象条件下，降低产量。特别是一些晚熟品种和低洼地块的高粱，常常贪青晚熟，在早霜前不能正常成熟，遭霜害而大幅减产。

马世均等（1980）研究表明，高粱在分期播种试验中，由于品种一样，栽培管理

条件一样，因而最终产量的差异可以看作是气象因子造成的，其中温度是造成差异的主要因子。因此，考察温度对产量的影响，对防御低温冷害是很重要的。在不同播期产量的变量分析中，播期间产量差异达到显著或极显著水平。由于不同播期所处的温度条件不同，因而造成了产量的差异，肯定了温度对高粱产量效应（表7-25）。

表7-25 高粱不同播期产量变量分析表

		1978年							1979年				
变因	自由度	平方和	变量	F	5%F	1%F	变因	自由度	平方和	变量	F	5%F	1%F
播期	4	93.5	23.4	4.03*	3.84	7.01	播期	3	199	66.3	21.39**	3.86	6.99
重复	2	18.4	9.2	1.58			重复	3	16	5.3	1.71	3.86	6.99
机误	8	46.8	5.8				机误	9	28	3.1			
总合	14						总和	15					

＊5%显著水平，＊＊1%显著水平。

（马世均等，1980）

高粱产量与生育期间总积温量成正相关，其回归方程 $y = 434.3 + 0.435x$；即积温每增、减 100 ℃时，产量升、降 21.8 kg。可见低温对高粱产量的影响是很大的。

在统计分析东北3省高粱产量与温度的关系可以看出，辽宁省高粱产量与8月、9月平均气温成正相关（$P<0.05$）；与6—8月、5—9月温度关系不显著。吉林省高粱产量与8月、9月、6—8月平均气温成高度正相关（$P<0.01$）；与5—9月温度成正相关（$P<0.05$）。黑龙江省高粱产量与5—9月气温成极高度正相关（$P<0.001$）；与8月、6—8月气温成高度正相关（$P<0.01$），与5月气温成正相关（$P<0.05$）。由此可见，东北3省高粱均存在低温冷害，从南向北逐渐加重，以黑龙江最重。

不同月份间东北3省均以8月气温最为关键，都成正相关（$P<0.05$）和高度正相关（$P<0.01$）。8月正值高粱开花、授粉、灌浆期，此时低温对高粱产量影响最大。东北3省高粱产量与7月气温相关均不显著，辽宁省稍为负相关，说明7月气温对高粱产量影响较小（表7-26、表7-27）。黑龙江、吉林2省高粱产量均与5—9月温度呈直线回归。5—9月平均气温每下降1 ℃（积温153 ℃），吉林省高粱每亩减产13 kg，黑龙江省减产30 kg，说明高纬度地区低温造成的产量损失更重（图7-14、图7-15）。

表7-26 东北3省高粱产量与温度的相关系数

省份	5月	6月	7月	8月	9月
黑龙江	+0.441*	+0.355	+0.203	+0.586**	+0.337
吉林	+0.109	+0.331	+0.265	+0.560**	+0.504**
辽宁	+0.148	+0.251	−0.161	+0.456*	+0.476*

省份	6—8月	5—9月	年份	年数
黑龙江	+0.634**	+0.734**	1950—1975	26
吉林	+0.645**	+0.461	1950—1975	26
辽宁	+0.306	+0.236	1950—1975	26

（农作物低温冷害及其防御，1983） ** 差异极显著水平

表 7-27　东北三省高粱丰年、平年、歉年气温状况
（1950—1975 年）

省份	类型	5月	6月	7月	8月	9月	6—8月	5—9月	年数
黑龙江	丰年	14.8	20.3	22.9	21.7	15.0	21.6	18.9	9
	平年	14.2	19.8	22.0	21.4	14.4	21.4	18.6	10
	歉年	13.7	19.4	22.60	20.6	13.9	20.9	18.0	7
	丰歉差	1.1	0.9	0.3	1.1	1.1	0.7	0.9	—
吉林	丰年	14.8	20.4	23.5	21.9	15.6	21.9	19.2	9
	平年	15.0	20.1	22.3	21.6	14.8	21.5	18.8	8
	歉年	14.3	19.6	23.0	20.8	14.5	21.1	18.4	9
	丰歉差	0.5	0.8	0.5	1.1	1.1	0.8	0.8	—
辽宁	丰年	16.8	21.8	24.6	24.2	18.0	23.5	21.0	7
	平年	16.5	21.3	24.7	23.6	17.0	23.1	20.7	14
	歉年	16.2	21.2	24.5	22.7	16.6	22.7	20.3	5
	丰歉差	0.6	0.6	0.1	1.5	1.4	0.8	0.7	—

（农作物低温冷害及其防御，1983）

辽宁省气象科学研究所统计了盖县（现盖州）的资料，高粱产量与8月气温成正相关（$P<0.05$），其他月份均不显著；铁岭县高粱产量与8月气温成高度正相关（$P<0.01$），生育期总积温与产量成正相关（$P<0.05$）。

低温造成产量降低表现在产量组分上。构成高粱单位面积产量的组分是每亩穗数、穗粒数和千粒重。马世均等（1980）高粱不同播期试验结果显示，由于不同播期的每亩穗数是一样的，因此由于低温造成的产量差异主要是因穗粒数和千粒重不同造成的。本试验中穗粒数和千粒重的差异又主要是由于温度不同引起的。高粱生育期间的总积温与穗粒数成正相关，$r=0.837$（$P<0.05$）。这与早播有利于穗分化，增加小码数和小穗数有一定的因果关系。其回归方程 $y=-4\,424.3+3.094x$，即积温每升、降100 ℃时，穗粒数增、减310粒；总积温与千粒重成负相关，$r=-0.339$，差异不显著，这是因为早播在灌浆期处于高温条件下，高温使灌浆加速而缩短了灌浆期。

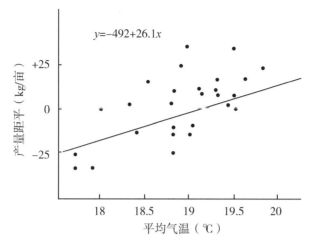

图7—14　吉林省高粱产量与5—9月温度关系

（农作物低温冷害及其防御，1983）

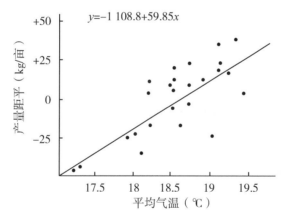

图7—15　黑龙江省高粱产量与5—9月温度关系

（农作物低温冷害及其防御，1983）

　　根据灌浆速度测定的结果，千粒干物日增重（mg）与温度成负相关，$r = -0.870$（积温）和 -0.909（日平均气温）（$P<0.05$）。灌浆阶段的生物学下限温度为 10.3 ℃。可见，相对低温有利灌浆，使粒重提高。因此，如何把增加粒数和粒重结合起来，是防御低温冷害，获得高产的关键。

　　另外，从产量组分的标准差和变异系数也可以看出，年际间变化大的组分有穗粒数、第一分枝数和穗粒重，而千粒重和穗长年际间变化小。因此，采取防御低温冷害、获得稳产的技术措施应针对变异大的产量组分（表7-28）。

表7-28　高粱产量组分的标准差和变异系数

年份	千粒重（g）			穗长（cm）			第一分枝数			穗粒数（个）			穗粒重（g）		
	均数	标准差	CV	均数	标准差	CV	均数	标准差	CV	均数	标准差	CV	均数	标准差	CV
1978	24.6	2.27	9.0	26.0	2.3	8.5	73.8	1.64	3.6	2 813	386.7	9.7	67.8	5.84	7.8
1979	26.4	2.67	9.1	27.8	2.1	7.4	82.5	5.47	6.6	2 943	534.3	17.5	78.0	12.4	13.8
平均	25.5	2.47	9.05	26.9	2.2	8.0	78.2	4.10	5.1	2 878	460.5	13.6	72.9	9.1	10.8

（马世均等，1980）

第三节　高粱低温冷害防御技术

一、低温冷害的诊断

（一）低温冷害诊断的目的

低温冷害的显著特点之一就是不易被人们发觉，不像旱、涝、风、雹等自然灾害可以被明显观察到；另一个特点是危害面广，受害程度重，一旦遭灾，损失大。当低温冷害在作物外表形态上明显表现出来，再采取技术措施，已经来不及了，因此需要研究低温冷害的诊断，以便及时防御。

所谓冷害的诊断，就是通过一种科学的方法，正确地诊断出作物遭受低温冷害的时期，为害的程度，及对作物生长发育的影响。冷害诊断在农业生产上具有重要意义，准确地诊断出作物遭受低温冷害的时期和情况，能使农户及时了解和掌握作物因受害造成其生育的延迟情况和程度，以便为农户采取必要的防御措施提供依据。

低温冷害诊断的原理是作物遭受低温冷害之后，其植株发育必然发生一系列变化，包括形态、生理、生化、生态的变化。这些变化有的是急剧的，有的是缓慢的、微细的，研究这些变化与生长发育的相关性，就能帮助农户从质和量两个方面去掌握冷害的发生情况。及时准确地诊断冷害可以及时采取防御措施，对于减轻冷害的危害，减少农业损失有重要意义。

（二）低温冷害诊断方法

1. 积温法

积温法目前被广泛应用于各种作物的冷害诊断，方法简便易行。积温法的原理是以某种作物或某个品种正常抽穗至成熟的稳定日数和积温作为依据，结合当地的温度数据进行推算，进而确定本地的适宜播种期。基本方法是，先统计本地历年4—9月的平均温度和积温，确定某一品种安全抽穗期临界日期，然后根据该品种抽穗至成熟所需的日数和积温数，把临界日期之前的某一天定为抽穗期，往后推算，恰好满足该品种从抽穗至成熟的日数和积温数为止。开始之日是安全抽穗期，结束之日是成熟期。再从成熟期往前推算总生育日数和总积温数为止，其开始日期为播期（或出苗期）之临界期。

沈阳地区水稻主栽品种丰锦，常年正常插期全生育期需要162 d，总积温3 352 ℃；

其中苗期46 d, 745 ℃; 插秧至幼穗分化期41 d, 961 ℃; 幼穗分化期至抽穗期30 d, 711 ℃; 抽穗期至成熟期45 d, 935 ℃。丰锦品种历年在沈阳地区平均抽穗期在8月5日至8月10日, 把8月10日定为丰锦品种在沈阳地区的安全抽穗期之临界日。这样, 就可以根据丰锦品种各生育阶段所需的日数和积温数确定其相应的生育日期。如从8月10日往后推算, 9月25日为成熟期, 4月16日为出苗期, 5月31日为插秧终止期, 7月11日为幼穗分化期。

又如, 合江19号是黑龙江省合江地区水稻主栽品种, 常年全生育日数110 d, 积温2 250 ℃, 抽穗至成熟37 d, 790 ℃; 据历年资料, 定于7月22日为正常抽穗期, 则8月28日为成熟期, 5月15日为适宜播种期之临界日。

根据某品种在该地正常年份通过某一阶段的日期和积温数, 结合低温年的温度情况和田间植株生育情况, 就能正确地诊断出作物是否受低温的影响延迟了生育, 以及延迟的程度。

黑龙江省气象科学研究所研究水稻延迟型冷害的诊断方法。首先把水稻各个生育期内所需有效积温和标准天数根据正常年份计算出来 (表7-29)。根据表中的理论有效积温和标准天数, 应用当年实际有效积温和生育日期, 即可推算某一生育阶段的进程是否正常。

表7-29 各生育期有效积温 (℃) 及标准天数
(黑龙江省气象科学研究所)

品种	播种至出苗		出苗至3叶期		3叶期至分化始期		分化始期至抽穗期	
	≥12 ℃有效积温(℃)	标准天数	≥12 ℃有效积温(℃)	标准天数	≥13 ℃有效积温(℃)	标准天数	≥14 ℃有效积温(℃)	标准天数
汤原76-1	66	13	50	9	100	20	247	27
北斗	66	13	50	9	112	21	244	27
合江10号	77	15	48	9	120	21	242	27
合江16-1	68	14	47	9	131	23	247	28
合江18号	65	14	49	9	132	24	237	28
合江20号	76	15	48	9	178	26	247	35

诊断植株在营养生长阶段是否受冷害, 先要计算出各生育期的标准天数内的实际有效积温 A_1, 然后比较它与理论有效积温 A 的大小, 若 $A_1 < A$, 说明这一生育期已受冷害, 生育延迟。再将差数除以每天平均有效积液, 即是已延迟的天数, 公式如下。

$$\Delta T = (A_1 - A) \div \frac{A}{天数} \tag{7.1}$$

举例: 某年合江10号5月15日播种, 6月1日出苗, 6月11日进入3叶期, 至6月20日共获得有效积温160 ℃, 试问今年是否受到冷害, 如受害, 延迟几天? 先看播种至出苗的标准天数, 由表7-29已知是15 d, 应该5月30日出苗, 实际是6月1日出苗，说明这一时期延迟了 2 d。再看出苗至 3 叶期的标准天数是 9 d，应在 6 月 8 日达到 3 叶期，实际是 6 月 11 日进入 3 叶期，说明这一时期延迟了 3 d。

3 叶期至 6 月 20 日耗有效积温 $A_1 = 160 - 77 - 48 = 35$（℃），理论上 3 叶期以后 9 d 内 ≥ 13 ℃ 的有效积温 $A = 9 \times \dfrac{120}{21} = 51.4$（℃），$A_1 < A$，说明 3 叶期至 6 月 20 日作物已受冷害，生育延迟了。根据公式计算出该生育阶段约延迟了 3 d。

$$\Delta = T(A_1 - A) \div \frac{A}{\text{天数}} = (35 - 51.4) \div \frac{120}{21} \approx 3 \text{（d）}$$，其结果全生育期共延迟 6 d。

2. 叶龄法

叶龄指数是衡量植株生长发育进程的重要指标。而叶片的生长速度与温度成正相关，因此可以根据植株某一阶段的叶龄指数来诊断植株是否受冷害。

马世均等（1980）研究了高粱出叶速度与温度的关系。晋杂 4 号高粱在沈阳地区常年正常播期长 20 片叶子，需要 60 d，积温 1 232.6 ℃，6 叶时需 20 d，积温 349.4 ℃；9 叶时需 32 d，积温 626.2 ℃，且叶片的生长速度与温度密切相关。例如，在 6 叶期前，平均气温 23.3 ℃ 时，每长一叶需 2.2 d，而气温降到 15.9 ℃，长一叶需 4.5 d（表 7-30）。晋杂 4 号高粱在沈阳地区历年的生育历程是，6 月 20 日前后达到 9~10 片叶。而 1979 年 6 月 20 日，晋杂 4 号只有 7~8 片叶，说明由于前期低温延迟了生育，与正常生育比较差 1.5~2.0 叶，时间差 4.5~6.0 d，诊断后应及时采取措施进行防御。

表 7-30 高粱出叶速度与气温的关系
（沈阳，1978）

播期（月/日）	全叶数	3 叶	6 叶		9 叶		10 叶	11~16 叶	18~20 叶
			日平均气温（℃）	d/叶	日平均气温（℃）	d/叶			
4/5	21.0	6	15.9	4.5	16.9	3.4	3.4	3	2
4/20	20.5	5	16.8	4.0	17.4	3.3	3.3	3	2
5/5	20.0	4	17.5	3.0	19.0	3.0	3.0	3	2
5/20	19.0	3.4	20.0	2.9	20.7	2.7	2.7	2	1.5
6/5	18.5	3	23.3	2.2	24.1	2.2	2.2	2	1.5

（马世均等，1980）

吉林省通化地区农科所研究水稻晚熟品种京引 27 等出叶速度与温度的关系。结果表明，京引 27 共 14 片叶，插秧后 5~14 叶，需 50 d，积温 1 150 ℃，第 5~10 片叶每长出一叶需 4~5 d，第 11~12 片叶需 8~9 d，第 13~14 片叶需 4~6 d；中熟品种吉 76-8 总叶数 13~14 叶，插秧后从第 5~13 片叶需 44~48 d，需积温 1 000~1 100 ℃；早熟品种共 12 叶，插秧后 4~12 叶要 43 d，需积温 988 ℃。

3. 分蘖与生长量法

这一诊断方法专用于水稻。因为水稻在 18 ℃ 以下时，一般不产生分蘖，因此某一水稻品种分蘖的多少和快慢除了由品种的特性决定外，还受温度条件的影响。某一品种最高分蘖期在同样的栽培条件下历年大体上是一致的。分蘖期遭遇低温，分蘖不产生或延迟，时间拖长，最高分蘖期也推迟。通过分蘖动态调查，即可判定生育进程的早晚和快慢，因为生育进程的早晚和快慢反映了温度的高低。因此，可根据水稻最大分蘖期的早、晚来诊断水稻是否遭受低温冷害及其严重程度。

吉林省通化地区农科所研究了水稻分蘖与温度的关系（表7-31）。结果表明，虽然早、中、晚品种之间，其分蘖的快慢、早晚、数目的多少以及有效分蘖期、分蘖率均有差异，但最高分蘖期是相似的，都是7月15日前后。这样一来，就可以根据分蘖消长的规律和最高分蘖到达的早晚来诊断水稻是受低温冷害及受害的程度。

表 7-31　水稻分蘖消长与温度的关系 *

日期 （月/日）	平均温度 （℃）	积温 （℃）	品种分蘖（%）						
			京引 127	通交 17	吉 76-8	京引 182	长研 2-1	松前	姬穗波
6/20	20.7	20.7	1.3	5.4	1.4	1.4	0.0	0.0	1.0
6/21—6/25	23.1	115.3	21.1	25.0	19.7	21.7	2.2	16.7	15.0
6/26—6/30	24.3	121.6	48.7	57.1	50.7	44.9	47.8	35.7	36.0
7/1—7/5	22.9	114.3	75.0	92.9	83.1	71.0	69.6	70.0	62.0
7/6—7/11	21.7	130.4	94.7	96.4	93.0	94.2	89.1	92.9	84.0
7/12—7/15	20.5	82.0	100.0	100.0	100.0	100.0	100.0	100.0	100.0
分蘖始期（月/日）			6/23	6/22	6/23	6/23	6/26	6/24	6/24
最高分蘖期（月/日）			7/15	7/15	7/15	7/15	7/15	7/15	7/15
有效分蘖期（月/日）			7/3	7/1	7/4	7/5	7/5	7/5	7/8
有效分蘖数			58	46	63	54	42	71	87
有效分蘖率（%）			63.2	64.3	74.6	63.8	69.6	72.6	87.0

*分蘖数系 10 穴单本插秧统计。

（通化地区农科所，1979）

生长量（分蘖数×株高）也是水稻生育的重要指标。曾用测定干物质来表明水稻各生育时期的生长发育优劣程度，尤其在幼穗形成之前，它又是预测水稻当年产量的可靠性状，因此干物重与产量之间有极显著的相关性。但田间确定干物重缺点很多，如拔掉植株而使植株减少，不利于其他项目的调查，也无法由拔掉的植株去测定产量。因此，应用生长量这样简单的指标，就能够反映出水稻的生育状况。因为生长量与干物重成极显著的正相关（表7-32）。

表 7-32　各品种地上部的干物重同生长量的相关程度（1979 年）

品种名称	姬穗波	查 142	京引 182	吉 76-8	京引 127	通交 17 号
相关系数(r)	0.992 4 **	0.985 8 **	0.958 0 **	0.967 4 **	0.969 2 **	0.990 6 **

** 极显著水平。

（农作物低温冷害及其防御，1983）

研究表明，生长量与产量，生长量与积温都存在一定的相关关系。因此，每个品种在其生育前期，在一定的温度条件下，与一定的生长量有密切的关系，由此可以根据生长量这个指标诊断低温冷害是否发生及其危害的程度。

上述 3 种低温冷害诊断方法，主要是针对作物延迟型冷害的，可以采取一种方法进行诊断，也可采取 2 种或 3 种方法进行诊断。

4. 水稻障碍型冷害最大感受期推算法

这种诊断法是利用人工气候调节装置对生育温度控制的条件下进行试验确定的，用于诊断水稻障碍型冷害。研究认为水稻障碍型冷害的最大感受期不在减数分裂期，而在小孢子形成的初期，也就是四分子期至第一收缩期。小孢子形成是水稻内部胚胎的发育过程，是看不到的。因此，必须找到四分子期至第一收缩期与此期相一致的外部可见的形态指标，通过形态指标来诊断水稻障碍型冷害最大感受期。

研究表明，水稻障碍型冷害最大感受期中有 20% 的颖花处于小孢子初期，可根据颖花比例来推算最大感受期。颖花长度是随着花粉的发育进程而增长。如水稻品种农林 20 号从四分子期至第一收缩期，其颖花长为 3.0~4.5 mm（表 7-33）。这就可以将颖花长度作为水稻障碍型冷害最大感受期的形态指标。

表 7-33　花粉发育期与颖花长的关系

花粉发育期	颖花长（mm）	
	早雪	农林 20 号
减数分裂期	1.9	1.8
前期	1.9~3.0	1.6~2.7
第一、第二分裂期	3.0~3.4	2.7~3.1
四分体期	3.4~4.2	2.9~3.6
第一收缩—第一恢复	4.2~5.8	3.5~5.0
第二收缩—第二恢复	5.8~6.6	5.1~6.6
花粉充实期	6.3~6.7	6.4~6.9

（佐竹，1976）

还有，利用叶耳间长（指剑叶叶耳与相邻下面叶叶耳之间的距离）来推算冷害最大感受期。叶耳间长（IA）是由剑叶叶鞘长度（S_1），相邻节间的长度（N_1）和剑叶下的叶鞘长度（S_2）决定的，即 $IA = S_1 + N_1 - S_2$。当水稻幼穗长到 2~3 cm 时，剑叶下的一个叶鞘已不再生长，以后叶耳间长的伸展，则主要决定于剑叶叶鞘及下方节间的生长。剑叶叶鞘停止时期与下方节间开始生长延长的时期是一致的。剑叶叶鞘与穗具有同时生长延长的性质，叶耳间长与穗长的相关性极为显著，其相关系数在0.95以上。

影响叶耳间长生长量的最大原因是温度，其次是光。当温度从19℃升到24℃时，每小时的长度从1 mm增到2 mm；当温度从24℃降至19℃时，则其长度从1.4 mm降到0.9 mm（表7-34）。一般来说，最大感受期的颖花率在20%以上时的叶耳间长，其幅度范围为±4 cm，最大感受期颖花率为20%以上时的叶耳间长约需时2 d。

表7-34　在人工气温调节装置的自然光室中最大感受期叶耳间长不同时间的生长量

时间	日照时间	温度（℃）	生长量（mm）
22：00—6：00	日出5：11	↓	1.05
7：00		19	0.78
8：00		24	2.00
9：00		↑	1.92
10：00			1.91
11：00			2.18
12：00			2.14
13：00			2.10
14：00			1.32
15：00			1.33
16：00			1.62
17：00	日落17：49		1.49
18：00			1.79
19：00			1.53
20：00		↓	1.59
21：00		24	1.39
22：00		19	0.90

（农作物低温冷害及其防御，1983）

总之，在利用人工气候调节装置对生育期的温度控制的条件下，花粉的发育期与颖花长之间有一定的相关性，所以可根据颖花长去推测花粉的发育期，进而诊断水稻障碍型冷害的最大感受期。而在田间条件下，由于生育期的温度变化较大，所以不同地区、不同年份、不同品种其最大感受期的颖花长必然有较大差异。如果把3~6 mm这样大幅度的颖花看作是最大感受期，实际上也就包括了所有的颖花；而大于6 mm以上的颖花，冷害的最大感受期已经过去，也就无须再行测定。因此，要比较准确地推算冷害的最大感受期，必须通过试验研究，结合本地气温、品种的具体情况，探索出适宜的准确的推算方法。

在测定颖花长时，先是根据叶耳间长选出幼穗，而叶耳间长的测定可直接在生长着的水稻植株上进行。一旦到了接近最大感受期中心日的剑叶期时，可不需要什么仪器而直接观测判明，这样简便易行的方法可在生产上直接应用。对于最大感受期颖花率达20%以上时，叶耳间距 0 cm 为中心，其范围为±4 cm，最大误差不超过 3 d，所以利用叶耳间长推算水稻障碍型冷害的最大感受期是切实可行的和准确的。

上面叙述了作物由于受到低温的影响，在形态上、生殖器官胚胎发育上产生了一些变化和异常，根据这些变化了的形态指标，建立起冷害的诊断方法。低温冷害必然引起植株体内的生理、生化方面的一系列变化。例如，作物遭受低温后，使原糖含量急剧增加，氮化物趋向水解，使水解氮含量增加。根据生物膜原理，由于低温的影响，细胞膜和细胞器膜产生减缩而出现孔道和龟裂，于是生物膜遭到破坏，透性加大，细胞内阳离子大量外渗，以及由于低温的影响，某些活性酶的活性降低或失活，代谢失调等。因此，还可以根据低温引起植株体内生理、生化的变化及其相应的指标，进行冷害的诊断。

二、高粱低温冷害防御技术

（一）搞好农作物品种区划，选用早熟、耐冷、稳产品种

低温冷害情况复杂，影响冷害的因素很多，长期的生产实践证明，必须采取综合技术措施才能防御低温冷害。马世均等（1986）选用 1959—1978 年全省气温资料和粮食单产资料，对辽宁省低温冷害作了比较广泛而系统的分析研究，进一步查明全省不同地区低温冷害发生的频率、危害强度、危害特点和地理分布，作了全省低温冷害分区规划，分成重冷害区、次重冷害区和轻冷害区 3 个分区（详见本章第一节——三、辽宁省低温冷害区划研究）。

潘景芳等（1987）根据辽宁省的气温、光照、降水量、地势、土壤等，以及各地的经济状况和生产技术水平等条件，开展了高粱种植区划研究。最终确定把全省分为 5 个高粱种植区，即辽西丘陵山区栽培区、中部平原栽培区、辽南半岛丘陵栽培区、辽西北栽培区和辽东冷凉山区栽培区（详见第一章第三节——二、辽宁高粱种植分区）。根据上述低温冷害区划和高粱种植区划可以有目标地选育相关高粱品种并进行其合理搭配。

选育早熟、耐冷、稳产的高粱品种是常发生低温冷害地区的重要育种目标。多年来，各地选育了一大批适宜当地气候条件种植的优良品种，对促高粱生产起到了重要作用。但为了获得高产，选育的高粱品种生育期越来越长，这就增加了遭受低温冷害的风险。一般而言，早熟品种的产量比较低些，高产品种的生育期长，如何解决这一矛盾？可以考虑早、中、晚熟品种合理搭配，以中熟、早熟品种为主，适当搭配生育期长的晚熟品种，既保证常温年增产，又保证低温年不减产或少减产。

实践证明，盲目种植晚熟高产品种是一些地区加重低温冷害的危害，造成大幅减产的重要原因之一。同时，由于品种成熟过晚，低温年生产的种子含水量大，不能安全越

冬，受冻不能作种，翌年用种不得不以劣代优，以粮代种，结果又影响了第二年的产量。为了扭转这种恶性循环的局面，除了培育早熟、耐冷、高产稳产新品种外，实现品种区域化是一项极为迫切、极为重要的关键性措施。

品种布局区域化应以合理选用早熟、高产品种为指导原则，从大面积长周期均衡增产出发，按照以气温为主，兼顾雨量、光照、土壤肥力、生产水平等综合生态条件，以作物品种熟期为中心内容，逐步实现高粱品种的区域种植，合理搭配，达到防御低温冷害、稳产高产的目的。具体实施要考虑以下的因素。

1. 从实际情况出发，抓住气温这个关键因素，解决高粱生产实际问题

在进行品种普查和做好现有品种对外界生态条件要求鉴定的基础工作，分析各地生态环境对品种要求的满足程度，抓住影响当地品种分布的关键因素和指标，处理好热量与其他因素的关系，力求反映客观实际，针对性强。

2. 品种区域化要经得起高温、平温、低温年的检验

品种区域化种植在高温、平温年能高产、增产，低温年产量基本稳定。要求在一般年份霜前5~10 d品种能成熟，低温年也能大部分或全部能成熟。

3. 品种区域化要适合当地的土壤水肥条件和栽培水平

针对当地的土壤肥力水平（上、中、下）和技术能力等，因地制宜地选用合适品种。一般的原则是，一个区域按中等水平加以定向比较适宜、稳妥。

4. 在一个品种区域内，要确定哪些是主栽品种，哪些是搭配品种

一般来说，在一个品种区域内，主栽品种以1~2个为宜，搭配品种2~3个为好，不要太多。但要注意早、中、晚熟品种的合理搭配。应以在当地霜前能正常成熟的中熟品种为主，适当搭配早、晚熟品种。片面追求成熟期过早或过晚品种的做法不同年份都会造成损失。品种区域化一经确定，在一定时期内要保持相对稳定，不要轻易改变。品种区域化以熟期区划为主，具体品种可以更新，以同样熟期的新品种替代老品种。

5. 因地因时制宜，灵活运用

高粱生产情况十分复杂，如山区地势、地形多变，农田小气候差异大；平原地势、土壤不同，水分状况和肥力条件也不一样，因此适合种植的高粱品种也就不同。所以，应根据区域大、中、小逐级做好区域化种植，不同级别有不同的精度，越往下越细，真正做到因地制宜，不搞一刀切。

辽宁、吉林、黑龙江三省农业科学院开展了东北地区农作物品种区划研究。根据热量、水分、土壤肥力等生态条件组合的特点，进行农作物品种综合生态类型分区，将东北地区划分为15个农作物品种生态区，并进行了当时农作物适宜品种的区域化定向（表7-35）。区域化种植的作物品种不是一成不变的，表7-35中所列的各种作物品种就是当时当地比较适宜的品种。随着各种农作物新品种的选育和生产水平、技术水平的提高，要不断选择新的适宜品种替代原有的品种。选择时仍要坚持以中熟品种为主的原则，但考虑到由于土壤肥力的提高，生产技术水平的提升，品种的生育期可以比原品种延长2~3 d，以期保证在霜前正常成熟的前提下，能够获得更高的产量。

表7-35 东北地区不同品种区域的农作物代表品种

品种区	玉米	高粱	大豆	谷子	小麦	水稻		
						保温育秧	湿润育秧	直播
1. 黑河、伊春极早熟区	北玉5号	—	黑河3号、北呼豆	北黄沙谷	黑春1号	—	—	黑粳2号
2. 长白山地极早熟区	威虎白苞米小白头霜	—	小油豆、合交8号	白沙谷、敦谷4号	克旱6号	新雪、万宝21号	北稔	—
3. 克拜早熟、中早熟区	克单2号、克单3号	大粒红、克杂12号	丰收10号、丰收12号	克育18号、安谷18号	克旱6号、克旱7号	—	—	—
4. 三江平原早熟、中早熟区	合玉11号、合玉12号	合红6号	丰收10号、红丰2号	合光9号	克丰1号	—	—	合江14号、合江18号
5. 蛟河半山早熟、中早熟区	嫩单1号、桦单32号	柳歪、九粱5号	九农5号、通农6号	九谷3号	新曙光1号、克旱6号	长白6号	新雪	—
6. 延边盆地早熟、中熟区	吉双83号、舒单3号	红棒子、同杂2号	九农9号、吉林13号	公谷6号	克旱6号	京引127号、长白6号	长白6号	—
7. 哈尔滨、牡丹江中熟区	黑玉46号、龙单2号	同杂2号	黑农10号、黑农26号	龙谷23号、龙谷24号	克丰1号	长白6号、合江20号	—	新雪
8. 通化半山中熟区	吉双83号、吉单104号	柳歪、九粱5号	九农5号、通农6号	九合2号、九谷3号	新曙光1号、辽春6号	吉粳60号、京引127号	长白6号	—
9. 长春平原中熟区	吉单102号、吉单101号	歪脖张、同杂2号	吉林3号、吉林13号	公谷6号	新曙光1号	吉粳60号	长白6号	—

（续表）

| 品种区 | 玉米 | 高粱 | 大豆 | 谷子 | 小麦 | 水稻 | | 直播 |
						保温育秧	湿润育秧	
10. 白城、齐齐哈尔中熟区	吉双 83 号、嫩单 1 号	嫩杂 9 号、歪17 号	集体 5 号、吉林 8 号	龙谷 24 号、白沙 971 号	新曙光 1 号、克早 7 号	吉粳 60 号、长白 6 号	系 14 号	—
11. 四平中晚熟区	吉单 101 号、铁单 4 号	吉杂 26 号、护 22 号	九农 9 号、吉林 4 号	公谷 6 号、四谷 1 号	新曙光 1 号	吉粳 60 号、京引 127 号	系 14 号	—
12. 丹东中晚熟区	丹玉 6 号、丹玉 9 号	晋杂 5 号、忻杂 52 号	铁丰 18 号、铁丰 8 号	铁谷 1 号、友谊谷	辽春 6 号	京引 177 号	系 14 号	—
13. 朝阳、阜新中晚熟区	吉单 101 号、丹玉 9 号	晋杂 1 号、西杂 1 号	铁丰 18 号、锦豆 33 号	朝阳齐头白	辽春 5 号	京引 127 号、京引 177 号	—	—
14. 锦州、营口晚熟区	丹玉 6 号、锦单 4 号	晋杂 1 号、晋杂 4 号	铁丰 18 号、锦豆 33 号	锦谷 9 号、锦香谷	辽春 6 号	京引 177 号、丰锦	—	—
15. 旅大极晚熟区	旅丰 1 号	晋杂 1 号、晋杂 4 号	丹豆 1 号、铁丰 18 号	锦谷 9 号、锦香谷	东方红 8 号	京越 1 号、中丹 1 号	—	—

（农作物低温冷害及其防御，1983 年）

（二）适时播种，缩短播期，一次播种保全苗

低温冷害必须春防，要抓早，一环扣一环，一抓到底，才能掌握防御的主动权。发生低温冷害后，秋霜即将到来时再防，势必已晚，导致减产。低温冷害春防要从播种开始，适时早播可以利用早春的气温，充分争取更多的春季积温和生长季节。我国东北纬度高，生长季节较短，且常发生春季干旱。由于春旱失墒，不能及时播种，或播后不能按时出苗，延迟拔节、抽穗、开花和成熟而减产，如果再遭受低温冷害，则减产的幅度就更大。要想获得高产稳产，必须适时早播，抢墒播种，一次播种保全苗，充分利用早春季节的温度、水分、光照条件，以保证在秋霜前正常成熟。

适时早播要因地、因时、因品种制宜。要根据当地的气候、地势、地形、土壤等情况，以不同作物、不同品种对温度、水分的要求，按当地实际情况确定播种适期。

（三）增施优质农肥和磷肥，合理施用氮肥

增施优质农肥，提高地力，既是高产措施，又是稳产措施。调查显示，通过增施粪肥，用有机肥培肥土壤，在一般低温年份可促进高粱早成熟，还有一定增产作用。因此，应在土壤普查和土壤诊断的基础上，针对不同地块的土壤结构和肥力水平，科学施肥，经济用肥。增施优质农肥，大搞草炭造肥，养猪积肥，秸秆还田，压绿肥，可以增加土壤有机质和改善土壤理化性质，协调土壤水、肥、气、热之间的关系，提高土壤蓄水保肥能力，创造良好的根系生长环境，提高吸收和供应营养的生理活力，抵御低温冷害，促进作物早熟。

增施磷肥对作物有明显的高产促早熟作用，东北大部分耕地缺磷，缺磷会使作物光合作用、呼吸作用和营养代谢受到阻碍，造成春季不发苗，中、后期贪青晚熟。

卢庆善（1980）通过4年高粱田间试验研究，明确了在≥10℃的活动积温比常年少200℃左右的低温冷害年，土壤速效磷含量为10 mg/kg以下的地块，亩施25 kg过磷酸钙作口肥，可使高粱提早6~8 d抽穗，提早5~7 d成熟，增产13.6%~22.5%。磷肥能促进高粱幼穗分化，比不施磷提早3 d进入分化期，并使其提早2~7 d结束分化。磷肥对苗期低温影响造成的延迟型冷害有一定的补偿效应，约可弥补一个分化阶段。因此，增施磷肥是防御低温冷害的一项非常有效的技术措施。

1. 磷肥促进高粱植株生育

磷肥能促进高粱叶片生长，增加叶面积和叶面积系数。从3叶期到拔节期，施磷比不施磷单株根数多0.6~4.3条，地上部分鲜物重多0.3~10.7 g，干物与鲜物重之比高16%。从3叶期到挑旗期，单株平均叶面积施磷比不施磷的多0.3~123.0 cm²，叶面系数多0.13，可见磷肥对促进高粱植株生育的作用是明显的（表7-36）。

表7-36　高粱施磷与不施磷性状比较

项目	年份	单株叶面积（cm²）					鲜重（g）及干/鲜重比值（%）				
		3叶	6叶	9叶	挑旗	系数	3叶	6叶	9叶	挑旗	干/鲜（%）
施磷	1978	8.2	83.23	480.9	3 623.9	3.26	1.2	7.7	59.1	315.7	20.4
	1979	8.1	124.2	704.8	4 436.7	4.0	1.4	12.6	82.3	434.5	14.3
	平均	8.2	103.7	592.9	4 030.2	3.63	1.3	10.2	70.7	375.1	17.4

（续表）

项目	年份	单株叶面积（cm²）					鲜重（g）及干/鲜重比值（%）				
		3叶	6叶	9叶	挑旗	系数	3叶	6叶	9叶	挑旗	干/鲜（%）
不施磷	1978	7.7	68.6	434.5	3 549.3	3.2	1.1	5.13	40.0	342.8	17.9
	1979	8.1	122.5	674.2	4 265.1	3.8	0.9	11.6	80.0	421.6	13.8
	平均	7.9	95.6	554.4	3 907.2	3.5	1.0	8.4	60.0	382.2	15.8
差数		0.3	8.1	38.6	123.0	0.13	0.3	1.8	10.7	-7.1	1.6

项目	年份	根数（条）			株高（cm）			
		3叶	6叶	9叶	3叶	6叶	9叶	挑旗
施磷	1978	4.8	9.0	/	19.5	37.3	78.0	157.8
	1979	5.3	12.2	23.5	/	/	/	193.9
	平均	5.1	10.6					175.9
不施磷	1978	4.5	7.6	/	17.0	32.0	70.0	148.7
	1979	4.5	11.6	19.2	/	/	/	189.3
	平均	4.5	9.6					169.0
差数		0.6	1.0	4.3	2.5	5.3	8.0	6.9

（卢庆善，1980）

2. 磷肥对促进高粱籽粒灌浆和早熟的作用

磷肥能加快高粱籽粒灌浆速度。千粒干物日增重的高峰期施磷比不施磷提早2~3 d；高峰期间千粒干物日增重平均多165 mg；整个灌浆期间平均多61 mg，从而加快了籽粒的灌浆和干物质积累，使粒重增加（表7-37）。

表7-37　高粱施磷与不施磷籽粒灌浆速度比较

播期（月/日）	千粒干物日增重高峰期（开花后天数）（d）			千粒灌浆速度（mg/d）			灌浆期平均千粒灌浆速度（mg/d）		
	施磷	不施磷	差数	施磷	不施磷	差数	施磷	不施磷	差数
4/5	19~22	27~30	8	1 667	1 167	500	648.3	561.3	87.0
4/20	18~21	19~22	1	933	867	66	546.6	428.2	118.4
5/5	20~23	21~24	1	1 000	933	67	652.4	609.3	43.1
5/20	21~25	23~25	2	1 450	1 325	125	702.8	610.6	92.2
6/5	20~29	25~28	-1	1 267	1 200	67	702.5	738.0	-35.5
平均	20~24	23~26	2~3	1 263	1 098	165	650.5	589.5	61.0

（卢庆善，1980）

由于磷肥在各个生育阶段均促进了高粱生育，从而促进了高粱早熟。一般是低温年或早播促熟作用大，高温年或晚播促熟作用小。如1976年（低温年）平均提早6 d，1978年（平温年）提早3 d（表7-38）。

表7-38　高粱施磷与不施磷熟期、产量比较

年份	施磷比不施磷提早成熟日数（d）	平均产量（kg/亩）		增产幅度（%）	平均增产（%）
		施磷	不施磷		
1976	5~7	488.9	430.4	7.5~20.9	13.6
1977	3~5	435.8	355.5	12.4~42.6	22.6
1978	2~5	384.5	330.5	9.3~17.5	14.1
1979	2~4	499.6	467.5	1.4~10.9	0.4
平均	3~6	451.1	396.3	6.4~22.6	11.0

（卢庆善，1980）

3. 磷肥的增产作用

在4年的高粱分期播种试验中，磷肥的增产幅度为6.4%~22.6%，低温冷害年份，磷肥的增产效果显著。土壤速效磷含量在10 mg/kg以下的地块种杂交高粱效果更明显。施磷量与高粱产量正相关，$r=0.935$（$P<0.01$）。其回归方程$y=9.740+3.692x$，即每增施0.5 kg过磷酸钙，增产1.85 kg高粱籽粒（表7-38）。施磷增产的原因是产量因素的增加。施磷比不施磷千粒重平均提高1.9 g，穗粒数增加221粒，穗粒重增加11.6 g，有效地防御了因低温造成粒重降低而减产。

4. 温度与磷肥对产量的交互作用

不同播期（处于不同温度下）和不同施磷量对高粱产量还有一定的交互作用。因此，科学地配合可以获得更多的产量（表7-39）。从水平组合可以看出，1976年是第三播期（5月12日）与每亩施25 kg磷肥产量最高（470.5 kg/亩）；1977年是第二播期（5月6日）与每亩施30 kg磷肥产量最高（451.5 kg/亩）。

表7-39　1976—1977年产量结果的正交分析

产量（kg/亩）	1976年		1977年	
	A 播期（kg/亩）	B 磷肥（kg/亩）	A 播期（kg/亩）	B 磷肥（kg/亩）
R1	456.6	430.4	430.6	355.5
R2	458.8	488.8	451.5	405.7
R3	470.5		381.9	431.9
R4	443.7		399.0	469.8
R	26.8	56.4	69.7	114.4

（卢庆善，1980）

5. 磷肥对高粱幼穗分化有促进作用

磷肥促进高粱早熟增产的原因除了对高粱的营养生长有明显的促进作用外，关键对幼穗分化有促进作用。

（1）磷肥促进高粱提早进入幼穗分化　出苗到进入幼穗分化，施磷比不施磷提早3~6 d，并加快分化过程提早2~7 d 结束分化，约提前一个分化阶段，这为提早抽穗和成熟打下了基础。另外，从进入和通过幼穗分化日数的变异系数看，施磷比不施磷的小，说明磷肥能使高粱植株克服低温的不利影响，保持相对稳定（表7-40）。

表7-40　磷肥对幼穗分化期早晚和进程的影响

项目		出苗到幼穗分化时的天数（d）			幼穗分化时的叶片数			从分化始到抽穗前的天数（d）		
		施磷	不施磷	差数	施磷	不施磷	差数	施磷	不施磷	差数
播期（月/日）	4/5	46	52	6	11	12	1	33	40	7
	4/20	45	50	5	11	12	1	33	39	6
	5/5	40	44	4	10	11	1	26	32	6
	5/20	32	35	3	10	11	1	25	29	4
	6/5	28	31	3	9	10	1	22	24	2
平均		38.2	42.4	4.2	10.2	11.2	1	27.8	32.8	5
变异系数		20.8	21.7	0.9				17.9	20.6	2.7

（卢庆善，1980）

（2）磷肥对幼穗分化大小的影响　试验还表明，各播期从营养生长锥转化为生殖生长锥开始，直到穗分化结束，各分化阶段施磷比不施磷的幼穗大，说明磷肥满足了幼穗分化所需要的营养，使幼穗增大；在幼穗分化结束时，施磷的幼穗比不施磷的长3.1~5.4 cm，这给穗大粒多打下了基础（表7-41、图7-16）。

表7-41　幼穗分化各阶段大小比较（以长度计）　　　　　　　单位：cm

分化阶段	4月5日			5月5日		
	施磷	不施磷	差数	施磷	不施磷	差数
分枝原基	0.35~0.45	0.25~0.3	0.1~0.15	0.35~0.4	0.3~0.35	0.05
小穗原基	0.5~0.8	0.4~0.5	0.1~0.3	0.4~0.7	0.4~0.5	0.2
雌蕊花药原基	6.2~8.0	5.1~6.1	1.1~1.9	3.2~7.9	1.8~3.9	1.4~4.0
柱头形成期	10.3~12.7	7.3~11.3	1.4~3.0	12.7~14.7	8.9~10.9	3.8
花器强大期	25.3	20.0	5.3	20.7	16.8	3.9
花序轴伸长期	27.8	24.4	3.4	28.9	23.5	5.4

（续表）

分化阶段	6月5日		
	施磷	不施磷	差数
分枝原基	0.1~0.15	0.05~0.15	0.05
小穗原基	0.15~0.3	0.15~0.25	0.05
雌蕊花药原基	1.9~6.0	1.2~2.4	0.7~3.6
柱头形成期	8.2~9.6	3.5~6.3	4.7~3.3
花器强大期	14.5~15.5	10.5~11.2	4.0~4.3
花序轴伸长期	25.5	22.4	3.1

（卢庆善，1980）

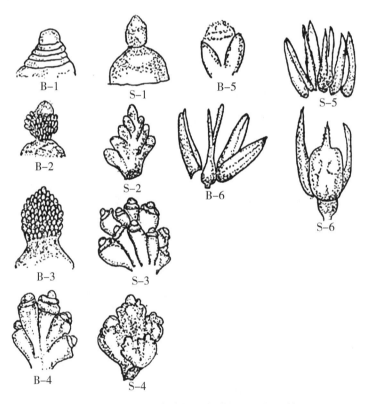

图 7-16　施磷与不施磷幼穗分化比较
　　B. 不施磷；S. 施磷；B-1. 营养生长锥；S-1 生殖生长锥；B-2. 一级分枝原基；S-2 二级分枝原基；B-3. 一级分枝原基；S-3 小穗原基；B-4. 外颖片原基；S-4. 雌蕊花药原基；B-5. 雌蕊花药原基；S-5. 柱头形成、子房膨大；B-6. 花器形成；S-6. 花序轴迅速生长。
（卢庆善，1980）

成熟期调查穗部性状，其穗长、穗粒数、粒重、穗粒重等，施磷的比不施磷的有明显增加趋势，这就是磷肥增产的内在原因。

（3）磷肥对低温影响的补偿作用　高粱在苗期六叶和十叶期置于菜窖内（10 d）进行低温处理（16 ℃）时，低温使营养生长延迟，幼穗分化减慢，与不处理对照比，叶数少3~5片，幼穗体积小，一般延迟2~3个分化阶段。但施磷的能够减轻低温的不利影响，有一定的补偿作用。10 d 中可以补偿一个分化阶段（表7-42）。

表7-42　低温处理时磷肥对高粱幼穗分化的作用

处理时期	叶片数				幼穗长度（cm）				分化阶段			
	氮肥	氮磷肥	氮磷钾	差数	氮肥	氮磷	氮磷钾	差数	氮肥	氮磷	氮磷钾	差数
六叶	9.5	10.5	10.5	1	0.1	0.2	0.25	0.15	生殖锥	分枝原基	同左	1
十叶	10.5	11.5	12.5	2	0.15	0.3	0.3	0.15	分枝原基	小穗原基	同左	1
对照（不处理）	12.5	15.5	15.5	3	2.0	6.7	6.7	4.7	雌雄原基	柱头子房形成	同左	1
差数	3	5	5	2	1.9	6.45	6.45	4.55	3	2	2	

（卢庆善，1980）

氮肥施用要适量，大量单一施用氮肥会延迟高粱生育，降低产量。而氮磷化肥与草炭配合施用，能促进成熟和增产。

（四）地膜覆盖，促熟增产

利用地膜进行覆盖栽培，可以提高地温，减少蒸发，促进作物生育和早熟，防御低温冷害。辽宁省农业科学院耕作栽培所利用有孔塑料薄膜覆盖种植高粱，比不覆盖提早抽穗4 d，提早成熟5 d，茎粗增加1.34 mm，增产16.6%。一般情况下，覆膜栽培可使耕层地温比不覆膜提高2~5 ℃，0~5 cm 土壤湿度多2%~3%，出苗提前4~6 d；10 cm 地温提高1.0~1.8 ℃。

辽宁省西丰县农科所于1980年进行地膜覆盖高粱栽培试验。结果表明，覆盖地膜的较未覆盖的早出苗3 d，早抽穗5 d，早成熟7 d，增产21.8%（表7-43）。

表7-43　高粱地膜覆盖的促熟增产效果

（西丰县农科所，1980）

处理	播种期（月/日）	出苗期（月/日）	抽穗期（月/日）	成熟期（月/日）	单穗粒重（g）	产量	
						kg/亩	%
地膜覆盖	5/22	5/26	7/22	9/6	78.0	522.5	121.8
未覆盖（对照）	5/22	5/29	7/27	9/13	73.5	429.0	100.0
相差	—	3	5	7	4.5	93.5	21.8

（农作物低温冷害及其防御，1983）

（五）采取综合栽培措施，早管细管，促进早熟高产

防御低温冷害，要采取综合栽培措施。田间管理要抓早、抓细，把防低温、促早熟、夺高产贯穿高粱整个生育期。提倡早铲早蹚、深铲深蹚、放秋垄、拔大草等行之有效的提高地温的方法，以利早熟。

铲前蹚一犁，深松深蹚，不仅蓄水保墒，抗旱防涝，而且还能促进养分的转化，释放土壤中的凉气，提高地温，有利于幼苗发根生长。据测定，深松深蹚的地块可提高地温 1 ℃左右。

病虫草害能延迟高粱生育，抽穗和成熟，在低温年份更是如此。因此，要搞好病虫草害的及时防除。首先要做好病虫害的预测预报，及时发现，以防为主，综合防治，以保证高粱正常生长发育。杂草遮挡阳光，降低地温，与幼苗争水争肥，会加重低温的危害，因此要及时铲除田间杂草。

试验表明，植物生长刺激素有一定的促进早熟和增产效果。高粱喷洒增产灵，一般可促进早熟 3~5 d，增产 3%~5%。植物激素与磷酸二氢钾、尿素等化肥混合喷洒，效果更好，千粒重比不喷的有所提高。

主要参考文献

丁士晟，1979. 东北地区夏季低温冷害的气候分析 ［C］//抗御低温冷害阶段成果论文选编. 长春：吉林省科学技术委员会.

董春田，刘恒吉，1978. 辽宁省水稻冷害发生规律及防御措施 ［M］//抗御低温冷害. 沈阳：辽宁人民出版社.

龚文娟，等，1980. 玉米、高粱等作物品种抗寒性鉴定总结 ［J］. 黑龙江农业科学（4）：12-16.

卢庆善，1978. 持续低温条件下磷肥促进高粱早熟的试验研究 ［J］. 辽宁农业科学（3）：12-15.

卢庆善，1980. 农作物低温冷害及其防御 ［J］. 东北地区抗御低温冷害科学讨论会论文选编.

卢庆善，曾祥宽，1981. 高寒山区高产稳产技术的研究 ［J］. 辽宁农业科学（2）：13-17.

卢庆善，曾祥宽，曲力长，1986. 温度与肥力对冷凉地区玉米生育和产量影响的研究 ［C］//研究成果及其论文汇编（1978—1986 年）. 沈阳：辽宁省农业科学院机械化耕作栽培研究所：267-277.

马世均，李庆文，周玉珩，等，1986. 一九七九年辽宁省抗御低温冷害的生产建议 ［C］//研究成果及其论文汇编（1978—1986 年）. 沈阳：辽宁省农业科学院机械化耕作栽培研究所：238-240.

马世均，卢庆善，曲力长，1980. 温度与磷肥对高粱生育和产量影响的研究 ［J］. 辽宁农业科学（3）：5-12.

马世均，曲力长，董春田，1986. 辽宁省低温冷害发生规律及防御技术研究综述 ［C］//研究成果及其论文汇编（1978—1986 年）. 沈阳：辽宁省农业科学院机械

化耕作栽培研究所：219-232.

马世均，曲力长，石玉学，等，1986. 低温冷害与早霜对我省农业生产影响 ［C］// 研究成果及其论文汇编（1978—1986 年）. 沈阳：辽宁省农业科院机械化耕作栽培研究所：241-242.

马世均，曲力长，张淑金，等，1986. 辽宁省冷害区划及其评述 ［C］// 研究成果及其论文汇编（1978—1986 年）. 沈阳：辽宁省农业科学院机械化耕作栽培研究所：233-237.

马世均，石玉学，隋丽君，1981. 高粱种子萌发阶段耐寒性研究简报 ［J］. 辽宁农业科学（6）：32-35.

潘铁夫，方展森，赵洪凯，等，1983. 农作物低温冷害及其防御 ［M］. 北京：农业出版社.

曲力长，李哲，万贵，1986. 我省冷凉地区低温冷害及其防御措施 ［C］// 研究成果及其论文汇编（1978—1986 年）. 沈阳：辽宁省农业科学院机械化耕作栽培研究所：278-288.

晏成衡，1980. 八月西北风对水稻的影响及其防御 ［J］. 新农业（14）：7-8.

中国农业科学院科技情报研究所，1978. 国外农作物冷害研究概况 ［J］. 国外农业科技资料（4）：53-65.

中国农业科学院品种资源研究所，1980. 玉米抗冷性鉴定方法的探讨 ［J］. 东北地区抗御低温冷害科学讨论会论文选编.

中央气象局气象科学研究所一室农气组，1976. 低温对东北三省粮食产量影响的初步分析 ［J］. 气象科技资料（4）：24-27，66.

中央气象局气象科学研究院天气气候研究所，1980. 寒露风 ［M］. 北京：农业出版社.

周玉珩，1979. 辽宁省水稻冷害及其防御问题讨论 ［J］. 辽宁农业科学（6）：1-8.

第八章 高粱育种目标

第一节 高粱育种目标制订的原则

育种目标就是对选育的品种的要求，也就是在一定的自然、经济、栽培、生产条件下，要选育的品种应具有哪些优良的特征特性。育种目标直接关系到能否选出优良品种，是育种工作成败的关键。而制订育种目标的原则又是确定科学、实用育种目标的关键。

一、根据国民经济和生产发展需要的原则

1949 年以来，我国国民经济和农业生产发展经历了不同的阶段，高粱育种目标也跟随经济和生产的发展而有所改变。20 世纪 50—70 年代，高粱是北方居民的主要口粮之一，也是重要的军粮。此阶段，高粱育种的主要目标是高产，即单位面积的产量要高。而且，高粱作为粮食，籽粒品质优良也作为品种选育的主要目标。

到了 20 世纪 80—90 年代，随着市场经济的深入发展，高粱作为居民主要口粮和军粮已退出历史舞台，高粱作为酿制白酒和香醋的原料已提到日程上来，高粱白酒生产成为许多省份的支柱产业。作为酿造用高粱育种的目标第一是高产，第二是淀粉含量要高，第三单宁含量适中。

进入 21 世纪，随着人们生活水平的提高，要求生产更多畜禽产品，畜牧业的发展需要饲料作为基础，高粱籽粒和茎叶作为饲料和饲草进入人们的视野，高粱育种目标是籽粒高产，茎叶产量高，作为饲草高粱育种目标要求绿色生物产量尽可能地高产，而且氢氰酸的含量要低，或者到饲喂时不含氢氰酸。

高粱品种的选育不但要适应目前的生产水平和市场的需求，还要考虑今后和长远的需要和变化。例如，由于矿质能源的日益枯竭，生物质能源提到日程上来，甜高粱作为生物质能源作物与甘蔗，木薯等作物比有其独特的生产优势，一年可生产一季或二季，茎秆含糖量高，其单糖转化成乙醇工艺简便，单位面积上的生物量转化成能源（乙醇）产量高。作为能源高粱的育种目标要求茎秆生物产量要高，其含糖量要高等。

二、根据当地自然生态条件、栽培技术水平的原则

高粱品种的高产、稳产性主要取决于品种对当地自然、生态条件和栽培技术水平的适应性。我国国土广阔，自然生态条件和栽培种植方法复杂，不同地区要求不同的高粱品种，以适应当地的各种条件，因此只有在了解和掌握当地气候、土壤、病虫害、栽培制度、生产水平的基础上，才能制订出科学、正确、符合实际的育种目标。

为了解决高粱品种种植上存在的主要问题，又要满足农业生产对品种的多方面要

求，在制订育种目标时，必须对当地的现有品种进行分析，分清主次，抓主要方面。例如，黑龙江省纬度高，无霜期短，高粱品种选育的主要目标要求在较短的无霜期内能保证品种正常成熟，这就必须具有合适的生育期，在此基础上再考虑高产、抗性以及苗期的抗旱性，以适应春季干旱的气候条件。

不同地区育种的主要目标不同，不同时期也有不同的主要目标。例如，黑龙江省高粱品种的早熟性曾是主要育种目标。随着高粱生产的发展，为解决农村劳动力不足和田间劳动量过大的问题，农户迫切要求机械化生产，尤其是机械化收获。高粱育种的主要目标又发生了变化，株高降低、穗茎秆长一些、剑叶小一点等又成了黑龙江省高粱育种的主要目标。

三、育种目标要考虑品种搭配的原则

鉴于高粱生产对品种常有各种各样的要求，而选育一个能满足各种要求的高粱品种又往往是很难的，因此在制订育种目标时，应考虑品种的搭配问题，注意选育一批不同类型的早、中、晚熟品种，以满足生产上的多种要求。

四、育种目标要落实到具体性状指标上的原则

制订高粱育种目标只笼统地提出高产、优质、多抗等目标是不够的，还必须对影响高产、优质、多抗性状进行分析，落实选育的具体性状指标，以便更有目的、有针对性地开展育种工作。例如，要选育早熟高粱品种，并不是成熟越早越好，而是要根据当地的生态条件和栽培制度，确定品种的生育期，在正常年份情况下，从播种到出苗再到成熟应该是多少天为好，是 100 d 还是 110 d。生育期过长达不到早熟的目的，容易遭受低湿冷害和霜害；生育期过短，由于早熟与高产是负相关，也不能高产。

高产是高粱育种的一个主要目标，想要实现这个目标，应充分地加以分析，落实到具体的性状指标上，如株型结构的株高、叶数、叶片角度等；穗型结构的第一、第二、第三级分枝数目、分布、小穗数等；产量组分的单位面积穗数、穗粒数、粒重等。在分析的基础上，确定科学合理的性状指标和搭配，以达到高产的目的。又如对品种抗病性的要求，不仅要明确抗哪种病，还要规定抗哪个生理小种或哪几个生理小种。

总之，制订育种目标是选育新品种的首要工作，也是一项复杂、细致的工作。育种工作者应进行深入、细致的调查研究，了解和掌握当地的气候、土壤特点，主要自然灾害，包括生物的（如病虫草害等）和非生物的（如干旱、湿涝、盐碱、寒流、高温、冰雹等）灾害的发生规律，耕作栽培制度以及生产技术水平和今后的发展方向等。还要了解当地品种的现状、分布、特点、问题、演变历史及生产对品种的要求等。对调查的结果经过仔细分析研究，确定育种目标，并找出当地种植面积较大的一个或几个品种，作为标准品种。根据当地生态条件和生产要求对标准品种进行分析，明确哪些优良性状应继续保留和提高，哪些缺点应改良和克服，即成为具体的育种目标。

第二节　高粱育种的总体目标

高产、优质、抗性强、适应性广等是国内外各种作物育种目标的总体要求，高粱也

一样。但要求的侧重点和具体内容则随着生产的发展、市场的要求和技术的进步与时俱进，会有一些变化。

一、产量高

高产是高粱优质品种最基本的性状，现代农业生产对高粱品种提出了更高的要求。高粱在单位面积上的产量受多种因素影响，它是品种的内在特性与环境条件互作的结果。品种的产量潜力只是一种遗传可能性，其实现有赖于品种与气候、栽培条件的良好配合，这在制订高产目标时必须加以考虑。在高产育种中，提出"源、流、库"的概念，即高产品种应具有理想株型、高效的光合性能，充分利用水、肥、光、热、CO_2 等合成光合产物，并顺畅地运转到穗粒中，获得高产。

（一）理想株型

理想株型是高产品种的基础，中矮秆是一个重要因素。在高粱高产栽培中，倒伏是影响高产的主要原因。抗倒伏品种要求株高适当，茎秆坚韧，根系发达。中矮秆品种不仅抗倒力强，而且还可以加大种植密度，提高经济系数和有效利用肥水，因而产量潜力大，对选育高粱高产品种是一个重要方向。但品种株高矮化必然会影响品种群体与生态环境的关系以及群体与个体之间的关系。因此，品种的株高也不是越矮越好，矮秆品种生物量有限，也达不到高产的目的。一般来说，高粱中、矮秆品种株高以 150~180 cm 较为理想。

株高是理想株型的一个方面，还包括其他的形态特征和生理特征，目的是把一些理想性状结合到同一植株上，以便获得最有效的光能利用率，以及光合产物的有效转运。理想株型除株高外，还涉及叶形、叶色、叶的生长角度和分布，以及穗部性状，包括穗型、穗形，一、二、三级分枝的组成、分布等。高粱品种理想株型总体要求是，中矮秆株高，株型紧凑，叶片挺直，比较窄短，色较深，着生角度小。这样的株型可减免或减轻郁蔽、倒伏和病害发生，提高光合效能，并使光合产物运转协调，达到高产。

总之，高粱高产品种理想株型是以高产栽培为条件的，在肥水条件较优时适用，而肥水条件较差时就不一定适用。此外，各地的生态条件不同，栽培制度，管理水平也不同，因此理想株型的标准，应从当地实际情况出发研究确定。

（二）高光合效率

理想株型是高粱高产品种的形态特征，高光合效率则是高产品种的生理生化特征。栽培上的一切增产措施，归根结底，是通过改善光合性能而起作用。高光效育种目标就是选育光合效率高的高产品种。高光效品种的主要表现是有较强的能力合成碳水化合物和其他营养物质，并将其更多比率转运到籽粒中去。这就涉及光能的利用率，光合产物的形成、积累、消耗、分配等生理生化过程，以及与这些生理生化过程有关的一系列形态特征，生理生化指标与个体、群体的关系等。

现代作物育种的一个重要发展趋势，已不是一般单纯地考量产量组分，而同时重视以高产生理生化为基础的理想株型。高产生理生化与理想株型关联度高。从高光效育种角度，可将决定产量高低的几个重要因素总结为下式。

产量 = ［（光合能力×光合面积×光合时间）−呼吸消耗］×经济系数　　（8.1）

式 8.1 中前 3 项代表光合产物的生产，减去呼吸消耗，即是通常所说的生物学产量，再乘经济系数，就是经济产量。从式 8.1 可以认定，一个高产品种应具有高光合能力，低呼吸消耗，光合能力保持时间长，叶面积大而适当，以及经济系数高等特点。其确定的目标是，形态特征有矮秆抗倒，叶片上冲，叶色深，着生合理，不遮光或很少遮光，持绿性强等；生理特性有光补偿点低，二氧化碳补偿点低，光呼吸少，光合产物运转率高，对光照不敏感等。

（三）产量组分

单位面积产量最终取决于产量的组成成分（即产量组分），这是品种产量高低最后表现的结果。高粱的产量组分是亩穗数、穗粒数和粒重。各项产量组分的乘积就是理论产量，即：

$$单位面积产量 = 亩穗数 × 穗粒数 × 粒重 \tag{8.2}$$

从产量组分的角度来研究确定高粱高产的育种目标，简单地说，在式 8.2 中增加或提高 3 个组分的任何一项都能增加或提高单位面积产量，或者同时提高或增加 3 个组分，则产量也会提高或增加。但是，研究表明 3 个产量组分存在相互影响作用，例如，单位面积上穗数增加之后，会影响穗粒数的减少，粒重的下降；穗粒数的增加，也会使粒重降低。因此，要通盘考量，合理确定每个组分育种指标，才能达到高产的目的。综合多项研究结果表明，在亩穗数相对合理的前提下，增加穗粒数应作为高产育种的主攻方向。

二、品质优良

作物生产的主要目的是获得高产和优质，随着国民经济的发展和人民生活水平的提高，对优质作物的要求日益迫切。优质的高粱良种必备的重要条件，在高产育种取得一定突破之后，提高高粱蛋白质和赖氨酸含量以提到品质育种的议事日程上来。

我国杂交高粱育种经历了从品质劣到优，从优到更优的发展历程。20 世纪 60—70 年代，我国初期选育的高粱杂交种晋杂 5 号、忻杂 7 号等，高产，适应性广，在春播晚熟区大面积推广种植，成为该种植区主栽的高粱杂交种。但是，由于晋杂 5 号等籽粒食用品质差，单宁含量高，米饭适口性很差，种植面积下降。从 20 世纪 70 年代后期开始，全国杂交高粱育种开始转入品质攻关，规定了品质性状的选育目标，先后育成推广了晋杂 1 号、渤杂 1 号、冀杂 1 号、沈杂 3 号、铁杂 1 号等杂交种基本上达到了优质的标准。1979 年，我国引入 Tx622A 等新雄性不育系，并与我国自选的恢复系组配的辽杂 1 号、辽杂 2 号、沈杂 5 号、桥杂 1 号等杂交种，使籽粒品质更加优良。虽然高产与优质存在一定的矛盾，但只要对品质育种给予足够的重视，可以做到高产与优质的适当结合，选育出既高产又优质的高粱品种来。

三、抗性强

抗性强的目的是使品种在生产中获得稳产，稳产品种是对病虫害和不良环境条件具有较强的抵抗性。

（一）抗生物型灾害育种目标

高粱抗生物型灾害育种包括病、虫、鸟、草害等，其中病、虫害是最主要的。中国高粱病害最主要的是丝黑穗病，近年又发现几种新病害，如靶斑病、顶腐病、黑束病等。害虫有高粱蚜虫、玉米螟虫等。高粱丝黑穗病抗性育种由于起步早，引进并利用抗病的种质资源，已选育出多个抗病杂交种应用于生产。对于新发现的高粱病害也鉴定和筛选出一批抗病种质资源，只要很好地利用这些抗性资源，就能选出抗病高粱杂交种。

对于高粱虫害，过去着重药剂防治，长期用药使虫害产生了抗药性，又污染了环境，因此抗虫育种也作为高粱育种的一个重要目标。关于抗鸟、草害育种，现在还未提到议程上来，但国外有报道，有一种高粱资源，籽粒灌浆初期单宁含量很高，以至于鸟类不能取食，等籽粒将近成熟时，单宁含量迅速下降，以避开鸟类的危害。

（二）抗非生物型灾害育种目标

抗非生物型灾害育种是指不良的气候条件和环境条件，例如干旱、水涝、强风、低湿、高湿、盐碱土、酸土等。作为高粱抗非生物性育种目标来说，目前应把抗干旱和抗盐碱土作为主要的抗性育种目标。

在我国北方高粱产区，干旱是经常发生的，在干旱情况下，高粱的生长发育处于失常状态，这与品种的抗旱性有关，而产量的高低是鉴定抗旱性强弱的综合指标。品种的抗旱性的差异，通常认为与根系特征和株型、叶型有关。根系发达，吸收能力强，叶面积相对较小，结实性好，是抗旱品种的形态因素，也是抗旱性选育的重要特征。从生理角度说，蒸腾系数（蒸腾水量/干物质量）小及光合能力较强的品种，对提高水分利用率是有利的。总之，品种的抗旱性是由多因素组成的一个较为复杂的综合性状，而且与耐瘠性密切相关。因此，在抗旱育种上要考虑多方面的因素，但产量仍是最后的和决定性的指标。

我国有 2 亿~3 亿亩沿海盐碱地和内陆次生盐碱土壤，属于不宜耕种土地。为发挥高粱耐盐碱的特性，使其能在盐碱地上生长发育，以获得一定的产量，应考虑提出耐盐碱土的育种目标。首先应鉴定和筛选出抗（耐）盐碱的种质资源。采取以下的鉴定标准：一是种子发芽率标准，在氯化钠、碳酸钠等盐碱胁迫下，根据高粱种子发芽率的高低评价芽期耐盐碱的能力；二是幼苗存活率的标准，高粱幼苗对盐碱胁迫较敏感，在一定浓度的盐碱处理下，不耐盐碱的幼苗会死掉，因此可以根据幼苗的存活率的高低，以及苗高、根长、根数、根鲜重和干重、苗鲜重和干重、叶龄等指标作为耐盐碱的评价标准；三是籽粒产量标准，在盐碱处理下的籽粒产量是高粱耐盐碱性的最终反应结果。因此，可以考虑把以上 3 项指标作为高粱抗（耐）盐碱的育种目标。

四、生育期适中

我国北方是高粱生产区，但是东北、华北和西北的北部地区无霜期短，迫切要拉长生育期短一些的中、早熟品种。各地气候条件不同，耕作栽培制度不同，生产技术条件也不同，因此选育的高粱品种，其生育期要适合当地的这些条件，充分利用当地的生态条件，以使产量最大化。由于各地的气候条件年度间有较大变化，只选育一种生育期的高粱品种，例如中熟品种在正常年景可以获得较好收成；但在温、光条件优的好年景就不可能获得更好的收成，这就需要搭配较晚熟的品种；同样，在低温冷害年份，晚熟品种因低温的影响，产量会受到损失，这就需要搭配一定的早熟品种。因此，在选育适合当地生育期的高粱品种的同时，还要做好早、中、晚熟品种的合理搭配。

五、适应农业机械化

高粱品种应适应农业机械化的需要，尤其在黑龙江省高粱产区适应机械化栽培和收获已经提到议程上来。适应机械化生产的高粱品种在育种目标上有所不同，株高要矮，一般不超过 150 cm，穗颈要长一些，以保证收割；株型要紧凑，生长整齐，不要分蘖，茎秆坚韧，不倒伏；籽粒后期脱水快，颖壳包被度适中，既不落粒又不带壳。

第三节　专用高粱品种育种目标

一、食用高粱

高粱籽粒曾经是我国北方地区主要粮食作物之一，很长历史时期内作为口粮和军粮。随着经济的发展和人民生活水平的提高，高粱作为主粮已退出历史舞台，但在市场上仍然有部分高粱作食用销售，因此在品种选育上要制订相适应的育种目标。

（一）营养指标

食用高粱营养指标是，蛋白质含量在 10% 左右，赖氨酸含量占蛋白质的 2.5% 以上，淀粉含量在 67% 左右，单宁含量在 0.2% 以下。还要含有少量的矿物质和维生素类物质，如磷、钙、烟酸泛酸、维生素 B_2、抗坏血酸、维生素 B_6、维生素 B_1 等，其中磷为 200~600 mg/100 g，钙为 15~50 mg/100 g，烟酸为 45 μg/mg。

（二）适口性佳，具芳香味

食用高粱除要求营养价值外，还应具有很好的食物适口性，有的品种具有芳香味。这些物质初步确认是羧基化合物，如乙醛、甲乙酮、异丁醛、正戊醛、丙酮等；以及硫化物，如硫化氢、甲硫醇、二氧化硫等；二者的含量及其比例是高粱籽粒芳香味的主要物质来源。

（三）加工品质指标

高粱籽粒大小整齐度要高，如果是加工成高粱米的品种，不着壳，出米率要达 80% 以上，角质率适中；如果是加工成面粉的，则要求籽粒果皮要薄，饱满度要高，出粉率在 70% 以上。

二、酿造用高粱

（一）酿酒用高粱品种指标

高粱籽粒是中国白酒生产的主要原料，闻名中外的中国白酒均是以高粱作主料或是作佐料酿制而成的。高粱籽粒品质对酒质、出酒率和风味均有一定影响，其主要影响因素包括籽粒淀粉含量、淀粉结构、单宁含量、角质率、蛋白质含量等。因此，选育适于酿酒用的高粱品种，需要制订出具体育种目标。

1. 总淀粉含量

总淀粉含量与出酒率为正相关，因此高粱籽粒中总淀粉含量越高，其出酒率就越高。因此，要求品种籽粒的总淀粉含量越高越好，最好不低于70%。

2. 淀粉结构

淀粉结构分为直链淀粉和支链淀粉，我国南、北方酿制白酒所用的高粱籽粒淀粉类型有所不同，南方用的籽粒多以含支链淀粉高的糯质高粱为主，而北方则多以含直链淀粉高的粳质高粱为主。一般来说，支链淀粉最好能占总淀粉的90%以上为好。

3. 单宁含量

由于地域上的差异，我国南、北方酿制的白酒在风味上有所不同，更由于人工选择上的差异，北方高粱的单宁含量均低于南方高粱。从籽粒表征上看，南方高粱呈红褐色粒，色深，单宁含量高；北方高粱呈红色，色浅，单宁含量低。南方高粱单宁含量大多在1%～2%，北方高粱则大多在0.2%～1.0%。一般来说，用来酿制清香型白酒，普通白酒的高粱籽粒单宁含量在0.2%～0.5%，酿制浓香型、酱香型白酒的高粱籽粒单宁含量在0.5%～1.5%。

4. 蛋白质、脂肪含量

高粱籽粒作为酿制白酒的原料，对蛋白质、脂肪含量没有特别要求。一般来说，酿制清香型白酒、普通白酒的高粱籽粒蛋白质含量在7%～9%，脂肪含量4%以下；酿制酱香型、浓香型白酒的高粱籽粒蛋白质含量在8%～10%，脂肪含量低于4%。

（二）酿醋用高粱育种指标

醋是一种酸性调味品。中国北方的优质醋大都以高粱为原料酿成。山西老陈醋就是用高粱制成的名醋，具有质地浓稠、酸味醇厚、气味清香的特点。目前，对酿制醋用的高粱籽粒的成分还没有明确的要求，而从酿醋原理分析可以认定其中的要求。酿醋是将淀粉发酵成乙醇后，再氧化成醋酸。因此，籽粒淀粉含量是必需的，而且是越高越好，淀粉含量与出醋率成正相关。

一般食用醋的醋酸含量为3%～5%，醋酸菌对醇类和糖类有氧化作用，能把丙醇氧化为丙醋，把丁醇氧化成丁酸，把葡萄糖氧化成葡萄糖酸等。有些醋酸菌还能利用糖产生琥珀酸和乳酸，这些酸和醇结合产生酯类。老陈醋中由于酯类物质增多而有特殊香味。甘油氧化产生的丙酮使醋具有微甜的味道；蛋白质分解产生氨基酸也是食用醋香味和色素的来源。由此看来，高粱籽粒还要含有一定蛋白质、单宁等成分，应确定为育种目标。

三、饲用高粱

高粱籽粒、茎叶等都可以作为饲料（草）用，而且其加工后的副产物，如高粱糠、酒糟、醋渣等，均含有较丰富的营养成分（表8-1）。饲用高粱分为籽粒饲料用高粱和饲草用高粱。

表 8-1　饲用高粱各部位的营养成分

饲料	粗蛋白质（%）	粗脂肪（%）	粗纤维（%）	无氮浸出物（%）	粗灰分（%）	钙（%）	磷（%）	样品来源	分析单位
高粱籽粒*	8.5	3.6	1.5	71.2	2.2	0.09	0.36	北京	北京农业大学（现中国农业大学）
高粱茎秆	3.2	0.5	33.0	48.5	4.6	0.18	微量	泰安	西北畜牧兽医研究所
高粱叶片	13.5	2.9	20.6	38.3	11.2	—	—	吉林	原东北农业科学研究所
高粱颖壳	2.2	0.5	26.4	44.7	17.4	—	0.11		引用《湖南饲料学》
风干高粱糠	10.9	9.5	3.2	60.3	3.6	0.10	0.84	北京	北京农业大学（现中国农业大学）
鲜高粱糠	7.0	8.6	3.4	33.9	5.0	—	—		引《湖南饲料学》
鲜高粱酒糟	9.3	4.2	3.4	17.6	3.2	—	—	吉林	原东北农业科学研究所
鲜高粱醋渣	8.5	3.5	3.0	17.4	2.8	0.73	0.28	武汉	原华中农业科学研究所

＊本节高粱籽粒营养价值鉴定，均依此分析结果为依据。

（武恩吉，1981）

（一）籽粒饲料用高粱

高粱籽粒用作饲料因饲喂对象不同，品质指标要求不同。总的来说，饲养单胃畜禽动物的标准比饲喂草食畜禽的标准高。如饲喂牛、羊、鹅等反刍畜禽，只要求高粱籽粒中蛋白质含量高。饲喂猪、鸡等单胃畜禽，要求高粱籽粒中单宁含量在2%以下，因为单宁与蛋白质形成络合物，影响对蛋白质的吸收和利用。由于单宁多集中在红色籽粒果皮中，因此要求选育指标为白粒最好。籽粒饲料用高粱育种指标除要求蛋白质含量高，最低在10%以上外，还要求各种氨基酸的平衡，赖氨酸含量要尽量高些，其具体指标可参考食用高粱。

（二）饲草用高粱

高粱作饲草已是毋庸置疑的事。许多国家，如美国、苏联、印度、日本等国早已利用高粱作饲草，并取得成功经验。高粱属的一些种，如栽培高粱、苏丹草、哥伦布草、约翰逊草等都可作饲草。高粱饲草分为两种，一是带籽粒的饲用甜高粱，二是不收获籽粒的饲草高粱。

1. 饲用甜高粱

作为饲用甜高粱的育种目标，籽粒产量和茎叶产量都要高，籽粒产量应在每亩300 kg以上。鲜茎叶产量要在每亩6 000 kg以上。籽粒品质指标参考食用高粱的指标。茎秆锤度要在14%以上，茎叶中的粗蛋白含量4%以上，粗脂肪2%以上，粗纤维40%以上，粗灰分在10%左右，收获期氢氰酸含量在10 mg/kg以下。

2. 饲草高粱

目前，饲草高粱育种大多采用栽培高粱与苏丹草杂交选育饲草高粱杂交种，也称高丹草。孙守钧等（1996）对饲草高粱、粒用高粱、甜高粱杂交种的产量表现作了对比分析。结果表明，15 个高粱×苏丹草杂交种总平均干物质产量每亩为 1 677.5 kg，绿色体产量 5 063 kg；6 个粒用高粱杂交种总平均干物质产量 1 091 kg，绿色体产量 2 954 kg；4 个甜高粱杂交种总平均干物质产量为 2 074 kg，绿色体产量 6 054 kg（表 8-2），总的看，栽培高粱×苏丹草杂交种总平均产量略低于甜高粱杂交种，而高于粒用高粱杂交种。这是由于甜高粱杂交种生育期偏长，而高粱×苏丹草杂交种生育期偏短。如果按日均生产能力进行比较，则高粱×苏丹草杂交种的干物质产量和绿色体产量均高于甜高粱杂交种和粒用高粱杂交种。例如，高粱×苏丹草杂交种 421A×IS722 的日均干物质产量为每亩 18.65 kg，绿色体产量 59.61 kg；甜高粱杂交种 622A×Roma 的干物质产量和绿色体产量分别为 15.4 kg 和 42.33 kg；粒用高粱杂交种 622A×白平的干物质产量和绿色体产量则分别为 8.81 kg 和 27.08 kg。

表 8-2　三种类型高粱杂交种干物质产量比较　　　　　　单位：kg/亩

类型	组合	干物质产量	绿色体产量
高粱×苏丹草杂交种	623A×Sudanense	1 841.59	5 453.40
	623A×IS721	1 933.40	6 167.10
	623A×IS720	1 281.00	3 257.40
	623A×IS704	1 485.35	3 946.70
	623A×IS722	1 541.47	4 190.70
	622A×Sudanense	1 792.79	5 441.20
	622A×IS721	1 726.30	5 239.90
	622A×IS720	1 409.10	3 757.60
	622A×IS704	1 435.33	4 001.60
	622A×IS722	1 708.00	5 239.90
	421A×Sudanense	1 506.70	4 270.00
	421A×IS721	1 598.20	4 690.90
	421A×IS720	1 769.00	5 215.50
	421A×IS704	2 000.80	7 210.20
	421A×IS722	2 049.60	7 808.00
	平均	1 677.50	5 063.00
粒用高粱杂交种	622A×白平	1 143.75	2 903.60
	622A×矮四	1 010.16	2 684.00
	622A×4003	1 118.74	3 050.00
	421A×白平	1 181.57	2 745.00
	421A×矮四	868.03	2 989.00
	421A×4003	1 222.44	3 355.00
	平均	1 091.00	2 954.00

（续表）

类型	组合	干物质产量	绿色体产量
	622A×Roma	2 000.30	5 490.00
	421A×Roma	2 745.00	9 028.00
甜高粱 杂交种	623A×1022	1 781.20	4 880.00
	622A×1022	1 769.00	4 819.00
	平均	2 074.00	6 054.00

（孙守钧等，1996）

饲草高粱不收获籽粒，要求茎叶生长快，繁茂，绿色体产量高，每亩在5 000 kg以上；茎秆中有一定的糖分，锤度（BX）在13%左右；蛋白质含量要多一些，指标是占干重的2%~3%；氢氰酸含量要低，到刈割饲喂时，其含量要求在300 mg/kg以下。

饲草高粱由于只收获茎叶，因此在无霜期长的地区一年可刈割2~3次，在长年可生长的地区可刈割更多次，因此这就要求饲草高粱育种目标要具有较强的再生能力，以便很快长出再生植株。

四、糖用高粱

世界各地的研究报告表明，甜高粱作为糖料、能源作物越来越受到人们的重视，越来越引起一些国家和国际组织的关注。在世界矿质能源愈加匮乏的情况下，生物质能源研究和开发日益紧迫。甜高粱作为能源作物因其生物学产量高显示了诱人的前景。欧共体通过17年对生物能源的研究，确定了两种生物质能源植物，甜高粱和速生轮作林。然而，由于一年生甜高粱的生产力接近速生轮作林的2倍，因此甜高粱是最有希望的再生能源作物。

由于甜高粱有两个生物质储藏库，一个是穗部的籽粒，一个是茎秆的髓部，因此要求甜高粱生物学产量表现在两方面都要高。换句话说，甜高粱的生物学产量育种目标，既要考虑茎秆产量，又要兼顾籽粒产量。

由于甜高粱茎秆是转化乙醇的原料，因此甜高粱育种目标的茎秆产量应该是去掉叶片和叶鞘的茎秆产量，称净秆产量。综合国内外甜高粱品种净秆产量的试验结果，我国糖用甜高粱品种净秆产量育种目标确定为每亩4 500~5 800 kg。

穗部的籽粒产量也是甜高粱生物学产量之一。一般来说，茎秆产量、含糖量高的甜高粱品种，其籽粒产量越低，但也有的甜高粱品种例外。我国从1985年开始，甜高粱品种选育正式列为国家农业部研究项目。根据当时国内外甜高粱品种籽粒产量情况，结合我国的实际，确定甜高粱品种选育籽粒产量指标为每亩350~450 kg。

甜高粱品种选育不仅要求茎秆产量高，而且还要求茎秆含糖量要高。除含糖量外，糖的组分也有关系，葡萄糖和果糖有利于转化为乙醇，蔗糖则需增加工序。因此，综合国内外甜高粱茎秆含糖量的试验结果，确定我国能源甜高粱茎秆含糖量应在16%以上（含糖锤度），其组分以葡萄糖、果糖所占比例大为好。

总之，不论哪种专用高粱品种选育目标，除高产、优质外，还要考虑适应性要强。因为我国大多数高粱种植在干旱、半干旱、低洼盐碱地上，这里的自然生态条件都比较差，因此作为高粱品种必须要具有很强的适应性。

高粱丝黑穗病、叶部斑病，高粱蚜虫、玉米螟虫是目前高粱最严重的四大病虫害，也是影响高粱高产、稳产的主要因素之一，因此选育的高粱品种要具有相当的抗病、虫害能力。

主要参考文献

盖钧镒，2006. 作物育种学各论 [M]. 北京：中国农业出版社.

李桂英，涂振东，邹剑秋，2008. 中国甜高粱研究与利用 [M]. 北京：中国农业科学技术出版社.

卢庆善，1999. 高粱学 [M]. 北京：中国农业出版社.

卢庆善，2008. 甜高粱 [M]. 北京：中国农业科学技术出版社.

卢庆善，孙毅，2005. 杂交高粱遗传改良 [M]. 北京：中国农业科学技术出版社.

乔魁多，1988. 中国高粱栽培学 [M]. 农业出版社.

西北农学院，1984. 作物育种学 [M]. 农业出版社.

张福耀，邹剑秋，董良利，2009. 中国酿造高粱遗传改良与加工利用 [M]. 北京：中国农业科学技术出版社.

第九章 高粱引种与选择育种技术

第一节 高粱引种技术

一、引种对育种和生产的意义

（一）引种的概念

广义的引种是指从外地或外国引进新作物、新品种、新种质资源以及为育种和从事理论研究所需要的各种遗传材料。例如，ICRISAT、美国大学、科研院所引进高粱新品种、新雄性不育系、新雄性不育恢复系、细胞核雄性不育系、染色体易位系等，称为广义引种。

狭义的引种是指从当地当前生产的需要出发，从外地或外国引进作物新品种，通过适应性试验和产量鉴定试验，直接在本地或本国推广种植，称为狭义引种。例如，20世纪70年代初期，辽宁省从山西省汾阳地区农业科学研究所引种杂交高粱品种晋杂5号，从山西省忻县（现忻州）地区农业科学研究所引进忻杂7号，通过产量比较鉴定和适应性鉴定，即在全省适宜地区推广种植，引进的高粱杂交种晋杂5号、忻杂7号直接在高粱生产上应用了。

（二）引种对高粱育种的作用

引种对高粱育种的直接作用就是扩大了高粱育种材料的遗传基础，促进了高粱育种的快速发展。20世纪70年代之前，我国共从外国引进各种高粱材料153份，多数是粒用和饲用的，少数是糖用的遗传材料。龚畿道等（1964）选育的高粱品种分枝大红穗，就是从外国引进的高粱品种——八棵杈天然杂交后代的衍生系。分枝大红穗分蘖力强，一株可以成熟4~5个分蘖穗，籽粒产量高，一般每亩可产300~350 kg，高产地块可达550 kg以上。籽粒品质优，抗病、抗旱、抗涝、抗倒伏，适应性广，表现出较高水平的丰产性和稳定性。此外，利用外引品种九头鸟（属赫格瑞高粱）与护4（中国高粱）杂交育成了高粱恢复系吉7384；与盘陀早高粱杂交育成了恢复系忻粱7号。这个恢复系与雄性不育系黑龙11A、Tx3197A分别组配成杂交种同杂2号、忻杂7号，成为我国高粱春播早熟区、春夏兼播区主栽杂交种。

改革开放以来，我国通过各种渠道引进外国高粱材料，包括遗传材料、育种材料、种质资源等。截至2000年年底，共引种，并经整理、繁种、登记入库的外国高粱7 000余份，在高粱育种上发挥了重要作用。例如，1981年，卢庆善从ICRISAT引种ms_3和ms_7 2个细胞核雄性不育基因材料，其具有稳定的白色至淡黄色花药，易与结实花药相区别。辽宁省农业科学院高粱研究所、山西省农业科学院高粱研究所、山东省农业科学院作物研究所利用核不育基因 ms_3 转育了上百份带有 ms_3 基因的高粱恢复系和保持系，用于育种工作。

卢庆善等（1995）利用 ms_3 基因转育的 24 份恢复系组成了 LSRP——高粱恢复系随机交配群体，开创了中国高粱群体改良的研究。随机交配群体的轮回选择可以快速打破不利的基因连锁，加快有利基因的重组和积累，是加快高粱遗传改良和种质创新的重要途径。

马宜生（1984）对从外国引种的高粱材料 226 份，采用人工土壤接种法鉴定其高粱丝黑穗病抗性，其中品种材料 117 份，恢复系 66 份，不育系 43 份，并从中鉴定出一批对中国高粱丝黑穗病菌 2 号生理小种免疫的抗原材料（表 9-1），用于高粱育种。

表 9-1 对高粱丝黑穗病免疫的外引材料

品种名称	发病率（%）				
	1979 年	1980 年	1981 年	1982 年	合计
多德高粱		0	0	0	0
奥他姆		0	0		0
S. I. 热带系	0	0	0		0
高赖氨酸奥帕克		0	0		0
菲特瑞塔 182	0	0	0		0
矮生菲特瑞塔		0	0		0
白菲特瑞塔 755		0	0		0
得克萨斯 610		0	0		0
沙鲁		0	0		0
M62473			0	0	0
M62499			0	0	0
M62772			0	0	0
M67767			0	0	0
Tx622A		0	0	0	0
Tx623A		0	0	0	0
Tx624A		0	0	0	0

（马宜生，1984）

徐秀德（1994）利用引进的美国高粱丝黑穗病主要鉴别寄主 Tx7078、SA281、Tx414、TAM2571，鉴定中国和美国高粱丝黑穗病菌生理小种致病力的差异。鉴定结果表明，中国高粱丝黑穗病菌的 3 个生理小种和美国高粱丝黑穗病菌的 4 个生理小种对寄主致病力完全不同。中国和美国的生理小种不属于同群（表 9-2）。因此，在高粱育种上，应根据中国高粱丝黑穗病菌生理小种对寄主致病力的反应，有目的地引种外来抗性材料用于抗丝黑穗病育种。

表 9-2　中、美两国高粱丝黑穗病菌生理小种对寄主致病力的差异

鉴别寄主	美国生理小种				中国生理小种		
	1 号	2 号	3 号	4 号	1 号	2 号	3 号
Tx7078	S	S	S	S	R	R	S
SA281	R	S	S	S	R	R	R
Tx414	R	R	S	S	S	S	S
TAM2571	R	R	R	S	S	S	S

S：感病；R：抗病。

（徐秀德等，1994）

在高粱蚜虫抗性鉴定中，发现外引材料 TAM428、IS18681、IS18725、Dober 等外国引种材料是高度抗蚜的。利用 TAM428 与 421B 杂交选育的高粱雄性不育系 7050A，同样具有抗蚜虫为害的特性。

中国高粱研究者，张世苹等（1982、1985）、卢庆善（1983、1985、1988）、王富德（1983、1989）、李振武（1983）、潘世全（1986）、朱翠云（1993、1994）、宋仁本（1994）等，对从外国引种的高粱材料的主要农艺性状和抗性性状作了系统鉴定，筛选出一批优质源和抗原材料，用于高粱育种和遗传改良。例如，421A、Tx378A、TAM428、B35 等。然而，从研究的广度、深度看，我国对从外国引种的高粱材料的研究和利用还处于初步阶段。但是，从我们已经取得的利用外来引种材料的成果看，高粱外引材料的遗传潜力巨大，应用的前景十分广阔。

（三）引种对发展高粱生产的作用

高粱引种对促进高粱生产的发展和单位面积产量的提高起到了直接的作用。20 世纪 50 年代后期，在我国北方高粱产区广泛种植的八棵杈、大八棵杈、小八棵杈、白八杈、大八杈、九头鸟、苏联白、多穗高粱、库班红等均是国外引种的高粱品种。这些高粱品种分蘖力强，丰产性好，籽粒品质优，茎秆含糖量高，综合利用价值高，在高粱生产上深受当地农民的欢迎。

卢庆善（1993）在《高粱杂种优势的应用与国外试材的引进》一文中指出，中国高粱杂种优势的利用与外国高粱试材的引入密不可分；中国高粱杂交种的选育和生产推广与外引高粱雄性不育系的直接应用十分密切。中国高粱杂交种的生产应用就是在美国第一个高粱雄性不育系 Tx3197A 引种的基础上发展起来的。据不完全统计，20 世纪 80 年代前我国推广的 144 个杂交种，其母本雄性不育系几乎都是 Tx3197A，只有少数是其衍生不育系。Tx3197A 是春播晚熟区生产上主要应用的引种的雄性不育系。原新 1 号 A 是利用 Tx3197A 的不育细胞质与马丁迈罗转育的不育系，是我国春夏兼播区主要应用的不育系。黑龙 11A 也是利用 Tx3197A 细胞质与库班红转育成的不育系，是春播早熟区生产上应用的不育系。由此可见，引种的 Tx3197A 不仅是我国高粱生产上直接利用的雄性不育系，而且在较长的时间内还是我国高粱雄性不育细胞质的唯一来源。

　　1979 年，辽宁省农业科学院高粱研究所从美国得克萨斯农业和机械大学引种新选育的高粱雄性不育系 Tx622A、Tx623A 和 Tx624A。鉴定表明，这些不育系农艺性状优良，不育性稳定，配合力高，而且高抗高粱丝黑穗病菌 2 号生理小种。将这些雄性不育系分发全国后，利用 Tx622A 很快组配了一批高粱杂交种应用于生产，例如，有代表性的杂交种辽杂 1 号（Tx622A×晋辐 1 号）成为我国高粱春播晚熟区高粱生产的主栽杂交种，当时已累计种植 200 多万 hm²。利用 Tx622A、Tx623A 组配的 10 余个高粱杂交种用于生产，累计种植面积 400 多万 hm²。

　　20 世纪 80 年代初，我国与 ICRISAT 建立了科技合作和交流的协作关系，先后引种一批高粱材料，大大丰富了中国高粱遗传资源，拓宽了高粱育种的种质基础。卢庆善（1985）在鉴定的 1 025 份引种试材中，包括杂交种 146 份，恢复系 119 份，成对雄性不育系和保持系 486 份（243 对），品种 209 份，杂交后代选系 60 份，群体 5 份。在抗高粱丝黑穗病鉴定的 274 份材料中，不发病 161 份，占 58.8%；感病的 113 份，占 41.2%。筛选出一批丝黑穗病抗原材料，如 MR709、MR712、MR732、MR741、MR747、A8203、A504（80R）等。

　　农艺性状鉴定结果表明，这批引种材料中有大粒型的，千粒重达到 40 g 以上的有 12 份，其中最高的是 MR861，达 45 g；其次有 MR876，达 44 g；MR720，达 42.8 g；MR715，达 42.4 g；MR724，达 42 g。穗粒重高的类型，单穗粒重在 100 g 以上的材料有 12 份，最高的是 MR724，达 138.8 g；其次是 MR3608，130.5 g；MR741，119.2 g；CSV7，118.3 g；SPV386，116.7 g。长穗型的，穗长达 30 cm 以上的有 14 份，最长的是 E. No. 33，37.6 cm；其次是 M71747，35 cm；CSV1，33 cm；SPV386，32.8 cm；M71850，32.2 cm。紧穗多粒型，表现第一、第二、第三级分枝结构合理，分布均匀，能着生更多小穗数。单穗粒数最多的可达 4 957 粒，如 MR734；其次有 E. No. 70，4 409 粒；A535，4 197 粒；M71652，3 953 粒。

　　在这批引种的高粱试材中，鉴定后直接用于高粱生产的当数雄性不育系 421A（原编号 SPL132A）。该不育系育性稳定，配合力高，农艺性状好，高抗丝黑穗病菌 1、2、3 号生理小种。用 421A 组配的高粱杂交种辽杂 4 号（421A×矮四），最高每公顷产量达到 13 356 kg；辽杂 6 号（421A×5-27），最高每公顷产量达到 13 698 kg。此外还有辽杂 7 号（421A×9198）、锦杂 94（421A×841）等杂交种通过品种审定在生产上推广应用，表现产量高，增产潜力大，抗病，抗倒伏，稳产性好，深受农民欢迎。

　　20 世纪 80 年代以来，我国又引种了 A_2、A_3、A_4 3 种细胞质的雄性不育系，并作了较全面、系统的育性测定等研究工作。对 A_2 细胞质不育系的研究表明，它的育性反应与 A_1 的相似，而且很稳定，可直接用于高粱杂交种的组配。对 A_1 不育性具有恢复能力的中国高粱恢复系，也能不同程度地恢复 A_2 不育性，因此可以直接用来作 A_2 不育系的恢复系使用。而外国的 A_1 恢复系中，多数系是 A_2 不育系的保持者，因此可将其转育成 A_2 不育系应用。

　　目前，辽宁省农业科学院高粱研究所、山西省农业科学院高粱研究所已分别转育出一些具 A_2 细胞质的雄性不育系。例如，辽宁省农业科学院高粱研究所利用转育的 A_2 细胞质的雄性不育系 A_2 7050A，与恢复系 9198 组配的杂交种辽杂 10 号，表现产量高，增产潜力大，高抗高粱丝黑穗病，稳产性好，在高粱生产上推广种植面积较大。又如，山西省农业科学院高粱研究所利用转育 A_2 细胞质不育系 A_2V_4A，与恢复系 1383-2 组配的杂交种晋杂 12 号，表现高产，高抗丝黑穗病，一般亩产 600～700 kg，高产地块达 925 kg。

辽宁省农业科学院高粱研究所对 A_3、A_4 不育细胞质的育性反应也进行了研究，目前虽然未发现 A_3 不育性的恢复源，但 A_3 不育系可作为测验系应用，以找到高配合力的遗传资源。此外，在甜高粱杂交种的选育中可以利用 A_3 细胞质的不育系，因为甜高粱生产的目的是利用其茎秆中的糖分，如果高粱穗不结粒，其光合产物可以增加茎秆中的糖分含量。基于这种考量，辽宁省农业科学院高粱研究所采用 A_3 细胞质不育系 A_3 309A，与父本 310 杂交，选育出甜高粱杂交种——辽甜 10 号，2011 年经国家高粱品种鉴定委员会鉴定命名推广，茎秆产量达 5 184.2 kg/亩，茎秆含糖锤度 19.3%。

二、引种的基本规律

(一) 引种与气象条件

从狭义引种概念的含义考量，高粱引种与气象条件关系密切。从地理位置上的远距离引种，包括不同地区之间以及国家之间的引种，为了减少引种的盲目性和提高预见性，一般都十分重视原引种地区与引进地区的气象相似性。气象相似性的理论就是引种中被广泛认可的基本规律之一。这个理论的基本点是，引种地区之间，在影响高粱生育的主要气候因素上，包括温度、光照、降水量等，应相似到足以保证引进的品种在生产上能有 80% 获得成功的概率。例如，我国从美国中西部的堪萨斯州、得克萨斯州、俄克拉何马州引进高粱品种，因为这些地区的气候条件与我国北方的情形有很大的相似性，都比较干旱，气温和光照也都相似，因而从美国这些州引种高粱品种，一般来说都是成功的。

(二) 引种与纬度和海拔高度

根据气候相似论和作物生态地理学的理论，纬度相近的东、西地区之间引种比经度相似而纬度不同的南、北之间引种有较大的成功可能性。这主要是由于光照和温度是随纬度高低而有较大变化的。我国地处北半球，在较高纬度的北方，夏季日照长，温度高；相反在低纬度的南方，夏季日照短，温度也高。

高粱是短日照作物，对光照较为敏感，如果从北方向南方引种，则表现提早成熟，株高变矮，穗、粒变小；而由南方向北方引种，则延迟成熟，植株增高，穗、粒增大。考虑到引种时的这种变化趋势，引进适当的品种类型，并加以合理利用，还是有成功的可能性。例如，由北向南引种一些晚熟品种类型，由南向北引种一些早熟品种类型，应该说还是容易获得成功的。另外，我国高粱新品种选育，北方的育种单位冬季都要去海南岛（低纬度）进行育种加代，由于较长时间的南、北育种，许多高粱品种和育种材料对光照已经不很敏感了。这样一来南、北不同纬度的高粱育种就不存在什么障碍了。

高粱的引种还应考量海拔高度。一般来说，海拔高度每升高 100 m，相当于纬度增加 1°，这主要是指气温而言，光照因素不一定是这样。因此，同纬度的高海拔地区与平原地区的相互引种一般不易成功。而低纬度的高海拔地区与高纬度的平原地区之间的相互引种则成功的可能性较大。地区所处的纬度和海拔高度只能大致反映该地区生态环境中的光照、温度、降水等主要气候因素，而不能全面反映多种因素所形成的生态条件。然而，根据纬度和海拔高度可以对引种作出初步的预判。

三、引种技术环节

从狭义的引种目的出发，引种就是为了引进能在当地生产上推广应用的品种，虽然引种可以遵循上述的一些规律和原则，但国内外的引种实践证明，这些引种规律还不能保证完全的准确性。为了保证引种成功，引种应有组织有计划有步骤地进行。根据生产的需要，确定引种的目标和任务；在基本原理和规律的指导下，制订切实的引种方案，包括引种的地区、品种类型、引种程序等。

（一）确定引种的品种类型

首先要了解和掌握引进品种的有关信息，包括品种的选育过程、生态类型、遗传性状、在原产地的种植情况和生产水平等。然后，通过比较分析，先从品种生育期上估计考察哪些品种类型有适应引进地区的生态环境和生产要求的可能性，以确定引进的品种类型。操作上可根据需要和条件，可到实地进行考察确定，也可以向产地征集，但必须附带有关的资料。

在同一地区、同一生态类型中，要收集尽可能多的品种。因为大多数引种失败的原因是所引进的品种中缺乏足够的遗传变异。来自同一地区、属于同一生态类型的不同品种，其适应性的强弱和其他遗传性状是有差异的，这种差异往往是决定引种成败的关键。

（二）做好检疫

异地引种是传播病虫害和杂草的一个重要途径，因为病原菌、害虫卵以及杂草籽等可随引进的种子传播，在这方面国内外有许多教训。为避免因引种材料传入病虫和杂草，从异地，尤其是从外国引进的高粱品种材料，必先通过严格的检疫。对有检疫的材料，应及时用药剂处理，以防止病虫和杂草的传播为害。

到原产地搜集品种材料时，要进行就地取舍和检疫处理，使引种材料不夹带原产地的病虫和杂草。为了确保安全，对新引进的品种材料，除进行严格检疫外，还要先通过专设的检疫圃，隔离种植，以观察和鉴定是否有检疫对象，一旦发现有检疫危险性的病虫和杂草，就要采取根除的措施，彻底销毁。只有通过这种严格的检疫措施繁育得到的种子，才能进入以下的引种试验。

（三）引种试验

1. 引种材料的选择

引种材料引进新的地区以后，由于生态条件的变化，常常会产生一些变异，必须进行必要的选择，以保持原品种的种性。应去杂去劣，将杂株和不良的变异株全部去掉，保持品种的典型性和一致性。如果引进品种中产生了优良的变异，可采取单株选择，选出特别优良的少数单株，分别脱粒、进代，按系统育种程序育成新品种；也可进行混合选择，将典型优良的植株混合选择、脱粒、进代，直到不再分离。

2. 观察试验

由于引种的品种材料是根据一般的引种理论和规律进行的，引种的品种是否具有实际利用价值，在当地能否推广利用，最终要根据在当地区种植条件下的实际表现来决定。对初引进的品种，特别是从生态环境差异大的地区和国外引进的品种，必须先在小面积上进行试种观察，包括生育期、产量性状、品质性状、适应性等。试验田间的土壤条件应均匀一致，耕作条件适当偏高，田间管理力求一致，使引种材料能够得到客观、公正的评价。

对表现符合生产要求的品种材料，则要留足够的种子，以供进一步的比较试验。对个别优异的植株，要分别选择，以作为系统育种的材料。为了提高观察试验的准确性，最好能在引进地区范围内，选择几个生态条件有代表性的地点同时进行，以便对引进的品种在相对有一定差异的条件下作全面鉴定，从而可以综合各地点的鉴定信息，能较准确地评价其利用价值和推广前景。

3. 品种比较试验和区域试验

将通过观察鉴定表现优良的引进品种参加品种比较试验，以作进一步更精确的比较鉴定。品种比较试验小区面积要更大些，并设有重复，以期使试验结果更准确。经 1~2 年品种比较试验后，将各种性状优良的，符合生产需要的引进品种参加区域试验，以鉴定其适应的地区和范围。引进品种进行品种比较试验和区域试验时，与采用其他方法选育的新品种同样对待，进行鉴定和比较。

4. 生产试验和栽培试验

通过区域试验选拔上来的外引品种，进入生产试验。生产试验的面积更应大一些，高粱生产试验的面积一般为 0.5~1.0 亩，田间管理措施与生产田的一样。由于外引品种在本地区的一般栽培条件下不一定能充分发挥其增产潜力，因此在生产试验的同时，应根据引进品种的遗传特征特性开展高产栽培试验。通过栽培试验，了解和掌握其关键性的高产技术措施，使其发挥增产潜力和适应性潜力。

第二节　高粱混合选择技术

作物育种的基本要求是在有变异的群体内进行选择。群体的构成必须有最大的可能在群体内有符合需要的变异单株。有时，一个高粱群体，由于连年种植或异交的结果，群体之中就会产生一个或多个符合育种目标的单株或株群。这样一来，就可以根据不同的既定育种目标和群体内变异性状，采取不同的育种选择方法。

一、混合选择技术概述

混合选择是从一个异质群体通过选择若干单株形成的一个混合繁殖的种群，通常是种子。这是人们进行作物改良实践采用的一种最古老的选择方法和技术。如今，这种方法几乎专门用在有目的的杂种来源的群体或者复合种来源的群体。在禾谷类作物中，这种方法曾经大量用作目测的筛选程序。试验表明，这种方法对某些性状的选择是有效的，而对另外的性状则是无效的。当然，对具有高遗传力性状的选择最富成效。

混合选择可从正、反两个方向进行，或从正、反两个方向同时进行，如果要选择需要的性状基因，就是从正的方向选择；如果要从群体里去杂汰劣，就是从反的方向选择。利用遗传力、遗传相关或其他的遗传规律进行选择时，这些程序可能是简单的或复杂的。复合种或混合群体是混合选择的理想群体，应注意的是，纯合作用随着选择世代的增加而增加，而遗传方差的非加性部分则随着世代的增加而减少。许多作物育种家都以某种形式采用混合选择法，例如要选择中、矮秆的高粱品种，就要在原始群体中拔除极端高株的个体。

二、混合选择法

混合选择法是最简单易进的选择方法，又可以分为一次混合选择和多次混合选择。

（一）一次混合选择

一次混合选择是从具有一定变异性的原始群体中，选择符合育种目标的，具有一致性的单株几个株或上百株，混合脱粒作为种子。第二年播种这些种子，并与原始群体和对照品种进行对比，同时淘汰杂株、劣株。如果经过连续 2~3 年的选择和试验，该混合选择的群体在产量、品质、抗性等方面明显优于原始群体和对照品种，可进一步参加区域试验。一般来说，一次混合选择法容易操作，然而此法只对原始群体较为整齐，可选择 1~2 个重点性状，而且为隐性基因控制的则能奏效。

（二）多次混合选择

多次混合选择一般适用于性状变异性较大，选择需要的性状较多，而且有些性状是显性基因或多基因控制的原始群体。第一年根据育种目标选择符合要求的单株（或单穗）若干个，混合脱粒作种子。第二年播种这些种子，并与原始群体和对照品种进行比较试验。如果该群体表现较好，成熟时再选择若干单株（单穗），混合脱粒作下一年播种用种子。第三年进行与第二年相同的比较试验。这样进行 3~4 次，直到新混合选择的群体性状达到一致，并且明显优于原始群体和对照品种，则可参加区域试验。例如，20 世纪 50 年代，辽宁省熊岳农业科学研究所选育的熊岳 334、熊岳 360 高粱品种；黑龙江省合江地区农业科学研究所选育的合江红 1 号高粱品种；内蒙古赤峰农事试验场育成的昭农 303 等高粱品种均是通过混合选择法育成的（图 9-1）。

如果原始群体的变异性多种多样，则可以根据不同的育种目标性状，通过混合选择，在原始群体中选择不同的性状集团，分别与原始群体和对照品种进行比较试验，最终根据各集团性状表现的优劣，决选出 1 个或几个集团。因此，混合选择法又称为集团选择法。

三、群体改良的混合选择

高粱随机交配群体组成后，要根据群体内遗传杂交及选择的目标，确定选择方法，其中之一是混合选择法。这种方法就是在随机交配群体内，根据单株的性状表现，目测选择出符合育种目标的优良单株或单穗，将入选的一定数目的单株（单穗）种子等量混合组成新一轮选择的群体。

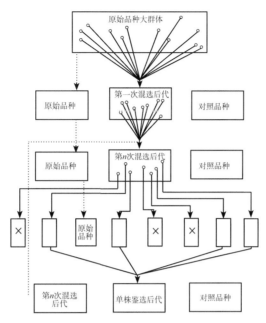

图9-1 高粱改良多次混合选择法模式
(张文毅整理,1982)

　　Doggett(1972)详细描述了高粱群体改良混合选择法的两种做法。第一种做法是在采用雄性不育基因组成的随机交配群体中,只选择表现优良的雄性不育植株(母本),成熟时从不育株上选择优良的单穗,收获种子。若干单穗的种子等量混合组成下一轮的选择群体,称为母本选择的混合选择(female choice mass selection)。采用这种选择方法时,如果用2%~10%的选择率,在群体中选择250株雄性不育株可能是最合适的数目。这样一来,当选择率为2%时,其原始基础群体应保证有31 250株;如果选择率为5%时,则应种植12 500株。

　　Doggett还指出,基础群体种植的株数应根据选择率来决定,以保证选择时群体有充足的遗传变异性。选择时,最好在淘汰边行后,把种植基础群体的隔离区再划分成若干小方格,每个小方格里约有200株,当选择率为5%时,则可从每个小方格中选择4株雄性不育株。入选后将其放入1个纸袋里,袋上标明方格的位置,最终按穗重决定。决选穗混合脱粒,组成下一轮选择用的群体。这种做法的优点是用小区限制选择代替区组限制选择,以减少环境方差。由于这种只选择雄性不育株,即母本株,所以可以在开花前将那些性状明显不良的父本株(可育株)淘汰掉,从而减少了其对下一轮组成群体的不良影响。

　　第二种做法是第一个世代选择雄性不育株(母本株),第二个世代则选择雄性可育株(父本株),第三个世代再选择雄性不育株(母本株)。这种方法称为交替混合选择法(alternating choice mass selection)。这种方法由于增加了一次(父本)选择,从而改变了亲本控制系数,因而提高了选择增益。同时,此法也弥补了难于对雄性不育株进行产量选择的不足。这种做法在选择雄性不育株时，其实质是个重组世代；而对雄性可育株进行选择时，其实质是对产量的选择。在对雄性不育株进行选择时，选择强度不宜太大，以 10%~20% 的选择率较为合适。

在进行高粱群体改良时，第二种方法与第一种方法比较，第二种方法的基础群体数目可以少些。选择率定为 5% 时，群体的数目只要 7 500 株就足够了；当选择率定为 2% 时，群体数目只需 18 500 株就可满足下一轮选择所需的 250 个单穗。在进行第二次雄性不育株选择时，选择率可用 10% 或 20%，则原始群体分别为 12 500 株和 6 250 株。这样就足以对简单遗传性状或抗病性状取得选择增益。

通过混合选择的中选穗，在投入利用前要取得性状一致，除去遗传性雄性不育基因（如 ms_3），参加品种比较试验。为保持群体内优良基因不丢失，最好的办法是将中选穗的一半种子混合保存作下一轮选择用，另一半种子参加产量比较试验，同时供单株选择用。

第三节 高粱系统选择技术

一、高粱系统选择概述

系统选择又称单株选择法，是指在原有品种群体里采用系统选择法，将优良的、符合育种目标的变异单株（单穗）选择出来，并进一步育成新品种的方法。系统选择是高粱育种的基本办法之一，方法简便、成效快。

系统选择是依据自然变异进行选择的一种育种技术。通常利用高粱栽培品种群体中的自然变异植株为材料，一般进行一次单株（单穗）选择育成新品种。系统选择育种与杂交育种相比，操作简单、容易掌握。由于高粱是常异交作物，天然异交率很高，品种间差异较大，平均在 6% 左右，最高者可达 50% 以上。由于高粱的天然杂交，群体内基因在打破连锁的基础上得到重组，再加上自然突变和育成品种的某些性状的不纯分离，从而使高粱推广品种中比其他自交作物有更多的变异，这些变异为育种提供了选择的源泉。

系统选择育种方法在高粱育种中占有相当重要的地位，在高粱育种中曾选出许多品种。例如，美国在 100 多年前从非洲引入的高粱品种都是高秆、晚熟类型，许多农场的农民从中选出了美国早期生产上应用的早熟、矮秆品种早熟卡佛尔，矮生快迈罗等。我国的许多高粱品种也是通过系统选择选育出来的，如我国早期推广应用的熊岳 253，是辽宁省熊岳农业科学研究所从盖州市农家品种小黄壳中选育的；沈阳农学院选育的分枝大红穗是从八棵杈中选育的；吉林省农业科学院的护 2 号、护 4 号是从地方品种护脖矬中选育的。

我国在高粱杂种优势利用、杂交种推广种植以后，系统选择仍然是选育杂交高粱亲本的有效方法。例如，黑龙江省农业科学院作物育种所选育的高粱雄性不育系黑龙 11A，就是从库班红品种中选育的；山西省忻县地区农业科学研究所从盘陀高粱中选育出高粱恢复系盘陀早。我国高粱栽培历史悠久，品种资源丰富，其中蕴藏着许多变异类型，因此采用系统选择技术选育新品种，不论是从前还是未来都是很有前景的。

二、系统选择法

系统选择又可以分为一次单株（穗）选择和多次单株（穗）选择。

（一）一次单株（穗）选择

在材料较少时，可采用我国农民在长期育种实践中创造的一穗传法。所谓一穗传，就是当高粱成熟时在田间仔细、认真观察，选择符合育种目标的优良单株或单穗分别收获。在室内，对选取的单穗，通过考种进一步进行选择，然后将最优良的穗保存下来。第二年播种到田间，并与当地主栽品种进行对比试验，田间进行观察记载，将表现优良的小区选择下来，并在室内进行考种，综合田间和室内考种，对表现优异的，即可繁育推广。

一次单穗选择田间操作是，第一年在生产田高粱品种或品种资源试验田或其他非人工杂交的原始材料圃中，根据育种目标选择单株（穗），如果在开花前选择，应予以自交。在田间应调查记载重要性状，单株（穗）脱粒。第二年各种一区，并加对照种进行比较。当性状表现整齐一致达到选育指标后，即可混收留种。

（二）多次单株（穗）选择

在一个原始群体中的个体（单株或单穗），往往杂合程度较高，一次单株（穗）选择难以奏效。这时，应选用多次单株（穗）选择，即所谓的秆行制。在上一年选择的若干个单株（穗）的基础上，当年每份试材（单穗）各种1行（一行试验），每隔4行设1标准行（即对照种）。生育期间根据育种目标选择单株（穗）自交，成熟时单收，通过考种后再进行决选。下年仍同上一年一样种植，但要重复1次，即每穗种2行（二行试验），除选择优良单株（穗）自交留作下年试验用种外，并要统计产量以决定取舍。这样一来，第三年为5行试验，第四年为10行试验。这时，试验的性状已达稳定。入选的优系应多作自交穗，以备足种子进行下面的试验，或者另设种子行、隔离区以繁育种子。

第五、第六两年为品种比较试验，田间设计采用随机区组法，进行严格的产量、品质、抗逆性鉴定。在产量比较试验中表现特优的品系，可以推荐到省（或国家）区域试验。这种秆行制看似复杂，且时间长，但可适当简化，如将5行试验改为4行试验，将10行试验改为5行试验（图9-2）。

秆行制强调重复，代数越高其重复越多，这是此法的优点所在，重复越多越可消除土壤差异等所造成的机误。为获得正确的结果，一般在5行试验之后，也可进入品种比较试验。20世纪50年代以后，这种方法则很少采用，又多采用五圃制法。

五圃制即原始材料圃、选种圃、鉴定圃、预试圃和品种比较试验圃。例如，熊岳253的选育过程是，1950年秋，辽宁省熊岳农业科学研究所从辽宁省的盖州、大石桥、海城、辽阳等地的农家品种中选了846个优良单穗；1951年，将846个高粱单穗种成穗行（原始材料圃），秋天根据各个穗行的性状表现，从中选择了100个优系；1952年，将入选的100个优系按种在选种圃里，当年秋天从中选出20个性状较整齐一致的优良品系；1953年，将20个优系种在鉴定圃里，4行区试验，秋天根据性状和产量

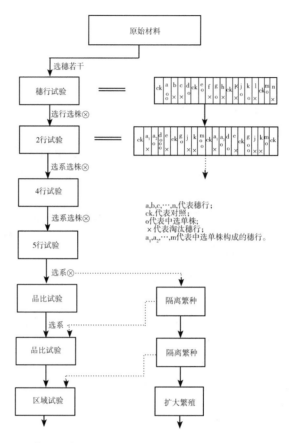

图9-2　高粱多次单株（穗）选择法（改良秆行法）模式

（张文毅整理，1982）

表现从中选择了9个更优的、性状表现整齐一致的品系；1954年，9个品系进入预试圃；1955年，9个品系进入品种比较试验圃，根据产量和性状表现最终选出最优的1个品系1-51-253。品系1-51-253进入省级区域试验和生产试验，经省级审定命名为熊岳253推广应用。

多次单株（穗）选择的次数应根据原始群体材料的杂合程度来定。按约翰逊（Johannsen，1902）纯系学说的理论，当选择纯化至一定程度基因型达到纯结合时，选择即不再产生效用。然而，一方面绝对的纯系实属难得，另一方面多代自交选择又往往会产生有害的效应，因此不必过多地进行自交纯化。当原始群体材料杂合程度不大，所要选择的目标性状较少时，自交纯合选择3~4代也就可以了。此后，可进行分系混合选择，或在自交选择2~3代以后，改用集团选择，最好是在穗系内进行人工混合授粉，以兼收混合选择与系统选择的双重效应。

三、如何提高系统选择的效果

选择的效果取决于育种者的实践经验和理论功底。从选择实际看，即对试材了解和把握的程度。田间选择只能根据试材的表现型进行选择，只能由目测或简单的度量来选择。由于任何一种性状的表现型都是由内在的基因型与外部环境条件互作的结果，因此在选择某一优良单株（穗）时，必须设法估算出表现型中环境条件影响的份额，并予以剔除。

欲提高选择效果，需要研究了解有关性状的遗传力，根据性状遗传力的大小决定选择的强度。在遗传因素中，既有主效基因的效应，也有非主效基因，即微效基因的效应。随着作物遗传学研究的深入和进展，认为愈来愈多的性状是数量性状的遗传物质，其遗传效应主要是由数目较多的、效应微小的、相互没有显隐性关系的、但具有累加效应的微效基因所控制。

张文毅（1965，1977）研究表明，高粱主要产量性状和品质性状都具有数量性状遗传的特点。生育期、穗长、穗轴长、穗一级分枝数、穗柄长、茎高、秆高、节间长、节数、单宁含量等性状均具有较高的遗传力，通常在90%以上，可以根据表现型进行选择；穗粒数、穗粒重、茎叶重等产量性状遗传力较低，一般在75%~83%，根据表现型进行选择可靠性不大；蛋白质、赖氨酸含量和角质率等品质性状的遗传力更低，在50%~69%，一般不能根据表现型进行选择（表9-3）。

表 9-3　高粱主要性状的遗传变异系数和遗传力估值

性状	试材平均值	遗传变异系数		广义遗传力	
		（%）	位次	（%）	位次
茎高（cm）	244.69	34.61	12	96.15	5
秆高（cm）	285.97	29.50	14	95.20	6
秆径（cm）	1.63	10.65	21	59.50	18
节数（个）	13.39	25.40	16	93.28	9
节间长（cm）	20.00	35.89	11	94.90	7
穗柄长（cm）	41.27	81.17	4	92.14	10
穗柄径（cm）	1.05	17.07	18	72.23	16
穗长（cm）	26.16	91.81	3	98.81	3
穗径（cm）	6.88	33.06	13	82.44	13
穗粒重（g）	71.48	45.98	9	79.22	14
穗粒数（个）	2 798.78	68.58	6	75.77	15
千粒重（g）	25.64	29.16	15	88.19	11
穗轴长（cm）	13.23	102.08	2	97.19	4

性状	试材平均值	遗传变异系数		广义遗传力	
		（%）	位次	（%）	位次
第一级枝梗数（个）	69.03	69.86	5	94.33	8
端级枝梗数（个）	918.53	49.20	8	45.06	21
茎叶鲜重（g）	351.90	40.55	10	82.51	12
生育期（d）	129.86	11.60	20	99.12	2
单宁含量（%）	0.18	182.60	1	94.12	1
赖氨酸含量（%）	0.21	22.05	17	59.43	19
蛋白质含量（%）	9.24	12.44	19	50.27	20
角质率（%）	58.97	53.60	7	69.30	17

（张文毅，1965，1977）

高粱主要产量性状和品质性状根据表现型选择效果不佳，可根据性状相关遗传进行间接选择。张文毅（1965，1978）采用方差分析法研究了高粱主要产量性状和品质性状间的遗传相关和表型相关（表9-4）。结果显示，穗粒数、千粒重、穗径、穗柄直径、茎高等性状与单株产量成显著正相关，穗柄长与产量成显著负相关。这些性状的表型值可以作为单株产量的间接选择指标。秆高与单株产量的相关值表现出较大幅度的变化，这是由试材性质决定的。因为茎高与产量成正相关，但穗柄长与产量成负相关，因而秆高（茎高+穗柄长）的相关性就取决于试材自身的茎高与穗柄长的比例。这是高粱育种家在选择中必须注意的问题。

表9-4 高粱主要性状之间的数量相关

产量相关		品质相关	
性状对	相关值	性状对	相关值
茎高—单株粒重	0.376** ~ 0.521**	蛋白质（%）—单株粒重	-0.214
秆高—单株粒重	-0.029 ~ 0.506**	单宁（%）—单株粒重	-0.063
秆径—单株粒重	0.351* ~ 0.571**	角质率—单株粒重	-0.030 ~ -0.216*
穗柄长—单株粒重	-0.395* ~ -0.602**	角质率—出米率	-0.662**
穗柄径—单株粒重	0.573** ~ 1.049**	角质率—千粒重	0.130 ~ 0.551**
节间数—单株粒重	0.323* ~ 0.619**	角质率—单宁（%）	-0.505** ~ 0.979**
节间长—单株粒重	-0.184 ~ 0.353*	角质率—赖氨酸（%）	0.46** ~ 0.77**
穗长—单株粒重	-0.678** ~ 0.272	角质率—蛋白质（%）	0.063 ~ 0.488**
穗径—单株粒重	0.292** ~ 0.590**	蛋白质（%）—赖氨酸（%）	-1.175 ~ 0.251
第一级枝梗数—单株粒重	-0.096 ~ 0.010	蛋白质—单宁（%）	-0.165 ~ 0.179

（续表）

产量相关		品质相关	
性状对	相关值	性状对	相关值
端级枝梗数—单株粒重	$0.202 \sim 0.542^{**}$		
穗粒数—单株粒重	$0.763^{**} \sim 0.882^{*}$		
千粒重—单株粒重	$0.315^{**} \sim 0.705^{**}$		
生育日数—单株粒重	$0.230 \sim 0.547^{*}$		

　*差异显著水平，**差异极显著水平。

（张文毅，1965，1978）

在品质性状相关性研究方面，根据数百份试材的测定结果，认为蛋白质含量与单株产量之间为负相关，但未达到显著水平；单宁含量、角质率与单株产量没有相关关系。蛋白质含量与单宁含量之间无相关关系，表明提高蛋白质含量与降低单宁含量的选择不存在矛盾。蛋白质含量与赖氨酸含量之间似有正相关趋向，但未达到显著水平。

高粱角质率与蛋白质含量、赖氨酸含量成显著正相关，而与单宁含量成显著负相关。此外，角质率还与出米率、千粒重成显著正相关。值得庆幸的是，以角质率为核心组成的相关关系恰恰是符合育种需要的。提高角质率不仅是自身的需要，而且还可以相应提高蛋白质含量和赖氨酸含量，提高出米率，降低单宁含量，可以说是一举数得。角质率在品质性状中又是最易观察鉴定的性状，对提高育种材料的选择效率，具有十分重要意义。

主要参考文献

盖钧镒，2006. 作物育种学各论 [M]. 2版. 北京：中国农业出版社.

龚畿道，等，1964. 辽宁高粱新品种：分枝大红穗 [J]. 辽宁农业科学（6）：3-8.

辽宁省农业科学院作物所高粱课题组，1982. 新引高粱 Tx 不育系鉴定初报 [J]. 辽宁农业科学（1）：1-3.

卢庆善，1983. 高粱群体改良法 [J]. 国外农学：杂粮作物（1）：1-5.

卢庆善，1983. 国外高粱杂交种鉴定试验报告 [J]. 辽宁农业科学（4）：5-8.

卢庆善，1985. ICRISAT 高粱试材的初步鉴定和应用前景 [J]. 辽宁农业科学（6）：4-8.

卢庆善，1996. 植物育种方法论 [M]. 北京：中国农业出版社.

卢庆善，1999. 高粱学 [M]. 北京：中国农业出版社.

卢庆善，宋仁本，1988. 新引进高粱雄性不育系 421A 及其杂交种研究初报 [J]. 辽宁农业科学（1）：17-22.

卢庆善，宋仁本，郑春阳，等，1995. LSRP：高粱恢复系随机交配群体组成的研究. 辽宁农业科学（3）：3-8.

潘世金，谢凤周，1986. 饲用糖高粱引种鉴定初报 [J]. 辽宁农业科学（6）：6-8.

乔魁多，1988. 中国高粱栽培学 ［M］. 北京：中国农业出版社.

宋仁本，卢庆善，郑春阳，等，1994. 新引进高粱雄性不育系配合力分析 ［J］. 辽宁农业科学（2）：12-16.

王富德，杨立国，张世苹，等，1989. ICSA 高粱雄性不育系的主要农艺性状鉴定及配合力分析 ［J］. 辽宁农业科学（5）：11-15.

王富德，张世苹，1983. 新引进高粱雄性不育系的配合力分析 ［J］. 作物学报（1）：32-37.

西北农学院，1984. 作物育种学 ［M］. 北京：农业出版社.

徐秀德，卢庆善，潘景芳，1994. 中国高粱丝黑穗病菌对美国小种鉴别寄主致病力的测定 ［J］. 辽宁农业科学（1）：8-10.

张世苹，等，1982. 新引进高粱品种资源农艺性状鉴定 ［J］. 辽宁农业科学（6）：7-11.

张文毅，1976. 高粱主要性状遗传力和相关的初步研究 ［J］. 遗传学报，3（4）：303-308.

张文毅，1977. 高粱杂交种主要性状的分析研究 ［J］. 辽宁农业科学（3）：8-12.

张文毅，1978. 杂交高粱品质性状的控制 ［J］. 遗传与育种（5）：4-7.

张文毅，1980. 高粱品质性状的遗传研究 ［J］. 辽宁农业科学（2）：37-43.

朱翠云，1993. 新引高粱雄性不育系的鉴定与评价 ［J］. 辽宁农业科学（6）：40-44.

第十章　高粱杂交回交育种技术

第一节　杂交育种概述

一、杂交育种的意义

混合选择和系统选择育种都是利用天然群体中已经产生出来的变异个体进行选择。而杂交育种则是育种家有目的挑选杂交亲本，通过人工杂交，产生出具有可预见性的变异群体，从中进行有目标的选择，最终选育出优良的高粱品种，是常用的一种高粱育种技术。作为杂交育种的杂交亲本，选择时可以扩大其亲缘关系，可以是品种间的，也可以是种、属间的，因此杂交育种可分为品种间杂交育种和远缘杂交育种。

（一）品种间杂交育种

在高粱杂交种推广应用之前，品种间杂交育种是选育高粱新品种的常用方法。在高粱杂交种生产种植之后，它又是选育杂交种亲本的重要方法。1914 年，美国开始了高粱品种间杂交育种，先是在迈罗与卡佛尔高粱之间进行单杂交，之后把杂交亲本扩大到菲特瑞塔高粱，再后又利用赫格瑞高粱作杂交亲本。美国在 1954 年应用高粱杂交种之前，利用杂交育种法选育出了一些高粱新品种，例如白日、双矮生黄迈罗、黑壳卡佛尔、康拜因 7078、达科塔琥珀、马丁康拜因、西地、麦地等。这些新品种具有秆矮、抗病、适于机械化收获等特点。

我国高粱杂交育种开始于 20 世纪 50 年代末 60 年代初，当时育成的品种有锦粱 5 号、119。119 是辽宁省农业科学院作物研究所于 1961—1964 年选用双心红×杜拉杂交育成的早熟、中秆品种，穗圆筒形，紧穗，红壳大粒，早熟不早衰，适应性强。我国广泛开展高粱杂交育种，并取得丰硕成果是在 20 世纪 70 年代以后，在这期间先后选育了许多高粱恢复系，如 LR9198、矮四、115、铁恢 157、铁恢 6 号、沈 0-30、沈 5-26、沈农 447、654、忻粱 7 号、忻粱 52、晋粱 5 号、白平、锦恢 75 等。高粱育种实践证明，杂交育种在改良质量性状、数量性状以及通过复合杂交将几个亲本优良性状结合在一起，都是有效的。

（二）远缘杂交育种

高粱的远缘杂交是指种间和属间杂交。例如，栽培高粱品种与苏丹草杂交属种间杂交，高粱与甘蔗（*Saccharum sinense*）或玉米（*Zea mays*）的杂交，为属间杂交。一般来说，高粱远缘杂交在 $2n=20$ 的栽培高粱（粒用、糖用、帚用等）与 $2n=20$ 或 $2n=40$ 的野生高粱种之间都可进行。例如，苏丹草（*S. sudenense*）、埃塞俄比亚高粱（*S. aethiopicum*）、帚枝高粱（*S. virgaturn*）、约翰逊草（*S. helepense*）、哥伦布草

（*S. almum*）、类芦苇高粱（*S. arumdinaceum*）等都可用来进行种间杂交。

高粱与苏丹草杂交育成的品种早已有之，而且卓有成效。用甜高粱与苏丹草杂交得到的杂交种有许多优良性状，不仅绿色体产量高，有良好的分蘖性，而且在不良的生态条件下，体内产生的氢氰酸含量也较低。例如，俄罗斯育成的早熟59-65高粱苏丹草杂交种，在干旱年份的鲜茎叶产量或干草产量均超过高粱和苏丹草；蛋白质含量也较高，氢氰酸含量几乎比高粱少1倍。美国选育的高粱苏丹草杂交种NB208F，也具有生物学产量高、抗倒伏、抗真菌病害等特点。

我国利用栽培高粱与苏丹草远缘杂交的高粱育种开始于20世纪90年代。我国由于市场经济的发展，需要生产更多的饲草来满足畜牧业的发展，饲草高粱受到关注，尤其是栽培高粱与苏丹草的杂交种（又称高丹草）表现出生物产量高、一年可刈割几次等优点。我国种植业从二元结构（粮食、经济作物）向三元结构（粮食、经济、饲料作物）转变。饲草高粱作为一种新兴的饲料作物，受到高粱育种者的关注。

钱章强（1990）在国内最先利用栽培高粱与苏丹草杂交育成了饲草高粱杂交种皖草2号。皖草2号表现产草量高，在安徽凤阳刈割4次，茎叶产量达5 656.67 kg/亩，比苏丹草（3 373.33 kg/亩）增产67.69%。随后，辽宁省农业科学院高粱研究所、山西省农业科学院高粱研究所也开展了高丹草的杂交选育工作，先后选育出优势强、抗性好、产量高的辽草1号、辽草2号、辽草3号、晋草1号、晋杂2号、晋草3号、晋草4号等，投入生产应用。

高粱属间杂交育种也有报道，美国佛罗里达州甘蔗大田试验站于1956年用四倍体高粱瑞克斯（$2n=40$）作父本与甘蔗品种F36-819进行杂交，其中得到1株杂种。并用二倍体和四倍体高粱进行回交。通过形态学和细胞学研究证明杂交后代中确实发生了染色体的变化。中国海南省崖城良种场于1960年先后用150种高粱作母本与甘蔗作有性杂交。在其中一个杂交组合，反修10号×粤糖55/89的杂交后代中，经3年4代的单株选择，选出了高粱甘蔗、糖兼用型高粱新品种，命名高粱蔗7418，属中晚熟种，一般每公顷产籽粒3 750 kg，茎秆30 000~45 000 kg，榨糖2 250~3 750 kg。

河北省沧州地区农业科学研究所（1976，1977）从1972年起开展了高粱与谷子的属间的远缘杂交研究和育种。谷子品种是泥里拽和双庆谷作母本，高粱品种是晋交5号和离石黄作父本杂交，共得到22粒种子，出苗时仅存活2株。1973年从双庆谷×离石黄高粱上收39粒种子，播种后成活了3株。杂种2代（F_2）产生不育株率6%~6.7%，结实率0.29%~9.5%。杂种3代（F_3）时分离广泛，植株甚至不分蘖；茎秆挺立，叶片上举，穗梗短，叶片包裹穗，类似高粱抽穗状况。杂种4代（F_4）继续表现出分离，籽粒的变异很大，有的小花结双粒。

湖北省农业科学院（1977）报道了A型高粱稻的杂交选育。1971年，用早粳品种农垦8号作母本，授以矮秆糯、鹿邑歪头、晋杂12和无名4号4个高粱品种的混合花粉。在杂种3代（F_3）晚熟中秆类型中，选出一单株定名为A型高粱稻。A型高粱稻株型较紧凑，茎秆粗壮、坚韧，耐肥抗倒，穗较大，长13.5 cm，穗形似高粱，平均每穗粒数150~200粒。

高粱与甘蔗、谷子、水稻的远缘杂交育种都有一些报道，但是这些研究目前尚处于探索之中，由于还不能做到在一定条件下的可重复工作，而且对其杂交后代的细胞学研究还不够深入、细致、清楚，因此对于高粱远缘杂交的父本花粉究竟在多大程度上参与了受精作用，还存在不同的看法和意见，须进一步开展研究。

二、杂交育种的理论依据

杂交育种是通过高粱品种间杂交或种、属间杂交创造新变异而进行育种，是国内外在各种育种方法中应用最广泛、最普遍、最有效的一种育种方法。杂交育种成效大，其理论依据是，根据遗传学的原理，通过双亲（或多亲）的有性杂交，打破原有的基因连锁，使基因重组合，产生出各种各样的变异类型，为育种提供了丰富的选择源泉。

（一）基因重组综合双亲（或多亲）的优良性状

杂交使原来的基因连锁被打破，使基因得到重组合，因而可以把不同亲本的优良性状基因集合到杂交后代中，这样选育的新品种比其原亲本品种具有更多的优良性状。例如，具有高产性状的甲品种与具有优质性状的乙品种杂交，就有可能重组成既有高产性状又有优质性状的杂种后代，从中进行选择就能得到高产、优质的新品种。

（二）基因互作产生新的优良性状

根据遗传学研究得知，有些优良性状的出现是不同显性基因互作或互补的结果。通过基因重合，使分散在不同亲本上的不同基因得到互作或互补，从而产生出不同于双亲的新的优良性状，得以选择下来。例如，两个感染高粱丝黑穗病的品种杂交，在杂种后代中产生一些抗病的新单株。

（三）基因累积产生超亲性状

在高粱育种中，许多经济性状是由微效多基因控制的数量性状，如产量性状、品质性状、生育期性状等。这些数量遗传性状，通过杂交使基因重组，将控制双亲（或多亲）相同性状的不同基因位点，在杂种后代中累积起来，形成超亲的性状。在高粱育种研究中，通过杂交以加强其中某个性状，从而选育出新品种的实例较多。例如，高粱单穗粒数的育种，杂交后可选育出比亲本多1 000粒或更多的高粱穗来。

第二节　杂交亲本的选择

亲本选择与组配是杂交育种成功与否最重要、最关键的因素，直接关联到杂种后代能不能产生优良的变异类型和选出好的品种。因此，亲本选配要遵循以下原则。

一、亲本优良性状多，双亲性状能互补

这是亲本选择的重要原则，由于高粱的产量性状、品质性状等都属于数量性状，因此选择的杂交亲本优点要多，且双亲性状能够互补。一般来说，杂种后代群体各性状的平均值大多介于双亲之间，与亲本平均值有较高的相关性。因此，在许多性状上双亲的平均值大体上可决定杂种后代的表现。如果亲本的优点较多，平均值大，则其后代性状表现的总趋势将会较好，出现优良类型的概率将会增加。

许多研究表明，高粱的很多经济性状都表现出显著的亲子相关和回归关系。辽宁省

农业科学院高粱研究所测定了30个杂交组合，株高、生育期、千粒重3个性状都表现出显著的亲子回归关系；穗长、穗径、轴长、分枝数、分枝长、粒数、穗粒重等性状也都表现出显著的亲子相关和回归关系。河北省沧州地区农业科学研究所测定高粱的抽穗期，亲子相关系数 $r = 0.81$，回归系数 $b = 0.81$；株高的亲子相关系数 $r = 0.97$，回归系数 $b = 1.24$。在品质性状方面，一些单位测定了单宁、蛋白质和赖氨酸含量，也都表现出显著的亲子相关和回归关系。杂交育种利用基因重组合，只有双亲优点多、性状值高，才有可能将更多的优良基因聚合在一个杂种后代上。

双亲的性状能互补，即指杂交亲本之一的优点能在较大程度上弥补另一亲本的缺点。这样一来，属于数量遗传的性状，会增加杂种后代的平均值；属于质量遗传的性状，杂种后代可出现亲本之一所具有的优良性状。因此，双亲可以具有共同的优点，但不能有相同的缺点。性状互补要着眼主要性状，尤其是育种目标中的重要性状。当高粱育种目标要求在某个性状上有所突破时，则选配的双亲最好在该性状上都表现优良，而且还有互补作用。例如，要选育抗高粱丝黑穗病的品种，可选择均抗病的，但所抗病菌生理小种不同的亲本杂交，则有可能在杂交后代中选出抗两个以上生理小种的品种来。

亲本性状互补也并不完全是平均值的关系，许多性状经常表现倾向于亲本的一方，有时还会产生超亲现象。因此，双亲之一不能有太严重的缺点，特别是在重要的性状上，更不能有很难克服的缺点。例如，有的育种单位在抗病育种和矮秆育种上没有获得理想品种的原因，常常是由于抗病和矮秆亲本在其他性状上有严重缺点，如穗小、晚熟、品质差等，另一个亲本无法克服和弥补这些缺点。为了解决育种中的主要目标，亲本之一在主要目标性状上最好表现十分突出，并且有较高的遗传力，以克服另一亲本在这个性状上的缺点，使具有该优良性状的单株在杂种后代中占有较大的比例，以便育成该性状表现突出，而综合性状又优良的品种。

二、选择适应当地生态条件的品种作杂交亲本

选育优良高粱品种的重要性状之一是对当地自然条件和栽培条件有较强的适应性，而这在很大程度上取决于亲本自身的适应性。因为当地推广种植的品种在本地栽培时间较长，对当地生态条件有较强的适应性，综合农艺性状也很好。用它作为杂交亲本之一，则杂交育种成功的概率较大。从分析国内外各种作物通过杂交育种选育的品种看，其亲本之一为当地推广品种的杂交组合就占92%。

对高粱杂交选育品种来说也同样，因为高粱品种对光、温反应较敏感，适应地域范围有限，因此只有选择当地生产的优良品种作亲本之一，另一亲本具有需要改良的优良性状，杂交后选育的新品种，才能较好地适应当地条件，表现出优良种性。例如，辽宁省农业科学院选育的优良高粱品种119，其亲本之一是辽宁省的当地品种铁岭双心红，而另一亲本则是优良的外引品种，非洲的都拉。

总之，利用当地推广种植的高粱良种作杂交亲本是育成适应性强、高产、稳产新品种的有效方法。在一些自然条件严酷、气候条件不利的地区，选择栽培时间较长的地方品种作亲本之一，常能选得抗逆性强，能避免或克服当地较多自然灾害的品种。

三、选择生态类型差异大，亲缘关系较远的材料作亲本

不同生态类型、不同地理来源、不同亲缘关系的品种，具有不同的遗传基础和优、劣性状，其杂种后代的遗传表现将会更加丰富，由于基因重组合，将能产生更多的变异类型，甚至出现超亲的优良性状。而且，由于双亲是在不同生态条件下产生的，则会在杂种后代中选育出适应性更好的新品种。对不同生态类型、地理来源及亲缘关系的选择只是给出选配杂交亲本的一般原则，而其本质的关键，在于选择的亲本是否真正具有育种目标所需要的性状及其较高的遗传传递力。一般来说，利用不同生态类型的品种作杂交亲本较易引进新种质，克服当地推广品种作亲本的某些缺点，提高成功的概率，但不能因此而理解为生态类型必须差异很大才能提高育种的效果。

育种实践证实，高粱同一生态类型品种间杂交，杂种后代分离范围小，分离世代短，一般到 F_4 代就能选得稳定的优良品系。而类型间杂交，特别是亲本之一有赫格瑞高粱，其杂种后代在株高、生育期千粒重、茎秆强度等性状上都会有广泛的分离，而且分离世代长。因此，在高粱杂交亲本的选择上，只要生态类型内品种间有能满足育种目标需要的改良性状的基因，就不必用类型间杂交。但在某些情况下，如在选育杂交种的亲本时，为了使其具有较远的亲缘关系，更好地利用杂种优势，可采取类型间杂交。

四、要重视性状搭配和选择配合力高的材料作亲本

辽宁省农业科学院高粱研究所研究表明，高粱穗粒数与千粒重之间没有相关关系，说明它们受各自的独立遗传因子制约，因此可以选用一个多粒型亲本与一个大粒型亲本杂交，在杂种后代中有可能选得多粒、大粒的个体。河北省唐山市农业科学研究所利用两个高秆白粒品种白 253 与平顶冠杂交，结果选育出矮秆抗倒的新品种白平。山西省农业科学院在早熟高粱杂交组合中，选育出特早熟新品种系 626，也是这方面的例证。

根据高粱杂种优势利用研究的结果，引出了配合力育种的概念。选择杂交亲本时，要关注亲本的一般配合力，即其若干杂种后代在某一性状上表现的平均值。用一般配合力高的品种杂交后，常常会得到优良的后代，容易选出好的品种。一般配合力的高低和品种本身性状的优劣有一定关系，即一个优良品种通常是好的亲本，在其杂种后代中能分离出优良类型。但也并非所有的优良品种都是好的亲本，也并非好的亲本必定是优良品种。有时，自身表现并不突出的品种却是好的亲本，能选出优良品种，也就是说这个亲本品种配合力好。所以，一个品种具有优良性状和具有高的配合力虽有联系，但并非完全一致。配合力的高低要经过一系列杂交之后才能测知。因此，选配亲本时，除关注品种本身的优缺点外，还要通过杂交积累数据，以便选出配合力高的品种作亲本。

第三节　遗传杂交方式和育种程序

一、遗传杂交方式

杂交育种成败的另一个重要因素是遗传杂交方式，就是在一个杂交组合里要用几个

亲本以及各个亲本杂交的先后顺序。

（一）单杂交

这是最常用的一种杂交方式，即 2 个亲本一个母本一个父本成对杂交，用 A×B 表示。单杂交只进行 1 次杂交，简单易行，经济有效。杂种后代群体的规模相对较小。当 A、B 2 个亲本的优、缺点能够互补时，性状基本上符合育种目标时，即可育成新的品种。

在采用单杂交时，有正交（A×B）与反交（B×A）的不同。一般育种实践表明，在不涉及由细胞质控制的性状的情况下，正交与反交间后代性状差异不大。通常以最适应当地生态条件的亲本作母本。例如，高粱恢复系矮四就是以矮 202 为母本、4003 为父本，采用单杂交方式育成的。

（二）复合杂交

复合杂交是选用 3 个以上（含 3 个）亲本进行杂交。通常先将亲本组配成单杂交组合，再将这些组合进行杂交，或以组合与其他品种杂交。在第二次杂交时，可针对单杂交组合的缺点选择另一组合或品种，使二者优缺点能够互补。复合杂交方式因亲本数目和杂交方式不同而有几种。在不同的杂交后代中，其亲本的细胞核遗传份额所占比例也不一样。

（1）三交（A×B）×C　A 和 B 2 个亲本的核遗传份额在该杂交组合的 F_1 代中各占（1/4），而 C 则占 1/2。

（2）四交［（A×B）×C］×D　其遗传份额 A 和 B 各占 1/8，C 占 1/4，D 占 1/2。

（3）双交（A×B）×（C×D）　其遗传份额各占 1/4。此外，还有亲本数目更多的各种方式的杂合杂交。

当单杂交不能满足育种目标要求时，必须把多个亲本性状聚合起来才能达到目的时，就要采取 2 次以上的复合杂交，通过多次打破性状基因连锁和重组合，使有利基因聚合在一起，这样一来杂交后代的群体规模要比单杂交大得多，才有可能获得综合多个亲本优良性状的后代类型。

在采用复合杂交时，科学组配亲本的组合方式以及再次杂交中的先后顺序，也是杂交育种成败的关键。这就必须全面了解各杂交亲本的优缺点、互补的可能性，以及各个亲本的细胞核遗传成分在杂种后代中所占的比例。通常遵循的原则是，综合农艺性状较好、适应性较强，并有一定丰产性的亲本应放在最后一次杂交，使其遗传成分占有较大比例，以便增强杂种后代的优良性状。例如，A、B、C 3 个品种组成三交，B 品种的综合性状最好，则应组成（A×C）×B 的三交方式。高粱恢复系 LR9198 就是（矮 202×4003）×5-26 的三交组合育成的。3 个品种的复合杂交，除可组成上述三交方式外，还可采用（A×B）×（C×B）的双交方式。3 个亲本的双交方式是 2 个单杂交 F_1，因此在复合杂交的 F_1 中就有可能产生聚合 3 个亲本性状的后代类型。而正常三交方式的复合杂交亲本只有 1 个是单交组合 F_1，另一个是品种，要在复合杂交的 F_2 代才可能出现聚合 3 个亲本性状的类型。

当选用 4 个亲本进行复合杂交时，双交方式（A×B）×（C×D），只要杂交 2 次就可以完成杂交程序，例如，高粱恢复系 4930 就是以（4003×404）×（角质都拉×白平）双交方式育成的。而四交方式［（A×B）×C］×D 则需要进行 3 次杂交。因此，一般宜采取双交方式而不采用四交，四交只是在弥补三交后之不足时才采用。

（三）回交

回交是2个亲本杂交后，杂种一代（F$_1$）再与双亲之一进行重复杂交，称回交。重复杂交的亲本叫轮回亲本，另一亲本叫非轮回亲本。以杂交后代中选择高粱单株与轮回亲本回交，如此进行几次，直到达到育种目标时为止。回交方式常用于改良某一推广品种的1~2个缺点性状时采用。

二、杂交操作技术

在进行杂交时，应对高粱的花器构造、开花习性、花粉寿命、授粉方式、雌蕊受精持续时间等相关的生物学特性有所了解，并进一步了解高粱不同品种类型在当地生态条件下的具体表现，以达到准确、有效的杂交操作。

（一）开花期调整

杂交所用亲本的开花期必须相遇，才能进行杂交。如果杂交亲本在正常播期播种时花期不遇，则需要调节播期以使开花期相遇。一是采取分期播种，将早开花的亲本晚播，或者将晚开花的亲本早播。二是将母本适时播种，将父本分几期播种，使其达到花期相遇。三是采取光照处理，高粱是短日照作物，每天进行短光日照处理可以提前开花；而每天进行长光照处理则能延迟开花。

（二）去雄授粉技术

高粱通常在抽穗后3 d左右开始开花，也有的品种边抽穗、边开花。高粱开花的顺序是由穗顶部开始，向中、下部延伸。同小穗是无柄小穗先开，有柄小穗后开。高粱开花的时间多数是半夜至翌日早晨6：00，遇低温时有的品种在下午开花。一个单小穗开花时间约需30 min，全穗从始花到终花需6~7 d。花粉的授粉能力品种之间有一定差异，在自然条件下通常可保持3~4 h。柱头接受花粉的能力一般能维持几天，最多达19 d。

高粱杂交操作技术直接影响杂交结实率，具体做法分为整穗、去雄、授粉三步。

1. 整穗

要选择生长健壮、发育正常的主穗，并且花已开到中上部的穗作杂交去雄穗。剪去已经开花小穗的枝梗和下部所有的分枝，只留下预计次日能开花的中部的5~6个一级分枝。为了去雄方便操作，分枝之间要散开，然后剪去过密的无柄小穗和全部的有柄小穗，每个枝梗留7~10个小穗，这样每个去雄穗留下40~50个小穗即可。

2. 去雄

去雄操作是一项很细致的工作，要求技术精准。去雄时间最好在15：00—16：00进行。去雄的顺序是每个分枝的小穗自上而下逐一完成，不能漏掉。待完全去雄后，再仔细检查一遍，看是否有遗漏，然后用玻璃纸袋把去雄穗套上，并系上纸牌子，写明去雄日期。

3. 授粉

一般在去雄后的第二天或第三天授粉。从玻璃纸袋外面可以观察到小花是否已经开了，如果去雄小穗全部开放，即可授粉。授粉通常在9：00—10：00进行，具体时间应根据天气情况来定。授粉时，先用纸袋取回父本的花粉，当去雄玻璃纸袋取下后，快速将父本花粉袋套上，并用手敲打让袋里的花粉散落在去雄后的雌蕊柱头上，然后再套上适当小的纸袋，用曲别针别好。写明杂交父、母本的名称和授粉日期。

（三）授粉后管理

杂交授粉后要加强管理和保护。为防止鸟害和种子霉烂，要及时更换纱布网袋。杂交种子成熟时，要及时连同网袋一起收获，并妥善保存，脱粒后以备下年播种用。

三、杂交育种程序

（一）原始材料圃

原始材料圃是种植从国内外收集来的和原有的高粱材料，按类型分类种植，每份材料十几株到几十株。而且应不断地引进高产资源、优质源、抗原、矮源等材料，以拓展和丰富高粱原材料的遗传基础。对原始材料要进行比较系统的观察记载，根据育种目标的要求筛选出一些材料作重点研究，以备作杂交亲本用。有的材料需要进行品质分析，或者在胁迫条件下进行抗性鉴定。重点材料要连年种植，一般材料可在冷藏库里保存，分年度轮流种植。这样一来，不仅减少种植的工作量，还能避免由于种植群体小和环境条件的影响发生遗传漂变。原始材料在种植过程中，要严防天然杂交和机械混杂，以保持原始材料的纯度和典型性。

（二）杂交圃

每年，从原始材料圃里鉴定选出作杂交亲本的材料，种在杂交圃里。根据需要分期播种，以调节开花期。种植时，适当加大行（垄）距和株距，以方便杂交操作。有时种植于温室或盆栽，以保证杂交用。

（三）选种圃

种植杂种后代的地块称为选种圃。如果选用系谱法育种，则在选种圃内连续选择单株，直到选出性状优良一致的品系为止。F_1 和 F_2 代按组合混种，点播稀植，肥力易高，在近旁适当种植亲本和对照。从 F_3 代开始，入选单株（穗）种成株（穗）行，选择的年限根据性状稳定所需的世代数而不同。

（四）鉴定圃

将选种圃里选出的表现优良的稳定品系种植到鉴定圃里，进行产量比较，并进一步鉴定其一致性。鉴定圃由于材料数目较多，而每份材料的种子数量又少，因此小区面积较小，通常只几平方米；重复次数也不多，一般 2~3 次。多采取顺序排列，每隔 4 个区或 9 个区设 1 个对照区。田间试验条件应与大田生产条件相似。

（五）品种比较圃

从鉴定圃里选择的优良品系和上一年品种鉴定圃没能入选升级的材料种植到品种比较圃里，在更大面积上进行更精确、更科学的产量试验，并对品系的生育期、抗逆性等作更详细、全面的研究。田间试验设计采取随机区组法，重复 3 次，小区面积 10~20 m²。田间管理力求接近大田生产条件，提高试验的代表性。

由于各年份气候条件的差异，不同品种对气候条件的反应又有所不同，因此为了准确地鉴定和评价品种，通常都要参加 2 年或 2 年以上的品种比较试验。根据田间性状表现、产量结果、室内品质分析和考种结果，最终选出优良的品种参加国家或省、直辖市、自治区的区域试验和生产试验。

对表现特别优异的品系，在鉴定圃或品种比较圃阶段，就可以建立种子田，生产原种和良种扩繁。为了更客观、更准确地评定表现优异的品种，可在品种比较试验的同时，在较大面积的大田生产条件下进行生产试验，可在较多试验点进行，也可设计高产栽培试验，以确定优异品种的产量潜力。

总之，上述杂交育种的程序是指一般情况而言，但可根据具体进展灵活运用。例如，选种圃中表现特殊突出的材料，在种子数量足够时，可越级参加品种比较试验；在鉴定圃里选出升级材料数目特多，其种子量又不足时，可在进入品种比较试验之前，进行一年的品种预备试验。预备试验的规模和要求与品种比较试验相似，如品系较多、小区面积较小、准确性稍差。

第四节 杂交后代选择技术

杂种后代的选择方法很多，应用较多的有系谱法和混合法。而逐步回交改良法、双回交法和回交系谱法等方法都是由这两种方法衍生出来的。

一、系谱法

(一) 杂种后代选择的依据

杂种后代的选择是非常复杂而又细致的工作，特别是杂种早代的选择是后来的基础，因此进行准确的选择是选育新品种成败的关键。考虑到早代的性状尚在分离中，一些受多基因控制的经济性状，如产量受环境条件的影响较大，选择时很难区分是由环境影响所致还是因遗传因素的影响制约，从而增加了选择的复杂性。如何有预见性、有效地对各世代不同性状进行选择，可以根据作物遗传学的原理和育种实践经验去进行选择。

1. 性状遗传力与各世代选择

不同性状在同一世代的遗传力不同，选择的有效性也不同。高粱的生育期、株高等性状的遗传力最高，选择的可靠性也最高，可以在早代进行选择；千粒重、穗粒数等次之，可以在中代进行选择；单穗粒重、产量等性状遗传力较低，只能在晚代进行选择。

相同性状在不同世代的遗传力有所差异，随着世代提升，其遗传力也逐渐增加，选择的可靠性也随之增大。另外，同一世代的同一性状根据单株的表现进行选择时，遗传力最小，可靠性也最低；根据株系选择时次之；由株系群选择的遗传力最大，可靠性也最大。因此，选择的思路是，最先选组合，再从优良组合中选株系，最后从优良株系中选单株（穗）。

2. 田间观测与室内考种相结合

不管在哪个世代，是选组合、选系，还是选单株，都应重视在田间对性状的观察和评定。在植株生长发育的关键时期，应根据高粱育种目标对各个后代材料的有关性状分清主次和轻重，综合考量分析，作出准确评价。作为一名育种工作者，应把主要精力和时间花在田间观测上，仔细观察了解各个性状的表现，以及在特殊气象条件下的反应。同时，还要结合室内考种的结果，提高育种选择的准确性。

为了提高选择的效果和可靠性，要重视试验地的选择和管理。试验地要平整、均匀一致，而且要具有与育种目标相适应的肥力水平。注意加强田间的观察记载工作，做到及时准时，要大量积累资料，包括文字、照片、视频等，作为后代材料取舍的重要参考和依据。选择时，既要重视表现全面的丰产材料，也要重视有特点而综合性状基本达到要求的材料。

（二）杂种后代的选择

系谱法是国内外高粱杂交育种中最常用的一种方法。该方法的特点是，自杂种的第一次分离世代（单杂交的 F_2 世代，复合杂交的 F_1 世代）开始选单株，并分别种成株行，每个株行或为一个株系。之后各世代都在优良株系中选择更优单株，继续种成株行，直到选育出优良、稳定、一致的株系，便不再选择单株，升级至鉴定圃试验。在选择过程中，各世代都予以株系的编号，以便于查找株系的来源和亲缘关系，故称系谱法（图 10-1）。这里以单株杂交为例，阐述说明对杂种后代的选择。

杂交双亲如果是纯合的，F_1 群体应该是一致的基因型；如果环境的影响差异不是很大时，F_1 群体的个体之间也应该是整齐一致的。单杂交的 F_2 代开始分离，分离的代数因基因的对数和遗传背景的复杂程度而不同。对杂种的处理，一是选择，二是培育。培育的条件应根据育种目标来定，如果想选育高产型的新品种，则应把杂种后代种植在较高肥力的地块上，以使杂种后代的高产基因充分地表现出来。选择是根据育种目标对性状进行严格选择和淘汰。对杂种后代要严格进行自交授粉，以保证双亲基因的重组和杂种基因型的逐步纯化。

1. 杂种一代（F_1）

将得到的杂交种子按组合单收、单放、单独编号，如 99（1），表明 1999 年作的第一个杂交组合。次年单种。为方便观察、鉴定和比较，应在杂种行两侧种植父、母本和对照种。生长过程中观察去掉 F_1 代伪杂种，其他套袋自交。对杂种一代通常不进行淘汰，只收获生长发育正常的组合以进代。但是，有时杂交组合合作的比较多，又兼对杂交亲本了解不深的情况下，也可以在 F_1 代淘汰一些表现非常差的杂交组合。

2. 杂种二代（F_2）

F_2 代是杂交育种关键的世代，是杂种性状强烈分离的世代，即同一杂交组合内的单株间表现出多样性，为选择提供了丰富的材料基础。因此，对 F_2 代能否选准是成功的关键，这是因为在很大程度上决定以后世代的优劣。对 F_2 代要处理好以下几个问题。

（1）种植的群体数量　F_2 代群体的大小要根据选择的数量来定，还要兼顾目标性状遗传的复杂程度。例如，如果要选择 5 个目标性状的隐形基因，而且这些基因是独立遗传的，那么根据数量性状遗传学原理，5 个基因全部为隐性纯结合的植株。这样一来，F_2 群体的容量要达到 1 000~2 000 株。对 F_2 群体容量应该有多大有两种不同的看法，一种认为应该加大群体容量，以使优良的性状基因单株分离出来；另一种认为应是

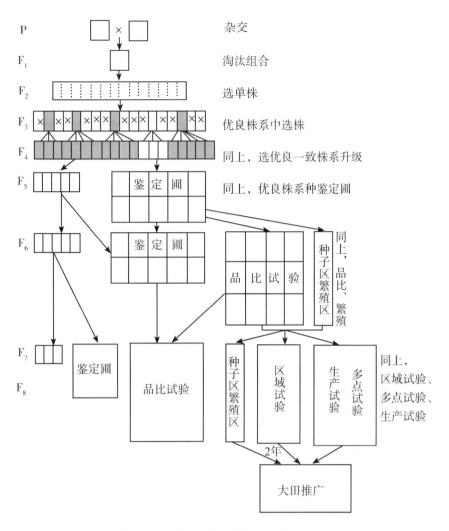

图 10-1　高粱杂交育种程序示意图

多组合小群体，每个 F_2 代种植 100～200 株。笔者倾向第一种看法。

（2）对 F_2 代的选择　选择与淘汰是一个问题的两个方面，可以先选择，也可以先淘汰。不论是选择还是淘汰，都要按育种目标严格操作。一般要确定一个适宜的选择率（选择压），表现较好的杂交组合 F_2 代，选择率可以在 8%～10%；表现一般的组合，选择率为 5%；表现较差的组合，选择率为 1%；最差的组合，则淘汰掉。

（3）早代和晚代选择的性状　对于那些遗传力较高的或由单基因控制的性状，如株高、开花期、穗长、壳型等，可在早期世代进行选择；对于那些遗传力低的性状或由多基因控制的数量性状，如单穗粒数、单穗粒重、二和三级分枝数等，可在较晚的世代进行选择。入选的单株分株脱粒、编号，如 99（1）入选的第 5 株，可写成 99（1）-5。

在整个选择过程中，将各个组合与其邻近的对照和亲本进行比较，并作不同组合间的比较，在选择组合的基础上选择优良单株，与亲本进行比较，还可以观察、记载双亲性状在杂种后代中的遗传表现，如性状显隐性和分离性状的情况、各个亲本的优缺点及其性状遗传传递能力的大小等，以便对亲本有进一步的了解，同时取得选配亲本的经验教训。

3. 杂种三代（F_3）

按组合排列，将入选的 F_2 单株种成株行，在适当位置种植对照品种。F_3 各株行间的性状表现出明显差异，各株系内仍有一些性状分离，但其分离程度因株系而不同，一般比 F_2 代小得多，也有个别株系表现较为一致。

对 F_3 代的选择主要是挑选优良株系中的优良单株。因此，首先是选系，再从优系中选优株。在 F_3 代，各株系主要性状的表现趋势已较明显，所以 F_3 代也是对 F_2 代入选单株的进一步鉴定和选择的重要世代。同时，在这 F_3 世代是以每个株系的总体表现为主要依据从中选拔优良单株，因而入选的可靠性也大得多。通常根据生育期、抗病性、抗逆性和产量因素等性状的综合表现进行选择，各组合入选株系的数目主要依据组合的优劣而定。在选中的株系中一般每系选优良单株 3~5 株。F_3 的收获、脱粒、考种同 F_2 代，其编号延续，如在 99（1）-5 株系中选中第 3 株，写成 99（1）-5-3。

4. 杂种四代及以后世代（F_4…）

F_4 及以后世代的种植方法同 F_3。来自同一 F_3 株系（即属于同 F_2 单株后代）的 F_4 株系，称为株系群，株系群内的各株称为姊妹系。通常，不同株系群间的性状差异要大，同一株系群内的各株系间的差异要小，而其丰产性、性状的总体表现等常常是相似的。因此，在 F_4 首先应选择优良株系群中的优良株系。F_4 代仍有一些分离，应继续在各系内选择优良单株。

另一方面，从 F_4 代开始，已能够出现为数不多的性状较为整齐一致的株系，因此选择重点可转向选拔优良一致的株系，升级进行产量试验。但由于这些株系的同质结合程度还稍差，因此还应继续选株，以进一步纯化、稳定。F_4 选系或选株所依据的性状应更为全面。在 F_4 中选的株系于次年进行产量试验时，将株系改称为品系。

从 F_5 代开始，大部分株系的性状都趋于稳定，株系的种植面积可适当缩小。性状基本稳定一致的家系可以选择正常生长发育的植株，混收脱粒留种。有些遗传背景比较复杂的杂交组合，可能要到 F_6、F_7 代才能趋于稳定，个别杂交组合可能需要更高的代数。说明在这样的组合高代中仍有某种分离，仍然可以进行选择，由此选育的品系，其遗传基础广泛，有可能具有较高的产量和较强的适应能力。

二、混合法

（一）混合法选择的依据

混合法选择的理论依据是，许多重要经济性状是数量性状，由微效多基因控制，易受环境条件的影响，在杂种早代进行选择可靠性差。而且，早代杂种纯合个体极少，如果杂种的某一性状有 10 对基因差异时，则纯合体在 F_2 代只有 0.1%；而到了 F_6 代时，则有 72.83%。假如用系谱法在 F_2 代开始选株，其效果很差，且会丢失大量优良性状基因。而采用混合法则能够在杂种群体中保存各种优良性状基因，并在以后的世代中重组成优良的纯合体。为此，混合法的群体要大，代表性要广泛，即每个世代的群体尽可能包括各种类型植株的多数。在选择单株世代入选的株数也要多。

混合法在杂种早代不进行人工选择，但受自然选择的影响。在自然选择作用下，杂种性状向适应于当地自然、栽培条件的方向发展，如抗旱性、耐冷性等，逐渐形成具有较强适应性的一种生态类型。另一方面，一些不是作物自身所需要的而是人类所需求的性状，如大粒性、好品质、早熟性、矮秆等可能削弱。这种类型的个体在杂种群体逐渐减少是不利的。

（二）混合法选择技术

混合法在 F_2 代并不选择单株，而是按照育种目标选择若干植株。具体做法是，第一代按组合混合收获，第二代按组合种植，对分离的群体不进行单株选择，而是在淘汰表现差的个体后，采取混合收获。具体操作可采取两种方式：一种是按熟期、株高、粒色等分类混收，把同一类型的混合收获在一起，第二年按类型种植；另一种是不分类，入选的组合去掉表现特别不好的株（穗），入选穗只取少量种子，混合到一起，下一年播种。这种方式的混合选择要进行到 4~5 代，当主要性状已趋于稳定、不再分离时，可按高粱育种目标进行单株选择，下一代成为株系，然后选拔优良株系升级试验。

（三）混合法与系谱法比较

根据两种选择方法的理论基础，育种实际和效果，比较其优缺点如下。

对高粱的质量性状和较简单的数量性状，采用系谱法有效。如生育期、株高、某些抗病性等，在早代就可进行选择，能起到定向选择的作用，并可以较早地集中精力于少数优良株系，及早进行升级试验。而混合法在混选种植若干代后，才在杂种群体中选择单株，且选择的植株数量大。

系谱法的优点是系谱来源清晰，可对入选的单株作出较充分的鉴定；缺点是有些性状由于遗传力低，如产量、品质等在早代易被系谱法选择所漏掉。混合法选择由于早代入选的株数较多，晚代才进行单株选择，因而可保留了许多优良单株。

系谱法从播种、观察记载到收获考种，育种者要细致、认真，工作量大，也较繁重。混合法播种、收获、管理较简单，较省工。

三、杂交育种有关技术问题解读

杂交育种涉及一些技术理论问题，如自交代数、群体容量、组合数目以及加速育种进程技术等。

（一）自交代数

在杂交育种中，由一个杂合体变成纯合体的后代所需自交的代数（r），取决于性状杂合基因的对数（n）。根据基因自由组合定律，不同世代不同基因对数的纯合率可由如下公式算出来。

$$(1-1/2^r)^n \tag{10.1}$$

例如，5 对基因连续自交 5 代，在 F_6 群体中各种纯合基因型的单株数为 85.34%。这里不是所有纯合基因型都是符合育种目标的。除了采取选择措施外，还可通过回交加以补救。回交代数的计算同理可应用上述公式求得，所得到的纯合型都是符合回交目的。考虑到连续多代自交在遗传上的不利影响，通常在连续自交5~6代之后，可改用姊妹交或者混合选择。

（二）群体容量和组合数目

群体容量和组合数目是构成杂交育种规模的两大因素。有学者主张扩大群体容量，减少杂交组合数目；也有学者持相反的意见。如何应对这个问题，要辩证地对待。一方面，群体容量越大，选择的概率就越大，尤其是在 F_2 代。F_2 代群体的纯合型比率应为 $(\frac{1}{2})^n$，如1对基因的纯合率为50%，5对基因的为3.31%，10对为0.098%。可见，所选性状涉及多对基因时，群体容量小是不利的。

另一方面，如果对杂交亲本的性状表现了解和掌握得比较透彻，且目标性状是由少数基因控制的，也可以采取增加杂交组合数来进行杂交育种。因此，如何针对这个问题提高杂交育种效率，应根据主、客观条件的实际情况来进行安排。

（三）加速育种进程技术

1. 加速试验技术

根据实际情况，适当改进育种方法和程序，加速试验进程，缩短育种年限。针对某些株系分离不大的情况，在 F_3 代提早测产，即对株系边选株，边测定产量；对表现特别优异的材料可越级试验；进行多点试验，提早生产试验。

2. 加速进代技术

高粱杂种后代的遗传性要经过一定代数，才能逐渐趋向稳定，如果按一年一个世代进行，则需要至少5~6年的时间。我国高粱科技工作者从20世纪60年代开始，就利用海南岛的冬季温光条件，开展北种南育，进行异地加代。这样一来，一年至少可进2代。但是，考虑到利用异地加速世代，由于环境条件与当地正常季节的环境条件大相径庭，在异地不能有效地进行单株选择，因此系谱法采取加代受到一定限制。而混合法早代不进行选株，适于异地加代。

第五节　回交育种技术

一、回交育种的由来和特点

（一）回交育种的由来

尽管长期以来就知道回交法作为一种方法，并用于某些作物的研究中，但在 Harlan 和 Pope（1922）文章发表前还没有被用在定向的产生品种类型上。Richey（1927）采用回交授粉（back pollinating）的术语。Florell（1929）建议把1个或2个世代的回交应用于混合群体程序和复杂的杂交。Briggs（1930）描述了在抗腥黑穗病巴阿特（Boart）的小麦选育中应用回交法。抗性供体本是马丁（Martin），与巴阿特杂交，其 F_1 与轮回亲本巴阿特回交，在连续回交两代（BC_1 和 BC_2）进行抗性植株的选择；而在 F_3 代，把几株与巴阿特性状相似的植株与巴阿特杂交，通过选择相似于巴阿特的后代植株，淘汰性状不像巴阿特的植株，就完成了一个轮次的选择。

Briggs（1935）撰写论文说明回交法的基本原理。他指出自交和回交均达到相同等级水平的纯合性，但却产生不同的结果。在自交情况下，每个后代单株是不同的，而在回交情况下所有单株都是相同背景基因型。如果进行选择以保留供体的性状，那么回交单株在供体性状上与轮回亲本不同。Briggs 指出，通过保留不断加以改良的基本的推广品种的战略以稳定其生产的可靠性。

Suneson、Riddle 和 Briggs（1941）证实，具有新的目的基因加入和复制出轮回亲本的性状就是回交育种的优越性。Suneson（1947）作了 9 个回交衍生品种与其原轮回亲本的大面积测定提供了两者相似性的确凿证据，几乎没有例外或很少有例外。包括 4~6 次回交的一般典型程序，然后就需要性状的纯合性对 F_3 测定，测定之后混合这些选系（抗性）形成推广品种。

Briggs 和 Allard（1953）提出了回交育种法地位的最佳评述，并列举了其要点供采用回交法的育种者参考。①适合的轮回亲本的可靠性。②回交次数，通常 6 次；如果进行趋向轮回亲本的选择，到第四次回交；如果不进行选择，那么 2 次以上。③要恢复轮回亲本遗传性的特征，可在最后回交期间利用轮回亲本的多植株。④要加入另外的目的基因，可用分步的回交方案。⑤要自动地不断地改良，可采用衍生的回交类型作为新的轮回亲本。⑥推广应用前的评估试验，没有多少迫切的必要，因为熟知轮回亲本的特性。

（二）回交育种法的特点

回交育种的目的是，在保持轮回亲本的综合优良性状的基础上，克服其存在的个别缺点，这就需要找到能克服其缺点的供体亲本，通过杂交和多次回交对目的性状进行选择，最终产生新的推广品种。与其他育种方法比较，回交育种法不仅在解决某些育种目标上具有特殊的作用，而且在技术上也有其长处和特点。

1. 较易控制杂种群体

应用回交技术改良品种时，育种者能对杂种群体进行较大程度的控制，使其向预期的育种目标和方向发展，这就使育种有更大的准确性和可靠性。

2. 改良的目标性状不受环境条件影响

欲选择要改良的性状，只要在杂种后代表现出来并加以选择，在任何环境条件下均可以进行回交育种。这就可以利用异地、温室等条件以加速育种进程。而应用一般杂交育种法时，试图利用这样的环境条件对农艺性状进行鉴定选择，常常是不准确的和不可靠的。

3. 回交法育成的新品种无须再行鉴定试验

因为育成品种在丰产性、适应性等诸多性状上与轮回亲本极为相似，只要拟改良的性状在新品种上表现出来，一般不必如同用其他方法育成的新品种那样，还要经过几年的鉴定和产量试验，而只需要用较短的时间与原品种进行比较鉴定，一旦确认，即可提供生产推广应用。

另外，回交法除了具有上述特点外，回交法能有效解决远缘杂交中存在的杂种不育和分离世代过长的问题。还有，回交法在克服连锁遗传的障碍、创造出结合双亲优良性状的后代单株等方面也十分有效。这是因为在存在连锁遗传的情况下，虽然回交转育的进程中也要受一定影响，但是在每一次回交中都会从轮回亲本中转入优良性状基因，从而通过交叉和重组，获得结合双亲优良性状的基因型的概率仍会比普通杂交育种法多得多。

但是，回交法也有其局限性和不足。此法虽能够比较有效地在基本保持一个优良品种的优点的情况下，使其某个缺点得到改良。但是，通过一个轮次回交育种程序，对品种的改良不可能获得多性状的重大改进，除非与杂交育种相结合，否则不能创造出多种优良性状的新品种。还有，在回交育种中，每一回交世代通常都要进行较大数目的杂交操作，这与杂交育种法相比，较为费工。实际上，任何育种方法都有其特点和优、缺点，育种者只有掌握了各种育种法的特点，发挥优点，克服缺点，扬长避短，才能根据不同的育种目标、试材和实际条件，采用适合的育种技术，使育种效果最大化。

二、回交育种法的应用和遗传效应

（一）回交育种法的应用

从高粱改良的历史发展看，回交育种法至少有4个方面的应用。

1. 改良1~2个性状有缺点的品种

例如，一个高粱品种的籽粒产量、品质性状、抗逆性、适应性等都表现良好，只是生育期较长，不能保证年年正常成熟，遇到低温冷害年份，会遭受大幅度减产。为改良生育期长的缺点，可采用回交育种法，先挑选一个早熟的品种与该品种杂交，然后在杂种一代群体里选择生育期短的、较早开花的单株与该品种回交。在回交后代里连续选择开花期适宜的单株与该品种回交，回交4~5代，当入选的后代生育期已经符合育种目标、其他性状与该品种一致时，那么这个品种就是回交法育成的新品种。

2. 改良品种的抗病性和抗虫性

由于高粱抗病、抗虫性日益受到育种家的关注，而且随着高粱病害的病原菌生理小种分化较快，使其抗病性迅速丧失，应用回交法解决这一问题越来越受到育种者的重视。例如，我国的高粱丝黑穗病是高粱生产每年都要发生的一种病害，其病原菌生理小种的不断分化，品种的抗性不断丧失。为了解决这一问题，常采用回交育种使其新品种获得抗病性。又如，澳大利亚在当地的一株野生高粱中发现有抗摇蚊的基因，为了使当地高粱品种具有抗摇蚊的性状，则采取回交育种法。

3. 采用回交法选育高粱雄性不育系

世界上第一个高粱雄性不育系Tx3197A就是通过回交转育育成的。用迈罗高粱作母本与卡佛尔高粱作父本杂交，在杂种二代（F_2）分离出雄性不育株，用卡佛尔作轮回亲本回交。在回交后代选择雄性不育株继续与卡佛尔回交，连续回交4~5代，即选育出高粱雄性不育系。

4. 回交在外来种质渐渗上的应用

外引的一些高粱种质资源，包括一些野生资源，常常带有当地品种所不具有的一些优良性状，如抗病虫、抗逆境性状，品质性状等。要转育这些优良性状，可以通过回交法，基因渐渗的方式，把外来种质的优良性状基因渐渗到当地品种中去。

（二）回交法的遗传效应

如上所述，回交育种的目的是在保持某一优良品种（轮回亲本）诸多优良性状的基础上，克服其存在的个别缺点，这要通过杂交后的多次回交和对缺点性状进行选择来达到。在这一过程中，需要分析了解回交对其后代遗传结构的影响。

假设 2 个品种有一对等位基因，其基因型分别是 AA 和 aa，杂种一代（F_1）为 Aa。处理一让 Aa 自交，处理二让 Aa 与 AA 回交，在不加任何选择压的情况下，所产生的两个杂种群体基因型变化如表 10-1 所示。结果表明，不论自交还是回交，每增加一个世代，纯合体所占的比率增加 1/2，而杂合体则减少 1/2。但不同的是，自交时，纯合体中 AA 和 aa 各占 1/4；相反在回交下，全部纯合体均为与轮回亲本相同的 AA 类型。

表 10-1　杂合体 Aa 自交以及同 AA 回交各世代基因型频率的变化

自交或回交世代	在自交下的基因型频率			在回交下的基因型频率	
0	1Aa			1Aa	
1	$\frac{1}{4}$AA	$\frac{2}{4}$Aa	$\frac{1}{4}$aa	$\frac{1}{2}$AA	$\frac{1}{2}$Aa
2	$\frac{3}{8}$AA	$\frac{2}{8}$Aa	$\frac{3}{8}$aa	$\frac{3}{4}$AA	$\frac{1}{4}$Aa
3	$\frac{7}{16}$AA	$\frac{2}{16}$Aa	$\frac{7}{16}$aa	$\frac{7}{8}$AA	$\frac{1}{8}$Aa
$\vdots$	$\vdots$	$\vdots$	$\vdots$	$\vdots$	$\vdots$
r	$\frac{2^r-1}{2^{r+1}}AA$	$\frac{1}{2^r}Aa$	$\frac{2^r-1}{2^{r+1}}aa$	$\frac{2^r-1}{2^r}AA$	$\frac{1}{2^r}Aa$

（作物育种学，1981）

在双亲多对不同基因的情况下，虽然随着自交和回交其纯合的速度要慢一些，但趋势仍是一样的。即连续自交的结果，最终将导致整个群体分离为 2^n 个纯合基因型；而在回交下，该群体逐渐聚合成为同轮回亲本一样的基因型。根据如下纯合体的计算公式

$$\left(1-\frac{1}{2^r}\right)^n \tag{10.2}$$

算出不同基因对数在连续回交的每一个世代中，从轮回亲本导入基因的纯合体比率列于表 10-2 里。式中的 r 代表回交代数，n 为等位基因对数。

表 10-2　在回交后代中从轮回亲本导入基因的纯合体比率　　　　单位：%

回交世代 (r)	等位基因对数 (n)										
	1	2	3	4	5	6	7	8	10	12	21
1	50.0	25.0	12.5	6.3	3.1	1.6	0.8	0.4	0.1	0.0	0.0
2	75.0	56.3	42.2	31.6	23.7	17.8	13.4	10.0	5.6	3.2	0.2

（续表）

回交世代 （r）	等位基因对数（n）										
	1	2	3	4	5	6	7	8	10	12	21
3	87.5	76.6	67.0	58.6	51.3	44.9	39.3	34.4	26.3	20.1	6.1
4	93.8	87.9	82.4	77.2	72.4	67.9	63.6	50.6	52.4	46.1	25.8
5	96.9	93.9	90.9	88.1	85.3	82.7	80.1	77.6	72.8	68.4	51.4
6	98.4	96.9	95.4	93.9	92.4	91.0	89.6	88.2	85.5	82.8	71.9
7	99.2	98.5	97.7	96.9	96.2	95.4	94.7	93.9	92.5	91.0	89.6
8	99.6	99.2	98.8	98.4	98.1	97.7	97.3	96.9	96.2	95.4	92.1
9	99.8	99.6	99.4	99.2	99.0	98.7	98.5	98.3	97.9	97.5	95.7

（作物育种学，1981）

假如在非轮回亲本中，优良性状的基因与不良性状的基因存在连锁遗传关系，则轮回亲本优良基因置换非轮回亲本不良基因的进度将会受到影响。例如，在一个回交方案中，目的从一个多数性状不良的抗病品种（非轮回亲本）中把抗病基因又转育到一个优良品种（轮回亲本）中去，而 R 与不良基因 b 连锁，F_1 的基因型为 Br/bR。在回交后代中，选到 B_R_个体的概率比独立分配定律下少，回交群体恢复轮回亲本优良性状纯合基因型的进度将要减慢，其快慢的程度取决于 R 与 b 基因之间交换率的大小。在不加选择的情况下，轮回亲本的相对基因置换连锁的不良基因获得目标基因型的频率可用下式表示：

$$1 - (1 - C)^r \tag{10.3}$$

式 10.3 中 r 表示回交次数，C 表示交换率。现计算出在几种交换率和不同回交次数下，产出目标基因型的概率如表 10-3 所示。结果表明，在存在一定连锁和不施加选择的情况下，回交仍然是促进杂种群体聚合到轮回亲本基因型的有效手段。在一项回交育种方案中，轮回亲本的基因型，除了需要改造的性状基因通过有目标的选择而得到外，其余优良的基因将基本上得到重视。这就说明回交育种是一种比较有效的育种方法，在一般的杂交育种无控制的分离下难以获得这种有效性。

表 10-3　在不施加选择下轮回亲本的相对基因置换连锁的不利基因的概率　　单位:%

回交次数 （r）	交换价（C）					
	0.5	0.2	0.1	0.02	0.01	0.001
1	50.0	20.0	10.0	2.0	1.0	0.1
2	75.0	36.0	19.0	4.0	2.0	0.2
3	87.5	48.8	27.1	5.9	3.0	0.3

回交次数	交换价（C）					
（r）	0.5	0.2	0.1	0.02	0.01	0.001
4	93.8	59.0	34.4	7.8	3.9	0.4
5	96.9	67.2	40.9	9.2	4.9	0.5
6	98.4	73.8	46.9	11.4	5.9	0.6
7	99.2	79.0	52.2	13.2	6.8	0.7
8	99.6	83.2	57.0	14.9	7.7	0.8
9	99.8	87.1	61.3	16.6	8.6	0.9

（作物育种学，1981）

三、回交育种操作技术

（一）轮回亲本与非轮回亲本的选择

回交育种的实质就是要改良一个优良品种的 1~2 个缺点性状。欲要获得成功，必须要选择一个合适的轮回亲本，即它在绝大多数性状上是符合育种目标的，只有个别需要改良的性状。育种实践证明，要同时改良一个品种的许多不良性状，采用回交法是十分困难的。这是由于一是杂种后代的遗传复杂性是以基因个数的幂数比率增加的，因此如果同时转导的基因数过多，必须大量增加每一回交世代的株数，从而增加了回交的工作量。二是能满足大多性状同时表现的环境条件并不是经常都有的，这将增加选择的难度，影响回交育种的效果。因此，作为回交育种成功与否的轮回亲本，必须具有优良的综合性状。

选择非轮回亲本的首要条件是必须具有轮回亲本所缺乏的优良性状。鉴于在回交育种过程中，被转导的性状或者由于鉴定结果不十分清楚，或者由于在新的遗传背景下修饰基因的效应，其强度常常有所削弱，因此在选择非轮回亲本时，对目标性状应具有足够强度，其遗传力应是较高的，并且在后代群体中易于鉴别。对于非轮回亲本的其他性状则不必作为选择的重要标准，因为通过几代的回交，这些性状将逐渐被轮回亲本的相应性状所替代。

（二）回交操作程序

第一年，轮回亲本 A 与非轮回亲本 B 杂交，即 A×B。

第二年，杂种一代（F_1）与轮回亲本 A 回交，产生回交一代（BC_1）。如果被转移的性状是显性遗传，则在回交一代中选择具有该性状，同时适当兼有轮回亲本性状的植株，再与轮回亲本回交，产生回交二代（BC_2）。之后，按同样方法继续回交。

如果欲转移的性状是隐性遗传，可采取两种方法操作，一是每次回交的后代自交一次（BC_nF_1），然后从其分离的后代中（BC_nF_2）选择具有该转移性状的植株与轮回亲本回交。二是在回交世代中选株回交，并在回交的植株上流出分蘖穗自交；如果没有分蘖，可在回交穗上留几个分枝码自交。在下一世代可种植分蘖自交穗或自交分枝码的种子，鉴定其是否发生拟转移性状的分离。如果产生了具有该性状的分离株，则用轮回亲本继续回交。

之后，继续上述的回交到回交五代（BC₅）或回交六代（BC₆）。当回交后代的群体大多数性状已与轮回亲本相同时，则要连续自交 1~2 次，以使被转移的性状达到纯合。如果转移的性状属于简单隐性遗传的，经一次自交即可达到纯合型，如果被转移的性状为显性、或多基因遗传，则必须在自交后代中分株系进行鉴定，直到目标性状的纯合基因型出现为止。

（三）回交次数

回交育种的基本目的之一就是轮回亲本的绝大多数性状得到恢复，这主要由回交次数来决定。在一般情况下，通过 4~6 次回交，结合早代的严格选择，即可达到预期的效果。如果杂交双亲的亲缘关系近，遗传差异小，回交次数可以少一些；相反，如果双亲的亲缘关系远，遗传差异大，或者需要转移的目标基因与不良基因之间存在连锁关系，则回交次数要多一些。

在回交早代（BC₁~BC₃），性状分离较大，选择效果较显著。在经过 3~4 次回交之后，通常后代群体已与轮回亲本的性状基本一致，这时除了对目标性状进行选择外，对轮回亲本性状进行选择已无太大必要。

（四）回交后代群体容量

在回交过程中，为了确保回交的植株带有需要转移的目的性状基因，每一回交世代必须种植足够的植株数目，用下式计算。

$$m \geqslant \frac{\log(1 - a)}{\log(1 - p)} \tag{10.4}$$

式 10.4 中 m 表示所需植株数目，a 表示概率水平，p 表示在杂种群体中合乎需要的基因型的期望比率。下面算出几种不同基因对数，在无连锁情况下每一回交世代所需的最少植株数目（表 10-4）。

表 10-4　在回交中所需要的植株数

概率水平		带有转移的优良基因的植株的预期比例	需要转移的基因数
0.95	0.99	1/2	1
4.3	6.6	1/4	2
10.4	16.0	1/8	3
22.4	34.5	1/16	4
46.3	71.2	1/32	5
95	146	1/64	6
191	296		

（作物育种学，1981）

假设在一项回交育种方案中，需要从非轮回亲本中转移的优良目标性状受一对显性基因 RR 所控制，回交一代（BC_1）植株有两种基因型 Rr 和 rr。其理论比例为 $1:1$，也就是说带有优良目标基因 R 的植株（Rr）的理论比例是 $1/2$。在这种比例下，为使 100 次中有 99 次机会（即 99% 的可靠性）在回交一代中有一株带有 R 基因，回交一代的株数不应少于 7 株。在以后的回交世代中，同样要保持每次不少于这个数目的植株数。如果需要转移的是隐性基因 r，预期回交一代植株的基因比例为 $RR:Rr=1:1$，则带有需要转移基因 r 植株的预期比例同样为 $1/2$。然而，带有 RR 和 Rr 的植株，这种性状在表型上无法区别，因此在采取连续回交的情况下，每世代回交株数不应少于 7 株，而且要保证每个回交株能产生不少于 7 株后代。以后的每个回交世代也应如此。

如果需要转移的目的基因有 2 对，一对为显性基因 AA，一对为隐性基因 bb。在回交一代中，各种基因型的比例是 $AaBB:AaBb:aaBB:aaBb=1:1:1:1$，符合要求的基因型，$AaBb$ 的预期比例为 $1/4$。若按 99% 的概率使回交一代中有 1 株带有 A 和 b 基因，那么回交一代的植株不应少于 16 株。又由于基因型 $AaBB$ 与 $AaBb$ 在表型上无差别，因此都要用来回交，而且要求每个回交植株能产生不少于 16 株后代。

在回交中，如果轮回亲本是一个纯合的品种，只要能保证足够数目的配子，不必受回交株数的限制。但也常发生这种情况，作为轮回亲本的品种不是单一的纯合体，而是由许多近似的纯系组成的复合品种，而且该品种的复合性正是该品种表现出某种优越性的重要原因，如稳定性、广泛适应性等。鉴于此，为了使改良后的品种能继续保持其原品种的优良特性，在回交世代中，应尽可能多地使用轮回亲本的植株进行回交，以保证新选育的品种有充分的代表性和优越性。

四、衍生回交法

（一）逐步回交改良法

在回交育种中，当一个优良高粱品种的某一性状得到改良，其在推广应用的同时，又可作为另一个回交育种方案的轮回亲本，这种经过改良的性状将自然而然地得到认定。根据这一做法和特点，就可以通过逐一回交改良，把分布在不同品种上的优良性状基因一一集合到一个改良品种上。

（二）双回交法

在回交育种中，如果涉及多基因性状，其基因分散在不同的品种中，若能将其聚合到一个品种上，将可获得超亲的育种效果。为此，可采用双回交法，较之用一般的杂交育种法更为有效。这种方法的技术要点是，①如果某一性状受多基因控制，其基因分布在 A 和 B 两个品种里，第一步先将 A 和 B 杂交（A×B）。②用（A×B）分别与 A 和 B 回交若干次，在每个回交世代中选择具有非轮回亲本优良性状的单株。③在最后一次回交后进行自交，育成 2 个品系：一个是 A 型而具有 B 优良性状的品系 A（B′），另一个是 B 型而具有 A 优良性状的 B（A′）。④将 A（B′）和 B（A′）杂交，再自交，即可育成超双亲的品种。

（三）回交系谱法

回交系谱法就是回交与杂交后代的系谱结合起来应用，这在某些方面可以收到良好的育种效果。例如，在一项杂交育种方案中，当一个亲本的大多数性状优于另一个亲本时，则可在杂交后代中用较优的亲本回交1~2次，而后再用系谱法继续进行选育。这样既可以让优良亲本的优良性状在杂种后代中占有较大的优势，同时又使其杂种后代具有较大的异质性，从而有可能产生超亲分离，并育成更为优异的新品种。

在亲本遗传差异较大的杂交育种中，也常采用回交系谱法。例如，在进行种间或属间杂交育种时，采用回交对提高杂种后代的育性、克服杂种后代疯狂分离等问题具有良好的效果。

主要参考文献

盖钧镒，2006. 作物育种学各论［M］. 北京：中国农业出版社.

海斯，伊默，史密士，1962. 庄巧生译. 植物育种学［M］. 北京：农业出版社.

河北省沧州地区农业科学研究所，1976. 谷子与高粱杂交的实践［J］. 植物学报，18（4）：340-342.

河北省沧州地区农业科学研究所，1977. 谷子与高粱远缘杂交的变异［J］. 遗传与育种（1）：26.

湖北省农业科学研究所，1977. 高粱稻（A型）的选育［J］. 遗传与育种（1）：5-7.

卢庆善，1996. 植物育种方法论［M］. 北京：中国农业出版社.

卢庆善，1999. 高粱学［M］. 北京：中国农业出版社.

乔魁多，1988. 中国高粱栽培学［M］. 北京：农业出版社.

西北农学院，1981. 作物育种学［M］. 北京：农业出版社.

第十一章　高粱杂种优势利用技术

第一节　杂种优势利用概述

在作物杂种优势作用中，高粱是较早开始利用的，尤其是利用"三系"组配的杂交种，是继洋葱之后，最早在生产上利用杂交种的。自 1954 年世界上育成第一个核质互作型雄性不育系 Tx3197A 后，高粱杂种优势利用不断向高端发展。高产育种始终是首要目标，除籽粒产量，近年又提出"高能甜高粱"育种。我国高粱杂种优势利用从高产、优质，向抗病虫、抗旱等抗逆境方向发展。近年又提出专用杂交种改良，如食用型、酿酒型、饲用型、高能型、帚用型等，而且卓有成效。今后高粱杂种优势利用研究的重点是，在巩固发展高产、优质、多抗专用育种的基础上，着重解决现有"三系"体系的局限，拓宽雄性不育系的种质基础和不育细胞质的多样性，探索稳定杂种优势的可能性，寻求其他有效利用杂种优势的途径，利用高粱野生资源及异属、种植物有利基因的潜力，以进一步改良高粱栽培种的各种性状优势。

一、杂种优势的由来和发展

（一）杂种优势的概念

1. 杂种优势概念的定义

杂种优势是生物界的一种普遍现象。杂种优势通常是指两个遗传性不同的品种、品系、自交系等进行杂交，其产生的杂种一代（F_1）比它们的双亲表现出的性状优势，例如产量高、生育健壮、适应性广、抗逆力强等，这种现象称杂种优势。

杂种优势很早就被人们发现了。随着科学的进步和人们对杂种优势认识的逐渐深入，杂种优势的概念也经历了自身的发展过程。

1716 年，Mather 观察到玉米杂交授粉的优势效应。

1719 年，Fairchild 做了第一个人工植物杂种。

1800—1850 年，尽管人们对植物遗传规律还不知晓，但是小区试验技术和数量遗传的某些原则已经提出来了。一些人开始利用纯系选择和杂交进行植物改良。Sagaret 于 1826 年、Weigman 于 1828 年研究了许多种植物的杂种。Sagaret 把此写成"显性种"（dominant）。

1851—1900 年，人们对细胞、细胞核、细胞质、细胞仁、染色体、雌雄配子等有了进一步的了解。一些人的经典著作出版了。1859 年，达尔文的《物种起源》出版了。1889 年，达尔文的《植物界杂交和自交效应》一书也出版了。1878—1881 年，Beal 观察到玉米品种间杂种产量增加的现象。1879—1880 年，Horsford 在美国选择了第一个著名的大麦杂种。

1900 年，Correns、De Vries 和 Tshermak 等重新发现了孟德尔的"遗传法则"，使植物界的历史达到了一个新的里程碑。

20 世纪初的 20 年，遗传学、细胞遗传学、植物育种学研究取得了前所未有的成果。Shamel（1898—1902）、Shull（1905—1909）、East 和 Hayes（1908）、Collins（1910）等许多学者先后进行了玉米自交系选育及杂种优势研究。1914 年，Shull 首次提出了"杂种优势"（Heterosis）这一术语和选育单交种的基本程序，用来描述 F_1 杂种在活力、生长、发育和产量上的增加，而且还从遗传理论和育种模式上为玉米自交系间的杂种优势利用奠定了基础。Shull 的杂种优势定义，即"表现出杂种大小、活力和产量等性状增加的杂种优势"。

2. 杂种优势概念的划分

杂种优势表现的类型多种多样，有必要进行科学的划分。Gustafsen 建议按其表现性状的性质分成 3 种主要杂种优势类型：①体质型，表现为杂交种有机体营养部分的较强生长发育；②生殖型，表现在生殖器官上有较强的生长发育，即高结实率，种子和果实的更高产量；③适应型，表现在适应能力上的优势，即杂交种的高生活力、适应型和竞争力。

从广义的杂种优势概念考量，给其下一个准确无误的定义是遗传学术语中一个比较复杂和有争论的问题。Shull 提出并采用了这个杂种优势术语。之后，他于 1948 年指出这一术语"不应受一切假说的束缚"，对此任何学者均可自由地给予他自己认为恰当的说法。Shull 的关于"杂种优势就是大小、活力、产量的增加"的说法被进化论者所拓展，杂种优势也包括生存的优越性，即适应、选择和繁殖的优势。

1944 年，Powers 在番茄 F_1 杂种上观察到的子囊数目比其亲本的都少。以后，则把杂种优势扩展为负杂种优势。1950 年，Dobzhonsky 建议按功能把杂种优势分为丰产型杂种优势（生长、活力、产量等的增加）、适应型杂种优势、选择型杂种优势及多产型杂种优势。杂种优势随生育进代有可能从正杂种优势向负杂种优势转变，这称作不稳定杂种优势（labile heterosis）。这种情况是由杂合状态或异核状态向纯合状态转变引起的。而且，杂种优势在处于杂合状态下，或同核或纯合状态下还可能被固定。

总之，对育种家来说，对杂种优势的注意力是指杂种的任何经济性状与亲本比较表现出丰产的非固定优势。现代的杂种优势概念可分为以下几类。一是从方向上分，正杂种优势和负杂种优势。二是从表现上分，丰产型杂种优势、适应型杂种优势、选择型杂种优势和多产型杂种优势。三是从有性阶段可遗传型上分，不稳定杂种优势又分成杂合型杂种优势和异核型杂种优势；固定的杂种优势又分为平衡杂合型杂种优势和同核或纯合型杂种优势。

上述杂种优势的划分，就方向而言，可以是正向的，也可以是负向的；从表现看，可以是繁茂的，即大小、产量等方面的优势，也可以是适应的，及其在顺境或逆境中选择的和繁殖的优势；从对后代有性世代遗传传递来说，可以是稳定的，因为它不是在平衡的杂合状态下，就是在纯合状态下固定不变；也可以是不稳定的，因为这与杂合性的自由分离有关。所有这些方面都包含在广义杂种优势概念之中。育种家倾向于 Shull 提出的概念，即简要解读杂种优势是杂种与其亲本相比较；而杂种所表现的繁茂性和不稳定的优势，这一概念可以说是狭义的杂种优势。

（二）高粱杂种优势的早期研究

高粱具有显著杂种优势曾引起许多学者的关注，并对利用这种优势发生兴趣。Conner 和 Karper（1927）的研究工作是高粱杂种优势的早期研究之一，在株高上有着显著差异的迈罗高粱和中非高粱品种，在特矮秆、矮秆和标准型之间作了杂交。在利用3个亲本所作的3对杂交中，F_1 代有66%的植株高于最高亲本，其 F_2 代有40%的植株高于最高亲本。虽然在高粱上当时并不认为有可能像玉米一样利用杂种优势，但也认识到在杂种后代中有选育出丰产的分离品系。同时也观察到这些杂种在叶面积和籽粒产量上表现出了杂种优势，并且明显延长了成熟期。

Stephens 和 Quinby（1952）在 6~8 年时间内，采用2个播期，将得克萨斯黑壳卡佛尔×白日杂交，将其 F_1 杂种的株高与标准品种进行比较时，发现杂种产量高，产量超过最好品种10%~20%，超过11个对照品种平均数的27%~44%。笔者认为，虽然杂种的产量表现有优势，但在选育高粱杂种亲本时还需下一番功夫。并认为有可能利用中选的品质以产生能够表现优势的早熟型杂种。

Stephens（1952）报道了在粒用高粱品种白日上发现有雄性不育性状存在。部分不育的原始植株产生完全的雄性不育和雌性可育的株穗。当雄性不育株×其他品种的 F_1 植株与第三个品种杂交时，其杂交后代因父本品种的不同，可能出现雄性不育的，或部分雄性不育的，或完全可育的。因此，选用适当的第三亲本，可以产生高粱的三向杂种。高粱雄性不育性状的遗传实质当时还没有得到明确认定，虽然认为在隔离的条件下维持这种品系是可能的。

建议生产三向高粱杂交种种子的方案如下。

对于每个杂交种来说需要保持3个品系或原种，并且需要2个杂交隔离区。原种 A 大约按 1∶1 的比例分离出雄性不育株和可育株，只从不育株收获种子予以保持原种 A。将原种 A 在杂交区1内播种，开花前拔除正常的可育株。原种 B 在外表上是正常的，而且可以在隔离或套袋的情况下予以保持。当这一品系的花粉被用于对雄性不育的高粱品种白日授粉时，下一代的所有植株在理论上都是不育的。所以，原种 B 将用于杂交区1的授粉行。A×B 的单交种子将播种于杂交区2的采种行上。原种 C 是另一正常的品系，它也可以在隔离或套袋条件下予以保持。当这一品系被用来作白日或 F_1 雄性不育植株的父本时，其后代产生正常结实株。该品系则作为杂交区2的授粉亲本。从杂交区2收获的种子即是（A×B）×C 三向杂交的种子，是商用高粱杂交种种子。

进一步的田间试验表明，在杂交制种隔离区内，相隔12行仍可得到授粉行有效的风力传粉，说明杂交种种子生产是切实可行的。利用标志性状可以方便地除去伪杂种，并在分离的材料中淘汰部分可育的植株。

Stephense 和 Holland（1954）在迈罗高粱与南非高粱品种的杂交后代中发现一种雄性不育的类型。F_1 是可育的，而在 F_2 代分离出部分雄性不育株。用南非高粱作父本回交迈罗高粱×南非高粱的 F_1 和 F_2 植株，结果不育株率提高到99%。而用迈罗高粱作回交则能恢复其育性。研究者认为其不育性是由于迈罗高粱的细胞质与南非高粱的细胞核基因互作的结果。这种方式的不育性为杂交高粱的生产应用打下了基础。

（三）高粱杂种优势的表现

许多学者先后研究了杂交高粱的优势表现，结果表明其杂种优势不仅表现在籽粒产量上，而且还表现在形态上和生物学性状上，以及生育期、抗逆性等方面。例如，在营养生长上，表现出苗快、苗势旺、植株生长高大等；在生殖生长上，表现结实器官增大、结实率提高、果实和籽粒产量增多；在品质性状上，表现营养成分含量提高、籽实外观品质好；在生理功能上，表现适应力和抗逆性增强等。

1. 营养体性状

杂交高粱在营养体上的优势表现是植株增高、叶片增大、分蘖增多、根系增长等。这一特点在饲草高粱杂交种选育上最有利用价值。Karper 和 Quindy（1937）报道在美国得克萨斯奇利科斯试验站种植的高粱杂交种及其亲本的营养体（饲草）和籽粒产量。杂交种的饲草产量超过高产亲本 11%～75%，籽粒产量超过高产亲本 58%～115%（表11-1）。表 11-1 中数据显示，黑壳卡佛尔×红卡佛尔杂交种的分蘖数远高于双亲，而另 2 个杂交种的则低于高亲苏马克。

表 11-1　高粱亲本与其杂交种的株高、茎数、生育期、籽粒产量和饲草产量比较

亲本名称及杂种组合		株高（cm）	每株茎数	生育期（d）	单株产量（kg）		杂交种产量超过高产亲本（%）	
					饲草	籽粒	饲草	籽粒
亲本	黑壳卡佛尔	126	1.0	105	0.290	0.091	—	—
	短枝菲特瑞塔	157	1.3	100	0.367	0.118	—	—
	苏马克	187	2.1	100	0.549	0.118	—	—
	红卡佛尔	128	1.0	105	0.268	0.059	—	—
杂种	黑壳卡佛尔×苏马克	188	1.8	100	0.612*	0.186*	11	58
	短枝菲特瑞塔×苏马克	199	2.0	95	0.635**	0.245*	16	108
	黑壳卡佛尔×红卡佛尔	135	1.7	105	0.508**	0.195*	75	115

＊达 5%显著平准；＊＊达 1%显著平准。

（Karper 和 Quinby，1937）

高粱杂交种的株高一般均高于双亲的均值（Quinby 等，1958；Amom 和 Blum，1962；Quinby，1963；Kambal 和 Webster，1965；Liang，1967；Kirby 和 Atkins，1968；Chavda 和 Drolson，1969；Patanothai 和 Atkins，1971）。植株增高是杂交高粱营养体优势的重要表现。从形态上看，株高是节数和平均节间长的乘积，加上穗柄和穗长三者构成。Kambal 和 Webser（1965）指出，杂交高粱构成株高的每个节间长度及总长度都较长。茎秆长度不仅取决于节间数目，更取决于细胞伸长的总量，细胞伸长正是杂种优势的表现。

张文毅（1983）研究了包括卡佛尔、双色、都拉等粒用和帚用高粱及野生高粱杂交种各种性状的杂种优势表现。在 77 个杂交组合中，株高超过中亲值的有 70 个，低于

中亲值的 7 个；高于高亲值的 51 个，低于低亲值的 2 个，介于高、低亲值之间的 24 个；株高杂种优势平均超过中亲值 23.5%。

在其他营养体中，还研究了节间数、穗柄长、穗长的杂种优势表现。节间数的杂种优势平均超过中亲值的 5.0%，其中高于中亲值的 45 个，等于中亲值的 16 个，低于中亲值的 16 个。在与高、低亲比较时，高于高亲值的 24 个，低于低亲值的 8 个，介于高、低亲值之间的 45 个。在穗柄长的 50 个杂交种中，其杂种优势超过中亲值 3.3%，大于中亲值的有 25 个组合，等于中亲值的 3 个，小于中亲值的 22 个。大于高亲值的 12 个，低于低亲值的 6 个，介于高、低亲值之间的 32 个。穗长的杂种优势表现与穗柄长有相同趋势，而杂种优势表现比穗柄长的更强，平均高于中亲值 12.9%。在 52 个杂交种里，有 41 个超过高亲值。

叶片大小的增加是杂交种营养体优势的又一表现。Quinby（1970）报道，高粱杂交种从子叶起向上直到最大叶片，均大于其亲本相应的叶片；而最大叶片以上的叶片，有的大于亲本叶片，多数小于亲本叶片（表 11-2）。由于杂交种总叶数比亲本少，所以杂交种最大叶片以上的叶片较小。

表 11-2　高粱杂交种及其亲本的叶面积比较　　单位：cm^2

叶序	母本 CK60B	杂交种 （CK60A×Tx7078）	父本 Tx7078	杂交种 瑞兰 A×Tx7078	母本 瑞兰 B
	群体数 21	群体数 41	群体数 31	群体数 17	群体数 32
4	5**	8	7**	8	6**
5	8**	14	12**	14	10**
6	14**	24	20**	23	18**
7	23**	42	33**	41	33**
8	43**	75	61**	72	62**
9	77**	124	103**	122	110**
10	125**	185	159**	191	176**
11	190**	261	222**	284	265**
12	252**	327	285**	364	340**
13	306**	390	336**	435	397**
14	349**	429	381**	481	458*
15	388	417	390	468	512
16	435	342	352	448	543
17	460	209	226	368	467

（续表）

叶序	母本 CK60B	杂交种 （CK60A×Tx7078）	父本 Tx7078	杂交种 瑞兰 A×Tx7078	母本 瑞兰 B
	群体数 21	群体数 41	群体数 31	群体数 17	群体数 32
18	399			234	266
19	232				

＊达 5%显著水平，＊＊达 1%显著水平。

（Quinby，1970）

总的来说，多数杂交高粱的优势表现在长势旺盛、分蘖多、根系发达。但是，在分蘖力和根系分布上，也有一些不一致的研究报道。例如，Karper 和 Quinby（1937，1946，1967）研究认为，多分蘖是杂交高粱优势的一种表现。而 Kambal 和 Webster（1965）及 Beil 和 Atkins（1967）则认为，杂交种与其亲本的分蘖数上几乎没有差异。

2. 生殖体性状

高粱生殖体性状的杂种优势表现主要指籽粒产量、穗粒数和粒重等。Stephens 和 Quinby（1952）研究认为，杂交高粱籽粒产量的增加无疑是杂种优势的重要表现。他们在 8 年里采取 2 个播期，将得克萨斯黑壳×白日杂交种子的 F_1 植株与标准品种进行比较，其杂种产量超过最高品种 10%~20%，超过 11 个对照品种平均产量的 27%~44%。Quinby（1963）检测到当时的主栽杂交 RS610 的籽粒产量比双亲均值增加 82%。一般认为，杂交种的单穗粒数增多是获得杂交种籽粒高产的一个重要因素（表 11-3）。但是，也有资料表明杂交种的单穗粒数也不总是多余亲本。

表 11-3　高粱亲本和杂交种的叶面积、穗重、籽粒产量和粒数的比较

性状	母本 （CK608）	差值	杂交种 （CK60A×7078）	差值	父本（708）
叶片数	19	−2 ＊＊	17	0	17
叶面积（从 11 叶到顶叶）（cm²）	3 095	−687 ＊＊	2 048	+256 ＊＊	2 152
上部 4 片（cm²）	1 443	−74 ＊＊	1 359	29	1 330
穗重（g）	27	+11 ＊＊	38	+7 ＊＊	31
籽粒产量（g）	48	+36 ＊＊	84	+20 ＊＊	64
单株粒数	1 854		2 619		1 837
群体数	43		58		42

＊达 5%显著水平，＊＊达 1%显著水平。

（Quinby，1970）

张文毅（1983）研究了高粱穗粒重、千粒重、穗粒数、一级分枝数等产量性状的杂种优势表现。结论是产量性状的优势表现高而稳定。在 75 个杂种一代中，70 个的穗粒重超过中亲值，占 93.3%；1 个等于中亲值，占 1.3%；4 个低于中亲值，占 5.4%。其中 66 个杂种一代的穗粒重超过高亲值，占 88%。穗粒重的平均超中亲优势为75.3%。穗粒数的结果也同样，在 75 个 F_1 杂种中，有 71 个超过中亲值，占 94.7%；其中 61 个超高亲值，占 85.9%。穗粒数的平均超中亲优势为 55.9%，千粒重的为12.6%，一级分枝数的为 4.5%。这些研究结果表明，虽然各产量性状的杂种优势表现不尽一样，有高有低，但都表现为正优势，因此对高粱籽粒产量来说，杂交高粱的优势有着较大的应用价值。

卢庆善等（1994）研究了中、美高粱杂种优势的表现。选用 10 个美国选育的雄性不育系，与 8 个中国选育的恢复系杂交，共得到 80 个杂种一代。分析测定了 7 个性状的杂种优势表现（表 11-4）。包括小区籽粒产量在内的 7 个性状总平均杂种优势为128.6%，最高是株高，为 173.7%，最低是开花期，为 94.6%，杂种优势的总平均幅度为 85.6%～188.5%。

3. 品质性状

目前，高粱籽粒品质主要指其含有的蛋白质、赖氨酸、淀粉、单宁含量的多少。从食用的角度考量，蛋白质、赖氨酸、淀粉的含量越多越好，而单宁的含量越少越好。

Anon 和 Burrum（1962）测定了马丁高粱品种及其杂交种籽粒的蛋白质含量，尽管结果不尽一致，但其杂交种籽粒的蛋白质含量总是低于马丁。Kambor 和 Webster（1965）以及 Lin（1967）检测杂交种籽粒蛋白质含量低于其亲本均值。Colins 和 Picant（1972）在 6 个母本、8 个父本及其 48 个杂交种组成的双列杂交研究中发现，只有 4 个杂交种的蛋白质含量高于亲本，但没有一个杂交种的赖氨酸含量高于任何亲本。由此可见，按百分率计算，高粱杂交种籽粒蛋白质含量一般都稍低于亲本，杂种不表现增加蛋白质含量的优势。

张文毅（1983）研究了高粱蛋白质、赖氨酸、单宁含量杂种优势表现。结果是品质性状的平均优势为负值，约 2/3 的 F_1 杂种低于中亲值，近 1/2 的 F_1 杂种低于低亲值。F_1 杂种与中亲值比，蛋白质含量杂种优势为-11.9%，赖氨酸的含量为-22.2%。单宁的含量为-17.9%。高粱籽粒品质性状杂种优势的这种表现给优质杂交种的组配带来一定困难。因此，对蛋白质、赖氨酸等性状选育必须挑选其含量更高的亲本。然而，也不是所有杂种 F_1 都表现为负优势。例如，在蛋白质含量测定的 25 个 F_1 杂种中，有 2 个超过中亲值，也超过高亲值；同样，在 25 个杂种 F_1 中，赖氨酸含量超过中亲值的有 2 个，其中 1 个超过高亲值。因此，只要重视杂种亲本的选择，也有可能选配出高优势的杂交种，只是产生的概率较低，单宁含量的负优势表现对杂交种选育有利。

孔令旗等（1992）研究了高粱籽粒蛋白质及其组分的杂种优势表现。结果是粗蛋白、清蛋白、球蛋白、谷蛋白、色氨酸的杂种一代超高亲和超中亲优势均为负值，超低亲优势均为正值（表 11-5）。说明这 5 种蛋白质的含量优势介于双亲之间，倾向低亲值。醇溶谷蛋白超高亲优势为负值，超中亲优势为正值，说明该蛋白杂种优势表现居于双亲之间偏向于高亲。赖氨酸杂种一代为超低亲优势，表现出超低亲遗传。

表 11-4 高粱种性状的杂种优势表现

性状	平均优势(%)	幅度(%)	位次	优势分布次数			正负优势(%)		超亲优势分布次数		
				总数	F≥MP	F<MP	正	负	F>HP	HP>F>LP	F<LP
小区产量	138.3	70.4~226.1	3	80	68	12	85.0	15.0	67 (83.8)	5 (6.2)	8 (10.0)
穗粒重	116.4	76.2~168.4	5	80	62	18	77.5	22.5	48 (60.0)	23 (28.8)	9 (11.2)
千粒重	106.0	73.3~156.7	6	80	47	33	58.7	41.3	31 (38.8)	34 (42.5)	15 (18.7)
穗粒数	146.2	83.3~221.9	2	80	76	4	95.0	5.0	64 (80.0)	14 (17.5)	2 (2.5)
穗长	125.1	100.8~155.0	4	80	80	0	100.0	0.0	69 (86.3)	11 (13.7)	0 (0.0)
株高	173.7	113.6~276.6	1	80	80	0	100.0	0.0	72 (90.0)	8 (10.0)	0 (0.0)
开花期	94.4	81.8~114.5	7	80	10	70	12.5	87.5	6 (7.5)	27 (33.8)	47 (58.7)
总平均	128.6	85.6~188.5		80	60.4	19.6	75.5	24.5	51 (63.8)	17.4 (21.8)	11.6 (14.4)

注: 括号内数字为超亲优势分布次数占总数的百分数。F 为杂交种表型值, MP 为中亲值, HP 为高亲值, LP 为低亲值, 开花期为出苗至 50%植株开花的日期。

(卢庆善等, 1994)

表 11-5　7 种蛋白质性状的实际优质表现　　　　单位:%

性状	超高亲优势			超中亲优势			超低亲优势		
	平均	变幅	较差	平均	变幅	较差	平均	变幅	较差
粗蛋白	−11.42	−14.89~ −0.23	14.66	−4.54	−13.18~ 5.65	18.83	3.89	−11.82~ 12.26	24.08
清蛋白	−34.93	−57.68~ −5.34	52.34	−20.41	−36.45~ 6.21	42.66	14.84	−8.80~ 38.75	47.55
球蛋白	−22.62	−61.82~ 52.5	114.32	−10.00	−47.29~ 56.41	103.70	21.68	−15.00~ 68.42	83.42
谷蛋白	−15.13	−27.04~ 0.74	26.30	−8.85	−25.36~ 0.77	24.59	0.80	−24.12~ 13.22	37.34
醇溶谷蛋白	−3.07	−25.36~ 10.76	36.12	3.99	−13.59~ 14.85	28.44	11.91	2.61~ 26.85	24.24
赖氨酸	−8.35	−21.65~ 10.61	32.26	−7.18	−15.33~ 10.94	26.27	−0.94	−11.81~ 11.28	23.09
色氨酸	−3.82	−25.83~ 90.32	116.15	−0.60	−12.16~ 51.69	63.85	14.74	−11.02~ 126.92	137.94

（孔令旗等，1992）

中国科学院遗传研究所（1977）研究了高粱籽粒赖氨酸含量杂种优势表现，杂种 F_1 籽粒赖氨酸含量多数无明显杂种优势，常介于双亲之间，并偏向于含量较高亲本。杂交种赖氨酸含量的高低，受父本的影响更大些。不论是同父本不同母本，还是同母本不同父本，其杂种 F_1 籽粒赖氨酸含量明显倾向父本。

研究显示，高粱籽粒千重的赖氨酸含量与蛋白质含量成正相关，但其蛋白质含量与赖氨酸含量占蛋白质的百分数之间，则是显著的负相关。籽粒每增加 1% 的蛋白质，则赖氨酸减少 0.041%，这是由于籽粒蛋白质含量的增加主要是醇溶蛋白含量增加，而赖氨酸在醇溶蛋白中含量极低。然而，来自非洲埃塞俄比亚的高蛋白、高赖氨酸突变系 IS11167 和 IS11758 与一般高粱籽粒蛋白质和赖氨酸含量的差异，只是一个基因位点的不同。

孔令旗等（1992，1995）研究了高粱籽粒淀粉含量的杂种优势表现，籽粒总淀粉含量、支链淀粉和直链淀粉含量在 12 个 F_1 杂种中，分别表现出超高亲、超中亲和超低亲优势（表 11-6）。

表 11-6　高粱籽粒淀粉含量的杂种优势表现　　　　单位:%

组合	总淀粉含量			直链淀粉含量			支链淀粉含量		
	超高亲优势	超中亲优势	超低亲优势	超高亲优势	超中亲优势	超低亲优势	超高亲优势	超中亲优势	超低亲优势
$P_1 \times P_2$	0.014	4.535	9.502	−6.104	5.737	−5.366	0.860	3.364	6.012
$P_1 \times P_3$	0.141	5.917	10.324	−13.152	−9.170	−4.805	1.903	4.253	6.733

（续表）

组合	总淀粉含量			直链淀粉含量			支链淀粉含量		
	超高亲优势	超中亲优势	超低亲优势	超高亲优势	超中亲优势	超低亲优势	超高亲优势	超中亲优势	超低亲优势
$P_1 \times P_4$	−1.1057	3.051	7.514	−26.842	0.887	62.468	−4.974	0.639	6.956
$P_2 \times P_1$	−1.078	3.394	8.306	−1.688	−1.304	−0.916	−0.797	1.666	4.271
$P_2 \times P_3$	−0.986	−0.679	−0.639	−18.128	−14.055	−9.555	0.940	1.117	1.295
$P_2 \times P_4$	−1.007	−0.640	−0.257	−4.094	32.579	114.660	−14.882	−7.753	0.697
$P_3 \times P_1$	0.409	5.259	10.619	−9.716	−5.576	−1.039	1.759	4.106	0.582
$P_3 \times P_2$	−3.298	−2.714	−2.411	−13.626	−9.328	−4.581	−1.912	−1.740	−1.567
$P_3 \times P_4$	−1.733	−1.064	−0.371	−15.906	12.608	70.380	−10.889	−3.581	5.052
$P_4 \times P_1$	−0.186	3.958	8.461	−16.433	15.242	85.584	−6.934	−1.437	4.750
$P_4 \times P_2$	−0.865	−0.498	−0.114	−27.076	0.808	63.220	−8.493	−0.829	8.256
$P_4 \times P_3$	−4.270	−3.618	−2.943	−8.304	22.788	85.782	−16.437	−9.585	−1.489

P_1 为黏高粱，P_2 为黄壳红黏高粱，P_3 为小白黏高粱，P_4 为忻粱52。
（孔令旗等，1992）

其中，超高亲优势绝大多数为负值，支链淀粉含量绝大多数 F_1 杂种为超低亲优势，总淀粉含有量、直链淀粉含量约有一半 F_1 杂种为正值。超中亲优势的正、负值各占1/2；总淀粉含量有3个 F_1 杂种、支链淀粉含量有4个 F_1 杂种的超高亲优势为正值。

此外，总淀粉含量和直链淀粉含量各有6个 F_1 杂种为超低亲优势负值。这说明在研究的3种淀粉含量里，多数 F_1 杂种介于双亲之间，有的趋近高值亲本，有的趋近低值亲本。但也存在一定的杂种优势，包括正超亲和负超亲优势。因此，在进行籽粒淀粉含量遗传改良时，一方面要关注高淀粉含量双亲的挑选，另一方面要加强对正向超亲杂种优势的利用。

4. 生育期性状

高粱生育期杂种优势多趋向中亲或为负优势，即杂种比其亲本生育期短些。Liang（1967）及 Liang 和 Quinby（1969）的研究表明，如果杂种与亲本的叶数相同，则杂种比亲本早开花（表11-7）。

表11-7 亲本和杂种的叶片数、花芽分化期、花序发育天数和开花期比较
（1968年6月种于得克萨斯州）

亲本和杂种	叶片数[①]	从播种到花芽分化的天数	花序发育天数	从播种到开花的天数
CK60B	15.4±0.3	35	35.7	70.7±0.6
差值	−2.2[**]	−3	−6.7	−9.7[**]
CK60A×Tx7078	13.2±0.2	32	29.0	61.0±0.3

（续表）

亲本和杂种	叶片数①	从播种到花芽分化的天数	花序发育天数	从播种到开花的天数
差值	+0.2	0	-2.2	-2.2**
Tx7078	13.0±0.4	32	31.2	63.2±0.8
差值	+1.2**	+1	+0.9	+1.9*
瑞兰 A×Tx7078	14.2±0.6	33	32.1	65.1±0.6
差值	-0.1	-3	-2.3	-5.5*
瑞兰 B	14.3±0.2	36	34.4	70.4±0.6
均差	-0.2	-1.2	-2.6	-3.8

①假设为 4 片胚叶。

＊达 5%显著水平，＊＊达 1%显著水平。

张文毅（1983）研究高粱生育期杂种优势表现显示，总平均杂种优势为中亲值的-0.6%，负优势，比双亲平均生育期稍为缩短。在研究的 77 个项次中，生育日数大于中亲值的有 29 项次，等于中亲值的 8 项次，少于中亲值的 40 项次；生育日数多于高亲值的有 12 项次，介于双亲之间的 44 项次，少于低亲值的 21 项次。

卢庆善等（1994）研究了 80 个中、美高粱杂种 F_1 生育期杂种优势表现指出，从开花期（出苗至 50%植株开花日数）超低亲优势组合占 58.7%，介于高、低亲之间的占 33.8%，超高亲优势的组合占 75%，总平均优势为 94.6%，低于中亲值。在超低亲的 47 个组合中，有 31 个超低亲在 0.1%～10%，占 66%，15 个在 10.1%～31.9%，占 31.9%。超低亲的优势应加以利用。

二、杂种优势的理论基础

自植物界发现杂种优势现象以来，许多遗传学家、生理学家和生物化学家都试图研究解读这一现象。通过研究，汇总起来有两种说法，一种从遗传基因的作用出发的遗传因子假说，另一种是从细胞质作用出发或从细胞质与细胞核互作出发的生理假说。

（一）显性假说

显性假说的理论依据是，当两亲本杂交，其隐性基因在杂种里产生有害的效应，而显性基因则表现有利的作用。如果分布在不同亲本的显性等位基因在杂种里处于这种情况，即每个位点至少有一个显性等位基因，那么杂种将具有杂种优势。下面两个亲本的示意杂交，能解释这一现象。

P：aaBBCCdd×AABBccDD

F_1：AaBBCcDd

由于杂交，从一个亲本进入杂种结合子的有害隐性基因被来自另一亲本的显性等位基因的有利效应所遮蔽，其结果优势增加。如果基因的数目多，或者它们是连锁的，一个亲本要成为全由显性有利基因的纯合的概率是罕见的。所以，这与自交活力减退，杂交活力恢复是相符的。这种现象曾被称作显性或连锁基因的显性假说。

Davenport（1903）第一个指出在多数情况下显性性状对植株是有益的事实，而隐性性状具有对植株有害的效应。这一观点后来得到著名玉米育种家 Rechey 和 Sprague 等所得试验数据的支持。

显性理论主要有两个目标，一是如果这种理论是正确的，那么有可能选育出如杂交种一样高产的纯系种。但是，在已发表的文献中几乎没有例证能产生这样的高产育种系。然而，现在已表明至少在高粱上有可能选取这样真正的育种系。Jones（1917）提出，由于显性有利基因与隐性等位基因的连锁可能阻碍了获得这种真正育种系的可能，使这一问题得到解释。二是对于杂种优势特性来说，在杂种 F_2 缺少如果根据本理论所期望的偏分布。同样，这也能用连锁和存在控制这种性状的大量基因来解释。

（二）超显性假说

超显性假说是指杂合性对杂种优势的表现是必须的。即单个位点上等位基因的杂合——a_1a_2 比其纯合——a_1a_1 或 a_2a_2 都有优势。也就是说 a_1 和 a_2 基因表现出不同的作用，而这种不同作用的总和要优于纯合状态下两个等位基因的单结合。该理论假定杂合性本身有提供优势的能力，这种能力是指在许多位点上杂合子优于任一纯合子，而且优势的增加与杂合效应的总量成正比。这种说法曾被称作杂合作用的刺激性（stimulation of heterozygosis）、超级显性（super-dominance）、超显性（over-dominance）、单基因杂种优势（single gene heterosis）等。

超显性假说最初由 Shull（1908，1911）和 East（1908）各自提出，假设对生育的生理刺激的增加是由于联合的配子不同，即增加的杂合效应不同。当 Shull 和 East 提出这个假说时，还没有能证明其正确性的试验依据，即证明杂合体比两个纯合体占优势。1936 年，East 用一组等位基因每一个都有正效应的累积作用证明了这一假说。

玉米双交种的杂种优势是超显性假说的重要理论依据。双交种是由 4 个非亲缘自交系组配来的。如果用显性等位基因掩盖隐性有害基因的作用来说明作为双交种的 2 个单交种亲本的杂种优势，那么当单交种杂交时，由于配子分离和成对基因重组合的结果，应当形成更多的纯合有害隐性基因，其结果应造成生长势方面比单交种低。然而，实际上玉米双交种的杂种优势并不比其单交种差，这与超显性假说是非常符合的。当每个位点有等位基因群存在时，双交种的杂合程度可以与单交种一样的。当 $a_1a_2 \times a_3a_4$ 杂交时，将产生 4 种基因型，a_1a_3、a_1a_4、a_2a_3、a_2a_4，其中每一类型的杂合程度可能与原单交种是一样的。根据超显性假说对玉米双交种杂种优势所作的这种解释，可由玉米双交种的高产实践所证明。

总之，遗传因子假说认为，杂种优势或与杂种遗传因子的有利组合，或与杂合性的有利影响，均有因果关系。杂种从遗传性不同的亲本所获得的遗传因子相互影响的互补效应，有两种情况在理论上都是可能的：一种情况是非等位显性基因，另一种是同一对等位基因的不同成员。前者符合显性假说，其对杂种优势的解释是杂种从一个亲本所得到的这些基因的作用，得到了另一亲本的非等位基因的补充和加强。后者符合超显性假说，即等位基因的杂合体（a_1a_2）比其相应的纯合体（a_1a_1 或

a_2a_2）更有优势。

（三）细胞和亚细胞水平互补假说

作物生长、发育和最终形成产量是一系列细胞反应的结果。在这个生育的长链中，若缺少一个反应甚至都能影响最后的结果。假设一种物质 X 的合成需要 5 个步骤 A、B、C、D 和 E。如果在一个亲本里，步骤 C 完全失败了或者表现无效，那么 X 物质的合成将会很差。在另一个亲本里，发生这种情况是因为步骤 D 出问题。两个亲本在各自存在的情况下，X 物质合成的比例将是较差的，然而这两个亲本产生的杂种由于步骤 C（一个亲本）和 D（另一亲本）得到对方的补偿，其合成机能比其亲本都优越。这就是杂种优势的细胞和亚细胞水平互补假说。

（四）生理促进素假说

1908 年，Ister 和 Scher 各自提出杂合体能提供某些生理促进素促使杂种的种子变大、活力更强、产量更高。由此认为，杂合性是原因，杂种优势是作用的结果。但是，他们没能找出促进生长和高产的因子。Asbby 根据其在玉米上的研究结果得出结论，杂种具有较大的胚，因而具有较高的最初优势。他认为，这能提供必需的生理促进素。实际上，也不是所有的杂种都有较大的胚。还有，如果亲本比具有最初优势的早播或施入更多肥料，那么亲本也能赶上去而成为优势者，因此最初的优势不足以说明是杂种优势的唯一原因。

此外，Hageman 等（1967）提出代谢平衡假说。他们认为在基因的控制下，生物化学反应决定了作物的表型。在重要的新陈代谢过程中包括几种酶对杂种优势的表现起作用，因此他们认为代谢平衡是杂种优势的基础。但是，这个假说有两个问题需要解决，一是代谢平衡很难数量化；二是代谢平衡很难说明平衡代谢与作物生长之间的关系，植株生育是杂种优势的表型表现。

总之，杂种优势是生物界一种普遍和复杂的现象。研究者从其各自的取材研究范围内取得的各种杂种优势理论假说，有其正确的一面，因为有试验结果作依据；但也有局限性的一面，因为生物种类浩繁，生命现象复杂，任何一个或几个试验结果不可能正确全面地反映出客观的规律。育种者在育种中应用这些假说时，要结合自己的实际研究加以思考。

三、杂种优势的利用途径

杂种优势利用的前提是配置杂交种。杂交种种子的制取要用父本的花粉给母本授粉。高粱是两性花，可以有以下几种杂交方式。

（一）人工去雄杂交法

总的来说，所有作物都可以采取人工去雄的方式进行杂交，得到杂交种种子。由于作物花器构造不同，繁殖方式不一样，其杂交方式和效率也有差异。例如，玉米是同株异花，只要抽雄开花前拔除雄穗，就可完成杂交授粉，人工去雄最简便。高粱是同株同花，花器小，人工去雄难度大。进行少量的杂交可以采取人工去雄的办法，以满足试验研究用种。如果为高粱生产采用人工去雄杂交，恐怕是不可能的。

（二）化学杀雄杂交法

化学杀雄的原理是雌、雄配子体或配子对化学药剂的杀伤效应具有不同的反应，雌蕊比雄蕊有较强的抗药性。利用不同的药量或药剂浓度可以杀伤或抑制雄性器官而对雌性器官无害。发育受到抑制的雄蕊，通常表现花药变小，干瘪，不能开裂，花粉皱缩空秕，失去活力，其内没有精核，从而表现雄性不育。化学杀雄作为杂交制种技术应满足下述条件。

（1）处理母本时，只能杀伤雄蕊，使花粉不育，不能影响雌蕊的正常生育。

（2）施药后不能引发基因型的遗传性发生变异。

（3）药剂便宜，操作要简便，效果稳定，不因环境条件的变化而变化；对人、畜无害。

常用的化学药剂有二氯丙酸、青鲜素（MH，即顺丁烯二酸联铵）、232（FW-450，即2，3-二氯异丁酸钠）、乙烯利（2-氯乙基磷酸）等。

（三）温汤杀雄杂交法

1932年以前，高粱杂交只能靠手工去雄的办法。自1933年起，Stephens和Quinby设计出温汤杀雄杂交法进行去雄。该法利用高粱雌蕊和雄蕊对水温反应的敏感程度不同，雄蕊比较敏感，雌蕊比较迟钝，用一定临界水温处理一定时间，达到杀死雄蕊的目的。高粱的这一差异大约在1 ℃或稍低一点。具体操作是在高粱穗的周围灌注48 ℃温水，保持10 min，就能杀死花粉。

在处理结束时，水温降到42~44 ℃。不同高粱品种对水温的敏感性不同，因此在采用该法大量杀雄前最好通过小范围试验以确定最适杀雄水温。实践证明，以水温44.5~47 ℃范围内处理，杀雄效果最好。

（四）雄性不育杂交法

高粱雄性不育系被创造之后，主要采取雄性不育杂交法进行杂交种制种。这样可以省去人工去雄、化学杀雄、温汤杀雄等工序，克服效果不稳定的问题，大大方便了授粉和杂交的过程，既降低了生产成本，又提高了杂交种种子品质。像高粱这样花器小、雌雄同花的作物，利用雄性不育杂交制种非常理想。

四、杂种优势测定

（一）杂种优势测定方法

1. 平均优势法

平均优势法是用杂种一代（F_1）的表型值与双亲的平均值（也称中亲值）作比较，用百分数表示。

$$平均优势（\%）= \frac{杂种一代 - 中亲值}{中亲值} \times 100 \qquad (11.1)$$

或者，

$$平均优势（\%）= \frac{F_1 - (P_1 + P_2)/2}{(P_1 + P_2)/2} \times 100 \qquad (11.2)$$

2. 超亲优势法

超亲优势法是用杂种一代的表型值与高亲（最高）或低亲（最低）本比较，用百分数表示。

$$超高亲优势(\%) = \frac{杂种一代 - 高亲本}{高亲本} \times 100 \qquad (11.3)$$

或者，

$$超高亲优势(\%) = \frac{F_1 - P\,高}{P\,高} \times 100 \qquad (11.4)$$

$$超低亲优势(\%) = \frac{杂种一代 - 低亲本}{低亲本} \times 100 \qquad (11.5)$$

或者

$$超低亲优势(\%) = \frac{F_1 - 低亲本}{低亲本} \times 100 \qquad (11.6)$$

3. 对照优势法

对照优势法是杂种一代与对照品种或当地推广品种进行比较，用百分数表示。

$$对照优势(\%) = \frac{杂种一代 - 对照(推广)品种}{对照(推广)品种} \times 100 \qquad (11.7)$$

（二）杂种优势预测

如果在两个亲本没杂交之前就能测定出杂种优势，则可以加快杂交种的选育和推广应用的速度。这里介绍 Mcdaniel 的线粒体互补法（简称 MC 法）。杂种优势与新陈代谢有密切关系，而线粒体与新陈代谢又有密切关系，因此通过测定线粒体的活性可预测其杂种优势。线粒体活性主要表现在氧化作用（呼吸作用）和磷酸化（由 APP-ATP）作用的速度与效率，可用 2 个指标表示：①单位时间内由 ADP 转化为 ATP 的数量和速率；②单位时间内单位线粒体蛋白质在呼吸时所吸收的分子氧数量，求出 ADP：O_2 的比率。

为了预测杂种优势，先分别测量两个亲本的 ADP：O_2 的生理指标。然后将两亲本的线粒体以 1：1 混合，测出 ADP：O_2 生理指标。通常两亲本线粒体混合物 ADP：O_2 比率高的，这两亲本配成的 F_1 ADP：D_2 的比率也高。如果这两个亲本已进行了杂交，也可测量 F_1 杂种的 ADP：O_2 比率作为验证。研究显示，线粒体之间有互补作用，可以反映出杂种优势，因此根据线粒体互补效应的大小可以预测杂种优势。如果杂交组合中包含了低互补效应的亲本，杂种优势的表现就不会很强。

赵文耀（1990）研究了杂种零代种子优势的表现。一种处理是在同一个不育穗上，一半授其相应的保持系花粉，另一种半授恢复系花粉；另一种处理是两半分别授不同恢复系花粉。比较它们的 F_0 代种子的千粒重（表 11-8），以确定优势的大小，进而考察杂种优势预测效果。结果表明，杂交粒的千粒重明显高于姊妹交粒，达差异显著水平，平均高 3.37 g，幅度为 1.97~4.15 g。不同恢复系（5-12 和 4003）杂交的 F_0 种子千粒重也有差异，高者比低者高 0.34 g，不同组合表现不一样。403A×4003 比 403A×5-12 的 F_0 千粒重高 3 g，而 903A×4003 比 903A×5-12 的 F_0 种子千粒重仅高 0.21 g。本研究表明，杂种 F_0 代种子的大小有杂种优势大小的差异表现，可以作为预测杂种优势的参考。

表 11-8　杂交与姊妹交以及杂交间 F_0 种子千粒重比较

母本	父本	千粒重（g）			杂交粒千粒重（g）		
		杂交粒	姊妹交粒	增减数	5-12	4003	相差
6A	5-12	30.07	26.06	4.01	30.21	29.94	0.27
403A	7037	30.20	26.81	3.39	29.48	32.48	-3.00
901A	7114	30.56	28.59	1.97	32.5	30.06	2.44
603A	7032	33.54	29.39	4.15	33.34	31.15	2.19
903A	7033	26.58	23.26	3.32	27.53	27.74	-0.21
平均		30.19	26.82	3.37	30.61	30.27	0.34

（赵文耀，1990）

第二节　亲本系选育

一、高粱"三系"的创造

自 1954 年美国得克萨斯州农业试验站创造了世界上第一个高粱细胞质、核互作型雄性不育系之后，高粱杂交种才真正在农业生产上大面积推广应用。高粱杂交种由"三系"组成，即雄性不育系、雄性不育保持系和雄性不育恢复系，简称不育系、保持系和恢复系。杂交种是由不育系与恢复系组配而成；不育系是由保持系保持其不育性，因此不育系和保持系是同核异质系。所谓选育杂交种就是选育不育系（连同保持系）和恢复系。

（一）高粱"三系"及其特征特性

1. 高粱"三系"的概念

（1）雄性不育系　雄性不育系是指具有雄性不育特征的品种、品系或自交系，其遗传组成是 S（msms）。不育系由于体内生理机能失调，导致雄性器官不能正常发育，表现花药呈乳白色、黄白色（个别也有黄色）或褐色，形状干瘪瘦小；花药里没有花粉，或者只有少量无受精力的干瘪花粉。而不育系的雌蕊发育正常，有生育力。在隔离条件下，不育系不能自交结实，雌蕊可接受外源花粉受精结实。因此，在配制杂交种时用不育系作母本可省去去雄操作。

（2）雄性不育保持系　雄性不育保持系是指用以给不育系授粉，保持其不育性的品种、品系或自交系，简称保持系，其遗传组成为 F（msms）。在选育时，不育系和保持系是同时育成的，或者由保持材料回交转育来的。每一个不育系都有其相应的同型保持系，保持系给不育系授粉以繁殖不育系，保持系自交以繁殖保持系。保持系与不育系互为相似体，除在雄性的育性上不同外，其他特征、特性几乎完全一样。

（3）雄性不育恢复系 雄性不育恢复系是指能够恢复不育系育性的正常可育的品种、品系或自交系，简称恢复系。恢复系给不育系授粉，其 F_1 代不仅能正常结实，而且不育性消失了，具有正常花粉生育能力。恢复系的遗传组成为 F（$MsMs$）或 S（$MsMs$）。在制种隔离区内，恢复系作父本，与不育系母本杂交授粉配制杂交种种子，F_1 代能正常开花、授粉、结实。

2. 不育系雄性不育的生理因素

高粱不育系在发育中减数分裂一般是正常的，不正常的生理变化主要发生在减数分裂之后，通常观察到不育系的胼胝体受到破坏，毡绒层细胞发育异常，大多数小孢子仅能发育到单核花粉阶段，以后不能发育。许多学者研究报道了高粱雄性不育系毡绒层细胞发育异常的情形。毡绒层细胞富含核糖核酸、酸性和碱性蛋白质及一些氨基酸、磷酸酶、过氧化物酶、维生素 C 等，其生理上很活跃。在小孢子、小配子发育过程中，毡绒层细胞内的物质全都被发育中的花粉吸收。由此得出结论：从细胞外供应丰富的营养是完成小孢子、小配子发育进程所必需的条件之一，毡绒层细胞正是执行输送养分的功能。但是，由于毡绒层细胞发育异常，使得从小孢子发育到花粉成熟阶段所需要的大量营养物质的供应过程遭到破坏，因此多数小孢子只能发育到单核花粉第二收缩期阶段，以后便不再发育，故形成不了花粉（李宝健，1961，1963；Brooks，1996；Alam 和 Sandal，1967；Narkhede，1968）。

中山大学生物系遗传组（1974）对高粱不育系发育的异常开展了研究。结果表明，在减数分裂早期已发生了异常的细胞变化。从细胞水平看，质核雄性不育基因所控制的花粉败育发生的情况是复杂的，大体可归结为 3 个方面原因：一是孢原细胞分裂异常，花粉母细胞初生壁破坏，及其他们之间发生粘连现象；二是胼胝体、花粉母细胞次生壁的破坏，并发生异常小孢子；三是毡绒层细胞生理机能遭破坏，小孢子发育进程停滞。上述异常现象在不育系花粉中普遍存在，在花粉母细胞不同发育阶段也或多或少地发生，从而制约了不育系正常花粉的形成。

3. 高粱"三系"育性遗传

在高粱雄性不育遗传理论中，有一种模式称质核互作不育型遗传。这种类型受细胞质和细胞核的共同作用所控制。细胞质中有一种控制不能形成雄配子的遗传物质 S，而相对应的细胞质中具有可育的遗传物质 F。细胞核内具有一对或几对影响细胞质育性的基因。现以一对基因为例说明，显性基因 $MsMs$ 能使雄性不育性恢复为可育，称恢复基因；而其等位基因 $msms$ 不能起恢复育性的作用，称不育基因；杂结合的基因型 $Msms$ 也能恢复不育性。质核互作型育性遗传则有 6 种遗传结构（表 11-9）。

表 11-9 质核互作型的 6 种遗传结构

细胞质遗传型	细胞核基因		
	纯结合恢复基因（$MsMs$）	杂结合恢复基因（$Msms$）	纯结合不育基因（$msms$）
可育型（F）	F（$MsMs$）可育型	F（$Msms$）可育型	F（$msms$）可育型
不育型（S）	S（$MsMs$）可育型	S（$Msms$）可育型	S（$msms$）可育型

（《高粱学》，1999）

按照 Sears 对质核互作型雄性不育遗传理论的解读，不育系的细胞核和细胞质中都含有雄性不育基因。保持系细胞核内含有不育基因，细胞质内则含有恢复可育基因。由于母本是细胞质和父、母本细胞核参与受精作用，而且恢复基因具有显性作用，因此高粱"三系"的遗传模式如图 11-1 所示。图 11-1 只是概括地说明了"三系"的一般遗传关系。实际存在的基因型还要复杂得多。

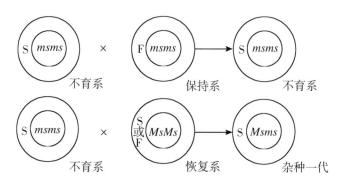

图 11-1 "三系"的遗传关系

（《高粱学》，1999）

许多学者以迈罗高粱细胞质为基础，探索高粱细胞核内存在的育性基因情况。对细胞核内存在的育性基因数目及其作用的性质，不同的学者提出不同的研究结论。Stephens 等（1954）在选育出质核型雄性不育系时，指出雄性不育是由 2 对以上核基因和不育细胞质互作的结果。Maunder 和 Picket（1956）提出雄性不育性是依靠 1 对隐性单基因 msc_1msc_1 与不育细胞质互作的结果。

马鸿图（1979）以 Tx3197 为母本，与三尺三、530、晋辐 1 号、鹿邑歪头杂交，大红穗 A 与八棵权杂交为材料，研究后代的育性分离。结果发现，有的杂种 F_2 为 3∶1 的育性分离，有的杂种 F_2 为 15∶1 的育性分离。根据 5 年的研究结果初步认定，雄性不育是细胞质不育基因与 2 对重复隐性核不育基因共同作用的结果。当核内为 1 对不育基因时，F_2 表现 3∶1 的育性分离；当核内为 2 对不育基因时，则表现 15∶1 的育性分离。

总之，关于高粱育性的遗传研究仅得出了一些初步的研究结果，而且由于取材不同会得出不同的结论，因此需要进行深入研究。

（二）异细胞质雄性不育系

1. 不同雄性不育细胞质的来源和特点

（1）A₁细胞质 A₁细胞质又称迈罗细胞质，是最早发现的一种质核互作型雄性不育细胞质，也是迄今在杂交高粱上应用最为广泛的一种雄性不育细胞质。Tx3197A 是迈罗细胞质雄性不育性的典型代表，1954 年育成，1956 年引入我国。Tx3197A 不育系开花时，雄蕊花药乳白色，干瘪无花粉；雌蕊柱头羽毛状，白色，接受花粉受精能力较强。在适宜的温度条件下，柱头生活力可维持 10 d 左右；相反在高温、干燥条件下，柱头生活力降低。

（2）A₂细胞质 Schertz（1977）利用 IS12662C 作母本、IS5322C 作父本杂交，在

其 F_2 代分离出雄性不育株，以 IS5322C 作轮回亲本，经连锁 4 代成对回交，育成了第一个非迈罗细胞质雄性不育系，A_2Tx2753A。A_2 细胞质（IS12662C）来源于顶尖族（*Caudatum* race）的顶尖-浅黑高粱群（*Caudatum-nigricans* group），产自埃塞俄比亚。细胞核（IS5322C）属于几内亚族（*Guinea* race）的罗氏高粱群（*Roxburburghii* group），产自印度。先后育成了 A_2Tx3197A、A_2Tx624A、A_2Tx398A、A_2Tx2788A 和 A_2TAM428A 等不育系。我国于 1980 年引入，并对其不育性的稳定性和育性反应开展了较广泛的研究，先后育成 A_2V$_4$A、$A_2$7050A 等，其杂交种在生产上大面积种植。

（3）A_3 细胞质　A_3 细胞质（IS1112C）属于都拉-双色族（*Durra-bicolor* race）的都拉-近光秃群（*Durra-Subglabrescens* group），产自印度。A_3 细胞质是迄今研究过的一种最不寻常的细胞质，它几乎与各种细胞核的任何高粱杂交都能产生雄性不育，产生带有 A_3 细胞质的不育系，却几乎找不到恢复系。A_3 细胞质不育系的育性稳定，花药肥大，黄色，花药开裂散出的花粉无育性。辽宁省农业科学院高粱研究所利用 A_3 不育系无恢复系的特性，组配甜高粱杂交种，不结实籽粒，提高甜茎秆产量。

（4）A_4 细胞质　A_4 细胞质（IS7920C）属于几内亚族（*Guinea* race）的显著群（*Conspicunm* group），产自尼日利亚。A_4 细胞质是不同于上述 3 种细胞质的又一种雄性不育细胞质。它与许多高粱基因型杂交都能产生雄性不育，但没有 A_3 细胞质的频率高。A_4 细胞质的育性不稳定，而且在某种条件下花药散粉，花药较大，呈黄色，有的花粉有生活力。

（5）A_5 细胞质　A_5 细胞质（IS12603）属于几内亚族（*Guinea* race）的显著群（*Conspicunm* group），产自尼日利亚。A_5 细胞质不同于已得到的其他细胞质。这种细胞质雄性不育株花药呈黄色，但在各种条件下不育性表现稳定。

（6）A_6 细胞质　A_6 细胞质（IS6832）属于卡佛尔-顶尖族（*Kafir-caudatum* race）的卡佛尔群（*Kafir* group）。A_6 细胞质与上述细胞质都不同，其雄性不育株有肥大的黄色花药，但其不育性很稳定。

（7）9E 细胞质　Webster 和 Singh 在尼日利亚的育种选系里鉴定出一种新细胞质，即 9E。这种细胞质与 A_4 细胞质有一个类似的问题，即 9E 细胞质的雄性不育株有时散粉和少有结实，其花药与 A_3、A_4 细胞质有不育系的花药相似，肥大且呈黄色（表11-10）。

表 11-10　高粱不同细胞质来源的雄性不育

细胞质名称	所属族	所属群	来源
A_1（迈罗）	都拉族 （*Durra* race）	近光秃-迈罗群 （*Subglabrescens-milo* group）	南非
A_2（IS12662C）	顶尖族 （*Caudatum* race）	顶尖-浅黑群 （*Caudatum-nigricans* group）	埃塞俄比亚
A_3（IS1112C）	都拉-双色族 （*Durra-bicolor* race）	都拉-近光秃群 （*Durra-Subglabrescens* group）	印度
A_4（IS7920C）	几内亚族 （*Guinea* race）	显著群 （*Conspicunm* group）	尼日利亚

（续表）

细胞质名称	所属族	所属群	来源
A$_5$（IS12603）	几内亚族 （*Guinea* race）	显著群 （*Conspicunm* group）	尼日利亚
A$_6$（IS6832）	卡佛尔-顶尖族 （*Kafir–Caudatum* race）	卡佛尔群 （*Kafir* group）	—
9E	—	—	尼日利亚

（《杂交高粱遗传改良》，2005）

2. 不同细胞质雄性不育性的育性体系

不同细胞质雄性不育性对同一个高粱基因型的育性反应可以是相同的，也可能是不同的，或者说，一个高粱基因型对某个（些）细胞质雄性不育性是保持的，对另个（些）的则是恢复的。即每一种细胞质雄性不育性都有自身的育性体系，或者说有自身的恢、保关系。建立不同细胞质雄性不育性的育性体系需要用若干不同来源高粱基因型与不同细胞质雄性不育系进行杂交，观察 F$_1$ 代群体的育性反应情况，统计可育株和不育株的数目，以确定每个基因型对某一细胞质雄性不育性是保持的、恢复的，或是半恢半保的。

Schertz（1977）研究了部分高粱基因型对不同细胞质雄性不育性的育性反应（表11-11）。结果表明，8 个高粱基因型是 A$_1$ 细胞质雄性不育性的恢复者，其中 7 个完全恢复，1 个部分恢复。对 A$_3$ 细胞质雄性不育性而言，所有 8 个基因型杂交的 F$_1$ 植株结实率均为零，说明全部为 A$_3$ 雄性不育性的保持者。对 A$_2$、A$_4$、A$_5$、A$_6$、9E、细胞质雄性不育性来说，8 个高粱基因型杂交的 F$_1$ 植株结实率有的为 0，有的为 100%，有的介于二者之间，育性反应的结果是不一样的。

表 11-11　不同细胞质雄性不育系杂种一代（F$_1$）植株结实率　　　单位:%

母本 细胞质	父本							
	迈罗	IS12685C	IS6729C	IS12526C	Tx7000	IS12680C	IS12565C	IS7007C
A$_1$	100	27	100	100	100	100	100	100
A$_2$	20	1	100	100	0	100	18	11
A$_3$	0	0	0	0	0	0	0	0
A$_4$	0	0	0	100	100	1	0	2
A$_5$	0	—	0	—	100	1	100	1
A$_6$	0	0	0	0	0	0	—	100
9E	0	0	0	100	0	1	0	1

（《杂交高粱遗传改良》，2005）

王富德等（1988）用 25 份 A$_1$ 雄性不育性的保持系，15 份 A$_1$ 不育性的恢复系，以及 75 份中国高粱地方品种和 25 份外国高粱品系，分别与 A$_1$ 和 A$_2$ 细胞质雄性不育系测配，研究其育性反应。结果表明，A_1不育系的保持系或恢复系，基本上也保持或恢复A_2不育系的不育性；但也观察到某些恢复A_1不育系的中国高粱地方品种，却保持A_2不育系的不育性，说明A_2不育系的育性反应与A_1不育性的不完全一致。

侯荷亭等（2002）采用1 000份中国和外国高粱资源及各种育种材料对A_1、A_2、A_3、A_4、A_5、A_6和9E 7种细胞质雄性不育性的育性反应进行了研究。结果表明，7种细胞质不育系杂交的F_1育性反应各不一样，其中A_1、A_2、A_5和A_6细胞质不育性具有较广泛的恢复源，多数基因型与其杂交的F_1育性得到恢复；原有与A_1细胞质不育性表现为保持的品系，与A_2、A_5、A_6细胞质不育性的育性反应，多数也表现为保持。A_5育性反应的恢、保关系与A_1的最接近，但个别材料，如印度的spv819、E3588与A_1和A_5的育性反应截然不同。

二、雄性不育系选育

（一）世界第一个高粱雄性不育系选育

从1949年开始，美国学者利用迈罗品种作母本、卡佛尔高粱品种作父本杂交，在其杂种后代中发现雄性不育株，用父本作轮回亲本回交，最终选育出可在生产上应用的世界首个高粱雄性不育系。

总结起来，选育首个高粱雄性不育系Tx3197A有两种途径。

（1）迈罗高粱作母本、卡佛尔高粱作父本杂交，杂种一代（F_1）为可育的，套袋自交获得杂种二代（F_2）种子。在F_2代分离株中产生一些不育株，用卡佛尔高粱作轮回亲本，给雄性不育株授粉，连续回交，当回交二代（BC_2后），群体中99%植株都是雄性不育；回交4~5代后，雄性不育性状就完全稳定下来，结果就选育出雄性不育系Tx3197A及其保持系Tx3197B。

（2）用迈罗高粱作母本、卡佛尔高粱作父本杂交，杂种一代（F_1）不自交，而是将F_1人工去雄与卡佛尔高粱作轮回亲本杂交。在回交一代（BC_1）中分离出雄性不育株，并连续回交4~5代后，其雄性不育性就完全稳定下来，结果就育成雄性不育系Tx3197A和保持系Tx3197B。

上述两种方式本质上是一样的，父本、母本都是分别利用卡佛尔高粱和迈罗高粱，不同的是或者利用杂交二代（F_2）分离出的，或者利用回交一代（BC_1）分离出的雄性不育株回交转育，最终都能选育出雄性不育系Tx3197A及其保持系Tx3197B（图11-2）。

（二）不育系和保持系选育技术

一个优良的高粱雄性不育系应具备下述性状：一是雄性不育性要稳定，在外界条件变化的情况下也要保持雄性不育；二是配合力要高，尤其是籽粒产量一般配合力要突出；三是无小花败育，或者在极适宜发生小花败育的条件下，小花败育极轻；四是雌蕊羽状柱头发达，完全伸出颖外，亲和力强，易于接受父本花粉，受精率高；五是农艺性状优良，制种产量高，抗性性状强。常用的高粱雄性不育系选育方法有以下几种。

1. 保持类型回交选育技术

保持类型基因型的育性遗传组成是细胞核里有不育基因，细胞质有可育基因，当其

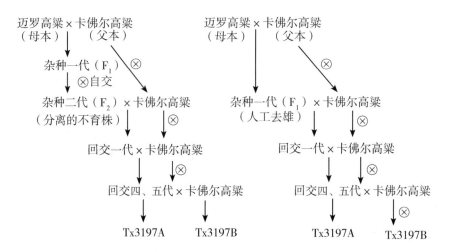

图11-2 雄性不育系Tx3197A及其保持系Tx3197B的选育程序

（《杂交高粱遗传改良》，2005）

给不育系授粉，其F_1为雄性不育，当连续回交几代后，所得到的回交后代就是新选育的雄性不育系，而该基因型就是新不育系的保持系。雄性不育系矬1A、矬2A、黑龙7A、黑龙11A、原新1A等，都是用这种技术回交转育来的，它们都是迈罗细胞质。以矬1A为例说明（图11-3）。

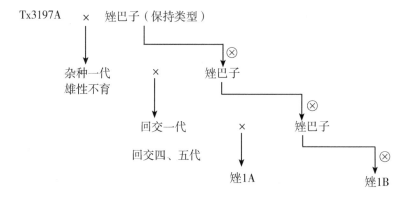

图11-3 矬1A选育过程

（《作物育种学各论》，2006）

（1）测交　利用现有的不育系作母本，与优良基因型测交，以鉴定其是否具有保持性。当父、母本抽穗后选择生育正常、株穗型典型、无病虫害的各3~5穗套袋，开花时成对授粉，测交后拴挂标签，写明父、母本，编号。成熟后，单收、单脱粒，成对保存。

（2）回交　将上季收获的测交种子及其成对的父本种子相邻种植。抽穗开花后，在测交不育的组合中，选择雄性不育穗，用原父本成对回交。成熟后，成对分收、分脱粒，成对保存。

（3）连续回交转育　把回交的种子及相对应的父本相邻种植，开花时选雄性不育的，且各种性状倾向父本的植株回交。如此连续回交几代，直到母本的株型、各种性状以及幼苗、抽穗、开花及其物候期等都与父本相似时，新的不育系及其保持系就选育出来了。

利用保持类型连续回交转育技术选育不育系，其优点是方法简单易行、收效快。转育出的新不育系与测交基因型完全一样。因此，在转育开始前选择农艺性状优良、配合力高、抗性性状强的基因型是十分重要的。

2. 保持类型杂交选育技术

保持类型（系）间杂交（简称保×保）选育技术是在已有的保持类型基因型直接回交转育成不育系，在农艺性状方面或配合力等不能满足育种和生产需要时采用的，其目的是将两个基因型的优良性状结合到一起，选育出具有更多优点和利用价值的新不育系。该法是目前常用的且有效的不育系选育方法，如赤10A、忻苹1A、晋6A、营4A、117A、7050A等不育系都是采用此法选育的。

该法的选育程序如下。

（1）选择具有优良性状和较高配合力的亲本，人工有性杂交，获得杂交种子，第二年种植 F_1 代。

（2） F_2 代选择优良的单株（穗）自交，从 F_3 到 F_5 或 F_6 代，其高代选系性状一致，并稳定。

（3）对选育的高代保持系作轮回亲本用不育系进行回交转育，当回交4~5代后，转育的不育系除雄性不育性外，其他性状几乎都与轮回亲本保持系完全一样时，新的不育系及其保持系就选育成功。

上述选育包括两个过程，一是杂交选育保持系，二是回交转育不育系，所需时间较长，二者加起来至少10个以上生长季。为缩短育种年限，一些育种者采取边杂交（自交）稳定，边回交转育法，即把上述杂交选择稳定保持系的过程和回交转育不育系的过程结合、同步进行（图11-4）。该法第一步与上述的第一步相同，即杂交和进代得到 F_2 种子。第二步对 F_2 杂种单株进行选择，并与不育系成对杂交，拴挂标签按对编号，成熟时成对单收单脱，成对保存。第三步将成对种子邻行种植，在父本行里继续按育种目标进行单株选择，同时在不育穗行里选择植株性状相似于父本的不育株，用选定的父本株予以授粉、成对挂牌、单收、单脱、保存。第四步按上述方法连续操作几代，直到成对交的父本行已稳定，不育行也已稳定并与父本行农艺性状一致时，新的雄性不育系及其保持系就选育成功了。

3. 不同类型间杂交选育技术

不同类型亲缘关系较远，遗传差异较大，细胞质、核有相当分化。如果一种高粱类型具有不育细胞质 S （$MsMs$）作母本，另一种类型具有细胞核不育基因 F （$msms$）作父本，进行杂交。当杂种后代分离出雄性不育株，再与父本连续回交，就有可能将不育

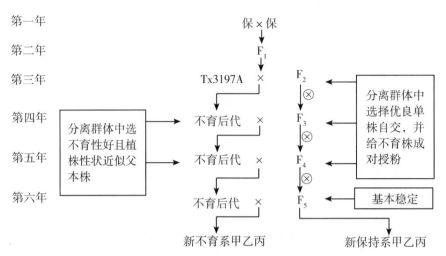

图 11-4 边杂交（自交）稳定边回交转育不育系程序

（《作物育种学各论》，2006）

细胞质和不育细胞核结合在一起，最终获得不育系 S（$msms$）（图 11-5）。研究表明，通常以进化阶段较低的高粱基因型作母本，以进化阶段较高的作父本，杂交后代中容易出现雄性不育株。

4. 保持与恢复类型杂交选育技术

保持与恢复类型高粱杂交简称保×恢法，该法是根据育种实践提出的。在恢复系选育中，有的组合杂种一代（F_1）表现出强大的杂种优势，但由于无法组配成杂交种，因此不能在生产上应用。为解决这个问题，必须把其中的一个恢复系转育成雄性不育系。但是，把恢复系直接转育成不育系又不可能，故采取保×恢的杂交模式，在杂交后代中选择育性是保持系，其他性状同恢复系，这样转育的不育系就有利用价值了。

采用保×恢或保×半恢杂交组合选育不育系，由于恢复系亲本里含有显性恢复基因，因而在杂种后代中只能分离出极少数具有保持能力的单株，即隐性纯合雄性不育基因型，因此需要种植较多的杂种后代植株。其结果必然花费更大工作量和更多时间才能选出稳定的不育系。

5. 诱变选育技术

这种方法主要是通过各种物理的或化学的诱变剂，人工处理保持系，使其发生变异，通过选择优良单株，再回交转育成相应的雄性不育系。如中国农业科学院原子能利用研究所用 $Co^{60}\gamma$ 射线处理 Tx3197B 保持系，获得了中秆的保持系农原 201B，之后回交转育成中秆的雄性不育系农原 201A。

诱变选育保持系和不育系有以下优点。一是处理方法简便易行，技术容易掌握和操作。二是诱变产生的变异稳定速度快，特别是在较短时间内改变一个保持系的个别不良性状有效。三是诱变引起的变异大，范围广，包括形态特征和生理性状的深刻变异，主要表现是高粱茎秆增强，植株变矮，穗变紧，粒重增加，熟期提早，抗病性增强等。四

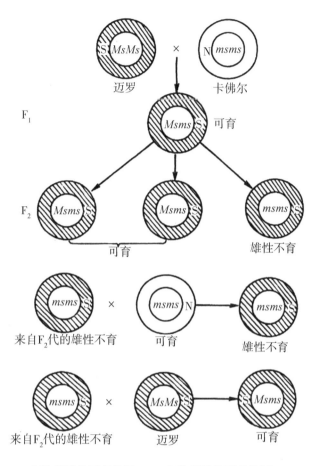

S：细胞质雄性不育基因；N：细胞质雄性可育基因；
Ms：细胞核雄性可育基因；ms：细胞核雄性不育基因。

图 11-5　高粱细胞质雄性不育系的创造

（《高粱学》，1999）

是诱变的频率一般在 3% 左右，比自然突变的频率高出 100~1 000 倍，突变的类型也常超出一般的变异范围，可创造出较丰富的变异类型材料。五是诱变处理可以诱变育性，对一些不育性较差，而杂种优势大，性状优良的不育系，可以通过诱变处理改变内部的遗传结构，从后代里分离出不育性好的个体。

三、雄性不育恢复系选育

（一）恢复系选育目标

组配一个优良的高粱杂交种，既要有优良的雄性不育系，又要有优良的恢复系。所谓优良恢复系，就是与不育系杂交要表现出良好的结实性能，其杂种一代要有较强的经济性状杂种优势。主要的选育目标如下。

1. 恢复不育性能力强

恢复系对雄性不育系应具有很强的育性恢复能力。恢复系与不育系杂交产生的杂种一代（F_1），在田间自然授粉条件下的结实率应在 90% 以上，套袋自交的结实率应在 80% 以上。

2. 一般配合力高

高粱恢复系应具有较高的一般配合力，与某个雄性不育系杂交产生的杂交种要表现出很高的特殊配合力，尤其要表现出较强的经济性状杂种优势；对粒用高粱来说，要有更高的籽粒产量。

3. 优良的农艺性状和抗性性状

恢复系要具备优良的农艺性状，如株型紧凑，叶片上冲，植株健壮，株高适中，穗结构合理，一、二、三级分枝分布均匀。还要具备优良的抗性性状，如抗病虫害，抗逆境能力强等。

4. 恢复系雄性器官发达

恢复系雄蕊应发达，花药饱满，花粉量大，单性花发育强势，能正常散粉，整个花散粉时间长。

（二）恢复系选育技术

1. 测交筛选技术

以某一类型的雄性不育系为测验种作母本，以当地农家的或外引的品种作被测验种作父本，成对测交。在杂种一代（F_1）时，选择自交结实率高、杂种优势强、产量高的杂交组合。该杂交组合的父本就是测交筛选出来的恢复系。20 世纪 70 年代初期，我国在高粱杂种优势利用研究中，对地方品种进行了大量的测交筛选工作，并从中筛选出许多优良的恢复系用于组配杂交种，如晋杂 5 号的父本三尺三、原杂 1 号的父本矮高粱、榆杂 1 号的父本平罗娃娃头、遗杂 1 号的父本薄地租、吉杂 1 号的父本红棒子等。

在用地方品种与不育系测交时，不论该品种是经过自交纯化的，还是未纯化的，最好是选择优良单株，采用单株成对授粉测交方式，从中筛选出完全恢复的恢复系。确定可以作为恢复系来用，可按前述标准进行。

值得提及的是，我国曾经只为粒用高粱育种开展测交筛选恢复系。但从专用高粱杂交种选育出发，在高粱品种资源中测交筛选恢复系也是有效的技术。如辽宁省农业科学院高粱研究所、沈阳农业大学从甜高粱品种材料中测交筛选出 1022 和 Roma 的甜高粱恢复系，与不育系 Tx623A 杂交，分别组配出辽饲杂 1 号、沈农甜杂 2 号，表现杂种优势强、植株高大、茎秆含汁率高、汁液含糖锤度高，是良好的青贮饲料用或茎秆制乙醇用的甜高粱杂交种。

2. 杂交选育技术

采用恢复类型品种（或恢复系）间杂交选育恢复系，简称恢×恢技术。杂交选育恢复系是在应用测定筛选法之后提出来的，因为从当地品种里直接筛选恢复系通常只有10% 的概率，而且筛选出来的恢复系常常由于农艺性状不十分理想，或者产量杂种优势不强而不能直接利用，因此提出了恢×恢技术。该法已是广泛采用的有效方法，并选育出了大量优良的恢复系。例如，忻粱 7 号（九头鸟×盘陀）、晋粱 5 号（忻粱 7 号×鹿邑歪头）、吉 7384（护 4 号×九头鸟）、白平（白 253×平顶冠）、沈 4003（晋辐 1 号×辽阳猪跷脚）、铁恢 6 号（熊岳 191×晋辐 1 号）、锦恢 75（恢 5×八叶齐）、447（晋辐 1 号×三尺三）、矮四（矮 202×沈 4003）、5-27（沈 4003×IS2914/7511）、654（沈 4003×白平春）、157（水科 001×角杜/晋辐 1 号）、LR9198（矮四×5-26）等，均与不育系组配了高粱杂交种在生产上推广应用。

杂交选育技术通过杂交使基因重组创造新变异，使两个（或多个）亲本的优良性状基因结合到一起，从而选出优良的恢复系。以忻粱 5 号等恢复系选育为例说明此法技术要点（图 11-6）。

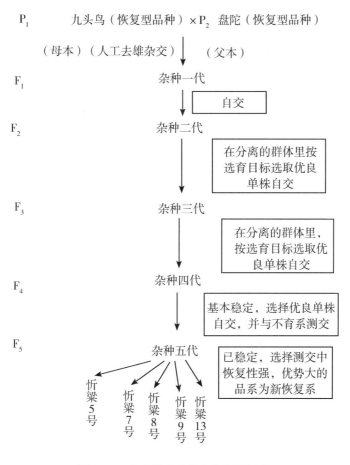

图 11-6　杂交选育法选育恢复系程序

（《杂交高粱遗传改良》，2005）

（1）亲本恢复性的选择　杂交亲本最好是恢复力强的品种或恢复系。由于恢复性遗传较为复杂，除主效基因外，还有修饰基因。因此恢复力的强弱分为几个等级，全恢的基因型间杂交，后代也表现全恢；全恢与半恢的杂交，后代恢复能力有分离；半恢的杂交，其后代的分离就更广泛。因此，在挑选亲本时，最好挑选双亲都是全恢的基因型。

（2）亲本农艺性状的选择　挑选的亲本农艺性状应优良，尤其是主要经济性状（如产量）应更优，双亲的性状应互补，这样才能在杂交后代中选育出综合性状更好的恢复系。例如，优良恢复系晋粱5号是由恢复系忻粱7号与鹿邑歪头杂交选出的。忻粱7号表现穗大稳产，恢复性好，配合力高；缺点是穗散，籽粒小。鹿邑歪头优点穗大穗紧，恢复力强，配合力高；缺点是株高优势强，所配杂交种容易倒伏。为了能选育出兼顾双亲优点的恢复系，在分离的后代里重点选择矮秆、大穗、紧穗、大粒的选系，最终选育成优良恢复系晋粱5号。

（3）亲本亲缘关系的选择　高粱杂种优势利用实践表明，恢复系与不育系在亲缘上要有较大的遗传差异才能组配出强优势的杂交种。因此，恢复系杂交亲本的选择必须考虑到与不育系的亲缘关系。凡在生产上表现优良的、种植面积较大的杂交种，其恢复系与不育系在亲缘上都有较大的遗传差异。例如，春播早熟区种植面积较大的同杂2号，其母本黑11A是苏联库班红品种，恢复系父本吉7384是由护4号（中国高粱）与3814（赫格瑞）杂交育成的。同杂2号的父、母本保持了较大的遗传差异。

同样，春播晚熟区种植面积大的杂交种辽杂1号，其母本不育系Tx622A是由Tx3197B（卡佛尔高粱）与Zera-Zera（东非高粱）杂交育成的；父本晋辐1号是由晋杂5号（Tx3197A×三尺三）经辐射育成的，其亲缘是卡佛尔与中国高粱。双亲之间有较大的遗传差异。高粱杂优利用证明，不育系和恢复系的选育必须考量其亲本间的亲缘关系，使其保持一定的遗传差异。这样一来，在挑选亲本时，必须了解亲本的亲缘和系谱来源，以便决定选择。

3. 回交转育技术

在用雄性不育系与高粱基因型杂交选育杂交种过程中，常常发现杂交种的优势很强，但杂交父本恢复性能较差，自交结实率低，致使杂交种不能在生产上应用。为解决这一问题，需要将这个父本转育成恢复力强的恢复系。

回交转育恢复系的原理，因回交转育不育系的原理一样，所不同的是转育恢复系的回交后代要采用人工去雄。具体技术是，先用一个雄性不育系 S（$msms$）与一个恢复力强的恢复系 F（$MsMs$）杂交，使不育细胞质 S 和细胞核恢复基因 Ms 结合到一个杂种里 S（$Msms$）。从杂种后代分离群体里选择恢复力强的植株作母本，人工去雄，用被转育的基因型作父本 F（$msms$）进行杂交。在杂交后代中继续选恢复性强的植株去雄与被转育的父本回交，连续回交4~5代。当回交后代的性状不再分离，并与被转育的父本性状一致时，将回交后代连续自交2代，从中选出育性不再分离的系，即是回交转育成的恢复力强的新恢复系。这种技术由于是以不育细胞质为基础的，可以直接检查出回交后代的单株是否已获得了恢复基因，所以不必测定各个世代的恢复性。

4. 系统选育技术

由于高粱是常异交作物，其遗传性常因天然杂交而产生变异。在一些常用的恢复系群体中，或恢复类型品种群体中，经常可发现各种变异植株。通过系统选育，选择优良的变异单株，进行育性鉴定和配合力测定，即可育成新的恢复系。例如，山西省忻州地区农业科学研究所于1964年从盘陀高粱的各种变异中选育出新的优良恢复系盘陀早、盘14-2、盘15-2等；山西省汾阳地区农业科学研究所从高粱品种三滴水中选育出恢复系晋粱1号。由此可见，系统选育技术方法简便、易操作，在变异较多的恢复群体中，很快就能获得成功。然而，随着对杂交种的要求逐渐提升，对恢复系综合性状的要求也越来越高，采用系统选育就难以达到目标。

5. 二环系选育技术

二环系是来自玉米自交系的概念，即从两个自交系组配的单交种后代中选育自交系。高粱杂交种本身即是由不育系与恢复系杂交组配的，在杂交种后代中除一般性状发生分离外，育性性状也发生分离，在杂种二代（F_2）可分离出全育株、半育株和不育株。因此，在选育恢复系过程中，应进行育性和农艺性状的选择。一方面，要选育全育株进行连续自交分离，可选得稳定的恢复系；另一方面，要结合育性的选择，对农艺性状进行选择，选育出结实正常、性状优良的单株，并与雄性不育系进行测交。那些在测交中表现恢复性好、配合力高、性状优良的系，即为新选育的恢复系，称为二环系（图11-7）。

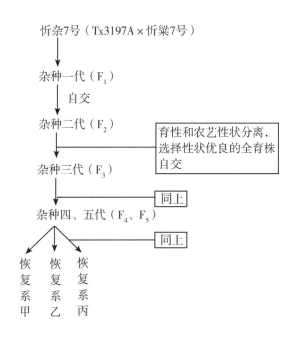

图11-7 二环系法选育恢复系程序

（《杂交高粱遗传改良》，2005）

6. 诱变选育技术

采用诱变因素，如 $Co^{60}\gamma$ 射线处理恢复系或杂交种，产生变异后，从中选育恢复系。例如，山西省吕梁地区农业科学研究所用2.4万 γ 剂量的 $Co^{60}\gamma$ 射线处理高粱杂交种晋杂5号（Tx3197A×三尺三），从变异后代中选育出了农艺性状优良、配合力高、丰产优质的恢复系晋辐1号（图11-8）。中国农业科学院原子能利用研究所用 $Co^{60}\gamma$ 射线处理高粱品种抗蚜 2 号，从后代的变异植株里，选育出矮秆分蘖类型的恢复系矮子抗。

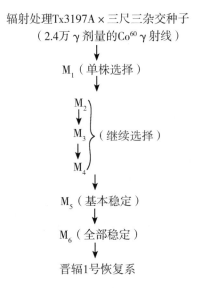

图 11-8　辐射处理选育晋辐 1 号恢复系程序

（《杂交高粱遗传改良》，2005）

第三节　高粱杂交种组配

一、杂交高粱的历史意义

1932 年之前，杂交高粱的组配只能靠人工去雄。1933 年，Stephens 等采用温汤杀雄，可以获得较多数量的杂交种子，但也只能满足小区试验的需要，不能进行生产应用。

1954 年，Stephens 等创造选育出世界上第一个能在生产上应用的雄性不育系 Tx3197A，高粱杂交种生产发生了划时代的变化，促进了高粱生产和科研突飞猛进向前发展。20 世纪 50 年代后期，美国形成了杂交高粱热，各州试验站和种子公司利用 Tx3197A 不育系组配了一批杂交种，其籽粒产量比原栽培品种增产 20%~40%。1956 年，美国出售了第一批商用杂交种种子。1957 年，生产的杂交种种子可以种植全国 15% 的高粱面积。到 1960 年，全美杂交高粱种植面积已占该作物的 95%。在美国，玉米杂交种大约花了 20 年时间才得以全面推广，而杂交高粱的全面种植只花了 4 年多的时间。这在作物种植史上恐怕也是绝无仅有的。

1950—1980 年，全美高粱籽粒产量从每公顷 1 200 kg（80 kg/亩）上升到每公顷 3 800 kg（253 kg/亩），平均每公顷年增加 86.7 kg（5.8 kg/亩），年平均增长率为 7%。20 世纪 50 年代，年平均增长率 11%，20 世纪 60 年代 4%，20 世纪 70 年代 2%。据专家计算，在高粱增产的诸多因素中，约有 34% 是品种改良的遗传增益。由此可见，高粱杂交种的显著增产作用不言而喻。

中国的杂交高粱热发生在 20 世纪 60 年代末至 70 年代初。1956 年，中国留美学者徐冠仁从美国引进了不育系 Tx3197A，开始只在两个科研单位（中国农业科学院原子能研究所、中国科学院遗传研究所）配制杂交种。到 20 世纪 60 年代末，科研单位与群众运动相结合，开展高粱品种育性鉴定，不育系和恢复系选育，杂交种组配；并进行南繁北育，大大加快了高粱杂交种的推广步伐。1967 年，全国高粱杂交种生产面积 13 余万 hm^2，到 1975 年发展到 267 万 hm^2，占全国高粱种植面积的一半。

以全国高粱主产区辽宁省为例，1949 年全省高粱平均单产每公顷 900 kg；到 20 世纪 60 年代末，通过品种改良和生产条件的改善，全省高粱平均单产上升为 1 650 kg/hm^2；1970 年，全省推广杂交高粱，平均单产上升到 2 250 kg/hm^2，提高了 36%；到 1980 年，全省杂交高粱种植面积占高粱面积的 85%，平均单产为 3 750 kg/hm^2，与美国全国高粱平均单产 3 800 kg/hm^2 相仿。

高粱杂交种的应用，不但大幅度提高了高粱单位面积产量，而且还发挥了杂交高粱的产量潜力，小面积的和大面积的高产典型层出不穷。20 世纪 70 年代，山西省定襄县神山乡 475 hm^2 高粱杂交种，平均单产 9 075 kg/hm^2。20 世纪 80 年代，辽宁省辽阳市野光滩乡 178 hm^2 杂交高粱，平均单产 9 637.5 kg/hm^2。辽宁省锦县 86.2 hm^2，平均单产 9 739.5 kg/hm^2。20 世纪 90 年代，沈阳市新民县公主屯镇种植辽杂 4 号 66.7 hm^2，平均单产 10 507.5 kg/hm^2；辽宁省朝阳县六家子村 0.3 hm^2，平均单产 13 356 kg/hm^2。1995 年，朝阳县六家子林场种植辽杂 6 号杂交高粱 0.6 hm^2，平均单产 13 684.5 kg/hm^2。1995 年，辽宁省阜新县建设镇种植辽杂 10 杂交高粱，平均单产 15 345 kg/hm^2。上述资料表明，杂交高粱的应用促进了高粱生产的跨越式发展。

二、杂交亲本的选择

（一）杂交亲本选择的条件

一个优良的高粱杂交种，要具备杂种优势强、恢复性能好、广适性和抗逆力强等优点。为达到这一选育目标，必须严格选择杂交双亲。

1. 双亲的育性要符合要求

母本雄性不育系的不育株率和不育度应达到 100%，雌蕊要不败育或败育极轻。父本恢复系的恢复力要强，授粉后的杂交种应具有很强的恢复结实能力，花粉量要大，单性花发达，花粉散粉期长，以达到饱和授粉的目的。

2. 双亲的配合力要高

在选择杂交双亲时，要考量其一般配合力要高，这样才有可能组配出强杂种优势的杂交种。在进行测交时，要了解和考察杂种一代的特殊配合力效应，籽粒产量的效应值要高，其他性状的配合力要适当，符合育种目标的要求，以便组配出理想的杂交种。

3. 双亲的遗传差异要大些

通常，高粱亲本间亲缘的遗传差异越大，其杂种优势表现就越强。但杂种优势大的并不等于配合力高，因为有的优势强的性状不表现在所需要的经济性状上，如赫格瑞高粱与中国南非高粱杂交，其杂种优势很强，却几乎都表现在植株高大、茎叶繁茂、晚熟等性状上。而南非或西非高粱与中国高粱杂交，虽然其杂种优势没有赫格瑞与中国高粱杂交的大，但却是表现在籽粒产量优势上。同一类型高粱杂交，杂种优势明显弱。

目前，我国高粱生产种植的杂交种大多是南非高粱与中国高粱或是赫格瑞高粱与中国高粱的杂交种。实践证明，这些杂交种表现单株优势强，丰产性较好，植株稍高些，即具有中秆大穗的特点，符合我国高粱生产的要求。国外为适应机械化生产的目标，粒用杂交高粱都是矮秆的，一般株高在 1.2~1.3 m，因而要求株高的优势要小些。近年，我国大面积机械化生产的高粱产区，如黑龙江省也要求选育矮秆的高粱杂交种。因此，要特别关注双亲的亲缘关系和遗传差异，美国选择的杂交亲本主要是南非高粱和西非高粱，还有菲特瑞塔和 Zera-Zera 高粱等。苏联选择的亲本，多采用南非高粱、中国高粱、黑人高粱和面包高粱。

4. 双亲的性状应互补，其平均值要高

正确选择杂交双亲的性状能使有利性状在杂交种中充分表现。如抗高粱丝黑穗病是显性性状，只要亲本之一是抗性的，杂交种就会获得抗病性，因此不必双亲都抗病。籽粒单宁含量高对低是显性，要使杂交种的单宁含量低，则杂交双亲的单宁含量都应低。同样，在株高和生育期性状上，利用双亲性状互补效应则更易奏效。

杂交双亲的选择除注意性状互补外，还要考量性状平均值要高。因为杂种一代的性状值不仅与基因的显性效应有关，而且与基因的加性效应也有关。高粱在产量、农艺、品质性状等方面，亲子之间都表现出显著的回归关系，即亲本的性状值高，杂种一代的性状值也高。辽宁省农业科学院高粱研究所研究 8 个高粱性状（穗长、穗径、轴长、分枝数、分枝长、粒数、千粒重、穗粒重）的亲本差值与杂种优势的相关性，除中轴长表现显著正相关，千粒重表现显著负相关外，其他性状不存在相关关系。由此可见，在选择双亲时，与其关注双亲性状差值的大小，不如关注双亲性状均值的高低。特别是在有些性状不存在杂种优势和杂种优势很小的情况下，如蛋白质含量、赖氨酸含量、千粒重等。若亲本的性状值不高，则杂交种的性状值也不会高。因此，必须注重亲本性状平均值的选择。

我国在杂交亲本的选择上，都十分重视大穗、大粒、紧穗的选择。美国杂交高粱遗传改良的实践也证明了性状平均值高选择的重要性。Miller 比较了 50 年美国生产上应用的新、老亲本及其杂交种籽粒产量性状平均值。结果表明，老杂交亲本籽粒产量平均为 3 672 kg/hm²，其组配的老杂交种平均为 4 737 kg/hm²；而新亲本籽粒产量为 4 252.5 kg/hm²，比老亲本增加了 15.8%，其组配的新杂交种产量平均为 7 002 kg/hm²，比老杂交种增加了 47.8%。很显然，亲本产量性状平均值的提高，大大促进了杂交种相应性状平均值的提高。

然而，在实际挑选杂交亲本时，很难获得在所有性状上都符合要求的理想杂交双亲，因此应根据育种目标和实际条件，有所侧重，满足主要的性状要求。例如，在干旱地区应先关注杂交亲本的抗旱性和丰产性，在病害多发地区应注重亲本抗病性的选择；根据不同用途的要求选择不同亲本，如食用、酿造用、饲用、板材用、色素用等。

（二）杂交亲本的拓展

高粱杂交种优良的前提条件是杂交双亲的准确选择，即选择到符合育种要求的双亲。这样一来，就要不断拓展亲本的范围，要从恢复系和不育系两方面着手。我国在高粱杂交种选育的初期，主要是利用外引的不育系 Tx3197A 与中国高粱品种测配，筛选出三尺三、盘陀早、平顶冠、鹿邑歪头、平罗娃娃头等恢复系，并组成高粱杂交种生产推广。

20 世纪 60 年代中期，开始采用各种育种方法选育恢复系和不育系，其中采用单杂交法选育的恢复系有吉 7384（护 4 号×赫格瑞）、4003（晋辐 1 号×辽阳猪跷脚）、锦恢 75（恢 5×八叶齐）、白平（白 253×平顶冠）、沈农 447（晋辐 1 号×三尺三）等；之后开展符合杂交育成的恢复系有忻粱 52［三尺三/（九头鸟×盘陀）］、0-30［（大红穗×晋粱 5 号）/4003］、晋粱 5 号［鹿邑歪头/（九头鸟×盘陀早）］、二四［298/（晋辐 1 号×猪跷脚）］、9720［（九头鸟×7384）/吉恢 20］等。采用辐射法育成的恢复系有晋辐 1 号（Co^{60}γ 射线照射晋杂 5 号种子）。

与选育恢复系相对应，最初选育不育系是在育性鉴定的基础上，利用保持类型材料作亲本，回交转育不育系，如矬 1A、矬 2A、护 2A、原新 1A、遗雄 3A 等。之后，扩大了亲本来源，利用保持类型亲本杂交选育不育系，如黑龙 11A（库班红天杂）、7050A（421B×TAM428B）、TL169-214A、［（Tx622B×KS23B）×京农 2 号］、2817A（Tx3197B×9-1B）、熊岳 21A［Tx622B×2817B/（Tx3197B×NK622B）×黑 9B//Tx622B］、901A［625B/（232EB×Tx622B）//232EB］、营 4A［Tx3197B/（65-1×Tx3197B）×原新 1B］等。

在国外，为扩大亲本系的来源，多采用群体改良技术。美国内布拉斯加大学的 Webster 等（1960）组成了第一个高粱随机交配群体，得克萨斯农业和机械大学组成抗蚜虫、普渡大学组成品质改良高粱群体，以及之后的艾奥瓦州立大学的 LAP$_4$R（S$_1$）C$_3$群体，堪萨斯州立大学的 KP9B、KP12R2 群体、得克萨斯农业试验站的 GPTM$_3$BR（H）C$_4$群体等。辽宁省农业科学院高粱研究所卢庆善等（1995）组成了我国第一个高粱恢复系随机交配群体——LSRP。

通过群体改良育成的亲本系，不仅具有较宽的遗传基础，还分别具有高产、品质优、耐旱、抗病、抗虫、适应性强等特点，大大拓展了亲本系的范围和遗传基础。甚至扩大到了高粱栽培种以外的野生种。

三、杂交种组配

（一）亲本配合力测定

不育系、恢复系育成之后，就可以组配杂交种。然而，不育系和恢复系能否真正用于配成杂交种应用于生产，必须进行配合力测定，这直接关系到杂交种产量的高低。但是，由于杂交种产量的高低与亲本系的外观农艺性状无相关性，只有配合力高的亲本才能组配出高产的杂交种。因此，亲本系在组配杂交种之前应进行配合力测定。

1. 配合力的概念

配合力的概念最初来自玉米自交系的选育，指一个自交系与其他自交系（或品种）杂交后，杂种一代的表现能力。如产量性状，表现高产的为高配合力；表现低产的为低配合力。Sprague 和 Tatum（1942）提出两种配合力的概念，即一般配合力

(general combining ability) 和特殊配合力 (specific combining ability)。一般配合力 (G. C. A.) 系指一个自交系或品种（纯合系）在一系列杂交组合中的平均表现（如产量）；特殊配合力 (S. C. A.) 系指某一杂交组合的表现（如产量），或者说就所有杂交组合的平均数而言，为一般配合力表现的离差，或优或劣的结果。

Sprague 等从玉米配合力的试验研究中在选择上获得 2 个重要结论。一是对已通过一般配合力选择的材料需要进行特殊配合力选择；而对那些尚未进行一般配合力选择的自交系来说，对这些性状一般配合力选择要比对特殊配合力选择更为重要。二是研究表明一般配合力选择和特殊配合力选择之间的相对独立性。这个结果说明一般配合力受加性基因效应所决定；特殊配合力则受显性、上位性基因效应和与环境因素互作效应所决定。

在高粱杂种优势利用研究中，对一般配合力和特殊配合力的研究表明，一般配合力和特殊配合力既有联系又有区别。一般来说，被测系的多个组合特殊配合力的平均值，就是一般配合力。在高粱杂交种组配中，选择一般配合力高的不育系和恢复系作杂交亲本，就有较大的可能和更大的概率获得高产杂交种。

辽宁省农业科学院高粱研究室（1982）、王富德等（1983）、卢庆善（1985）对新引进的高粱雄性不育系 Tx622A 等进行了配合力测定。结果表明 Tx622A 与中国高粱恢复系组配后，表现一般配合力高。用 Tx622A 与恢复系晋辐 1 号组配的辽杂 1 号，表现产量高、适应性强，在高粱主产区成为主栽品种。同时期，用 Tx622A 与恢复系 4003 组配的沈杂 4 号，与铁恢 208 组配的铁杂 7 号，与锦恢 75 组配的锦杂 83，与 654 组配的桥杂 2 号等，都表现出较高的产量配合力，所以一般配合力高的系是选育高产杂交种的基础。

2. 配合力测定方法

（1）测验种与被测验种　对采用质核互作雄性不育系组配的杂交种来说，只有 2 个亲本系：不育系和恢复系。要测定不育系的配合力，那么不育系就是被测验种，恢复系就是测验种；反之，要测定恢复系的配合力，则恢复系就是被测验种，不育系就是测验种。被测验种与测验种杂交所得的杂交种称为测交种，这种杂交被测交。测验种能影响测交种的产量，影响配合力测定的准确性，因此要选用适宜的测验种。测验种的选择要根据测定的目的。如果要测定不育系的一般配合力，那么测验种要选择一些常用恢复系，这样被测种不育系与恢复系所组配的测交种的平均产量表现，就代表了被测种的一般配合力。如果要测定特殊配合力，则测验种的选择要考量与被测种在亲缘上、性状上，尤其在主要经济性状之间的差异和互补。

此外，测验种自身配合力的高低以及与被测种亲缘关系的远近也影响到测定结果。如果测验种的配合力低，或与被测系的亲缘相近，测出的配合力常常偏低；反之，则测出的配合力偏高。在这种情况下，测验种的选择以中等配合力、中等亲缘关系的差异为好。

为了加快杂交种的选育进程，可以采取配合力测定与杂交种选配同步进行。鉴于此，测验种的选择要考量两个层面，一方面可选择一些常用的已知配合力的测验系；另一方面可以选择与被测系亲缘关系较远的，主要性状能互补的测验系一起组成的测验种。这样一来，既能测定被测系的一般配合力，又能测出其特殊配合力，进而有可能选出优良杂交种，达到"测"与"选"双重目的。

（2）测定方法　高粱亲本系配合力测定的程序包括测交和测交种比较试验两步。测交的方法有共同测验种法和不完全双列杂交测定法两种。

①共同测验种法　一般选择 1~3 个系作共同测验种，分别与所有被测系杂交。杂交方法可用人工套袋授粉，也可用一父多母的隔离区法。例如，选择 Tx622A 作测验种，恢复系矮四、157、5-27 等为被测种，杂交得到相应的测交种 Tx622A×矮四、Tx622A×157、Tx622A×5-27 等。第二年，对这些测交种进行小区比较试验。由于测交种的测验种都是 Tx622A，因此测交种的性状差异（如产量）是由于被测系的配合力不同引起的。根据测交种产量的高低以确定各被测系配合力的高低。

②不完全双列杂交测定法　由于高粱的测交种是由不育系和恢复系组配的，而且要测定的不育系或恢复系往往是一组，因此采用不完全杂交方式比较方便。不完全双列杂交称之为两组亲本的双列杂交设计，也称 NC-Ⅱ设计或两因素交配设计（AB），见于 Cockerham（1963）的论文。本设计的特点是将试验的品系分成两组，一组亲本与另一组亲本进行所有可能的杂交，而同一组内的亲本不作杂交。每组包含的亲本数可相同（称格子方设计），也可不相同。这种设计适合于研究新育成的或新引入的材料的配合力测定。

3. 不完全双列杂交测定配合力举例

卢庆善（1988）采用不完全双列杂交设计，研究从 ICRISAT 新引进的一组高粱雄性不育系的配合力。以 401A、409A、421A、425A 和 Tx622A 为被测种，组成 A 组。以晋辐 1 号、0-30、154、7932 和晋 5/晋 1 恢复系作测验种，组成 R 组。杂交共得到 25 个测交种。随机区组设计，3 次重复。以小区产量为例说明配合力测定的统计分析程序。

（1）方差分析　随机区组设计的方差分析结果列于表 11-12。结果表明，区组间差异不显著，组合间差异显著，说明测交种之间存在显著差异，应进一步分析组合间各方差分量的差异。

表 11-12　随机区组设计的方差分析（小区产量）

方差来源	自由度	平方和	方差	F 值	方差期望值
区组间	$b-1$ （z）*	S_b（0.43）	V_b（0.22）	（0.45）	$\sigma_e^2 + n_1 n_2 \sigma_e^2$
组合间	$n_1 n_2 - 1$（24）	S_v（68.27）	V_v（2.84）	（5.93）**	$\sigma^2 + b\sigma_v^2$
机误	$(b-1)(n_1 n_2 - 1)$（48）	S_e（23.03）	Ve		σ_e^2
合计	$bn \cdot n_2 - 1$	S			

＊括号内数字为分析数据。

（《高粱学》，1999）

（2）组合间方差分析　分析结果列于表 11-13。从表 11-13 的结果可以看出，亲本$_1$（A）和亲本$_2$（R）的一般配合力效应对小区产量的影响均达到了差异极显著水平；而 A 组与 R 组的特殊配合力效应对小区产量的影响也达到了差异显著水平，因此可进一步分析一般配合力和特殊配合力效应。

表 11-13　组合间方差分析

方差来源	自由度	平方和	方差	F 值
g_i（P_1）	n_1-1（4）	SP_1（54.40）	V_{p_1}（13.60）	（9.38）**
g_j（P_2）	（n_2-1）（4）	SP_2（53.84）	V_{p_2}（13.46）	（9.28）**
s_{ij}（$P_1 \cdot P_2$）	（n_1-1）（n_2-1）（16）	SP_1P_2（23.20）	$V_{p_1} \cdot p_2$（1.45）	（3.02）*
机误	（b-1）（n_1n_2-1）（48）	S_e（23.03）	V_e（0.48）	

*差异显著水平，**差异极显著水平。

（《高粱学》，1999）

（3）配合力效应分析　配合力效应分析结果列于表 11-14。结果表明，在 A 组不育系中，只有 421A 和 Tx622A 的一般配合力效应达到了差异显著水平；在 R 组恢复系中，154 和 7932 两个恢复系的一般配合力达到差异显著水平。结论是不育系 421A 和 Tx622A 的产量一般配合力较高；恢复系是 154 和 7932 产量的一般配合力较高。组合特殊配合力分析结果表明，409A×晋 5/晋 1 和 425A×154 两个组合的特殊配合力效应达到了差异显著水平，代表了这两个杂交组合的产量特殊配合力较高，有可能应用于生产。

表 11-14　A、R 组亲本系一般配合力效应及其特殊配合力效应

A 组		R 组				
		晋辐 1 号	0-30	154	7932	晋 5/晋 1
		-0.949	0.003	0.684**	0.531*	-0.269
401A	-0.923	-0.111	0.303	0.023	0.443	-0.657
409A	0.311	0.489	-0.231	-0.777	-0.424	0.943*
421A	0.564*	-0.264	-0.117	-0.264	-0.044	0.689
425A	-0.463	0.263	-0.357	0.729*	-0.417	-0.217
Tx622A	0.510*	-0.377	0.403	0.289	0.443	-0.757

*差异显著水平，**差异极显著水平。

（《高粱学》，1999）

4. 选系配合力测定时期

在亲本系（不育系和恢复系）选育进程中，配合力测定的时间分为早代测定和晚代测定两种。

（1）早代测定　早代测定是在亲本系选育的早代，即 $F_1 \sim F_3$ 进行。早代测定的理论依据是配合力受加性基因效应控制的，是可以世代稳定遗传的。配合力往往受最初所选单株遗传基础所制约，因此配合力的高低取决于单株。不同株系之间，配合力有显著不同；同一株系的不同自交世代之间或同一世代的不同系间，表型差异可能较大，但其配合力大致相同。

Sprague（1946）研究指出，早代测定的主要优点是能根据测定的结果将其分为两组，一组是配合力较高的，另一组是配合力较低的。之后的选育要从最有希望的一组中

进行，可以有更高的概率得到更多具有高配合力的品系。

（2）晚代测定　晚代是指在选育的晚期世代，即 $F_4 \sim F_6$ 进行测定，晚代测定的理论依据是选系在选育进程中可能有变化，到选育的晚代时，其选系的遗传性已基本稳定，这样所测定的配合力是可靠的、准确的。但是，晚代测定的缺点是配合力低的选系不能及早淘汰，增加工作量和经费投入，并延缓了高配合力选系投入应用的时间。

（3）早代与晚代测定结合　在高粱亲本系选育中，由于选择的杂交材料遗传基础复杂程度不同，因此选育达到遗传稳定需要的就不一样，配合力的表现也有差异，所以为了减少前期的工作量和得到比较可靠的配合力测定结果，可采取早代与晚代测定结合进行。

研究表明，株系早代测定的配合力与晚代的配合力虽然有一定的正相关性，但因早代选系尚处在基因分离和重组阶段，选育的性状不够稳定，所以早代测定的配合力结果，只能反映出该选系配合力的大致趋势，并不能代表该选系配合力的最终结果。如果先进行早代配合力测定，根据测定结果把低配合力的选系淘汰掉，可以减少工作量。当选系进入晚代时，其遗传性状也基本上达到稳定，可安排一次晚代测定，根据测得结果进行最后决选，这将是非常可靠的。

（二）杂交种组配和试验程序

1. 测定杂交

测交是指用新选育的雄性不育系与恢复系杂交，得到杂交种种子，进行杂交种的鉴定。测交的目的，对亲本系选育来说，主要是测定亲本系的配合力；对杂交种选配而言，是筛选优良的杂交种。

2. 性状鉴定

性状鉴定是对新组配的杂交种进行初步鉴定，包括育性鉴定、产量鉴定、抗病虫鉴定等。

（1）育性鉴定　杂交种的育性鉴定主要是恢复性鉴定，指杂交种的结实情况，用结实率表示，这是杂交种鉴定重要的一环。通常采用田间套袋自交的方法。在高粱植株抽穗后开花前严格套袋，收获后调查、记载结实数和空粒数，计算自交结实率，以确定杂交种的恢复性。

$$自交结实率（\%）= \frac{全穗自交结实的粒数}{全穗可育小花数} \times 100 \qquad (11.8)$$

一般每个杂交种至少要套袋自交 5 穗，套袋自交结实率达到 80% 以上者，其杂交种方可应用。还可参考杂交种田间自由授粉结实率以确定杂交种的育性。通常以田间自由授粉结实率达到 90% 以上者，认定是恢复性好的杂交种，可以在生产上应用。笔者认为，如果把套袋自交结实率与田间自由授粉结实率二者结合起来，则育性鉴定更为可靠。

（2）产量鉴定　产量鉴定是杂交种最重要的鉴定，因为产量鉴定结果关系到杂交种能否推广应用。由于参试鉴定的杂交种数目较多，因此田间试验通常采用对比法或间比法设计。增加重复可以提高试验的准确率。播前，应根据杂交种植株的高矮适当排开种植。在决选杂交种时，除主要根据产量性状外，还应兼顾单株产量、穗粒数、穗粒重、千粒重、着壳率等性状，进行综合评价。

（3）抗病虫鉴定　对高粱杂交种来说，抗病虫鉴定也是重要的一环。主要病虫害有高粱丝黑穗病、高粱蚜虫和玉米螟虫。

高粱丝黑穗病鉴定采用穴播法。每穴集中播 5~7 粒种子，覆 0.6% 丝黑穗病病菌菌土 100 g，随后盖土厚约 5 cm。当丝黑穗病发病后，调查每个小区发病株数和总株数，计算病株率。

高粱蚜虫鉴定采取接蚜法。杂交种小区最少取样 30 株，在蚜虫盛发期调查 2~3 次蚜虫虫量。在第一次调查前 10~15 d（辽宁省在 6 月中旬）取感虫无翅若蚜 20 头的小块叶片，去掉天敌，夹在接蚜株下数可见叶的第三叶叶腋间。每小区从第 3 株起连续接蚜 10 株。从蚜虫盛发期开始，调查 2~3 次，计算 10 株最重被害株的单株蚜虫数和其群落数，也可调查底数 3~4 片可见叶的单叶蚜虫数，根据虫数划分抗性等级。

抗玉米螟小区最少 30 株，在二代玉米螟成虫产卵高峰期，将人工饲养的黑头卵卵块约 50 粒，装入长 2 cm、直径 5 mm 的塑料管内，将其放在 1 m 高的叶腋间。每小区从第 3 株开始接卵，连续接 10 株。高粱成熟后，调查全小区株数、受害株数、透孔数、鞘孔数及透孔直径，计算被害株率、透孔率、透孔株孔径均数、被害株透孔均数。据此确定抗玉米螟等级。

3. 产比试验

性状鉴定决选的杂交种进入产量比较试验，产比试验是育种单位进行的产量高级试验，其杂交种数目有一定限制，通常采取随机区组设计或拉丁方设计，3 次重复，小区面积 30 m² 左右。播前根据鉴定试验数据，将株高和生育期相差大的杂交种适当排开种植，以免造成机误。种植密度要按照每个杂交种最适密度安排，以发挥该杂交种的增产潜力。产量比较试验主要目的是鉴定产量的表现，还要进一步关注育性、抗病虫性状，以及品质等其他经济性状。产比试验一般进行 2 年，根据 2 年试验结果，进行综合评价，把表现优良的、符合育种目标的杂交种选入区域试验。

4. 区域试验

区域试验分为省级和国家级区域试验两级。各育种单位通过产比试验的优良杂交种申报省级或国家级区域试验。区域试验的目的是鉴定杂交种的区域适应性和丰产性。在区域试验中，由于各试验点生态条件有一定差异，因此对杂交种的育性也要进行观察鉴定，以确定杂交种的恢复性在各地是否符合要求。此外，对杂交种主要病虫害的抗性也要进行鉴定，因为不同生态区域内，病虫的生理小种和流行种不完全一样，杂交种抗病虫的表现也不尽相同，必须调查、关注。

5. 生产试验

通过区域试验的杂交种进入生产试验。生产试验的目的是进一步鉴定入选杂交种的生产潜力和适应性。生产试验的小区面积要比区域试验的大许多，通常在 0.5~1.0 亩。生产试验一般也要进行 2 年，第一年区域试验表现优异的杂交种，第二年在进行区域试验的同时，可以进行生产试验。

近年，为了加快良种更新换代的速度和适应市场经济发展的需要，生产试验改为 1 年，而且在第一年区域试验后，第二年同时进行区域试验和生产试验。

6. 生产试种和示范

生产试种和示范是把表现优良的杂交种在生产上进行大面积试种和示范。生产示范完全按照生产条件、生产管理进行，杂交种的表现对农民来说起示范作用。生产示范是进一步考察杂交种的丰产、稳产性及其适应性，并研究和总结高产的栽培技术和措施。在试种示范中，组织农民观摩，广泛征求农民的意见，让农民对杂交种的优、缺点作出评价，对其优点要采取相应的技术加以发挥，对其缺点要采取必要的措施加以克服，即所谓扬长避短，或者叫良种良法配套，为大面积生产积累经验。

7. 杂交种审定推广

完成全部育种程序后，那些有推广应用价值的优良杂交种，由育种单位向省或国家作物品种审（鉴）定委员会提出品种审（鉴）定申请。品种审（鉴）定委员会对品种（杂交种）进行全面、严格审查，包括各种试验数据、资料、技术档案等，并听取基层种子部门、生产单位和农户对审定品种的意见后，认为被审定品种具有生产推广应用价值，则通过审（鉴）定命名推广（图 11-9）。

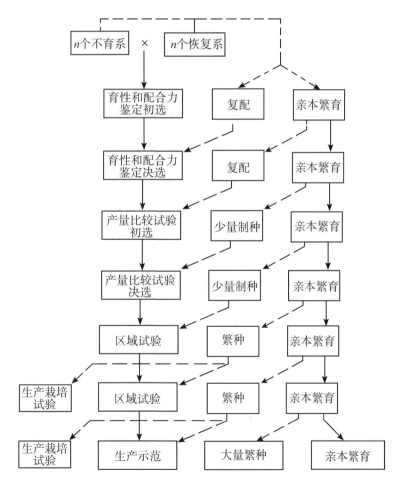

图 11-9　高粱杂交种选育程序模式

（张文毅整理，1982）

（三）杂交种及其亲本系繁育制种技术

1. 亲本系种子繁育技术

（1）不育系和保持系繁育技术　对隔离区安全性要求严格，其周围至少1 000 m以内不能种植其他高粱。在隔离区内，将不育系和保持系按2∶2或2∶1行比相邻种植，2∶1可以增加单位面积内不育系的种子繁育数量。开花授粉期，不育系依靠风力或人工辅助授粉，获得不育系种子。这些种子除一小部分留作第二年与保持系再行繁育外，大部分提供配制杂交种用不育系。保持系经自花授粉后得到的种子仍是保持系，可供繁育不育系用种（图11-10）。

图11-10　不育系和保持系繁育

（《杂交高粱遗传改良》，2005）

　　繁育不育系和保持系要贯彻以下技术环节。一是调查播期。由于不育系和保持系的生育期基本一致，在同播时通常保持系的抽穗开花期略早于不育系。在只播1期保持系时，则其比不育系晚播5~7 d，或者将不育系种子浸种催芽后，与保持系同期播种。如果保持系分2期播种，第一期与不育系同播，第二期比第一期晚播7~10 d，即第一期保持系和不育系快顶土时播。二是适宜行比。一般条件下，不育系与保持系的行比以2∶2或2∶1为宜。为了提高不育系的结实率，可在隔离区的两侧晚播几行保持系，以延长花粉的供应时间。三是去杂去劣。在不育系和保持系繁育过程中，从苗期到抽穗开花期，都要定期去杂去劣。在苗期，结合间苗、定苗、拔除杂株、劣株、弱株；全田抽穗后，开花前要进行一次严格的去杂去劣，尤其要去掉不育系行里的保持系，或者拴标签。开花时，要进行人工辅助授粉，以提高不育系的结实率。四是谨慎收获。当不育系、保持系成熟后，要及时收获。为防止混杂，应先收获保持系，并立即运到田间外面。然后捡净田间脱落的穗，包括保持系和不育系行内的脱落穗。在确认不育系行内无保持系后，收获不育系，单收单放单脱，防止混杂。

（2）恢复系繁育技术　恢复系繁育比较简便。一要选择好隔离区，周围500 m以内不能种植高粱。二要做好去杂去劣，从苗期到抽穗开花期，要及时拔除杂株、劣株。三要及时收获，单收、单放、单脱，防止混杂。

2. 杂交种制种技术

杂交种制种是以雄性不育系作母本、恢复系作父本杂交得到杂交种（F₁）种子（图11-11）。制种田应采取如下技术。

图11-11　杂交高粱制种程序

（《杂交高粱遗传改良》，2005）

（1）选地与隔离　选地与隔离是杂交种制种重要的技术环节，关系到制种的数量和质量。凡地力不匀、低洼冷浆、盐碱地块均不宜作制种田。应选择土壤肥力好、地势平坦、旱涝保收的地块。为保证杂交种的种子纯度，必须要有足够的隔离。一是空间隔离。在制种田周围不种非父本恢复系的任何高粱，其距离通常要求300～500 m。如果考虑到开花授粉期当地主流风向的影响，空间距离适当再远一些。二是自然屏障隔离。这种方法利用村庄、水库、大坝、山峰、河流、林地、沟岔等自然屏障进行隔离（图11-12）。目前，在山区或半山区，大部分采用这种隔离方法，简便、经济、有效。三是高秆作物隔离。利用玉米等作物进行隔离，距离一般在200 m以上。四是时间隔离。在无霜期较长的地区，将制种田与生产田的播期错开，最终使二者的开花期前后分开。

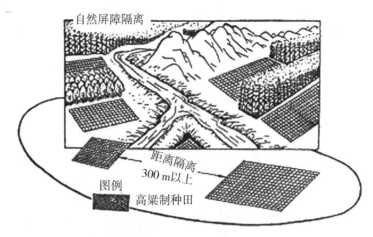

图 11-12　自然屏障隔离

（《杂交高粱遗传改良》，2005）

一般高粱制种田与生产田或其他制种田的播期至少要错开 40 d。

（2）播期与行比　父、母本花期相遇是制种成败的关键。如果父、母本的开花期不一致，则要根据父、母本从出苗到开花的日数进行播期调整。如果父、母本花期相同，可同播或母本种浸种后同播。若母本比父本早开花 2~3 d，也可同播。如果父、母本开花期相差较大，则应错期播种。错期的间隔应根据其花期相差的天数，播种时地温、墒情及出苗大约需要的天数，以及地力等条件综合考虑。

合理的父、母本行比对增加制种产量至关重要。Stephens 等研究表明，高粱异花授粉的效果至少可达 12 行（12.2 m）。目前，高粱制种田一般采用的父、母本行比有 2：10、2：12、2：14、2：16 等。究竟采用哪种行比，应根据父、母本株高，父本花粉量的多少，花药外露的程度，单性花是否发达，以及母本柱头外露的大小，柱头接受花粉的能力、亲和力等来定。

（3）去杂去劣　去杂去劣是保证杂交种种子品质的关键措施。一般制种田应进行 3 次，苗期去杂去劣是关键，结合定苗进行，去杂可根据芽鞘色、叶色、叶脉质地、颜色、株型及其特殊性状进行。拔节后到抽穗前进行第二次去杂去劣，根据株型、株高、叶和叶脉颜色等性状进行。从抽穗后到开花初进行第三次去杂去劣，可根据穗型、穗形、颖壳质地、颜色、芒性等性状，开花后根据花药色、饱满度等进行。

（4）辅助授粉　人工辅助授粉是提高不育系结实率、增加产种量的有效技术措施。根据多年高粱制种实践经验认定，辅助授粉次数要视花期相遇情况而定。花期相遇良好时，辅助授粉 5~7 次；花期基本相遇时，一般 10 次左右；花期相遇不好时，应在 15 次以上。

人工辅助授粉时间，晴天时应在露水消散后进行，通常在上午 8：00—9：00，阴天则延迟到 10：00 时甚至 11：00。这时恢复系花粉量最大，过早、过晚都会降低授粉的效果。人工授粉方法是当父本开花较多时，用竹竿轻敲父本茎秆，使花粉飞散出来，落在母本穗（柱头）上。如果父本茎秆低于母本的，可使用喷粉器吹风的方式，将花粉吹起。对那些过早或过晚开花的母本穗，应采枝花粉的办法进行人工授粉。

（5）收获与种子储藏　为保证种子纯度，一般先收父本后收母本，先收父本时应将其运到地外，并捡净地里的落地穗，包括母本行里的落地穗。这时再收获母本。在北方，要尽可能早收制种田，以利用秋日阳光快速干燥种子，确保在上冻前使种子含水量降至安全水分。

在种子收割、装运、脱粒过程中，要严格按操作规程进行，严防混杂，特别要防止父、母本之间的机械混杂。脱离后，应对种子纯度、净度、含水量进行检测，包装后单放储藏。

3. 花期预测与调控

花期相遇是高粱制种成败的关键。前述，虽然已经根据父、母本花期对播期作了调整。但是在出苗后，由于父、母本对生态条件的反应不同，常会导致父、母本的生长发育有快有慢，有可能造成花期不遇。因此，从父、母本出苗开始，就应定期进行花期预测，以便及时采取有效措施，达到花期相遇的目的。花期预测有两种方法。

（1）叶片预测法　一般同一品种在同地点的叶片数是较为固定的，因此可根据父、母本的叶片数目和出叶速度以及当时的叶片差数来预测花期能否相遇。叶片预测的关键在于准确地查出父、母本的叶数。因此，选点定株必须有代表性，即能代表制种田总体的叶片数。选点定株后，从第一片叶进行标记，以保证准确的叶数。如果父、母本的总叶数一样，调控时应使母本的叶数多于父本一片叶，因为高粱每长出一叶约需 3 d。不论哪一个杂交组合，总的调控指标要达到母本旗叶伸长，父本到旗叶期；或者母本抽穗，父本打苞期；或者母本开始开花，父本已抽完穗。只有保持父本与母本的这种差距，才能花期相遇良好。

（2）幼穗预测法　在有的情况下，父、母本的叶片总数会因温、光条件和生育条件的不同而发生变化，如生育期间遇到高温，则叶片生长速度加快，总叶数减少。因此，单靠叶片预测有时会出现误差，故提出幼穗预测法。

高粱拔节后，幼穗开始分化，这时总叶数和尚未展开的叶片数都已确定。高粱幼穗分化共分为 7 个阶段，幼穗分化每通过 1 个阶段大约需 5 d。幼穗预测花期相遇的指标是母本幼穗分化阶段比父本的要早半个到 1 个阶段。如果父本的幼穗分化阶段比母本的早，则应进行花期调控。花期调控的原则是采取有效的促进或控制措施使花期相遇协调起来。父母本苗期生长差异大时，可对生长快的亲本采取晚间苗、晚定苗、留小苗；反之，应早间苗、早定苗、留大苗。拔节后，父、母本花期预测不协调时，可采取偏肥水管理，促进生长迟缓的亲本系赶上来；也可喷洒赤霉酸生长调节剂 1 000 倍液，提高其生长速度，达到花期相遇。

主要参考文献

陈悦，孙贵荒，石玉学，等，1995. 部分高粱转换系与不同高粱细胞质的育性反应 ［J］. 作物学报，21（3）：281-288.

盖钧镒，2006. 作物育种学各论［M］. 2 版. 北京：中国农业出版社.

李竞雄，1963. 杂种优势的利用，遗传学问题讨论集（第 3 册）［M］. 上海：上海科技出版社.

刘振鹭, 1983. 高粱杂种优势的早期预测 [J]. 山西农业科学 (2): 20-22.

卢庆善, 1989. 美国高粱品种改良对产量的贡献 [J]. 世界农业 (9): 31-32.

卢庆善, 1992. 我国高粱杂种优势利用回顾与展望 [J]. 辽宁农业科学 (3): 40-44.

卢庆善, 1985. 新引进高粱雄性不育系的配合力分析 [J]. 辽宁农业科学 (2): 6-11.

卢庆善, 1996. 植物育种方法论 [M]. 北京: 中国农业出版社.

卢庆善, 1999. 高粱学 [M]. 北京: 中国农业出版社.

卢庆善, 宋仁本, 1988. 新引进高粱雄性不育系 421A 及其杂交种研究初报 [J]. 辽宁农业科学 (1): 17-22.

卢庆善, 孙毅, 2001. 华泽田农作物杂种优势 [M]. 北京: 中国农业科技出版社.

卢庆善, 孙毅, 2005. 杂交高粱遗传改良 [M]. 北京: 中国农业科学技术出版社.

卢庆善, 赵廷昌, 2011. 作物遗传改良 [M]. 北京: 中国农业科学技术出版社.

马鸿图, 1979. 高粱核-质互作雄性不育 Tx3197A 育性遗传的研究 [J]. 沈阳农学院学报, 13 (1): 29-36.

马忠良, 姚忠贤, 张淑君, 等, 1988. 高粱 4 个不同胞质不育性的育性反应及一般配合力测定结果 [J]. 吉林农业科学 (3): 23-24.

钱章强, 1990. 高粱 A_1 型质核互作雄性不育性的遗传及建立恢复系基因型鉴别系可能性的商榷 [J]. 遗传, 12 (3): 11-12.

王富德, 程开泽, 1988. 高粱 A_2 雄性不育系的鉴定 I: 育性反应 [J]. 作物学报, 14 (3): 247-254.

王富德, 卢庆善, 1985. 我国主要高粱杂交种的系谱分析 [J]. 作物学报, 11 (1): 9-14.

王富德, 张世苹, 杨立国, 1990. 高粱 A_2 雄性不育系的鉴定 II: 主要农艺性状的配合力分析 [J]. 作物学报, 16 (3): 242-251.

西北农学院, 1981. 作物育种学 [M]. 北京: 农业出版社.

徐冠仁, 1962. 利用雄性不育系选育杂种高粱 [J]. 中国农业科学 (2): 15-20.

鄢锡勋, 1963. 高粱细胞质雄性不育杂交第一代利用的研究 [J]. 中国农业科学 (1): 20-23.

鄢锡勋, 1979. 核置换培育高粱细胞质遗传雄性不育的研究 [J]. 遗传学报, 6 (1): 42-45.

张福耀, 1987. 高粱非迈罗细胞质 A_2、A_3 雄性不育系研究 [J]. 华北农学报, 2 (1): 31-36.

张福耀, 李继宏, 1990. 高粱 A_1、A_2 型核质互作雄性不育性遗传的初步研究 [J]. 华北农学报, 5 (2): 1-6.

张福耀, 王景雪, 李团银, 等. 高粱 A_1、A_2 细胞质雄性不育系的配合力分析 [J]. 山西农业科学 (1): 4-7.

张孔湉, 1964. 高粱雄性不育系花粉败育过程的细胞学观察 [J]. 遗传学集刊 (4)：49-60.

张孔湉, 1981. 植物雄性不育理论研究的进展 [J]. 国外农学：杂粮作物 (1)：1-9.

张文毅, 1983. 高粱杂种优势分析 [J]. 辽宁农业科学 (2)：1-8.

张文毅, 1988. 高粱杂种优势的利用 [M]. 北京：农业出版社.

张文毅, 1994. 高粱杂种优势利用研究与进展：作物育种研究与进展 [M]. 南京：东南大学出版社.

赵淑坤, 1997. 胞质多元化在高粱杂种优势利用中的探讨 [J]. 辽宁农业科学 (1)：36-39.

赵淑坤, 石玉学, 1993. A_1、A_2 型高粱雄性不育的细胞核遗传方式研究 [J]. 辽宁农业科学 (1)：15-18.

中国科学院遗传研究所, 1971. 植物雄性不育的意义及研究动态 [J]. 遗传学通讯, (1)：32-35.

中国科学院遗传研究所, 1976. 细胞质雄性不育高粱及可育相似体的细胞学初步研究 [J]. 遗传学报, 3 (2)：156-158.

中山大学生物系遗传组, 1974. 作物"三系"生物学特征研究 I：高粱雄性不育系与可育系（保持系和恢复系）的细胞形态发育的比较研究 [J]. 遗传学报 (2)：171-180.

中山大学生物系遗传组, 1975. 作物"三系"生物学特征的研究 II：利用放射性同位素对不育系植株代谢障碍发生情况的研究 [J]. 遗传学报 (1)：62-71.

ANDREWS D J, WEBSTER O J, 1971. A new factor for genetic male sterility in *Sorghum bicolor* (L.) Moench [J]. Crop Sci. (11)：308-309.

BEIL G M, ATKINS R E, 1967. Estimates of general and specifie combining abiliy in F_1 hybrids for grain yield and its components in gmin sorghum [J]. Crop Sci. (7)：225.

KARPER R E, QUINBY J R, 1937. Hybrid vigor in sorghum [J]. J. Heredity (28)：83-91.

MILLER F R, 1968. Sorghum improvement, past and present [J]. Crop Sci., (8)：499-502.

QUINBY J R, 1974. Sorghum Improvement and the Genetics of Growth [M]. Texas A&M University Press.

QUINBY J R, 1982. Interaction of genes and cytoplasms in sex expression in sorghum. Sorghum in the Eighties [J]. I-CRISAT.

SCHERTZ K F, PRING D. R, 1982. Cytoplamic sterilily systems in sorghum. Sorghum in the Eighties [M]. I-CRISAT.

SCHERTZ K F, RITCHEY J. M, 1978. Cytoplasmie-genie male sterility syslems in sorghum [J]. Crop Sci. (5)：890-893.

SCHERTZ K F, 1981. Registration of three pairs (A and B) of sorghumgermplasm with

A cytoplasmic – genic sterility system（Reg. No. Gp70 to 72）　[J]. Crop Sci. (1)：148.

SCHERTZ K F，1977. Registration of ATx2753 and BTx2753 sorghum gemplasm（Reg. No. GP30 and 31）[J]. Crop Sci. ，6：983.

STEPHENS J C，QUINBY J R，1933. Bulk emasculation of sorghum flowers. J. Ameri. Soc [J]. Agron. (25)：233-234.

STEPHENS J C，1937. Male sterility in sorghum–its possible utilization in production of hybrid seed [J]. Ameri. Soc. Agron. (29)：690-696.

STEPHENS J C，1954. and Holland R. F. Cytoplasmic male sterility for hybrid sorghum seed production [J]. Agron. J. (46)：20-23.

WORSTELL J V，et. al，1982. Relationships among male–sterility inducing cytoplasms of sorghum [J]. Crop Sci. (1)：186-189.

第十二章　高粱群体改良技术

第一节　群体改良概述

一、群体改良的由来和发展

群体改良（population improvement）与轮回选择（recurrent selection）是在玉米杂种优势利用的实践中产生和发展起来的。1919 年，Hayes 和 Garber 最先提出了群体改良。1940 年，美国玉米育种家 Jenkins 首先报道了玉米自交系一般配合力选育的育种方案。他认为玉米籽粒产量受许多等效显性基因所控制，在玉米早代测验法的基础上首创轮回选择法，人们称为一般配合力的轮回选择。

1945 年，Hull 提出了特殊配合力轮回选择的概念，首次使用轮回选择法这一术语。他认为产量的杂种优势是由于在许多基因位点上超显性基因作用的结果，因此基因的杂合状态比任何等位基因的纯合状态都更有利，并提出用纯合自交系作测验种进行轮回选择最有效。

1949 年，Comstock 等又报道了交互轮回选择（reciprocal recurrent selection）。他们认为玉米产量杂种优势是加性基因和超显性基因共同作用的结果。鉴此，他们建议用交互轮回选择可以对加性和超显性基因同时都有选择效应。而且，还认为交互轮回选择比一般配合力和特殊配合力的轮回选择都更好些。

早期的群体改良研究主要放在玉米上。Sprague（1952）指出，一个玉米综合种，其原始群体的含油量为 4.2%，经过 2 次轮回选择改良的群体，其含油量上升到 7%。而采用自交系系统选择，自交 5 代后，其含油量由原来的 4.97% 上升到 5.62%。Eberhart（1972）对两个玉米群体 BSSS（R）和 $BSCB_1$（R）的产量进行了 5 轮交互轮回选择，每一轮的产量增益为 273 kg/hm^2（4.6%）。在组配的杂交组合中，轮选前 $C_0 \times C_0$ 的杂交优势效应为 15%，在轮选 5 代后，BSSS（R）$\times BSCB_1$（R）的杂交优势效应达到 37%，BSSS（R）$C_7 \times BSCB_1$（R）C_5 的杂交优势效应增加到 34%。群体改良后可以从中选出优良的自交系，如 B73 和 B78 就是分别从 BSSS（HT）的第 5 轮（C_5）和第 6 轮（C_6）中选出来的。

从 20 世纪 50 年代以来，美国作物育种家普遍学习和认可群体遗传学的论点，促进了作物育种理论的提高和技术的发展，突出的标志是群体改良和轮回选择得到了快速应用。许多育种家采用这一理论和技术，对玉米的籽粒含油量、赖氨酸含量、蛋白质含量、抗病虫性、抗倒、抗寒性、矮秆、低穗位性、耐密、耐肥性等进行了群体改良，取得了良好的效果。

对常异交作物来说，高粱的群体改良是做得较好的一种作物。20 世纪 60 年代初，Webster 在美国组建了第一个高粱随机交配群体。1968 年以后，高粱育种家先后组建和开展了高粱群体改良研究。Ross（1979）利用组建的高粱群体 NP_3R 和 NP_5R 进行籽粒产量改良的轮回选择。结果表明，通过一轮半同胞家系轮回选择的 NP_3R 群体 C_1 籽粒产量比原始群体 C_0 高 21%，全同胞家系选择的高 19%，自交一代家系选择的高 26%。NP_5R 群体经一轮选择后，自交一代选择的 C_1 比 C_0 仅高 1%。由此可见，以产量为目的进行群体改良时，三种轮回选择方法比较，自交一代选择法优于半同胞和全同胞家系选择法。

Foster（1975）研究高粱群体 DD38 经 10 轮混合选择对产量的效应。结果表明，10 轮选择后千粒重由原始群体的 25.3 g 提升到 33.9 g，增加 34%，平均每轮增益 3.4%。株高由原始群体的 95.7 cm，提高到 125.9 cm，增加 32%，平均每轮增益 3.2%。出苗至开花日数由原始群体的 70.7 d，增加到 78.3 d，增加 11%，平均每轮增益 1.1%。研究得出初步结论，在一个群体内，要使选择不断产生效果，需要有基因型变异作为选择的短期反应的基础，选择的连续性反应需要有新的基因型组合不断地产生出来，也就是说在群体里必须有杂合体出现。像高粱这样的常异交作物，要维持显著的杂合性水平，必须依靠对杂合体能提供较大适合度的遗传机制。

二、群体改良与常规选种

通过轮回选择实现高粱群体改良，以选育遗传基础广泛的品种和配合力显著的亲本系，进而组配强杂种优势的杂交种，目前已成为国内外高粱育种单位应用的育种方法之一。与以往采用的常规育种法（指系谱法）比较，群体改良法具有明显的优越性。不可否认，传统的常规育种能为农业生产提供较多的优良高粱品种和杂交种，但育种家越来越发现它本身的一定局限性。常规系谱法对只有很少基因控制的性状的选择是有效的；如果性状由大量基因控制，欲得到有利基因组合，则需要大群体。

常规法杂交次数有限，故基因连锁很难打破。假设某一性状由 20 对基因控制，要取得 20 对显性基因纯合的个体，其杂种群体最低播种面积不得少于 3 600 hm²。如果这些基因与其他不利基因连锁，为达到纯合还会增加额外困难。因此，由于杂交技术、分离世代的群体容量及试验田大小等因素的限制，传统育种法难以提供更多成功选择的机会。

Webster（1976）在评述美国高粱育种史时指出，Kafir、Milo、Hegari、Feterita 等高粱构成了美国粒用高粱种质的基础。大量育成的栽培品种，如 Wheatland、Caprock、Plainsman、S. A. 7078、Midland、Redbine 等都是用 Kafir 和 Milo 高粱杂交育成的。选择都是在少数基因控制性状（如籽粒颜色、大小、形状、芒性、分蘖及抗病虫等）分离的基础上进行的，而要获得更多优异性状的个体则需要更大的分离群体。

他指出，自发现和应用 Milo 细胞质雄性不育性后，全部高粱杂交种种子都来自 Milo 细胞质。从遗传脆弱性考量，不能不说存在着潜在的病虫害风险。为解决育种家所利用的高粱细胞质和种质贫乏的问题，早在 20 世纪 60 年代初期，Webster 就用大量光周期不敏感高粱类型与细胞质雄性不育系杂交，组成一个随机交配群体。这就是世界上第一个高粱随机交配群体。为使 F_1 群体含有不育性，能够与可育株随机交配，在第二轮中加进了细胞核雄性不育基因 ms_3。按株高和生育期对不育株系进行几轮选择后，群体变得相对一致。这就是高粱育种中应用群体改良的最初思路和实践。之后，高粱育种家先后接受了高粱群体改良的概念和做法，并组成了一批高粱随机交配群体。

1967 年以来，Eberhart、Doggett、Gardner 等已明白地论述了高粱群体改良在利用大量高粱种质对改良栽培品种和杂交种亲本的重要性和实用性，以及利用细胞核雄性不育基因组成随机交配群体的可行性和方便性，以及通过杂交、重组、轮回选择实行群体改良的操作方案。与此同时，Doggett 和 Jowett 在东非，Andrews 在西非，Gardner、Nordquist、Ross 和 Oswalt 在美国，Downs 在澳大利亚，Bhola Nath 和 Doggett 在印度，卢庆善和宋仁本在中国都分别利用细胞核雄性不育基因组成了高粱随机交配群体，并进行了轮回选择改良。

实践证明，在广泛利用高粱遗传种质的前提下，开拓和组合其变异性，连续采用轮回选择，可迅速打破不利基因连锁，使群体中有利基因的积累、组合程度不断提升，为选育高粱新的优良品种和杂交种亲本系提供更多的选择机会和更丰富的原始材料，并能同时进行多种经济性状的有效改良。

三、群体改良的理论基础

（一）群体遗传学

群体改良的性状一般是经济性状，如产量、粒重、粒数、穗长、株高等。这些经济性状属于数量性状。数量性状是由微效多基因控制的，其特点是变异连续性和受外界条件的影响比较大。数量性状这一特点的原因是基因作用的类型。

1. 加性效应

如果一个基因位点上的单基因给予 1 个加性单位的增量，那么 2 个基因则给予 2 个单位的增量。即 $aabb = 0$，$Aabb = 1$，$AAbb = 2$。

2. 显性效应

一个基因位点上的 1 个或 2 个显性基因有相同的效应。即 $aabb = 0$，$Aabb = 2$，$AAbb = 2$。

3. 上位性效应

这种效应是不同基因位点上的 2 个基因在其单独存在时无效应，把它们放到一起时就产生效应。即 $AAbb = 0$，$aaBB = 0$，$A\_B\_ = 4$。

4. 超显性效应

这种效应是等位基因的杂结合比等位基因的纯结合有更大的增量。即，如果 AA 提供 1 个单位的增量，而 Aa 则有 1 个以上单位的增量，表 12-1 列出了基因作用的各种类型。

表 12-1 基因作用类型汇总表

基因型	基因作用类型			
	加性	显性	上位性	超显性
aabb	+0	+0	+0	+0

（续表）

基因型	基因作用类型			
	加性	显性	上位性	超显性
Aabb	+1	+2	+0	+2
AAbb	+2	+2	+0	+1
aaBb	+1	+2	+0	+2
aaBB	+2	+2	+0	+1
AaBb	+2	+4	+4	+4
AABb	+3	+4	+4	+3
AaBB	+3	+4	+4	+3
AABB	+4	+4	+4	+2

（《杂交高粱遗改良》，2005）

如果一个基因控制一个性状，那么只有 3 种可能的基因型，即 *AA*、*Aa* 和 *aa*。假如基因的作用是加性效应的，则可有 3 种表现型，即 *AA*、*Aa* 和 *aa*。如果是显性效应，则有 2 种表现型，*AA* = *Aa* 和 *aa*。如果一个性状由 2 个基因控制时，那么几个基因型可以有相同的表现型（表 12-1）。如果是加性效应，则 *AAbb*、*aaBB* 和 *AaBb* 都有 2 个表现型值。而如果是显性效应，则 *Aabb*、*AAbb*、*aaBb* 和 *aaBB* 都有 2 个表现型值。

群体的存在取决于基因的适应性和灵活性（flexibility）。适应性需要与目前的环境条件竞争，以便取得最大可能的优势，而且通过表现型表现出来。灵活性需要满足对未来环境条件的要求，是包含在基因型里。不同基因型产生相同表现型的这种情况可以作为未来遗传变异的贮存库。而不影响表现型的适应性表现。变异性可以通过异质性贮存起来，并通过后代的分离释放出来。

如果一个性状是由 3 个以上基因控制的，那么变异性可以通过纯合型贮存起来，例如 *aaBBCC* 和 *AAbbcc*。要释放这些变异性，则需通过杂交以形成杂合型 *AaBbCc*。因此，这清楚地表明，甚至在无连锁的情况下，经常进行杂交是必要的，目的是释放变异性，这时选择才有条件。正如 Mather 强调的那样，选择不能创造新的变异性，只能保持可见的变异性。对任何群体改良方法来说，其基本需要可归结为两点：一是经常的杂交为的是释放变异性，二是连续的选择是使这些变异性表现出来并培育成型。

连锁在保持和释放变异性的效应上是重要的。基因型 *AaBb* 在无连锁独立分离的情况下，杂交后将释放出变异性，即出现新的基因型，如 *AABB*、*AAbb*、*aaBB*、*aabb* 等。但是，如果这 2 个基因紧密连锁，那么几乎所有的配子将是 *Ab* 和 *aB*，其数目取决于重组值。这样的 2 个杂合型杂交，则再次产生出亲本占优势的基因型（*AaBb*），其数目取决于基因连锁的紧密度。很显然，对联会期的连锁（在同一条染色体上）、交叉是真实存在的，*AB* 和 *ab* 配子导致快速释放贮存的变异性。为了打破紧密连锁释放贮存的变异性，以实现有效的选择，连续的杂交是必要的，以期不断打破连锁，实现重组合。因此，群体改良的过程，就是不断地杂交、产生变异、选择变异的过程，进而培育出符合育种目标的基因型。

（二）群体改良的原理

群体改良成功与否在于基础群体的组成上，即构成群体亲本的遗传变异度和性状均值的大小。Sprague（1966），Eberhart 和 Sprague（1973）根据数量遗传学理论阐明了利用遗传变异性在群体改良中的作用范围。品种和杂交种亲本改良的进展取决于基础群体的改良。而基础群体的改良是通过杂交和重组以获得更多的机会来打破不利基因连锁和释放出贮存的遗传变异性。Eberhat（1970a）用图例说明群体轮回选择的效应（图12-1）。同时，还提出通用公式 12.1 来预测群体选择增益的大小，并根据这一公式讨论了提高选择增益的各种技术。

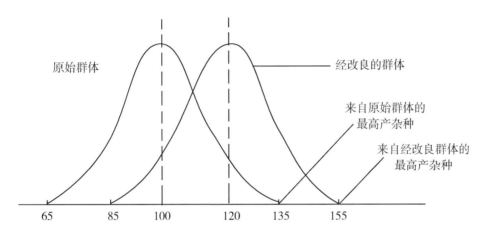

图 12-1　预期的群体分布

（Eberhart，1970a）

$$G = \frac{K \cdot P \cdot \sigma_g^{21}}{y \sqrt{\dfrac{\sigma_e^2}{rm} + \dfrac{\sigma_{ge}^2}{m} + \sigma_g^2}} \tag{12.1}$$

式 12.1 中，G 表示选择增益，即经一轮选择后预期的群体产量（或某一性状）的增量；K 表示选择强度（亦称选择压），由选择率决定的常数值；P 表示亲本控制系数，只选择杂交亲本中的一个时，$P=1/2$；双亲均被选择时，$P=1$；y 表示每一轮选择所需的年数（或季节数）；r 表示每个地点的重复数；m 表示试验地点数；σ_g^2 表示家系的遗传方差；σ_g^{21} 表示家系的加性遗传方差；σ_{ge}^2 表示遗传型与环境互作方差；σ_e^2 表示试验机误方差。

从公式 12.1 可以看出，凡增加分子项的技术或减少分母项数目的技术都能提高选择增益。

1. 增加选择强度即提高 K 值

选择增益随着选择强度的提高而增加。选择强度（K 值）和选择增益之间的关系可用表 12-2 说明。当选择率由 40% 变为 5% 时，K 值相应由 0.97 增加到 2.06，选择增益增加了 1 倍多，由 70 提升为 147。然而，由于选择强度的增加，测定的家系数目也须相应增加，以便保持有效的群体大小，防止因遗传漂变失去有利的等位基因。Robertson（1960）指出，为了长期的选择进展，需要保持中等选择强度，以使最终的增益达到最大值。这种标准对基础群体或原始群体是适合的，而对经过选择很快应用的群体则不适合。

表 12-2　选择强度和选择增益的关系

选择率（%）	K 值	选择增益
2	2.42	173
5	2.06	147
10	1.75	125
20	1.40	100
30	1.16	83
40	0.97	70

（《高粱学》，1999）

2. 增加加性遗传方差和改变亲本控制状况

可以通过增加群体品系的遗传分化程度和增加亲本控制系数来实现这一目标。

3. 增加每年种植的世代数（减少 Y 值）和改进田间试验技术

采取如前作一致、精细管理、多点试验、合理的小区株数，去掉边行等措施，均可减少机误方差和表型方差。Eckebil（1977）发现，2 年 2 次重复的试验设计，对高粱产量就有较大的增益。

群体改良的原理来源于一个简单的概念，即群体里一个等位基因与另一个基因的交换过程，需要在每一个位点上以优良基因取代劣者。同时，还要在不同基因位点上积聚那些互作效应特好的等位基因。群体改良的遗传基础是群体数量遗传学。数量性状的遗传特点是受微效多基因控制，且性状的表现易受环境的影响。高粱籽粒产量就是一个数量性状，要从多基因控制的产量性状中选出优良的纯合个体，其概率很低。这就应该采用提高群体内优良基因频率的方法，以增加选出优良基因型个体的比率。这里以上述的 2 对等位基因所组成的 9 种基因型为例，用 4 种模式进一步说明群体改良的原理。

第一种，加性效应。加性效应是指基因累加的效应。图 12-2 所列数字表示每个基因位点上某一位点被另一等位基因替代时，在该性状尺度上产生的数值效应。以产量为例，假设增加 1 个 A 基因能增加 1 kg 产量，增加 1 个 B 基因能增加 0.5 kg，双隐性基因型的基础产量为 0.5 kg。那么，在加性基因效应控制下（无显性效应），一个基因位点的基因替代效应也不受另一位点的影响，即不存在上位性。这时，纯合体 AABB 的产量可达 3.5 kg，其余类推。图 12-2 中右边和底边所列数字是 3 种基因型的平均数。

第二种，显性效应。显性效应是在完全显性无上位性效应的情况下，同一位点上的

AABB	AABb	AAbb	AA – –
7	6	5	6
AaBB	AaBb	Aabb	Aa – –
5	4	3	4
aaBB	aaBb	aabb	aa – –
3	2	1	2
– – BB	– – Bb	– – bb	
5	4	3	

图 12-2　2 对等位基因的遗传效应

（模式 I，加性）（秦泰辰，1993）

显性基因掩盖了相对的隐性基因，在每一位点上杂合基因型的数值等于纯显性基因型。在纯隐性基因型 aa 中，A 代替了 a 时所产生的效应不同于在 Aa 基因型中的作用（图 12-3）。

第三种，互补效应。互补效应是上位性的一种。是指非等位基因间发生的互补效应，即 A 和 B 基因同时存在时才能产生的作用（图 12-4）。

第四种，复合效应。复合效应是指 A 基因位点 3 种基因型与 BB、Bb、bb 互相作用时，分别产生的全显性、超显性和全隐性的效应；而 B 位点 3 种基因型与 AA、Aa、aa 互相作用时，分别产生出显性、部分显性和无显性效应（图 12-5）。

以上 4 种类型的基因模式表明，由于基因效应的差异表现出不同的遗传效应。群体改良的目的是通过连续的轮回选择，打破基因连锁和重组合，有可能把优良的基因积聚起来，选育出优良基因型的个体。促成这一结果的动力就是育种家在群体改良中所施加的选择压。

在一个随机交配的群体内，每一个单株都是该株基因型与随机的其他基因型交配的杂交种。如果我们通过选择，能把那些最优基因型的最好表现型挑选出来，并再次重组合，那么新形成的群体中出现优良基因型概率就增加了，性状平均值也提高了。这样就可以从经改良的随机交配群体中选出优良的单株或品系，进而组成优良的杂交种。以高粱千粒重为例说明这一原理。在一个随机交配群体里，千粒重从小到大呈正态分布。假设群体的平均千粒重为 25 g，在大于 25 g 的部分选一些单株，然后组成经第一轮选择

$AABB$	$AABb$	$AAbb$	AA - -
4	4	2	$3\frac{1}{3}$
$AaBB$	$AaBb$	$Aabb$	Aa - -
4	4	2	$3\frac{1}{3}$
$aaBB$	$aaBb$	$aabb$	aa - -
3	3	1	$2\frac{1}{3}$

- - BB	- - Bb	bb	
$3\frac{3}{4}$	$3\frac{3}{4}$	$1\frac{3}{4}$	

图 12-3 2 对等位基因的遗传效应

（模式 II，显性）（秦泰辰，1993）

$AABB$	$AABb$	$AAbb$	AA - -
3	3	1	$2\frac{1}{3}$
$AaBB$	$AaBb$	$Aabb$	Aa - -
3	3	1	$2\frac{1}{3}$
$aaBB$	$aaBb$	$aabb$	aa - -
1	1	1	1

- - BB	- - Bb	- - bb	
$2\frac{1}{3}$	$2\frac{1}{3}$	1	

图 12-4 2 对等位基因的遗传效应

（模式 III，互补）（秦泰辰，1993）

AABB	*AABb*	*AAbb*	*AA* --
4	2	3	3
AaBB	*AaBb*	*Aabb*	*Aa* --
4	3	1	$2\frac{3}{4}$
aaBB	*aaBb*	*aabb*	*aa* --
3	2	1	2
– – *BB*	– – *Bb*	*bb*	
$3\frac{3}{4}$	$2\frac{1}{3}$	$1\frac{3}{4}$	

图 12-5　2 对等位基因的遗传效应

（模式 IV，复合效应）（秦泰辰，1993）

的群体。这样，开始的原始群体就称为基础群体或 0 群体，简称 C_0。经第一轮选择后形成的群体，称第一轮群体，简写 C_1。经第二轮选择后形成的群体，称第二轮群体，简写 C_2，以此类推。经第一轮选择后的 C_1 群体，其平均千粒重为 27 g，C_1 与 C_0 相比，群体的平均千粒重增加了 2 g，这就是第一轮选择的增益（gain，也称获得量）。如果经第二轮选择后的群体平均千粒重为 28.5 g，那么这一轮的选择增益为 1.5 g（图 12-6）。每经过一轮选择，选择下来的单株平均千粒重就提高一点，由此形成的新群体的千粒重平均值也就相应提高了一步。

群体改良的另一个重要环节是选择。选择是根据表现型进行的，以期达到间接对基因型选择的目的。从遗传学原理分析，植物个体的表现型与内在的基因型之间存在相关关系，即表现型是基因型与环境条件互作的结果。否则，选择的改良作用就不存在。鉴此，群体改良可采取如下的育种程序：一是选择优良的表现型（单株或品系）；二是对优良的表现型进行试验、观察和鉴定；三是从鉴定中选择优良的材料再进行组合；四是产生可供下一轮选择的新群体（材料）。

轮回选择的过程，可逐渐改变群体中的基因频率，以更优良的等位基因替代较差基因。尽管尚不知晓群体中包含的是什么样的基因，以及所涉及的基因数目及其在染色体上的位置，但已有充分的证据表明这种方法是有效的。

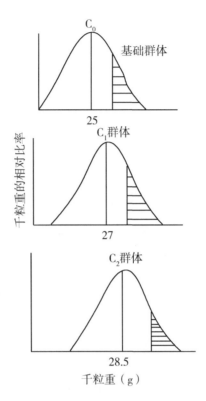

图12-6　高粱基础群体的千粒重、基因型和轮回选择改良群体的基因型的预期分布
（《杂交高粱遗传改良》，2005）

第二节　高粱群体的组成

　　高粱群体改良的基础是先组成随机交配群体。Gardner（1972）指出，通过群体改良获得的品系或亲本系组配的杂交种产量水平，取决于随机交配群体的遗传变异度和性状均值大小。随机交配群体的组成大体分3步：第一步是选择亲本；第二步是往亲本里转入雄性不育基因，以及转换细胞质；第三步是使组成群体的亲本之间尽可能地随机交配，充分地打破基因连锁，实现基因的重组合。因此，群体改良能否取得成功的先决条件，就是随机交配群体中是否含有足量的遗传变异。

一、亲本选择

（一）亲本选择的原则和条件

　　组成群体的亲本需要进行认真挑选。亲本选择与群体改良的目标直接相关，通常根据产量性状、品质性状、对主要病虫害的抗性、抗逆性（抗干旱、抗倒伏、耐盐碱、耐冷凉等）、适应性、熟期和株高等主要农艺性状选择亲本。如果群体改良的最终目标是选育亲本系并组配杂交种，那么在分别组成保持系和恢复系群体时，二者亲本的选择必须考虑它们之间的遗传差异。也就是说，要使这 2 个群体的亲本保持相当的亲缘差异。在我国，从多年高粱杂种优势利用研究的成果看，在以利用外国高粱雄性不育系和中国高粱恢复系为主组配杂交种的情况下，保持系群体的亲本应以外国高粱为主，恢复系群体的亲本以中国高粱为主，适当加入南非（卡佛尔）高粱和赫格瑞高粱（Hegeri）。

Andrews 等（1982）认为，组成高粱随机交配群体的亲本应具有较高的一般配合力。如果拟选择的亲本缺乏现成的一般配合力资料时，可选择地理来源较远的品种作群体组成亲本。选择亲本的原则要使组成的群体既含有育种目标所需要的全部性状基因，又要具有适度的遗传变异性。为此，在决选亲本前，先对各种试材进行充分鉴定是十分必要的。

（二）组成高粱随机交配群体亲本数目

关于一个高粱随机交配群体究竟由多少亲本组成为好，资料不多。在对已经组成的高粱群体亲本数目的调查表明，其亲本数从几十个到上百个。这要依据组成的随机交配群体的性质决定，即群体是为近期育种目标还是为长远育种目标服务，以及群体需要多大程度的性状均值和遗传变异度。Eckebil（1974）的群体数据显示，尽管 NP_7BR 群体含有的亲本数目最多，为 218 个，但遗传变异性最大的群体却不是它，而是比它数目少的 NP_5R 群体（139 个）（表 12-3）。在轮回选择开始前，原始群体的平均产量最低的群体 NP_7BR（4 320 kg/hm²），亲本数目却最多（218 个）；而亲本数目最少（30个）的群体 NP_3R，产量均值最高（5 570 kg/hm²）。

表 12-3　三个高粱群体的平均产量、遗传变量、亲本数目和增益

群体	亲本数目	遗传变异性	原始群体的平均产量（kg/hm²）	每轮选择的增益（kg/hm²）
NP_3R	30	71.29	5 570	1 017
NP_5R	139	156.23	5 510	1 028
NP_7BR	218	51.61	4 320	870

（《高粱学》，1999）

（三）亲本数目与群体性质

根据组成群体的亲本数目可将高粱随机交配群体分为两大类。一类为基础群体。这种群体由大量亲本组成，具有广泛的遗传基础，群体的遗传变量相对较高，性状均值相对较低。轮回选择时选择较低，选择所需时间长，最终可获得拥有良好综合性状的多种选育材料，作为基因库使用，为长期育种目标服务。另一类为进展群体。这种群体由少数亲本组成，遗传基础较为狭窄，群体具有适当的遗传变量和较高的性状均值。选择时施用较高的选择压，改良某一性状所需时间短，为近期育种目标服务。

一般来说，基础群体由于组成的亲本数目多，遗传基础复杂，轮回选择时不易掌握和控制，而进展群体则容易掌握和控制，可在较短时间内获得理想的效果。从现有组成的高粱随机交配群体看，亲本数目有多有少。分析结果表明，当需要改良的性状变异性较好时，用 20~40 个亲本构成随机交配群体较为适宜。初次从事群体改良的研究者，

也不宜采用太多的亲本组成群体。

House（1980）指出，在组成群体过程中和组成后的任何时期，都可以加入新的亲本。但是，在加入新亲本时，应保持群体的平衡，不能用新的亲本材料与群体种子等量混合。如果在群体组成的初期加入新亲本，则可用新亲本去雄作母本，用群体的混合花粉（选 50 株以上）授粉杂交，并在每个轮回世代中用选择群体作轮回亲本进行回交，构成并行群体（sjde-car population）。这种方法可实现对两个群体的同步改良。

二、转育细胞核雄性不育基因和转换细胞质

（一）转育细胞核雄性不育基因

只有使入选的亲本拥有雄性不育特性，才能保证高粱像异花授粉作物那样进行自由授粉，实现随机交配。因此，必须把雄性不育基因转入到亲本中去。现已发现高粱的两种雄性不育性都可以转育到亲本中。现已熟知的高粱细胞质雄性不育及其特性，此不赘述。现将高粱细胞核雄性不育基因列入表 12-4 中。细胞核雄性不育均由一对隐性基因控制，显性为雄性可育。细胞核雄性不育株与相应的可育株杂交，其 F_2 代会分离出 1/4 的雄性不育株。在表 12-4 的 7 对基因中，ms_3 和 ms_7 具稳定的白色至淡黄色花药，易与结实花粉相区分。而且，在多种环境下它们的雄性不育性都比较稳定，所以 ms_3 和 ms_7 在高粱群体改良中应用得更为广泛。

表 12-4　高粱细胞核雄性不育基因

雄性不育类型	特点	发现者
ms_1	无花粉	Ayyengar 和 Donneya，1937；Stephens 和 Quinby，1945
ms_2	空瘪花粉	Stephens，1937；Stephens 和 Quinby，1945
ms_3	空瘪花粉	Webster，1965
ms_4	空瘪花粉	Ayyengar，1942
ms_5	空瘪花粉	Barabas，1962
ms_6	Micro 型无花粉	Barabas，1962
ms_7	空瘪花粉	Andrews

（Nagur，1981）

为使亲本具有雄性不育性，一般采用回交法进行转育。先用选定的亲本作父本与细胞核雄性不育材料杂交，F_1 自交。当 F_2 代分离出雄性不育株时，则用亲本作轮回亲本与不育株回交。通常回交 3~4 次，则回交后代就会变成拥有雄性不育性，又具有轮回亲本特征的亲本材料。按此法把组成群体的各个亲本系都转育成带有雄性不育基因（ms_3ms_3）的亲本系（图 12-7）。

（二）转换细胞质

卢庆善等（1995）在转育细胞核雄性不育基因过程中，考虑到均是以雄性不育材料为母本进行杂交，再与亲本回交，其回交转育的亲本都是雄性不育材料的细胞质。用这样的亲本组成的群体即是单一细胞质群体。单一细胞质有其遗传的脆弱性，在生产应

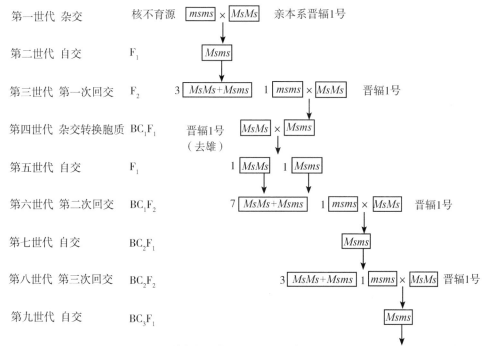

第一世代　杂交　　　核不育源 $\boxed{msms}$ × $\boxed{MsMs}$ 亲本系晋辐1号

第二世代　自交　　　F_1　　　$\boxed{Msms}$

第三世代　第一次回交　F_2　　3 $\boxed{MsMs+Msms}$ 1 $\boxed{msms}$ × $\boxed{MsMs}$ 晋辐1号

第四世代　杂交转换胞质　BC_1F_1　晋辐1号 $\boxed{MsMs}$ × $\boxed{Msms}$
（去雄）

第五世代　自交　　　F_1　　1 $\boxed{MsMs}$ 1 $\boxed{Msms}$

第六世代　第二次回交　BC_1F_2　　7 $\boxed{MsMs+Msms}$ 1 $\boxed{msms}$ × $\boxed{MsMs}$ 晋辐1号

第七世代　自交　　　BC_2F_1　　$\boxed{Msms}$

第八世代　第三次回交　BC_2F_2　　3 $\boxed{MsMs+Msms}$ 1 $\boxed{msms}$ × $\boxed{MsMs}$ 晋辐1号

第九世代　自交　　　BC_3F_1　　$\boxed{Msms}$

其自交后代即为带有核不育基因 ms 的晋辐1号亲本系的相似体

图 12-7　亲本系核不育基因转育和细胞质转换程序
（卢庆善等，1995）

用后潜藏着发生病害的风险。为规避这一问题，有必要增加群体细胞质的多样性。具体操作是在第一次回交的 BC_1F_1 代，将亲本作母本去雄，授以含雄性不育基因的可育株混合花粉。所得的 F_1 单株，F_2 代分离出的雄性不育株再与亲本回交，连续回交 2 次，即完成了核不育基因转育和细胞质转换的全部程序（图 12-7）。图 12-7 以晋辐 1 号为例，说明细胞核雄性不育基因 ms 的转育和亲本细胞质转换的全过程。

三、随机交配

把已经选定的，并已转育成的带有细胞核雄性不育基因的，及其细胞质转换的亲本，取其等量种子混合后种植于隔离区内。开花时，标记雄性不育株，不育株与可育株之间自由授粉。成熟后，只收取不育株上结的种子。按这个程序连续进行 3 次，即完成随机交配程序，组成了供轮回选择的高粱随机交配群体。

关于随机交配方式的问题，Bhola（1981）指出，最理想的随机交配方式是不育株按双列设计与亲本杂交。在 ICRISAT，即采用全部亲本的混合花粉与每个亲本的等数雄性不育株进行杂交。

卢庆善等（1995）在组成高粱随机交配群体 LSRP 过程中，为确保群体的随机交配和亲本间的平衡，采取大约相同数目的种子进入群体。由于组成群体的亲本种子大小不一，千粒重高者达 40 g，低者 20 g，因此若按等量种子混合后种植必使群体内各亲本数目不等，造成亲本间的遗传不平衡，鉴此，按亲本籽粒大小换算成大约相等数目的种子组成群体（图12-8）。

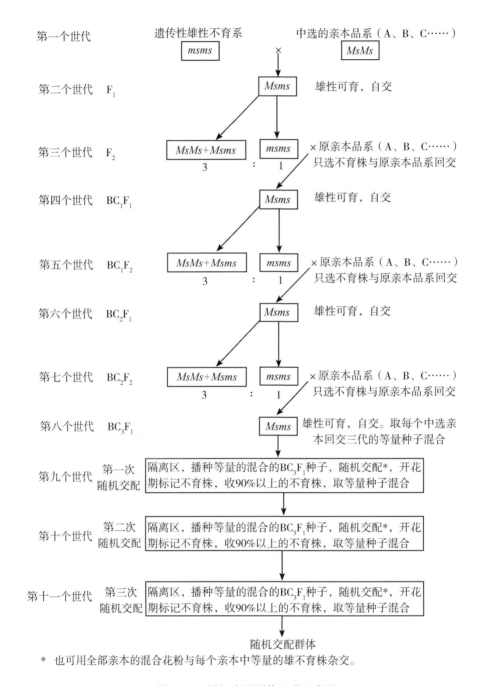

图 12-8　随机交配群体组成示意图

（卢庆善等，1995）

为确保组成群体的亲本相对集中、同时开花，真正做到自由授粉、随机交配，应按各亲本开花期的早、晚调整播期，分期播种。高粱是中耕作物，成穗株要经过播种出苗后的间苗、定苗程序。为避免人工间苗、定苗造成的机误，如人们习惯留大苗、去小苗的做法，可能造成群体亲本间失去平衡。为此，卢庆善等（1995）采取在第一、第二次隔离区内随机交配时，用亲本行等行种植法，即每一亲本均种植相同数目的行数，每行上留同样的苗数，以保证群体内各亲本的株数大体相等。第三次随机交配采取等数种子混合播种的方式。上述措施使群体内各亲本约80%的植株在3~5 d内基本上同时开花，保证了充分的自由授粉和随机交配。

为确保充分的随机交配，群体拥有足够的雄性不育株是很重要的。ManuHoBckuú（1976）研究了在选择率为10%的情况下，群体内不育株率与群体株数及播种面积的关系（表12-5）。当不育株率为10%时，如果要选择1 000株不育株并最终决选300株组成新群体，则群体里就应有10 000株不育株，群体总数应达到10万株，播种面积1.6~1.7 hm²（以6万株/hm²计）。当不育株率为50%时，选择相同株数的不育株，所需要的群体容量和播种面积明显减少，仅需0.3 hm²。

表12-5　选择率为10%时不育株百分率与高粱群体株数及播种面积的关系

不育株率（%）	选择不育株的数量（株）	群体中应有不育株数量（株）	群体应有植株总数（株）	播种面积（hm²）
10	1 000	10 000	100 000	1.6~1.7
15	1 000	10 000	75 000	1.2~1.3
20	1 000	10 000	50 000	0.8~0.9
25	1 000	10 000	40 000	0.6~0.7
30	1 000	10 000	30 000	0.5
40	1 000	10 000	25 000	0.4
50	1 000	10 000	20 000	0.3

（《杂交高粱遗传改良》，2005）

研究表明，3个世代的随机交配足以完成亲本间的重组，既在一定程度上打破了紧密连锁，又能产生一定比例的不育株和可育株。House（1980）主张，应保持群体内90%的不育株能进入下一次随机交配。整个群体数目不应少于2 000株。鉴于高粱高秆和晚熟是显性性状，在随机交配中对这2个性状的选择要施用高选择压，最好在这类植株开花前去掉，以尽早将高秆和晚熟基因从群体中除去。

总之，随机交配群体组成的过程是利用雄性不育性实现亲本间的随机交配，以充分打破不利基因连锁，重新组合各种优良性状基因的过程。

第三节　轮回选择

对随机交配群体施行选择的基本方法是轮回选择法。它可以分成不同的选择体系，但其共同的特点是，选择程序由鉴定和重组 2 个基本环节组成。每完成一次鉴定和重组称为一轮，选择按轮次连续进行。

一、轮回选择的作用

高粱群体改良采用轮回选择。不同的轮回选择法可起到相同的作用。轮回选择之所以能达到改良群体的目的，其原因如下。

（一）能提高群体内数量性状有益基因的频率

轮回选择通过一轮接一轮地进行群体内个体间的随机杂交，及其随后的鉴定和选择，可把分别位于群体内不同个体、不同位点上的有益基因积聚起来，提升了优良基因型产生的频率，增加了从群体内选择优良个体的概率。

（二）能打破无益基因的连锁，增加有益基因重组

由于群体内个体之间可进行随机交配，提高了打破有益基因与无益基因连锁的比率，使有益基因释放出来，并得到重组。连续多次的随机杂交，其结果大大提高了群体内基因重组的机会，增加了产生符合育种目标的理想个体的数目及其选择的概率。

（三）能使群体始终保持较高的遗传变异性水平，提高选择优良个体的概率

高粱常规育种通常采用杂交后的系谱法，由于连续自交使基因型很快纯合，因而常造成有益基因丢失。而轮回选择则可以防止这一问题的发生。轮回选择时，由于每一轮群体内的个体间都进行随机交配，因此可使群体内始终保持较高水平的遗传变异性。

（四）轮回选择可以满足长期育种目标的需要

欲把高粱育种的短期目标与中、长期目标结合起来，采取轮回选择改良群体是最佳选择。轮回选择可以把控制数量性状的优良基因不断地转移到优良的遗传背景上去，使优良基因积聚起来，以选育出优良的单株，满足近期育种目标的需要。此外，轮回选择还可以通过结合品种育种法组成复合群体保存种质，合成具有丰富基因储备的"种质库"，为不断提高育成品种的标准奠定基础，以满足中、长期育种目标的需要。

二、轮回选择法体系

群体改良采用的轮回选择，可分为群体内改良轮回选择和群体间改良轮回选择。群体内改良轮回选择是进行轮回选择的目标为改良单一群体；群体间改良轮回选择是进行轮回选择的目标为同时改良 2 个群体。

（一）群体内改良轮回选择

群体内改良轮回选择是以选育品种（系）为最终目标，根据单株或其后代表现型的优劣进行选择，包括如下的轮回选择方法（表 12-6）。

表 12-6　轮回选择法分类

群体内改良轮回选择	群体间改良轮回选择
混合轮回选择法（Gardner，1961）	交互轮回选择法（Comstock，1949）

（续表）

群体内改良轮回选择	群体间改良轮回选择
半同胞家系轮回选择法（Jenkins，1940）	用自交系作测验种的交互轮回选择法（Russell 和 Eberhart，1975）
全同胞家系轮回选择法（Hull，1945）	改良的交互轮回选择法Ⅰ（Patemiani 和 Veneovsky，1977）
自交一代家系轮回选择法（Hull，1945）	改良的交互轮回选择法Ⅱ（Patemiani 和 Veneovsky，1977）
自交二代家系轮回选择法（Hull，1945）	交互全同胞家系轮回选择法（Hallauer，1967）

（《杂交高粱遗传改良》，2005）

（1）混合轮回选择法，也称集团选择法（mass selection method，简写成 M）。

（2）半同胞家系轮回选择法，也称半姊妹交选择法（half-sib family selection method，简写成 H）。

（3）全同胞家系轮回选择法，也称全姊妹交选择法（full-sib family selection method，简写成 F）。

（4）自交一代家系轮回选择法（S_1 family selection method，简写成 S_1），也称自交后代鉴定法（selfed progeny testing method，简写成 S_1）。

（5）自交二代家系轮回选择法（S_2 family selection method，简写成 S_2），也称自交二代鉴定法（selfed S_2 progeny testing method，简写成 S_2）。

（二）群体间改良轮回选择

群体间改良轮回选择是以选育亲本系并组配杂交种为最终目标，根据两个群体衍生系杂交种的优势表现进行选择，如产量、品质、抗性等性状。群体间改良轮回选择的主要方法是交互轮回选择法（reciprocal recurrent selection method，简写成 R）。交互轮回选择是同时改良两个群体及产生相对应的品系的育种程序。这一方法是 Comstock 等于1949 年提出来的。当决定某一性状的许多基因位点上的有上位性和超显性作用时，就应采用交互轮回选择法。在交互轮回选择的基础上，又衍生出用自交系作测验种的交互轮回选择法，改良的交互轮回选择法Ⅰ型和Ⅱ型，以及交互全同胞家系轮回选择法（表 12-6）。

三、轮回选择法

群体组成后，要根据群体内遗传杂交及选择的依据和目标，先确定轮回选择方法。究竟采用哪一种轮回选择方法最有效，应考量如下因素：即育种目标，选育的最终目的是品种还是杂交种；性状的遗传力是高还是低；基因作用的类型，是加性、显性还是上位性；非亲缘交配的水平；雄性不育类型；每年种植的季数，是一季作、二季作还是三季作；以及劳力和经费的状况等。

（一）群体内改良轮回选择法

1. 混合轮回选择法

在随机交配群体内，目测选出符合育种目标的优良单株或单穗。将决选的一定数目的单株（穗）种子等量混合组成下一轮选择的群体。这种方法对遗传力高的性状很有效，如生育日数、株高等性状。该法简便易操作，也能较好地保持群体的遗传变异性。一个世代就是一次轮选，若一年内生长季节各种条件相差不大时，可进行2~3轮选择。因选择是根据目测表型进行的，所以有时对基因型的选择不很准确。另外，由于选择的对象是不控制授粉的单株，从而降低了选择效果。

Doggett（1972）详细描述了高粱混合轮回选择法的两种做法。第一种做法是在采用雄性不育性的随机交配群体中，只收获入选的雄性不育株（母本）的种子，等量混合组成下一轮的选择群体，称为母本选择的混合选择（female choice mass selection）。采用这种方法时，如果用2%~10%的选择率，则250株雄性不育株是最妥当的数目。这样的结果是，当选择率为2%时，其原始群体应种到31 250株；如果选择率为5%时，则应种到12 500株。

对第一种做法来说，原始群体的株数应根据选择率来调整，以保证群体有充足的遗传变异性。Doggett还指出，最好在淘汰边行后，把种植原始群体的隔离区划成若干小方格，每个方格里约有200株，当选择率定为2%时，可从每个方格里选择4株雄性不育株，将其放入一个纸袋，袋上标明方格的位置，最终按穗重决选。决选穗混合脱粒，组成下一轮选择群体。这种做法的优点是用小区限制代替区组限制，以减少环境方差。由于这种方法只选择雄性不育株，即母本株，所以能够在开花前将那些明显不良的可育株（父本株）淘汰掉，从而减小了其对下一轮组成选择群体的不良影响。

第二种做法是，第一个世代选择雄性不育株（母本），第二个世代则选择雄性可育株（父本），第三个世代再选择雄性不育株（母本）。此法称为交替选择混合法（alternating choice mass selection）。这种做法由于增加了一次自交（父本）选择，从而改变了亲本控制系数，P由1/2变为1，因此提升了选择增益。同时，此法还弥补了难以对雄性不育株进行产量选择的不足。这种做法在选择雄性不育株时，其实质是个重组世代；对雄性可育株（父本）进行选择时，其实质是对产量的选择。在对雄性不育株进行选择时，选择强度不要太大，10%~20%的选择率较为合适。

第二种做法与第一种相比，原始群体可小些，选择率定在5%时，群体容量只要7 500株；选择率为2%时，群体则要18 500株就可以满足下一轮选择所需的250个单株（穗）。在进行第二次雄性不育株选择时，选择率可用20%或10%，则原始群体分别为6 250株或12 500株。这样就足以对简单遗传性状和抗病性状取得选择增益。

经混合选择的决选穗，在投入应用前应取得性状一致，除掉细胞核雄性不育基因，参加产量比较试验。为保持群体内有益基因不丢失，最好的办法是将决选穗的一半种子混合作为下一轮选择用，另一半种子进行产量比较试验，同时供单株选择用。

2. 半同胞家系轮回选择法

半同胞家系轮回选择法与混合轮回选择法不同，不是根据单株的表型进行选择，而是应用群体的半同胞家系对单株进行测交鉴定。半同胞家系轮回选择法是将拟鉴定的植株与一个共同的测验种进行测交，鉴定每一株半同胞家系的一般配合力。中选单株互交以形成新一轮选择的群体。

高粱是常异交作物，采用半同胞家系轮回选择法是一个容易实施的简单选择方法。

当带有细胞核雄性不育性的高粱随机交配群体开花时，选择并标记雄性不育株，进行开放授粉。收获时，入选的雄性不育株穗单收单脱。每个入选的雄性不育株穗的种子即是一个半同胞家系。全部入选穗均参加产量比较试验，留出一部分种子保存起来。根据产量鉴定结果，选出优良的家系。将入选家系保存的种子等量混合后播种，使群体进入重组阶段，开花时再次选择和标记雄性不育株，进入下一轮选择。半同胞家系轮回选择是2个世代完成一轮选择，而且只对雄性不育株（母本）进行选择。

House（1982）针对温带地区高粱籽粒产量、抗丝黑穗病、抗蚜虫、抗旱性4个主要性状的群体改良，设计制订了一套半同胞家系轮回选择方案。具体操作如下。

选择从热带高粱育种基地春季开始，在随机交配群体里选择600个雄性不育株（穗），单收单脱。每个不育穗的种子即是一个半同胞家系。同年，在温带育种基地的主栽季节将600个雄性不育株（穗）的种子，按穗行法播种于选种圃、抗丝黑穗病鉴定圃、抗蚜虫鉴定圃、抗旱鉴定圃里。开花时，分别在各圃里选择并标记雄性不育株。成熟后，从选种圃里选择收获500个农艺性状优良的雄性不育株（穗）；从其他3个鉴定圃里分别选择收获170个雄性不育株（穗），共计收获约1 000个雄性不育株（穗）。同年冬季，在热带育种基地的选种圃里将1 000个单穗种子种成穗行。种植方式为1行来自温带的选种圃，1行来自抗丝黑穗病鉴定圃；1行来自温带的选种圃，1行来自抗蚜虫鉴定圃；1行来自温带的选种圃，1行来自抗旱鉴定圃。以此类推种植。

开花期，选择和标记雄性不育株（穗）。收获时，从每行里选收1株最优的不育株（穗）。第二年春季，仍在该基地将其种成穗行，鉴定其丰产性、抗丝黑穗病性、抗蚜性、抗旱性。并根据籽粒的特点，从每个地点的选种圃里选出40～50个穗行。在当地，收获上述中选的最优雄性不育株（穗）的种子，并将其等量混合。从抗丝黑穗病、抗蚜虫、抗旱鉴定圃里的抗性品系里，分别收获20～40个最优雄性不育株（穗）的种子，并按等量种子混合，分别组成1个抗丝黑穗病混合群体，1个抗蚜虫混合群体，1个抗旱混合群体。当年秋季，在热带育种基地将上述入选的品系和混合群体，按1行丰产品系，1行抗丝黑穗病品系；1行丰产品系，1行抗蚜品系；1行丰产品系，1行抗旱品系的方式间隔种植，共种600行。开花时标记雄性不育株，收获600个最好的不育株，即在600行中每行选1株并单收单脱。第三年春季，仍在该基地把600个半同胞家系种成穗行。开花期标记雄性不育株，从500个最好穗行里按籽粒特性选取1株优良可育株，开始下一轮的选择。这一方案完成一轮选择需要7个世代。这种程序对于像高粱这种以自花授粉为主的作物，实行籽粒产量、抗病、抗虫、抗旱性的综合改良是最有效的。

总之，对带有细胞核雄性不育性的高粱随机交配群体，采用半同胞家系轮回选择操作简便。只在开花期标记雄性不育株，进行开放授粉。成熟时，收获入选的雄性不育株（穗），单收单脱。每个入选的单穗种子即是一个半同胞家系，其中一部分种子用来进行产量比较试验（鉴定阶段），另一部分种子保存起来。根据产量试验结果选择最优家系，并从保存的种子中，找出入选的最优家系种子等量混合并播种，群体进入新一轮重新组合阶段。开花时，再次标记雄性不育株，单收单脱，鉴定试验，择优选择家系，混合播种进入下一轮重组、选择。该法的特点是只对雄性不育株（母本）进行选择，2个世代完成一轮选择。

3. 全同胞家系轮回选择法

全同胞家系轮回选择法是在随机交配群体里，选择单株（穗）成对杂交，即组成全同胞家系。与半同胞家系轮回选择不同的是，半同胞家系只选择母本（不育株），全同胞家系是父、母本都选择。采用全同胞家系轮回选择时，需要组配成数十个或上百个 $S_0 \times S_0$ 的全同胞家系。具体做法如下。

第一季：在原始群体内选择父、母本成对杂交，获得数目较多的全同胞家系杂交种子。收获后将每个全同胞家系的种子分成两份，一份用于第二季的性状鉴定，一份用于第三季入选的优良全同胞家系的杂交。

第二季：播种全同胞家系种子，进行试验鉴定，最终根据产量等性状选择优良的全同胞家系，一般选择率以 10% 为宜。

第三季：找出入选的优良全同胞家系的另一份种子播种。开花时，选择父、母本成对杂交。收获杂交的种子组成下一轮选择的群体。

可见，全同胞家系选择需要 3 个世代完成一轮选择。在高粱随机交配群体里，开花时选择雄性不育株（母本）和可育株（父本）成对杂交，即为全同胞家系。这些家系的种子分成两份，一份试验鉴定用，根据鉴定的结果选出优良的家系；然后用入选的全同胞家系的备份种子混合后播种，开花期再从中选择雄性不育株（母本）与可育株（父本）成对杂交组成全同胞家系，开始新一轮的选择。

全同胞家系轮回选择法，除在重组期间对雄性不育株（母本）和可育株（父本）进行选择并成对杂交外，其他做法都与半同胞家系轮回选择是一样的。由于全同胞家系轮回选择要进行大量的成对杂交，费时、费工。

4. 自交一代（S_1）家系轮回选择法（自交后代鉴定法）

自交一代家系轮回选择法需要 3 个世代完成一轮选择。如果某地在一年内能有 3 个生长季，那么高粱群体改良就可以选择这一轮回选择方法。具体程序如下。

第一季：在含有细胞核雄性不育性的随机交配群体内，开花时选择开放授粉的雄性不育株，并标记。收获雄性不育株穗，并选优。

第二季：将入选的雄性不育穗种在选种圃里。开花时选择可育穗，严格套袋自交。这些自交穗的种子就组成了一个 S_1 家系。收获时单收单脱。

第三季：S_1 家系种子分成两份。一份播种进行产量等性状鉴定，根据鉴定的结果选择优良的家系。一份备份。

第四季：将入选家系的备份种子混合播种实行重组，开始下一轮的选择。

Doggett 和 Eberhart（1968）报道了在非洲乌干达采用 S_1 家系法进行高粱随机交配群体改良的做法。他们对由 121 个恢复系组成的恢复系群体和由 101 个保持系组成的保持系群体同时进行改良选择。

第一世代：将每个群体的 800 个（或更多）品系种于同一选种圃内。每 20~40 个品系组成区组，以减少环境误差。从表现优良的穗行中选择 30%~50% 可育结实单穗，自交组成 S_1 家系。

第二世代：进行多点产量等性状鉴定。选取入选的 S_1 家系 400 个或更多个进行 2 次重复或 3 次重复的产量比较试验。每个 S_1 家系的备份种子繁育并单独保管。决选 10%~

20%的最优家系。

第三世代：将入选家系的备份种子混合后播种。开花前淘汰性状不好的可育株，标记雄性不育株。成熟后，对标记的雄性不育株穗进行选择。入选的株穗进入下一轮选择。

ICRISAT在高粱上采用S_1家系选择法时，对实施方案稍做改动。即在第二世代，S_1家系进行产量鉴定试验时，令其兄妹交。在第三世代进行重组时，将根据鉴定试验的结果选择15%最优S_1家系的兄妹交种子种成穗行。同时，将这些最优S_1家系的种子混合种成父本行，其种植方式可交叉分期播种，以保证早、晚熟的穗行都能同期开花，充分杂交授粉。各穗行的雄性不育株都授予父本的混合花粉。收获时，从每个家系中收40株授过父本混粉的优良不育株种子，进入下一轮选择。

House（1982）指出，采用这种S_1家系轮回选择法，在群体选择的任何轮选期都可以将优良的S_1家系单株从群体中选择出来，并用系谱法将其育成一个亲本系（恢复系或保持系）。同时，群体在轮回选择过程中，也可以在任一轮选期的重组前，用混合等量种子的方法将新材料加入S_1群体里，也可用回交法加入。在任何轮选期都可将保持系群体中的优良S_1家系与细胞质雄性不育系杂交、回交转育，以选育出新的细胞质雄性不育系和保持系。至于恢复系群体中的中选S_1家系能否进入下一轮选择，则要根据其与不育系组配的杂交种产量鉴定试验结果来定。如果测交的杂交种产量表现突出，则可将S_1家系自交选择，并去除细胞核雄性不育基因，最终育成恢复系。

5. 自交二代（S_2）家系轮回选择法（自交二代鉴定法）

自交二代（S_2）家系轮回选择法是在S_1家系轮回选择法基础上的进一步延伸。其特点是用S_2家系代替S_1家系进行产量试验鉴定。该法完成一轮选择需要4个世代。如果想把群体中的不良性状基因排除掉，采用此法最为有效。

Andrews等（1980）报道了ICRISAT采用S_2家系轮回选择的做法。

第一季：从高粱随机交配群体中选择800~900个雄性不育株穗（半同胞家系）种成穗行。从这些穗行中选择400~500个优良的半同胞家系，最后从每个入选的半同胞家系中选出1株最优的可育结实株穗，得到S_1家系种子。

第二季：把入选的400~500个最优的S_1家系种子种成穗行。从这些穗行里选择最优的1~2个可育结实株穗，即得到S_2家系种子。成熟后，分收分脱。

第三季：将上述选择的S_2家系株穗，通过决选出200~300个自交的S_2家系，安排多地点至少2次重复的产量试验。试验应设立主要性状的适宜对照种。同时，还应在高度感染和侵染的环境条件下，对每个后代进行主要病虫害的抗性鉴定。并使每个穗行进行兄妹交，以保持群体中雄性不育株产生的频率。根据产量和其他性状鉴定的结果选择30~40个最优品系，其中包括在感染和侵染环境下表现最优的品系，以及对基因型与环境互作表现迟钝的品系。最终从每个地点决选出10个最优品系。

第四季：将入选的30~40个最优品系种子播种后重组，以形成下一轮选择用的群体（C_1）。将每个地点决选出的10个最优品系重组，以产生试验品种。这些试验品种就是这一轮选出的品种。如果其中有的表现非常突出，则可进一步经过区域试验、生产试验后投入生产应用。

在 ICRISAT，最初采用 S_1 家系轮回选择法进行高粱群体改良。但发现 S_1 家系内表现出杂合性，因而改用 S_2 家系轮回选择法。研究表明，S_2 家系轮回选择法适合于多点鉴定，并能增加群体内的加性遗传方差。但是，由于 S_2 家系轮回选择法有 2 次自交，所以在 S_2 世代中必须进行兄妹交，以保持群体内产生雄性不育株的比率。

（二）群体间改良轮回选择法

1. 交互轮回选择法

交互轮回选择法是同时对两个随机交配群体进行选择。两个群体在自身改良的同时，又互为测验种，即群体 Ⅰ 的中选品系在自交的同时，还与群体 Ⅱ 的中选品系杂交，反之亦然。这两种杂交的结果，提供出 2 组供产量试验用的杂交组合。这 2 组杂交组合安排到不同地点的有重复的测交种产量比较试验。根据测交产比试验结果，把中选组合的自交 S_1 家系的种子混合、重组，即来自群体 Ⅰ 的 S_1 家系重组后形成一个新群体 Ⅰ-1，来自群体 Ⅱ 的 S_1 家系重组后形成一个新群体 Ⅱ-1。随后进行下一轮选择。在群体改良的任何阶段都可以从两个群体中选出优良的品系组配成杂交种，经鉴定符合育种目标的，可提供生产应用。

交互轮回选择法是由 Comstock 等于 1949 年提出的。如果某个性状的许多基因位点上有上位性和超显性效应存在时，就应采用交互轮回选择法，同时也兼顾了加性基因的遗传效应。所以，该法是对一般配合力和特殊配合力都有效的选择方法。交互轮回选择法最初是为改良玉米群体设计的，从同时得到改良的两个群体里选出优良的自交系，一可以分别组成下一轮选择的改良群体，二又可组成由 2 个群体选出的自交系配成的单交种，直接用于生产。交互轮回选择遗传交配的实质是半同胞家系，所以是半同胞家系选择法的发展和延伸。交互轮回选择的程序如图 12-9 所示。

第一季：从 A 群体（0 轮原始群体）选取约 100 株分别进行自交，同时又分别与 B 群体中随机选取的 5 株左右作测验种进行测交。反之，从 B 群体（0 轮原始群体）选取约 100 株各自进行自交，同时又分别与 A 群体随机选出的约 5 株作测验种进行测交。每株的自交种子收获后保存起来供第三季用。每株测交的半同胞家系种子于第二季进行测交种产量比较试验。

第二季：安排有重复的测交种产量鉴定试验。鉴定 A 和 B 群体中各 100 个半同胞家系。根据试验的结果，在每一群体的测交种中，选出最优的 10 个半同胞家系。

第三季：从第一季备份种子中，找出 A 群体测交种表现最优的 10 个自交系，彼此互相杂交，以形成第一次轮回选择 A 群体 AC_1。同样，也形成第一次轮回选择 B 群体 BC_1。

第四季：对 AC_1 和 BC_1 群体，按照第一季的程序分别自交和测交，开始第二轮选择。

House（1980）设计了高粱应用交互轮回选择的方案。先要组成两个不同类型的随机交配群体，一个是保持类型群体，称为群体 B，用于选择保持系，进而转育成雄性不育系；另一个是恢复类型群体，称为群体 A，用于选育恢复系。这两个群体各自应具备一些必要特性，群体 A 应含有细胞核雄性不育基因，不育细胞质或可育细胞质，细胞质雄性不育恢复基因的频率高；或者它具有细胞质雄性不育，不育细胞质，细胞质雄性

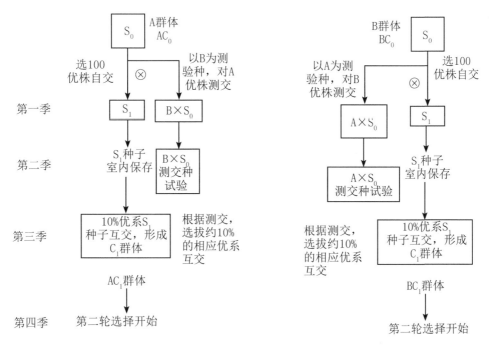

图 12-9　交互轮回选择示意图

（Comstock，1949）

不育恢复基因的频率高。群体 B 具有细胞核雄性不育性，可育细胞质，细胞质雄性不育保持基因频率高。

针对高粱的这两种类型群体的交互轮回选择程序如下。

第一季：在群体 A 里选择可育结实株穗，在自交的同时与群体 B 里的雄性不育株杂交。同样，在群体 B 里选择可育结实株，在自交的同时与群体 A 里的雄性不育株杂交。成熟时，分别收获自交和杂交的种子，单脱，自交种子分成两份保存。

第二季：在多地点进行 2 次以上重复的测交种产量比较试验。值得注意的是，如果群体 A 含有细胞质雄性不育性，那么测交种中会出现雄性不育株，为确保雄性不育株的充分授粉和结实，试验田应有足够的花粉提供株。

第三季：根据产量试验的结果，决选最优的测交种，从备份种子中找出相应的自交种子，混合后种于隔离区内，形成群体 A 和群体 B。开花期标记雄性不育株，实行开放授粉。成熟后，分别从群体 A 和群体 B 中选优良不育株穗，并收取种子，分别混合后构成新一轮选择的群体 A 和群体 B。

第四季：重复第一季的做法，开始新一轮选择。

Bhola（1981）指出，交互轮回选择是针对选育杂交种设计的，它既可以选择加性基因效应，也可以选择显性、上位性基因效应。但是，对高粱而言，虽然也有关于显性效应非常高的研究报道，但总的来说还是加性效应较非加性效应更为重要，所以并不一定非要采用这种轮回选择方法。

2. 交互全同胞家系轮回选择法

交互全同胞家系轮回选择法是由 Hallauer（1967）等提出的。该法可同时改良群体 A 和群体 B，也可以在改良群体的任何阶段同时选出优良的自交系，并组配出单交种（A×B）应用。交互全同胞家系轮回选择法的程序如下。

第一季：在玉米上采用交互全同胞家系选择的必要条件是双穗类型玉米群体。在群体 A 里选择具双穗的植株，一穗自交，另一穗与群体 B 里的优株成对杂交，组成全同胞家系（$S_0 \times S_0$）。成熟后，分别收取自交穗（S_1）和杂交穗（$S_0 \times S_0$）。

第二季：种植全同胞家系（杂交穗），进行产量鉴定。种植自交穗 S_1，以便作杂交。先确定最优的杂交组合（$S_0 \times S_0$），然后对最优组合相应的 S_1 代果穗作两种处理。一是把同一群体的优系轮交或自交授粉合成第一轮的改良群体。二是把两个群体的优系组成 $A_1 \times B_1$、$A_2 \times B_2$……$A_n \times B_n$ 个杂交种。关于各自的优系继续鉴定、选择，优中选优，以形成新的优系（图 12-10）。

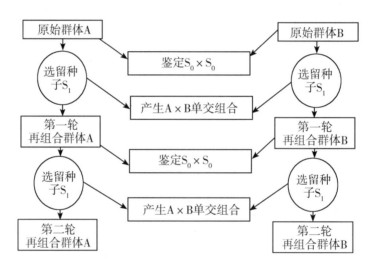

图 12-10　交互全同胞家系选择法示意图

（Hallauer, 1967）

Hallauer（1973）曾对 2 个综合品种群体 BSTE 和 PHPR 进行了一轮的交互全同胞家系轮回选择，结果 $BSTEC_1$ 的产量达到 6 510 kg/hm²，比原始综合品种 5 570 kg/hm² 增加了 16.9%；$PHPRC_1$ 的产量达到 6 600 kg/hm²，比原始品种 5 480 kg/hm² 增加了 20.4%。可见选择的效果是十分显著的。

四、轮回选择法应用效果及其比较

（一）轮回选择法应用效果

Ross（1980）对高粱群体产量改良的研究中，采用半同胞、全同胞和 S_1 家系轮回选择法对原始群体进行选择，结果见表 12-7。对 NP_3R 群体来说，经过轮回选择后，不论哪一种轮选方法，其籽粒产量都在原始群体的基础上有所增加，平均增加 17.8%，其中半同胞家系选择 2 轮后，平均增益 17.5%，全同胞家系平均选择增益 14.5%，S_1 家系平均选择增益 21.5%。可见，S_1 家系轮回选择效果最好，其次是半同胞家系。对 NP_5R 群体来说，经 S_1 家系法选择后，其籽粒产量几乎没有增加。这里，NP_5R 群体的原始产量要比 NP_3R 群体的高得多。

表 12-7　对 NP_3R 和 NP_5R 群体产量轮回选择结果（1977—1978，于米德）

试材	轮数	来源	籽粒产量	
			kg/hm^2	为基础群体（%）
NP_3R	C_0	基础群体	4 050	100
	C_1	半同胞	4 920	121
	C_2	半同胞	4 600	114
	C_1	全同胞	4 800	119
	C_2	全同胞	4 440	110
	C_1	S_1	5 090	126
	C_2	S_1	4 740	117
NP_5R	C_0	基础群体	4 720	100
	C_1	S_1	4 780	101
	C_2	S_1	4 710	100
杂交种	RS624	—	4 720	—
	RS671	—	5 160	—

（Ross，1980）

Doggett（1972）在非洲乌干达研究了高粱群体产量等性状改良的潜力。他组成了一些群体，其中 8 个群体采用混合选择的两种做法，即母本选择和交替选择；4 个群体采用 S_1 家系轮回选择。在母本选择情况下，采取 35%~50% 的选择率，各个群体经 3 轮选择后的籽粒产量增益幅度为 0%~32%；在交替选择情况下，采取 6%~78% 的选择率，其选择的产量增益幅度为 0%~43%；在 S_1 家系选择下，采取 2% 的选择率，4 个群体经 1 轮选择的平均产量增益为 25%，幅度为 10%~51%。S_1 家系选择的结果，产量超过 2 个对照种 Serena 和 Dobbs。对混合选择法的结果是，多数选择的最终产量相似于对照种。

Obilana 和 E-Rouby（1980）报道了在非洲尼日利亚进行高粱群体改良的效果，在 5% 选择率的情况下，经 3 轮选择后其群体产量比原始群体增加了 15%、21% 和 38%。

Aran Patanathai 等（1980）在泰国研究了来自美国内布拉斯加的高粱群体 NP_3R 的产量等性状选择增益（表 12-8）。结果是不论采用哪种方法，产量都增加。每轮增益最高的是交替混合选择，为 23.6%；最低的是母本选择，为 17.1%。株高在选择下都增高，而熟期几乎没有变化。

表 12-8　NP₃R 群体轮回选择效果（泰国）

轮选方法	选择强度	轮数	季节数	产量（kg/hm²）	增益每季（%）	平均株高（cm）	至开花期天数
基础群体	—	—	—	2 030	—	171	54
混合选择（母本选择）	10	3	3	3 070	+17.1	+31	56
混合选择（交替选择）	10	1	2	2 910	+23.6	+30	54
S₁家系选择	13	1	3	3 380	+22.2	+30	54
早熟赫格瑞（对照）	—	—	—	2 560	—	180	61
KU141（对照）	—	—	—	2 530	—	238	82

（Aran Patanathai 等，1980）

　　Eastin 和 Verma（1987）应用轮回选择法改良群体水分利用率。采取增加密度（多25%）的方法创造干旱条件。而且安排播期使孕穗到开花期处在降水最少的干旱时段。从 20 世纪 70 年代后期到 80 年代后期，用这种干旱条件采用 S_2 家系法改良高粱群体。1984 年的鉴定结果表明，在干旱胁迫下，CK60 和 Tx430 的产量为 2 500 kg/hm²，RS671 和 4 个推广杂交种为 4 200~4 400 kg/hm²，由轮回选择所得的衍生系产量为 4 970~5 440 kg/hm²。但由这些选系组成的杂交种，其产量没能超过 5 800 kg/hm²。

　　在灌溉条件下，CK60 和 Tx430 的产量分别为 5 110 kg/hm² 和 5 360 kg/hm²，RS671 和 4 个推广杂交种的产量为 6 870~8 380 kg/hm²。在干旱条件下选择的 3 个品系与麦地组成的杂交种，其产量为 9 120~10 730 kg/hm²。然而，没有 1 个选系进入参试的 144 个试材中的前 20 位。在干旱胁迫下选择的品系是来自 ICRISAT 在干旱下培育的白粒群体和来自墨西哥 CIMMYT（国际玉米小麦研究中心）在高海拔地区培育的群体。

　　上述研究结果表明，轮回选择对抗逆性选择是一种有效的方法。最有说服力的例证是 ICRISAT 应用 US/R 和 US/B 两个群体。前者是由高粱恢复系和其他系组成，后者由保持系（kafir—Milo 系列）组成。第一轮采用 S_1 家系轮回选择，第二、第三轮采用 S_2 家系选择。第一轮 S_1 和第二轮 S_2 的选系是在 4 个地点，第三轮 S_2 选系是在 5 个地点进行鉴定。结果见表 12-9。群体经轮选改良后产量增益很突出，US/R 群体每年增益平均为 15%。经 3 轮选择后，其籽粒产量由原始群体（C_0）的 2 585 kg/hm² 提升到 3 945 kg/hm²。US/B 群体每年平均增益为 10%。经 3 轮选择后，其群体产量由原始群体（C_0）的 3 210 kg/hm² 提升到 4 310 kg/hm²。可见，两个群体的选择进展都是比较显著的。对株高和出苗至开花日数的选择，两个群体直到第三轮选择后才明显增加了。

表 12-9　US/R 和 US/B 群体轮选进展

群体	轮数	两个地点				两个地点平均数					
		S₁后代				随机交配群体[a]		自交群体[b]		杂交群体[c]	
		开花期	植株高	籽粒产量				产量			
		(d)	(cm)	(kg/hm²)	(%)	(kg/hm²)	(%)	(kg/hm²)	(%)	(kg/hm²)	(%)
US/R	C_0	58	162	2 585	100	2 650	100	3 410	100	4 415	100
	C_1	60	160	2 935	113	3 995	151	3 770	111	4 505	102
	C_2	61	159	3 310	126	4 560	172	4 000	117	5 115	116
9 个增加的系	C_3	66	177	3 945	145	5 475	206	4 210	124	5 450	123
CSH6（杂交种）						4 850		4 850		4 850	
CSV4（品种）						3 490		3 490		3 490	
US/R	C_0	57	171	3 210	100	3 850	100	3 345	100	4 365	100
	C_1	59	156	3 510	109	4 545	118	3 600	108	4 435	102
	C_2	61	166	4 015	123	4 875	127	3 785	113	4 665	107
5 个增加的系	C_3	63	179	4 310	130	5 105	133	4 155	124	5 160	118
CSH6						5 105		5 150		5 105	
CSV4						3 730		3 730		3 730	

注：[a] 每轮全部杂交入选系的等量种子混合群体；

　　[b] 随机交配群体 81 个自交株的等量种子混合群体；

　　[c] 每轮 US/R×US/B 随机交配群体的杂交。

（Prasit, 1981；Bhala, 1982）

高粱群体改良取得了显著增益。在非洲塞雷尔组成的优粒（good grain）群体，开始时在低选择压下进行混合轮回选择。1973 年，优粒群体被引进 ICRISAT，并进行一轮混合选择。后来，用轮选出的品系进行常规的系谱育种，选育 SPV422 等新品种，1980—1981 年，在全印度进行的雨后季高粱产量鉴定试验中，SPV422 产量超过最高产的对照杂交种 CSH9 和最优的选系品种 CSV8R。在 1981—1982 年和 1982—1983 年，SPV422 表现得也很好（表 12-10）。

表 12-10　SPV422 在全印度产量试验[a]中的表现

品系	1980—1981 年（kg/hm²）		1981—1982 年（kg/hm²）		1982—1983 年（kg/hm²）	
	籽粒（全印度）	饲草（全印度）	籽粒（全印度）	饲草（4 个邦）	籽粒（全印度）	饲草（5 个邦）
SPV422（品种）	3 859（1）[b]	112（1）	2 426（2）	49	2 709（3）	74
CSV8R（品种）	3 214（9）	69（14）	2 314（6）	49	2 737（2）	69
CSHBR（杂交种）	3 471（5）	54（19）	—	—	2 862（1）	53
当地对照[c]	3 391（6）	85（7）	2 549（1）	56	2 662（5）	87

注：[a] 在全印度每个联合鉴定试验中至少有 20 个品系参加；

　　[b] 括号里的数字表示在试验中的位次；

　　[c] 每个地点的当地对照不同，其产量是平均数。

（《杂交高粱遗传改良》，2005）

此外，通过群体改良轮回选择得到的选系，在杂交种组配中也证明是成功的。例如，SPV422 本身是一个优良的恢复系，用其组配的杂交种 SPH257（2077A×SPV422），在 1981 年全印度雨后季高粱试验中，产量达 3 735 kg/hm²，超过 CSH8R 20%，居第一位；另一个杂交种 SPH280（296A×SPV422），在 1982—1983 年全印度雨后季产量试验中，产量与 SPH257 相似，而且具有较强的抗炭腐病和抗倒性。

还有，利用高粱群体改良的选系与其他系杂交育成的恢复系或保持系，进而组成杂交种也是成功的。例如，GG370 是来自优粒群体的改良选系，用 GG370 与 TNAU 的选系 UCHY₂杂交，得到恢复系 A535R，再与不育系 2219A 杂交得到杂交种 SPH232。该杂交种在 1981—1982 年的杂交种比较试验中表现优良（表 12-11），在印度各邦的试验中也表现突出，产量超过 3 个邦的对照杂交种。

表 12-11 杂交种 SPH232 的产量表现

杂交种	1981—1982 年（kg/hm²） 杂交种初级试验	1982—1983 年（kg/hm²） 全印度杂交种试验
SPH232	4 417（4）	3 979（5）
CSH1	—	3 288（13）
CSH5	4 311（7）	3 491（10）
CSH6	3 515（22）	3 498（9）
CSH9	4 506（1）	4 139（3）

（《杂交高粱遗传改良》，2005）

群体改良的另一个目标是选育雄性不育系，也取得了较大成功。Bhola（1983）从保持系群体里改良后选取 133 个优良品系，并全都转育成雄性不育系，表现育性稳定。在这些保持系中，其中的 6 个与来自美国等其他地方育成的保持系进行比较。6 个保持系本身性状表现优良，配合力和籽粒产量杂种优势也很突出，有几个超过了来自美国得克萨斯大学的 Tx623B。用这些群体选出的选系组成的杂交种，在 3 个地点进行鉴定，其中有 7 个杂交种在 3 个地点的平均产量超过 3 个杂交种（CSH5、CSH6 和 CSH9）的 10%以上，而其中 1 个杂交种在 3 个地点都超过最好的杂交种。

（二）轮回选择法比较

Eberhart（1967）研究了肯塔尔综合种（KCA）群体不同轮选方法的预期增益（表 12-12）。由于采用了不同的轮回选择法，所以其选择增益是不一样的，混合轮回选择的增益每轮为 1.51%，而 S₂家系的每轮选择增益为 13.56%。

表 12-12 不同选择方法（10%选择强度）和地点的预期增益（4 个地点，2 次重复）

选择方法	每轮季数	每轮增益 （%）	每年增益（%）			
			2 个相同 季节	2 个不同 季节	每年 3 个不同 季节	每年 1 个 季节
混合轮回选择	1	1.51	3.0	1.5	1.5	1.5

（续表）

选择方法	每轮季数	每轮增益（%）	每年增益（%）			
			2个相同季节	2个不同季节	每年3个不同季节	每年1个季节
半同胞家系选择	2	4.68	4.7	4.7	4.7	2.3
全同胞家系选择	2	6.76	6.8	6.8	6.8	3.4
S_1家系选择	3	10.56	7.0	5.3	10.6	3.5
S_2家系选择	4	13.56	6.8	6.8	6.8	3.4

（《杂交高粱遗传改良》，2005）

Bhola 等（1981）针对 ICRISAT 采用轮回选择法的具体情况，用不同遗传参数构成的 3 种假设，即低遗传力、具显性低遗传力和无显性低遗传力（表 12-13）。对群体内改良的几种轮回选择法的选择效果作了理论比较。在 ICRISAT，由于地处热带，一年最多可种植 3 季，但是上下季的收获和播种几乎没有多少空闲。因此，ICRISAT 的高粱群体改良多数是一年种植两季。Bhola 等估算了在 3 种不同的遗传参数组成下，每年种植 2 季或 3 季，4 个地点，每点 2 次重复的 5 种轮回选择方法的预期增益（表 12-14）。结果显示，如果每年种植 3 季，对遗传力低的性状，S_1 家系轮回选择法可获得最大的选择增益。而对环境条件不同的 2 季种植，S_2 家系选择法和全同胞家系选择法也取得同样的选择增益。由于 S_2 家系选择法可在每轮选择之后直接选取最优品系，因此更为育种家所采用。

表 12-13 比较选择体系用的遗传参数性质

情况	S_A^2	A_D^2	S_{AL}^2	A_{DL}^2	S_e^2	S_{gm}^2	S_w^2	h^2
A	60	30	68	34	98	52	967	0.050
B	60	60	68	68	98	52	967	0.047
C	60	0	68	0	98	52	967	0.051

A：低遗传力；B：具显性遗传力；C：无显性低遗传力；S_A^2：加性遗传方差；A_D^2：显性方差；S_{AL}^2：加性×地点方差；A_{DL}^2：显性×地点方差；S_e^2：环境机误方差；S_{gm}^2：基因型×年份方差；S_w^2：小区内方差；h^2：遗传力。

（《杂交高粱遗传改良》，2005）

表 12-14 3 种不同情况下 5 种选择方法每年的预期增益

选择方法	每轮所需季数	每年增益	
		2季	3季
A（低遗传力）			
混合选择法	1	1.5	1.5
半同胞家系选择法	2	4.7	4.7

（续表）

选择方法	每轮所需季数	每年增益	
		2 季	3 季
全同胞家系选择法	2	6.8	6.8
S_1家系选择法	3	5.3	-10.6
S_2家系选择法	4	6.8	6.8
B（具显性低遗传力）			
混合选择法	1	1.4	1.4
半同胞家系选择法	2	4.7	4.7
全同胞家系选择法	2	6.3	6.3
S_1家系选择法	3	5.0	10.1
S_2家系选择法	4	6.6	6.6
C（无显性低遗传力）			
混合选择法	1	1.6	1.6
半同胞家系选择法	2	4.7	4.7
全同胞家系选择法	2	7.4	7.4
S_1家系选择法	3	5.6	11.1
S_2家系选择法	4	7.0	7.0

（《杂交高粱遗传改良》，2005）

总之，由于研究的材料和实行轮回选择的条件不一样，因此所得结果也不尽相同。究竟采用哪种轮选方法的效果最好，尚有不同意见，有待进一步研究。

第四节　高粱群体改良研究进展

一、雄性不育性在群体改良中的应用

高粱群体改良离不开轮回选择，但是由于常异花授粉的高粱难于进行开放授粉的随机交配，在生产应用上受到限制。细胞核雄性不育性的发现和利用，对高粱开展群体改良的轮回选择起了很大的促进作用。

Stephens（1937）报道了1935年在得克萨斯黑壳高粱品种里发现的一株隐性细胞核雄性不育植株。之后，先后共发现了7种隐性的细胞核雄性不育基因 $ms_1 \sim ms_7$。Ross（1971）评述了这7种细胞核雄性不育性均分别由1对隐性基因控制，显性为雄性可育。雄性不育株与相对应的雄性可育株杂交，其后代会分离出1/4的纯合雄性不育株，3/4的雄性可育株。在7对隐性雄性不育性基因中，ms_3 和 ms_7 表现出稳定的白色至淡黄色花药，易与可育株花药区分。而且，在不同环境条件下，它们均能表现出稳定的雄性不育性，因此这两种雄性不育基因在高粱群体改良中得到广泛利用。

Doggett 等（1968）利用 ms_3 基因组成了 2 个高粱随机交配群体，并进行了轮回选择。

第一季：在群体植株开花时，选定和标记雄性不育株，进行开放授粉。成熟后，只收雄性不育株上的种子，单收单脱。

第二季：种植上季收获的决选出来的 800 个雄性不育株穗的种子，组成 800 个穗行。为减少环境差异造成的机误，每 20 个穗行成一个方格，共形成 40 个方格。在 800 个穗行中选出 30%~50% 的高产穗行，再从入选的穗行中选出农艺性状最优的 1 株可育株穗，即为 S_1 家系。

第三季：在尽可能多的地点安排 2 次以上重复的 240~400 个 S_1 家系的产量比较试验。最后按 S_1 家系产量试验结果选出 10%~20% 的最高产 S_1 家系。

第四季：把入选的最优 S_1 家系的剩余种子混合起来，种在隔离区内。开花时，选择标记雄性不育株。注意在开花前除去性状不良的雄性可育株。如果种植的群体数量足够多，那么在收获时只收农艺性状符合育种目标的雄性可育株穗，下一季开始新一轮的轮回选择。

二、中国高粱群体改良研究的进展

高粱群体改良的期望目标是高产、优质、多抗。由于育种的最终目的是选育高粱杂交种，因此在组成随机交配群体时，进入群体的亲本是关键，包括亲本的来源、亲缘关系、遗传多样性、性状互补和搭配等。为此，在选择入群亲本之前，应对我国高粱杂交种的系谱、更替品种性状等进行分析研究，对高粱的遗传距离中外高粱杂种优势表现和配合力等进行研究，为组建中国高粱群体提供理论依据。

（一）高粱杂交种系谱分析

我国高粱杂交种选育研究 40 余年，在此基础上，王富德等（1985）对我国高粱杂交种的系谱进行了分析研究。结果表明，我国高粱杂交种应用的恢复系，初期以直接利用中国高粱地方品种为主，后来转入以中、外高粱杂交后代选育的恢复系为主，现已发展到利用多类型复合杂交后代选育恢复系为主。例如，在 20 世纪 50 年代末到 80 年代推广应用的 152 个杂交种中，有 90 个不同类型的恢复系，其中中国高粱地方品种有 63 个，占 70%；杂交育成的恢复系 22 个，占 24.5%；辐射育成的 3 个，占 3.3%；外国恢复系 2 个，占 2.2%。在 20 世纪 80 年代后推广应用的 35 个杂交种中，有 26 个不同类型的恢复系，其中中、外高粱杂交育成的恢复系 18 个，占 69.2%；外国恢复系 7 个，占 26.9%；中国高粱地方品种 1 个，占 3.8%。这一结果说明中国高粱恢复系选育的遗传基础在不断扩大之中，并形成了 4 个高粱恢复系优势群，即中国高粱×赫格瑞、中国高粱×卡佛尔、中国高粱×其他外国高粱和中国高粱×中国高粱。

我国高粱杂交种的系谱分析结果还表明，我国选育的高粱杂交种，主要以应用外国高粱亲缘为主的雄性不育系和以中国高粱亲缘为主的恢复系，并组配了强杂种优势的杂交种推广应用于生产。由此可见，我国高粱恢复系随机交配群体的组成应以中国高粱恢复系为主，适当加入赫格瑞、卡佛尔等外国高粱类型。而保持系随机交配群体则应以外国亲缘的保持系为主。

（二）亲本遗传距离和聚类分析研究

卢庆善（1990）研究了高粱部分亲本遗传距离和聚类分析。结果显示，亲本间数量性状的遗传距离可以作为衡量亲本间遗传差异的一个重要参数，其遗传距离的大小与其杂种优势有高度正相关性。例如，在试验的 50 份高粱材料估算的 1 225 个遗传距离中，最大 10 组遗传距离涉及 8 个保持系（Tx3197B、2077B、296B 等），1 个恢复系（吉 7384）和 1 个群体选系（M36095），说明这些保持系与上述恢复系、群体选系之间有较大的遗传差异。在 10 个最小遗传距离中，均来自外国高粱的占 50%，均为中国高粱的占 20%，中外高粱杂交的材料占 30%。说明地理上的远近不能完全代表其遗传距离的大小。

在进一步分析保持系与恢复系间的遗传距离及其与系谱的关系时，发现其内在的联系。就恢复系亲缘关系与遗传距离而言，具中国高粱与赫格瑞高粱亲缘的恢复系与常用的 3 个保持系（黑龙 11B、Tx3197B 和 Tx622B）的遗传距离最大，其次是纯中国高粱亲缘的恢复系，再次是中国高粱与卡佛尔高粱亲缘的恢复系。由此可见，在应用外国亲缘不育系为主组配杂交种时，恢复系的选育应关注亲本的亲缘关系，以使其与保持系（即不育系）间具有较大的遗传距离，进而组配出具较强杂种优势的组合，因为亲本间遗传距离的大小与其杂种优势有高度的一致性。

聚类分析的结果把供试的 50 份高粱归并为 7 个类群，恢复系和保持系明显地被归类到各自的类群中。类群内遗传距离小，0.206～1.052，平均 0.534；类群间遗传距离大，0.521～62.354，平均 15.039。最大遗传距离出现在保持系与群体选系之间，为 62.354；其次在保持系与恢复系之间，为 43.777。表明组成杂交种的亲本应在类群间进行选择。

总之，通过我国高粱杂交种的系谱分析及高粱亲本系遗传距离和聚类分析等探讨，为我国高粱随机交配群体的亲本选择和组成提供了理论指导，即组成高粱恢复系随机交配群体，应以中国高粱血亲缘恢复系为主，适当加入赫格瑞、卡佛尔等外国高粱；保持系群体则应完全由外国高粱保持系组成。

三、高粱群体命名法

1970 年，在美国内布拉斯加大学举行的高粱育种家会议上，提出并规范了高粱群体命名法及其符号名称，并于 1971 年 3 月在美国得克萨斯州拉巴克召开的第七届高粱研究和利用会议上获得批准。该命名法被世界各国高粱育种家认可并采用。高粱群体的命名，先以试验站，或州、省，或国家，或某一育种项目的首字母或简称开头，其后缀上有关字母以表示群体的性质和特点。字母 P 表示群体（Population）；B 表示保持系（B-line）群体，指用来选育细胞质雄性不育保持系；R 表示恢复系（R-line）群体，指用于选育细胞质雄性不育恢复系；BR 表示保持系和恢复系混合群体，指用来选育细胞质雄性不育保持系和恢复系。在这些符号的后面可以标上 C_1，C_2，…，C_n，C 表示轮回选择，1，2，…，n 表示轮回选择的次数。采用的轮回选择方法，可以放在括号里表示出来：（M）表示混合轮回选择法；（H）表示半同胞家系轮回选择法；（F）表示全同胞家系轮回选择法；（S）表示自交后代家系轮回选择法；（R）表示交互轮回选择法。例如，$NESP_1R$（M）C_3，即表示近东高粱改良计划中的一个为培育恢复系组建的高粱群体，采用混合轮回选择法，已完成 3 轮选择。

四、世界主要高粱群体简介

（一）美国

1. NP_3R

种质登记编号 GP18。组成单位是美国内布拉斯加州农业试验站。该群体是由 30 份恢复系组成的恢复系群体，即卡普洛克、康拜因 7078、Norghnm、平原人、红拜因 60、Ark、Colo · Arq－2、AKs3001R、Colo · AK23－1、KS_1、KS_2、KS_3、KS_6、Ga · DDES6399－3、Ga · DDES6657－25－4、MP10、OKY－8、NB3494、NB4610、NB4117、Tx04、Tx06、Tx09、Tx74、Tx411、Tx412、Tx414、Tx415、SD－100、SD－102。具 ms_3 细胞核雄性不育基因和柯斯细胞质。

2. NP_1BR

种质登记编号 GP16。组成单位是美国内布拉斯加州农业试验站。该群体由 21 个高粱品种和品系组成，即 Bonar 都拉、棒形卡佛尔、CK60、柯斯、矮生黄迈罗、达索、早熟卡罗、都拉、早熟赫格瑞、马丁、粉红卡佛尔、中地、快迈罗、信赖、瑞兰、Sck-rock、短枝菲特瑞塔、西地、Thickrind 高粱、蜡质卡佛尔、湿地高粱。该群体含有 ms_c 和 ms_3 两种细胞核雄性不育基因及迈罗和柯斯两种细胞质，既有保持类型又有恢复类型的高粱品种和品系。这是世界上组成的第一个高粱随机交配群体。

3. KP_6BR

种质登记编号 GP21。组成单位是美国堪萨斯州农业试验站。该群体是一个纯结合的抗麦二叉蚜的种质资源群体，含有 al（无花药基因）细胞核雄性不育基因。抗蚜源是 TS1636（*S. virgatum*）以及 KS30、KS41、KS44 等。该群体由 217 份美国生产上已应用的粒用、饲用品种或品系组成。这是世界上第一个抗蚜虫的高粱随机交配群体，可选育出保持系和恢复系两种高粱品系。

4. CP_1R

种质登记编号 GP73。组成单位是美国佐治亚州农业试验站。细胞核雄性不育基因来自 TP_1R 高粱随机交配群体。CP_1R 群体可提供高抗酸性土壤的种质。组成群体的抗性品种和品系是来自得克萨斯州农业试验站和美国高粱种质转换计划群体。它们的名称及来源如下：7173C、1309C、1335C，来自坦桑尼亚；12564C，来自苏丹；12612C、12666C，来自埃塞俄比亚。该群体的株高、穗型、粒色、熟性等性状变异广泛，并有一定的抗病性和抗倒性。

5. $TP_{11}R$

种质登记编号 GP29。组成单位是美国得克萨斯州农业试验站。该群体含有显性双粒性状，遗传基础广泛，具 ms_3 细胞核雄性不育基因和柯斯细胞质。组成该群体的品种和杂交种共 48 份。其中应用次数较多的有：OKRy-8（10 次）、IS12610（26 次）、SCO110-9（15 次）、IS12661（25 次）、丽欧（11 次）、TAM428（6 次）、Tx411（29次）、Tx412（18 次）、Tx414（27 次）、Tx2536（21 次）、TP4R-blend（23 次）、（TAM428×IS809）F_3、（Tx7000×PI1264453）F_3、（Tx2536×SA7536-1）F_1、（Tx415×PI302231）F_3 等抗麦二叉蚜品系（23 次）。该群体在株高、穗紧密度、粒色、熟性等农艺性状上的变异范围均很广泛，在田间的表现有近 20% 的双粒株，其花序上有 50%~90% 的显性双粒。而且，还具有抗粒霉病、抗蚜虫、抗倒伏等特性。

6. RP_1R 和 RP_2B

种质登记编号 GP32 和 GP33。组成单位是美国农业部、内布拉斯加州、堪萨斯州农业试验站和马亚奎斯热带农业研究所。两个群体均含有 ms_3 细胞核雄性不育基因。RP_1R 由含抗蚜品系 IS809 和 KS30 的抗麦二叉蚜群体与 NP_5R 杂交而成。NP_5R 由美国和引自乌干达的品系组成。RP_2B 由 KS30 抗蚜品系和 NP_6B 杂交得到，有良好的农艺性状和籽粒品质，分别选育出恢复系和保持系。

（二）印度双列杂交群体

双列杂交群体由 45 个亲本双列杂交选育的 712 个品系组成的。这些亲本在印度均通过产量、抗病虫和籽粒品质鉴定试验。杂交的 256 个 F_4 代选系于 1973 年又进行了1 046个杂交，其中 306 个含有 PP_3 群体的 ms_3 基因，307 个含有混合集团 Y 群体的 ms_7基因，377 个含有 KP_1BR 群体的 al 基因。经 3 次随机交配后，于 1977 年春季种植了440 个半同胞家系，开始第一轮选择。

（三）乌干达优粒群体

该群体由优粒群体 Ⅰ、Ⅱ 和红色燧石群体组成。优粒群体 Ⅰ 和 Ⅱ 均在乌干达的塞雷尔组成，各含有 80 个和 120 个高粱品系。1973 年引入印度，1974 年又与印度的 370 个对光周期不敏感、产量高、品质优的高粱品种杂交。从该群体中选育出的品系 SPV422在 1980—1983 年的 3 次产量鉴定试验中均表现优良，其中一年的产量超过最高产的高粱杂交种 CSH9。

（四）ICRISAT 引进美国的 US/R 和 US/B 群体

US/R 群体是由 PP_1 群体的 23 个品系、PP_3 的 31 个品系、PP_5 的 32 个品系、NP_4 的8 个品系、NP_5 的 4 个品系、NP_8 的 6 个品系组成。US/B 群体是由 PP_2 的 25 个品系、PP_6 的 23 个品系、NP_2 的 9 个品系、NP_4 的 11 个品系组成。这些原始群体来自美国的普渡大学和内布拉斯加大学，含有 ms_3 细胞核雄性不育基因。这 2 个群体被 ICRISAT 引入后完成了 S_1 家系第一轮选择，以及以后的 2 轮 S_2 家系选择。US/R 群体选择的增益较大，平均每轮增益为 15%，US/B 平均每轮增益为 10%。

（五）中国的 LSRP 群体

该群体是由辽宁省农业科学院高粱研究所卢庆善等从 1982 年开始，经 10 年研究创建的高粱恢复系随机交配群体。该群体由 24 份高粱恢复系组成，其中中国高粱恢复系20 份，晋辐 1 号、三尺三、晋梁 5 号、白平、4003、654、5-26、5-27、157、0-30、铁恢 6 号、沈农 447、吉恢 7384、晋 5/晋 1、矮 4、怀 4、7932、晋 5/恢 7、152、082；外国恢复系 4 份，CSV4、MR712、MR811、YS7501。在这些恢复系中，有籽粒品质优良的材料，有抗高粱丝黑穗病、抗叶斑病和抗蚜虫的抗原材料。群体采用 ms_3 细胞核雄性不育基因，并经过全部亲本系的细胞质转换，使群体具有细胞质多样性。

LSRP 群体以中国高粱恢复系亲缘为核心，兼有赫格瑞、卡佛尔和印度高粱亲缘，因为这几种高粱类型是选育中国高粱恢复系的主要种质源，并经育种和生产证明是非常有效的组合搭配。该群体于 1992 年组成之后进入轮回选择，采用混合选择法和半同胞家系轮回选择法分别在辽宁省的朝阳、沈阳进行。已选育出优良品系进入杂交种组配和试验阶段，有的杂交种表现高产、适应性强和多重抗逆性，在高粱生产上，推广应用前景广阔。

主要参考文献

盖钧镒，2006. 作物育种学各论［M］. 北京：中国农业出版社.

卢庆善，1983. 高粱群体改良的研究［J］. 世界农业（6）：30-33.

卢庆善，1983. 高粱群体改良法［J］. 国外农学：杂粮作物（1）：1-5.

卢庆善，1983. 美国和 ICRISAT 部分高粱群体简介［J］. 国外农学：杂粮作物（2）：55-57.

卢庆善，1984. 高粱杂交种主要性状的分析研究［J］. 辽宁农业科学（3）：6-10.

卢庆善，1985. 新引进高粱雄性不育系的配合力分析［J］. 辽宁农业科学（2）：6-11.

卢庆善，1990. 高粱数量性状的遗传距离和杂种优势预测的研究［J］. 辽宁农业科学（5）：1-6.

卢庆善，1992. 我国高粱杂种优势利用的回顾与展望［J］. 辽宁农业科学（3）：40-44.

卢庆善，1999. 高粱学［M］. 北京：中国农业出版社.

卢庆善，SCHERTZ K F，宋仁本，等，1994. 中美高粱杂种优势与配合力研究［J］. 辽宁农业科学（4）：3-7.

卢庆善，宋仁本，MILLER F R，1997. 高粱不同分类组杂种优势和配合力研究［J］. 辽宁农业科学（2）：3-13.

卢庆善，宋仁本，郑春阳，等，1995. LSRP：高粱恢复系随机交配群体组成的研究［J］. 辽宁农业科学（3）：3-8.

卢庆善，孙毅，2005. 杂交高粱遗传改良［M］. 北京：中国农业科学技术出版社.

卢庆善，孙毅，华泽田，2001. 农作物杂种优势［M］. 北京：中国农业科技出版社.

卢庆善，孙毅，华泽田，2011. 作物遗传改良［M］. 北京：中国农业科学技术出版社.

秦泰辰，1993. 作物雄性不育化育种［M］. 北京：农业出版社.

宋仁本，卢庆善，郑春阳，1996. 高粱 LSRP 群体研究的思路和技术［C］//全国高粱学术研讨会论文选编：77-82.

王富德，卢庆善，1985. 我国主要高粱杂交种的系谱分析［J］. 作物学报，11

（1）：9-14.

ANDREWS D J AND WEBSTER O J, 1971. A new factor for genetic male sterility in *Sorghum bicolor* (L.) Moench [J]. Crop Sci. (11)：308-309.

BHOLA N, 1981. Population breeding techniques in sorghum [M]//House L R, Mughogho L K and Peacock J M (eds). Sorghum in the Eighties：421-434.

DOGGETT H, 1968. Mass selection system for sorghum [J]. Crop Sci. (8)：391-392.

DOGGETT H, 1972. The improvement of sorghum in East Africa [M]//RAO N P G, HOUSE L R (eds). Sorghum in the Seventies. Oxford and IBH Publ. Co. , New Delhi：47-59.

DOGGETT H, EBERHART S A, 1968. Recurrent selection in sorghum [J]. Crop Sci. (8)：119-121.

EBERHART S A, 1972. Techniques and methods for more efficient population improvement in sorghum [M]//RAO N P G, House L R (eds). Sorghum in the Seventies. Oxford and IBH Publ. Co. , New Delhi：197-213.

ECKBIL J P, 1977. Heritability estimatis genetic correlalions and predicted gains froms, progeny tasts in three grain sorghum randon-mating population [J]. Cropsci (7)：373-377.

ECKEBIL J P, ROSS W M, GARDNER C O AND MARANVILLE J W, 1977. Heritabilily estimates, genetic correlations, and predicted gains for S, progeny tests in three grain sorghum random mating populations [J]. Crop Sci. (17)：373-377.

FOSTER K W et al., 1975. Responsesto cocycles of mass selection in an inbred population of gain sorghum [J]. Crop Sci. (1)：1-4.

GARDNER C O, 1972. Development of superior population of sorghum and their role in breeding program [M]//Rao N P G, House L R (eds). Sorghum in the Seventies. Oxford and IBH Publ. Co. , New Delhi：180-196.

HALLAUER A R, 1967. Development of single-cross hybrids from two-eared maize populations [J]. Crop Sci. (7)：192-195.

JAN-ORN, CARDNER C O , ROSS W M, 1967. Quantitative genetic studies of the NP_3 R random-mating grain sorghum population [J]. Crop Sci. (16)：489-496.

LOTHROP J E, ATKINS R E, AND SMITH O S, 1985. Variability for yield and yield components in IAPIR grain sorghum (*S. wlgare* Pers.) random mating population [J]. Crop Sci., 25 (2)：235-244.

ROSS W M, 1980. Population breeding in sorghum-phase II [C]. 33rd Annual Corn and Sorghum Research Conference：153-166.

ROSS W M, GARDNER C O, 1971. Population breeding in sorghum [C]. The Grain Sorghum Research and Utilization Conference. Lubbock, Texas (7)：93-98.

第十三章　高粱非常规育种技术

第一节　诱变育种技术

诱变育种是采取人工诱变的方法，使高粱产生新性状变异，然后选择新产生的变异，并稳定这新的变异，选育出新的高粱品种。一般来说，高粱在诱变因素（物理诱变因素和化学诱变剂因素）的作用下，使某个或某些基因产生突变，即所谓的基因突变。这种突变对改良株高、熟期、品质性状和抗病性等比较有效。

一、诱变育种的优点和缺点

（一）诱变育种的优点

1. 提升变异率，拓展变异范围

采用诱变因素处理作物外植体可使变异率（变异体占处理个体的百分率）提升到3%，比自然变异高100倍以上，甚至达1 000倍。此外，人工诱变的变异范围广泛，甚至是自然界中尚未有过或很难产生的新变异源。

2. 改良单一性状有效

通常的点突变都是诱变某一个基因，因此可以改良推广主栽品种的个别缺点性状。高粱诱变育种能有效改良品种的熟期、株高、品质、抗病等单一性状。

3. 变异性状易稳定

诱发产生的变异多数是一个主效基因的变异，因此稳定较快，一般经3~4代即可基本稳定，可以缩短育成新品种的时间。

（二）诱变育种的缺点

1. 诱发变异的方向和性质难以掌握

其原因主要是目前对诱变育种的原理研究还不够深透，很难预测哪些性状能发生变异及其变异的程度、有益或无益，以及变异的频率等。通常诱发有益的变异较少，而无益的变异较多，因而在没有很好地了解变异的机理时，一般采取增加第二代诱变群体的容量，提高选择的概率，这样就要增加物力和人力。

2. 很难同时出现多个性状的有利变异

除了某些性状受一对主效基因控制外，一般来说难以在同一次诱变处理中，在同一变异体中有多个性状产生有益的变异。例如，若要在高粱诱变中，既想获得抗丝黑穗病的变异，又要获得抗叶斑病的变异，甚至抗炭腐病的变异，这是很难出现的。

二、诱变技术

（一）射线诱变技术

1. 射线的类型和效应

电离辐射是指能量高，可引起物质电离的射线，目前诱变育种常用的有以下几种。

（1）γ 射线　γ 射线波长很短、穿透力强。由放射性同位素 Co^{60} 或 Cs^{137} 产生，其半衰期分别为 5.3 年和 30 年。

作物在进行 γ 射线处理时，一般是在 Co^{60} 或 Cs^{137} 源装置的辐射室内进行的，也有在设置 Co^{60} 或 Cs^{137} 圃、温室或人工气候箱里进行。

（2）χ 射线　χ 射线是由 χ 光机产生的高能电磁波，最早应用在诱变育种中。

（3）β 射线　β 射线的穿透力强，通常采用同位素 P^{32} 或 S^{35} 产生的 β 射线处理作物种子。

（4）中子　中子是不带电的粒子流。中子携带的能量大小不一，可分类为热中子、慢中子、中能中子、快中子和超快中子。

（5）激光　激光是基于物质受激光辐射产生的一种高强度单色相干光。激光具有单色性、亮度高、方向性和相干性均好的特性。目前应用的激光有钕玻璃激光器（波长 1.06 μm）、红宝石激光器（波长 6 943 A）、氮分子激光器（波长 3 371 A）、氦氖激光器（波长 6 328 A）、二氧化碳激光器（波长 10.6 μm）。此外，还有穿透力较小的非电离射线——紫外线用于处理花粉粒，以及无线电微波和电子流等。

2. 辐射剂量单位和诱变剂量

（1）辐射剂量单位　伦（伦琴，R）为辐射剂量，是 γ 射线和 χ 射线的剂量单位，表示在 1 g 空气中所吸收 83 尔格的能量。居里（Ci）表示放射性强度，1 居里放射性同位素每秒有 3.7×10^{10} 次核衰变。因为居里量大，通常用毫居里（mCi）或微居里（μCi）表示。拉特（rad）即组织伦琴，为吸收剂量，表示 1 g 受辐射的物质吸收 100 尔格的能量。拉特可以作为任何射线的剂量单位，也包括中子。积分流量，表示每平方厘米中子数（中子数/cm^2）。

剂量率即表示辐射强度。应用 γ 射线（或 χ 射线）照射时，必须考察单位时间内射线能量的大小，通常用 R/h、R/min、R/s 表示。如果剂量率高，能够显著影响幼苗成活率和生长速度，但在一般情况下突变与剂量率关系不是很大。

（2）辐射诱变剂量　同样的辐射条件对高粱的不同生育阶段会产生不同程度的生理损伤。因此，在辐射处理时，应了解作物对辐射的敏感性。作物的敏感性通常表现在以下几个方面：一是生长受到抑制的程度；二是幼苗死亡株数；三是成活结实株数；四是产生的不育性状况；五是种子发芽初期幼根有丝分裂期染色体畸变的细胞数。一般在实践中用致死剂量（LD_{100}）表示敏感性，即辐射后引起全部死亡的剂量；半致死剂量（LD_{50}），即辐射后成活率为 50% 的剂量；临界剂量，即辐射后成活率约 40% 的剂量。

在一定的剂量范围内，增加照射的剂量可以提高变异率，同时也随之增加生理损伤。因此，为了获得更多的有益变异，常采用比临界剂量低一些的剂量进行照射，如高粱杂交种干种子 2 万~3 万 R，品种干种子 1.5 万~2.4 万 R。由于品种之间的敏感性又有不同，所以在实行照射时可采用 2~3 种剂量。

辐射不但要选择适当的剂量，而且要考量剂量率。同一剂量用不同的剂量率处理，结果是低剂量率处理的生长正常，过高剂量率处理则死亡。一般情况下，处理干种子的剂量率为 60~100 R/M，花粉为 10 R/M。通常剂量率不要超过 160 R/M。采用高剂量处理可获得高的变异率，但大多是不育的或畸形的，或是叶绿素变异率增加。较高的变异率似乎只产生一些稀有的育种材料，以供杂交育种用。

3. 辐射照射技术

（1）外照射　用来自外部的辐射源照射种子等外植体称为外照射，可分为两种：一是急性照射，即采用较高的剂量率进行短时间的照射；二是慢性照射，即应用钴（或铯）圃，每天将钴（或铯）源升到地面进行一定时间的照射。对干种子一般都采用外照射，原因是处理方便、处理数量大、不受环境影响，处理高粱干种子约 100 g。

照射高粱植株可在生育各个阶段进行，一般在钴圃里进行慢性照射。也可照射花粉（在花粉成熟前到成熟的任何时期）、子房、受精卵和胚芽体（如花粉培养成的胚芽体）。

（2）内照射　内照射是利用放射性同位素 C^{14}、P^{32}、S^{35}、Zn^{65} 的化合物，配成溶液浸泡种子，或使作物吸收，或注射茎部。内照射需要一定的设备和防护措施，以防止同位素污染。而且，放射性同位素被吸收的剂量不易测定，其效果不完全一致。

（二）化学诱变剂诱变技术

1. 化学诱变剂的类型和效应

化学诱变剂的类型较多，有碱基类似物的 5-溴尿嘧啶（BU）、5-溴去氧尿核苷（BUdR）、羟胺（NH_2OH）、亚硝酸（HNO_2）等，而主要的是一些烷化剂。烷化剂带有 1 个或多个活性烷基，烷基能够转移到其他电子密度较高的分子（亲核中心）中。这种通过烷基置换其他分子上氢原子的作用称作烷化作用。主要的诱变烷化剂如下。

（1）甲基磺酸乙酯（EMS）　$CH_3SO_2OC_2H_5$，为无色液体，水溶性约 8%，温度在 20 ℃或 30 ℃的半衰期分别是 93 h 和 26 h。

（2）乙烯亚胺（EI）　$\overset{CH_2-CH_2}{\underset{NH}{\diagdown\diagup}}$，为无色液体，溶于水。

（3）硫酸二乙酯（DES）　$SO_2(OC_2H_5)_2$，为无色液体，不溶于水，溶于酒精，温度在 20 ℃或 30 ℃时的半衰期分别为 3.5 h 和 1 h。

（4）亚硝基乙基脲（NEH）　$\overset{C_2H_5}{\underset{ON}{\diagup}}N-CONH_2$，呈黄色固体，微溶于水。

（5）N-亚硝基-N-乙基尿烷（NEU）　$\overset{C_2H_5}{\underset{ON}{\diagup}}N-COOC_2H_5$，呈粉红色液体，水溶性约 0.5%，温度在 30 ℃时的半衰期为 84 h。

2. 化学诱变剂处理技术

（1）确定适宜的处理浓度　通常采用化学诱变剂处理种子，诱变效应与化学诱变剂的种类、浓度、处理温度和时间等因素有关。高浓度常常影响植株的存活率和可育性。如何确定适宜的化学诱变剂处理浓度，通常根据幼苗生长试验对幼苗抑制的程度来判定。一般使株高降低 50%~60% 是最适宜的处理浓度。对 EMS 而言，使植株高度降低 20% 的浓度是最适宜的浓度。

在低温下，用低浓度长时间处理，可提高存活率和变异率，这是因为药剂对细胞伤害的作用小，而且低温能使药物保持稳定性。但也有试验结果表明，在一定的浓度下，提高温度有良好的处理效果。不同化学诱变剂对种子处理所用浓度列于表 13-1 中。

表 13-1　各种化学诱变剂处理禾谷类作物种子的浓度范围

项目	化学诱变剂			
	EMS	DES	EI	NEU
浓度范围	0.05~0.3 g 分子 或 0.3%~1.5%	0.015~0.02 g 分子 或 0.1%~0.6%	0.85~9.0 mg 分子 或 0.05%~0.15%	1.2~14.0 mg 分子 或 0.01%~0.03%

（《作物育种学》，1984）

（2）处理的技术环节　处理的持续时间必须使处理的组织完成水解作用，做到被诱变剂浸透。如果处理时间较长，由于诱变剂水解，应在诱变剂水解 25% 时更换新溶液以保持相对稳定的浓度，或使用缓冲剂。

在化学诱变剂处理之前，将种子先浸泡，以提高细胞膜的透性，加快对诱变剂吸收的速度，而且经浸泡后的种子新陈代谢作用也活跃起来，提高了诱变剂的效应，使处理持续时间明显缩短，这种处理技术称被动处理。如果预先浸种后又在较高温度（约 25 ℃）下，用较高浓度进行短时间（0.5~2.0 h）处理，则不需更换溶液或添加缓冲液。

种子经诱变剂处理后，由于残留在种子里的药物可能持续起效应，应用清水冲洗。实践证明也很难完全冲洗干净。处理过的种子，可以直接播种，也可以进行干燥，过一段时间再行播种。重新干燥产生的后效应，与辐射处理一样，可能增加损伤程度，表现幼苗生长缓慢，存活率和变异率降低。经化学诱变剂、辐射处理的种子，常常在发芽时停止生长或死亡，其原因是发芽时糖分相对少于未处理的种子。

3. 化学诱变剂应用的初步结论

（1）化学诱变剂能显著提高叶绿素变异率，而且对诱变的效应一般比辐射处理的好。

（2）化学诱变剂使用时较为经济，因为使用的药品量少，不用专门的仪器设备，而辐射处理则要具有辐射源及其设备。

（3）化学诱变剂有剧毒，大部分药品还是致癌物质，操作时必须避免接触皮肤和吸入其蒸汽。

三、诱变选育技术

（一）诱变材料选择

与杂交育种一样，诱变材料的选择是育种成败的关键，要坚持以下原则。

1. 选择综合性状优良的品种

选用只有 1~2 个需要改良的推广品种，诱变成功的可能性大。例如，高粱恢复系晋辐 1 号就是选择优良杂交种晋杂 5 号经 γ 射线处理后育成的。

2. 选用杂交后代材料

通过杂交，其连锁基因已有所打破，并进行重组合。在此基础上，再行诱变处理，就会有更大范围和更深层次的变异，使杂交后代产生更多更有益的变异个体，增加了选择优良性状变异的概率。

3. 选用单倍体材料

单倍体材料经诱变产生的变异容易鉴别和选择，再将入选的单倍体加倍后即可得到稳定的二倍体材料，大大缩短了育种年限。通常利用花粉（药）培养的愈伤组织、胚芽体、单倍体植株进行诱变。

（二）诱变后代的选育

1. M_1 代的选育

经过诱变处理的种子长成的植株称为第一代，以 M_1 表示。M_1 群体的容量，因育种目标而不同，通常根据 M_2 群体的大小来确定，像高粱这样的中耕作物，M_2 代要有 1 万株以上，由此来确定 M_1 的群体数目。但要考虑到 M_1 的存活率和结实率，因为种子在处理后一般都能发芽，但发芽较慢，之后生长较慢，或不再生长，有的逐渐死亡。成活的幼苗即使恢复正常生育，也有的发生变异，如叶色、叶形、植株高矮、茎秆粗细等发生变异，而且后期有一部分植株产生不同程度的不育现象。

采用高剂量诱变时，种子的胚芽、胚根膨大，播种后不能出土，或出土后死亡。有的植株出现株型变矮、叶片变短等形态变异，以及生理损伤，致使幼苗生长受抑制，推迟成熟，分蘖位提高，高粱抽穗困难，并伴随不同程度的不育性产生，而这些变异一般不能遗传。

对诱变后长成的植株，由于是个别细胞引起变异所形成的组织，且大半是隐性变异，所以植株本身是嵌合体，在形态上又不易显露出来，因而 M_1 代一般不进行选择。而诱变杂种的后代或单倍体的材料进行诱变处理时，M_1 代就发生分离，应进行选择。高粱的主穗的诱变率比分蘖穗高，这是因为种子经诱变处理时主要影响到种胚的生长点，而分蘖穗仅包含生长点的部分分生组织的细胞群，因此其诱变率相对低一些。

2. M_2 代的选育

正常诱变处理的 M_2 代即产生分离现象，是分离范围最大的一个世代，其中大半是叶绿素变异，如白化、黄化、浅绿、条斑、虎斑和多斑等。这些变异由于诱变剂种类和剂量的不同，其产生的情况也不同。在高剂量处理时，M_1 代也可能产生这些变异。通常可根据叶绿素变异率和程度来判定适宜的诱变剂和剂量。由于 M_2 代产生叶绿素变异等无益突变较多，因此应种植和保证足够的 M_2 群体容量，以实现有益的变异得到选择。

3. M_3 及以后世代的选育

对 M_2 代的选择，可选成单株（穗）。M_3 代分别种成穗行，并种植原始品种作为对照。这种方式观测起来比较方便、直观。M_3 及以后的世代的选择，进行单株（穗）选择。一般情况下，从 M_3 代开始就基本稳定了，也有少数株（穗）系出现分离，可以继续进行单株（穗）的选择。对已经稳定的株（穗）系，可以进行产量比较试验及以后的区域试验和生产试验。

四、高粱诱变育种成果

(一) 射线诱变育种成果

在物理诱变因素中，γ 射线用得较多，育种效果也较好。国外报道用射线处理高粱品种种子 M35-1 和 GM2-3-1，后代分离出抗干旱和抗芒蝇的变异体。用 γ 射线处理尼日利亚的一个高粱品种，产生了一个高粱雄性不育基因，ms_7 不育性相当稳定。用 γ 射线处理高粱品种 M22-5-16 和 MCK60，在 M_1 和 M_2 代获得籽粒蛋白质含量增加的变异株，并选出新品系。

我国在利用射线处理高粱育种中，也取得许多成果。山西省吕梁地区农业科学研究所（1972）于 1967 年用 $Co^{60}\gamma$ 射线 2.4 万 R 剂量照射晋杂 5 号零代干种子，在变异后代中选育出优质、恢复性好、农艺性状优、产量高的新恢复系——晋辐 1 号（图 13-1）。用晋辐 1 号与 Tx3197A 组配的晋杂 4 号，与 Tx622A 组配的辽杂 1 号，成为我国高粱春播晚熟区主栽高粱杂交种。中国农业科学院原子能利用研究所用 $Co^{60}\gamma$ 射线处理抗蚜 2 号高粱品种，从变异后代中选育出矮秆分蘖类型的恢复系矮子抗。刘立德（1978）用 γ 射线处理晋杂 12 号种子，从后代变异中选出了品质较好的矮丰 2 号恢复系，并与赤 10A 不育系组配出早熟、高产高粱杂交种北杂 1 号。

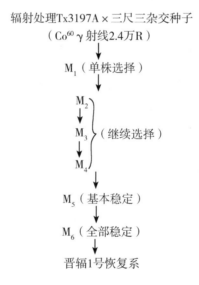

图 13-1　辐射处理选育晋辐 1 号恢复系程序

（《杂交高粱遗传改良》，2005）

马正潭（1983）于 1977 年用 γ 射线 2.5 万 R 和 3.0 万 R 剂量照射黄胚乳高粱品种 7512 干种子。从后代变异中选育出新的恢复系抗收 01，恢复率达 100%，抗收 01 比原品种 7512 早抽穗 23 d，品质优良，株高约 1 m，适于机械收割，高抗丝黑穗病。张纯慎（1984）于 1981 年用 $Co^{60}\gamma$ 射线 2 万 R 剂量照射高粱品种 A3681。在 M_2 代发现有高蛋白质含量和高赖氨酸含量的变异株，其中蛋白质含量超过对照的有 38 株，而超过

10%以上蛋白质含量的有 19 株，最高含量者达 13.71%；赖氨酸含量超过对照的有 43 株，最高含量者为 0.28%。可见，通过 γ 射线处理高粱种子能够在 M_2 代变异中筛选出高蛋白质含量、高赖氨酸含量的变异体单株。

陈学求（1980，1984）从 1971 年开始，用 $Co^{60}\gamma$ 射线处理中国高粱品种跃 4-1 的风干种子，照射剂量 0.6 万~1.5 万 R。在 M_2 代里分离出雄性不育变异株，用同一穗系的可育株作轮回亲本进行回交。回交 3 代后，其不育株率达 99.8%，育成了稳定的高粱雄性不育系 601。之后，又采用同样的方法选育出另一个高粱雄性不育系 602。中国农业科学院原子能利用研究所用 $Co^{60}\gamma$ 射线处理保持系 Tx3197B，在后代变异株中选育了中秆保持系农原 201B，随后转育成中秆雄性不育系农原 201A。

（二）化学诱变育种成果

早在 1952 年，Franzke 和 Ross 等就报道了用秋水仙素处理高粱，使高粱产生变异，并进一步选育出纯合品种。此后，Eigst 和 Dustin（1955）、Atkinson 等（1957）、Senders（1959）、Foster（1961）、Simantel（1963，1964）、Chen 等（1965）报道了用秋水仙素处理高粱，使幼苗色、分蘖数、株高、茎粗、叶长、叶中脉色、芒长和育性等性状产生变异。而且发现，用秋水仙素处理高粱容易获得纯合的突变体，并能同时诱发几个性状基因变异，还能诱发细胞质雄性不育性变异。

Mohan（1978）采用硫酸二乙酯处理高粱，得到了高赖氨酸含量突变体 P721，其含量达高粱籽粒干重的 0.432%，占蛋白质的 3.09%。而蛋白质含量高达 13.9%。

综上所述，通过物理的、化学的诱变因素处理高粱品种，可以引起熟期、品质、抗性、株高、育性等性状的变异，并从中选育出新品种。实践证明，采用 $Co^{60}\gamma$ 射线处理高粱干种子，照射剂量在 2 万~3 万 R。通常红黏高粱处理剂量在 2 万~3 万 R，白粒高粱在 1 万~2 万 R。宋高友等（1993）研究不同温度下，$Co^{60}\gamma$ 射线对高粱诱变的效果。结果表明，低温辐照处理有利于晚熟和株高矮化的变异发生，-76℃的诱变效果最佳；常温下辐照有利于籽粒胚乳质地和穗型变异的产生。内蒙古农牧学院研究认为，用 $Co^{60}\gamma$ 射线处理高粱，剂量率以 100~150 R/min 为宜，剂量率超过 200 R/min 时，则出现较多死苗。

五、诱变育种有关问题讨论

（一）几种诱变因素的效果问题

20 世纪 50 年代，诱变育种在世界普遍开始采用，但变异的机制尚不十分清楚，使得诱变技术难以标准化，因此需要在以下几方面加强研究。一是提高诱变剂的专一性；二是提高诱变剂的诱变率和效率；三是要求诱变设备使用便捷、效率高；四是处理技术标准化，使处理结果做到可重复进行。诱变效果可从突变率和诱变效率等指标进行衡量。

1. 突变率

突变率是突变类型的个体数占处理群体总个数的百分数。

M_1 按穗（株）收获，M_2 按穗（株）行种植时，

$$突变率 （\%） = \frac{M_2 \; 发生突变的穗（株）行数}{M_2 \; 种植总穗（株）行数} \times 100 \qquad (13.1)$$

M_1 混收，M_2 混种时，

$$突变率 （\%） = \frac{M_2 \; 发生突变的株数}{M_2 \; 群体总株数} \times 100 \qquad (13.2)$$

2. 诱变效率

诱变效率是指突变率（%）与生物损伤（%）的比率。生物损伤是根据致死性（死亡率%）、损伤（幼苗高度下降%）、不育性或细胞分裂后期的畸变（种子根的根尖染色体断片%）等指标衡量。

3. 诱变效果

诱变效果是突变率与剂量之比，即：

$$诱变效果 = \frac{突变率}{剂量} \qquad (13.3)$$

化学诱变剂的剂量为，

4. 诱变功效

诱变功效是指诱变剂产生有利突变的能力。

从诱变剂诱变效果看，γ 和 χ 射线辐射常常产生较多的染色体畸变，主要表现是染色体、单体畸变、染色体数目变化、基因突变、细胞分裂受抑制。射线对作物任何部位都起强烈的刺激作用，尤其中子的作用范围最广；化学诱变剂只在染色体某一部位产生作用，其范围较窄，很少出现易位。

染色体结构变异还与电离密度有关，能量小但电离密度大的，引起染色体结构变异更有效。例如，7.5×10^6 电子伏特能量的中子，比 15×10^6 电子伏特更有效地引起染色体畸变。中子的诱变效率比 χ 射线高。各种诱变剂的诱变效率：热中子 $\geqslant$ EMS $\geqslant$ 快中子 $\geqslant$ χ 射线 $\geqslant$ DES $\geqslant$ EI（差距：突变率为 $1\% \sim 24\%$）。

（二）诱变剂的特异性问题

射线处理易产生染色体畸变，引起染色体断裂，断裂常在异染色质区域，因而突变也是在这些区域邻近的基因。从目前的试验结果看，已发现一些诱变剂对突变性质有一定的特异性。例如，大麦的直立型突变体，即具密穗、茎秆坚韧和矮秆的类型的位点，因诱变剂不同所产生的突变也不同（表13-2）。表13-2的结果表明，ert-a 对稀疏离子射线（χ 和 γ 射线）产生的频率高于密集离子的中子，ert-c 对中子处理的反应频率高；这些基因对化学诱变剂的反应也不同，ert-c 频率较低。

表 13-2 不同诱变剂对大麦直立型（ert）诱发的差异

诱变剂	ert 基因		
	ert-a	ert-c	ert-d
χ 和 γ 射线	14	11	9
中子	1	16	6

（续表）

诱变剂	ert 基因		
	ert-a	ert-c	ert-d
化学诱变剂	17	7	11
合计	32	34	26

（《作物育种学》，1984）

（三）诱变剂联合处理问题

变异率是随着诱变剂剂量的增大或处理时间加长而提高，而且 2 种或 2 种以上诱变剂联合使用比单独使用更能提高变异率。例如，用 EI 处理后再用 EMS 处理，其效果会更好，这是由于第一个诱变剂处理后已引起一定变异，接着再用另一个诱变剂处理，会引起另一方向的变异。在辐射处理后再用化学诱变剂处理，因为辐照改变了生物膜的完整性和渗透性，所以促进了化学诱变剂的吸收，可产生更多的变异。

Gupta 等（1976），先用 γ 射线处理粟，再用 EMS 或 DES 处理，其穗部变异率比单独处理或 2 个单独处理的和还要好（表 13-3）。在辐照处理之后，再用迭氮化钠进行处理，能够减轻生理损伤的程度。

表 13-3　各种诱变剂联合处理对粟穗部可见突变的结果（品种 MU-1）

诱变处理		M_2 突变率（%）	诱变处理	M_2 突变率（%）
γ 射线	10 kR	3.10	γ 射线 10 kR+0.1%EMS	6.42
	20 kR	5.83	20 kR+0.1%EMS	7.43
	30 kR	5.10	30 kR+0.1%EMS	9.48
	40 kR	7.86	40 kR+0.1%EMS	16.91
0.1% EMS 12 h		3.84	γ 射线 10 kR+0.1%DES	6.17
0.1% DES 12 h		1.98	20 kR+0.1%DES	7.89
			30 kR+0.1%DES	11.32
			40 kR+0.1%DES	15.95

（《作物育种学》，1984）

然而，虽然联合处理的变异率比较高，可是变异率的提高与加大单独处理的剂量作用效果相仿，其变异效率是低的，主要因为 M_1 产生较高的损伤，M_2 表现白化苗的比例明显超过了其他叶绿素变异率。

（四）诱变育种的前景问题

在诱变育种中，期望通过诱变改良品种中的 1~2 个缺点性状是可能的，而期望改良几个或许多缺点性状则是困难的，因为伴随着某些性状的改良，常常带来许多不良性状。因此，利用诱变技术，希望选育出各种性状都优良的品种比较困难，这是诱变育种的缺点。但是，通过诱变可以产生许多自然界不易出现的新变异资源，利用这些突变体为材料杂交，有可能选育出一些优良的品种。据世界不完全统计（1975），有28%的优良突变体作为杂交亲本，72%的优良突变体直接育成推广品种。因此，将诱变产生的新变异与育种选择紧密结合起来，将是很有前景的。

深入研究定向诱变的机制和理论是十分必要的，近年在分子水平上的大量研究，对化学诱变剂的作用机制，以及使特定的DNA结构发生变化的原因，已初步找到了某些规律性，一些影响诱变处理的因素的严格标准化，使得有希望定向地产生变异。目前，有关熟性、矮秆及其品质、抗病性等性状的诱变相对容易。

近年，太空诱变育种开启了一个新的领域。太空诱变育种是指利用太空运载工具（如飞船、返回式卫星、高空气球等），将作物种子带到距地球200~400 km的太空或距地面20~30 km的空中，利用太空特殊的环境，如宇宙射线、高能粒子、微重力、高真空、弱磁场等，对作物种子诱变产生变异，再返回地球选育新种质、新材料，选育新品种的育种技术。

太空诱变育种具变异幅度大、有益变异多、生育期缩短、抗病能力增强、产量提高等特点。从1987年开始，我国首创利用返回式卫星搭载作物种子开展太空诱变育种研究，各地已先后选育出一大批农艺性状变异的优良新资源、新品种。例如，华南农业大学采用太空诱变育种技术，选育出高产、优质新水稻品种华航1号。该品种具穗大、粒多、结实率高、抗病性和抗逆性强等特点，已推广种植6 000 hm²。

第二节　远缘杂交育种技术

一、远缘杂交育种概述

（一）远缘杂交的概念

远缘杂交（wide cross）是指植物分类学上的不同种（species）、属（genus）或亲缘关系更远的类型间的杂交，包括栽培种与野生种之间的杂交，称为远缘杂交，所得到的杂种，称为远缘杂种。同一种的个体之间的杂交，一般都能产生可育的后代。但不同种在生物学上是不亲和的，互相杂交不易成功，杂种后代也常常是不育的。这种生殖隔离是植物在漫长的进化过程中形成的。但生殖隔离不是绝对的，也是可以打破的。远缘杂交在一定程度上可打破种、属之间的界限，实现其基因的交流，从而传递不同种、属的特征、特性。所以，远缘杂交是植物进化的重要因素，也是产生新种的重要途径。

（二）远缘杂交的作用

1. 创造新物种

最先利用远缘杂交创造新物种的事例，是用野生的心叶烟草（*Nicotiana glutinosa*，$2n=24$，GG）与普通烟草（*N. tabacum*，$2n=48$，TTSS）杂交，F_1加倍后产生了具有双亲染色体组的异源六倍体新种（*N. digluta*，$2n=72$，TTSSGG）。通过远缘杂交创造新物种并在生产上推广应用的当属小黑麦（*Triticale*）。

2. 创造异染色体类型

远缘杂交导入了异源染色体和其片段，因而创造了异附加系、异替换系和易位系等类型，在品种遗传改良上有重要作用。

（1）异附加系（alien addition line）　异附加系是指在某物种染色体组型的基础上，增加 1 对或 2 对其他物种的染色体，从而形成 1 个具有另一物种特征特性的新类型。如普通小麦与黑麦杂交，回交后，获得了具有个别黑麦染色体 1R，2R，…，7R 的 7 个异附加系。异附加系的染色体数目不稳定，育性减退，在不进行严格选择的情况下，经过几代常常会恢复到二倍体状态，因此一般不能直接用于生产。但异附加系是创造异替换系和易位系的桥梁，是选育新品种的有用材料。

（2）异替换系（alien substitution line）　异替换系是指某个物种的 1 对或几对染色体被另一物种的 1 对或几对染色体取代而产生的新类型。如黑麦的 1R 染色体代替小麦的 1B 染色体，因而增强了对小麦白粉病和 3 种锈病的抗性。Larson 等（1973）从普通小麦品种 Rescue×长穗偃麦草（*Elytrigia elongata*，$2n=70$）的杂交中，获得了抗麦螨的异替换系 R-Ae6D。

（3）易位系（translocation line）　易位系是指某物种的一段染色体与另一物种的相应染色体节段发生交换后，基因连锁群也随之发生变化产生的新类型。Sears（1965）用山羊草（$2n=14$）与二粒小麦（$2n=28$）杂交，获得双二倍体后与中国春小麦回交 2 次，在发病条件下选择抗叶锈病植株，得到异附加系（$21 \text{II}+1 \text{I}$），又用 χ 射线辐照花粉授粉，获得了带有抗叶锈病显性纯合基因的山羊草节段易位于普通小麦染色体的 T-47 等易位系，被广泛用作抗锈病的种质资源。中国科学院西北植物研究所选育的小偃 6 号就是一个易位系。

3. 将远缘种有益基因转入到栽培种里

远缘杂交在某种程度上打破了物种的界限，从而把不同生物类型的一些远缘优良性状基因转入到栽培类型中去。例如，19 世纪中期，爱尔兰马铃薯晚疫病大发生使马铃薯产量损失严重。于是，利用含有抗晚疫病基因的野生马铃薯（*S. demisum*）与栽培种（*S. tuberosum*）杂交，将抗病基因转入到栽培品种中，育出了抗晚疫病的马铃薯新品种。

4. 有利于作物杂种优势利用

远缘杂交可以创造雄性不育系。水稻的野败、二九南 1 号 A 是将具有不育细胞质 S（*MsMs*）的种与具有细胞核不育基因 F（*msms*）的种杂交，并连续回交，最终获得雄性不育系 S（*msms*）。

还有，由于远缘杂交双亲的遗传差异大，其杂种产生的优势更强，如水稻的籼、粳亚种间杂交，棉花的陆地棉与海岛棉杂交等。远缘杂交所产生的核质杂种、核基因、核质之间的互作均能产生杂种优势。这种双重杂种优势（double heterosis）是获得高产、优质杂交种的新途径。

二、远缘杂交的难点及解决途径

(一) 远缘杂交的难点

1. 杂交不亲和性

远缘杂交的不亲和性（incompatibility），也称不可交配性（noncrossability），是指由于远缘杂交的生殖隔离（sexual isolation），使雌、雄配子不能结合受精形成合子。

远缘杂交由于双亲遗传差异大，引起柱头呼吸酶的活性、pH 值、分泌物、柱头与花粉渗透压的差异等原因，常造成花粉在异种柱头上不能发芽；或虽能发芽，但不能伸入柱头；或能进入柱头，但生长缓慢，甚至破裂；或虽能到达子房，但雌、雄配子不能结合等。

远缘杂交不亲和性与双亲的基因组成有关。Rileg 等（1976）研究指出，小麦在 5B 和 5A 染色体上，都分别存有显性的 Kr_1 和 Kr_2 基因，阻止小麦与黑麦、小麦与球茎大麦的交配性（crossability）。

2. 杂种不育性

由于远缘杂交双亲的亲缘关系远，杂交常产生各种不正常的受精现象，其表现是受精后幼胚不能发育，或中途停止发育；或虽能形成幼胚，但幼胚畸形，不完整；或幼胚完整，但没有胚乳或有极小胚乳；或胚和胚乳虽发育正常，但胚和胚乳间形成类似糊粉层的细胞层，妨碍了营养物质从胚乳进入胚；或由于胚、胚乳与母体组织间不协调，虽能形成皱缩的种子，但不能发芽或发芽后死亡；或杂种一代（F_1）植株在不同发育阶段生育停滞或死亡；或由于生育失调，营养体虽生长繁茂，但不能形成结实器官；或虽能形成结实器官，但其结构、功能不正常，不能产生有生活力的雌、雄配子；或由于双亲染色体数目不同，或缺少同源染色体，在减数分裂时不能正常配对及平衡分配，形成大量不育配子。综上原因造成远缘杂种不育性。

远缘杂种不育性产生的内部原因是远缘杂交后打破了物种原有的遗传系统，一个物种的细胞核进入另一个物种细胞质中，因核质不协调引起雄性不育，或影响杂种生长发育所需的物质合成和供应；或由于双亲的染色体组、数目、性能等差异，在减数分裂时不能正常分离、配对，形成不了正常配子；或由于不同亲本的基因或基因剂量的差异，影响个体生育所需物质的生物合成，因而造成杂种不育或灭亡。

3. 杂种后代性状分离繁杂、稳定慢

远缘杂种后代性状的分离强烈、复杂，分离的代数多，不易稳定。远缘杂种性状的分离并非全在第二代（F_2）出现，有的杂种在第三代（F_3）或第四代（F_4）以及以后世代才出现显著的分离现象。远缘杂种分离出来的性状类型多种多样，常常超出两亲之间的范围，亦即所谓的"疯狂"分离现象。这种疯狂分离现象一般延续多代不能稳定。从性状分离时长看，远缘杂种常延续到 7~8 代还有分离，有时甚至到 10 多代仍不能获得稳定的后代。

在远缘杂交的某些情况下，由于杂种染色体消失、无融合生殖及染色体自然加倍等原因，常产生母本或父本的单倍体、二倍体或多倍体。在远缘杂种的整倍体后代中也会出现非整倍体。这些都表明远缘杂种后代分离的复杂性。随着远缘杂种后代的晋代，有向两亲类型分化的趋向，即在杂种后代中出现生长健壮的个体，常常是与亲本性状相似的个体，而双亲的中间类型不易稳定，一般在后代中消失，从而出现恢复亲本的趋向。

（二）远缘杂交难点的解决途径

1. 杂交不亲和性的解决途径

（1）选择亲本 要克服远缘杂交的不亲和性，要注意亲本的选配。如果远缘杂交在栽培种与野生种之间进行，应以栽培种为母本。例如，中国科学院西北植物所（1972）在小麦与长穗偃麦草远缘杂交中，以小麦作母本杂交，其结实率达70%；反之，其结实率仅10%。这是由于雌、雄生理上的差异造成的不同结果。如果双亲染色体数目不同时，一般以染色体数目多的为母本，其杂交结实率会更高些。罗文质等（1963）用甘蓝型油菜（$2n=38$）×白菜型油菜（$2n=20$）时，其结实率达23.6%，杂种发芽率为64%；反之，其杂交结实率为0.6%，杂种发芽率0%。

（2）架桥法 当两个远缘的亲本直接杂交不易成功时，可寻找能分别与这两个亲本杂交的第三者作为桥梁亲本，使杂交获得成功。这种桥梁亲本可以是不同的种，也可以是不同的亲本。北京市农林科学院在选育八倍体小黑麦的杂交中，发现除了中国春小麦外，尚有少数品种如江东门等易与黑麦杂交，因此用它作为桥梁亲本与许多难于与黑麦杂交的小麦品种杂交，把易与黑麦杂交的特性转入进去，再从这些品种间杂种的 F_1、F_2 中选株与黑麦杂交，结果显著提高了杂交结实率，使小麦与黑麦杂交获得成功。

（3）染色体加倍法 在远缘杂交前，可把亲本之一或双亲加倍成多倍体再进行杂交，结实率能提高。这对克服某些属、间杂种不可交配性障碍有明显效果。孙济中等（1981）直接用亚洲棉×陆地棉杂交的结实率是0%～0.2%，几乎得不到种子。而用加倍染色体的亚洲棉再与陆地棉杂交，其平均结实率达30%以上。

在远缘杂交时还发现，当双亲染色体数不一样时，应先将染色体加倍成相同数目再行杂交，容易成功。卵穗山羊草（*Aegilops ovata*，$2n=28$）与黑麦（*Secale cereale*，$2n=14$）杂交，通常不结实。如果把父本黑麦染色体加倍，再与卵穗山羊草杂交，就显著提高了结实率。为提高玉米与鸭茅状摩擦禾（*T. dectyioides*）属间杂交的结实率，应先将玉米（$2n=20$）加倍成四倍体，再与鸭茅状摩擦禾杂交。

（4）授粉法 重复授粉可提高远缘杂交的结实率。因为同一母本的雌蕊柱头、不同发育阶段其成熟程度和生理状况是有差异的，采取重复授粉就有可能遇上最有利于受精的条件，从而提高了受精率。这在小麦、棉花的属间、种间杂交中均有成功的事例。通常重复授粉1～2次即可，重复次数多易造成机械损伤。

此外，采用混合花粉授粉，或用射线处理的花粉授粉，也可提高远缘杂交的结实率。贵州农学院（1960）以普通小麦中农28作母本与黑麦杂交，结实率为1.2%。而永黑麦花粉加小麦品种五一麦和黔农199的混合花粉授粉时，其杂交结实率达16.6%。山川邦夫（1971）研究显示，用γ射线照射花粉或柱头，结实率为1.8%。而用未处理柱头花粉授粉，其结实率只有0.19%。

2. 杂种不育性的解决途径

（1）杂种染色体加倍法 在远缘杂交中，由于染色体不能正常配对产生不育时，可利用秋水仙素加倍染色体，形成双二倍体（异源多倍体），是克服远缘杂种不育的有效方法。目前，在小麦×冰草、黑麦×冰草、烟草四倍体栽培种×二倍体野生种、花生栽培种×多年生野生种、黑芥×白菜等远缘杂交中，均采用染色体加倍法获得了可育的杂种后代。

（2）杂种胚离体培育法　前述，一些远缘杂交在授粉后不久幼胚中途停止发育，开始解体；有的虽然结出成熟的种子，但生活力很弱，常在个体发育的不同阶段灭亡。针对这种情况，采取杂种胚离体培养，可获得可育的杂种。

常用的幼胚离体培养法是授粉后及时取出幼胚，如在麦类远缘杂交中常在受精后14~16 d剥取幼胚进行无菌人工培养。对一些发育不健全的杂种种子，亦可在种子成熟后取出胚进行离体培养。也有学者采用活体幼胚培养技术，以提高杂种成活率。Kruse曾在无菌条件下取出大麦幼胚，置于培养基表面，并迅速剥取大麦×黑麦杂种幼胚，按天然胚的位置接种到大麦胚乳上，获得成功，结果有30%~40%的杂种胚发芽并长成杂种植株，而传统的幼胚离体培养法成活率仅1%。采用活体离体幼胚培养法，在大麦×小麦、大麦×冰草的杂种幼胚活体上也获得成功。

（3）回交法　在亲本染色体数目不等的情况下，杂种产生的雌配子不都是无效的，其中有些可以接受正常花粉受精而结种子。在草棉（$2n = 26$）与陆地棉（$2n = 52$）杂交的 F_1 代，用陆地棉花粉回交，就可以提高结实率。由于不同的回交亲本对提升杂种结实率的效果有较大差异，因此不应局限于用与原亲本相同的品种或变种作回交亲本，可以多选择一些品种（变种）配成多个回交组合，从中找到可使杂种结实率最大化的品种。这种回交实际上类似于品种间的复合杂交。沈阳农学院在籼、粳稻杂交中，利用这种复合杂交技术，使杂种在早代就出现了相当数目的结实正常或接近正常的植株。

在回交时，用母本还是用父本作回交亲本，主要看能否促进和提升杂种的结实率，还要看能否减少和排除回交亲本对杂种后代遗传性的不利影响。例如，在对小麦×偃麦草的杂种回交中，选用小麦作回交亲本，除了能促进和提升杂种结实率外，还能削弱偃麦草的不利影响。总体来看，在栽培种与野生种远缘杂交中，一般均选用栽培种作回交亲本，回交次数通常在1~3次，或者3次以上。

（4）延长杂种生长期　杂种的育性与环境条件的影响有一定关系。延长杂种生长发育期有可能促进杂种生理机能逐渐趋向协调，并进而使生殖功能有所恢复，育性得到提高。延长杂种生育期的方法因不同杂种而异。如棉花种间杂种，小麦与偃麦草的多年生杂种，籼粳亚种间杂种可采用无性繁殖法延长营养生长期；二年生小麦与偃麦草杂种采取温度和光照条件延长其营养生长，以延缓其生殖生长。黑龙江省农业科学院（1979）在小麦×天蓝偃麦草杂交中发现，杂种结实率随栽培的年限延长而上升。

3. 加快稳定杂种后代解决途径

由于远缘杂种后代性状分离强烈，稳定缓慢，以致延长了选育定型新品种的年限。为解决这一问题，可采取以下技术。

（1）加倍杂种一代（F_1）染色体　采取染色体加倍技术，不仅能克服杂种不育，而且还能迅速稳定远缘杂种的后代。因为远缘杂种一代染色体加倍后，就变成双二倍体或异源多倍体，它是不分离的纯合体。这是一条获得远缘杂种新类型的快捷途径。染色体加倍后稳定是相对的，不是绝对的。从外部性状看，远缘杂种加倍后形成的双二倍体，性状分离基本被控制住，后代表现稳定。但从细胞学上看，整倍体的植株不够稳定。以小黑麦整倍体为例，它仍能分离出非整倍体来。所以，在一个小黑麦群体内，包含有相当数目的频率不一的各种非整倍体，它们的结实率是低的。为提高群体内整倍体的频率，以相应提升群体的结实率，据木屋对异源六倍体小黑麦的研究表明，选择大粒种子是一条有效之途。

（2）诱导远缘杂种产生单倍体植株　远缘杂种第一代（F_1）的花粉大多数是不育的，但也有少数花粉具有不同程度的生活力。因此，把杂种一代的花粉进行离体培养，可产生单倍体植株。然后令其染色体加倍，即可产生各种纯合的二倍体。这一技术可以克服杂种性状分离，迅速获得稳定的新类型。

（3）回交技术　对远缘杂种采用回交，既可克服杂种不育，又能控制杂种"疯狂"分离，从而产生较为符合育种目标的新类型。例如，在栽培种与野生种杂交中，杂种一代常常是野生种占优势，以后世代的分离又很强烈。如果采用不同栽培品种与杂种一代回交、自交，并交替进行若干次，便能分离带有一些野生优良性状而比较稳定的栽培类型，可为进一步选育提供较为理想的材料。

（4）诱导染色体易位　在有些远缘杂交中，后代有向两亲类型分化的趋势。为了解决这一问题，可利用各种辐射源或化学诱变剂处理远缘杂种，以诱导两亲染色体发生易位。这样既可以防止杂种向两亲极端分化，又能获得兼有双亲特征特性的杂种后代类型。例如，在中国春小麦×小伞山羊草、小麦×冰草、小麦×黑麦等的远缘杂种中，采用回交技术已获得了抗病品种或类型。

三、远缘杂交选育技术

针对远缘杂交后代分离的特点，对杂种的选育与品种间杂交的选育有所不同。

（一）杂种后代性状表现

远缘杂种后代性状分离无规律性，因为双亲是互为异源染色体，缺乏同源性，进而导致减数分裂过程紊乱，形成不同染色体数目的配子。因此其后代具有极其复杂的遗传性，性状分离纷杂且无规律可循，上、下代间的性状遗传也很难预测。杂种后代的性状分离，不仅有各种中间类型，还有亲本类型，以及亲本祖先类型、超亲类型和特殊类型等，变异极其多样。随着杂种世代的增加，后代逐渐趋向亲本类型，因为生长健壮的个体多近似于亲本型的，中间类型不易稳定，常在后代中消失。

远缘杂种分离的世代并不完全在 F_2 代，有的要在 F_3 代或以后世代才有明显分离。而且，由于染色体消失、无融合生殖、染色体自然加倍等原因，常产生母本或父本的单倍体、二倍体或多倍体，以及非整倍体等，这样会使性状分离延续几代而不易稳定。

（二）杂种后代选育技术

1. 加大早代群体的数量

由于远缘杂种后代分离强烈，范围广，而且不育性高，常出现劣株和畸形株，因此在 F_2、F_3 代所需群体的数量要比一般品种间杂交的大得多。在这种情况下，想把不同种或亚种的一些优良性状和适应性组合起来，选育出各种性状优良和适应性好的品系时，以采取混合种植法为好。增加分离世代群体的容量，这样才有可能选出频率很低的优良基因组合的个体。若想改良某一推广品种的 1 个性状时，只要该性状是受显性基因控制的，而且遗传力大，就可采用回交法。

2. 加快杂种后代的稳定

对远缘杂种的 F_1 用秋水仙素处理，使其染色体加倍形成双二倍体，既可提高杂种的育性，又可获得不分离的纯合材料，可进一步选出双二倍体新类型。采用回交技术，一可恢复杂种的育性，二可控制性状的分离。盖钧镒（1982）在大豆栽培种×野生种后代中，用栽培种回交 2 次，便克服了野生种的蔓生性、落叶性和落粒性。

远缘杂种 F_1 的花粉大多是不育的，也有很少数花粉是有生活力的，可将 F_1 花粉离体培养，先产生单倍体，再人工加倍成纯合二倍体，即可获得性状稳定的新类型。

3. 放宽对杂种世代材料的选择

远缘杂种早代一般结实率低、种子不饱满、生育期偏长等，这些缺点可通过一定世代的选育逐渐克服。杨守仁等（1959）在南特号×嘉笠的籼、粳亚种间杂交中，F_1 代结实率仅有 13.5%，在连续选到 F_4 代时，结实率提升到 51.5%~79.9%。所以，早代个体只要具有较优良的经济性状，都可以进行选择。

4. 灵活采用有效的选择方法

由于远缘杂交的远缘杂种分离时间长、范围广、后代群体容量大，因此通常不宜采取系谱选择法。如果要把双亲的一些优良性状和适应性组合在一起，选育出经济性状和适应性都很好的品系时，应采用混合选择法。

Frey（1982）研究指出，要想改良品种的某一缺点，利用栽培种与具有该目标性状的野生种杂交，从其杂种后代中选择带有目标性状的中间类型个体与栽培品种回交是行之有效的选择方法。想把野生种的若干性状与栽培种的有益性状结合起来，可采用歧化选择（disruptive selection），即选择后代群体中两极端类型互交后再选的方法。这样可提高两亲间基因交换的概率，有助于打破有利与不利基因的连锁，使优良性状基因充分地重组，获得符合育种目标的新类型。

第三节　倍数染色体育种

一、单倍体育种

（一）单倍体的概念和类型

1. 单倍体的概念

高等植物的单倍体是指含有配子染色体数目的孢子体。如果从细胞遗传学的视角看，由二倍体植物产生的单倍体，由于它的体细胞里仅含有一个染色体组，所以在单倍体分类上又称为一倍体，如玉米单倍体就是一倍体。如果由多倍体植物产生的单倍体，其体细胞里含有几个染色体组，所以又称为多单倍体，如小麦单倍体就是多单倍体。不论是一倍体还是多单倍体，在育种上统称为单倍体。

植物单倍体可自然产生，也可人工诱发产生。20世纪20年代以来，先后在烟草、玉米、小麦、水稻、黑麦、棉花、亚麻等作物上发现并获得了单倍体植株。岳绍先等（1986）报道，现已在70个属、206种植物上获得了单倍体植株。单倍体的自然产生频率较低，如孤雌生殖产生单倍体的频率约0.1%，孤雄生殖的为0.01%。不同物种间产生单倍体频率的差异较大，如小麦为0.48%，玉米为0.0005%～1.0%，棉花为0.00033%～0.0025%，而一粒小麦可高达23.0%～38.9%（Smith，1946），海岛棉的一些品系最高达61.8%（Turcotte，1963，1964）。

人工诱发单倍体的途径有远缘杂交、物理或化学因素处理、延迟授粉、双生苗选择等。20世纪60年代以来，在许多作物上利用花药（粉）培养或染色体有选择地消失而获得单倍体。

2. 单倍体的类型

Kimber和Riley（1963）根据染色体的平衡与否把单倍体分为两大类。

（1）整倍单倍体　整倍单倍体（euhaploid）是指其染色体为平衡的单倍体。其下又可分为单元单倍体（monohaploid），是由二倍体种产生的，如玉米、高粱、水稻的单倍体；多元单倍体（polyhaploid），是由多倍体物种产生的，如普通小麦、陆地棉的单倍体。由同源多倍体产生的多元多倍体，称为同源多元单倍体（autopolyhaploid）；由异源多倍体产生的称为异源多元单倍体（allopolyhaploid）。

（2）非整倍单倍体　非整倍单倍体（aneuhaploid）是指染色体数目多或少的单倍体，如额外染色体是该物种配子体的成员，称为二体单倍体（disomic haploid，$n+1$）；如果是从不同物种来的，称外加单倍体（addition haploid，$n+1'$）；如果比该物种正常配子体的染色体组少1个染色体的，称为缺体单倍体（nullisomic haploid，$n-1$）；如果是用外来的1条或几条染色体代替单倍体组的1条或几条染色体时，称为替代单倍体（substitution haploid，$n-1+1'$）；如果含有一些具端着丝点的染色体或错分裂产物，如等臂染色体，称为错分单倍体（misdivision haploid）（图13-2）。

（二）获得单倍体的方式方法

1. 利用单性生殖获得单倍体

（1）孤雌生殖　由自然孤雌生殖产生的单倍体，常常是极核受精正常，而卵细胞孤雌生殖，一般用带有显性标志的父本给能产生单倍体的材料授粉，凡胚乳出现标志性状而胚不表现的，即可认为是孤雌生殖的单倍体。这一方法已在玉米上采用。

（2）从双生苗中选择　许多植物出现双胚或多胚现象，从双胚种子长出的双生苗（twin seedling），可产生n/n、$n/2n$、$n/3n$、$2n/2n$等各种类型，这可以从中选出单倍体（n）。研究报道，在水稻、小麦、大麦、燕麦、黑麦双生苗里分别出现0.019%、0.034%、0.032%、0.059%、0.227%的单倍体植株。

（3）半配合　半配合（semigamy）是一种不正常的受精类型。当精子进入卵细胞后，不与其结合，雌、雄配子各自独立分裂，所产生的所谓胚是由雌、雄各自分裂发育而成，由这种杂合胚所结出的种子，其长出的植株多为嵌合体（chimera）。

（4）远缘花粉授粉　利用亲缘关系远的花粉授粉能刺激卵细胞分裂，使其发育成单倍体的胚，也可能经核内复制形成二倍体的胚。例如，用二倍体栽培种马铃薯（S.

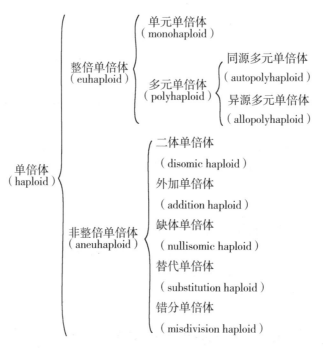

图 13-2　单倍体的类型

（《遗传学词典》，1979）

phureja，2*n*＝24）作为授粉者，对其他任何四倍体马铃薯（2*n*＝48）授粉，可获得 40.4%的单倍体。小麦用硬粒小麦等二粒小麦或黑麦作授粉者，给普通小麦授粉也能产生单倍体。中国科学院遗传研究所在春小麦品种间杂种（尹元亚 66×宏图）F$_1$ 去雄后，授以硬粒小麦花粉，产生单倍体，并经核内复制产生二倍体，进而从其后代中选育出单生号春小麦。

（5）延迟授粉　木原均等（1940，1942）将一粒小麦去雄后，延迟 7~9 d 后授粉，虽然花粉管抵达胚囊，但只有极核能受精，从而形成了三倍体的胚乳和单倍体的胚。从这些种子的后代中获得了 9.1%~37.5%的单倍体。

（6）诱发单倍体基因　Hargberg（1980）在大麦中发现单基因 *hap* 有促进单倍体形成的效应。凡具有 *hap* 启动基因的，在原突变系中，其后代能产生 11%~14%的单倍体。用纯合的 *hap* 作母本，与其他品种杂交时，其 F$_1$ 可产生 8%的母本单倍体；反交时不产生单倍体，表面 *hap* 基因是通过母体遗传的。

（7）理化因素诱发单倍体　用辐照过的花粉授粉，其受精过程会受到一定影响，但能刺激卵细胞分裂发育，从而诱发单性生殖的单倍体。Todua（1973）用 X 射线照射烟草花粉后授粉，获得了 66%的单倍体。周世琦（1980）用 0.2% DSMO＋0.2%秋水仙素＋0.04%石油助长剂诱发棉花，单性生殖率达 4.16%~13.13%。

2. 染色体选择性消失

在普通大麦（*H. vulgare*）与球茎大麦（*H. bulbosum*）的杂交中，发现受精卵在开始分裂、发育、形成幼胚及极核受精后的胚乳发育阶段，球茎大麦的染色体在有丝分裂过程中逐渐消失，最终形成只有普通大麦染色体的单倍体幼胚。这是两种大麦杂交常见的一种现象，因此能得到大量单倍体幼胚。然而，由于胚乳不能正常发育，所以单倍体幼胚必须要离体培养，才能获得单倍体植株。球茎大麦染色体在发育中消失的原因尚不清楚，一种说法是在幼胚发育过程中，球茎大麦的体细胞分裂周期比普通大麦长。因此，由于细胞分裂的不同步，导致了球茎大麦染色体的消失。

近年来，在普通小麦中国春小麦与球茎大麦杂交中发现由于球茎大麦染色体的消失而产生普通小麦的单倍体幼胚。因为杂交结实率和单倍体幼胚离体培养成株率均较高，所以在育种上应用的前景很好。

3. 离体培养

离体培养（culture in-vitro）是指采用细胞或组织培养产生单倍体。

（1）花药（粉）培养 1964年，印度 Guha 等在毛叶曼陀罗的花药培养中获得单倍体植株，引起国际上的广泛关注，随后开展了深入研究。截至1983年，已在被子植物的34个科、89个属的247个种中，通过花药（粉）培养获得了单倍体植株。

我国花药（粉）培养始于1970年，已在小麦、水稻、玉米、高粱、甜菜、油菜、烟草、甘蔗等40多种植物上获得了花药（粉）培养的单倍体植株。锦州市农业科学研究所（1978）利用八叶齐×红粒卡佛尔、H辐-034等24个组合，从7 479枚高粱花药中诱导产生了41块愈伤组织，接着从41块愈伤组织中诱导培养出36株幼苗，并长成高粱花药植株。

（2）子房、胚珠培养 子房、胚珠培养单倍体就是用未授粉的子房和胚珠离体培养，诱导大孢子发育成单倍体。San Woeum 等（1979）用未授粉的水稻、小麦、大麦、烟草的子房离体培养获得了单倍体。杨弘远等（1981）用12个水稻品种进行子房离体培养，并从其再生植株中获得了73.5%的单倍体。

20世纪50年代开始采用胚珠培养诱导单倍体，到20世纪80年代才有所突破。Cagent-sitbon（1980）用非洲菊（G. jamsonii）胚珠离体培养，获得了单倍体幼苗。冉邦定（1980）用烟草未受精胚珠离体培养，诱导出单倍体。丹麦植物胚胎学家 Jonson 认为，来自大孢子的单倍体植株比来自小孢子的有更强的生活力。所以，用未授粉的子房、胚珠离体培养，开创了人工诱导植物单倍体的又一途径。

（三）单倍体育种技术

1. 单倍体育种的优点

（1）克服杂种分离，减少育种年限 由于雌、雄配子只有1个染色体组，所以将杂种 F_1 或 F_2 代的花药（粉）、子房、胚珠进行离体培养，诱导成单倍体植株，再经染色体加倍后，就获得纯合二倍体。这种纯合二倍体在遗传上是稳定的，不会发生性状分离，相当于同质结合的纯系。其结果，从杂交到获得纯合的品系只需要2~3个世代的时间，比常规杂交育种可缩短许多时间（图13-3）。

（2）提高显性性状选择的效率 单倍体育种是一种配子选择过程。假如仅有2对基因差异的父、母本进行杂交，其 F_2 代出现纯显性个体的概率为1/16，而用杂种 F_1 的花药（粉）离体培养，并加倍成纯合二倍体后，其纯显性个体产生的概率为1/4。因

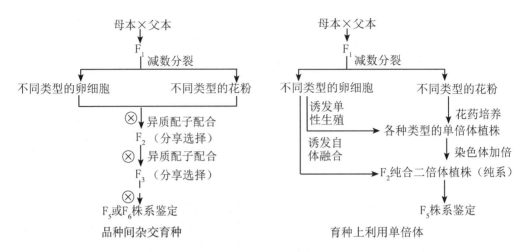

图13-3　自花授粉作物杂交育种与单倍体利用的程序比较

（《作物育种学》，1984）

此，一般的杂交育种与单倍体培养育种产生的纯显性个体的概率之比为 $1/16:1/4=$ $(1/2^{2n}:1/2^{n})$（n 是基因对数），即后者比前者获得纯显性材料的效率高4倍。若按照 F_2 代能获得双显性个体的概率分析，则普通杂交育种可有 $9/16$ 的比率，不是 $1/16$。所以，上述利用单倍体育种提高的选择效率，是指纯合材料而言。目前，由于在作物上的花药（粉）诱导的频率低，实际上还达不到预期结果。

除了上述优点外，如果把单倍体育种与诱变育种结合起来应用，由于隐性突变不能被显性基因所掩盖，可以提高诱变育种的效率。

2. 单倍体鉴定和加倍

虽然诱导的单倍体在形态上与其二倍体亲本相像，但由于单倍体的细胞和细胞核变小，故可从形态上来鉴定，如气孔、叶片、花药、花序、穗等都较小，植株也矮小。从生理特征上也可进行鉴定，一般单倍体的不育性高，如密穗小麦与普通小麦的单倍体花粉有 95%~99% 的败育率，而二倍体仅有 3%~7%，所以检验花粉质量是鉴定单倍体植株的可靠标志。

由于诱导的单倍体后代通常是一个混倍体，既含有单倍体，又有二倍体、三倍体等，因而需要进行倍性鉴定。常用的鉴定方法是采用镜检染色体数目的直接鉴定法。此外，还有遗传标志法。由于多数单倍体母本的单性生殖，故其后代一般像母本。如用无色胚乳、胚尖的玉米品种作母本，用有色胚乳、胚尖的纯合品种作父本授粉。由于母本胚乳直感现象，凡在当代种子胚乳、胚尖上出现有色者，均为杂种种子；凡胚乳、胚尖无色者，为母本自交种子；而胚乳有色、胚尖无色者，则有可能是由母本单性生殖的单倍体。

单倍体植株只有一套染色体，因此单倍体本身没有利用价值，必须在其转入有性世代之前，使染色体加倍，产生纯合的二倍体种子。单倍体可以自然加倍，但其频率较低，如玉米大约10%。人工加倍是采用秋水仙素加 DMSO 处理细胞分裂中的分生组织，使其新生组织和器官染色体加倍。这种技术方法简便、有效、安全、无遗传损伤。

3. 单倍体选择技术

单倍体人工加倍只要 1 个世代就可获得纯合二倍体。例如，以具有 2 对基因差别的两亲本杂交（$AAbb \times aaBB$）为例，结果杂种 F_2 代的纯合显、隐性个体比率为 $1/2^4$（1/16）；如果采用单倍体加倍育种，其比率为 $1/2^2$（1/4）。其结果，利用单倍体育种获得纯合个体的比率比杂交育种提高了 4 倍。

如果在上述杂交组合中，选择的个体是纯显性个体 $AABB$，在加倍单倍体的后代中，只有一种基因型和表现型，因此选择的可靠性和准确性较大。Griffing（1975）、Choo 等（1979）研究表明，加倍单倍体的轮回选择比采用二倍体的高 5 倍，采用混合选择比常规混合选择高 14 倍。

单倍体育种与常规法比较在技术上也有缺点。由于产生单倍体是一种随机的、未经选择的基因型，单倍体植株一般是由 F_1 得到的，其基因重组只有 1 次，又缺少常规杂交育种各个分离世代的基因交换和重组，后代不能累积更多优良基因。而且在存在基因连锁的情况下，杂种潜在的变异不一定都能表现出来。

二、多倍体育种

（一）多倍体的概念和种类

1. 多倍体的概念

在植物界，多倍体是指体细胞中含有 3 组或 3 组以上染色体的植物，如三倍体、四倍体、五倍体、六倍体等。在作物中，小麦、花生、甘薯、马铃薯、陆地棉、海岛棉、甘蓝型油菜和芥菜型油菜等都是多倍体。同一种植物，既有二倍体种，也有多倍体种，如高粱栽培种就是二倍体（$2n = 2x = 20$），而约翰逊草高粱［$S.\ halepense$（Linn）Pers］就是四倍体（$2n = 4x = 40$）。一粒小麦（AA）是二倍体，$2n = 2x = 14$；二粒小麦（$AABB$）是四倍体，$2n = 4x = 28$；普通小麦（$AABBDD$）是六倍体，$2n = 6x = 42$。

2. 多倍体种类

（1）同源多倍体　含有同一染色体组的多倍体，称同源多倍体。如同源四倍体高粱（$2n = 4x = 40$）；同源四倍体水稻（$AAAA$），$2n = 4x = 48$；同源四倍体黑麦（$RRRR$），$2n = 4x = 28$。在某些作物中，香蕉是同源三倍体，马铃薯、苜蓿是同源四倍体，甘薯是同源六倍体。

同源多倍体与二倍体比较，有其自身特点。多数同源多倍体是多年生的，具无性繁殖；同源多倍体的基因型种类比二倍体的多；同源多倍体育性差、结实率低。宋文昌等（1992）测定了 270 个水稻品种，二倍体的平均结实率为 73.6%，四倍体的为 38.1%，四倍体的比二倍体的低 48.2%。徐绍英等（1987）测定四倍体大麦比二倍体的低 27%~48%。

同源多倍体具植株、器官和细胞巨大性特点，其细胞内含物，如蛋白质、脂肪、糖、维生素、生物碱等明显含量高。朱必才等（1988，1992）研究荞麦的结果表明，四倍体比二倍体的叶片保卫细胞的长度和宽度分别多 50.9% 和 22.8%；平均株高高出 19.5 cm；单株粒重多 30%；千粒重多 50%。

（2）异源多倍体　由不同染色体组所产生的多倍体称异源多倍体。异源多倍体多数是由远缘杂交的F_1杂种加倍后产生的可育杂种后代，又称双二倍体（amphidiploid），如异源四倍体的陆地棉和海岛棉、双二倍体的油菜、异源六倍体的普通小麦等。由于染色体组的分化，还有区段异源多倍体（segmental alloplyploid）、同源异源多倍体（auto‑allopolyploid）、倍半二倍体（sesquidiploid）等一些过渡种类（图13-4）。

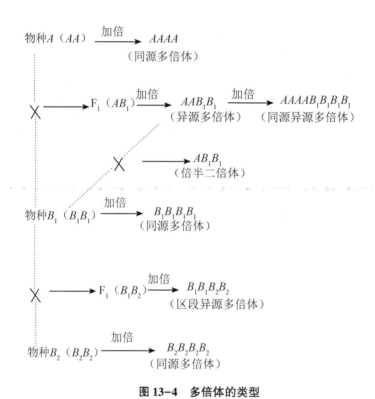

图13-4　多倍体的类型

（《作物育种学总论》，1994）

异源多倍体在减数分裂时不会产生多价体，染色体配对正常，自交亲和性强，结实率较高。

（二）多倍体的诱导与鉴定

多倍体育种须创造多倍体原始材料。由于自然加倍多倍体频率低，须用人工加倍。同源多倍体是把二倍体人工加倍后创造出来的，异源多倍体是先进行种、属间远缘杂交，再将不育的F_1加倍后得到的。如果远缘杂交的双亲是二倍体，可先将亲本的染色体加倍成同源四倍体，然后再行杂交，其F_1就是可育的异源四倍体。

（1）物理因素诱导多倍体　诱导多倍体的物理因素有机械创伤、温度骤变、电离射线、非电离射线、离心力等。20世纪初利用切伤诱导多倍体，植物组织受创伤后常常在愈伤复合处发生不定芽，其中有的不定芽染色体加倍了，由此发育成多倍体。Winkler等用这种方法在茄科植物中获得多倍体。

利用骤变温度诱导多倍体，Randolph 用 43~45 ℃ 处理新形成的玉米结合子，得到四倍体植株。从授粉到合子第一次分裂期间，利用高湿和变温的方法使硬粒小麦、普通小麦和黑麦产生出多倍体植株。

利用机械创伤和变温虽能使染色体加倍成多倍体，但频率低。而采用 γ 射线、χ 射线处理，虽能使染色体加倍，但同时也能引起基因变异，对创造多倍体材料不理想。

（2）化学因素诱导多倍体 采用秋水仙素、吲哚乙酸、氧化亚氮（N_2O）等化学因素进行诱变，而最常用、最有效的当数秋水仙素。它是从百合科植物秋水仙提炼的一种成分，分子式为 $C_{22}H_{25}NO_6 \cdot 1\frac{1}{2}H_2O$。一般为淡黄色粉末，纯品是针状结晶体，性极毒，易溶于水、酒精、氯仿和甲醛中，不易溶于乙醚、苯。一般将其配成 0.2%（0.01%~0.4%）的水溶液、酒精溶液，或制成羊毛脂膏、琼脂、凡士林等制剂浸渍种子、幼苗、枝条和根尖的生长点。处理时间因作物而异，其原则是若浓度低，时间可长，如浓度为 0.025%~0.05% 时，几天到十天；高浓度，时间可短，如浓度为 0.2% 时，时间几小时。

细胞分裂时，秋水仙素能抑制纺锤丝的形成，所以染色体虽能正常复制，但不能分向两极，细胞未分裂，结果造成染色体加倍而形成多倍体。处理后用清水冲洗秋水仙素的残液，细胞分裂照样可恢复正常。处理的植物外植体可以是刚发芽的种子，也可以是幼苗和茎枝等。而秋水仙素只能作用于正在分裂的细胞，最好是分裂旺期。

（三）多倍体育种技术

1. 多倍体育种的作用

（1）克服远缘杂交的困难 通过远缘亲本的染色体加倍，可以克服远缘不可杂交性，实现正常杂交。如普通小麦与节节麦（*A. squrrosa*）杂交时，正、反交均不成功。在将节节麦加倍成同源四倍体后，才成功获得杂种。

（2）作物遗传桥梁亲本 染色体加倍作为不同倍数体间或种间的遗传桥梁（genetic bridge），这是进行基因转移或渐渗的有效方法。Sears（1956）利用野生二粒小麦（*T. dicoccoides*）与小伞山羊草的双二倍体杂交，把后者的抗叶锈病基因转导到普通小麦中，这主要是利用多倍体的桥梁作用。作为桥梁，诱导多倍体的结果，从一开始就已预见到，因而适宜在多倍体育种中应用。

（3）器官增大效应 由于加倍后多倍体的剂量效应，可使多倍体植株器官直接增大。Moshe（1980）研究报道，四倍体番茄植株比二倍体细胞容积增大 1.9 倍，细胞表面积大 1.6 倍，气孔大 1.8 倍，单位叶面积的气孔面积大 0.81 倍，细胞中的 DNA 大 2 倍，RNA 大 1.7 倍，蛋白质多 1.6 倍，干物质多 1.9 倍。

罗耀武等（1981，1985）利用 Tx3197B、晋粱 5 号、河农 75-1、河农 3-1 和大白高粱为材料，用秋水仙素诱发多倍体。其获得的同源四倍体（$2n=4x=40$）幼苗叶宽、叶厚度、气孔、花药、花粉粒、籽粒大小等性状均比二倍体显著增大；籽粒蛋白质含量四倍体为 13.5%，二倍体为 9.8%。

2. 多倍体真实性鉴定

处理后是否变成多倍体，尚需进行鉴定。鉴定分直接鉴定和间接鉴定，直接鉴定是镜检花粉母细胞或根尖细胞的染色体数目；间接鉴定是根据植株的特征特性鉴定。鉴定异源多倍体与同源多倍体稍有不同。异源多倍体通常较易鉴定，因为由染色体加倍成功后的细胞所产生的花有一定的可育性。育性是易于识别而又可靠的性状。

同源多倍体可根据形态上的变化鉴定，如叶色是否较深、叶绿体数目是否增加、气孔和花粉粒是否变大、叶形有无变化等。最显著的形态变化是花器和种子变大，而结实率常常下降。如果出现这样的植株，一般表明处理已成功。但是否就认为得到同源多倍体，还需在下一代进一步鉴定。因为由大花结出的这些大粒种子，其胚细胞可能只含有原来的染色体数目。只有到下一代，当这些种子长成的植株在形态上已与原来的大不相同，且结的种子都是大粒的，才算是获得了同源多倍体。这些形态的变化与染色体数目倍增是相符的。

3. 多倍体选择技术

人工诱导的多倍体只是育种未经选育的原始材料，必须经过选择、培育才能形成品种用于生产。多倍体育种，诱导的群体容量要大，含有丰富的基因型，由此才能进行有效的选择。而从少数群体选择优良的品种难度较大。

（1）同源多倍体选择　同源多倍体具结实率低、种子不饱满等缺点，所以以籽粒产量为主要育种目标的作物，其选育优良多倍体品种难点多。由于多倍体对增大营养器官有良好效果，所以对以利用营养体为目标的作物，如甜菜、芜菁等，选育同源多倍体较易成功。杂结合程度高的二倍体，比纯结合的二倍体能产生较优的同源多倍体。研究表明，品种间杂种的四倍体比品种内四倍体更优些。

（2）异源多倍体选择　异源四倍体对克服远缘杂种不育性有效果，是提高远缘杂种育性较有效的途径。在进行多倍体育种时，应考虑作物染色体最适数目，染色体数目过多，反而不利。一般认为，染色体数目少的作物比染色体数目多的对染色体加倍的反应更好些，尤其是二倍体作物较易诱导成多倍体。已经是异源多倍体的作物再加倍染色体数目，作用就不大，因为它们加倍后不可能再有明显的有利变化。而且由于生殖、代谢的失调，常会出现难以克服的缺点，如生长缓慢、抗逆力下降等。同时，由于细胞分裂时染色体的不均衡分配，易导致结实率低或不育。一般认为，超过六倍体的多倍体，加倍是无益的。

（四）高粱多倍体育种

栽培高粱是二倍体（2n = 20）作物。卡佛尔粒用高粱与约翰逊草杂交，得到哥伦布草（S. almum），是一个成功的四倍体。这个四倍体基因组与栽培粒用高粱的非常相似，它们之间的杂交不比二倍体×四倍体杂交的部分障碍困难。很明显，这有可能选育成功四倍体栽培粒用高粱。

Chin（1946）报道在一个同源四倍体粒用高粱中有 19% 的花粉粒发育不全。Doggett（1955）在大量高粱系中，通过秋水仙素水溶液处理切断发芽幼苗的芽鞘诱导四倍体。该法后来被改用 0.1% ~ 0.2% 秋水仙素水溶液浸泡芽鞘，而把根保持在恒温生长箱里以避开与秋水仙素溶液直接接触。开始，3 个杂交都成功地加倍了。CK44/

14×Kabili 杂交的 1 个系，其平均结实率为 17%；BC$_{27}^{2}$×Wiru（系 A）的 1 个系，其平均结实率为 30.5%；BC$_{27}^{2}$×Msumbiji（系 B）的 1 个系，其平均结实率为 30.7%。接着，对其后代进行选择，得到了完全稳定的四倍体高粱，结实率达 70% 左右，表明是遗传性结实率。调查的结实率幅度在 41%~77%。说明同源四倍体结实率品种间存在差异。研究表明，二倍体结实率品种间也有小的差异。在有利条件下，二倍体结实率的幅度为 93.5%~97.3%，而当这些二倍体品种加倍成四倍体后，其结实率的差异就更大了。

一般来说，通过加倍二倍体高粱材料得到的同源四倍体并互相杂交，可以得到一定的结实率，但达不到生产需要的标准。如果采用轮回选择法继续互交和选择，则可提高其结实率。例如，非洲塞雷尔试验站一个高粱品种定居同源四倍体，经过几次互交和选择后，比最初的结实率提高了许多。

研究表明，四倍体高粱比二倍体的籽粒大 50% 左右，蛋白质含量也比二倍体高 33.8%~53.8%。据报道，非洲乌干达已将雄性不育基因转育到同源四倍体上，并组配成四倍体高粱杂交种。四倍体高粱杂交种的籽粒产量比二倍体的要高。如四倍体杂交种 P19、P52 的单产分别为 6 000 kg/hm^2 和 5 797.5 kg/hm^2，而二倍体杂交种 Dobbs 为 5 250 kg/hm^2。罗耀武（1985）利用诱导和转育的四倍体高粱雄性不育系 Tx622A 组配成四倍体高粱杂交种。

第四节　生物技术育种

一、生物技术概述

（一）生物技术的概念

生物技术是近年来发展起来的一项高新技术，是基于分子遗传学、细胞生物学等现代植物科学理论形成的一门包括组织培养、细胞融合、DNA 转导、分子标记等系列技术的应用学科。生物技术是在植物细胞和亚细胞层面，尤其是在分子层面上对植物遗传性状进行修饰和改良的一项接近于定向的分子遗传改良技术。

因为生物技术涉及非常广泛的科学技术领域，所以很难简明扼要地、准确地给生物技术下个定义。然而，如果用目前人们普遍理解的概念作一说明，即生物技术作为一门新兴的科学技术，具有独特的理论和技术体系，是以生物学为特征的技术体系，包括生物学过程的所有反应，如生长、发育、繁殖、遗传、物质代谢、信息识别和处理、自我调控等，是应用于人类生产、生活领域的新型技术。最初，把生物技术界定为四大工程体系：遗传工程（现称基因工程），细胞工程，酶工程和发酵工程。

生物技术的核心是植物基因工程。它是直接从植物的遗传物质——DNA 入手，通过体外遗传操作和基因重组引起性状的变异，利用重组体 DNA 技术育成高光效、强固氮力、品质优良、广谱抗病虫和抗逆境的作物新品种。细胞工程在改良遗传背景较复杂的植株性状上具有较大潜力，是生物技术中最有可能取得突破的一个领域；而组织培养在生物技术中起着承上启下的作用，一方面为基因转导提供适宜的受体细胞，另一方面又为植株再生和性状表达创造必要条件。而且，离体培养技术所取得的新成果又使组织培养成为生物技术中最有希望的研究领域。

（二）生物技术的类别

青木伸雄（1994）在《高技术农业与相关设施》一书中，从植物遗传改良的生物技术考量，把生物技术分为以下类别，主要包括组织培养技术、细胞融合技术、原生质体培养技术、转基因技术、分子标记技术、生物反应器、材料技术等（图13-5）。

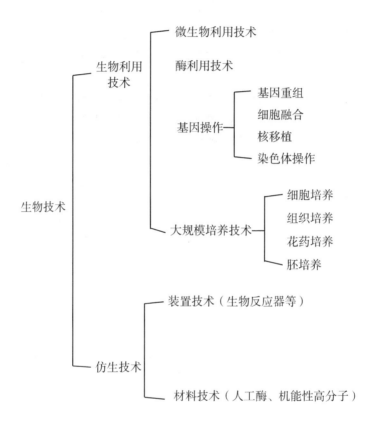

图 13-5　生物技术类别

（《作物遗传改良》，2011）

（三）生物技术在作物育种中的应用

生物技术作为一项高新技术，在作物育种中显示了广泛的应用前景。自1964年印度首次采用花粉培养使曼陀罗获得单倍体植株以来，全世界已有1 000多种植物获得花粉培养的单倍体植株，其中小麦、水稻、玉米、油菜、马铃薯、烟草等作物已育成经花粉培养的优良品种，比常规育种缩短育种年限一半以上。如我国育成的花粉培养水稻品种中花8号、中花9号等，仅用了3年时间；玉米应用花粉培养，其单倍体植株经加倍后，只要1个世代即可获得二倍体纯合自交系，还可通过花粉培养获得稳定的异附加系、异替换系和易位系等。

20世纪60年代以来，我国先后把水稻、玉米、大豆、小麦、谷子原生质体培养成植株。1989 年，棉花原生质体培养再生植株获得成功。植物幼胚离体培养已发展成为世界各国作物育种、克服远缘杂交不实性的有效技术之一。通过该技术已获得 30 余个科、100 多个种的远缘杂交后代。

细胞杂交技术为不同种、属优良性状的结合开辟了可能性。1972 年，美国通过原生质体融合，首次获得烟草种间杂种植株。目前，植物种属间体细胞融合的杂种植株有 50 余个。1987 年，美国将野生马铃薯与栽培马铃薯融合，获得抗马铃薯甲虫的杂种植株。同年，日本采用细胞融合技术获得抗除草剂和抗病的杂种烟草。英国和日本应用同样技术获得水稻与稗草的杂种植株。

基因转导技术进展快、应用广。1986 年，美国把荧光素酶基因导入烟草细胞中。1987 年，又从发光细菌中分离出荧光素基因与根瘤菌固氮基因重组，使转基因的植株根部长出良性根瘤，并在暗处发出蓝绿色荧光，固氮能力正常。同年，英国把红豆负责编码胰蛋白酶抑制剂 *CPT* 基因导入烟草，从而使烟草具有制造这种酶抑制剂的功能，干扰害虫的消化能力，使其死亡。

1988 年，美国孟山都公司将转导了苜蓿花叶病毒抗性基因的番茄进行田间试验。美国、英国、瑞士等国开始对有关作物导入抗盐碱、抗干旱、抗冷凉等抗逆基因进行试验。统计表明，自 1988 年世界上第一个转基因作物进入大田试验以来，至 1999 年世界各国已累计批准了 4 987 个转基因作物品种进入田间，其中 47 个转基因作物品种进入商业生产。1999 年，转基因作物种植面积达 3 990 万 hm^2，产值约 15 亿美元。

我国目前正在研发的转基因作物达 47 种，涉及各种基因 103 种，我国第一个采用的转基因作物是抗黄瓜花叶病毒和抗烟草花叶病毒双价转基因烟草。1996 年以来，我国批准的转基因产品有转基因棉花（转 *Bt* 棉和转 *Bt*+CPTI）、转基因耐贮番茄、转基因抗黄瓜花叶病毒甜椒、抗病毒番茄等。其中抗虫棉（*Bt*）1999 年种植 16 万 hm^2。我国第 1 个抗除草剂早杂恢复系 G402、抗除草剂中籼同型恢复系 G 密阳 46 及其转基因杂交种、抗螟虫杂交种籼优 63 也先后选育成功。在选育抗黄矮病、白粉病小麦，高油玉米等作物处国际先进水平。

分子标记技术对解决作物许多重要经济性状，即多基因控制的数量性状育种将会发挥重要作用。因为分子标记是基因型标记，不是表型标记，所以分子标记无环境效应。而且，分子标记与其他位点无不利互作，即无多效效应。因此，分子标记作为辅助育种技术得到广泛应用。例如，玉米有丰富的分子标记多态性，而且可根据这些多态性对自交系和杂交种的关系作出评估（Smith 等，1990，1991，1992）。由于检测到玉米丰富的 RFLP 标记多态性，从而促成了玉米分子遗传图谱的构建。

利用分子标记进行基因定位。王京兆等（1995）用 500 个 opcron 引物对水稻光敏核不育（PGMS）F_2 分离群体进行 RAPD 分析，找到了 1 个与 *PGMS* 基因连锁的 RAPD 标记，定位在第 7 染色体上。王斌等同样用 500 个 opcron 引物对水稻温敏核不育（TGMS）F_2 分离群体进行 RAPD 分析，结果找到了 5 个与 *TGMS* 基因连锁的多态性扩增物，其中 2 个为单拷贝顺序，定位在第 8 染色体上。

此外，分子标记在鉴定作物遗传变异、重组和选择、提高杂种优势、利用外源种质等方面都有广泛应用。

二、组织培养技术

植物组织培养（plant tissue culture）是指在无菌操作下，将离体的植物细胞、组织、器官在人工营养条件下培养成株的技术总称。从广义的角度看，植物组织培养包括根、茎、叶、花、果实、种子、胚、胚珠、胚乳、子房、花序、花药、花粉等。这些用于培养的离体材料，称为外植体（explant）。

植物组织培养最早见于 1902 年德国植物学家 Haberlamdt 发表的第一篇研究论文。之后经过各国 1 个多世纪的研究、探索，现已有 600 余种植物通过组织培养获得再生植株。组织培养的理论依据是根据植物细胞的全能性（totipotency），即任何一个完整的植物细胞，无论其分化程度如何，均保持恢复到分生状态的能力，因此在培养条件下，外植体能够分裂和生长。也就是说，一个植物细胞携带有形成完整植株所需要的全部遗传信息，具有生长成完整植株的能力。常见的组织培养有以下几种。

（一）组织培养

1. 花药（粉）培养

（1）花药（粉）培养获得单倍体植株　花药培养又称花粉培养或孤雄生殖。而花粉培养的准确定义应是将处于一定阶段的花粉从花药中分离出来，再进行离体培养。花粉与体细胞比较，其染色体数只有体细胞的一半。例如栽培高粱为二倍体（$2n=20$），其花粉染色体数为 n，为 10。所以把采用这种技术的育种称为单倍体育种。

单倍体在作物遗传、育种中具有特殊作用。首先，当用秋水仙素加倍单倍体形成二倍体就是一个纯合系。这在自交作物育种时可加速纯化，在异交作物杂交种选育时可快速获得纯合自交系。其次，单套染色体不存在显性基因掩盖隐性基因的问题，因此将单倍体用于突变育种将大幅提高育种效率。据 1983 年不完全统计，已有 250 多种植物通过花药（粉）培养获得单倍体植株。

（2）花药（粉）培养获得单倍体的应用　单倍体植株为遗传学和细胞学研究提供了理想的试验材料。如研究单等位基因的表现及其对植物生理学和形态学剂量效应，在研究非同源染色体之间是否发生配对时，单倍体植株都是独一无二和无与伦比的好材料。这些研究可以探明种内染色体的重复水平，是了解物种系统发育的重要资料。单倍体在作物育种也有许多应用。

①自交作物加速纯化。自交作物常规杂交育种，其杂种后代一般要连续自交 5~7 代才能纯合；遗传背景复杂的双亲，其杂种后代纯合需要更多代数。花粉培养得到的单倍体，加倍后即为纯合二倍体，其表现型与基因型是一致的，从表现型上就很容易区分不同的基因型，只要 1 个世代，因此可大幅提高育种效率（图 13-6）。

②异交作物快速获得纯系。异交作物如玉米杂交种可大幅度提升产量，前提是必须得到纯合自交系。采用常规法要多代自交，花费大量时间、人力、物力。而采用花粉培养单倍体，加倍后即可获得纯合的二倍体自交系。大幅缩短了杂交育种的年限。

③可获得异附加系、异替换系和易位系。作物远缘杂交后回交再行花药（粉）离体培养，经加倍后可形成异附加系、异替换系和易位系等各种重组体，使有用的异源基因、染色体片段或整个染色体转移到栽培作物里。例如，水稻花粉培养品种中花 8 号和

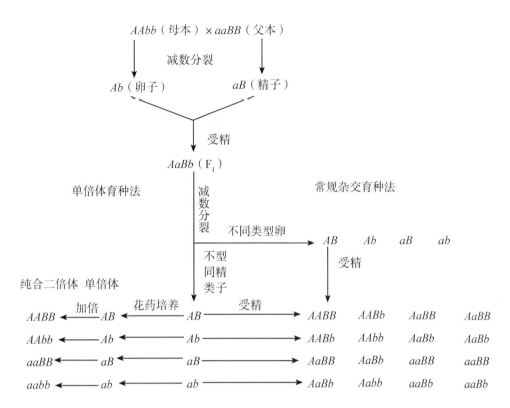

图 13-6 单倍体育种法提高育种效率图解

(《植物组织培养技术》，2000)

中花 9 号是利用带有抗稻瘟病 P_i-Zt 基因的籼粳杂种取手 2 号与高产栽培种京系 17 杂交，回交后对 F_1 进行花粉培养育成的抗病、高产新品种。

黑麦与普通小麦杂交，得到八倍体小黑麦。用普通小麦回交，取其 F_1 花粉进行离体培养，在其花粉培养的植株里，得到了稳定的异替换系和异附加系（图 13-7）。

2. 胚培养

（1）成熟胚培养 高粱胚培养做得较多。Bihaskaran（1983）报道了高粱成熟胚培养，进行愈伤组织的耐盐性和耐铝性筛选，获得再生植株。Murty（1987）、Hagio（1987）均进行了高粱成熟胚培养，并利用愈伤组织分化成再生植株。

胚培养可使产生的再生植株发生变异，作为变异源进行筛选。胚培养还用于远缘杂交。由于远缘杂交的生殖隔离和不亲和性，使受精过程不能正常进行。虽然偶尔也能受精成功，但因其胚乳发育不良，或胚与胚乳间的不调合性，常使胚在早期败育。在这种情况下，如果将早期发育胚离体培养，则可能培养成株，使远缘杂交获得成功。这也称为"胚抢救"。例如，高粱与玉米杂交（James，1976）、高粱与小麦（Lauria，1988）杂交都有杂种胚培养成功的事例。

（2）未成熟胚培养 未成熟胚培养也称幼胚培养。幼胚培养有 3 种明显不同的生

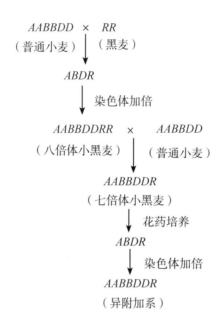

图 13-7　利用花药培养获得小麦—黑麦异附加系

(《植物组织培养技术》, 2000)

长方式: 一是进行正常的胚发育, 维持其胚性生长; 二是在培养后快速萌发成幼苗, 而不进行胚性生长, 即早熟萌发; 三是胚在培养基中发生细胞增殖形成愈伤组织, 由此再分化形成多个胚状体或芽原基。通常胚愈小培养难度愈大, 而且由于早熟萌发现象, 结果产生一些畸形、瘦弱的幼苗。因此, 幼胚培养最佳胚龄、培养条件的确定至关重要。

马鸿图等 (1985, 1992) 采用 Tx2762、401-1 等 20 个高粱基因型, 取授粉后 9~12 d 的幼胚接种在 MS 培养基上离体培养。结果分化出 158 个再生苗 (R_0), 分化再生苗幼胚率最高达 51.9%。这些再生植株大部分生育和结实正常, 但有 15.2% 的变异株, 表现有白化苗、植株形态异常、生长发育迟缓、结实率降低, 以及混倍体等。在 R_0 表现为正常植株的 R_1 后代里产生了植株矮小和不结实 2 种突变体。

矮株突变体的株高幅度为 0.5~1.2 m, 正常 401-1 的株高为 2.8 m, 突变体茎秆直径只有正常 401-1 的 1/2; 叶片也变得窄短, 宽 5 cm, 长 30 cm; 花序变小, 籽粒千粒重仅 15 g, 而正常的 401-1 为 32 g, 突变体的细胞变小, 如饱满花粉粒的体积只有正常 401-1 的 1/2。据此初步断定, 这种矮株突变体是由于控制细胞大小的基因突变所致。这种突变体植株生育进程正常, 花粉发育和结实也正常。

此外, 还产生了结实性突变。在一个 R_1 穗行里, 出现了 25% 的不结实株。不结实株本身不能繁殖, 而可以通过杂合体在其后代不断产生不结实的植株。

幼胚 $AA \xrightarrow{\text{突变}} R_0(Aa) \xrightarrow{\text{自交}} R_1[AA:Aa:aa (1:2:1)]$, aa 为不结实突变体, 杂合的 Aa 自交后产生的后代又有 1/4 的不结实株。不结实突变体植株形态正常, 小穗和花器形态正常, 雌、雄蕊大小, 羽毛状柱头, 花药大小, 颜色, 花粉粒大小和饱满度均正常。然而，不结实突变体植株无论是套袋自交，还是人工授粉，或是自然开放授粉，均不结实。有时偶尔结几粒或几十粒种子；而正常植株每穗至少结2 500粒。初步断定可能是突变基因型 aa 植株产生了某种抑制受精机制或雌性不育造成不结实。

Wolfgamg、Wermickle 等（1980）也用高粱幼胚作材料，成功地获得高粱再生植株，并指出禾谷类作物不同于双子叶作物，培养的细胞来自十分幼嫩的组织，全能性的细胞只在叶缘和叶鞘部分。

3. 胚乳培养

胚乳细胞是三倍体，由它培养的再生植株也是三倍体。因此，在作物育种中可用胚乳培养技术，代替用四倍体与二倍体杂交形成的三倍体植株。La Rue（1949）首次报道了从未成熟的玉米胚乳培养产生了愈伤组织。1965 年，John 和 Bhojwani 在一种檀香科植物柏形外果（*Expcarpus cupressiformis*）的培养中，发现胚乳直接分化出芽。这一结果极大地促进了对胚乳培养的研究。1973 年，印度学者 Srivastava 最先从罗氏核实木（*Putrarjiva roxburghii*）的成熟胚乳培养中获得了三倍体再生植株。之后，又先后有许多种植物胚乳培养获得成功（表 13-4）。

表 13-4　被子植物中由胚乳培养再生完整植株的科、种（1973—1996 年）

植物名称		是否移栽成活	作者
科	种		
大戟科	罗氏核实木（*Putranjiva roxburghii*）	已移栽，成活情况不详	Srivastava（1973）
	Emblica officinalis	成活	Syed（1992）
檀香科	檀香（*Santalum album*）	成活	Lakshmi Sita 等（1980）
芸香科	柚（*Citrus grandis*）	未成活	王大元等（1978）
	甜橙（*Citrus sinensis*）	嫁接成活	Gmitter 等（1990）
	红江橙（*Citrus sinensis*）	嫁接成活	陈如珠等（1991）
蔷薇科	苹果（*Pyrus malus*）	—	母锡金等（1981）
	梨（锦丰梨）	成活	赵惠祥（1983）
	桃（*Prunus persica*）	未移栽	孟新法等（1981）
	枇杷（*Eriobatrya japonica*）	—	陈振光等（1983）林顺权（1985）
禾本科	大麦（*Hordeum uulgare*）	—	孙敬三等（1981）
	玉米（*Zea mays*）	未成活	李文祥等（1992）
	水稻（*Oryza sativa*）	成活	Nakano 等（1995），Bajaj 等（1980），李潮灿等（1982）
	小麦×黑麦杂种	成活	王敬驹等（1982）

（续表）

植物名称		是否移栽成活	作者
科	种		
猕猴桃科	中华猕猴桃（*Actinidia ehinensis* var. *chinensis*）	成活	黄贞光等（1982），桂耀林等（1982），Gui 等（1993）
	硬毛猕猴桃（*Actinidia ehinensis* var. *hispida*）	—	桂耀林等（1982）
	猕猴桃种间杂种	—	Mu 等（1990）
	枸杞（*Lycium barbarum*）	成活	顾淑荣等（1985，1987，1991），王莉等（1985，1986）
	马铃薯（*Solanum tuberosum*）		刘淑琼等（1981）
	石刁柏（*Asparagus officinalis*）	—	刘淑琼等（1987）
	核桃（*Juglans regia*）	成活	Tulecke 等（1988）
	枣（*Zizyphus sativa*）	成活	石荫坪等（1988）
	黄芩（*Scutellaria baicalensis*）	—	王莉等（1991）
	杜仲（*Eucommia ulmoides*）	成活	朱登云等（1996）

（李浚明，1996）

胚乳培养的成功证实了胚乳细胞同样具有潜在的形态发生能力。只要提供合适的条件，即能表现出植物细胞的全能性。由胚乳培养产生的三倍体植株，或由其加倍产生的六倍体植株，在作物育种上有重要意义。采用这一技术能真正获得无籽、大果型瓜、果类及大花型花卉植物新品种。

4. 其他外植体培养

（1）幼叶培养　韩福光等（1995）通过高粱幼叶培养，胁迫诱导变异筛选耐盐品系。取近生长点 1 cm 的幼叶切成 1~2 mm 的小段，打开叶卷置于 MS+2,4-D 2 mg/L+1.0% NaCl 的固体培养基上培养。把继代 1 次的愈伤组织置于 MS+IAA 0.17 mg/L 培养基，待再生苗生根后移于蛭石中过渡 2 周，再移栽土中，获得再生植株和种子。种子分别置于 NaCl 浓度为 0%、1.0%、1.5%、2.0% 和 2.5% 的溶液中，温度为（25±2）℃下发芽，调查发芽率、盐害指数和耐盐性。

在 MS+1.0% NaCl 胁迫下培养高粱幼叶组织，获得了 232B 衍生系 R_3 代。经田间和实验室鉴定，R_3 植株的性状、生育期及籽粒品质均有明显变化。盐害指数下降，耐盐等级提升。在 1.0% NaCl 水平上，R_3-11 和 R_3-8 的盐害指数分别比原亲代 R_0 下降 28.1% 和 13.1%，耐盐等级分别提高 2 个和 1 个等级。

不同基因型的愈伤组织诱愈率是不同的，亲本与其杂种之间的诱愈率无相关性（表 13-5）。再生植株数与诱愈率高低关系不明显。

表 13-5 高粱幼叶在添加 1.0%NaCl 的 MS 培养基上的诱愈率

试材	诱愈率（%）	再生植株数
421A×矮四	20.0	0
421B	25.0	0
622A×晋辐 1 号	20.0	0
622B	10.0	0
214A×矮四/5-27	100.0	0
214B	60.0	0
矮四	20.0	0
232A×85085	50.0	0
232B	80.0	2

（韩福光等，1995）

（2）种子培养　Smith（1985）采用高粱品种 RTx430、BTx623、B35 等 10 个基因型种子在 MS 无机盐液体培养基上培养，并进行耐旱性筛选。在添加不同浓度 PEG（葡聚糖）上，其愈伤组织全部同时开始分化。田间鉴定结果显示，RTx430、Rtx7078、RTx7000 和 BTx623 从发芽至开花前为很耐旱；而开花后，除 RTx430 外，其他 3 个品种耐旱性表现一般或较差。在生育后期田间干旱条件下，B35、1790E 最耐旱。各品种内的统计分析表明，PEG 浓度增加引起的生长量差异是极显著（$P<0.01$）的（表 13-6）。

表 13-6　10 个高粱品种开花前、后的田间耐旱性等级

物候期	等级					
	极耐	很耐	耐旱	一般	很差	敏感
开花前 （田间早期干旱）		BTx623	RTx432	1790E	B-35	BTx378
		RTx7000				BTx3197
		RTx7078				R9188
		RTx430				
开花后 （田间晚期干旱）	B-35	1790E	RTx430	RTx7078	BTx623	BTx378
			RTx432		RTx7000	BTx3197
			R9188			

（Smith，1985）

（二）原生质体培养

1. 原生质体培养的概念

原生质体就是脱掉细胞壁的、裸露的、有生活力的原生质团。就单个细胞而言，原生质体除了没有细胞壁外，其具有活细胞的一切特性。原生质体培养就是指将分离得到的原生质体在离体培养条件下，通过培养产生愈伤组织，直到再生出完整的植株。原生

质体培养研究始于 1892 年。1960 年，Cocking 用纤维素酶处理番茄幼苗的根，分离得到原生质体。

1969 年，在意大利召开的"作物改良的未来技术"会议上，育种家们就已认识到原生质体培养在作物育种中的巨大潜力。1971 年，Takebe 等首次培养烟草叶肉细胞原生质体获得再生植株。许多作物都先后采用原生质体培养获得再生植株，如小麦、水稻、玉米、高粱、谷子、大豆、油菜、棉花等。木本植物中也有一些种获得原生质体培养出的植株，如猕猴桃、柑橘、杨树、云杉等。迄今，世界上已有 70 余种植物获得由原生质体培养出的再生植株，并获得种内、种间、属间体细胞杂种 30 多个。我国也获得了水稻、玉米原生质体再生植株。

2. 原生质体融合

原生质体融合（protoplast fusion）是指两种原生质体融合在一起。它不是雌、雄配子的结合，而是具有完整遗传信息的体细胞的融合，所以又称体细胞杂交（somatic hybridization）。杂交的产物——异型核细胞或异核体里包含有双亲体细胞中染色体数的总和及全部细胞质。在通常的有性杂交时，杂合子仅含有双亲染色体的各一半，而细胞质基本上是来自母本卵细胞。由原生质融合的杂种细胞再生的杂种植株，染色体数和细胞器的组成，以及细胞质组分均会产生不同程度的变化，因而增加了后代的变异。

在原生质体融合中，还可采取人工措施使杂种细胞内的遗传物质发生改变。例如，有目的地去掉一个亲本的细胞核，得到的将是具有一个亲本细胞核和双亲细胞质的杂种细胞。通常将这种细胞称为胞质杂种（cybrid）。体细胞杂交的最大优点是有可能使有性杂交不亲和的杂交双亲杂交成功。即在体细胞水平上的杂交，其双亲的亲和性或相容性有所提高，因而就会扩大杂交亲本遗传资源的利用范围。例如，在禾本科植物之间进行远缘杂交时，由于双亲的亲和性差，杂交很难成功，黑麦草与羊茅属（Lolium festuca）的有性杂交，通常很难得到种子，有时即便得到种子，但二倍体杂种也是不育的，用人工加倍也不易成功。如改用其二倍体植株的体细胞杂交，就能得到四倍体可育杂种。

（三）无性系变异及其应用

1. 无性系变异筛选

在组织培养、原生质体培养的离体培养过程中，均会发生遗传的或不遗传的变异。通常把遗传的变异称为无性系变异（somaclonal variation）。不加任何胁迫压产生的无性系变异个体，称为变异体（varient）；通过胁迫压所产生的无性系变异个体，称为突变体（mutant）。

无性系变异频率高，稳定快，可在实验室内有控制地进行，节省人力、物力和财力，并能大幅提高选择效率。尤其在纯系中选择，更能缩短育种年限。因此，认为这是一种最有希望最先应用于作物育种的生物技术。目前，国内外已采用这一技术获得抗霜霉病和眼斑病的甘蔗品种、抗野火病的烟草品种、抗小斑病和除草剂的玉米自交系、矮秆和耐低温的水稻株系、抗除草剂的番茄株系等。

在组织培养中对培养体进行目标处理，使其产生变异并选择，常能收到较好效果。这种诱变和选择称为"正向选择"。即在选择中保留下来的类型就是育种的目标。这种方式特别适于作物对某种抗性育种。对培养体是二倍体的类型，选择的性状必须是显性的；如果是单倍体的，选择的性状是显性或隐性的均可。抗玉米小斑病 T 小种突变体的选择就是正向选择的例证。玉米小斑病（*Helminthosporum maydis*）T 小种可专化侵染玉米 T 型细胞质雄性不育材料，对其他细胞质类型侵害则轻。

Gengenbach（1975）用一种真菌毒素在感病的玉米培养物中进行抗性筛选。先在固体培养基中把幼胚培养成愈伤组织，然后把一定浓度的毒素放到培养基里继代培养，并逐代加大毒素的浓度。通过几个轮回的选择，获得了抗性愈伤组织及其再生植株。将再生植株移栽到土壤中直到成熟，生育期间鉴定抗病性和雄蕊育性。结果显示，在前 4 轮选择中没获得抗病植株，从 5~15 轮中共获得 167 棵抗病株，其中 20 株还保持了原来的不育性（表 13-7）。

表 13-7　玉米抗小斑病 T 小种的筛选结果

获得的再生植物类别	继代培养周期	
	经过 4 个周期选择之后	经过 5~15 个周期选择之后
感病	9	0
抗病	0	167
可育	0	97
不育	0	70
总数	9	167

（Gengenbach，1975）

2. 无性系选择技术

（1）目标性状选择　目标性状选择主要考虑 3 个方面。一是性状的作用，最多的是作物的各种抗性，如对病害、除草剂和不良环境的抗性等；以及品质性状的选育，如各种营养和化学组分等。二是与突变性状有关的基因数目，这与识别和选择的难易程度有关，由单基因或寡基因控制的性状变异容易识别和选择；由多基因控制的数量性状，如产量性状则难以识别和选择。三是目标性状的显、隐性，对培养物是单倍体还是二倍体来说，对目标性状的显、隐性处理是不同的，因此在进行无性系变异选择之前，了解目标性状的遗传是必要的。

（2）外植体选择　外植体选择也要从 3 个方面考量：第一是基因型选择，不同基因型的组织培养潜力存在明显差异。如果选择的变异是自然界未曾发现的，那么这种变异在任何基因型中出现都是有用的，因为可以把这种变异转移到改良品种中去。这时基因型的变异就比较小，可以选择组织培养潜力最大的材料作外植体。第二是选择外植体合适的部位，通常是选择未成熟胚、幼嫩的雄穗，或根、茎、叶的分生组织等，因为这些部位的分化和再生能力最强。第三是选择外植体适当的龄期，过老、过幼均不适宜。例如，玉米的幼胚应在授粉后 10~11 d，盾状体长到 1~1.5 mm 时，取之培养易获成功。

马鸿图等（1985）在利用高粱幼胚龄 1 期时，以授粉后 9~12 d 为适宜。胚龄对组织培养诱发率的影响，可以从愈伤组织诱发、分化过程中看出来，401-1 品种 9~12 d

的幼胚，色泽为半透明，换种到诱发培养基上后，小盾片一直保持活力，迅速膨大形成愈伤组织。接种后 10~15 d，直径达 3~4 mm，并出现凹凸不平的愈伤组织。接种后 30~45 d，小盾片愈伤组织直径达 10 mm，并伴随叶绿素的形成产生突起，然后发育出具有小叶的幼芽。401-1 接种幼胚 9~12 d 胚龄的分化再生苗胚率为 51.9%，而接种 15~18 d 胚龄的分化再生苗胚率为 3.3%（表 13-8）。

表 13-8　幼胚龄与分化再生幼苗的关系

品种	接种胚数量	授粉天数（d）	分化再生苗胚数量	分化再生苗胚率（%）
401-1	27	9~12	14	51.9
	184	15~18	6	3.3
F2194	15	11~12	1	6.7
	103	14~15	2	1.9

（马鸿图等，1985）

（3）培养系统选择　组织培养分化产生的再生植株有两种方式：一是器官发生系统，二是胚胎发生系统。前者指再生植株由愈伤组织直接分化形成。通常外植体先形成愈伤组织，再由一部分愈伤组织产生类似生长锥的分化物，进而发育成幼芽；另一部分愈伤组织则分化为幼根，这两部分的进一步发育和联合即形成一个新植株。这种植株的茎叶和根系是有不同细胞来源的。从整体上看，常常存在遗传的异质性及结构、功能上的不完整性和不协调性。当然，不是所有再生植株都有类似的问题。

胚胎发生系统是指培养的外植体先形成愈伤组织，再由愈伤组织分化出类似于种子胚的胚状体（embryoid），胚状体进而分化发育成再生植株。该系统的优点是新植株很可能来自同一细胞，因而具有遗传上的一致性和结构上的完整性，成苗率高，移栽易成活。但是，由于这种系统容易形成胚状体愈伤组织，不能维持多代继续培养，因而降低了突变体的筛选。

这两种系统的产生取决于外植体的基因型、培养条件及其互作。因此，应根据研究的目标，采取适宜的组织培养系统以达到最终目的。

（4）无性系变异选择　无性系变异通常在愈伤组织阶段就能表现出来，但是这种变异可能在再生植株中却不表现；而且，即使在再生植株上表现出的变异也不可能永远遗传下去，有的变异在遗传几代后有可能消失。因此，选择的变异目标性状必须稳定后才算成功。

通常，选择的具有目标性状变异的无性系也常常伴有其他不良性状的变异。如何解决这一问题，一是在大量无性系中，选择具有尽可能少的并存不利变异性状的单株；二是选择那些都具有目标性状变异的无性系杂交，再从杂种后代中选择具有优良变异性状的重组个体。

（四）组织培养技术的应用

组织培养技术在作物育种中具有广泛的应用潜力和前景。

1. 胚培养的应用

（1）远缘杂种胚培养，使其发育成植株　远缘杂交常得到发育不全、无生活力的种子，一般不能形成植株。如果进行杂种胚培养，有可能形成杂种植株，进而得到远缘杂交的后代。这一技术又称为"胚抢救"。Laibach（1928）首先在亚麻属的种间杂交（*Linum perenne × L. austriacum*）中采用杂种胚培养技术。之后，在番茄种间杂交、大麦与黑麦、小麦与野麦等属间杂交，十字花科大白菜与甘蓝、白菜与萝卜等属种间杂交中，采用胚培养也都获得成功。李浚明等（1991）用普通小麦农大 146 作母本、簇毛麦作父本，经有性杂交及其幼胚培养，成功获得了杂种再生植株。

（2）胚培养可打破种子休眠期　有的植物种子休眠期很长，如鸢尾的种子在自然环境下需 3 年解除休眠。采用种子胚培养，几天后就可长成幼苗，大大缩短了育种年限。

2. 子房培养的应用

Zenkteler（1967）采用试管授精法，克服了石竹科内远缘杂交的不亲和性。在异株女娄菜（*Melandriarn albumx × M. rubrum*）种间杂交中，及异株女娄菜与 *Selena schefta* 属间杂交中，采用离体子房培养、人工授精的技术，使受精过程正常进行，并发育成良好的胚。然后取出胚离体培养，获得了开花的 F_1 再生植株。

3. 脱毒、快繁和种质保存

（1）脱毒　通过组织培养可以脱去病毒，还可脱掉某些细菌。这对于园艺作物和某些靠营养繁殖的作物是非常重要的。例如，马铃薯脱毒种薯。由此获得的脱毒后代可大幅提高产量。

（2）快繁　通过分生组织培养可快速繁殖有经济价值的作物，如花卉、药材等。有些植物采用组织培养技术，一年可生产 $10^6 \sim 10^7$ 个植株。如广西用快繁技术繁殖甘蔗苗，比常规法提高效率 1 000 倍以上。由此法产生的植株通常整齐一致。

（3）种质保存　采用组织培养技术保存植物种质。例如，荷兰所有甜菜的种质资源均是采用这种方法保存的。

三、基因转导技术

（一）转基因技术简述

1. 植物转基因工程的定义和发展

（1）定义　植物转基因工程是现代分子生物学和细胞生物学研究高度发展的产物，是分子生物学和遗传育种学的桥梁。转基因工程就是按照预先设计好的生物工程蓝图，把需要的一种生物目标基因转入需要改良的另一种生物细胞里，使目标基因在后代里得到表达，产生其所控制的性状，成为新类型。如果拟改良的生物为高等植物，则应使该生物再生出完整的植株。转基因工程的产生，标志着现代遗传学和育种学已发展到定向改良生物的新阶段。

（2）发展阶段　美国斯坦福大学生化系主任 Berg 用 SV40 和 λ DNA 在体外组成第一个重组 DNA，建立起转基因工程。之后，转基因工程获得了快速的发展，技术上不断创新和改进，在许多技术上取得了重大突破。1983 年，首先获得了转基因烟草。

转基因工程大体经历了两个发展阶段。第一阶段是以大肠杆菌或酵母菌作为受体的重组 DNA 技术阶段，其特点是采用原核生物的细菌或真核生物单细胞的酵母为受体。第二阶段是以植物原生质体或外植体为受体，利用重组 DNA 分子技术，培育出转基因植物，如抗病的烟草、抗虫的番茄、抗除草剂的大豆等。

2. 植物转基因工程的特点

（1）生物遗传物质的交换和转移扩展到整个生物界　转基因工程的发展和技术的日臻成熟，能够使生物基因的转导、交换不只限定在一个物种内，而可以扩展到整个生物界，包括人、动物、植物、微生物四大系统。例如，可使人、动物、植物的基因转导到微生物中去并表达。反之，也可使微生物的基因在人、动物、植物细胞里表达。这种不同生物分类系统间基因交换的基础是生物界具有的共性，即遗传密码碱基 A、C、G、U 的通用性。

这一技术的结果，就打破了生物分类的体系，使远缘物种之间能够进行基因交换，为开拓新的生物类型展现了无限广阔的空间。例如，带有抗马铃薯卷叶病毒基因是来自病原生物；带有磷酸甘氨酸（除草剂）密码基因的抗除草剂玉米，其抗性基因来自细菌（*Salmonella typhimurium*）；带有抗棉铃虫（*Helicoverpa armigera*）棉花的昆虫毒素基因来自细菌（*Bacillus thuringensis*），即 *Bt* 基因。

（2）转基因工程可使生物进行定向遗传改良　转基因工程可根据人们的需要，将带有控制改良性状的目标基因转入到受体细胞中，并获得所需要的变异。例如，将抗虫的基因转移到番茄的原生质体中去，由此产生的再生植株即是抗虫的番茄。

（3）转基因工程可加快育种速度　由于转基因工程是个别目标基因转导技术，不像常规杂交育种那样通过两组染色体的结合与分离，鉴定与选择，因而在育种速度上要比常规育种快得多。

植物转基因工程虽然具有上述特点和理论上的应用前景，但它却是难度较大的一个新领域。原因是植物遗传背景复杂，基因数目庞大，远远超过原核生物的基因数，因此分离植物目标基因比分离细菌目标基因复杂得多；作物的许多经济性状为数量性状，是由微效多基因控制的，这就增加了分离目标性状基因的难度；还有，外源目标基因必须进入植物受体细胞的细胞核里，并整合到染色体上方能奏效。而在微生物中，只要目标性状基因进入细胞质即能产生新类型。整合到植物染色体上的外源目标基因，还要经历减数分裂而不丢失，即它所控制的性状能稳定地传递给后代。

3. 植物转基因技术研究成果

（1）抗逆性转基因研究成果　抗逆性育种是转基因技术研究的重点，也是转基因研究取得突出成果的领域。抗逆性分为生物抗逆性和非生物抗逆性。

①抗病虫性。美国孟山都公司将苏云金杆菌结晶蛋白毒素基因（*Cry* Ⅲ）转入马铃薯育成了抗 Colorado 甲虫的马铃薯。并进一步人工合成 *Cry IA* 基因，转导育成抗棉铃虫的棉花品系。美国 Northrup King 种子公司转导毒蛋白基因 *Cry IAB*，育成抗欧洲玉米螟玉米品种。美国堪萨斯州立大学把抗叶斑病的几丁质基因转入到高粱、水稻和小麦中去，几丁质能产生几丁质酶，可使真菌的细胞壁降解死亡，从而达到防病的目的。

中国农业科学院人工创建的毒蛋白基因 *Cry IA*、*Cry IA*（*C*）、*Cry IB* 转移到泗棉 3

号、中棉 12 中，使品种的抗棉铃虫能力提升 90% 以上。中国农业科学院棉花研究所选育的转 *Bt* 基因棉花 93R-1、93R-2、93R-6 等，抗虫增产的效果达 20%~40%。中国农业科学院还首次通过转基因技术获得抗青枯病的马铃薯株系。

中国科学院微生物所与中国农业科学院蔬菜花卉研究所联合提取病毒外壳蛋白基因，成功地与烟草基因重组，育成了抗两种病毒（TMV 和 CMV）的抗性株系。国家高技术研究发展计划（简称 863 计划），通过偃麦草与普通小麦的异位染色体转移基因，育成高抗黄矮病、白粉病，农艺性状优良的小麦品系。

②抗逆境。作物生育的非生物逆境包括干旱、高温、冷凉、盐碱土和酸土等。抗逆境转基因研究在这些方面也取得一些成果。

俄罗斯萨拉托夫农业科学研究所把冰草基因转移到普通小麦中，育成了小麦良种 π-503，其在干旱条件下，产量可达 2 700 kg/hm²。

在耐高温转导上，国际农研咨询小组（CGIAR）秘鲁马铃薯研究中心用转基因技术，选育耐高温和热带细菌病的马铃薯新品种，生育期只有 60 d。

在耐冷凉转导上，日本把细菌的有关基因转移到烟草中，使其由合成饱和脂肪酸改成不饱和脂肪酸，可耐 0 ℃左右的低温。进而把这种基因转移到水稻、大豆中，其目标是耐 0~10 ℃的低温。美国新泽西州将北极鱼有关耐冷基因转移到番茄中，其解冻后的果实不发软。

在耐盐碱转导上，美国亚利桑那大学、阿拉伯盐水技术公司等研究筛选海蓬子（*Salicornia bigelovii* Torr.），海蓬子是重要的耐盐基因源。中国海南大学将红树的耐盐基因转入红豆、番茄、辣椒中，获得耐盐株系。

在耐酸土转导上，美国佐治亚大学通过转基因技术，选育出耐酸土的高粱品种，在拉丁美洲的一些国家应用。国际水稻研究所（IRRI）通过转导技术选育的耐酸土水稻品种也在拉美一些国家种植。

③抗农药。目前，利用转基因技术获得的抗除草剂作物有 20 余种，是研究成果最显著的一个领域，如美国的大豆、法国的烟草、瑞士的玉米、比利时的油菜等早已应用生产。抗除草剂转基因的原理是提高作物对除草剂的耐受性，或具有分解除草剂的功能。许多抗除草剂基因已经克隆，主要来自细菌或植物，这种基因带有抗（耐）除草剂的密码，如抗磷酸甘氨酸、Sulfonylureas 和 2,4-D 等。

（2）高产优质转基因研究成果　高产转基因的效果不明显，因为产量性状不是由主效基因控制，所以高产性状通过转基因育种难度较大。目前，高产性状通过间接性状来改良，如通过抗性转基因技术弥补。

优质转基因研究成果较多。美国把月桂树月桂酸基因转入油菜中，使菜籽油中月桂酸含量高达 40%，已被批准上市。美国威斯康星州一家公司将一种细菌的聚酯纤维基因转移到棉花中，生产出保暖好、不缩水、易染色、质地如毛料一样的纤维；欧洲研究出转基因彩色棉花，已进行大田生产。

澳大利亚花卉基因公司经 10 年研究，通过转基因技术选育出不曾有过的淡紫色康乃馨。荷兰生物学家将查尔酮合成酶（CHS）的反应基因导入矮牵牛中，因该基因能降低 CHS 的活性而改变颜色。

黑龙江省农业科学院将野生大豆 DNA 转入栽培种里，育成蛋白质含量高达 48%、抗病毒、高产大豆品种。中国农业科学院采用转基因技术获得硫氨酸含量高的苜蓿株系。通过转移带有高硫氨酸含量或高赖氨酸含量的种子储存蛋白质密码基因来提高。

美国加利福尼亚州基因实验室将抑制果实腐烂的多聚半乳糖醛酸酶反义基因转移到番茄中，使番茄果实的保鲜期延长数十天，已在美国和日本上市。

（二）基因转导及其方法

1. 基因转导的目的

基因转导主要有两个目的：一是改变受体的遗传组成，使其产生新的、育种需要的变异性状；二是以研究基因调控为目的，研究外源基因转入细胞后的短暂表达（transient expression），以了解基因的表达水平和表达组织的特性，以及各种启动子、内含子、增强子的功能，而不需等待细胞获得长期稳定的遗传变异。

2. 载体基因转导法

（1）Ti 质粒　目前，一般转基因载体大都由某种细菌质粒或病毒担当，其中 Ti 质粒在基因转化中取得较多的成果。Ti 质粒是土壤农杆菌中一种环形 DNA 分子（图 13-8）。Ti 质粒包含 150~200 kb，有两个重要区段，1 个为 T-DNA 区，另一个为毒性区。

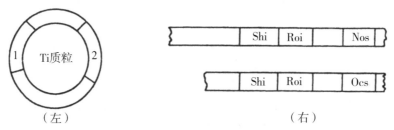

图 13-8　Ti 质粒（左）及 T-DNA 结构（右）示意图

1 为毒性区域；2 为 T-DNA 区；Shi 和 Roi 为致瘤基因；Nos 为胭脂碱合酶基因；

Ocs 为章鱼碱合酶基因。

（《作物遗传改良》，2011）

据统计，迄今约有 93 个科 331 个属 643 个种双子叶植物种接受农杆菌的感染，在其根茎交界的受伤处产生冠瘿瘤（crown gall）。对遗传转化有重要作用的有根癌农杆菌和发根农杆菌。它们属于根瘤菌科，具鞭毛，为革兰氏阴性杆菌。1975 年，Watson 等和 Schilperoort 等分别研究证明致瘤的功能存在于 Ti（Tumollr inducing）质粒上。1977 年，Chilton 等的研究证明植物肿瘤细胞中整合有一段来自 Ti 质粒的 DNA，称为转移 DNA（T-DNA）。

由于 T-DNA 能够进行高频率转移，而且 Ti 质粒上可插入大到 50 kb 的外源 DNA，因此可以利用这种天然的遗传转化系统，将外源 DNA 转移到植物细胞中去，进而利用其细胞的全能性，通过组织培养，用一个转化细胞再生出完整的转基因植物。Horsch 等（1985）首创根癌农杆菌介导的烟草叶盘转化法，可用不同植物原生质体、悬浮细胞或愈伤组织作为基因转导的受体，可直接用植物的组织块进行转化。迄今，Ti 质粒（农杆菌介导）在遗传转化中占主要位置。据初步统计，由 Ti 质粒法转导成功的植物有

137 种。Ti 质粒转化的优点有 4 个：一是转化成功率高；二是所转的 DNA 很确定是 T-DNA 左右边界之间的 DNA 序列；三是可转导较大序列 DNA 片段；四是可直接用植物组织进行基因转导，不需用原生质体培养再生植株技术，因而可缩短获得转基因植株的周期。

　　在植物转基因技术中，利用农杆菌转移外源基因，先要建立起高频率的离体组织培养再生体系，之后要有通过基因工程技术构建的 Ti 质粒上的选择标记、报告基因和目的基因，才能完成农杆菌介导的植物基因转化（图 13-9）。

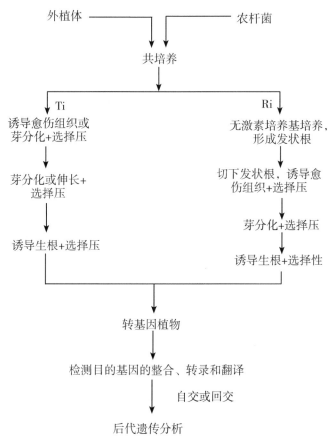

图 13-9　农杆菌介导法转化程序
（《作物遗传改良》，2011）

　　（2）植物病毒　由于病毒能感染植物细胞，引起宿主中新增遗传信息的表达，所以病毒提供了天然转基因的例证。因此，将病毒作为植物基因载体是自然的。现已鉴定了 300 余种植物病毒，分成 25 个类群。在选择有潜力病毒载体时，一个关键点是应关注其生物学特性，包括寄主范围、致病性、机械传染难易、种子传播的百分率、携带外源 DNA 片段的大小等。另一个关键点是其遗传物质应能在体外操控，并以具有生物学活性的形式被重新导入植物。这就是说病毒的 DNA 克隆应该是有感染力的。花椰菜花叶病毒（CaMV）就属于这一类。Brisson 等（1984）以 CaMV 为载体，将细菌的二氢叶酸还原酶基因转移到芜菁中并表达，这是以 CaMV 为载体获得的首例转基因植物。Balazs 等（1985）以 CaMV 作载体，将 NPT-II 基因转移到烟草和芜菁细胞中，使转化的细胞抗卡那霉素。

以病毒为载体的转基因技术，其优点是病毒繁殖率高，即使转录水平低，也可鉴定出外源基因的产物；病毒可由一个细胞转移到另一个细胞，使外源基因迅速布满整个组织细胞，无须进行细胞培养的过程。但其确定是病毒的寄主范围狭窄，所携带的外源 DNA 都很小，且不能将其整合到植物染色体上，因此很难获得遗传上的稳定性。

（3）类质粒 S_1 和 S_2　Pring 等（1977）在 S 型雄性玉米线粒体基因组中，发现两种双链、线性的附加体 DNA 分子，称为类质粒 S_1 和 S_2。S_1 和 S_2 的两端具有完全相同的 208 bp 反向重复顺序，S_1 和 S_2 的 5′ 末端有共价结合的蛋白质，可能是用于启动类质粒的复制和防止核酸酶的降解。由 S 型雄性不育恢复为雄性可育类型时，常伴随 S_1 和 S_2 类质粒的消失和线粒体主基因组的重排，这时线粒体主基因组上新出现的酶切片段与 S_1 和 S_2 有很强的同源性。为利用这种同源性提高玉米原生质体的转化效率，以 *Gus* 基因为通讯员基因，分别构建了带有 S_1 和不带 S_1 的类质粒载体。结果发现，带有 S_1 的载体可提高玉米原生质体转化效率 1 倍以上。

3. 非载体基因转导法

（1）原生质体直接摄取法　Ohyama 等（1972）用大豆和胡萝卜的原生质体与标记的大肠杆菌质粒共培养，发现有 0.6% ~ 2.8% 的放射性标记进入原生质体内。Lurquin 等（1977）用豇豆的原生质体与大肠杆菌质粒 PBR_{313} 保温 15 min，发现有约 3% 的质粒 DNA 进入受体。Davey 等（1980）首次使用 Ti 质粒直接转化矮牵牛原生质体获得成功，被转化的细胞具有章鱼碱含酶活性、激素自主性，并用分子杂交证实了转化细胞染色体上有 T-DNA 序列。

（2）基因枪法　基因枪（gene gun）法又称粒子轰击（particle bombardment），是指将载有外源 DNA 的钨（或金）等颗粒加速射入细胞的方法。加速的动力是火药爆炸，或高压气体，或高压放电加在粒子上的瞬间冲击。最早由美国康奈尔大学研制出火药引爆的基因枪（Sanford 等，1987）。

基因枪法的特点是没有物种限制，对单、双子叶植物都适用。目前，采用基因枪法成功获得转基因植物的有大豆、玉米、水稻、小麦、高粱、烟草、棉花、菜豆、甘蔗、番木瓜等。Vasil 等（1992）利用基因枪法，把 *bar* 基因转入小麦的胚性愈伤组织，再生出可育的转基因植株。R_0、R_1、R_2 代植株均对 Basta® 有抗性。用分子杂交检测到 R_0、R_1、R_2 代植株里均有 *bar* 基因存在。栽培大豆和小麦目前仅用基因枪法获得了转基因植株，其他方法尚未成功。

（3）花粉管通道法　花粉管通道法是指利用花粉管将外源 DNA 导入胚囊进行遗传转化。Hess（1975，1980）用烟草研究，将供体 DNA 用放射性同位素标记，用带有此标记的外源 DNA 浸泡受体花粉后，在这些花粉和花粉管中观察到外源 DNA 的放射自显影。这一结果表明外源 DNA 已进入受体花粉粒和花粉管中。进而利用花粉萌发吸收种内和种间 DNA，然后授粉，由花粉管携带外源 DNA 进入胚囊，使矮牵牛获得花变异后代，转化率为 0.1%。

杨立国等（2004）利用花粉管通道法将含有目标性状的高粱 DNA 导入高粱保持系 ICS/2B 的花粉管里。结果在转导的 R_2 代经田间抗蚜鉴定筛选出抗蚜单株。而且 $R_2 \sim R_3$ 代产生性状分离，至 R_4 代趋于稳定。到 R_5 代已选出具有不同目标性状的性状组合，最终选育出保持系 124B，其株高比 ICS12B 降低约 30 cm，抗蚜性达 1 级。

（4）电击穿孔法　电击穿孔法（electroporation）是指当电脉冲以一定的电场强度和持续时间作用于细胞等渗悬浮液时，细胞膜上将产生小孔，孔的数目和大小与电场强度有关。电场消失后，这些小孔常能够关闭。通过这些小孔可进行外源基因转移，甚至细胞融合。

Hauptmann（1987）采用此法对小麦原生质体进行转化，检测到 *CAT* 基因的短暂表达。Zhang 等（1988）、Toriyama 等（1988）分别把 *CAT* 基因和 *NPT-Ⅱ* 基因转移到水稻原生质体中去，均得到了有外源基因的再生植株。

（三）基因转导技术在作物育种上的应用

作物育种的主要目标是提高产量、改善品质和增强抗逆性，转基因技术对这几个目标均可以发挥作用。

1. 提高产量

对作物产量起作用的基因有几十个，甚至上百个。因此，对这些基因进行转导是不实际的。为解决这一问题，研究者从增加光合作用和固氮作用入手。

（1）光合作用　光合作用的关键酶是 1,5-二磷酸核酮糖羧化酶/加氧酶（简称 Rubisco）。它是生物界最丰富的蛋白质，具有双重催化作用：一在光合作用中与二氧化碳（CO_2）结合起羧化酶的作用；二在光呼吸中与氧气（O_2）结合起加氧酶的作用。因为它与二氧化碳和氧气都有亲和力，因此研究的重点是了解羧化酶和加氧酶的作用机制，改变其活性位点的氨基酸，以使羧化作用大于加氧作用，即增加其对二氧化碳的亲和力，以增加光合产物及其积累，促使产量提升。

（2）固氮作用　植物固氮的转基因工程是将细菌中的固氮基因转移到非共生的植物中去，如禾谷类作物。共生固氮涉及根瘤菌和植物两方面。迄今，在克氏肺炎固氮杆菌中，已发现 17 个固氮基因。豆科植物在结瘤过程中，能诱发出 30 多个根瘤特异的根瘤蛋白，因而使这个系统十分复杂。还有，固氮酶需要嫌气条件才有活性，因此在植物中需要创造出一个嫌气条件，这也有相当难度。因此，采用转基因技术实现固氮作用尚需进行许多研究工作。

2. 改善品质

改善品质是转基因技术的重要育种目标。目前，已将一些作物的贮藏蛋白，如 *Zein* 4、*Zein* 5 的基因转入向日葵茎细胞中获得转录产物。用 *phaseoline* 的基因，7 s 贮藏蛋白的 α′ 亚基因转化模式植物，均取得一定的表达效果。但是，作物的贮藏蛋白通常属于重复的多基因家族，如玉米的 *Zein* 基因，就有 80~100 个组成。改变某一个基因的效果也许是微不足道的。此外，籽粒品质并不仅限于蛋白质的改良，如小麦除蛋白质外，还有淀粉和面筋的改良，大麦应考量酿造啤酒有关性状的改良等。

3. 增强抗逆性

（1）抗病性 Beachy 等首先报道了将 TMV 外壳蛋白导入烟草的再生植株，表现明显抗性，推迟发病，或不发病。这种外壳蛋白还能减轻另一相关病毒的病症。之后，这一技术快速应用到其他作物抗病性育种上，如苜蓿花叶病毒（AIMV）、黄瓜花叶病毒（CMV）、马铃薯病毒 X（PVX）、烟草脆裂病毒（TRV）等的外壳蛋白，在烟草、番茄和马铃薯上表达，从而获得了延迟或不发病的能力。

此外，还利用病毒的卫星 RNA 及弱毒株的基因组转入植物以获得抗病性。但是，弱病毒可能突变成烈性病毒，对一种植物是温和的病毒，对另一种植物就可能是烈性病毒，况且弱病毒也会造成一定损失，因此其应用受到一定限制。

（2）抗虫性 抗虫转基因最成功事例当属比利时的 Montagn 等将苏云金杆菌 *Bt* 基因（制虫蛋白）导入烟草，获得了抗虫性。该转导烟草在温室鉴定时表现对烟草天蛾一龄幼虫杀死效果。此后，*Bt* 基因被转导到番茄、马铃薯、玉米、棉花等多种植物，具有同样的杀虫效果。

（3）抗除草剂 目前，世界上几种主要的广谱性除草剂对作物均有致命的杀伤作用，极大地限制了其应用范围。植物种质资源中缺乏抗除草剂基因，采用转基因技术可以在其他生物种群里找到，特别从微生物中找到。美国孟山都公司在农杆中发现一个编码 *EPSPS* 的基因，可以不受草甘膦的抑制。克隆这个基因并将其转入大豆中，转化后的大豆具有抗除草剂草甘膦的能力（Jane Rissler，1994）。

抗除草剂转基因玉米已涉及主要除草剂品牌。1997 年，美国孟山都公司抗草甘膦玉米杂交种，Agr Evo 公司推出抗草铵膦玉米杂交种。针对世界几大种类除草剂都有转基因的抗性品种选育出来，如抗草甘膦（glyphosate）、草丁膦（phosphinothrincin）、磺酰脲（sulfonylurea）、咪唑酮类、溴苯腈类（bromoxyril）、拿扑净（post）等抗除草剂作物。

四、分子标记技术

（一）分子标记的概念和种类

1. 分子标记

分子标记（molecular marker）分为广义分子标记和狭义分子标记。广义分子标记是指可遗传的、可检测的 DNA 序列或蛋白质。狭义分子标记是指 DNA 标记。分子标记是继形态学标记（morphological marker）、细胞学标记（cytological marker）、生化标记（biochemical marker）之后，近年不断发展和广泛应用的一种新的遗传标记（genetic marker）。

2. 分子标记的特点

（1）丰富性 分子标记的等位点变异非常丰富，其数目几乎是无限的，且可涉及全基因组。

（2）高效性 分子标记反映 DNA 碱基序列的变化。在同次分子杂交中，或 PCR 反应中可以检测众多的遗传标记，既可是编码区的变异，也可是非编码区的变异。

（3）转换性 分子标记之间可互相转换，如 RFLP 可转换成 STS，RAPD 可转换成

SCAR 或 RFLP，这种转换使得 DNA 标记的应用更加方便。

（4）稳定性 分子标记不受环境的影响，也不受基因表达与否的影响，因此能对不同时期的不同器官进行检测。

（5）现"中性" 在植物基因组中，碱基序列的变异常发生在非编码区，对生物体的生长发育没有影响，也不影响目标性状的表达。

（6）现"显性" 多数分子标记遗传简单，表现显性或共显性，不是隐性的，因而可以分辨所有可能的基因型，非等位的 DNA 分子标记之间不存在上位性效应，标记之间互不干扰。上述特点使得分子标记被广泛应用。

3. 分子标记的种类

（1）基于 DNA-DNA 杂交的分子标记 RFLP，限制性片段长度多态性。这种多态性是由限制性内切酶切位点或位点间 DNA 区段发生变异引起的，是最早研制并广泛应用的一种分子标记（Botstein 等，1980）。

VNTR，重复数可变串联重复标记。Jeffregs 等（1985）先在人的肌红蛋白中发现了小卫星中心。1989 年，又发现并建立了微卫星系统。通常把以 15~75 个核苷酸为基本单位的串联重复序列称为小卫星，总长度从几百到几千个碱基。以 2~6 个核苷酸为基本单位的简单串联重复序列称为微卫星（microsatellite），或简单序列重复（SSR）。目前，微卫星标记技术可归类于基因 PCR 技术的 DNA 标记。

（2）基于 PCR 的分子标记 PCR，聚合酶链式反应，是 Mullis 于 1987 年研制的一种体外快速扩增 DNA 序列的技术。单引物 PCR 标记是指在 PCR 反应系统中加入单一的随机或特异合成的寡聚核苷酸引物进行扩增，其多态性取决于引物在不同基因组中互补 DNA 序列位点的有无或位点间 DNA 序列的长度和碱基变异。单引物 PCR 标记主要有 RAPD，随机扩增多态性 DNA；DAF，DNA 扩增指数分析；AP-PCR，随机引物 PCR；SCAR，测序扩增区段等。

（3）基于 DNA-DNA 杂交和 PCR 的分子标记 这类标记是以限制性内切酶和 PCR 技术为前提，将二者有效结合。先对 DNA 酶切，再进行 PCR 扩增，或相反。这类分子标记有 AFLP，扩增片段长度多态性；TEAFLP，三内切酶扩增的限制性片段长度多态性；CAP_5，割裂扩增多态性序列。

（4）基于单个核苷酸多态性的 DNA 分子标记 单核苷酸多态性（SNP）是指具有单核苷酸差异引起的遗传多态性特征的 DNA 区域，可作为 DNA 标记。这是因为较普遍的遗传变异是单个碱基的突变，包括单个碱基的插入、缺失和置换等。

（5）基于逆转座子的分子标记 转座子是基因组中可以从一个位点转移到另一位点并进而影响到与之相关的基因功能的可移动遗传因子。转座子分为 DNA 转座子，即从 DNA 到 DNA 的转位，如玉米的 Ac-Ds；另一类转座子在转座时必须以 RNA 为中间产物，按 DNA-RNA-DNA 方式进行，涉及 RNA，故称为逆转座子，又称为 RNA 转座子，如玉米的 Bsl。

SSAP，序列特异扩增多态性。其操作原理和技术程序与 AFLP 相似，先用能产生黏性末端的限制性内切酶酶切模板 DNA，然后将酶切片段与其末端互补的已知序列接头连接，所形成的带接头的特异片段作为 PCR 的模板。

IRAP，反向逆转座子扩增多态性。与 DNA 转座子不同，RTN 插入位点是稳定的，呈孟德尔方式遗传和分离。

RIVP，逆转座子内部变异多态性。其操作原理和技术程序与 SSAP 相似。该标记使用在 RTN 内部有切点的限制性酶，选用引物为接头序列特异引物和 RTN 内部保守区序列特异引物。

REMAP，逆转子——微卫星扩增多态性。其检测的多态性是微卫星 DNA 与相邻 RTNs 之间的宿主基因组 DNA 序列长度多态性。该标记需设计 2 个 PCR 引物：一是与 IRAP 相同，即依据 LTR 保守区序列设计的 LTR 特异引物；二是微卫星 DNA 特异引物。

RBIP，基于逆转座子插入多态性。根据逆转座子保守区及 RTN 侧翼宿主 DNA 序列设计引物，通过 PCR 扩增，就可检测到各个 RTN 的 RBIP。该标记为共显性标记，其揭示的是遗传位点上不同的等位状态。这与 SSR 相似，SSR 检测的是小片段 DNA 序列的缺失或存在，而 RBIP 标记既可采用凝胶电泳分析，也可采用点杂交检测。这使得自动化检测成为可能。

综上，各种分子标记的英文、中文名称列于表 13-9 中。

表 13-9　主要分子标记种类

缩写名称	英文、中文名称
RFLP	Restriction Fragment Length Polymorphism，限制性酶切片段长度多态性标记
RAPD	Randomly Amplified Polymorphic DNA，随机扩增多态性 DNA
AFLP	Amplified Fragment Length Polymorphism，扩增的限制性内切酶片段长度多态性
SSR	Simple Sequence Repeat，简单重复序列即微卫星 DNA 标记
SSCP-RFLP	Single Strand Conformation Polymorphism-RFLP，单链构象多态性-RFLP
DGGE-RFLP	Denaturing Gradient Gel Electrophoresis-RFLP，变性梯度凝胶电泳-RFLP
STS	Sequence Tagged Site，测定序列标签位点
EST	Expressed Sequence Tag，表达序列标签
SCAR	Sequence Characterized Amplified Region，测序的扩增区段
RP-PCR	Random Primer-PCR，随机引物 PCR
AP-PCR	Arbitrary Primer-PCR，任意引物 PCR
OP-PCR	Oligo Primer-PCR，寡核苷酸引物 PCR
SSCP-PCR	Single Strand Conformation Polymorphism-PCR，单链构象多态性 PCR
SODA	Small Oligo DNA Analysis，小寡核苷酸 DNA 分析
DAF	DNA Amplificaiton Fingerprinting，DNA 扩增产物指纹分析
CAPS	Cleaved Amplified Polymorphic Sequences，酶解扩增多态顺序
SAP	Specific Amplicon Polymorphism，特定扩增的多态性
Satellite	卫星 DNA（重复单位为几百至几千碱基对）

（续表）

缩写名称	英文、中文名称
Minisatellite	小卫星 DNA（重复单位为大于 5 个碱基对）
MS	Microsatellite，微卫星 DNA（重复单位为 2~5 个碱基对）
SSLP	Simple Sequence Length Polymorphism，简单序列长度多态性
SSRP	Simple Sequence Repeat Polymorphism，简单重复序列多态性即微卫星 DNA 标记
SRS	Short Repeat Sequence，短重复序列
TRS	Tandem Repeat Sequence，串珠式重复序列
DD	Differential Display，差异显示
RT-PCR	Revert Transcription PCR，逆转录 PCR
DDRT-PCR	Differential Display Reverse Transcription PCR，差异显示逆转录 PCR
RAD	Representative Difference Analysis，特征性差异分析
AFLP-based mRNA fingerprinting	基于 AFLP 的 mRNA 指纹分析技术
SSAP	Sequence Specific Amplification Polymorphism，序列特异扩增多态性
RIAP	Retrotransposon Internal Variation Polymorphism，逆转座子内部变异多态性
RIAP	Inverse Retrotransposon Amplified Polymorphism，反向逆转座子扩增多态性
REMAP	Retrotransposon-microsatellite Amplified Polymorphism，逆转座子—微卫星扩增多态性
RBIP	Retrotransposon-based Insertion Polymorphism，基于逆转座子插入多态性
SNP	Single Nucleotide Polymorphism，单核苷酸多态性

（《作物遗传改良》，2011）

（二）分子标记的应用

分子标记和植物基因组研究是分子生物学的前沿领域，其应用十分广泛，包括基因定位、遗传多样性、分子标记辅助选择、品种纯度检测、杂种优势预测、分子遗传图谱构建等。

1. 分子标记的普通应用

（1）基因的标记和定位　质量性状受主效基因控制，其标记和定位相对简便。而有的质量性状除受主效基因控制外，还受微效基因制约，无法从表现型来判断基因型。寻找与质量性状基因紧密连锁的分子标记可用于分子标记辅助选择，也是图位克隆基因的基础。质量性状基因定位可以已有分子连锁图谱作基础，选择其上的分子标记与目标性状基因进行连锁分析，确定其连锁关系。由此法定位的目标基因与标记之间的距离取决于图谱的标记饱和度。图谱越饱和，所定位的基因与标记之间的距离越近。

数量性状基因（QTL）的分子标记与定位就是检测分子标记与 QTL 之间的连锁关

系，同时估算 QTL 的效应。QTL 定位通常采用 F_2、BC、RIL、DH 等群体。由于数量性状呈连续分布，需要用特别方法进行连锁分析。可将高值和低值两种极端类型个体分成两组。对每个 QTL 来说，在高值组中应有较多高值基因型，反之亦然。如果某一标记与 QTL 有连锁关系，该标记与 QTL 必发生共分离。于是其基因型分离比例在高、低值组中均会发生偏离孟德尔定律。用卡方（χ^2）检验检测这种偏离，就能推断该标记是否与 QTL 存在连锁关系。采用 BSA 法是将高、低值两种极端类型个体的 DNA 分别混合，形成 DNA 池，检测其遗传多样性。在两个池之间表现出差异的分子标记则被认为与 QTL 连锁。

（2）数量性状基因克隆　分子标记为 QTL 克隆提供方便，包括利用对 QTL 有直接效应的 RFLP，以及因插入 RFLP 检测遗传工程所诱发的数量效应。如果与某克隆顺序杂交的等位基因有直接效应，则该有利等位基因很易被克隆。更重要的是，如果发现克隆基因的等位基因突变体控制着经济性状，可采取更直接的操作，如增加拷贝数或修饰控制顺序操纵该基因，也能对经济性状产生影响。

（3）物种或品种及亲缘关系鉴定　由于分子标记容易检测出 DNA 的多态性，所以通过 RFLP 等分析可鉴定不同的物种、品种。Demeke 等（1992）对欧洲油菜、阿比西尼亚芥、芥菜型油菜、黑芥、甘蓝、萝卜等进行 RAPD 分析，利用 25 个 9~10 bp 随机引物扩增，共产生 284 个 RAPD，片段大小为 190~2 600 bp；再用 284 个 RAPD 资料进行主坐标分析，所得结果与芸薹属经典的禹氏三角完全相符，并能将欧白芥和萝卜与芸薹属物种区分开。

Williams 等（1990）在玉米和大豆上，Welsh 等（1990）在水稻上进行了 RAPD 指纹图谱构建，其图谱各不相同而相当稳定。利用这些指纹图谱对品种或品系进行鉴定和系谱分析。这些研究为在 DNA 水平上对物种、品种或品系的鉴定提供了一种快捷、简便的方法。

2. 分子标记在遗传育种上的应用

（1）遗传变异性鉴定　在作物品种内，可利用遗传标记确定单株之间的关系。通常，每一品种都有其特定的 RFLP 特征，因此可把它用作特定品种的指纹，供商用品种保护。分子标记还可进行自交系的分类。林凤等（2004）用 24 份玉米骨干自交系为材料，用 17 个随机引物进行 PCR 扩增，获得了它们的 RAPD 指纹。采取离差平方和法聚类，依据 RAPD 资料将 24 份自交系聚类成 2 个大群 4 个亚群。第一大群由我国长期栽培的玉米品种选育的自交系及其改良系组成，再分成以旅大红骨为基础种质的丹 340 亚群和以塘四平头为基础种质的黄早四亚群；第二大群由从美国玉米带自交系及其商用杂交种选出的二环系所组成，属于 Lancaster 种质，再分成以 Mo17 为核心种质的 Mo17 亚群和以自 330、Oh43 为核心种质的自 330 亚群。

（2）遗传多样性鉴定　遗传多样性研究是种质资源研究的主要内容，也是进行遗传改良的基础。在分子标记出现之前，遗传多样性分析主要通过形态标记和同工酶标记。形态标记易受环境影响，同工酶标记又有组织和发育阶段的特异性，可供使用的标记是有限的。分子标记能有效克服上述缺点，通过利用共同的分子标记分别对不同种、品种之间进行物理作图或遗传作图，实现基因组的比较分析。例如，Wierling 等

（1994）用 RFLP 和 RAPD 分析高粱优良品系的多样性。结果在 RFLP 检测中，75 种玉米探针中的 58 种与高粱 DNA 有较强烈杂交，11 种有较弱杂交，6 种不能杂交。在较强杂交的 58 种探针中，有 46 种至少在 4 种限制酶消化中有 1 种测出多态性，占总数的 79%，几乎全部多态性探针对 1 种以上的限制酶同时是多态性的。在 RAPD 检测中，用 73 种随机引物扩增基因组 DNA，其中 70 种产生扩增产物。有 57 种引物产生清晰的扩增分布型，有 56 种引物产生多态性产物，占 77%。这充分说明 RFLP 和 RAPD 标记均有效地检测出高粱的多态性，RAPD 的多样性百分率高于 RFLP 的。

（3）有利于性状选择　当建立分子标记与目标性状连锁之后，就可以通过标记确定目标性状是否存在。分子标记可在作物遗传育种上进行选择，以至于在该基因控制的性状表现之前就可以选择，这是很有效的。因为在幼苗时就能检测到 DNA 标记的存在，不必等长到成熟。总的来说，通过分子标记选择目标性状，比单靠表现型选择更准确，因为表现型受到基因型与环境互作的影响。如果把分子标记选择与田间选择结合起来，对作物品种选育效果会更好。

（4）分子标记的辅助选择　分子标记的辅助选择包括简单性状的辅助选择、同类基因的累加选择、数量性状的辅助选择、目标性状回交的辅助选择。

①简单性状的辅助选择。对不能用目测直接选择的性状，如隐性性状、抗病性状、抗虫性状等，可用分子标记进行选择。先将目标性状基因精确定位，其两侧各有 1 个紧密连锁的标记，相距在 0.5 cM 之内。然后，选择除目标性状之外其他性状优良的单株提取 DNA，建立指纹图谱，根据标记有无选择单株。

②同类基因的累加选择。在功能相同的几个基因中，由于表型一样，无法检测出是哪个基因在起作用。如果能在每个基因附近找到分子标记，就可以通过鉴定不同的标记来区分出哪个基因在起作用。如果想把这些基因积聚到同一个试材中，就可通过分子标记进行选择。

③数量性状的辅助选择。数量性状涉及多个 QTLs，各个 QTL 对目标性状的效应不一样，其性质也有差异。因此，要先将 QTL 分类排队，在充分考量 QTL 之间互作的前提下，制作基因型图解，然后根据基因型图解选择试材。

④目标性状回交的辅助选择。在回交育种中，常遇到与不利性状连锁的问题。为了避免这种累赘，可以利用与目标性状紧密连锁的分子标记，直接选择在目标性状附近发生重组的单株。例如，目标性状 A 与不利基因 b 连锁，供体亲本基因型为 Ab，可在基因 A 的两侧各定位一个分子标记 M_1 和 M_2，M_2 位于 A 和 b 之间。在回交一代中，只选择 M_1 标记的重组单株，淘汰同时带有 M_1 和 M_2 标记的单株。这样就可以去掉不利基因连锁。

（5）提高杂种优势的应用　杂种优势涉及许多数量性状的加性、显性和上位性效应。分子标记与 QTL 连锁为提高杂种优势提供了一条途径。主要技术环节如下。

①采用分子标记划分亲本杂种优势群，并同常规研究相比较、相对应，建立优势最大化的配对模式。

②对新选育或引进的材料进行分子标记聚类分析，将其划归到特定的优势类群。

③根据配对模式在相应的类群里选择亲本杂交，选育出优良杂交种。上述分子标记

操作程序同群体改良相结合具有更大的应用潜力（图 13-10）。

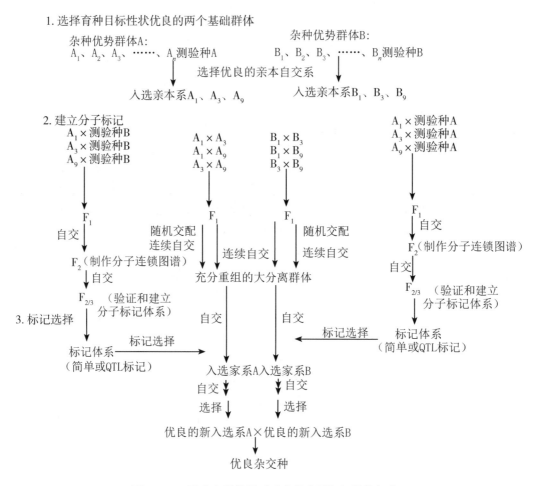

图 13-10　双亲本群体同时改良的分子标记操作程序

（Jean-Maecel 和 Javier，1999）

（三）分子遗传图谱

1. 分子遗传图谱简述

长期以来，作物的遗传图谱均是通过形态标记、细胞标记和生化标记构建的。1973年重组 DNA 技术的进步，使构建分子遗传图谱成为可能。随着以 RFLP 为代表的分子标记技术的日臻完善，已构建了许多作物的分子遗传图谱。1988 年，McCouch 等发表了第一张水稻 RFLP 连锁图，也是第一张基于 DNA 分子标记的遗传图谱。该图谱包含135 个 RFLP 标记，覆盖水稻 12 条染色体，共 1 398 cM。

由于作物容易建立和维持较大的分离群体，因此能较快地构建出分子遗传图谱。现已构建了水稻、玉米、小麦、大麦、高粱、油菜、番茄、菜豆、芜菁、草莓、咖啡等几十种作物的分子遗传图谱。以前认为，较难开展遗传作图的木本植物，现今已构建了密度相当可观的分子遗传图谱，如苹果、柳杉、棕榈、桉树等。随着拟南芥、水稻等作物基因组测序的完成，其遗传图谱将更加饱和、完整。这为基因的精细定位和克隆打下了稳固的基础。

2. 高密度分子遗传图谱的构建

构建高密度分子遗传图谱是发挥高效的分子标记辅助选择的基础，也是对基因组研究的条件。分子标记与目标性状基因的距离越近、连锁强度越强，则间接选择的效率就越高。

（1）建立标记群体　构建遗传图谱是要找到与目标基因紧密连锁的分子标记。这就需要位于同源染色体上位点之间的交换与重组，交换的频率越低，位点之间的距离就越短。基因间或标记间的遗传距离用图距单位 cM 表示，1 cM 大体相当于 1% 的重组率。

①杂交亲本的选择及其配制。亲本选择适当与否关系到图谱构建的难易及适用范围。一般来说，亲本目标性状的分歧程度要尽量大，亲本间总 DNA 多态性要尽量多；还要兼顾与生殖率、生活力有关的性状与目标性状是否连锁，以避免由此造成后代分离出现较大偏离而改变重组率。例如，亲本是否严重感染毁灭性病虫害，后代育性是否正常等。

组合配制的关键是要保证作图群体来自同一个 F_1 群体，即使后代群体由一次杂交产生的一粒种子衍生而来。由同一个 F_1 代个体衍生的后代在每一位点上只会产生一次分离。高粱、玉米单穗上粒数可达上千粒或几千粒，能够满足大多数作图对群体数量的要求。如果一定用几个 F_1 衍生后代时，则需将不同 F_1 个体及其子代分开保存，种植和分析，最终根据结果决定取舍。

②群体类型的选择。选用一个杂交组合构建同一份遗传图，可采用不同的作图群体。

杂种 2 代或 3 代群体（F_2 或 F_3）。一般作物的 F_2 群体容易构建作图，需时短，可用于各种作图目的；缺点是每个 F_2 单株可提供 DNA 材料少，很难进行连续性或规模较大的研究。解决的办法是用 F_2 家系的若干个体 DNA 混合系代表 F_2 亲代个体的基因型。F_3 代家系的个体数要达到一定标准结果才可靠。

回交群体（BC）与 F_2 群体类似，构图容易，但可取的材料少，属于暂时群体。此外，回交群体的配子类型简单，统计容易，提供的信息量也少。

双单倍体群体（DH），是通过 F_2 分离群体诱导单倍体加倍产生的群体。群体内个体基因型高度纯合，可以长期保存、大量取材，适合长期和连续性作图研究。

重组近交系（RIL）群体，是由 F_2 开始在群体里随机选择个体，连续多代自交构成的群体。RIL 群体内个体基因型基本纯合，处于稳定状态，可以大量取材、长期使用，是一种永久性作图群体。这种群体的缺点是耗时长，但在多代自交中同源染色体的重组概率增加，使分子标记定位更加精确，适合于高密度图谱的制作。

（2）选择分子标记类型　分子标记类型已有 30 多种，均有各自的优缺点。在选用时，不仅要考量建立分子标记体系的难易，还要看操作是否方便、快捷，费用是否低。在分子标记中，以 RFLP 标记应用最广，优点是多态性丰富、检测效率高、结果稳定可靠、标记性质为共显性、易于区分杂合体和纯合体；缺点是费用高、常需要同位素。RAPD 标记的优点是建立和应用标记体系均简便、快速、费用低；缺点是重复性差、较难建立辅助选择体系。

AFLP 标记通常是兼有 RFLP 标记和 RARD 标记的优点，能提供更多的多态性信息。但是，AFLP 标记需要较多的仪器设备，建立和应用标记体系比较费时、费用高。SSR 标记建立体系时费用低，但由于其技术的基础是 PCR，只要标记选择体系建立起来，就很容易在作物遗传育种上应用。

总之，分子标记作图常用的还是 RFLP 标记，其次是 SSR 标记。近来有人建议先建立 RAPD 标记图谱，之后通过直接测序转化为 SCAR 标记（Hernanderz，1999）。这样做的优点是既免去了分子杂交的烦琐，又省去了费时、费钱的克隆步骤。

（3）遗传图谱制作程序　图谱制作的过程根据所用分子标记类型而不同，仅以 RFLP 标记说明制作程序。

①找出能揭示亲本多态性的探针和限制性内切酶组合。提取亲本 DNA，用一系列限制性内切酶进行消化，分别作 Southern 印迹；将印迹后的膜依次用一套探针进行分子杂交和放射性同位素自显影处理，选出能在亲本间产生多态性标记的探针—内切酶组合。

②对群体作 RFLP 分析。用选定的探针—内切酶组合对作图群体的单株进行 RFLP 分析，取得分子标记图谱或分子数据，再用计算机对所得分子数据进行处理。

③数据分析和物理图谱构建。采用 Lander 等（1989）设计的 RFLP 作图分析软件 MAPMAKER 进行连锁分析和图谱绘制。先将群体的 RFLP 带型进行分类和数字化处理，将 P_1、P_2 和 F_1 的带型分别赋值 1、2、3（或其他形式），缺失者为 0。将上述个体分子数据输入计算机后，计算两标记分子的重组率和 LOD 值（标记间可能连锁与不连锁概率之比的对数值），通过 LOD 值的上限（LOD ≥ 3）和重组率的下限（重组率 ≤ 0.4）来推测标记间可能的连锁群。

下面程序是对连锁群中各标记的排列采用三点或多点分析，一般先用三点检测确定最大似然性的连锁框架，再用多点检测校对可能的误差。也可先根据两点检测的信息，选定部分 LOD 值较大的标记进行多点分析，构成最大似然性框架图，再将连锁群中的其他标记逐个标记到框架图中各个间隙里，之后计算各种可能的排列似然值，最后选出最大似然值的排序，建立标记间的连锁图。

④建立分子连锁图谱。在建立最大似然值物理图谱后，接着要将分子标记连锁图与特定的染色体联系起来。这一工作最初是通过形态标记性状与分子标记间连锁关系来确定，也可通过 B/A 异位系的方法来实现。

目前，通过 RFLP 图谱上已有的标记很容易将所构建的分子标记连锁群与特定染色体联系在一起。只要在选定探针—内切酶组合时，在各染色体上均匀选择一定量的标记，再根据这些已知标记和未知标记间的连锁关系，即可确定分子连锁图。

⑤建立分子遗传图谱。分子遗传图谱是将目标性状的基因定位在分子连锁图中构成的。先调查目标性状在田间的分离数据，再计算田间数据同分子标记之间的连锁重组率。同样可以计算最大似然值以排定目标性状基因与分子标记之间的顺序。距离目标性状基因相当近的分子标记，就可能成为该性状的辅助选择标记。

1994 年，Chittenden 报道了完整的双色高粱 × 拟高粱杂交（S. bicolor × S. prupinqunm）的分子遗传图谱。该图谱由 10 个连锁群组成，这与双色高粱与拟高粱

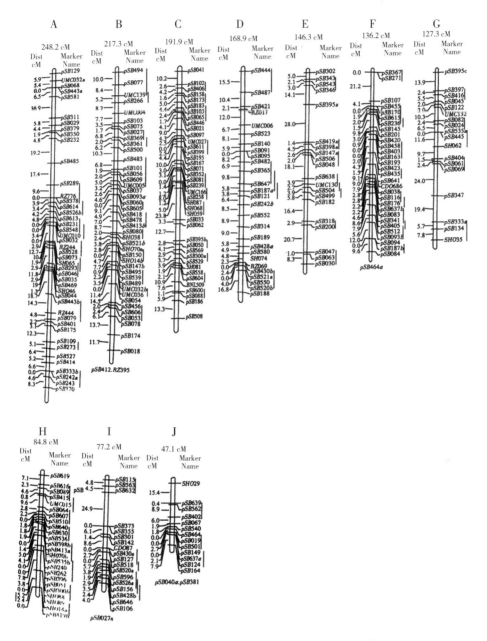

图 13-11　双色高粱×拟高粱的分子遗传图谱（Chittenden 等，1994）

连锁群左侧数字表示遗传距离，右侧表示标记名称。其中，高粱基因组克隆标记名称用 SB 或 SHO 命名编号；玉米基因组克隆标记名称用 UMC 或 BNL 命名编号；水稻和燕麦 cDNA 以 RZ 和 CDO 命名编号。用星号（*）标示者为特殊的双色高粱基因；标记名称后加 a、b、c 者为一样的 DNA 探针在一个以上位点检测出多态性；在 B、F、I 和 J 连锁群下面的 6 个标记与这些连锁群有一定联系，但未能准确地在图中标记相应位点。

的染色体组恰好相同（图 13-11）。10 个连锁群总计分离基因位点数 276 个，遗传图距 1 445 cM，基因位点间平均距离 5.2 cM。图中有 3 个连锁群存在 RFLP 重复位点，表明高粱染色体或染色体片段有远古重复。这一结果支撑了高粱属的进化模式，以及高粱染色体有相当一部分重复的观点（Whitkus，1992）。

主要参考文献

曹永国，王国英，戴景瑞，1999. 玉米 RFLP 遗传图谱的构建及矮生基因定位 [J]. 科学通报，4（20）：2178-2181.

陈力，1981. 获得高粱花粉植株简报 [J]. 黑龙江农业科学（5）：52-53.

陈学求，1980. 高粱人工诱变雄性不育突变体："601" 雄性不育系的培育与研究初报 [J]. 吉林农业科学（2）：1-4.

陈学求，1984. 高粱辐射育种的研究 [J]. 吉林农业科学（3）：1-5.

高武军，李润植，1999. 植物几丁质酶及其基因工程研究进展 [J]. 世界农业，23（9）：22-24.

郭三维，1995. 植物 Bt 抗虫基因工程研究进展 [J]. 中国农业科学，28（5）：8-13.

河北省沧州地区农业科学研究所，1976. 谷子与高粱杂交的实践 [J]. 植物学报，18（4）：340-342.

河北省沧州地区农业科学研究所，1977. 谷子与高粱远缘杂交的变异 [J]. 遗传与育种（1）：26.

贺晨霞，夏光敏，1999. 农杆菌介导单子叶植物基因转化研究进展 [J]. 植物学通报，16（5）：567-573.

湖北省农业科学研究所，1977. 高粱稻（A 型）的选育 [J]. 遗传与育种（1）：5-7.

华北农业大学，等，1976. 植物遗传育种学 [M]. 北京：科学出版社.

锦州市农业科学研究所，1978. 高粱花药培养研究初报 [J]. 辽宁农业科学（5）：19-20.

黎裕，1992. 高粱的遗传图谱 [J]. 辽宁农业科学（6）：48-50.

黎裕，贾继增，王天宇，1999. 分子标记的种类及其发展 [J]. 生物技术通讯（4）：19-22.

林凤，杨立国，2004. 应用 RAPD 分子标记划分玉米自交系杂种优势群的研究. 作物高效育种技术 [M]. 哈尔滨：黑龙江人民出版社.

刘立德，1978. 辐射诱变在杂交高粱品质育种中的作用 [J]. 辽宁农业科学（1）：40-41.

刘新芝，1997. RAPD 在玉米类群划分中的应用 [J]. 中国农业科学，30（3）：44-51.

卢庆善，1993. RFLP 与植物育种 [J]. 国外农学：杂粮作物（3）：38-42.

卢庆善，1999. 高粱学 [M]. 北京：中国农业出版社.

卢庆善，宋仁本，卢峰，等，1998. 高粱组织培养研究进展 [J]. 国外农学：杂粮作物（2）：30-34.

JENSEN N F，1996. 植物育种方法论 [M]. 卢庆善译. 北京：中国农业出版社.

陆伟，苏益民，宋高友，1995. 电子束与 γ 射线辐照高粱种子 M_1 代效应的比较研究 [J]. 核农学通报，16（4）：160-163.

罗士韦，李文安，1993. 植物细胞生物工程及其在农业发展上的前景：作物育种研究与进展 [M]. 北京：农业出版社.

罗耀武，1985. 高粱同源四倍体及四倍体杂交种 [J]. 遗传学报，12（5）：339-343.

罗耀武，1981. 诱导高粱同源四倍体初报 [J]. 遗传，3（4）：29-31.

马鸿图，LIANG G H，1985. 高粱幼胚培养及再生植株变异的研究 [J]. 遗传学报，12（5）：350-357.

马正谭，1983. 黄胚乳高粱 7512 辐射诱变早熟品系选育初报 [J]. 原子能农业利用（4）：11-14.

米景九，1993. 植物基因工程 [M]//作物育种研究与进展. 北京：农业出版社.

潘家驹，1994. 作物育种学总论 [M]. 北京：中国农业出版社.

裴新澍，1963. 多倍体诱导与育种 [M]. 上海：上海科学技术出版社.

宋高友，苏益民，张纯慎，等，1993. 不同温度下 $Co^{60}\gamma$ 射线对高粱诱变效果的研究 [J]. 核农学通报，14（3）：267-270.

西北农学院，1981. 作物育种学 [M]. 北京：农业出版社.

西北水土保持生物土壤研究所，1977. 高粱燕"7418"的选育栽培技术和制糖工艺 [J]. 湖南科技情报（2）：22-34.

西北植物研究所远缘杂交组，1977. 普通小麦与长穗偃麦草的杂交育种及其遗传分析 [J]. 遗传学报，4（4）：283-293，377-382.

杨立国，张宝全，2004. 作物高效育种技术 [M]. 哈尔滨：黑龙江人民出版社.

张宝红，丰嵘，1998. 转基因抗虫棉研究的现状、问题与对策 [J]. 作物学报，24（2）：248-256.

张伯林，1981. 作物合子期照射有效时间的研究 I：高粱受精及合子持续时间的观察 [J]. 原子能农业应用（3）：1-6.

张纯慎，1984. $Co^{60}\gamma$ 射线辐照高粱干种子对 M_2 代高蛋白、高赖氨酸突变的筛选 [J]. 原子能农业应用（2）：20-24.

浙江农业大学，1972. 农作物的辐射育种 [M]. 上海：上海人民出版社.

中国科学院北京植物研究所，1977. 植物单倍体育种 [M]. 北京：科学出版社.

中国科学院遗传研究所，1972. 突变育种手册 [M]. 北京：科学出版社.

中国农林科学院原子能利用研究所，1973. 作物辐射育种 [M]. 北京：农业出版社.

AHN S，TANKSLEY S D，1993. Comparative linkage maps of the rice and maize genomes [J]. Proc. Natl. Acad. Sci. USA，90：7980-7984.

ALDRICH P R, DOEBLEY J, 1992. Restriction fragment variation in the nuclear and chloroplast genomes of cultivated and wild *Sorghum bicolor* [J]. Theor. Aool. Genet, (85): 293-302.

ARNE H, et al, 1961. Mutations and polyploidy in plant breeding [M]. Svenska Bokforlaget Bonniers / Stockholm.

BHATTRAMAKKI D D, HART G E, 2000. An integrated SSR and RFLP linkage map of *Sorghum bicolor* (L.) [J]. Moench NRC Canada (43): 988-1002.

COLLINS, G B, 1977. Production and utilization of anther-derived hapoloids in crop plants [J]. Crop Science, 17 (4): 583-586.

KONONOWICZ A K, CASAS A M, TOMES D T, et al., 1995. New vistas are opened for sorghum improvement by genetic transformation [J]. African Crop Sci. J. (3): 171-180.

LANDER, E S, BOTSTEIN, 1989. Mapping Mendelian factors underlying quantitative traits using RFLP linkage maps [J]. Genetics (121): 185-199.

STASKAWICZ B J, AUSUBEL F M, BAKER B J, et al., 1995. Molecular genetics of plant disease resistance [J]. Science (270): 1804-1806.

TSEN, C C. Triticale: First manmade cereal [M]. Am. Asso. Cereal Chemists, Inc. , Minnesota.

WAUGH R, BONAR N, BAIRD E, 1997. Homology of AFLP products in three mapping populations of barley [J]. Theor. Appl. Genet. (94): 311-321.

WEBSTER J E, et al., 1954. Yield and composition of sorghum juice in relation to time of harrest in Oklahoma [J]. Agronomy Journal, 46: 157-160.

WEBSTER O J, 1963. Effect of harvest dates on forage sorghum yield, procentages of dry matter, protein, and soluble soids [J]. Agronomy Journal, 55: 174-177.

第十四章　甜高粱

第一节　甜高粱的用途

种植甜高粱既可收获甜茎秆，又可收获籽粒。茎秆薄壁细胞中含有果糖、葡萄糖、蔗糖等；籽粒中含有淀粉、蛋白质、脂肪等营养物质。因此，甜高粱既有糖料用途，又有饲料用途，还有能源用途，能生产能源乙醇，有巨大的发展空间和潜势。

一、糖料用途

（一）甜高粱制糖的发展历程

在中国，用甜高粱茎秆中的糖分熬制糖稀已有悠久的历史，而制成结晶糖却是近几十年的事情。20世纪70—80年代，陕西省武功县普集糖厂用甜高粱制出黄砂糖，高粱蔗片糖和赤砂糖。糖的组成与广州郊区糖厂生产的甘蔗片糖的成分作了比较（表14-1）。1977年，湖北省汉川县中洲糖厂用甜高粱生产出大量机制赤砂糖，总糖含量92.6%，其中蔗糖82.09%，还原糖10.51%。

表14-1　各种甜高粱糖品的质量比较　　　　　　　　　　　　　单位:%

品　名	蔗糖	还原糖	纯度	灰分	水分
高粱蔗黄砂糖	91.25	3.95	95.20	1.63	2.79
商品赤砂糖	88.33	3.05	91.38	1.63	3.25
高粱蔗片糖	72.68	13.37	86.05	2.52	4.16
甘蔗片糖	78.75	13.75	91.89	1.52	5.25

（辛业全，1977）

美国很早就重视种植甜高粱生产糖浆。美国最早的甜高粱是从中国崇明岛引进的。1853年，美国从法国引进了中国甜高粱品种琥珀，与此同时还从非洲引进了甜高粱品种。19世纪70—80年代，在美国中部的新泽西州到堪萨斯州地区建起许多小型糖厂，用甜高粱生产糖和糖浆。当时用其生产的糖果就达16万t。到1880年，美国甜高粱糖浆生产达到最高峰，年产量达11 356万L。

第二次世界大战期间，美国限制食糖进口，因此Branders等重新启动甜高粱品种的选育。1961—1964年，将选出的品种推广种植，其中Mer55-1表现优异，1965年定名丽欧（Rio），进而促进了甜高粱制糖工艺的研究。1969年，Smith发明了一种简便的清除甜高粱汁液中淀粉和乌头酸的方法，成功地生产出结晶糖。反过来又促进了甜高粱优良品种的选育和推广，大规模生产作为甘蔗糖区的一种辅助糖料作物。

苏联把甜高粱作为制糖工业的主要原料种植，1958 年其生产面积达 7.4 万 hm²，并划定了 10 个高粱品种栽培区。甜高粱不但在南部和东南部获得高产，而且在黑土地区和西伯利亚也能获得高产。苏联从中国引进甜高粱品种，在亚美尼亚种植中国琥珀813，每公顷产茎秆 34 500 kg。研究认为，甜高粱是耐旱作物，在那些不适宜种植其他糖料作物的干旱地区种植很有价值。苏联已选育出一批早熟、耐旱、含糖量高的品种，可以种植到北纬 48°的地区。单位面积甜高粱产糖量比甜菜的高，成本低。

墨西哥从美国引进一些甜高粱品种试种，表现生育期短，收割期正好与甘蔗的错开，可以利用甘蔗糖厂停榨期间进行甜高粱制糖，延长榨季，提高效益。

（二）甜高粱在中国作糖料的潜力

我国地少人多，不可能用更多粮田发展糖料生产，因为保证粮食安全是第一要务。而甜高粱每公顷可产糖 3 000~4 500 kg，还可产粮食 2 250~6 000 kg，可以一举两得。

甘蔗是中国第一糖料作物，由于需要栽培在热带、亚热带、雨量充沛、土壤较肥沃的地区，中国具备这样条件的地方并不多。而且，随着市场经济的发展，原来适宜栽培甘蔗的广东、广西、四川等省（区），发展蔬菜、花卉、水果比甘蔗有更大的经济效益。因此，甘蔗种植面积有所减少。

甜菜是中国另一重要糖料作物，由于适宜在冷凉的北方地区栽培，而且需要育苗移栽，近年又受到病害的危害，无论是单产还是总产均不太高。由此造成中国糖料作物的分布不合理。中国甘蔗总产量的 95%集中在广东、广西、海南、云南、四川 5 省（区），甜菜总产量的 81%集中在黑龙江、内蒙古、吉林、新疆 4 省（区），而黄河和长江流域的广大地区则是糖料作物的空白区。这一地区的温度、降水量基本上与甜高粱生长同步，适合甜高粱生产。

甜高粱对环境条件的要求不严格，从吉林、辽宁、天津、北京、山东、安徽、湖南等地种植的情况看，茎秆产量一般在 60 000~75 000 kg/hm²，籽粒产量在 4 500~6 000 kg/hm²，如辽甜 1 号在沈阳平均每公顷茎秆 81 798 kg，籽粒 5 638.5 kg。甜高粱茎秆汁液锤度一般在 17%~22%，甘肃省张掖地区农业科学研究所于 1987 年测定了1 900 个甜菜品种的含糖量，平均汁液锤度 15.5%，而测定的 2 000 个甜高粱品种的含糖量，其汁液锤度为 16%~28%。四川简阳种子公司测得甜高粱凯勒汁液锤度为21.1%，比川蔗 3 号的 19.6%还高。

甜高粱生育期短，根据各地无霜期的长短，一年可种植 1~3 季，南方可采取再生栽培。而甘蔗一年只 1 季。甘蔗用茎生产，每公顷用量 7 500~12 000 kg，不易机械种植；甜高粱用种子生产，每公顷用种量 15 kg 左右，很适于机播，甜高粱耐旱性强，因此甜高粱生产成本低于甘蔗。

总之，中国发展甜高粱生产有许多优势，也有潜力。①环境条件适宜，只要选择对路品种，全国大多数地区都可种植；尤其黄河和长江流域，是中国糖料作物栽培的空白地区。②甜高粱对水分的需求量比甘蔗、甜菜均少，仅为甘蔗的 1/3。③甜高粱茎秆中含有 18%~24%的纤维，用高效率的锅炉，只要燃烧 1/2 的秆渣，就可完成加工转化所需的热能，另 1/2 秆渣用来造纸。④甜高粱的加工期比甘蔗糖厂更长，因为可按加工需要分期播种、分期收割。⑤目前，科研单位已选育出一批优良甜高粱品种，可以满足生产的需要。

二、饲料用途

（一）甜高粱是优质饲料作物

1. 生物产量高

甜高粱既可收获籽粒，又可收获茎叶，均可作饲料，因而其生物产量高。Allen（1977）用 17 个甜高粱品种（8 个糖浆型、9 个糖晶型）、19 个饲用高粱品种作产量试验。其青饲料产量达 56.9～78.7 t/hm² （表 14-2）。在 19 个饲用型品种中，以 Pennsilage A 品种的青饲料和干饲料产量最高，分别达 78.7 t/hm² 和 21.9 t/hm²。在 17 个糖浆、糖晶型甜高粱品种中，以 71-1 品种的青饲料产量最高，达 117.7 t/hm²，是丽欧的 205.8%（表 14-3）。

表 14-2　饲用高粱品种的产量和株高比较

品种	青饲料产量（t/hm²）	干饲料产量（t/hm²）	株高（cm）
Pennsilage A	78.7	21.9	343
367	77.1	20.4	340
Ho-K	75.6	16.5	302
30-F	74.0	16.6	269
Milkmaker	70.2	15.4	274
FS-25A	67.3	14.3	264
Rio（Sugar）	66.2	13.2	300
Silo Fill 35	65.7	15.3	249
FS-24	65.2	13.2	256
TDN	64.8	12.9	249
Pennsilage	63.7	12.6	256
Silomaker	61.0	14.6	249
55 F	60.3	13.4	262
FS-401-R	60.1	14.3	254
Energy Plus	59.6	14.5	239
102-F	58.7	12.2	254
300	58.5	13.8	211
605-5	58.3	12.6	203
G-103-S	56.9	11.8	216

（Allen, 1977）

天津市工农联盟农牧场种植甜高粱丽欧 275 hm²，平均每公顷产量 38 t。用甜高粱、玉米、大麦作产量比较试验，结果甜高粱丽欧产量最高，为 33.5 t，是玉米的 2.5 倍，大麦的近 3 倍。

表 14-3　糖浆、糖晶型甜高粱品种的产量及株高比较

品种	类型	青饲料产量（t/hm²）	干饲料产量（t/hm²）	株高（cm）
71-1	糖浆	117.7	25.2	358
69-13	糖晶	87.4	20.2	338
71-7	糖浆	86.8	17.7	343
洛马	糖晶	84.3	17.6	292
蜂蜜	糖浆	77.6	13.5	315
泰斯	糖浆	72.2	15.6	338
68-2	糖晶	69.0	15.9	340
74-11	糖浆	66.6	13.5	310
73-7	糖晶	65.2	14.9	274
拉马达	糖晶	65.0	13.6	284
72-2	糖晶	64.6	15.4	323
戴尔	糖浆	63.7	13.6	328
73-15	糖浆	61.4	11.9	292
布兰德斯	糖浆	57.4	11.0	259
丽欧	糖晶	57.2	11.1	305
73-3	糖晶	53.1	12.1	320
73-10	糖晶	48.9	10.1	259

（Allen，1977）

2. 营养丰富

用甜高粱饲喂奶牛，营养十分丰富。甜高粱的国际饲料编号为 IFN 3-04-468。李复兴（1985）测得的甜高粱青贮饲料营养组分见表 14-4。沈柏林（1985）对种植在同一地块上的甜高粱丽欧和玉米白马牙进行养分比较。结果甜高粱各种养分含量优于玉米。无氮浸出物和粗灰分分别比玉米高 64.2% 和 81.5%，含糖量比玉米高 2 倍（表 14-5）。

表 14-4　甜高粱青贮饲料营养成分

饲料名称	反刍动物						产乳净能（4.2×10⁶ J/kg）
	干物质（%）	总消化养分（%）	消化能（4.2×10⁶ J/kg）	代谢能（4.2×10⁶ J/kg）	维持净能（4.2×10⁶ J/kg）	增重净能（4.2×10⁶ J/kg）	
甜高粱	27.0	16.0	0.70	0.59	0.35	0.16	0.36
青贮料	100.0	58.0	2.56	2.13	1.26	1.30	1.30

饲料名称	粗蛋白质（%）	粗纤维（%）	乙醚浸出物（%）	灰分（%）	钙（%）	氯（%）	镁（%）	磷（%）
甜高粱	1.7	7.8	0.7	1.8	0.09	0.02	0.08	0.05
青贮料	6.2	28.3	2.6	6.4	0.34	0.06	0.27	0.17

饲料名称	钾（%）	钠（%）	硫（%）	铜（mg/kg）	铁（mg/kg）	锰（mg/kg）	胡萝卜素（mg/kg）
甜高粱	0.31	0.04	0.03	8.0	54.0	17.0	10.0
青贮料	1.12	0.15	0.10	31.0	198.0	61.0	36.0

（李复兴，1985）

表 14-5　玉米、甜高粱青饲营养比较

作物	取样日期	含水率（%）	含干物质（%）	蛋白质（%）	脂肪（%）	粗纤维（%）	无氮浸出物（%）	粗灰分（%）
玉米	8月8日	78.69	21.31	1.853	0.434	7.082	10.529	1.344
高粱	8月8日	83.33	16.67	1.113	0.228	4.817	9.001	1.501
高粱	9月28日	67.93	30.07	2.014	1.2	9.12	17.29	2.44

（沈柏林，1995）

河南郑州种畜场用甜高粱青饲料、青贮饲料喂奶牛，奶牛都喜欢采食，效果好于玉米，每头奶牛日增产牛奶 1 050 g；北京南郊农牧场用甜高粱青贮饲料喂奶牛，比用玉米青贮料饲喂的奶牛日增产牛奶 805 g，增产 4.3%。

3. 抗逆性强

甜高粱抗旱、耐涝、耐盐碱、耐冷凉，尤其对土壤的适应力更为突出，pH 值在 5.0~8.5 时甜高粱均能正常生长。甜高粱有强大根系，根的表面有重硅酸，根成熟时形成一个完全的根柱，以保证在干旱期间有足够的机械强度保持根系不崩塌。茎秆表皮覆盖蜡粉，遇旱时可减少水分蒸发。在严重干旱时，甜高粱能休眠，当水分重新供给时，植株又能迅速恢复生长发育。

甜高粱耐涝能力也很突出，尤其在生育后期，只要田间积水不淹没穗部，仍有一定的生长发育能力。1977 年，郑州种畜场下大雨，田间积水，与甜高粱同在一块地的玉米，4 d 后成片淹死，而甜高粱仅生长受一些影响，如叶片变黄，积水退后又很快恢复生长。

（二）甜高粱饲料种类

甜高粱可作青饲料、干草、青贮饲料、糖化秸秆饲料和秆渣饲料等，后三种是主要种类。

1. 青贮饲料

将鲜甜高粱茎叶切碎，随即填装入窖，要做到铺平、压紧、踩实，尽量使窖内的空气排干净，最后将窖严密封闭。由于茎叶在窖内继续呼吸，所以在较短时间内将氧气耗尽，随之窖温升高。乳酸菌在这种条件下开始繁殖活动，不断将糖变为乳酸，随着乳酸的积累酸度也逐渐升高，从而抑制了其他微生物的繁殖。当青贮饲料的 pH 值达到 4.2 时，乳酸菌的繁殖也受到抑制。若青贮窖不漏气，杂菌不能寄生，青贮饲料可在无菌状态下长期保存饲用，反之则要腐败霉烂。

甜高粱青贮饲料是经过乳酸菌发酵调制成的气味芳香、酸甜可口、耐储藏、可供冬季或常年饲喂的多汁饲料。在调制青贮饲料过程中，甜高粱养分的损失比晒制干草低。甜高粱青贮可保持原有养分的 90% 左右，而晒制干草只能保持原有养分的 70%~85%。

甜高粱青贮饲料中的有机酸能促进家畜消化腺的分泌活动，提高消化率，还有轻泻作用，可防止便秘。甜高粱青贮饲料可分为整株切碎青贮和茎叶切碎青贮，整株切碎青贮以乳熟末期收割为好，此时生物产量高、质量好，兼有乳熟的籽粒；茎叶切碎青贮宜在籽粒收获后进行。此外，还有用甜高粱与其他饲料，如玉米秆、甘薯蔓、白菜、树叶等混贮，其优点可使营养成分互补。

2. 糖化秸秆饲料

糖化秸秆饲料是指将甜高粱茎叶中的营养成分水解成多糖和单糖而变成糖化饲料。苏联采用"水压法"处理甜高粱茎叶，先在水中浸泡 7~8 h，使其含水量达到 70% 左右，然后将其放入巨型高压锅。甜高粱茎叶在水、压力和温度的共同作用下，水解成多糖，半纤维素转化成可消化的单糖。处理后的茎叶含糖量提高 10 倍多。操作时严格控制以下条件：大气压 6~6.5 个，温度 155~165 ℃，时间 2~2.5 h。

用水压法生产的糖化茎秆饲料饲喂奶牛，产奶量增加 12%；育肥牛犊时，在干草中混入 1/5 的糖化秸秆饲料，活重可提高 14.5%。糖化秸秆饲料与块根饲料、精饲料混用，育肥牛日增重 800~1 000 g。饲喂肉羊，也有同样效果。由于糖化秸秆饲料成本低、饲料报酬高，从而大大降低了奶、肉的生产成本。

3. 秆渣饲料

研究表明，甜高粱茎秆中所含的糖分，作青饲料时大部分可被吸收，但作青贮饲料时不能都被吸收。Salako 等（1986）对 11 个粒用高粱和 10 个甜高粱品种青贮饲料进行体外干物质和有机物消化率研究，结果是粒用高粱和甜高粱之间以及各类型内品种间均有显著差异（表 14-6）。甜高粱作青贮饲料时，其糖分可消化率不高于粒用高粱。因此，将甜高粱茎秆压汁后加工成糖浆，其秆渣再制成青贮饲料，一举两得，经济效益更高。

表 14-6　粒用高粱和甜高粱各品种青贮料体外干物质消化率和体外有机质消化率　单位：%

粒用高粱			甜高粱		
品种	体外干物质消化率	体外有机物质消化率	品种	体外干物质消化率	体外有机物质消化率
先锋-R8300	60.1	58.9	ATx623	56.8	56.1
C-7638	59.0	57.9	雷伊	55.6	55.0
HT-128GDR	58.9	57.8	阿特拉斯×丽欧	55.6	54.6
M-565	58.7	57.2	丽欧	54.0	53.1
WAC-715DR	58.6	57.3	布兰德斯	53.8	52.8
DK-64	58.2	57.2	凯勒	53.0	52.1
G-1498	58.1	56.7	MN 1500	52.4	51.4
C-77-23	57.5	56.0	戴尔	50.6	50.3
WAC-716DR	57.2	55.7	M-81E	49.8	48.9
BR-64	56.2	54.5	泰斯	47.7	47.1
X-304	53.9	52.5			
平均	57.9	56.5	平均	52.9	52.1

（Salako 等，1986）

匈牙利的研究表明，将提取汁液的秆渣（35~40 t/hm²）层积并用机械压实，覆盖上塑料薄膜重压，或装入塑料袋青贮后制成颗粒饲料。这种青贮饲料每千克含 399 g 干物质，20 g 可消化粗蛋白质，213 g 类脂物，155 g 纤维和 55 g 灰分；而袋装的普通甜高粱干草饲料，其相应的养分含量分别是 359 g、20 g、14 g、120 g 和 20 g。

（三）甜高粱的氢氰酸

在甜高粱的绿色叶片里含有氰糖苷（cyanogenic glycoside），其水解后释放出氢氰酸。氢氰酸有毒，家畜食用含有氢氰酸的茎叶会发生中毒现象，尤其是食用苗期饲用的甜高粱茎叶时，其中毒现象会更严重。因此，甜高粱作青饲料时，应慎重饲喂。

Dangi 等（1978）测定了饲用高粱不同基因型的氢氰酸含量（表 14-7）。出苗 45 d 时，所有基因型的氢氰酸含量都比 35 d 和 65 d 的高。品种 JS29/1，在 35 d 和 45 d 时含量最低；品种 IS4776 在 60 d 时含量最低。从各生育时期平均值看，氢氰酸含量最低的品种是 IS4776，其次是 JS29/1 和 NS256，均是优良的低氢氰酸育种材料。

表 14-7　不同饲用高粱在作物收获前不同时期氢氰酸的平均含量　　单位：mg/kg

基因型	收获前天数			平均
	35 d	45 d	60 d	
JS263	297	501	130	310
6128	286	422	81	260
3313	288	439	151	293
T-103	389	474	179	348
1480	284	479	126	296
3247	307	516	135	319
J-6	295	411	115	274
JS29/1	154	303	70	176
NS256	207	339	117	220
IS4776	170	311	44	175
1059	261	463	137	287
IS6090	344	461	165	323
SSG59-3	364	483	150	332
L309	228	460	92	260
JS20	398	563	172	378
V60-1	228	446	131	268
Piper	316	441	117	292
M. P. Chari	391	508	187	362
SL44	350	584	142	359
T30	332	526	170	343

（Dangi 等，1978）

甜高粱的氢氰酸含量不同部位有差异，叶片最多，含 0.19%~0.56%，抽穗之前叶片比茎秆多 3~25 倍，上部叶片比下部叶片多，叶基部比叶尖部多，叶缘比叶中部多 6 倍；茎节的含量上部多，越往下越少；叶腋处的分枝，其含量比主茎多，分蘖茎的含量也比主茎多。Benth 研究甜高粱叶片氢氰酸含量占 65% 左右，Draize 研究茎中的约占 20%，Eppson 研究种子中的约占 15%，Ghosh 研究叶部氢氰酸含量比茎部多 1.5~7 倍。

三、能源用途

（一）各主要国家甜高粱能源计划

1. 巴西

1972 年，巴西燃料乙醇产量近 7 亿 L，石油危机后从 1975 年开始实施甜高粱乙醇计划，1982 年其产量达 56 亿 L，600 万辆汽车使用添加 20%乙醇的混合燃料，100 万辆用纯乙醇燃料。1983 年，燃料乙醇达 80 亿 L，1993 年达 197 亿 L，使全国 35%的汽车使用燃料乙醇，其余的使用混入 20%～25%的乙醇燃料。例如，在巴西 Pelotas 地区的工厂用甜高粱和甜菜生产 94%vol～96%vol 的乙醇。11 月至次年 1 月用甜菜生产乙醇每公顷 1 800 L；2—5 月用甜高粱生产乙醇 2 250 L；用甜高粱籽粒还可生产 405 L。

2. 美国

1979 年，美国能源部制订了燃料乙醇生产计划，拟用甜高粱取代玉米加工乙醇，因为每英亩甜高粱可转化 600 加仑乙醇，而玉米只能转化 237 加仑。计划到 2000 年种植 567 万 hm² 甜高粱，生产 315 亿 L 乙醇，可使全国汽车使用混合 10%乙醇的燃料。

美国能源部还在北达科他、纽约、内布拉斯等州建立了 7 个减少矿物燃料消耗的示范农场，采用现代科学技术和资源，逐步做到农场内全部能源自给自足。内布拉斯加大学试验农场开展了用甜高粱生产乙醇代替矿质燃料，并利用生产乙醇时产生的热量供温室采暖，所产生的 CO_2 促进温室蔬菜增产。该农场已做到每公顷消耗的柴油由原来的 19 L 降到 8 L。

3. 法国及欧共体

法国计划用生物乙醇代替 10%的汽油，到 2005 年生物燃料使用量达 1 000 万 t 油当量。1982 年，欧共体开展了甜高粱研究，首先评估了甜高粱用作能源作物的可行性。1991 年，欧共体成立了甜高粱研究协作网并进行了分工，经过 17 年研究得出结论：有 2 种生物质类型适于欧洲气候条件，一是 C_4 作物的甜高粱，二是速生轮作林。由于甜高粱的生产力接近树木的 2 倍，因此认为甜高粱是欧洲最有前景的生物质能源作物。

4. 部分亚洲国家

菲律宾于 2006 年制定了生物燃油法，目标是 2008 年燃料乙醇达到消费量的 5%，2010 年达 10%。燃料乙醇生产原料主要是甜高粱和甘蔗糖渣。印度尼西亚研究认为，由甜高粱茎秆汁液转化乙醇比甘蔗更容易。印度现有生物质乙醇厂 300 余家，年生产能力 256 万 t，目前主要是用甘蔗糖蜜转化，计划用甜高粱生产乙醇。规划 2012 年用燃料乙醇代替汽油 5%，2017 年达 10%，之后达 20%，约 3 800 万 t。

5. 中国

从 2002 年开始，中国决定在汽车上使用燃料乙醇，先在 9 省（市）使用添加 10%乙醇的汽车燃料。2006 年，国家公布并开始实施《中华人民共和国可再生能源法》。同年 8 月，国家召开了生物质能源会议。会议提出要大力发展生物质能源生产，确定发展生物能源不与粮争地、不与民争粮的非粮取代原则。为保证国家粮食安全，鼓励在边际性土地上种植能源作物。

国家规划从 2007—2020 年的 14 年时间里，生物能源要发展到 1 500 万 t 的规模。

如果利用甜高粱生产 1 000 万 t 燃料乙醇，则需要种植 267 万 hm² 甜高粱，建设年产 10 万 t 的燃料乙醇厂 100 家。全部投产后可实现总产值 500 亿元，利税 50 亿元。建厂所需设备 400 亿元，年需甜高粱种子 4 000 万 kg，2.4 亿元；年需发酵酶 20 万 t，50 亿元。每年甜高粱茎秆转化乙醇后的秆渣 1 亿 t，若加工成饲料，其产值可达 400 亿元，利润 100 亿元。

（二）甜高粱作能源作物的优势

1. 生物产量高

甜高粱 C_4 作物的光合速率高，C_3 作物的光饱和点为最大日照量的 1/4~1/2，而 C_4 作物在最大日照量时仍达不到光饱和。在高光照强度下，C_4 作物的光合速率一般为 50~60 mg（CO_2）/（dm²·h），而 C_3 作物一般低于 35 mg（CO_2）/（dm²·h）。甜高粱的 CO_2 补偿点为 0 mg/kg，当空气中 CO_2 浓度为 1 mg/kg 时，C_4 作物便可进行光合作用积累产物，而 C_3 作物的 CO_2 补偿点通常为 40~60 mg/kg，而且在较低的 CO_2 浓度（300 mg/kg）下就达饱和；相反，C_4 作物则要高达 1 000 mg/kg，其光合作用仍在上升，因此 C_4 作物有较高的光合速率。甜高粱光呼吸几乎为 0，光呼吸是消耗有机质不产生能量的生理活动，甜高粱的光呼吸几乎未测出，而大豆、甜菜等 C_3 作物的光呼吸分别为 47%~75% 和 34%~55%。甜高粱光合强度高，在相对较低温度下，C_3 作物与 C_4 作物的光合强度相似；但在高温条件下，C_4 作物的光合强度是 C_3 作物的 2 倍。在 C_4 作物中，又以甜高粱生物量最高，是最有效的太阳能转换器。

辽宁省农业科学院高粱研究所从 1985 年开始选育粮秆兼用型甜高粱杂交种，现已选育出辽饲杂 1 号至辽饲杂 4 号、辽甜 1 号至辽甜 14 号等。这些杂交种一般每公顷产籽粒 4 500~6 000 kg，茎秆 6 万~7.5 万 kg。中国甜高粱最高产纪录来自湖北省公安县，为每公顷 15.75 万 kg。湖南省常德地区种植的甜高粱品种 M-81E，生物产量达到 124 350 kg/hm²，是玉米的 1.81 倍。

2. 乙醇转化率高

糖浆型甜高粱茎秆中主要含有果糖和葡萄糖，易转化成乙醇，转化率高达 45%~48%。转化工艺简便，又节省成本。每公顷甜高粱每天合成的碳水化合物可产 48 L 乙醇，而玉米只有 15 L，小麦 3.2 L。

3. 综合加工利用价值高

甜高粱茎秆加工乙醇后，其秆渣可用于造纸、制纤维板，或作饲料，实现滚动增值。甜高粱纤维素结构具有较高密度，能产生同质片状物，非常适于作高质量纸张的原料。每生产 1 t 乙醇的甜高粱秆渣可生产 5 t 纸浆，而玉米和木薯在这方面无法与甜高粱相比。

4. 抗逆性强，种植范围广

甜高粱具有抗旱、耐涝、耐盐碱、耐高温、耐冷凉等多重抗逆性；对土壤的适应能力很强，pH 值在 5.0~8.5，甜高粱均能很好生长、发育。因此，甜高粱生产一般不受气候和地域限制，适种的区域广泛。在热带地区，甜高粱可周年生产；在温带地区，甜高粱可进行春播或夏播生产。一般来说，在 ≥10 ℃ 的积温 2 600~4 500 ℃ 的地区均可种植甜高粱。

（三）甜高粱生产燃料乙醇的经济可行性

Nathan（1978）对用甜高粱、甘蔗、甜菜生产乙醇在经济上的可行性进行了深入分析，结论是用甜高粱生产乙醇最有希望，在经济上最有竞争力。Lipinsky（1982）对巴西和美国用甜高粱生产乙醇在技术上进行了研究。结果表明，对用甜高粱、甘蔗、木薯、木材生产乙醇的比较，用甜高粱生产乙醇在技术上是可行的，在经济上是有效的，其生产乙醇的成本同汽油的成本大体相似。

Knowles（1984）研究了甜高粱与甘蔗的生物量及其转化乙醇产量的比较（表14-8）。甘蔗的总生物量较高，但甜高粱的生育期较短，在热带地区一年可收获2次，而且还可收获籽粒，因而其单位面积产量及转化的乙醇产量比甘蔗高。甜高粱1 t 茎秆可产78.5 L乙醇，1 t 籽粒可产396 L乙醇，一年收获2季，则每公顷甜高粱一年可产6 106 L乙醇，甘蔗产4 680 L，每公顷甜高粱一年可产乙醇是甘蔗的130%。

表14-8　甘蔗和甜高粱产量的比较

糖秆作物		产量周期（年）	收获次数	总产量（t）	茎秆产量		乙醇产量	
					t/（hm²·年）	t/（hm²·月）	L/（hm²·年）	L/（hm²·月）
甘蔗		4	3	180~240 210*	45~60 52*	4.3~4.7 5.0*	4 680	450
甜高粱	茎秆	1	2	45~60 52.5*	46~60 52.5*	3.75~5.0 4.4*	4 126	345
	籽粒			3.5~6.5 5*	3.5~6.5 5*	0.29~0.54 0.42*	1 980	166
合计							6 106	511

* 平均产量

（Knowles，1984）。

山东滨州光华生物能源集团有限公司于2006年测算了采用固体发酵技术生产1 t 燃料乙醇的成本为2 971.28元，其中甜高粱茎秆2 400元，酵母及酶75元，储存包装材料136元（表14-9）。

表14-9　用甜高粱生产1 t 乙醇的成本

项目	单位用量		单价		
	单位	单位用量	单位	单价（元）	单位成本
甜高粱茎秆	t	15	t	160	2 400.00
储存包装材料	t	34	t	4	136.00
酵母及酶	t	0.015	t	5 000	75.00
其他添加剂					30.00
工艺水	t	9.5	t	1.8	17.10
污水处理费用	t	10	t	2.3	23.00
动力电	（kW·h）/t	273	kW·h	0.56	152.88

（续表）

项目	单位用量		单价		
	单位	单位用量	单位	单价（元）	单位成本
煤（5 500 Cal/kg）	t	0.294		450	132.30
其他					5.00
合计					2 971.28

（滨州光华生物能源集团有限公司，2006）

美国农业部于 2005 年测算，用甜高粱生产乙醇的成本为每加仑 0.44 美元，甘蔗为 1.56 美元，甜菜 5.72 美元，玉米 1.14 美元，稻谷 2.88 美元，粒用高粱 1.08 美元，小麦 1.36 美元，黑麦 1.07 美元，马铃薯 4.35 美元。可见，用甜高粱生产燃料乙醇最经济、成本最低。

第二节　甜高粱种质资源

一、甜高粱起源和传播

（一）甜高粱起源

甜高粱又称糖高粱、甜秫秸、甜秆。它是粒用高粱的一个变种，学名是 *Sorghum bicolor* (L.) Moench，也有用 *Andropbgon sorghum* Brot. var. *saccharatus* Alef. 或 *Sorghum saccharatum*。它与帚高粱（*S. dochna*）、宿根高粱（*S. halapense*）及苏丹草（*S. sudanensis*）近缘。

甜高粱与粒用高粱是同时起源的，起源地是非洲大陆，因为栽培的和野生的最多变异类型区域是在非洲的东北部扇形地区发现的。目前，学术界多数认同 Vavilov（1935）的论点，即栽培高粱是在 Abyssinian（今埃塞俄比亚）栽培植物起源中心驯化而来的。Marm（1983）指出，现代栽培高粱是由野生双色高粱拟芦苇高粱亚种（*S. bicolor* subsp. *arundinaceum*）进化来的。双色高粱的野生类型至今仍限于非洲，因此可以肯定地说，栽培高粱是从非洲大陆起源的。

在 Snowden（1935）高粱分类系统的 31 个种中，有 28 个起源于非洲，其中 20 个起源于非洲东北部扇形地区，即南纬 10°以北，东经 25°以东的区域内，包括从埃及、厄立特里亚、索马里、埃塞俄比亚、苏丹、肯尼亚、乌干达和坦桑尼亚等国搜集的高粱样本，其中苏丹有 11 个种、坦桑尼亚 9 个种、埃塞俄比亚 8 个种、厄立特里亚 5 个种、索马里 4 个种。

在非洲西部和几内亚湾北部，发现有 11 个 Snowden 高粱分类种，其中尼日利亚有 8 个种、加纳 4 个种、多哥和冈比亚各 3 个种、塞拉利昂 2 个种。在非洲东北部扇形地区的 20 个里，有 11 个种在非洲西部没发现；在非洲西部的 11 个种里，有 4 个种在非洲东北部没发现；在非洲南部发现的 11 个种中，有 4 个种在非洲东北部地区没发现。

在对 Snowden 分类系统变种的分析中也验证了上述情况。在非洲东北部扇形地区收集到的 87 个变种中，其中有 8 个包括在西非和几内亚湾地区收集的 27 个变种中。在刚果以南的南非地区收集到 40 个变种，其中 21 个在非洲东北部扇形地区也有。只有 1 个变种在上述 3 个地区都收集到。

（二）甜高粱的传播

甜高粱与粒用高粱一样，在被人类驯化栽培之后，随着人口的迁徙、流动，以及陆上和海上贸易的交换而传播开来。

1. 向西部非洲的传播

公元前 4000—公元前 3000 年前，栽培高粱就从埃塞俄比亚传到西非。传播要穿过苏丹到上尼日尔河地区。在这里，曼德（Mande）人开启了各式各样的农业，并培育了大量高粱品种。高粱在西非逐渐占有主要位置。

2. 向东部非洲的传播

东部非洲的高粱也是从埃塞俄比亚传来的，似乎是库舍特人逐渐把高粱传到东非的。库舍特人占据适合农业的区域，常常是一些高地。在东非的肯尼亚和坦桑尼亚的不同地方有旧台地遗迹。从尼罗河挖掘出的碾槌、碗和磨床石，用碳^{14}（^{14}C）测定是公元前 1 000 年左右（Leakey，1950）。

最有意义的发掘是在 Engaruka，Cole（1963）报道中，不仅有磨高粱的石器，而且有碳化高粱样品，是发育充分的栽培类型。这些高粱样品与许多现今在坦桑尼亚种植的高粱相似。

3. 向中非和南非的传播

由于班图人向东非迁移，并与含米特人结合使人口快速扩展到中非和南非，所以高粱也随人口的迁徙而传播。铁器时代定在公元 1 世纪，已在赞比亚基本类型陶器有花纹（Cole，1963）。这些证明了早期人口从北方的迁移。碳化高粱、谷类、豆类籽粒都被发现过。

4. 向印度传播

高粱从非洲向印度传播的最大途径是通过阿拉伯沿海航行的独桅三角帆船。一年中有几个月时间，依靠两股可靠稳定的季风，东北季风和东南季风，从阿拉伯半岛出发，或者抵达非洲海岸莫桑比克，或者抵达南印度，刮东北季风去非洲，刮东南季风从非洲返回。这种航行从公元前 700 年就开始了（Cole，1963），或许比此还早。这种独桅三角帆船装上坦桑尼亚的高粱作船员口粮，一种很好吃的高秆"沙鲁"类型高粱。这种高粱籽粒坚硬，好储存，适口性强。东非高粱最初就是这样作船员口粮被运到印度的。

5. 向中国和远东传播

从印度沿着海岸线海上贸易把高粱传到中国。公元 8 世纪的中国硬币在东非的 Kilwa 发现（Coupland，1938），中国陶瓷在东非也有大批发掘，因为在唐朝（公元 618—906 年）中国航海到达东非，由此线路传播的一个高粱族是琥珀色茎和甜高粱。

Winberry（1980）认为，甜高粱是从东非传到中国、朝鲜、缅甸。甜高粱在东非是一种有 5 000 余年栽培史的古老作物，于公元前 4 世纪传入印度，公元 4 世纪传到中国，到公元 5—8 世经朝鲜半岛传到日本。

6. 向中东和地中海沿岸传播

高粱向这些地区传播是从印度或东非通过阿拉伯进行的。高粱的波斯语名称是
Juari-hindi，表明波斯的高粱有印度来源。非洲、阿拉伯和印度之间的独桅三角帆船远
航运载高粱通过波斯湾到达伊拉克。波斯人在公元6—9世纪与印度和东方贸易，还包
括与东非的贸易。

7. 向澳大利亚的传播

帕拉-高粱（Para-Sorghum）从南非和东非通过印度和东南亚传到澳大利亚，赫特
罗高粱（Heterosorghum）有限地传到澳大利亚。直到几个世纪之前，柔高粱（Eu-sor-
ghum）才传到澳大利亚。澳大利亚于19世纪末从美国引进大量甜高粱品种，主要用作
饲料，也用于育种研究。

8. 向美国传播

高粱向美洲传播是最近代的事。1851年，法国驻上海领事馆收集了崇明岛的甜高
粱品种中国琥珀送至法国巴黎地理学会，并种在Toulon花园中。1853年，美国从法国
引进了中国琥珀。1859年，美国农业部开始推广中国琥珀甜高粱，同时又从苏丹引入
其他甜高粱品种。

二、甜高粱种质资源

（一）甜高粱种质资源的收集与保存

甜高粱在中国栽培历史悠久、分布广泛、资源丰富。甜高粱传到中国后，在北方各
省均有零星种植，长江中下游地区尤为普遍，上海崇明岛可谓"芦粟（甜高粱）之
乡"。当地的芦粟甜而脆，闻名于江浙一带。

甜高粱品种资源的收集与粒用高粱同时进行。1956年，全国首次大规模、有计划
地进行高粱地方品种征集工作，共征集到各种类型品种10 536份；1978年，在湖南等
南方8省征集到高粱品种300份；1979—1984年，又一次在全国范围内补充征集到高
粱品种2 000份。

1984年，由中国农业科学院和辽宁省农业科学院共同主编的《中国高粱品种资源
目录》，共编入各类高粱品种资源7 597份，其中甜高粱品种资源67份。1992年，在
《中国高粱品种资源目录·续编》中，列入高粱品种资源2 817份，其中甜高粱60份。

据不完全统计，全国19个省（区、市）共有甜高粱品种资源384份（表14-10）。
北起黑龙江，南到云南、贵州、四川，西自新疆，东至江苏、上海，分布之广与粒用高
粱类似。

表 14-10 我国甜高粱种质资源

项目	北京	黑龙江	吉林	辽宁	河北	河南	山东	山西	内蒙古	陕西	新疆	湖北	安徽	江苏	上海	江西	云南	贵州	四川	合计
品种数	199	4	19	11	2	10	3	9	5	39	3	30	11	10	7	2	7	1	12	384

（曹文伯，1984）

1978年以来，中国先后从国外引进一批甜高粱种质资源。1996年出版的《全国高

梁品种资源目录（1991—1995 年）》，内有甜高粱种质资源 1 152 份；同样，在《全国高粱品种资源目录（1996—2000 年）》中，含甜高粱资源 15 份。

迄今，上述收集到的国内外甜高粱种质源保存在国家农作物种质资源库（北京）。

（二）中国甜高粱的特征特性

1. 生物学特征特性

（1）生育期　中国甜高粱品种从出苗到抽穗，最短 45 d，最长 106 d（北京）。从分布区域看，长江流域的为 69~82 d，黄河流域的为 75~106 d；东三省及内蒙古的品种因为从高纬度到低纬度，其生育期均有缩短，如黑龙江的品种仅 45~70 d，吉林的 65~71 d，辽宁的 75~81 d。中国甜高粱品种大多属于早熟或中早熟类型。

（2）植株特征特性　中国甜高粱品种株高差别较大，最高的小黑色头芦稷（江苏），为 384.9 cm，最矮的虎林（黑龙江），为 167.4 cm。株高总的趋势是从北方向南方逐渐升高。中国甜高粱品种大多很少分蘖，多数品种有效分蘖平均为 0.5 个，分蘖最多的品种是甜高粱 1 014（江西），为 1.47 个。中国甜高粱品种的穗型特征，南方品种主要是散穗型；北方品种是紧穗型，或中紧穗型；中部地区，如黄河流域地区的品种是散、中紧和紧穗穗型的过渡区域。中国甜高粱品种籽粒偏小，千粒重通常在 20 g 以下，超过 20 g 的仅少数，最高者为 28.2 g；籽粒颜色除个别为白粒外，主要为浅褐、褐、红几种粒色。

2. 主要经济性状

甜高粱主要经济性状是指与糖产量有关的性状，如单茎秆重、茎秆汁液含糖量（锤度）、出汁率、单穗粒重以及还原糖、蔗糖含量等。

（1）单茎秆重　中国甜高粱品种单茎秆重平均在 0.5 kg，最高的大甜高粱 253 达 1.1 kg；来自东北的品种单茎秆重较低，一般在 0.5 kg 以下，最低扫帚糜子仅 0.1 kg。

（2）茎秆汁液含糖量　中国甜高粱品种的含糖量除少数品种略高外，多数偏低。锤度在 5%~17%，最高的是紫花芦稷，为 22%。同一品种同一茎秆不同节间的锤度不一样，下数第八至第十节最高，其上、下部节间偏低。

（3）出汁率　茎秆出汁率的高低与其质地密切相关。总的来说，蒲心，即髓部组织多孔松软的干枯少汁，而实心或半实心髓则汁液偏多。中国甜高粱出汁率一般在 50%~63%，属多汁类型。个别品种较高，如红甜高粱 207 达 70%。

（4）单穗粒重　中国甜高粱品种多数单穗粒重在 20~40 g，少数低于 20 g，最高者 70 g。

3. 主要经济性状随生育期及植株部位的变化

（1）抽穗后茎秆含糖量的变化　甜高粱在整个生育期间，茎秆糖分的积累随着生育期的延长而逐渐上升。当植株抽穗以后，开花至灌浆初期，由于往穗里运送的养分尚不多，此时茎秆的糖分快速增加。灌浆开始之后，大量的光合产物运送到穗部籽粒中，而茎秆内糖分的积累趋向减缓。由于此时植株正处于光合作用最旺盛时期，大量的光合产物除输送到籽粒外，还有一定数量的养分以糖分储存于茎秆里，所以茎秆的糖分仍在增加。到籽粒成熟时，茎秆内糖分含量达最高值，一直持续到成熟后 10~15 d，糖分含量变化不大。之后，随着叶片衰老、枯萎，茎秆内糖分的消耗多于积累，含糖量开始下降（图14-1）。

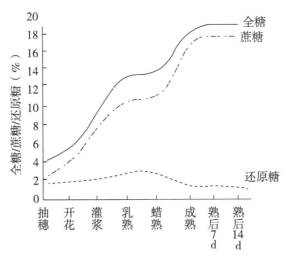

图 14-1　甜高粱在成熟过程中糖分的变化

（曹文伯，1995）

　　（2）茎秆节间长度、节间粗度及茎秆糖锤度变化　　研究表明，甜高粱茎秆的节间长度、节间粗度、茎秆糖锤度均不一样，以下数第五至第九节间长度最长（20～23.6 cm）；节间粗度（大直径）从下向上逐渐变细，在1.9～0.7 cm；茎秆糖锤度以下数第八至第十节最高（图14-2）。

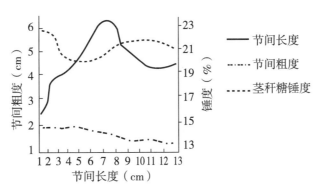

图 14-2　甜高粱茎秆各节间长度、节间粗度和茎秆糖锤度分布状况

（曹文伯，1995）

　　（3）植株各部位组分所占比率　　在甜高粱全株组分中，以茎秆重所占比率最大，为67%；叶鞘最小，为9.9%；叶片与穗所占比率相当，分别为12.1%和11.0%。从抽穗到成熟期，全株各组分的变化是，穗重达最大值是在籽粒完熟期，或稍后几天；叶片、叶鞘重则呈现缓慢下降趋势；茎秆变化幅度不大（图14-3）。

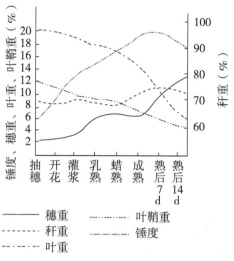

图 14-3　甜高粱从抽穗到成熟各组分的变化

（曹文伯，1995）

第三节　甜高粱主要性状遗传

一、植株性状遗传

（一）株高

甜高粱与粒用高粱一样，其株高遗传规律是相近的。在已收集到的甜高粱资源中，株高的变异幅度为 187.6~447.0 cm。从 20 世纪 30 年代起，人们就开始研究高粱株高的遗传和控制株高的基因数目。Karper（1932）研究认为，在迈罗高粱中有 2 对基因控制株高。Sielinger（1932）研究认为帚高粱也有 2 对基因控制株高。

Quinby 等（1954）发表了高粱株高遗传的研究结果。在对迈罗、卡佛尔、赫格瑞、沙鲁、都拉和中国高粱作了株高遗传研究之后，确定有 4 对非连锁的矮化基因控制株高的遗传，高秆对矮秆为部分显性。株高分为 5 个等级，0-矮级的株高可达 3~4 m,4-矮级的株高只有 1 m。通常 1 对矮基因可降低株高 50 cm 或更多些。然而，当其他位点上有株高矮化基因存在时，其降低的数量就少一些。3-矮级与 4-矮级的高粱株高相差不大，仅 10~15 cm。Quinby 等（1954）列出了矮化基因与株高的关系（表 14-11）。

表 14-11　矮化基因和株高的关系

基因型	品种	株高幅度（cm）
$Dw_1Dw_2Dw_3dw_4$	都拉、苏马克、沙鲁、短枝菲特瑞塔、高白快迈罗、标准黄迈罗	120~173
$Dw_1Dw_2dw_3Dw_4$	标准帚高粱	207
$Dw_1Dw_2dw_3dw_4$	得克萨斯黑壳卡佛尔	100

（续表）

基因型	品种	株高幅度（cm）
$Dw_1 dw_2 Dw_3 dw_4$	波尼塔、早熟赫格瑞、赫格瑞	$82 \sim 126$
$Dw_1 dw_2 dw_3 Dw_4$	阿克米帚高粱	112
$dw_1 Dw_2 Dw_3 dw_4$	矮快白迈罗、矮生黄迈罗	$94 \sim 106$
$dw_1 Dw_2 dw_3 Dw_4$	日本矮帚高粱	92
$dw_1 Dw_2 dw_3 dw_4$	马丁、平原人	$52 \sim 61$
$dw_1 dw_2 Dw_3 dw_4$	双矮生白快迈罗、双矮生黄迈罗	$53 \sim 60$

（Quinby 等，1954）

从高粱株高遗传研究的结果看，任何一个品种，包括高大的甜高粱，都没有 4 个株高位点全是显性基因的。但是，许多热带高粱品种植株特高，似乎应该是 4 个位点都是显性的。早期引进美国的迈罗、沙鲁、甜高粱，大多是 1-矮级高粱品种。迈罗的 wd_4 基因已经是隐性，其引进后又在 dw_1 和 dw_2 两个位点上突变为隐性；卡佛尔高粱引进时 dw_4 位点上是隐性；矮秆赫格瑞属于 2-矮级高粱品种，在 dw_2 和 dw_4 两个位点上为隐性。

徐瑞洋（1987）采用高、中、矮秆甜高粱研究杂种一代（F_1）株高遗传。结果表明，用矮秆（株高少于 150 cm）和中秆（株高 151 ~ 200 cm）的甜高粱不育系与高秆（200 cm 以上）的恢复系杂交，杂种一代表现为高秆，不仅超过中亲值，还超过高亲值（表 14-12），说明高秆的显性效应是显著的。这一结果对提高甜高粱株高和茎秆产量是有利的。

表 14-12　甜高粱 F_1 植株高度的表现

组合	茎高（cm）			单株秆重（g）	亩产秆（kg）
	♀	♂	F_1		
7501A×苏马克 63715	130	250	328	800	4 000
7501A×糖用高粱 3 号	130	270	372	595	3 583
7501A×特雷西	130	240	362	585	—
7501A×高粱蔗	130	300	320	765	4 333
7502A×沧州甜	115	250	267	710	2 833
7503A×特雷西	120	240	312	530	2 500
7504A×苏马克 63915	180	250	293	915	4 083
7504A×特雷西	180	240	331	805	4 833
7504A×沧州甜	180	267	284	—	
甜杂一号	180		330		4 000

（徐瑞洋，1987）

（二）茎秆质地

甜高粱作为糖用高粱，要求茎秆里的髓要多汁液且富含糖分。刘忠民（1979）研究把处于蜡熟或完熟期的甜高粱茎秆质地分为 4 种类型：①蒲心无汁液；②蒲心多汁液微糖，含糖锤度在 7% 以上；③实心多汁液低糖，含糖锤度在 10% 左右；④实心多汁液高糖，含糖锤度在 11% 以上。研究显示，叶片主脉颜色和特征与茎秆质地的相关性很紧密（表 14-13）。蜡质主脉与茎秆实心多汁液的相关系数 $r=0.925\ 1$（$P<0.01$）；中间型主脉与蒲心多汁液的相关系数 $r=0.769\ 7$（$P<0.01$）。因此，在选择甜高粱植株时，应重点选择蜡质主脉的。为得到实心多汁液的第四种类型的杂种后代，亲本中必须要有一个是该种类型的。一般以④×②、④×③、②×④、③×④的组合模式为好，这样可在杂交后代中较容易获得第四种类型茎秆质地的植株（表 14-14）。

表 14-13　叶片主脉颜色和特征与茎秆质地的关系（F_2）（1973 年）

组合	调查株数	叶片主脉特征			茎秆质地		
		蜡质	居间	白黄紫（无光泽）	实心多汁	蒲心多汁	蒲心无汁
永 84×印开	39	22	17	0	25	14	0
1962×孝感甜	12	6	5	1	10	1	1
印开×永 250	16	11	5	0	10	6	0
印开×早熟苏马克	11	7	4	0	3	8	0
永 84×1956	17	2	10	5	2	4	11
晋粱五号×印开	16	1	10	5	6	5	5
晋粱五号×早熟苏马克	29	1	28（20 偏白）	0	1	18	10
印开×2072	10	7	3	0	6	2	2
永 250×1955	16	4	12	0	5	11	0
晋粱 5 号×武农田	13	0	13（偏白）	0	1	7	5
孝感甜×1960	10	0	10（偏白）	0	0	1	9
安康红×永 84	11	1	9（偏白）	1	4	5	2
合　计	200	62	126	12	73	82	45

（刘忠民，1979）

表 14-14　不同茎质型亲本组合的后代（F_2）茎质型 *

不同茎质型亲本组合	调查株数	茎秆质地（占总数%）			锤度（占总数%）			茎质型 *
		蒲心无汁	蒲心多汁	实心多汁	<7	8~10	>11	
②×①	25	28	72	0	100	0	0	②、①
①×③	57	79	12	9	98	2	0	①、②、③
②×③	16	31	31	38	81	13	6	②、①、③、④
②×②	24	71	25	4	96	4	0	①、②、③
④×②	16	0	69	31	19	12	69	④、②、③
④×③	39	0	36	64	30	26	44	④、②、③
②×④	29	34	62	3	58	21	21	①、②、③、④
③×④	16	0	38	62	19	6	75	④、②、③

＊按茎质型数量出现多少依次排列。

（刘忠民，1979）。

杂交母本对茎秆质地的遗传力强，父本在籽粒性状上有较强的遗传力。因此，在选择杂交亲本时，应挑选第四种类型的基因型作母本，选大穗、大粒、优质、高产的作父本，这样容易得到符合育种目标的杂种后代。

（三）植株色

1. 芽鞘、幼苗色

Reed（1930）、Karper 等（1931）研究报道了红芽鞘对绿芽鞘为显性（R_{S1} 对 r_{S1}）。Ayyangar 等（1939）研究指出，高粱紫芽鞘 P_c 对绿芽鞘为显性，而深紫色芽鞘由显性基因 P_j 产生的，这一基因只有在 P_c 存在时才能表现效应。这样的结果是，深紫色的苗色是 $P_c—P_j—$，紫色的是 $P_c—p_jp_j$，绿色的是 $p_cp_cP_j—$。这样的两种模式杂交，$P_cP_cP_jP_j×p_cp_cP_jP_j$ 和 $P_cP_cp_jp_j×p_cp_cp_jp_j$ 的杂种后代可以得到深紫：绿或紫：绿各为 3：1 的比例。而其他的所有杂交模式，则得到深紫：紫：绿 = 9：3：4 或深紫：紫 = 3：1 的比例。

Woodworth（1936）在沙鲁和西班牙帚高粱杂交研究中指出 2 个基因控制红色和绿色幼苗色，为 9：7 的比例。只有带有 2 个显性基因的幼苗是红色的，其余都是绿色的。这是由于 Woodworth 种植全部红色幼苗到 F_3 代才证实了这一点。

2. 成株色

Ayyangar 等（1939）研究表明，高粱全株有 3 种颜色，即黑紫色、红紫色和棕色。当植株的某一部位受到虫害或病害时，这些颜色就表现出来。控制颜色的基因是红紫 PQ、黑紫 P_q、棕色 pQ 或 pq，紫色对棕色是显性，Q 对 q 是显性。在某些杂交中，还表现出一种隐性红色植株。当这种高粱，如红色卡佛尔、粉红卡佛尔、沙鲁、红琥珀等与黑紫色品种杂交时就产生这种红色植株。Stephens（1947）证实，这可能是由于在 Q 位点上的等位基因系列所致。

黄色显性基因 Y，它的主要效应是控制籽粒颜色，但在死亡的组织里也能产生黄色。Martin（1936）报道了隐性基因 cr 在茎秆和叶片上产生红色。Coleman 和 Dean（1963）报道在茎秆和中脉上有一种橘色，在维管束里和紧靠茎表皮下的厚壁组织里表现最突出。这一性状是由 2 个上位基因 or 和 ep 控制的。最常见的黄色中脉是由显性基因 y_m 控制的（Martin，1936；Ayyangar 等，1939）。

3. 叶片

Ayyangar 等（1939）指出，深绿色叶片对浅暗绿色的为显性，把控制这一性状的 2 对基因分为 C_1c_1 和 C_2c_2。波状叶缘对平展叶为显性，其基因为 $Mumu$。Ayyangar 等（1939）报道宽叶片接合处（指叶与叶鞘接合处—编者注）对窄叶接合处为简单显性，其基因是 J_bj_b。宽叶片接合处总是与宽叶片连锁，说明该基因对二者都起作用。

叶片接合处还可能无叶舌和叶耳，这造成直立的硬性叶片性状，是由隐性基因 Lg 控制的，这同一基因还导致无叶枕，产生更直立的穗分枝，而分枝和小分枝的小穗游离部位被缩短。Hilson（1916）发现基因 Dd 控制叶片白色或绿色中脉。

二、穗部性状遗传

（一）穗性状

甜高粱穗遗传包括穗型、穗形等。Ramanathan（1924）、Ayyangar 等（1939）研究

认为，散穗对紧穗为简单显性（Pai）。Ayyangar 等（1939）发现纺锤形穗对椭圆形为显性，中紧穗对紧穗为显性。长穗轴（花序轴）对短穗轴为显性。短分枝对长分枝为显性，少数节对多数节为显性。

1. 穗结构遗传

张文毅等（1985，1996，1987）对高粱穗结构遗传进行了全面、系统的研究。用 43 份中国和外国高粱基因型，做了 62 个杂交组合，田间试验 47 个组合及其亲本。调查穗长、穗径、穗中轴长、第一分枝数、上部分枝长、中部分枝长、下部分枝长，穗粒重、千粒重、穗粒数等。分析研究了穗性状的杂种优势、显性表现、亲子回归、性状相关，分离世代的遗传特点和回交效应。

研究得到如下信息：10 个穗性状的平均优势值为正值，总平均为 131.54%。穗粒重的优势为 +102.14%，穗粒数为 +81.06%，表现出高优势；穗径为 +33.03%，穗轴长 +28.83%，表现出中等优势；第一分枝数为 +16.74%，千粒重为 10.08%，表现出低优势。

穗性状的显性表现是，长穗型与短穗型杂交，F_1 为长穗型；宽穗型与窄穗型杂交，F_1 为宽穗型；长轴型与短轴型或帚型杂交，F_1 为长轴型；散穗型与紧穗型杂交，F_1 为散穗型；紧穗型与紧穗型杂交，F_1 多为紧穗型；散穗型与散穗型杂交，F_1 多为散穗型。

研究测算了穗长、穗中轴长、穗径、一级分枝数、中部分枝长、穗粒数、千粒重、穗粒重等性状 F_1 的表型值与亲本相关的回归。结果显示，上述 8 个性状存在着显著的亲子回归关系。其中穗长、穗径、一级分枝数、分枝长度、穗粒数、千粒重和穗粒重倾向回归中亲值，中轴长倾向回归高亲值。

通过遗传力分析穗性状的遗传稳定性表明，亲代（P）的穗长、穗中轴长、一级分枝数等表现出较高的遗传稳定性，其遗传力在 96% 以上；穗粒重和穗粒数表现较低的遗传稳定性，其遗传力分别为 74.35% 和 87.14%。F_1 代个体之间在基因型上没有差异，因此应与亲本有大体相同的遗传稳定性（表 14-15）。然而，由于 F_2 代基因型发生了分离，因此遗传稳定性小于亲代（P）和 F_1 代，穗粒重的最小，遗传力为 29.66%；中轴长的最大，为 75.72%。

表 14-15　不同世代穗部性状的遗传力及其与穗产量的相关性

世代		穗柄长	穗柄径	穗长	穗径	一级分枝数	穗中轴长	穗粒数	千粒重	穗粒重
P	h^2	92.18	78.46	96.88	37.16	98.21	98.08	87.14	96.13	74.35
	r^2	0.037	0.850**	0.61	0.200	0.507**	0.580**	0.704**	0.233	1.000
F_1	h^2	86.19	81.43	95.95	74.18	99.05	97.70	59.21	91.66	77.53
	r^2	-0.082	0.200	-1.257**	-1.412**	0.742**	0.885**	0.824**	0.863	1.000
F_2	h^2	54.72	33.36	31.36	61.29	30.16	75.72	59.91	52.38	29.66
	r^2	-0.225	0.195	-0.708**	-0.376	0.352	-0.569**	0.616**	0.767**	1.000
$P+F_1+F_2$	h^2	90.64	33.14	96.65	85.65	98.63	98.23	89.37	95.14	90.69
	r^2	0.170	0.602**	0.233	0.175	0.393**	0.245*	0.375	0.345*	1.000

（张文毅，1986）

研究还显示 10 个穗性状均有明显的回交效应，即 F_1 与母本回交倾向母本；与父本回交则倾向父本。这表明穗性状主要是由核基因控制的。不同穗性状的回交效应不尽相同，穗长、穗径、中轴长、分枝数、分枝长、千粒重等回交效应较大，而穗粒重和穗粒数的回交效应小些，前者可能由少数主效基因控制，后者则可能由微效多基因控制。

2. 小穗性状遗传

Ayyangar 等（1939）研究认为无柄小穗的宿存性对颖托处脱落小穗为简单显性，由基因 $Shsh$ 控制，现已写成 Sh_1sh_1。Quinby 和 Karper（1954）发现在与 *Leoti sorgho* 的杂交中，var. *virgatum* 变种（突尼斯草 tunisgrass）有 2 个显性基因 Sh_2 和 Sh_3，必须有 2 个基因存在时引起小穗脱落。Ayyangar 等（1937c）研究有柄小穗的脱落性受隐性基因 sp 控制，宿存性为显性。Ayyangar（1939，1942）还报道了无柄小穗的双粒性遗传，同生的双粒受隐性基因 CO 控制。Karper 和 Stephens（1936）发现双粒是显性基因 Ts 控制的。同时，还报道了多小花小穗，是由一个单隐性基因 mf 控制的。

3. 颖壳遗传

Ayyangar 和 Rao（1936）研究发现，两个颖片是革质的，只在颖尖有可见翅脉的颖壳，对两颖是纸质的，整个颖壳长度有可见翅脉的为显性，Py_1py_1；外颖是纸质、内颖是革质的颖壳，对两颖均是革质的是隐性，Py_2py_2。

吉林省农业科学院作物资料研究所将高粱颖壳分成 A 型和 B 型：A 型特点是颖壳坚硬、富有光泽、无茸毛、着粒紧密、不易脱落，又称硬壳型；B 型特点是颖壳薄而软、无明显光泽、无茸毛、有绿色条纹、着壳松、易脱粒，又称软壳型。研究表明硬壳对软壳为显性，呈 3：1 分离，说明是 1 对基因遗传。

4. 芒遗传

Vinall 等（1921）报道，无芒对有芒为显性。Sieglinger 等（1934）提出 3 个以上等位基因来解释其有芒与无芒杂交的研究结果。AA 为无芒，aa 为壮芒，aa^1 为弱芒，a^1a^1 为顶芒。结果表明无芒对壮芒，或顶芒几乎为完全显性，而壮芒对顶芒为不完全显性。Ramanatham（1924）报道无芒与有芒杂交呈 3：1 分离。

（二）籽粒性状

高粱籽粒是颖果，其颜色受多因素影响，果皮颜色，中果皮厚度，有无种皮和色素等。因此，粒色至少受 6 个基因控制。

1. 外果皮色

Graham（1916）报道了 2 个基因控制外果皮色，R 为红色，Y 为黄色。这 2 个基因的不同组合形成各种颜色：$RRYY$ 为红色，$rrYY$ 为黄色，$RRyy$ 和 $rryy$ 均为白色。Ayyangar 等（1933a）报道了一个颜色强化基因 I，RYI 籽粒呈暗红色，RYi 为粉红色。

2. 种皮

Sieglinger（1924）、Laubscher（1954）报道了 2 个基因位点决定种皮的有无和颜色，B_1 和 B_2。当这 2 个基因都处于显性时，$B_1B_1B_2B_2$，就有种皮，并呈现褐色到浅红褐色籽粒。Ayyangar 等认为，某些高粱有种皮，但不含褐色素，所以认为 B 基因只控制种皮的发育，还有另外的基因控制色素的有无。有人认为 S 基因起种皮颜色的传播效应。当褐色种皮存在时，显性 S 基因则使外果皮也呈褐色。

含有 b_1 和 b_2 隐性基因的植株，种皮的碎片持续到成熟，当 S 基因存在时，棕褐色斑点表现在白色品种种皮的碎片上面。当籽粒在潮湿的天气成熟时，色泽可从颖壳或从种皮扩展到种子或胚乳的外层。

Martin（1958）根据这些基因决定籽粒色泽的相互关系汇总在表14-16中。但这没有包括控制高粱籽粒颜色的所有基因。粒色的表现还受中果皮厚度的影响。Ayyangar 等（1934c）报道，由 Z 薄中果皮和 E 厚中果皮基因控制中果皮的厚度。

表14-16　高粱粒色基因型

品种类型	粒色	外果皮	种皮	种皮色泽传播基因
黑壳卡佛尔	白色	$RRyy$ Ⅱ	$b_1b_1B_2B_2$	SS
白迈罗	白色	$RRyyii$	$b_1b_1B_2B_2$	SS
棒形卡佛尔	白色	$RRyy$ Ⅱ	$b_1b_1B_1B_2$	ss
沙鲁	白色	$RRyyii$	$B_1B_1b_2b_2$	SS
菲特瑞塔	青白色	$RRyyii$	$B_1B_1B_2B_2$	ss
黄迈罗	橙红色	$RRYYii$	$b_1b_2B_2B_2$	SS
博纳都拉（Bonar Durra）	柠檬黄色	$rrYYii$	$b_1b_2B_1B_2$	SS
红卡佛尔	红色	$RRYY$ Ⅱ	$b_1b_1B_2B_2$	SS
无酸高粱（Sourless Sorgho）	浅黄色	$RRyyii$	$B_1B_1B_2B_2$	SS
施罗克	褐色	$RRyyii$	$B_1B_1B_2B_2$	SS
达索	浅红褐色	$RRYY$ Ⅱ	$B_1B_1B_2B_2$	SS

（Martin，1958）

河北省唐山市农业科学研究所研究高粱粒色遗传表明，F_1 杂种不论是白粒还是黄粒，从父本果皮和胚乳上看没有区别，均是白色果皮带小褐斑点，胚乳是白色的，关键是种皮不一样。研究者把种皮分为4种颜色：褐色、红棕色、浅黄色、白色。凡是种皮带有前3种颜色的，杂种籽粒均是黄色；种皮是白色的，杂种籽粒也是白色。

3. 籽粒光泽

Ayyangar 报道了控制中果皮厚度的基因 E，因而决定高粱籽粒有无光泽。显性基因 E 能产生一薄层中果皮，使籽粒呈现珍珠白的光泽；而隐性基因 e 则产生一层充分发育的中果皮，使籽粒失去光泽。

（三）花药、柱头色

1. 花药色

Ayyangar 等（1938a，1941，1942）报道干燥花药的颜色受控于粒色基因的效应，其表现通常在开花时更易区分。紫花药是显性，基因为 Pan；紫色底面花药也为显性，基因是 Ab；紫色斑点花药是隐性的，基因为 bt。

2. 柱头色

Ayyangar（1939，1942）报道，高粱柱头色有紫色、白色和黄色。紫柱头是由显性基因 Ps 控制的。Sieglinger（1933）指出，带有显性粒色基因 RR 的植株为黄柱头，而白柱头与基因 rr 有关，这种柱头色只是 R 基因的另一种表现。Laubscher（1945）发现品种 Katengn 有白色柱头，在某些杂交中，白柱头对黄柱头是显性；简单地把白色或黄色柱头认为是 *Rr* 基因对的另一种表现可能不是十分准确。

三、茎秆化学成分遗传

（一）糖分、磷酸值、乌头酸遗传

甜高粱作为制糖原料，要求茎秆糖分和磷酸值要高，淀粉和乌头酸含量要低。如果用来制结晶糖，则要求蔗糖含量要高；如果用来制糖浆，则要求还原糖含量要高；如果用来转化乙醇，则要求单糖和可发酵物含量高。

程宝成等（1983）研究表明，甜高粱杂种一代的糖分、磷酸值、乌头酸 3 个性状的遗传变异组分中均以基因的加性效应占绝对优势。甜高粱不完全双列杂交各性状平均值列于表 14-17。各性状的一般配合力、特殊配合力和遗传力列于表 14-18 中。

表 14-17　甜高粱不完全双列杂交各性状平均值

组合	含糖量（%）	磷酸值（mg/kg）	乌头酸（mg/mL）		组合	含糖量（%）	磷酸值（mg/kg）	乌头酸（mg/mL）
	2021A×永 250	15.67	297.67	0.7283		于 7A×白 2	7.00	196.67	0.73
	3197A×永 250	16.33	334.00	0.905		1729A×白 2	4.00	130.67	0.5
	7724A×永 250	15.67	312.00	0.82		7504A×白 2	5.67	148.67	0.656 7
	2021A×丽欧	8.00	210.67	0.68		于 7A×79-5222	13.00	360.00	0.733 3
第一组	3197A×丽欧	9.33	263.67	0.656 7	第二组	1729A×79-5222	10.00	363.67	0.413 3
	7724A×丽欧	7.00	200.00	0.788 3		7504A×79-5222	9.33	194.33	0.653 3
	2021A×80-627	2.67	172.67	0.598 3		于 7A×79-5223	8.00	327.00	0.631 7
	3197A×80-627	3.67	137.00	0.605		1729A×79-5223	11.00	307.67	0.44
	7724A×80-627	2.33	100.70	0.56		7504A×79-5223	7.67	232.00	0.57

（程宝成等，1983）

表 14-18　各性状的一般配合力、特殊配合力和遗传力[*]

组别	性状	$\hat{\sigma}_e^2$	$\hat{\sigma}_1^2$	$\hat{\sigma}_2^2$	$\hat{\sigma}_1^2+\hat{\sigma}_2^2$	$\hat{\sigma}_{12}^2$	$\hat{h}_B^2$
第一组	Bx	4.592 6	0.487 7	42.734 6	42.222 3	−1.351 8	90.12
	磷酸值	1 725.250 4	157.391 4	7 642.703 7	7 800.095 1	198.346 3	82.26
	乌头酸	0.016 3	−0.000 8	0.012 0	0.011 2	−0.000 5	39.68
第二组	Bx	2.606 4	−0.382 7	5.814 8	5.432 1	2.662 1	75.64
	磷酸值	2 232.309 9	2 243.5	4 605.463	6 848.963	548.006 4	76.82
	乌头酸	0.016 1	0.015 8	0.001 3	0.017 1	−0.004 1	44.69

[*] 个别数值为负数是由取样误差所致。

（程宝成等，1983）

甜高粱品种选育的指标是高糖分、高磷酸值、低乌头酸。但从参试的 12 个亲本看，没有 3 个性状都优良的亲本。永 250 的含糖锤度和磷酸值一般配合力较高，分别为

63.90 和 89.18，其相对效应值分别为 77.3% 和 39.6%。丽欧虽然含糖量较高，但其含糖锤度和磷酸值一般配合力均为负值，相对效应值分别为 -10.1% 和 -20.2%；而乌头酸一般配合力为正值，相对效应值为 5.9%，均不可取。因此，只有从大量甜高粱种质资源中挑选优良亲本或进行种质创新，才能使甜高粱育种取得突破。

由于含糖量、磷酸值和乌头酸的一般配合力均高，因此亲本优良性状容易在杂交后代中稳定下来，一般选择的效果是好的。又因含糖量、磷酸值的遗传力高，可在早代选择；乌头酸的遗传力低，应在晚代选择。

（二）茎秆含糖量遗传

通常根据甜高粱茎秆汁液含糖锤度的高低将其分为甜或不甜，锤度大于 8% 的为甜，少于 3% 的为不甜。徐瑞泽（1987）研究显示，甜×甜，不论父本含糖量高于母本，还是相反，其杂种一代的含糖量一般均低于双亲的，说明甜×甜的杂种一代为超亲负优势。甜×不甜的杂种一代含糖量为中间型；不甜×甜杂种一代的含糖量高于低亲含量，表现出正杂种优势（表 14-19）。

表 14-19　不同杂交组合茎秆汁液含糖锤度的杂交优势

组合		茎秆汁液含糖锤度（%）			为最高亲本的百分比（%）
		♀	♂	F_1	
甜×甜	7501A×特雷西	12.46	11.50	8.91	75.50
	7501A×高粱蔗	12.46	12.39	9.39	75.40
	7503A×特雷西	13.66	11.50	10.01	73.30
	7503A×高粱蔗	13.66	12.39	11.65	85.30
	7504A×特雷西	12.75	11.50	9.94	78.00
	7504A×沧州甜	12.75	9.21	9.02	70.70
	250A×糖用高粱 3 号	11.20	15.09	8.46	56.10
	250A×高粱蔗	11.20	12.39	10.51	84.80
	甜杂 1 号	12.75	19.34	10.60	54.80
甜×不甜	7504A×关东青	12.75	—	9.61	75.40
	7504A×歪脖黄	12.75	—	10.98	86.10
	250A×关东青	11.20	—	9.48	84.60
	原 1A×7020	10.30	—	7.99	77.60
	7504A×ys 白	12.75	4.76	10.67	83.70
	原杂 10 号	10.30	5.67	4.60	44.70
不甜×甜	忻 9A×爱克斯太尔	4.33	13.03	14.47	111.05
	忻 9A×7514	4.33	19.34	10.83	56.00

（徐瑞洋，1987）

甜高粱产糖量的多少，除与茎秆含糖量有关外，还与茎秆产量、榨汁率有关。因此，在甜×甜杂种一代中，含糖量优势不突出，但茎秆榨汁率高，仍可获得较高糖产量。不甜×甜杂种一代，虽然含糖量杂种优势高些，但榨汁率较低，因此不能获得较高的糖产量。因此，甜×甜的杂交模式仍是甜高粱种、"三系"选育的主要方式。

（三）甜高粱主要性状的遗传参数

1. 变异系数

李振武等（1992）选用 17 个甜高粱基因型研究 21 个性状的有关遗传参数。变异系数大小决定变异程度，0%~10% 为较低，10.1%~20.0% 中等，20.1% 以上较高。茎粗、开花日数、抽穗日数的变异程度较低，柄粗、株高、柄长的变异程度中等，其余性状的较高。茎秆锤度变异程度高，遗传变异系数 31.94%~45.70%（表 14-20），各节间锤度的变异程度从穗柄向下表现逐段提高趋势，至第七节间达最大值，居 21 个性状之首。

表 14-20　甜高粱 21 个性状的变异系数

性状	变幅	$X±s$	表型变异系数 PCV（%）	遗传变异系数 GCV（%）
株高（cm）	116.5~362.5	296.14±55.45	18.76	19.02
茎粗（cm）	1.14~1.51	1.32±0.09	6.93	6.08
柄长（cm）	24.4~55.3	39.41±8.02	20.35	19.06
柄粗（cm）	0.51~1.03	0.74±0.11	14.94	14.12
单株鲜重（kg）	0.32~1.48	1.64±0.46	28.15	23.97
主茎秆鲜重（kg）	0.11~0.56	0.74±0.25	33.13	32.72
穗长（cm）	11.5~38.5	22.01±6.57	29.87	30.24
穗一级分枝数	13.0~99.5	51±13.93	26.93	26.55
穗粒重（g）	8.7~55.3	25.18±11.65	46.27	42.48
千粒重（g）	11.0~37.3	17.52±6.33	36.12	35.89
穗柄锤度（%）	2.30~14.30	9.16±3.09	33.69	31.94
1 节段锤度（%）	2.00~15.60	10.15±3.73	36.78	34.19
2 节段锤度（%）	2.00~16.50	10.51±4.29	40.80	37.84
3 节段锤度（%）	1.55~17.85	10.70±4.71	44.01	40.65
4 节段锤度（%）	1.35~17.85	10.52±4.85	46.10	42.46
5 节段锤度（%）	1.05~17.75	10.46±4.86	46.49	42.87
6 节段锤度（%）	1.05~17.75	10.18±4.88	47.70	44.11
7 节段锤度（%）	1.05~17.05	9.74±4.79	49.14	45.70
抽穗日数（d）	73.0~99.5	85.80±7.90	9.21	9.28
开花日数（d）	77.5~103.0	88.72±8.03	9.06	9.13
主茎秆锤度（%）	1.55~16.28	9.65±4.20	43.58	40.52

（李振武等，1992）

2. 遗传力和遗传进度

研究表明，株高、抽穗日数、开花日数、穗长、千粒重、主茎秆鲜重、穗一级分枝数的遗传力高，均在 90% 以上。这些性状受环境影响小，主要由遗传因素决定，可在早代选择，入选群体也不必大。茎粗、柄长、柄粗、穗粒重、穗柄锤度、第 1~7 节段锤度和主茎秆锤度的遗传力居中等，其中穗柄锤度和第 1~7 节段锤度的遗传力为73. 12%~79. 62%，对此要进行连续选择。单株鲜重遗传力最低，表明受环境影响较大（表 14-21）。

表 14-21　甜高粱 21 个性状的遗传力和遗传进度

性状	遗传力	遗传进度	
		入选率	
		10%	5%
株高（cm）	98. 08	32. 97	38. 81
茎粗（cm）	62. 51	8. 42	9. 91
柄长（cm）	77. 91	29. 44	34. 65
柄粗（cm）	79. 19	21. 99	25. 89
单株鲜重（0. 5 kg）	57. 01	31. 67	37. 28
主茎秆鲜重（0. 5 kg）	91. 18	54. 68	64. 37
穗长（cm）	97. 63	52. 27	61. 53
穗一级分枝数	90. 73	44. 25	52. 09
穗粒重（g）	73. 86	63. 90	75. 21
千粒重（g）	92. 62	60. 44	71. 15
穗柄锤度（%）	79. 62	49. 87	58. 71
1 节段锤度（%）	75. 78	52. 08	61. 31
2 节段锤度（%）	74. 97	57. 33	67. 49
3 节段锤度（%）	74. 08	61. 23	72. 08
4 节段锤度（%）	73. 17	63. 56	74. 82
5 节段锤度（%）	73. 50	64. 31	75. 70
6 节段锤度（%）	73. 12	66. 00	77. 69
7 节段锤度（%）	75. 51	69. 49	81. 80
抽穗日数（d）	97. 68	16. 05	18. 89
开花日数（d）	97. 15	15. 75	18. 54
主茎秆锤度（%）	75. 64	61. 67	72. 60

（李振武，1992）

遗传进度在育种上可为性状的选择效果提供依据。研究显示，茎粗、抽穗日数和开花日数遗传进度较低，其余性状的较高（表 14-21）。穗柄锤度、第 1~7 节段锤度及主茎秆锤度的更高，在 5% 入选率下，第 5、第 6、第 7 节段锤度为 75. 70%~81. 80%，表明茎秆锤度具有更高的遗传增益。

3. 遗传相关

甜高粱性状间相关对其选择有重要作用。在株高、茎粗、柄长、柄粗、单株鲜重、主茎秆鲜重 6 个产量因素中，株高、茎粗和主茎秆鲜重分别与绿色体产量存在一定正相关，与籽粒产量因素穗长、穗粒重、千粒重及节段锤度和主茎秆锤度也达显著或极显著正相关。在穗长、穗一级分枝数、穗粒重、千粒重 4 个籽粒产量组分中，穗粒重与其组分间存在显著或极显著正相关，与各节段和主茎秆锤度也存在显著或极显著正相关。各节段锤度之间及其与主茎秆锤度间成极显著正相关。

4. 通径系数

李振武等（1990）通过甜高粱简单和偏相关及通径分析，研究了穗柄及自上而下第1~7节段锤度与主茎秆锤度的关系，及其对主茎秆锤度的效应。结果表明，第5、第2节段对主茎秆锤度有较大的正直接效应；第4、第6、第7节段和穗柄对主茎秆锤度的正直接效应较小；第3、第1节段对主茎秆锤度有较大的负直接效应。这表明改良第5、第2节段锤度对主茎秆锤度的提高具有重要作用，第4、第6、第7节段和穗柄对主茎秆锤度的改良也有一定的作用，第3、第1节段对主茎秆锤度的提高不甚有利（表14-22、表14-23、图14-4）。

表 14-22　各锤度表型值间的简单相关系数[*]

性状	X_1	X_2	X_3	X_4	X_5	X_6	X_7	X_8	主茎秆锤度 Y
穗柄锤度 X_1		0.973 2	0.968 5	0.957 8	0.945 5	0.942 7	0.937 5	0.929 1	0.946 0
1 节段锤度 X_2	0.955 5		0.997 5	0.990 2	0.982 7	0.973 4	0.965 0	0.957 0	0.967 2
2 节段锤度 X_3	0.885 3	0.979 5		0.995 6	0.988 3	0.979 5	0.970 7	0.962 2	0.972 5
3 节段锤度 X_4	0.864 7	0.963 0	0.992 5		0.995 8	0.989 0	0.979 4	0.971 4	0.977 6
4 节段锤度 X_5	0.871 5	0.977 5	0.981 2	0.994 4		0.996 5	0.988 1	0.984 3	0.987 5
5 节段锤度 X_6	0.786 5	0.857 3	0.915 0	0.937 6	0.947 6		0.995 9	0.993 2	0.995 3
6 节段锤度 X_7	0.851 8	0.939 5	0.965 5	0.980 3	0.991 3	0.944 5		0.998 1	0.995 8
7 节段锤度 X_8	0.808 0	0.898 2	0.925 3	0.944 5	0.959 2	0.916 8	0.979 3		0.995 3
主茎秆锤度 Y	0.864 0	0.948 8	0.973 5	0.988 3	0.903 8	0.941 1	0.994 6	0.971 3	

右上角为1988年分析结果，左下角为1987年分析结果，各组相关皆为极显著正相关。

（李振武等，1990）

表 14-23　各锤度表型值间的偏相关系数

性状	X_1	X_2	X_3	X_4	X_5	X_6	X_7	X_8	主茎秆锤度 Y
穗柄锤度 X_1	—	0.473 9[**]	-0.139 3	0.057 5	-0.229 9	0.092 3	0.050 4	-0.211 1	0.302 1
1 节段锤度 X_2		—	0.778 5[**]	-0.112 6	0.102 5	-0.075 0	-0.181 7	0.306 3[*]	-0.203 5
2 节段锤度 X_3			—	0.505 8[**]	-0.020 0	-0.092 0	0.215 8	-0.338 4[*]	0.303 5[*]
3 节段锤度 X_4				—	0.464 2[**]	0.131 4	-0.062 0	0.072 2	-0.227 6
4 节段锤度 X_5					—	0.566 6[**]	-0.020 4	-0.070 2	0.015 2
5 节段锤度 X_6						—	0.290 3	0.038 8	0.304 1[*]

（续表）

性状	X_1	X_2	X_3	X_4	X_5	X_6	X_7	X_8	主茎秆锤度 Y
6节段锤度 X_7							—	−0.689 8**	−0.006 8
7节段锤度 X_8								—	0.473 5*

（李振武等，1990）

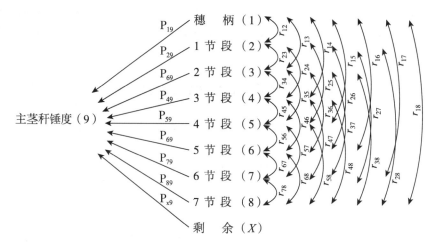

图 14-4　各节段锤度影响主茎秆锤度的通径图

（李振武等，1990）

（四）籽粒产量与茎秆含糖量的关系

曹俊峰（1982）研究发现，甜高粱籽粒产量与茎秆含糖成极显著负相关，$r =$ −0.508 8（$P<0.01$）。这表明在茎秆含糖量较高的基因型里，能够选出籽粒产量相对较高的品种。

中国科学院植物研究所于 1985 年对 28 个美国和澳大利亚甜高粱品种单株籽粒产量与汁液锤度的相关分析显示，汁液锤度与籽粒产量成正相关，相关系数 $r=0.331\ 6$。

Broadhead（1969，1972）研究认为，甜高粱籽粒产量并不随糖产量的增加而减少。由此得出，选育籽粒产量高、茎秆中含糖量也高的甜高粱品种是完全可能的。

Ferraris（1981）研究指出，产糖量高、汁液锤度也高的甜高粱品种可选自前期生育较慢、晚熟、茎秆高且粗、籽粒产量较低，以及茎秆纤维含量也较低的基因型。

第四节　甜高粱遗传改良

一、遗传改良基本知识

（一）甜高粱茎秆糖分积累

宋高友等（1996）研究了甜高粱茎秆糖分的积累规律，不同物候期测定茎秆中部节间的含糖锤度（BX）。结果是2个测试杂交种糖分积累完全一致，是随颖果成熟度的进展而提高，到完熟期茎秆中的糖分含量最高（表14-24）。

表14-24　甜高粱颖果发育时期含糖锤度（BX）的测定

品种	初花期	盛花期	乳熟初期	乳熟期	蜡熟期	完熟期
甜杂1号	4.5	—	5.9	7.5	11.2	15
甜杂2号	2.2	2.7	4.1	5.9	13.8	16

（宋高友等，1996）

以甜杂1号为材料，在颖果完熟后按一定间隔时间取样测定茎秆含糖锤度和汁液率。结果是颖果成熟后继续生长的植株，其茎秆中含糖锤度和汁液含量均下降（表14-25），其汁液的下降更为显著。15 d后，含糖锤度仅下降了2%，但汁液含量却下降了33%以上。

表14-25　甜杂1号高粱完熟后茎秆中含糖锤度（BX）和汁液含量

取样日期（月/日）	茎秆重（g）	渣重（g）	汁重（g）	BX（%）	汁液含量（%）
9/6	2 500	950	1 550	13	62.00
9/12	5 000	2 890	2 110	12	42.20
9/18	5 000	3 150	1 850	13	27.00
9/23	5 000	3 500	1 450	11	29.00

（宋高友等，1996）

宋高友等（1996）进一步用31个甜高粱杂交种和29个品种研究颖果完熟后茎秆不同节位的含糖锤度和汁液含量。结果在60个基因型中，中、上部茎节的含糖锤度和汁液含量较高，其顺序是中部节间>上部节间>下部节间（表14-26）。

表14-26　甜高粱茎节中各部位节位的含糖锤度（BX）和汁液含量

试材	上部茎节				中部茎节				下部茎节			
	BX（%）	秆重（g）	汁重（g）	出汁（%）	BX（%）	秆重（g）	汁重（g）	出汁（%）	BX（%）	秆重（g）	汁重（g）	出汁（%）
60	12.69	296.80	176.73	48.51	12.77	380.231	198.74	51.02	11.27	495.18	227.00	45.34

（宋高友等，1996）

研究颖果完熟收穗后，一是植株继续在地里生长，二是收茎秆储藏于地窖中17 d和23 d。结果前者7 d内茎秆含糖锤度略有上升，但汁液含量减少18.47%；后者含糖锤度下降2%，汁液含量分别下降17.1%和20.0%（表14-27）。

表 14-27　甜高粱收穗后不同茎秆处理中的含糖锤度（BX）和汁液含量

测定日期（月/日）	收穗后天数	BX（%）	茎秆重（g）	汁重（g）	汁液含量（%）
9/6	未收穗（CK）0 d	13	2 000	1 240	62.00
9/11	收穗后生长 12 d	13.3	4 250	1 850	43.53
9/23	茎秆贮干窖中 17 d	11.0	5 050	2 245	44.90
9/29	茎秆贮干窖中 23 d	11.00	750	315	42.00

（宋高友等，1996）

　　谢凤周（1990）以丽欧为试材，于抽穗期—完熟期测定茎秆上、中、下节间锤度。结果表明从抽穗期到完熟期，茎秆含糖锤度呈逐渐增加趋势：即抽穗期（6.5%），末花期（11.7%），乳熟期（12.6%），蜡熟期（14.6%），完熟期（15.8%）。经均数差异显著性测定显示，末花期与乳熟期之间差异显著，其他任何 2 期之间差异极显著。

　　马鸿图等（1995）研究甜高粱茎秆糖分积累规律。结果表明，开花时茎秆汁液锤度在 3%~4%，籽粒灌浆后锤度开始上升，进入蜡熟期锤度快速提升（表 14-28）。

表 14-28　甜高粱茎秆汁液含糖锤度上升进程　　　　单位：%

糖锤度试材	出苗后天数（d）								
	80	83	86	89	92	95	98	101	104
沈农甜杂 2 号	4	4	4.5（开花）	5	5.5	6	6.5（灌浆）	7	8
623A×S49	3.5	4（开花）	4.5	5	5	5.5（灌浆）	6	6.5	7
M81-E									

糖锤度试材	出苗后天数（d）								
	107	110	113	116	119	122	125	130	145
沈农甜杂 2 号	9	10.5（蜡熟）	12	14	15.5	17	18（成熟）		
623A×S49	8	10（蜡熟）	12	13	14	15	17（成熟）		
M81-E		3.5	4	4（开花）	4.5	5	6.2（灌浆）	10.2（蜡熟）	19.2（成熟）

（马鸿图等，1996）

　　开花后茎秆汁液锤度上升缓慢，开花至蜡熟 25 d，茎秆锤度由 5% 上升到 10%；蜡熟到成熟 15 d，其锤度由 10% 上升到 17%。很明显，甜高粱茎秆糖分积累过程与籽粒形成和充实并行。

（二）茎秆含糖量与物候期的关系

1. 含糖量与播种期的关系

Broadhead（1969）用丽欧作播期试验，结果是4月15日和5月15日播种的甜高粱茎秆汁液锤度相近，但4月15日显著高于6月15日的，而汁液榨汁率、蔗糖含量和视纯度不受播期影响。Broadhead（1972）继续播期试验，结果是5月1日播种的茎秆产量显著高于4月1日和6月1日播种的。榨汁率不受播期影响。4月1日和6月1日播种的锤度大致相同，但5月1日播种的却显著低于4月1日播种的。6月1日播种的，其蔗糖、淀粉含量和视纯度显著高于4月1日和5月1日播种的（表14-29）。

表14-29 播种期对甜高粱品种丽欧的产量及汁液质量的影响

播种期（月/日）	每公顷产茎秆量		汁液质量					产糖量估计	
	带叶（t）	净秆（t）	提取率（%）	锤度（%）	蔗糖（%）	视纯度（%）	淀粉（%）	每吨秆（kg）	每公顷（kg）
4/1	51.1	38.1	46.2	18.7	12.5	66.0	0.12	77.5	2 951
5/1	67.5	52.0	47.6	18.0	12.1	66.8	0.11	75.7	3 938
6/1	46.9	45.0	47.6	18.3	13.1	70.8	0.15	85.5	3 068

（Broadhead，1972）

天津工农联盟农牧场于1995年测定甜高粱品种丽欧春播（4月中下旬）和夏播（6月上中旬）茎秆汁液锤度，结果是夏播的锤度高（表14-30）。

表14-30 播种期对茎秆锤度的影响

播期	年份	测定部位	茎秆汁液锤度（%）		
			挑旗期	灌浆期	蜡熟期
春播	1981	—	6.1	11.9	18.0
	1982	顶部	5.3	14.1	18.6
		中部	8.1	14.2	18.6
		基部	8.2	10.9	16.0
		平均	7.2	13.1	17.8

（天津工农联盟农牧场，1995）

2. 含糖与其他物候期的关系

Lingle（1987）测定甜高粱在孕穗期、开花期、蜡熟初期和生理成熟期茎秆糖分含量。结果显示，主茎秆总糖量在孕穗期最低，在蜡熟初期最高，其中蔗糖为主要糖成分（图14-5）。尽管在孕穗期仅占可溶性糖类的一半。不同物候期葡萄糖含量均稍高于果糖。孕穗期以后，茎秆中糖分显著增加，主要是由于蔗糖增加。开花期之后，葡萄糖和果糖含量下降。

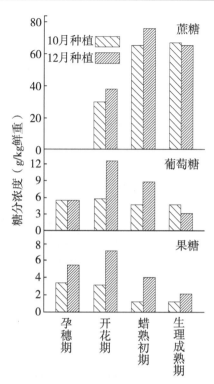

图 14-5　在 4 个生育阶段甜高粱品种丽欧主茎节间组织蔗糖、
葡萄糖和果糖的浓度

（Lingle，1987）

Lingle（1987）研究不同甜高粱品种在最佳收获期，其汁液提出率、锤度、酸度、还原糖、蔗糖、总糖含量和产糖量等（表 14-31）。

表 14-31　在最佳收获期甜高粱汁液的成分（3 年平均）

品种	锤度（%）	酸度*（N/10）	灰分（%）	氮（%）	还原糖（%）	蔗糖（%）	总糖（%）	汁液提出率（%）	产糖量（kg/亩）	蔗糖与还原糖比例
Leotj	17.92	55.41	0.87	0.090	1.37	12.77	14.14	47.24	139.2	9.32
Gooseneck O. G.	18.43	39.66	0.71	0.070	2.78	11.75	14.53	41.77	134.9	4.23
Colman Y	17.83	36.93	0.73	0.055	4.02	10.80	14.82	45.50	114.8	2.69
Rex X	17.48	43.03	0.99	0.044	2.11	11.88	13.99	51.18	132.2	5.63
Suma 1712	15.85	25.57	0.60	0.033	6.11	6.64	12.75	41.68	112.6	1.09
非洲白	17.12	41.20	0.77	0.072	3.09	10.25	13.24	44.68	147.1	3.32
糖滴	16.88	30.31	0.70	0.054	2.98	10.91	13.89	49.09	145.0	3.66
蜂蜜	14.30	17.75	0.50	0.042	6.72	5.46	12.20	48.20	123.9	0.81

*在 100 mL 汁液中。

（Lingle，1987）

二、甜高粱品种选育

(一) 品种选育概述

美国第一个甜高粱品种是从中国引入的地方甜高粱品种琥珀，并推广应用，之后开始品种选育。1965 年以来，美国先后选育出洛马（Roma）、丽欧（Rio）、雷伊（Wray）、凯勒（Keller）、M-81E、拉马达（Ramada）、史密斯（Smith）等，在生产上大面积推广应用，并被其他国家引种。例如，Mer81-2 茎秆产量 77 100 kg/hm^2，汁液锤度 20.4%，产糖 8 160 kg/hm^2；Mer82-2 茎秆产量 92 415 kg/hm^2，汁液锤度 20%，产糖 9 390 kg/hm^2。

巴西、印度、苏联和欧洲一些国家也选育出甜高粱品种。巴西育出的优良品种有 BR500、BR501、BR503、CMS×S719、BXH28-3-2、B02-1、IPA1218 等；印度的优良品种有 SSV2525、SSV108、SSV7073、IS20963 等，杂交种 SS12B×295B、SS12B×3660B、IS6962×IS20503 等；苏联育成的甜高粱品种有 Slaropolskoe59、Kinel Skaya3、Yubileinyi 等。

中国甜高粱虽早有栽培，但只是种在房前屋后，作甜秆食用。由于长期的人工和自然选择，形成了许多适应当地气候条件的农家品种，如甜秆、甜秫秆、甜秆大弯头、黑壳甜高粱等。上海崇明岛可谓甜高粱之乡，著名甜高粱品种芦粟甜脆。

1974 年以后，中国科学院植物研究所先后从国外引进一些甜高粱品种，如丽欧、洛马、阿特拉斯（Atlas）、贝利（Bailey）、布兰德斯（Brandes）、考利（Cowley）、格拉斯尔（Grassl）、M-81E 等。这批甜高粱品种表现茎秆产量高、含糖量高、汁液优良，在生产上推广应用。

改革开放以来，随着市场经济的发展，甜高粱的用途也扩大起来，不仅作饲料、糖料，而且作能源作物受到重视。辽宁省农业科学院高粱研究所最先开展甜高粱品种选育。"高产优质甜高粱品种选育""七五""八五"列为农业部和国家攻关课题。1989年，辽宁省农业科学院选育出全国第一个甜高粱杂交种，辽饲杂 1 号。

20 世纪 90 年代以来，辽宁省农业科学院高粱研究所加强了甜高粱的育种攻关，经过努力初步解决了杂交甜高粱生物产量低、含糖量低、生态适应性差等难题，成功选育出生育期不同、含糖量较高的骨干雄性不育系和配合力高、恢复能力强的恢复系。先后组配并经国家、省审（鉴）定的甜高粱杂交种，辽饲杂 2~4 号和辽甜 1~14 号。这批甜高粱杂交种产鲜茎秆 7.5 万~9.0 万 kg/hm^2，籽粒 4 500~6 000 kg/hm^2，茎秆含糖锤度 18%左右。

近年，一些农业科研院所和大专院校先后开展了甜高粱品种选育。沈阳农业大学选育出沈农甜杂 1 号（Tx623A×6993）和沈农甜杂 2 号（Tx623A×1375）甜高粱杂交种。中国农业科学院原子能利用研究所利用雄性不育系 7504A 选育出甜杂 1 号和 2 号甜高粱杂交种。吉林省农业科学院作物研究所选育出吉甜杂 2 号，黑龙江省农业科学院作物育种所选育出龙饲 1 号，河北省农林科学院谷子研究所选育出能饲 1 号，新疆农业科学院选育出新高粱 3 号、4 号等甜高粱杂交种，并通过国家、省级审（鉴）定推广应用。

(二) 品种选育目标

1. 生物产量高

甜高粱的生物产量表现在籽粒和茎秆上，因此育种目标要求这两方面的产量都要高。

（1）青饲（贮）料产量高　甜高粱作青饲（贮）作物栽培的育种目标，除要含有较高的蛋白质等营养成分外，还要求较高鲜生物产量。Clegg 等（1986）在美国选育甜高粱杂交种 N39×Wray，其青饲料产量达 82 845 kg/hm²。EI-Bassam 等（1987）指出，在德国的甜高粱品种试验中，1 个品种 2 年平均鲜饲料达 11 万 kg/hm²，另一个品种达生物量 16.9 万 kg/hm²。

中国甜高粱育种起步较晚，生产上应用面积较大的品种是从外国引进的丽欧、凯勒等。1978—1981 年，天津工农联盟农牧场种植丽欧 700 hm²，平均产鲜生物量 33 510 kg/hm²。1989 年，甘肃武威种植的凯勒，产鲜生物量 12.7 万 kg/hm²；湖北公安县郑东种植 M-81E×丽欧杂交甜高粱，产鲜生物量 15.75 万 kg/hm²。综合国内外甜高粱作青饲（贮）料的产量情况看，目前中国确定的生物量育种目标在 7.5 万～9.0 万 kg/hm²。

（2）茎秆产量高　甜高粱茎秆是制糖、酿酒、转化乙醇的原料，因此去掉叶片、叶鞘的净茎秆产量是育种的主要目标。Crispim 等（1984）种植巴西甜高粱品种 BR503，产净茎秆 52 005 kg/hm²。1980—1981 年，巴西在 17 个甜高粱品种试验中，最高产的 BR505，净秆产量 92 805 kg/hm²。

Clegg 等（1986）报道，甜高粱品种雷伊净茎秆产量 83 160 kg/hm²。在美国的甜高粱品种试验中，Mer82-1 净茎秆产量 100 830 kg/hm²，82-22 净茎秆产量 101 070 kg/hm²，78-10 净茎秆产量 104 775 kg/hm²，81-5 净茎秆产量 110 955 kg/hm²。

Bapat 等（1987）报道在印度种植的甜高粱品种 SSV2525 净茎秆产量 57 600 kg/hm²。

中国基本上采用外国甜高粱品种进行净茎秆产量试验。黎大爵（1989）种植的甜高粱品种 M-81E，净茎秆产量 89 445 kg/hm²；泰斯净茎秆产量 94 800 kg/hm²。1986 年，甘肃张掖地区农业科学研究所种植的甜高粱品种 BJK-19 和 BJK-38，净茎秆产量分别为 77 565 kg/hm² 和 74 685 kg/hm²。

综合国内外甜高粱品种净茎秆产量的试验结果，确定我国甜高粱品种净茎秆产量育种目标为 67 500～87 000 kg/hm²。

（3）籽粒产量高　甜高粱籽粒产量也是生物产量之一。一般来说，茎秆产量高、含糖量高的品种，其籽粒产量较低。但也有的甜高粱品种二者均高。例如，美国的甜高粱杂交种 N39×雷伊，产籽粒 6 630 kg/hm²，茎秆 99 045 kg/hm²。

中国甜高粱栽培籽粒产量表现不尽一致，1975—1978 年，河南开封农业科学研究所种植的丽欧，单产籽粒 3 000～6 000 kg/hm²。黎大爵（1989）报道中国科学院植物研究所甜高粱品种试验结果，泰斯籽粒单产 6 673.5 kg/hm²，M-81E 为 6 213 kg/hm²。

综合国内外甜高粱品种籽粒产量情况，确定我国甜高粱品种选育籽粒产量指标为 5 250～6 750 kg/hm²。

2. 茎秆汁液含糖量高

选育甜高粱品种不仅要茎秆产量高，还要茎秆汁液含糖量高。Bapat 等（1987）报道印度甜高粱品种 SSV7073，汁液锤度为 22.2%，视纯度为 77.6%。测定的 87 个品种，总固溶物幅度 17%~25.5%。Seetharama（1987）对 96 个甜高粱选系测定显示，2 个来自肯尼亚的种质 IS20963 和 IS20984，其含糖量达 32%；1 个来自苏丹的 IS9901，其含糖量达 42.7%。

1983 年，美国甜高粱品种试验结果，雷伊的汁液锤度为 20.2%，视纯度为 76.2%；凯勒的汁液锤度为 21.1%，视纯度为 78.1%；丽欧分别为 21.2% 和 79.2%。ICRISAT 测定了 70 个甜高粱品种，结果是茎秆总糖含量幅度为 17.8%~40.3%。

中国科学院植物研究所于 1992 年测定甜高粱品种凯勒汁液锤度为 20.7%；四川简阳糖厂测定凯勒的汁液锤度为 21.1%。后来，从凯勒中选出的 BJK-37，其汁液锤度达 24%。甘肃张掖地区农业科学研究所种植的 BJK-37，测定其汁液锤度最高，为 27%。可见，进一步提升甜高粱汁液含糖量还是有很大空间的。

根据上述国内外甜高粱品种茎秆汁液含糖量的实际情况，我国确定甜高粱品种选育茎秆汁液含糖锤度要达到 16% 以上。

3. 抗逆性强

2006 年，我国召开了生物质能源工作会议，提出了生物质能源的发展方针是非粮替代，即发展能源作物生产要做到不与粮争地、不与民争粮、合理利用劣质土地。这就决定了发展甜高粱生产要在边际性土地上进行，即在干旱地、盐碱地、低洼易涝地上种植。因此，甜高粱品种的选育目标，使新育成品种具有较强的抗旱、耐涝、耐盐碱、耐热等抗逆性。

甜高粱品种选育目标，除具有抗非生物性不良条件外，还应具有抗生物性胁迫的能力，例如抗病性、抗虫性、抗杂草、抗鸟害等。

（三）品种选育技术

1. 系统选育法

系统选育又称单株选育，是指在一个甜高粱群体中，由于连年种植和异交的结果，可能产生符合要求的单株或株群，系统选育法就是把这些优良的变异单株选出来，育成新品种的方法。系统选育法是甜高粱育种的基本方法之一，操作简便、成效快捷。

系统选育法是改良现有品种的有效方法之一。例如，吉林省农业科学院作物研究所于 1989 年从美国甜高粱品种阿特拉斯（Atlas）中选出的优良变异单株，经几代的选育和鉴定，最终育成甜高粱品种吉甜粱 2 号。该品种主茎株高 300 cm，茎秆含糖锤度 18.2%，出汁率 70.6%，单产茎秆 66 777 kg/hm²、籽粒 2 637 kg/hm²。

在甜高粱种植和品种选育过程中，由于天然杂交、突变、诱变等原因，群体中始终有变异产生，育种家要善于发现和及时选择这些有用的变异，通过系统选择育成新品种。由于系统选育的基础和来源是变异的单株（穗），因此入选的单株（穗）数目要多一些。要注意选系性状的表现和一致性，尽量降低环境条件对选系表型的影响，以提高选择效率。

2. 杂交选育法

系统选育是利用群体中已产生出来的优良变异单株进行选择，而杂交选育是人为有目标选择亲本杂交产生出具有可预见的变异群体，从中选择优良单株，是甜高粱常用的育种方法。杂交选育法包括 3 个步骤：亲本选择，杂交和杂种后代的培育和选择。

（1）亲本选择　亲本选择是否准确直接关系到杂交育种的成败，因为亲本是杂种后代变异来源的基础。亲本选择要根据育种目标进行，应满足如下条件：双亲性状要互补，即两亲本要分别具有对方所不具备的优良性状，使杂种后代的性状得到互补；亲本之一应是适应当地生态条件的基因型；双亲要具有一定的遗传差异，这可以使杂种后代产生符合育种目标的变异；选择亲本要考量相关性状的遗传特点，是主基因控制还是微效基因控制，遗传力、遗传进度等。甜高粱种质资源有巨大的遗传多样性，各种性状的变异幅度大，如何有效地利用这些遗传多样性，育种家应对其深入研究，了解其来源、系谱、性状表现、适应性、抗逆性、稳定性等，以利于做出可靠的选择。

（2）杂交　杂交是获得杂种种子的关键技术。要使杂交获得成功，要深入了解和掌握甜高粱开花的生物学习性。一般甜高粱在抽穗后 3 d 左右开始开花，也有的品种边抽穗边开花。甜高粱开花的顺序从穗顶开始，向中、下部延伸。同一对小穗是无柄小穗先开，有柄小穗后开。甜高粱开花时间多半是半夜至翌日 6：00 左右，遇低温可延迟至 7：00 以后。一个单小穗开花需时约 30 min，全穗从始花到终花需 6~7 d。花粉的授粉能力品种间有些差异，在自然条件下可维持 3~4 h。柱头接受花粉受精能力一般 7 d，最多 19 d。

杂交具体操作分整穗、去雄、授粉 3 步（详见本书第十章第三节二、杂交操作技术）。

（3）杂种后代的培育和选择　杂种后代的培育要根据育种目标进行，甜高粱品种选育的主要目标，一是籽粒和茎秆产量高，二是茎秆汁液含糖量高。为达此目的，应将杂种后代种在高肥水的条件下，以使杂种后代的丰产基因和丰糖基因充分地表现出来。杂种后代的选择从分离的 F_2 代开始，选择要按育种目标进行，通常采用系谱选择法。

F_1 代只去掉伪杂种，不淘汰，要套袋自交，收获 1~2 个生育正常穗作种子。F_2 代是选择的关键世代，因为各种重组基因型进行了广泛的分离，可以先选择，也可以先淘汰，不论选择和淘汰都要按育种目标严格进行，确定一个合适的选择率。通常好的杂交组合选择率在 8%~10%；表现一般的组合，选择率 5%；表现较差的组合，选择率 1%；最差的组合，要淘汰掉。以后世代的选择，要根据性状遗传力进行，遗传力高的，或单基因控制的性状，可早代选择；对遗传力低的性状，数量性状，应晚代选择。

3. 杂种优势利用技术

（1）甜高粱杂交种优势表现　甜高粱与粒用高粱一样，也表现出强大的杂种优势。马鸿图等（1995）组配 29 个甜高粱杂交种研究其杂种优势表现，并与粒用高粱杂交种进行比较。结果表明甜高粱生育期、株高、茎叶鲜重、千粒重的杂种优势明显高于粒用高粱；穗粒重、穗粒数的杂种优势则明显低于粒用高粱；而穗长则二者接近。甜高粱的营养生长性状表现出大的优势，粒用高粱在生殖生长性状上表现出大的杂种优势（表14-32）。反映出两类高粱因用途不同而有不同的选择效果。

表 14-32　甜高粱与粒用高粱杂种优势（平均优势）比较

高粱类别	生育期 （d）	株高 （cm）	茎叶鲜重 （g）	穗粒重 （g）	穗粒数 （个）	千粒重 （g）	穗长 （cm）
粒用高粱	-0.6	23.5	29.6	75.3	55.9	12.6	12.9

（续表）

高粱类别	生育期 （d）	株高 （cm）	茎叶鲜重 （g）	穗粒重 （g）	穗粒数 （个）	千粒重 （g）	穗长 （cm）
甜高粱	0.91	57.9	43.1	40.6	29.3	19.6	13.0
增减（%）	251.7	146.4	45.6	-46.1	-47.6	55.6	0.8

（马鸿图等，1995）

甜高粱杂交种的优势从幼苗开始直到成熟都充分表现出来，个体生长量大，组成了群体大幅度增产。例如，沈农甜杂 2 号生物产量的平均杂种优势为 110%，其生物产量与当时国内外甜高粱品种及粒用杂交种比较，均表现出强的杂种优势（表 14-33）。

表 14-33　"沈农甜杂 2 号"与国内外高粱品种、杂交种的生物产量比较

品种名称		生物产量（kg/亩）
甜高粱	沈农甜杂 2 号	1 642.5
	623A×R430	1 055.3
	AtlasA×R430	1 496.6
粒用高粱	624A×78CS5946	1 365.3
	623A×SCO599-11E	923.3
	623A×Rio	1 448.6
	Rio	852.6
	Wray	1 094.3
	C427	1 081.1
	沈农 447	1 101.2
	农杂 3 号	1 294.9
	铁杂 6 号	1 234.5
	191	1 264.5

（马鸿图等，1995）

马鸿图等（1995）还对甜高粱杂交种及其亲本的叶面积指数（LAI）、净同化率（NAR）和作物生长率（CGR）进行测定（表 14-34），以研究杂种优势的表现。结果显示，沈农甜杂 2 号杂种优势来源于较高的叶面积指数和较长的生育期，致使作物生长率和生物产量的增加。净同化率的优势是负值，这是由于杂交种叶面积指数高出亲本 50%以上，透光条件不如亲本的冠层条件下测定的数值，因而不能得出杂交种的净同化率不如亲本的结论。

表 14-34　沈农甜杂 2 号的杂种优势表现

基因型	LAI	NAR	CGR	生育期 （出苗至成熟）（d）	生物产量 （kg/亩）
沈农甜杂 2 号（623A×Roma）	3.97	5.8	14.5	130	1 642.5
母本（623A）	2.32	5.85	8.85	105	729

（续表）

基因型	LAI	NAR	CGR	生育期（出苗至成熟）(d)	生物产量（kg/亩）
父本（Roma）	2.45	6.32	10.48	110	858
杂种优势（平均优势）(%)	66	−5	50	20.9	110

（马鸿图等，1995）

（2）甜高粱不育系及其保持系选育技术　优良的甜高粱不育系应达到如下要求：雄性不育性稳定，在环境条件变化的情况下不产生可育花；无小花败育，或小花败育极轻；性状一般配合力要强，尤其茎秆产量和汁液锤度要高；雌蕊柱头发达，充分伸出颖外，亲和力强，易于接受父本花粉；农艺性状优良，具有较多抗性性状，制种产量高。

甜高粱雄性不育系的选育方法很多，常用的有以下几种。

①杂交法。杂交亲本要选择不同类型的高粱，即亲缘关系较远、遗传差异较大、细胞核和细胞质之间有一定的分化。如果一种类型的高粱具有不育细胞质和可育细胞核 S（MsMs），作母本，另一类型的具有可育细胞质和不育细胞核 F（msms），作父本杂交。通过后代分离出雄性不育株，并与父本回交，连续回交几代后就有可能将不育细胞质和不育细胞核基因结合到一起，获得新的雄性不育 S（msms）。研究表明，一般以进化阶段较低的高粱基因型作母本，进化阶段高的作父本，杂交后代中容易产生雄性不育株，进而选育出雄性不育系（见第十一章第二节二、雄性不育系选育）。

②回交转育法。回交转育是目前选育甜高粱雄性不育系常用的方法，程序简便、见效快。如果有一个保持类型的甜高粱基因型，通过几代的连续回交转育，就能够得到一个同型的雄性不育系。回交转育法的关键是鉴定和筛选出保持类型的甜高粱品种、品系。这需要将收集到的甜高粱试材或种质资源与雄性不育系进行测交，以确定每份材料是保持的，恢复的，还是半恢半保的。

③诱变法。人工诱变是通过各种诱变剂处理甜高粱保持系或保持类型材料，使其发生有利的变异，而后再回交转育成相应的雄性不育系。如中国农业科学院原子能研究所利用 $Co^{60}\gamma$ 射线处理保持系 Tx3197B，获得了中秆保持系农原 201B，并转育成新的不育系农原 201A。

在田间，也可能发生自然突变。例如，一个含有可育细胞质和不育细胞核的高粱植株，由于自然诱变因素的作用，细胞质发生了突变，可育细胞质变成了不育细胞质，结果该植株变成雄性不育株。当发现甜高粱群体里出现不育株时，可用群体里的可育株给它授粉，假如能保持其不育性，那么就可以选育出新的雄性不育系和其保持系。一般来说，由于细胞质突变产生的不育系，常常是新类型的细胞质雄性不育性。

（3）甜高粱恢复系选育技术　一个优良的甜高粱恢复系，应具有以下优点：恢复力强，其与不育系杂交产生的杂种一代在自然授粉情况下结实率应达 90% 以上，套袋自交结实率也应在 80% 以上；配合力高，与常用不育系杂交，能产生较高的一般配合力效应，尤其茎秆产量和其汁液锤度配合力要高；雄蕊发育好，花粉量大，散粉能力强，单性花发达；农艺性状优良，主要性状与不育系可互补。恢复系选育主要方法有以下几种。

①测交选育。以某种类型的不育系作母本为测验种，以地方甜高粱或外引的品种作父本为被测验种，成对杂交。在杂种一代选择结实率高、优势大、茎秆产量高、籽粒产量也高的组合，该组合的恢复系就是筛选出来的恢复系。例如，用外引甜高粱品种丽欧、洛马、阿特拉斯等通过测交选育，结果选育出一些优良的甜高粱恢复系。

②杂交选育。采取恢复类型基因型间杂交选育恢复系，简称恢×恢法。这是目前常用的甜高粱恢复系有效选育方法之一。例如，辽宁省农业科学院高粱研究所于 2007 年以甜高粱品种 ICSV111 为母本、1022 为父本杂交，之后经 5 个世代的连续自交选择，最终选育成新的恢复系 102。

杂交选育成功的关键是选好双亲，一是选择恢复力强的甜高粱品种（品系）作杂交亲本；二是双亲具有优良的农艺性状，主要的经济性状能互补，如茎秆产量、汁液锤度等；三是杂交双亲与常用不育系在亲缘上要有较大的差异。

③回交转育。在甜高粱杂交组合选育中，常常产生杂种优势很强，但恢复性较差的类型，不能直接利用，需要将这种半恢半保类型转育成恢复性强的恢复系，采用回交转育法。先用一个不育系 S（msms）与一个恢复力强的恢复系 F（MsMs）杂交，在后代中选择恢复力最强的植株与被转育的父本回交，连续 4~5 次。最后将回交后代连续自交 2 次，选取恢复性不再分离的品系，就是已回交转育成恢复力强的新恢复系。这种方法，由于以不育细胞质为基础，能够直接检测出回交后代的植株是否获得了恢复基因，因而不必测定各世代的恢复性。

（4）杂交种组配 有了甜高粱不育系和恢复系，就可以组配杂交种。杂交种组配的途径有几种，可利用当地具恢复性品种或恢复系与现有的不育系组配；也可用外引的甜高粱不育系和恢复系与当地的恢复系和不育系组配。测配的杂交种经鉴定从中筛选出优良的用于生产。

组配杂交种第一步是测交。测交是指用新选育的不育系与恢复系杂交，得到杂交种种子，进而进行配合力测定。测交是亲本系选育和杂交种选配的交叉阶段，对亲本系选育来说，测交的主要目的是测定亲本系的配合力；对杂交种选配来说，测交的主要目的是选择优良杂交种。

第二步是杂交种的鉴定，包括育性和产量鉴定。杂交种育性鉴定主要指恢复性鉴定，用结实率表示，其标准是自交结实率在 80% 以上的杂交种才能应用于生产。自交结实率公式如下。

$$自交结实率（\%）= \frac{杂交种套袋自交结实的粒数}{代表穗小花数} \times 100 \qquad (14.1)$$

产量鉴定包括产量、产量组分及相关的经济性状。由于鉴定试验参试的杂交组合数多，故田间试验设计通常采取对比法或间比法，每隔 2、4 或 9 区设一对照区。亲本系可种在杂交种的两侧或相对的另一区组，以便观察。增加重复数可减少环境误差，提高试验的准确性。在决选优良杂交种时，应主要根据产量性状，即茎秆产量、籽粒产量、茎秆汁液锤度、榨汁率等。此外，还要结合当地的气象条件调查抗病、抗虫、抗倒伏等能力，进行综合评价，最终选出最优甜高粱杂交种。

三、良种繁育技术

甜高粱良种，只有在其种子具有一定标准时才能发挥其增产潜力。良种繁育是在甜高粱增产中，重要的活体生产资料的标准化复制。由于这种复制是通过活体的有性生殖过程进行的，因此必须保持种子的严格标准。

（一）常规种种子繁育技术

1. 高粱种子质量标准

（1）遗传纯度 遗传纯度是高粱良种种子最重要的指标。没有纯度的种子，不能称良种；纯度降低的种子，其增产潜力将显著下降。根据国家标准，高粱纯度应达到如下要求。

品种原种，"三系"原种：99.8%；

品种良种，"三系"良种：97.0%；

杂交种：96%以上。

由于遗传纯度是由遗传因素决定的，通常根据表型进行鉴定，而表型是由遗传因素和环境因素共同决定的，因此所谓纯度只有相对意义。目前，采用分子生物技术测定品种的 DNA 指纹，能更可靠地确定品种的纯度。

（2）种子净度 种子净度是一个物理学的概念，是指种子纯重量占种子及其他杂物重的比率。提高种子净度是种子脱粒、清选、包装、运输过程的主要工作。高粱种子的国家标准是，一级良种种子净度为99%以上，二级良种为96%~98%。

（3）种子生活力 种子生活力是指种子的发芽能力、出土能力和幼苗初期长势。种子生活力由受精状况、胚胎发育状况、种子含水量、储藏条件和时间，以及病、虫侵害状况决定的。种子生活力通常用发芽势和发芽率测定，尤其发芽势指标更直接。甜高粱种子的含水率应在14%以下，这是一般所说的种子安全含水率。目前，甜高粱一级良种种子发芽率在95%以上，二级良种发芽率在90%~95%。

2. 常规种繁育技术

甜高粱常规种是针对杂交种而言，采用自交或品种群体姊妹交所产生的种子，称为常规种。而杂交种是指采用父、母本杂交产生的种子。二者的繁育技术既有共性，也有区别。常规种通常采用如下技术。

（1）选地 应选择向阳、平坦、有灌溉条件、中上肥力的地块。还要注意两点：一是前茬作物以豆类、玉米为优，切忌重茬，以保证种子纯度；二是地块要交通方便，便于田间管理及防治病虫害。

（2）隔离 严格隔离是保证良种种子纯度的关键技术。甜高粱的天然杂交率是3%~5%，为防止其他高粱杂交，可采取空间隔离，一般在 400 m 左右为宜；自然屏障隔离，因地制宜地利用村庄、水库、树林、河流、山峰、高地等自然屏障进行有效隔离；时间隔离，在生育期较长的地区，通过提早或延后播种，使良种繁育田开花期与当地甜高粱或粒用高粱生产田的花期错开，避免混杂授粉。

（3）去杂去劣 在甜高粱繁种田里，出现杂株劣株是常见的，因此去杂去劣应及时彻底。第一次在苗期进行，可结合间苗、定苗，根据芽鞘色、叶色、叶形、株型等性状特征去杂。第二次在拔节期进行，根据植株长势、株高、株型等去杂。第三次在抽穗后开花前去杂，务必及时将那些从茎叶和穗形（型）上有疑问的植株去掉，带到田外处理好。对劣株应在早期及时除去。第四次在收获前去杂，这时品种的固有特征都表现出来，很容易鉴别拔除。

（4）收获　繁种田经专业种子部门检验合格后才能作为种子收获。检验的项目首先是田间杂株率，原种种子不超过0.05%，良种种子不超过0.5%。其次是病、虫侵害的状况。收获、晾晒、脱粒、装袋等过程要严防混杂。脱粒后经最后纯度、净度、发芽率、含水量等鉴定合格后，方可入库储藏。

（二）杂交种种子繁育技术

甜高粱杂交种利用雄性不育系繁育种子的程序，比常规育种要复杂一点。这里包括亲本不育系、保持系和恢复系的繁育和杂交种制种。不育系和保持系种子的繁育要单设隔离区；恢复系的繁育可单设隔离区，也可结合杂交种制种田选择一些优良的恢复系单株作种用。

1. 雄性不育系及保持系繁育技术

不育系繁种田应在完全隔离区内进行，隔离距离最低在500 m以上，原种繁育应在1 000 m以上。种植方式通常采取2行不育系与2行保持系，或2行不育系与1行保持系相间种植，以保证不育系的充足授粉和产量。为防止混杂，可在保持系行头上种几株大豆或向日葵标志作物，以示区别（图14-6、图14-7）。

图14-6　甜高粱不育系繁殖

（《甜高粱》，2008）

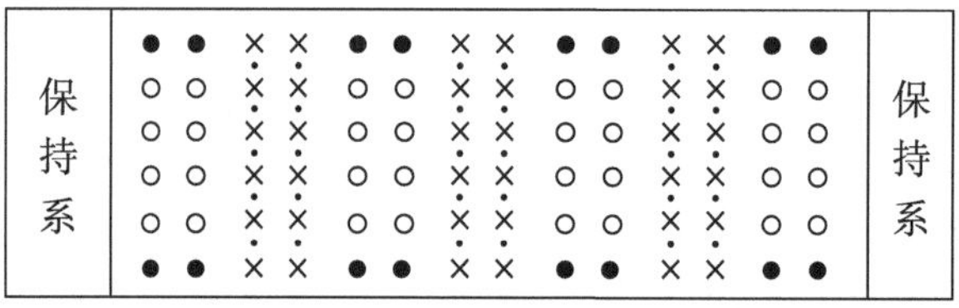

○——保持系　×——不育系　●——标志作物

图 14-7　不育系繁殖田种植图示

（《甜高粱》，2008）

为保证不育系与保持系花期相遇，使不育系有足够的散粉期授粉，通常将保持系分两期播种，第一期与不育系同播，第二期比第一期晚播 7~10 d，即第一期保持系钻锥时（幼芽出土）播种。如果想省工一次播种，可将不育系用水浸泡后与保持系同播。

为避免收获时人为混杂，应先收保持系，集中到田外一个地方。之后将不育系行里的散落高粱穗捡到外面去，确认其中没有任何外来株穗后再收获不育系，集中一起远离其他高粱。

2. 杂交种制种技术

（1）选地与隔离　甜高粱杂交种制种田的选地与隔离与常规及亲本系的繁育田相同，要求地势干燥向阳，土质肥沃，灌、排水方便，避免盐碱、冷浆地，否则会影响植株生育或造成不育系小花败育。

（2）不育系和恢复系行比及播期调整　确定合适的父、母本行比，既可充分利用父本的花粉，又可收获更多杂交种种子。确定父、母本行比的原则，要根据父、母本株高的差异，父本花粉量的多少，花药外露程度，花粉散粉期长短，单性花是否发达和开放，以及母本外露大小，接受花粉的能力、亲和力等综合因素确定。根据多年甜高粱制种田的研究结果，目前采用的父、母本行比有 2∶8、2∶10、2∶12、2∶14、2∶16 等。

调整父、母本播期的目的是保证父、母本花期相遇良好，其标准是让母本比父本早开花 1~2 d 或 2~3 d，这是杂交制种成败的关键。具体要根据父、母本的生育天数，最好根据父、母本从出苗到抽穗、开花的日数。如果父、母本花期相同，可同播，或母本种子浸种后同播；如果母本比父本早开花 2~3 d，也可同播；如果父、母本花期相差较大，则应错期播种。为保证父、母本花期相遇，父本一般播种 2 期，相隔 5~7 d，以使父本的花期拉长。在错期无十分把握的情况下，本着宁要母本先开花，也不要父本先开花的原则，因为母本先开花 5~7 d，其雌蕊柱头仍可保持一周左右的生命力；相反，父本先开花 5~7 d，则花粉已基本散完，无法挽救了（图 14-8）。

（3）花期预测与调节　花期预测法有叶片法和幼穗预测两种。叶片法的原理是品种的叶片数相对固定，因此可以根据父、母本叶片的数目、生长速度和不同生育时期的叶片差数进行预测，其关键是准确标定父、母本的叶数，且使标定的植株具有相当的代表性。如果父、母本的叶数相同，应使母本多于父本一叶为好：母本旗叶伸长，父本处旗叶期；母本抽穗，父本已打苞；母本开始开花，父本已抽穗；只要保持这种差距，花期相遇没有问题。

图 14-8　杂交高粱制种程序

（《甜高粱》，2008）

高粱拔节之后，幼穗开始分化，共有 7 个阶段，每个阶段需要 5 d 左右，幼穗预测的标准是母本比父本早半个到 1 个分化阶段。幼穗分化与叶片数有一定的内在联系，如果把二者结合起来，则花期预测能更准确。

当预测花期有不遇迹象时，可用促控技术加以调节。幼苗生长不协调时，对生长快的亲本采取晚间苗、留小苗、留分蘖苗，适当增加密度等控制生长；反之，则采取早疏苗、定苗、去分蘖、留大苗等加快其生长。拔节后可采用增肥灌水等措施促进生长较晚的亲本生长；反之，则少施肥或不施肥、深中耕等抑制其生长。如果在挑旗前仍不协调，可对生长较迟的亲本喷洒赤霉酸生长调节剂 1 000 倍液加快生育。

（三）高粱小花败育及其预防技术

1. 小花败育及其原因

小花败育是指不育系小花发育不正常，其子房变小，呈白色，花柱短，柱头上的羽毛似一条线。整个雌蕊萎缩退化，丧失受精结实能力；花药也发育得很小，约是原来的1/5；颖壳变成白色，护颖不张开，柱头伸不出来。

小花败育的原因很多，由遗传因素决定的及其与雄性不育相联系的效应。生育期间不良的环境条件，包括光照、低温、湿度、墒情、肥力和种植密度等。孕穗期，尤其是小穗原基分化时，遇到阴雨、低温、寡照条件时，就会产生小花败育。

预防小花败育的措施，一是选用适于当地种植的小花败育轻或不败育的不育系；二是根据当地无霜期的长短，调整播种期，使孕穗期避开低温、阴雨、寡照天气时段，以减小不利气象因素的影响；三是选好种子田，通风透光好，土质疏松，不积水，不冷浆，增施磷肥，加强田间管理，创造良好的田间小气候和根系生长环境，确保植株生育健壮。

主要参考文献

曹俊峰，1982. 糖高粱籽粒产量与茎内糖分含量的关系 [J]. 甜菜糖业科技情报 (2)：48-50.

曹文伯，1983. 国外开发利用新能源的一个重要途径：发展甜高粱生产 [J]. 世界农业 (8)：48-50.

曹文伯，1984. 我国甜高粱资源的初步研究 [J]. 作物品种资源 (3)：12-14.

曹文伯，2002. 发展甜高粱生产开拓利用甜高粱新途径 [J]. 中国种业 (1)：28-29.

程宝成，等，1983. 甜高粱茎秆汁液内含物的双列分析 [J]. 作物学报，9 (1)：19-20.

高士杰，刘晓辉，李玉发，等，2006. 中国甜高粱资源与利用 [J]. 杂粮作物 (4)：273-274.

黎大爵，1985. 新的能源作物：甜高粱 [J]. 大自然 (2)：17-19.

黎大爵，1989. 甜高粱的引种品种比较试验 [J]. 植物引种驯化集刊 (6)：93-99.

黎大爵，廖馥荪，1992. 甜高粱及其利用 [M]. 北京：科学出版社.

李振武，1981. 高粱栽培技术 [M]. 北京：农业出版社.

李振武，支萍，孔令旗，1990. 糖高粱节段锤度与主茎秆锤度的关系 [J]. 辽宁农业科学 (1)：33-35.

李振武，支萍，孔令旗，等，1992. 甜高粱主要性状的遗传参数分析 [J]. 作物学报，18 (3)：213-221.

刘振业，1984. 光合作用的遗传与育种 [M]. 贵阳：贵州人民出版社.

刘忠民，1979. 粮糖兼用高粱品种选育问题的讨论 [J]. 遗传 (1)：19-21.

卢庆善，1999. 高粱学 [M]. 北京：中国农业出版社.

卢庆善，2008. 甜高粱 [M]. 北京：中国农业科学技术出版社.

卢庆善，朱翠云，宋仁本，等，1998. 甜高粱及其产业化问题和方略 [J]. 辽宁农业科学 (5)：24-28.

马鸿图，黄瑞冬，1995. 甜高粱：欧共体未来能源所在 [C]. 首届全国甜高粱会议论文摘要及培训班讲义：5-9.

毛协亨，等，1983. 丽欧高粱茎秆含糖量规律的初步研究 [J]. 天津农业科技 (4)：27-29.

牛天堂，等，1981. 高粱雄性不育系小花败育原因研究初报 [J]. 山西农业科学 (9)：2-4.

张文毅，韩福光，孟广艳，1987. 高粱穗结构的遗传研究Ⅲ：回交效应 [J]. 辽宁农业科学 (3)：7-10.

张文毅，李振武，孟广艳，1985. 高粱穗结构的遗传研究Ⅰ：杂种一代的遗传表现 [J]. 辽宁农业科学 (2)：1-5.

张文毅，孟广艳，韩福光，1996. 高粱穗结构的遗传研究Ⅱ：分离世代的遗传特点 [J]. 辽宁农业科学 (4)：3-7.

ALLEN R J, 1977, 1976 Forage yield trials at Belle Glade for forage, sirup and sugar varieties [J]. Sorghum Newsletter, 20：91-92.

AYYANGAR G N R, AYYAR M A S, 1937. The inheritance of height cum duration in sorghum [J]. Madras Agri. J (25)：107-118.

AYYANGAR G N R, AYYAR M A S, RAO V P, 1937. Linkage between purple leaf-sheath color and juiciness of stalk in sorghum [J]. Proc. Indian Acad. Sci., 5B：1-3.

AYYANGAR G N R, NAMBIAR A K K, 1939. Genic differences governing the distribution of stigmatic feathers in sorghum [J]. Curr. Sci., (8)：214-216.

BERTHOLDI R E, et al., 1979. Natioal Sweet Sorgum Trial1978-1979. UEPAE de Pelotas：19-21.

CASADY A J, Heyne E G, Weibel D E, 1960. Inheritance of female sterility in sorghum [J]. J. Hered (51)：35-38.

CLEGG M D, et al., 1986. Evaluation of agronomic and energy trails of Wray sweet sorghum and the N 39×Wray hybrid [J]. Energy in Agrculture, 1 (5)：49-54.

DANGI O P, et al., 1978. Combining abilite for quality characters in forage sorghum. Z. Pfizucht, 80：38-43.

FERRARIS R, 1981. Early assessment of sweet sorghum as an agro-undustrial crop. I. Varietal Evaluation [J]. Australian Journal of Experimental Agricultuer and Animal Husbandry, 21：75-90.

KARPER R E, STEPHENS J C, 1936. Floral abnormalities in sorghum [J]. J. Hered (27)：183-194.

LIPINSKY E S, KRESOVICH S.1982. Sugar crops as a solar energy converter [J]. Experientia, 38：13-17.

LIPINSKY E S, Kresovich S, 1980. Sugar stalk crops for fuels and chemicals [M]. Progress in Biomass Coversion：89-125.

MARTIN J H, 1936. Sorghum improvement [M]. V. S. Dept. Agri. YBK. U. S. Govt. Printing office Washington：523-560.

QUINBY J R, KARPER R E, 1945. The inheritance of three genes that influence time of floral initiation and maturity date in milo [J]. J. Am. Soc. Agron., (37)：916-936.

QUINBY J R, KARPER R E, 1954. Inheritance of height in sorghum [J]. Agron. J. (46)：212-216.

QUINBY J R, KARPER R E, 1961. Inheritance of duration of growth in the milo group of sorghum [J]. Crop Sci., (1): 8-10.

QUINBY J R, MARTIN J H, 1954. Sorghum improvement [J]. Adv. in Agron., (6): 305-359.

SALAKO S A, FELIX A, 1986. In vitro dry matter and organic matter digestibilities of grain sorghum and sweet sorghum silages [J]. Journal of Animal Science (63): 298.

SIEGLINGER J B, 1932. Inheritance of height in broomcorn [J]. J. Agri. Research (44): 13-20.

STEPHENS J C, 1947. An allele for recessive red glume color in sorghum [J]. J. Am. Soc. Agron., (39): 784-790.

WEBSTER O J, 1965. Genetic studies in *Sorghum vulgare* (Pers) [J]. Crop Sci., (5): 207-210.

第十五章　高粱产业

在我国，高粱有几千年的栽培历史。高粱以其抗逆性强、适应性广、用途多样而著称，在人类的发展史上曾起到重要作用。从历史上看，高粱作为拓荒的"先锋"作物，随垦殖人口的迁徙到达荒凉之地，在那里生根、开花、结果，维系人们的生计，尤其在旱、涝灾害年份，高粱仍能收获一些粮食，被人们称为"救命之谷""生命之谷"。当人类社会发展到今天，科学技术已相当进步的时下，高粱还能有些什么作为呢？纵观高粱的发展史，用以前的话说，高粱浑身是宝；用现在的话说，高粱浑身是产业。

第一节　高粱酿酒业

一、高粱白酒的发展历程

（一）高粱白酒的起源

追溯高粱酿酒的起源，我国著名白酒专家辛海廷在论述中国白酒的起源与发展中指出，大量史料和考古发掘证明，中国白酒起源于金、元时期是可靠的，而白酒中的精品高粱白酒产生的年代可能要晚一点，这与农业上是否拥有大量酿酒原料——高粱有关。

中国社会进入明朝以后，由于黄河经常泛滥，给中、下游民众造成极大的危害。为修筑河堤治理黄河水患，朝廷命令黄河两岸广种高粱，用高粱茎秆扎成排架填充石灰土加固河堤，而剩余的大量高粱籽粒，一部分作民众的口粮和畜禽饲料，另一部分为酿酒提供了充裕的优质原料，从而开启了中国高粱白酒酿制生产的新纪元。同时，也印证了高粱白酒发端于黄河中、下游的说法和论断。

高粱是中国白酒的主要原料。驰名中外的几种名酒多是用高粱作主料或作辅料酿制而成。用高粱酿制的酒是蒸馏酒，又称白酒或烧酒。明朝李时珍曾指出："烧酒非古法，自元时始创其法。"然而，唐代诗人白居易诗云："荔枝新熟鸡冠色，烧酒初开琥珀香。"北宋田锡所著《曲本草》、南宋吴悞所著《丹房须知》、南宋张世南所著《游宦纪闻》中都有关于蒸馏器和蒸馏技术的记载。可见中国酿制蒸馏酒的起始应在唐朝中期之前。有关高粱制酒，胡锡文（1981）认为，《礼记·内则》中的"粱醴，清糟"是中国高粱酿酒最早的文献记载。据此，中国是最早用高粱酿制白酒的国家。

（二）高粱酿酒业发展的现状和潜力

高粱酿酒业历来是我国经济发展中的重要产业，一些省的酿酒业是支柱产业。一些大的酒厂是当地加工业的产值大户、税收大户和出口创汇大户，对当地社会经济的发展起到了促进和带动相关产业发展的作用。

如今，在我国市场经济蓬勃发展的形势下，高粱酿酒业也得到较快的发展。酿酒是我国不少省份国民经济的重要产业。高粱名酒是我国颇具特色的出口创汇商品。以四川省为例，该省是全国高粱名酒生产量最多的一个省，白酒产量占全国总产量的 20%；全国评选的 13 个名白酒中，四川省占了 5 个。酿酒业已成为四川省农产品加工业中的一大优势产业。四川省在近年国内白酒生产和销售市场上一直处于领先位置，2008 年全省生产白酒 117 万 t，销售收入 589.6 亿元，利税 124.7 亿元。其中，泸州市生产白酒 64.7 万 t，销售收入 267.9 亿元，利税 38.9 亿元。白酒生产、销售收入和利税在当地经济发展中占有重要地位。

高粱酿酒的发展，增加了对高粱原料的需要，因而促进和拉动了高粱生产的发展。据《经济日报》的报道，近年高粱产销形势喜人，主要特点是用量增多、价格趋高。根据有关部门对国内高粱市场的调查显示，酒用高粱用量增加。

酿酒业发展势头不减，呈逐年上升趋势，除四川、贵州等省名白酒，如茅台酒、五粮液酒、泸州老窖特曲酒等销售市场持续走强外；一些新兴白酒产地，如山东、内蒙古、东北等地的地产酒生产和销售见长见旺。有关部门的统计资料表明，国内大型酒厂有 100 余家，是高粱用料大户，年需要高粱达 100 万~150 万 t；加上各地众多的中、小型酒厂，年需要高粱也要 100 万 t 以上，均比往年增加 10% 左右，从而导致高粱的需求量逐年上升。从统计估算看，国内所有白酒生产厂家每年需要高粱酿酒原料 250 万~280 万 t。

高粱酿酒业的发展拉动了高粱生产的发展。我国高粱年种植面积约 100 万 hm^2，总产量 300 万 t 左右。高粱主产区集中在辽宁、吉林、黑龙江、内蒙古等省（区），年产量约 180 万 t；其次是四川、贵州、山西、甘肃、山东等省，年产量约 100 万 t。

此外，高粱酿酒业的发展还带动了关联产业的发展，如玻璃制瓶业、陶瓷业、制盒包装业、物流运输业等的发展，使农民增收、企业增效、国家增税、出口增汇。

二、中国高粱名酒

（一）高粱名酒的品质和风味

1. 高粱白酒的主要成分

中国高粱白酒中的酸、酯、醛、醇一般含量是，总酸 0.1 g/100 mL，总酯 0.1~0.4 g/100 mL，总醛 0.05 g/100 mL，高级醇类 0.3 g/100 mL。普通高粱酒的成分是：酒精 65%，总酸 0.0618%（其中乙酸 68.22%，丁酸 28.68%，甲酸 0.58%），酯类 0.2531%（其中包括乙酸乙酯、丁酸乙酯、乙酸戊酯等），醛类 0.0956%，呋喃甲醛 0.0038%，其他醇类 0.4320%（戊醇最多，丁醇、丙醇次之）。

2. 中国高粱白酒的风味

高粱白酒的感官品质包括色、香、味和风格 4 个指标。风格也称为风味，是指视觉、味觉和嗅觉的综合感觉。品质优良的名酒绵而不烈，刺激性平缓。只有使多种化学物质充分地进行生物化学转化，生成多种多样的有机化合物，才能达到这种效果。上述质量因素与原料、曲种、发酵、蒸馏、储存等密切相关。

3. 高粱名酒产生的相关因素

普通高粱白酒主要是霉菌和酵母菌发酵的产物。高粱名酒除霉菌和酵母菌之外，还增强了细菌活动。在名酒发酵窖的窖泥中，繁衍着众多的梭状芽孢杆菌。它们以窖泥为基地，以香醅为养料，以窖泥和酒醅的接触面为活动场所，在繁殖过程中产生多种有机酸。在发酵过程中，酸和酒精在酯化酶的催化下产生各种酯类，如乙酸乙酯、丁酸乙酯和醋酸乙酯等。储存期间，酸可以继续转化成酯，使酒香大增。通常是窖龄越长，细菌越多，酒味就越纯香。

不同酒厂老窖的细菌种类不同，其酿制的名酒香味成分也各异。酯类在高粱酒香味成分含量中占居首位。醋酸乙酯、乳酸乙酯和乙酸乙酯三大酯类占高粱酒总酯成分的90%多。不同酯类含量多少的不同，形成了不同酒的香型。醋酸乙酯和乳酸乙酯在所有高粱中含量都较高。醋酸乙酯多于乳酸乙酯为清香型酒，如山西汾酒。乳酸乙酯多于醋酸乙酯，并含有较高的 β-苯乙醇，以及一定数量的乙酸乙酯的酒，为浓香型酒，如泸州老窖特曲酒。

中国高粱酒比外国蒸馏酒（如威士忌）含酸量高，而名酒的含酸量又比普通高粱酒高，而且种类多。各种香味成分相辅相成，相互作用，混为一体，是形成名酒风味的物质基础。

（二）中国八大高粱名酒

高粱白酒以其色、香、味的不同风格而闻名。八大高粱名白酒各具风味和特色。名酒的优良酒质绵而不烈，刺激而平缓，具甜、酸、苦、辣、香五味调和的绝妙；具浓（浓郁、浓厚）、醇（醇滑、绵柔）、甜（回甜、留甘）、净（纯净、无杂味）、长（回味悠长、香味持久）等特色。名白酒主要香型有酱香型、清香型、浓香型。酱香型白酒的特点是酱香突出、优雅细腻、酒体醇厚、回味悠长，如茅台酒。清香型白酒的特点是清香纯正、醇甜柔和、自然协调、余味爽净，如汾酒。浓香型白酒的特点是窖香浓郁、绵软甘冽、香味协调、尾净余长，如泸州老窖特曲酒。此外，还有米香型和其他香型白酒。

1. 茅台酒

享誉海内外的茅台酒是中国八大名酒之首、国宴专用酒，产于贵州省仁怀市茅台镇。以当地糯高粱为主料，用小麦曲酿制而成。最早的酒坊建于1704年，酒香味成分复杂，总醛含量高于其他名白酒。其中糠醛含量最高，为 9.11 mg/100 mL，β-苯乙酸也高，是典型的酱香型白酒。

2. 五粮液酒

五粮液酒原名杂粮酒，有1 000多年的生产历史，产于四川省宜宾县。五粮液以高粱为主料，混合大米、糯米、小麦和玉米，取岷江江心水，发酵期长达70~90 d。现用的老窖系明代所建，酒质极佳，风味独具一格，口味醇厚，入口甘美，进喉爽净，各味协调，属浓香型，乙醇乙酯含量较高。

3. 汾酒

汾酒产于山西省汾阳市杏花村，已有1 500余年历史。以当地粳高粱为原料，用大麦和豌豆作曲酿制而成。南北朝时就有"甘泉佳酿"之称。汾酒中琥珀酸乙酯含量为1.36

mg/100 mL，比茅台酒约高 3 倍，是确定香型的重要成分。汾酒的特色是酒液无色、清香味美、味道醇厚、入口绵、落口甜、余味爽净，为清香型，是传统白酒的风格。

4. 泸州老窖特曲酒

泸州老窖特曲酒产于四川省泸州市，已有 400 余年生产历史，1915 年荣获巴拿马万国博览会金奖。以当地糯高粱为原料，用小麦制曲，稻壳作填充剂酿制而成。现今的特曲是泸州曲酒中品级最高的一种，其次为头曲、二曲。特曲酒的香气以乙酸乙酯为主，辛酸乙酯和 2,3-丁二酯也较多，棕榈酸乙酯、油酸乙酯和亚油酸乙酯也比其他白酒多。特曲酒的风格是醇香浓郁、清洌甘爽、回味悠长、饮后犹香、有强烈的苹果香味，为典型的浓香型。

5. 洋河大曲酒

洋河大曲酒产于江苏省泗阳县洋河镇，已有 300 多年的历史。以当地高粱为原料，用大麦、小麦和豌豆作曲，用当地美人泉之水酿制而成，属浓香型酒。酒度（vol）分 60%、62% 和 55% 3 种规格。

6. 剑南春酒

剑南春酒产于四川省绵竹市，已有 300 余年的酿制历史。据考证，前身为绵竹大曲酒，以高粱混合大米、小米、玉米和糯米为原料酿制而成。剑南春酒具芳香浓郁、醇和回甜、清洌净爽、余香悠久等特点。

7. 董酒

董酒产于贵州省遵义市北郊董公祠，因那里有泉水漫流、环境优美的董公祠而得名。董酒以糯高粱为原料，用加了中药材的大曲和小曲酿制而成，有 200 余年的生产历史。董酒既有大曲酒的浓郁芳香、甘洌爽口之功，又有小曲酒的柔软醇和、回甜悠久之效。在各种高粱名酒中，董酒别具风味，独具一格。酒度（vol）分 60% 和 58% 两种。

8. 古井贡酒

古井贡酒产于安徽省亳州。亳州的减店集古井水质清澈透明，饮之微甜爽口，有"天下名井"之称。用此井水加上当地优质高粱为原料、再用小麦、大麦和豌豆制成的中温大曲共同酿制而成。此酒在明清两朝专供皇家饮用，故称古井贡酒，其特点是酒色如水晶、香醇如幽兰、入口甘美醇、回味久不息，为浓香型。

三、酿酒原理和工艺

(一) 酿酒原理及其微生物

高粱酿酒是借助微生物所产生的酶的作用，使籽粒中的淀粉转化成糖，继而产生酒精的过程。微生物主要是曲霉和酵母菌。发酵过程的环境和工艺条件，都应适合所用微生物的代谢特性，促进它们活力强、作用大，以便将原料淀粉充分转化成糖，再将糖转化为酒精和其他有机物成分。曲霉和酵母菌靠曲料培养和注入，因此培养霉菌和酵母菌的曲料（大曲、小曲、麸曲和酵母等）的优劣与高粱酒的品质有极密切关系。

用作糖化的曲霉，主要有黑曲霉类和白曲霉类。常用的黑曲霉类菌种有乌沙米、巴他他、轻研 2 号、东方红 2 号、UV-11 等。白曲霉类是黑曲霉类的变种，大部分用于麸曲优质酒酿制，常用的有河合白曲（泡盛曲霉的变种）、B-11 号（乌氏曲霉的变种）等。用作酒精发酵的酵母菌主要有南阳酵母、拉斯 12 号等，适合淀粉含量较多的高粱籽粒发酵。此外，古巴 2 号和 204 等适合含糖分多的原料发酵，常用于高粱制糖残渣和废稀的酿酒发酵。

（二）高粱籽粒化学成分与酿酒的关系

高粱籽粒的化学组分与酿酒产量和风味有密切关系，如何选择高粱品种籽粒作原料，主要依据籽粒的化学组分。常用的酿酒高粱籽粒化学组成成分列于表 15-1。

表 15-1　常用的酿酒高粱籽粒化学组成成分　　　　　　　　　单位：%

种类	淀粉	粗蛋白质	粗脂肪	粗纤维	单宁
东北常用的酿酒高粱	62.27~65.08	10.30~12.50	3.60~4.38	1.80~2.38	—
贵州糯高粱	61.32	8.26	4.57	—	0.57
四川泸州糯高粱	61.31	8.41	4.32	1.84	0.16
重庆永川糯高粱	60.03	6.74	4.06	1.64	0.29
四川合川糯高粱	60.19	7.46	4.71	2.61	0.33

（武恩吉整理，1982）

（《中国高粱栽培学》，1988）

淀粉既是转化酒精的主要原料，也是微生物生长繁衍的主要热源。高粱淀粉因品种和产地不同而异。糯高粱直链淀粉含量少，支链淀粉含量多，或者全是支链淀粉。淀粉含量多的出酒率高。籽粒中的蛋白质经蛋白酶水解转化成氨基酸，又经酵母作用转化为高级醇类，是白酒香味的重要成分，因此蛋白质，尤其是含天门冬氨酸和谷氨酸较多的蛋白质和蛋白酶与酿酒优美风味密切相关。高粱籽粒中的脂肪含量不宜过多，否则酒有杂味，遇冷易显混浊。纤维素虽是碳水化合物，但在发酵中不起作用。籽粒中的单宁对发酵中的有害微生物有一定抑制作用，能提高出酒率；单宁产生的丁香酸和丁香醛等香味物质，能增加白酒的芳香风味，因此含有适量单宁的高粱是酿制优质高粱酒的佳料。但是，单宁味苦涩，性收敛，遇铁盐呈绿色或褐色，遇蛋白质成络合物沉淀，妨碍酵母生长繁育，降低发酵能力，故单宁含量不宜过高。单宁可被单宁酶水解成没食子酸和葡萄糖，降低对酿酒发酵的危害性。因此，选用单宁酶作用强的曲霉和耐单宁力强的酵母菌，使单宁充分氧化，是克服单宁含量过高的有效措施。

此外，籽粒中的矿物质（灰分），如磷、硼、钼和锰等，是构成菌体和影响酶活性不可缺少的成分，其对调节发酵窖的酸碱度（pH 值）和渗透压也产生一定作用。一般来说，高粱籽粒中的矿质成分含量足够酿酒发酵需要。

（三）酿酒工艺

1. 酿酒方法

以高粱籽粒为原料，大都采用固体发酵法。中国高粱酿酒的传统工艺，因用曲方式不同分为大曲法和小曲法两类。大曲法是用小麦和豌豆等谷物作制曲原料，利用野生菌种自然繁殖发酵。曲块中主要有根霉、毛霉、曲霉、酵母菌和乳酸菌等。大曲法酿制的白酒有特殊的曲香，酒味醇厚，品质优。各种名酒多采用此法。然而，大曲法酿酒生产周期长、用曲量大、出酒率较低、生产成本较高。在高粱酒总产量中，此法生产的酒所占比例较小。但因酒品质量高，仍有发展前景。

小曲法酿酒古时就用。所用曲常配以药材，故又称作药曲、酒药、酒饼。药曲中主要微生物为根霉、毛霉和酵母菌等。四川、贵州酒厂多采用固体发酵，江苏、浙江酒厂多采用液体发酵。近来，已从自然繁殖菌种过渡到纯种培养。小曲法生产的高粱酒虽然所占比例大，但酒品香气较差，口味淡薄。此法有日益减少的趋势。为节省高粱，生产上逐步推广麸曲加酒母的麸曲法。此法用人工培菌发酵，发酵快、生产周期短，故又称快曲法，同时因为此法出酒率较高、成本较低，已被北方酒厂普遍采用。

2. 酿酒工艺流程

各种酿酒法除用曲有不同外，操作方法都基本相同，以大曲法酿酒为例说明。

（1）原料　不同酒厂使用的原料不一样。如清香型的山西汾酒，原料全部是高粱籽粒。浓香型的四川五粮液酒，除用高粱籽粒外，还辅以粳米、糯米、小麦和玉米。制曲的原料虽多以大麦和小麦为主，但由于酒的风味不同，制曲原料也略有差异。清香型酒的制曲原料多用大麦和豌豆，是香兰酸和香兰素的来源。浓香型酒制曲多用小麦。高粱名酒还常掺低脂肪的豌豆、绿豆和红小豆等，也有掺荞麦和玉米的，目的是利用适量的脂肪和蛋白质培制所需曲种。

酿酒很讲究用水，"名酒产地必有佳泉"。水中的有机物影响酒的风味，无机盐影响微生物的繁殖和发酵过程。因此酿酒用水必须纯净，高粱名酒对水的要求更高，要求水质无色透明、清澈不浊、无悬浮物和异味、无碱不咸、略有甘甜味、属软水、沸后不溢、不生水锈、无沉淀物等。汾酒用水化验分析结果见表15-2。

表 15-2　汾酒用水化验分析结果

项目	一号井	二号井	三号井	项目	一号井	二号井	三号井
色	透明	透明	透明	铝	微量	微量	微量
味	无味	无味	无味	铁	微量	微量	微量
全硬度（mg/kg）	296	257	198	亚硝酸根（mg/L）	0.1	微量	0.03
pH 值	7.3	7.3	7.6	氯根（mg/L）	83	126	141.8
钙（mg/L）	103.2	99.9	49.5	硫酸根（mg/L）	2 363.8	2 334.0	1 923.0
镁（mg/L）	71.1	69.6	73.8	固体残渣（mg/L）	1 293	1 346	942

（山西省轻工业局，1957）

（《中国高粱栽培学》，1998）

（2）制曲　制曲的目的是培养优良菌种，使其接种到酿酒原料上能旺盛繁殖。为此，需创造营养丰富、温度适宜、水分适量的条件。制曲时不用人工接入任何菌种，仅依靠原料、用具和空气中的天然菌种进行繁殖是大曲法制曲的特点。不同曲房固有的菌种不一样，制曲原料的配合比例应与季节和气候相适应。冬季要适当减少性质黏稠、容易结块、升温降温慢的豆类。

曲料配好后，先粉碎，再放入曲模中压成砖形，置于曲房里，适当控制温度和水分。通常需 30~45 d，经过长霉、凉霉、起潮火、起干火和养曲等阶段完成培菌过程。制好的曲可储存备用。

（3）发酵　酿酒的高粱籽粒一般破成 4~5 瓣加水约 20% 拌匀，润湿浸透，再蒸煮糊化。蒸煮后置于场地上，加入适量水于 20~50 ℃ 下加入 20% 左右的曲粉，依季节而异趁适温入窖发酵。入窖时压实并封严窖口，以避免杂菌侵入。3~4 d 后窖温升至 30 ℃ 上下，原料逐渐液化，液化越充分则酒醅越下沉。高粱名酒发酵时间较长，如泸州老窖特曲酒为 1 个月，五粮液酒为 70~90 d。茅台酒需 8 次下曲和发酵，每一个发酵期为 1 个月，一个生产周期共需 8~9 个月。发酵期长，产生的酯类较多，能增强香味。

（4）蒸馏　蒸馏的目的是把酒醅里所含各种成分因沸点不同，将易挥发的酒精、水、杂醇油和酯类物质蒸发为气体，再冷却为液体，将酒醅里 4%~6% 的酒精浓缩到 50%~70%。蒸馏过程能将酒醅里的微生物杀死，再产生一部分香味物质。为了使酒醅疏松便于蒸馏，常加入少量谷糠，过多会有异味。一般酒头的酒精浓度大，醛、酯和酮等物质都聚集在酒头里；接近酒尾时，酒精浓度急剧下降。杂醇油的沸点虽然较高，但由于其蒸发系数受酒精度的影响，在酒头和酒尾的含量均较多，因此，酒头常有异味，而经长时间储存后，由于醇类发生转化，反而能增加香味。

（5）后续操作　蒸馏后的操作法分为清渣和续料两类。清渣法是经几次发酵后将酒渣全部弃去。汾酒和茅台酒属此类。发酵 2 次清渣的称二遍清，3 次的称三遍清，其余类推。续料法是圆排后，每次蒸酒浆加一部分新料，弃去一部分旧渣，糊化和蒸馏并用，连续进行。续料法又分为四甑法和五甑法不同工艺。老五甑法是中国酿酒应用最广泛和最久远的方法。

老五甑法适于高粱籽粒淀粉含量高的酿酒原料，其用料量因甑的大小各异。一般圆排后，每次投料 750 kg 左右。窖内有四甑材料，即为大渣、二渣、三渣和四糟。出窖时加入新料成为五甑材料，即为大渣、二渣、三渣、四糟和扔糟。扔糟即是一般酒糟。其余四甑仍下窖发酵。正常的出酒率为高粱重量的 1/3 左右（以酒精度 65%vol 计算），为淀粉原料出酒率理论值的 40%~50%。

小曲酿酒法的用曲量仅占投料量的 0.5%~1.0%。麸曲酿酒法用曲量为投料量的 10%，酵母用量为 4%~5%，发酵时长 4~5 d。麸曲和酵母因容易寄生杂菌不宜久存，否则糖化和发酵能力下降。小曲法和麸曲法的酿制程序与大曲法大体相同。

（四）不同高粱原料酿酒

1. 高粱糠酿酒

高粱糠是高粱碾米下来的副产物，出糠量大约 20%。高粱糠里含有 40%~60% 的粗淀粉，11%~15% 的粗蛋白质，4%~10% 的粗脂肪。单宁含量高于籽粒。高粱糠的化学组分含量因品种和碾米机械不同而异。由于高粱糠里油脂较多，入窖后发酵容易形成酸类，因此多采用低温入窖。高粱糠淀粉含量较低，操作常采用清渣法的清六甑烧法，细糠也可采用老五甑烧法。如酿制得法，其酒品质并不亚于高粱籽粒酒。

2. 甜高粱制糖后的糖渣和废稀酿酒

甜高粱茎秆榨汁后的秆渣和制糖后的废稀仍含有一定糖分，每 100 kg 的秆渣和废稀可酿造 50%vol 的高粱酒 3~5 kg。其工艺流程如下。

（1）酵母菌制备　将压榨后高粱秆渣加水 1.5 倍，煮沸浸出糖分，再加热浓缩作培养糖汁。酵母菌菌种用"21190"。培养时 pH 值为 4.5~5.5，温度保持 28~32 ℃。一级培养用小三角瓶，糖度为 12 BX，经过 20~24 h 后，倒入大三角瓶内，用同样的培养瓶进行二级培养。经 16~18 h 后，倒入种缸。用煮沸的糖度为 8~10 BX 的糖汁 50 kg 进行三级培养。四级培养用糖液 1 500 kg，糖度为 6~8 BX。菌液要搅拌均匀，一般经过 12~14 h 即可使用。

（2）拌料发酵　100 kg 原料拌入 40 kg 四级酵母菌原液。干湿程度以握在手里湿润见水而不下滴为最好。搅拌均匀后即可装入发酵池，随装随压，逐层压实，越紧越好。满池后，用塑料覆盖，四周用湿泥严密封闭，以防杂菌侵入和酒精蒸发。池温 30~35 ℃。气温高时发酵 5~7 d，低时发酵 10 d。当口尝有酸辣味，鼻闻有酒香味，手攥有绵软感，不再吱吱作响时即可蒸馏。

（3）蒸酒　当甑中的水烧开时，将酒醅均匀装入，出池装甑时要迅速操作，不可高扬以免酒精挥发损失。装满后盖好顶盖，周边严密封闭后再进行蒸酒。开始蒸酒时火力要小，当酒气上升到甑顶进入冷却器时，要烧大火，供气要多要快，量大气足。出酒时控制酒温宜在 35 ℃ 以下，如酒温过高则应往冷却器内注入凉水。当出酒梢子（尾酒）时，火力要猛，一鼓作气追尽尾酒。度数未达到标准的剩余尾酒，可掺入下一酒醅中进行复蒸。

四、高粱酿酒的科技支撑

（一）高粱籽粒成分与酿酒的关系

1. 淀粉

（1）总淀粉含量　淀粉是出酒的主要成分，也是发酵微生物生长繁殖的主要能源。淀粉含量与出酒率呈正相关。宋高友等（1986）研究高粱籽粒成分与出酒率的关系。结果为总淀粉含量与出酒率为极显著正相关，相关系数 $r=0.60$（$P<0.01$）（表 15-3）。

表 15-3　高粱籽粒成分与出酒率的相关性

测定项目	样本数	±S	变幅（%）	幅差（%）	变异系数（%）	相关系数（r）
65%（vol）出酒率（%）	31	52.76±4.29	40~59	19	8.13	
总淀粉（%）	31	57.65±3.08	51~65	14	5.34	0.66**
支链淀粉（%）	31	52.08±13.34	33~87	54	25.61	0.12
直链淀粉（%）	31	41.44±13.34	13~67	44	32.67	0.09
蛋白质（%）	31	8.23±1.20	6~11	5	14.58	0.44*
赖氨酸（%）	31	0.17±0.05	0.1~0.3	0.2	29.41	0.04
单宁（%）	31	0.16±0.08	0.1~0.4	0.3	50	-0.22

（宋高友等，1986）

进一步研究表明，不同地区不同高粱品种的总淀粉含量有一定差异。曾庆曦等

（1996）研究北方和四川不同高粱品种总淀粉含量。结果表明，中国北方粳型高粱总淀粉含量平均 62.67%（315 个样本），幅度 53.45% ~ 70.39%；白粒粳型高粱平均值 62.80%（50 个样本），幅度 54.51% ~ 69.19%；红粒糯型高粱平均含量 62.44%（10 个样本），变幅 59.34% ~ 65.16%；半粳半糯型平均含量 62.27%（7 个样本），变幅 59.97% ~ 64.31%。

　　四川省高粱品种总淀粉平均含量 62.07%（185 个样本），变幅 55.31 ~ 66.57%；糯型品种平均含量 62.64%，变幅 58.11% ~ 66.57%；粳型品种平均含量 61.50%，变幅 55.31% ~ 64.87%；半粳半糯型品种平均含量 62.06%，变幅 60.02% ~ 63.59%。统计表明，7 个类型高粱品种间的总淀粉含量差异不显著，说明北方高粱与四川高粱不论是粳与糯，红粒与白粒，其总淀粉含量比较接近，无显著差异（表 15-4）。

　　（2）直链与支链淀粉含量　宋高友等（1986）研究表明，高粱籽粒中直链和支链淀粉含量与出酒率有一定的正相关性，但未达到显著水平。从高粱酿酒业看，我国北方酒厂多采用直链淀粉含量高的粳型高粱，南方酒厂多采用支链淀粉含量高的糯型高粱。曾庆曦等（1996）研究南、北方高粱籽粒中直、支链淀粉含量的差异。结果表明，北方 4 个品种类型的直链淀粉平均含量为 19.70%，南方 3 个品种类型的为 12.84%，北方的高于南方的近 7 个百分点；南方的支链淀粉平均含量 87.16%，北方的为 80.30%，南方的高于北方的近 7 个百分点。

　　2. 单宁

　　宋高友等（1986）研究表明，高粱籽粒中单宁含量与出酒率为负相关，$r = -0.22$，未达显著水平。曾庆曦等（1985）测定了北方和四川不同高粱品种类型的籽粒单宁含量。结果显示，北方的 4 种类型高粱品种的平均单宁含量为 0.452%，四川的为 1.496%，高于北方的 1 个多百分点。其中北方的白粒粳型高粱单宁含量最低，平均为 0.08%（表 15-5）。

　　3. 蛋白质

　　宋高友等（1986）研究表明，高粱籽粒中蛋白质含量与出酒率成正相关，达显著水平，$r = 0.44$（$P < 0.05$）（表 15-3）。曾庆曦等（1996）测定了不同高粱类型高粱品种籽粒蛋白质含量的差异。结果显示，北方 4 种类型高粱品种平均蛋白质含量为 8.974%，四川的为 9.081%，含量接近，只有北方白粒粳型高粱的含量较高，为 9.764%（表 15-6）。

　　影响酿酒出酒率的因素除高粱籽粒成分及其含量外，还受发酵的温度、湿度、水质、pH 值、酵母菌活力和转化率、蒸馏技术的影响。研究还表明，液态发酵法比固态发酵法的出酒率高。江苏省洋河酒厂采用传统固态发酵的出酒率为 41% ~ 47%；宋高友等（1986）采用液态发酵法测定了 31 个高粱品种的出酒率为 40% ~ 59%（以 65% 酒计算）。

　　（二）酿酒高粱的遗传改良

　　1. 高淀粉材料的筛选

　　张桂香等（2009）对 130 份不同高粱种质类型的总淀粉含量进行了分析测定。结果表明，三类种质材料总淀粉含量差异明显，地方品种的均值为 73.03%，选育品种的

表15-4 不同高粱品种类型淀粉及其组合含量

地区	粳糯	粒色	品种数	总淀粉均数(%)	变幅	直链淀粉				支链淀粉			
						标准差	变异系数	均数(%)	变幅	均数(%)	变幅	标准差	变异系数
北方	粳	红	248	63.18	53.45~70.39	3.32	5.25	24.21	15.90~34.58	3.674 5	15.18	75.79	65.42~84.10
	粳	白	50	62.8	54.51~69.19	3.743 6	5.97	28.52	18.70~35.82	3.758 2	13.18	71.48	64.72~81.30
	糯	红	10	62.44	59.34~65.16	1.785 5	2.85	8.01	7.67~8.42	0.230 7	2.88	91.99	91.58~92.33
	半粳半糯	红	7	62.27	59.97~64.31	1.971 1	3.27	18.05	14.27~20.91	2.526 6	14	18.95	79.09~85.73
四川	粳	黄褐红	38	61.5	55.31~64.87	2.025 5	3.34	20.95	15.16~24.68	2.513 8	12	79.05	75.32~84.84
	糯	黄褐红	134	62.64	58.11~66.57	1.625 1	2.6	5.58	1.14~9.84	2.014 1	36.09	94.42	90.16~98.86
	半粳半糯	黄褐红	13	62.06	60.02~63.59	1.661 7	2.79	11.98	10.20~14.66	1.438 8	12.01	88.02	85.34~89.80

补充列（支链淀粉 标准差／变异系数）：

地区	粳糯	支链淀粉 标准差	支链淀粉 变异系数
北方	粳（红248）	3.649 7	4.82
	粳（白50）	4.052 8	5.69
	糯（红10）	0.230 7	0.25
	半粳半糯（红7）	2.665 9	3.26

（曾庆曦等，1996）

为 75.64%，国外品种的为 76.04%，选育品种和外国品种的总淀粉含量明显高于地方品种。筛选出总淀粉含量超过 78%的材料 13 份，其中美国的 8 份，中国的 3 份，印度和泰国的各 1 份（表 15-7）。

表 15-5 不同类型高粱单宁含量

地区	粳糯	粒色	品种数	均数（%）	变幅（%）	标准差	变异系数
北方	粳	红	37	0.5	0.076~1.286	0.311	62.2
	粳	白	50	0.08	0.029~0.227	0.015	18.88
	糯	红	13	0.986	0.129~1.860	0.632	64.1
	半粳半糯	红	7	0.242	0.183~1.061	0.167	69
四川	粳	黄褐红	30	1.427	0.352~2.200	0.402	28.17
	糯	黄褐红	181	1.439	0.846~2.650	0.322	22.38
	半粳半糯	黄褐红	5	1.621	1.370~2.29	0.395	24.37

（曾庆曦等，1996）

表 15-6 不同类型高粱蛋白质含量　　　　　　　　　　　　　单位：%

地区	粳糯	粒色	品种数	均数（%）	变幅（%）	标准差	变异系数
北方	粳	红	37	8.77	7.130~10.836	0.87	9.92
	粳	白	53	9.764	7.50~12.510	0.997	10.21
	糯	红	13	9.245	8.200~11.530	1.028	11.12
	半粳半糯	红	7	8.118	7.978~12.437	0.639	7.87
四川	粳	黄褐红	31	9.579	7.860~11.530	1.051	10.97
	糯	黄褐红	186	8.917	7.490~13.280	0.914	10.25
	半粳半糯	黄褐红	5	8.748	8.128~9.810	0.668	7.64

（曾庆曦等，1996）

表 15-7 高淀粉材料

品种名称	国家	淀粉（%）	单宁（%）	蛋白质（%）	脂肪（%）	备注
OK11B	美国	78.20	0.07	10.72	2.39	
1131B	美国	80.40	0.08	8.57	3.15	
1057B	美国	78.42	0.08	9.14	3.24	
KSP335B	美国	78.41	0.03	9.63	2.34	
LR287-2	美国	78.81	0.75	8.35	2.67	
N91R	美国	79.13	0.10	9.39	2.44	
MB1088	美国	78.50	0.04	10.1	2.55	
94M4108	美国	78.76	0.08	8.51	2.84	
散穗红壳矮高粱	中国	78.81	0.01	8.24	2.67	吉林
7-2B	中国	79.08	0.10	9.27	2.63	山西

（续表）

品种名称	国家	淀粉（%）	单宁（%）	蛋白质（%）	脂肪（%）	备注
4240	中国	79.93	0.54	8.79	4.28	山西
CS140	印度	78.66	0.08	9.46	3.05	
Ku3128	泰国	79.48	0.04	9.29	2.28	

（张桂香等，2009）

相关分析显示，籽粒总淀粉含量与蛋白质、单宁、脂肪的相关均为极显著负相关，表明随着籽粒中总淀粉含量的增加，蛋白质、单宁、脂肪含量呈减少趋势。由于淀粉含量在杂种一代有一定的正超亲优势，因此可以利用试验中筛选出来的高淀粉材料，组配杂交种，以选育出高淀粉含量的杂交种。

2. 不同高粱籽粒淀粉结构对酿酒工艺的影响

（1）吸水量 丁国祥等（2009）采用我国南、北方不同高粱籽粒淀粉结构对酿酒工艺的吸水量、吸水率、糊化温度和吸水膨胀率等参数进行了研究。结果表明，粳高粱的吸水量始终大于糯高粱，粳糯型高粱的吸水量介于粳、糯高粱之间，四川的粳高粱吸水量明显低于北方粳高粱的。粳高粱与糯高粱吸水量之差随蒸粮时间延长而增加，如蒸料 60 min 时，北方和四川的二者之差为 7.4 g，120 min 时为 32.2 g，达饱和吸水量（640 min 时）为 151.9 g（表 15-8）。

表 15-8　不同蒸粮时间的吸水量

蒸粮时间（min）	北方红粒粳高粱（g）	北方白粒粳高粱（g）	四川红粒粳高粱（g）	粳糯型高粱（g）	四川糯高粱（g）
20	14.2	13.7	11.6	10.9	10.1
60	29.8	30.8	26.1	27.3	22.4
120	76.4	82.0	41.5	59.2	44.2
240	140.4	153.7	83.3	103.3	75.3
360	178.0	188.5	112.9	127.9	92.3
640	266.5	275.3	164.8	178.9	144.6

（丁国祥等，2009）

（2）吸水和膨胀率 同一时间的吸水率是四川糯高粱均高于北、南方的其他类型高粱（表 15-9）。吸水膨胀率四川糯高粱为 23.4%，北方红粒粳高粱为 58.6%，北方白粒粳高粱为 61.7%，四川粳高粱为 25.5%，粳糯型高粱为 39.0%，说明粳高粱的吸水膨胀率大于糯高粱。

表 15-9　不同蒸粮时间的吸水量

蒸粮时间（min）	北方红粒粳高粱（g）	北方白粒粳高粱（g）	四川红粒粳高粱（g）	粳糯型高粱（g）	四川糯高粱（g）
20	5.5	4.9	7.9	6.0	8.8
60	11.4	11.2	16.9	15.5	19.7

（续表）

蒸粮时间（min）	北方红粒粳高粱（g）	北方白粒粳高粱（g）	四川红粒粳高粱（g）	粳糯型高粱（g）	四川糯高粱（g）
120	29.4	23.2	26.6	33.6	37.4
240	53.3	56.7	51.8	58.4	65.1
360	67.0	69.4	69.3	72.2	79.3
640	100	99.8	100	100	99.4

（丁国祥等，2009）

（3）糊化温度　北方红粒粳高粱的碱消化率分数为1.8，四川糯高粱为2.8，粳糯型高粱为2.2，表明粳高粱的糊化温度高于糯高粱，前者为85℃，属高糊化温度品种，后者为70℃，属低糊化温度品种；粳糯型高粱的糊化温度为80℃，属中等糊化温度品种。

总之，四川糯高粱具有吸水量少、吸水率高、糊化温度低、吸水膨胀率小等酿酒工艺参数特点，酿酒易达节时、节水、节能效果，符合泸型高粱酒传统工艺要求。因此，四川省在进行酿酒高粱遗传改良时，应选育支链淀粉含量高的糯高粱品种或杂交种。

3. 酿酒高粱籽粒组分的生物技术改良

（1）部分酿酒高粱籽粒组分的测定　总淀粉含量测定结果表明，雄性不育系总淀粉含量最高为75.92%，恢复系为76.14%（表15-10）。支链淀粉含量不育系最高为81.43%，恢复系为82.09%（表15-11）。单宁含量不育系平均为0.76%，最高为1.83%；恢复系平均为1.01%，最高为2.12%。

表15-10　总淀粉含量的测定结果

材料	平均（%）	变幅（%）	>70%份数	占总数（%）
不育系（50份）	69.36	63.65~75.92	21	21.0
恢复系（50份）	69.19	63.63~76.14	20	20.0
总份数（100份）	69.27	63.63~76.14	41	41.0

（王黎明等，2009）

表15-11　支链淀粉含量测定结果

材料	平均（%）	变幅（%）	>80%份数	占总数（%）
不育系（50份）	77.73	71.83~81.43	7	7
恢复系（50份）	78.38	75.02~82.09	9	9
总份数（100份）	78.05	71.83~82.09	16	16

（王黎明等，2009）

（2）外源DNA导入后的籽粒组分改良　花粉管导入DNA的后代中，有4个组合的淀粉含量高于受体，占总数的6.9%；有3个组合的支链淀粉含量高于受体，占总数的5.2%；有8个组合的单宁含量低于受体，占11.4%。淀粉含量高于受体2个百分点的导入后代有4个（表15-12）。其中1个导入后代的淀粉含量既高于受体，又高于供体，提高了4.21个百分点；其余3个后代的淀粉含量介于受体和供体之间，稍偏向供体。

还有，在淀粉含量提高的导入后代中，供体的淀粉含量均高于受体，而且均是高淀粉含量品种，因此要获得淀粉含量高的导入后代，应选择淀粉含量高的品种作导入供体。

表 15-12　外源 DNA 导入后淀粉含量的变异　　　　单位：%

受体淀粉含量	供体淀粉含量	后代淀粉含量	高于受体含量
70.04	73.47	73.11	3.07
71.31	73.75	73.55	2.24
71.81	73.66	76.02	4.21
68.14	72.56	71.02	2.88

（王黎明等，2009）

在导入后支链淀粉提高的变异后代中，此受体提高 2 个百分点的导入后代有 3 个，均接近供体的相应含量（表 15-13）。说明欲获得支链淀粉含量高的导入后代，应选择支链淀粉含量高的品种作供体。

表 15-13　导入后代的支链淀粉含量变异　　　　单位：%

受体支链淀粉含量	供体支链淀粉含量	后代支链淀粉含量	高于受体含量
75.66	79.19	79.00	3.34
77.49	80.98	80.15	2.66
78.11	81.42	81.38	3.27

（王黎明等，2009）

导入后代单宁含量降低幅度较大，其中最多降低了 0.5%。在单宁含量降低的导入后代中，单宁含量一般介于供体和受体之间，也有其含量既低于受体，也低于供体的变异后代（表 15-14）。

表 15-14　导入后代的单宁含量变异　　　　单位：%

受体单宁含量	供体单宁含量	后代单宁含量	低于受体含量
1.2	1.0	1.0	0.2
1.4	1.0	1.1	0.3
1.3	1.1	1.1	0.2
0.7	0.1	0.2	0.5
0.4	0.4	0.2	0.2
0.8	1.0	0.5	0.3
0.9	0.4	0.6	0.3
0.4	0.4	0.2	0.2

（王黎明等，2009）

（三）高粱白酒的美拉德研究

美拉德反应最早由法国科学家美拉德提出，并以其名命名。它广泛应用于食品加工业中。近年，由我国著名专家庄名扬首先提出的有关白酒美拉德反应的论述，在业内引起了广泛的回响。它推动了白酒从较低级别的酯、酸、醇色谱骨架成分向高级别的微量香味成分转变的研究进程，为我国高粱白酒完善酿造品质风格，研发新香型白酒，解决低度白酒生产难题提供了科学依据。

1. 白酒美拉德反应机制

白酒酿制中美拉德反应每时每刻都在进行，如制曲时产生的褐变、曲香；高温堆积时产生的褐变、醅香。相对来说，窖内发酵前期是以酒精发酵为主，中期以酯化生香为主，后期以美拉德反应为主。美拉德反应是产生一系列香味物质的重要反应，集缩合、分解、脱羧、脱氢等一系列交叉反应。美拉德反应产物的种类和含量以酱香型白酒为最高，兼香和浓香型次之，清香型白酒较少。就同一香型白酒而言，发酵期长的比短的含量高，调味酒比普通酒含量高。

白酒中美拉德反应属于酸式美拉德反应，包括 3 条反应路线（图 15-1）。美拉德反应分为生物酶催化和非酶催化，其中大曲中的嗜热芽孢杆菌代谢的酸性生物酶、枯草芽孢杆菌 E 和枯草芽孢杆菌 B 分泌的胞外酸性蛋白酶都是很好的催化剂；非酶催化有金属离子、维生素等。

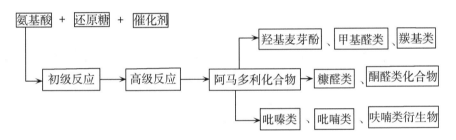

图 15-1　白酒中美拉德反应的 3 条反应路线

白酒美拉德反应产物经专家估测约 500 种，其中对白酒香气和风味起重要作用的约 120 种，代表性产物见表 15-15。

表 15-15　白酒美拉德反应代表性产物特征

产物名称	气味特征	产物名称	气味特征	产物名称	气味特征
丙醛	焦糖香	吡嗪	花生香	3-甲硫基丙醛	芝麻香
乙醛	似果香	25-二甲基吡嗪	烤香	3-甲硫基丙醇	炒香
丁醛	焦糖香	26-二甲基吡嗪	烤香	5-羟基麦芽酚	酱香
戊醛	炸土豆香	2-甲基吡嗪	烤香	麦芽酚	甜香
异丁醛	面包香	23-二甲基吡嗪	烤香	异麦芽酚	甜香
2，3-丁二酮	馊香	235-三甲基吡嗪	窖香	乙基麦芽酚	甜香
3-羟基丁酮	略有酱香	四甲基吡嗪	微焦香	噻吩酮类	甜香
2，3-丁二醇	微馊香	2-甲氧基-3 异丙吡嗪	豌豆香	吡喃类	发酵味
糠醛	焦香	2，5-二甲基吡嗪	青草香	吡啶类	烤香
乙缩醛	果香	2-甲氧基-3 甲基吡嗪	爆米花香	噻唑类	咖啡香

产物名称	气味特征	产物名称	气味特征	产物名称	气味特征
苯甲醛	玫瑰花香	2-甲基-6氧丙基吡嗪	青菜香	噻酚类	可可香
3-甲基丁醛	干酪焦香	呋喃酮类	酱香	噁唑类	咖啡香

（张书田，2009）

2. 根据美拉德反应，采用双曲并举多微共酵

高温大曲蛋白酶活力较高，尤其以耐高温的芽孢杆菌居多，具有较强的酱香气味。选用小麦、大麦和豌豆 7∶2∶1 的高温曲和小麦、大麦 9∶1 的中温曲混合使用，每年端午节开始采制。北方夏季气温高、湿度大，空气中微生物种类繁多且生长活跃，十分有利于大曲的培养。高温曲配料中的豌豆蛋白质含量高，其中硫胺素（VB_1）含量也高，它热降解产生呋喃、噻唑等化合物，使曲香幽雅、浓郁。由于高温大曲含有较高的蛋白酶和芽孢杆菌，可分解蛋白质形成复杂成分的香味物质。

根据美拉德反应和高温大曲的特点，采用以中温曲为主，以高温曲为辅，双曲按比例同时使用多微生物共同发酵。发挥中温曲糖化力适中，使窖内糖化和发酵得以缓慢进行的特点，并通过高温曲补充中温曲增香功能不足的短板，加速美拉德反应的发生和进展，形成更多高级脂肪酸及其酯类，使酒香气浓郁，更软更绵。

3. 应用美拉德反应产物，多香型融合勾兑调味

目前，在浓香型白酒中使用的调味酒有双轮底调味酒、陈酿调味酒、酒头或酒尾调味酒等。这些调味酒香味丰富，各具特色，但终将局限于浓香型这个范围内。而生产降度酒和低度酒追求的理想的酒体特点和风格，以及含微量芳香成分在这些调味酒中并不具备。受美拉德反应的启发，研究人员查阅大量医学典籍，选用多种天然植物浸泡制取调味酒液，进行多香型调味酒勾调设计、博采众长、互相借鉴。以浓香型基础酒为主体，各香型酒相互融合，结果令人满意，多香型融合为提高白酒品质提供了广阔的空间。

试验表明，用清、浓、酱、植物香等多香组合调味，不仅提高自身酒品的质量，而且使酒体呈现出丰满、绵甜、柔顺、净爽的独特风格。这是因为某种香型调味酒的掺入，实质是等于运用其生产工艺特点的独有长处，弥补了另一生产工艺的不足，这是各种微量芳香物质在平衡、烘托、缓冲中发挥了作用。尤其是加入美拉德反应产物生产的调味酒，含量较高的呋喃酮类和其复合香气与浓香型主体香乙酸乙酯的融合，其芳香阈值发生了微妙的变化，而起到意想不到的特殊效果。

第二节　高粱饲料业

我国畜牧业的发展需要大量饲料作物生产作支撑。粒用高粱、甜高粱、草高粱都是优良的饲料作物，既可提供籽粒，又可提供茎叶。高粱籽粒用于畜禽饲料，其饲用价值与玉米相当。而且由于籽粒中含有单宁，在配方饲料中加入 10%~15% 的高粱籽粒，可有效预防幼畜禽的肠道白痢病，提高成活率。近年，甜高粱、草高粱生产显示出巨大的

发展潜力，茎叶作青饲料，或连同籽粒作青贮饲料，或制作干草饲用，均具有较高的饲用价值。

一、高粱饲料种类

（一）高粱籽粒饲料

1. 高粱籽粒饲用成分

高粱籽粒的主要营养成分有蛋白质、无氮浸出物、脂肪、纤维素等。

（1）蛋白质　普通高粱籽粒蛋白质含量为7%~11%，其中赖氨酸约0.28%，蛋氨酸0.11%，色氨酸0.10%，胱氨酸0.18%，精氨酸0.37%，亮氨酸1.42%，异亮氨酸0.56%，组氨酸0.24%，苏氨酸0.30%，缬氨酸0.58%，苯丙氨酸0.48%。高粱籽粒中亮氨酸和缬氨酸含量稍高于玉米，而精氨酸含量稍低于玉米，其余氨基酸含量与玉米相当。

高粱糠麸中的蛋白质含量约10.9%，鲜高粱酒渣约9.3%，鲜高粱醋渣约8.5%。蛋白质是含氮化合物的总称，由蛋白质和非蛋白质含氮化合物组成。后者是指蛋白质合成和分解过程中的中间产物和无机含氮物质，其含量通常随蛋白质含量的多少而增减。

（2）无氮浸出物　无氮浸出物包括淀粉和糖类，是籽粒中的主要成分，也是畜禽的主要能源来源。籽粒中无氮浸出物平均含量71.2%，醋渣中为17.4%。无氮浸出物在消化道中变成单糖被吸收，并以葡萄糖的形式运输到各器官组织里，以保持畜禽的体温和供应器官活动的热量。葡萄糖也能转化成糖蛋白和脂肪储存于体内。

（3）脂肪　籽粒中脂肪含量约3.6%。而籽粒加工的副产品脂肪含量较高，如风干的高粱糠脂肪含量为9.5%，鲜高粱糠为8.6%，酒糟为4.2%，醋渣为3.5%。脂肪包括脂肪、叶绿素、酯和蜡等溶于乙醚的化合物。饲料中适量的脂肪能改善饲喂适口性，促进消化和对脂溶性维生素的吸收，增强畜禽的生长发育和皮毛的润泽。

（4）纤维素　籽粒中纤维素含量约1.5%。粗纤维包括纤维素、半纤维素和木质素等，是较难消化的物质。但是，反刍动物的瘤胃和马属动物盲肠中的微生物能酵解粗纤维，产生可吸收的低级脂肪酸和不可吸收的甲烷和氢气。纤维素能刺激草食畜禽的肠黏膜，增加饱腹感，促进胃肠蠕动和粪便排泄。粗纤维不足时，畜禽食欲不振、消化不良。

2. 高粱籽粒饲用价值

（1）籽粒的可消化率　籽粒中营养成分的可消化率，粗蛋白质为63%，粗脂肪为85%，粗纤维为36%，无氮浸出物为81%（表15-16）。可消化养分即饲料中营养物质可被畜禽消化吸收的部分。可消化养分计算公式如下。

$$可消化养分=饲料中该养分含量（\%）×该养分的可消化率（\%） \qquad (15.1)$$

表15-16　高粱籽粒中可消化养分百分率

单位：%

养分	粗纤维	无氮浸出物	粗蛋白质	粗脂肪
含量	1.5	71.2	8.5	3.6
可消化率	36	81	63	85

（续表）

养分	粗纤维	无氮浸出物	粗蛋白质	粗脂肪
可消化养分	0.54	56.67	5.36	3.06

（武恩吉整理，1981）

（2）籽粒的淀粉价　饲料的养分经畜禽消化转为脂肪或蛋白质，1 kg 可消化淀粉能淀积身体脂肪 248 g。通常把 1 kg 可消化淀粉的生产价值作为 1，称淀粉价。高粱籽粒的总淀粉价为 69.82%（表 15-17）。但在饲料消化中还要消耗一定量的热量，影响身体脂肪的淀积，因此还要乘以实价率，高粱的实价率为 0.99，其实际淀粉价为69.12%，一般记作 0.69。

表 15-17　高粱籽粒的淀粉价

养分	可消化养分含量（%）	养分的淀粉价	部分淀粉价（%）
粗纤维	0.54	1	0.54
无氮浸出物	57.67	1	57.67
粗蛋白质	5.36	0.94	5.04
粗脂肪	3.1	2.12	6.57
总淀粉价			69.82

（武恩吉整理，1981）

（3）籽粒的总热量和代谢热量　1 g 脂肪产生的热量为 39.767 kJ，粗蛋白质为23.9 kJ，碳水化合物为 17.5 kJ。因此，总热量 = 39.769 kJ×脂肪含量（g）+23.9 kJ×粗蛋白质含量（g）+17.5 kJ×碳水化合物含量（g）。据此，计算出 1 g 高粱籽粒总热量为 18.63 kJ（扣除 13% 的水分）。

由于养分在畜禽体内氧化时有一定的损失，因而常把 1 g 养分在体内产生的实际热量，称为代谢热量，也称有效热量，或生理价。这样，代谢热量数值分别是，1 g 脂肪为 38.92 kJ，粗蛋白质 17.16 kJ，碳水化合物 15.49 kJ。由此计算出的 1 g 高粱籽粒的代谢热量为 11.13 kJ。

（二）甜高粱饲料

1. 甜高粱的饲用成分

甜高粱是优良的饲料作物，茎秆鲜嫩，富含糖分，适口性好，饲用甜高粱有几种，如甜高粱、甜高粱与粒用高粱或苏丹草的杂交种等。甜高粱作饲料的最大特点是粮草兼收。

澳大利亚是畜牧业较发达的国家，甜高粱是重要的饲料作物，生产面积达10 万 hm²，占耕地总面积的 4%。在美国、苏联、阿根廷、印度等一些国家，都把甜高粱作饲料作物生产。

我国用甜高粱作饲料有悠久历史，作为饲料作物大面积种植是近年的事。李复兴（1985）指出，甜高粱的国际饲料编号为 IFN 3-04-468。其作青贮饲料的营养成分见表15-18。

表 15-18　甜高粱青贮饲料营养成分

饲料名称	干物质	反刍动物					
		总消化养分（%）	消化能（4.2×10^6 J/kg）	代谢能（4.2×10^6 J/kg）	维持净能（4.2×10^6 J/kg）	增重净能（4.2×10^6 J/kg）	产乳净能（4.2×10^6 J/kg）
甜高粱	27	16	0.7	0.59	0.35	0.16	0.36
青贮饲料	100	58	2.56	2.13	1.26	1.3	1.3

饲料名称	粗蛋白质（%）	粗纤维（%）	乙醚浸出物（%）	灰分（%）	钙（%）	氯（%）	镁（%）
甜高粱	1.7	7.8	0.7	1.8	0.09	0.02	0.08
青贮饲料	6.2	28.3	2.6	6.4	0.34	0.06	0.27

饲料名称	磷	钾（%）	钠（%）	硫（%）	铜（mg/kg）	铁（mg/kg）	锰（mg/kg）	胡萝卜素（mg/kg）
甜高粱	0.05	0.31	0.04	0.03	8	54	17	10
青贮饲料	0.17	1.12	0.15	0.1	31	198	61	36

（李复兴，1985）

沈柏林（1995）用种在同一块地里的甜高粱丽欧和玉米青神白马牙进行养分分析比较，结果是甜高粱各项养分指标优于玉米。无氮浸出物和粗灰分分别比玉米高出64.2%和81.5%。含糖量比玉米高2倍，粗纤维的含量虽高于玉米，但由于甜高粱总干物量更高，所以甜高粱粗纤维所占干物重的30.3%，低于玉米粗纤维占干物重的33.2%（表15-19）。

表 15-19　玉米、甜高粱青饲营养比较　　　　　　　　　　　　单位：%

作物	取样日期	含水率	含干物质	蛋白质	脂肪	粗纤维	无氮浸出物	粗灰分
玉米	8月8日	78.69	21.31	1.853	0.434	7.082	10.529	1.344
甜高粱	8月8日	83.33	16.67	1.113	0.228	4.817	9.001	1.501
甜高粱	9月28日	67.93	30.07	2.014	1.2	9.12	17.29	2.44

（沈柏林，1995）

2. 甜高粱的饲用价值

甜高粱的营养成分丰富，作青贮饲料饲喂奶牛可提高产奶量。各项养分指标超过玉米青贮饲料。

沈柏林（1995）于1979年在北京南郊农场种植甜高粱丽欧 10 hm²，到1982年发展到400 hm²。用甜高粱青贮饲料代替玉米青贮饲料，每头奶牛日增产鲜奶 805 g（表15-20）。按当时全场 3 200 头奶牛计算，每年增产鲜奶约 94 万 kg。

表15-20 不同青贮饲料饲喂奶牛效果比较

组别	吃青贮饲料总量（kg）	吃干草总量（kg）	干草折青贮饲料（kg）	合计吃青贮饲料量（kg）	头日吃青贮饲料量（kg）	总产奶量（kg）	头日产奶量（kg）	产500g奶吃青贮饲料量（g）
试验组	59 418	5 370	21 480	61 066	20.7	58 342.3	19.605	530
对照组	63 718	10 020	40 080	62 726	21.8	58 378.3	18.8	580

（沈柏林，1995）

河南省郑州种畜场用甜高粱饲喂奶牛，不论是用青饲料还是青贮饲料，奶牛都喜欢采食。甜高粱饲喂效果比玉米好，每头奶牛日增产牛奶1 050 g。

（三）草高粱饲料

1. 草高粱的饲用成分

高粱属的许多种，如栽培高粱、苏丹草、哥伦布草、约翰逊草等都可作饲草。随着我国畜牧业的发展，对饲料的需要量越来越大，为草高粱的发展提供了更广阔的空间。草高粱生物产量高，种植区域广，在北方一年可刈割2~3次，南方4~5次，既可以放牧，又可以青饲、青贮或干草存放，常年饲喂畜禽等。

栽培高粱与苏丹草组配的杂交种（又称高丹草）表现出强大的产量杂种优势，是非常有发展前景的草高粱。钱章强（1990）在国内首先育成了草高粱杂交种——皖草2号并审定推广。皖草2号不但生物产量高，而且品质也好，其粗蛋白质、粗脂肪含量占鲜重的百分率基本上与苏丹草相当，占干重的则高于苏丹草（表15-21）。

表15-21 苏丹草与杂交草的营养成分（1994年7月） 单位：%

名称	干物质	占鲜重					占干重				
		粗蛋白质	粗脂肪	粗纤维	无氮抽出物	灰分	粗蛋白质	粗脂肪	粗纤维	无氮抽出物	灰分
苏丹草	22.2	2.42	0.6	4.7	13.12	1.36	10.9	2.70	21.17	59.10	6.13
杂交草	17.7	2.49	0.6	4.23	8.72	1.66	14.07	3.39	23.90	49.26	9.38

（钱章强等，1995）

孙守钧等（1996）研究了栽培高粱与苏丹草的杂交种和苏丹草的营养成分，多数杂交组合的粗蛋白质、粗脂肪、粗纤维和无氮浸出物高于苏丹草（表15-22）。

表15-22 营养成分分析 单位：占干物质百分率，%

	品种	粗蛋白质	粗脂肪	粗纤维	灰分	无氮浸出物	钙	磷
叶	622A×109	6.31	1.48	22.33	5.80	64.06	0.06	0.07
	623A×139	5.85	1.04	24.88	5.51	62.68	0.04	0.07
	622A×107-1	7.03	2.71	18.89	6.88	64.49	0.08	0.10
	IS722	6.27	1.17	23.62	6.01	62.93	0.21	0.11

（续表）

	品种	粗蛋白质	粗脂肪	粗纤维	灰分	无氮 浸出物	钙	磷
茎	622A×109	2.64	1.62	28.21	6.21	61.32	0.28	0.35
	623A×139	2.51	1.41	33.42	5.98	56.68	0.24	0.30
	622A×107-1	2.50	1.37	40.30	4.89	50.94	0.20	0.21
	IS722	2.53	1.39	41.36	6.12	48.1	0.27	0.25
粒	622A×109	7.81	4.20	1.71	2.08	84.20	0.03	0.13
	623A×139	7.44	3.71	2.36	2.40	84.09	0.09	0.21
	622A×107-1	7.68	3.43	2.21	2.52	84.16	0.10	0.26
	IS722	7.21	4.58	5.31	2.31	80.59	0.07	0.26

（孙守钧等，1996）

2. 草高粱的饲用价值

张福耀等（2002）研究表明，草高粱粗蛋白质含量比苏丹草高2.2%，粗脂肪含量与苏丹草相当。而且，草高粱的粗蛋白质含量比其他饲料作物草木犀、漠北黄耆、青刈玉米分别高2.53%、5.22%、2.45%，而与青刈黑麦、串叶松香草的含量相当，仅低于苜蓿（表15-23）。

表15-23　几种饲料作物与草高粱的营养成分比较　　　　单位：%

饲料作物	粗蛋白质	粗脂肪	粗纤维	无氮浸出物
草高粱	15.29	2.69	24.07	32.29
苏丹草	13.09	2.7	21.17	34.96
苜蓿	17.12	2.43	32.66	30.12
青刈黑麦	16.29	2.31	34.62	32.98
草木犀	12.76	2.52	35.4	32.2
漠北黄耆	10.07	1.12	20.89	33.09
青刈玉米	12.84	1.5	28.15	30.17
串叶松香草	15.84	2.93	20.95	45.7

（张福耀等，2002）

如果按单位面积蛋白质产量计算，草高粱的饲用价值就更高了。以玉米为例比较，每公顷产玉米籽粒7 500 kg，按收获指数0.5计，可产茎叶7 500 kg。籽粒蛋白质含量10%，茎叶的含量6%，则玉米每公顷可产蛋白质1 200 kg；而草高粱每公顷可产鲜草131 323.5 kg，按蛋白质含量3%计，则每公顷可产粗蛋白质3 939.7 kg，是玉米的3.28倍。在几种饲料作物比较中，除紫花苜蓿蛋白质含量偏高外，其他的相当于或低于草高粱，但由于草高粱单位面积生物产量高，因而其总蛋白质产量显著高于其他作物，是最具优势的饲料作物（表15-24）。

表 15-24　草高粱与几种饲草的粗蛋白质产量比较

饲料作物	鲜草产量（kg/hm²）	干草产量（kg/hm²）	鲜：干	粗蛋白质含量（%）	粗蛋白质产量（kg/hm²）	位次
串叶松香草	124 693.5	14 560.5	8.6：1	15.84	2 306.4	3
紫花苜蓿	68 475	16 800	4.1：1	18.72	3 145	2
草高粱	131 323.5	25 759	5.1：1	15.29	3 939.7	1
黑麦草		795		15.3	111.6	4
玉米粒		7 500		10	750	5
玉米秸		7 500	6	450	6	
小麦秸		6 000		3	180	7
稻草		6 000		3	180	7

（张福耀等，2002）

总之，草高粱作为一种新兴的饲料作物，从 20 世纪 90 年代开始就受到国内高粱专家的关注。辽宁省农业科学院高粱研究所、山西省农业科学院高粱研究所等科研单位开展了草高粱杂交种的选育工作，先后育成了产量优势强、抗性好的辽草 1 号、辽草 2 号、辽草 3 号、晋草 1 号、晋草 2 号、晋草 3 号、晋草 4 号等高丹草杂交种应用于生产。

近年，我国还从澳大利亚引进草高粱杂交种健宝（Jumbo）、苏波丹（Superdan）等草高粱杂交种试种，表现产量高、草质好、生长繁茂、抗性强等特点，显示出很大的发展应用潜力。目前，草高粱已在我国养牛、养羊、养鹅、养鱼业中形成初级产业市场。

二、高粱饲料的配制

（一）高粱籽粒饲料的配制

1. 育肥猪饲料

高粱籽粒作育肥猪饲料应添加蛋白质，因为籽粒中赖氨酸含量低。而且，非反刍动物自身不能重组蛋白质。Leeffel（1957）的试验表明，饲喂育肥猪每天由 2.8～3.2 kg 高粱籽粒和 0.5 kg 辅料组成，辅料由 25% 的大豆粗粉、25% 的紫花苜蓿、30% 的屠体下脚料和 20% 的鱼粉组成。育肥猪从初重 36 kg 到终重 98 kg，平均每日增重 0.8 kg。

高粱籽粒可提高育肥猪瘦肉的比例。英国农业科协的研究表明，日料中蛋白质水平对瘦肉型猪的反应比脂肪型猪强烈。日料中蛋白质含量从 12% 上升到 20% 时，瘦肉型猪的瘦肉率从 51% 提高到 58%；脂肪型猪的只能从 45% 提高到 47%。而且，高粱与玉米比较，高粱中的不饱和脂肪酸比玉米的少得多，对猪的瘦肉生长颇有益处。

2. 育肥牛饲料

Magee（1959）用高粱籽粒、高粱青贮和棉籽粉配制的饲料，喂饲约 200 kg 重的小菜牛 180 d，增重结果列于表 15-25。29～56 d 日增重最低，为 0.92 kg；151～180 d 日增重最高，为 1.9 kg。180 d 期平均日增重 1.03 kg。

表 15-25　平均饲喂量和增重率

喂饲期（d）	每日饲喂量（kg）			日增重（kg）
	高粱籽粒	棉籽粗粉	高粱青贮	
0~8	1.65	0.89	9.68	1.04
29~56	3.11	0.75	7.7	0.92
57~84	4.84	0.84	6.5	1.15
85~112	5.76	0.94	4.58	1.03
113~150	6.61	1	4.11	1.16
151~180	6.36	1.03	2.9	1.9
平均	4.81	0.91	6.05	1.03

（Magee，1959）

Magee 采用第一配方（高粱籽粒 6.7 kg、青贮饲料 10.6 kg 和棉籽粉 0.9 kg）与第二配方（高粱籽粒 4.2 kg、青贮饲料 18.2 kg 和棉籽粉 0.9 kg）喂饲两组相同体重的幼牛 120 d，结果第一配方平均日增重 1.14 kg，第二配方的为 0.95 kg，增产 20%；第一配方平均每千克混合饲料日增重 0.063 kg，第二配方的为 0.041 kg。

3. 家禽饲料

高粱在家禽配方饲料中完全可以代替玉米。Thayer 等（1957）的研究表明，对肉用鸡饲料来说，黄玉米和苜蓿都是优良的原料，黄色素在配制饲料中是合乎要求的（表 15-26）。

表 15-26　获 1 kg 活重所需饲料量

4 周饲喂期			8 周饲喂期			12 周饲喂期		
品种	饲料量（kg）	体重（%）	品种	饲料量（kg）	体重（%）	品种	饲料量（kg）	体重（%）
沙伦卡佛尔	120	2.4	麦地	108	3.24	瑞兰	113	4.62
卡佛尔 44 拟 14	119	2.43	非洲粟	108	2.81	麦地	109	5.66
卡佛瑞塔	118	2.66	瑞兰	105	3.04	非洲粟	108	4.08
黄达索	115	2.4	矮菲特瑞塔	101	3.29	平原人	106	4.49
白达索	114	2.57	黄玉米	100	2.95	矮菲特瑞塔	106	5.17
黄玉米	100	2.82	平原人	99	3.17	黄玉米	100	4.42

（Thayer 等，1957）

产蛋鸡的高能配制饲料组分是，高粱 20%、黄玉米 18%、麦麸 10%、细麸粉 20%、紫花苜蓿粗粉 5%、肉和骨下脚料 5%、鱼粉 5%、大豆饼 11.5%、盐 0.5%、碳酸钙 2%、蒸制骨粉 2%、浓缩维生素 1%。在产蛋鸡饲料中，直接用高粱代替玉米的效果是非常好的。

还有，用高粱籽粒饲喂幼禽可预防肠道疾病，因为籽粒中的单宁具收敛作用，可减少白痢病发生，提高成活率。例如，用 75% 的高粱和玉米分喂雏鸡，用高粱的成活率为 84.1%，用玉米的为 73.7%。

（二）甜高粱、草高粱饲料的配制

1. 青饲料和干草

甜高粱和草高粱刈割后既可作青饲料，也可晾干后制成干草。草高粱作青饲料或干草用，刈割及其次数是关键。通常根据当地气象条件决定最多刈割次数，次数太多反而使总产量降低。用甜高粱作青饲料应确定适期收获，如果兼顾籽粒和茎叶利用，通常在蜡熟初期收割；收割太晚，茎秆里纤维素含量增加，使饲料的可消化率降低。

2. 青贮饲料

甜高粱和草高粱均可制成青贮饲料。即把甜高粱或草高粱的新鲜茎叶，或者连同籽粒一起切碎后装进密封的青贮器（窖）内，经乳酸菌发酵调制成气味芳香、酸甜可口、耐储藏、可供冬季或常年饲喂的多汁饲料。在配制青贮饲料过程中，高粱养分的损失比晒制干草低。青贮饲料可保持原养分的 90% 左右，而晒制干草只能保持 70%~85%。

3. 秆渣饲料

甜高粱茎秆含丰富的糖分，作青饲料用时其大部分糖分可被吸收，但作青贮饲料时，这些糖分不能都被吸收。Salako 等（1986）研究将甜高粱茎秆汁制成糖浆，其秆渣再制成青贮饲料，其经济效益更高。匈牙利的研究是，将榨取汁液后的秆渣（35~40 t/hm²）层积压实，覆盖上塑料，重压；或装入塑料袋青贮制成颗粒饲料。这种青贮饲料每千克含 399 g 干物质、20 g 可消化蛋白、213 g 类脂肪、55 g 灰分和 155 g 纤维，而普通甜高粱干草相应的养分含量分别为 359 g、20 g、14 g、120 g 和 20 g。

4. 糖化秸秆饲料

将高粱茎叶里的养分水解成多糖和单糖制成糖化饲料。苏联采用水压法处理秸秆，先将秸秆在水中浸泡 7~8 h，使其含水量达 70% 左右，放入巨型高压锅内，茎叶在水、压力和温度的共同作用下水解成多糖、单糖。处理后的茎叶易粉碎，含糖量提高 10 倍多。糖化秸秆饲料饲喂奶牛，产奶量提高 12%；喂育肥牛时，在干草中加入 20% 的糖化秸秆饲料，体重可增加 14.5%。

第三节　甜高粱制糖业和燃料乙醇业

一、甜高粱制糖业

检测表明，甜高粱茎秆中的成分为水 65.80%，蔗糖（结晶糖）11.25%；其他非结晶糖 2.75%，淀粉 5.15%，蛋白质 2.60%，纤维 7.32%，树胶 3.31%，矿物质 1.2%；还有少量乌头酸、果胶、脂肪等。利用甜高粱可制取糖浆、土糖和结晶糖。

（一）制糖浆

在我国，用甜高粱制糖浆已有较长的历史。优质甜高粱糖浆色泽较浅，呈金黄色，适口性好，具有特殊的芳香味，是一种很好的佐餐食品。美国在第一次世界大战之前，每年用甜高粱生产糖浆 6 000 万 L。之后，每年生产糖浆 9 200 万~18 000 万 L。1929 年以后产量逐年下降，1954—1959 年，年产量只有 990 万 L。

美国通常采用三辊压榨机提汁，榨汁率50%～60%；采用电镀钢板或铜板制成的连续蒸发锅，中间有若干横板隔断。过滤除渣后的汁液注入锅的一端，在慢慢流向另一端的过程中加热蒸发，直到变成糖浆才流出锅外。汁液在加热中逐渐澄清，一些蛋白质和非糖物质逐渐凝结，浮在表面，应清除。蒸煮的时间要尽量缩短，当糖浆接近108～110 ℃、波美度35°Bé～36°Bé时，即达到标准浓度，然后仔细过滤，逐渐冷却至80 ℃，即可注入容器内储藏。

苏联采用多辊压榨机提汁，汁液经筛网粗滤除渣。过滤后的汁液泵到凝聚槽里，加热到50 ℃，加注磷酸（1 000 kg糖汁加600 mL）调节糖汁pH值至4.8，此时糖汁中的胶质大量凝聚。再将糖汁加热至90 ℃，形成淀粉糊状物，在冷却器中冷却到60～62 ℃，并移到发酵槽内，此时加麦芽抽出物或酶制剂，将淀粉完全糖化。然后，将糖汁送到硅藻土搅拌器内，加石灰乳中和，并加热到90 ℃，用纯硅藻土处理（用量为1%的糖汁重量），并搅匀。用硅藻土处理后的糖汁送到压滤机过滤，滤清汁送至多效蒸发罐浓缩成70%锤度的粗糖浆，将粗糖浆再过滤后送至其空缸中煮炼成浓度为80%锤度的糖浆，pH值为5.7。用此工艺制成的糖浆质量高，呈金黄色，清澈有光泽，带有甜高粱的清香味。

（二）制土糖

印度糖业研究所用丽欧甜高粱汁液制土糖。榨汁锤度19.75%，转光度15.45%。在开口铁锅里熬煮，加一种叫deola的植物胶澄清（每吨汁加0.8 kg），撇泡，清汁浓缩到起晶点（110～112 ℃），在水盆中冷却成糖块。甜高粱土糖与甘蔗土糖的成分见表15-27。

表15-27　甜高粱土糖和甘蔗土糖的成分比较　　　　　　　　　　　　单位：%

类型	水分	蔗糖分	还原糖	硫酸灰	晶粒含量
甜高粱土糖	6.52	78.1	8.8	7.6	58.1
甘蔗土糖	6.24	84.2	7.5	4.3	64.2

（《甜高粱》，2008）

比较起来，用甜高粱制成的土糖在质量上与甘蔗的基本一样。但甜高粱土糖由于灰分含量高，略带咸味；淀粉含量较高，影响土糖的储藏性能。采取如下措施解决：一是酶处理，使淀粉转化成葡萄糖，但不能清除其他胶质；二是撇泡法，此法可成功地制出上乘土糖，而且不需要任何设备，只是费时间；三是絮凝剂处理，澄清速度快，土糖质量好，但需要一些附加设备。

（三）制结晶糖

用甜高粱生产结晶糖经历了一系列技术改进。因为甜高粱汁液中淀粉和乌头酸含量较高，占汁液中固淀物的1%～4%。胶状的淀粉妨碍蔗糖结晶，乌头酸在加工中形成乌头酸盐，妨碍糖晶体从蜜糖中分离出来。但早期的甜高粱制糖工艺多沿用甘蔗制糖技术，因此少有成效。

1923年，Bryan和Wood等认识到甜高粱汁液中淀粉对制糖工艺的影响，提出用麦芽淀粉糖化酶清除淀粉的技术。1940年，Ventre成功地从高粱糖浆中除去了淀粉并制成结晶糖。他提出的方法是将汁液离心分离，然后加石灰乳将 pH 值调到 8.3~8.5，残留下来的淀粉利用胰酶将其分解。Ventre 还提出用钙盐将乌头酸从汁液中沉淀出来的方法。因为乌头酸是甜高粱汁液中妨碍蔗糖结晶的另一成分。

1969 年，Smith 发明了一种简便的在澄清粗汁和中间汁时清除淀粉的技术。其工艺程序如下。①将甜高粱榨汁后加水稀释至糖汁锤度在 16% 以下，因为当糖汁锤度超过 16% 时，混汁的沉降速度慢，且清除淀粉的效率低。②在汁液中加石灰乳调 pH 值达 7.7~7.9。pH 值如低于 7.7 时，淀粉粒不能很好被团聚沉出；pH 值大于 7.9 时，粗汁中的红色素大大增加。汁液在 55~60 ℃ 下加灰效果最好。若温度超过 60 ℃ 时，则有部分淀粉粒糊化。③边搅拌边加入 3~5 mg/kg 絮凝剂，静置沉淀 1 h 后，除去沉淀物，淀粉除去率达 97.2%。④将澄清汁浓缩锤度为 30%~40% 的中间汁。⑤中间汁加石灰乳使 pH 值为 7.4~7.6，加热至 70~80 ℃。⑥加入 1~2 mg/kg 的絮凝剂，然后静置沉淀 30 min，以清除中间汁中的淀粉。

1971 年，美国采用 Smith 的方法进行中试。原料甜高粱 3~3.5 t，用三辊压榨机榨汁 1 次，得糖汁 1 035~1 350 L，平均锤度为 19.35%，处理前稀释至 14%，间歇加灰使 pH 值达 7.7~7.9，加热至 50~55 ℃。加热汁进入保温的沉淀器，加入 5 mg/kg 絮凝剂，静置约 1 h，然后倒出清汁。澄清汁用两效蒸发罐浓缩成锤度约 35% 的中间汁。中间汁加灰使 pH 值为 7.1~7.3。加热至 60~70 ℃，加入 2~4 mg/kg 絮凝剂，在一个保温的锥底沉降器中静置澄清，再将中间汁浓缩成锤度 60%~65% 的糖浆。糖浆用 Ventre 提出的除乌头酸技术处理：糖浆加灰使 pH 值达 8.3 或更高些，加热至沸。加入足量的 $CaCl_2$，静置 6~8 h，然后分离出不溶性乌头酸钙盐，经处理后所得的清净糖浆用来煮甲糖。中试所得甜高粱糖比甘蔗糖含有较多的 KCl 和较少的 CaO、MgO 和 SO_4^{2-}，而其他方面与甘蔗糖大体相似。

墨西哥国立制糖工业协会于 1971 年去美国考察甜高粱生产砂糖的中试。1972 年 1 月在甘蔗糖厂附近种植 5 hm^2 丽欧甜高粱。同年 6 月进行了 3 d 生产试验。由于当地 6 月处于雨季开始，影响了甜高粱的成熟，其茎秆的转光度从 9.0% 下降到 6.5%。按照美国技术工艺流程，头两次生产试验的甜粱茎秆是第一天收割，第二天加工，在清净和煮炼过程中没有问题。第三次压榨的甜高粱秆是 2 d 前收割的，澄清过程就产生了问题。整个生产试验在煮炼过程中没有碰到问题。虽然糖浆纯度比较低，只适于煮丙糖，不适合煮甲糖。糖浆中没有发现黏胶物质，结晶速度也正常。

辛企全等（1977）报道了用甜高粱生产的高粱蔗黄砂糖、高粱蔗片糖、商品赤砂糖与甘蔗片糖成分的比较（表 15-28）。1977 年，湖北省汉川中洲垸农场用甜高粱生产的机制赤砂糖，其总糖含量 92.60%，其中蔗糖 82.09%，还原糖 10.51%，品尝鉴定认为清甜可口、味道颇佳。

表 15-28　高粱糖和甘蔗糖成分比较　　　　　　　　　　　　　　单位：%

品名	蔗糖	还原糖	纯度	灰分	水分
高粱蔗黄砂糖	91.25	3.95	95.20	1.63	2.79
商品赤砂糖	88.33	3.05	91.38	1.63	3.25

（续表）

品名	蔗糖	还原糖	纯度	灰分	水分
高粱蔗片糖	72.68	13.37	86.05	2.52	4.16
甘蔗片糖	78.75	13.75	91.89	1.52	5.25

（辛企全等，1977）

二、甜高粱燃料乙醇业

（一）世界主要国家燃料乙醇业的发展

越来越多的国家关注甜高粱燃料乙醇业的发展，并制定了其产业发展规划。巴西是世界甜高粱乙醇发展较早的国家，1972 年全国燃料乙醇产量达 7 亿 L，1973 年世界石油危机后开始实施燃料乙醇发展计划。1982 年，其产量达 56 亿 L，600 万辆汽车使用添加 20%乙醇的混合燃料，100 万辆用纯乙醇燃料。1983 年，燃料乙醇已达 80 亿 L，1993 年达 197 亿 L，使全国 35%的汽车使用燃料乙醇。

美国能源部于 1979 年制订了燃料乙醇发展计划，拟用甜高粱代替玉米生产乙醇。每公顷甜高粱可转化乙醇 5 670 L，玉米仅 2 240 L。计划种植 567 万 hm² 甜高粱，生产315 亿 L 乙醇，可使全国汽车使用混合乙醇的原料（表 15-29）。

表 15-29　美国乙醇生产计划

生物量	1980 年		1985 年		1990 年		200 年	
	计划生产量（亿 L）	占比（%）	计划生产量（亿 L）	占比（%）	计划生产量（亿 L）	占比（%）	计划生产量（亿 L）	占比（%）
木材	499	61	464	56	429	49	549	48
农业副产品	193	23	220	26	240	28	278	24
谷物	38	5	38	5	28	3	23	2
玉米	22		20		8		—	
麦类	12		15		17		20	
粒用高粱	4		3		3		3	
糖料作物	—	—	8	1	69	3	172	15
甘蔗	—	—	3		13		13	
城市垃圾	86	10	92	11	99	11	116	10
食品加工副产品	6	1	7	1	8	1	10	1
橘子类	2		2		3		4	
干酪	1		1		1		2	
其他	3		4		4		4	

（卢庆善等，2009）

欧共体从 1982 年开始研究甜高粱，首先评估甜高粱作为能源作物的可能性。1991 年，建立欧共体甜高粱协作网，按国家分工开展甜高粱研究。经过 17 年研究得出结论，有 2种生物质植物适于欧洲气候条件，一是属于 C₄ 植物的甜高粱，二是速生轮作林。由于甜高粱的生产力接近树木的 2 倍，因此认为甜高粱是欧洲未来最有前景的能源作物。

印度现有生产乙醇的工厂 300 余家，年生产能力 256 万 t。目前，主要是用甘蔗转化，也正在试用甜高粱生产的乙醇。2007 年规划用燃料乙醇代替石油，2012 年达 5%，2017 年达 10%，之后达 20%，约 3 000 万 t。

乌拉圭在 20 世纪 90 年代，仿效巴西每年种植 65 万 hm^2 甜高粱用于生产乙醇燃料。

菲律宾于 2007 年发布了《生物燃料法》，规划 2010 年燃料乙醇占汽油消费量的 10%。生产燃料乙醇的原料是甜高粱和甘蔗。

（二）中国甜高粱燃料乙醇业的发展

20 世纪 80 年代，联合国开发计划署（UNDP）资助中国北方生物质能源综合利用项目，研究利用甜高粱转化乙醇的可行性，其中研究并获得了"甜高粱固定比酵母快速发酵生产乙醇的专利技术"。

中国从 2002 年开始，决定在汽车上使用燃料乙醇，并把《变性燃料乙醇》（GB 1835—2001）和《车用乙醇汽油》（GB 18351—2001）两项标准确定为强制性国家标准。从"十一五"开始，国家进一步推广使用燃料乙醇。从 2002—2006 年的 5 年时间里，全国才形成 102 万 t 的生产能力。

2006 年 1 月，国家公布并开始实施生物能源法。2006 年 8 月，国家召开了生物质能源会议。会议提出要大力发展我国生物质能源生产。鉴于国家粮食安全的重要性，确定我国发展生物质能源要坚持"不与粮争地、不与民争粮"的原则。发展生物质能源生产要与促进农村经济发展相结合，与改善农民生活条件相结合，与保护生态环境相结合，与保护国家粮食安全相结合，鼓励在边际性非耕地上种植能源作物。甜高粱所具有的生物学特征特性正好符合我国发展生物质能源的原则，具有巨大的发展潜力和空间。

国家规划至 2020 年，全国生物质能源要发展到 1 500 万 t 的生产规模。如果用甜高粱作原料生产 1 000 万 t 燃料乙醇，则需要种植 267 万 hm^2 甜高粱，建设年产 10 万 t 燃料乙醇工厂 100 家。全部投产后可实现总产值 500 亿元，利税 50 亿元，建厂设备费 400 亿元左右；年需甜高粱种子 4 000 万 kg，计 2.4 亿元；年需发酵酶 20 万 t，计 50 亿元。每年甜高粱茎秆转化乙醇后的秆渣有 1 亿 t，若全部加工成饲料，其产值可达 400 亿元，利润约 100 亿元。燃料乙醇作汽车燃料使用，可减少对环境的污染。

（三）甜高粱转化燃料乙醇的潜力

1. 甜高粱茎秆糖汁转化乙醇的潜力

甜高粱茎秆中富含糖分，如果将可发酵的糖转化为乙醇，其产量是相当可观的。Crispim 等（1984）在巴西种植甜高粱品种 BR503，每公顷收获的茎秆可转化乙醇 2 775 L。1986 年，美国栽培甜高粱品种雷伊及其杂交种 N39×雷伊，转化乙醇分别为每公顷 4 065 L 和 4 500 L。

Arthur 等（1980）在美国得克萨斯州农业试验站研究表明，用甜高粱转化乙醇产量很高（表 15-30）。从北达科他州到得克萨斯州和佛罗里达州南部，气候条件各不相同，无霜期为 121~300 d，1978—1979 年在不同的试验区，甜高粱产量为 12.0~40.5 t/hm^2 干生物量，总糖为 2.9~13.2 t。如果每吨糖生产乙醇 582 L，就等于每公顷产 1 688~7 682 L 乙醇。

表 15-30　美国得克萨斯州威斯拉科农场一些甜高粱品种的产量

栽培品种	茎秆总糖分 （kg/hm²）	基秆总糖 （kg/hm²）	籽粒产量 （kg/hm²）	总糖 （kg/hm²）	测定 （kg/hm²）	产量 （L/hm²）
糖滴	796.6	1 148.0	1 602.9	2 751	1 457	1 455
苏马克	807.4	1 227.3	1 927.0	3 154	1 675	1 650
雷伊	5 295.0	5 660.9	732.9	6 393	3 851	3 855
布兰德斯	1 593.5	2 388.2	939.9	3 328	1 918	1 920
特雷西	4 616.1	2 006.6	2 135.1	4 142	2 237	2 235
ATx623×特雷西	1 701.4	1 904.1	3 719.7	5 624	2 910	2 910
丽欧	3165.9	5 906.4	1 725.5	7 632	4 464	4 455
ATx623×丽欧	3 507.2	4 008.9	5 897.4	9 906	5 228	5 235

（Arthur，1980）

McClure（1980）研究甜高粱的生物量和产糖量。每公顷茎秆可发酵糖转化乙醇3 495~4 005 L、茎秆中的纤维可转化乙醇1 605~1 905 L，这比玉米茎秆和籽粒所转化的乙醇高出30%~40%。如果种植甜高粱杂交种，又可增产30%。

美国南部5个低高原州弗吉尼亚州、北卡罗来纳州、南卡罗来纳州、佐治亚州和亚拉巴马州休闲地的1/3用来种植甜高粱，假设每公顷平均产量40 t，65%的可发酵糖转化成乙醇，年产51.8亿L相当于各州农民每年所购买的汽油数量。将其副产物作青贮饲料，可使现有家畜数目增加1~3倍。

Tzimourtas（1982）报道，在希腊对甜高粱品种丽欧、洛马等的分析表明，干物质占29.4%，其中总糖占35.5%，总糖占鲜重的10.4%。在干物质中，固溶物的百分率为59%，完全可作为转化乙醇的原料。Massantim（1983）试验指出，在意大利中部种植甜高粱生产乙醇，8个甜高粱品种中的丽欧和 Rex、特雷西产量最高，每公顷产12 t糖，转化7 400 L乙醇。

印度尼西亚糖料研究中心对用甜高粱转化乙醇进行了评估，认为从糖汁液直接转化乙醇比用糖转化乙醇更容易。因此，第四届世界能源协会指出，甜高粱作为大面积生产的能源作物具有潜力，前景广阔。黎大爵（1989）研究表明，甜高粱品种 M-81E、雷伊、凯勒、泰斯每公顷生产的茎秆糖汁转化乙醇产量分别为5 607 L、5 981 L、6 131 L和6 159 L。

2. 甜高粱茎秆纤维素转化乙醇的潜力

纤维素转化乙醇是一种至今尚未充分开发利用的新能源。它是将纤维素经化学、生物或微生物转化而得到的高热值液体燃料。甜高粱含有丰富的纤维素，12%~20%，甜秆粒用高粱可达20%~30%。目前，用微生物转化纤维素和半纤维素为乙醇的技术取得了显著进步，使甜高粱作为能源作物更有广阔前景。

将纤维素转化为乙醇有许多方法，目前着重生物学、酶学方法的研发，重点放在分离和提纯能水解纤维素的酶类。为了裂解纤维素，现在正进行两类研究。第一类研究涉及木质纤维素的预处理方法，这种预处理可使纤维素更易受酶或酸水解。有的金属络合物，如 Cadoxen，一种一氧化镉（Cdo）溶于 20% 含水乙二胺的溶液，它易将木质纤维素中的纤维素溶出，然后用里斯木霉菌（*Trichoderma reesei*）的纤维素酶系统把重新沉淀的纤维素水解，可以得到 90% 以上的葡萄糖收率。第二类研究是木质纤维素在人工控制下热解成左旋葡聚糖，该糖是一种葡萄糖酐，遇水容易水解成葡萄糖。Huang 等（1983）研究木质纤维素生产左旋葡聚糖时取得高收率的条件。

Wangen 和 CoworRers（1980）为转化木质素成乙醇，发明了 MIT 法。该法用两种细菌：一种是热纤梭菌（*Clostridium thermocellum*），能够水解纤维素成葡萄糖，并将葡萄糖转化成乙醇；另一种是热解糖梭菌（*C. thermosaccharo-lyticum*），也可以水解半纤维为五碳糖，并将该糖和葡萄发酵成乙醇。如果不采用 MIT 法，甜高粱茎秆和半纤维素也能热水或稀酸提取并发酵成乙醇。残余的木质素络合物可作燃料或用嫌气性细菌消化。

日本通产省集中了日本国内生物工程产业的技术力量，成功研制出一种从秸秆、木屑、蔗渣纤维素中提取汽车用乙醇燃料的生产工艺，研发出用人工合成出具有耐高温、耐高醇浓度，并能生成强力消化特性的纤维素消化酶。现已在山口县建立一座实验工厂，投入试验性生产，每 360 kg 纤维素可转化乙醇 100 L。

澳大利亚的试验表明，甜高粱品种意达利每公顷产纤维 5 400 kg，再生高粱又生产 3 105 kg，两季共产 8 505 kg。仅残渣 1 项，每公顷可产乙醇 2 355 L。这也使乙醇工厂进行周年生产成为可能，在生长季节用甜高粱茎秆，在冬季用高粱籽粒，或其他作物秸秆生产乙醇，将大幅提高乙醇厂的设备利用率和经济效益。

3. 甜高粱糖汁乙醇转化率高

甜高粱汁液含糖量高，一般为 18% 或更高。在我国北方，甜高粱一年生产一季；在南方一年可生产两季，而甘蔗一年只有一季。因此，甜高粱总的生物质转化成乙醇的量要多于甘蔗。另外，糖浆型甜高粱主要含有果糖和葡萄糖，属单糖，易于转化成乙醇，转化率高达 45%~48%；转化工艺简便，节省成本。

甜高粱每公顷每天合成的碳水化合物可转化乙醇 48 L，玉米为 15 L，小麦为 3 L。由于甜高粱生育期短，每公顷甜高粱的年产量可转化乙醇 6 106 L，甘蔗为 4 680 L（Knowles，1984）。澳大利亚的研究表明，甜高粱品种意达利固溶物的产量非高，第一季 141 d 生育期每公顷产 7 600.5 kg，81 d 生育期再生高粱产 4 800 kg，其生产率分别为 53.9 kg/（hm² · d）和 59.3 kg/（hm² · d）。

（四）甜高粱燃料乙醇业发展的问题与对策

1. 高产高糖抗倒甜高粱品种选育

作为甜高粱燃料乙醇生产的原料，品种是第一位的。品种要具有诸多优良的农艺性状才能满足产业发展的需要。首先要有高产性，即单位面积上的生物产量高，从而提供转化乙醇的原料就更多。其次要高糖性，即茎秆中汁液含糖量要高，这样转化成乙醇的量就多。但目前生产上应用的甜高粱品种的生物产量和汁液含糖量远达不到生产的要求；此外，还有一个严重缺点，因甜高粱品种的茎秆高度多在 3 m 以上，常因倒伏造成严重减产，因此急需选育出高产高糖抗倒的甜高粱品种或杂交种。

为达到这一目标，先要做好甜高粱种质资源的研究和创新，从中选出生物产量高、茎秆含糖量高的种质材料，作选育品种的杂交亲本或作杂交种三系的杂交亲本。其次要采取有效的育种技术，通过杂交、回交、群体改良以及生物技术等选育生物产量高、含糖量高的品种及其双高和一般配合力高的杂交种亲本系。

目前，高产的甜高粱品种植株都偏高，很容易造成倒伏和产量损失。因此，应降低株高，以增强抗倒性。而株高降下来又面临生物产量降低的问题。这就需要从育种方向上加以调整，选育中等株高而分蘖力强的品种，或者选育中等株高但茎秆特粗的品种，这样既可以通过增加单位面积的茎秆数达到高产，又可提高品种的抗倒性。

迄今，高粱 A_3 型雄性不育系几乎找不到恢复系，可以利用这一特性选育不结实的甜高粱杂交种，如辽甜 10 号（$309A_3$/310），这样可以利用穗部不结粒，"头轻"重心下降增强植株的抗倒性，又可因无籽粒而使光合产物以糖的形式储存于茎秆中，提高含糖量。

2. 甜高粱茎秆储存技术

在甜高粱转化乙醇生产中，由于原料是含糖的茎秆，甜高粱收获时间集中，数量巨大，受乙醇加工厂条件所限，很难在短时间内处理完。这就需要解决茎秆的储存问题。曹文伯（2005）研究了甜高粱茎秆储存期间主要性状的变化。结果表明，自收割后存放 30~35 d，茎秆重下降 40% 左右；出汁率，丽欧减少 18.1%，814-3 减少 9.5%；茎秆含糖锤度明显提升，丽欧存放 21 d，含糖锤度从 16.2% 上升到 26.6%，814-3 存放 28 d，含糖锤度从 21.6% 上升到 25.9%，以后虽然有上升，但变化不大（表 15-31）。

在 70 d 茎秆储存试验期里，前 35 d 为显著变化期，后 35 d 为平缓变化期。因为前期平均气温仍保持 13~14 ℃，蒸发量在 3.0~6.8，茎秆失水较快；后期天气逐渐进入冬季，出现霜冻，其性状的变化明显减缓。据此，在我国北方可尽量晚收，以期在较低温度储存茎秆，延长乙醇生产期。

表 15-31　不同存放时间各性状测定结果

品种	顺序	测定日期（月/日）	含糖锤度（%）	出汁率（%）	茎秆重减少（%）
丽欧	1	9/27	16.2	52.9	0.4
	2	10/4	20.0	53.8	22.7
	3	10/11	21.1	48.5	27.7
	4	10/18	26.6	47.8	37.9
	6	11/1	26.3	49.0	41.1
	7	11/8	27.3	43.0	43.5
	8	11/15	25.5	43.4	44.5
	9	11/22	27.1	37.6	38.7
	5	10/25	26.8	43.3	34.3
	10	11/29	27.3	37.1	40.9

（续表）

品种	顺序	测定日期（月/日）	含糖锤度（%）	出汁率（%）	茎秆重减少（%）
814-3	1	9/27	21.6	57.2	0.0
	2	10/4	21.1	57.8	17.0
	3	10/11	22.8	52.5	35.1
	4	10/18	23.5	50.0	32.5
	5	10/25	25.9	47.7	37.2
	6	11/1	26.8	51.3	37.2
	7	11/8	25.4	47.1	45.6
	8	11/15	25.9	47.1	47.1
	9	11/22*	24.0	50.0	37.1
	10	11/29*			

（曹文伯，2005）

3. 甜高粱转化乙醇发酵技术

利用甜高粱转化乙醇，不论是采取液体（汁液）发酵还是固体（茎秆）发酵，基本原理就是将糖转化为乙醇。因此，提高乙醇转化率、研发甜高粱高效发酵技术是燃料乙醇业发展的关键技术。

甜高粱转化乙醇，一是可采用批次（间歇）发酵技术，发酵时间约 70 h；二是单浓度连续发酵技术，发酵时间约 24 h。曹玉瑞等（2008）研发的固定化酵母流化床发酵技术，使发酵时间缩短为 4~5 h，从而大大提高了乙醇转化率和生产效率。

固定化酵母流化床发酵是高科技生物技术，用固定化酵母生物反应器发酵甜高粱汁液转化乙醇，工艺先进，尤其是锥形三段流化床生物反应器具有流化性能好、传质效率高、发酵时间短、易于排出 CO_2 等优点。该技术与批次发酵和单浓度连续发酵技术比较，具有速度快、发酵周期短、产量高、工艺设备少、易于实现连续化和自动化生产等优点，其生产乙醇的能力是批次发酵技术的 10~20 倍；糖的转化率是理论转化率的 92%，乙醇生产率为 22 g/（L·h），大幅提升了乙醇的生产能力。

第四节　高粱造纸业、板材业和色素业

高粱造纸业、板材业和色素业均是利用高粱生产的副产品——茎秆、叶片和颖壳等作原料发展起来的高粱产业。由于原料来源丰富、生产成本低，因此其产业发展潜力大、效率高。而且，这些产业的原料都是天然的，其产品具有自然、绿色、无害、环保等特点，尤其高粱色素具有无毒、无味、色泽柔和等特性，在食品、化妆品、药品等行业上有广泛应用的空间和前景，对保障人们健康意义重大。

一、高粱造纸业

（一）高粱茎叶纤维造纸的适应性

1. 纤维细胞的形态特征

高粱茎叶中含有 14%~18% 的纤维素，是造纸的优质原料。由纤维素组成的细胞壁，中间空，两头尖，细胞呈纺锤形或梭形，称纤维细胞。纤维细胞越细越长并富有挠曲性和柔韧性，越适于作造纸原料。高粱秆的纤维细胞长度与宽度之比优于芦苇、甘蔗渣，相当于稻草、麦草，而仅次于龙须草（表15-32）。因此，高粱茎叶造纸的利用价值是较高的。

表15-32　几种主要禾草类原料纤维长宽的比较

种类	一般长度（mm）	一般宽度（μm）	长宽比值
高粱秆	0.726~2.235	9~14	127
稻草	1.14~1.52	6~9	113.7
麦草	1.71~2.30	17~19	
芦苇	0.92~1.52	9~19	约120
甘蔗渣	1.5~2.0	15~25	63
龙须草	0.636~2.706	53~198	202

（武恩吉整理，1981）

高粱不同品种、同一品种茎秆与叶片、茎秆不同部位之间，其纤维细胞的长度与宽度都是不一样的。一般茎秆表皮的纤维是最优造纸原料，叶片次之；节部硅质化程度高，髓部纤维较短，造纸价值低一些。

2. 纤维细胞的化学成分

纤维细胞的化学成分对造纸有明显影响。纤维细胞的细胞壁由纤维素、半纤维素和木质素组成。禾草类纤维与木材比较，其木质素含量低，制纸浆蒸解容易，化学品需量少，热水和1%氢氧化钠的抽取物多，灰分含量较高，其中约50%是二氧化硅。它对纸张的绝缘性有一定影响。高粱茎叶与其他禾草类相比，其碱抽取物较少，抗腐蚀能力较强（表15-33）。

表15-33　常用禾草类造纸原料化学组成成分

种类	碱抽取物（%）	冷水	热水	乙醚	氢氧化钠
高粱秆	8.08	13.88	0.1	25.12	—
小麦秆	5.36	23.15	0.51	44.56	0.3
玉米秆	10.65	20.4	0.56	45.62	0.45
稻草	6.85	28.5	0.65	47.7	0.21
甘蔗渣	7.63	15.88	0.85	26.26	0.26

（中国科学院植物研究所，1978）

高粱不同品种、同品种不同茎叶部位之间，纤维细胞的化学成分也不一样。铜价是原料作为造纸使用价值的重要指标。铜价是指100 g纤维素在碱介质中将氢氧化铜还原成氧化亚铜的毫克数。铜价越低，造纸利用价值越高。高粱茎秆表皮和叶片铜价较低，是造纸的优秀部位，而节部和髓部的铜价较高，其利用价值就低（表15-34）。

表 15-34　高粱茎叶中不同部位的化学成分分析

部位	灰分（%）	树脂（%）	乙醇抽取物（%）	纤维素（%）	木质素（%）	蛋白质（%）	乙酸基（%）	铜价
全秆	7.65	1.19	10.26	48.83		0.34	5.62	8.05
节间	4.89	0.84	7.65	49.98	20.12	0.31	5.57	—
表皮	4.13	0.79	9.89	50.29	18.98	0.28	—	4.09
叶片	10.38	1.56	6.05	43.23	21.93	0.59	—	8.25
节部	6.99	1.65	11.61	37.12	16.38	0.37	—	17.29
髓部	4.88	1.12	13.51	42.99	16.19	0.58	—	19.36

（广濑保，1943）

（二）高粱茎叶造纸工艺

造纸工艺分制浆和抄纸 2 步。制浆是用化学制剂溶出木质素，离解纤维素，保持纤维素的聚合度；抄纸是将离解的纸浆纤维经打浆切短和分经并加入副料，在造纸机中抄造纤维交织的湿纸页，再脱水干燥制成纸张。工艺程序为备料—蒸煮—洗涤—筛选—漂白—打浆—抄纸。

1. 制浆

用切草机把高粱茎叶切成 30~50 mm 的草片，经除尘器和分离器除去杂物和髓部，使草片规格一致。备好的原料加入化学制品，在高温高压下蒸煮，溶出木质素，离解纤维素，蒸煮常用间歇式设备，也有用连续式的。

以高粱茎秆作原料造纸主要采用化学制浆法、分碱法和亚硫酸盐法。通常分碱法应用较多，又分为硫酸盐法、烧碱法和石灰法。原理是利用碱性化学品溶解原料中的木质素，把纤维分离出来。高粱茎叶纤维组织较疏松，木质素含量低，在较缓和条件下易制成纸浆。为使草片与化学品液混合均匀以利浸透，在间歇蒸煮时，把草片和化学品液同时置入蒸煮设备。

为除去杂质和残留的化学品液，对蒸煮后的纸浆需要洗涤。一般使用的设备是洗浆机。更先进的设备是真空洗浆机。混入纸浆中的木质素、色素等影响纸浆色泽，为使有色物质变为无色物质需要漂白，常用漂白粉完成。洗选和漂白后的纸浆，须经打浆才能使纤维润胀、柔软。

2. 抄纸

抄纸是造纸工艺的最后一道工序，即把分散在水中的纸浆均匀交织在造纸机网上，形成湿纸页，再经脱水、干燥成为成品纸。

（三）甜高粱茎秆残渣造纸

用甜高粱茎秆残渣造纸的工艺与用茎叶的相同，但备料需将残留的糖分或醇类物质清除干净，以减少化学品的消耗。还有，在残渣中常混有较多的髓部细胞，会降低造纸收率，应采用水洗或 12 目网筛选，将髓部杂质剔除。具体工序如下。

1. 蒸煮

原料中的水为 15%~20%，液比为 2.65~3.00，用氢氧化钠量 8%，最高温度

150 ℃，最高压力为 5 kg/cm²，保湿时间 2 h，氢氧化钠预热温度为 90 ℃左右。

2. 漂白

纸浆浓度为 5%，温度 35 ℃，有效氮用量 3.5%，漂白时间 1 h，漂白白度 75%。

3. 打浆

打浆浓度为 4.6%~5.0%，时间 1.5~2.0 h，成浆打浆度为 36°SR~40°SR。

4. 配料

填料用量为 10%~15%，松香胶量 1%，明矾用量 3%，抄纸浓度 0.15%~0.20%。

在我国和世界纸张供应偏紧、纸价上扬的情况下，采用高粱茎叶作为造纸原料，生产高质量、低价位的纸张无疑是最佳选择。造纸业的发展不仅可带动农业的发展和增效，还能拉动报业和出版印刷业的发展和繁荣，并带来可观的经济和社会效益。

二、高粱板材业

（一）高粱板材业发展潜力

高粱茎秆有各种色泽、花纹，用高粱茎秆压制的板材，表现自然、古朴、美观、大方。用高粱板材设计、制作的家具或装饰住房，使人有一种回归大自然的感觉，深受人们的喜爱。高粱茎秆是高粱生产的副产品，资源非常丰富，以辽宁省为例，每年生产的高粱茎秆数量，足以加工成长×宽×厚为 180 mm×900 mm×12 mm 的高粱板材 7 600 万张，数量相当可观，其生产潜力相当大。如沈阳市中日合资的沈阳新洋高粱合板有限公司，利用高粱茎秆生产板材、部分可代替低密度刨花板、中密度板、胶合板。该公司每年可加工 3 万 m³ 的高粱秆板材。

（二）高粱板材与木质板材比较

用高粱茎秆制作板材可节省大量木材，能有效保护森林资源。高粱板材质地轻、强度大，与常用的木质板材比较，隔热性能好、用途广泛（表 15-35）。

表 5-35　高粱板材与木质板材性能比较

项目	单位	性能	
		高粱板材	木质板材
厚度	mm	3.0~120.0	2.5~
比重		0.30~0.60	0.50~0.70
静弯曲强度	kg/cm²	120~170	300~700
弹性模具	kg/cm²	30 000~100 000	30 000~100 000
剥离强度	kg/cm²	1~10	2~10
木螺丝保持力	kg	20~50	30~70
吸水厚度膨润率	（煮沸）%	3~15	1~5
吸水率	%	30~100	10~100
热传导率	kcal/（m·h·℃）	0.045~0.085	0.080~0.10

（沈阳新洋高粱板材有限公司，2002）

高粱板材业的发展可提高农业效益、增加农民收入。以种植 99 000 株/hm² 高粱计，按收割后成品率 75% 计算，则可收到合格茎秆 74 250 棵/hm²，以每棵收购价 0.1 元计，每公顷可增加农民收入 7 425 元。如果有 6.67 万 hm² 高粱茎秆用于加工板材，农民可增加收入约 5 亿元。而高粱秆加工成板材的企业创造的效益就更可观了。

（三）高粱板材加工工艺

1. 茎秆截断与压缩

先将选出的合格高粱茎秆去掉叶片和叶鞘，按生产板材的尺寸标准截断，然后采用碾轧压缩法压轧茎秆。如有必要，在压榨前对表皮进行细口切割，这样可以防止高粱秆因压轧而部分断折，可以使酚醛树脂容易浸进茎秆内。

2. 树脂浸泡和干燥

用酚醛树脂的初期缩合物对高粱压轧后的茎秆进行浸泡，以增强其强度，防止霉变和腐烂。具体工艺是按规定的浓度用水把酚醛树脂的初期缩合物稀释成水溶液，然后将碾轧压缩过的茎秆压入盛溶液的槽子里浸泡。

把浸泡树脂的茎秆进行风干，或用干燥机干燥。这时的干燥程度与在粘接工艺中的热压时间有直接关联，与木材粘接一样，必须进行充分干燥。

3. 茎秆横行并接

将茎秆一颠一倒对齐摆放，并用丝线固定，制成帘状秆席，这样的帘席在高粱板材加工工艺中，与单板制造是同样重要的。2 张帘片以上的秆席涂敷胶黏剂后进行重叠，这样层层叠积便加工成高粱板材。

4. 胶黏剂的涂敷与热压

帘状秆席表面上和制原木板材使用同样的方法，要涂敷胶黏剂。涂敷胶黏剂的秆席，根据生产板材的厚度和比重要求，确定要重叠的帘片张数。由于要得到高粱板材应具备的物理性能，帘片之间的秆或者平行或者垂直重叠。

当高粱板材厚度达到 10~20 mm 时，通常使用加热板间隔大的多段式热压机进行热压。当其厚度在 20 mm 以上时，应使用蒸气喷射热压机进行热压则更好。

三、高粱色素业

（一）高粱红色素的提取

先将高粱壳洗净除杂，然后用醇溶液浸提、过滤。将过滤液减压浓缩，分离纯化，烘干研磨成细粉即为成品，其工艺程序如下。

原料—清洗除杂—浸提罐（30 ℃，24 h）—减压浓缩（60 ℃，700 Hg）—分离纯化—烘干研细—成品，并回收乙醇。

用不同提取剂所得色素差异较大。用 60% 乙醇提取的色素不仅产率高、色泽好，而且色阶也高。用自来水提取的色素产量低、色泽差，且浓缩蒸干制成粉末困难。其他几种提取剂也都各有优缺点（表 15-36）。

表 15-36 不同色素提取液提取色素性能比较

提取剂	色调	消光度 490 nm	1%色阶 490 nm（cm）	生产率（%）
乙醇	红	0.47	93	6~8
丙酮	紫红	0.4	53	4~4.5
甲醇	红	0.34	45.3	1.3~2.2
石油醚	黄	0.08	10.3	0.6~0.8
自来水	浅褐	0.02	2.6	2~2.6

（李淑芬，1993）

（二）高粱红色素的性质

1. 高粱红色素的成分和结构

高粱红色素的主要成分和结构如图 15-2 和图 15-3 所示。

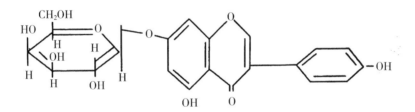

图 15-2 5,4-二羟基-7-0-异黄酮半乳糖苷

（卢庆善等，2010）

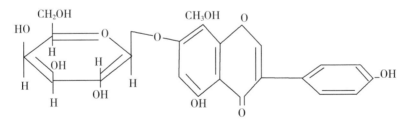

图 15-3 5,4-二羟基-6,8-二甲氧基-7-0-异黄酮半乳糖苷

（卢庆善等，2010）

2. 高粱红色素的理化性质

高粱红色素成品为棕红色固体粉末，具金属色泽，属醇溶性色素，本身呈微酸性，与碱反应生成盐类，可溶于水，并在不同 pH 值内呈现黄、红、紫、深紫、紫黑等颜色。高粱红色素在不同溶剂下，其反应结果是不一样的（表 15-37）。

表 15-37　高粱红色素在不同溶剂中的溶解性及色调

参数	60%乙醇	氢氧化钠	99%冰乙酸	丙酮	甲醇	石油醚	丙二醇
溶解性	溶	溶	溶	溶	溶	不溶	溶
色调	深红	深紫	浅红	玫瑰红	深红		红

（李淑芬等，1993）

3. 高粱红色素的耐光、耐热性

把 pH 值为 3 的高粱红色素溶液装入纳氏比色管里，置阳光下观察，通过 1 周光照发现其变化很小、不易褪色。在室内散射光下，放置 3 个月其褪色甚微，说明高粱红色素耐光性稳定（表 15-38）。

表 15-38　高粱红色素的耐光性观察结果

消光值	放置时间（h）	消光值	放置时间（h）	消光值	放置时间（h）	消光值	放置时间（h）
0.47	24	0.48	48	0.48	72	0.46	96

消光值	放置时间（h）	消光值	放置时间（h）	消光值	放置时间（h）	消光值	放置时间（h）
0.46	120	0.44	144	0.41	168		

（李淑芬等，1993）

将红色素装入试管里，在不同温度下恒温保持 0.5 h 进行耐热性处理。结果表明在室温或 80 ℃以下的温度条件下，其消光值比较稳定、变化不大，当温度高于 80 ℃时，溶液混浊，消光值明显增加，说明高粱红色素在 80 ℃以上时不稳定（表 15-39）。

表 15-39　高粱红色素的耐热性处理结果

消光值	加热温度（℃）	消光值	加热温度（℃）	消光值	加热温度（℃）	消光值	加热温度（℃）	消光值	加热温度（℃）
0.46	室温	0.46	60	0.45	70	0.47	80	0.8	100

（李淑芬等，1993）

4. 高粱红色素抗氧化、抗还原性

将红色素溶液分别加入氧化剂和还原剂，放置 5 h 后测定消光性，结果显示红色素抗氧化性能较差（表 15-40）。

表 15-40　高粱红色素抗氧化、抗还原性能比较

溶液	不同处理的消光值		
	对照	加 $Na_2S_2O_4$ 30.1%	加 H_2O 20.1%
60%乙醇溶液	0.72	0.7	0.49
水溶解	0.48	0.46	0.28

（李淑芬等，1993）

5. 高粱红色素的吸收光谱

将红色素用稀醇稀释成适当浓度的溶液，通过调节 pH 值使其变成红、黄、紫 3 种颜色溶液，用分光光度计测定吸收光谱。结果显示最大吸收波长依次为黄 490 nm、红 510 nm、紫 540 nm。

（三）高粱红色素的应用

1. 在食品业上的应用

色素作为食品着色剂愈加受到人们的关注。随着生活水平的提高和对健康的追求，人们越来越追求高质量的食品，尤其是无公害食品，甚至绿色食品。化学色素用作食品着色剂以来，虽然促进了食品品种大幅增加，但化学色素对人体的毒副作用越来越显现出来。因此，用天然色素代替化学色素的呼声日渐高涨。

根据国家标准 GB 2760—2014 的规定，高粱红色素各项指标均符合国家标准，色价>80，有毒物质砷含量<2 mg/kg，铅含量<3 mg/kg；色调柔和、自然、无毒、无特殊气味；在 pH 值=4~12 范围内都易溶解，易溶于乙醇和水，不溶于油脂。高粱红色素可用于熟肉制品、果子冻、饮料、糕点彩装、畜产品、水产品和植物蛋白着色。最大用量 0.4 g/kg。例如，沈阳市克拉古斯肉食品厂、沈津肉食品厂等用高粱红色素水溶性产品作火腿肠着色剂，用量 0.34 g/kg，经 300 ℃炉温烤制的火腿肠，色泽柔和、自然具真实感、深受用户欢迎。沈阳市饼干厂利用醇溶高粱红色素生产水果糖一次成功，色素添加量 0.025%，采用直火熬糖工艺生产，制作的水果糖颜色稳定，无特殊气味。

2. 在化妆品上的应用

化妆品使用的着色剂，既要美观，又要安全无毒害。高粱红色素可以在化妆品上应用。沈阳白塔日用化学厂采用高粱红色素醇溶液和水溶品，分别在口红、洗发香波、洗发膏中用作着色剂获得成功。其产品色泽鲜艳、柔和，厂家认为高粱红色素在化妆品上可以取代化学色素酸性大红。

3. 在药品上的应用

药品生产中用着色剂使药片包衣着色，使用时醒目，容易识别区分，方便医生和患者。常用的医用药片着色剂有苋菜红、胭脂红、靛蓝等，虽然这些化学色素经国际卫生组织批准许可，但经常食用对人体有害。苗桂珍（1994）研究用高粱红色素代替化学色素，生产着色糖衣药片。沈阳药科大学制药厂用高粱红色素作药膜着色剂，获得成功。用其生产的红色糖衣药片外观光亮，色泽柔和，呈粉红色或深红色。经卫生检验部门分析，此药片的砷、铜含量远低于国家规定的标准，服用这种药片是安全可靠的。

沈阳市新民红旗制药厂采用高粱红色素作中成药增色剂，解决了因药品色调达不到药典要求的颜色而销售困难的问题。

主要参考文献

曹文伯，2005. 甜高粱茎秆贮存性状变化的观察 [J]. 中国种业 (4)：43.

曹玉瑞，曹文伯，王孟庆，2008. 我国高能作物甜高粱综合开发利用. 中国甜高粱研究与利用 [M]. 北京：中国农业科学技术出版社：337-343.

陈玉屏，1979. 糖高粱制造糖浆和糖 [J]. 甘蔗糖业（制糖分刊）(3)：49-51.

丁国祥，戴清炳，曾庆曦，等，2009. 不同淀粉结构高粱籽粒的酿酒工艺参数研究［G］//中国酿造高粱遗传改良与加工利用. 北京：中国农业科学技术出版社：481-483.

广东化工学院，1976. 以甜高粱汁生产粗糖［J］. 甘蔗糖业（制糖分刊）（5）：45-48.

黎大爵，廖馥荪，1992. 甜高粱及其利用［M］. 北京：科学出版社.

黎大爵，1995. 甜高粱：大有发展前途的糖料作物［C］. 首届全国甜高粱会议论文摘要及培训班讲义：118-129.

李桂英，涂振东，邹剑秋，2008. 中国甜高粱研究与利用［M］. 北京：中国农业科学技术出版社.

李淑芬，李景琳，潘世全，1993. 高粱天然红色素提取及其理论化性质的研究［J］. 辽宁农业科学（1）：49-51.

卢庆善，丁国祥，邹剑秋，等，2009. 试论我国高粱产业发展：二论高粱酿酒业的发展［J］. 杂糖作物，29（3）：171-177.

卢庆善，卢峰，王艳秋，等，2010. 试论我国高粱产业发展：六论高粱造纸业、板材业和色素业的发展［J］. 杂粮作物，300（2）：147-150.

卢庆善，孙毅，2005. 杂交高粱遗传改良［M］. 北京：中国农业科学技术出版社：557-563.

卢庆善，张志鹏，卢峰，等，2009. 试论我国高粱产业发展：三论高粱能源业的发展［J］. 杂粮作物，29（4）：246-250.

卢庆善，邹剑秋，石永顺，2009. 试论我国高粱产业发展：四论高粱饲料业的发展［J］. 杂粮作物，29（5）：313-317.

卢庆善，1999. 高粱学［M］. 北京：中国农业出版社.

卢庆善，2008. 甜高粱［M］. 北京：中国农业科学技术出版社.

苗桂珍，潘世全，1994. 天然色素高粱红在医药工业上的应用［J］. 国外农学：杂粮作物（4）：51-54.

潘世全，谢凤周，1985. 关于发展饲料高粱的调查报告［J］. 辽宁农业科学（6）：1-4.

钱章强，詹秋文，赵丽云，等，1996. 高粱：苏丹草种间杂交种在渔业生产中的应用［C］//全国高粱学术研讨会论文选编：120-126.

乔魁多，1988. 中国高粱栽培学［M］. 北京：农业出版社.

宋高友，张纯慎，苏益民，等，1986. 高粱籽粒品质对出酒率影响的初步探讨［J］. 辽宁农业科学（5）：6-8.

孙守钧，李凤山，王云，等，1996. 高粱：苏丹草杂交种的应用可行性研究及其选育［C］//全国高粱学术研讨会论文选编：126-131.

万适良，等，1958. 汾酒酿制［M］. 北京：轻工业出版社.

王黎明，焦少杰，姜艳喜，等，2009. 黑龙江省酿酒高粱的品质改良［G］//中国酿酒高粱遗传改良与加工利用［M］. 北京：中国农业科学技术出版社：37-41.

曾庆曦，丁国祥，曾富言，等，1996. 我所酿酒高粱研究十年回顾 [C]//全国高粱学术研讨会论文选编：89-98.

张福耀，邹剑秋，董良利，2009. 中国酿造高粱遗传改良与加工利用 [M]. 北京：中国农业科学技术出版社.

张桂香，史红梅，李爱军，2009. 高粱高淀粉基础材料的筛选及评价 [G]//中国酿造高粱遗传改良与加工利用. 北京：中国农业科学技术出版社：223-227.

张书田，2009. 高粱白酒的传承与发展 [G]//中国酿酒高粱遗传改良与加工利用. 北京：中国农业科学技术出版社：30-33.

张书田，2009. 浅谈美拉德反应产物对白酒酿造的贡献 [G]//中国酿酒高粱遗传改良与加工利用. 北京：中国农业科学技术出版社：484-487.

第十六章　高粱国际交流与合作

1965 年，高粱专家乔魁多赴匈牙利、罗马尼亚进行高粱科研和生产考察。改革开放以来，辽宁省高粱科技人员率先走出国门，认真执行"走出去，引进来"的基本国策，坚持"科技第一，人才至上"的原则，以自主创新为目标，充分利用国际交流合作的平台，先后与主要高粱国际、国家科研单位建立了联系，紧跟世界高粱科技前沿和发展方向，有力地促进了我国高粱学科的发展和提高。

50 余年来，先后进行了多方位的国际合作与交流，出国学习培训 24 人次，出国考察 54 人次，参加国际会议 26 人次，外国专家来华讲学 106 人次，举办国际会议 2 次，引进外国高粱种质资源 3 262 份。

第一节　国际热带半干旱地区作物研究所（ICRISAT）

一、ICRISAT 介绍

（一）ICRISAT 概况

国际热带半干旱地区作物研究所（International Crops Research Institute for the Semi-Arid Tropics，简称 ICRISAT）成立于 1972 年 7 月。它是 13 个国际农业研究中心之一，位于印度中南部海德拉巴市，土地面积 1 394 hm²，土壤有红壤和黑壤；年平均气温 20 ℃，最高可达 43 ℃，最低 11 ℃；全年气候分雨季（6—10 月）、雨后季（11—2 月）和旱季（3—5 月），年降水量为 700~800 mm。

ICRISAT 共有职工 1 000 余人，包括来自 15 个国家的科学家和专家 59 人，来自印度的科学家 89 人；此外还有 900 余名技术和管理干部及工人。

1. ICRISAT 研究的重点

（1）提高热带半干旱地区 5 种主要作物（高粱、珍珠粟、花生、木豆和鹰嘴豆）的产量，提升稳产性，改良籽粒品质；选育抗病虫、抗旱、抗杂草等适于该地区种植的作物新品种。

（2）研究最大限度地利用当地自然资源和人力资源，通过实施有效、简便易操作和费用低的措施，形成高产稳产的一套农作制度。

（3）研究和鉴定制约热带半干旱地区农业发展的自然因素、社会经济因素及其他因素，并通过技术和制度创新改进这些因素。

（4）通过国际协作和交流，主办国际会议、技术推广、人员培训等，帮助发展中国家提高农业生产和科技水平。

2. 科研工作的特点

（1）重视作物种质资源的收集、鉴定和研究利用　ICRISAT 建所以来，先后从世界各地收集了约 13 万份各种作物种质资源，进行鉴定和研究利用。以高粱为例，截至 2006 年，共从 90 多个国家收集到 36 774 份，占世界总数的 21.8%，代表了目前约 80% 的高粱变异性，其中近 90% 来自热带半干旱地区的发展中国家。经过整理和鉴定的各种作物种质种子保存在低温储藏库里，库温为 4 ℃，相对湿度 40% 左右，种子可保存 15 年；长期保存的种子可保持 50 年。

（2）科学研究以作物为中心，多学科协作攻关　ICRISAT 的科研路线是以作物为中心。5 种作物中，高粱是研究重点，共有 14 位来自世界各国的育种、昆虫、病理、生理、生化、经济学等专家参与高粱科研工作。

在高粱育种上，就有品质育种、群体改良、抗病虫、抗杂草、抗干旱等研究，研究资料和成果形成一套完整的体系。

（3）重视学术交流和国际合作研究　ICRISAT 经常召开学术研讨会、报告会，形式多种多样：有本所科研人员的研究报告、专题报告、学位论文报告、知名专家学术报告等。国际性的学术会议较多，各种作物的年会、国际高粱粒用品质会议、国际高粱学术研讨会等。

此外，ICRISAT 还从各国聘请科学家开展合作研究，招收研究生、实习生和受训生进行学习和培训，以加强国际联系、交流与合作。通过这些途径把他们的试验材料、育种中间试材和科研成果拓展到热带半干旱地区，进一步试验和示范。

（4）科研设备先进，科研人员配套　ICRISAT 拥有世界上先进的科研仪器和设备，如电子显微镜、电子氨基酸分析仪、新型油料分析仪、生理生化测试仪等。仪器配套且实用。例如，计算机中心负责全所试验数据和资料的计算、整理和分析，速度快、效率高、结果准确，并能长期保存，保证科研工作的顺利进行。

ICRISAT 的科技人员，从课题主持人、执行人、实验员、田间助理，到技工和普通工人，分级配套，各司其职。这样，可保证主要科技人员有充分的时间考虑本课题的研究方向、方法、进度和预期结果等。主要科研人员工作 5 年，有 1 年时间到国外进修、考察、访问。通过学习提升业务水平，防止知识老化。

（5）重视情报资料的收集、出版和交流　ICRISAT 有各类图书 2 万册，装订期刊 8 500 册；微型文献 3 500 件，现行期刊 860 种。此外，还出版发行 5 种作物、农作制度和农业经济的研究报告、年报、摘要以及国际学术会议的文集和汇编等。文献、资料的出版、发行及时。而且各种书刊资料都能及时向科研人员提供影印本或目录、摘要。这有助于科研人员及时了解和掌握国际上的研究动态，以确定本专业的研究方向和目标。

（二）ICRISAT 高粱研究概述

1. 高粱种质资源研究

（1）种质资源研究概述　2006 年，ICRISAT 拥有高粱种质资源 36 774 份，在雨季和雨后季对其中 29 180 份高粱种质进行 23 项重要的形态学和农艺性状鉴定，栽培种和野生种的一系列有用变异性状被筛选出来，一些极端类型分属不同的种。对鉴定确认的资料按照"高粱描述标准"和 ICRISAT 资料管理系统进行鉴定后登记，并储存在 1032

系统（一种基本资料管理软件），以进行更快更有效的管理。

一些有潜力的遗传种质资源包括抗虫种质，如抗玉米螟、盲蝇、摇蚊、穗螟等；抗病种质，如抗粒霉病、炭疽病、锈病、霜霉病等；抗寄生杂草种质，如抗巫波草；以及其他具有特殊性状的种质，如无叶舌、爆裂籽粒、甜茎秆和带香味籽粒等。

在种质资源鉴定的基础上，高粱研究者对有用的种质在遗传、育种、生理、生化、病虫抗性等方面进行应用，取得较好效果。为了更有效地利用这些高粱种质，ICRISAT已构建了高粱核心种质。高粱核心种质就是高粱种质资源中，以最低的种质数量代表了全部种质的最大遗传多样性。在 ICRISAT 掌握的全部高粱种质资源中，选择了有代表性的和不同地理来源的遗传资源进入核心种质。

根据上述原则，按照高粱分类和不同地理来源从总资源中选择种质进入亚组，这样就形成了种质资源的多个亚组。对进入亚组的种质资源，根据农艺性状表现进行深入分析，选择那些农艺性状优异的、遗传变异性差异大的种质分别进入更加密切相关的群。再从每个群中提取有代表性的种质，按群总数的一定比例进行选择。这样，在 ICRISAT 就组成了共 3 475 份材料的一个高粱核心种质，约占其保存的高粱种质资源总数的 10%。

（2）已鉴定筛选出的可利用的种质资源　三系亲本和品质选育可利用的种质，在不育系的选育上，已应用的不育基因源有 CK60、172、2219、3675、6637 和 2947。可作亲本应用的有 CS3541、BTx63、IS624B、IS2225、IS3443、IS12611、IS10927、IS12645、IS571、IS1037、IS19614、E12-5、ET2038、E35-1、LuLu5、M35-1、Safra。

在恢复系和品种选育中，可应用的种质有 IS84、IS3691、IS3687、IS3922、IS3924、IS6928、IS3541、ET2039、E36-1、IS1054、IS1055、IS1122、IS1082、IS517、IS18961、Karper1593、IS10927、IS12645、IS12622、IS1151、GPR168。Zera-Zera 高粱因其产量和品质性状的优异，已被选育高粱杂交种广泛利用。

可被利用的优质源：来自埃塞俄比亚的高赖氨酸种质 IS11167 和 IS11758 在育种项目中已将高赖氨酸基因转到农艺性状优良系中，得到了高赖氨酸含量籽粒皱缩品系和丰满品系。一些最有希望高含糖量的甜高粱种质有 IS15428、IS3572、IS2266、IS9890、IS9639、IS14970、IS21100、IS8157 和 IS15448。在饲用高粱种质中，低氢氰酸含量品系有 IS1044、IS12308、IS13200、IS18577 和 IS18580；低单宁含量的有 IS3247 和 PJ7R。

抗性选育可利用的种质：抗病源中兼抗炭疽病和锈病的种质有 ICSV1、ICSV120、ICSV138、IS2058、IS18758 和 SPV387；抗粒霉病、炭疽病、霜霉病和锈病的有 IS3547；抗粒霉病、霜霉病和锈病的有 IS14332；抗粒霉病和炭疽病的有 IS17141；抗粒霉病和霜霉病的有 IS2333 和 IS14387；抗粒霉病和锈病的有 IS3413、IS14390 和 IS21454。

在抗虫种质中，抗芒蝇和玉米螟的有来自印度的 IS1082、IS2205、IS5604、IS5470、IS5480、M35-1（IS1054）、BP53（IS18432）、IS17417、IS18425；尼日利亚的 IS18577 和 IS18554；苏丹的 IS2312；埃塞俄比亚的 IS18511；美国的 IS2122、IS2134 和 IS2146。抗摇蚊的种质有 DJ6514 和 IS2134，并选育出经改良的抗摇蚊高粱品种 ICSV197（SPV694）。

抗巫婆草的种质有 IS18331、IS87441、IS2221、IS4202、IS5106 等。已选育的抗性

品种 SAR1 是由 555×168 杂交育成，已在巫婆草地区推广种植。

抗旱种质有 E36-11、DJ1195、DKV17、IS12611、IS69628、DKV18、ICSV378、ICSV572、DKV1 等。

耐盐碱的种质有 IS164、IS237、IS707、IS1045、IS1049、IS1052、IS1069、IS1087、IS1178、IS1232、IS1243、IS1261、IS1263、IS1328 等。

2. 高粱育种目标

ICRISAT 高粱育种的主要目标是：选育农艺性状优良，具有高产、稳产、优质等性状的品种和杂交种；通过多学科专家的合作攻关，研究鉴定抗原材料的有效筛选技术，并把抗性性状结合到优良农艺性状的品系中去，以抗御各种生物的和非生物的灾害；通过与国际高粱谷子组织协作，完善基本食品的鉴定技术，了解基本食品的质量因素，并加以解决；品质推广地域重点放在印度次大陆、西非、中非、南非、中美等地区，建立地区间试验网点，把高粱育种的早代品系提供给有关地区和国家的高粱育种家，把新育成的品种或杂交种分发到有关的地区和国家进行适应性试验。

3. 杂交种选育和群体育种

ICRISAT 高粱杂交种选育是根据全印高粱改良协作项目开展的。印度目前应用的雄性不育系 2219A、2077A、296A 等，农艺性状优良，但缺少抗旱、抗病虫和抗杂草等性状。针对这些问题，ICRISAT 采取杂交选育和群体育种 2 条途径，进行不育系和恢复系的选育，已选育出 MA6、MA9、MA10、MA12、SPL180A、SPL204A 等新的不育系和MR817、MR862、SPL69R、SPL17R 等恢复系，并组成杂交种在印度 3 个地点进行鉴定。结果表明多数杂交种具有较高的产量潜力、必备的农艺性状及良好的籽粒品质。

ICRISAT 在 2 个点鉴定了 156 份杂交种，其中 ICSH281 平均 7 080 kg/hm² 比对照CSH9 增产 26.4%；ICSH210 6 380 kg/hm²，增产 13.9%；ICSH109 6 260 kg/hm²，增产 11.8%。

ICRISAT 的高粱群体育种是从引自美国、乌干达、尼日利亚和印度等国的高粱群体开始的。13 个群体正在改良选育中，即捷径 R 和捷径 B 群体、US/R 和 US/B 群体、塞雷尔原种群体、热带转换群体、KP_1BR 群体、优异籽粒群体、西非早熟群体、印度双列杂交群体、印度综合群体、RS/R 和 RS/B 群体等。

ICRISAT 采用半同胞、自交一代和自交二代轮选方法进行选择改良，群体里已产生农艺性状优良、籽粒产量高、品质优、抗各种病害和抗芒蝇、蛀茎禾螟的单株。例如，US/R 和 US/B 群体，经过轮选后，籽粒产量每轮选择增益 US/R 为 15%~19%，US/B为 7%~14%；3 轮选择后的总增益 US/R 为 53%，US/B 为 34%。经 1 轮选择，2 个群体的籽粒产量已明显高于推广品种 CSV4；经 3 轮选择，群体产量超过杂交种 CSH6。

ICRISAT 还进行一项长期群体改良计划，即组成 5 个基础广泛的多抗群体。$ICSP_1R/MFR$ 和 $ICSP_2B/MFR$，是抗粒霉病、蛀茎禾螟、芒蝇和摇蚊的群体，主要改良籽粒产量、品质，适于密植、抗炭疽病和巫婆草等；$ICSP_3R/MFR$ 和 $ICSP_4B/MFR$，是抗粒霉病、巫婆草，适于密植的群体，主要改良籽粒产量、品质，抗炭疽病、蛀茎禾螟、芒蝇、摇蚊等；$ICSP_5BR/MFR$，是一个抗蛀茎禾螟、芒蝇、巫婆草的群体，主要改良抗炭疽病、粒霉病、摇蚊和适于密植等。还拟将经鉴定的抗病、虫源和其他必需性状的材料加入有关群体中，进一步进行改良。

4. 抗病育种

按照国际分工，ICRISAT 重点研究高粱粒霉病、高粱霜霉病和高粱炭腐病，也研究高粱炭疽病和高粱锈病。近年来，关于寄主抗性的研究和应用，已成为防治病害的重要方法。一些国家和地区通过选育抗病品种使得某些高粱病害得到控制，如高粱丝黑穗病、霜霉病、炭疽病和玉米矮缩花叶病等。

ICRISAT 高粱改良计划的抗病育种目标，是要求选育的新品种或杂交种具有高产优质和充分稳定的抗病性，以保证在病害流行季节不受或少受病害的侵染。应用抗病品种费用低、效果好，对各种环境和社会经济条件都适合。因此，抗病育种已成为解决高粱病害的一个主要途径。近年来，ICRISAT 在高粱抗病育种研究上，大力进行高粱抗病种质筛选和改良技术研究，以及病原菌的鉴定和国际协作。

（1）高粱粒霉病　引发粒霉病的有寄生性也有腐生性强的兼性菌，镰刀菌、弯孢菌和茎点菌。这些病菌是主要菌源，还有交链孢菌、蠕孢菌和芽枝霉菌等。在高粱籽粒发育期间，由于降雨和湿热天气，很易引发粒霉病。特别在热带半干旱地区，由于较早熟的避旱品种和杂交种的应用，恰好在雨季结束前籽粒成熟，其粒霉病的发病率就高，严重程度也大。鉴于此，选育抗粒霉病的品种和杂交种就十分必要。

ICRISAT 研究出一套有效的田间鉴定筛选抗粒霉病高粱种质的技术，并对保存的全部高粱种质资源进行了鉴定，从中筛选出一批抗性种质，如 IS79、IS307、IS529 等。这批抗原的特点是在对霉菌有利的情况下，抗病性可保持到生理成熟之后，有的长达 3 周。因此，利用这些抗原作抗病亲本，可选育出真正抗粒霉病的品种或杂交种。

（2）高粱霜霉病　存在于土壤中的高粱霜霉病菌的卵孢子和被侵染的多年生杂草（如约翰逊草）上的孢子囊都可以侵染高粱。该病是亚洲、美洲和非洲一些地区高粱的毁灭性病害。鉴于此，提出了通过选育抗病品种作为防治这种病害的唯一有效方法。采用田间抗性种质鉴定技术，筛选出一批比较稳定的抗霜霉病的种质，如 QL3、IS22227、IS22229、IS22230、IS3443 等。其中来自澳大利亚的种质 QL3，在印度、非洲和拉丁美洲经 6 年多点鉴定，表现绝对抗霜霉病。以 QL3 作抗原用于抗病育种，极有希望选出抗霜霉病的品种。

（3）高粱炭腐病　该病病原菌广泛分布于热带亚热带地区的土壤中，能侵染许多寄主。如果高粱在籽粒灌浆期处在干旱和高温条件下，则发病最重。在 ICRISAT，大部分高粱在雨季末播种，后期籽粒成熟多在土壤水分耗尽的情况下进行的，这种条件最利于炭腐病发生，利用这种条件，足以鉴定高粱种质的抗性，筛选出来的抗病种质有IS12568C、IS12661der、IS12555der、SC56×SC33、R1584 等。利用这些抗性种质可以选育出抗炭腐病的品种或杂交种。

（4）高粱炭疽病　炭疽病由毛盘孢菌引起，病症有叶片凋萎型、茎部腐烂型和穗部凋萎型等。感病品种一般减产 50% 以上。采用田间抗病鉴定技术，筛选出一批抗性种质，如 IS7173C、IS8263C、IS2403C、IS3758der、IS3552der 等。抗病育种中的抗病育种品系有 CSV×G. G. 370、SC108-3×CS3541、IS12611×SC108-3、TAM428×E35-14 等。

（5）高粱锈病　锈病为害与品种生育期长短有关，蜡熟初期锈病重。ICRISAT 通过田间鉴定技术，筛选出抗锈病的品系有 IS453、IS1107、IS2007、IS3175、IS5166、E-35-1×US/R-408-8-2、SC-108-3×CS3541 等。

5. 抗虫育种

高粱害虫有近百种，在热带半干旱地区分布最广、为害最重的有芒蝇、玉米禾螟、摇蚊、穗蟓象和黏虫。高粱抗虫育种的主要目标：①加强抗原筛选和抗性基因的积累，对具抗虫性状的基因型进行农艺性状改良；②把有效的抗虫性与其他育种目标性状一起转入农艺性状优良的品系中。为实现上述育种目标，ICRISAT 采取单杂交、回交进行系谱选育；利用双杂交把抗虫性状结合到较优的品种中；采用轮回选择技术，以把抗虫性、产量、籽粒品质优以及其他抗性状结合到一起。ICRISAT 组建了抗芒蝇、玉米禾螟和摇蚊的抗性群体，以增加抗原和改良其农艺性状。

高粱抗虫育种成功的关键在于：①要掌握大量可供利用的抗性种质资源，并能筛选出抗不同害虫的稳定抗原；②研究出切实有效的抗虫筛选技术；③了解和掌握抗性机制和抗性遗传规律，并用于抗虫育种中。

（1）芒蝇　ICRISAT 采用饵料诱捕技术对 3 000 份高粱种质资源和 550 份育种材料进行田间鉴定，筛选出不易感虫的 42 份，如 IS1034、IS1057、IS2146、IS2205、IS5470 等。抗芒蝇育种包括组建抗芒蝇群体、杂交育种和杂交种选育。在雨季防虫和雨后季中等感虫条件下组成随机交配群体，把经过改良的育种系抗芒蝇基因转入群体里，以进一步改良农艺性状和抗性性状。在雨季，对杂交后代 F_4 和 F_6 的 820 份材料进行抗芒蝇和农艺性状鉴定，从不易感虫的 705 个后代中进行单株选择。抗虫的高代系有 PS19663-3、PS21113-1、PS21227-2、PS21239-2、PS27655-11 等。

同时，ICRISAT 还将保持系抗芒蝇的品系转育成雄性不育系，并与经改良的抗芒蝇的恢复系杂交，其杂交种进行抗芒蝇、产量鉴定。

（2）玉米禾螟　ICRISAT 采用有效的诱虫技术自然感虫和人工接虫进行抗玉米禾螟筛选。在 6 600 份种质资源中，鉴定出 IS5470、IS5604、IS8320 和 IS18573 4 个品系对玉米禾螟具有最稳定的抗性。在此基础上进行杂交选育，在 F_2 代选出了 19 个分离世代的 173 个无感虫品系。在 F_5 和 F_6 中选出了 7 份不易感虫的选系，其中 IS1988-1 感虫率最低；PS14413、PS13827 和 PS8104-1 既抗玉米禾螟又抗芒蝇。

（3）摇蚊　ICRISAT 在自然感虫条件下，对 2 000 份种质资源进行抗摇蚊鉴定，其中 26 份种质表现高度抗虫，进一步在自然感虫和笼罩接虫下进行 4 个季节的抗虫筛选，11 份材料在自然感虫条件下感虫率低于 12%。DJ6514、TAM2566 和 IS12666C 在 4 个季节均表现出稳定的抗性。

ICRISAT 把经改良的抗摇蚊育种品系加入抗虫群体中，随机交配后经轮选育成抗摇蚊选系 PM7068、PM7407 和 PM11808。通过回交选择一些保持系材料转育成雄性不育系 PM7060、PM7061 和 PM6751。

（4）穗蟓象　ICRISAT 采用感虫品种鉴定技术对 3 856 份高粱种质资源进行田间抗穗蟓象鉴定，从中选出 113 份不易感虫材料进一步鉴定。在笼罩里接虫鉴定了 12 份不易感虫材料，从中筛选出 IS4544、IS17645、IS17618 和 IS17610 较抗虫。

（5）黏虫　ICRISAT 在田间条件下对 600 份高粱种质资源进行抗虫性鉴定，采用田间大区（108 m²）条件下鉴定了 10 个育种选系的抗虫情况，结果是 IS6984、IS61、IS9692、CSH5 和 CSH9 只有 10%～20% 的叶面积受害，而感虫系对照 IS2761 的受害叶面积达 40%。

6. 抗旱育种

（1）高粱种质抗旱性鉴定筛选　ICRISAT 利用田间干旱条件和采用"管道喷灌系统"技术，完成了 1 255份种质资源和 600 份高代育种选系的田间鉴定筛选，其中 150 份材料比较抗干旱。在 8 个试验点进一步鉴定，结果 M35-1、SPV86、CS3541、IS6248、IS12611、IS1037、IS302、NK300、DJ1195、N-13、E36-1，杂交种 CSH1、CSH6 和 CSH9 表现更抗旱。

苗期抗旱性鉴定在长×宽×高为 110 cm×60 cm×20 cm 的木箱里进行，播种时灌足水，出苗后将木箱分别置于自然降水和遮雨棚条件下，当 50% 的试材完全枯萎时，即解除干旱胁迫。结果表明，幼苗表现好的系为 D71240、D7429、D71257、D71260、D71357、D71242、D71248、Baida、Aamama 和 DJ-119；干旱解除后幼苗恢复较好的系有 D71357、D71465、D71243、D71255、D71500、Baida、DJ-1195、IS3513 和 IS2311。

（2）抗旱育种　高粱抗旱育种是用筛选出来的抗旱性强的种质或品系与农艺性状符合要求的品系杂交，在分离的世代中进行抗旱性鉴定和选择。早代主要根据农艺性状和抗旱性进行选择。高代要进行不同目的试验和多点鉴定，如丰产性、各种抗性等。最终决选应根据"管道喷灌系统"技术和幼苗抗旱性鉴定结果，结合产量等综合性状得出。

由于抗旱性较复杂，迄今还未能确定高粱可遗传的单一抗旱基因。ICRISAT 的研究表明，抗旱性遗传是独立遗传的，至少在某些位点是如此。研究者期望种质在选择条件下能得到更高的遗传增益。为达到此目的，有两种改良基因型的育种技术。第一种是在最适水分条件下所选择的基因型在干旱下也表现好，即在两种不同条件下的性状相关很强。很显然，这种技术的抗旱性基因作为产量基因的主力，但是抗旱性与稳产性不能区别开来。第二种是 ICRISAT 通常采用的技术，这里认为产量与抗旱性是由个别基因控制的，育种目的就是把二者结合在一起，即把丰产性和抗旱性结合到同一个基因型里去。

二、人员培训

卢庆善、傅景昌、赵淑坤、朱翠云、徐秀德分别于 1981 年、1982 年、1983 年、1984 年、1988 年 5—11 月赴 ICRISAT 进行科技培训。韩福光于 1993 年 5—12 月，朱凯于 2003 年 8—11 月，张志鹏于 2012 年 1—2 月赴 ICRISAT 作短期访问和培训。

（一）培训课程

作物改良学组的授课内容有细胞遗传学、植物育种学、高粱育种学、高粱生理学、昆虫学和病理学、气象学、土壤学、耕作制度、统计方法、试验技术、研究报告写作、植物保护、农业经济、苗床管理、推广、教育等。

（二）田间试验

学习期间，每人要承担完成 2～3 项田间试验。试验项目有"国际高粱品种比较试验""优良品种和杂交种比较试验""高粱不同栽培密度试验""高粱不同类型生长发育比较试验""高粱不同世代轮回选择比较试验"等。田间试验从试验设计、田间区划、播种、田间管理、调查记载、收获、脱粒、考种、撰写总结等在教师指导下，由学员本人完成，最后写出试验报告。

（三）学术报告

学习期间，共举办了2次学术报告会。第一次是在期中，自选论文、报告，可以是自己写的，也可以别人的，目的是要把研究报告弄懂弄通。在报告会上复述其研究目的、试材和方法、结果和讨论、结论和参考文献等。第二次是期末，将自己承担完成的试验总结报告在学术研讨会上宣读。

学习期间，在 ICRISAT 举办了"国际高粱品质科学讨论会"和"80 年代国际高粱会议"。高粱专业的同志应邀参加了会议，聆听了会上宣读的研究论文和报告，了解了当时世界关于高粱研究的动态和方向，并与主要高粱专家建立了联系。

（四）参观考察

学习期间，由教师带领分两次赴印度的一些农业大学、科研单位、示范农场、种子站进行参观考察。通过考察了解到热带半干旱地区高粱生产的限制因素：自然因素有降水量不均衡（分雨季、雨后季和旱季）、土壤瘠薄、高温以及病虫害流行等不利因素；社会因素有经济欠发达、生产条件差、技术落后、手工操作为主等。

针对上述问题，ICRISAT 高粱改良的总目标放在印度次大陆，以及西非、中非、中美洲等地，并与上述地区的国家高粱改良计划建立紧密联系和合作：从种质资源入手，进行高粱丰产性、籽粒品质、抗病虫性、抗不利环境，以及适应性和稳产性的遗传改良。

（五）结业心得

结业考试，全班 63 名学员，卢庆善获第一名（95 分），廖嘉玲获第三名。通过半年学习，对当时国际上高粱科研的主要方向和任务有所了解：即光合作用的生产力，包括生物产量和经济产量；高营养品质的改良，包括籽粒品质、饲草品质、甜高粱品质等；水、肥利用效率的研究，包括减少肥料的施用量和施肥技术；高粱固氮的研究，包括共生固氮、固氮菌、螺旋菌以及固氮菌剂等；高粱病虫害的综合防治，包括病、虫害发生规律、为害状况、防治技术和措施等。了解了国际上高粱研究的主攻方向，可结合我国的实际，以确定今后的研究重点。

三、合作研究项目

（一）"高粱品种杂交种适应性试验"项目

1989 年、1990 年、1992 年、1993 年和 1994 年，辽宁省农业科学院高粱研究所与 ICRISAT 共同开展高粱育种系及其杂交种的适应性鉴定，共有试材 152 份，项目资助金额 29.79 万美元。

王富德等（1989）研究了来自 ICRISAT 的 45 份高粱雄性不育系（ICSA1 ~ ICSA45）及其杂交种的适应性。部分 ICSA 主要农艺性状和抗性表现见表 16-1。

表16-1 部分ICSA主要农艺性状和抗性表现（3年均值）

不育系名称	株高(cm)	穗长(cm)	茎粗(cm)	穗型	壳色	粒色	穗粒重(g)	千粒重(g)	角质率(%)	植株伤流液色	分蘖性	生育日数(d)	不育株率(%)	单株自交结实率(%)	小花败育率(%)	倒伏率(%)	螟虫抗性	粒霉病(1~5级)	叶病严重度(%)	茎汁糖锤度(%)
ICSA-3	110.5	30.0	1.59	中紧	黄	黄白	29.2	23.3	70	黄	无	112	100	0.05	0	0	感	2.3	50	11
ICSA-5	128	27.0	2.06	紧	红	乳白	42.3	24.3	70	黄	无	121	100	0	0	0	感	2.3	40	
ICSA-12	135	31.0	1.88	中紧	黄红	黄白	48.6	25.4	70	黄	无	119	100	0	0	0	感	2	0	6
ICSA-15	131	35.0	1.56	紧	黄	白斑	42.4	20.9	30	黄	无	120	100	0.02	10	0	感	2.7	0	24
ICSA-16	105	23.0	1.60	紧	红	黄白	50.5	28.8	70	黄	无	118	100	0.1	0	0	感	1.5	1	
ICSA-21	122	33.5	1.89	中紧	红	黄白	41.1	19.9	70	黄	无	119	100	0.02	5	0	感	2.3	0	
ICSA-25	161	22.0	2.15	紧	红	黄白	46.6	20.5	70	黄	无	116	100	0.1	0	0	感	2.3	40	
ICSA-27	128	25.0	1.94	紧	黄	白斑	41.3	27.6	70	黄	0.1	125	100	0.02	0	0	感	2.3	0	
ICSA-31	154	31.5	1.69	中紧	红	黄白	40.4	32.5	70	黄	无	116	100	0.02	3	0	感	2.0	5	
ICSA-34	114	28.0	1.42	紧	黄	黄白	34.2	19.4	70	黄	无	113	100	0.05	5	0	感	3.5	3	
ICSA-35	138	26.0	1.89	紧	黄	黄白	57.4	29.1	70	黄	无	126	100	0.35	7	0	感	2.8	0	5
ICSA-41	132	40.0	1.69	中紧	黄	黄白	36.5	25.4	30	黄	无	127	100	0	10	0	感	2.7	5	
Tx622A（CK）	156	35.0	2.27	中紧	红	白斑	48.5	23.7	70	红	0.1	120	100	0	0	10	感	2.5	7.5	

粒霉病分5级：1级为籽粒表面无霉，2级为籽粒1%~5%表面发霉，3级为籽粒6%~25%表面发霉，4级为籽粒26%~50%表面发霉，5级为籽粒51%以上表面发霉。叶病严重度：指病斑占功能叶的百分比。

（王富德等，1989）

对 ICSA 主要农艺性状和配合力的鉴定表明，ICSA12 和 ICSA21 有较高的直接利用价值。它们的突出优点是籽粒产量的一般配合力高，抗叶病。但有千粒重偏低、生育期偏长的缺点，所以应选择大粒和早熟的恢复系与其组配。在所组配的杂交种中，ICSA12×矮四、ICSA12×5-27、ICSA12×晋粱 5 号、ICSA21×0-30 的籽粒产量较高。

朱翠云（1993）对来自 ICRISAT 的 59 对雄性不育系（保持系）及其杂交种进行适应性和抗性鉴定，其中，ICSA 44 对、SPLA 1 对、DA 14 对。在 59 份试材，生育期 101~115 d 有 3 份（ICSA3、ICSA11、ICSA20），属早熟种；生育期 116~130 d 的有 21 份（ICSA4、ICSA15 等），属中熟种；生育期 131~145 d 的有 15 份（ICSA40、ICSA42等），属晚熟种；其余 20 份试材属特晚熟种，未能完全成熟。部分不育系主要农艺性状及抗性见表 16-2。

在用 59 份不育系组配的 155 份杂交种产量鉴定试验中，仅 22 份杂交种的籽粒产量比邻近对照和平均对照增产，幅度为 3.7%~38.9%，增产杂交种占总数的 14.2%；7 份杂交种比邻近对照增产，而比平均对照减产；2 份杂交种比平均对照增产，而比邻近对照减产；其余 124 份杂交种均比对照减产，占总数的 80%。

在 22 个增产杂交种中，其中用 ICSA21 和 ICSA23 组配的各有 4 个，ICSA4、ICSA15 和 ICSA18 各有 3 个，表明用上述 5 个不育系组配的杂交种产量水平较高。ICSA24、ICSA30、ICSA38 各有 1 个杂交种比对照增产。

（二）"加强高粱与珍珠粟籽粒在家禽饲料业中的应用，促进亚洲农民生活水平的提高"项目

2005—2009 年，辽宁省农业科学院高粱研究所承担了 CFC 国际合作项目，获项目经费 11.95 万美元。通过项目实施，帮助项目区组建高粱生产者协会，并建立协会网站；进行高粱新品种和杂交种及其相关配套技术试验与示范；培训农民及相关企业人员；帮助农户与高粱酿酒企业、高粱加工企业、饲料生产企业、粮食营销企业、畜禽饲养场等广泛接触与洽谈，初步实现了高粱生产、收购、加工、销售一体化的订单农业。

（三）"加强甜高粱种植农民与生物乙醇生产企业间联系，提高亚洲农民生活水平"项目

2010—2014 年，辽宁省农业科学院高粱研究所承担了 CFC 国际合作项目，获项目经费 14.89 万美元。为了更好地实施合作项目，科技人员对国内乙醇生产厂家进行了全面调研和比较，最终选定辽宁省阜新绿能科技有限公司作为该项目合作企业，在企业周边地区选定了 8 个村 250 个农户参与该项目。调查积累了项目区农户、相关企业及农用生产资料供应商等基本情况和资料。项目开展了国内外甜高粱品种（包括 6 个国外引进品种）鉴定试验，通过筛选为项目区提供了一批适于栽培的品种和配套生产技术。通过组织农民和培训技术人员，以及田间指导、印刷技术资料等多种形式，使农民掌握了甜高粱种植技术，从而提高了甜高粱生物产量，增加了农户收益，并确保了企业对优质甜茎秆原料的需求。

项目下达单位在中国召开了项目现场观摩会和总结验收会，与会人员参观考察了甜高粱生产现场，与种植农户进行了座谈；观看了乙醇生产企业的加工流程和设备，以及产品乙醇等。项目下达单位认为，中国在实施本项目上按要求完成了任务，是做得好的，给予了充分肯定。

表16-2 部分不育系主要农艺性状及抗性

不育系名称	生育期(d)	穗形	穗型	穗长(cm)	穗粒重(g)	千粒重(g)	粒色	壳色	株高(cm)	分蘖	小花败育(%)	不育株率(%)	叶病	黑穗病	倒伏
ICSA-3	105	纺锤	中	33	43.2	21.0	白	黄	116	少	0	100	2	0	0
ICSA-4	126	纺锤	中紧	35	62.1	28.3	白	黄	140	少	0	100	2	0	0
ICSA-5	126	纺锤	中紧	34	44.7	25.3	白	黄	139	少	0	100	2	0	0
ICSA-7	123	纺锤	中紧	27	36.8	21.3	白	黄	115	多	0	100	4	0	0
ICSA-11	115	纺锤	中紧	23	30.0	17.8	白	黄	129	多	35	100	2	0	0
ICSA-12	126	纺锤	中紧	35	60.2	22.6	白	黄	134	中	0	100	2	0	0
ICSA-15	128	纺锤	中紧	36	57.6	24.2	白	黄	132	少	15	100	1	0	0
ICSA-16	130	纺锤	紧	22	45.2	25.8	白	黄红	107	中	0	100	1	0	0
ICSA-17	120	纺锤	中散	23	36.5	26.0	白	黄	116	中	0	100	2	0	0
ICSA-18	125	纺锤	中	28	46.9	27.4	白	黄	138	中	10	100	1	0	0
ICSA-19	126	纺锤	紧	28	31.5	27.4	白	黄	129	中	0	100	1	0	0
ICSA-20	113	纺锤	中紧	30	40.6	22.5	白	黄	123	多	35	100	2	0	0
ICSA-21	126	纺锤	中	34	53.7	25.1	白	黄	122	中	3	100	1	0	0
ICSA-22	127	纺锤	中紧	31	40.5	23.6	白	黄	118	中	3	100	1	0	0
ICSA-23	126	纺锤	中紧	33	55.0	24.7	白	黄	127	少	10	100	1	0	0
ICSA-24	130	纺锤	中紧	32	55.6	27.7	白	黄	131	少	0	100	1	0	0

（续表）

不育系名称	生育期（d）	穗形	穗型	穗长（cm）	穗粒重（g）	千粒重（g）	粒色	壳色	株高（cm）	分蘖	小花败育（%）	不育株率（%）	叶病	黑穗病	倒伏
ICSA-30	124	纺锤	中	34	49.8	28.4	白	黄	117	多	3	100	2	0	0
ICSA-32	130	纺锤	中	29	30.9	26.0	浅橘黄	黄	135	少	0	100	1	0	0
ICSA-33	127	纺锤	中	30	43.9	28.0	白	黄	128	中	0	100	1	0	0
ICSA-34	119	纺锤	中	33	49.4	21.1	白	黄	123	少	0	100	1	0	0
ICSA-37	129	纺锤	中紧	31	41.8	29.4	白	黄	123	多	35	100	2	0	0
ICSA-38	128	纺锤	中	37	45.6	32.5	白	黄	137	中	3	100	1	0	0
ICSA-39	128	纺锤	散中	32	41.1	22.2	白	黄	126	多	0	100	2	0	0
ICSA-40	132	纺锤	紧	31	31.5	25.9	淡紫	黄	131	中	5	100	1	0	0
ICSA-41	130	纺锤	中	27	35.2	26.9	淡紫	黄	140	少	0	100	2	0	0
ICSA-42	134	纺锤	中散	35	36.6	33.6	白	黄	125	中	0	100	1	0	0
ICSA-45	132	纺锤	中紧	31	45.3	29.4	白	黄	129	少	0	100	1	0	0
SLP-120A	136	纺锤	中散	29	46.7	29.4	白	黄	146	多	0	100	1	0	0
D-30A	138	纺锤	中紧	26	41.0	22.0	白	黄	141	多	0	100	1	0	0
D-32A	138	纺锤	中紧	33	35.2	20.7	白	黄	116	少	8	100	1	0	0
D-35A	138	纺锤	中紧	33	36.5	20.7	白	黄	164	中	0	100	1	0	0
D-60A	138	纺锤	紧	31	22.9	19.8	白	黄	162	中	0	100	1	0	0

（续表）

不育系名称	生育期(d)	穗形	穗型	穗长(cm)	穗粒重(g)	千粒重(g)	粒色	壳色	株高(cm)	分蘖	小花败育(%)	不育株率(%)	叶病	黑穗病	倒状
D-64A	138	纺锤	中紧	30	39.1	35.0	白	黄	175	中	0	100	1	0	0
D-81A	138	纺锤	中	32	32.1	31.8	白	黄	177	中	0	100	1	0	0
D-82A	138	纺锤	中	29	31.6	26.9	白	黄	185	中	0	100	1	0	0
D-89A	138	纺锤	中紧	30	40.0	20.4	白	黄	180	中	0	100	1	0	0
D-104A	138	纺锤	中	33	38.3	21.2	白	黄	185	中	0	100	2	0	0
D-108A	138	纺锤	中	30	36.6	30.6	白	黄	130	中	0	100	2	0	0
D-117A	138	纺锤	中紧	32	52.5	27.8	白	黄	200	中	0	100	2	0	0

注：1. 表中所列为39份不育系，20份特晚熟型不育系未列于表中。
2.（1）分蘖可分为：少，1个分蘖；中，2～3个分蘖；多，3个以上。
（2）小花败育可分为：无，没有小花败育；中，小花败育不超过5%；中，小花败育6%～30%；重，小花败育在30%以上。
（3）叶病分级，按国际高粱品种和杂交种试种试验标准在蜡熟初期根据植株上面的4片叶子分1～5级：1级，无病，病症占叶面积5%；3级，占叶面积6%～20%；4级，占叶面积21%～40%；5级，病症占叶面积40%以上。

（朱翠云，1993）

四、引进高粱资源

（一）引进高粱材料概况

辽宁省农业科学院高粱研究所已从 ICRISAT 引进各种高粱种质和育种材料 1 996 份。1981 年，卢庆善引进高粱试材 362 份，其中高粱杂交种 151 份，品种 115 份，恢复系 60 份，不育系和保持系 29 对，群体 5 份，细胞核雄性不育系 2 份（ms_3 和 ms_7）。1982 年，傅景昌引进高粱试材 128 份，其中杂交种 1 份，品种 68 份，恢复系 43 份，不育系和保持系 16 对。1983 年，赵淑坤引进高粱试材 215 份，其中杂交种 4 份，恢复系 16 份，不育系和保持系 195 对。1986 年，朱翠云引进不育系和保持系 48 对。1986 年，杨立国引进高粱试材 448 份。1988 年，徐秀德引进高粱试材 53 份。2003 年，朱凯引进抗螟虫高粱种质 15 份。2011 年，邹剑秋引进 245 份微核心种质资源，之前引进的高粱种质资源 308 份，品种 152 份，一个含有 351 个系的高粱 RIL 群体。2012 年，张志鹏引进高粱种质 21 份。

（二）引进试材的应用

1. 直接应用

这批引进的高粱试材经过鉴定筛选后，有的直接利用，有的在育种上利用。卢庆善（1981）从 ICRISAT 引进并经几代选育的不育系 421A（原编号 SPL132A），表现育性稳定、农艺性状好、配合力高。利用 421A 组配了一批杂交种，如辽杂 4 号、辽杂 6 号、辽杂 7 号、锦杂 94、锦杂 99 等。辽杂 4 号（421A×矮四）表现增产潜力大、高抗丝黑穗病和叶部斑病、抗倒伏，一般每公顷籽粒产量可达 9 000 kg，最高达 13 356 kg；先后 11 次获省、市高粱"丰收杯"奖和"高粱小面积创纪录奖"，成为我国当时最高产的高粱杂交种，标志着中国杂交高粱在高产育种上的重大突破；1993 年获辽宁省科技进步奖三等奖。

杨立国等（2002）利用从 ICRISAT 引入的高粱不育系 121A，与 0-30 组配成杂交种辽杂 13 号。该杂交种具有高产、优质、抗病和适应性广等优点。辽宁省高粱区域试验，2 年平均产量为 7 791 kg/hm²，比对照辽杂 1 号增产 19.4%，适于在辽宁省半干旱地区的朝阳、阜新和锦州等市推广种植。

2. 育种应用

邹剑秋等（2010）报道，1986—2005 年，辽宁省农业科学院高粱研究所利用从 IC-RISAT 引进的 421B 作母本，从美国引进的 TAM428 作父本杂交，育成了雄性不育系 7050A。该不育系具有不育性稳定，配合力高，农艺性状好，抗蚜虫，对高粱丝黑穗病菌 2、3 号生理小种免疫，抗倒，耐旱，活秆成熟等优点。用 A_2 细胞质转育成的 7050A_2 不育系，其组配的辽杂 10 号、辽杂 11 号、辽杂 12 号等首次在高粱生产上推广应用，在我国高粱种质资源创新利用上取得了突破性成果。

7050A 适应性广，用其组配的杂交种类型齐全，包括食用型、酿造用、能源用和饲草用等。已审定推广的 9 个杂交种，覆盖春播晚熟区高粱生产的很大面积，累计推广 80 万 hm²，增产粮食 12 亿 kg，产鲜草 3.5 亿 kg，增加社会经济效益 13.2 亿元。其中辽杂 10 号（7050A×9198）增产潜力大、抗倒伏、抗叶病、抗蚜虫、抗丝黑穗病，是一个高产稳产的杂交种，最高产量达 15 345 kg/hm²，被农业农村部列为推广种植杂交种。"高粱雄性不育系 7050A 创造与应用"于 2008 年获辽宁省科技进步奖一等奖。

卢庆善等（1995）利用从 ICRISAT 引入的细胞核雄性不育 *ms₃* 转育了 24 份国内外高粱恢复系，其中 20 份中国高粱，4 份外国高粱，包括籽粒优质源，抗高粱丝黑穗病、抗叶部斑病和抗蚜虫的抗原。在进行细胞质转换和随机交配后，组建了我国第一个高粱恢复系随机交配群体——LSRP。高粱恢复系随机交配群体的组成开创了我国高粱群体改良研究的先例。"高粱恢复系随机交配群体（LSRP）组成的理论与利用研究"于 2003 年获辽宁省自然科学奖三等奖。

第二节　美国

1985 年以来，辽宁省农业科学院高粱研究所先后选派 35 人次赴美国的大学、农业试验站、种子实验室、种子公司等单位考察、访问、进修、合作研究和出席国际高粱会议，会见多名美国高粱专家，并就高粱种质资源、育种技术、遗传生理、品质检测、组织培养、种子繁育等内容进行了广泛、深入的交流与合作，取得了多项成果。

一、美国高粱研究概述

（一）高粱种质资源研究

美国重视高粱种质资源的收集、整理、研究和利用工作。截至 1989 年，美国先后从世界 88 个国家和地区收集到高粱 31 929 份，其中非洲 32 个国家，14 423 份；亚洲 24 个国家（地区），4 952 份；美洲 19 个国家，708 份；欧洲 10 个国家，113 份；大洋洲 2 个国家，72 份；其余 11 661 份来源不明。有 31 355 份属双色族（*S. bicolor*）栽培高粱，其他族有 374 份。

研究鉴定的农艺性状包括穗形、穗整齐度、穗紧密度、穗长、株高、株色、倒伏性、分蘖性、茎秆质地、节数、叶脉色、粒色、芒性、生育期等；抗病性有抗炭疽病、霜霉病、紫斑病、大斑病和锈病等；抗虫性包括抗草地夜蛾、甘蔗黄蚜等；其他性状还有光敏感性、铝毒性和锰毒性等。高粱种质资源保存在美国佐治亚州佐治亚试验站的植物引种站里。每份资源的登记、观察、研究和环境资料均储存在种质资源情报网络里。

美国在利用高粱种质上的突出成果是创造了核质互作型雄性不育系。高粱育种家利用双矮生黄迈罗为母本，得克萨斯思壳卡佛尔为父本杂交，在分离世代中选择不育株与父本回交，经过几代回交后，育成了 Tx3197A 雄性不育系及其保持系。高粱雄性不育系的创造成功为高粱杂交种的大面积应用开辟了广阔前景。1957 年，美国商用高粱杂交种推广面积占高粱总面积的 15%；到 1960 年，杂交种面积达 80%～95%。杂交种比纯系品种增产 20%左右。

（二）高粱育种

1. 高产育种

高产育种始终是美国高粱育种的主要目标之一。由于机械化生产的需要，选育矮秆高粱基因型，因而其单位面积产量的提升较难。但是美国高粱育种单位加强了不同高粱族间杂种优势的研究，以及不同地理来源种质间农艺性状互补、配合力和基因渐渗的研究。例如，得克萨斯农业和机械大学利用非洲不同地区的高粱杂交，研究其间的亲缘关系及其杂种优势表现。堪萨斯州立大学采用群体改良技术，加入不同来源材料，扩大群体的变异，增加有利基因的积累，提高选系的配合力。

由于各地生态环境差异较大，各州选用的高粱试材也不同。例如，得克萨斯州主要以中晚熟亲本和杂交种选育为主，新选育的能提高产量的亲本系有 Tx626A、Tx633A、Tx634A、Tx635A、Tx636A、BON23A、BON34A、Tx430R、8505R、8509R、80C2241等，具有较高的配合力。堪萨斯州以中熟亲本和杂交种选育为主；内布拉斯加州则以早熟亲本和杂交种选育为主，如新育成的不育系有 N122A、N123A 等。

2. 品质育种

美国早期的高粱品质育种目标是提高角质率、降低单宁含量等。近年，美国加大了营养品质研究，其内容涉及蛋白质及氨基酸组成和单宁的遗传变异性，品质性状与非品质性状的遗传相关，主要品质性状与环境互作，高赖氨酸突变体的筛选等。普渡大学的 Axtell 先后选育出 3 个高含赖氨酸的基因型，IS11167、IS11758 和 P721，并将其主效基因转入各种育种材料。得克萨斯农业和机械大学的 Rooney 以适口性为目标改良品质，并考虑满足印度、非洲各种高粱食品加工方法对淀粉结构及其物理性质的要求，进行品质改良。该校高粱育种家 Miller 的品质育种目标是低单宁含量、浅色籽粒（无斑点）或黄胚乳，适于食用蒸煮煎烤的品质指标。

3. 抗病育种

美国高粱生产上的主要病害有霜霉病、炭疽病、丝黑穗病等。霜霉病对高粱为害较重，开花前即表现植株矮小、不抽穗、叶片发皱等病症。抗霜霉病育种首先是鉴定和筛选抗霜霉病的种质，目前已筛选出抗 3 号病菌的资源有 IS1335C、IS2483C、IS3646C、IS12526C 等。许多抗原材料已在抗病育种中作杂交亲本利用，并取得了较好的效果。

炭疽病是严重的叶部病害，在高温多湿地区或季节发生重，常造成倒伏，影响产量、籽粒品质及机械化收获。目前已鉴定出的抗病源有 SC2、SC43、SC136、SC701 等，并在育种上得到充分利用。一些育成的杂交种在生产上应用，表现对炭疽病中抗或高抗。

丝黑穗病主要发生在美国南部地区，北部的堪萨斯州和内布拉斯加州等则很少发生。目前鉴定出的抗病种质较多，如 SC2、SC23、SC155、SC209、SC559 等。迄今，美国发现有 4 个丝黑穗病菌生理小种，并且有相应的抗原，如 SA281、BTx3197 等抗 1 号生理小种；Tx414、SC170-6-17 等抗 2 号生理小种；IS12664C、FC6601 等抗 3 号生理小种；TAM428、BTx3197 抗 4 号生理小种。在美国多数高粱专家主张利用水平抗性基因型，使生理小种群体保持相对平衡，而不至于导致某一生理小种成为优势小种。

4. 抗虫育种

美国高粱生产上的主要虫害有蚜虫、长蝽象和摇蚊。为害高粱的蚜虫有两种：麦二叉蚜和高粱蚜。现在已发现 9 个麦二叉蚜生理小种（A，B，…，I），E 小种是优势小种，为害较重。研究确认，SAF531-1、IS809、PI1264453 等抗 C 生理小种；Capbam、PI220248、PI264453 等抗 E 生理小种。许多抗 C 生理小种的基因型不抗 E 生理小种。

通常认为抗性机制有 3 种类型：耐蚜性如 Capbarn、PI229828；抗生性如 IS2388、PI266925；抗异性（antixenosis）如 IS5300、J242。抗高粱蚜筛选出一些抗性种质，如 Tx428、Tx434，这些材料已用于抗蚜育种中。

5. 抗旱育种

美国得克萨斯农业和机械大学 Rosenow 对高粱抗旱育种进行了大量研究。研究认为，高粱抗旱性至少分为 2 种类型：花前抗旱和花后抗旱，并且可能存在着苗期抗旱。不同时期的抗旱性是独立的，如 BTx623、BTx3197 等属于花前抗旱，B35、BKS39 等属于花后抗旱。抗旱性由多基因控制不同抗旱性的表达。尽管如此，还是有可能把花前抗旱和花后抗旱结合到一起，使亲本或杂交种具有双期抗旱性。

在抗旱育种技术中，主要利用温室、田间遮雨棚进行高粱抗旱性鉴定和筛选，继而进行有性杂交，在干旱胁迫下进行选择。适宜的选择压很关键，若选择压过低，干旱受胁迫不足，很难进行有效选择；若选择压过高，干旱胁迫重，则会造成大多数植株死掉，也不能有效选择。此外，可以选择不同的干旱地点，采取不同播期，在自然干旱条件下进行鉴定和选择，同样是一种有效的抗旱育种方法。

更先进的抗旱研究技术在自动控制的温室内进行，可以控制不同的温度、湿度、风向、风速、土壤含水量等。在一个特殊装有窥视孔的容器内，装上土壤，种上高粱，在不同干旱条件下、不同时期把窥视棒插入窥视孔，通过监视器屏幕观察植株一生根系的生育情况，通过计算机把数据记录下来。研究分析地上植株农艺性状与根系发育的关系，进而研究高粱抗旱机理和鉴定筛选抗旱材料。

（三）"热带高粱遗传资源转换"计划

美国的高粱资源主要从非洲和印度热带地区引进，早期的卡佛尔和迈罗高粱遗传基础狭窄，难以适应高粱改良的需要。20 世纪 60 年代初，从苏丹引进的赫格瑞和菲特瑞塔高粱，以及从埃塞俄比亚引进的 Zera-Zera 高粱。这些高粱具有品质好、抗粒霉病和茎腐病、抗旱等优点。但缺点是植株高大、生育期长、光周期敏感，在美国温带地区不能正常成熟。于是，由高粱育种家 Quinby 和 Stephens 提议，于 1963 年 6 月在美国农业部和得克萨斯农业试验站共同组织下，实施了"热带高粱遗传资源转换（conversion）计划"。该计划的目标是把从热带引进的高秆、晚熟或不能开花的高粱转换为矮秆、早熟的高粱，以便在温带地区种植。

采用杂交、回交技术进行转换。在低纬度（北纬18°）的波多黎各 Mayaguez，用热带品种与带有 4 个矮化基因的马丁高粱（BTx406）杂交，F_1 代种在 Mayaguez，F_2 代种在得克萨斯齐立柯斯试验站，选择矮秆、早熟植株。其收获的种子又种到 Mayaguez，并与原热带品种进行第一次回交。回交第一代（BC_1F_1）仍种在 Mayaguez。其 F_2 又回到得克萨斯齐立柯斯试验站，继续选择矮秆、早熟植株。之后，就按这种程序进行 5 次回交、选择，即可获得能正常开花、结实、矮秆的植株，又保留了原有优良性状的转换系。1969 年，该计划提供了 40 个转换系；1970 年，提供了 63 个转换系；1974 年，提供了 120 个转换系；接着是 180 个转换系；之后每年提供 60~80 个转换系。

从该计划中选育出来的大量转换系，并组织杂交种，对杂交高粱的改良起到了重要作用。Tx623A、Tx2752A 均是用转换系选育的 2 个优良不育系；Tx430R、77CS256

（TS）是 2 个优良的恢复系。此外，来自正在转换中的 SCO108（编号 IS12608），来自埃塞俄比亚的 Zera-Zera，其中 SCO108 的 1 个早代系在美国国际发展署资助的美国普渡大学蛋白质改良计划的国际试验中表现突出，成为著名的 Pickett3。其他的优良系有 SCO110 和 SCO170（分别来自埃塞俄比亚的 IS12610 和 IS12661）。这样一来，又有人担心美国高粱杂交种的遗传基础再次面临变窄的风险，因为目前仅依靠少数的 Zera-Zera 衍生系。

20 世纪 60 年代后期，高粱霜霉病、高粱条斑病、摇蚊、蚜虫成为美国高粱生产的主要限制因素。20 世纪 70 年代初，美国高粱育种家开始利用转换系进行杂交高粱的遗传改良。通过鉴定，发现转换系 SCO175（编号 IS1266）是一个优良的抗摇蚊的抗原，SCO063（编号 IS152731）也是 1 个抗原；转换系 SCO110-9 和 SCO120 是抗蚜虫的抗原；SCO326（编号 IS3758）抗高粱条斑病、锈病、煤纹病和叶枯病。Rosenow 和 Frederiksen 列出了 37 个抗霜霉病的系，其中 34 个来自转换系。

很明显，热带高粱遗传资源的转换，已经改变了高粱的一些经济性状，包括有用的抗病、抗虫源，良好的植株和籽粒性状等。这些转换系对美国高粱杂交种改良的作用是重大的、成功的。

（四）品种改良的遗传增益

1. 品种对产量的遗传增益

从 1950—1980 年，全美高粱产量从每公顷 1 200 kg 上升到 3 800 kg，平均每年每公顷增加 86.7 kg，年均增长率 7%。20 世纪 50 年代，年均增长率约 11%；20 世纪 60 年代，年均增长率约 4%；20 世纪 70 年代，年均增长率约 2%。得克萨斯州、堪萨斯州和内布拉斯加州是美国高粱主产区，3 个州的高粱产量占全美高粱产量的 80%。从美国两个高粱主产州得克萨斯州和内布拉斯加州的资料看，1950—1980 年，得克萨斯州高粱产量平均每年每公顷增加 75.3 kg，内布拉斯加州增加 86 kg。

产量增加的因素是多方面的，如高粱杂交种的推广应用、新种质的创造、抗病虫系的鉴定和筛选、生产条件的改善和提升等，而其中种植杂交种是增加高粱产量的主要原因。1957 年，美国商用高粱生产面积约 15% 为杂交种，到 1960 年年底，杂交种生产面积达到 80%~95%。这些杂交种要比纯系品种增产约 20%。根据各种统计资料估算，从 1950—1965 年，内布拉斯加州品种改良对高粱产量的遗传增益为 28%，年均约 2%。

得克萨斯州用 1956—1959 年期间推广的 3 个老杂交种，即 Tx388A×Tx7000R、Tx399A×Tx7078R 和 Tx3197A×Tx7078R；20 世纪 70 年代末最新的 3 个杂交种，即 Tx623A×Tx430R、Tx623A×77CS256 和 Tx2572A×Tx430R；以新、老亲本组配的 2 个杂交种，即 Tx623A×Tx430R 和 Tx378A×Tx430R；进行多点产量鉴定，研究品种对产量的遗传增益。试验结果表明，新杂交种每公顷超过老杂交种 446~2 528 kg，增加 9.5%~67.7%，平均 39.1%。这就是品种对产量的遗传增益，年平均 1.5%。

2. 产量增加的基础

产量分析发现，新杂交种比老杂交种增产的主要因素是单穗籽粒产量平均提升 13.8 g，增加 34.8%，达差异显著水平。单穗产量是粒重和粒数的乘积，鉴于单穗的粒重与粒数为高度负相关，因而高产的杂交种应是一个大粒型亲本与一个多粒数亲本所组配的。

杂交种较高的籽粒产量是由于干物质积累比率增加，因此杂种优势的正效应还表现在营养体的增加上，即株高、叶面积、大穗头的增加，以及根量和生长率的增加，这些性状的遗传效应是提高籽粒产量的物质基础。对籽粒产量来说，加性遗传效应对进一步改良产量具有很大潜力。

（五）美国高粱研究展望

高粱杂种优势的研究和杂交种的生产利用把高粱单产提升了一个新高度。由于应用的雄性不育系只有迈罗细胞质一种系列，鉴于 1970 年玉米小斑病对玉米单一细胞质不育系的毁灭性灾害，因而许多研究者认为高粱生产单一细胞质存在着潜在的风险。于是，得克萨斯农业和机械大学 Schertz 于 1976 年育成了第二种细胞质不育系，称 A_2 细胞质；迈罗细胞质为 A_1 细胞质；之后又先后育成 A_3、A_4、A_5、A_6、9E 等细胞质的雄性不育系，以期拓展不同细胞质的应用范围。

堪萨斯州立大学的 Cox 等通过远缘杂交，引入野生高粱的基因以提高产量、改良品质、提升抗性，取得一些规律性结果。但高粱栽培种与 *S. almum* 野生种的杂交，始终未获成功。Schertz 等研究不同细胞质不育系的线粒体 DNA 限制内核酸酶的类型差异，有助于开拓杂种优势利用范围。伊利诺伊大学的 de wet J. M. J. 和 Schertz 等研究高粱起源、分类，试图弄清 $n=5$、$n=10$ 和 $n=20$ 三种染色体组之间的衍生关系。Quinby 进一步研究高粱无融合生殖规律，试图通过选育"无融杂种"（Vybrid）来稳定杂种优势。

高粱杂交种的应用使其产量增益难以维持增长。但是，通过大量有用的种质资源的挖掘和筛选，以及生物技术、遗传操作的日臻完善，包括在进一步研究和掌握生育期、株高、粒重、粒数、抗病、抗虫性，雄性不育性，以及其他控制经济性状的遗传规律之后，就有可能有目的地选择亲本以组配更为优良的杂交种。因此，高粱生产的前景会更好。

二、中美高粱科技交流与合作

（一）赴美科技考察、进修和合作研究、合作撰写论文

1. 科技考察

1985 年 7 月，丘成建、赵金林、张文毅、梅吉人、辛华军赴美考察高粱科研，先后考察了得克萨斯农业和机械大学、堪萨斯州立大学、内布拉斯加大学，拉巴克农业试验站，以及种子公司等，并就高粱高产育种、品质改良、抗病虫、抗干旱、资源转换、群体改良、高粱未来研究发展方向等科研题目进行了交流和研讨。

1992 年 10—11 月，李庆文、石玉学、潘世全、陈悦等先后考察了美国堪萨斯州立大学等 4 所大学、3 个农业试验站、3 个种子实验室和 3 家种子公司，针对高粱育种技术、遗传、生理、品质化验分析、种质资源保存、组织培养、种子检测等内容进行了详细了解，并会见了高粱学科各领域专家 30 余人，进行了深入的讨论。

1995 年 9 月，辽宁省农业科学院高粱研究所（简称高粱所）石玉学、辛华军、刘莹莹等赴美考察，并参加了国际高粱专业会议。通过考察活动，与美国有关单位建立了联系，交换了试材和资料，尤其在种子加工技术方面收获更大。

1997 年 8 月，高粱所卢庆善随农业部考察团考察"农作物育种及产业化"，先后考察了堪萨斯州立大学、艾奥瓦州立大学，马里兰州立大学、康奈尔大学、吉内瓦农业试验站、先锋种子公司等单位的农作物育种、生物技术、种子检测和加工等项技术。由卢庆善主笔撰写的《农业部农作物育种及种子产业化考察团赴美考察报告》，全面叙述了本次考察的目的、路线、单位、内容和收获。报告共 5 个部分：考察背景和概况；农作物育种的目标和主要育种途径；农作物种子检测及作物；农作物种子加工及做法；几点思考和建议。

2012 年 12 月至 2013 年 2 月，高粱所邹剑秋、朱凯 2 人赴美国俄克拉荷马大学、堪萨斯州立大学、得克萨斯农业和机械大学进行考察、访问，重点考察高粱育种技术和深加工技术。

2013 年 8—9 月，高粱所邹剑秋、卢峰 2 人考察美国俄克拉荷马州立大学。期间，参加了"北美高粱研究年度进展会议（SICNA）"，参观考察了美国先锋等几家种子公司的高粱育种基地及其种子生产和加工流程，参观了农业部得克萨斯州拉巴克农业试验站的高粱研究，考察了高粱乙醇生产企业，对美国高粱种植农民进行了实地走访和调查。

在北美高粱年度进展会上，有关单位和专家报告了高粱遗传育种、生理生化、生物技术、技术推广、病理虫害、种子生产和加工等方面的研究进展。在美国，高粱杂交种的组配和试验示范都由种子公司完成，大学和科研单位为公司提供种质资源和部分杂交亲本。高粱种植农民以农场的形式进行高粱生产，大面积规模化种植，机械化播种、田间管理和收获，效率和效益高。

2017 年 8—9 月，邹剑秋、卢峰、张志鹏、王艳秋、刘志赴美国进行了高粱科研交流和生产考察，先后对俄克拉荷马州立大学、堪萨斯州立大学、普渡大学、加利福尼亚大学 Kare 试验站进行了访问和实地考察，达到了预期结果。第一，向美国高粱研究单位和专家介绍了我国和辽宁省农业科学院高粱科研进展和取得的成果，以及高粱研究对产业发展的支撑作用。第二，详细了解了美国高粱抗旱育种理论和方法，抗旱机理及抗旱种质筛选方法，并引进了一些抗性资源，通过比较和吸收，结合我国实际用于抗旱育种研究。第三，通过实地考察和调研，了解美国高粱生产现状，以及不同地区作物构成和布局。第四，增进了与美国高粱研究单位及专家的了解和交流，密切了相互间的关系，并就进行合作研究的领域和方式达成了意向。

2. 进修和合作研究

1988 年 10 月至 1989 年 10 月，高粱所卢庆善赴美国得克萨斯农业和机械大学进修和合作研究，共开展了 3 项合作研究，与 Craig 博士进行了高粱抗霜霉病鉴定研究，采用高粱霜霉病菌（*P. sorghi*）1 号小种分生孢子接种高粱幼苗的方法，对 38 份中国高粱品种和恢复系、14 份美国高粱品种和恢复系、保持系，以及 2 份对照进行了鉴定。结果表明，中国 19 份高粱产孢株率幅度为 50%~100%，说明在检测的中国高粱种质中没有抗霜霉病的材料；在鉴定的 14 份美国材料中，10 份产孢株率为 0%，4 份产孢株率幅度 82.1%~100%，说明美国高粱种质抗霜霉病的材料较多。

与 Schertz 博士合作，开展了中美高粱杂种优势与配合力研究，采用 10 个美国不育系与 10 个中国恢复系组配的 80 个杂交组合进行试验。结果表明，中美高粱 7 种性状总平均杂种优势为 128.6%，最高是株高，为 173.7%；其次是单穗粒数，为 146.2%，超高亲优势数量大，占 80%；第三位是小区产量，为 138.3%，超高亲优势占 83.8%；优势最低是出苗至 50% 开花日数，为 94.6%；杂种优势总平均幅度为 85.6%~188.5%。

从一般配合力分析看，不育系 Tx632A$_2$ 和 Tx8603A$_2$ 的产量一般配合力效应值高，有可能获得高产的杂交种。恢复系中的忻粱 52 和吉 7384 的产量效应值高，比对照晋辐 1 号分别增产 52.7% 和 43.8%。在 80 个杂交组合中，高产的 9 个杂交组合平均单产为 8 779.5 kg/hm^2，比对照辽杂 1 号增产 31.5%。说明本试验组选配出高产杂交种的潜力很大。

与 Miller 教授合作，开展了高粱不同分类组杂种优势与配合力的研究，以 3 个高粱不育系与 24 个恢复系组配的 72 个杂交种和亲本为试材，研究了高粱不同分类组的杂种优势和配合力。结果显示，7 种性状的总平均优势为 121.5%，株高和穗长正优势占 98.6% 和 97.1%，产量和产量组分在 52.8%~81.9%，出苗至 50% 开花日数负优势占 87.5%。不同分类组小区产量、穗粒重和穗粒数的杂种优势差异较大，除穗粒数外，顶尖族组和混合族组的平均超高亲优势水平和次数都高于都拉斯。顶尖族组的 SC726-14 和 SC54-14，都拉族组的 S210-14 及混合族的 SC370-14 和 S110-14E 的产量及其组分具一般配合力正效应，并达显著或极显著水平。在 10 个最高产杂交种中，父本是顶尖族的 6 个，属顶尖工艺群；父本是混合族的 4 个，分属 Zera-Zera、顶尖—考拉和浅黑—菲特瑞塔工艺群。因此，从顶尖族和混合组里选择亲本更易获得强优势杂交种。

1989 年 5 月至 1990 年 5 月，高粱所陈悦赴美国得克萨斯农业和机械大学进修和合作研究，与 Miller 教授共开展了一项研究，"高粱转换系与三种不同高粱细胞质育性反应的研究"，利用高粱转换系与具有相同细胞核背景不同细胞质的 Tx616A、Tx616A$_2$、Tx616A$_3$ 不育系杂交，对 F$_1$ 植株花粉育性调查表明，三种不同不育细胞质之间有明显的差异。A$_1$ 与 A$_2$ 不育细胞质之间差异较小。A$_1$、A$_2$ 细胞质与 A$_3$ 不育细胞质之间有较大差异，A$_3$ 不育细胞质的育性反应与 A$_1$ 和 A$_2$ 的截然不同。三种不育细胞质对 F$_1$ 代主要农艺性状的影响无明显差异，A$_2$ 不育细胞质可以在高粱杂交种育种和生产中应用。找到了恢复 A$_3$ 不育细胞质的恢复源和能同时恢复 A$_1$、A$_2$、A$_3$ 三种不育细胞质的恢复材料。三种不育细胞质育性恢复机制不同，细胞质对育性反应起决定性作用。

3. 合作撰写论文

由卢庆善与美国高粱专家 Dahberg 共同编写的《中国高粱遗传资源（Chinese Sorghum Genetic Resources）》论文，于 2001 年刊登在美国出刊的《经济植物》（Economic Botany）杂志第 55 卷第 3 期上。内容包括如下：20 世纪以来高粱资源的收集和保护；高粱资源的性状鉴定，包括农业性状，营养性状，生物的和非生物抗性性状；资源变异性的筛选；遗传资源的利用；结语。

（二）中美高粱学术研讨会

1986 年 8 月 20—23 日，中美高粱学术研讨会在沈阳举行。出席研讨会的有美国得克萨斯农业和机械大学、内布拉斯加大学、普渡大学和堪萨斯州立大学的 7 名专家，以及中国农业科学院、中国科学院遗传所和 11 个省（区）的农业科研院所，大专院校的专家、教授、学者共 74 人。会议收到论文 49 篇，分 6 个专题：高粱遗传研究 10 篇，育种 18 篇，病虫害 5 篇，耕作栽培 9 篇，加工利用 6 篇，同位素利用 1 篇。

研讨会上，中美学者广泛交流了近年来各自的研究进展和成果。辽宁省农业科学院高粱研究所张文毅研究员作了题为《中国高粱生产和品种改良的回顾与展望》的报告。文中介绍中国高粱育种经历了农家品种整理、系统育种、杂交育种和杂种优势利用 4 个发展阶段。目前，中国高粱育种和生产处于新的转折之中。在突破籽粒仅作食用之后，将向食用、饲用、酿造用、饲草用、能源用、造纸用及编织用等多种用途方向发展。

美国得克萨斯农业和机械大学舍尔茨博士介绍了高粱雄性不育系最新研究成果，现已选育出含有 8 种不同细胞质的雄性不育系，即 A_1、A_2、A_3、A_4、A_5、A_6、A_7 和 9E。这些雄性不育系的育性反应不同，不育性状也不一样。具有不同细胞质的雄性不育系为高粱杂交种选育展现了新的前景。可以利用不同种质材料选育"三系"，并组配完全新的杂交种。舍尔茨博士建议利用这些不育系开展国际合作研究，题目有《雄性不育性和育性恢复遗传规律》《不育性的生理原因》《不同细胞质的 DNA 组成》《上述不育细胞质的来源、进化及其高粱进化》等。内布拉斯加大学伊斯蒂教授报告了《高粱生育阶段和抗性筛选》，将高粱生育分为营养生长阶段（GS_1）、生殖生长阶段（GS_2）和籽粒灌浆阶段（GS_3）。研究了生育阶段与产量组分（穗粒数和粒重）之间的关系，并将其用于抗旱筛选及苗期和灌浆期抗低温的筛选。其他美国学者还报告了《高粱籽粒蛋白质和淀粉的可消化率》《高粱抗茎腐病、抗蚜育种及抗性筛选技术》《不同高粱组型分析和线粒体 DNA 限制酶谱带模式》，以及《少雨地区的小麦—高粱—休闲耕作制》等研究论文。

中国学者报告的论文还有《高粱穗结构遗传》《核型与质型不育性互作遗传》《芽期酯酶同工酶研究》《高粱同源多倍体选育》《辐射选育高蛋白高赖氨酸突变体》《高粱苗病的病原学及发病规律》等。

此外，与会代表参观了辽宁省农业科学院高粱研究所的高粱试验地；考克斯教授等外宾还观察了引自美国堪萨斯、得克萨斯、内布拉斯加和普渡大学的高粱试材。

（三）美国高粱专家来华访问

1979 年和 1992 年，美国得克萨斯农业和机械大学 Miller 教授先后 2 次访问辽宁省农业科学院高粱研究所，由乔魁多、张文毅所长接待，并引进其新育成的高粱雄性不育系 Tx622A、Tx623A 和 Tx624A 及其保持系。这些不育系经初步鉴定，表现配合力高、抗丝黑穗病 2 号小种，用其组配的杂交种籽粒产量杂种优势强、抗病、品质好，成为我国春播晚熟区高粱生产主要应用的雄性不育系。

1987 年，美国堪萨斯州立大学教授、美籍华人高粱专家梁学礼来访，丘成建院长、张文毅所长接待，并就生物技术和高粱育种讲学。2004 年 12 月，美国 CERES 公司副总裁、财务主管帕特里克·麦克劳斯博士与分子遗传部经理吕玉平博士访问高粱所，探讨有关甜高粱合作研究等事宜。2007 年 6—7 月，美国 CERES 公司技术总监汤姆斯·史蒂夫及研究部门负责人吕玉平来访，商讨甜高粱转基因合作有关课题。

2008 年 10 月，美国 CHROMATIN 公司总裁达芙妮、普罗伊斯和高级科学家罗松访问高粱所，洽谈有关甜高粱合作研究事宜。2009 年 3 月，美国 Sun Capital Management

Limited 公司主席阿尔弗莱德·惠一行 6 人访问高粱所，洽谈甜高粱转化燃料乙醇技术及其原料生产等。

2018 年 9 月，美国加利福尼亚大学 UC-ANR Kerney 农业研究与推广中心主任 Jeff A. Dalkerg 博士应邀来华讲学。讲学内容是"高粱耐旱鉴定技术及美国高粱生产概况"。耐旱鉴定技术包括试材的选择、鉴定方法、耐旱标准和分级，以及无人机与试验数据的获取技术等；美国高粱生产包括面肥、产量、用途及发展前景等。Jeff 还参观了高粱试验地，并与高粱所科技人员进行科技交流。

三、引进高粱种质资源

（一）高粱种质引进概况

1979 年，Miller 教授访问高粱所，引进 Tx622A、Tx622B、Tx623A、Tx623B 和 Tx624A、Tx624B。

1980 年，张文毅从美国堪萨斯州立大学引进野生高粱 *S. plumosum*、*S. caiulatum* 等共 45 份。1984 年，沈阳农学院杜鸣銮教授转交从得克萨斯农业试验站引进的不育系 RedlanA 和 RedlanB、Tx398A 和 Tx398B。1986 年，丘成建从美国普渡大学引进高粱 114 份。

1988—1989 年，卢庆善在美国合作研究期间，共引进各种作物种质资源 406 份，其中高粱 399 份，蔬菜 7 份。高粱包括杂交种 152 份，不育系及其保持系 88 份，恢复系 88 份，品种 31 份，抗性系 24 份，染色体易位系 15 份，黑色标记系 1 份；蔬菜种质包括番茄 3 份，青椒、甜瓜、南瓜、绿瓜各 1 份。1992 年，高粱所赴美国考察，从美国引进高粱种质材料 328 份。2003 年，卢庆善通过美国高粱工作者协会引进高粱种质资源 688 份，包括甜高粱、粒用高粱等。这些种质材料来自南非、埃塞俄比亚、肯尼亚、苏丹、津巴布韦、印度、尼日利亚、乌干达、马拉维、坦桑尼亚、扎伊尔、赞比亚等。

（二）引进种质的鉴定利用

从美国得克萨斯农业和机械大学 Miller 教授引进的 Tx622A、Tx623A、Tx624A、Tx630A、Tx631A、Tx430、TAM428 等，经鉴定后分发至全国高粱育种单位，在利用组配杂交种上得到了广泛应用，仅在辽宁省组配并通过审定推广的杂交种就有 15 个，其中辽杂号的 5 个、铁杂号的 2 个、沈杂号的 3 个、锦杂号 1 个、熊杂号 1 个、沈农号 1 个、桥杂号 2 个。辽杂 1 号（Tx622A×晋ца 1 号）推广面积最多，累积达 200 万 hm^2，1985 年获国家农业部科技进步奖三等奖；其次辽杂 5 号（Tx622A×115），累计种植面积 16 万 hm^2，1996 年获辽宁省科技进步奖三等奖。

利用从美国引进的 TAM458 与 421B 杂交，选育出新的雄性不育系 7050A，表现农艺性状优、配合力高、高抗丝黑穗病，用其作母本，先后组配选育出 12 个杂交种，并通过审定推广。其中辽杂 10 号表现高产，抗性强，并创造了 15 345 kg/hm^2 我国高粱最高单产纪录，1999 年获辽宁省科技进步奖三等奖。

利用从美国引进的 A_2 细胞质雄性不育系转育出 A_2 细胞质的不育系 7050A_2，组配了多个高粱杂交种，如辽杂 11 号、辽杂 12 号等。这些杂交种的推广应用，使中国最先

在高粱生产上种植 A_2 雄性不育系的杂交种。

第三节　联合国开发计划署项目

一、项目申报概述

（一）《项目编制框架》的撰写

联合国开发计划署（UNDP）援助中国项目"加强中国北方玉米、谷子、高粱、马铃薯育种和原种繁育能力"。根据联合国开发计划署项目管理的规定，所有受援项目均需在正式立项前填写所附的《项目编制框架》。

1990 年 4 月，高粱所卢庆善主笔撰写了《加强高粱育种、原种繁育能力项目编制框架》。主要内容有：一是项目要解决的宏观发展问题，包括部门或分部门一级的问题，项目本身所要解决的问题；二是所涉各方和受益人；三是项目实施前和结束时的状况；四是特殊因素；五是参与这一分部门的其他援助者，方案；六是发展目标及其与国别方案的关系；七是主要部分，包括近期目标 1、近期目标 2；八是项目战略；九是受援国的承诺；十是风险；十一是投入，UNDP 投入 72 万美元，中国政府投入 339 万元。

之后，又经过多次修改，增加了任务分解落实计划；派员出国进修、合作研究计划；邀请外国专家来华讲学计划；派遣出国考察团组计划；聘请外国专家担任项目顾问计划等。除了高粱等作物形成各自的单个《项目编制框架》外，最终汇编成《加强中国北方玉米、谷子、高粱、马铃薯育种、原种繁育能力项目编制框架》。

（二）项目文件审批

1992 年 12 月 16 日，联合国开发计划署官员 Romulo V. Garcia 在文件上签字，正式批准了该项目的实施。项目编号：CPR/91/132，项目名称："加强高粱育种、原种繁育能力"（Strengthening the Capability of Sorghum Breeding and Seed Propagation）。中国经贸部国际经济技术交流中心主任张广惠在文件上签字。从此，项目正式开始实施，期限 5 年。

二、项目执行总结

项目自 1992 年 12 月实施执行以来，按照项目文件的规定和要求，执行情况良好，全面完成了各项任务指标。

（一）高粱新品种选育

5 年共选育并经审定推广的高粱杂交种 4 个，即辽杂 4 号、辽杂 6 号、辽杂 10 号和辽饲杂 1 号。上述杂交种表现高产、抗病性强、稳产性好，深受农民欢迎。其中，辽杂 4 号累积种植面积 12 万 hm^2，辽杂 6 号 5.2 万 hm^2，辽杂 10 号 13.3 万 hm^2，辽饲杂 1 号 1.7 万 hm^2，使农民增加了收入。

（二）原种繁育基地建设

在锦县（现凌海市）、绥中和阜蒙 3 个县建立了高粱原种繁育基地，并在锦县基地安装了种子加工、包衣生产设备。进一步健全了高粱良种繁育体系，完善了种子检测和加工设施、设备。共繁育雄性不育系原种 3 000 kg，繁育辽杂 4 号、辽杂 6 号、辽杂 10 号等杂交种原种 20 万 kg，生产种子 2 000 万 kg。

（三）派员出国考察

先后派遣 4 批人员出国考察。

第一次团组于 1992 年，由李庆文、石玉学、潘世全、陈悦、冯娟 5 人组成，赴美国、日本考察，先后参观了 4 所大学、3 个农业试验站、3 个种子实验室和 3 个种子公司，详细了解了育种和遗传生理研究、品质化验分析、种质资源保存、组织培养、种子检测、电算电教等，还会见了各学科领域专家 30 余人，收集各种图书资料 100 余份，高粱种质资源 328 份。在项目派送培训人员、聘请专家、设备购置方面也与对方达成意向协议。

第二次团组于 1993 年，由李秉乾、潘世全、李振武、潘景芳、赵淑坤、杨晓光、董钻组成，先后考察了俄罗斯的新西伯利亚大学，罗斯托夫全俄高粱研究中心和萨拉托夫高粱科研—生产联合体等单位的科研、教学、种子生产加工以及农副产品综合利用等技术和设备，会见了各领域专家、教授 20 余人，签订了 2 项合作研究协议书，收集各种研究报告、图书资料 22 种 130 余份。

第三次团组于 1994 年，由刘庆敏、石玉学、张文毅、刘河山、邹文治、陈悦组成，赴法国、意大利考察，先后考察了农业大学、科研院所和种子公司等 9 个单位，以及联合国粮农组织总部。通过考察，与对方建立了联系，增进了了解和交流，引进了试材和科技资料，尤其在种子加工技术上收获较大。

第四次团组于 1995 年，由石玉学、辛华军、刘莹莹组成，赴美国考察，并参加了"北美高粱国际会议"。

（四）出国进修和国内培训

5 年共派出 15 人出国进修和培训，经过国外先进技术培训后，开阔了思路，增长了才干，在各自岗位上发挥了作用（表 16-3）。

表 16-3　出国人员进修培训明细

姓名	所赴国家单位	进修专业	时间（年. 月）
韩福光	ICRISAT	生物技术	1993. 5 至 1993. 12
孙贵荒	美国得克萨斯农业试验站	高产育种	1993. 6 至 1994. 4
谢凤周	美国堪萨斯州立大学	高产育种	1993. 6
岳桂兰	美国堪萨斯州立大学	细胞遗传学	1993. 8 至 1994. 5
张　显	美国得克萨斯农业和机械大学	育种学	1993. 8
卢庆善	澳大利亚昆士兰大学	高粱育种	1993. 11 至 1994. 8
徐秀德	美国堪萨斯州立大学	高粱病害	1994. 11 至 1995. 12
杨立国	美国得克萨斯农业和机械大学	组织培养	1994. 12 至 1995. 10
林　凤	美国得克萨斯农业和机械大学	生物技术	1995. 3 至 1995. 9

（续表）

姓名	所赴国家单位	进修专业	时间（年．月）
宋仁本	美国堪萨斯州立大学	群体改良	1995. 4 至 1995. 12
杨　镇	美国内布拉斯加大学	抗寒育种	1995. 5 至 1996. 1
邹剑秋	美国堪萨斯州立大学	食品加工	1995. 10 至 1996. 10
陈　悦	美国密西西比大学	高粱育种	1995. 12 至 1996. 12
赵海岩	美国得克萨斯农业和机械大学	高粱栽培	1996. 4 至 1997. 1
张　欣	美国内布拉斯加大学	高粱生物技术	1996. 6 至 1997. 3

国内培训是通过举办培训班和田间现场指导进行的。1995 年，举办了 2 次培训，辽杂 5 号开发与推广在辽宁省阜新市举行；辽杂 10 号示范开发网会在葫芦岛举行。共有 70 人受训，增加了对 2 个品种特征、特性的了解，提高了田间操作技能。

（五）邀请外国专家讲学

5 年共邀请了 19 位外国专家来华讲学（表 16-4）。讲学内容包括高粱高产育种、品质育种、生物技术、病虫鉴定防治、抗旱性改良、良种繁育技术、种子加工等。听课人数达 390 多人。此外，专家还向高粱所赠送技术资料和种质资源，与高粱所建立起紧密的业务关系，一些专家成为出国培训人员的导师。

表 16-4　外国专家来华讲学情况

专家姓名	国籍	讲学内容	听课人数	来华时间（年．月）
Claflin L. E. （克拉夫林）	美国	高粱病害鉴定	31	1993. 7
Paul Sun （孙仁芳）	美国	作物生产	56	1993. 7
Liang G. H. （梁学礼）	美国	生物技术	56	1993. 7
Rosenew D. T. （罗斯诺）	美国	抗病育种	20	1993. 8
Peterson G. C. （皮特森）	美国	抗虫育种	20	1993. 8
Liang G. H. （梁学礼）	美国	RFLP 技术	16	1994. 5
Cooper B. （库波）	美国	转换技术	16	1994. 5
Frederiksen R. A. （弗莱德瑞克森）	美国	高粱病害鉴定与抗病育种	30	1994. 8
Liang G. H. （梁学礼）	美国	生物技术	15	1995. 6
Korford K. （考弗德）	美国	生物技术	15	1995. 6
Stenhouse J. （斯坦豪斯）	ICRISAT	高产育种	15	1995. 8
Henzell R. （寒早）	澳大利亚	抗病虫害育种	15	1995. 8
White G. （怀特）	美国	抗蚜育种	15	1995. 8
Eastin J. D. （伊斯廷）	美国	栽培生理	20	1995. 11

（续表）

专家姓名	国籍	讲学内容	听课人数	来华时间（年.月）
Reese（瑞斯）	美国	抗蚜育种	20	1995.11
彭跃进	美国	作物栽培	20	1996.11
杨素琪	美国	种子检测	25	1996.11
Marathee	美国	高粱生产	20	1997.10
史毓元	美国	高粱育种	20	1997.10

（六）购置仪器设备

项目共购置 22 台（套）仪器设备，有田间播种机具、单穗脱粒机、种子处理设备、电泳仪、人工气候箱、人工培养箱、高速离心机、天平、小货车、吉普车、复印机、计算机、轿车、扫描仪各 1 台（套）；电脑 2 台；调温调湿机、种子水分速测仪各 3 台。

（七）引进高粱种质资源和鉴定

项目执行期间共从国外收集和引进各种高粱种质资源 1 140 份，国内资源 300 份。完成了 4 300 份 24 个性状的中国资源和 500 份外国资源数据库的建立。

第四节　其他

一、澳大利亚

（一）澳大利亚高粱研究

1. 高粱育种

澳大利亚是世界高粱生产国之一，年种植面积 50 万~70 万 hm²，总产 100 万~150 万 t，最多 168 万 t，高粱出口量仅次于美国、阿根廷，占第三位。高粱育种是澳大利亚最先建立起来的研究领域，1941 年在昆士兰的 Biloela 试验站开始了第一个高粱育种项目。1947 年推广了第一个高粱品种 Alpha，成为主栽品种。1958 年，从美国引进了高粱杂交种亲本，并组配了杂交种。1970 年之后，杂交种逐渐代替老品种成为主栽品种，红粒杂交种占 95%，白粒占 5%。

澳大利亚高粱育种重点第一是高产育种，其目标是昆士兰地区增产 5%~7%，西南部增产 10%~15%，南部增产 13%~18%。30 年间高粱育种的产量增益每年在 0.3%~0.6%。第二是抗旱抗倒伏育种，选择在籽粒灌浆缺水条件下保持绿色，即持绿（stay-green）型品种。持绿是一种抗旱性状，育种上利用的持绿源是 QL10、B35 和 SC35C，B35 已被证明具有特殊价值，用 B35 与 QL33 杂交选育出的 QL41 具有高度持绿性。第三是抗摇蚊育种，高粱摇蚊是为害高粱严重的虫害。育种家成功利用了以下抗原：TAM2566、SC108C、SC173C、SC165C、SC574C、AF28、BTx2854、BTx2761 和 BTx2767。采用系谱育种法，用上述抗原材料与当地适应性品种杂交，在杂种后代中选择抗性基因型，进而选育出抗摇蚊的高粱品种，如 QL38 和 QL39 比任何抗原材料的抗性都高。第四是抗病育种，主要是约翰逊草花叶病毒病。利用印度品种 Krish 的显性单抗性基因 K，采取杂交后回交的方法，把 K 抗性基因转移到当地主栽品种中。从后代中选出许多抗病系，有的组配到商用杂交种中。KS₄ 的抗病毒衍生系 QL3 和 QL22 还高度抗霜霉病。选择表现轻型花叶病毒病症状的基因型，这种基因型相对不受约翰逊草花叶病毒的侵染。茎腐病、丝黑穗病、锈病和叶斑病具有突发性，为害不是很重。抗这些病的育种主要是采取寄主抗性，已取得较好的进展。

2. 高粱生理研究

澳大利亚高粱生理学的研究是针对干旱和高温，生理研究的 2 个重要成果是模拟模型和性状鉴定。主要包括旱地高粱产量生理学及模拟模型的应用；高粱生存环境胁迫的生理学和性状鉴定用于热带半干旱地区有限水分条件下改良和稳定产量的育种。

产量生理学及其模拟模型应用研究已从限定因素法转到关键生长过程对环境反应的函数关系研究。这种数量关系的研究有助于模拟模型的改进。产量生理学的研究使模拟模型更精确，归纳出高粱产量积累过程的性质：物候性、叶片生长、生物量积累、籽粒形成、根吸水和蒸腾效率。

高粱生存胁迫主要是干旱和高温，但高温很少危害植株的生存，而干旱能在任何生育阶段使植株枯死。因此，水分胁迫生理学包括逃避水分胁迫和抗水分胁迫。逃避水分胁迫指在其发生前已完成生命周期。高粱逃避水分胁迫有两种主要途径。一是具有适时的物候性，在季节性干旱期来临之前完成生育周期；或者在生长发育的临界期无干旱。二是抗水分胁迫，或者通过组织避免脱水或者耐脱水。首先是通过庞大根系增加吸水；其次是通过渗透调节和组织伸缩性以保持细胞的容量，最大限度降低脱水对新陈代谢的影响。

3. 高粱害虫研究

澳大利亚高粱害虫主要有摇蚊和棉铃虫。抗摇蚊研究取得明显进展，确定了抗性机制，抗雌虫产卵是主要抗性因素，雌虫很难产卵，把剩余的卵产完就死掉了。而且还研究了当地野生高粱的新抗原。棉铃虫与摇蚊对高粱的侵害不同，抗摇蚊的杂交种正好适于棉铃虫产卵，卵块的出现和幼虫孵化与高粱开花期相同。棉铃虫的研究重点放在棉花上，高粱主要研究为害规律，以及与摇蚊的物候性和共同防治。

4. 生物技术研究

澳大利亚在高粱分子标记和遗传工程领域开展了一些探索工作，利用分子标记有利于选择抗干旱和摇蚊的性状。目前，正在把渗透调节作为一种模型用于研究分子标记与农艺性状连锁，在高粱育种中采用标记进行选择，进而探索用 RFLP 和 RAPD 技术标记渗透调节加性基因。分子标记有助于渗透调节性状的选择，结果将提高产生经改良的含有这一性状以及地域适应性和高产潜力的品种的效率。

5. 高粱模拟模型研究

高粱模拟模型研究是为了农业生产体系的管理者及政府政策顾问做出正确决策提供依据。例如，高粱生长和种植制度模型提供一种手段使研究者的成果与决策者联系起来。在澳大利亚，粒用高粱模型已研究出来并使用。该模型名称是 QSORG，即昆士兰高粱模拟模型。就是把高粱研究的成果结合到动态的和可预测的高粱模型中，既有普遍的含义又保持其简明性，如模型计算的籽粒产量涉及的因素有叶面积增长、叶片衰老、光辐射转换效率、由水分平衡计算的胁迫指数、物候性表现等。高粱模型可在研究决策、管理决策和政策决策领域应用。

总之，高粱模型已在各种不同环境下测定其效果，模拟高粱生长效果好，模拟产量效果中等。目前正集中进行包括氮肥反应、籽粒发育等数量化研究，以进一步改进完善模型。

（二）进修和合作研究

1993 年 11 月至 1994 年 8 月，卢庆善赴澳大利亚进修、合作研究，先后在 3 所科研单位和大学进修和合作研究，一是在昆士兰州基础产业部高粱研究所进修高粱育种；二是在澳大利亚科学院（CSIRO）所属热带作物和牧草研究所进修高粱分子标记技术；三是在昆士兰大学农业系进修高粱组织培养。

1. 抗摇蚊田间试验

田间设计为顺序排列，种植 6 000 份杂交后代材料，先播种感虫材料（RQL20），以大量诱虫。当被鉴定的材料开花时，正值摇蚊高发期，标记各种材料的开花期，调查每穗的成虫数、产卵数、蛹数、结实率等。试验表明不同材料抗、感虫的差异（表 16-5）。

表 16-5　高粱抗摇蚊部分筛选结果

杂交种	数目（每小穗）		侵染无柄小穗（%）		结实率（%）	成虫数（100 小穗）
	卵	蛹	卵	蛹		
ATx3197/RQL20	1.96a*	1.24a	70a	68a	32a	85a
AQL38/RQL36	0.50b	0.38b	33b	29b	67b	17b
AQL39/RQL36	0.26b	0.30b	14c	24b	74b	17b

*纵列中的不同字母表示差异显著水平（$P<0.05$）。

2. 饲料高粱育种

棕色中脉的饲料高粱可提高消化率约 10%，因为棕色中脉与木质素含量呈负相关，而木质素含量与消化率又为负相关。由于棕色中脉为隐性遗传，因此必须把双亲都变成棕色中脉后才能组配出棕色中脉的杂交种。因此，采用的非轮回亲本为棕色中脉的 bmr12，轮回亲本有 2 个甜高粱类型 Sugardrip 和 Rio，2 个苏丹草类型 QL18 和 AR2002，1 个粒用高粱 Tx623。棕色中脉系在农艺上相似于轮回亲本，尽管棕色中脉系趋向低产，如苏丹草类型杂交种更低产些，但它们的酸洗木质素百分率（ADL%）和试管干物质消化率（IVDMD%）两项指标确有差异，而棕色中脉系与轮回亲本的叶片 ADL% 水平没有差异，但棕色中脉系的茎秆 ADL% 更低些。

3. 高粱持绿性的生理学评价

灌浆期由于干旱倒伏常造成植株枯死。持绿性就是指植株相对于不具有这种特性的保持绿色叶片延长。因此，这种持绿性可直接提高产量。田间试验为裂区设计，3 种水分处理为主区，16 个基因型（杂交种）为副区，3 次重复。①整个生育期灌水。②灌水到开花期，之后不灌水。③完全不灌水。调查产量、产量组分、各器官干物重、叶面积、收获指数等。分析持绿性与产量、蒸腾效率之间的关系。试验表明，凡是持绿性好的杂交种，生物产量、经济产量（籽粒）均比持绿性差的杂交种高。

持绿性和渗透调节都是抗旱性状，研究发现渗透调节的基因型变异，鉴定出渗透调节和产量之间的表型相关，筛选出高渗透调节材料 Tx2813 和 B35/SC35C。用 B35 与 QL35 杂交选育出的 QL41 具有高度持绿性，已组配出杂交种（AQL41×RQL36）应用于生产。

（三）引进高粱试材和科技资料

从澳大利亚引进高粱试材共 45 份，其中雄性不育系和保持系 26 份，恢复系 2 份，杂交种 7 份，保持系杂交后代 6 份，饲料高粱 4 份。此外，还引进各种高粱科技资料 125 份。

（四）高粱抗旱专项合作研究

2015 年 2—3 月，高粱所邹剑秋、卢峰、张志鹏、王艳秋访问考察了澳大利亚。澳大利亚的高粱研究从 1940 年开始，隶属于昆士兰大学的 Harmitage Research Facility（HRF）是澳大利亚主要高粱科研单位，在高粱耐旱生理生化、耐旱持绿性、种质资源创新等方面一直处于国际领先水平。

1. 考察基本情况

（1）考察昆士兰农业试验站　首先考察了昆士兰州最早的农业试验站（HRF），1897 年建站，1946 年成为区域试验站，迄今已成为东北部澳大利亚作物育种、栽培、生理研究的中心，主要作物有高粱、大麦、玉米、鹰嘴豆及小宗豆类。

双方进行了学术研讨，邹剑秋报告了"中国高粱研究和生产"，卢峰报告了"中国高粱分子育种研究进展"，张志鹏报告了"中国高粱栽培研究进展"，王艳秋报告了"中国甜高粱研究进展"。HRF 高粱育种负责人 Jordan 报告了"高粱育种方法和技术"，包括方案制定、田间试验、模拟模型、标记遗传、系统信息、基因与环境互作等。他们应用的方案设计和田间操作软件"Integrated Breeding Platform"先进实用，能大幅提高育种效率，避免重复劳动和资源浪费，并引进了这一软件系统。

分子育种专家 Emma Mace 报告了"高粱分子育种"，内容包括分子标记辅助选择、基因挖掘及利用等方面的理论及实验技术。通过讲解，对 HRF 高粱分子育种的目标、方法和进展有了系统的了解，并希望我院高粱分子育种团队能与 HRF 的分子育种团队建立起联系和合作关系。

（2）考察种子公司和高粱种植农户　太平洋种子公司（Pacific Seeds）是澳大利亚著名种业公司，有 50 余年历史，主要经营油菜、玉米、高粱、向日葵、小麦、饲草等种子。高粱种子的年产量 6 000~7 000 t。参观了该公司种子自动化加工生产车间，以及种子储藏和运输系统，并考察了种子质量检测实验室，该种子检测系统完整化和标准化，严格执行"国际种子检测标准——2014"。

访问了高粱种植农户，考察了高粱种植田。农户的家就在农场附近，带领参观了农场全貌。该农户有土地 1 200 hm²，2 年种植 3 种作物，高粱、小麦和玉米，进行轮作倒茬；高粱生产选用太平洋种子公司的 3 个杂交种，平均籽粒产量在 8 000 kg/hm²。从播种、田间管理到收获全程采用机械，3 个人完成 1 200 hm² 的生产任务。除种植作物外，农场还养殖了 900 余头牛，用青贮玉米、高粱秸秆及其籽粒作主要饲料。

（3）考察昆士兰大学　在考察该大学农业和食品研发中心时，双方交流了育种、抗逆生理、生物技术辅助育种、产品市场开发等内容，讨论了未来在农业科研领域进行合作交流、人才培养以及共同承担科研项目等。

此外，还访问考察了悉尼大学植物育种研究所（PBI）。该所成立于 1953 年，是国际上知名的作物育种研究和培训中心，尤其在禾谷类作物锈病研究、作物遗传育种、园艺作物育种等领域处于国际先进水平。研究内容包括小麦锈病、小麦单倍体创造与应用、花卉及饲草研究等。并参观了该所的重点试验室、试验基地、作业温室、种质资源库等。

2. 高粱抗旱生理研究

Borrell 博士介绍了高粱抗旱生理和分子生理机制研究的理论与实际操作技术，内容包括分子生理学研究、细胞水平及全株水平的高粱持绿性研究、水分胁迫与籽粒产量的关系、抗旱资源高效利用等；并参观了开展研究的生理实验室及其试验设施、设备、仪器等，实地学习了抗旱鉴定的技术和方法，以及相关仪器和设备的使用和操作技术等。澳大利亚在高粱抗旱生理生化、耐旱持绿性、抗旱资源创新等方面研究一直处于国际领先水平，因此通过考察更好地了解了澳大利亚高粱抗旱研究与生产方面的现状、品种耐旱能力鉴定评价，以及高粱耐旱生理研究的方法和技术，收集、引进高粱耐旱种质资源，寻找合作研究契机，对加强我国高粱抗旱研究大有益处。

二、日本

高粱所与日本的科技交流与合作主要有两方面：一是高粱壳红色素开发合作；二是饲草高粱开发合作。

（一）高粱壳红色素开发合作

1994 年，高粱所利用高粱壳提取红色素获得成功。1995 年，日本光洋株式会社来院洽谈有关高粱红天然色素合作开发事宜。1996 年，通过洽谈，正式成立了中日合资的辽宁科光天然色素有限公司。该公司生产的高粱红天然色素系列产品，可以广泛应用于面食品、肉制品、化妆品、药品等的色素的添加剂。产品色泽自然，无毒无害，深受消费者欢迎。该产品不仅畅销辽宁、吉林、黑龙江、陕西、甘肃、广东、北京、上海、南京等省（市），而且还批量出口日本、韩国、德国和意大利 4 个国家，开创了辽宁省农业科学院科技产品挺进国际市场的先例。

2003 年 8 月，辽宁科光天然色素有限公司李传欣、李景琳、李纯 3 人赴日本进行高粱红色素出口商务洽谈，讨论扩大高粱红色素出口数量问题，并达成协议。

2012 年 8 月，日本光洋株式会社一行 4 人访问院辽宁省农业科学院高粱研究所，就高粱红色素研究进展情况进行了交流，并参观了辽宁科光天然色素有限公司生产车间，了解了产品及其应用情况。

（二）饲草高粱开发合作

2001 年 3 月，辽宁省农业科院高粱研究所与日本草地畜产种子协会饲料作物研究所通过洽谈，签订了《饲用高粱育种与试种项目协议》，时间 3 年，获得项目资助经费人民币 30 万元。2002 年 3 月和 2003 年 3 月，中日双方在沈阳就饲用高粱育种与试种项目进行了 2 次年度总结，全面系统汇总评价了参试品种在两国的综合表现及生产应用的可行性。

2002 年 3 月 5 日，日本草地畜产协会理事长续省三先生来辽定省农业科学院访问，与高粱研究所讨论了饲用高粱合作开发有关问题。2003 年 8 月，崔再兴、宋仁本、张喜华、刘春和、岳明鉴 5 人赴日本考察，参观了日本草地畜产协会的饲料高粱和青贮玉米试验田，并确定了 2004 年开始的饲用玉米项目实施方案。

2004 年 3 月，辽定省农业科学院高粱研究所与日本草地畜产种子协会再次签订了为期 3 年的新一轮《饲用高粱育种与试种项目协议》，获得项目资助经费人民币 30 万元。2005 年 3 月和 2006 年 3 月，中日双方就饲用高粱育种与试种项目的进展和合作情况进行 2 次年度总结，对上一合作周期筛选出来的饲用高粱品种和新育成的品种继续在两国进行鉴定评价，并进行小面积扩大示范。

2007 年 3 月，日本草地畜产种子协会饲料作物研究所所长杉信贤一先生等一行 3 人访问辽宁省农业科学院高粱研究所，就饲用高粱育种和试种结果及下一步合作意向进行了洽谈。

三、参加国际会议

（一）参加 ICRISAT 举办的国际会议

1981 年 10 月，ICRISAT 在印度举办了"国际高粱品质学术研讨会"和"八十年代高粱国际会议"。卢庆善、廖嘉玲出席了会议。会议全面总结了"七十年代高粱国际会议"以来高粱研究所取得的成果、成就，包括 70 年代高粱研究回顾，高粱及其环境，高粱产量减少的原因，高粱遗传资源，高粱改良的遗传和育种，生产技术，粮食品质和利用，高粱的社会经济考量，高粱病、虫、草害及其防治等。会后出版了《八十年代高粱》（《Sorghum in The Eighties》）一书。

1991 年 9 月 16—19 日，卢庆善出席了 ICRISAT 召开的"亚洲高粱研究协商会议"。出席本次会议的亚洲国家有中国、印度、印度尼西亚、伊朗、缅甸、尼泊尔、菲律宾、泰国和越南；还邀请澳大利亚、美国、苏联、联合国开发计划署（UNDP）、联合国粮食及农业组织（FAO）的代表与会。本次会议的宗旨是建立亚洲高粱研究协作网，以加强亚洲国家与 ICRISAT 之间以及亚洲国家之间的交流与合作，促进高粱生产的发展。会上，各国代表介绍了各自国家高粱科研和生产情况。卢庆善报告了"中国高粱生产和科研"。

会议通过充分讨论和协商决定成立"亚洲高粱研究协作网"，卢庆善为中国协调员。在 4 个方面开展协作研究。一是高粱利用，包括食用、饲用、饲草用、制糖用、乙醇用、工业利用等，研究重点首先是食用；其次是甜高粱、饲料高粱和工业利用；最后籽粒加工。二是高粱生产的限制因素，包括干旱、病害、虫害、鸟害、草害、土壤缺素和毒性、种植制度等，研究重点首先是干旱、芒蝇、玉米螟、粒霉病、茎腐病、摇蚊、杂草等；其次是土壤营养、仓库害虫；最后是高粱市场和种子质量。三是高粱改良，包括种质资源创新利用、育种技术、抗性筛选技术等，研究重点是新品种、杂交种选育及雄性不育系、恢复系的创造，以及细胞质多样性的利用等。四是品种推广和技术传授，研究重点是优良品种（杂交种）的试验、示范、推广，如何保证优良种子供应农民，以及增产新技术的示范、传授和应用，开展农民培训。

1997年11月18—22日，高粱所杨镇参加了ICRISAT在泰国斯芬伯依大田作物研究所召开的"亚洲高粱研究人员研讨会"。2000年1月，高粱所邹剑秋参加了ICRISAT在越南举办的ADB项目"加快作物改良研究，为亚洲半干旱地区农民服务"启动会。会上，邹剑秋介绍了中国高粱研究的现状和进展，以及抗螟虫育种及资源鉴定，并确定了中国在该项目中承担的任务，"高粱抗螟虫资源鉴定、筛选、标记和应用"。2001年16—20日，高粱所邹剑秋参加了ICRISAT在越南举办的"高粱遗传研究计划及培训网工作国际会议"。

2003年7月1—4日，高粱所卢庆善、邹剑秋参加了ICRISAT在印度举办的"亚洲国家高粱和珍珠粟不同加工用途专家会"。邹剑秋在会上作了"Alternative Uses of Sorghum—Methods and Feasibility：Chinese Perspectives"的报告。

2003年7月6—8日，高粱所邹剑秋参加了ICRISAT举办的ADB项目"加快作物改良研究，为亚洲半干旱地区农民服务"年度总结会。会上，邹剑秋介绍了项目在中国的执行情况和取得的进展。2004年6月，高粱所邹剑秋参加了ICRISAT举办的ADB项目"加快作物改良研究，为亚洲半干旱地区农民服务"结题会。邹剑秋在会上报告了中国在该项目上已全面完成了计划任务。

2005年6月，高粱所邹剑秋参加了ICRISAT举行的CFC/FIGG/32项目"加强高粱与珍珠粟籽粒在家禽饲料业中的应用，以促进亚洲农民生活水平的提高"启动会。邹剑秋定为中国协调员。2007年3月，高粱所邹剑秋参加了ICRISAT举办的CFC/FIGG/32项目"加强高粱和珍珠粟籽粒在家禽饲料业中的应用，以促进亚洲农民生活水平的提高"中期评估会。邹剑秋作了中国项目中期总结报告，全面介绍了项目执行情况，并拟定了项目后期工作框架。同年4月，邹剑秋参加了ICRISAT在泰国举办的CFC/FIGG/32项目年度总结会和下年工作计划会。在会上，邹剑秋作了"中国项目区年度工作总结"，制订了下一年工作计划。2008年1月，高粱所邹剑秋参加了ICRISAT举办的CFC/FIGG/32项目年度总结会。

2011年5月，邹剑秋、卢峰参加了ICRISAT在菲律宾举行的CFC/FIGG/41项目"加强甜高粱种植，农民与生物乙醇生产企业联系，提高亚洲农民生活水平"年度总结会和下年工作计划会。邹剑秋报告了中国项目区年度总结，并制订了下年度工作计划。

（二）参加在美国举办的国际会议

1989年2月，高粱所卢庆善参加了在美国拉巴克举办的"第十六届北美高粱研究国际会议"。会上，卢庆善报告了"中国高粱生产和科研进展"，全面介绍了中国高粱生产状况和科研取得的成果和对生产的支撑作用。

2012年12月18日至2013年1月18日，高粱所邹剑秋、朱凯赴美国俄克拉荷马州立大学、堪萨斯州立大学、得克萨斯农业和机械大学交流访问，并参加了"第二十一届国际植物与动物基因组大会"。

2013年8月28—30日，高粱所邹剑秋、卢峰参加了在美国拉巴克举办的"北美高粱研究年度会议"（Sorghum Improvement Conference of North America）。与会人员包括来自美国各州高粱科研单位的学者、高粱加工企业的专业人员，以及得克萨斯农业和机械大学高粱专业研究生等近百人。

会上，与会高粱专家就各自研究领域作了进展报告，报告内容包括高粱遗传育种、生理生化、生物技术、病理研究、虫害研究、技术推广等；高粱种子生产及加工利用企业人员也就美国目前高粱种业及加工利用现状和未来发展作了报告；高粱专业的博士和硕士生代表也就他们的研究作了报告，并组织专家评选了优秀论文。听取会议报告后，与会人员对美国高粱研究和应用的整体水平和现状有了全面的认识和深入了解。会议期间还与美国高粱专家进行了广泛的交流，并就感兴趣的高粱种质资源、抗性改良等领域进行了深入探讨，为今后的合作研究打下了基础。

（三）参加在其他国家举办的国际会议

1993 年 3 月 29 日至 4 月 2 日，高粱所卢庆善赴英国参加"第二届国际高粱和珍珠粟分子标记学术研讨会"。参加会议的有澳大利亚、中国、苏丹、法国、德国、印度、意大利、尼日尔、马里、尼日利亚、俄罗斯、坦赞尼亚、泰国、英国和美国 15 个国家的 46 名代表。洛克菲勒基金会派员出席了会议。

本次会议的主要议程是交流上次会议以来高粱和珍珠粟分子标记研究的成果；参观英国剑桥实验室，了解其开展珍珠粟分子标记研究的进展。会上，各国代表报告了各自研究的成果和进展。卢庆善报告了"RFLP 技术与植物育种"（RFLP and Breeding of Plant）。会议还讨论了进一步开展该研究的协作领域和方式，决定由 ICRISAT 于当年 10 月出版本次会议的文件和论文汇编。

1993 年 11 月 15—21 日，卢庆善参加了在澳大利亚举办的"国际高粱研究计划会议"。会上，卢庆善报告了"中国高粱生产和科研现状和成果"，并制订了国际高粱研究计划，以加强国家间的交流与合作。

2006 年 10 月 2—10 日，应法国克莱蒙费朗大区的邀请，高粱所张志鹏参加了在克莱蒙费朗举办的"世界畜牧峰会"。共收集到 115 份有关牛的品种、饲喂技术及牛肉加工等方面的文字资料。

2009 年 8 月，高粱所邹剑秋受农业部委派，参加了在韩国首尔举办的"国际植物新品种保护联盟（UPOV）第三十八届大田作物工作组会议和植物新品种保护影响国际研讨会"。

主要参考文献

陈悦，石玉学，潘世全，等，1993. 美国高粱育种研究现状［J］. 国外农学：杂粮作物（2）：7-10.

陈悦，孙贵荒，石玉学，等，1995. 部分高粱转换系与不同高粱细胞质的育性反应［J］. 作物学报，21（3）：281-288.

卢庆善，SCHERTZ，宋仁本，等，1994. 中美高粱杂种优势与配合力研究［J］. 辽宁农业科学（4）：3-7.

卢庆善，1983. 高粱群体改良研究［J］. 世界农业（6）：30-33.

卢庆善，1983. 国际热带半干旱地区作物研究所 [J]. 世界农业（11）：17-18.

卢庆善，1984. 高粱抗旱性改良 [J]. 世界农业（10）：51-54.

卢庆善，1985. 国际高粱种质资源的收集、整理、研究和利用 [J]. 世界农业（4）：30-32.

卢庆善，1987. ICRISAT 高粱抗虫育种 [J]. 世界农业（5）：22-25.

卢庆善，1987. 中美高粱学术讨论会 [J]. 世界农业（2）：55-56.

卢庆善，1988. 国际热带半干旱地区作物研究所高粱育种概况 [J]. 世界农业（1）：27-29.

卢庆善，1989. 美国高粱品种改良对产量的贡献 [J]. 世界农业（9）：31-32.

卢庆善，1990. 美国高粱种质资源的收集和利用 [J]. 世界农业（11）：25-26.

卢庆善，1992. 亚洲高粱研究协商会 [J]. 世界农业（3）：46，59.

卢庆善，1994. 澳大利亚高粱生产、利用和研究 [J]. 世界农业（6）：14-16.

卢庆善，1994. 国际高粱和珍珠粟分子标记学术研讨会 [J]. 世界农业（7）：55-55.

卢庆善，宋仁本，郑春阳，等，1995. LSRP：高粱恢复系随机交配群体组成的研究 [J]. 辽宁农业科学，（3）：3-8.

卢庆善，宋仁本，郑春阳，等，1997. 高粱不同分类组杂种优势及配合力的研究 [J]. 辽宁农业科学（2）：3-13.

卢庆善，宋仁本，1988. 新引进高粱雄性不育系 421A 及其杂交种研究初报 [J]. 辽宁农业科学（1）：17-22.

卢庆善，韦石泉，1985. 国际热带半干旱地区作物研究所（ICRISAT）的高粱抗病育种工作 [J]. 世界农业（9）：33-35，31.

陶承光，2014. 辽宁省农业科学院对外开放工作纪实 [M]. 沈阳：辽宁科学技术出版社.

王富德，杨立国，张世苹，等，1989. ICSA 高粱雄性不育系的主要农艺性状鉴定及配合力分析 [J]. 辽宁农业科学（5）：11-15.

张文毅，1986. 美国高粱遗传育种研究近况 [J]. 辽宁农业科学（2）：46-51.

朱翠云，1993. 新引高粱雄性不育系的鉴定与评价 [J]. 辽宁农业科学（6）：40-44.

邹剑秋，卢峰，2013. 美国高粱研究与生产考察报告（内部材料）.

邹剑秋，卢峰，张志鹏，等，2015. 赴澳大利亚进行高粱抗旱专项合作研究与生产考察报告（内部材料）.

邹剑秋，卢峰，张志鹏，等，2017. 赴美国进行高粱抗旱育种合作交流与生产考察报告（内部材料）.

邹剑秋，朱凯，王艳秋，等，2010. 高粱雄性不育系 7050A 的选育与应用 [J]. 作物杂志（2）：101-104.

附录1 辽宁省高粱获奖成果名录

序号	获奖成果名称	授奖部门	奖励等级	获奖单位	年份
1	中国高粱品种志	国家农业部	科技进步奖一等奖	辽宁省农科院高粱所	1985
2	中国高粱品种资源目录	国家农业部	科技进步奖一等奖	辽宁省农科院高粱所	1986
3	高粱雄性不育系 7050A 创造与应用	辽宁省政府	科技进步奖一等奖	辽宁省农科院高粱所	2008
4	国家农作物种质资源数据库系统	国家农业部	科技进步奖二等奖	辽宁省农科院高粱所	1991
5	主要粮食作物种质资源抗旱（涝）性鉴定及其利用研究	国家农业部	科技进步奖二等奖	辽宁省农科院高粱所	1992
6	高粱杂交种——熊杂 2 号	辽宁省政府	科技进步奖二等奖	辽宁省熊岳农科所	1996
7	高粱红色素提取与应用研究	辽宁省政府	科技进步奖二等奖	辽宁省农科院高粱所	1997
8	高粱丝黑穗病菌生理分化及抗病资源鉴选和利用研究	辽宁省政府	科技进步奖二等奖	辽宁省农科院高粱所	1998
9	高粱 169 系列雄性不育系选育及利用	辽宁省政府	科技进步奖二等奖	铁岭市农科院	2000
10	高粱优良恢复系 4930 选育及应用	辽宁省政府	科技进步奖二等奖	辽宁农业职业技术学院	2002
11	生物质能源甜高粱品种选育技术创新与应用	辽宁省政府	科技进步奖二等奖	辽宁省农科院高粱所	2011
12	沈农 447	国家农业部	科技进步奖三等奖	沈阳农学院农学系	1985
13	辽杂 1 号高粱杂交种	国家农业部	科技进步奖三等奖	辽宁省农科院高粱所等	1985
14	中国高粱芽期酯酶同工酶的研究	国家农业部	科技进步奖三等奖	辽宁省农科院高粱所等	1988
15	铁杂 6 号	辽宁省政府	科技进步奖三等奖	铁岭市农科所	1979
16	锦杂 75	辽宁省政府	科技进步奖三等奖	锦州市农科所	1980
17	沈农 447	辽宁省政府	科技进步奖三等奖	沈阳农学院农学系	1982
18	高粱雄性不育系 Tx622A 的引种鉴定及推广	辽宁省政府	科技进步奖三等奖	辽宁省农科院高粱所	1986
19	利用抗病品种防治高粱丝黑穗病的研究	辽宁省政府	科技进步奖三等奖	辽宁省农科院高粱所	1986

（续表）

序号	获奖成果名称	授奖部门	奖励等级	获奖单位	年份
20	辽宁省农作物品种资源补充征集和编写目录	辽宁省政府	科技进步奖三等奖	辽宁省农科院高粱所	1988
21	高粱穗结构遗传研究	辽宁省政府	科技进步奖三等奖	辽宁省农科院高粱所	1989
22	微机在高粱遗传育种工作中应用的研究	辽宁省政府	科技进步奖三等奖	辽宁省农科院高粱所	1990
23	沈杂 5 号	辽宁省政府	科技进步奖三等奖	沈阳市农科院	1991
24	高粱杂交种——辽杂 4 号	辽宁省政府	科技进步奖三等奖	辽宁省农科院高粱所	1993
25	高粱品质性状遗传研究	辽宁省政府	科技进步奖三等奖	辽宁省农科院高粱所	1994
26	高粱高产稳产栽培配套技术研究与开发	辽宁省政府	科技进步奖三等奖	辽宁省农科院高粱所	1996
27	辽杂 5 号高粱	辽宁省政府	科技进步奖三等奖	辽宁省农科院高粱所	1996
28	锦杂 93 高粱	辽宁省政府	科技进步奖三等奖	锦州市农科院	1996
29	水稻育种专家系统	辽宁省政府	科技进步奖三等奖	辽宁省农科院高粱所	1998
30	高产优质多抗高粱杂交种辽杂 10 号	辽宁省政府	科技进步奖三等奖	辽宁省农科院高粱所	1999
31	高粱恢复系随机交配群体（LSRP）组成的理论与利用研究	辽宁省政府	自然科学奖三等奖	辽宁省农科院高粱所	2003
32	高粱抗蚜基因的分子标记及基因定位	辽宁省政府	自然科学奖三等奖	辽宁省农科院高粱所	2005
33	主要农作物现代生物技术育种研究	辽宁省政府	科技进步奖三等奖	辽宁省农科院高粱所	2006
34	高粱品种熊岳 253	辽宁省政府	省科学大会奖	辽宁省熊岳农科所	1978
35	高粱蚜虫防治研究	辽宁省政府	省科学大会奖	辽宁省熊岳农科所	1978
36	高粱杂交种辽饲杂 1 号	辽宁省农业厅	科技进步奖二等奖	辽宁省农科院高粱所	1992
37	我国主要高粱杂交种的系谱分析	辽宁省农业厅	科技进步奖三等奖	辽宁省农科院高粱所	1987
38	622A 高粱杂交种防倒伏高产栽培规律的研究	辽宁省农业厅	科技进步奖三等奖	辽宁省农科院高粱所	1987
39	高粱生育期遗传研究	辽宁省农业厅	科技进步奖三等奖	辽宁省农科院高粱所	1987
40	高粱杂交种辽杂 2 号	辽宁省农科院	科技进步奖三等奖	辽宁省农科院高粱所	1987
41	辽宁省高粱种植区划研究	辽宁省农科院	科技进步奖三等奖	辽宁省农科院高粱所	1987
42	高粱杂交种辽杂 3 号	辽宁省农科院	科技进步奖三等奖	辽宁省农科院高粱所	1990
43	《杂交高粱遗传改良》专著	辽宁省农科院	科技创新奖一等奖	辽宁省农科院高粱所	2006
44	《作物遗传改良》专著	辽宁省农科院	科技创新奖一等奖	辽宁省农科院高粱所	2011

（续表）

序号	获奖成果名称	授奖部门	奖励等级	获奖单位	年份
45	机械化专用高粱雄性不育系01-26A及其杂交种辽杂35的创制与应用	辽宁省农科院	科技创新奖一等奖	辽宁省农科院高粱所	2014
46	适于机械化糯高粱亲本系LA-34及杂交种辽粘6、辽糯7创造与应用	辽宁省农科院	科技创新奖一等奖	辽宁省农科院高粱所	2015
47	青饲贮甜高粱亲本系创制技术集成及其杂交种培育	辽宁省农科院	科技创新奖一等奖	辽宁省农科院高粱所	2016
48	优质食用型高粱杂交种辽杂12号	辽宁省农科院	科技创新奖二等奖	辽宁省农科院高粱所	2005
49	高产、优质、多抗高粱杂交种辽杂25号	辽宁省农科院	科技创新奖二等奖	辽宁省农科院高粱所	2006
50	高糖、广适能源甜高粱杂交种辽甜2号	辽宁省农科院	科技创新奖二等奖	辽宁省农科院高粱所	2007
51	《甜高粱》专著	辽宁省农科院	科技创新奖二等奖	辽宁省农科院高粱所	2008
52	早熟矮秆机械化高粱亲本系P03A及其杂交种的创造与应用	辽宁省农科院	科技创新奖二等奖	辽宁省农科院高粱所	2016
53	高产大穗型高粱杂交种辽杂16号	辽宁省农科院	科技创新奖三等奖	辽宁省农科院高粱所	2005
54	酿酒型高粱杂交种辽杂18号	辽宁省农科院	科技创新奖三等奖	辽宁省农科院高粱所	2005
55	生物质能源型甜高粱杂交种辽甜1号	辽宁省农科院	科技创新奖三等奖	辽宁省农科院高粱所	2005
56	能源专用甜高粱杂交种辽甜4号辽甜5号选育	辽宁省农科院	科技创新奖三等奖	辽宁省农科院高粱所	2009
57	高淀粉酿造专用糯高粱杂交种辽粘3号	辽宁省农科院	科技创新奖三等奖	辽宁省农科院高粱所	2010
58	酿酒系列高粱杂交新品种辽杂31、辽杂33、辽粘4号	辽宁省农科院	科技创新奖三等奖	辽宁省农科院高粱所	2011
59	酿酒专用糯高粱杂交种辽粘5号、辽粘6号选育	辽宁省农科院	科技创新奖三等奖	辽宁省农科院高粱所	2012
60	高粱杂交种锦杂83	锦州市政府	科技进步奖三等奖	锦州市农科院	1986
61	高粱杂交种铁杂9号	铁岭市政府	科技进步奖三等奖	铁岭市农科院	1997
62	高粱杂交种沈杂3号	沈阳市政府	市科学大会奖	沈阳市农科院	1977
63	沈杂6号高粱杂交种	沈阳市政府	科技进步奖二等奖	沈阳市农科院	1990
64	八叶齐高粱	沈阳市政府	科技进步奖三等奖	沈阳市农科院	1985

（续表）

序号	获奖成果名称	授奖部门	奖励等级	获奖单位	年份
65	高粱杂交种沈杂 4 号	沈阳市政府	科技进步奖三等奖	沈阳市农科院	1986
66	甜高粱杂交种沈农 2 号	辽宁省农垦局	科技进步奖一等奖	沈阳农学院农学系	1993
67	高粱杂交种桥杂 2 号	营口市政府	科技进步奖三等奖	营口县农科所	1990
68	高粱雄性不育系营 4A	营口市政府	科技进步奖三等奖	营口市农科所	1991
69	高粱杂交种北杂 1 号	辽宁省政府	辽宁省科学大会奖	北票市良种繁育场	1978

附录 2　辽宁省育成的各种主要
高粱品种（系）简介

目　　录

三、甜高粱杂交种

1. 辽甜 1 号　　　　　　　　　　　2. 辽甜 3 号

3. 辽甜 6 号　　　　　　　　　　　4. 辽甜 8 号

5. 辽甜 10 号　　　　　　　　　　6. 辽甜 13

7. 辽甜 15

四、糯高粱杂交种

1. 辽粘 1 号　　　　　　　　　　　2. 辽粘 3 号

3. 辽粘 4 号　　　　　　　　　　　4. 辽粘 6 号

5. 辽糯 9 号

五、草高粱杂交种

1. 辽饲杂 1 号　　　　　　　　　　2. 辽饲杂 4 号

3. 辽草 1 号

六、高粱雄性不育系

1. Tx3197A　　　　　　　　　　　2. Tx622A

3. 421A　　　　　　　　　　　　　4. 7050A

5. TL169-214A　　　　　　　　　　6. TL169-239A

7. 2817A　　　　　　　　　　　　　8. 熊岳 21A

七、高粱雄性不育恢复系

1. 二四　　　　　　　　　　　　　2. 晋 5/晋 1

3. 矮四　　　　　　　　　　　　　4. 115

5. LR9198　　　　　　　　　　　　6. 铁恢 6 号

7. 铁恢 157　　　　　　　　　　　8. 锦恢 75

9. 锦 9544　　　　　　　　　　　10. 锦 858

11. 4003　　　　　　　　　　　　12. 0-30

13. 5-27　　　　　　　　　　　　14. 4930

15. 654　　　　　　　　　　　　　16. 447

一、高粱品种

1. 关东青

品种来源：关东青是锦州市农科所于 1949 年搜集锦州郊区农家品种，经 4 年（1950—1953 年）纯化培育而成。到 1963 年在锦州地区推广约 10 万亩，一般亩产 250~300 kg。

特征特性：芽鞘浅紫色，幼苗绿色，株高 240 cm。穗长 19 cm，紧穗，纺锤形，着粒丰满，单穗粒重 92 g。壳红色，粒黄色，卵形，千粒重 28.6 g，籽粒玻璃质较多，出米率较高。生育期 140 d 左右，为晚熟种。耐肥，对土质、肥力要求较严，适宜平原肥沃土地种植。茎秆和小穗枝梗均较脆，遇风易折断。籽粒蛋白质含量 8.84%，赖氨酸占蛋白质含量 1.47%，单宁含量 0.87%，米质粳性，食味较好。

适宜地区：辽宁省锦州、葫芦岛、辽阳以南平原肥沃地种植。

2. 熊岳 253

品种来源：辽宁省熊岳农科所于 1951 年以盖县地方品种小黄壳为试材，采用 1 次单株选择法育成了熊岳 253。1957 年经辽宁省农业厅认定命名推广。

特征特性：芽鞘紫色，幼苗绿色，株高 277 cm，茎秆粗壮。叶片宽大繁茂，中部叶叶长 78.4 cm，宽 8.8 cm，与茎秆成 38°角。紧穗，纺锤形，穗颈较短且稍弯曲，穗长 18.6 cm，单穗粒重 105 g，粒数约 4 000 粒。壳黄色，粒黄色，圆形，千粒重 27 g，容重 761.7 g，籽粒角质率中等，皮较薄，出米率 85%。

生育期 130 d，从出苗至抽穗 74 d，为晚熟种。较耐雨、耐旱。籽粒蛋白质含量 9.74%，赖氨酸占蛋白质 2.61%，单宁含量 0.5%，粗脂肪 4.55%。米质粳性，食味较好。亩产 350 kg。

适宜地区：熊岳 253 适于辽宁省盖县（现盖州）、营口、海城、鞍山、复县（现瓦房店）、普兰店等县（市）的平原及半山半平原的土质好、肥沃地块种植，以及甘肃、宁夏、河北、山东、河南、安徽等省（区）种植。

3. 锦粱 9-2

品种来源：锦粱 9-2 是辽宁省锦州市农科所于 1955 年以锦县地方品种歪脖张为材料，采用 2 次单株选择法育成的品种。1962 年，经辽宁省品种审查委员会审定命名推广。

特征特性：芽鞘紫色，幼苗淡绿色，株高 251 cm，秆较粗，中部节间直径 1.6 cm，中部叶片与茎秆约成 25°角。紧穗，圆筒形，穗长 16.1 cm，穗轴长 9 cm，单穗粒重 70 g，单穗粒数 2 564 粒。壳黑色，粒褐色，卵形，粒整齐，千粒重 27.3 g，角质较多，皮较薄，出米率 90%。在锦州生育期 145 d，4 月 27 日播种，8 月 3 日抽穗，9 月 19 日成熟，为晚熟种。对土质肥力要求不太严格，肥沃或较瘠薄地块均可种植，适应性较强。幼苗较耐低温和多湿，生育前期耐旱，后期耐湿，秆强抗风，折断与倒伏率均少。籽粒蛋白质含量 9.83%，赖氨酸含量占蛋白质 1.02%，单宁含量 1.21%，米质粳性。一般亩产 300 kg，比当地品种增产 15.6%。

适宜地区：锦粱 9-2 适于辽宁省锦州、朝阳、阜新地区的平原及部分岗坡地种植，是当时的主栽品种。

4. 跃进 4 号

品种来源：跃进 4 号是前中国农业科学院辽宁分院和锦州市农科所于 1957 年以盖县地方品种黑壳棒子为材料，采用 1 次单株选择育成的品种。1962 年经辽宁省品种审查委员会审定命名推广。

特征特性：芽鞘紫色，幼苗绿稍带紫色，株高 263 cm，秆粗，中部节间直径 1.8~2.1 cm，叶片宽大，叶色浓绿。穗颈直立，紧穗，圆筒形，穗长 17.2 cm，单穗粒重 82 g，单穗粒数 2 677 粒。壳黑色，粒褐色，卵形，千粒重 30.5 g，出米率 90%。生育期 115~

126 d，5月上旬播种，9月上旬成熟，属中熟种。苗期较耐低温多湿，也较耐旱、耐肥，在肥沃地块种植产量高。秆强不易倒伏，成熟时仍保持绿色。籽粒蛋白质含量9.22%，赖氨酸含量占蛋白质1.41%，单宁含量1.06%，米质粳性。亩产250~300 kg。

适宜地区：主要分布在辽宁省鞍山、辽阳、沈阳及昌图、本溪等地的半山、丘陵和平原地块。

5. 熊岳334

品种来源：熊岳334是辽宁省熊岳农科所于1956年以盖县地方品种早黑壳为材料，采用连续混合选择法育成的品种。1962年经辽宁省品种审查委员会审定命名推广。

特征特性：芽鞘紫色，幼苗绿色，株高280 cm，茎秆粗壮，中部节间直径2.02 cm。中部叶长68 cm，宽7.8 cm。穗颈直立，紧穗，圆筒形，穗长18 cm，单穗粒重74 g，单穗粒数2 800粒。壳黑色，粒褐色，椭圆形，粒大，整齐，千粒重35 g，角质中等，出米率84%。生育日数120 d，5月中旬播种，8月上旬抽穗，9月中旬成熟，属中熟种。出苗快，苗期生长繁茂。在雨季7—8月表现抽穗、开花集中。黑穗病发病轻，0%~1.2%。秆强韧，不易倒伏，不易落粒。籽粒蛋白质含量9.71%，赖氨酸含量占蛋白质1.44%，单宁含量1.16%，米质粳性。亩产250 kg。

适宜地区：主要分布在营口、鞍山、辽阳、本溪、抚顺地区。

6. 熊岳360

品种来源：熊岳360是辽宁省熊岳农科所于1956年以辽阳县地方品种早黑壳为材料，用混合选择法选育而成。1962年经辽宁省品种审查委员会审定命名推广。

特征特性：芽鞘深紫色，幼苗绿色，株高260 cm。中紧穗，圆筒形，穗长20 cm，单穗粒重93 g。壳黑色，粒褐色，纺锤形，千粒重29 g，籽粒角质中等，皮稍厚，出米率84%。生育日数115 d，抽穗、开花集中。较耐旱、耐涝。籽粒蛋白质含量10.2%，赖氨酸含量占蛋白质2.06%，单宁含量1.32%。亩产200~250 kg。

适宜地区：适于辽宁省盖县（现盖州）、营口、鞍山、辽阳、沈阳等市（县）种植。

7. 分枝大红穗

品种来源：分枝大红穗是沈阳农学院于1955年从八棵权高粱的天然杂交穗中，经多次单株选择育成的品种。

特征特性：芽鞘绿色，幼苗黄绿色，分蘖力强，单株通常有4~6个分蘖，肥沃地块单株面积大时，最多可有10~15个分蘖，而蘖穗和主穗比较整齐。株高215 cm，在密植情况下分蘖穗稍高于主茎穗，茎秆含糖汁液。叶较窄小，中部叶片长45~55 cm，宽6~7 cm，与茎秆成30°~40°角。穗颈直立，紧穗，圆筒形，顶端稍松散，穗长22~24 cm，单穗粒重50~80 g，粒数2 000~3 000粒。壳红色，粒白色带红条纹，千粒重30 g。生育期130~135 d，属中晚熟种，在肥沃地块成熟提早，薄地延迟成熟，对肥水条件要求较严，喜肥水，称之"大肚汉"。抗丝黑穗病，抗倒伏。籽粒蛋白质含量9.09%，淀粉含量71.05%，籽粒角质多，皮较薄，米质粳性，食味较好，有甜味。

适宜地区：适于在辽宁省锦州地区各县，朝阳地区的建昌、凌源、喀左、朝阳县，以及沈阳、鞍山、营口等市种植。河北、山东、河南等省也有栽培。

8. 119 高粱

品种来源：119 是辽宁省农科院作物所以铁岭双心红为母本、都拉（Durra）作父本杂交育成的早熟高粱品种。

特征特性：芽鞘红色，幼苗绿色，株高 250 cm，秆较粗，中部节间直径 1.63 cm，叶主脉白色，中部叶片与茎秆成 40°~45°角。紧穗，圆筒形，穗长 20~22 cm，穗一级分枝 51~55 个，单穗粒重 53 g。壳红色，粒红褐色，纺锤形，千粒重 32.5 g。生育日数 102~107 d，属早熟种。气生根出生早且多，茎秆柔韧，不易倒伏，乳熟期如遇暴风雨，倒伏率仅 12%~20%，过后能快速恢复直立。耐旱耐瘠性较强。易脱粒，着壳率 0.2%，籽粒蛋白质含量 10.72%，赖氨酸含量占蛋白质 1.96%，单宁含量 0.75%，米质粳性，食味一般。亩产 396~423 kg。

适宜地区：主要适于在辽宁省阜新、北票、康平等县（市）以及吉林、黑龙江部分地区种植。

9. 朝粱 288

品种来源：朝粱 288 是朝阳地区农科所于 1958 年以建昌假白粱品种为材料，经多次混合选择育成的品种。

特征特性：株高 260~270 cm，中紧穗，筒形，黑壳，黄白粒，单穗粒重 80~100 g，千粒重 27.2~29.4 g。生育期 125 d，属中早熟种。出米率 85%，角质率 80%。亩产 366 kg。

适宜地区：适于锦州、北票、朝阳、建平、阜新以及承德、北京郊区种植。

10. 熊岳 191

品种来源：熊岳 191 是辽宁省熊岳农科所以熊岳 334 为原始群体，采用单株选育而成。

特征特性：芽鞘紫色，幼苗绿色，株高 246 cm，秆较粗壮，中部节间直径 1.7 cm。紧穗，纺锤形，穗长 19.3 cm，单穗粒重 89.9 g，单穗粒数 3 159 粒。壳黑色，粒褐色，圆形，千粒重 29.6 g。生育日数 121~125 d，属中熟种。耐旱、耐涝、耐盐碱，抗倒伏。黑穗病、螟虫为害较轻。籽粒蛋白质含量 8.98%，赖氨酸含量占蛋白质 1.89%，单宁含量 1.26%，米质粳性。一般亩产 350 kg。

适宜地区：适于辽宁省营口、鞍山、辽阳等，以及锦州、朝阳和辽北平原地区栽培。

二、粒用高粱杂交种

1. 辽杂 1 号

品种来源：辽宁省农业科学院高粱所于 1979 年以外引不育系 Tx622A 为母本、晋辐 1 号为父本组配的杂交种。1983 年经辽宁省农作物品种审定委员会审定命名推广，定为国内先进水平。

特征特性：平均株高 207 cm，穗中散，长纺锤形，穗长 29 cm，平均穗粒重 110 g。壳黑色，粒浅橙色，千粒重 30 g。生育期 125 d，属中熟种。抗高粱丝黑穗病菌 2 号生理小种，适应性广。籽粒蛋白质含量 8.47%，赖氨酸含量 0.28%，单宁含量 0.12%，出米率80%，米饭适口性好。

产量表现：2年产量比较试验，平均亩产575 kg，比对照晋杂5号增产35.3%；2年省区域试验，平均亩产496.3 kg，比对照增产14.8%；2年省生产试验，平均亩产466.8 kg，比对照增产10.9%。大面积试种1 350亩，平均亩产573.3 kg，比当地主栽品种增产27%；另一示范田1.5万亩，平均亩产569 kg。

适宜地区：适于辽宁、河北、山西、陕西等地种植；春夏兼播区可作夏播杂交种种植。

2. 辽杂4号

品种来源：辽宁省农业科学院高粱所于1983年以外引鉴选的不育系421A（原编号SPL132A）为母本、自选恢复系矮四为父本杂交而成的杂交种。1989年经辽宁省农作物品种审定委员会审定命名推广，定为国内先进水平。

特征特性：株高195 cm，中散穗，长纺锤形，穗长31 cm，单穗粒重89 g。壳黄色，粒浅黄色，千粒重29 g。生育期133 d，属晚熟种。高抗丝黑穗病，用0.6%菌土接种，发病率7.6%；田间自然发病率为0%，高抗叶部斑病。籽粒蛋白质含量9.11%，赖氨酸含量0.32%，单宁含量0.11%。

产量表现：2年产量比较试验，平均亩产553 kg，比对照辽杂1号增产23.2%；2年省区域试验，平均亩产534.8 kg，比对照增产12.7%；2年省生产试验，平均亩508.7 kg，比对照增产31.3%。大面积示范一般亩产600 kg。1991年在辽宁省朝阳县台子乡六家子村地膜覆盖种植5亩，平均亩产890.4 kg，获当年辽宁省高粱小面积创纪录奖第一名。

适宜地区：辽宁省沈阳、锦州、葫芦岛、辽阳、鞍山、营口等市，以及朝阳、阜新南部，河北秦皇岛地区。

3. 辽杂5号

品种来源：辽宁省农业科学院高粱所于1981年以Tx622A为母本、自选恢复系LR115为父本组配的杂交种。1994年经辽宁省农作物品种审定委员会审定命名推广，定为省内领先水平。

特征特性：株高180 cm，穗中紧，纺锤形，穗长30 cm，单穗粒重90 g。壳红色，粒红色，千粒重30 g。生育期120 d，属中早熟种。对高粱黑穗病菌1、2号生理小种免疫，中抗3号小种；中抗叶斑病，抗旱，较抗倒伏。幼芽拱土力强，易抓全苗。籽粒蛋白质含量9%~10%，赖氨酸含量0.23%~0.25%，单宁含量0.25%，淀粉含量70%，脂肪含量4%~5%。

产量表现：2年产量比较试验，平均亩产540.7 kg，比对照辽杂1号增产8.8%；2年省区域试验，平均亩产502.3 kg，比对照增产8.3%；2年省生产试验，平均亩产491.2 kg，比对照增产11.1%。大面积试种，一般亩产500~600 kg；1991年在辽宁省阜蒙县泡子乡创亩产819.6 kg的高产纪录。

适宜地区：辽宁省朝阳、锦州、阜新地区，吉林省西南部，内蒙古东南部，河北省北部，山东省黄泛区，宁夏黄河灌区，甘肃甘谷地区，新疆伊犁河流域，可春播；河南、安徽、湖南等地可夏播。

4. 辽杂 10 号

品种来源：辽宁省农业科学院高粱所于 1990 年以自选不育系 7050A 为母本、恢复系 LR9198 为父本组配的杂交种。1997 年经辽宁省农作物品种审定委员会审定命名推广，定为国内领先水平。

特征特性：芽鞘绿色，幼苗绿色，叶脉浅黄色，蜡质，株高 190~200 cm。穗中紧，纺锤形，穗长 30~35 cm，单穗粒重 115 g。壳红色，粒白色，千粒重 30 g。生育期 130 d，属中晚熟种。高抗丝黑穗病，耐蚜虫，抗倒伏。籽粒蛋白质含量 9.33%，赖氨酸含量 0.19%，单宁含量 0.08%。

产量表现：省预备试验，平均亩产 641.4 kg，比对照辽杂 4 号增产 10.8%；2 年省区域试验，平均亩产 550.3 kg，比对照增产 10.4%；2 年省生产试验，平均亩产 604.2 kg，比对照增产 9.4%。1994—1997 年，在辽宁、河北、山西、陕西、甘肃、新疆等省（区）种植 30 万亩，一般亩产达 600 kg，最高为 1 023 kg。

适宜地区：辽宁省锦州、葫芦岛、营口、鞍山、盘锦、辽阳、沈阳地区、朝阳、阜新南部平原地区，河北、山西、陕西、新疆等省（区）。

5. 辽杂 11

品种来源：辽宁省农业科学院高粱所于 1990 年以自选不育系 7050A 为母本、恢复系 148 为父本组配的杂交种。2001 年经辽宁省农作物品种审定委员会审定命名推广。

特征特性：芽鞘红色，叶色浓绿，株高 187 cm。穗中散，长纺锤形，穗长 28.6 cm，穗粒重 89.6 g。壳紫红色，粒红色，千粒重 33.9 g。生育期 110~115 d，属中早熟种。抗叶病；抗丝黑穗病，用 3 号生理小种 0.6% 菌土接种发病率为 0%；抗蚜虫；抗旱、抗涝、抗倒伏。籽粒蛋白质含量 13%，赖氨酸含量 0.26%，单宁含量 1.49%。

产量表现：省区域预备试验，平均亩产 626.3 kg，比对照辽杂 1 号增产 23.9%。2 年省区域试验，平均亩产 507.1 kg，比对照锦杂 93 增产 4.9%。2 年省生产试验，平均亩产 471.2 kg，比对照增产 4.3%。在辽宁省北票、黑山、康平、凌海等地试种，表现增产，一般亩产 500 kg，最高 700 kg 以上。

适宜地区：辽宁省昌图以南，内蒙古东南部，河北省中北部，山西、陕西、甘肃、青海、新疆等省（区）。

6. 辽杂 12

品种来源：辽宁省农业科学院高粱研究所于 1990 年以自选不育系 7050A 为母本、外引恢复系 654 为父本组配的杂交种。2001 年通过辽宁省农作物品种审定委员会审定，命名推广。

特征特性：芽鞘绿色，幼苗绿色，株高 192 cm。穗中紧，长纺锤形，穗长 30.8 cm，穗粒重 100 g 左右。壳褐色，粒白色，千粒重 30 g。生育期 126~130 d，属晚熟杂交种。抗叶病，抗旱，抗涝，抗倒伏，抗蚜虫，抗丝黑穗病（2 年接种 3 号小种鉴定，发病率 4%）。籽粒蛋白质含量 11.8%，赖氨酸含量 0.23%，淀粉含量 74.5%，单宁含量 0.031%。出米率高达 85%，适口性好，为食用杂交种。

产量表现：省区域预备试验，平均亩产 572.1 kg，比对照 1 锦杂 93 增产 12%，比对照 2 辽杂 4 号增产 4.1%。2 年省区域试验，平均亩产 455.5 kg，比对照 1 增产

3.8%，比对照 2 增产 4.3%。2 年省生产试验，平均亩产 583.2 kg，比对照 1 增产 21.2%，比对照 2 辽杂 10 号增产 3.4%。

适宜地区：适宜辽宁省葫芦岛、锦州、营口、鞍山、盘锦、辽阳、沈阳地区，朝阳、阜新南部平肥地，以及河北、山西、甘肃、陕西、新疆等省（区）种植。

7. 辽杂 13

品种来源：辽宁省农业科学院作物研究所于 1987 年以外引不育系 121A 为母本、外引恢复系 0-30 为父本杂交组配的杂交种。2001 年经辽宁省农作物品种审定委员会审定，命名推广。

特征特性：芽鞘、幼苗均绿色，株高 214 cm。穗中紧，纺锤形，穗长 29.2 cm，穗粒重 90.5 g。壳浅红色，籽粒橙色，千粒重 32.9 g。生育期 126~130 d，属晚熟杂交种。高抗叶部病害，持绿性好，活秆成熟。抗涝、抗倒伏，对丝黑穗病为中抗，用丝黑穗病菌 1、2 号小种接种鉴定，发病率 2.7%。籽粒蛋白质含量 10.5%，赖氨酸含量 0.26%，淀粉含量 71.28%，单宁含量 0.103%，出米率 81.4%，角质率 72.5%，米粒外观和适口性均好，饭香味浓。

产量表现：2 年省区域试验，平均亩产 519.4 kg，比对照辽杂 1 号增产 19.4%。1 年省生产试验，平均亩产 485.5 kg，比对照辽杂 1 号增产 9.5%。

适宜地区：辽宁省的辽西、辽北、辽南和辽东地区以及河北省、吉林中南部地区均可种植。

8. 辽杂 16

品种来源：辽宁省农业科学院作物研究所于 1998 年以自选不育系 394A 为母本、自选恢复系 9198 为父本杂交组配的杂交种。2003 年经辽宁省农作物品种审定委员会审定，命名推广。

特征特性：芽鞘、幼苗均绿色，株高 200 cm。穗中紧，长纺锤形，穗长 37.3 cm，穗粒重 89.2 g。壳红色，粒红色，千粒重 32.6 g。生育期 127 d，属中晚熟杂交种。抗旱、抗涝、抗高温、较抗倒伏；抗叶病、较抗丝黑穗病、抗蚜虫。籽粒蛋白质含量 8.43%，赖氨酸含量 0.28%，淀粉含量 75.54%，单宁含量 0.15%。红粮白米，适口性好，有饭香味。

产量表现：1 年省区域预备试验，平均亩产 530.8 kg，比对照 1 锦杂 93 增产 20.3%，比对照 2 辽杂 10 号减产 2.6%。2 年省区域试验，平均亩产 571.2 kg，比对照 1 增产 15.9%，比对照 2 增产 2.0%。1 年省生产试验，平均亩产 591.3 kg，比对照 1 增产 14.8%，比对照 2 减产 0.5%。

适宜地区：在辽宁省，除朝阳和阜新西北靠近内蒙古山区外，其他地区均可种植，河北、天津、湖南、湖北等省（市）也可种植。

9. 辽杂 18

品种来源：辽宁省农业科学院高粱所于 1997 年以自选不育系 038A 为母本、恢复系 2381 为父本组配的杂交种。2004 年经国家高粱品种鉴定委员会鉴定，命名推广。

特征特性：幼苗绿色，株高 189 cm。穗中紧，纺锤形，穗长 29 cm，穗粒重 86 g。壳紫黑色，粒红色，千粒重 28.6 g。生育期 126 d，属中早熟杂交种。抗叶病，抗旱、耐涝、抗倒伏，活秆成熟；对丝黑穗病免疫，用 0.6% 丝黑穗病菌菌土接种，发病率为 0%。籽粒蛋白质含量 11.18%，赖氨酸含量 0.22%，淀粉含量 72.03%，单宁含量 1.13%。酿酒用杂交种。

产量表现：2 年国家高粱品种区试，平均亩产 565.3 kg，比对照 1 晋杂 12 号增产 1.8%，比对照 2 锦杂 93 增产 10.4%，比参考对照辽杂 10 号减产 4.4%；2 年国家高粱生产试验，平均亩产 558.5 kg，比对照 1 增产 11.8%，比对照 2 增产 9.9%，比参考对照减产 3.1%。

适宜地区：辽宁省沈阳以南，河北、山西、陕西等地。

10. 辽杂 21

品种来源：辽宁省农业科学院高粱所于 2001 年以自选不育系 363A 为母本、外引恢复系 0-01 为父本组配的杂交种。2005 年通过国家高粱品种鉴定委员会鉴定推广。

特征特性：株高 175 cm。中紧穗，纺锤形，穗长 28.4 cm，穗粒重 85.6 g。壳红色，粒红色，千粒重 30.2 g。生育期 127 d，属中晚熟种。抗叶病，高抗丝黑穗病，接种发病率 1.5%；抗旱，抗涝，抗倒伏，活秆成熟。籽粒蛋白质含量 7.4%，赖氨酸含量 0.26%，单宁含量 0.88%，淀粉含量 75.9%。

产量表现：2 年国家区试，平均亩产 530.9 kg，比对照锦杂 93 增产 12.6%；1 年国家生产试验，平均亩产 568.3 kg，比对照增产 14.2%。

适宜地区：辽宁、河北、山西、陕西、甘肃、宁夏春播晚熟区。

11. 辽杂 25

品种来源：辽宁省农业科学院高粱研究所于 2000 年以自选不育系 306A 为母本、自选恢复系 304 为父本组配的食用型高粱杂交种。2005 年通过辽宁省农作物品种审定委员会审定，命名推广。

特征特性：芽鞘绿色，幼苗绿色，叶中脉蜡质。根系发达，茎秆坚韧，分蘖中等。株高 198 cm，叶片数 18~20 片。紧穗，纺锤形。穗长 30.2 cm，穗粒重 100.5 g。壳褐色，粒橙红色，千粒重 34.5 g。生育期 126 d，属中晚熟种。籽粒蛋白质含量 11.64%，赖氨酸含量 0.3%，单宁含量 0.04%，总淀粉含量 76.87%，米质优，米饭适口性好。抗旱性强，耐高温，抗叶病，抗蚜虫，抗倒伏，活秆成熟。抗丝黑穗病，连续 2 年用 0.6%3 号小种菌土接种鉴定，平均发病率为 3.4%。

产量表现：2 年产量比较试验，平均亩产 577.4 kg，比对照沈杂 5 号增产 13.5%。2 年省区域试验，平均亩产 618.6 kg，比对照 1 锦杂 93 增产 14.8%，比对照 2 辽杂 11 增产 7.4%。1 年省生产试验，平均亩产 580.3 kg，比对照 1 锦杂 93 增产 8.5%，比对照 2 辽杂 11 增产 3.4%。

适宜地区：辽宁省沈阳、铁岭、朝阳、锦州、葫芦岛、阜新、海城等地。

12. 辽杂 30

品种来源：辽宁省农业科学院高粱研究所于 2004 年以自选不育系 373A 为母本、自选恢复系随机交配群体的选系 600 为父本杂交组配的杂交种。2009 年经辽宁省农作物品种审定委员会审定，命名推广。

特征特性：芽鞘绿色，叶片深绿色，株高 178.4 cm。穗中紧，长纺锤形，穗长

36.7 cm，穗粒重 100.3 g。壳褐色，籽粒白色，千粒重 31.4 g。生育期 124 d，属中晚熟种。抗倒伏（倒伏率为 0%），抗蚜虫，较抗螟虫；抗丝黑穗病，2 年接种鉴定，平均发病率 6.2%。籽粒蛋白质含量 10.22%，赖氨酸含量 0.30%，淀粉含量 78.47%，单宁含量 0.02%；籽粒整齐，着壳率 0.1%，角质率 75%，出米率 85%，是优良的食用高粱杂交种。

产量表现：2 年产量比较试验，平均亩产 543.2 kg，比对照辽杂 11 增产 6.0%。2 年省区域试验，平均亩产 566.0 kg，比对照辽杂 11 增产 4.4%。1 年省生产试验，平均亩产 583.5 kg，比对照辽杂 11 增产 6.0%。

适宜地区：适宜辽宁省沈阳、铁岭、锦州、朝阳、葫芦岛、彰武、黑山、海城等市（县）种植。

13. 辽杂 35

品种来源：辽宁省农业科学院高粱研究所于 2006 年以自选不育系 3401A 为母本、自选恢复系 3550 为父本杂交组配的杂交种。2012 年经辽宁省农作物品种审定委员会审定，命名推广。

特征特性：芽鞘绿色，叶片深绿色，株高 124.7 cm。穗中紧，长纺锤形，穗长 31.6 cm，穗粒重 70.3 g。壳褐色，籽粒红色，千粒重 27.6 g。生育期 125 d，属中晚熟品种。抗丝黑穗病，人工接种鉴定发病率 0.3%；抗叶病、抗蚜虫、较抗螟虫。籽粒蛋白质含量 10.42%，赖氨酸含量 0.23%，淀粉含量 77.17%，单宁含量 1.7%。

产量表现：1 年产量比较试验，平均亩产 568.7 kg，比对照辽杂 11 增产 5.9%。2 年省区域试验，平均亩产 490.4 kg，比对照辽杂 5 号增产 5.1%。1 年省生产试验，平均亩产 521.8 kg，比对照辽杂 5 号增产 8.9%。

适宜地区：适宜辽宁省沈阳、锦州、葫芦岛、阜新、朝阳、铁岭、海城、黑山等市（县）春播种植，绥中地区夏播种植。

14. 辽杂 39

品种来源：辽宁省农业科学院高粱研究所于 2005 年以自选不育系 FA-11 为母本、自选恢复体系 R 为父本杂交组配的杂交种。2012 年，经辽宁省农作物品种审定委员会审定，命名推广。

特征特性：芽鞘绿色，叶片深绿色，株高 201.0 cm。穗中散，纺锤形，穗长 30.0 cm，穗粒重 79.8 g。壳褐色，粒白色，千粒重 29.2 g。生育期 124 d，属中晚熟品种。抗丝黑穗病，自然发病率为 0%，人工接种发病率 2 年平均 2%；抗叶病、抗蚜虫、较抗螟虫。籽粒蛋白质含量 8.06%，赖氨酸含量 0.24%，淀粉含量 78.88%，单宁含量 0.14%，籽粒整齐、优质，米饭适口性好，是食用型高粱杂交种。

适宜地区：适宜辽宁省锦州、朝阳、阜新、铁岭、葫芦岛、沈阳、海城等市种植。

15. 辽杂 41

品种来源：辽宁省农业科学院高粱研究所于 2008 年以外引不育系 394A 为母本、自选恢复系 LR625 为父本杂交组配的杂交种。2012 年经国家高粱品种鉴定委员会鉴定，命名推广。

特征特性：幼苗绿色，株高 190.9 cm。紧穗，纺锤形，穗长 31.5 cm，穗粒重 78.9 g。壳褐色，粒红色，千粒重 26.7 g。西北区试验点平均生育期 137 d，华北、东北区平均生育期 118 d。抗丝黑穗病，2 年自然发病率为 0.25%，接种发病率为 0.6%；抗叶病。籽粒蛋白质含量 8.03%，赖氨酸含量 0.28%，淀粉含量 76.29%，单宁含量 1.26%，是优质酿酒高粱杂交种。

产量表现：1 年产量比较试验，平均亩产 679.6 kg，比对照 1 晋杂 12 增产 7.8%；比对照 2 辽杂 11 增产 6.9%。2 年国家区域试验，西北点平均亩产 582.8 kg，比对照 1 晋杂 12 增产 11.5%；华北、东北点平均亩产 550.0 kg，比对照 2 辽杂 11 增产 9.5%。全国总平均 566.4 kg/亩，居第一位。1 年国家生产试验，西北点平均亩产 616.8 kg，比对照 1 晋杂 12 号增产 9.1%；华北、东北点平均亩产 601.1 kg，比对照 2 辽杂 11 增产 3.7%。全国总平均亩产 609.0 kg，居第一位。

适宜地区：适宜山西省汾阳、甘肃省平凉、宁夏回族自治区贺兰地区，及辽宁省沈阳、锦州、朝阳、铁岭地区种植。

16. 辽杂 44

品种来源：辽宁省农业科学院高粱研究所于 2010 年以自选不育系 125A 为母本、自选恢复系 229R 为父本杂交组配的杂交种。2015 年经辽宁省农作物品种审定委员会审定，命名推广。

特征特性：芽鞘绿色，叶片深绿色，苗期长势旺，株高 198.1 cm。穗紧，筒形，穗长 29.3 cm，穗粒重 87.8 g。壳褐色，粒红色，千粒重 31.4 g。辽宁春播生育期 119 d，属中熟种。高抗丝黑穗病，连续 2 年人工接种鉴定，发病率为 0%，抗蚜虫，抗叶病，较抗螟虫，抗倒折，2 年平均倒折率为 0.7%，活秆成熟。籽粒蛋白质含量 9.82%，淀粉含量 71.24%，支链淀粉含量 70.66%，单宁含量 1.46%。

产量表现：1 年产量比较试验，平均亩产 575.8 kg，比对照辽杂 11 增产 8.3%。2 年省区域试验，平均亩产 616.6 kg，比对照辽杂 11 增产 7.3%。1 年省生产试验，平均亩产 611.0 kg，比对照辽杂 11 增产 7.1%。

适宜地区：适宜辽宁省沈阳、铁岭、锦州、阜新、葫芦岛、朝阳等市 ≥10 ℃ 活动积温 2 800 ℃ 及以上地区种植。

17. 锦杂 75

品种来源：辽宁省锦州市农科所于 1972 年以不育系 Tx3197A 为母本、锦恢 75 为父本组配的杂交种。1980 年，经辽宁省农作物品种审定委员会审定命名推广，定为省内先进水平。

特征特性：芽鞘紫色，幼苗绿稍带紫色。株高 240 cm，穗中紧，杯形，穗长 22 cm，穗粒重 76.7 g。壳红黑色，粒橙黄色，卵圆形，千粒重 32 g。生育期 125～130 d，属中晚熟种。籽粒蛋白质含量 9.75%，单宁 0.12%。

产量表现：3 年产量比较试验，平均亩产 470 kg，比对照增产 7.7%。

适宜地区：辽宁省锦州、葫芦岛地区。

18. 锦杂 93

品种来源：辽宁省锦州市农业科学院于 1985 年以不育系 232EA 为母本、恢复系沈

5-27 为父本组配的杂交种。1993 年经辽宁省农作物品种审定委员会审定命名推广，定为省内先进水平。

特征特性：株高 181 cm，紧穗，筒形，穗长 26.9 cm，穗粒重 86.6 g。壳黑色，粒红色，千粒重 35~41 g。生育期 127 d，属中晚熟种。高抗叶部病害，抗丝黑穗病，抗倒伏。籽粒蛋白质含量 9.6%，赖氨酸含量 0.19%，单宁含量 0.05%，红粮白米，米饭适口性好。

产量表现：2 年品种比较试验，平均亩产 569.6 kg，比对照辽杂 1 号增产 18.0%；2 年省区域试验，平均亩产 477.5 kg，比对照辽杂 1 号增产 10.1%；2 年省生产试验，平均亩产 545.7 kg，比对照辽杂 1 号增产 15.4%。

适宜地区：辽宁省锦州、葫芦岛、朝阳、阜新、昌图；河北省秦皇岛；山东省夏津、枣庄；安徽省宿州等。

19. 锦杂 100

品种来源：辽宁省锦州市农业科学院于 1995 年以外引不育系 7050A 为母本、自选恢复系 9544 为父本组配的杂交种。2001 年经辽宁省农作物品种审定委员会审定命名推广。2004 年经国家高粱品种鉴定委员会鉴定。

特征特性：芽鞘绿色，幼苗绿色，株高 179.8 cm。紧穗，纺锤形，穗长 31.2 cm，单穗粒重 84.2 g。壳黄色，粒橙黄色，千粒重 28.2 g。生育期 128 d，属中晚熟种。高抗丝黑穗病，接菌鉴定平均发病率 0.7%，自然发病率为 0%；无叶病，较抗蚜虫，抗倒伏。籽粒蛋白质含量 8.76%，赖氨酸含量 0.26%，淀粉含量 78.76%，单宁含量 0.12%。

产量表现：2 年国家区域试验，平均亩产 584.0 kg，比对照 1 锦杂 93 增产 13.7%，比对照 2 辽杂 10 号减产 1.5%；1 年国家生产试验，平均亩产 518.5 kg，比对照 1 增产 13%，比对照 2 减产 0.3%。

适宜地区：辽宁省，河北省承德、唐山、秦皇岛，山西省等地区。

20. 锦杂 102

品种来源：锦州市农业科学院于 1996 年以自选不育系 9047A 为母本、自选恢复系 9544 为父本杂交组配的杂交种。2003 年经辽宁省农作物品种审定委员会审定，命名推广。

特征特性：芽鞘绿色，幼苗绿色，叶脉蜡质，株高 180 cm。穗中紧，纺锤形，穗长 32.6 cm，穗粒重 86.2 g。壳黄色，粒橙红色，千粒重 31.2 g。生育期 127 d，属中晚熟种。抗叶病，抗丝黑穗病，接种鉴定发病率 9.8%，自然发病率为 0%，较抗蚜虫，耐干旱，抗倒伏，活秆成熟。籽粒蛋白质含量 11.50%，赖氨酸含量 0.26%，淀粉含量 76.18%，单宁含量 0.13%；出米率 80% 多，角质率 51%，米白色，适口性好。

产量表现：2 年产量比较试验，平均亩产 646.3 kg，比对照 1 锦杂 93 增产 21.9%。1 年省区试预备试验，平均亩产 511.4 kg，比对照 1 锦杂 93 增产 15.9%，比对照 2 辽杂 10 号减产 1.2%。2 年省区域试验，平均亩产 549.7 kg，比对照 1 锦杂 93 增产 11.5%，比对照 2 辽杂 10 号减产 1.8%。1 年省生产试验，平均亩产 546.9 kg，比对照 1 锦杂 93 增产 6.2%，比对照 2 辽杂 10 号减产 7.9%。

适宜地区：适宜辽宁省锦州、葫芦岛、阜新、铁岭、营口、朝阳南部等地区种植。

21. 锦杂 105

品种来源：辽宁省锦州农科院于 2003 年以引进不育系 7050A 为母本、自选恢复系 SH609 为父本组配的杂交种。2008 年通过国家高粱品种鉴定委员会鉴定，命名推广。

特征特性：芽鞘绿色，幼苗绿色，株高 189.6 cm。中紧穗，纺锤形，穗长 30.4 cm，穗粒重 85.9 g。壳褐色，粒橙红色，千粒重 28.9 g。生育期 131 d，属晚熟种。较抗丝黑穗病，2 年接种鉴定，发病率分别为 9.3% 和 18.8%，自然发病率为 0%；抗蚜虫，无叶部病害。籽粒蛋白质含量 10.02%，赖氨酸含量 0.34%，单宁含量 0.15%，淀粉含量 74.75%；出米率 82%，米质适口性好。

产量表现：2 年产量比较试验，平均亩产 551.7 kg，比对照锦杂 93 增产 31.2%。2 年国家区域试验，平均亩产 566.7 kg，其中西北区平均亩产 552.9 kg，比对照晋杂 12 减产 1.6%；在华北、东北区平均亩产 580.6 kg，比对照辽杂 11 增产 7.7%，比对照锦杂 93 增产 19.7%。1 年全国生产试验，平均亩产 595.6 kg，其中西北区平均亩产 637 kg，比对照晋杂 12 增产 8.1%；在华北、东北区平均亩产 554.2 kg，比对照辽杂 11 增产 11.6%。

适宜地区：辽宁省、河北省、山西省榆次、甘肃省平凉地区。

22. 铁杂 2 号

品种来源：铁岭市农业科学院于 1970 年以不育系 Tx3197A 为母本、恢复系铁恢 2 号为父本组配的杂交种。1974 年，经辽宁省农作物品种审定委员会审定命名推广，定为省内先进水平。

特征特性：株高 220 cm，紧穗，长纺锤形，穗长 27~30 cm，穗粒重 95 g。壳红色，粒橙红色，千粒重 32.1 g。生育期 130 d，属中晚熟种。抗丝黑穗病，抗干旱，抗倒伏。籽粒蛋白质含量 11.5%，赖氨酸含量占蛋白质 2.3%，单宁含量 0.57%。

产量表现：2 年省区域试验，平均比对照晋杂 5 号增产 7.6%。1 年省生产试验，平均比对照增产 20%。大面积试种 60 亩，平均亩产 685 kg，开原县试种 30 亩平均亩产 753.5 kg。

适宜地区：辽宁省铁岭、沈阳、阜新、朝阳、锦州、葫芦岛地区。

23. 铁杂 9 号

品种来源：辽宁省铁岭市农业科学院于 1987 年以自选不育系 TL169-214A 为母本、自选恢复系 157 为父本组配的杂交种。1992 年经辽宁省农作物品种审定委员会审定命名推广，定为国内先进水平。

特征特性：株高 200 cm，紧穗，纺锤形，穗长 28 cm，穗粒重 100 g。壳黑色，粒白色，千粒重 30 g。生育期 135 d，属晚熟种。高抗丝黑穗病，耐旱，抗倒，耐盐碱。籽粒蛋白质含量 9.5%，赖氨酸含量占蛋白质 2.6%，单宁含量 0.06%。

产量表现：1 年省预备试验，平均亩产 453.5 kg，比对照辽杂 1 号增产 21.4%。2 年省区域试验，平均亩产 505.7 kg，比对照增产 15.6%。2 年省生产试验，平均亩产 531.3 kg，比对照增产 11.6%。

适宜地区：辽宁省铁岭、沈阳以南及锦州、葫芦岛，朝阳大凌河以南地区。

24. 铁杂 10 号

品种来源：辽宁省铁岭市农业科学院于 1987 年以自选不育系 239A 为母本、自选恢复系 157 为父本组配的杂交种。1994 年经辽宁省农作物品种审定委员会审定命名推广，定为省内领先水平。

特征特性：株高 130 cm，紧穗，纺锤形，穗长 30 cm，穗粒重 115 g。壳紫色，粒橘红色，千粒重 30 g。生育期 130 d，属中晚熟种。抗丝黑穗病，抗叶斑病，抗倒，耐盐碱。籽粒蛋白质含量 9.06%，赖氨酸含量占蛋白质 2.53%，单宁含量 0.14%。

产量表现：1 年省预备试验，平均亩产 439.3 kg，比对照辽杂 1 号增产 17.6%。2 年省区域试验，平均亩产 515 kg，比对照增产 18.4%。2 年省生产试验，平均亩产 525.7 kg，比对照增产 18.1%。

适宜地区：辽宁省铁岭、开原，昌图南部，锦州义县、北镇、黑山，沈阳以南，朝阳大凌河以南地区。

25. 铁杂 14

品种来源：辽宁省铁岭市农业科学院于 1999 年以自选不育系 214A 为母本、自选恢复系 1202 为父本组配而成。2004 年通过辽宁省农作物品种审定委员会审定命名推广。

特征特性：芽鞘绿色，叶色深绿，蜡质叶脉，株高 244.5 cm。紧穗，长纺锤形，穗长 32.8 cm，穗粒重 95.1 g。壳褐色，粒白色，籽粒整齐，千粒重 28.4 g。生育期 131 d，属晚熟种。耐旱、耐涝、耐盐碱，抗倒伏；叶病轻，丝黑穗病菌 3 号小种接种鉴定，发病率为 0%。籽粒蛋白质含量 10.70%，赖氨酸含量 0.28%，单宁含量 0.09%，淀粉含量 73.32%。

产量表现：1 年品种比较试验，亩产 619 kg，比对照锦杂 93 增产 10.6%。2 年省区域试验，平均亩产 567.7 kg，比对照增产 10.2%。1 年省生产试验，平均亩产 567.1 kg，比对照增产 14.9%。

适宜地区：辽宁省朝阳、阜新、锦州、沈阳、铁岭及内蒙古赤峰。

26. 沈杂 3 号

品种来源：沈阳市农业科学院于 1974 年以不育系 Tx3197A 为母本、自选恢复系 4003 为父本组配的杂交种。1979 年经辽宁省农作物品种审定委员会审定命名推广，定为国内先进水平。

特征特性：株高 180 cm，中散穗，纺锤形，穗长 29 cm，穗粒重 85 g。壳浅红色，粒黄色，千粒重 33 g。生育期 130 d，属中晚熟种。较抗丝黑穗病，抗倒伏。籽粒蛋白质含量 8.93%，赖氨酸含量占蛋白质 2.91%，单宁含量 0.38%，籽粒整齐，米质好。

适宜地区：辽宁省沈阳、营口、海城等地。

27. 沈杂 5 号

品种来源：沈阳市农业科学院于 1980 年以不育系 Tx622A 为母本、恢复系沈 0-30 为父本组配的杂交种。1988 年经辽宁省农作物品种审定委员会审定命名推广，定为省内先进水平。

特征特性：株高 200 cm，穗中紧，长纺锤形，穗长 30.3 cm，穗粒重 93.1 g。壳红色，粒浅黄色，千粒重 30.5 g。生育期 118 d，属中熟种。较抗倒伏，籽粒不早衰。叶病、玉米螟发生较重。籽粒蛋白质含量 7.26%。

产量表现：2 年省区域试验，平均亩产 467.2 kg，比对照辽杂 1 号增产 4.7%。2 年省生产试验，平均亩产 457.8 kg，比对照增产 7.4%。

适宜地区：辽宁省沈阳、鞍山、营口、葫芦岛、朝阳、阜新、锦州，河北省承德、唐山、秦皇岛地区。

28. 沈杂 7 号

品种来源：沈阳市农业科学院于 1993 年以外引不育系 16A 为母本、自选恢复系 0-01 为父本组配的杂交种。2000 年经辽宁省农作物品种审定委员会审定命名推广，定为省内先进水平。

特征特性：株高 170 cm，紧穗，长纺锤形，穗长 30 cm，穗粒重 84 g。壳、籽粒均为红色，不早衰。生育期 115 d，属早熟种。耐旱、耐盐碱、抗倒伏，高抗丝黑穗病。籽粒蛋白质含量 7.96%，赖氨酸含量 0.23%，淀粉含量 73.14%，单宁含量 1.42%。

产量表现：1 年省预备试验，平均亩产 575.3 kg，比对照辽杂 1 号增产 15%。2 年省区域试验，平均亩产 475.9 kg，比对照增产 8.8%。2 年省生产试验，平均亩产 499.3 kg，比对照增产 3.8%。

适宜地区：辽宁省阜新、朝阳、铁岭和沈阳北部地区。

29. 沈杂 9 号

品种来源：沈阳市农业科学院作物所以承 16A 为母本、自选恢复系 9030 为父本组配而成。2008 年经辽宁省农作物品种审定委员会审定命名推广。

特征特性：芽鞘绿色，叶片绿色，中脉蜡白色，株高 198 cm。穗中散，长纺锤形，穗长 34.5 cm，穗粒重 88.8 g。壳褐色，粒红色，千粒重 29.8 g，籽粒整齐。生育期 115 d，属早熟种。中抗丝黑穗病。籽粒蛋白质含量 9.50%，赖氨酸含量 0.20%，单宁含量 1.12%，淀粉含量 73.66%，出米率 75%。

产量表现：2 年省区域试验，平均亩产 503.9 kg，比对照辽杂 11 增产 5.4%。1 年省生产试验，平均亩产 499.5 kg，比对照增产 2.3%。

适宜地区：辽宁省锦州、朝阳、沈阳市。

30. 沈杂 10 号

品种来源：沈阳市农业科学院于 2005 年以自选不育系 7-02A 为母本、自选恢复系 F0018 为父本杂交组配的杂交种。2010 年经国家高粱品种鉴定委员会鉴定，命名推广。

特征特性：芽鞘绿色，叶片绿色，株高 180.3 cm。穗中紧，纺锤形，穗长 33.4 cm，穗粒重 88.6 g。壳褐色，粒红色，千粒重 28.2 g。西北试验点平均生育期 141 d，比晋杂 12 号长 6 d；华北、东北试验点平均生育期 121 d，比辽杂 11 短 1 d，比锦杂 93 长 1 d，比辽杂 10 号短 4 d。丝黑穗病自然发病率为 0%，接种发病率 2 年平均 1.7%，为高抗型。籽粒蛋白质含量 9.68%，赖氨酸含量 0.31%，淀粉含量 76.46%，单宁含量 0.98%。

产量表现：2 年国家区域试验，西北试点平均亩产 604.8 kg，比对照晋杂 12 增产 7.7%；华北、东北试点平均亩产 573.5 kg，比对照锦杂 93 增产 12.3%。全国平均亩产 589.2 kg，居第一位。1 年国家生产试验，西北试点平均亩产 673.7 kg，比对照晋杂 12

增产 14.3%；华北、东北试点平均亩产 530.7 kg，比对照辽杂 11 增产 6.9%。全国平均亩产 602.2 kg，居第一位。

适宜地区：适宜山西、甘肃、河北、辽宁等地种植。

31. 熊杂 2 号

品种来源：辽宁省熊岳农业专科学校于 1988 年以不育系熊岳 21A 为母本、恢复系 654 为父本组配的杂交种。1993 年经辽宁省农作物品种审定委员会审定命名推广，定为省内先进水平。

特征特性：株高 224 cm，穗中紧，长纺锤形，穗长 35.5 cm，穗粒重 115 g。壳紫色，粒白色，千粒重 33 g。生育期 126 d，属中晚熟种。抗丝黑穗病和叶斑病，抗旱，抗倒伏。幼芽拱土力强，易保苗。籽粒蛋白质含量 10.47%，赖氨酸含量 0.29%，单宁含量 0.01%，米质优。

产量表现：1 年省预备试验，平均亩产 541.9 kg，比对照辽杂 1 号增产 14.6%。2 年省区域试验，平均亩产 510.4 kg，比对照增产 1.4%。2 年省生产试验，平均亩产 512.8 kg，比对照增产 10.3%。

适宜地区：辽宁、山西、陕西、河北、河南、山东等地。

32. 熊杂 4 号

品种来源：辽宁省熊岳农业高等专科学校于 1989 年以外引不育系 TL169-214A 为母本、自选恢复系 4930 为父本组配的杂交种。1997 年经辽宁省农作物品种审定委员会审定命名推广，定为省内先进水平。

特征特性：株高 236 cm，叶脉白色。穗中紧，长纺锤形，穗长 29 cm，穗粒重 102.4 g。壳黑色，硬壳，易脱落，粒白色，椭圆形，千粒重 33.4 g。生育期 129 d，属中晚熟种。幼芽拱土力强，易保苗。根系发达，抗旱力强，高抗丝黑穗病。籽粒蛋白质含量 9.01%，赖氨酸含量 0.26%，单宁含量 0.07%。

产量表现：1 年省预备试验，平均亩产 586.8 kg，比对照辽杂 1 号增产 14.7%。2 年省区域试验，平均亩产 529.1 kg，比对照增产 22.3%。2 年省生产试验，平均亩产 560.6 kg，比对照锦杂 93 增产 9.3%。

适宜地区：辽宁省锦州、葫芦岛、沈阳、辽阳、鞍山、营口、阜新和铁岭南部。

33. 沈农 447

品种来源：沈阳农业大学农学系于 1975 年以不育系 Tx3197A 为母本、恢复系 447 为父本组配的杂交种。1981 年经辽宁省农作物审定委员会审定命名推广，定为国内先进水平。

特征特性：株高 180 cm，紧穗，纺锤形，穗长 28 cm，穗粒重 80 g。壳黑色，粒黄白色，千粒重 34 g。生育期 120 d，属中早熟种。抗丝黑穗病，抗叶斑病，抗倒伏。籽粒蛋白质含量 8.90%，赖氨酸含量 0.23%，单宁含量 0.07%；出米率 85% 以上，米白，适口，群众称之为"二大米"。

产量表现：2 年全省区域试验，平均亩产 512.3 kg，比对照减产 1.6%；但由于出米率高，米产量高于对照 21.1%。生产示范一般亩产均在 500 kg 以上。

适宜地区：辽宁省西北部、北部地区，吉林省南部、中部、西部地区，内蒙古通辽、赤峰市，河北省承德地区。

34．桥杂 2 号

品种来源：辽宁省大石桥市农业技术推广中心于 1980 年以 Tx622A 为母本、自选恢复系 654 为父本组配的杂交种。1988 年经辽宁省农作物品种审定委员会审定命名推广，定为省内先进水平。

特征特性：株高 220 cm，穗中紧，长纺锤形，穗长 32 cm，穗粒重 99 g。壳红色，粒白色，千粒重 31.3 g。生育期 131 d，属中晚熟种。高抗丝黑穗病菌 2 号小种，抗叶病；茎秆韧性好，抗倒力强；抗旱衰，活秆成熟。籽粒蛋白质含量 8.93%，赖氨酸含量 0.28%，单宁含量 0.05%；米质优良，适口性好。

产量表现：2 年省区域试验，平均亩产 535.9 kg，比对照辽杂 1 号增产 17.7%。2 年省生产试验，平均亩产 477.2 kg，比对照增产 9.3%。

适宜地区：辽宁省南部、西部、朝阳、沈阳、铁岭等地。

35．营杂 1 号

品种来源：辽宁省营口市农业科学研究所于 1978 年以自选不育系营 4A 为母本、恢复系白平为父本组配的杂交种。1985 年经辽宁省农作物品种审定委员会审定命名推广，定为省内先进水平。

特征特性：株高 230 cm，紧穗，长纺锤形，穗长 24.8 cm，单穗粒重 91.2 g。壳黑色，粒白色，千粒重 29.5 g。生育期 121 d，属中熟种。抗叶斑病，抗旱，耐涝，抗倒，轻度感染丝黑穗病。籽粒蛋白质含量 9.63%，赖氨酸含量 0.21%，单宁含量 0.05%，米质适口性好。

产量表现：2 年省区域试验，平均亩产 533.4 kg，比对照增产 20.1%。2 年省生产试验，平均亩产 537.4 kg，比对照增产 7.1%。

适宜地区：辽宁省辽阳以南、锦州南部、葫芦岛等地区。

36．凌杂 1 号

品种来源：辽宁省凌海市种子公司于 1990 年以外引不育系 901A 为母本、恢复系 LR9198 为父本组配的杂交种。1997 年经辽宁省农作物品种审定委员会审定命名推广，定为国内先进水平。

特征特性：株高 220 cm，穗中紧，长纺锤形，穗长 31 cm，穗粒重 112 g。壳黑色，粒白色，籽粒整齐，千粒重 37~40 g。生育期 130 d，属中晚熟种。抗叶斑病和红条病毒病，耐蚜虫，抗旱耐涝。籽粒蛋白质含量 9.08%，淀粉含量 65.54%，单宁含量 0.04%。

产量表现：1 年省预备试验，平均亩产 674 kg，比对照辽杂 1 号增产 40.1%。2 年省区域试验，平均亩产 528.3 kg，比对照锦杂 93 增产 9.3%。2 年省生产试验，平均亩产 576.6 kg，比对照锦杂 93 增产 13.1%。大面积试种，一般亩产 600 kg，最高亩产 740 kg。

适宜地区：辽宁省锦州、葫芦岛、阜新、朝阳、铁岭、沈阳、鞍山等地。

三、甜高粱杂交种

1. 辽甜 1 号

品种来源：国家高粱改良中心于 1999 年以自选不育系 L0201A 为母本、自选甜高粱恢复系 LTR102 为父本组配的杂交种。2005 年经国家高粱品种鉴定委员会鉴定命名推广。

特征特性：芽鞘紫色，株高 314 cm。紧穗，纺锤形。壳红色，粒白色。生育期 134 d，属晚熟种。茎秆多汁多糖，汁液含量 65%，糖液锤度 17.0%~20.0%；粗蛋白质 4.92%，脂肪 1.06%，粗纤维 31.6%，粗灰分 1.92%，无氮浸出物 47.7%，可溶性总糖 31.5%。对丝黑穗病免疫，抗叶病，抗倒伏。

产量表现：2 年国家高粱品种区域试验，平均茎秆产量每亩 5 453.2 kg，比对照辽饲杂 1 号增产 21.75%；籽粒产量平均每亩 376 kg，比对照辽饲杂 1 号增产 2.25%。

适宜地区：适宜在有效积温 ≥ 2 850 ℃ 以上的地区种植。如粮秆兼用生产，可在东北、华北、西北及南方各省种植。

2. 辽甜 3 号

品种来源：国家高粱改良中心于 2003 年以自选不育系 7050A 为母本、自选甜高粱恢复系 LTR108 为父本组配的杂交种。2008 年通过国家高粱品种鉴定委员会鉴定，命名推广。

特征特性：幼苗绿色，株高 336.4 cm，分蘖 2~3 个。紧穗，纺锤形。壳红色，粒灰白色。茎秆与叶片加叶鞘之比为 5∶1。生育期 140 d，属晚熟种。茎秆含糖锤度 19.7%，粗蛋白质 4.89%，粗纤维 30.5%，粗脂肪 7.6%，粗灰分 6.48%，无氮浸出物 47.13%，可溶性总糖 34.4%。在株高 120 cm 时，茎秆中氢氰酸含量 19.3 mg/kg，叶片中 9.4 mg/kg。抗叶病，活秆成熟；抗旱，抗涝，抗倒伏；对丝黑穗病免疫，连续 2 年用丝黑穗病病菌 3 号生理小种接种，发病率为 0%。

产量表现：2 年国家区域试验，茎秆平均亩产 5 154.1 kg，比对照辽饲杂 1 号增产 30.2%；籽粒平均亩产 364.0 kg，比对照辽饲杂 1 号增产 4.0%。

适宜地区：适宜黑龙江省第一积温带，吉林省中部，辽宁省中部和西部，北京市，山西省中南部，甘肃、新疆北部，以及安徽、湖南、广东、河南、湖北、江西、山东、宁夏等省（区）种植。

3. 辽甜 6 号

品种来源：2004 年，国家高粱改良中心以自选不育系 305A 为母本、自选甜高粱恢复系 306 为父本组配成杂交种辽甜 6 号，2009 年经国家高粱品种鉴定委员会鉴定，命名推广。

特征特性：株高 326 cm，茎粗 1.89 cm。生育期 141 d，属晚熟种。茎秆出汁率 57.2%，含糖锤度 18.5%，粗蛋白质 7.18%，粗脂肪 2.6%，粗纤维 21.9%，粗灰分 5.74%，可溶性总糖 10.2%，水分 4.9%。株高 120 cm 时，茎秆中氢氰酸含量 1.54 mg/kg，叶片中 4.16 mg/kg。丝黑穗病自然发病率为 0%，接种发病率 0.5%。

产量表现：2 年全国区域试验，平均茎秆产量 4 467.8 kg/亩，比对照辽饲杂 1 号增产 6.9%；平均籽粒亩产 309.2 kg，比对照辽饲杂 1 号增产 2.3%。

适宜地区：辽宁省沈阳市以南、山西省中南部、北京、安徽、河南、湖南、广东、新疆吉昌地区。

4. 辽甜 8 号

品种来源：辽宁省农业科学院高粱研究所于 2006 年以自选不育系 L0204A 为母本、自选甜高粱恢复系 LTR115 为父本杂交组配的杂交种。2010 年经国家高粱品种鉴定委员会鉴定，命名推广。

特征特性：株高 347.9 cm，茎粗 1.79 cm。生育期 136 d，属晚熟种。茎秆出汁率 56.9%，含糖锤度 18.3%，粗蛋白质 6.94%，粗脂肪 18 g/kg，粗纤维 23.6%，粗灰分 6.8%，可溶性总糖 16.57%，水分 4.4%。在株高 87 cm 时，叶片中氢氰酸含量 3.10 mg/kg，茎秆中氢氰酸 8.07 mg/kg；株高 174 cm 时，叶片中氢氰酸 0.36 mg/kg，茎秆中 0.19 mg/kg。丝黑穗病自然发病率为 0%，接种发病率 2 年平均 16.1%。倾斜率 30.2%，倒折率 22.2%。

产量表现：2 年国家区域试验，茎秆鲜重平均亩产 4 507.3 kg，比对照辽饲杂 1 号增产 10.4%；籽粒平均亩产 259.2 kg，比对照辽饲杂 1 号增产 13%。

适宜地区：作为能源作物，适宜在 ≥10 ℃ 的活动积温达 3 200 ℃ 以上地区种植。作为青贮作物，可在全国各省市种植。

5. 辽甜 10 号

品种来源：国家高粱改良中心于 2006 年以不育系 309A$_3$ 为母本、310 为父本组配的 A$_3$ 型细胞质不育化甜高粱杂交种。2011 年经国家高粱品种鉴定委员会鉴定，命名推广。

特征特性：株高 377.8 cm，茎粗 2.0 cm。生育期 134 d，属晚熟种。茎秆出汁率 52.7%，含糖锤度 19.3%，粗蛋白质含量 4.37%，粗脂肪 1.0%，粗纤维 30.7%，粗灰分 3.38%，可溶性总糖 33.9%。在株高 127 cm 时，茎秆中氢氰酸含量 0.023 mg/kg，叶片中 0.024 mg/kg。丝黑穗病接种发病率 3.0%。

产量表现：2 年国家区域试验，茎秆平均产量 5 184.2 kg/亩，比对照辽饲杂 1 号增产 27.2%。

适宜地区：作为能源作物，可在有效积温 ≥2 300 ℃ 的地区种植；如作青贮饲料全国各地均可种植。

6. 辽甜 13

品种来源：辽宁省农业科学院高粱研究所于 2006 年以自选 A$_3$ 细胞质不育系 303A 为母本、自选恢复系 LTR108 为父本杂交组配的杂交种。2013 年经国家高粱品种鉴定委员会鉴定，命名推广。

特征特性：株高 361.8 cm，茎粗 2.1 cm。生育期 142 d，属晚熟种。茎秆出汁率 51.1%，含糖锤度 19.2%。粗蛋白质含量 5.26%，粗脂肪 18.0 g/kg，粗纤维 29.90%，粗灰分 6.5%，可溶性总糖 18.3%，水分 4.4%。在株高 102 cm 时，叶片中氢氰酸含量 0.036 mg/kg，茎秆中 0.036 mg/kg（2012 年结果）；在株高 100 cm 时，叶片中氢氰酸含量 0.021 mg/kg，茎秆中 0.022 mg/kg（2013 年结果）。丝黑穗病自然和接种发病率均为 0%。倾斜率 15.4%，倒折率 6.5%。

产量表现：2 年国家区域试验，茎秆鲜重平均亩产 5 282.7 kg，比对照辽甜 6 号增产 10%。

适宜地区：作为能源作物，≥10 ℃的活动积温达 3 200 ℃以上的地区均可种植；作为青贮作物，全国各省市都可种植。

7. 辽甜 15

品种来源：辽宁省农业科学院高粱研究所于 2009 年以 3989E 细胞质不育系为母本、LTR108 为父本杂交组配的杂交种。2015 年经国家高粱品种鉴定委员会鉴定，命名推广。

特征特性：株高 361.1 cm，茎粗 2.3 cm。生育期 134 d，属晚熟种。出汁率 50.3%，含糖锤度 19%，粗蛋白质含量 6.7%，粗脂肪 12 g/kg，粗纤维 20.62%，粗灰分 4.5%，可溶性总糖 25.6%。株高 94.7 cm 时，叶片中氢氰酸含量 0.036 mg/kg，茎秆中氢氰酸 0.029 mg/kg。丝黑穗病自然发病率为 0%，接种发病率 2.3%，叶病轻，倾斜率 26.7%，倒折率 15.1%。

产量表现：2 年国家产量区域试验，茎秆鲜重平均亩产 5 063.4 kg，比对照辽甜 6 号增产 13%。

适宜地区：作为能源作物，在≥10 ℃的活动积温达 3 200 ℃以上地区种植。作为青贮作物，各地均可种。

四、糯高粱杂交种

1. 辽粘 1 号

品种来源：辽宁省农业科学院高粱研究所于 1997 年以自选不育系辽粘 A-1 为母本、恢复系辽粘 R-1 为父本组配的杂交种。2004 年经辽宁省农作物品种审定委员会审定，命名推广。

特征特性：芽鞘白色，幼苗浓绿色，长势旺。株高 161 cm，穗中散，长纺锤形，穗长 35 cm，穗粒重 103.2 g。黑壳，白粒，稍长圆形，千粒重 30.5 g。生育期 115 d，为早熟种。抗叶病；经 0.6%丝黑穗病菌 3 号小种接种鉴定，发病率 14.8%，属高抗。籽粒蛋白质含量 10.72%，赖氨酸含量 0.22%，单宁含量 0.02%，总淀粉含量 76.81%。

产量表现：1 年省区试预备试验，平均亩产 550.3 kg，比对照锦杂 93 增产 4.5%。2 年省区域试验，平均亩产 544.2 kg，比对照锦杂 93 增产 6.0%。1 年省生产试验，平均亩产 539 kg，比对照锦杂 93 增产 10.0%。

适宜地区：适宜辽宁省及其以南地区种植。

2. 辽粘 3 号

品种来源：辽宁省农业科学院高粱研究所于 2003 年以自选不育系辽粘 A-2 为母本、恢复系辽粘 R-2 为父本杂交组配的杂交种。2007 年经国家高粱品种鉴定委员会鉴定，命名推广。

特征特性：株高 169.5 cm。中紧穗，纺锤形，穗长 31.8 cm，穗粒重 69.6 g。褐壳，红粒，千粒重 24.1 g。生育期 116 d，属中早熟种。籽粒蛋白质含量 8.14%，赖氨酸含量 0.14%，单宁含量 1.47%，淀粉含量 78.09%。叶病轻，倒伏 20%，接种丝黑穗病菌 3 号小种鉴定，2 年平均发病率 9.95%。

产量表现：2 年国家高粱品种区域试验，平均亩产 424.1 kg，比对照青稞洋增产 47.5%。1 年国家生产试验，平均亩产 426.1 kg，比对照增产 43.6%。2018 年，在辽宁省康平县大面积种植 4 万亩，建平县 3 000 亩，其中建平县马场镇冯家营子村种植的 405 亩，经专家组实地测产验收，平均亩产达 889.2 kg。

适宜地区：适宜辽宁、四川、重庆、湖南、湖北等省（市）种植。

3. 辽粘 4 号

品种来源：辽宁省农业科学院高粱研究所于 2005 年以自选不育系 LA-25 为母本、外引恢复系 7037 选为父本杂交组配的杂交种。2010 年通过国家高粱品种鉴定委员会鉴定，命名推广。

特征特性：株高 181.7 cm。穗中紧，纺锤形，穗长 28.6 cm，穗粒重 64.3 g。褐壳，红粒，千粒重 27.4 g。生育期 115 d，属早熟种。籽粒蛋白质含量 7.87%，赖氨酸含量 0.22%，单宁含量 1.24%，淀粉含量 74.84%。丝黑穗病自然发病率为 0%，2 年连续接种鉴定，平均发病率 3.9%。

产量表现：2 年全国高粱酿造组区域试验，平均亩产 414.7 kg，比对照两糯 1 号增产 19.8%。1 年全国生产试验，平均亩产 394.1 kg，比对照两糯 1 号增产 20.4%。

适宜地区：辽宁、四川、重庆、贵州、湖南、湖南等省市。

4. 辽粘 6 号

品种来源：辽宁省农业科学院高粱研究所于 2006 年以自选不育系 LA-34 为母本、外引恢复系 0-01 选为父本组配的杂交种。2012 年通过国家高粱品种鉴定委员会鉴定，命名推广。

特征特性：株高 150.9 cm。穗长 27.8 cm，穗粒重 63.4 g，千粒重 27.0 g。生育期 115 d，属早熟种。籽粒蛋白质含量 11.67%，赖氨酸含量 0.24%，单宁含量 0.98%，淀粉含量 75.05%。抗叶病，抗倒伏。丝黑穗病自然发病率 0%，2 年接种鉴定，平均发病率 34.2%。

产量表现：1 年品种比较试验，平均亩产 510.0 kg，比对照沈杂 5 号增产 6.7%。2 年全国区域试验，平均亩产 403.7 kg，比对照两糯 1 号增产 7.1%；1 年全国生产试验，平均亩产 401.8 kg，比对照两糯 1 号增产 7.9%。

适宜地区：辽宁、四川、重庆、贵州等省市。

5. 辽糯 9 号

品种来源：辽宁省农业科学院高粱研究所于 2008 年以不育系辽粘 A-1 为母本、恢复系 091-868 为父本组配的杂交种。2015 年经国家高粱品种鉴定委员会鉴定，命名推广。

特征特性：株高 184.8 cm。穗长 30.7 cm，穗粒重 66.1 g。褐壳，红粒，千粒重 28.4 g。生育期 120 d，属中熟种。籽粒蛋白质含量 10.74%，单宁含量 0.09%，脂肪含量 3.55%，淀粉含量 75.49%，支链淀粉含量 95.4%。叶病轻，倾斜率 2.0%，倒折率 0.4%。丝黑穗病菌 3 号小种接种鉴定，2 年平均发病率 21.4%。

产量表现：2 年国家高粱品种区域试验，平均亩产 416.1 kg，比对照泸糯 13 增产

6.9%。1 年国家生产试验，平均亩产 424.8 kg，比对照川糯粱 15 增产 13.0%。

2009—2011 年，多点试种一般亩产 500~620 kg，最高亩产 750 kg。2009—2011 年，浙江金华引种，平均单季亩产 480 kg，比当地主栽品种两糯 1 号增产 9.0%。2011 年，辽宁朝阳县引种示范，平均亩产 580 kg，比当地主栽品种沈杂 5 号增产 3.1%，比常规糯高粱品种增产 46%。2011 年，天津宝坻引种试种，平均亩产 520 kg，比当地主栽品种唐抗 5 号增产 5.8%。

适宜地区：辽宁、四川、重庆、贵州、湖南等省市。

五、草高粱杂交种

1. 辽饲杂 1 号

品种来源：辽宁省农业科学院高粱研究所于 1985 年以不育系 Tx623A 为母本、恢复系 1022 为父本组配的饲用甜高粱杂交种。1990 年经全国牧草品种审定委员会审定命名推广，定为国内先进水平。

特征特性：株高 320 cm，穗中紧，纺锤形，穗长 32 cm，穗粒重 80 g。壳红色，粒白色，千粒重 30 g。生育期 125 d，属中熟种。茎秆含糖锤度 14%，粗蛋白质含量 5.85%，粗脂肪 3.21%，粗纤维 32.85%，无氮浸出物 44.22%，灰分 9.29%。高抗丝黑穗病和叶斑病，抗旱，耐涝，耐盐碱，较抗倒伏。

产量表现：1 年产量比较试验，籽粒平均亩产 410.4 kg，比对照丽欧增产 75.0%；茎叶平均亩产 4 108.3 kg，比对照增产 19.2%。2 年省区域试验，籽粒平均亩产 413.2 kg，比对照增产 94.8%；茎叶平均亩产 3 964 kg，比对照增产 12.6%；2 年省生产试验，平均生物学产量 3 817.2 kg，比对照增产 21.1%。

适宜地区：辽宁、吉林、黑龙江、天津、北京、上海、安徽、广西等省（区、市）。

2. 辽饲杂 4 号

品种来源：辽宁省农业科学院高粱研究所于 1999 年以自选不育系 L0201A 为母本、自选甜高粱恢复系 LTR101 为父本组配的饲用甜高粱杂交种。2004 年经国家高粱品种鉴定委员会鉴定，命名推广。

特征特性：芽鞘红色，株高 305 cm，茎粗 1.9 cm。穗中紧，纺锤形。壳红色，粒白色。生育期 125 d，属中熟种。茎秆含糖锤度 16.5%，茎叶粗蛋白质含量 4.52%，粗脂肪 1.11%，粗纤维 26.6%，灰分 3.75%，无氮浸出物 50.92%，茎、叶氢氰酸含量分别为 1.3 mg/kg 和 9.9 mg/kg。抗叶病，抗丝黑穗病；连续 2 年用 0.6% 丝黑穗病菌菌土接种鉴定，发病率为 6.9%。

产量表现：2002—2003 年 2 年国家高粱品种区域试验，鲜茎叶产量平均为 4 861 kg/亩，比对照辽饲杂 1 号增产 17.0%；籽粒产量平均为 415.6 kg/亩，比对照辽饲杂 1 号增产 16.4%。

适宜地区：如果用辽饲杂 4 号作青贮饲料时，可在辽宁、吉林、黑龙江、内蒙古等省（区）以及华北、西北地区种植。

3. 辽草 1 号

品种来源：辽宁省农业科学院高粱研究所于 1999 年以自选不育系 7050A 为母本、草高粱苏丹草为父本组配的饲草高粱杂交种。2004 年经国家高粱品种鉴定委员会鉴定，命名推广。

特征特性：芽鞘红色，分蘖力较强，通常有 3~4 个蘖，生长繁茂。株高 320~340 cm。茎叶粗蛋白质含量 4.72%，粗脂肪 2.00%，粗纤维 10.17%，灰分 8.30%，无氮浸出物 44.81%，茎、叶氢氰酸含量分别为 4.43 mg/kg 和 6.83 mg/kg。抗倒，抗叶病，高抗丝黑穗病，连续 2 年用 0.6%菌土接种鉴定，平均发病率 0.5%。

产量表现：2 年国家区域试验，平均茎叶产量 6 928.0 kg/亩，比对照皖草 2 号增产 1.3%。

适宜地区：适宜我国活动积温 2 300 ℃以上地区种植。

六、高粱雄性不育系

1. Tx3197A

品种来源：1948 年，美国得克萨斯农业试验站采用双矮生快熟黄迈罗与得克萨斯黑壳卡佛尔杂交。在 F_2 代产生了雄性不育株，并用同群体中的可育株授粉。到 1953 年，斯蒂芬斯获得了几个雄性不育的康拜因卡佛尔种子并提供给种子部门。1955—1956 年冬季在墨西哥繁育了康拜因卡佛尔-60 选系，这就是 CK60A，即 Tx3197A。1956 年，中国留美学者徐冠仁先生回国时，将 Tx3197A 引种到北京。

特征特性：芽鞘白色，株高 100 cm，紧穗长筒形，穗长 25 cm，穗粒重 50 g。壳黑色，粒白色，千粒重 30 g。生育期春播 130 d，夏播 100 d。高抗丝黑穗病菌 1 号小种，不抗 2 号、3 号小种，较抗叶斑病，抗倒，对光周期反应不敏感。

育性和配合力表现：在正常温光下，不育株率 100%。花药乳白色、干瘪，乳头白色，育性稳定，配合力高。孕穗期遇持续低温寡照，小花败育重。Tx3197A 与中国高粱、赫格瑞高粱组配有高的特殊配合力。

组配杂交种情况：组配的杂交种有 67 个之多。具代表性的杂交种有晋杂 1 号、4 号、5 号，忻杂 7 号、52 号，遗杂 2 号、10 号，原杂 10 号，沈杂 3 号，铁杂 6 号，沈农 447，锦杂 75 等。

2. Tx622A

品种来源：美国得克萨斯农业和机械大学用 Tx3197B 作母本、IS12661 作父本杂交选育的不育系。其姊妹不育系还有 Tx623A、Tx624A。辽宁省农业科学院高粱所于 1979 年从该大学 Miller 教授引种，并鉴定分发全国利用。

特征特性：株高 150 cm，穗中散，长纺锤形，穗长 30~35 cm，穗粒重 70 g。壳紫色，粒白色，千粒重 25~30 g。生育期 120~130 d，芽壮，幼芽拱土力强，出苗快。抗丝黑穗病菌 1 号、2 号小种，不抗 3 号小种；不抗叶病，不抗倒伏。柱头亲合力强，繁制种产量高。

育性和配合力表现：不育性稳定，小花败育极轻，一般配合力高。

组配杂交种情况：组配多个杂交种，代表性杂交种有辽杂 1 号、2 号、3 号、5 号，铁杂 7 号、8 号，沈杂 4 号、5 号、6 号，锦杂 83，熊杂 3 号，桥杂 2 号等。

3. 421A

品种来源：辽宁省农业科学院高粱所于 1981 年从 ICRISAT 引进的高代不育系，原编号 SPL132A。该不育系经南繁北育 7 个世代的鉴定、选择，从稍有分离的性状中选出带有顶芒的单系，定为 421A 不育系。

特征特性：芽鞘绿色，叶脉蜡质；株高 130 cm，紧穗，纺锤形，穗长 25 cm，穗粒重 50 g。壳淡黄色，粒白色，近圆形，千粒重 27 g，护颖有短芒，白色。生育期 128 d，属中晚熟种。对丝黑穗病免疫，连续 2 年用丝黑穗病菌 2 号小种，连续 3 年用 3 号小种接种试验，均无病株；抗叶斑病，活秆成熟，抗倒伏。分蘖力强，苗期可分出 2~3 个蘖，并能正常成熟。

育性和配合力表现：育性稳定，雌蕊柱头外露好，亲合力极强；雄蕊花药干瘪、淡黄色，干枯后呈铁锈色。授粉结实好、籽粒灌浆快、成熟快是该不育系的突出特点。一般配合力高，在包括 421A 不育系的 2 组共 10 个不育系配合力分析研究中，结果表明籽粒产量一般配合力效应 421A 最高，其次 Tx622A。

配制杂交种情况：配制多个杂交种。已通过审定推广的杂交种有辽杂 4 号（421A×矮四）、辽杂 6 号（421A×5-27）、辽杂 7 号（421A×LR9198）、锦杂 94（421A×841）、锦杂 99（421A×9544）。

4. 7050A

品种来源：辽宁省农业科学院高粱所于 1986 年以 421B 为母本、TAM428B 为父本杂交，经多代回交转育而成，并转育成 $7050A_1$ 和 $7050A_2$。

特征特性：株高 135 cm，中紧穗，长纺锤形，穗长 40 cm，穗粒重 50 g。壳紫红色，粒白色，千粒重 32 g。生育期 124~130 d。对丝黑穗病菌 2 号、3 号小种免疫，抗叶斑病，抗倒伏，耐干旱，耐瘠薄，活秆成熟。

育性和配合力表现：育性稳定，花药乳白色，瘦小干瘪；一般配合力高。

配制杂交种情况：以 7050A 作不育系组配的杂交种 11 个，其中有代表性的有辽杂 10 号（7050A×LR9198）、辽杂 11（7050A×148）、辽杂 12（7050A×654）、锦杂 100（7050A×9544）等。

5. TL169-214A

品种来源：辽宁省铁岭市农业科学院以 Tx622B/KS23B 为母本、京农 2 号为父本杂交后回交育成的不育系。

特征特性：芽鞘白绿色，幼苗浓绿色，株高 130 cm，紧穗，长纺锤形，穗长 36 cm，穗粒重 100 g。壳紫色，粒白色，千粒重 30~32 g，生育期 131 d。抗丝黑穗病，抗叶病，抗倒，耐盐碱。

育性和配合力表现：不育性稳定，花药白色，干瘪。经配合力测定，其配合力高于 Tx622A。

配制杂交种情况：组配并经审定推广的杂交种有铁杂 9 号（214A×157）、熊杂 4 号（214A×4930）。

6. TL169-239A

品种来源：辽宁省铁岭市农业科学院以 Tx622B/KS23B 为母本、京农 2 号为父本杂交、回交选育的不育系，与 TL169-214A 为姊妹系。

特征特性：芽鞘绿白色，幼苗浓绿色，株高 135 cm。紧穗，长纺锤形，穗长 38 cm，穗粒重 100 g。壳紫红色，粒橘红色，千粒重 35 g。生育期 126 d。抗丝黑穗病，抗叶斑病，茎秆坚硬，抗倒伏。

育性和配合力表现：不育性稳定，花药白色，干瘪；如遇高温年份，花药呈黄色，但无花粉。经配合力测定，高于 Tx622A。

配制杂交种情况：组配并审定推广的杂交种有铁杂 10 号（239A×157）。

7. 2817A

品种来源：辽宁省熊岳农业科学研究所以 Tx3197B 为母本、9-1B 为父本杂交，后代选系用原新 1 号 A 转育而成。

特征特性：芽鞘绿色，幼苗浓绿色，株高 136 cm。穗中紧，长纺锤形，穗长 30 cm，穗粒重 94 g。壳紫色，粒白色，千粒重 25 g。生育期 128 d。抗丝黑穗病，抗叶斑病，根系发达，抗倒伏，抗旱性强。分蘖力强，通常有 2~3 个分蘖；在缺苗的情况下，可保留 1~2 个分蘖。

育性和配合力表现：不育性稳定，一般配合力高于 Tx3197A。

配制杂交种情况：配制的熊杂 1 号（2817A×YS7501）经审定推广。

8. 熊岳 21A

品种来源：辽宁省熊岳农业专科学校于 1982 年以 ［（Tx622B×2817B）×（Tx3197B×NK222B）］×黑 9B 为母本、Tx622B 为父本杂交，在 F₃ 代群体中选优株与 Tx622A 测交，再连续回交 5 代，最终认定 B82-16-2-1-1-1-1-1 选系的转育系为熊岳 21A。

特征特性：芽鞘绿色，幼苗深绿色，株高 150.5 cm。穗中紧，长纺锤形，穗长 39.4 cm，穗粒重 114.7 g。壳紫红色，粒白色，千粒重 31 g。生育期 124 d。抗丝黑穗病，抗叶斑病，抗旱，抗倒伏。种子活力强，幼芽拱土力大，易保苗。籽粒蛋白质含量 10.89%，赖氨酸占蛋白质 2.56%，单宁 0.08%；着壳率低，易脱粒，米质优。

育性和配合力表现：不育性稳定，无败育，柱头亲合力强。配合力测定表明一般配合力高于 Tx622A。

配制杂交种情况：组配的熊杂 2 号（熊岳 21A×654）经审定推广。

七、高粱雄性不育恢复系

1. 二四

品种来源：辽宁省农业科学院高粱所于 1974 年以自选系 298 为母本、外引恢复系 4003 为父本杂交，经多代选育而成。

特征特性：株高 128 cm，紧穗，纺锤形，穗长 22 cm，穗粒重 40.3 g。壳红色，粒浅黄色，千粒重 30.8 g。生育期 128 d。中抗丝黑穗病和叶病，抗旱。籽粒蛋白质含量 9.54%，赖氨酸占蛋白质 3.04%。

育性和配合力表现：恢复性好，恢复率达 95% 以上，花粉量多。配合力高，与 Tx3197A 和 Tx622A 组配，均表现出较高的特殊配合力。

配制杂交种情况：组配的辽杂 2 号（Tx622A×二四）经审定推广。

2. 晋 5/晋 1

品种来源：辽宁省农业科学院高粱所于 1975 年以晋粱 5 号作母本、晋辐 1 号作父本杂交，经多代选育而成。

特征特性：株高 160 cm，紧穗，纺锤形，穗长 28 cm，穗粒重 80 g。壳黑色，籽粒橙红色，千粒重 28 g。抗倒性强，较抗丝黑穗病和叶斑病。

育性和配合力表现：恢复性强且稳定，配合力强。

配制杂交种情况：与 Tx622A 组配的杂交种辽杂 3 号经辽宁省农作物品种审定委员会审定，命名推广。

3. 矮四

品种来源：辽宁省农业科学院高粱所于 1978 年以恢复系矮 202 为母本、4003 为父本杂交，经连续 9 个世代的选择育成该恢复系。

特征特性：芽鞘绿色，株高 144 cm。穗中散，长纺锤形，穗长 31 cm，穗粒重 67 g。壳红黄色，粒浅橙色，千粒重 29.9 g。生育期 125 d。抗叶病，不抗丝黑穗病。

育性和配合力表现：恢复性强，花粉量大，单性花发达，雄蕊散粉时间长。经配合力测定，表现一般配合力高，尤其与印度高粱不育系测配具有特殊配合力高的优点。

配制杂交种情况：与 421A 组配的辽杂 4 号，表现高产，综合性状好，增产潜力大，最高亩产达到 890.4 kg。1989 年通过辽宁省农作物品种审定委员会审定，命名推广。

4. 115

品种来源：辽宁省农业科学院高粱所于 1981 年以青粱 5 号作母本、铁恢 6 号作父本杂交，经 6 个世代的连续选择育成。

特征特性：株高 160 cm，中紧穗，纺锤形，穗长 25 cm，穗粒重 80 g。壳黑色，粒红色，千粒重 30 g。生育期 125 d。抗倒，较抗丝黑穗病和叶斑病。

育性和配合力表现：恢复性好，花粉量较大。经配合力测定表现一般配合力高。

配制杂交种情况：与 Tx622A 组配的辽杂 5 号，1994 年经辽宁省农作物品种审定委员会审定，命名推广。

5. LR9198

品种来源：辽宁省农业科学院高粱所于 1986 年以矮四作母本、5-26 作父本杂交，经 8 个世代连续选择育成。

特征特性：株高 180 cm，穗中紧，纺锤形，穗长 28 cm，穗粒重 65 g。壳浅橙色，粒白色，千粒重 33 g。生育期 130 d。高抗丝黑穗病菌 2 号小种，较抗叶斑病，高度耐蚜虫，抗倒伏。

育性和配合力表现：恢复性好，恢复率在 95% 以上。一般配合力和特殊配合力均高。单性花不开，两性花开花时间短，花粉量偏少，制种技术要求严格。

配制杂交种情况：先后组配出 3 个经审定推广的杂交种，即辽杂 7 号（421A×

LR9198）、辽杂 10 号（7050A×LR9198）和凌杂 1 号（901A×LR9198）。

6. 铁恢 6 号

品种来源：辽宁省铁岭市农业科学院于 1971 年以 191-10 为母本、晋辐 1 号为父本杂交，经连续选育而成。

特征特性：芽鞘白绿色，株高 155 cm。紧穗，纺锤形，穗长 27 cm，穗粒重 74 g。壳黑色，粒橙黄色，千粒重 28.8 g。生育期 135 d。

育性和配合力表现：恢复性好，单性花开放，花粉量足。经配合力测定，其配合力效应高于三尺三、晋辐 1 号。

配制杂交种情况：铁恢 6 号与 Tx3197A 组配的铁杂 6 号，1979 年经辽宁省农作物品种审定委员会审定，命名推广。

7. 铁恢 157

品种来源：辽宁省铁岭市农业科学院于 1979 年以水科 001 为母本、角渡/晋辐 1 号为父本杂交，经连续选育而成。

特征特性：芽鞘紫色，幼苗浓绿色，株高 148.4 cm。紧穗，圆纺锤形，穗长 19.1 cm，穗粒重 75 g。生育期 130~135 d。高抗丝黑穗病，抗旱，抗倒伏。

育性和配合力表现：恢复性好，在正常气候条件下，恢复率可达 100%；花粉量大，单性花开，散粉时间长。配合力高。

配制杂交种情况：铁恢 157 分别与 Tx622A、214A、239A 组配成铁杂 8 号、铁杂 9 号和铁杂 10 号，并经辽宁省农作物品种审定委员会审定，命名推广。

8. 锦恢 75

品种来源：辽宁省锦州市农业科学院于 1970 年以恢复系 5 号为母本、八叶齐为父本杂交，经连续选育而成。

特征特性：芽鞘紫色，幼苗绿紫色，株高 230 cm。中紧穗，筒形，穗长 23 cm，穗粒重 95.6 g。壳黄色，粒橙黄色，千粒重 30.4 g。生育期 128 d。粗蛋白质含量 9.99%，赖氨酸含量占蛋白质 3.10%，单宁含量 0.13%。

育性和配合力情况：恢复率 100%，一般配合力较高。

配制杂交种情况：锦恢 75 分别与 Tx3197A 和 Tx622A 组配成锦杂 75 和锦杂 83，并经辽宁省农作物品种审定委员会审定，命名推广。

9. 锦 9544

品种来源：辽宁省锦州农业科学院于 1990 年以 5-27 为母本、矮四为父本杂交，采用系谱法在分离后代中，选择优良单株育成。

特征特性：芽鞘绿色，幼苗浅绿色，叶脉蜡质，株高 145 cm。紧穗，纺锤形，穗长 26.4 cm，穗粒重 60.6 g。壳褐色，粒橙红色，千粒重 32.8 g。生育期 127 d，属中晚熟种。抗叶部病害，抗蚜虫，抗旱，抗涝，抗倒伏。

育性和配合力情况：育性稳定，花粉量大，单性花发达，散粉时间长。一般配合力高。

组配杂交种情况：以锦 9544 为父本，先后组配成锦杂 100（7050A×锦 9544）和锦杂 102（9047A×锦 9544）。锦杂 100 分别于 2001 年和 2004 年通过辽宁省农作物品种审定委员会和国家高粱品种鉴定委员会审定和鉴定，命名推广。锦杂 102 于 2003 年通过辽宁省农作物品种审定委员会审定，命名推广。

10. 锦 858

品种来源：辽宁省锦州农业科学院于 1991 年以 842×矮四杂交，在杂种后代中采用系谱法，连续选择优良单株，最终育成锦 858。

特征特性：芽鞘绿色，叶脉蜡质，株高 165 cm。紧穗，纺锤形，穗长 26.8 cm，穗粒重 65.8 g。壳褐色，粒红色，千粒重 32.6 g。抗叶部病害，抗倒伏，抗旱，耐涝。

育性和配合力情况：恢复性好，花粉量大，单性花发达，散粉时间长。一般配合力较高。

配制杂交种情况：锦 858 与 232EA 组配成杂交种锦杂 103，2005 年经国家高粱品种鉴定委员会鉴定。

11. 4003

品种来源：沈阳市农业科学院于 1971 年以晋辐 1 号为母本、辽阳猪跷脚为父本杂交，经连续选育而成。

特征特性：芽鞘白色，幼苗淡绿色，株高 165 cm。中散穗。长纺锤形，穗长 27 cm，穗粒重 85 g。壳浅红色，粒橙黄色，千粒重 30 g。生育期 135 d。抗丝黑穗病，抗叶病。品质好，单宁含量低。

育性和配合力表现：恢复性好，单性花发达，花粉量足，单株散粉时间长。配合力较高。

配制杂交种情况：4003 分别与 Tx3197A、Tx622A、Tx624A 组配成沈杂 3 号、沈杂 4 号和冀承杂 1 号，并经省级审定推广。

12. 0-30

品种来源：沈阳市农业科学院于 1971 年以分枝大红穗为母本、晋粱 5 号为父本杂交，其后代于 1974 年再与 4003 杂交，即（分枝大红穗×晋粱 5 号）×4003，其杂种后代经连续选育而成。

特征特性：芽鞘绿色，幼苗淡绿色，株高 155 cm。紧穗，纺锤形，穗长 23 cm，穗粒重 75 g。壳紫红色，粒橙黄色，千粒重 30 g。生育期 130 d。高抗丝黑穗病，较抗倒伏，叶病较轻。

育性和配合力表现：恢复性好，单性花发达，花粉量大，单株散粉时间长。经配合力测定，其一般配合力和特殊配合力均较高。

配制杂交种情况：0-30 与 Tx622A 组配的沈杂 5 号，1988 年经辽宁省农作物品种审定委员会审定，命名推广。

13. 5-27

品种来源：沈阳市农业科学院于 1979 年以 IS2914 为母本、7511 为父本杂交，1980 年再以 4003 为母本、IS2914×7511 为父本杂交，即 4003×（IS2914×7511），后代经连续选育而成。

特征特性：芽鞘白色，幼苗绿色，株高 130 cm。紧穗，长纺锤形，穗长 26 cm，穗粒重 80 g。生育期 130 d。较抗丝黑穗病，抗蚜虫，抗倒伏。气生根发达。籽粒、角质含量高。

育性和配合力情况：单性花发达，花粉量大，单株散粉时间长。经配合力测定，其一般配合力和特殊配合力均高。

配制杂交种情况：5-27 分别与 Tx622A、232EA、421A 组配成沈杂 6 号、锦杂 93、辽杂 6 号，并先后通过辽宁省农作物品种审定委员会审定，命名推广。

14. 4930

品种来源：辽宁省熊岳农业高等专科学校以（4003×404）为母本、（角质杜拉×白平）为父本杂交，后代经连续选择，于 1989 年育成。

特征特性：芽鞘绿色，幼苗浓绿色，株高 165 cm。紧穗，纺锤形，穗长 22 cm，穗粒重 80 g。壳黑色，粒白色，千粒重 30 g。生育期 128 d。秆硬抗倒伏，高抗叶斑病，抗丝黑穗病。不早衰，活秆成熟，籽粒米质好。

育性和配合力情况：自交结实率 98%。恢复性好，单性花发达，花粉量大，单穗散粉时间长。配合力高于晋辐 1 号。

配制杂交种情况：4930 分别与 Tx622A、214A 组配成熊杂 3 号和熊杂 4 号，先后经辽宁省农作物品种审定委员会审定，命名推广。

15. 654

品种来源：辽宁省营口县农业科学研究所于 1975 年以 4003 的 8 代系 8019 为母本、白平春 18-10-6-3 为父本杂交，在后代分离中连续选育而成。

特征特性：芽鞘白色，幼苗绿色，株高 195 cm。叶片较短上冲，主脉白色，茎秆实心多汁，含糖量较高，秆硬抗倒伏，不早衰，活秆成熟。紧穗，纺锤形，穗长 25 cm，穗粒重 75 g。生育期 130 d。高抗丝黑穗病，抗叶斑病。籽粒蛋白质含量 11.06%，赖氨酸含量占蛋白质 2.8%，单宁含量 0.06%。

育性和配合力表现：恢复性好，为全恢型，单性花开，花粉量大，散粉充足。一般配合力高，优于晋辐 1 号。

配制杂交种情况：654 与 Tx622A、21A 分别组配成桥杂 2 号、熊杂 2 号，经辽宁省农作物品种审定委员会审定，命名推广。

16. 447

品种来源：沈阳农业大学农学系以晋辐 1 号为母本、三尺三为父本杂交，对杂种后代连续选育而成。

特征特性：芽鞘绿色，幼苗绿色，株高 150 cm。紧穗，纺锤形，穗长 21 cm，穗粒重 75 g。壳黑色，粒黄白色，千粒重 30 g。生育期 120 d。抗叶斑病，抗倒伏。

育性和配合力表现：恢复性好，在正常气候条件下，恢复率 100%。配合力较高。

配制杂交种情况：447 与 Tx3197A 组配成沈农 447，经辽宁省农作物品种审定委员会审定，命名推广。